TABELA 3.1 Força Relativa de Alguns Ácidos Selecionados e Suas Bases Conjugadas

	Ácido	pK_a Aproximado	Base Conjugada	
Ácido mais forte	$HSbF_6$	< −12	SbF_6^-	**Base mais fraca**
	HI	−10	I^-	
	H_2SO_4	−9	HSO_4^-	
	HBr	−9	Br^-	
	HCl	−7	Cl^-	
	$C_6H_5SO_3H$	−6,5	$C_6H_5SO_3^-$	
	$(CH_3)_2\overset{+}{O}H$	−3,8	$(CH_3)_2O$	
	$(CH_3)_2C{=}\overset{+}{O}H$	−2,9	$(CH_3)_2C{=}O$	
	$CH_3\overset{+}{O}H_2$	−2,5	CH_3OH	Aumento da força básica
Aumento da força ácida	H_3O^+	−1,74	H_2O	
	HNO_3	−1,4	NO_3^-	
	CF_3CO_2H	0,18	$CF_3CO_2^-$	
	HF	3,2	F^-	
	$C_6H_5CO_2H$	4,21	$C_6H_5CO_2^-$	
	$C_6H_5NH_3^+$	4,63	$C_6H_5NH_2$	
	CH_3CO_2H	4,75	$CH_3CO_2^-$	
	H_2CO_3	6,35	HCO_3^-	
	$CH_3COCH_2COCH_3$	9,0	$CH_3CO\bar{C}HCOCH_3$	
	NH_4^+	9,2	NH_3	
	C_6H_5OH	9,9	$C_6H_5O^-$	
	HCO_3^-	10,2	CO_3^{2-}	
	$CH_3NH_3^+$	10,6	CH_3NH_2	
	H_2O	15,7	HO^-	
	CH_3CH_2OH	16	$CH_3CH_2O^-$	
	$(CH_3)_3COH$	18	$(CH_3)_3CO^-$	
	CH_3COCH_3	19,2	$^-CH_2COCH_3$	
	$HC{\equiv}CH$	25	$HC{\equiv}C^-$	
	$C_6H_5NH_2$	31	$C_6H_5NH^-$	
	H_2	35	H^-	
	$(i\text{-}Pr)_2NH$	36	$(i\text{-}Pr)_2N^-$	
	NH_3	38	$^-NH_2$	
	$CH_2{=}CH_2$	44	$CH_2{=}CH^-$	
Ácido mais fraco	CH_3CH_3	50	$CH_3CH_2^-$	**Base mais forte**

QUÍMICA ORGÂNICA

13ª Edição

gen
Grupo
Editorial
Nacional

O GEN | Grupo Editorial Nacional – maior plataforma editorial brasileira no segmento científico, técnico e profissional – publica conteúdos nas áreas de ciências exatas, humanas, jurídicas, da saúde e sociais aplicadas, além de prover serviços direcionados à educação continuada e à preparação para concursos.

As editoras que integram o GEN, das mais respeitadas no mercado editorial, construíram catálogos inigualáveis, com obras decisivas para a formação acadêmica e o aperfeiçoamento de várias gerações de profissionais e estudantes, tendo se tornado sinônimo de qualidade e seriedade.

A missão do GEN e dos núcleos de conteúdo que o compõem é prover a melhor informação científica e distribuí-la de maneira flexível e conveniente, a preços justos, gerando benefícios e servindo a autores, docentes, livreiros, funcionários, colaboradores e acionistas.

Nosso comportamento ético incondicional e nossa responsabilidade social e ambiental são reforçados pela natureza educacional de nossa atividade e dão sustentabilidade ao crescimento contínuo e à rentabilidade do grupo.

QUÍMICA ORGÂNICA

13ª Edição

VOLUME 2

T.W. GRAHAM SOLOMONS
University of South Florida

CRAIG B. FRYHLE
Pacific Lutheran University

SCOTT A. SNYDER
University of Chicago

Tradução e Revisão Técnica

EDILSON CLEMENTE DA SILVA, D.Sc.
Instituto de Química – UFRJ

JÚLIO CARLOS AFONSO, D.Sc.
Instituto de Química – UFRJ

LEANDRO SOTER DE MARIZ E MIRANDA, D.Sc.
Instituto de Química – UFRJ

MAGALY GIRÃO ALBUQUERQUE, D.Sc.
Instituto de Química – UFRJ

MAURO DOS SANTOS DE CARVALHO, D.Sc.
Instituto de Química – UFRJ

MILTON ROEDEL SALLES, D.Sc.
Instituto de Química – UFRJ

OSWALDO ESTEVES BARCIA, D.Sc.
Instituto de Química – UFRJ

PIERRE MOTHÉ ESTEVES, D.Sc.
Instituto de Química – UFRJ

RODRIGO JOSÉ CORREA, D.Sc.
Instituto de Química – UFRJ

gen | LTC

- Os autores deste livro e a editora empenharam seus melhores esforços para assegurar que as informações e os procedimentos apresentados no texto estejam em acordo com os padrões aceitos à época da publicação. Entretanto, tendo em conta a evolução das ciências, as atualizações legislativas, as mudanças regulamentares governamentais e o constante fluxo de novas informações sobre os temas que constam do livro, recomendamos enfaticamente que os leitores consultem sempre outras fontes fidedignas, de modo a se certificarem de que as informações contidas no texto estão corretas e de que não houve alterações nas recomendações ou na legislação regulamentadora.

- Data do fechamento do livro: 30/07/2024

- Os autores e a editora se empenharam para citar adequadamente e dar o devido crédito a todos os detentores de direitos autorais de qualquer material utilizado neste livro, dispondo-se a possíveis acertos posteriores caso, inadvertida e involuntariamente, a identificação de algum deles tenha sido omitida.

- **Atendimento ao cliente: (11) 5080-0751 | faleconosco@grupogen.com.br**

- Traduzido de
  ORGANIC CHEMISTRY, THIRTEENTH EDITION

  ISBN: 9781119768081

  LTC | Livros Técnicos e Científicos Editora Ltda.
  Uma editora integrante do GEN | Grupo Editorial Nacional
  Travessa do Ouvidor, 11
  Rio de Janeiro – RJ – 20040-040
  www.grupogen.com.br

- Adaptação de capa: Rejane Megale

- Imagens de capa: © selvanegra (iStock)

- Editoração Eletrônica: IO Design

- Ficha catalográfica

CIP-BRASIL. CATALOGAÇÃO NA PUBLICAÇÃO
SINDICATO NACIONAL DOS EDITORES DE LIVROS, RJ

S674q
13. ed.
v. 2

Solomons, T. W. Graham
Química orgânica, volume 2 / T. W. Graham Solomons, Craig B. Fryhle, Scott A. Snyder ; tradução e revisão técnica Edilson Clemente da Silva ... [et al.]. - 13. ed. - Rio de Janeiro : LTC, 2024.

Tradução de: Organic chemistry
Inclui índice
ISBN 978-85-216-3889-6

1. Química orgânica. I. Fryhle, Craig B. II. Snyder, Scott A. III. Silva, Edilson Clemente da. VI. Título.

24-92322 CDD: 547
CDU: 547

Meri Gleice Rodrigues de Souza - Bibliotecária - CRB-7/6439

Para Deanna. CBF
Para Cathy, Sebastian e Meredith. SAS

T. W. Graham Solomons, o primeiro autor deste livro, faleceu em 2021. Como autores responsáveis pela continuidade da obra, dedicamos esta edição a ele. Graham deu vida a este livro em 1976. Ele nasceu de seu zelo em ensinar química orgânica da melhor maneira que pudesse ser ensinada. Era apaixonado por ajudar os estudantes a aprender esse assunto fascinante e importante. O sucesso de Graham resultou, em última análise, não apenas por ser um professor aclamado, mas também por ser um escritor meticuloso e preciso. Como coautores, fomos muito beneficiados com sua orientação e desfrutamos de muitos anos de trabalho escolar e colaborativo que compartilhamos com ele na continuação da missão de inspirar os estudantes. Em homenagem ao compromisso de Graham em ensinar e escrever, e ao seu amor pela química orgânica, dedicamos esta edição de *Química Orgânica* à sua memória.

Craig B. Fryhle

Scott A. Snyder

Sumário Geral

VOLUME 1

VOLUME 2

Sumário

18 Reações no Carbono α de Compostos Carbonilados: Enóis e Enolatos 256

19 Reações de Condensação e de Adição Conjugada de Compostos Carbonilados: Mais Química de Enolatos 295

20 Aminas 340

24 Aminoácidos e Proteínas 506

25 Ácidos Nucleicos e Síntese de Proteínas 553

Prefácio

Qual É a Sua Molécula Orgânica Favorita?

Qual é a sua molécula orgânica favorita? Esta é uma pergunta que pode não ter passado pela sua mente, mas pretendemos mudar isso. Existem muitas boas razões para você ter uma molécula favorita (ou várias!), dado o impacto delas no mundo. Na verdade, algumas delas iniciaram guerras, outras sustentaram e prolongaram a vida humana, e muitas mudaram profundamente os hábitos da sociedade moderna. Uma escolha para a molécula orgânica favorita poderia ser a vancomicina, um antibiótico de última geração, que aparece na capa do nosso livro. Moléculas como vancomicina, aspirina, penicilina e muitos outros compostos com atividade medicinal salvaram a vida de milhões de pessoas ao longo do século passado. Outras, como a quinina, o primeiro tratamento contra a malária, eram tão escassas que surgiram conflitos humanos acerca do seu fornecimento.

As moléculas orgânicas também sustentam a vida fornecendo a energia metabólica em nossas células, a estrutura dos nossos tecidos e o arquivo da nossa informação genética. Talvez a sua molécula favorita possa ser um aminoácido como o triptofano, ou um dos blocos de construção do ácido nucleico DNA ou RNA. Talvez você saboreie os doces momentos da vida e escolha um carboidrato como a frutose ou a sacarose, ou se você gosta do lado picante da vida, opte por uma molécula como a capsaicina, proveniente da pimenta. Talvez os prazeres simples da vida o levem a escolher um neurotransmissor como a dopamina. E, quer uma molécula orgânica seja natural ou sintética, não há dúvida de que ela teve impacto no nosso mundo. Algumas delas também tiveram sérias implicações ambientais, como os clorofluorocarbonos e alguns polímeros. Embora esses compostos tenham tornado possíveis muitos aspectos da vida moderna, seus efeitos nocivos inspiraram os químicos a desenvolverem alternativas melhores e mais sustentáveis. Um polímero biodegradável favorito pode ser o polietilenoglicol (PEG), utilizado na fabricação de algumas vacinas e produtos farmacêuticos, ou o ácido poliláctico (PLA), usado em alguns plásticos biodegradáveis. Então, se sua preferência é por moléculas pequenas ou grandes, ou simples ou complexas, existem muitos candidatos favoritos possíveis.

Contudo, para ter uma molécula orgânica favorita você precisa, como estudante, entender os princípios básicos da estrutura, propriedades moleculares e reatividade. Nosso livro tem como objetivo guiá-lo clara e logicamente por esse processo. Não apenas nos esforçamos para ajudá-lo a desenvolver uma apreciação pela beleza e pelo poder que a química orgânica tem para melhorar o nosso mundo, mas também queremos ajudá-lo a aprimorar suas habilidades de pensamento crítico, resolução de problemas e análise. Não importa como você pretende fazer a diferença em seu futuro, seja em áreas que vão desde cuidados com a saúde até o meio ambiente e a engenharia, a química orgânica desempenha um papel central – e é provável que algumas de suas moléculas favoritas também.

Como autores e profissionais que exploram a pesquisa de ponta em química sintética, certamente temos mais moléculas favoritas do que poderíamos colocar em uma lista restrita. Queremos estimular os estudantes a desenvolverem suas próprias listas de moléculas favoritas e até listas de reações favoritas que poderiam ser usadas para sintetizá-las. Com esse objetivo, colocamos nossos corações e mentes para fazer algumas mudanças importantes e impactantes nesta 13ª edição de *Química Orgânica*.

Novidades Desta Edição

Informações Novas e Atualizadas sobre a Relevância da Química Orgânica As aplicações da química são, muitas vezes, o que desperta o estudante para o seu valor e o desejo de aprendê-la. Nosso texto sempre foi enfático em traçar as conexões entre a química e a vida e continuamos a desenvolvê-lo dessa forma. Adicionamos material novo sobre vários tópicos, incluindo a relevância das forças intermoleculares na resposta imunológica e das vacinas, como a da covid-19, a química da respiração (anidrase carbônica), as maneiras como a conjugação e a complexação afetam a cor das lagostas e como os polímeros biodegradáveis são usados para estabilizar vacinas e produtos farmacêuticos.

Química e Meio Ambiente

A química tem um papel central a desempenhar na saúde e na qualidade do nosso ambiente. Todos temos conhecimento de casos em que processos químicos prejudicaram o meio ambiente, tais como a maneira como os clorofluorocarbonos contribuíram para a formação do buraco na camada de ozônio, a maneira como a produção de polímeros não degradáveis levou a resíduos plásticos onipresentes ou os efeitos de pesticidas tóxicos. Porém, os químicos estão trabalhando diligentemente de modo a utilizar a química para melhorar o meio ambiente e tornar processos químicos ambientalmente mais benignos. Para ajudar os estudantes a estarem conscientes dos aspectos positivos e negativos da química, tornamos algumas das nossas referências existentes à química e ao meio ambiente mais explícitas nos títulos de alguns tópicos e outras destacadas em uma nova seção denominada "Química & Meio Ambiente". Talvez essas ênfases inspirem todos que usam nosso livro para dedicar mais energia para a descoberta da próxima geração de soluções.

Pedagogia e Métodos

À medida que os estilos de ensino e aprendizagem evoluem e melhores práticas são identificadas por meio de estudos aprofundados sobre a educação em química, ajustamos nossa apresentação para melhorar o fluxo e a eficiência de nossos conteúdos. Assim, foram feitas atualizações pedagógicas em temas relativos ao cálculo de cargas formais, à introdução da notação de setas curvas e ao uso e significado das estruturas de ressonância. Incorporamos métodos úteis para realizar transformações de rotina, como a desidratação de álcoois primários usando $POCl_3$, e revisamos o conteúdo para refletir o entendimento atual dos processos químicos, como, por exemplo, as determinações recentes de que a substituição nucleofílica aromática (S_NAr) ocorre na maioria dos casos por meio de um processo concertado, em vez do mecanismo em etapas, que era o esteio dos livros didáticos havia décadas. Também melhoramos a representação de mecanismos estabelecidos há muito tempo, como aqueles para condensações aldólicas catalisadas por ácido e reações de acoplamento da carbodi-imida. Muitas outras mudanças específicas podem passar despercebidas, a menos que se faça uma comparação aprofundada do conteúdo anterior, mas fizemos inúmeros ajustes e melhorias para aperfeiçoar o fluxo e a eficiência de nossa apresentação em todos os capítulos do livro. Isto inclui a incorporação de muitas estruturas químicas novas para substituir um nome por uma estrutura ou melhorar a aparência de uma estrutura existente, ajudando os estudantes a se envolverem com o conteúdo e a se concentrarem mais prontamente nos princípios fundamentais.

É Necessário um Consultor Químico

A maioria dos capítulos contém agora um conjunto envolvente de novos problemas intitulados "É Necessário um Consultor Químico". Esses problemas são extraídos da literatura química primária (as citações são fornecidas) e oferecem oportunidades fascinantes para os estudantes se aprofundarem em como a química que eles aprenderam se aplica a processos nos quais um "consultor químico", com seu nível de conhecimento, poderia fornecer esclarecimento. Nesses problemas, os estudantes ganham experiência trabalhando com estruturas polifuncionais mais complexas, e aprendem a encontrar e focar visualmente as áreas em que acontece uma transformação fundamental.

Fortalecimento Pedagógico Contínuo

Compartilhamos os mesmos objetivos e motivações de nossos colegas: dar aos estudantes a melhor experiência que podem ter na química orgânica. Queremos que eles aprendam bem a química orgânica e vejam as maneiras maravilhosas de como ela afeta nossas vidas diariamente. Também queremos ajudar os estudantes a desenvolver suas habilidades de **pensamento crítico**, **resolução de problemas** e **análise** – muito importantes no mundo de hoje, não importa que carreiras eles vierem a escolher. Além dos aspectos novos e atualizados da nossa 13ª edição, o livro dá continuidade ao nosso esforço para servir os estudantes com uma série de pontos de fortalecimento pedagógico contínuo.

Mecanismos: Mostrando Como as Reações Funcionam O sucesso do estudante em química orgânica depende da compreensão dos mecanismos. Fazemos tudo o que podemos para garantir que os nossos boxes de mecanismos contenham todos os detalhes necessários para ajudar os estudantes a aprender e compreender como as reações funcionam. Ao longo dos anos, revisores disseram que nosso livro se destaca por retratar mecanismos de forma clara e precisa. Isso continua a ser verdade na 13ª edição. Também usamos uma **abordagem mecanicista** ao introduzir novos tipos de reação, de modo que os estudantes possam compreender as generalidades e apreciar temas comuns. Por exemplo, nossos capítulos sobre a química da carbonila são organizados de acordo com os temas mecanísticos de adição nucleofílica, substituição de acila e reatividade no carbono α. Temas mecanísticos também são enfatizados em relação às reações de adição de alqueno, oxidação e redução, e substituição aromática eletrofílica.

Um Mecanismo para a Reação

Adição de HBr ao 2-Metilpropeno

Esta reação ocorre:

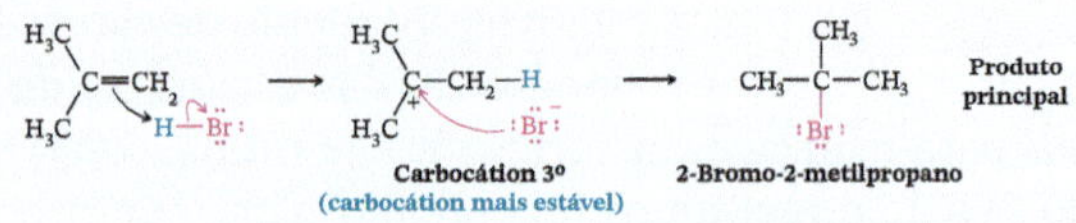

Esta reação *não ocorre* em nenhuma extensão apreciável:

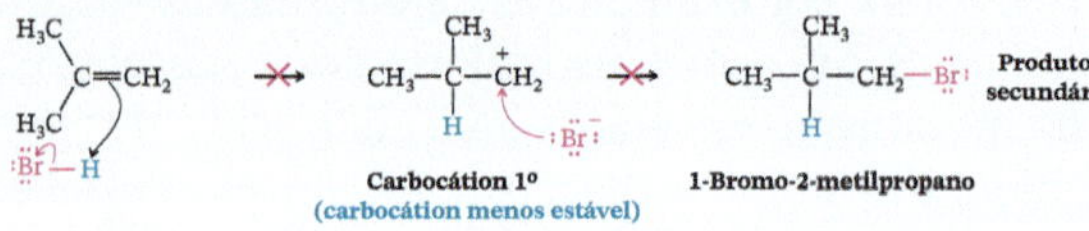

Apresentação dos Fundamentos Mais Cedo, Chegando à Essência do Tema Mais Rapidamente

Certas ferramentas são absolutamente primordiais para o sucesso em química orgânica, entre elas, a capacidade de representar fórmulas estruturais de forma rápida e correta. Fornecemos instruções a respeito da estrutura de Lewis, ligações covalentes e fórmulas estruturais em bastão, a fim de que os estudantes desenvolvam suas habilidades nessa área de maneira unificada e coerente. Ensinamos setas curvas e estruturas de ressonância logo após estrutura e isômeros no Capítulo 1 para que os estudantes comecem a aplicar esses conceitos imediatamente. Com os princípios de estrutura em mãos, ensinamos aos estudantes as famílias de grupos funcionais no Capítulo 2. Então, a química ácido-base de Lewis e de Brønsted-Lowry é fundamental para o sucesso dos estudantes. Apresentamos uma abordagem simplificada e altamente eficiente para o domínio desses conceitos no Capítulo 3.

Organização de Tópicos de Substituição e Eliminação Nucleofílica

Alguns professores consideram pedagogicamente vantajoso apresentar e avaliar o conhecimento de seus estudantes sobre reações de substituição nucleofílica antes de discutirem as reações de eliminação. Seguindo o conselho de alguns revisores, apresentamos o Capítulo 6, *Reações Nucleofílicas: Propriedades e Reações de Substituição de Haletos de Alquila*, e o Capítulo 7, *Alquenos e Alquinos I: Propriedades e Síntese. Reações de Eliminação dos Haletos de Alquila*, de uma forma que permita ao professor realizar uma pausa programada após o Capítulo 6 para fazer uma avaliação sobre a substituição, ou ir diretamente para o Capítulo 7 nas reações de eliminação, se assim desejar.

Eficiência Aromática A cobertura das reações de substituição aromática (Capítulo 15) inclui de forma eficiente reações de substituição aromática eletrofílica, nucleofílica e benzino em um capítulo. Informações atualizadas também são fornecidas sobre o mecanismo de substituição aromática nucleofílica (S_NAr).

Sedimentação do Conhecimento pela Resolução de Problemas Os atletas e os músicos sabem que a prática faz a perfeição. O mesmo acontece com a química orgânica. Os estudantes precisam trabalhar todos os tipos de problemas para aprender química. Nosso livro possui mais de 1400 problemas que os estudantes podem usar para sedimentar seus conhecimentos. Os **Problemas Resolvidos** ajudam os estudantes a aprender por onde começar. Os **Problemas de Revisão** os ajudam a aprimorar suas habilidades e guardar seus conhecimentos na memória enquanto leem um capítulo. Os **Problemas de Fim de Capítulo** ajudam os estudantes a reforçar sua aprendizagem, concentrar-se em áreas específicas e avaliar seu nível de habilidade geral em relação ao material daquele capítulo. Os **Problemas para Trabalho em Grupo** envolvem os estudantes na síntese de informações e conceitos e podem ser usados para facilitar a aprendizagem colaborativa em pequenos grupos ou servir como uma atividade que demonstra o domínio dos estudantes em relação a um conjunto integrado de princípios.

PROBLEMA RESOLVIDO 3.3

Identifique o eletrófilo e o nucleófilo na reação vista a seguir, e adicione setas curvas para indicar o fluxo de elétrons para as etapas de formação e quebra de ligação.

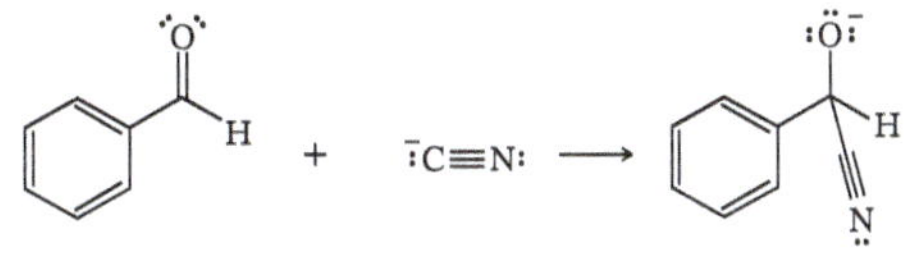

Estratégia e Resposta

O carbono aldeídico é eletrófilo devido à eletronegatividade do oxigênio da carbonila. O ânion cianeto atua como uma base de Lewis e é o nucleófilo, doando um par de elétrons para a carbonila e fazendo com que o par de elétrons se desloque para o oxigênio, de modo que nenhum átomo tenha mais do que um octeto de elétrons.

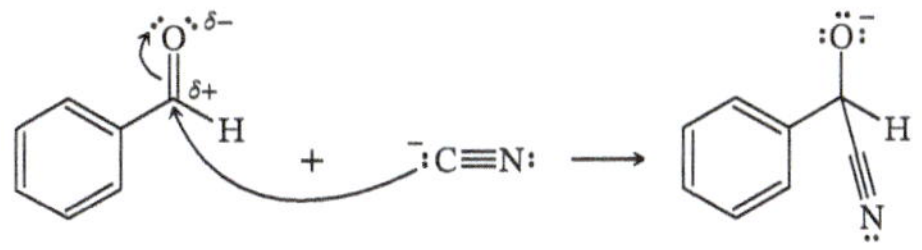

PROBLEMA DE REVISÃO 3.4

Utilize setas curvas para escrever a reação que você espera que ocorra entre $(CH_3)_2NH$ e o trifluoreto de boro. Identifique o ácido de Lewis, a base de Lewis, o nucleófilo, o eletrófilo e atribua as cargas formais apropriadas.

Construção de Moléculas e Habilidades de Pensamento Crítico

Pensamento crítico e habilidade de análise são fundamentais para a resolução de problemas e para a vida. Problemas de síntese orgânica em etapas múltiplas são perfeitamente adequados para aprimorar essas habilidades. É por isso que apresentamos a seção **Sintetizando o Material** ao fim de alguns capítulos. Esses problemas aprimoram as capacidades analíticas dos estudantes em síntese e retrossíntese e os ajudam a resumir seu conhecimento integrando reações químicas que aprenderam ao longo do curso. Os problemas envolvem transformações sintéticas em múltiplas etapas e produtos desconhecidos, ou moléculas-alvo cujos precursores os estudantes devem deduzir por análise retrossintética. Muitas vezes, os problemas dessa seção recorrem a reagentes e transformações abordados nos capítulos anteriores. Assim, enquanto os estudantes trabalham na síntese de um material químico, eles também estão "sintetizando" conhecimento. O duplo sentido em **Sintetizando o Material** não deve ser perdido no éter!

Um Forte Equilíbrio entre os Métodos Sintéticos Os estudantes precisam aprender métodos de síntese orgânica que são úteis, tão ecológicos quanto possível e que estejam situados de forma estruturada no contexto geral. Embora o cerne da síntese orgânica envolva reações clássicas de substituição, eliminação, adição e oxidação-redução, condições e reações específicas também desempenham papéis importantes. Nesse sentido, quando relevantes, incluímos transformações como a oxidação de Swern (Seção 12.4), método que fornece uma alternativa menos tóxica para as oxidações com cromato, as epoxidações de Jacobsen e Sharpless (nos boxes *A Química de...*), a redução de Wolff-Kishner (Seção 16.8C) e a oxidação de Baeyer-Villiger (Seção 16.12). Todas elas são métodos cuja importância foi comprovada pelo teste do tempo. Contudo, um balanço moderno da metodologia sintética deve incluir também reações com metais de transição para formação da ligação carbono-carbono. Assim, damos uma cobertura geral às reações de compostos organometálicos de metais de transição no Capítulo 21, conforme será descrito a seguir.

Complexos Organometálicos de Metais de Transição: Responsáveis pelas Principais Reações de Formação de Ligações Os químicos orgânicos experimentais confiam no poder dos complexos de metais de transição para formar ligações carbono-carbono. Assim, o Capítulo 21, *Complexos de Metais de Transição*, traz aos estudantes uma introdução equilibrada e manejável sobre os complexos organometálicos de metais de transição e seu emprego na síntese orgânica. Começamos o capítulo com uma introdução à estrutura e às etapas mecanísticas comuns de reações envolvendo compostos organometálicos de metais de transição. Em seguida, apresentamos o essencial de importantes reações de acoplamento cruzado, como as reações de Heck–Mizoroki, Suzuki–Miyaura, Stille, Sonogashira, dialquilcuprato (Gilman) e reações de metátese de olefinas em um nível prático e útil para estudantes de graduação. Planejamos intencionalmente o capítulo para que os professores, se desejarem, possam abordar diretamente as aplicações práticas dessas reações importantes, ignorando informações de cunho mais geral sobre complexos de metais de transição.

Um Mecanismo para a Reação

Reação de Heck-Mizoroki Usando um Haleto de Arila como Substrato

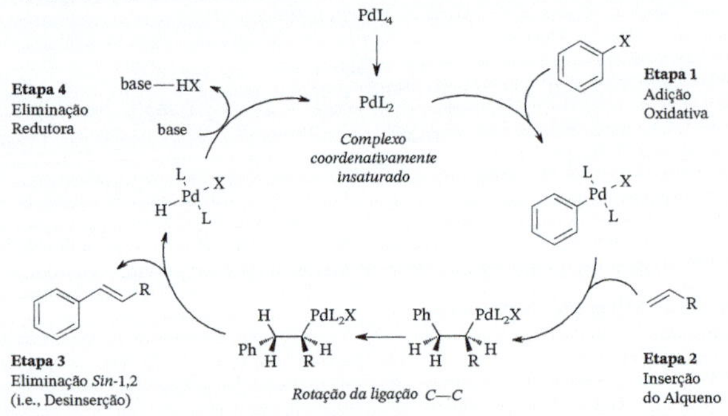

"Por que Esses Tópicos São Importantes?" Apresentamos cada capítulo com uma chamada intrigante na abertura e um exemplo cativante de química orgânica no encerramento. A abertura do capítulo procura aguçar a curiosidade do estudante, tanto para a química essencial daquele capítulo quanto para o "prêmio" que vem no encerramento do capítulo sob a forma da vinheta "*Por que Esses Tópicos São Importantes?*". Esses encerramentos consistem em fascinantes pedras preciosas de química orgânica que decorrem de pesquisas relacionadas com aspectos médicos, ambientais e outros da química orgânica no mundo à nossa volta, bem como da história da ciência. Eles mostram a rica relevância do que os estudantes aprenderam em aplicações que dizem respeito diretamente às nossas vidas e ao nosso bem-estar. Por exemplo, no Capítulo 6, a abertura fala de alguns benefícios e desvantagens de se fazer substituições em uma receita e, em seguida, compara essas mudanças com as reações de deslocamento nucleofílico que, de modo semelhante, permitem aos químicos alterarem as moléculas e suas propriedades. O fim do capítulo mostra como exatamente essa reatividade permitiu que cientistas convertessem o simples açúcar de mesa em um adoçante artificial que é 600 vezes mais doce, mas não tem nenhuma caloria! Da mesma forma, no Capítulo 21, sobre metais de transição, a seção de encerramento apresenta alguns exemplos da moderna química de funcionalização da ligação C–H, destacando aos estudantes a vanguarda do campo.

Ideias Fundamentais Destacadas pelo Símbolo "•" A extensão do conteúdo da química orgânica pode ser esmagadora para os estudantes. Para ajudá-los a se concentrarem nos tópicos mais essenciais, as ideias fundamentais são enfatizadas pelo símbolo • que aparece ao longo de todas as seções. Ao prepararmos esses destaques, refinamos os conceitos apropriados em afirmativas simples que transmitem as ideias essenciais de forma acurada e clara. Entretanto, nenhum tópico é apresentado dessa forma caso sua integridade seja diminuída pela supersimplificação.

Seções "Como" Os estudantes precisam dominar importantes habilidades para dar apoio ao seu aprendizado conceitual. As seções "Como", ao longo do texto, oferecem instruções passo a passo que guiam os estudantes na execução de importantes tarefas, tais como usar setas curvas, desenhar conformações em cadeira, planejar uma síntese de Grignard, determinar cargas formais, escrever estruturas de Lewis e usar espectros de RMN de ^{13}C e de ^{1}H para determinar estruturas.

Resumo e Ferramentas de Revisão Ao fim de cada capítulo, a seção Resumo e Ferramentas de Revisão oferece roteiros e estruturas de orientação visual que os estudantes podem utilizar para ajudar na organização e assimilação dos conceitos à medida que estudam e reveem o conteúdo do capítulo. Destinados a acomodar diversos estilos de aprendizado, eles incluem Conexões Sintéticas, Mapas Conceituais, Revisão de Mecanismos e boxes detalhados das seções Um Mecanismo para a Reação, já mencionados. Também apresentamos Dicas Úteis e ilustrações ricamente comentadas ao longo de todo o texto.

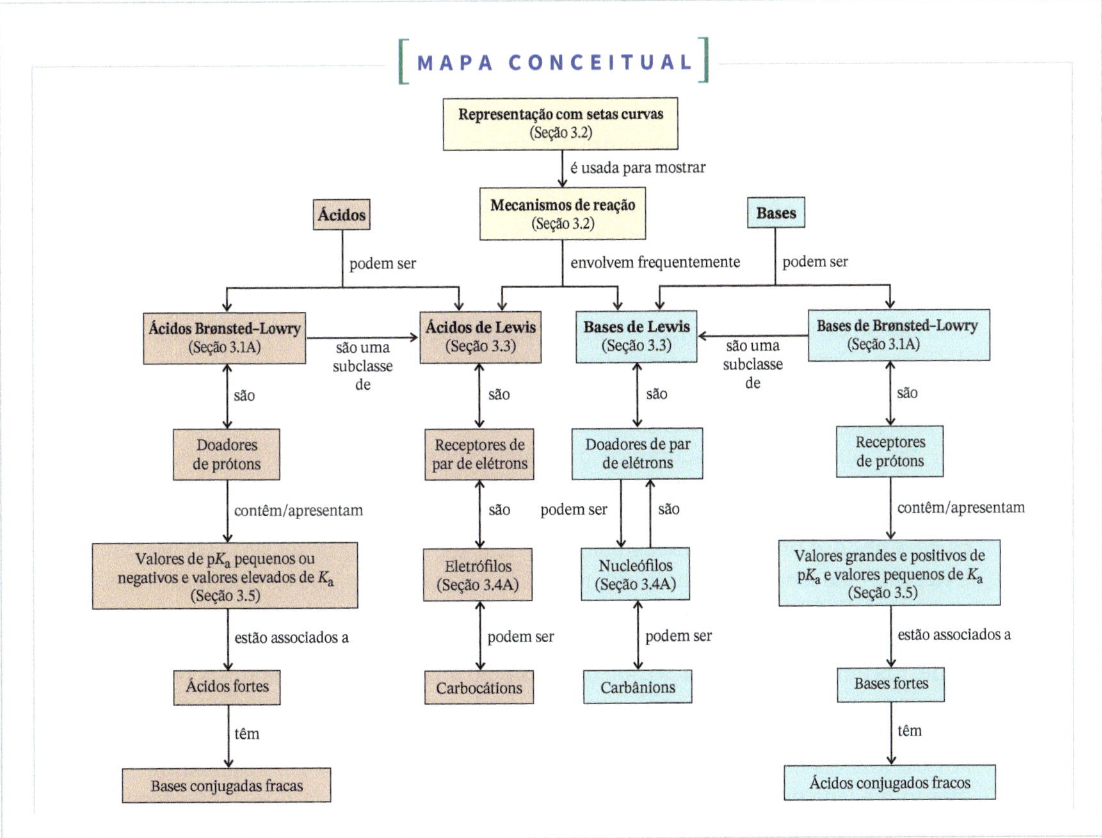

A Química de . . . Praticamente todo professor tem a meta de mostrar aos estudantes como a química orgânica se relaciona com a área de estudo deles e com sua experiência cotidiana na vida. Os autores ajudam seus colegas oferecendo boxes intitulados "*A Química de...*", que fornecem exemplos interessantes e focados integrando o estudante com o conteúdo do capítulo. Nesta edição, modernizamos vários desses boxes e adicionamos adjetivos aos títulos (como Medicinal, Ambiental e Industrial) para destacar ainda mais o impacto variado que a química orgânica pode ter no mundo moderno.

Foco nos Aspectos Práticos da Espectroscopia Estudantes em um curso introdutório de química orgânica precisam saber como usar dados espectroscópicos para explorar a estrutura mais do que precisam entender os fundamentos teóricos da espectroscopia. Para esse fim, reduzimos o Capítulo 9, *Ressonância Magnética Nuclear e Espectrometria de Massa: Ferramentas para Determinação Estrutural*, colocando aspectos da instrumentação e da teoria de RMN. Ao mesmo tempo, mantivemos a ênfase na utilização da espectroscopia como uma sonda para o conhecimento da estrutura, continuando a introduzir o IV no Capítulo 2, *Famílias de Compostos de Carbono: Grupos Funcionais, Forças Intermoleculares e Espectroscopia no Infravermelho (IV)*, no qual os estudantes podem aprender a correlacionar facilmente grupos funcionais com suas respectivas impressões no infravermelho e usar esses dados de IV para problemas em capítulos subsequentes.

Organização – Ênfase nos Temas Fundamentais e Comuns

Grande parte da química orgânica é intuitiva e pode ser generalizada se os estudantes dominam e aplicam alguns conceitos fundamentais. Aí reside a beleza da química orgânica. Se os estudantes aprenderem os princípios essenciais, verão que a memorização não é necessária para ter sucesso na matéria.

O mais importante para os estudantes é ter um sólido entendimento de estrutura – de hibridização e geometria, impedimento estérico, eletronegatividade, polaridade, cargas formais e ressonância – de modo que eles possam desenvolver o sentido intuitivo dos mecanismos. É com esses tópicos que iniciamos o Capítulo 1. No Capítulo 2, introduzimos as famílias de grupos funcionais, de forma que os estudantes tenham uma base na qual aplicar esses conceitos. Também introduzimos as forças intermoleculares e a espectroscopia no infravermelho (IV), uma ferramenta decisiva para a identificação de grupos funcionais. Ao longo do livro, incluímos modelos calculados de orbitais moleculares, superfícies de densidade eletrônica e mapas de potencial eletrostático. Esses modelos intensificam o apreço dos estudantes pelo papel da estrutura nas propriedades e na reatividade.

Iniciamos nosso estudo dos mecanismos no contexto da química ácido-base no Capítulo 3. As reações ácido-base são fundamentais para as reações orgânicas e prestam-se à introdução de diversos tópicos de importância que os estudantes necessitam logo no início do curso: (1) notação com setas curvas para ilustrar os mecanismos; (2) relação entre variações de energia livre e constantes de equilíbrio; e (3) importância dos efeitos indutivos e de ressonância e dos efeitos dos solventes.

No Capítulo 3, apresentamos o primeiro dos muitos boxes "Um Mecanismo para a Reação", utilizando um exemplo que incorpora a definição de Brønsted-Lowry e de Lewis para ácidos e bases. Ao longo de todo o livro, empregamos boxes como esses para mostrar os detalhes dos principais mecanismos de reação. Todos os boxes de "Um Mecanismo para a Reação" são listados no sumário, no início do livro, para que os estudantes possam facilmente localizá-los quando desejarem.

Um tema central de nossa abordagem é enfatizar a relação entre estrutura e reatividade. Eis por que escolhemos uma organização que combina os recursos mais úteis de uma abordagem de grupo funcional com aqueles de uma com base em mecanismos de reação. Nossa filosofia é enfatizar mecanismos e princípios fundamentais, enquanto apresentamos aos estudantes os aspectos essenciais dos grupos funcionais para aplicarem seu conhecimento mecanístico e sua intuição. Os aspectos estruturais da nossa abordagem mostram aos estudantes o que é a química orgânica. Os aspectos mecanísticos da nossa abordagem mostram a eles como ela se desenvolve. E onde quer que surja uma oportunidade mostramos-lhes como ela se comporta nos sistemas vivos e no mundo físico que nos rodeia.

Resumidamente, nosso trabalho reflete o compromisso que temos como professores de fazer o melhor que podemos para ajudar os estudantes a aprender química orgânica e observar como eles podem aplicar seu conhecimento para melhorar nosso mundo. As características persistentes do nosso livro provaram ao longo dos anos que ajudam os estudantes a aprender química orgânica. As mudanças feitas em nossa 13ª edição tornam a matéria ainda mais acessível e relevante. Os estudantes que utilizarem os auxílios para aprendizagem existentes no texto e resolverem os problemas terão garantido o êxito em química orgânica.

Agradecimentos

Somos gratos especialmente às seguintes pessoas que fizeram revisões detalhadas e participaram de grupos que auxiliaram no preparo desta nova edição de Química Orgânica.

ARIZONA

Cindy Browder, *Northern Arizona University*
Tony Hascall, *Northern Arizona University*

ARKANSAS

Kenneth Carter, *University of Central Arkansas*
Sean Curtis, *University of Arkansas-Fort Smith*

CALIFÓRNIA

Thomas Bertolini, *University of Southern California*
Rebecca Broyer, *University of Southern California*
Paul Buonora, *California State University-Long Beach*
Steven Farmer, *Sonoma State University*
Andreas Franz, *University of the Pacific*
John Spence, *California State University Sacramento*
Daniel Wellman, *Chapman University*
Pavan Kadandale, *University of California Irvine*
Jianhua Ren, *University of the Pacific*
Harold (Hal) Rogers, *California State University Fullerton*
Liang Xue, *University of the Pacific*

CANADÁ

Jeremy Wulff, *University of Victoria*
France-Isabelle Auzanneau, *University of Guelph*

CAROLINA DO NORTE

Erik Alexanian, *University of North Carolina-Chapel Hill*
Brian Love, *East Carolina University*
Jim Parise, *Duke University*
Cornelia Tirla, *University of North Carolina-Pembroke*
Wei You, *University of North Carolina-Chapel Hill*

CAROLINA DO SUL

Carl Heltzel, *Clemson University*

CONNECTICUT

Andrew Karatjas, *Southern Connecticut State University*

DAKOTA DO NORTE

Karla Wohlers, *North Dakota State University*

DAKOTA DO SUL

Grigoriy Sereda, *University of South Dakota*

FLÓRIDA

Evonne Rezler, *Florida Atlantic University*
Solomon Weldegirma, *University of South Florida*

GEÓRGIA

Christine Whitlock, *Georgia Southern University*

IDAHO

Owen McDougal, *Boise State University*
Todd Davis, *Idaho State University*
Joshua Pak, *Idaho State University*

ILLINOIS

Valerie Keller, *University of Chicago*
Richard Nagorski, *Illinois State University*

INDIANA

Paul Morgan, *Butler University*

IOWA

Ned Bowden, *University of Iowa*
Olga Rinco, *Luther College*

KENTUCKY

Mark Blankenbuehler, *Morehead State University*

LOUISIANA

Marilyn Cox, *Louisiana Tech University*
August Gallo, *University of Louisiana-Lafayette*
Sean Hickey, *University of New Orleans*
Kevin Smith, *Louisiana State University*

MASSACHUSETTS

Philip Le Quesne, *Northeastern University*
Samuel Thomas, *Tufts University*

MICHIGAN

Scott Ratz, *Alpena Community College*
Ronald Stamper, *University of Michigan*

MINNESOTA

Eric Fort, *University of St. Thomas*

MISSISSIPPI

Douglas Masterson, *University of Southern Mississippi*
Gerald Rowland, *Mississippi State University*

NOVA JERSEY

Bruce Hietbrink, *Richard Stockton College*
David Hunt, *The College of New Jersey*
Subash Jonnalagadda, *Rowan University*
Robert D. Rossi, *Gloucester County College*

NOVA YORK

Brahmadeo Dewprashad, *Borough of Manhattan Community College*
Barnabas Gikonyo, *State University of New York-Geneseo*
Joe LeFevre, *State University of New York-Oswego*
Galina Melman, *Clarkson University*
Gloria Proni, *City College of New York-Hunter College*

NOVO MÉXICO

Donald Bellew, *University of New Mexico*

OHIO

Neil Ayres, *University of Cincinnati*
Benjamin Gung, *Miami University*
Allan Pinhas, *University of Cincinnati*
Joel Shulman, *University of Cincinnati*

OKLAHOMA

Donna Nelson, *University of Oklahoma-Norman Campus*

PENSILVÂNIA

Joel Ressner, *West Chester University of Pennsylvania*

TENNESSEE

Ramez Elgammal, *University of Tennessee Knoxville*
Scott Handy, *Middle Tennessee State University*
Aleksey Vasiliev, *East Tennessee State University*

TEXAS

Jeff Allison, *Austin Community College Hays Campus*
Shawn Amorde, *Austin Community College*
Jennifer Irvin, *Texas State University-San Marcos*

WISCONSIN

Elizabeth Glogowski, *University of Wisconsin Eau Claire*
Tehshik Yoon, *University of Wisconsin-Madison*

Muitas pessoas ajudaram nesta edição e temos muito a agradecer a cada uma delas. Agradecemos a Sean Hickey (University of New Orleans) pela revisão e ajuda nos Materiais Suplementares da edição original. Somos gratos a Alan Shusterman (Reed College) e Warren Hehre (Wavefunction, Inc.) pela ajuda nas edições anteriores no que diz respeito às explicações dos mapas de potencial eletrostático e outros modelos moleculares calculados. Gostaríamos também de agradecer àqueles cientistas que permitiram o uso ou a adaptação de figuras de suas pesquisas como ilustrações para diversos tópicos em nosso livro.

Um livro deste escopo não poderia ser produzido sem o excelente apoio de muitas pessoas da John Wiley and Sons, Inc. Sladjana Bruno, Editor Associado, conduziu o início da 13ª edição. Agradecemos a ela por seu sólido apoio ao longo de várias edições. A mão firme e o compromisso de longa data de Jennifer Yee, editora sênior da Wiley, também desempenharam um papel fundamental nesta edição, tal como feito em várias outras edições. Agradecemos a Mary Donovan, Andrew Moore e Ashley Patterson pelo cuidado e gerenciamento habilidoso do trabalho na 13ª edição, assim como Anju Joshi pela atenção cuidadosa aos detalhes durante a produção. Agradecemos antecipadamente a Sean Willey por todos os seus esforços para comercializar e contar a história de nosso texto para aqueles que vão adotar este livro. Agradecemos a Wendy Lai pelo desenvolvimento de um formato limpo, claro e acessível do nosso texto. Somos gratos a todas essas pessoas e a outras pessoas nos bastidores da Wiley pelas habilidades e dedicação que forneceram para levar este livro a bom termo. Por fim, desejamos agradecer a Philipp Gemmel e Elizabeth W. Kelley (ambos da University of Chicago) por sua revisão e comentários do texto principal à medida que ele se aproximava de sua forma final; suas atenções cuidadosas aos detalhes garantirão que os estudantes tenham uma experiência tão envolvente e livre de erros quanto possível.

CBF gostaria de agradecer a Deanna, que tem sido uma parceira constante na sua vida desde que estudaram química juntos décadas atrás. Ele também agradece às filhas pelo apoio que demonstraram ao longo dos muitos anos de trabalho neste livro. Sua mãe, cujo modelo de empenho acadêmico continua, e o pai, que compartilhou muitas dicas relacionadas com a ciência, sempre foram inspiradores.

SAS gostaria de agradecer aos seus pais, seus orientadores, seus colegas e seus estudantes por tudo o que fizeram para inspirá-lo. Acima de tudo, ele gostaria de agradecer à sua esposa Cathy por tudo que ela faz e por seu apoio irrestrito.

CRAIG B. FRYHLE
SCOTT A. SNYDER

Sobre os Autores

T. W. GRAHAM SOLOMONS (falecido) graduou-se no The Citadel e concluiu seu doutorado em química orgânica na Duke University, em 1959, onde trabalhou com C. K. Bradsher. Em seguida, fez pós-doutorado na Sloan Foundation, na University of Rochester, onde trabalhou com V. Boekelheide. Em 1960, tornou-se membro fundador da University of South Florida e, em 1973, professor de Química. Em 1992, foi eleito professor emérito. Em 1994, foi professor visitante na Faculté des Sciences Pharmaceutiques et Biologiques, na Université René Descartes (Paris V). Foi membro das irmandades Sigma Csi, Fi Lâmbda Ípsilon e Sigma Pi Sigma. Obteve verbas de pesquisa da Research Corporation e do American Chemical Society Petroleum Research Fund. Durante vários anos, foi diretor de um Programa de Participação em Pesquisa de Graduandos patrocinado pela National Science Foundation (NSF) na University of South Florida. Suas pesquisas foram realizadas nas áreas de química heterocíclica e compostos aromáticos não usuais. Publicou artigos no *Journal of the American Chemical Society*, no *Journal of Organic Chemistry* e no *Journal of Heterocyclic Chemistry*. Recebeu diversos prêmios por distinção em ensino. Seus livros didáticos de química orgânica têm sido amplamente utilizados há mais de 30 anos e foram traduzidos para francês, japonês, chinês, coreano, malaio, árabe, português, espanhol, turco e italiano. O professor Solomons faleceu em outubro de 2021. Ele deixa sua esposa, Judith, sua filha, que trabalha na conservação/restauração de prédios, e um filho, que é pesquisador em bioquímica.

CRAIG BARTON FRYHLE é professor de Química na Pacific Lutheran University, onde trabalhou como chefe de departamento por aproximadamente 15 anos. Graduou-se pela Gettysburg College e é Ph.D. pela Brown University. Sua experiência nessas instituições moldou sua dedicação à orientação de graduandos em química e em ciências humanas, uma de suas maiores paixões. É membro da American Chemical Society. Suas pesquisas concentram-se nas áreas relacionadas com o caminho reacional do ácido chiquímico, incluindo modelagem molecular e espectrometria de RMN de substratos e análogos, bem como em estudos de estrutura e reatividade do caminho reacional de enzimas chiquimato usando marcação isotópica e espectrometria de massa. Orienta muitos graduandos em pesquisas, alguns dos quais posteriormente tornaram-se Ph.D. e ingressaram em universidades ou na indústria. Participou de *workshops* para incentivar a participação de graduandos em pesquisas e tomou parte como convidado na equipe destinada a intensificar a pesquisa de graduação em química promovida pela National Science Foundation. Recebeu financiamento de pesquisa e instrumentação da National Science Foundation, do M. J. Murdock Charitable Trust e de outras fundações privadas. Seu trabalho no ensino de química, além de sua coautoria em livros didáticos, envolve a incorporação de monitoria em sala de aula e estratégias em química orgânica baseadas em tecnologia. Ele também desenvolveu experimentos para estudantes de graduação em laboratório de química orgânica e nas disciplinas de análise instrumental. É voluntário no programa de ciência prática em escolas públicas de Seattle e chefia o Puget Sound Section da American Chemical Society. Sua paixão pelo alpinismo o levou a escalar vários picos altos em diversas partes do mundo. Mora com a esposa em Seattle, onde eles acompanham a vida das suas duas filhas conforme se desenrolam em novos caminhos e lugares.

SCOTT A. SNYDER cresceu nos subúrbios de Buffalo, NY, e fez sua graduação no Williams College, onde se graduou *summa cum laude* em 1999. Ele prosseguiu seus estudos de doutorado no Scripps Research Institute em La Jolla, CA, sob a orientação de K. C. Nicolaou e com apoio do programa de bolsa da NSF, Pfizer e Bristol-Myers-Squibb. Naquela época, foi coautor, com seu orientador de doutorado, do livro-texto para graduação *Classics in Total Synthesis II*. Fez parte do programa de pós-doutorado do NIH nos laboratórios de E. J. Corey, na Harvard University. Em 2006, Scott iniciou sua carreira independente na Columbia University, mudou-se para o Scripps Research Institute em seu campus Jupiter, FL, em 2013 e, em 2015, assumiu sua posição atual como professor de Química na University of Chicago. Pesquisa na área de síntese total de produtos naturais, particularmente no domínio de polifenóis únicos, alcaloides, terpenos e materiais halogenados. Até hoje, já orientou mais de 100 estudantes nos níveis de ensino médio, graduação, pós-graduação e pós-doutorado, e é coautor de mais de 90 artigos de pesquisa e revisão, além de ter proferido quase 250 palestras em todo o mundo. Scott recebeu uma série de prêmios e honrarias, como Eli Lilly Grantee Award, Bristol-Myers-Squibb Unrestricted Grant Award, Alfred P. Sloan Foundation Fellowship, DuPont Young Professor Award, Arthur C. Cope Scholar Award, da American Chemical Society, e uma cátedra da Swiss Chemical Society. Recebeu também prêmios em reconhecimento por sua atividade de ensino, entre eles o Cottrell Scholar Award da Research Corporation for Science Advancement. Ele mora com sua esposa, Cathy, e e seus filhos, Sebastian e Meredith, em Chicago, onde gosta de fazer jardinagem, cozinhar, andar de bicicleta, correr e assistir filmes.

Aos Estudantes

Ao contrário do que você possa ter ouvido falar, a química orgânica não precisa ser um curso difícil, mas será rigorosa e desafiadora. Todavia, você vai aprender mais nessa disciplina do que em qualquer outro curso que fizer – e o que aprender terá relevância especial para a vida e para o mundo à sua volta. No entanto, como a química orgânica pode ser abordada de forma lógica e sistemática, você descobrirá que, mediante a adoção de hábitos de estudo apropriados, dominá-la pode ser uma experiência profundamente gratificante. A seguir, apresentamos algumas sugestões sobre como estudar:

1. **Mantenha seus estudos em dia – nunca deixe acumular.** A química orgânica é uma disciplina na qual uma ideia quase sempre se baseia em outra anterior. Portanto, é essencial que você se mantenha em dia, ou, melhor ainda, que esteja um pouco adiantado em relação ao seu professor. O ideal é tentar ficar um dia à frente da aula do seu professor, preparando a sua própria aula. Assim, a aula teórica será muito mais útil, porque você já terá algum entendimento da matéria em questão.
2. **Estude a matéria em pequenas unidades e tenha certeza de que entendeu cada seção nova antes de passar para a seguinte.** Novamente, por causa da natureza cumulativa da química orgânica, seus estudos serão muito mais efetivos se você assimilar cada ideia nova à medida que ela aparecer e tentar entendê-la completamente antes de passar para o conceito seguinte.
3. **Resolva todos os problemas do capítulo, inclusive os problemas selecionados.** Uma das maneiras de verificar seu progresso é resolver cada um dos problemas do capítulo à medida que eles aparecem. Esses problemas foram escritos exatamente com essa finalidade e elaborados para ajudá-lo a decidir se entendeu ou não a matéria que acabou de ser explicada. Você ainda deverá estudar cuidadosamente os Problemas Resolvidos. Se entender um problema resolvido e conseguir resolver o problema correlato existente no capítulo, então poderá prosseguir; caso contrário, deverá retornar e estudar a matéria precedente novamente. Resolva também todos os problemas do fim do capítulo selecionados por seu professor. É útil ter um caderno para trabalhos de casa. Quando você se encontrar com seu professor para tirar dúvidas, leve esse caderno e mostre a ele sua tentativa em resolver os problemas.
4. **Escreva enquanto você estuda.** Escreva as reações, mecanismos, estruturas, e assim por diante, muitas e muitas vezes. A química orgânica é mais bem assimilada por meio da escrita, em vez da simples visualização, ou destacando material no texto ou consultando fichas com resumos. Há uma boa razão para isso. Estruturas, mecanismos e reações orgânicas são complexos. Se você simplesmente examiná-los, pode achar que os compreendeu na íntegra, mas esta será uma percepção errada. O mecanismo de reação pode fazer sentido de certa maneira, mas você precisa de um entendimento mais profundo. Precisa saber a matéria integralmente, de modo a poder explicá-la para outra pessoa. Esse nível de entendimento só é acessível à maioria de nós (aqueles que não possuem memória fotográfica) por intermédio da escrita. Somente escrevendo o mecanismo de reação realmente atentamos para os seus detalhes, tais como que átomos estão interligados, que ligações se quebram em uma reação e quais se formam, e os aspectos tridimensionais das estruturas. Quando escrevemos reações e mecanismos, nossos cérebros fazem conexões que propiciam a memória de longa duração necessária para o sucesso na química orgânica. Podemos praticamente garantir que sua nota na disciplina será diretamente proporcional ao número de folhas de papel preenchidas enquanto você estuda durante o semestre.
5. **Aprenda ao ensinar e explicar.** Estude com seus colegas e pratique explicando os conceitos e mecanismos uns para os outros. Use os Problemas para Trabalho em Grupo e outros exercícios que seu professor considerar adequados para ensinar e aprender interativamente com seus colegas de grupo.
6. **Use modelos moleculares quando estudar.** Devido à natureza tridimensional da maioria das moléculas orgânicas, os modelos moleculares podem ser uma ajuda inestimável para a sua compreensão. Quando você precisar visualizar o aspecto tridimensional de um tópico em particular, procure trabalhar com um *kit* de modelos moleculares, como o da Molecular Visions™.

(planta doméstica) Chansom Pantip/123 RF; (cenoura) Robyn Mackenzie/iStockphoto; (jeans azul) Billion Photos/Shutterstock.com

Sistemas Insaturados Conjugados

O que as cores de uma planta, de uma cenoura, de seus jeans preferidos e nossa capacidade de ver têm em comum? Tudo isso é resultado das moléculas que têm uma sequência de ligações duplas e simples alternadas. Esse padrão de ligação leva a um fenômeno conhecido como conjugação. Os compostos conjugados incluem o β-caroteno, que produz a cor laranja das cenouras, a clorofila a, que é o pigmento verde que realiza a fotossíntese, e o índigo, o pigmento que dá aos jeans azuis sua cor característica. É a conjugação das ligações duplas e a maneira pela qual esses compostos interagem com a luz (tanto visível quanto ultravioleta) que produz suas cores. Além disso, essas moléculas também possuem aspectos exclusivos de reatividade, pois os ânions, os cátions e as espécies radicalares formadas a partir delas possuem estabilidade acima da normal. Como resultado, elas podem participar de um espectro amplo e singular na química orgânica.

NESTE CAPÍTULO, VAMOS ESTUDAR:

- A conjugação e estruturas de ressonância com base em radicais, cátions e ânions
- As propriedades físicas singulares dos sistemas conjugados, principalmente conforme observadas pela espectroscopia UV-Vis
- Uma transformação especial, chamada de reação de Diels–Alder, que pode combinar moléculas conjugadas conhecidas como 1,3-dienos com certos parceiros criando anéis de seis membros que contêm até quatro novos centros quirais

POR QUE ESSES TÓPICOS SÃO IMPORTANTES?

No fim do capítulo, vamos ver como Otto Diels e Kurt Alder identificaram pela primeira vez a reação que mais tarde levaria seus nomes e valeu para eles o Prêmio Nobel, observando que ela quase foi descoberta por uma série de outras pessoas que faziam o mesmo tipo de química, mas não puderam imaginar o que tinham produzido!

13.1 Introdução

Em sua essência, um **sistema conjugado** envolve no mínimo um átomo com um orbital *p* adjacente a no mínimo uma ligação π. O átomo adjacente com o orbital *p* pode ser parte de outra ligação π, como no 1,3-butadieno, ou um radical, um cátion ou um ânion, intermediário de uma reação. Se a espécie deriva especificamente de um grupo propenila, um nome comum para esse grupo é **alila**. De forma mais geral, quando estamos considerando um radical, um cátion ou um ânion que é adjacente a uma ou mais ligações π em uma molécula que não o propeno, a posição adjacente é chamada **alílica**. A seguir apresentamos a fórmula do butadieno, híbridos de ressonância para o radical alila e um **carbocátion alílico**, bem como as representações dos orbitais moleculares para cada uma das espécies.

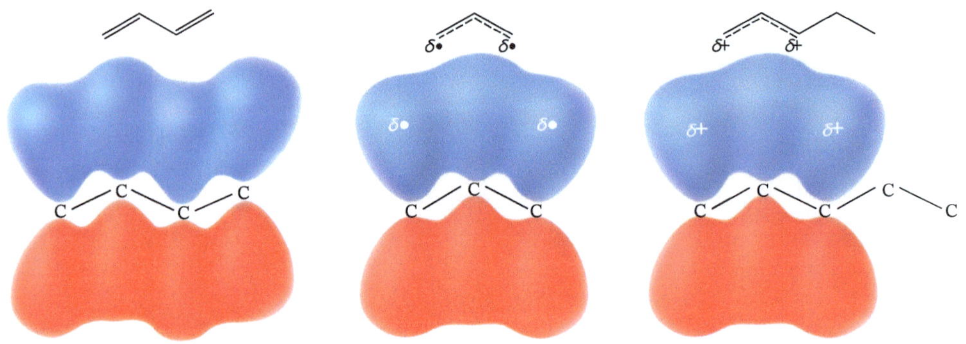

1,3-butadieno (um dieno conjugado) **Radical alila** **Um carbocátion alílico**

A substituição de um radical em uma posição alílica, conforme vimos no Capítulo 10, é especialmente favorável precisamente porque o radical intermediário é parte de um sistema conjugado.

PROBLEMA RESOLVIDO 13.1

Identifique todas as posições possuindo átomos de hidrogênio alílicos na criptoxantina (um pigmento natural).

Estratégia e Resposta

Os átomos de hidrogênio alílicos na criptoxantina são encontrados em carbonos com hibridização sp^3 adjacentes a ligações π. Essas posições estão assinaladas com quadrados na fórmula vista a seguir.

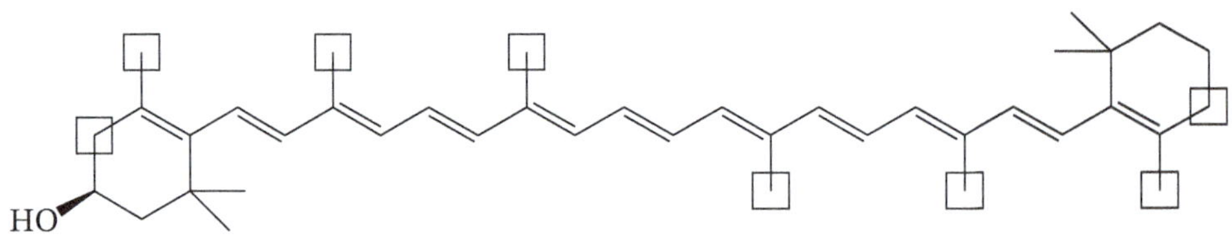

Criptoxantina (com posições contendo átomos de hidrogênio alílicos assinaladas com quadrados)

13.2 Estabilidade do Radical Alila

Uma explicação da estabilidade do radical alila pode ser abordada de duas maneiras: em termos da teoria do orbital molecular e em termos da teoria de ressonância (Seção 1.8). Como veremos em breve, ambas as abordagens fornecem descrições equivalentes do radical alila. A abordagem de orbital molecular é mais fácil de visualizar, de modo que começaremos com ela. (Como preparação para esta seção, é interessante rever a teoria do orbital molecular apresentada nas Seções 1.11 e 1.13.)

13.2A Descrição do Radical Alila por Meio da Teoria do Orbital Molecular

À medida que um átomo de hidrogênio alílico é retirado do propeno (veja o diagrama a seguir), o átomo de carbono do grupo metila com hibridização sp^3 muda o seu estado de hibridização para sp^2 quando ele se torna um radical (veja a Seção 10.6). O orbital p desse novo átomo de carbono com hibridização sp^2 sobrepõe-se ao orbital p do átomo de carbono central.

- No radical alila três orbitais p sobrepõem-se para formar um conjunto de orbitais moleculares π que circundam todos os três átomos de carbono.
- Dizemos que o novo orbital p do radical alila é *conjugado* com os orbitais da ligação dupla, e que o radical alila é um *sistema insaturado conjugado*.

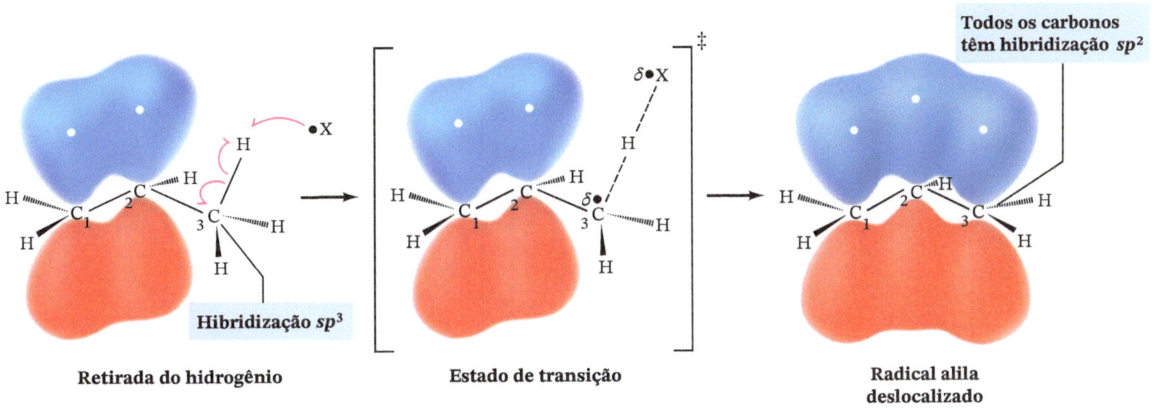

- O elétron desemparelhado do radical alila e os dois elétrons da ligação π estão **deslocalizados** sobre todos os três átomos de carbono.

A deslocalização do elétron desemparelhado explica a maior estabilidade do radical alila comparada aos radicais primário, secundário e terciário. Apesar de ocorrer alguma deslocalização nos radicais primário, secundário e terciário, ela não é tão efetiva porque ocorre apenas através da hiperconjugação (Seção 6.11B) com ligações σ.

O diagrama na **Fig. 13.1** ilustra como os três orbitais p do radical alila se combinam para formar três orbitais moleculares π. (*Observe:* O número de orbitais moleculares que resulta é sempre igual ao número de orbitais atômicos que se combinam para formá-los; veja a Seção 1.11.) O orbital molecular π ligante é o de mais baixa energia; ele circunda todos os três átomos de carbono e é ocupado por dois elétrons com spins emparelhados. Esse orbital π ligante é o resultado de existirem orbitais p com lóbulos de mesmo sinal sobrepondo-se entre átomos de carbono adjacentes. Esse tipo de sobreposição, como recordamos, aumenta a densidade eletrônica π nas regiões entre os átomos onde ela é necessária para a ligação. O orbital π não ligante é ocupado por um elétron desemparelhado e tem um nó no átomo de carbono central. Esse nó significa que o elétron desemparelhado está localizado somente nas vizinhanças dos átomos de carbono 1 e 3. O orbital molecular π antiligante resulta quando os lóbulos dos orbitais de sinais opostos sobrepõem-se entre os átomos de carbono adjacentes. Essa sobreposição significa que no orbital molecular π antiligante existe um nó entre cada par de átomos de carbono. Esse orbital antiligante do radical alila é de mais alta energia e está vazio no estado fundamental do radical.

Podemos ilustrar a figura do radical alila fornecida pela teoria do orbital molecular com a seguinte estrutura de ressonância híbrida:

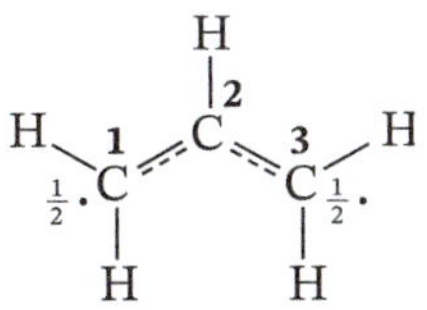

Indicamos com linhas tracejadas que ambas as ligações carbono–carbono são ligações duplas parciais. Isso acomoda uma das afirmativas da teoria do orbital molecular: *que existem elétrons*

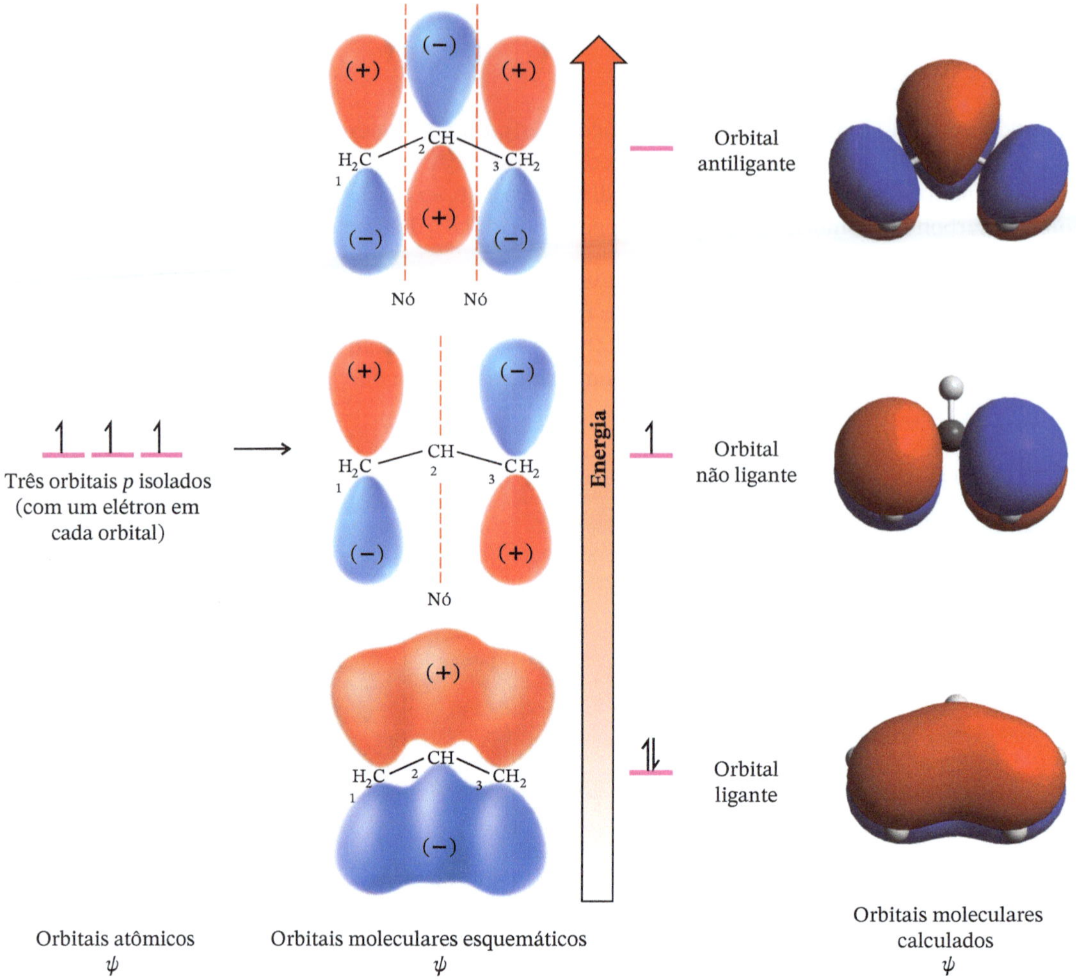

FIGURA 13.1 Combinação dos três orbitais *p* para formar três orbitais moleculares π no radical alila. O orbital molecular π ligante é formado pela combinação dos três orbitais *p* com lóbulos de mesmo sinal se sobrepondo acima e abaixo do plano dos átomos. O orbital molecular π não ligante tem um nó em C2. O orbital molecular π antiligante tem dois nós: entre C1 e C2 e entre C2 e C3. As formas dos orbitais moleculares para o radical alila, calculadas usando-se princípios da mecânica quântica, são mostradas ao lado dos orbitais esquemáticos.

π distribuídos entre os três átomos. Colocamos também o símbolo $\frac{1}{2}$ ao lado dos átomos C1 e C3. Isso indica uma segunda afirmativa da teoria do orbital molecular: *que a densidade eletrônica do elétron desemparelhado é igual nas vizinhanças de C1 e C3*. Finalmente, implícito na figura do orbital molecular do radical alila está que as duas extremidades do radical alila são *equivalentes*. Esse aspecto da descrição do orbital molecular está também implícito na fórmula que acabamos de fornecer.

13.2B Descrição da Ressonância do Radical Alila

Uma estrutura que podemos escrever para o radical alila é **A**:

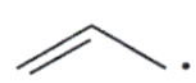

A

No entanto, poderíamos também ter escrito a estrutura equivalente, **B**:

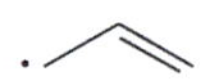

B

Ao escrevermos a estrutura **B**, não significa que simplesmente pegamos a estrutura **A** e a invertemos. Não movemos os núcleos. O que fizemos foi mover os elétrons da seguinte maneira:

A teoria da ressonância (Seção 1.8) nos diz que sempre que pudermos escrever duas estruturas para uma entidade química ***que difiram apenas nas posições dos elétrons***, a entidade não pode ser representada por nenhuma das estruturas sozinha, mas, sim, por um *híbrido* das duas. Podemos representar o híbrido de duas maneiras. Podemos escrever ambas as estruturas **A** e **B** e ligá-las por uma seta de cabeça dupla, a seta especial que utilizamos para indicar que elas são estruturas de ressonância:

A **B**

Ou podemos escrever uma única estrutura híbrida, **C**, que mistura as características de ambas as estruturas de ressonância:

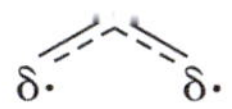

C

Vemos, então, que a teoria da ressonância nos fornece exatamente a mesma figura do radical alila que obtivemos da teoria do orbital molecular. A estrutura **C** descreve as ligações carbono–carbono do radical alila como ligações duplas parciais. As estruturas de ressonância **A** e **B** nos dizem também que o elétron desemparelhado está associado apenas com os átomos C1 e C3. Indicamos isso na estrutura **C** colocando um δ ao lado de C1 e C3. Uma vez que as estruturas de ressonância **A** e **B** são equivalentes, a densidade eletrônica do elétron desemparelhado é compartilhada igualmente por C1 e C3.

Outra regra na teoria da ressonância é a seguinte:

- Sempre que **estruturas de ressonância** equivalentes puderem ser escritas para uma espécie química, a espécie química é muito mais estável do que qualquer estrutura de ressonância (quando considerada sozinha) indicaria.

Se fôssemos examinar **A** ou **B** sozinha, poderíamos decidir erroneamente que ela se assemelha a um radical primário. Assim, poderíamos estimar a estabilidade do radical alila como aproximadamente aquela de um radical primário. Ao fazermos isso, subestimaríamos em muito a estabilidade do radical alila. A teoria da ressonância nos diz, no entanto, que, uma vez que **A** e **B** são *estruturas de ressonância equivalentes,* o radical alila deve ser muito mais estável do que qualquer uma das duas, isto é, muito mais estável do que um radical primário. Isso se correlaciona com o que os experimentos mostraram ser verdade: **o radical alila é até mais estável do que um radical terciário**.

Devemos destacar que uma estrutura que indicaria um elétron desemparelhado no carbono central do sistema alílico, conforme mostrado aqui, não é propriamente uma estrutura de ressonância, pois a teoria da ressonância afirma que todas as estruturas de ressonância devem ter o mesmo número de elétrons desemparelhados (Seção 13.4A). Tal estrutura apresenta três elétrons desemparelhados, ao passo que as outras estruturas de ressonância para o radical alila têm um único elétron desemparelhado:

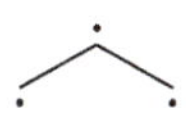

Uma estrutura de ressonância incorreta

PROBLEMA RESOLVIDO 13.2

Submetendo o propeno, marcado com ^{13}C no carbono 1, à cloração alílica (veja a seguir) obtemos uma mistura 50 : 50 de 1-cloropropeno marcado em C1 e em C3. Escreva um mecanismo que explique esse resultado. (Um asterisco * próximo ao átomo de carbono indica que o átomo de carbono é ^{13}C.)

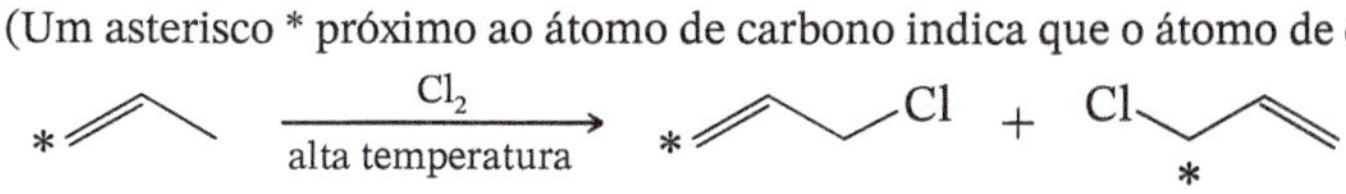

Estratégia e Resposta

Lembramos (Seção 10.8A) que o mecanismo para cloração alílica envolve a formação de um radical estabilizado por ressonância criado através da retirada de um átomo de hidrogênio alílico por um átomo de cloro. Como o radical formado nesse caso é um híbrido de duas estruturas (que são equivalentes, exceto pela posição do marcador), ele pode reagir com o Cl_2 em qualquer das extremidades dando uma mistura 50 : 50 dos produtos marcados diferentemente.

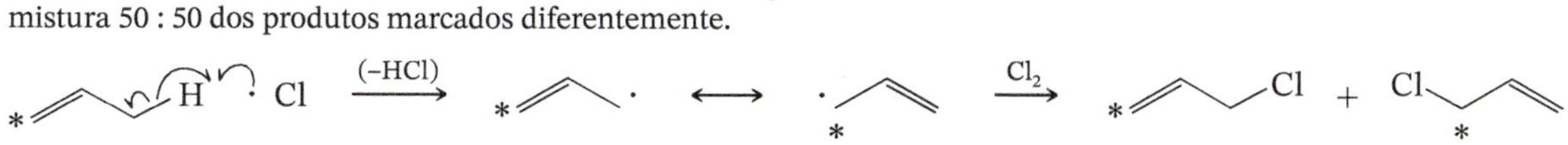

50% **50%**

PROBLEMA DE REVISÃO 13.1

Considere a bromação alílica do ciclo-hexeno marcado em C3 com ^{13}C. Desprezando os estereoisômeros, que produtos você esperaria dessa reação?

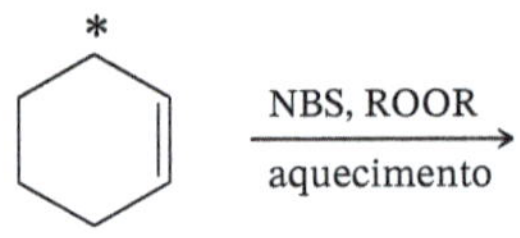

(* = posição marcada com ^{13}C)

13.3 Cátion Alila

Carbocátions podem também ser alílicos.

- O **cátion (propenila) alila** (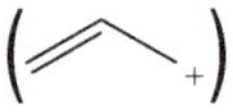) é até mais estável do que um carbocátion secundário e é quase tão estável quanto um carbocátion terciário.

Em termos gerais, a ordem relativa das estabilidades dos carbocátions é aquela vista a seguir.

Ordem relativa da estabilidade dos carbocátions

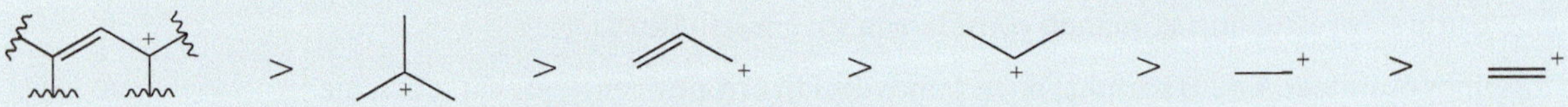

Alílico substituído > **3º** > **Alila** > **2º** > **1º** > **Vinila**

A descrição do cátion alila através da teoria do orbital molecular é mostrada na **Fig. 13.2**.

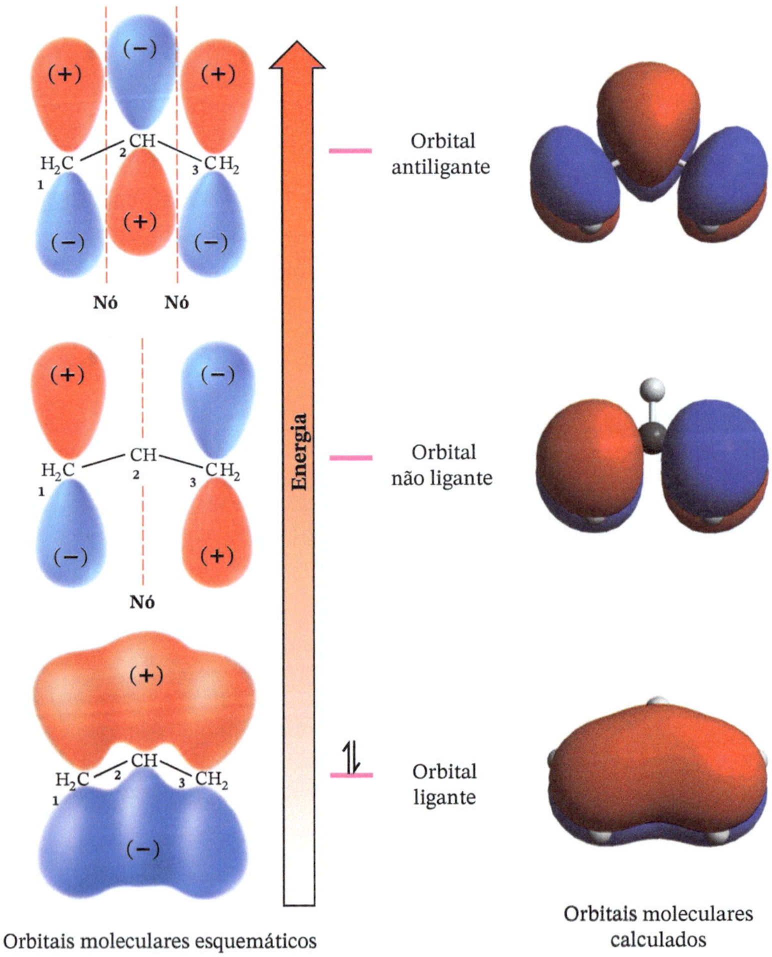

FIGURA 13.2 Orbitais moleculares π do cátion alila. O cátion alila, assim como o radical alila (Fig. 13.1), é um sistema insaturado conjugado. As formas dos orbitais moleculares para o cátion alila calculados utilizando os princípios da mecânica quântica são mostradas ao lado dos orbitais esquemáticos.

O orbital molecular π ligante do cátion alila, assim como o do **radical alila** (Fig. 13.1), contém dois elétrons com spins emparelhados. Entretanto, o orbital molecular π não ligante do cátion alila está vazio.

A teoria da ressonância representa o cátion alila como um híbrido das estruturas **D** e **E** vistas a seguir:

D **E**

Uma vez que **D** e **E** são estruturas de ressonância *equivalentes*, a teoria da ressonância prevê que o cátion alila deve ser anormalmente estável. Como a carga positiva está localizada no C3 em **D** e no C1 em **E**, a teoria da ressonância também nos diz que a carga positiva deve estar deslocalizada sobre ambos os átomos de carbono. O átomo de carbono 2 não contém nenhuma carga positiva. A estrutura híbrida **F** inclui a carga e as características de ligação tanto de **D** quanto de **E**:

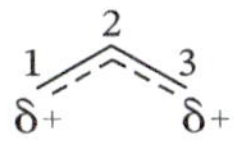

F

PROBLEMA RESOLVIDO 13.3

O brometo de alila (3-bromo-1-propeno) forma facilmente um carbocátion. Por exemplo, ele sofre reações S_N1. Explique esta observação.

Estratégia e Resposta

A ionização do brometo de alila (à direita) produz um cátion alila que é anormalmente estável (muito mais estável do que um simples carbocátion primário) porque ele é estabilizado por ressonância.

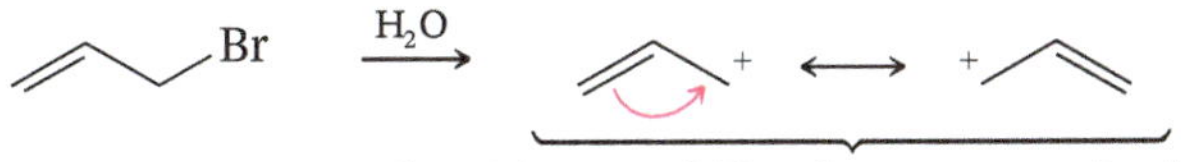

Carbocátion estabilizado por ressonância

PROBLEMA DE REVISÃO 13.2

(a) Desenhe estruturas de ressonância para o carbocátion que poderia ser formado a partir do trifluorometanossulfonato de (E)-2-butenila.

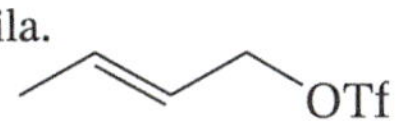

(b) Uma das estruturas de ressonância para esse carbocátion será um contribuidor mais importante para o híbrido de ressonância do que a outra estrutura. Que estrutura de ressonância teria a maior contribuição?

(c) Que produtos você esperaria se esse carbocátion reagisse com um íon cloreto?

13.4 Revisão da Teoria da Ressonância

Já utilizamos a teoria da **ressonância** em capítulos anteriores e neste capítulo ela está sendo utilizada extensivamente porque estamos descrevendo radicais e íons com elétrons (e cargas) deslocalizados em ligações π. A teoria da ressonância é especialmente útil em sistemas como esses, e a utilizaremos de novo e novamente nos capítulos que se seguem. Na Seção 1.8, tivemos uma introdução à teoria da ressonância e uma apresentação inicial de algumas regras para se escrever estruturas de ressonância. Pode ser útil agora, à luz de nossas discussões anteriores sobre a estabilidade relativa de carbocátions e radicais, e de nosso crescente entendimento de sistemas conjugados, revisar e expandir aquelas regras, bem como aquelas para os modos pelos quais estimamos a contribuição relativa que determinada estrutura terá para o híbrido global.

DICA ÚTIL

A ressonância é uma ferramenta importante que usamos frequentemente quando discutimos estrutura e reatividade.

13.4A Como Escrever Estruturas de Ressonância Apropriadas

1. **As estruturas de ressonância existem apenas no papel.** Apesar de elas não terem existência real própria, as **estruturas de ressonância** são úteis porque elas nos permitem descrever moléculas, radicais e íons para os quais uma única estrutura de Lewis é inadequada. Em vez disso, escrevemos duas ou mais estruturas de Lewis, chamando-as de estruturas de ressonância ou contribuintes de ressonância. Associamos essas estruturas através de setas de cabeça dupla (⟷) e dizemos que o híbrido de todas elas representa a molécula, o radical, ou o íon real.

2. **Ao escrever as estruturas de ressonância, temos permissão de mover apenas os elétrons.** As posições dos núcleos dos átomos têm de permanecer as mesmas em todas as estruturas. A estrutura **3** não é uma estrutura de ressonância para o cátion alílico, por exemplo, porque, para formá-la, teríamos que mover um átomo de hidrogênio e isto não é permitido:

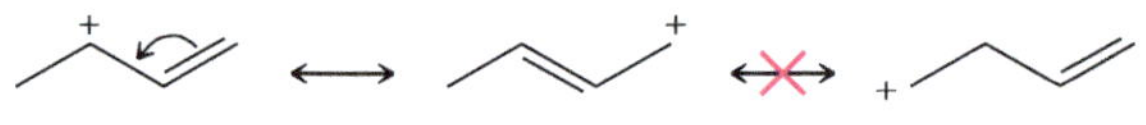

1 **2** **3**

Estas são estruturas de ressonância para o cátion alílico formado quando o 1,3-butadieno recebe um próton.

Esta não é uma estrutura de ressonância apropriada para o cátion alílico, porque um átomo de hidrogênio foi deslocado.

Falando em termos gerais, quando movemos os elétrons, movemos apenas aqueles das ligações π (como no exemplo anterior) e aqueles não compartilhados.

3. **Todas as estruturas têm de ser estruturas de Lewis apropriadas.** Não devemos escrever estruturas nas quais o carbono tenha cinco ligações, por exemplo:

Este deslocamento daria um carbono com 10 elétrons.

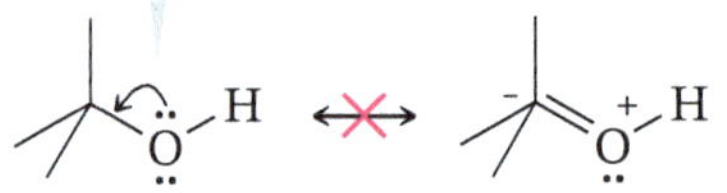

Esta não é uma estrutura de ressonância apropriada para o *terc*-butanol, porque o carbono tem cinco ligações. Os elementos do primeiro período da tabela periódica não podem ter mais do que oito elétrons em seus níveis de valências.

4. **Todas as estruturas de ressonância têm de ter o mesmo número de elétrons desemparelhados.** A estrutura da direita não é uma estrutura de ressonância apropriada para o radical alila porque contém três elétrons desemparelhados e o radical alila contém apenas um:

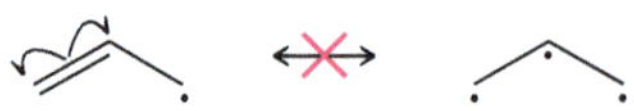

Esta não é uma estrutura de ressonância apropriada para o radical alila, porque ela não contém o mesmo número de elétrons desemparelhados que o $CH_2{=}CHCH_2$•.

5. **Todos os átomos que são uma parte do sistema de elétrons π deslocalizados têm de se localizar em um plano ou ser aproximadamente planos.** Por exemplo, o 2,3-di-*terc*-butila-1,3-butadieno comporta-se como um dieno *não conjugado* porque os grandes grupos *terc*-butila torcem a estrutura e impedem que as ligações duplas se localizem no mesmo plano. Uma vez que eles não estão no mesmo plano, os

orbitais *p* no C2 e no C3 não se sobrepõem e a deslocalização (e, consequentemente, a ressonância) é impedida:

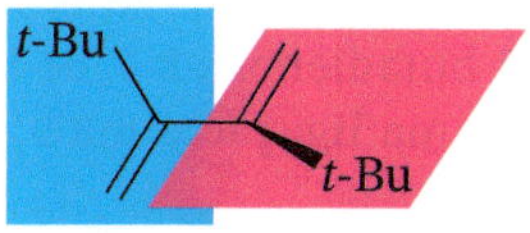

2,3-di-*terc*-butila-1,3-butadieno

6. **A energia da molécula real é mais baixa do que a energia que poderia ser prevista para qualquer estrutura contribuinte.** O cátion alila real, por exemplo, é mais estável do que seria indicado por qualquer uma das estruturas **4** ou **5**, se elas fossem consideradas separadamente. As estruturas **4** e **5** se assemelham a carbocátions primários e, ainda assim, o cátion alila é mais estável (tem menor energia) do que um carbocátion secundário. Os químicos frequentemente chamam esse tipo de estabilização de *estabilização de ressonância:*

4 **5**

No Capítulo 14, descobriremos que o benzeno é altamente estabilizado por ressonância porque ele é um híbrido das duas formas equivalentes que se seguem:

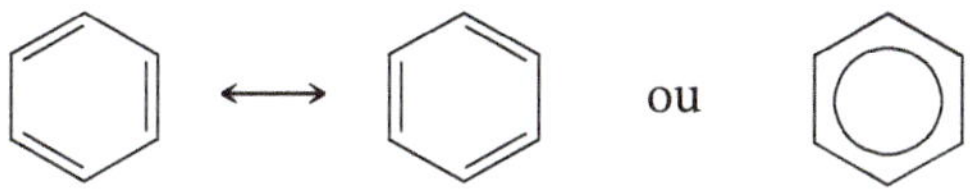

Estruturas de ressonância para o benzeno **Representação do híbrido**

7. **Estruturas de ressonância equivalentes contribuem igualmente para o híbrido, e um sistema descrito por elas tem uma estabilização de ressonância grande.** As estruturas **4** e **5**, vistas anteriormente, contribuem igualmente para o cátion alílico porque elas são equivalentes. Elas também fazem uma grande contribuição estabilizadora e justificam os cátions alílicos serem anormalmente estáveis. O mesmo pode ser dito sobre as contribuições feitas pelas estruturas equivalentes **A** e **B** (Seção 13.2B) para o radical alila.
8. **Quanto mais estável é uma estrutura (quando considerada isoladamente), maior é a sua contribuição para o híbrido.** As estruturas que não são equivalentes não contribuem igualmente. Por exemplo, o cátion visto a seguir é um híbrido das estruturas **6** e **7**. A estrutura **6** faz uma contribuição maior do que a **7** porque a estrutura **6** é um carbocátion alílico terciário mais estável, enquanto a estrutura **7** é um cátion alílico primário:

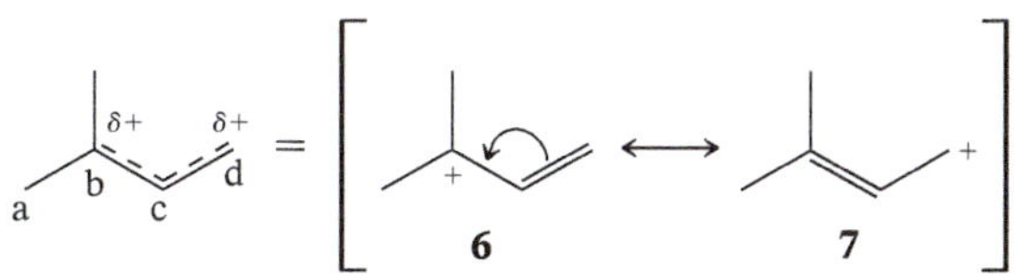

O fato de **6** fazer uma contribuição maior significa que a carga parcial positiva no carbono b do híbrido será maior do que a carga parcial positiva no carbono d. Isso significa também que a ligação entre os átomos de carbono c e d será mais parecida com uma ligação dupla do que a ligação entre os átomos de carbono b e c.

13.4B Como Estimar a Estabilidade Relativa das Estruturas dos Contribuintes de Ressonância

As seguintes regras nos ajudarão a tomar decisões sobre as estabilidades relativas das estruturas de ressonância.

a. **Quanto mais ligações covalentes uma estrutura tem, mais estável ela é.** Isso é exatamente o que esperaríamos porque sabemos que a formação de uma ligação covalente diminui a energia dos átomos. Isto significa que, das estruturas vistas a seguir para o 1,3-butadieno, a **8** é, de longe, a mais estável e faz a maior contribuição por conter uma ligação a mais. (Ela também é mais estável pela razão fornecida na regra **c.**)

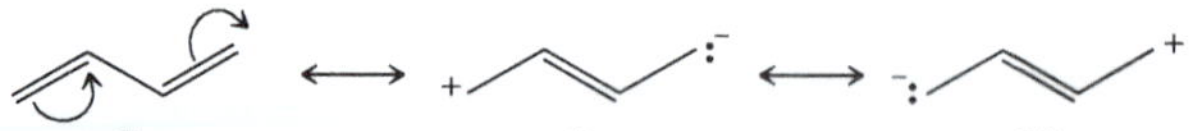

8 **9** **10**

Esta estrutura é a mais estável, porque ela contém mais ligações covalentes.

b. **As estruturas nas quais todos os átomos têm uma camada de valência de elétrons completa (isto é, a estrutura do gás nobre) são especialmente estáveis e fazem grandes contribuições para o híbrido.** De novo, isso é o que esperaríamos a partir do que sabemos sobre ligação. Isso significa, por exemplo, que **12** faz uma contribuição estabilizadora maior para o cátion visto a seguir do que **11**, porque todos os átomos de **12** têm uma camada de valência completa. (Observe também que **12** tem mais ligações covalentes do que **11**; veja a regra **a.**)

11 **12**

Aqui este átomo de carbono tem somente seis elétrons.

Aqui o átomo de carbono tem oito elétrons.

c. **A separação de cargas diminui a estabilidade.** A separação de cargas opostas requer energia. Portanto, as estruturas nas quais as cargas opostas estão separadas têm maior energia (estabilidade menor) do que aquelas que não têm separação de cargas. Isso significa que, das duas estruturas vistas a seguir para o cloreto de vinila, a estrutura **13** faz a maior contribuição por não ter separação de cargas. Isso não significa que a estrutura **14** não contribua para o híbrido; isso significa apenas que a contribuição feita por **14** é menor.

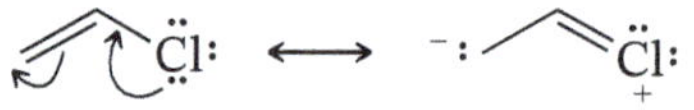

13 **14**

PROBLEMA RESOLVIDO 13.4

Escreva estruturas de ressonância para 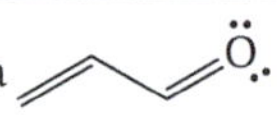 e diga que estrutura faz maior contribuição para o híbrido de ressonância.

Estratégia e Resposta

Escrevemos a estrutura para a molécula e, então, movemos os pares de elétrons como mostrado a seguir. Em seguida, examinamos as estruturas resultantes. A segunda e a terceira estruturas contêm cargas formais separadas, o que faz com que elas sejam menos estáveis. A primeira estrutura contém mais ligações e nenhuma carga, o que a torna mais estável. Consequentemente, deve ser o contribuinte principal para o híbrido. (Observe que existem diversas estruturas de ressonância adicionais que poderiam ser desenhadas, mas nenhuma delas superaria aquela mostrada aqui, que não contém cargas formais.)

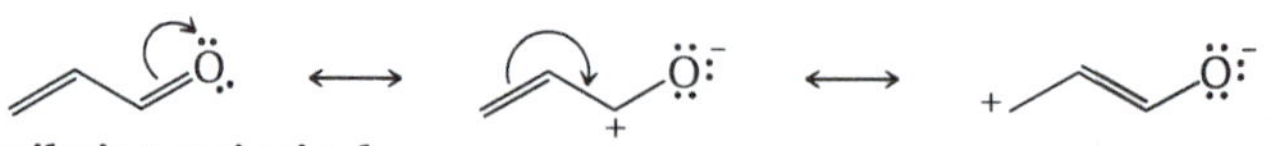

Contribuinte principal

PROBLEMA DE REVISÃO 13.3

Escreva todas as estruturas de ressonância para cada uma das seguintes espécies:

(a) 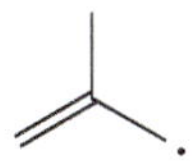

(b) 

(c) 

(d) 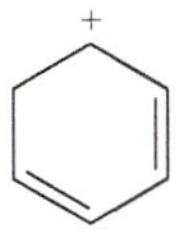

(e) 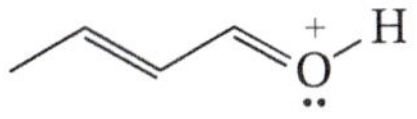

(f) $CH_2{=}CH{-}Br$

(g) 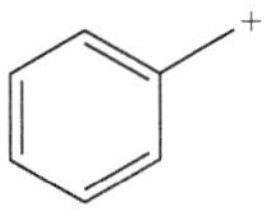

(h) 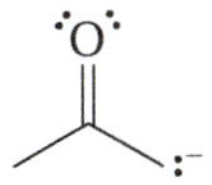

(i) 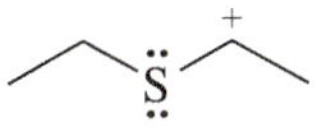

(j) 

PROBLEMA DE REVISÃO 13.4

Para cada conjunto de estruturas de ressonância que se segue, assinale a estrutura que mais contribuirá para o híbrido e justifique a sua escolha:

(a) 

(b) 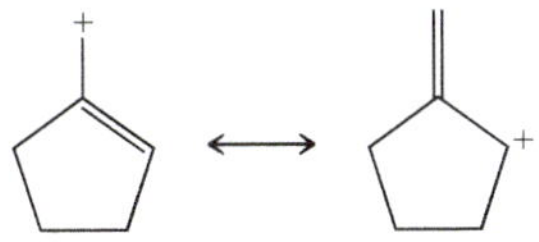

(c) 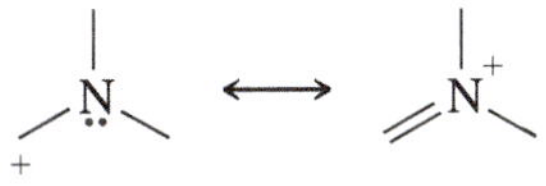

(d) 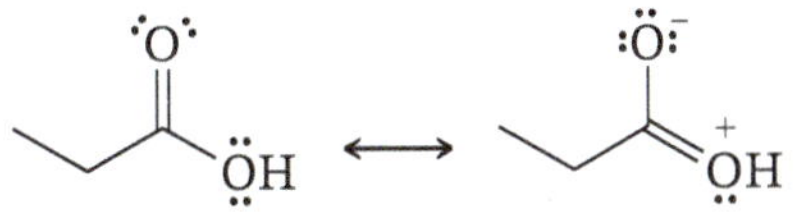

(e) 

(f) $:NH_2{-}C{\equiv}N: \longleftrightarrow \overset{+}{N}H_2{=}C{=}\ddot{N}^{-}$

PROBLEMA DE REVISÃO 13.5

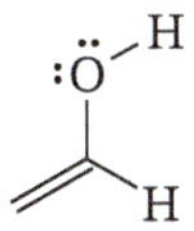

Forma enol

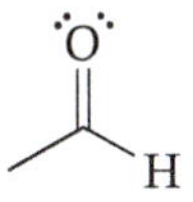

Forma ceto

As formas enol (um alqu*eno* alco*ól*ico) e ceto (uma *cet*ona) do C_2H_4O, vistas a seguir, diferem quanto às posições de seus elétrons, mas não são estruturas de ressonância. Explique por que elas não são estruturas de ressonância.

13.5 Alcadienos e Hidrocarbonetos Poli-Insaturados

Conhecem-se muitos hidrocarbonetos que contêm mais de uma ligação dupla ou tripla. Um hidrocarboneto que contém duas ligações duplas é chamado de **alcadieno**; um que contém três ligações duplas é chamado de **alcatrieno**, e assim por diante. Coloquialmente, muitas vezes nos referimos a esses compostos simplesmente como dienos ou trienos. Um hidrocarboneto com duas ligações triplas é chamado de **alcadiino**, e um hidrocarboneto com uma ligação dupla e uma ligação tripla é chamado de **alquenino**.

Os seguintes exemplos de hidrocarbonetos poli-insaturados ilustram como os compostos específicos recebem os nomes. Lembre-se de que, pelas regras da IUPAC (Seções 4.5 e 4.6), os localizadores numéricos para as ligações duplas e triplas podem ser colocados no início do nome ou imediatamente antes do respectivo sufixo. Forneceremos exemplos dos dois estilos.

$\overset{1}{C}H_2{=}\overset{2}{C}{=}\overset{3}{C}H_2$
1,2-Propadieno
(aleno, ou propa-1,2-dieno)

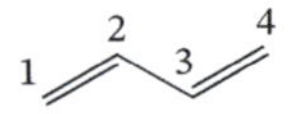
1,3-Butadieno
(buta-1,3-dieno)

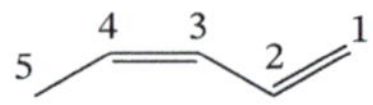
(3*Z*)-Penta-1,3-dieno
(*cis*-penta-1,3-dieno)

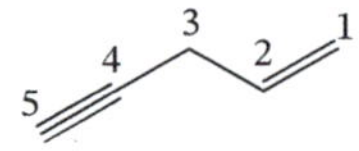
Pent-1-eno-4-ino

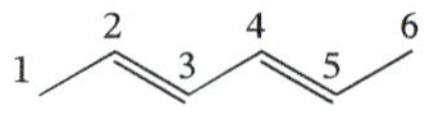
(2*E*,4*E*)-2,4-Hexadieno
(*trans,trans*-2,4-hexadieno)

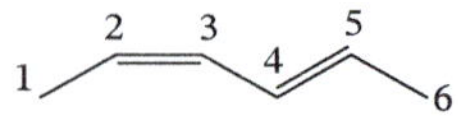
(2*Z*,4*E*)-Hexa-2,4-dieno
(*cis,trans*-hexa-2,4-dieno)

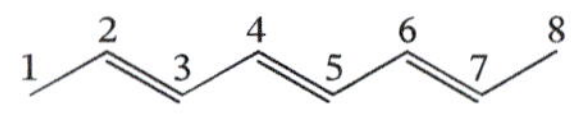
(2*E*,4*E*,6*E*)-Octa-2,4,6-trieno
(*trans,trans,trans*-octa-2,4,6-trieno)

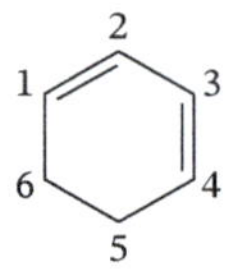
1,3-Ciclo-hexadieno

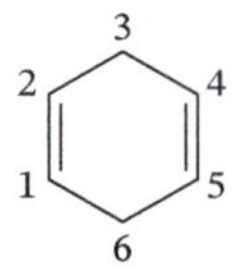
1,4-Ciclo-hexadieno

As ligações múltiplas dos compostos poli-insaturados são classificadas como **acumuladas**, **conjugadas** ou **isoladas**.

- Dizemos que as ligações duplas de um 1,2-dieno (tal como o 1,2-propadieno, também chamado de aleno) estão **acumuladas** porque um carbono (o carbono central) participa de duas ligações duplas.

Os hidrocarbonetos cujas moléculas contêm ligações duplas acumuladas são chamados de **cumulenos**. O nome **aleno** (Seção 5.18) é também utilizado como um nome de classe para moléculas com duas ligações duplas acumuladas:

Ligações duplas acumuladas

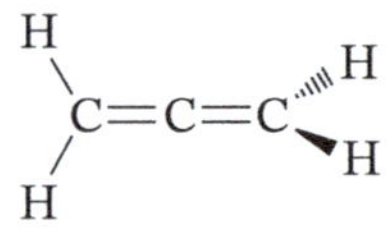
Aleno

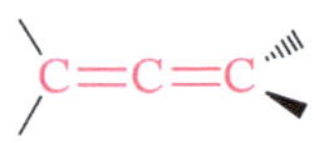
Um dieno acumulado

Um exemplo de um dieno conjugado é o 1,3-butadieno.

- Nos polienos **conjugados**, as ligações duplas e as ligações simples *alternam-se* ao longo da cadeia:

Ligações duplas conjugadas

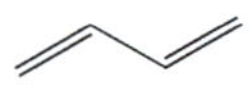
1,3-Butadieno

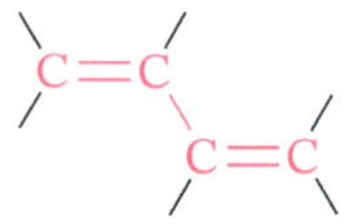
Um dieno conjugado

O (2*E*,4*E*,6*E*)-octa-2,4,6-trieno (mostrado anteriormente) é um exemplo de um alcatrieno conjugado.

- Se um ou mais átomos de carbono saturados intervêm entre as ligações duplas de um alcadieno, diz-se que as ligações duplas estão **isoladas**.

Um exemplo de um dieno isolado é o 1,4-pentadieno:

Ligações duplas isoladas

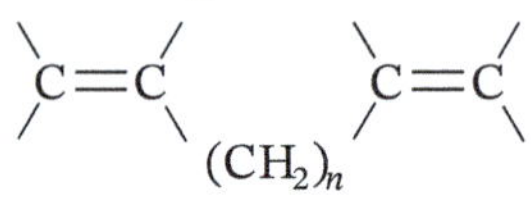
Um dieno isolado
($n \neq 0$)

1,4-Pentadieno

PROBLEMA DE REVISÃO 13.6

(a) Que outros compostos na Seção 13.5 são dienos conjugados?
(b) Quais os outros compostos que são dienos isolados?
(c) Qual o composto que é um enino isolado?

No Capítulo 5, vimos que os dienos acumulados adequadamente substituídos (alenos) dão origem a moléculas quirais. Os dienos acumulados tiveram alguma importância comercial, e as ligações duplas acumuladas são ocasionalmente encontradas em moléculas naturais. Em geral, os dienos acumulados são menos estáveis do que os dienos isolados.

As ligações duplas dos dienos isolados comportam-se exatamente como seu nome sugere – como "enos" isolados. Eles sofrem todas as reações dos alquenos e, exceto pelo fato de serem capazes de reagir duas vezes, seu comportamento é normal. Os dienos conjugados são muito mais interessantes, porque descobrimos que suas ligações duplas interagem entre si. Essa interação leva a propriedades e reações inesperadas. Vamos, portanto, considerar a química dos dienos conjugados em detalhes.

13.6 1,3-Butadieno: Deslocalização de Elétrons

13.6A Comprimentos de Ligação do 1,3-Butadieno

Os comprimentos das ligações carbono–carbono do 1,3-butadieno foram determinados e são mostrados a seguir:

Ligações duplas são mais curtas do que ligações simples.

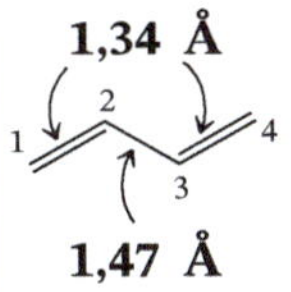

A ligação C1—C2 e a ligação C3—C4 têm (dentro do erro experimental) o mesmo comprimento da ligação dupla carbono–carbono do eteno. A ligação central do 1,3-butadieno (1,47 Å), no entanto, é consideravelmente mais curta do que a ligação simples do etano (1,54 Å).

Isso não deve ser uma surpresa. Todos os átomos de carbono do 1,3-butadieno têm hibridização sp^2 e, como resultado, a ligação central do butadieno resulta da sobreposição dos orbitais sp^2. E, como sabemos, uma ligação sigma, que é sp^3–sp^3, é *mais longa*. Existe, de fato, uma diminuição uniforme do comprimento das ligações simples carbono–carbono à medida que o estado de hibridização dos átomos ligados varia de sp^3 para sp (**Tabela 13.1**).

TABELA 13.1 **Comprimentos de Ligação Simples Carbono–Carbono e Estado de Hibridização**

Composto	Estado de Hibridização	Comprimento de Ligação (Å)
$H_3C—CH_3$	sp^3–sp^3	1,54
$H_2C═CH—CH_3$	sp^2–sp^3	1,50
$H_2C═CH—CH═CH_2$	sp^2–sp^2	1,47
$HC≡C—CH_3$	sp–sp^3	1,46
$HC≡C—CH═CH_2$	sp–sp^2	1,43
$HC≡C—C≡CH$	sp–sp	1,37

13.6B Conformações do 1,3-Butadieno

Existem duas conformações planas possíveis do 1,3-butadieno: as conformações s-cis e s-trans.

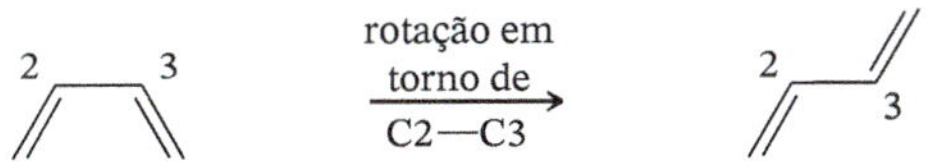

Conformação s-cis do 1,3-butadieno **Conformação s-trans do 1,3-butadieno**

Essas não são formas cis e trans verdadeiras, uma vez que as conformações s-cis e s-trans do 1,3-butadieno podem ser interconvertidas através de rotação em torno da ligação simples (por isso o prefixo s). A conformação s-trans é a predominante à temperatura ambiente. Veremos na Seção 13.10 que a conformação s-cis do 1,3-butadieno e de outros alquenos 1,3-conjugados é necessária para a reação de Diels-Alder.

PROBLEMA RESOLVIDO 13.5

Forneça uma explicação para o fato de que muito mais moléculas do 1,3-butadieno em equilíbrio estão na conformação s-trans.

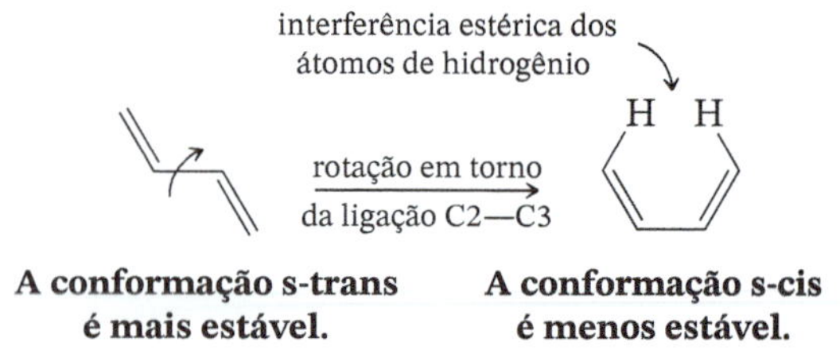

Estratégia e Resposta

A conformação s-cis do 1,3-butadieno é menos estável, e, portanto, menos populada, do que a conformação s-trans porque ela tem interferência estérica entre os átomos de hidrogênio nos carbonos 1 e 4. Não existe interferência dessa espécie na conformação s-trans e, portanto, a conformação s-trans é mais estável e mais populada em equilíbrio.

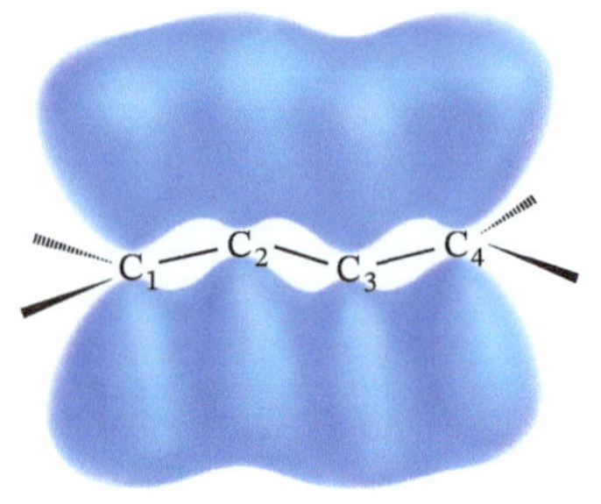

FIGURA 13.3 Orbitais *p* do 1,3-butadieno. (Veja a Fig. 13.4 para as formas dos orbitais moleculares calculados para o 1,3-butadieno.)

13.6C Orbitais Moleculares do 1,3-Butadieno

Os átomos de carbono centrais do 1,3-butadieno (Fig. 13.3) estão próximos o suficiente para que a sobreposição ocorra entre os orbitais *p* do C2 e do C3. Essa sobreposição não é tão grande quanto aquela entre os orbitais do C1 e do C2 (ou entre os orbitais do C3 e do C4). Entretanto, a sobreposição de orbitais C2—C3 fornece ao átomo central o caráter parcial de ligação dupla e permite que os quatro elétrons π do 1,3-butadieno estejam deslocalizados sobre todos os quatro átomos.

A Fig. 13.4 mostra como os quatro orbitais *p* do 1,3-butadieno se combinam formando um conjunto de quatro orbitais moleculares π.

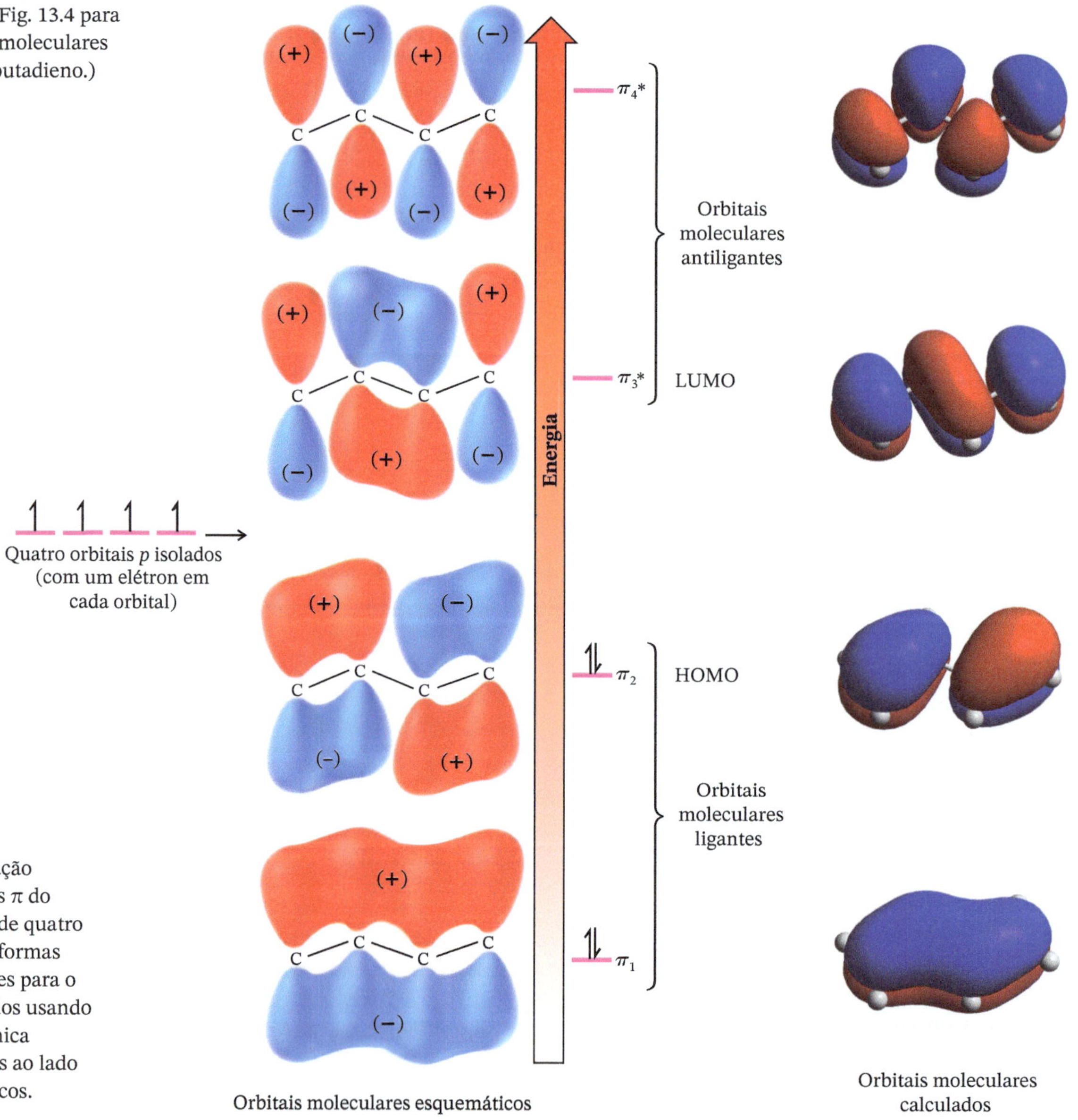

FIGURA 13.4 Formação de orbitais moleculares π do 1,3-butadieno a partir de quatro orbitais *p* isolados. As formas dos orbitais moleculares para o 1,3-butadieno calculados usando os princípios da mecânica quântica são mostradas ao lado dos orbitais esquemáticos.

- Dois dos orbitais moleculares π do 1,3-butadieno são orbitais moleculares ligantes. No estado fundamental, esses orbitais acomodam os quatro elétrons π com dois elétrons com spins emparelhados em cada um.
- Os outros dois orbitais moleculares π são orbitais moleculares antiligantes. No estado fundamental, esses orbitais estão desocupados.

Um elétron pode ser excitado a partir do orbital molecular ocupado de mais alta energia (HOMO) para o orbital molecular vazio de mais baixa energia (LUMO) quando o 1,3-butadieno absorve luz com comprimento de onda de 217 nm. (Estudaremos a absorção de luz por moléculas insaturadas na Seção 13.8.)

- A ligação deslocalizada que acabamos de descrever para o 1,3-butadieno é característica de todos os polienos conjugados.

13.7 Estabilidade dos Dienos Conjugados

- Os alcadienos conjugados são termodinamicamente mais estáveis do que os alcadienos isoméricos isolados.

Os dois exemplos dessa estabilidade extra dos dienos conjugados podem ser vistos em uma análise dos calores de hidrogenação fornecida na Tabela 13.2.

TABELA 13.2 **Calores de Hidrogenação de Alquenos e Alcadienos**

Componente	H_2 (mol)	$\Delta H°$ (kJ mol^{-1})
1-Buteno	1	−127
1-Penteno	1	−126
trans-2-Penteno	1	−115
1,3-Butadieno	2	−239
trans-1,3-Pentadieno	2	−226
1,4-Pentadieno	2	−254
1,5-Hexadieno	2	−253

Por si só, o 1,3-butadieno não pode ser comparado diretamente com um dieno isolado de mesmo comprimento de cadeia. Entretanto, uma comparação pode ser feita entre o calor de hidrogenação do 1,3-butadieno e aquele obtido quando dois equivalentes molares do 1-buteno são hidrogenados:

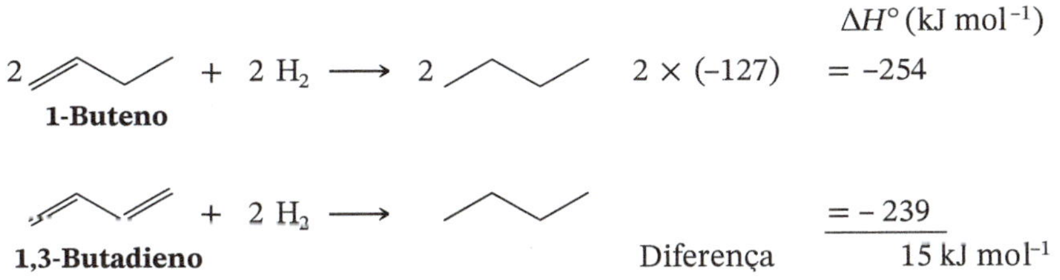

Uma vez que o 1-buteno tem uma ligação dupla monossubstituída semelhante àquelas no 1,3-butadieno, poderíamos esperar que a hidrogenação do 1,3-butadieno liberasse a mesma quantidade de calor (254 kJ mol^{-1}) que dois equivalentes molares do 1-buteno. Entretanto, descobrimos que o 1,3-butadieno libera apenas 239 kJ mol^{-1}, 15 kJ mol^{-1} *a menos* que o esperado. Consequentemente, concluímos que a conjugação fornece alguma estabilidade extra ao sistema conjugado (Fig. 13.5).

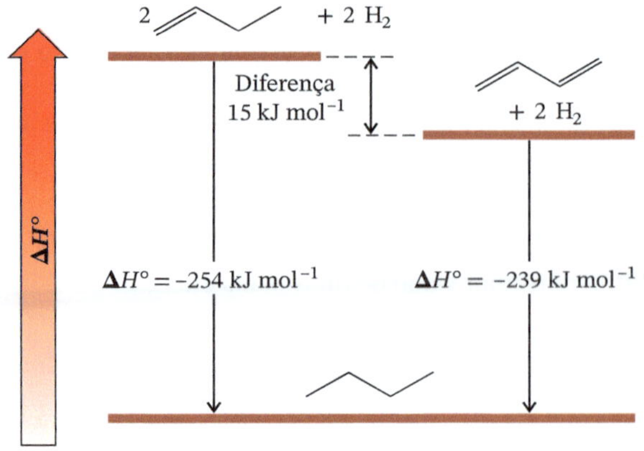

FIGURA 13.5 Calores de hidrogenação de 2 mols de 1-buteno e 1 mol de 1,3-butadieno.

Uma avaliação da estabilização que a conjugação fornece ao *trans*-1,3-pentadieno pode ser feita através da comparação do calor de hidrogenação do *trans*-1,3-pentadieno com a soma dos calores de hidrogenação do 1-penteno e do *trans*-2-penteno. Dessa maneira, estamos comparando ligações duplas de tipos comparáveis:

1-Penteno $\Delta H° = -126\ \text{kJ mol}^{-1}$

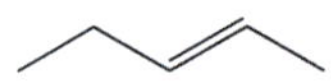

***trans*-2-Penteno** $\Delta H° = -115\ \text{kJ mol}^{-1}$

Soma $= -241\ \text{kJ mol}^{-1}$

***trans*-1,3-Pentadieno** $\Delta H° = -226\ \text{kJ mol}^{-1}$

Diferença $= 15\ \text{kJ mol}^{-1}$

Vemos, a partir desses cálculos, que a conjugação fornece ao *trans*-1,3-pentadieno uma estabilidade extra de 15 kJ mol^{-1}, um valor equivalente, com dois algarismos significativos, àquele que obtivemos para o 1,3-butadieno (15 kJ mol^{-1}).

Quando cálculos semelhantes a esses são realizados para outros dienos conjugados, resultados similares são obtidos; *descobre-se que os dienos conjugados são mais estáveis que os dienos isolados.* A questão, então, é esta: qual é a fonte da estabilidade extra associada com os dienos conjugados? Existem dois fatores que contribuem. A estabilidade extra dos dienos conjugados surge, em parte, da ligação central mais forte que eles possuem e, em parte, da deslocalização adicional dos elétrons π que ocorre nos dienos conjugados.

PROBLEMA RESOLVIDO 13.6

Que dieno você esperaria que fosse mais estável: 1,3-ciclo-hexadieno ou 1,4-ciclo-hexadieno? Por quê? Que experimento você realizaria para confirmar sua resposta?

Estratégia e Resposta

O 1,3-ciclo-hexadieno é conjugado e, por isso, espera-se que ele seja mais estável. Poderíamos determinar os calores de hidrogenação dos dois compostos e, como a hidrogenação de cada um dos compostos leva ao mesmo produto, o dieno com o menor calor de hidrogenação seria aquele mais estável.

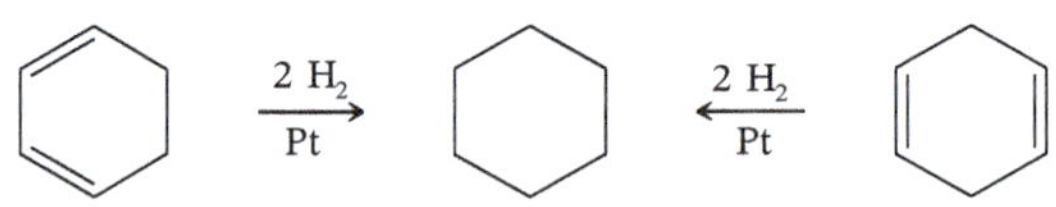

1,3-Ciclo-hexadieno (um dieno conjugado) **Ciclo-hexano** **1,4-Ciclo-hexadieno (um dieno isolado)**

13.8 Espectroscopia no Ultravioleta-Visível

A estabilidade extra dos dienos conjugados, quando comparados aos dienos não conjugados correspondentes, pode também ser vista nos dados de **espectroscopia no ultravioleta-visível (UV-Vis)**. Quando a radiação eletromagnética nas regiões do UV e do visível passa através de um composto contendo ligações múltiplas, uma parte da radiação geralmente é absorvida pelo composto. A quantidade exata da radiação que é absorvida depende do comprimento de onda da radiação e da estrutura do composto.

- A absorção de radiação na espectroscopia no UV-Vis é causada pela transferência da energia do feixe de radiação para os elétrons que podem ser excitados para orbitais de energia mais elevada.

Na Seção 13.8C, voltaremos a abordar especificamente como os dados de espectroscopia no UV-Vis demonstram a estabilidade adicional dos dienos conjugados. Primeiramente, na Seção 13.8A revisaremos brevemente as propriedades da radiação eletromagnética e, então, na Seção 13.8B examinaremos como são obtidos dados a partir de um espectrofotômetro de UV-Vis.

13.8A Espectro Eletromagnético

De acordo com a mecânica quântica, a radiação eletromagnética tem uma natureza dual e aparentemente contraditória.

- A radiação eletromagnética pode ser descrita como uma onda ocorrendo simultaneamente em campos elétrico e magnético. Ela pode também ser descrita como se consistisse em partículas chamadas de quanta ou fótons.

Diferentes experimentos revelam esses dois aspectos da radiação eletromagnética. Eles não são vistos juntos no mesmo experimento.

- Uma onda é geralmente descrita em termos do seu **comprimento de onda** (λ) ou de sua **frequência** (ν).

Uma onda simples é mostrada na **Fig. 13.6**. A distância entre as cristas (ou depressões) consecutivas é o comprimento de onda. O número de ciclos completos da onda que passa em um determinado ponto a cada segundo, à medida que a onda se move através do espaço, é chamado de *frequência* e é medido em ciclos por segundo (cps), ou **hertz (Hz)**.*

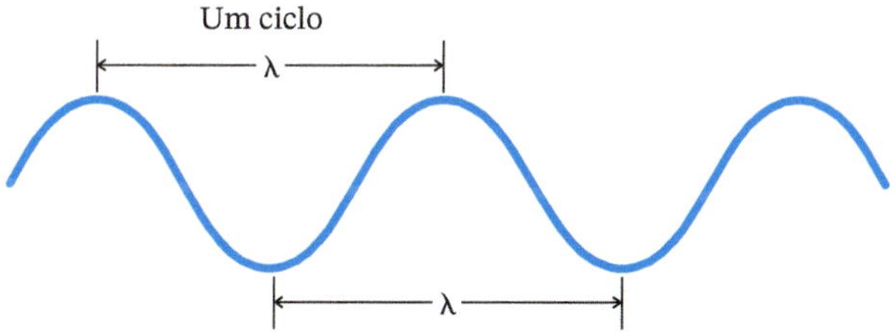

FIGURA 13.6 Uma onda simples e seu comprimento de onda, λ.

Toda radiação eletromagnética desloca-se através do vácuo com a mesma velocidade. Essa velocidade (c), chamada de velocidade da luz, é $2{,}99792458 \times 10^8$ m s^{-1} e está relacionada com o comprimento de onda e com a frequência por $c = \lambda\nu$. Os comprimentos de onda da radiação eletromagnética são expressos em metros (m), milímetros (1 mm = 10^{-3} m), micrômetros (1 μm = 10^{-6} m) ou nanômetros (1 nm = 10^{-9} m). [Um termo mais antigo para o micrômetro é *micron* (abreviado μ) e um termo antigo para nanômetro é o *milimícron.*]

A energia de um quantum de energia eletromagnética está diretamente relacionada com a sua frequência:

$$E = h\nu$$

*O termo hertz (em homenagem ao físico alemão H. R. Hertz), abreviado Hz, é utilizado no lugar do termo mais antigo *ciclos por segundo* (cps). A frequência da radiação eletromagnética também é algumas vezes expressa em *número de onda* – isto é, o número de ondas por centímetro.

em que h = constante de Planck, 6,63 × 10^{-34} J s
ν = frequência (Hz)

Quanto maior a frequência (ν) da radiação, maior é a sua energia.

Os raios X, por exemplo, têm muito mais energia do que os raios de luz visível. As frequências dos raios X são da ordem de 10^{19} Hz, enquanto as da luz visível são da ordem de 10^{15} Hz.

Uma vez que $\nu = c/\lambda$, a energia da radiação eletromagnética é inversamente proporcional ao seu comprimento de onda, em que c = velocidade da luz.

$$E = \frac{hc}{\lambda}$$

Quanto menor o comprimento de onda (λ) da radiação, maior é a sua energia.

Os raios X têm comprimentos de onda da ordem de 0,1 nm e são muito energéticos, enquanto a luz visível tem comprimentos de onda entre 400 e 750 nm e tem, portanto, uma energia menor do que os raios X.*

Pode ser útil chamar a atenção, também, que, para a luz visível, os comprimentos de onda (e, consequentemente, as frequências) estão relacionados com o que percebemos como cores. A luz que chamamos de luz vermelha tem um comprimento de onda de aproximadamente 650 nm. A luz que chamamos de luz violeta tem um comprimento de onda de aproximadamente 400 nm. Todas as outras cores do espectro visível (o arco-íris) localizam-se entre esses comprimentos de onda.

As diferentes regiões do **espectro eletromagnético** são mostradas na **Fig. 13.7**. Quase toda parte do espectro eletromagnético, a partir da região de raios X até a região de micro-ondas e ondas de rádio, tem sido utilizada para elucidar as estruturas de átomos e moléculas. Apesar de as técnicas diferirem de acordo com a parte do espectro eletromagnético no qual estamos trabalhando, existe uma consistência e uma unidade de princípios básicos.

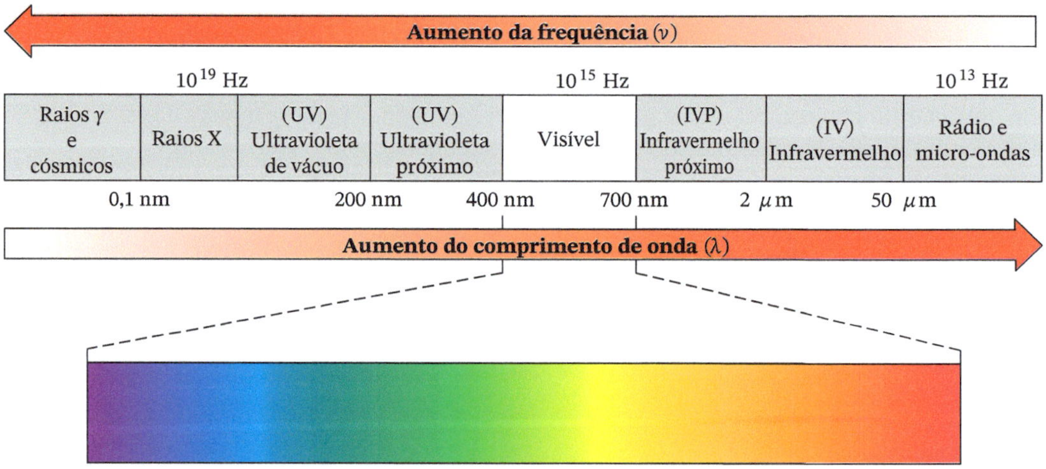

FIGURA 13.7 Espectro eletromagnético.

13.8B Espectrofotômetros UV–Vis

- Um espectrofotômetro de UV–Vis (**Fig. 13.8**) mede a quantidade de luz absorvida por uma amostra em cada comprimento de onda das regiões do UV e do visível do espectro eletromagnético.

*Uma fórmula conveniente que relaciona o comprimento de onda (em nm) com a energia da radiação eletromagnética é a seguinte:

$$E\,(\text{em kJ mol}^{-1}) = \frac{1{,}20 \times 10^{-9}\ \text{kJ mol}^{-1}}{\text{comprimento de onda em nanômetros}}$$

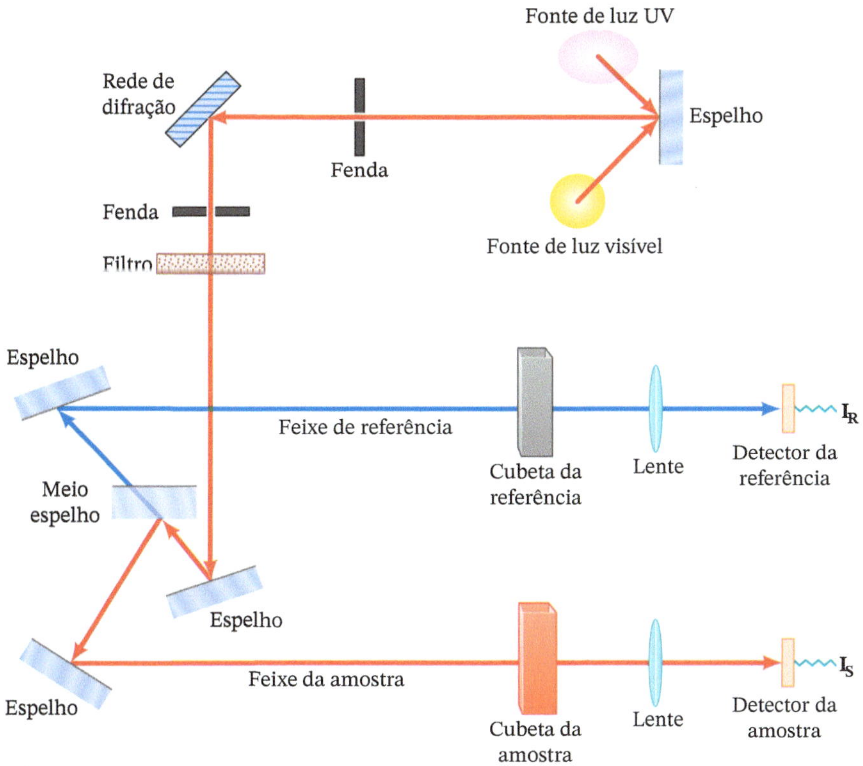

FIGURA 13.8 Um diagrama de um espectrofotômetro UV–Vis.
(Cortesia de William Reusch, http://www2.chemistry.msu.edu/faculty/reusch/VirtTxtJml/Spectrpy/UV-Vis/uvspec.htm#uv1. © 1999.)

As energias das radiações no UV e no visível são maiores (comprimentos de onda menores) do que a radiação no infravermelho (utilizada na espectroscopia no IV) e do que a radiação de radiofrequência (utilizada em RMN), mas não são tão energéticas quanto os raios X (Fig. 13.7).

Em um espectrômetro de UV–Vis padrão (Fig. 13.8), um feixe de luz é dividido; uma metade do feixe (o feixe da amostra) é dirigida através de uma célula transparente contendo uma solução do composto sendo analisado, e a outra metade (o feixe de referência) é dirigida através de uma célula idêntica que não contém o composto, mas contém o solvente. Os solventes são escolhidos para serem transparentes na região do espectro que está sendo utilizada para análise. O instrumento é desenvolvido de tal forma que ele possa fazer uma comparação entre as intensidades dos dois feixes à medida que ele varre a região de comprimentos de onda desejada. Se o composto absorve luz em um comprimento de onda em particular, a intensidade do feixe da amostra (I_S) será menor do que aquela do feixe de referência (I_R). A absorbância em um determinado comprimento de onda é definida pela equação $A_\lambda = \log(I_R/I_S)$.

- Dados provenientes de um espectrofotômetro UV–Vis são apresentados como um **espectro de absorção**, que é um gráfico do comprimento de onda (λ) em função da absorbância (A) em cada comprimento de onda na região espectral de interesse.

Em espectrofotômetros UV–Vis de rede de diodo, a absorção de todos os comprimentos de onda de luz na região de análise é medida simultaneamente por uma rede de fotodiodos. Primeiramente, a absorção do solvente é medida em todos os comprimentos de onda de interesse e, então, a absorção da amostra é registrada na mesma faixa. Os dados do solvente são subtraídos eletronicamente dos dados da amostra. A diferença é, então, mostrada como o espectro de absorção da amostra.

Um espectro de absorção típico no UV do 2,5-dimetil-2,4-hexadieno pode ser visto na Fig. 13.9. Ele mostra uma banda de absorção larga na região entre 210 e 260 nm, com a absorção máxima em 242,5 nm.

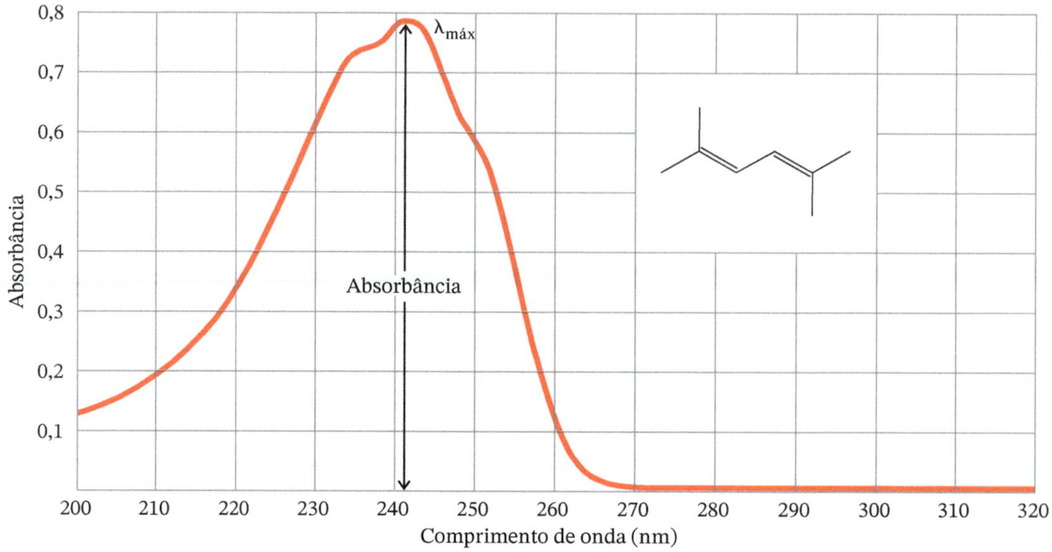

FIGURA 13.9 Espectro de absorção no UV do 2,5-dimetil-2,4-hexadieno em metanol em uma concentração de $5{,}95 \times 10^{-5}$ M em uma célula de 1,00 cm.

(©Bio-Rad Laboratories, Inc. Informatics Division, Sadtler Software & Databases (2012). Todos os direitos reservados. A permissão para publicação dos Espectros da Sadtler neste livro foi concedida por Bio-Rad Laboratories, Inc. Informatics Division.)

- O comprimento de onda que corresponde ao máximo de absorção em um dado espectro geralmente é relatado na literatura de química como $\lambda_{máx}$.

Além de informar o comprimento de onda da absorção máxima ($\lambda_{máx}$), os químicos frequentemente relatam outra grandeza chamada de absortividade molar, ε. Na literatura mais antiga, a absortividade molar, ε, é frequentemente chamada de coeficiente de extinção molar.

- A **absortividade molar** (ε, em unidades M^{-1} cm^{-1}) indica a intensidade da absorbância de uma amostra em um dado comprimento de onda. Ela é uma constante de proporcionalidade que relaciona a absorbância com a concentração molar da amostra (M) e com comprimento do percurso (l, em cm) do feixe de luz através da amostra.
- A equação que relaciona a absorbância (A) com a concentração (C) e com comprimento do percurso (l) através da absortividade molar (ε) é chamada de **lei de Beer**.

$$A = \varepsilon \times C \times l \quad \text{ou} \quad \varepsilon = \frac{A}{C \times l}$$ **lei de Beer**

Para o 2,5-dimetil-2,4-hexadieno dissolvido em metanol, a absortividade molar no comprimento de onda da absorbância máxima (242,5 nm) é 13.100 M^{-1} cm^{-1}. Na literatura química isso seria descrito como

2,5-Dimetil-2,4-hexadieno, $\lambda_{máx}^{metanol}$ 242,5 nm $\quad (\varepsilon = 13.100)$

13.8C Absorção Máxima para Dienos Não Conjugados e Conjugados

Como observamos anteriormente, quando os compostos absorvem luz nas regiões do UV e do visível, os elétrons são excitados dos níveis de energia mais baixos para os níveis mais altos. Por essa razão, os espectros no UV e no visível geralmente são chamados de **espectros eletrônicos**. O espectro de absorção do 2,5-dimetil-2,4-hexadieno é um espectro eletrônico típico porque a banda (ou pico) de absorção é muito larga. A maioria das bandas de absorção na região do visível e do UV é larga porque cada nível de energia eletrônica tem associado a ele níveis vibracionais e rotacionais. Assim, as transições eletrônicas podem ocorrer a partir de qualquer dos vários estados vibracionais e rotacionais de um nível eletrônico para quaisquer dos vários estados vibracionais e rotacionais de um nível mais alto.

- Os alquenos e dienos não conjugados geralmente têm absorção máxima ($\lambda_{máx}$) abaixo de 200 nm.

O eteno, por exemplo, fornece uma absorção máxima em 171 nm; o 1,4-pentadieno fornece uma absorção máxima em 178 nm. Essas absorções ocorrem em comprimentos de onda que estão fora da faixa de operação da maioria dos espectrômetros de ultravioleta–visível porque ocorrem onde o oxigênio do ar também absorve. Técnicas especiais sem ar têm de ser empregadas para medi-las.

- Os compostos cujas moléculas contêm ligações múltiplas *conjugadas* têm absorção máxima ($\lambda_{máx}$) em comprimentos de onda maiores do que 200 nm.

DICA ÚTIL

A $\lambda_{máx}$ em um espectro UV-Vis pode dar evidência relativamente à presença de sistemas de elétrons π conjugados e não conjugados.

O 1,3-butadieno, por exemplo, absorve em 217 nm. Essa absorção em comprimento de onda maior dos dienos conjugados é consequência direta da conjugação.

Podemos entender como a conjugação de ligações múltiplas produz absorção de luz em comprimentos de onda maiores se examinarmos a **Fig. 13.10**.

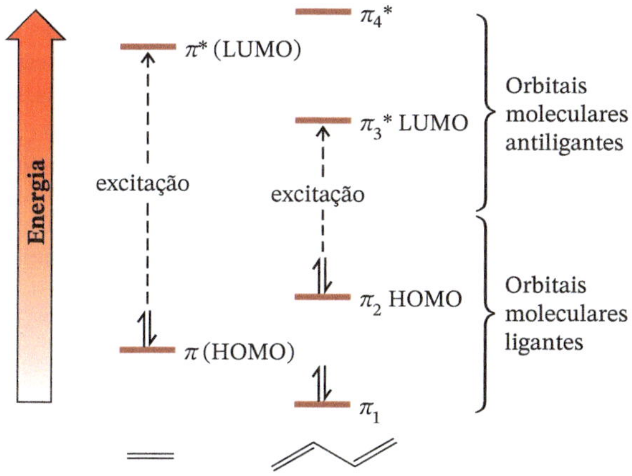

FIGURA 13.10 Energias relativas dos orbitais moleculares π do eteno e do 1,3-butadieno (Seção 13.6C).

- Quando uma molécula absorve luz em seu maior comprimento de onda, um elétron é excitado do seu **orbital molecular ocupado de mais alta energia (HOMO)** para o seu **orbital molecular vazio de mais baixa energia (LUMO)**.
- Para a maioria dos alquenos e alcadienos o HOMO é um orbital π ligante e o LUMO é um orbital π* antiligante.

O comprimento de onda da absorção máxima é determinado pela diferença da energia entre esses dois níveis. A diferença de energia entre o HOMO e o LUMO do eteno é maior do que a diferença entre os orbitais correspondentes do 1,3-butadieno. Portanto, a excitação eletrônica $\pi \longrightarrow \pi^*$ do eteno requer absorção de luz de energia maior (menor comprimento de onda) do que a correspondente à excitação $\pi_2 \longrightarrow \pi_3^*$ no 1,3-butadieno. A diferença de energia entre os HOMO e os LUMO dos dois compostos é refletida em seus espectros de absorção. O eteno tem seu $\lambda_{máx}$ em 171 nm; o 1,3-butadieno tem um $\lambda_{máx}$ em 217 nm.

A diferença menor entre o HOMO e o LUMO no 1,3-butadieno resulta da conjugação das ligações duplas. Cálculos de orbital molecular indicam que uma diferença muito maior deve ocorrer em alcadienos isolados. Essa diferença é comprovada experimentalmente. Os alcadienos isolados fornecem espectros de absorção similares àqueles dos alquenos. Seus $\lambda_{máx}$ têm valores menores, geralmente abaixo de 200 nm. Como mencionamos, o 1,4-pentadieno tem seu $\lambda_{máx}$ em 178 nm.

Os alcatrienos conjugados absorvem em comprimentos de onda maiores do que os alcadienos conjugados, e isso também pode ser explicado por cálculos de orbital molecular. A diferença de energia entre o HOMO e o LUMO de um alcatrieno é até menor do que a de um alcadieno.

- Em geral, quanto maior o número de ligações múltiplas conjugadas em uma molécula, maior será seu $\lambda_{máx}$.

Os polienos com oito ou mais ligações duplas conjugadas absorvem luz na região do visível do espectro. Por exemplo, o β-caroteno, um precursor da vitamina A e um composto que fornece a cor alaranjada às cenouras, tem 11 ligações duplas conjugadas; o β-caroteno tem uma absorção máxima em 497 nm, bem na região do visível. A luz de 497 nm tem uma cor azul-esverdeada; essa é a luz que é absorvida pelo β-caroteno. Percebemos a cor complementar do azul-esverdeado, que é o laranja-avermelhado.

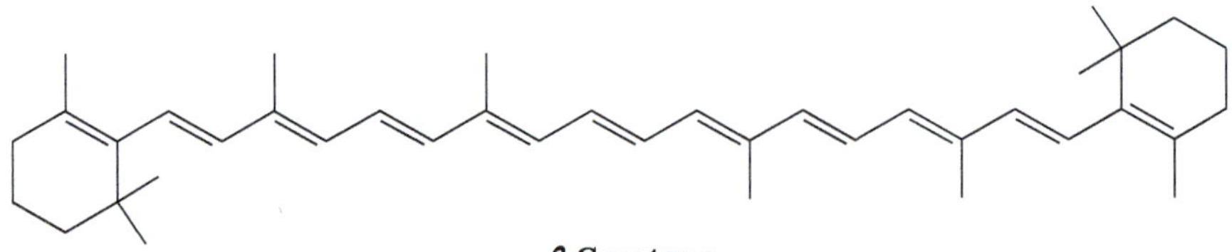

β-Caroteno

A Química Biológica de . . . Lagostas Azuis

Você pagaria mais por uma lagosta azul? Elas certamente são um achado raro levando-se em conta algumas estimativas atuais de que apenas uma em dois milhões de lagostas na natureza apresenta essa coloração. Os cientistas determinaram recentemente que a cor única dessas lagostas, em vez da tonalidade castanha-avermelhada das suas primas cruas muito mais comuns, se deve à produção em excesso de uma enzima específica. Nas lagostas azuis, essa enzima em excesso permite a complexação completa da molécula de polieno, que é a principal responsável pela cor do exoesqueleto das lagostas (um composto conhecido como astaxantina), com uma estequiometria 2:2 entre o corante e a enzima, conforme mostrado adiante. Esse complexo é o que proporciona a cor azul dessas criaturas raras. No entanto, se você cozinhar essa lagosta como faria com qualquer outra (digamos 6–7 minutos em água fervente para uma amostra de 1,25 libra), a cor vermelha típica observada em outras lagostas cozidas também será observada aqui. Isso ocorre porque o processo de cozimento decompõe a enzima e libera a molécula do corante na forma mostrada, com 11 ligações duplas conjugadas, assim como aconteceria com qualquer lagosta cozida.

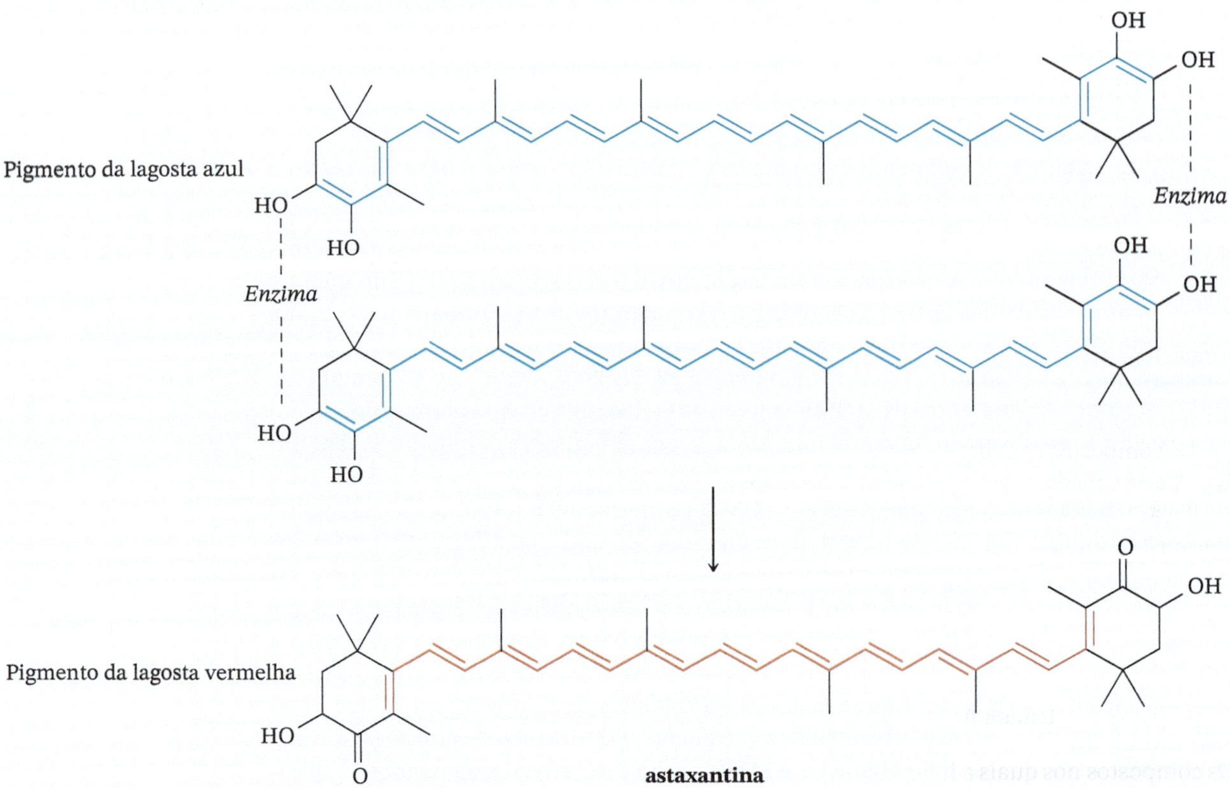

O licopeno, um composto parcialmente responsável pela cor vermelha dos tomates, também tem 11 ligações duplas conjugadas. O licopeno tem uma absorção máxima em 505 nm, onde ele absorve intensamente. (Aproximadamente 0,02 g de licopeno podem ser isolados de 1 kg de tomates maduros frescos.)

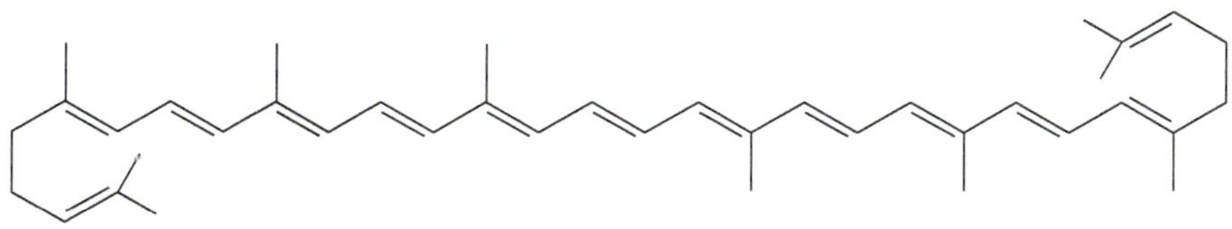

Licopeno

A Tabela 13.3 fornece os valores de $\lambda_{máx}$ para vários compostos insaturados.

TABELA 13.3 **Comprimento de Onda Correspondente à Absorção Máxima de Hidrocarbonetos Insaturados**

Componente	Estrutura	$\lambda_{máx}$ (nm)	$\varepsilon_{máx}$ ($M^{-1}\,cm^{-1}$)
Eteno	$H_2C{=}CH_2$	171	15.530
trans-3-Hexeno		184	10.000
Ciclo-hexeno		182	7.600
1-Octeno		177	12.600
1-Octino	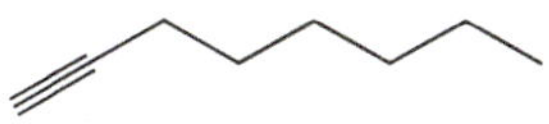	185	2.000
1,3-Butadieno	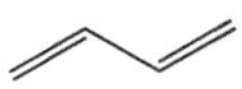	217	21.000
cis-1,3-Pentadieno	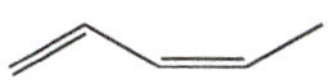	223	22.600
trans-1,3-Pentadieno	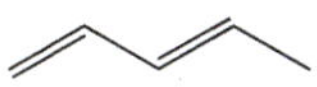	223,5	23.000
But-1-en-3-ino	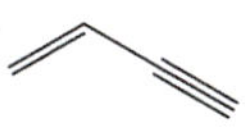	228	7.800
1,4-Pentadieno		178	17.000
1,3-Ciclopentadieno		239	3.400
1,3-Ciclo-hexadieno	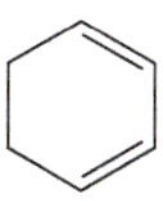	256	8.000
trans-1,3,5-Hexatrieno		274	50.000

Os compostos com ligações duplas carbono–oxigênio também absorvem luz na região do UV. A acetona, por exemplo, tem um pico de absorção largo em 280 nm que corresponde à excitação de um elétron de um dos pares não compartilhados (um elétron não ligante ou elétron "n") para o orbital π^* da ligação dupla carbono–oxigênio:

Acetona

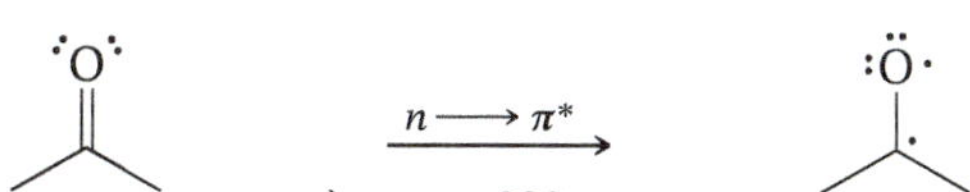

Estado fundamental $\lambda_{máx} = 280$ nm, $\varepsilon_{máx} = 15$ **π^* Estado excitado**

Os compostos nos quais a ligação dupla carbono–oxigênio está conjugada com uma ligação dupla carbono–carbono têm absorção máxima correspondendo às excitações $n \longrightarrow \pi^*$ e

$\pi \longrightarrow \pi^*$. A absorção máxima $n \longrightarrow \pi^*$ ocorre em comprimentos de onda mais longos, mas é muito mais fraca [isto é, tem menores valores de absortividade molar (ε)]:

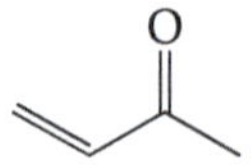

$n \longrightarrow \pi^*$ $\lambda_{máx} = 324$ nm, $\varepsilon_{máx} = 24$
$\pi \longrightarrow \pi^*$ $\lambda_{máx} = 219$ nm, $\varepsilon_{máx} = 3600$

13.8D Usos Analíticos da Espectroscopia UV–Vis

A espectroscopia UV–Vis pode ser utilizada na elucidação de estrutura de moléculas orgânicas para indicar se a conjugação está presente em uma determinada amostra. Apesar de a conjugação em uma molécula poder ser indicada por meio de dados de espectroscopia no IV, de RMN ou de espectrometria de massas, a análise por espectroscopia no UV–Vis pode fornecer informações confirmativas.

Entretanto, uma utilização mais difundida da espectroscopia no UV–Vis está relacionada com a determinação da concentração de uma amostra desconhecida. Como mencionamos na Seção 13.8B, a relação $A = \varepsilon Cl$ indica que a quantidade de absorção por uma amostra em um determinado comprimento de onda depende da sua concentração. Essa relação é normalmente linear em uma faixa de concentrações apropriadas para análise. Para determinar a concentração desconhecida de uma amostra, traçamos um gráfico de absorbância em função da concentração para um conjunto de padrões de concentrações conhecidas. O comprimento de onda utilizado para a análise geralmente é o $\lambda_{máx}$ da amostra. A concentração da amostra é obtida medindo-se a sua absorbância e determinando-se o valor correspondente da concentração a partir do gráfico de concentrações conhecidas. A análise quantitativa utilizando-se espectroscopia no UV–Vis é rotineiramente empregada em estudos bioquímicos para medir as velocidades de reações enzimáticas. A concentração de uma espécie envolvida na reação (como relacionada com a sua absorbância UV–Vis) é colocada no gráfico contra o tempo para determinar a velocidade de reação. A espectroscopia no UV–Vis é também utilizada em química ambiental para determinar a concentração de vários íons metálicos (algumas vezes envolvendo espectros de absorção de complexos orgânicos com o metal) e como um método de detecção em cromatografia líquida de alto desempenho (CLAD).

PROBLEMA RESOLVIDO 13.7

Dois compostos isoméricos, **A** e **B**, têm a mesma fórmula molecular, C_7H_{12}. O composto **A** não mostra absorção na região do UV–visível e mostra somente três sinais no seu espectro de RMN de ^{13}C. O composto **B** mostra na região UV–visível um pico na região de 180 nm, e seu espectro de RMN de ^{13}C exibe quatro sinais. Além disso, os dados de RMN de ^{13}C/DEPT para o composto **B** mostram que nenhum de seus átomos é um grupo metila. Na hidrogenação catalítica com excesso de hidrogênio, **B** é convertido em heptano. Proponha estruturas para **A** e **B**.

Estratégia e Resposta

Com base na fórmula molecular observa-se que ambos os compostos têm um índice de deficiência de hidrogênio (Seção 4.17) igual a 2. Portanto, somente com base nisso, dizemos que cada composto contém duas ligações duplas, um anel e uma ligação dupla, dois anéis ou uma ligação tripla. Considere **A** primeiro. O fato de que **A** não absorve na região UV–visível sugere que ele não tem ligações π; portanto, tem de conter dois anéis. Um composto com dois anéis que daria somente três sinais em seu espectro de ^{13}C é o biciclo[2.2.1]heptano (pois ele tem somente três tipos distintos de átomos de carbono).

Considere agora **B**. O fato de que **B** é convertido a heptano na hidrogenação catalítica sugere que **B** é um heptadieno ou um heptino com um cadeia não ramificada. A absorção UV–visível na região de 180 nm sugere que **B** não contém ligações π conjugadas. Como os dados de ^{13}C/DEPT para **B** mostram a ausência de grupos metila e somente quatro sinais de ^{13}C no total, **B** tem de ser o 1,6-hexadieno.

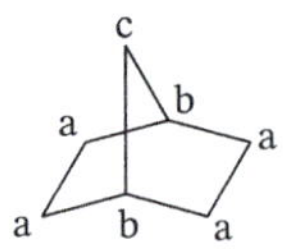

A
Biciclo[2.2.1]heptano
(três sinais de ^{13}C)

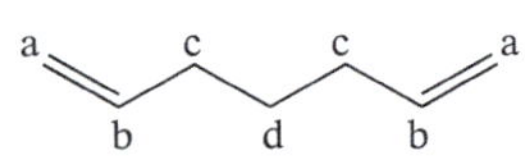

B
1,6-Hexadieno
(quatro sinais de ^{13}C, todavia nenhum deles vem de um grupo metila)

PROBLEMA DE REVISÃO 13.7

Dois compostos, **A** e **B**, têm a mesma fórmula molecular, C_6H_8. Na presença de um catalisador de platina, tanto **A** como **B** reagem com dois equivalentes molares de hidrogênio e produzem ciclo-hexano. O composto **A** mostra três sinais desacoplados na sua larga banda no espectro de RMN de ^{13}C. O composto **B** mostra somente dois sinais de RMN de ^{13}C. O composto **A** mostra um máximo de absorção em 256 nm, enquanto **B** não mostra máximo de absorção em comprimentos de onda maiores do que 200 nm. Quais são as estruturas de **A** e **B**?

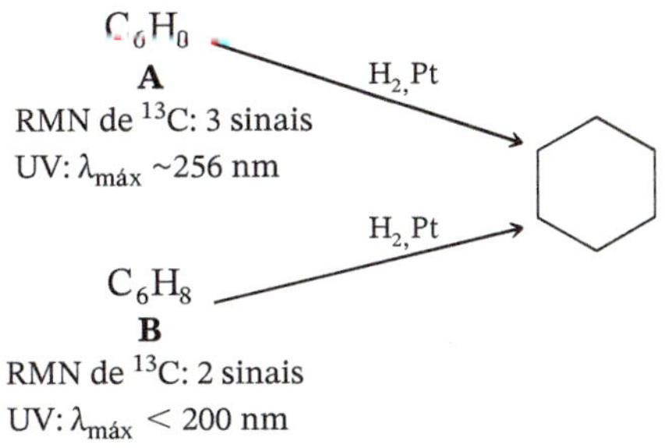

PROBLEMA DE REVISÃO 13.8

Proponha estruturas para **D**, **E** e **F**.

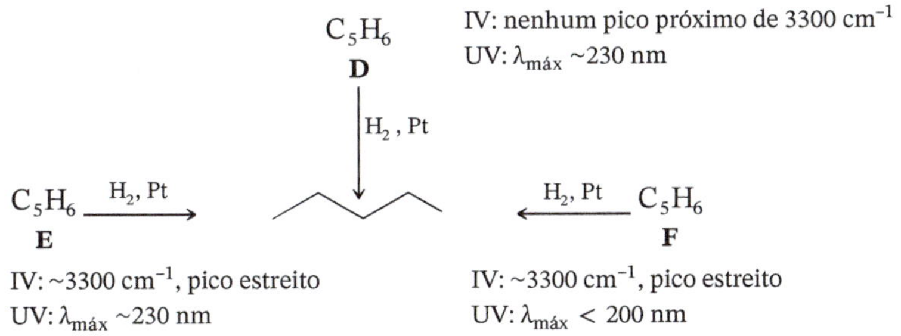

13.9 Ataque Eletrofílico sobre Dienos Conjugados: Adição 1,4

Os dienos conjugados não são apenas um pouco mais estáveis do que os dienos não conjugados, mas também exibem comportamento especial quando reagem com reagentes eletrofílicos.

- Dienos conjugados sofrem adição 1,2 e adição 1,4 através de um intermediário alílico que é comum a ambas as adições.

Por exemplo, o 1,3-butadieno reage com um equivalente molar de cloreto de hidrogênio produzindo dois produtos, 3-cloro-1-buteno e 1-cloro-2-buteno:

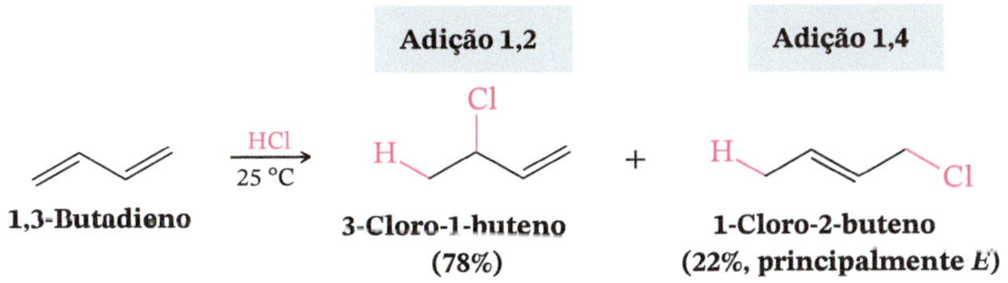

Se apenas o primeiro produto (3-cloro-1-buteno) fosse formado, não ficaríamos particularmente surpresos. Concluiríamos que o cloreto de hidrogênio se adicionou a uma ligação dupla do 1,3-butadieno de maneira normal. É o segundo produto, o 1-cloro-2-buteno, que é inicialmente surpreendente. Sua ligação dupla é entre os átomos centrais, e os elementos do cloreto de hidrogênio foram adicionados aos átomos C1 e C4.

Para entender como ambos os produtos das adições 1,2 e 1,4 resultam da reação entre o 1,3-butadieno e o HCl, considere o mecanismo visto a seguir.

Etapa 1

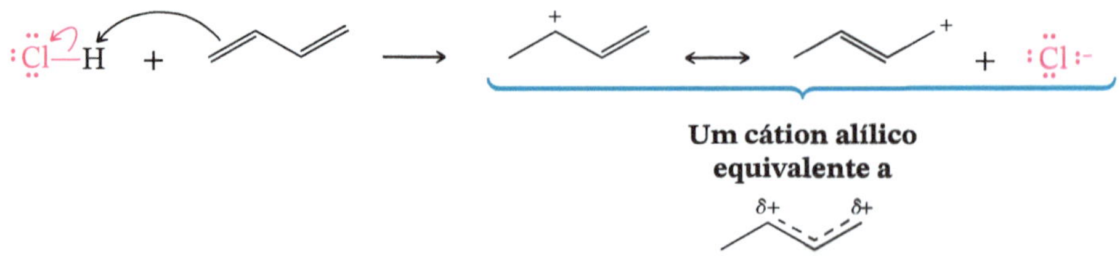

Etapa 2

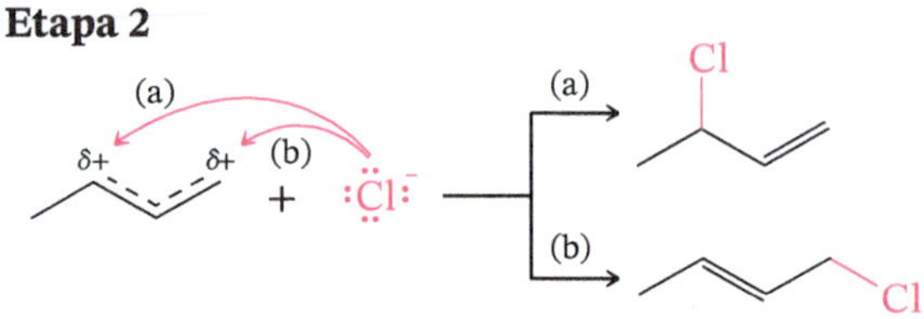

Adição 1,2

Adição 1,4

Na etapa 1, adiciona-se um próton a um dos átomos de carbono terminal do 1,3-butadieno formando, como é usual, o carbocátion mais estável, neste caso um cátion alílico estabilizado por ressonância. A adição a um dos átomos de carbono mais internos teria produzido um cátion primário muito menos estável, um cátion que não poderia ser estabilizado por ressonância:

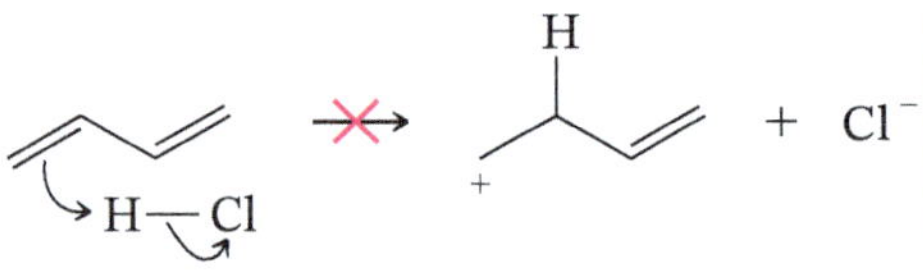

A adição do eletrófilo dessa maneira não conduz a um carbocátion alílico (estabilizado por ressonância).

Na etapa 2, um íon cloreto forma uma ligação com um dos átomos de carbono do cátion alílico que contém uma carga positiva parcial. A reação com aquele átomo de carbono resulta no produto de adição 1,2; a reação com o outro fornece o produto de adição 1,4.

Observe que as designações 1,2 e 1,4 apenas coincidentemente se relacionam à numeração da IUPAC dos átomos de carbono nesse exemplo.

- Os químicos geralmente utilizam 1,2 e 1,4 para se referirem aos modos de adição para qualquer sistema de dieno conjugado, independentemente de onde as ligações duplas conjugadas estejam na molécula como um todo.

Assim, as reações de adição do 2,4-hexadieno ainda envolveriam referências aos modos 1,2 e 1,4 de adição.

PROBLEMA DE REVISÃO 13.9

Faça a previsão dos produtos das reações vistas a seguir.

(a) 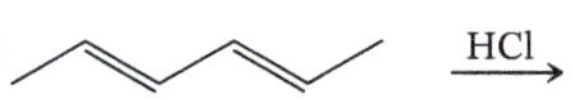

(b) 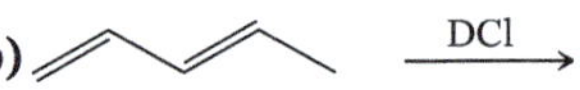

O 1,3-butadieno mostra outras reações de adição 1,4 com reagentes eletrofílicos além do cloreto de hidrogênio. Dois exemplos são mostrados aqui, a adição do brometo de hidrogênio (na ausência de peróxidos) e a adição de bromo:

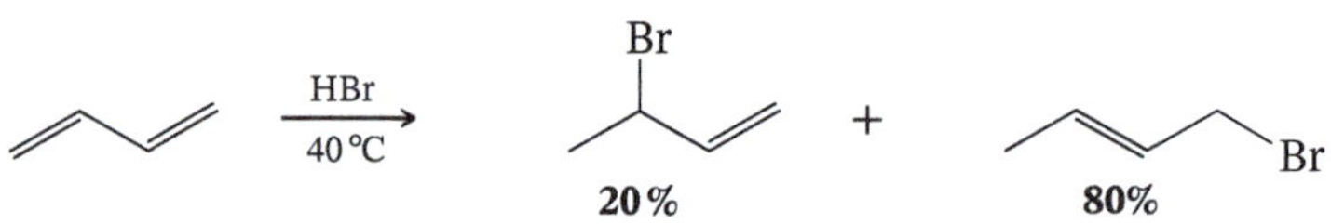

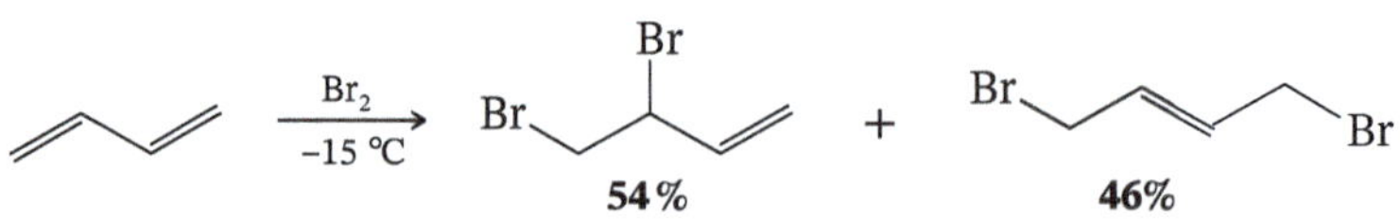

As reações desse tipo são bastante gerais com outros dienos conjugados. Os trienos conjugados frequentemente mostram adições 1,6. Um exemplo é a adição 1,6 de bromo ao 1,3,5-ciclo-octatrieno:

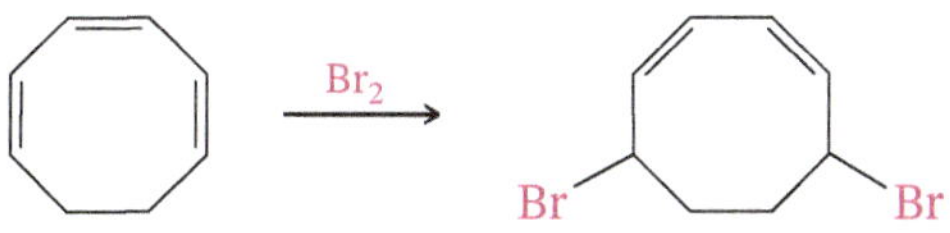

>68%

13.9A Controle Cinético *versus* Controle Termodinâmico de uma Reação Química

A adição de brometo de hidrogênio ao 1,3-butadieno permite a ilustração de outro importante aspecto da reatividade – o modo como a temperatura afeta a distribuição dos produtos em uma reação que pode ocorrer através de múltiplos caminhos. Em geral:

- Os produtos favorecidos em uma reação na *temperatura mais baixa* são aqueles formados pelo caminho de reação que tem a menor energia de ativação. Nesse caso diz-se que a reação está sob **controle cinético (ou da velocidade)**, e os produtos predominantes são chamados de **produtos cinéticos**.
- Os produtos favorecidos em uma reação *reversível* na *temperatura mais elevada* são aqueles mais estáveis. Nesse caso diz-se que a reação está sob **controle termodinâmico (ou de equilíbrio)**, e os produtos predominantes são chamados de **produtos termodinâmicos (ou de equilíbrio)**.

Vamos considerar as condições de reação específicas para a adição iônica de brometo de hidrogênio ao 1,3-butadieno.

Caso 1. Quando o 1,3-butadieno e o brometo de hidrogênio reagem à temperatura baixa (–80 °C), o produto principal se forma por adição 1,2. Obtemos 80% do produto 1,2 e 20% do produto 1,4.

Caso 2. Quando o 1,3-butadieno e o brometo de hidrogênio reagem à temperatura alta (40 °C), o produto principal se forma por adição 1,4. Obtemos cerca de 20% do produto 1,2 e cerca de 80% do produto 1,4.

Caso 3. Quando a mistura dos produtos formada na reação em temperatura baixa é aquecida até uma temperatura mais elevada, a distribuição de produtos torna-se a mesma que quando a reação é realizada em temperatura alta – isto é, o produto 1,4 predomina.

Resumimos essas situações a seguir:

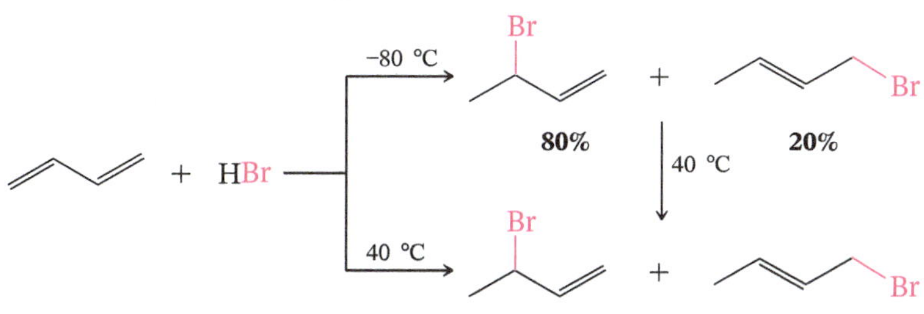

Além disso, quando uma amostra pura de 3-bromo-1-buteno (o produto predominante em baixa temperatura) é submetida às condições de reação de temperatura elevada, onde a reação é reversível, resulta em uma mistura em equilíbrio na qual o produto de adição 1,4 predomina.

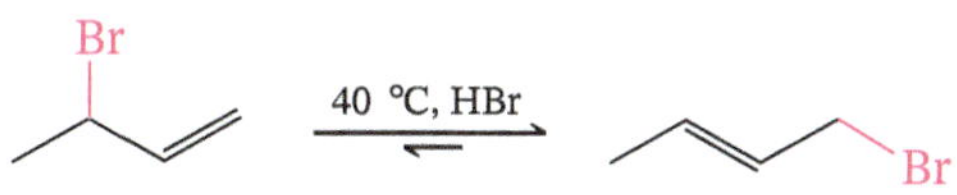

Produto de adição 1,2 **Produto de adição 1,4**

Uma vez que esse equilíbrio favorece a adição 1,4, *esse produto deve ser mais estável.*

As reações do brometo de hidrogênio com o 1,3-butadieno servem como uma ilustração surpreendente da maneira como o resultado da reação pode ser determinado, por um lado, pelas velocidades relativas das reações competidoras e, por outro lado, pelas estabilidades relativas dos produtos finais. A uma temperatura mais baixa, as quantidades relativas dos produtos da adição são determinadas pelas velocidades relativas nas quais as duas adições ocorrem; a adição 1,2 ocorre mais rapidamente, de tal forma que o produto da adição 1,2 é o produto principal. A uma temperatura mais alta, as quantidades relativas dos produtos são determinadas pela posição de equilíbrio. O produto de adição 1,4 é o mais estável, logo, ele é o produto principal.

Esse comportamento do 1,3-butadieno e do brometo de hidrogênio pode ser compreendido de modo mais completo se examinarmos o diagrama mostrado na **Fig. 13.11**.

- A etapa que determina o resultado global da reação é a etapa na qual o híbrido do cátion alílico se combina com um íon brometo.

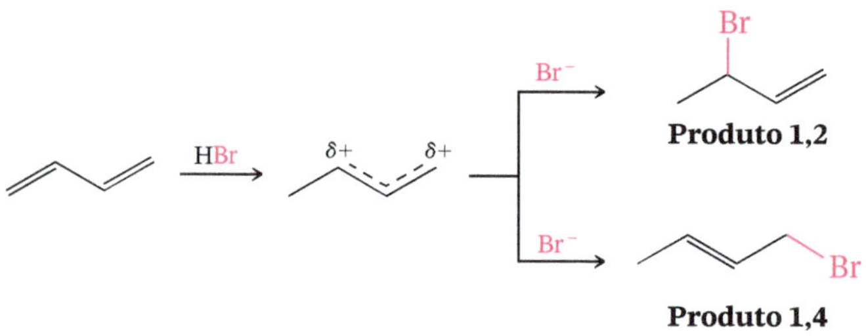

A reação do ânion brometo com o cátion alílico determina a regiosseletividade da reação.

Vemos na Fig. 13.11 que a energia livre de ativação conduzindo ao produto da adição 1,2 é menor do que a energia livre de ativação conduzindo ao produto da adição 1,4, apesar de o produto 1,4 ser mais estável.

- À **temperatura baixa**, a fração de colisões capaz de cruzar a barreira de energia mais alta que conduz à formação do produto 1,4 é menor do que a fração de colisões que pode cruzar a barreira que conduz ao produto 1,2.

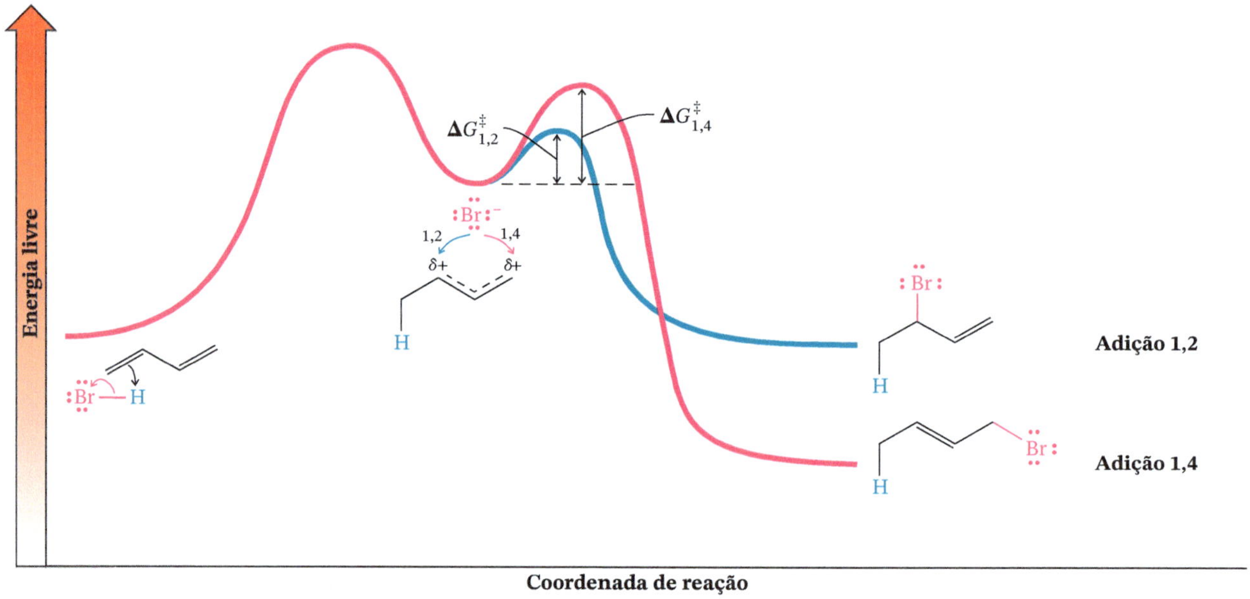

FIGURA 13.11 Um diagrama esquemático de energia livre em função da coordenada de reação para a adição 1,2 e 1,4 de HBr a 1,3-butadieno. Um carbocátion alílico é comum a ambos os caminhos reacionais. A barreira de energia para o ataque do íon brometo ao cátion alílico para formar o produto da adição 1,2 é menor do que a barreira para formar o produto da adição 1,4. O produto da adição 1,2 é cineticamente favorecido. O produto da adição 1,4 é mais estável e, portanto, é o produto mais favorecido termodinamicamente.

- À temperatura baixa, a formação dos produtos 1,2 e 1,4 é essencialmente *irreversível* porque não há energia suficiente para nenhum dos produtos cruzar de volta a barreira para refazer o cátion alílico. Assim, o produto 1,2 predomina à baixa temperatura porque ele é formado mais rapidamente e não é formado reversivelmente. Ele é o **produto cinético** dessa reação.
- À **temperatura mais alta**, as colisões entre os íons intermediários têm energia suficiente para permitir a rápida formação de *ambos* os produtos, 1,2 e 1,4. *Mas*, há energia suficiente também para ambos os produtos retornarem para o **carbocátion alílico**.
- Como o produto 1,2 tem uma barreira de energia menor para a conversão de volta formando o cátion alílico do que o produto 1,4, uma quantidade maior do produto 1,2 do que do produto 1,4 reverte para o cátion alílico. Mas, como ambos os produtos 1,2 e 1,4 facilmente formam o cátion alílico em temperatura alta, por fim esse equilíbrio conduz a uma preponderância do produto 1,4, porque ele é mais estável. O produto 1,4 é o **produto termodinâmico** ou **de equilíbrio** dessa reação.

PROBLEMA DE REVISÃO 13.10

(a) Sugira uma explicação estrutural para o fato de que a reação de adição 1,2 do 1,3-butadieno com o brometo de hidrogênio ocorre mais rapidamente do que a adição 1,4. (*Sugestão:* considere as contribuições relativas que as duas formas 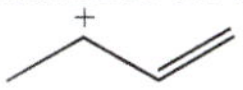 e 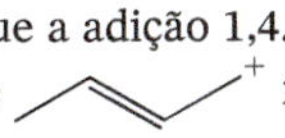 fazem para o híbrido de ressonância do cátion alílico.)

(b) Como você pode explicar o fato de o produto de adição 1,4 ser mais estável?

13.10 Reação de Diels–Alder: Uma Reação de Cicloadição 1,4 de Dienos

Em 1928, dois químicos alemães, Otto Diels e Kurt Alder, desenvolveram uma reação de **cicloadição 1,4** de dienos que, desde então, tem levado seus nomes. A reação provou ser de versatilidade e utilidade sintética tão grandes que Diels e Alder foram premiados com o Prêmio Nobel de Química em 1950.

Um exemplo da reação de Diels–Alder é a reação que ocorre quando o 1,3-butadieno e o anidrido maleico são aquecidos juntos a 100 °C.

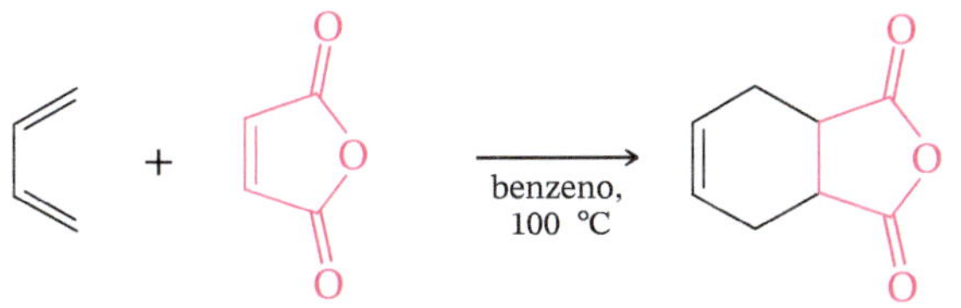

1,3-Butadieno (dieno) **Anidrido maleico (dienófilo)** **Aduto**

- Em termos gerais, a **reação de Diels–Alder** é uma reação entre um **dieno** conjugado (um sistema com 4 elétrons π) e um composto contendo uma ligação dupla (um sistema com 2 elétrons π) chamado de **dienófilo** (dieno + *philein*, do grego: amar). O produto de uma reação de Diels–Alder é frequentemente chamado de **aduto**.

Na reação de Diels–Alder, são formadas duas novas ligações σ à custa de duas ligações π do dieno e do dienófilo. O aduto contém um novo anel de seis membros com uma ligação dupla. Uma vez que as ligações σ são geralmente mais fortes do que as ligações π, a formação do aduto é normalmente favorecida em termos de energia, *embora a maioria das reações de Diels–Alder seja reversível em princípio.*

DICA ÚTIL

A reação de Diels–Alder é uma ferramenta sintética muito útil para a preparação de anéis de ciclo-hexeno.

Podemos explicar todas as variações de ligação em uma reação de Diels–Alder utilizando setas curvas da seguinte maneira:

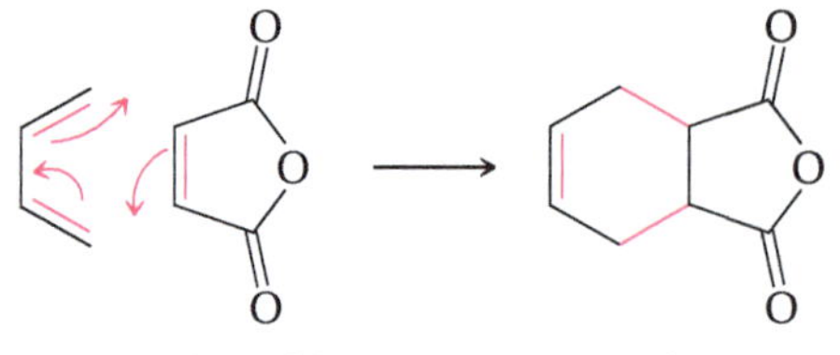

Dieno Dienófilo Aduto

A reação de Diels–Alder é um exemplo de uma **reação pericíclica**. As reações pericíclicas são reações concertadas que ocorrem em uma etapa através de um estado de transição cíclico, no qual as características de simetria dos orbitais moleculares controlam o curso da reação.

Por ora, vamos continuar a descrição da reação de Diels–Alder usando ligações e setas curvas para descrever o movimento de elétrons que está ocorrendo.

O exemplo mais simples de uma reação de Diels–Alder é aquele que ocorre entre o 1,3-butadieno e o eteno. Essa reação, no entanto, ocorre muito mais lentamente do que a reação do butadieno com o anidrido maleico e também deve ser realizada sob pressão:

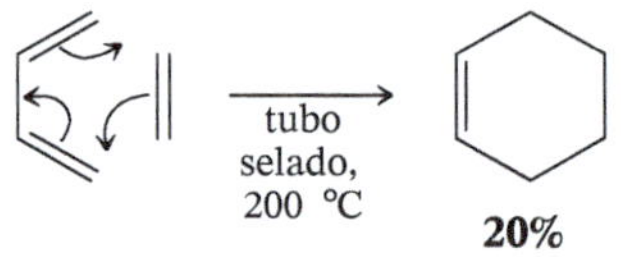

Um exemplo muito mais complexo é a preparação de um intermediário na síntese do fármaco anticancerígeno Taxol (paclitaxel) feito por K. C. Nicolaou (Rice University):

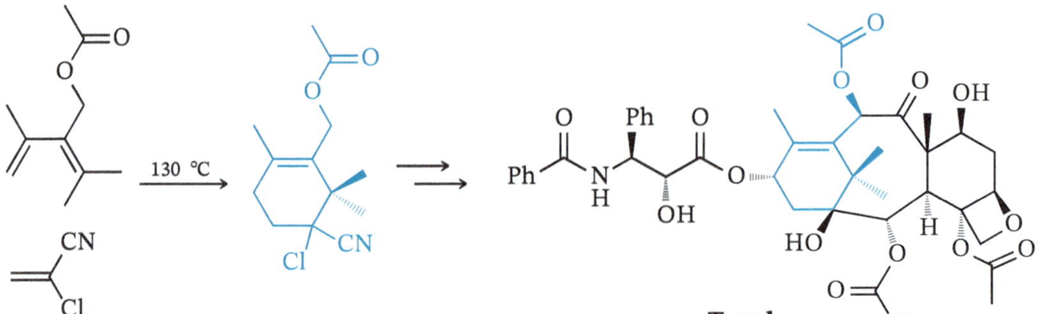

Taxol

Em geral, o dienófilo reage com um dieno conjugado por adição 1,4 formando um anel de seis membros. O processo é chamado de uma **cicloadição** [4 + 2] (nome que é dado de acordo com o número de átomos de cada reação que se juntam para formar o anel) e é conduzido através de aquecimento (uma reação térmica). Qualquer posição em qualquer um dos lados do dieno ou do dienófilo pode ser substituída. Alguns grupos representativos que atraem elétrons que podem ser parte do dienófilo são apresentados a seguir como Z e Z'.

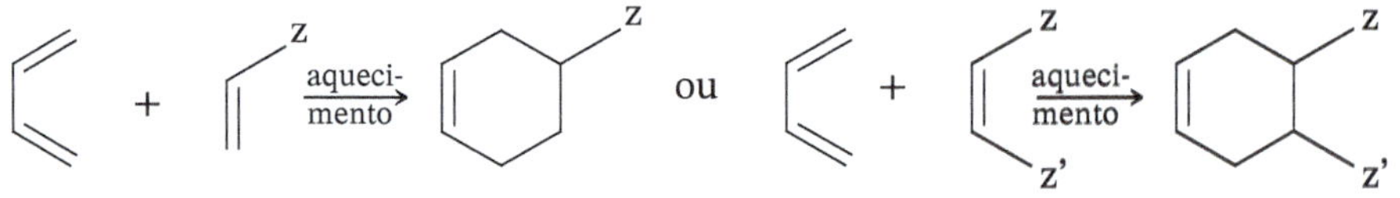

em que Z e Z′ podem ser CHO, COR, CO_2H, CO_2R, CN, Ar, CO-O-CO, ou um halogênio, bem como outros

São também conhecidas as reações pericíclicas nas quais dois alquenos se combinam da maneira vista a seguir.

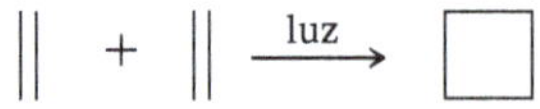

Elas são chamadas de cicloadições [2 + 2] e requerem energia luminosa (são reações fotoquímicas).

13.10A Fatores que Favorecem a Reação de Diels–Alder

Alder afirmou originalmente que a reação de Diels–Alder é favorecida pela presença de grupos no dienófilo que atraem elétrons e de grupos doadores de elétrons no dieno. O anidrido maleico, um dienófilo muito potente, tem dois grupos carbonila que atraem elétrons em átomos de carbono adjacentes à ligação dupla.

O efeito útil dos grupos doadores de elétrons no dieno pode também ser demonstrado; o 2,3-dimetil-1,3-butadieno, por exemplo, é aproximadamente cinco vezes tão reativo nas reações de Diels–Alder quanto o 1,3-butadieno. Os grupos metila indutivamente transferem densidade eletrônica do mesmo modo que fazem os grupos alquila quando estabilizam um carbocátion (apesar de nenhum carbocátion estar envolvido aqui). Quando o 2,3-dimetil-1,3-butadieno reage com propenal (acroleína) a apenas 30 °C, o aduto é obtido em rendimento quantitativo:

Os grupos metila doam densidade eletrônica.

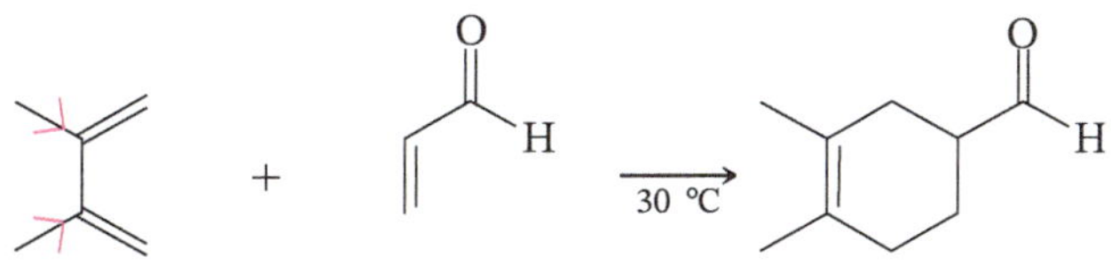

2,3-Dimetil-1,3-butadieno **Propenal** **100%**

Além da utilização de dienos e dienófilos que têm propriedades complementares em doar elétrons e em atrair elétrons, descobriu-se que outros fatores que aumentam a velocidade das reações de Diels–Alder incluem alta temperatura e alta pressão. Outro método amplamente utilizado é a utilização de ácidos de Lewis como catalisadores. A reação vista a seguir é um dos muitos exemplos onde os adutos de Diels–Alder se formam facilmente, à temperatura ambiente, na presença de um ácido de Lewis como catalisador.

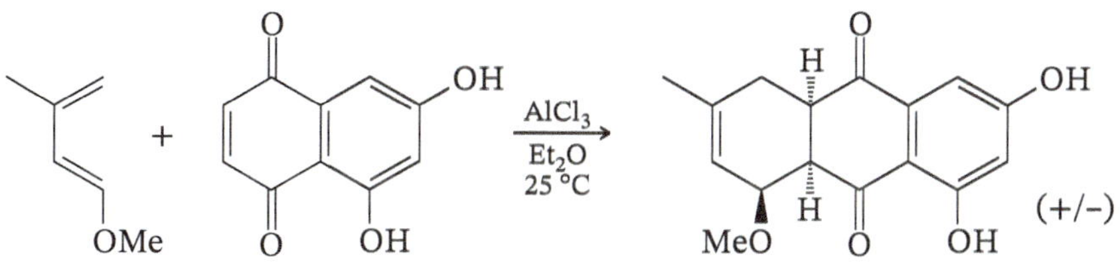

13.10B Estereoquímica da Reação de Diels–Alder

Vamos considerar agora alguns aspectos estereoquímicos da reação de Diels–Alder. Os fatores a seguir estão dentre as razões pelas quais as reações de Diels–Alder são tão extraordinariamente úteis na síntese.

1. **A reação de Diels–Alder é estereoespecífica: a reação é uma adição sin, e a configuração do dienófilo é *mantida* no produto.** Dois exemplos que ilustram esse aspecto da reação são mostrados aqui:

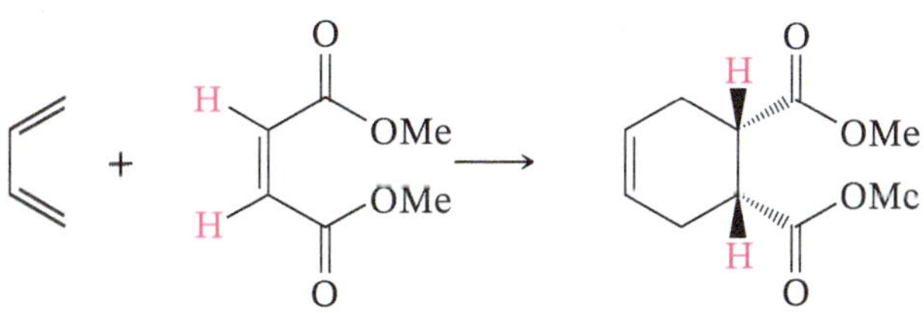

Maleato de dimetila (um *cis*-dienófilo) **Ciclo-hex-4-eno-*cis*-1,2-dicarboxilato de dimetila**

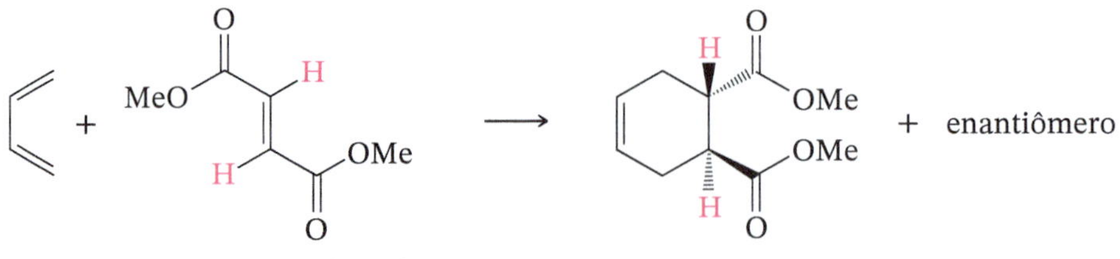

Fumarato de dimetila (um *trans*-dienófilo)

Ciclo-hex-4-eno-*trans*-1,2-dicarboxilato de dimetila

No primeiro exemplo, um dienófilo com grupos éster em cis reage com o 1,3-butadieno dando um aduto com grupos éster em cis. No segundo exemplo, exatamente o contrário é verdadeiro. Um *trans*-dienófilo fornece um aduto trans.

2. **O dieno reage na conformação s-cis em vez da conformação s-trans:**

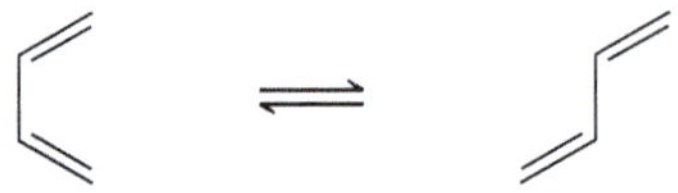

Conformação s-cis **Conformação s-trans**

> **DICA ÚTIL**
> **Utilize um *kit* de montagem de modelos moleculares para investigar a natureza tensionada do hipotético *trans*-ciclo-hexeno.**

A reação na conformação s-trans, se ela ocorresse, produziria um anel de seis membros com uma ligação dupla trans altamente tensionada. Esse curso da reação de Diels–Alder nunca foi observado.

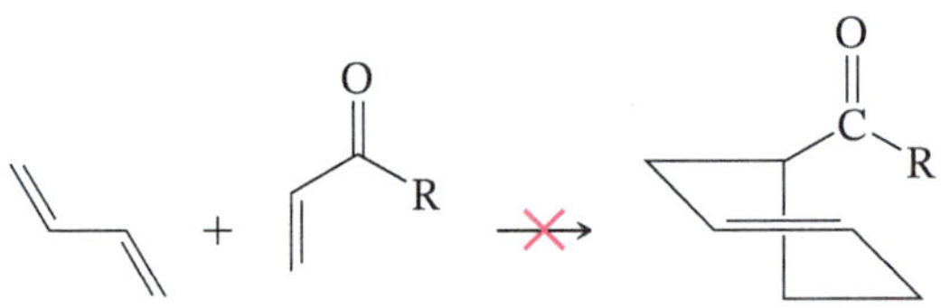

Altamente tensionada

Os dienos cíclicos, nos quais as ligações duplas são mantidas na conformação s-cis, são geralmente altamente reativos na reação de Diels–Alder. O ciclopentadieno, por exemplo, reage com o anidrido maleico à temperatura ambiente dando o seguinte aduto com rendimento quantitativo:

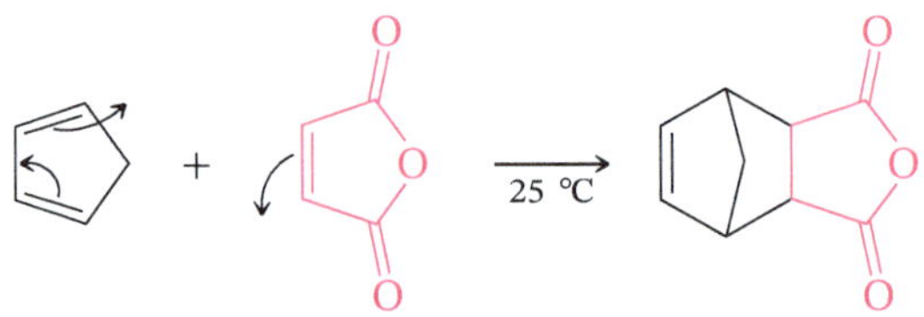

O ciclopentadieno é tão reativo que, em repouso à temperatura ambiente, ele lentamente sofre uma reação de Diels–Alder com ele mesmo:

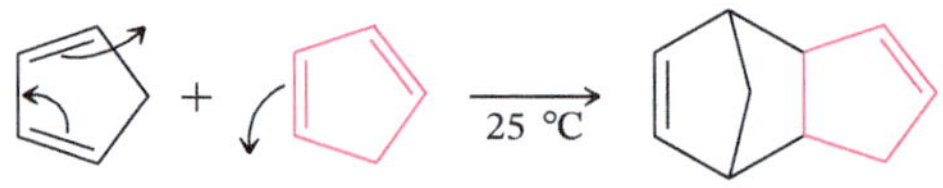

Diciclopentadieno

Entretanto, a reação é reversível. Quando o diciclopentadieno é destilado, ele se dissocia (é "quebrado") em dois equivalentes molares de ciclopentadieno.

As reações do ciclopentadieno ilustram a terceira característica estereoquímica da reação de Diels–Alder.

3. **A reação de Diels–Alder ocorre principalmente de uma maneira endo em lugar de uma maneira exo quando a reação é controlada cineticamente.** Um dienófilo frequentemente contém um grupo que atrai elétrons, como um grupo carbonila ou outro eletronegativo com elétrons π, conforme no exemplo a seguir e em todos os exemplos que apresentamos até este ponto.

- Nas reações de Diels–Alder, endo e exo referem-se à orientação do dienófilo e seu grupo que atrai elétrons quando ele reage com o dieno.
- Quando o dienófilo reage de modo que os orbitais dos elétrons π do seu grupo que atrai elétrons se alinham sob (ou acima) dos orbitais dos elétrons π do dieno, a orientação da abordagem é chamada de **endo**.
- Quando o grupo do dienófilo que atrai elétrons se alinha distante dos elétrons π do dieno no estado de transição, a orientação da aproximação é chamada de **exo**.
- Quando ocorre uma reação de Diels–Alder, os produtos de ambos os estados de transição endo e exo podem ser formados, mas o produto endo normalmente predomina, porque o estado de transição endo geralmente é de energia mais baixa.

Embora os detalhes não sejam discutidos aqui, a razão de a aproximação endo ser geralmente favorecida tem a ver com sobreposição de orbitais o que diminui a energia do estado de transição na orientação endo. Por essa razão, o produto endo é formado mais rapidamente (é o produto cinético).

Considere o exemplo na **Fig. 13.12**, que envolve o (2*E*,4*E*)-hexa-2,4-dieno e o propenoato de metila. Observe que a maneira de aproximação, endo ou exo, afeta a estereoquímica do produto do grupo que atrai elétrons a partir do dienófilo.

Embora nos exemplos endo e exo que apresentamos na Fig. 13.12 o dienófilo se aproxime do dieno por baixo, o dienófilo também pode se aproximar do dieno por cima, o que é a razão

(*a*)

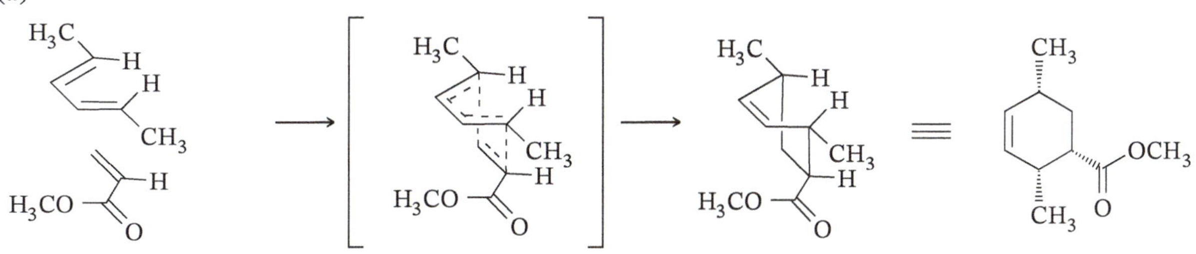

(mais enantiômero)

Aproximação endo: o dienófilo alinha-se com o substituinte que atrai elétrons sob o sistema π, conforme mostrado, ou diretamente acima dele (não mostrado). As duas aproximações endo possíveis levam a enantiômeros.

(*b*)

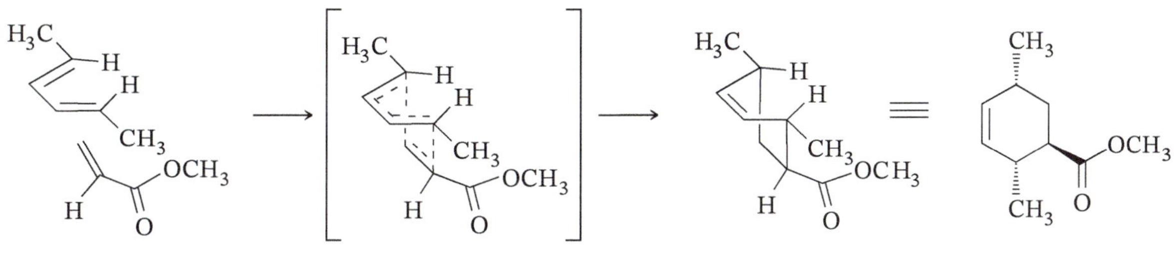

(mais enantiômero)

Aproximação exo: o dienófilo alinha-se com o substituinte que atrai elétrons abaixo e distante do sistema π do dieno, conforme mostrado, ou acima dele e distante (não mostrado). As duas aproximações exo possíveis levam a enantiômeros.

FIGURA 13.12 Reação de Diels–Alder entre o (2*E*,4*E*)-hexa-2,4-dieno e o propenoato de metila mostrando as aproximações (*a*) endo e (*b*) exo. O estado de transição endo é favorecido em relação ao exo porque os orbitais dos elétrons π do grupo que atrai elétrons no dienófilo se alinham mais próximos dos orbitais dos elétrons π do dieno.

pela qual o enantiômero do produto que desenhamos é formado em cada caso. Em geral, as reações de Diels–Alder resultam na formação de enantiômeros, a menos que um ou ambos os reagentes seja quiral ou haja uma influência de um catalisador quiral.

PROBLEMA DE REVISÃO 13.11

Represente estados de transição para a reação de Diels–Alder endo e exo do anidrido maleico com o ciclopentadieno. O estado de transição que leva a apenas um enantiômero precisa ser mostrado em cada caso.

PROBLEMA DE REVISÃO 13.12

Se tivéssemos que escrever uma equação química para a reação do (2*E*,4*E*)-hexa-2,4-dieno com o propenoato de metila, poderíamos escrevê-la conforme apresentada a seguir. **(a)** Explique por que podemos prever que os produtos endo e exo serão formados, cada um deles, como um par de enantiômeros. **(b)** Qual é a relação estereoquímica entre um dos dois dos enantiômeros endo e um dos dois dos enantiômeros exo?

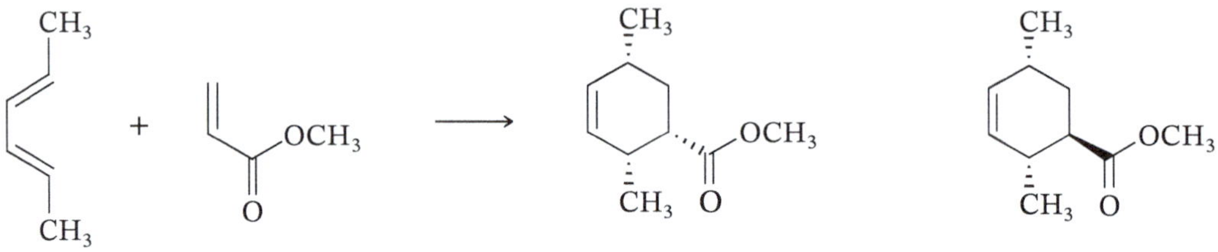

Adição endo principal (mais enantiômero) **Adição exo secundário (mais enantiômero)**

Os termos **endo** e **exo** também são empregados para designar a orientação dos substituintes nos carbonos tetraédricos nas pontes de sistemas de anéis bicíclicos.

- Em um sistema bicíclico, um substituinte é exo se a ligação que o une à ponte é orientada para longe da maior das duas pontes restantes no sistema, e endo se a ligação ao substituinte é orientada na direção da maior das duas pontes restantes.

O que segue é uma ilustração que apresenta um grupo R em uma posição exo e em uma posição endo.

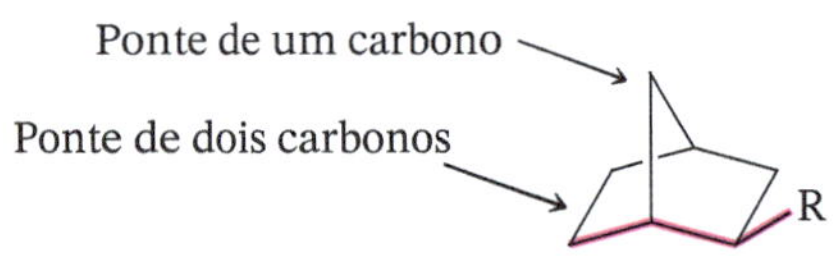

R é exo (orientado para longe da maior das pontes)

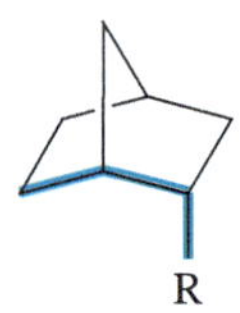

R é endo (orientado para mais perto da maior das pontes)

Considere a reação de Diels–Alder do ciclopentadieno com o propenoato de metila apresentada a seguir. O grupo éster do produto principal é endo porque o substituinte éster é orientado para mais perto da ponte de dois carbonos (maior) do que para a ponte de um carbono (menor). No produto secundário o substituinte éster é exo porque está orientado para longe da maior das pontes.

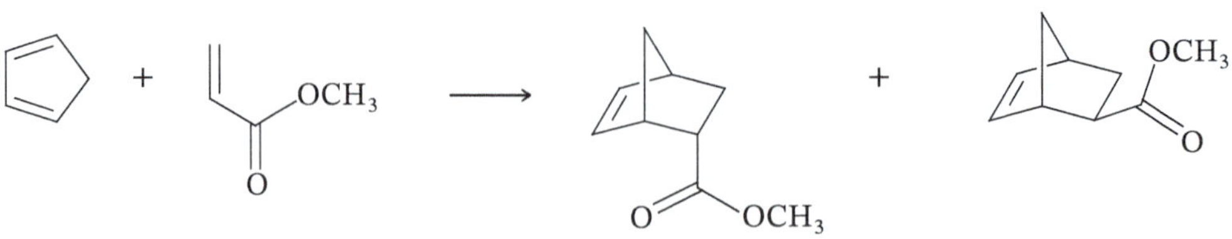

Produto principal endo (mais enantiômero) **Produto secundário exo (mais enantiômero)**

4. **A configuração do dieno é mantida em uma reação de Diels–Alder.** Assim como a configuração do dienófilo é mantida no aduto de uma reação de Diels–Alder (veja 1, anteriormente), a configuração do dieno também fica mantida. O que queremos dizer é que a estereoquímica do alqueno *E*,*Z* tanto do dieno quanto do dienófilo é transferida para o novo centro quiral tetraédrico no aduto de Diels–Alder. Considere as reações vistas a seguir do anidrido maleico com o (2*E*,4*E*)-hexa-2,4-dieno, e com o diastereoisômero do alqueno, (2*E*,4*Z*)-hexa-2,4-dieno, mostrando o produto endo (principal) em cada caso.

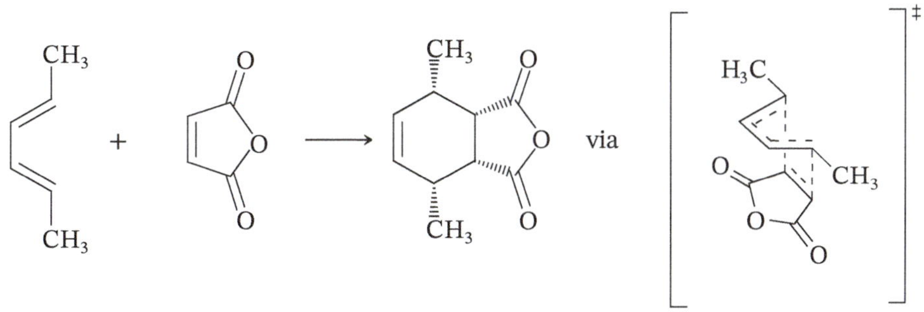

(2*E*,4*E*)-Hexa-2,4-dieno **Anidrido maleico** **Produto principal endo (mais enantiômero)**

Quando a estereoquímica do dieno é alterada, a estereoquímica do aduto difere da mesma forma, conforme se vê a seguir.

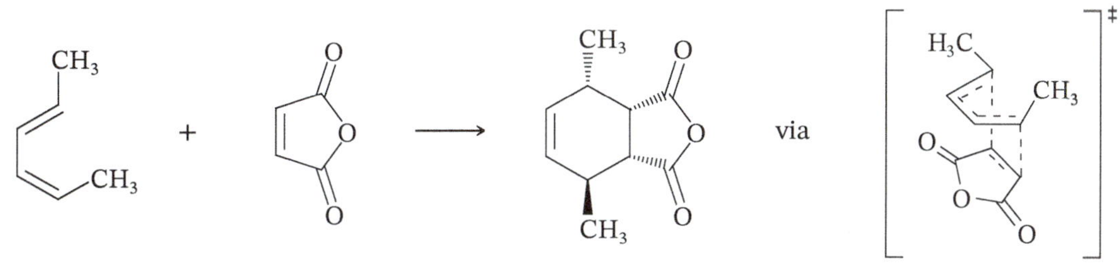

(2*E*,4*Z*)-Hexa-2,4-dieno **Anidrido maleico** **Produto principal endo (mais enantiômero)**

Se os substituintes do dieno estiverem ambos do lado externo do componente diênico, quando o dieno está na conformação s-cis os substituintes serão cis.

A consideração dos estados de transição para cada reação, conforme feito anteriormente, ajuda a mostrar como a estereoquímica é transferida do dieno para o aduto em cada caso.

PROBLEMA DE REVISÃO 13.13

Se o (2*Z*,4*Z*)-hexa-2,4-dieno pudesse sofrer uma reação de Diels–Alder com o propenoato de metila, quais seriam os produtos? (*Sugestão:* há quatro produtos constituídos de dois pares de enantiômeros. Um dos pares de enantiômeros predominaria.) Na realidade, essa reação de Diels–Alder é impraticável, porque a conformação s-cis do dieno necessária para a reação é de alta energia devido ao impedimento estérico entre os grupos metila.

13.10C Como Prever os Produtos de uma Reação de Diels–Alder

Problema: Preveja o produto da reação de Diels–Alder entre os compostos vistos a seguir.

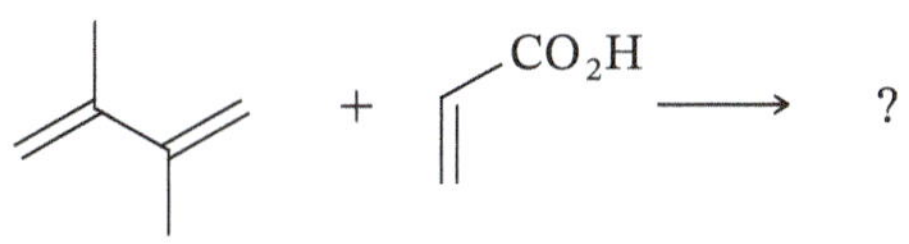

Estratégia e Solução: Represente o componente do dieno na conformação *s*-cis de modo que as extremidades de ambas as ligações duplas fiquem próximas da ligação dupla do dienófilo. Em seguida, mostre o movimento dos pares de elétrons que converterão as duas moléculas em uma molécula cíclica.

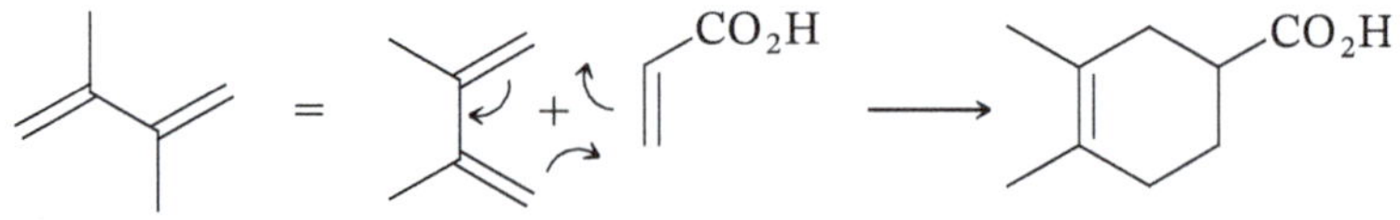

13.10D Como Utilizar uma Reação de Diels–Alder em uma Análise Retrossintética

Problema: Faça o esboço de uma síntese estereoespecífica do estereoisômero all-cis do 3,4,5,6-tetrametilciclo-hexeno (isto é, onde os grupos metila estão todos do mesmo lado do anel).

Análise Retrossintética e Solução: O desenvolvimento dessa síntese ajudará a ver como uma reação de Diels–Alder pode ser utilizada para transmitir uma estereoquímica específica em uma síntese. Também serve de ajuda rever algumas outras reações que você acabou de aprender. Eis aqui o nosso esquema retrossintético:

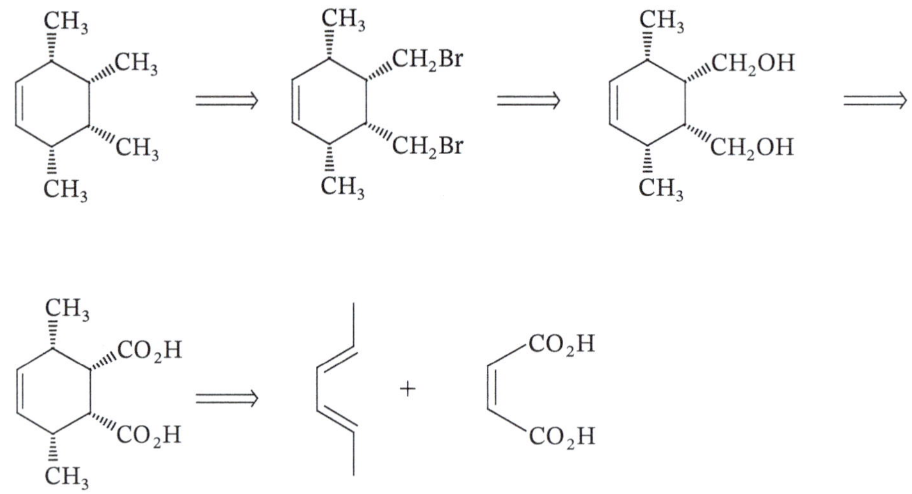

Começamos com o dienófilo como um ácido dicarboxílico em vez de diretamente com grupos metila, para que o dienófilo contenha grupos retiradores de elétrons que ajudam a permitir a reação de Diels-Alder.

Eis aqui a nossa síntese. Vamos utilizar uma reação de Diels–Alder para criar um anel de seis membros com a estereoquímica all-cis a partir do produto endo. Em seguida, convertemos os dois grupos —CO_2H nos grupos —CH_2OH, então, nos grupos —CH_2Br e, finalmente, nos grupos —CH_3.

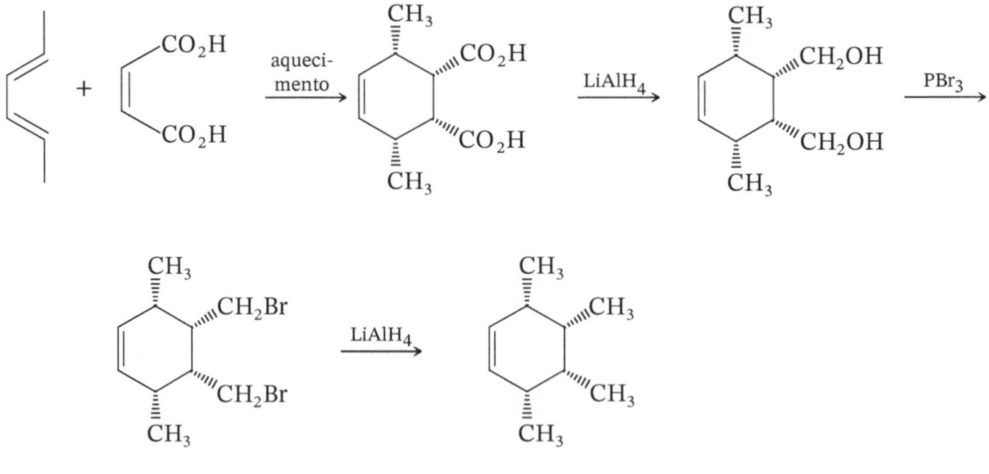

PROBLEMA DE REVISÃO 13.14

Que produtos você esperaria das reações vistas a seguir?

(a) 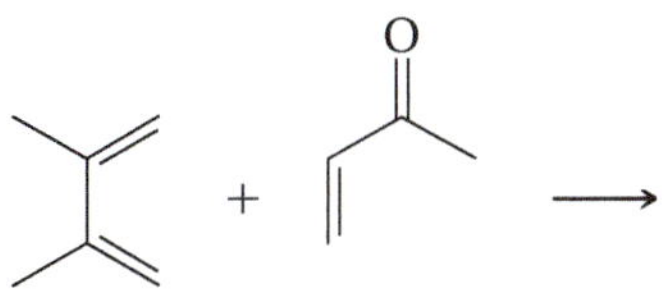

(d) 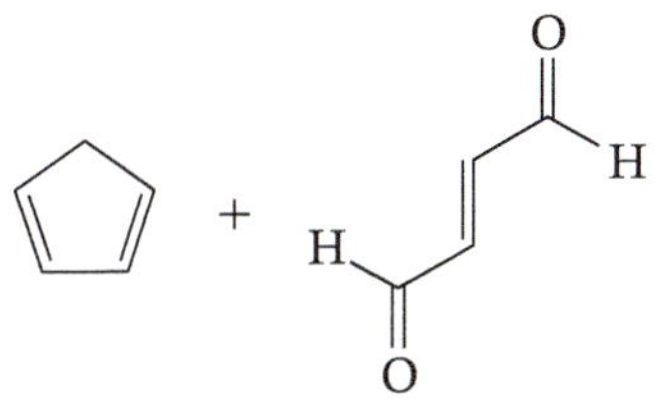

(b) 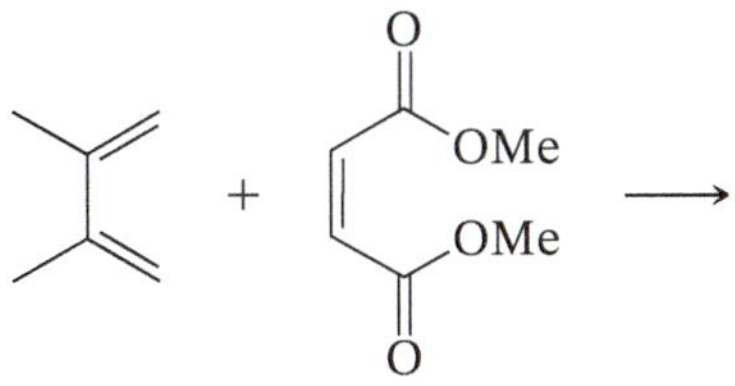

(e) 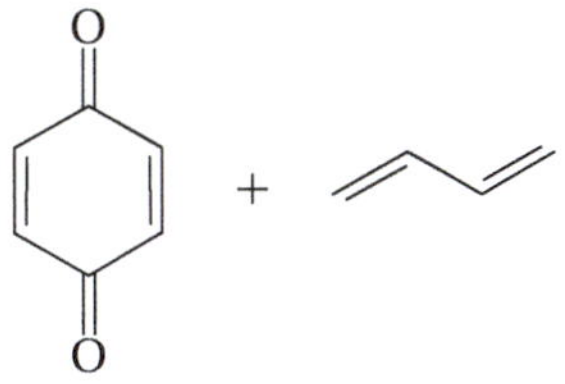

(c) 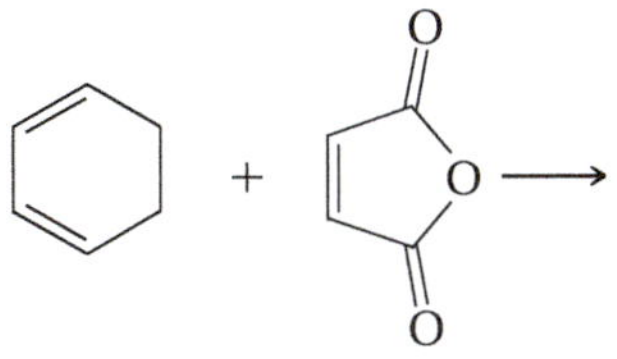

PROBLEMA DE REVISÃO 13.15

Que dieno e dienófilo você utilizaria para sintetizar os compostos vistos a seguir?

(a) 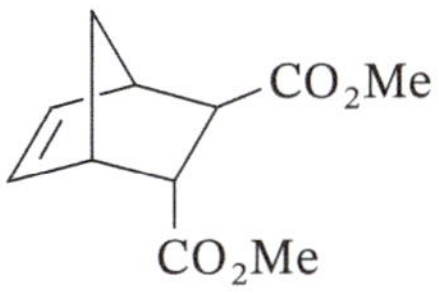

(b) 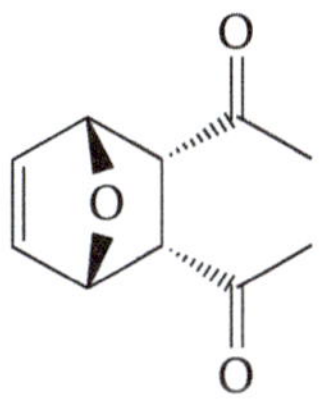

PROBLEMA DE REVISÃO 13.16

As reações de Diels–Alder também ocorrem com dienófilos tendo ligações triplas (acetilênicas). Qual o dieno e qual o dienófilo você utilizaria para preparar o composto visto a seguir?

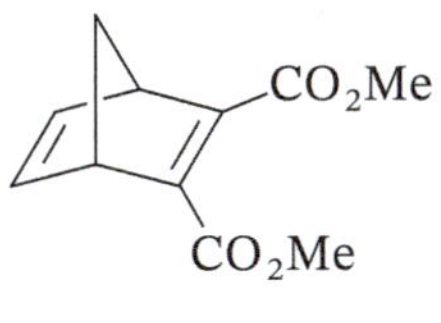

PROBLEMA DE REVISÃO 13.17

O 1,3-butadieno e o dienófilo mostrados a seguir foram utilizados por A. Eschenmoser em sua síntese da vitamina B_{12} com R. B. Woodward. Desenhe a estrutura dos adutos enantioméricos de Diels–Alder que se formariam nessa reação e os dois estados de transição que levam a eles.

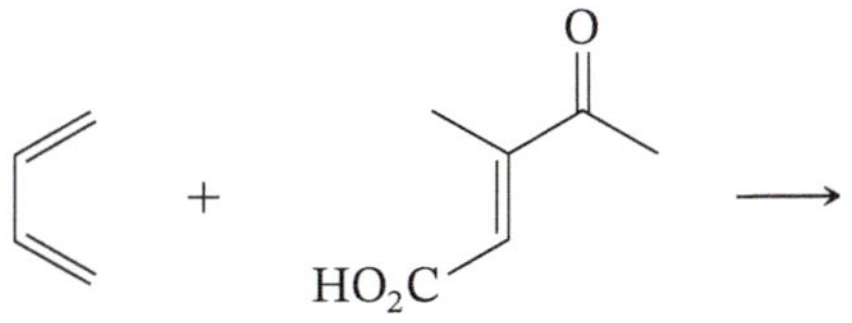

A Química de . . . Moléculas com o Prêmio Nobel em Suas Linhagens Sintéticas

Muitas moléculas orgânicas dentre os grandes alvos para síntese têm a reação de Diels–Alder em suas linhagens sintéticas. Como aprendemos, a partir de precursores acíclicos a reação de Diels–Alder pode formar um anel de seis membros com quatro novos centros quirais criados em uma única etapa estereoespecífica. Ela produz também uma ligação dupla que pode ser utilizada para introduzir outras funcionalidades. A grande utilidade da reação de Diels–Alder fez com que Otto Diels e Kurt Alder ganhassem o Prêmio Nobel de Química em 1950 pelo desenvolvimento da reação que leva seus nomes.

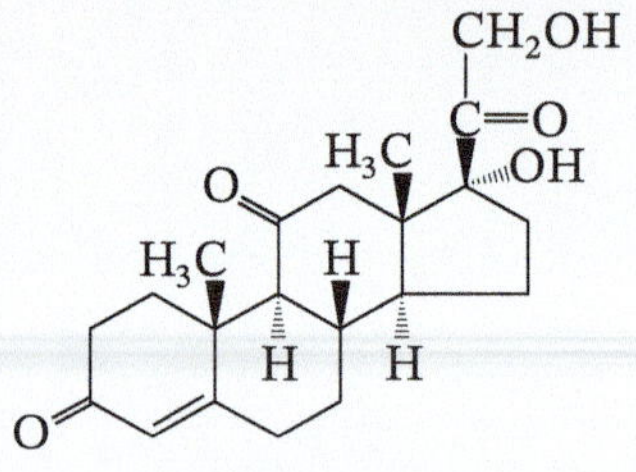

Cortisona

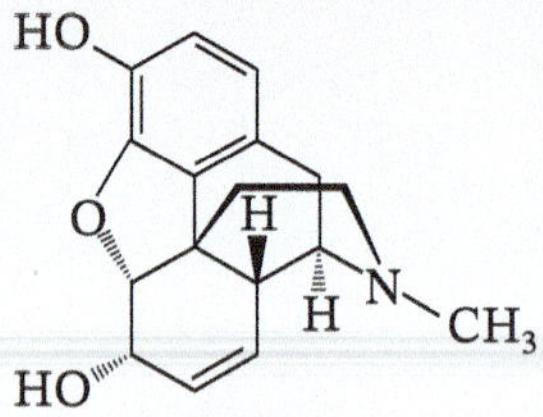

Morfina

Moléculas que têm sido sintetizadas utilizando-se a reação de Diels–Alder (e os químicos que desenvolveram o trabalho) incluem a morfina, sedativo hipnótico utilizado após vários procedimentos cirúrgicos (M. Gates); a reserpina, um agente anti-hipertensivo utilizado clinicamente (R. B. Woodward); o colesterol, precursor de todos os esteroides no organismo, e a cortisona, agente anti-inflamatório (ambos por R. B. Woodward); a vitamina B_{12} (Seção 7.18A), utilizada na produção de células sanguíneas e nervosas (A. Eschenmoser e R. B. Woodward); e o Taxol (nome químico do paclitaxel, Seção 13.10), um potente agente na quimioterapia do câncer (K. C. Nicolaou). Esta lista sozinha é uma autêntica liturgia de realizações sintéticas monumentais, entretanto existem muitas outras moléculas que também foram possíveis de serem sintetizadas com a utilização da reação de Diels–Alder. Poderíamos dizer que todas essas moléculas têm um determinado sentido de "Nobel-ity"* em seu passado.

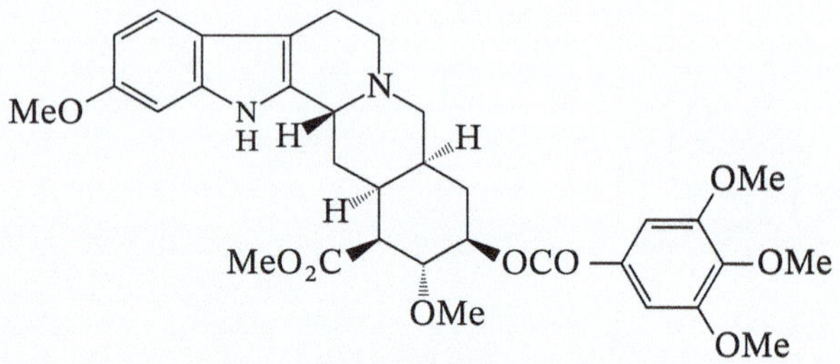

Reserpina

*N.T.: O autor sugere a palavra "nobreza" (*nobility*, em inglês) ao fazer um jogo de palavras com "Nobel" e o sufixo -ity.

Por que Esses Tópicos São Importantes?

AP Images

Otto Diels

Science Source

Kurt Alder

Uma Reação que Poderia Ter Recebido um Nome Diferente

A reação específica que Otto Diels (o professor) e Kurt Alder (o aluno de graduação) descreveram em seu famoso artigo de 1928 era a fusão de duas moléculas de ciclopentadieno com a benzoquinona, conforme se mostra a seguir. Já destacamos a importância e a significância deste processo reacional geral para facilitar a síntese de moléculas complexas, algo que Diels e Alder reconheceram, eles mesmos, à época que fizeram sua descoberta: "*Desse modo parece-nos que a possibilidade da síntese de compostos complexos relacionados ou idênticos a produtos naturais, tais como os terpenos, os sesquiterpenos, talvez mesmo os alcaloides, passou para outra perspectiva*". De fato, é por causa da sua ampla aplicabilidade e utilidade que a reação fez com que eles recebessem o Prêmio Nobel de 1950.

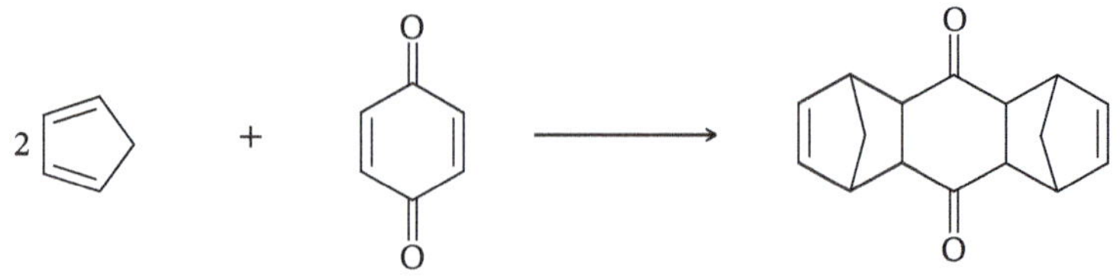

Ciclopentadieno *p*-Benzoquinona

No entanto, o que você pode não saber é que Diels e Alder não foram os primeiros a explorar a adição do ciclopentadieno à benzoquinona. De fato, diversos outros químicos tinham realizado a mesma reação antes deles. O primeiro foi Johannes Thiele e seu aluno de graduação Walther Albrecht, que realizaram seu trabalho em 1906; com base em experimentos passados, Thiele achava que a fusão desses dois reagentes produziria a molécula ilustrada a seguir, enquanto Albrecht acreditava que, em vez disso, ela era um produto de adição diferente. A exploração seguinte dessa reação veio por Hermann Staudinger, que, em 1912, propôs uma estrutura para o produto. Conforme sabemos agora, todas essas propostas anteriores estavam erradas. Ainda assim, seria difícil colocar a culpa nessas investigações, dada a ausência de ferramentas espectroscópicas para auxiliar na determinação da estrutura e ao fato de a reatividade envolvendo uma cicloadição 1,4 não ter precedente àquela época. Portanto, uma grande parte da verdadeira genialidade de Diels e Alder reside no fato de eles serem os primeiros a reconhecer justamente o que, realmente, tinha sido formado a partir do experimento e a sugerir que a reação envolvida poderia ser um processo geral.

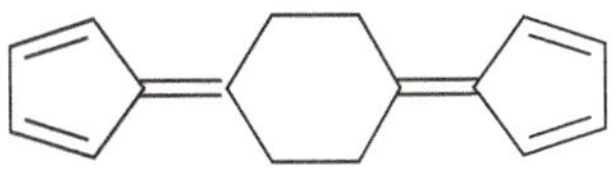

Thiele (1906)

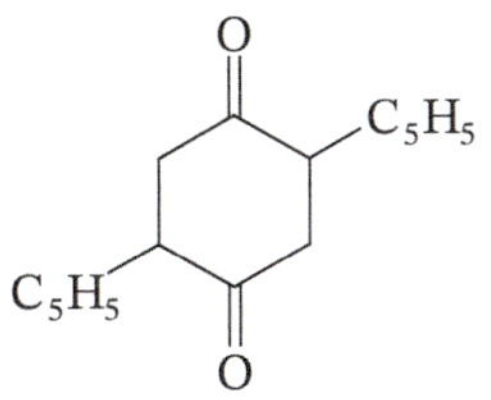

Albrecht (1906)

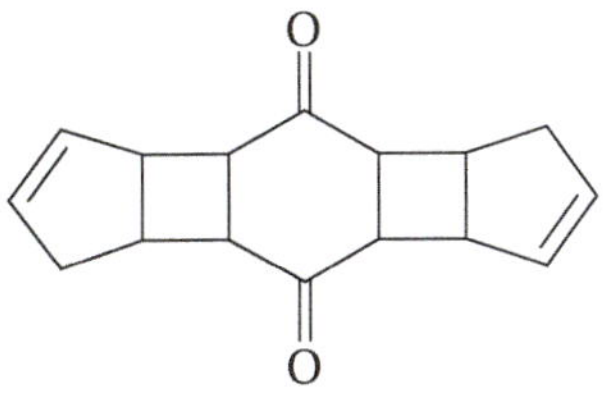

Staudinger (1912)

Para finalizar essa história, ainda houve outra equipe de professor e aluno que tinha realizado uma transformação semelhante, e previsto corretamente um produto de cicloadição 1,4 oito anos antes de Diels e Alder. Esse trabalho foi feito por Hans von Euler e Karl Josephson, conforme mostrado a seguir. No entanto, eles foram tímidos em sua caracterização da estrutura, e, embora tivessem prometido realizar um estudo de acompanhamento para provar sua proposta naquele artigo, por qualquer que seja a razão, esse trabalho nunca apareceu. Por outro lado, Diels e Alder realizaram muito trabalho com o processo e o expandiram enormemente, razão pela qual a reação tem seu nome.

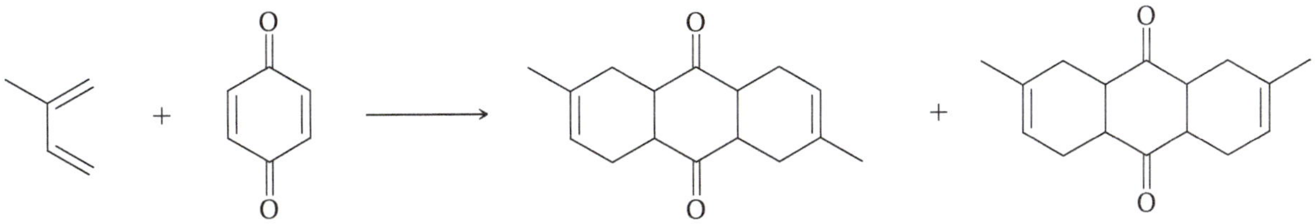

A estrutura acima foi adaptada com a permissão de Berson, J., *Tetrahedron* **1992**, *48*, 3–17, Wiley-VCH e Berson, J., *Chemical Creativity: Ideas from the Work of Woodward, Hückel, Meerwein, and Others*, © **1999**, Wiley-VCH.

Para saber mais sobre esses tópicos, consulte:

1. Berson, J. "Discoveries missed, discoveries made: creativity, influence, and fame in chemistry" in *Tetrahedron* **1992**, *48*, 3–17.
2. Berson, J. *Chemical Creativity: Ideas from the Work of Woodward, Hückel, Meerwein, and Others.* Wiley-VCH: Weinheim, **1999**, p.198.

Resumo e Ferramentas de Revisão

As ferramentas de estudo para o presente capítulo incluem termos e conceitos fundamentais, que são realçados ao longo do capítulo em **negrito azul** e que estão definidos no Glossário (ao fim de cada volume), um Mapa Conceitual relacionado com as propriedades e reatividade de sistemas conjugados e a reação de Diels–Alder.

Problemas

Sistemas Conjugados

13.18 Forneça os reagentes que são necessários para sintetizar o 1,3-butadieno partindo de

(a) 1,4-Dibromobutano

(b) 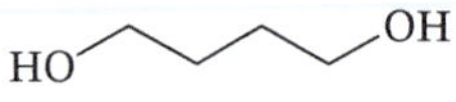

(c) 

(d) 

(e) 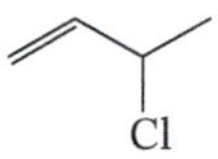

(f) 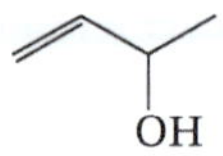

(g) 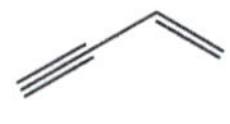

13.19 Que produto você esperaria da seguinte reação?

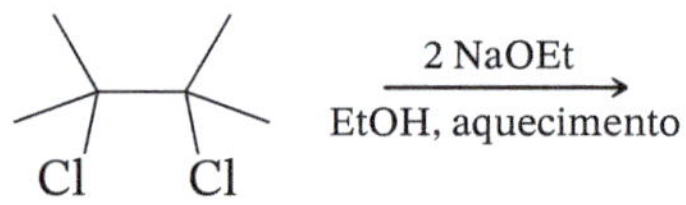

13.20 Que produtos você esperaria da reação de 1 mol de 1,3-butadieno e cada um dos seguintes reagentes? (Caso não ocorra nenhuma reação, você também deve indicar.)

(a) 1 mol de Cl_2
(b) 2 mols de Cl_2
(c) 2 mols de Br_2
(d) 2 mols de H_2, Ni
(e) 1 mol de Cl_2 em H_2O
(f) $KMnO_4$ quente (em excesso)

13.21 Cite os reagentes necessários para transformar o 2,3-dimetil-1,3-butadieno em cada um dos compostos vistos a seguir.

(a) 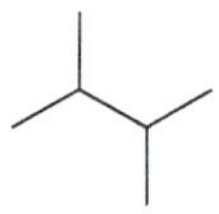

(b) 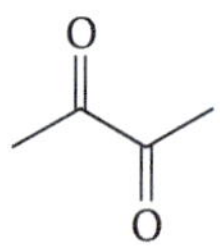

(c) 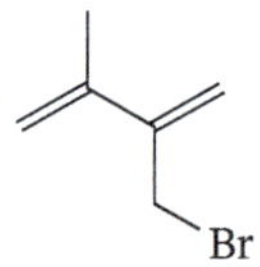

(d) 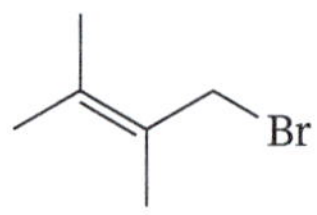

13.22 Cite os reagentes necessários para cada uma das seguintes transformações. Em alguns casos várias etapas podem ser necessárias.

(a) 1-Buteno ⟶ 1,3-butadieno

(b) 1-Penteno ⟶ 1,3-pentadieno

(c) 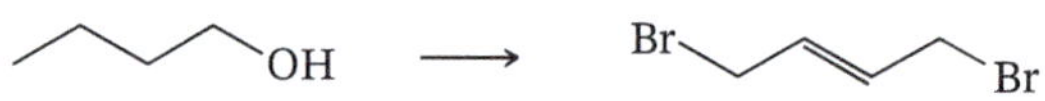

(d) 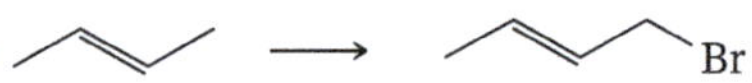

(e) 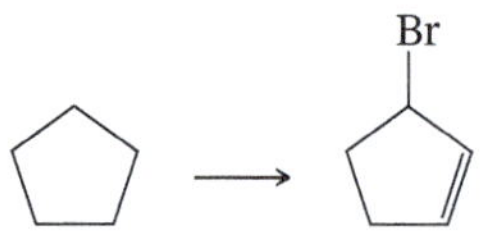

(f) 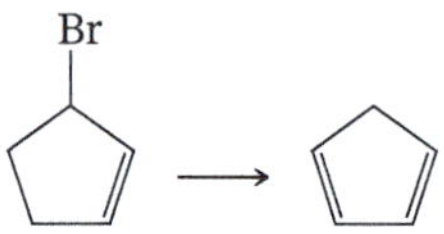

13.23 Os dienos conjugados reagem com radicais livres através tanto de adição 1,2 quanto 1,4. Escreva um mecanismo detalhado que explique esse fato, utilizando a adição promovida por peróxido de um equivalente molar de HBr ao 1,3-butadieno como uma ilustração.

13.24 A espectroscopia no UV–Vis, no IV, de RMN e a espectrometria de massa são ferramentas espectroscópicas utilizadas para obter informação estrutural sobre compostos. Para cada par de compostos vistos a seguir, descreva, no mínimo, um aspecto para cada um de dois métodos espectroscópicos (UV–Vis, IV, RMN ou espectrometria de massa) que distinguiria um composto do outro em um par.

(a) 1,3-Butadieno e 1-butino

(b) 1,3-Butadieno e butano

(c) Butano e 

(d) 1,3-Butadieno e 

(e) 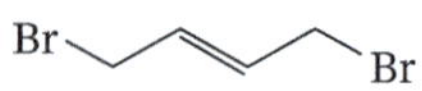 e 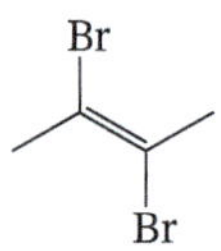

13.25 Quando o 2-metil-1,3-butadieno (isopreno) sofre uma adição 1,4 de cloreto de hidrogênio, o produto principal formado é o 1-cloro-3-metil-2-buteno. Muito pouco ou nada do 1-cloro-2-metil-2-buteno é formado. Como você pode explicar isso?

13.26 Quando o 1-penteno reage com *N*-bromossuccinimida, dois produtos com a fórmula C_5H_9Br são obtidos. Quais são esses produtos e como eles são formados?

13.27 (a) Os átomos de hidrogênio ligados ao C3 do 1,4-pentadieno geralmente são suscetíveis de serem retirados por radicais. Como você pode explicar isso? **(b)** Você pode fornecer uma explicação para o fato de os prótons ligados ao C3 do 1,4-pentadieno serem mais ácidos do que os átomos de hidrogênio do grupo metila do propeno?

13.28 Forneça um mecanismo que explique a formação dos produtos vistos a seguir. Inclua todos os intermediários, cargas formais e setas mostrando o fluxo de elétrons.

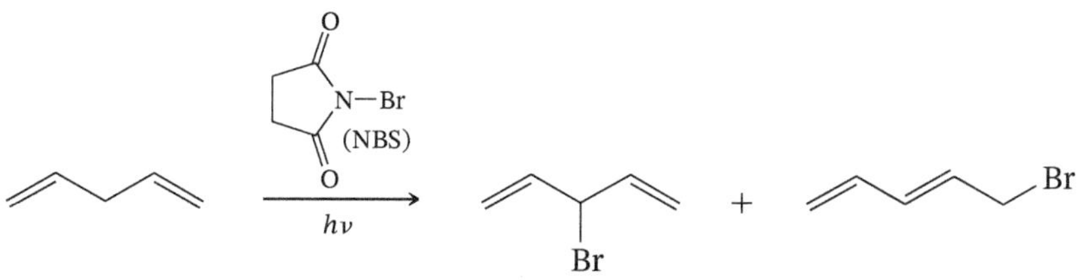

13.29 Forneça um mecanismo para a reação vista a seguir. Faça um diagrama, tendo como coordenada a energia de reação, que ilustre os caminhos cinético e termodinâmico para a reação vista a seguir.

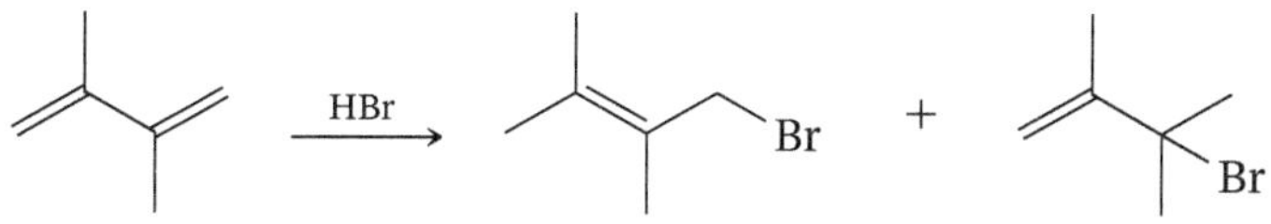

13.30 Preveja os produtos das seguintes reações:

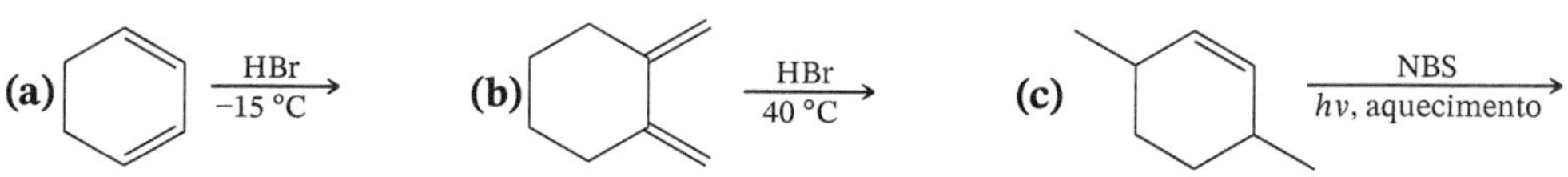

13.31 Forneça um mecanismo que explique a formação dos produtos vistos a seguir.

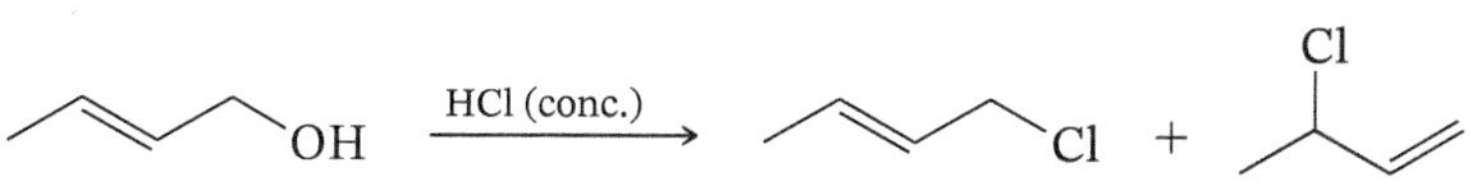

13.32 Forneça um mecanismo que explique a formação dos produtos vistos a seguir.

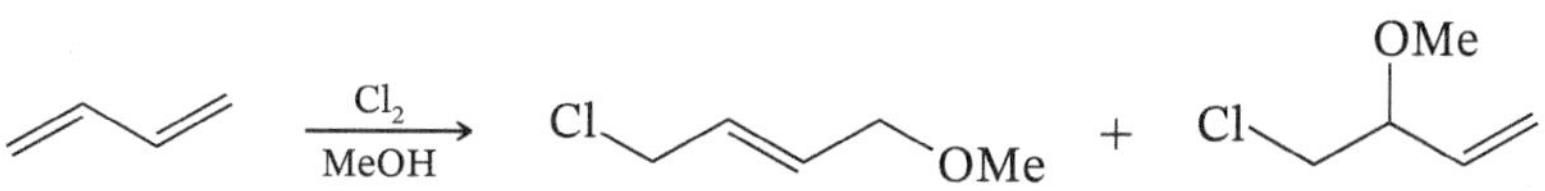

13.33 O tratamento do 1-cloro-3-metil-2-buteno ou do 3-cloro-3-metil-1-buteno com Ag_2O em água fornece (além do AgCl) a mesma mistura de álcoois.

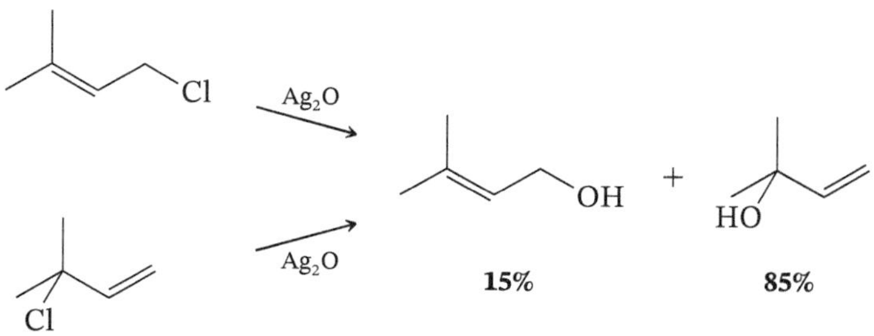

(a) Escreva um mecanismo que explique a formação desses produtos.

(b) O que poderia explicar as proporções relativas dos dois alquenos que são formados?

13.34 A desidroalogenação dos dialetos 1,2 (com a eliminação de dois equivalentes molares de HX) normalmente leva a um alquino em vez de a um dieno conjugado. No entanto, quando o 1,2-dibromo-ciclo-hexano é desidroalogenado, o 1,3-ciclo-hexadieno é produzido, e não o ciclo-hexino. Que fator explica isso?

13.35 O calor de hidrogenação do aleno é 298 kJ mol^{-1}, enquanto o do propino é 290 kJ mol^{-1}. **(a)** Que composto é mais estável? **(b)** O tratamento do aleno com uma base forte faz com que ele se isomerize a propino. Explique.

13.36 Apesar de tanto o 1-bromobutano quanto o 4-bromo-1-buteno serem haletos primários, o último sofre eliminação mais rapidamente. Como esse comportamento pode ser explicado?

Reações de Diels–Alder

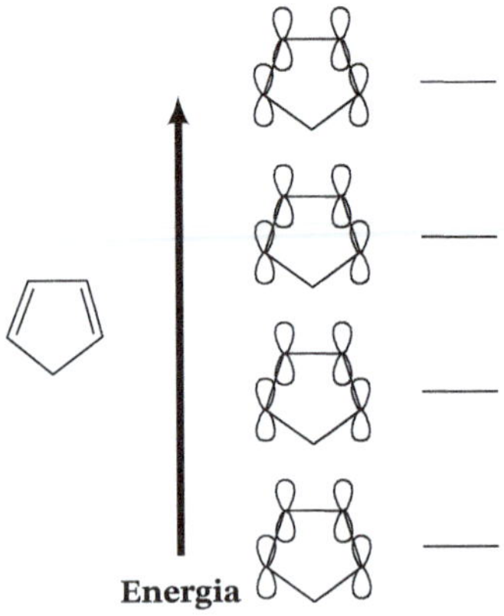

13.37 Complete a seguinte descrição por orbital molecular para o estado fundamental do ciclopentadieno, mostrado ao lado. Sombreie os lóbulos apropriados para indicar os sinais das fases em cada orbital molecular de acordo com o aumento de energia dos orbitais moleculares. Assinale os orbitais HOMO e LUMO e coloque o número apropriado de elétrons em cada nível usando uma seta reta com uma única farpa para representar cada elétron.

13.38 Por que a molécula mostrada a seguir, apesar de ser um dieno conjugado, não sofre uma reação de Diels–Alder?

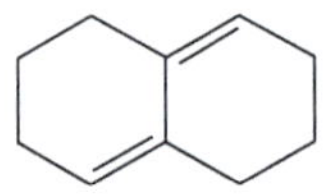

13.39 Distribua os dienos vistos a seguir em ordem crescente de reatividade em uma reação de Diels–Alder (1 = menos reativo, 4 = mais reativo). Explique resumidamente sua distribuição.

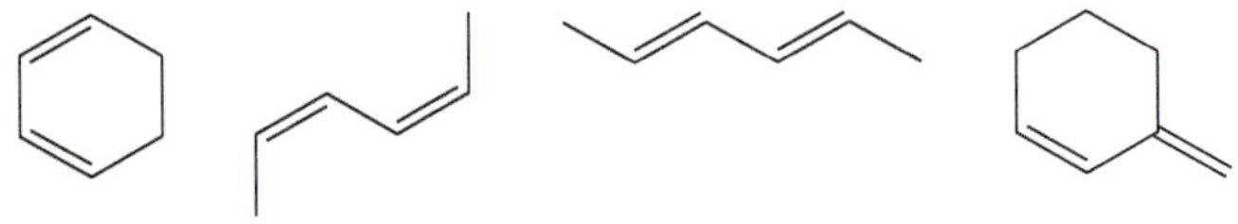

13.40 Dê as estruturas dos produtos que seriam formados quando o 1,3-butadieno reage com cada um dos seguintes compostos:

(a) 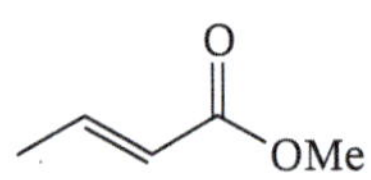

(b) 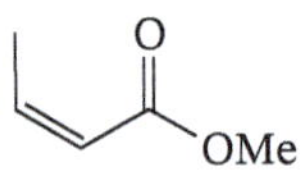

(c) 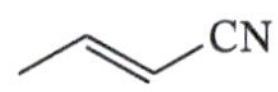

(d) 

13.41 Os compostos acetilênicos podem ser utilizados como dienófilos na reação de Diels–Alder (veja o Problema de Revisão 13.16). Escreva as estruturas para os adutos que você esperaria para a reação do 1,3-butadieno com

(a) 

(b) $F_3C—C\equiv C—CF_3$

13.42 Preveja os produtos das reações vistas a seguir.

(a) 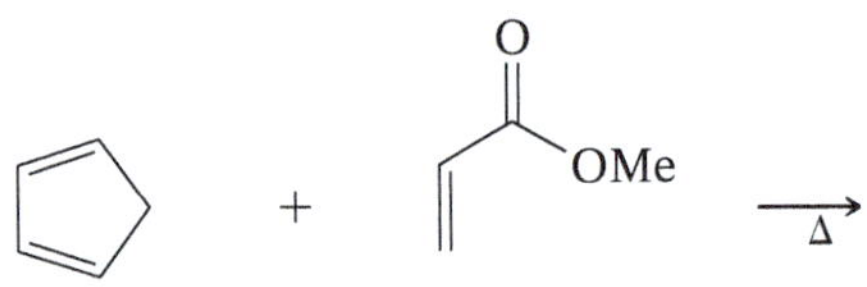

(b) 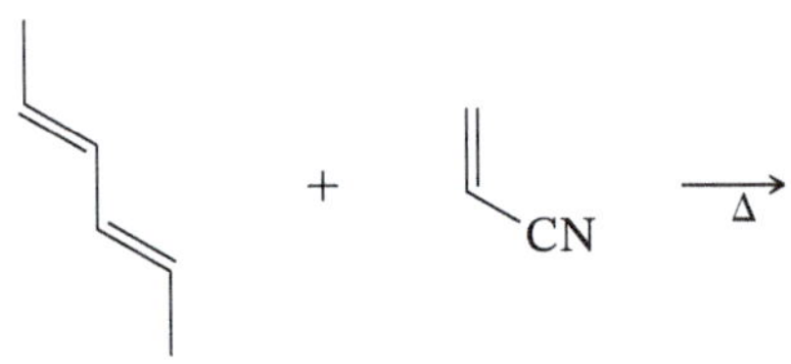

(c) 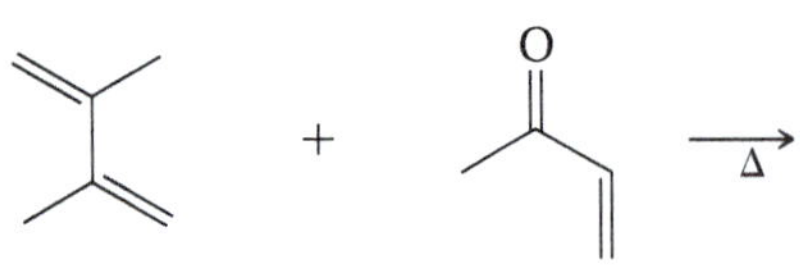

(d) 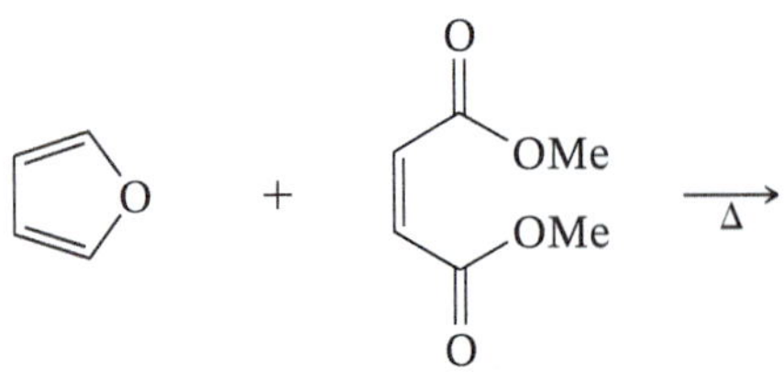

(e) 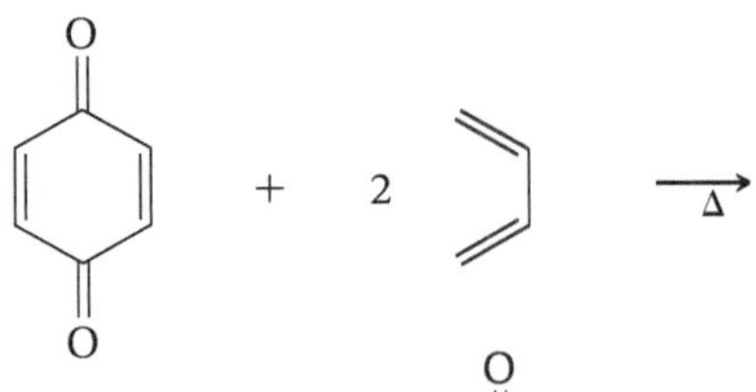

(f) 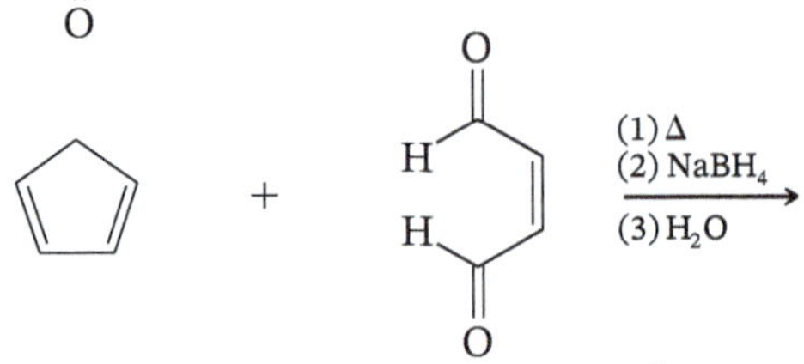

(g) 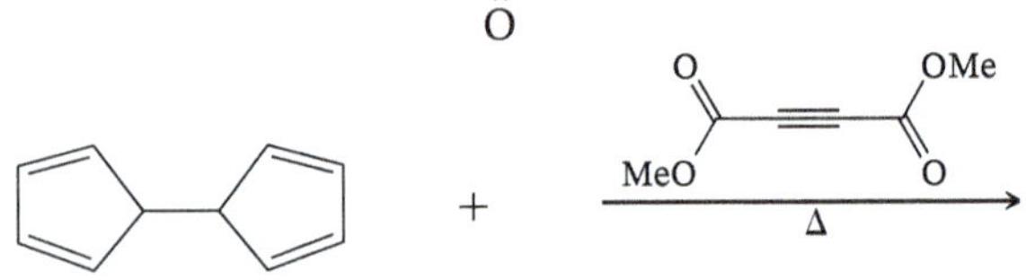

(h) 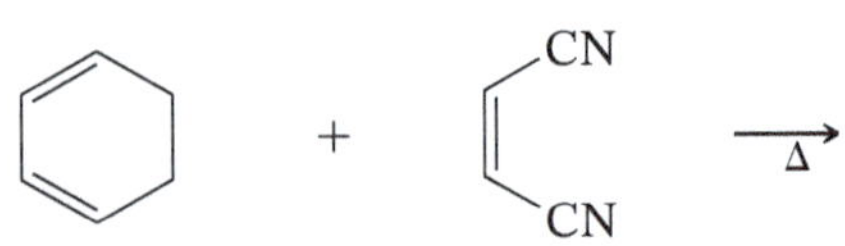

13.43 Que dieno e dienófilo você utilizaria em uma síntese de cada um dos compostos vistos a seguir?

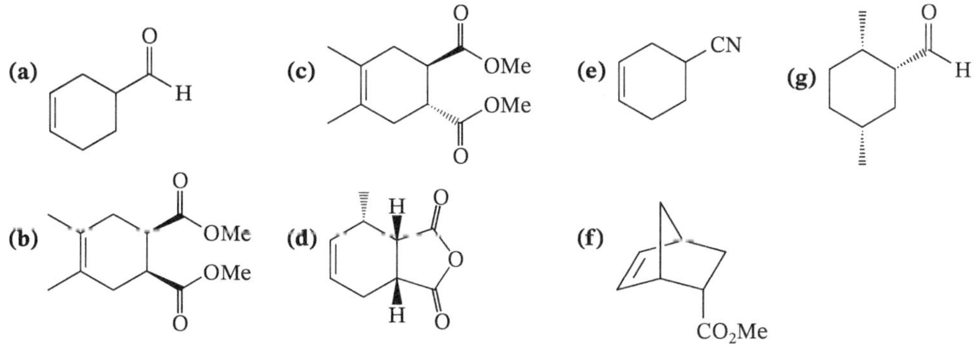

13.44 Quando o furano e a maleimida sofrem uma reação de Diels–Alder a 25 °C, o produto principal é o aduto endo **G**. Entretanto, quando a reação é realizada a 90 °C, o produto principal é o isômero exo **H**. O aduto endo isomeriza-se para o aduto exo quando ele é aquecido a 90 °C. Proponha uma explicação que justifique esses resultados.

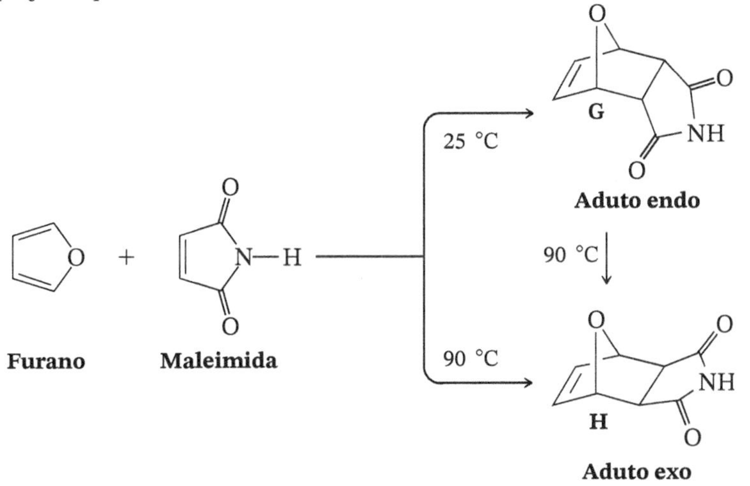

13.45 Dois controversos inseticidas "duros" são a aldrina e a dieldrina. [A Agência de Proteção Ambiental (EPA) americana suspendeu a utilização desses inseticidas por causa de possíveis efeitos colaterais prejudiciais e por não serem biodegradáveis.] A síntese comercial da aldrina começa com o hexaclorociclopentadieno e o norbornadieno. A dieldrina foi sintetizada a partir da aldrina. Mostre como essas sínteses poderiam ser realizadas.

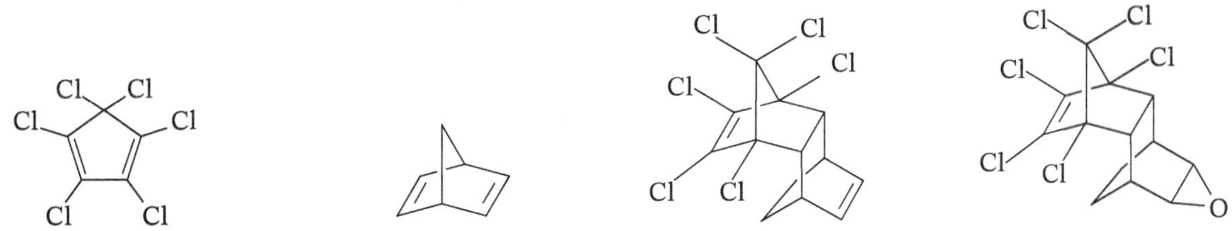

Hexaclorociclopentadieno **Norbornadieno** **Aldrina** **Dieldrina**

13.46 (a) O norbornadieno para a síntese da aldrina (Problema 13.45) pode ser preparado a partir do ciclopentadieno e do acetileno. Mostre a reação envolvida. **(b)** Ele também pode ser preparado deixando-se o ciclopentadieno reagir com o cloreto de vinila e tratando-se o produto com uma base. Esboce essa síntese.

13.47 Dois outros inseticidas duros (veja o Problema 13.45) são o clordano e o heptaclor. Mostre como eles poderiam ser sintetizados a partir do ciclopentadieno e do hexaclorociclopentadieno.

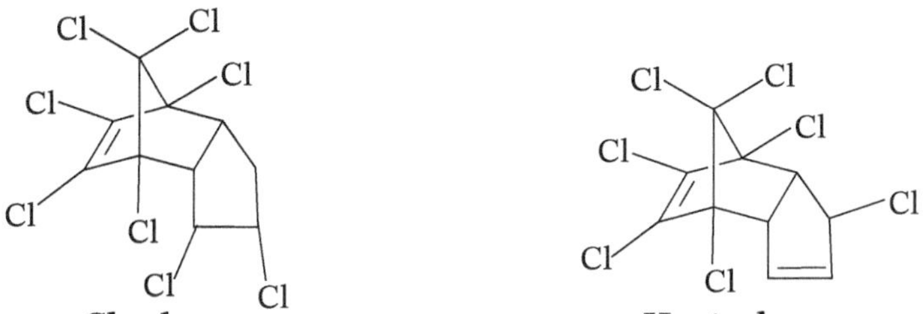

Clordano **Heptaclor**

Sintetizando o Material

13.48 Forneça os reagentes necessários para realizar as transformações sintéticas vistas a seguir. Mais do que uma etapa pode ser necessária.

(a) 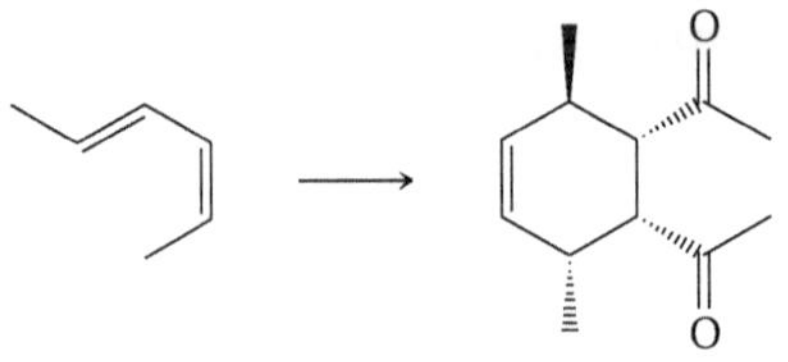

(b) 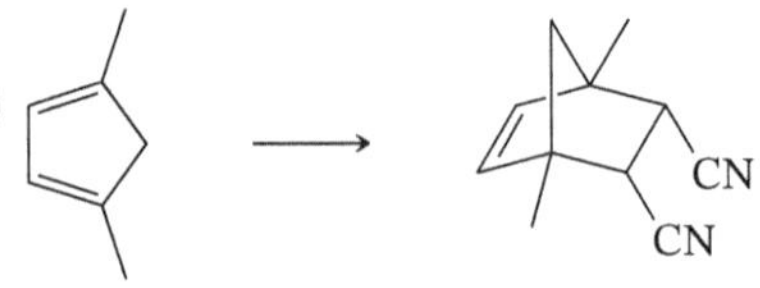

(c) 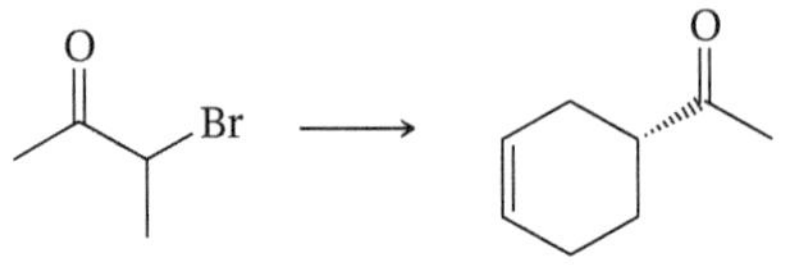

(d) 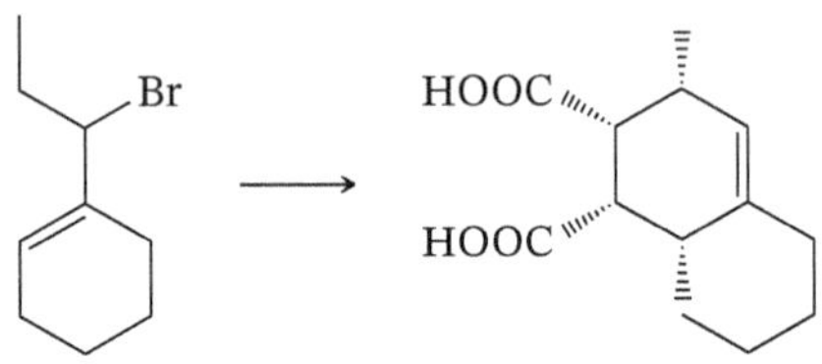

(e) 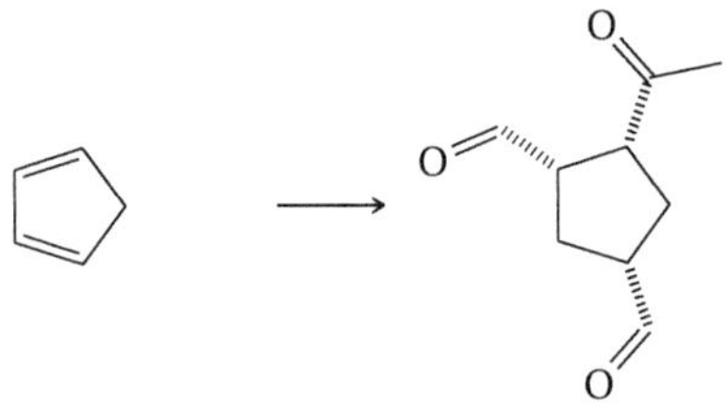

(f) 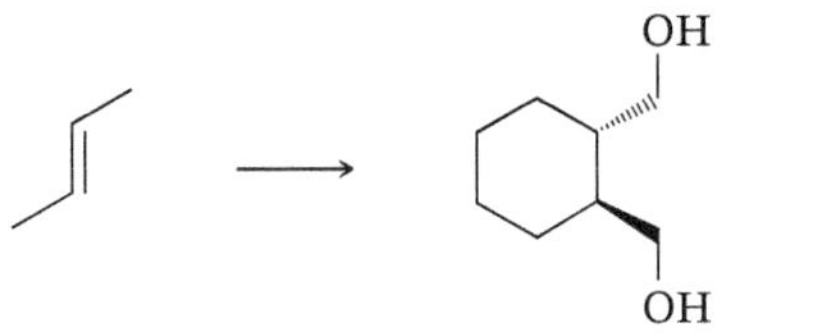

13.49 Investigando para trás, deduza o material de partida que leva, por meio das reações especificadas, ao produto indicado.

(a) **A** — (1) etileno, aquecimento; (2) O_3; (3) Me_2S; (4) $NaBH_4$ (excesso) ⟶ 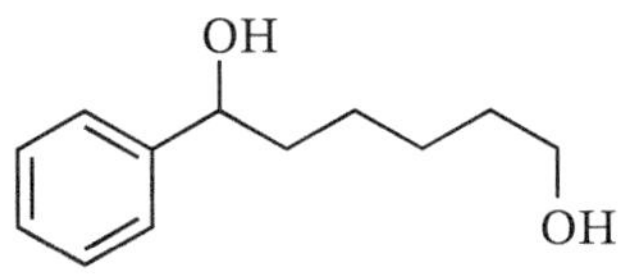

(b) **B** — (1) oxidação de Swern; (2) 1,3-butadieno, aquecimento; (3) oxidação de Jones; (4) H_2, Pd/C ⟶ 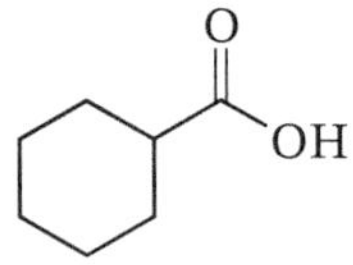

(c) **C** — (1) mCPBA; (2) KOH, H_2O; (3) NaH, MeI (excesso de cada um) ⟶ 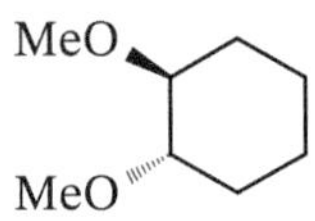

13.50 Para cada uma das reações a seguir, identifique o produto (representado por **A** e **B**) que será formado, a partir do material de partida, por meio da sequência de etapas indicada.

(a)

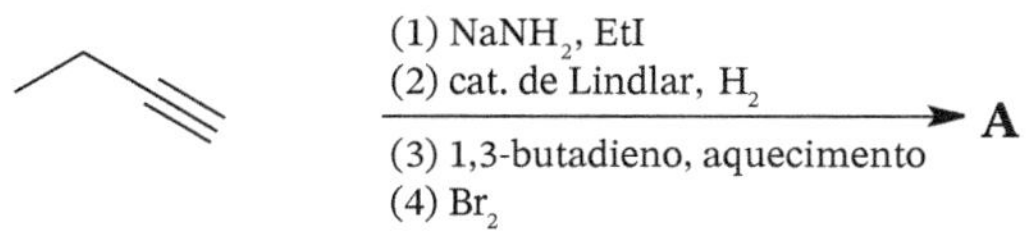

(b)

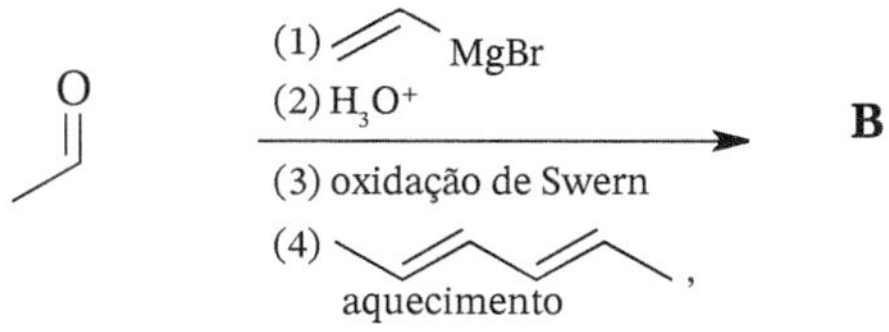

É Necessário um Consultor Químico

13.51 Como parte de uma síntese laboratorial da colombiasina A, uma molécula isolada de corais marinhos com atividade contra a tuberculose, reações de Diels-Alder foram usadas para produzir **C** a partir de **A** e **B** e para produzir **E** a partir de **D**. Quais são as estruturas de **A**, **B** e **D** nessas duas reações de Diels–Alder? (Veja: *Angew. Chem. Int. Ed.* **2001**, *40*, 2482.)

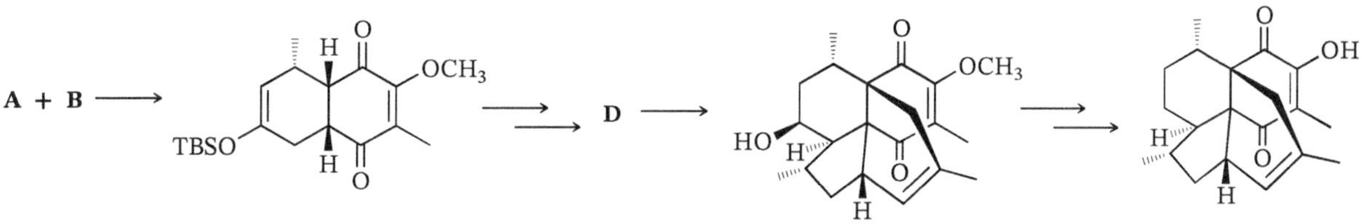

C **E** **(–)-colombiasina A**

13.52 A natureza produz alguns compostos incríveis que possuem vários anéis de quatro membros fundidos em uma única arquitetura. O éster metílico do ácido pentacicloanamóxico é um exemplo. Essas moléculas são geralmente conhecidas como laderanos com base em como suas ligações centrais se assemelham aos degraus de uma escada. Existe uma maneira que você possa imaginar usando a reação de Diels-Alder para fazer uma escada composta de três anéis de quatro membros, conforme mostrado a seguir, em que esses anéis têm uma das duas formas tridimensionais mostradas? (Veja: *Angew. Chem. Int. Ed.* **2003**, *42*, 2822; *Proc. Natl. Acad. Sci.* **2018**, *115*, 9098.)

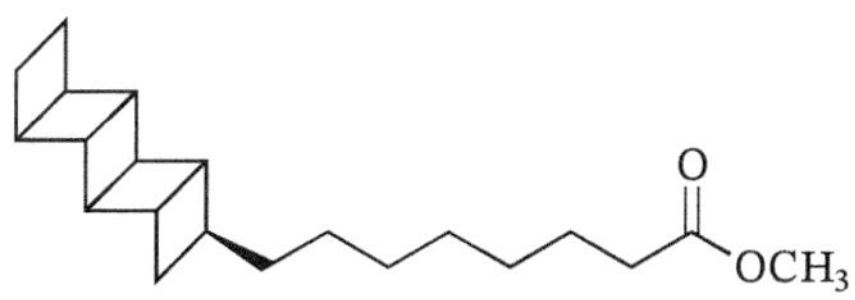

éster metílico do ácido pentacicloanamóxico

13.53 Com base no padrão de átomos e/ou nas condições reacionais dentro de um dieno e/ou dienófilo, às vezes é obtido um composto que não se parece com um produto típico da reação de Diels-Alder. A seguir são apresentados dois desses casos. Você consegue descobrir o que aconteceu em cada um deles depois de terem passado por uma reação inicial de Diels-Alder para finalmente formar os produtos mostrados? (Veja: *Angew. Chem. Int. Ed.* **2008**, *47*, 4373; *J. Am. Chem. Soc.* **2006**, *128*, 3908.)

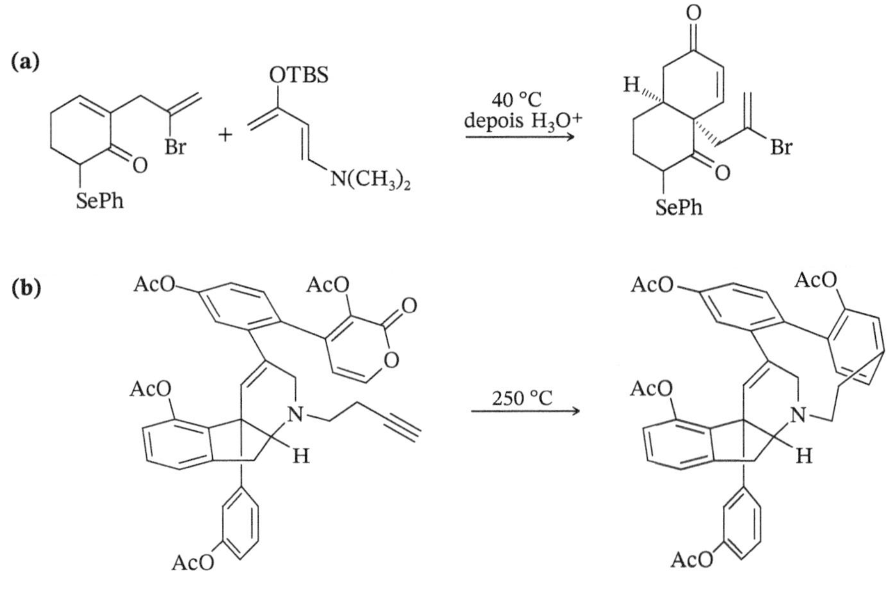

Problemas de Desafio

13.54 Explique a distribuição de produtos vistos a seguir com base na polaridade do dieno e do dienófilo, como previsto pelas estruturas de ressonância contribuintes para cada um dos produtos.

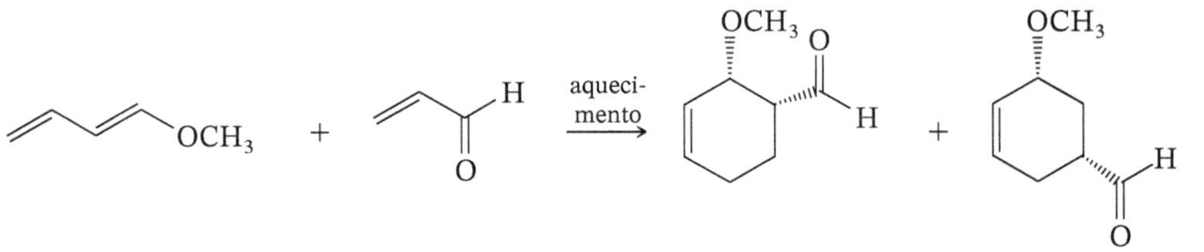

13.55 A mistura de furano (Problema 13.44) com anidrido maleico em éter dietílico produz um sólido cristalino com um ponto de fusão de 125 °C. Entretanto, quando ocorre a fusão desse composto, pode-se observar que o fundido libera um gás. Caso se deixe o fundido volta a se solidificar, descobre-se que ele não se funde mais a 125 °C, mas, em vez disso, ele se funde a 56 °C. Dê uma olhada nas propriedades físicas do furano e do anidrido maleico e forneça uma explicação para o que ocorre.

13.56 Desenhe a estrutura do produto da seguinte reação (formado durante uma síntese de um dos ácidos endiândricos realizada por K. C. Nicolaou):

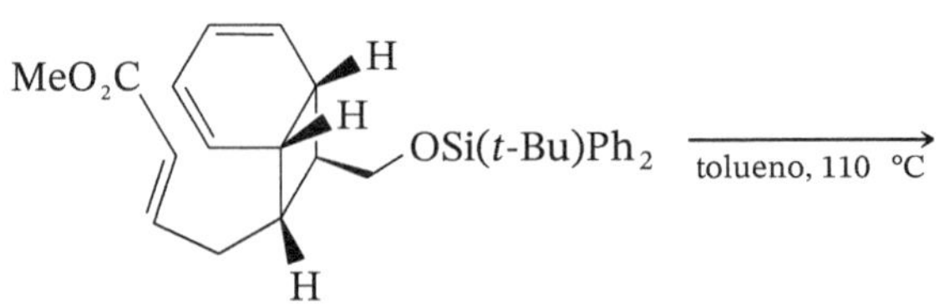

13.57 Desenhe todas as estruturas contribuintes de ressonância e o híbrido de ressonância para o carbocátion que resultaria da ionização do bromo a partir do 5-bromo-1,3-pentadieno. Qual é a estrutura de ressonância contribuinte mais importante para esse cátion, com base no seu conhecimento acerca das estabilidades relativas dos carbocátions?

Problemas para Trabalho em Grupo

1. Elucide as estruturas dos compostos de **A** a **I** no seguinte problema de "mapa rodoviário". Especifique quaisquer reagentes que faltam.

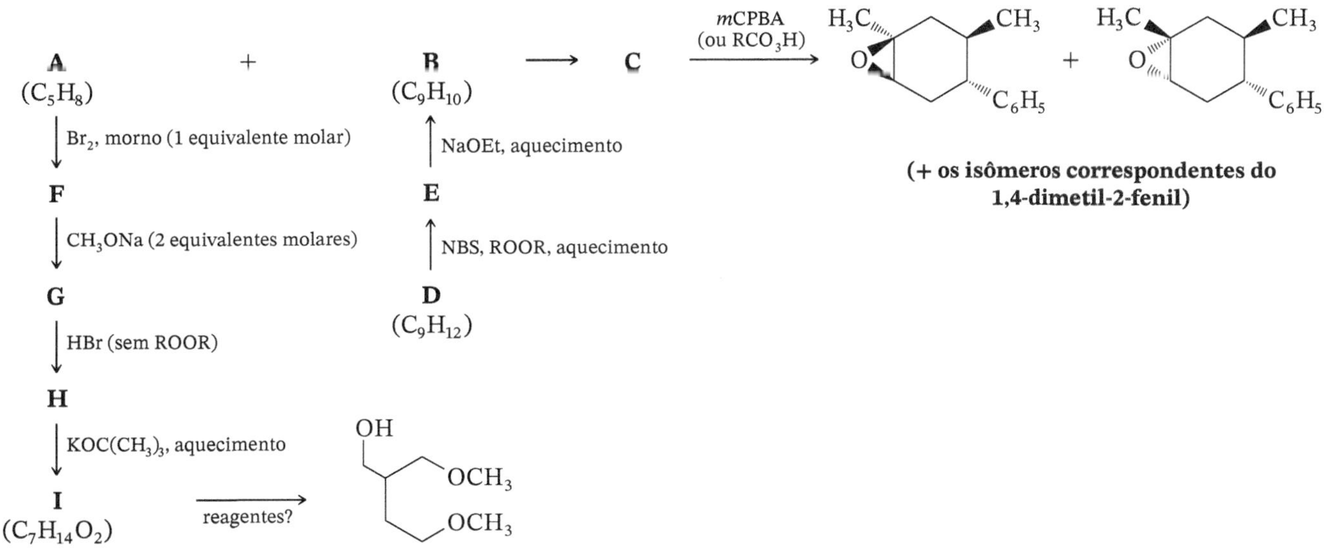

(+ os isômeros correspondentes do 1,4-dimetil-2-fenil)

2. (a) Escreva as reações que mostram como você poderia converter o 2-metil-2-buteno no 2-metil-1,3-butadieno.

(b) Escreva as reações para mostrar como você poderia converter o etilbenzeno no seguinte composto:

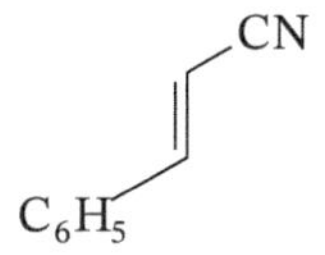

(c) Escreva as estruturas para os vários adutos de Diels–Alder que poderiam resultar na reação do 2-metil-1,3-butadieno com o composto mostrado no item (b).

MAPA CONCEITUAL

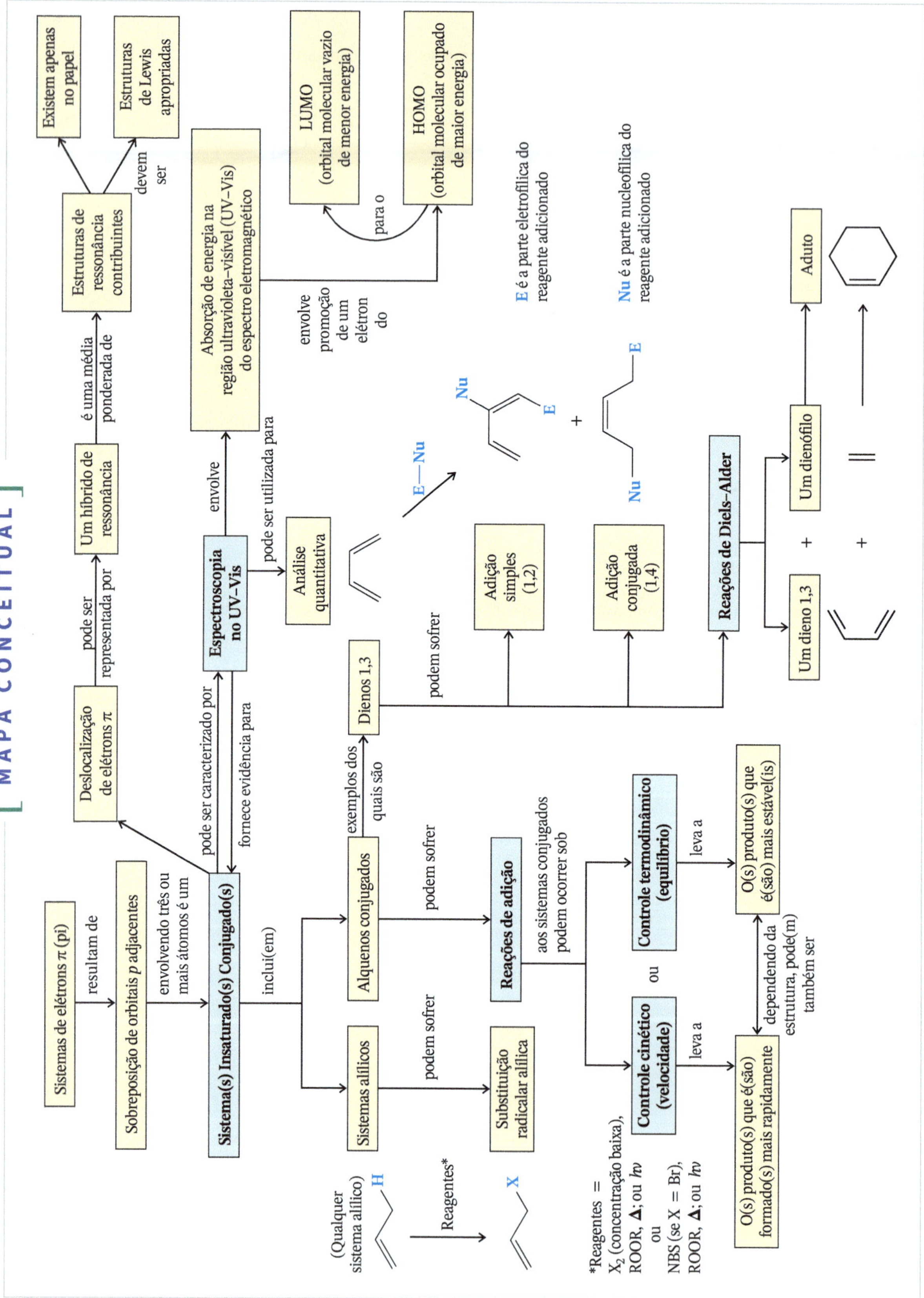

CAPÍTULO **14**

(folhas de pinheiro) yuliyakhvosch/123 RF; (garrafas com óleos essenciais): JPC-PROD/Shutterstock.com

Compostos Aromáticos

Nas conversas cotidianas, a palavra "aromático" evoca associações agradáveis – o cheiro de café fresco, de um pão de canela quente, de grama recém-cortada. Associações similares ocorreram no passado na história da química orgânica, quando compostos aromáticos agradáveis foram isolados a partir de óleos naturais produzidos por vegetais. À medida que as estruturas desses compostos eram elucidadas, descobriu-se que várias delas continham uma unidade estrutural altamente insaturada de seis carbonos que também era encontrada no benzeno. Essa estrutura especial de anel tornou-se conhecida como anel benzênico. Compostos aromáticos contendo um anel benzênico tornaram-se parte de uma família muito grande de compostos atualmente classificados como aromáticos, não por causa do seu odor (pois muitas das moléculas que contêm o anel benzênico não têm nenhum odor – por exemplo, a aspirina), mas porque eles possuem características eletrônicas especiais.

NESTE CAPÍTULO, VAMOS ESTUDAR:

- Os princípios estruturais por trás do uso do termo "aromático"
- O desafio inicial de determinar a estrutura correta do benzeno
- Uma regra que ajude a prever quais tipos de moléculas possuem a propriedade especial da aromaticidade
- Grupos especiais de moléculas que também são aromáticas

POR QUE ESSES TÓPICOS SÃO IMPORTANTES?

No fim do capítulo, vamos explorar a questão do tamanho que os anéis dessas moléculas podem ter e ainda serem aromáticos, observando que os químicos conseguiram produzir anéis com tamanho muito maior do que os das moléculas obtidas da natureza, mas usando principalmente os indícios do modelo derivado dessas moléculas naturais.

14.1 Descoberta do Benzeno

O que se segue são alguns exemplos de compostos aromáticos, incluindo-se o próprio benzeno. (Explicaremos o significado do círculo em uma das representações para o benzeno na Seção 14.6A.)

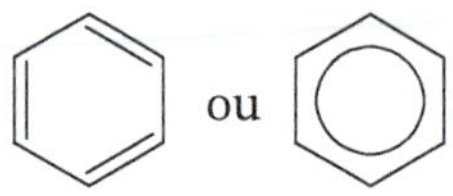

Benzeno

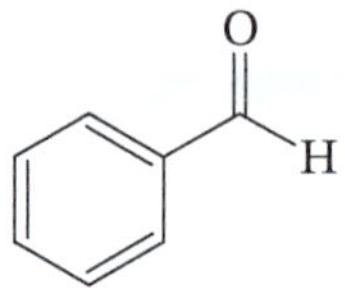

Benzaldeído (no óleo de amêndoas)

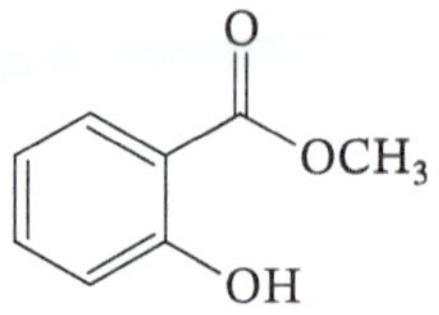

Salicilato de metila (no óleo de sempre-viva)

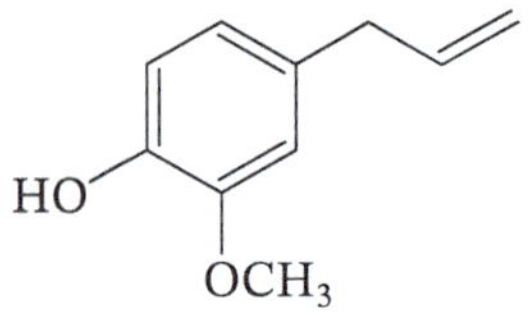

Eugenol (no óleo de cravo-da-índia)

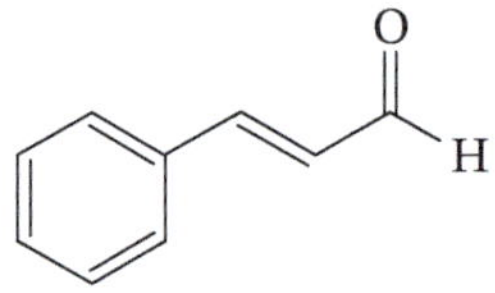

Cinamaldeído (no óleo de canela)

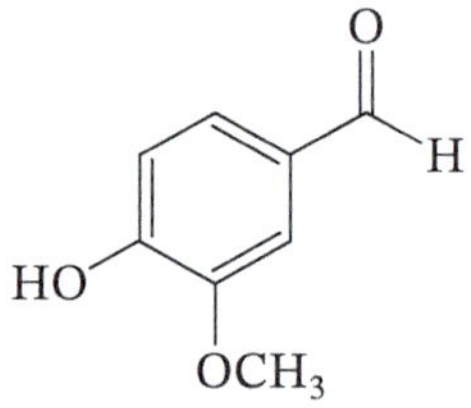

Vanilina (no óleo de baunilha)

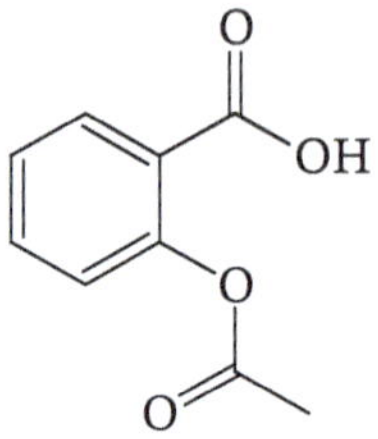

Ácido acetilsalicílico (aspirina)

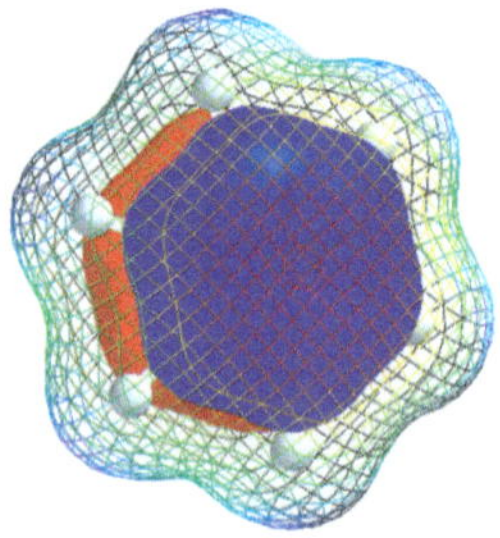

Um dos orbitais moleculares π do benzeno visto por meio de uma representação em malha de seu potencial eletrostático na sua superfície de van der Waals.

O estudo da classe de compostos que os químicos orgânicos chamam de compostos aromáticos (Seção 2.1D) começou com a descoberta em 1825 de um novo hidrocarboneto pelo químico inglês Michael Faraday (Royal Institution). Faraday chamou esse novo hidrocarboneto de "bicarbureto de hidrogênio"; agora o chamamos de benzeno. Faraday isolou o benzeno a partir de um gás de iluminação comprimido que tinha sido produzido por pirólise de óleo de baleia.

Em 1834, o químico alemão Eilhardt Mitscherlich (University of Berlin) sintetizou o benzeno através de aquecimento do ácido benzoico com óxido de cálcio. Utilizando medidas de massa específica de vapor, Mitscherlich mostrou ainda que o benzeno tinha a fórmula molecular C_6H_6:

$$\underset{\textbf{Ácido benzoico}}{C_6H_5CO_2H} + CaO \xrightarrow{\text{aquecimento}} \underset{\textbf{Benzeno}}{C_6H_6} + CaCO_3$$

A fórmula molecular em si era surpreendente. O benzeno tem *apenas tantos átomos de hidrogênio quantos átomos de carbono*. Muitos compostos que eram conhecidos então tinham uma proporção muito maior de átomos de hidrogênio, normalmente cerca de duas vezes mais. O benzeno, com a fórmula de C_6H_6, é um composto altamente insaturado, porque tem um índice de deficiência de hidrogênio igual a 4. Por fim, os químicos passaram a admitir que o benzeno era um membro de uma nova classe de compostos orgânicos com propriedades incomuns e interessantes. **Como veremos na Seção 14.3, o benzeno não sofre os mesmos tipos de reações que vimos até agora para compostos insaturados.**

Durante a última parte do século XIX, a teoria de valência de Kekulé–Couper–Butlerov foi aplicada sistematicamente a todos os compostos orgânicos conhecidos. Um resultado desse esforço foi o posicionamento dos compostos orgânicos em uma de duas amplas categorias; os compostos foram classificados como **alifáticos** ou **aromáticos**. Ser classificado como alifático significava, então, que o comportamento químico de um composto era "semelhante ao da gordura"; agora isto significa que o composto reage de maneira semelhante a um alcano, a um alqueno, a um alquino, ou a um dos seus derivados. Ser classificado como aromático significava, então, que o composto tinha uma razão hidrogênio-carbono baixa e que ele era "perfumado". A maioria dos compostos aromáticos mais antigos era obtida a partir de bálsamos, resinas e óleos essenciais.

Kekulé foi o primeiro a reconhecer que todos esses compostos aromáticos antigos contêm unidades de seis carbonos e que conseguem reter essa unidade de seis carbonos ao longo da maioria das transformações e degradações químicas. O benzeno foi por fim reconhecido como o composto de origem dessa nova série. Entretanto, só depois do desenvolvimento da mecânica quântica, nos anos 1920, é que surgiu um entendimento razoavelmente claro de sua estrutura.

14.2 Nomenclatura dos Derivados Benzênicos

São utilizados dois sistemas para dar nomes aos benzenos monossubstituídos.

- Em determinados compostos simples, *benzeno* é o nome principal e o substituinte é simplesmente indicado por um prefixo.

  Temos, por exemplo,

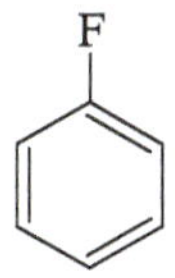

Fluorobenzeno

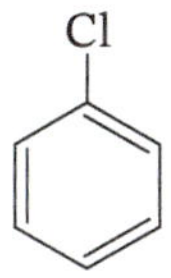

Clorobenzeno

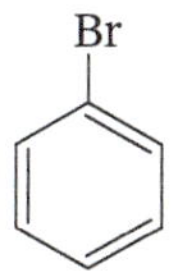

Bromobenzeno

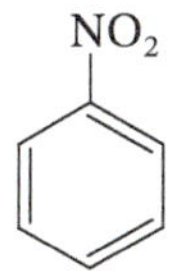

Nitrobenzeno

- Para outros compostos simples e comuns, o substituinte e o anel benzênico tomados conjuntamente podem formar um novo nome principal que normalmente é aceito.

O metilbenzeno é normalmente chamado de *tolueno,* o hidroxibenzeno é quase sempre chamado de *fenol* e o aminobenzeno é quase sempre chamado de *anilina*. Esses e outros exemplos são indicados a seguir:

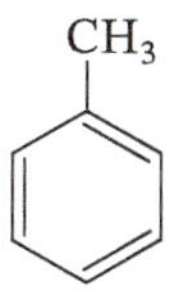

Tolueno

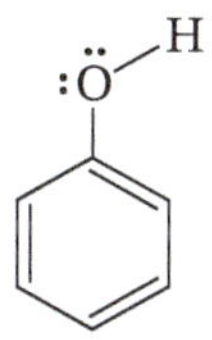

Fenol

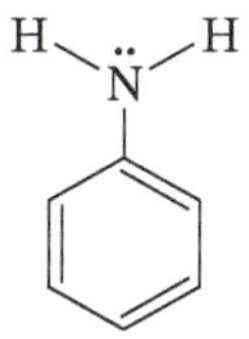

Anilina

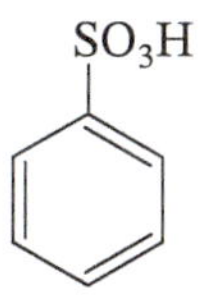

Ácido benzenossulfônico

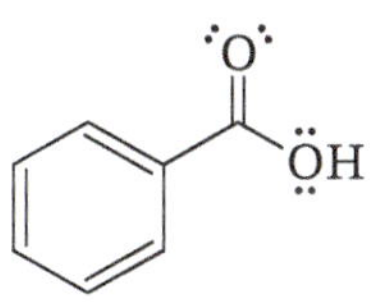

Ácido benzoico

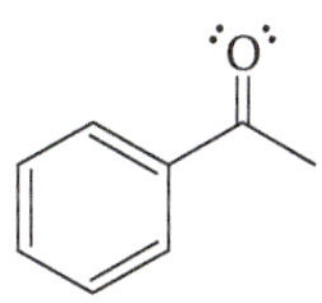

Acetofenona

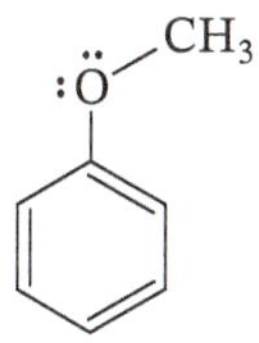

Anisol

- Quando dois substituintes estão presentes, as suas posições relativas são indicadas pelos prefixos ***orto-***, ***meta-*** e ***para-*** (abreviados como ***o-***, ***m-*** e ***p-***) ou através da utilização de números.

  Para os dibromobenzenos temos

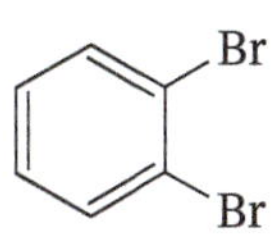

1,2-Dibromobenzeno
(*o*-dibromobenzeno)
orto

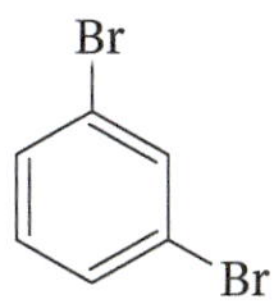

1,3-Dibromobenzeno
(*m*-dibromobenzeno)
meta

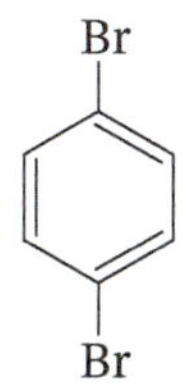

1,4-Dibromobenzeno
(*p*-dibromobenzeno)
para

e para os ácidos nitrobenzoicos

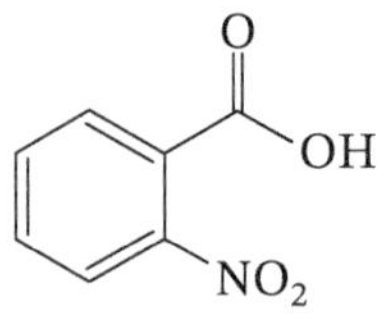

Ácido 2-nitrobenzoico (ácido *o*-nitrobenzoico)

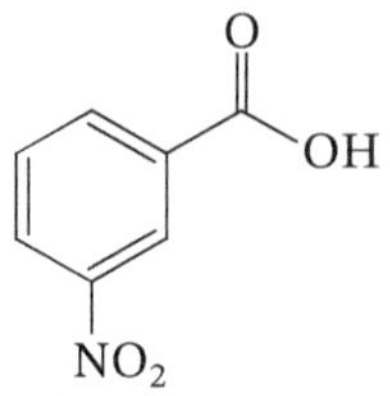

Ácido 3-nitrobenzoico (ácido *m*-nitrobenzoico)

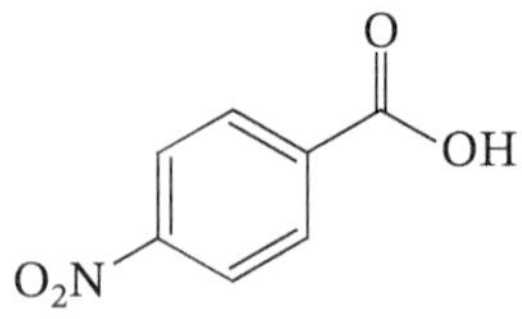

Ácido 4-nitrobenzoico (ácido *p*-nitrobenzoico)

Os dimetilbenzenos são normalmente chamados de *xilenos*:

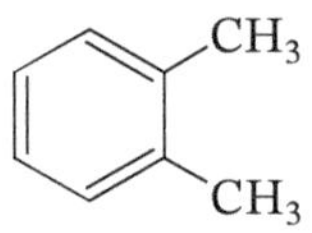

1,2-Dimetilbenzeno (*o*-xileno)

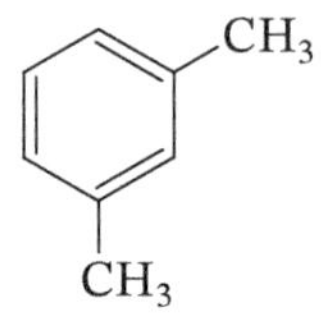

1,3-Dimetilbenzeno (*m*-xileno)

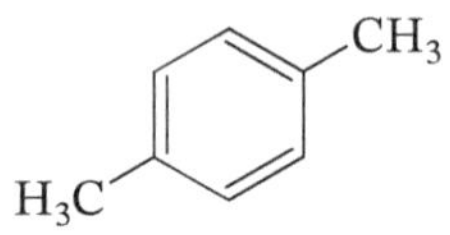

1,4-Dimetilbenzeno (*p*-xileno)

- Se mais de dois grupos estão presentes no anel benzênico, suas posições devem ser indicadas por meio da utilização de *números*.

Como exemplos, considere os dois compostos seguintes:

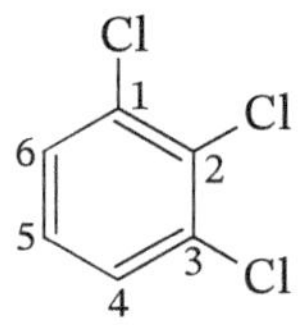

1,2,3-Triclorobenzeno

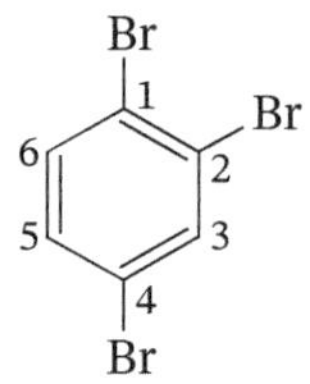

1,2,4-Tribromobenzeno (*não* 1,3,4-tribromobenzeno)

- O anel benzênico é numerado de tal forma a fornecer ***os menores números possíveis para os substituintes.***
- Quando mais de dois substituintes estão presentes e os substituintes são diferentes, eles são relacionados em ordem alfabética.
- Quando um substituinte é aquele que, quando tomado junto com o anel benzênico fornece um novo nome-base, se supõe que aquele substituinte está na posição 1 e o novo nome principal é utilizado.

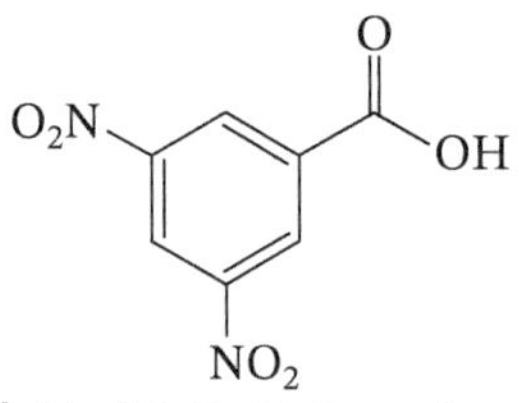

Ácido 3,5-dinitrobenzoico

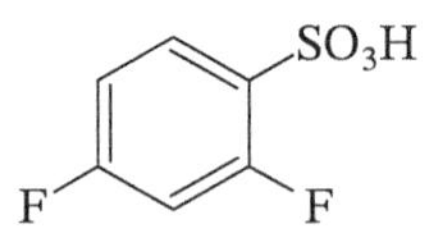

Ácido 2,4-difluorobenzenossulfônico

DICA ÚTIL

Observe as abreviaturas para os grupos de aromáticos comuns.

- Quando o grupo C_6H_5— recebe o nome como um substituinte, ele é chamado de grupo **fenila.** O grupo fenila frequentemente é abreviado como C_6H_5—, Ph— ou φ—.

Um hidrocarboneto constituído de uma cadeia saturada e um anel benzênico normalmente recebe o nome como um derivado da unidade estrutural maior. Entretanto, se a cadeia é insaturada, o composto pode receber o nome como um derivado daquela cadeia, independentemente do tamanho do anel. A seguir vemos alguns exemplos:

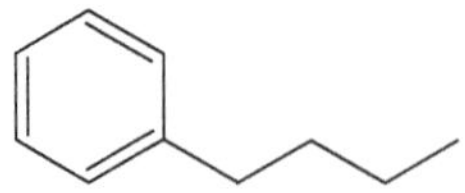

Butilbenzeno

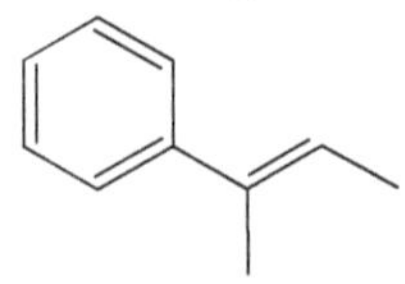

(*E*)-2-Fenil-2-buteno

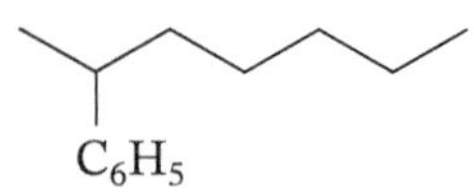

2-Fenil-heptano

- O nome **benzila** é um nome alternativo para o grupo fenilmetila. Ele é algumas vezes abreviado como Bn.

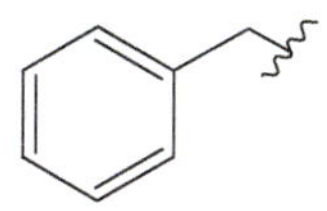

Grupo benzila
(grupo fenilmetila)

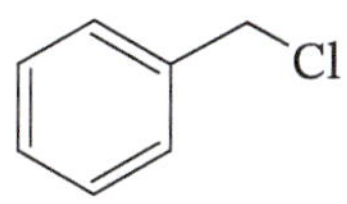

Cloreto de benzila
(cloreto de fenilmetila ou BnCl)

PROBLEMA RESOLVIDO 14.1

Forneça um nome para cada um dos compostos vistos a seguir.

(a) 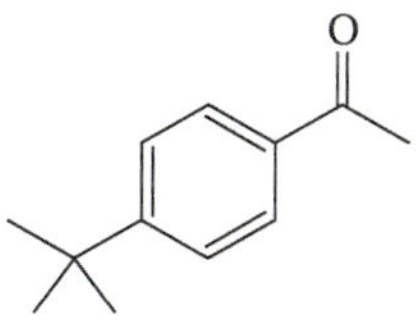

(b) 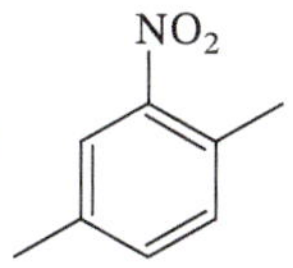

(c) 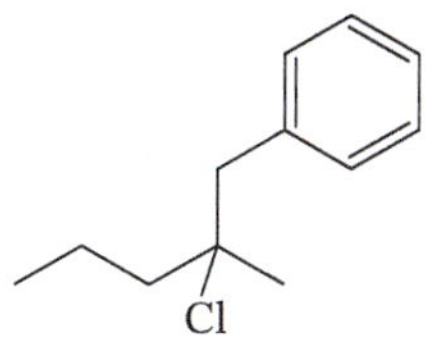

(d) 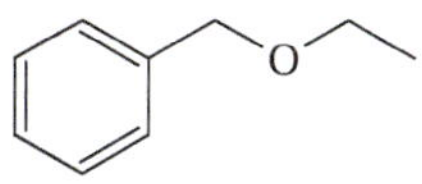

Estratégia e Resposta

Em cada composto olhamos primeiro para ver se está presente uma unidade comumente denominada contendo um anel benzênico. Se não, consideramos se o composto pode ser nomeado como um simples derivado do benzeno ou se o composto incorpora o anel benzênico como um grupo fenila ou benzila. Em **(a)**, reconhecemos a unidade estrutural comum da acetofenona e encontramos um grupo *terc*-butila na posição para. O nome é, portanto, *p*-*terc*-butilacetofenona ou 4-*terc*-butilacetofenona. O composto **(b)**, tendo três substituintes no anel, deve ter seus substituintes nomeados em ordem alfabética e as suas posições devem ser numeradas. O nome é 1,4-dimetil-2-nitrobenzeno. Em **(c)** parece ser um grupo benzílico, mas o anel benzênico pode ser considerado um substituinte na cadeia alquílica, por isso é chamado de fenil no presente caso. O nome é 2-cloro-2-metil-1-fenilpentano. Como **(d)** contém um grupo éter funcional, nós o nomeamos de acordo com os grupos ligados ao oxigênio etílico. O nome é benzil etil éter ou etil fenilmetil éter.

PROBLEMA DE REVISÃO 14.1

Dê um nome para cada um dos compostos vistos a seguir.

(a) 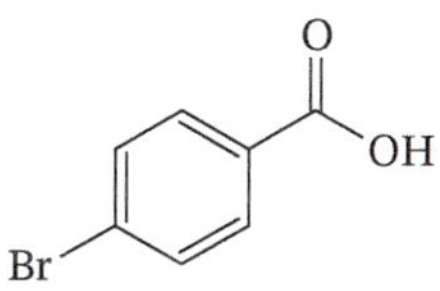

(b) 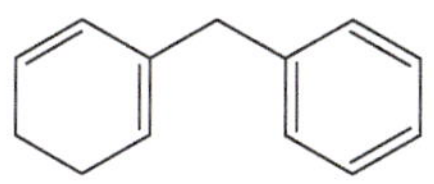

(c) 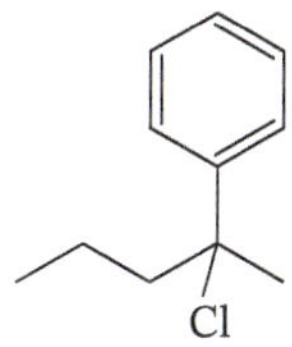

(d) 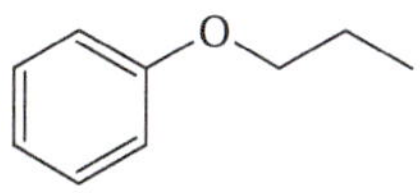

14.3 Reações do Benzeno

Na metade do século XIX, o benzeno apresentou-se aos químicos como um verdadeiro enigma. Eles sabiam, a partir da sua fórmula (Seção 14.1), que o benzeno era altamente insaturado e esperavam que ele reagisse como tal. Eles esperavam que ele reagisse com o bromo por meio de uma reação de *adição*. Eles esperavam que ele seria *oxidado* pelo permanganato de potássio aquoso, que ele *sofresse adição de hidrogênio* facilmente na presença de um catalisador metálico, e que ele *sofresse adição de água* na presença de ácidos fortes.

O benzeno não sofre nenhuma dessas reações. Quando o benzeno é tratado com bromo no escuro ou com permanganato de potássio ou com ácidos diluídos, nenhuma das reações esperadas ocorre. O benzeno sofre adição de hidrogênio na presença de níquel finamente dividido, mas apenas a altas temperaturas e sob altas pressões.

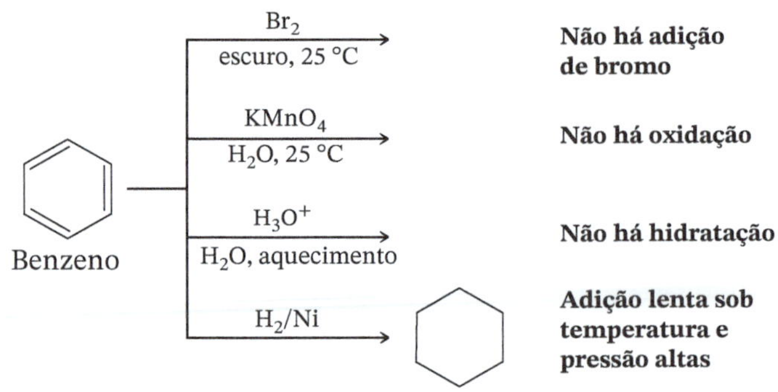

O benzeno *reage* com o bromo, mas apenas na presença de um ácido de Lewis agindo como catalisador, como, por exemplo, o brometo férrico. Entretanto, muito surpreendentemente, ele não reage através de adição, mas através de *substituição* – **substituição do benzeno**.

Substituição

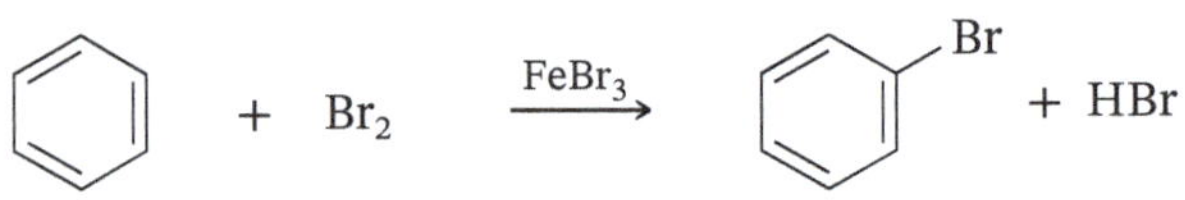

Adição

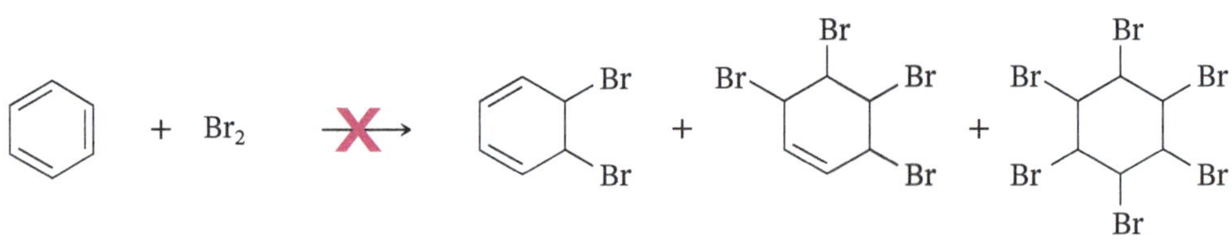

Quando o benzeno reage com o bromo, *apenas um monobromobenzeno* é formado. Isto é, apenas um composto com a fórmula C_6H_5Br é encontrado dentre os produtos. De modo semelhante, quando o benzeno é clorado, é formado *apenas um monoclorobenzeno*.

Duas explicações possíveis podem ser dadas para essas observações. A primeira é que apenas um dos seis átomos de hidrogênio no benzeno é reativo frente a esses reagentes. A segunda é que todos os seis átomos de hidrogênio no benzeno são equivalentes e a substituição de qualquer um deles por um substituinte resulta no mesmo produto. Como veremos, a segunda explicação é a correta.

PROBLEMA DE REVISÃO 14.2

Estão relacionados a seguir quatro compostos que têm a fórmula molecular C_6H_6. Qual desses compostos produziria apenas um produto monossubstituído se, por exemplo, um hidrogênio fosse substituído pelo bromo?

(a)  (b) 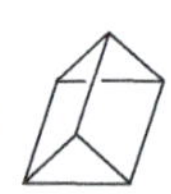 (c) 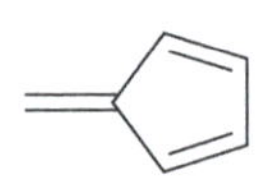 (d) 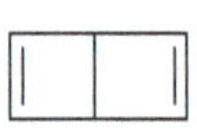

14.4 Estrutura de Kekulé para o Benzeno

Em 1865, August Kekulé, o criador da teoria estrutural (Seção 1.3), propôs a primeira estrutura exata para o benzeno,* uma estrutura que ainda hoje é utilizada, apesar de, como

*Em 1861, o químico austríaco Johann Josef Loschmidt representou o anel benzênico com um círculo, mas ele não tentou indicar como os átomos de carbono estavam realmente posicionados no anel.

veremos em breve, fornecermos a ela um significado diferente daquele dado por Kekulé. Kekulé sugeriu que os átomos de carbono do benzeno estão em um anel e estão ligados entre si por ligações simples e duplas alternadas, havendo um átomo de hidrogênio ligado a cada átomo de carbono. Essa estrutura satisfez às exigências da teoria estrutural de que os átomos de carbono formam quatro ligações e de que todos os átomos de hidrogênio do benzeno são equivalentes:

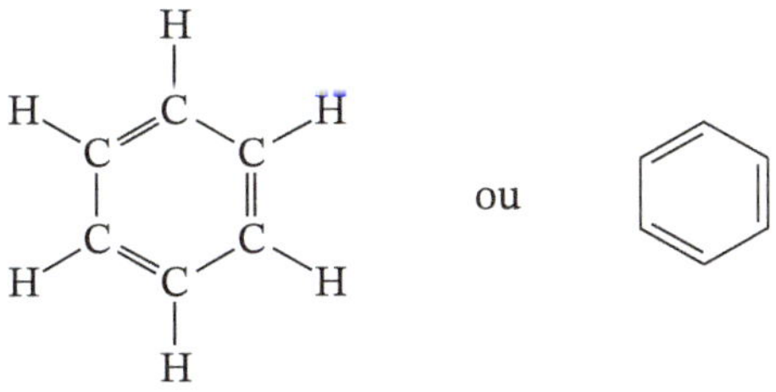

Fórmula de Kekulé para o benzeno

Entretanto, logo surgiu um problema com a **estrutura de Kekulé**. A estrutura de Kekulé prevê que deve haver dois 1,2-dibromobenzenos diferentes, mas não há. Em um desses compostos hipotéticos (visto a seguir), os átomos de carbono que contêm os bromos estão separados por uma ligação simples e, no outro, eles estão separados por uma ligação dupla.

Estes 1,2-dibromobenzenos não existem como isômeros.

- *Entretanto, apenas um 1,2-dibromobenzeno já foi encontrado.*

Para acomodar essa objeção, Kekulé propôs que as duas formas de benzeno (e dos derivados benzênicos) estão em um estado de equilíbrio e esse equilíbrio é tão rapidamente estabelecido que impede de se isolarem separadamente os compostos. Portanto, os dois 1,2-dibromobenzenos estariam também rapidamente equilibrados, e isso explicaria por que os químicos não tinham sido capazes de isolar as duas formas:

Não existe tal equilíbrio entre os isômeros de ligação do anel benzênico.

- Agora sabemos que essa proposta estava errada e que *tal equilíbrio não existe.*

Entretanto, a formulação de Kekulé para a estrutura do benzeno foi um importante passo à frente e, por várias razões práticas, ela é utilizada até hoje. Entretanto, entendemos o seu significado de maneira diferente.

A tendência do benzeno de reagir por meio de substituição e não de adição deu origem a outro conceito de **aromaticidade**. Um composto ser chamado de aromático significa, experimentalmente, que ele fornece reações de substituição em vez de reações de adição, mesmo que seja altamente insaturado.

Antes de 1900, os químicos admitiam que o anel de ligações simples e duplas alternadas era a característica estrutural que dava origem às propriedades aromáticas. Uma vez que o benzeno e os derivados benzênicos (isto é, os compostos com anéis de seis membros) eram os únicos compostos aromáticos conhecidos, os químicos naturalmente procuraram outros exemplos. O composto ciclo-octatetraeno parecia ser um provável candidato.

Ciclo-octatetraeno

Em 1911, Richard Willstätter teve sucesso em sintetizar o ciclo-octatetraeno. Entretanto, Willstätter descobriu que esse composto não era totalmente parecido com o benzeno. O ciclo-octatetraeno reage com o bromo através de adição, sofre adição de hidrogênio rapidamente, é oxidado por soluções de permanganato de potássio e, assim, ele é claramente *não aromático*. Embora essas descobertas devam ter sido um forte desapontamento para Willstätter, elas foram muito significativas pelo que não provaram. Os químicos, em virtude desses resultados, tiveram que investigar mais profundamente para descobrir a origem da aromaticidade do benzeno.

14.5 Estabilidade Termodinâmica do Benzeno

Vimos que o benzeno mostra comportamento incomum ao sofrer reações de substituição, quando, baseados na sua estrutura de Kekulé, deveríamos esperar que ele sofresse adição. O benzeno é singular em outro sentido: ele é *mais estável termodinamicamente* do que a estrutura de Kekulé sugere. Para ver como, considere os seguintes resultados termoquímicos.

O ciclo-hexeno, um anel de seis membros contendo uma ligação dupla, pode ser hidrogenado facilmente a ciclo-hexano. Quando o $\Delta H°$ para essa reação é medido, encontra-se -120 kJ mol^{-1}, muito parecido com qualquer alqueno substituído de modo semelhante:

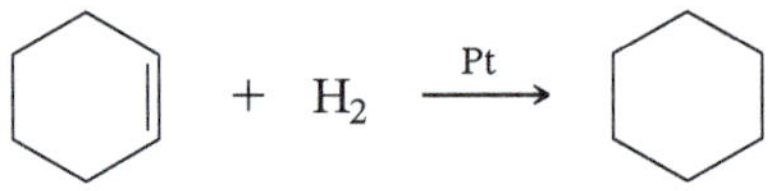

$\Delta H° = -120$ kJ mol^{-1}

Ciclo-hexeno **Ciclo-hexano**

Esperaríamos que a hidrogenação do 1,3-ciclo-hexadieno liberaria aproximadamente duas vezes mais calor e, assim, teria um $\Delta H°$ igual a aproximadamente -240 kJ mol^{-1}. Quando esse experimento é realizado, o resultado é $\Delta H° = -232$ kJ mol^{-1}. Esse resultado é bastante próximo ao que calculamos, e a diferença pode ser explicada levando-se em conta o fato de os compostos contendo ligações duplas conjugadas serem normalmente um pouco mais estáveis do que aqueles que contêm ligações duplas isoladas (Seção 13.8):

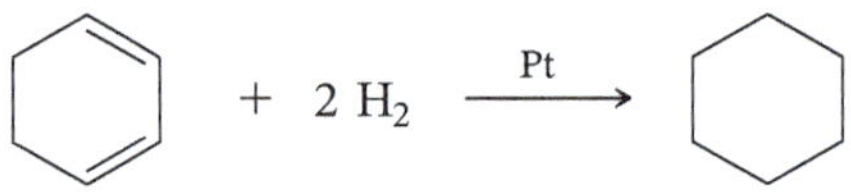

1,3-Ciclo-hexadieno **Ciclo-hexano**

Calculado
$\Delta H° = 2 \times (-120) = -240$ kJ mol^{-1}
Observado
$\Delta H° = -232$ kJ mol^{-1}

Se estendermos esse tipo de raciocínio, e se o benzeno for simplesmente 1,3,5-ciclo-hexatrieno, a previsão será a de que o benzeno libere aproximadamente 360 kJ mol^{-1} [$3 \times (-120)$] quando for hidrogenado. Quando o experimento realmente é realizado, o resultado é surpreendentemente diferente. A reação é exotérmica, mas a liberação de calor é de apenas 208 kJ mol^{-1}:

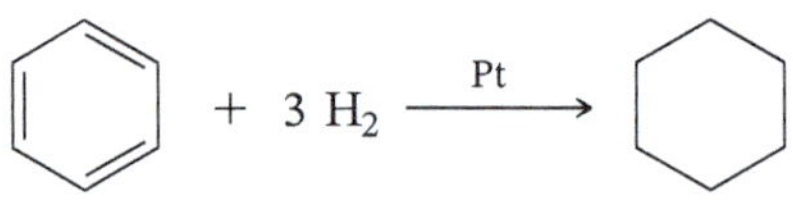

Benzeno **Ciclo-hexano**

Calculado
$\Delta H° = 3 \times (-120) = -360$ kJ mol^{-1}
Observado $\Delta H° = -208$ kJ mol^{-1}
Diferença $= 152$ kJ mol^{-1}

Quando esses resultados são representados como na **Fig. 14.1**, torna-se claro que o benzeno é muito mais estável do que calculamos ser. De fato, ele é mais estável do que o hipotético 1,3,5-ciclo-hexatrieno em 152 kJ mol^{-1}. Essa diferença entre a quantidade de calor realmente liberada e aquela calculada com base nas estruturas de Kekulé é, hoje, chamada de **energia de ressonância** do composto.

14.6 Teorias Modernas da Estrutura do Benzeno

Foi a partir do desenvolvimento da mecânica quântica na década de 1920 que o comportamento singular e a estabilidade do benzeno começaram a ser entendidos. A mecânica quântica, como vimos, produz duas maneiras de visualizar as ligações nas moléculas: a teoria da ressonância e a teoria do orbital molecular. Vamos ver agora como ambas se aplicam ao benzeno.

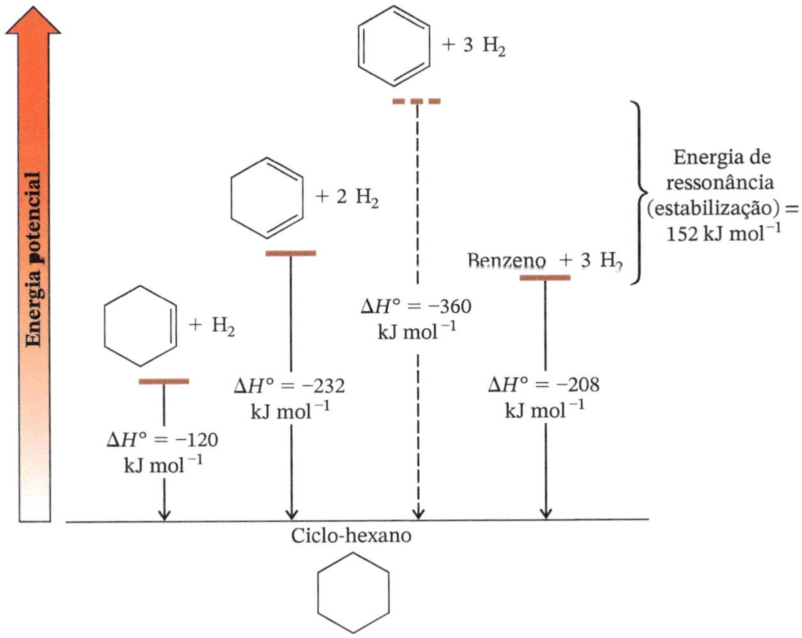

FIGURA 14.1 Estabilidades relativas do ciclo-hexeno, do 1,3-ciclo-hexadieno, do 1,3,5-ciclo-hexatrieno (hipotético) e do benzeno.

14.6A Explicação da Estrutura do Benzeno pela Ressonância

Um postulado básico da teoria da ressonância (Seções 1.8 e 13.4) é que quando duas ou mais estruturas de Lewis podem ser escritas para uma molécula e elas *diferem apenas nas posições de seus elétrons,* nenhuma das estruturas estará em completa concordância com as propriedades químicas e físicas do composto. Se admitirmos isso, podemos agora entender a verdadeira natureza das duas estruturas de Kekulé (**I** e **II**, vistas a seguir) para o benzeno.

- As duas estruturas de Kekulé **I** e **II** diferem apenas nas posições de seus elétrons; elas não representam duas moléculas separadas no equilíbrio como Kekulé havia previsto.

Em vez disso, as estruturas **I** e **II** são o mais próximo que podemos considerar para uma estrutura para o benzeno dentro das limitações de sua fórmula molecular, das regras clássicas de valência e do fato de os seis átomos de hidrogênio serem quimicamente equivalentes. O problema com as estruturas de Kekulé é que elas são estruturas de Lewis, e as estruturas de Lewis descrevem os elétrons em distribuições localizadas. (Com o benzeno, como veremos, os elétrons estão deslocalizados.) A teoria da ressonância, felizmente, não se limita a nos dizer quando esperar esse tipo de problema; ela também nos fornece uma saída.

- De acordo com a teoria da ressonância, utilizamos as estruturas de Kekulé **I** e **II**, como *contribuintes de ressonância* para uma estrutura real do benzeno, e nós as conectamos por uma seta de duas pontas com farpa dupla (não duas setas separadas, que reservamos para o equilíbrio).

Os contribuintes de ressonância, enfatizamos novamente, não estão em equilíbrio. Eles não são estruturas de moléculas reais. Eles são o mais próximo que podemos considerar se estamos presos às regras simples de valência, mas eles são muito úteis em nos ajudar a visualizar a molécula real como um híbrido:

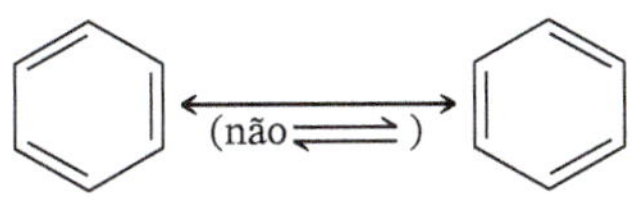

I **II**

Observe as estruturas cuidadosamente. Todas as ligações simples na estrutura **I** são ligações duplas na estrutura **II**.

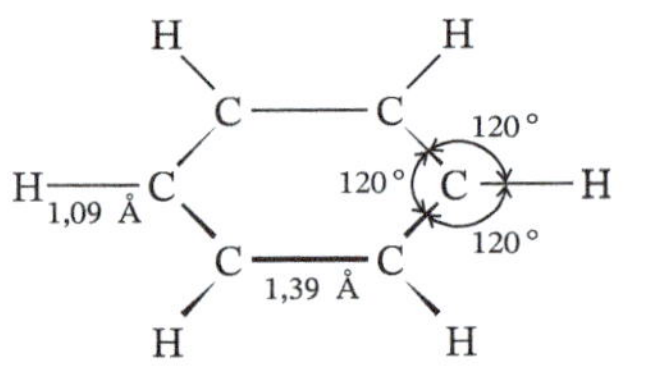

FIGURA 14.2 Comprimentos e ângulos de ligação no benzeno. (Somente as ligações σ são mostradas.)

- Um híbrido (uma média) das estruturas de Kekulé **I** e **II** não teria ligações simples nem ligações duplas entre os carbonos. A ordem de ligação estaria entre aquela de uma ligação simples e aquela de uma ligação dupla.

Evidências experimentais apontam para isso. Medidas espectroscópicas mostram que a molécula do benzeno é plana e que todas as suas ligações carbono–carbono têm comprimentos iguais. Além disso, os comprimentos de ligação carbono–carbono no benzeno (**Fig. 14.2**) são de 1,39 Å, um valor entre aquele para uma ligação simples carbono–carbono entre átomos com hibridização sp^2 (1,47 Å) (veja a Tabela 13.1) e aquele para uma ligação dupla carbono–carbono (1,34 Å).

- A estrutura híbrida do benzeno é representada inscrevendo-se um círculo no hexágono como mostrado na fórmula **III** vista a seguir.

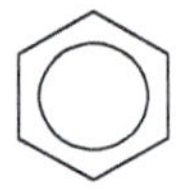

III

Observe esse uso especial de uma linha sólida para elétrons em um híbrido de ressonância. Fazemos isso quando um híbrido representa um composto aromático. Para o benzeno, o círculo sólido representa seis elétrons π.

Entretanto, existem ocasiões em que uma contagem dos pares de elétrons π tem de ser feita e, para essa finalidade, devemos utilizar uma das estruturas de Kekulé, **I** ou **II**. Fazemos isso simplesmente porque os pares de elétrons e a contagem total de elétrons π em uma estrutura de Kekulé são óbvios, enquanto o número de pares de elétrons π representado por um círculo é ambíguo. Como veremos adiante neste capítulo, existem sistemas que têm diferentes tamanhos de anel e diferentes números de elétrons π deslocalizados que podem ser representados por um círculo. Contudo, no benzeno sabe-se que o círculo representa os seis elétrons π que estão deslocalizados em torno dos seis átomos de carbono do anel.

- Uma molécula real de benzeno é mais estável do que qualquer estrutura de ressonância contribuinte, porque mais do que uma estrutura de ressonância equivalente pode ser desenhada para o benzeno (**I** e **II** mostradas anteriormente).

A diferença de energia entre o hipotético 1,3,5-ciclo-hexatrieno (que, se existisse, teria maior energia) e o benzeno é chamada de *energia de ressonância*, e é uma indicação da estabilidade adicional do benzeno, devido à deslocalização dos elétrons.

PROBLEMA DE REVISÃO 14.3

Se o benzeno fosse o 1,3,5-ciclo-hexatrieno, as ligações carbono–carbono seriam alternadamente longas e curtas como indicadas nas estruturas vistas a seguir. Contudo, para considerar as estruturas vistas aqui como contribuintes de ressonância (ou para conectá-las por uma seta de duas pontas), viola-se um princípio básico da teoria da ressonância. Explique.

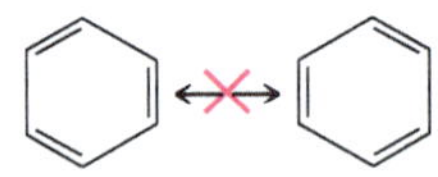

14.6B Explicação da Estrutura do Benzeno pela Teoria do Orbital Molecular

O fato de os ângulos de ligação dos átomos de carbono no anel do benzeno serem todos de 120° sugere fortemente que os átomos de carbono têm hibridização sp^2. Se aceitarmos essa sugestão e construirmos um anel de seis membros plano a partir de átomos de carbono sp^2, surgirá uma representação como aquela mostrada nas **Figs. 14.3*a*** e ***b***. Nesses modelos, cada carbono tem hibridização sp^2 e tem um orbital p disponível para a sobreposição com os orbitais p de seus carbonos vizinhos. Se considerarmos a sobreposição favorável desses orbitais p em torno de todo o anel, o resultado é o modelo mostrado na **Fig. 14.3*c***.

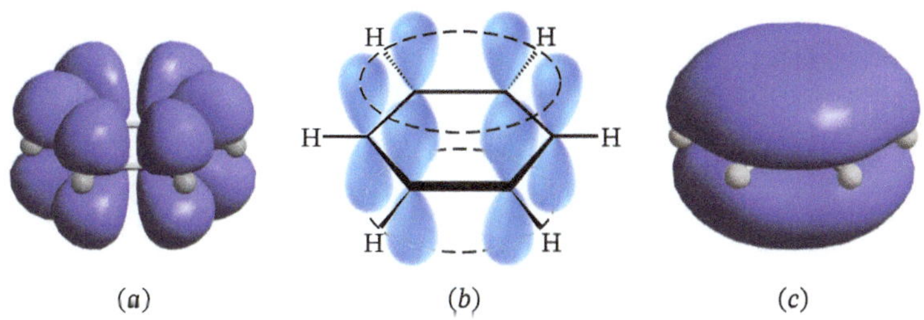

FIGURA 14.3 (*a*) Seis átomos de carbono com hibridização sp^2 se unem em um anel (cada carbono também carrega um átomo de hidrogênio). Cada carbono tem um orbital *p* com lóbulos acima e abaixo do plano do anel. (*b*) Uma representação estilizada dos orbitais *p* em (*a*). (*c*) Sobreposição dos orbitais *p* em torno do anel resulta em um orbital molecular envolvendo as faces superior e inferior do anel. (As diferenças na fase matemática dos lóbulos do orbital não são mostradas nessas representações.)

- Como nos lembramos dos princípios da mecânica quântica (Seção 1.11), o número de orbitais moleculares em uma molécula é o mesmo número de orbitais atômicos dos quais eles são derivados, e cada orbital pode acomodar um máximo de dois elétrons se os seus spins são opostos.

Se considerarmos apenas a contribuição dos orbitais atômicos *p* dos átomos de carbono do benzeno, deverá haver seis orbitais moleculares π. Esses orbitais estão mostrados na **Fig. 14.4**.

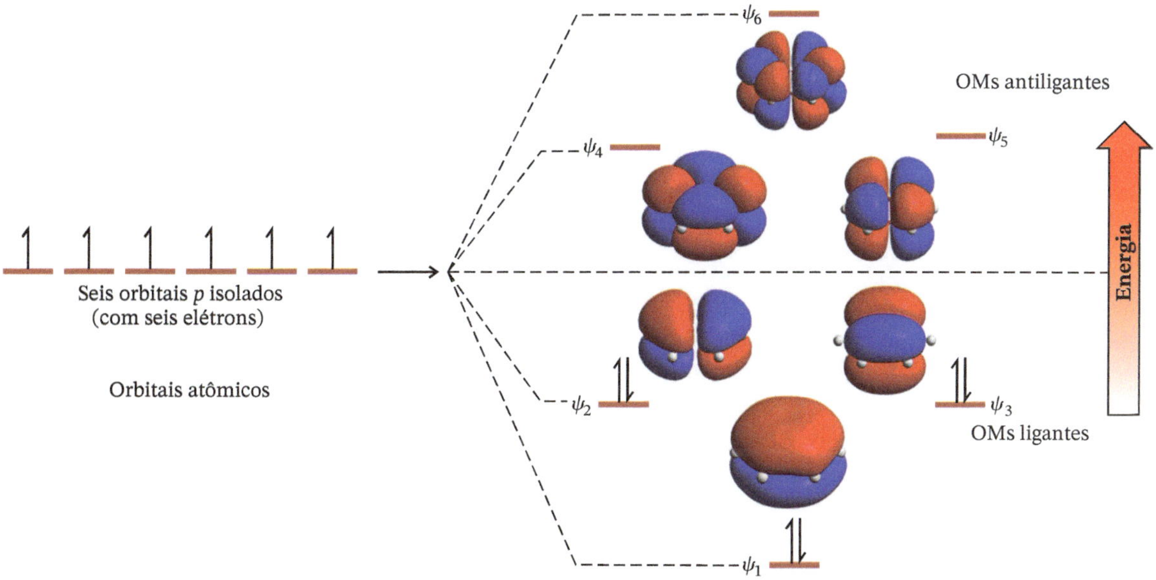

FIGURA 14.4 Como seis orbitais atômicos *p* (um de cada carbono do anel de benzeno) se combinam para formar seis orbitais moleculares π. Três dos orbitais moleculares têm energias menores do que um orbital *p* isolado; estes são os orbitais moleculares ligantes. Três dos orbitais moleculares têm energias maiores do que a de um orbital *p* isolado; estes são os orbitais moleculares antiligantes. Os orbitais ψ_2 e ψ_3 têm a mesma energia e dizemos que são degenerados; o mesmo é verdade dos orbitais ψ_4 e ψ_5.

A configuração eletrônica do estado fundamental do benzeno é obtida adicionando-se seis elétrons π aos orbitais moleculares π mostrados na Fig. 14.4, começando com os orbitais de mais baixa energia. O orbital molecular π de mais baixa energia no benzeno tem sobreposição de orbitais *p* com o mesmo sinal de fase matemática em torno de toda a face de cima e de baixo do anel. Nesse orbital não existem planos nodais (mudanças no sinal de fase do orbital) perpendiculares aos átomos do anel. Os próximos orbitais de energia mais alta têm um plano nodal. (Em geral, cada conjunto de orbitais moleculares π de mais alta energia tem um plano nodal adicional.) Cada um desses orbitais também é preenchido com um par de elétrons. Esses orbitais são de mesma energia (degenerados) porque ambos têm um plano nodal. Juntos, esses três orbitais compreendem os orbitais moleculares π ligantes do benzeno. O próximo conjunto de orbitais moleculares π de energia mais alta tem dois planos nodais em cada um dos orbitais, e o orbital molecular π de mais alta energia do benzeno tem três planos nodais. Esses três orbitais são os orbitais moleculares π antiligantes

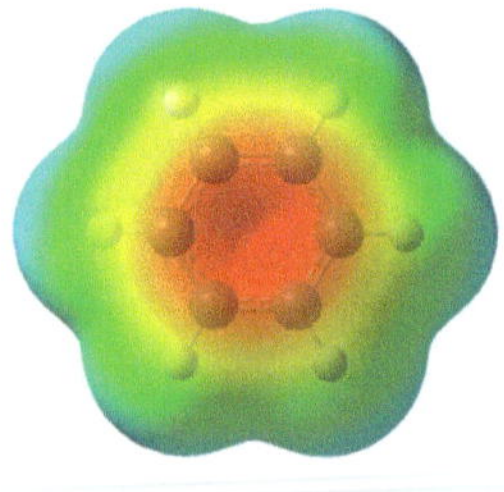

FIGURA 14.5 Mapa de potencial eletrostático do benzeno.

do benzeno, e estão desocupados no estado fundamental. Diz-se que o benzeno tem uma camada ligante fechada de elétrons π deslocalizados porque todos os seus orbitais ligantes estão preenchidos com elétrons que têm seus spins emparelhados, e não são encontrados elétrons nos orbitais antiligantes. Essa camada ligante fechada explica, em parte, a estabilidade do benzeno.

Tendo considerado os orbitais moleculares do benzeno, é útil agora visualizar um mapa de potencial eletrostático da superfície de van der Waals para o benzeno, calculado também a partir dos princípios da mecânica quântica (Fig. 14.5). Podemos ver que essa representação é consistente com nosso entendimento de que os elétrons π do benzeno não estão localizados, mas estão distribuídos igualmente em torno das faces de cima e de baixo (não mostradas) do anel de carbono no benzeno.

14.7 Regra de Hückel: Regra $4n + 2$ Elétrons π

Em 1931, o físico alemão Erich Hückel realizou uma série de cálculos matemáticos baseados no tipo de teoria que acabamos de descrever. A **regra de Hückel** diz respeito a compostos contendo **um anel plano no qual cada átomo tem um orbital *p*** como no benzeno. Os seus cálculos mostram que os anéis monocíclicos contendo $4n + 2$ elétrons π, em que $n = 0, 1, 2, 3$, e assim por diante (isto é, anéis contendo 2, 6, 10, 14... etc. elétrons π), têm camadas fechadas de elétrons deslocalizados como o benzeno e devem ter energias de ressonância substanciais.

- Em outras palavras, a regra de Hückel diz que **os anéis monocíclicos planos com 2, 6, 10, 14... elétrons deslocalizados devem ser aromáticos**.

14.7A Como Fazer um Diagrama das Energias Relativas dos Orbitais Moleculares π em Sistemas Monocíclicos com Base na Regra de Hückel

> DICA ÚTIL
>
> **Diagramas que usam o método de polígonos e círculos são algumas vezes chamados de diagramas de Frost ou círculos de Frost.**

Existe uma maneira simples de fazer um diagrama das energias relativas dos orbitais em sistemas conjugados monocíclicos baseado nos cálculos de Hückel. Para fazê-lo, usamos o seguinte procedimento.

1. Começamos desenhando um polígono correspondente ao número de carbonos no anel, *colocando um vértice do polígono na parte de baixo*.
2. Em seguida, rodeamos o polígono com um círculo que toca cada vértice do polígono.
3. Nos pontos onde o polígono toca o círculo, desenhamos linhas horizontais curtas do lado de fora do círculo. A altura de cada linha representa a energia relativa de cada orbital molecular π.
4. Depois desenhamos uma linha horizontal tracejada através e a meia altura do círculo. As energias dos orbitais moleculares π ligantes estão abaixo desta linha. As energias dos orbitais moleculares π antiligantes estão acima, e aquelas para os orbitais não ligantes estão no nível da linha tracejada.
5. Com base no número de elétrons π no anel, colocamos, então, os elétrons como setas nas linhas representando os respectivos orbitais, começando do nível de energia mais baixo e subindo. Ao fazermos isso, preenchemos cada um dos orbitais degenerados primeiramente com um elétron e, então, adicionamos a cada elétron desemparelhado outro elétron com spin contrário, se ele estiver disponível.

A aplicação desse método ao benzeno, por exemplo (Fig. 14.6), fornece os mesmos níveis de energia que vimos anteriormente na Fig. 14.4, níveis de energia que foram baseados em cálculos de mecânica quântica.

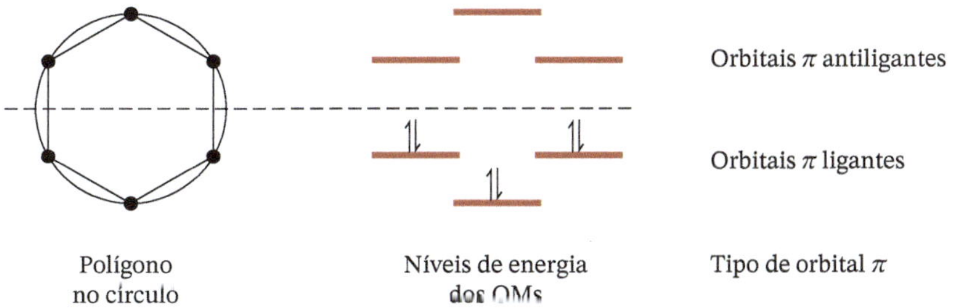

FIGURA 14.6 O método de polígono e círculo para obter as energias relativas dos orbitais moleculares π do benzeno. Uma linha horizontal na metade do círculo separa os orbitais ligantes dos orbitais antiligantes. Se um orbital cai em cima desta linha, ele é um orbital não ligante. Este método foi desenvolvido por C. A. Coulson (da Oxford University).

Agora podemos entender por que o ciclo-octatetraeno não é aromático. O ciclo-octatetraeno tem um total de oito elétrons π. Oito não é um número de Hückel; *ele é um número 4n*, não um *número 4n + 2*. Utilizando-se o método de polígono e círculo (**Fig. 14.7**), descobrimos que o ciclo-octatetraeno, se ele fosse plano, *não teria* uma camada fechada de elétrons π como o benzeno; ele teria um elétron desemparelhado em cada um dos dois orbitais não ligantes. As moléculas com elétrons desemparelhados (radicais) geralmente *não* são estáveis; normalmente são altamente reativas e instáveis. Uma forma plana do ciclo-octatetraeno, consequentemente, não deve ser em nada parecida com o benzeno e não deve ser aromática.

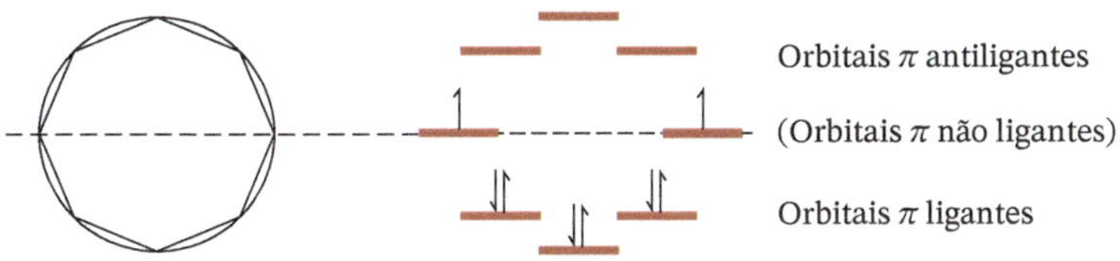

FIGURA 14.7 Os orbitais moleculares π que o ciclo-octatetraeno teria se fosse plano. Note que, diferentemente do benzeno, são previstos para esta molécula dois orbitais não ligantes, e, por ter oito elétrons π, ela tem um elétron desemparelhado em cada um dos dois orbitais não ligantes (regra de Hückel, Seção 1.10A). Não se espera que tal sistema seja aromático.

Uma vez que o ciclo-octatetraeno não ganha estabilidade ao tornar-se plano, ele assume a forma de banheira mostrada a seguir. Sabe-se que as ligações do ciclo-octatetraeno são alternadamente longas e curtas; estudos de raios X indicam que elas têm 1,48 e 1,34 Å, respectivamente.

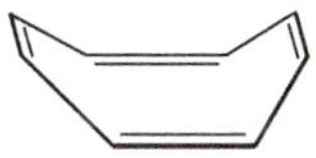

14.7B Compostos Aromáticos, Antiaromáticos e Não Aromáticos

Os exemplos que acabamos de ver, além de alguns que veremos adiante na próxima seção, nos permitem classificar moléculas cíclicas totalmente conjugadas de três maneiras: como aromáticas, antiaromáticas ou não aromáticas.

- Um composto **aromático** tem **4*n* + 2 elétrons** π *deslocalizados* ao longo de todo um anel planar, em que n é um número inteiro que resolve a equação para o número de elétrons deslocalizados. Os compostos aromáticos são *estabilizados* pela deslocalização do elétron π.
- Um composto **antiaromático** possui **4*n* elétrons** π *deslocalizados* ao longo de todo um anel planar, em que n é um número inteiro que resolve a equação para o número de elétrons deslocalizados. Os compostos antiaromáticos são *desestabilizados* pela deslocalização do elétron π e geralmente são altamente instáveis ou muito reativos e, em geral, bastante raros. O ciclobutadieno (Seção 14.8) é um exemplo de composto antiaromático.
- Um composto **não aromático** não se enquadra em nenhuma das regras anteriores. Algumas moléculas cíclicas totalmente conjugadas, por exemplo, são não aromáticas porque seus sistemas π não são planares. Acabamos de ver um exemplo desse tipo no ciclo-octatetraeno. Moléculas simples como o hexano, que não possuem anel ou conjugação, também não são aromáticas. Como tal, a grande maioria das moléculas orgânicas não é aromática, o que significa que não apresentam estabilização ou desestabilização em especial.

14.8 Anulenos

A palavra **anuleno** está incorporada no nome de classe para os compostos monocíclicos que podem ser representados por estruturas contendo ligações simples e duplas alternadas. O tamanho do anel de um anuleno é indicado por um número entre colchetes. Assim, o benzeno é o [6]anuleno e o ciclo-octatetraeno é o [8]anuleno.

- A regra de Hückel prevê que os anulenos serão aromáticos desde que as suas moléculas tenham $4n + 2$ elétrons π e tenham uma cadeia de carbono plana:

> **DICA ÚTIL**
> **Esses nomes são frequentemente usados para anéis conjugados de 10 ou mais átomos de carbonos, mas eles são raramente usados para o benzeno e o ciclo-octatetraeno.**

Benzeno ([6]anuleno)

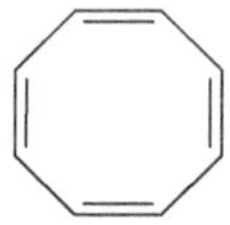

Ciclo-octatetraeno ([8]anuleno)

Antes de 1960, os únicos anulenos que estavam disponíveis para testar as previsões de Hückel eram o benzeno e o ciclo-octatetraeno. Durante a década de 1960, e principalmente como resultado da pesquisa de F. Sondheimer, inúmeros anulenos de anéis grandes foram sintetizados, e as previsões de Hückel foram comprovadas.

Considere o [12], o [14], o [16], o [18], o [20], o [22] e o [24]anulenos como exemplos. Desses, *como a regra de Hückel prevê,* encontrou-se que o [14], o [18] e o [22]anulenos ($4n + 2$, quando $n = 3, 4, 5$, respectivamente) são aromáticos. O [12], o [16], o [20] e o [24]anulenos não são aromáticos; são *antiaromáticos.* Eles são compostos $4n$, não são compostos $4n + 2$:

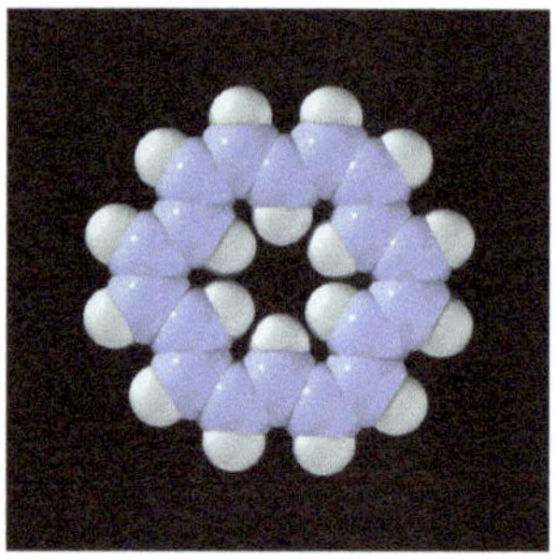

[18]Anuleno.

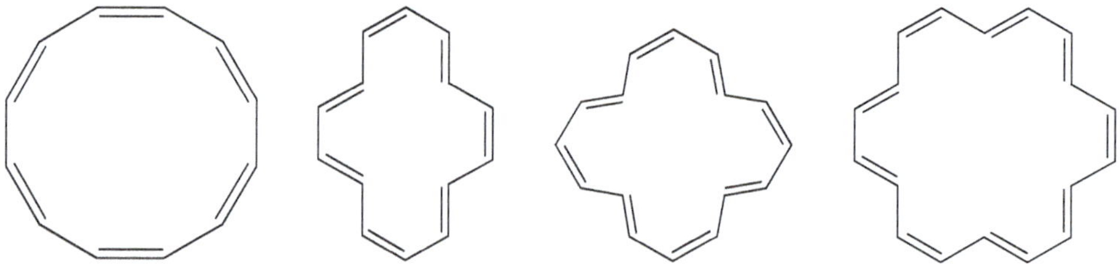

[12]Anuleno (antiaromático) **[14]Anuleno (aromático)** **[16]Anuleno (antiaromático)** **[18]Anuleno (aromático)**

Seria de esperar que os seguintes [10]anulenos (**I**, **II** e **III** mostrados a seguir) fossem aromáticos com base na contagem de elétrons. Porém, como os seus anéis não são planares, os orbitais *p* dos átomos de carbono não são paralelos e, portanto, não podem sobrepor-se eficazmente em torno do anel para formar os orbitais moleculares π de um sistema aromático. O mesmo se aplica ao ciclo-octatetraeno, um [8]anuleno.

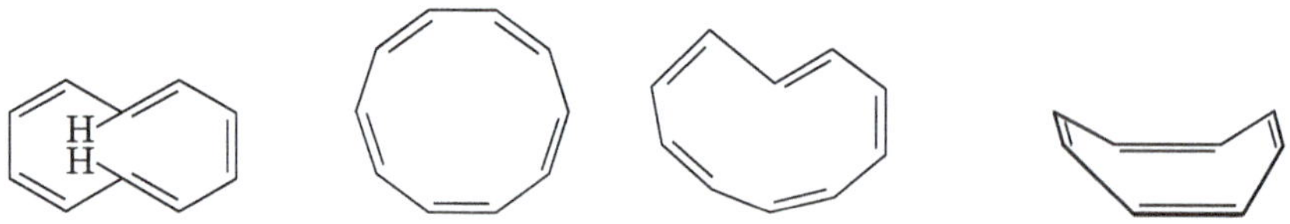

I **II** **III**
[10]Anulenos
Ciclo-octatetraeno Um [8]anuleno

Nenhum é aromático, porque nenhum é plano devido ao impedimento estérico ou à tensão angular.

O ciclobutadieno é uma molécula $4n$, não uma molécula $4n + 2$, e, como seria de esperar, é um composto altamente instável. *É antiaromático*. Depois de muitas tentativas malsucedidas ao longo de muitos anos, em 1965 o [4]anuleno (ou ciclobutadieno) foi sintetizado por R. Pettit *et al.* na University of Texas, Austin.

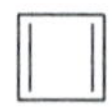

Ciclobutadieno ou [4]anuleno (antiaromático)

Na verdade, uma vez sintetizado, descobriu-se que o ciclobutadieno reagia consigo mesmo incrivelmente rápido e em temperaturas muito baixas, em uma reação de Diels-Alder, em que seus alquenos serviam tanto como dieno quanto como dienófilo (veja o Problema 13.52).

O que esses exemplos mostram em conjunto é que as moléculas evitarão a antiaromaticidade a todo custo. Se o anel for grande o suficiente, como é o caso do ciclo-octatetraeno e dos anulenos maiores discutidos anteriormente, a antiaromaticidade pode ser evitada simplesmente dobrando-se o anel de modo que os sistemas π não sejam mais conjugados. Como moléculas não planares, essas estruturas são consideradas não aromáticas, uma vez que não apresentam estabilização ou desestabilização especial. Para pequenos sistemas como o ciclobutadieno que não podem dobrar, é provável que sofram uma reação química para evitar de serem antiaromáticos, transformando-se em novas moléculas não aromáticas no processo.

PROBLEMA RESOLVIDO 14.2

Usando o método de polígono e círculo para esboçar os orbitais moleculares do ciclobutadieno, explique por que o ciclobutadieno não é aromático.

Estratégia e Resposta

Inserimos um quadrado dentro de um círculo com um vértice para baixo.

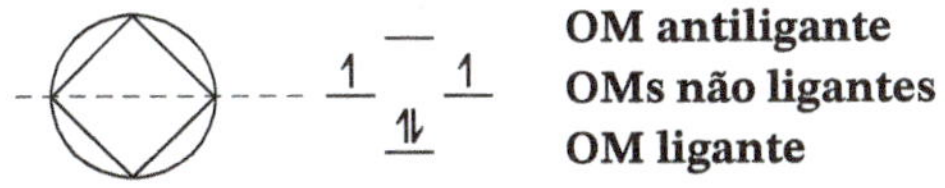

Vemos que o ciclobutadieno, de acordo com este modelo, deveria ter um elétron desemparelhado em cada um dos seus dois orbitais moleculares não ligantes. Portanto, não esperaríamos que o ciclobutadieno fosse aromático.

14.9 Espectroscopia de RMN: Evidência da Deslocalização de Elétrons nos Compostos Aromáticos

O espectro de RMN de ^1H do benzeno consiste em um único sinal não desdobrado em 7,27 ppm. Esse único sinal não desdobrado, quando observado, é uma comprovação adicional de que todos os hidrogênios são equivalentes. Que o sinal ocorre em uma frequência relativamente alta é, como veremos, prova conclusiva para a afirmação de que os elétrons π do benzeno estão deslocalizados.

Aprendemos na Seção 9.6 que os movimentos circulares dos elétrons σ das ligações C—H fazem com que os prótons dos alcanos sejam *blindados* do campo magnético aplicado de um espectrômetro de RMN e, consequentemente, esses prótons absorvem em baixas frequências. Agora explicaremos a absorção dos prótons do benzeno em alta frequência com base na *desblindagem provocada pelo movimento circular de elétrons π do benzeno*, e essa explicação, como você verá, necessita que os elétrons π estejam deslocalizados.

Quando as moléculas de benzeno são colocadas no poderoso campo magnético do espectrômetro de RMN, os elétrons circulam no sentido mostrado na Fig. 14.8; fazendo isso, eles geram uma **corrente de anel**. (Se você tiver estudado física, entenderá por que os elétrons circulam dessa maneira.)

- O movimento circular dos elétrons π no benzeno cria um campo magnético induzido que, *na posição dos prótons, reforça o campo magnético aplicado*. Este reforço faz com que os prótons sejam fortemente *desblindados* e tenham uma absorção em frequência relativamente alta (~7 ppm).

Por "desblindagem" queremos dizer que os prótons sentem a soma dos dois campos, e, consequentemente, a força líquida do campo magnético é maior que aquela na ausência do campo induzido. Essa desblindagem forte, que atribuímos a uma corrente de anel criada pelos

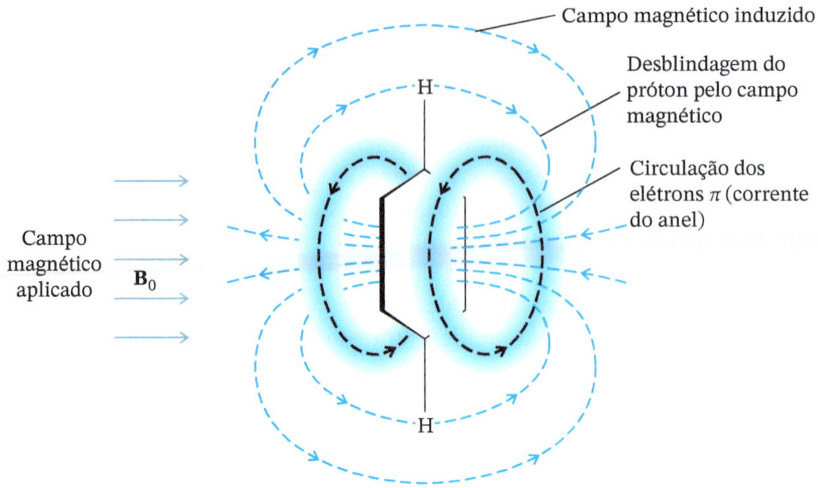

FIGURA 14.8 O campo magnético induzido dos elétrons π do benzeno desblindam os prótons do benzeno. A desblindagem ocorre porque, na posição dos prótons, o campo induzido está na mesma direção do campo aplicado.

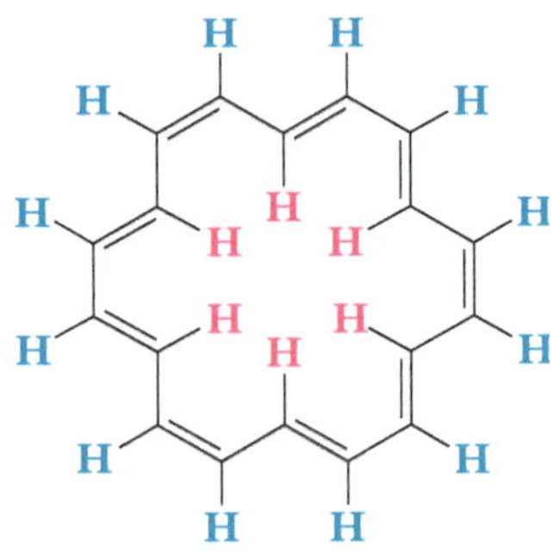

FIGURA 14.9 [18]Anuleno. Os prótons internos (em rosa) são altamente blindados e absorvem em –3,0 ppm. Os prótons externos (em azul) são altamente desblindados e absorvem em 9,3 ppm.

elétrons π *deslocalizados*, explica por que os prótons aromáticos absorvem em frequências relativamente altas.

A desblindagem dos prótons aromáticos externos que resulta da corrente de anel é um dos pontos fortes da evidência física que temos para a deslocalização de elétrons π nos anéis aromáticos. Na realidade, a absorção em alta frequência pelo próton é frequentemente utilizada como um critério para a aromaticidade em compostos cíclicos conjugados recentemente sintetizados.

Entretanto, nem todos os prótons aromáticos absorvem em alta frequência. Os prótons internos de compostos aromáticos de anéis grandes que têm hidrogênios no centro do anel absorvem em baixa frequência porque eles são altamente blindados pela oposição do campo magnético induzido no centro do anel (veja a Fig. 14.8). Um exemplo é o [18]anuleno (**Fig. 14.9**). Os prótons internos do [18]anuleno absorvem em campo bem alto em −3,0 ppm, acima do sinal do tetrametilsilano (TMS); os prótons externos, por outro lado, absorvem em campo bem baixo em 9,3 ppm. Considerando que o [18]anuleno tem $4n + 2$ elétrons π, essa evidência fornece forte suporte para a deslocalização de elétrons π como um critério para a aromaticidade e para o poder de previsão da regra de Hückel.

14.10 Íons Aromáticos

Além das moléculas neutras que abordamos até aqui, existem inúmeras espécies monocíclicas que contêm uma carga positiva ou negativa. Alguns desses íons mostram estabilidades inesperadas que sugerem que sejam **íons aromáticos**. A regra de Hückel também é útil para explicar as propriedades desses íons. Consideraremos dois exemplos: o ânion ciclopentadienila e o cátion ciclo-heptatrienila.

O ciclopentadieno não é aromático; entretanto, ele é anormalmente ácido para um hidrocarboneto. (O pK_a para o ciclopentadieno é 16 e, em contraste, o pK_a para o ciclo-heptatrieno é 36.) Em função de sua acidez, o ciclopentadieno pode ser convertido no seu ânion através do tratamento com bases moderadamente fortes. Além disso, o ânion ciclopentadienila é anormalmente estável, e a espectroscopia de RMN mostra que todos os cinco átomos de hidrogênio no ânion ciclopentadienila são equivalentes e absorvem em campo baixo.

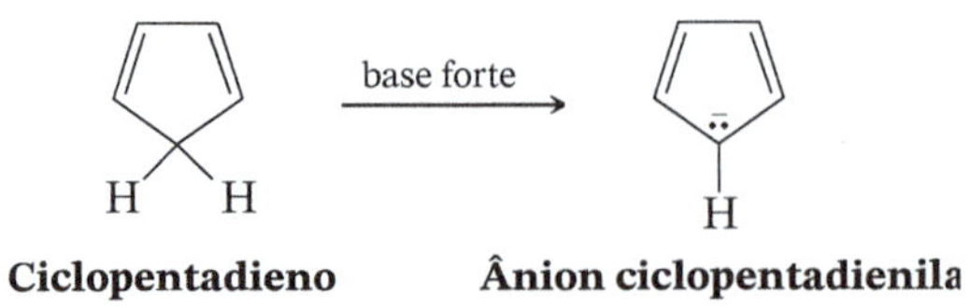

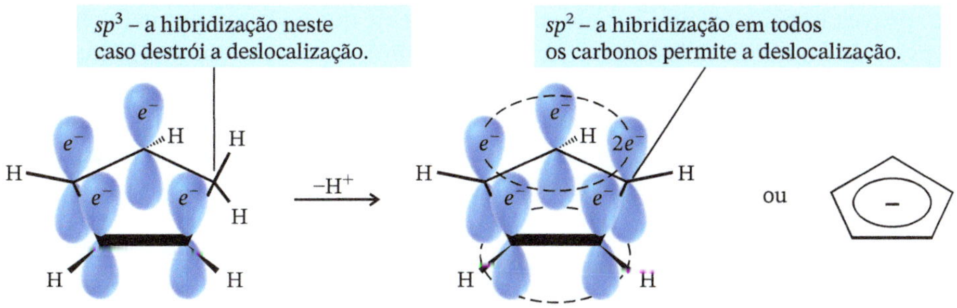

Ciclopentadieno **Ânion ciclopentadienila**

FIGURA 14.10 O ciclopentadieno não é aromático, porque ele só tem quatro elétrons π e o carbono com hibridização sp^3 impede a completa deslocalização em torno do anel. A remoção de um próton produz o ânion ciclopentadienila, que é aromático, porque ele tem 6 elétrons π e todos os seus átomos de carbono têm um orbital *p*.

A estrutura orbital do ciclopentadieno (**Fig. 14.10**) mostra por que ele mesmo não é aromático. Ele não somente não tem o número apropriado de elétrons π, mas os elétrons π não podem estar deslocalizados sobre todo o anel por causa da intervenção do grupo $—CH_2—$ com hibridização sp^3, que não tem orbital *p*.

Por outro lado, se o átomo de carbono do $—CH_2—$ fica com hibridização sp^2, após perder um próton (Fig. 14.10), os dois elétrons deixados para trás podem ocupar o novo orbital *p* que é produzido. Além disso, esse novo orbital *p* pode se sobrepor aos orbitais *p* em ambos os lados dele e dar origem a um anel com *seis* elétrons π deslocalizados. Uma vez que os elétrons estão deslocalizados, todos os átomos de hidrogênio são equivalentes, e isto está de acordo com o que a espectroscopia de RMN nos diz. Um mapa de potencial eletrostático calculado para o ânion ciclopentadienila (**Fig. 14.11**) mostra também a distribuição simétrica da carga negativa no anel e a simetria global da estrutura do anel.

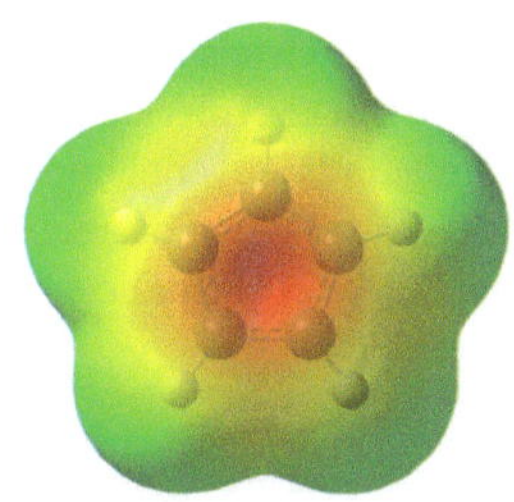

FIGURA 14.11 Um mapa de potencial eletrostático do ânion ciclopentadienila. O íon está totalmente carregado negativamente, é claro, mas regiões com maior potencial negativo são mostradas em vermelho, e regiões com potencial negativo mínimo são mostradas em azul. A concentração de potencial negativo no centro das faces superior e inferior (não mostrada) indica que o elétron extra do íon está envolvido no sistema aromático de elétrons π.

Seis, o número de elétrons π no ânion ciclopentadienila é, naturalmente, um número de Hückel ($4n + 2$, em que $n = 1$).

- O ânion ciclopentadienila é, portanto, um **ânion aromático**, e a acidez inusitada do ciclopentadieno é o resultado da estabilidade incomum deste ânion.

O ciclo-heptatrieno (**Fig. 14.12**), um composto com o nome comum de tropilideno, tem seis elétrons π. Entretanto, os seis elétrons π do ciclo-heptatrieno não podem estar completamente deslocalizados por causa da presença do grupo $—CH_2—$, um grupo que não tem um orbital *p* disponível (Fig. 14.12).

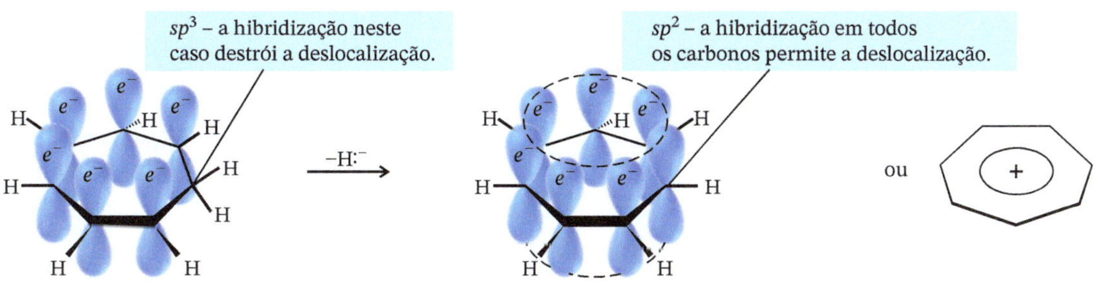

Ciclo-heptatrieno **Cátion ciclo-heptatrienila**

FIGURA 14.12 O ciclo-heptatrieno não é aromático, ainda que ele tenha seis elétrons π, porque ele tem um carbono com hibridização sp^3 que impede a deslocalização em torno do anel. A remoção de um hidreto ($H:^-$) produz o cátion ciclo-heptatrienila, que é aromático porque todos os seus átomos de carbono agora têm um orbital *p* e ele ainda tem 6 elétrons π.

Quando o ciclo-heptatrieno é tratado com um reagente que pode retirar um íon hidreto, ele é convertido no cátion ciclo-heptatrienila (ou tropílio). A perda de um íon hidreto pelo ciclo-heptatrieno ocorre com inesperada facilidade e descobre-se que o cátion ciclo-heptatrienila é anormalmente estável. O espectro de RMN do cátion ciclo-heptatrienila indica que todos os sete átomos de hidrogênio são equivalentes. Se olharmos mais de perto a Fig. 14.12, veremos como podemos explicar essas observações.

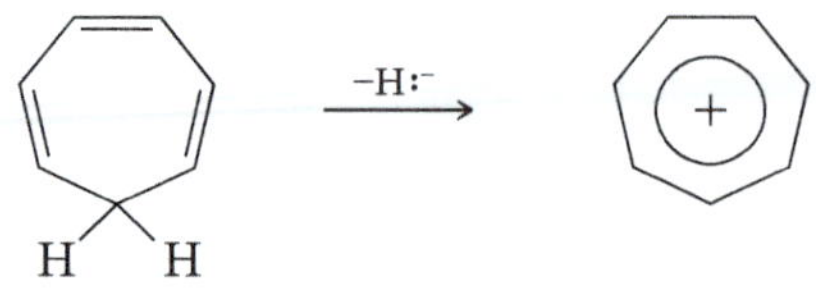

Ciclo-heptatrieno **Cátion ciclo-heptatrienila (cátion tropílio)**

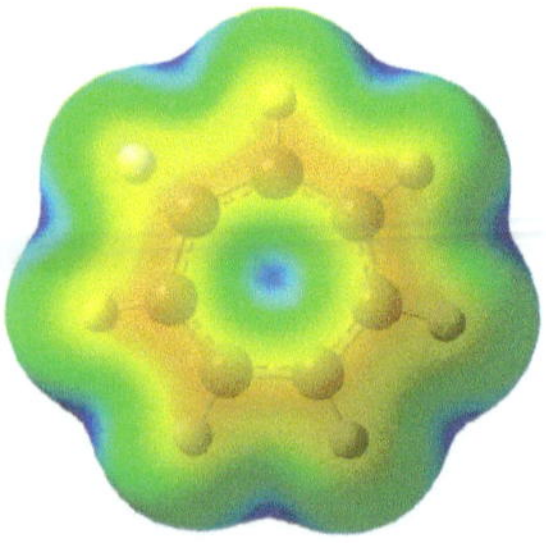

FIGURA 14.13 Um mapa de potencial eletrostático do cátion tropílio. O íon é positivo como um todo, naturalmente, mas a região de potencial eletrostático negativo relativamente maior pode claramente ser vista ao redor da face superior (e da face inferior, apesar de não mostrada) do anel onde os elétrons estão envolvidos em um sistema π do anel aromático.

À medida que um íon hidreto é removido do grupo —CH_2— do ciclo-heptatrieno, cria-se um orbital *p* vazio, e o átomo de carbono fica com hibridização sp^2. O cátion resultante tem sete orbitais *p* sobrepostos contendo *seis* elétrons π deslocalizados. O cátion ciclo-heptatrienila é, consequentemente, um cátion aromático, e todos os seus átomos de hidrogênio devem ser equivalentes; de novo, isso é exatamente o que encontramos experimentalmente.

O mapa de potencial eletrostático calculado para o cátion ciclo-heptatrienila (tropílio), (Fig. 14.13) também mostra a simetria desse íon. O potencial eletrostático dos elétrons π envolvidos no sistema aromático é indicado pela cor amarelo-alaranjada que está homogeneamente distribuída em torno da face superior (e da face inferior, apesar de não mostrada) da cadeia de carbono. O íon como um todo é positivo, naturalmente, e a região de maior potencial positivo é indicada pelo azul na periferia do íon.

PROBLEMA RESOLVIDO 14.3

Aplique o método de polígono e círculo para explicar por que o ânion ciclopentadienila é aromático.

Estratégia e Resposta

Inserimos um pentágono dentro de um círculo com um vértice para baixo e descobrimos que os níveis de energia dos orbitais moleculares são tais que três orbitais moleculares são ligantes e dois são antiligantes:

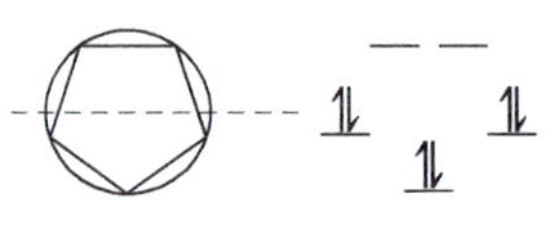

OMs antiligantes

OMs ligantes

O ânion ciclopentadienila tem seis elétrons π, o que é um número de Hückel, e eles ocupam todos os orbitais ligantes. Não existem elétrons desemparelhados e nenhum elétron nos orbitais antiligantes. Isto é o que esperaríamos de um íon aromático.

PROBLEMA DE REVISÃO 14.4

Aplique o método de polígono e círculo ao cátion ciclopentadienila e explique se ele seria ou não aromático.

Cátion ciclopentadienila

PROBLEMA DE REVISÃO 14.5

Aplique o método de polígono e círculo ao ânion e ao cátion ciclo-heptatrienila e explique se cada um seria ou não aromático.

(a) 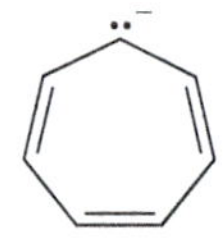

Ânion ciclo-heptatrienila

(b) 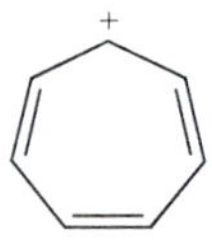

Cátion ciclo-heptatrienila

PROBLEMA DE REVISÃO 14.6

O 1,3,5-ciclo-heptatrieno é até menos ácido do que o 1,3,5-heptatrieno. Explique como essa observação experimental pode ajudar a confirmar as suas respostas para o problema anterior.

PROBLEMA DE REVISÃO 14.7

Quando o 1,3,5-ciclo-heptatrieno reage com um equivalente molar de bromo a 0 °C, ele sofre adição 1,6. **(a)** Escreva a estrutura desse produto. **(b)** Com aquecimento, esse produto da adição 1,6 perde HBr facilmente, formando um composto com a fórmula molecular C_7H_7Br, chamado de *brometo de tropílio*. O brometo de tropílio é insolúvel em solventes apolares, mas é solúvel em água; ele tem ponto de fusão inesperadamente alto (p.fus. 203 °C), e, quando tratado com nitrato de prata, uma solução aquosa do brometo de tropílio fornece um precipitado de AgBr. O que esses resultados experimentais sugerem sobre a ligação no brometo de tropílio?

PROBLEMA DE REVISÃO 14.8

Supondo que o cátion ciclopentadienila seja plano, classifique-o como aromático, antiaromático ou não aromático, e explique o motivo.

PROBLEMA DE REVISÃO 14.9

Em 1967, R. Breslow (da Columbia University) *et al.* mostraram que a adição de $SbCl_5$ a uma solução de 3-clorociclopropeno em CH_2Cl_2 provocava a precipitação de um sólido branco com a composição $C_3H_3^+SbCl_6^-$. A espectroscopia de RMN de uma solução desse sal mostrou que todos os seus átomos de hidrogênio eram equivalentes. **(a)** Qual é o novo íon aromático que Breslow e colaboradores prepararam? **(b)** Quantos sinais de RMN de ^{13}C você esperaria para esse íon?

14.11 Outros Compostos Aromáticos

14.11A Compostos Aromáticos Benzenoides

Além daqueles que vimos até aqui, existem muitos outros exemplos de compostos aromáticos. Os representantes de uma ampla classe de **compostos aromáticos benzenoides**, chamados de **hidrocarbonetos aromáticos policíclicos (PAH – do inglês, *polycyclic aromatic hydrocarbons*)**, estão ilustrados na **Fig. 14.14**.

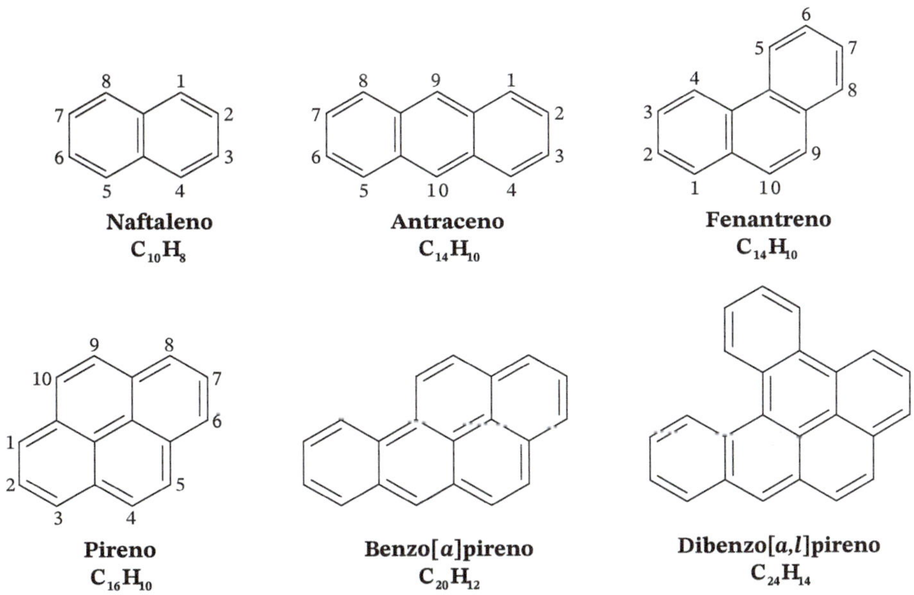

FIGURA 14.14 Hidrocarbonetos aromáticos benzenoides. Alguns hidrocarbonetos aromáticos policíclicos (PAHs), tais como o dibenzo[*a*,*l*]pireno, são cancerígenos. (Veja "Epóxidos importantes, porém ocultos" ao final do Capítulo 11.)

- Os hidrocarbonetos **aromáticos** policíclicos benzenoides consistem em moléculas tendo dois ou mais anéis benzênicos *mantidos* juntos.

Uma observação mais detalhada em um exemplo, o naftaleno, irá ilustrar o que queremos dizer com isso. De acordo com a teoria da ressonância, uma molécula de naftaleno pode ser considerada como um híbrido de três estruturas de Kekulé. Uma dessas estruturas de Kekulé, a mais importante, está mostrada na Fig. 14.15. Existem dois átomos de carbono no naftaleno (C4a e C8a) que são comuns a ambos os anéis. Diz-se que esses dois átomos estão em pontos de *união do anel*. Eles conduzem todas as suas ligações em direção a outros átomos de carbono e não contêm átomos de hidrogênio.

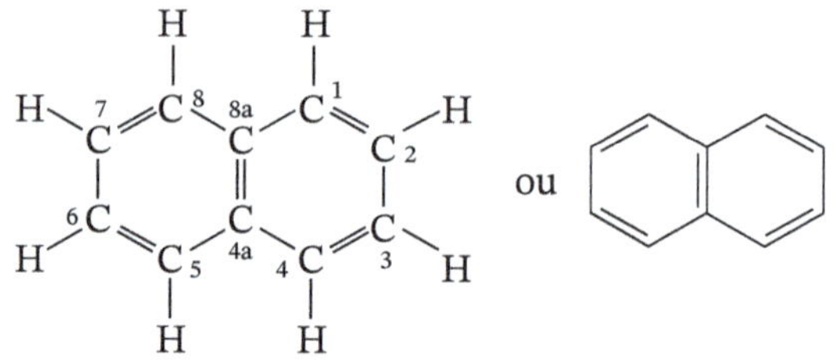

FIGURA 14.15 Uma estrutura de Kekulé para o naftaleno.

PROBLEMA RESOLVIDO 14.4

Quantos sinais de RMN de ^{13}C você preveria para o acenaftileno?

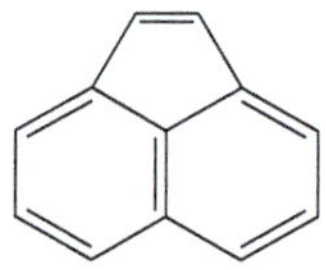

Acenaftileno

Estratégia e Resposta

O acenaftileno tem um plano de simetria que faz com que os cinco átomos de carbono à esquerda (a–e, à direita) sejam equivalentes aos da direita. Os átomos de carbono f e g são únicos. Consequentemente, o acenaftileno deve ter sete sinais de RMN de ^{13}C.

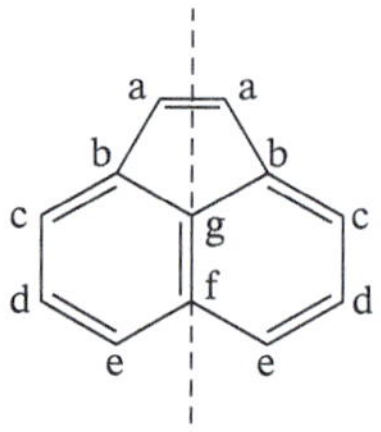

Acenaftileno

PROBLEMA DE REVISÃO 14.10

Quantos sinais de RMN de ^{13}C você preveria para **(a)** o naftaleno, **(b)** o antraceno, **(c)** o fenantreno e **(d)** o pireno?

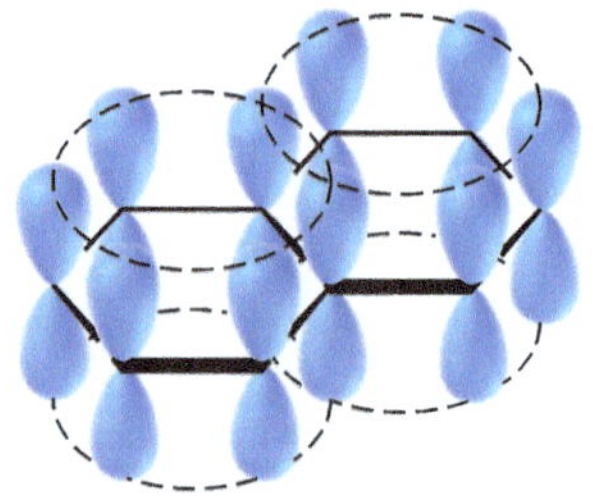

FIGURA 14.16 Orbitais *p* estilizados do naftaleno.

Os cálculos de orbital molecular para o naftaleno começam com o modelo mostrado na Fig. 14.16. Os orbitais *p* se sobrepõem em torno da periferia de ambos os anéis e através dos pontos de união do anel.

Quando são realizados cálculos de orbital molecular para o naftaleno utilizando-se o modelo na Fig. 14.16, os resultados dos cálculos correlacionam-se bem com o nosso conhecimento experimental sobre o naftaleno. Os cálculos indicam que a deslocalização dos 10 elétrons π sobre os dois anéis produz uma estrutura com energia consideravelmente mais baixa do que a energia calculada para qualquer estrutura de Kekulé individual. O naftaleno, consequentemente, tem uma energia de ressonância substancial. Baseado no que sabemos sobre o benzeno, além disso, é compreensível a tendência do naftaleno de reagir por meio de substituição em vez de adição e mostrar outras propriedades associadas aos compostos aromáticos.

O antraceno e o fenantreno (Fig. 14.14) são isômeros. No antraceno os anéis são unidos de uma maneira linear, e no fenantreno eles são unidos de tal forma a produzir uma molécula angular. Essas duas moléculas também mostram energias de ressonância grandes e propriedades químicas típicas de compostos aromáticos.

O pireno (Fig. 14.17) também é aromático. O pireno em si é conhecido há muito tempo; entretanto, um derivado do pireno tem sido objeto de pesquisa que mostra outra aplicação interessante da regra de Hückel.

Para entender essa investigação em particular, precisamos prestar uma atenção especial na estrutura de Kekulé para o pireno (Fig. 14.17). O número total de elétrons π no pireno é 16 (8 ligações duplas = 16 elétrons π). Dezesseis não é um número de Hückel, mas **a regra de Hückel é planejada para ser aplicada apenas a compostos monocíclicos** e o pireno é claramente tetracíclico. Entretanto, se não considerarmos a ligação dupla interna do pireno, e olharmos apenas para a periferia, veremos que a periferia é um anel plano com 14 elétrons π. A periferia é, na realidade, muito mais parecida com aquela do [14]anuleno. Quatorze é um número de Hückel ($4n + 2$, em que $n = 3$), e poderíamos então prever que a periferia do pireno seria aromática por si só, na ausência da ligação dupla interna.

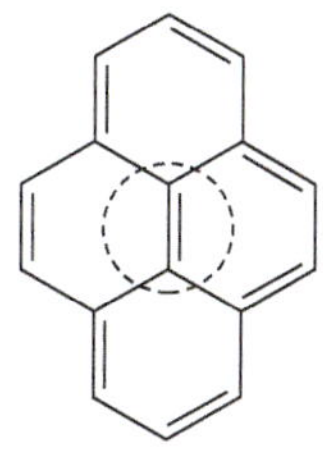

FIGURA 14.17 Uma estrutura de Kekulé para o pireno. A ligação dupla interna está cercada por um círculo tracejado para dar ênfase.

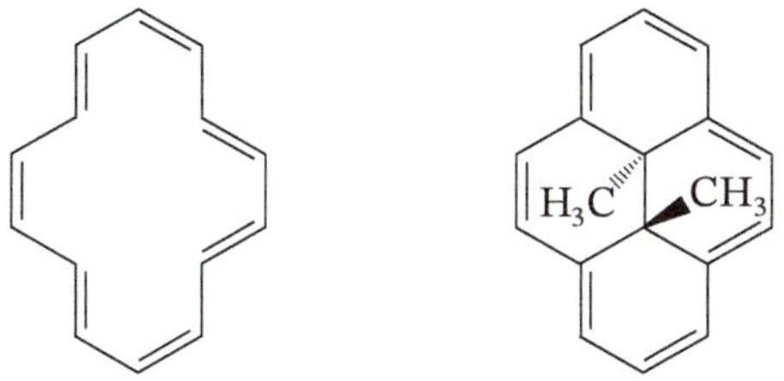

[14]Anuleno ***trans*-15,16-Dimetildi-hidropireno**

Essa previsão foi confirmada quando V. Boekelheide (University of Oregon) sintetizou o *trans*-15,16-dimetildi-hidropireno e mostrou que ele é aromático.

PROBLEMA DE REVISÃO 14.11

Além de um sinal em campo baixo, o espectro de RMN de ^{1}H do *trans*-15,16-dimetildi-hidropireno tem um sinal em campo muito alto em −4,2 ppm. Explique a presença desse sinal em campo alto.

14.11B Compostos Aromáticos Não Benzenoides

O naftaleno, o fenantreno e o antraceno são exemplos de compostos aromáticos *benzenoides*. Por outro lado, o ânion ciclopentadienila, o cátion ciclo-heptatrienila, o *trans*-15,16-dimetildi-hidropireno e os anulenos aromáticos (exceto o [6]anuleno) são classificados como **compostos aromáticos não benzenoides**.

Outro exemplo de um hidrocarboneto aromático *não benzenoide* é o composto azuleno. O azuleno tem energia de ressonância de 205 kJ mol^{-1}. Existe uma separação substancial de carga entre os anéis no azuleno, como indicado pelo mapa de potencial eletrostático para o azuleno mostrado na Fig. 14.18. Os fatores relacionados com a aromaticidade explicam essa propriedade do azuleno (veja o Problema de Revisão 14.12).

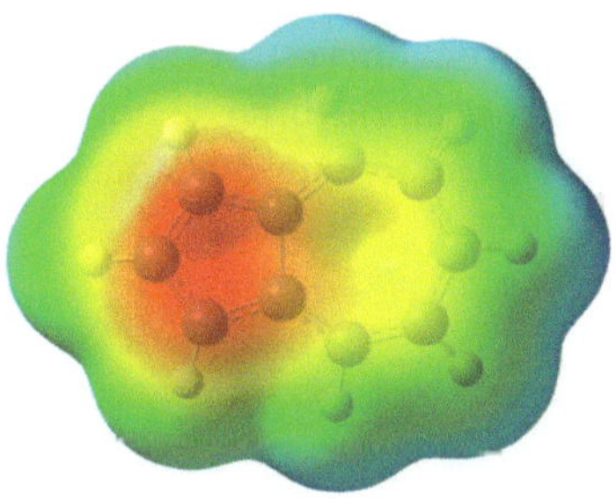

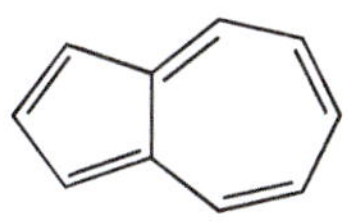

Azuleno

FIGURA 14.18 Um mapa de potencial eletrostático calculado para o azuleno. (As áreas vermelhas são mais negativas e as áreas azuis são menos negativas.)

PROBLEMA DE REVISÃO 14.12

O azuleno tem um momento de dipolo apreciável. Escreva as estruturas de ressonância para o azuleno que expliquem esse momento de dipolo e que ajudem a explicar a sua aromaticidade.

14.11C Fulerenos

> **PRÊMIO NOBEL**
>
> **O Prêmio Nobel de Química foi concedido, em 1996, aos Professores Curl, Kroto e Smalley pelas suas descobertas dos fulerenos.**

Em 1990, W. Krätschmer (Instituto Max Planck, Heidelberg), D. Huffman (University of Arizona) e seus colaboradores descreveram a primeira síntese prática do C_{60}, uma molécula com o formato de uma bola de futebol chamada de buckminsterfulereno. Formado pelo aquecimento resistivo da grafita em uma atmosfera inerte, o C_{60} é um membro de um novo grupo excitante de compostos aromáticos chamados de **fulerenos**. Os fulerenos são moléculas semelhantes a gaiolas com a geometria de um icosaedro truncado ou um domo geodésico e são assim chamados em homenagem ao arquiteto Buckminster Fuller, renomado pelo desenvolvimento de estruturas com domos geodésicos. A estrutura do C_{60} e sua existência tinham sido estabelecidas cinco anos antes por H. W. Kroto (University of Sussex), R. E. Smalley e R. F. Curl (Rice University) e seus colaboradores. Kroto, Curl e Smalley descobriram tanto o C_{60} quanto o C_{70} (**Fig. 14.19**) como componentes altamente estáveis de uma mistura de aglomerados de carbono formados pela grafita vaporizada por *laser*. Desde 1990, os químicos têm sintetizado muitos outros fulerenos maiores e menores e começaram a explorar sua interessante química.

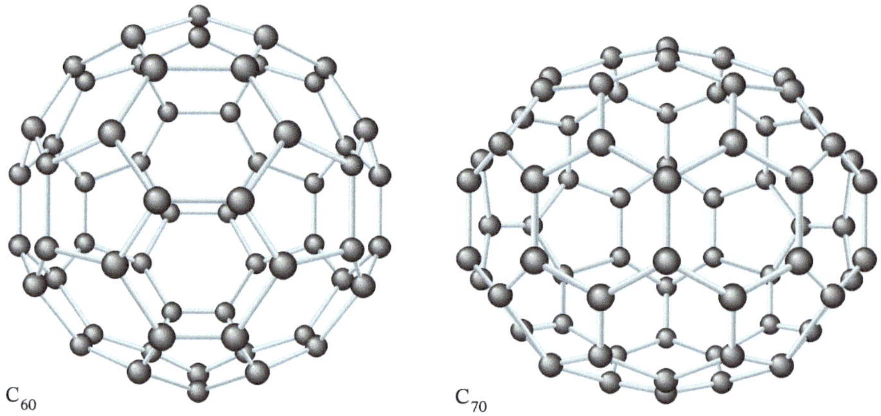

FIGURA 14.19 Estruturas de C_{60} e C_{70}. (Reproduzida com permissão de Diederich, F., e Whetten, R. L. *Accounts of Chemical Research, Vol. 25,* pp. 119–126. Copyright 1992 pela American Chemical Society.)

Da mesma forma que o domo geodésico, um fulereno é composto de uma rede de pentágonos e hexágonos. Para se fechar em um esferoide, um fulereno tem de ter exatamente 12 faces de cinco membros, mas o número de faces de seis membros pode variar enormemente. A estrutura do C_{60} tem 20 faces hexagonais; o C_{70} tem 25. Cada carbono de um fulereno tem hibridização sp^2 e forma ligações σ com três outros átomos de carbono. O elétron remanescente de cada carbono está deslocalizado em um sistema de orbitais moleculares que fornece o caráter aromático global da molécula.

A química dos fulerenos está provando ser ainda mais fascinante do que as suas sínteses. Os fulerenos têm alta afinidade eletrônica e aceitam rapidamente elétrons de metais alcalinos para produzir uma nova fase metálica – um sal "bucketo". Um sal desse tipo, o K_3C_{60}, é um cristal metálico estável consistindo em uma estrutura cúbica de face centrada de "buckbolas" com um átomo de potássio entre elas; ele torna-se um supercondutor quando resfriado abaixo de 18 K. Foram sintetizados fulerenos que têm átomos metálicos no interior da gaiola de átomos de carbono.

A Química de Materiais de. . . Nanotubos

Os nanotubos são uma classe relativamente nova de materiais baseados no carbono relacionados com os buckminsterfulerenos. Um **nanotubo** é uma estrutura que parece ter sido formada enrolando-se uma folha de carbono semelhante à grafita (uma rede plana de anéis de benzeno unidos, lembrando

(continua)

(continuação)

uma tela de galinheiro) em forma de tubo e cobrindo as extremidades com metade de uma buckbola. Os nanotubos são muito resistentes – aproximadamente 100 vezes mais fortes que o aço. Além de seu potencial como reforço para novos materiais compósitos, tem-se mostrado que alguns nanotubos atuam como condutores ou semicondutores elétricos dependendo da sua forma exata. Eles também têm sido utilizados como pontas de sonda para a análise de DNA e proteínas através de microscopia de força atômica (*atomic force microscopy* – AFM). Muitas outras aplicações também têm sido visualizadas para eles, incluindo a utilização como tubos de ensaio de tamanho molecular ou cápsulas para liberação de medicamentos.

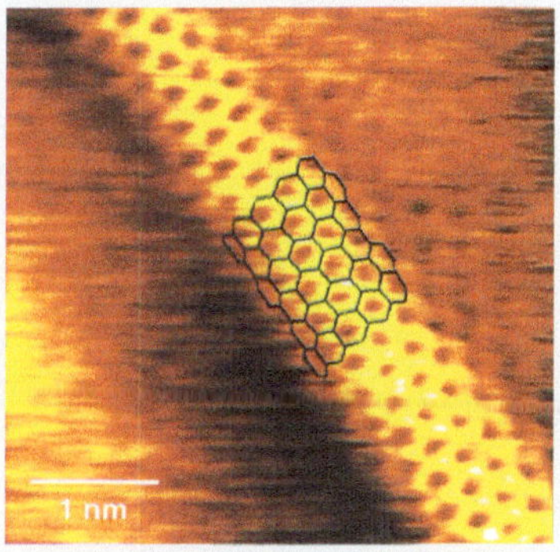

Imagem cortesia de C. M. Lieber, Harvard University

Uma rede de anéis benzênicos, destacada em preto nesta imagem por microscopia de tunelamento por varredura (sigla em inglês, STM), compreende a parede de um nanotubo.

14.12 Compostos Aromáticos Heterocíclicos

Quase todas as moléculas cíclicas que abordamos até aqui têm anéis constituídos unicamente de átomos de carbono. Entretanto, em muitos compostos cíclicos um elemento diferente do carbono está presente no anel.

- Compostos cíclicos que contêm um elemento diferente de carbono são chamados de **compostos heterocíclicos**.

Moléculas heterocíclicas são encontradas muito frequentemente na natureza. Por essa razão, e uma vez que algumas dessas moléculas são aromáticas, descreveremos agora alguns exemplos de **compostos aromáticos heterocíclicos**.

Os compostos heterocíclicos contendo nitrogênio, oxigênio ou enxofre são, de longe, os mais comuns. Quatro exemplos importantes são fornecidos aqui nas suas formas de Kekulé. *Todos esses quatro compostos são aromáticos.*

- A piridina está eletronicamente relacionada com o benzeno.
- O pirrol, o furano e o tiofeno estão relacionados com o ânion ciclopentadienila.

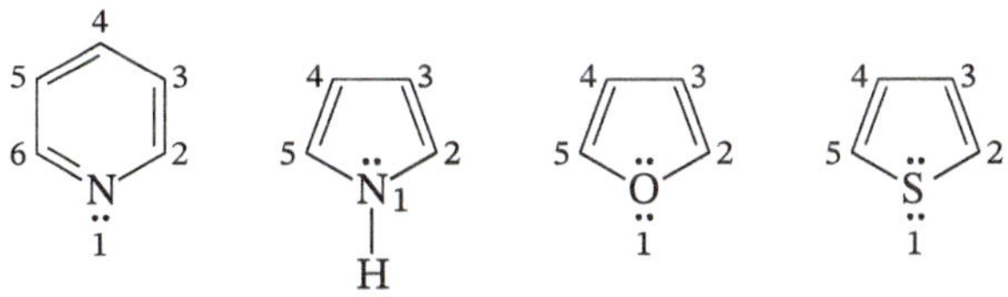

Piridina **Pirrol** **Furano** **Tiofeno**

Os átomos de nitrogênio nas moléculas tanto da piridina quanto do pirrol têm hibridização sp^2. Na piridina (**Fig. 14.20**), o nitrogênio com hibridização sp^2 doa um elétron ligante ao sistema π. Esse elétron, juntamente com um de cada dos cinco átomos de carbono, fornece à piridina um sexteto de elétrons semelhante ao do benzeno. Os dois elétrons não compartilhados do nitrogênio da piridina estão em um orbital sp^2 que se localiza no mesmo plano que os átomos do anel. Esse orbital sp^2 não se sobrepõe aos orbitais *p* do anel (diz-se, consequentemente, que ele é *ortogonal* aos orbitais *p*). O par de elétrons não compartilhado no nitrogênio não é parte do sistema π, e esses elétrons conferem à piridina propriedades de uma base fraca.

No pirrol (**Fig. 14.21**), os elétrons são arranjados diferentemente. Uma vez que os átomos de carbono do anel de pirrol contribuem com apenas quatro elétrons π, o nitrogênio com hibridização sp^2 deve contribuir com dois elétrons para fornecer um sexteto aromático. Devido a esses elétrons serem uma parte do sexteto aromático, eles não estão disponíveis para serem doados para um próton. Portanto, em solução aquosa, o pirrol não é apreciavelmente básico.

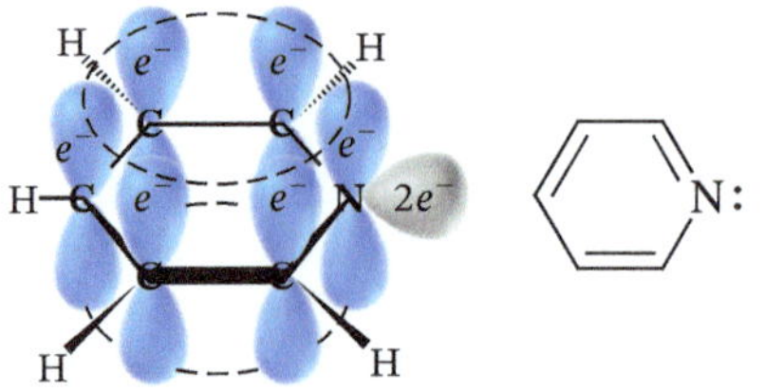

FIGURA 14.20 A piridina é aromática e uma base fraca. Seu átomo de nitrogênio tem um par de elétrons não compartilhados em um orbital sp^2 (visto em cinza) que não faz parte do sistema aromático.

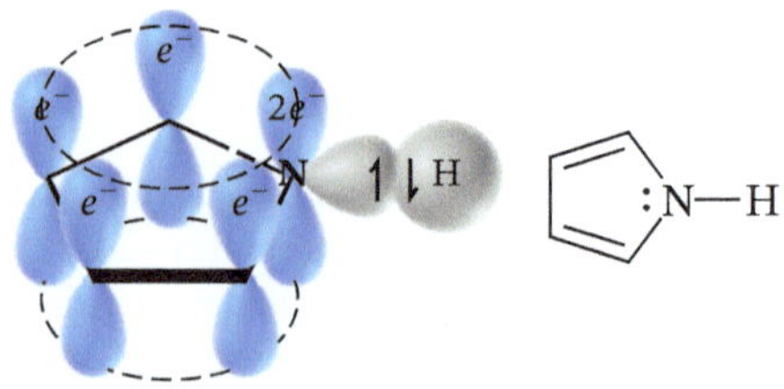

FIGURA 14.21 O pirrol é aromático, mas não é básico. Ele não tem pares de elétrons não compartilhados. O par de elétrons no nitrogênio faz parte do sistema aromático.

PROBLEMA RESOLVIDO 14.5

O imidazol tem dois nitrogênios. O N3 é relativamente básico (como o nitrogênio da piridina). O N1 é relativamente não básico (como o nitrogênio do pirrol). Explique as diferentes basicidades desses dois nitrogênios.

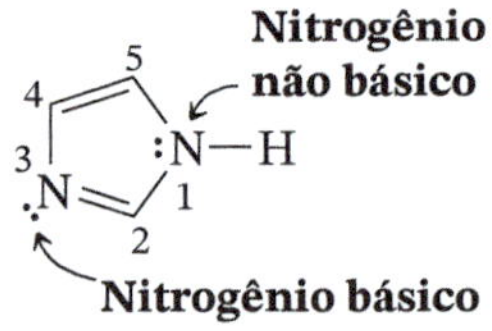

Estratégia e Resposta

Quando o imidazol aceita um próton em N3, o par de elétrons que aceita o próton não faz parte do sistema π de seis elétrons que faz o imidazol ser aromático. Consequentemente, a base conjugada formada ainda é aromática (ela é um cátion aromático) e retém a sua energia de ressonância de estabilização.

(Aromático) **(Aromático)**

Por outro lado, se o imidazol aceitasse o próton em N1, o íon resultante (o qual não é formado) **não** seria aromático e teria uma energia de potencial muito maior (perderia a sua ressonância de estabilização). Por isso, N1 não é apreciavelmente básico.

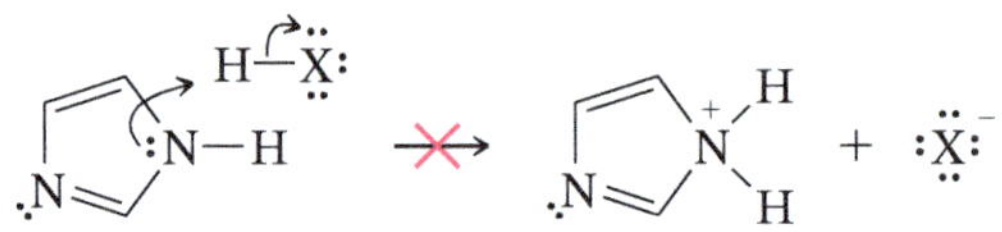

(Aromático) **6 π elétrons** **(Não aromático)** **4 π elétrons**

O furano e o tiofeno são estruturalmente bastante semelhantes ao pirrol. O átomo de oxigênio no furano e o átomo de enxofre no tiofeno têm hibridização sp^2. Em ambos os compostos, o orbital p do heteroátomo doa dois elétrons para o sistema π. Os átomos de oxigênio e de enxofre do furano e do tiofeno sustentam um par de elétrons não compartilhado em um orbital sp^2 (Fig. 14.22) que é ortogonal ao sistema π.

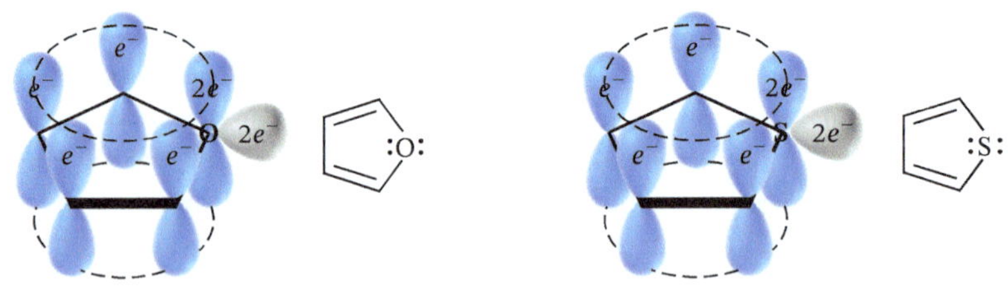

Furano **Tiofeno**

FIGURA 14.22 O furano e o tiofeno são aromáticos. Em cada caso, o heteroátomo fornece um par de elétrons para o sistema aromático, mas cada um tem um par de elétrons não compartilhado em um orbital sp^2 que não faz parte do sistema aromático.

14.13 Compostos Aromáticos na Bioquímica

Os compostos com anéis aromáticos ocupam numerosas e importantes posições em reações que ocorrem nos seres vivos. Seria impossível descrever todos eles neste capítulo. Entretanto, apontaremos alguns exemplos agora e veremos outros mais tarde.

Dois aminoácidos necessários para a síntese de proteínas contêm o anel benzênico.

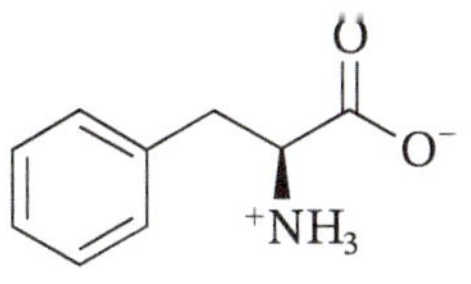

Fenilalanina

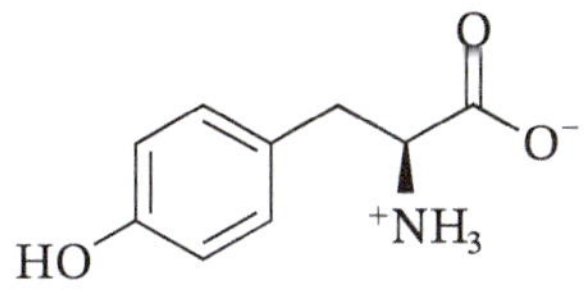

Tirosina

Um terceiro aminoácido aromático, o triptofano, contém um anel benzênico unido a um anel pirrólico. (Esse sistema aromático de anéis é chamado de sistema indólico, veja a Seção 20.1B.)

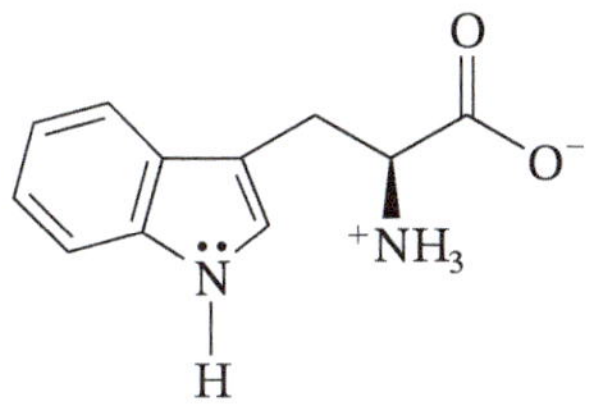

Triptofano

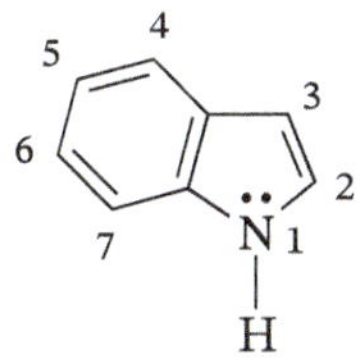

Indol

Laticínios, grãos, peixe, carne e aves são fontes alimentares de aminoácidos essenciais.

Parece que os humanos, por causa do curso da evolução, não têm a capacidade bioquímica de sintetizar o anel benzênico. Em decorrência disso, a fenilalanina e os derivados do triptofano são essenciais na alimentação humana. Uma vez que a tirosina pode ser sintetizada a partir da fenilalanina em uma reação catalisada por uma enzima conhecida como *fenilalanina hidroxilase*, ela não é essencial na alimentação, desde que a fenilalanina esteja presente.

Os compostos aromáticos heterocíclicos também estão presentes em muitos sistemas bioquímicos. Os derivados da purina e da pirimidina são partes essenciais do DNA e do RNA:

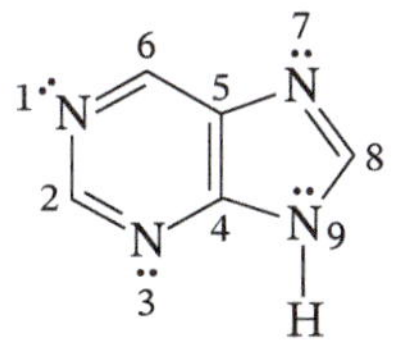

Purina

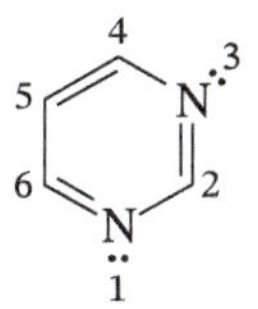

Pirimidina

O DNA é uma molécula responsável pelo armazenamento de informação genética e o RNA está proeminentemente envolvido na síntese de enzimas e outras proteínas (Capítulo 25).

PROBLEMA DE REVISÃO 14.13

(a) O grupo —SH é algumas vezes chamado de *grupo mercapto*. A 6-mercaptopurina é utilizada no tratamento da leucemia aguda. Escreva a sua estrutura. **(b)** O alopurinol, um composto utilizado para tratar a gota, é a 6-hidroxipurina. Escreva a sua estrutura.

A **nicotinamida adenina dinucleotídeo**, uma das mais importantes coenzimas (Seção 24.9) nas oxidações e reduções biológicas, inclui tanto um derivado da piridina (nicotinamida) quanto um derivado da purina (adenina) na sua estrutura. A sua fórmula está mostrada na **Fig. 14.23** como NAD^+, a forma oxidada que contém o anel aromático piridínio. A forma reduzida da coenzima é NADH, na qual o anel da piridina não é mais aromático devido à presença de um hidrogênio adicional e de dois elétrons no anel.

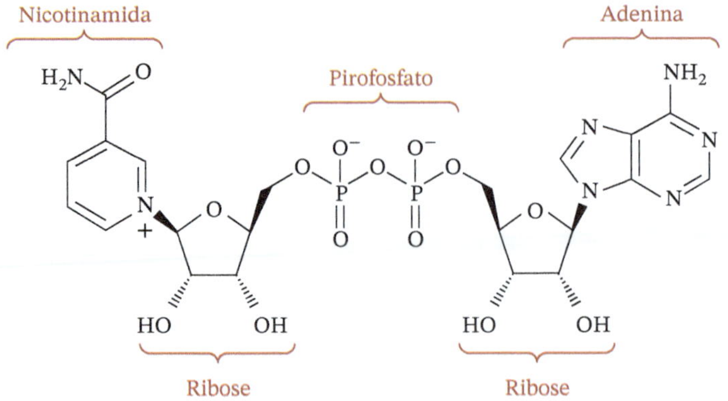

FIGURA 14.23 Nicotinamida adenina dinucleotídeo (NAD^+).

Um papel-chave do NAD^+ no metabolismo é servir como uma coenzima para a gliceraldeído-3-fosfato desidrogenase (GAPDH) na glicólise, o caminho pelo qual a glicose é quebrada para a produção de energia. Na reação catalisada pelo GAPDH (Fig. 14.24), o grupo aldeído do gliceraldeído-3-fosfato (GAP) é oxidado a um grupo carboxila (incorporado como anidrido fosfórico) no 1,3-bisfosfoglicerato (1,3-BPG). Concomitantemente, o anel aromático piridínio do NAD^+ é reduzido à sua forma de mais alta energia, o NADH. Uma das maneiras de utilização da energia química estocada no anel não aromático do NADH é na mitocôndria para a produção de ATP, onde ocorrem o transporte de elétrons do citocromo e a fosforilação oxidativa. Lá, a liberação de energia química do NADH pela oxidação para a forma aromática mais estável NAD^+ (e de um próton) está acoplada com o bombeamento de prótons através da parte interna da membrana mitocondrial. Um gradiente eletroquímico é criado através da membrana mitocondrial, o qual dirige a síntese do ATP através da enzima ATP sintase.

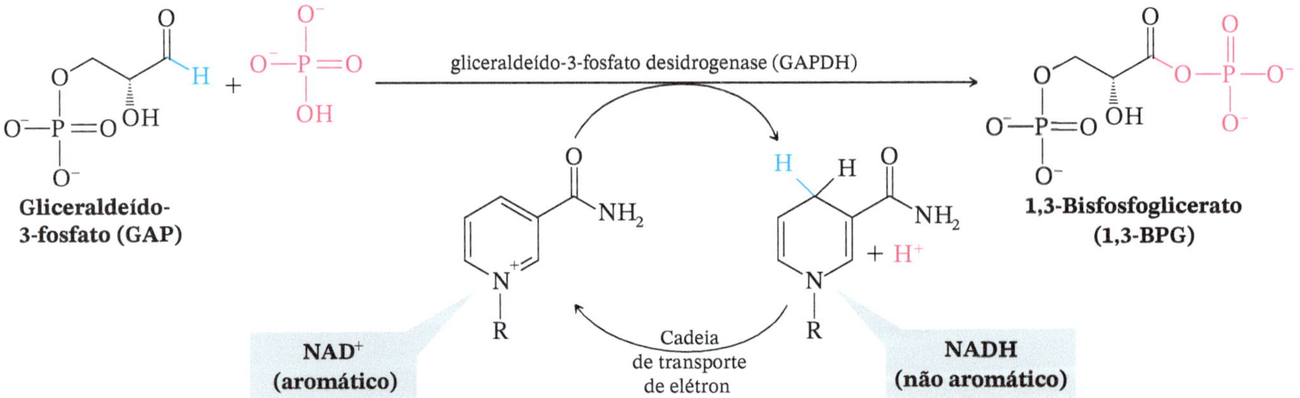

FIGURA 14.24 O NAD^+, como a coenzima na gliceraldeído-3-fosfato desidrogenase (GAPDH), é usado para oxidar o gliceraldeído-3-fosfato (GAP) a 1,3-bisfosfoglicerato durante a degradação da glicose na glicólise. Um dos caminhos pelos quais o NADH pode ser reoxidado a NAD^+ é pela cadeia de transporte de elétron na mitocôndria, onde, sob condições aeróbicas, a rearomatização do NADH ajuda a conduzir a síntese de ATP.

A energia química estocada no NADH é utilizada também para realizar muitas outras reações bioquímicas essenciais. O NADH é parte de uma enzima chamada de lactato desidrogenase, que reduz o grupo cetona do ácido pirúvico ao grupo álcool do ácido lático. Aqui, o anel não aromático do NADH é convertido no anel aromático do NAD^+. Esse processo é importante nos músculos operando sob condições de privação de oxigênio (metabolismo anaeróbico), onde a redução do ácido pirúvico a ácido lático pelo NADH serve para regenerar o NAD^+ que é necessário para continuar a síntese glicolítica do ATP:

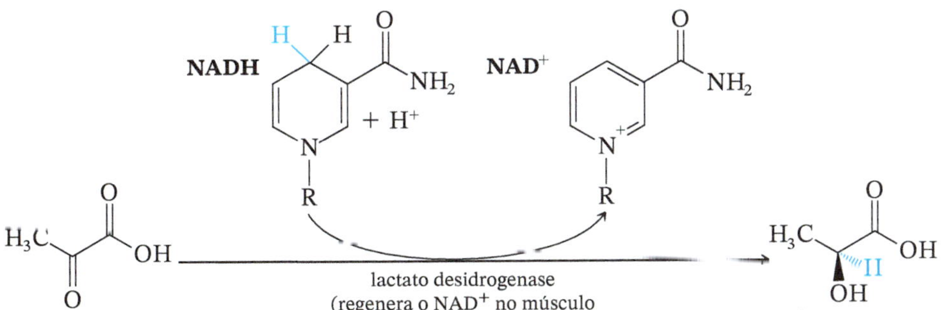

Ácido pirúvico **Ácido lático**

As leveduras que crescem sob condições anaeróbicas (fermentação) também têm um caminho para regenerar o NAD+ a partir do NADH. Sob condições de privação de oxigênio, as leveduras convertem o ácido pirúvico a acetaldeído através da descarboxilação (o CO_2 é liberado), então o NADH na álcool desidrogenase reduz o acetaldeído a etanol. Como nos músculos ávidos por oxigênio, esse caminho ocorre com o propósito de regenerar o NAD+ necessário para continuar a síntese glicolítica do ATP.

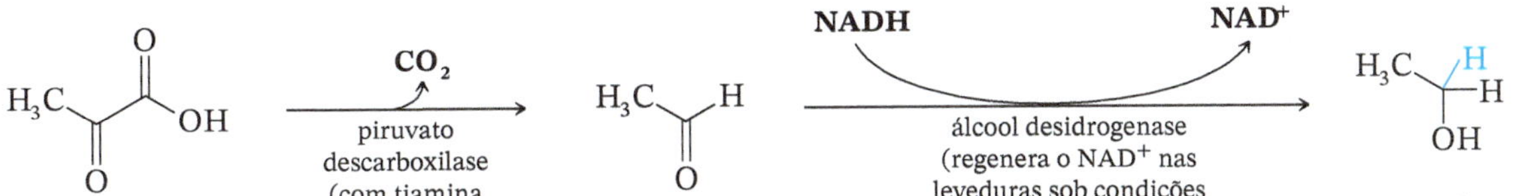

Ácido pirúvico **Acetaldeído** **Etanol**

Apesar de muitos compostos aromáticos serem essenciais para a vida, outros são perigosos. Muitos são bastante tóxicos, e vários compostos benzenoides, incluindo o próprio benzeno, são **cancerígenos**. Dois outros exemplos são o benzo[*a*]pireno e o 7-metilbenzo[*a*]antraceno:

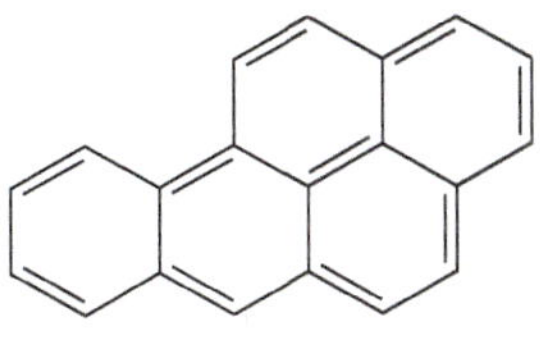

Benzo[*a*]pireno

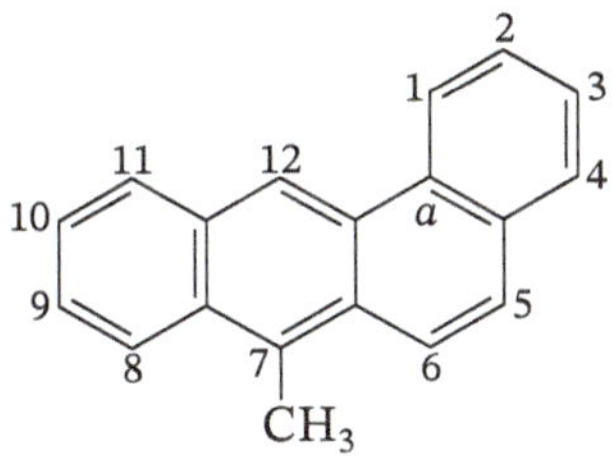

7-Metilbenzo[*a*]antraceno

O hidrocarboneto benzo[*a*]pireno foi encontrado na fumaça de cigarros e na descarga de automóveis. Ele também é formado pela combustão incompleta de qualquer combustível fóssil. Ele é encontrado nas carnes defumadas e exalado do asfalto das ruas em um dia quente de verão. O benzo[*a*]pireno é tão cancerígeno que é possível induzir cânceres de pele em ratos com certeza quase absoluta simplesmente aplicando-se uma camada de benzo[*a*]pireno em uma área do corpo previamente depilada.

> **DICA ÚTIL**
>
> **O mecanismo para os efeitos cancerígenos dos compostos como o benzo[*a*]pireno foi discutido ao final do Capítulo 11 em "Epóxidos importantes, porém ocultos".**

A Química Industrial de. . . Haletos de Arila: Usos e Preocupações Ambientais

Haletos Orgânicos como Herbicidas

Alguns haletos de arila têm sido amplamente utilizados como herbicidas. Os dois exemplos a seguir são o 2,4-D e o 2,4,5-T.

Quantidades enormes desses dois compostos foram utilizadas em uma mistura aproximadamente 1:1 como agente desfolhante durante a Guerra do Vietnã. Algumas amostras de 2,4,5-T mostraram ser teratogênicas (um agente que deforma o feto) e seu uso foi banido nos Estados Unidos.

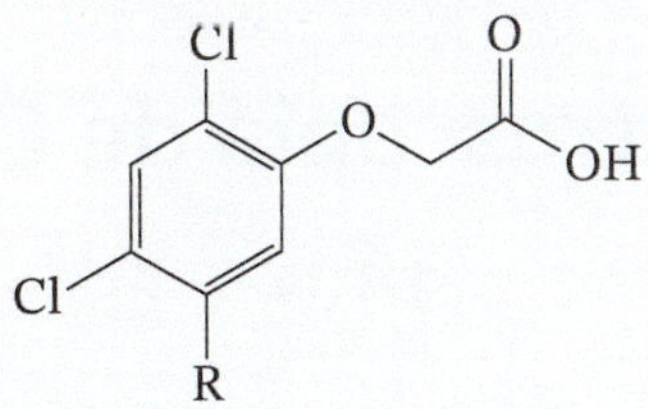

R = H; 2,4-D (Ácido 2,4-diclorofenoxiacético)

R = Cl; 2,4,5-T (Ácido 2,4,5-triclorofenoxiacético)

(*continua*)

(continuação)

A dioxina mostrada a seguir também é altamente estável; ela persiste no ambiente e, devido a sua solubilidade em gordura, pode passar para a cadeia alimentar. Em quantidades subletais, pode causar uma doença de desfiguração da pele chamada cloracne.

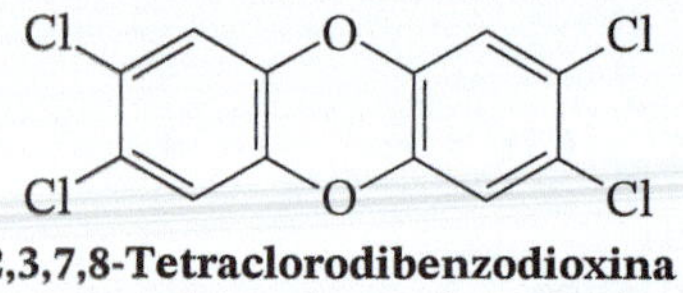

2,3,7,8-Tetraclorodibenzodioxina (também chamada TCDD)

Bifenilas Policloradas (PCBs)

Misturas de bifenilas policloradas foram produzidas e têm sido utilizadas comercialmente desde 1929. Nessas misturas, bifenilas com átomos de cloro em quaisquer das posições numeradas (veja a estrutura a seguir) podem estar presentes. No total, existem 210 compostos possíveis. Uma mistura comercial típica pode conter até 50 PCBs diferentes. As misturas são geralmente classificadas com base em seu teor de cloro, e a maioria das misturas industriais contém de 40 a 60% de cloro.

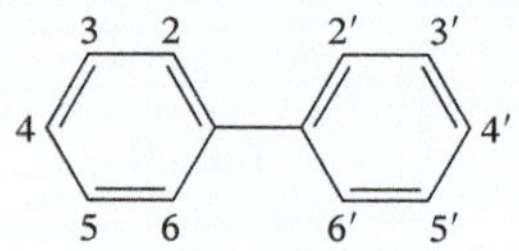

Bifenila

As bifenilas policloradas tiveram inúmeros usos: como agentes trocadores de calor em transformadores; em capacitores, termostatos e sistemas hidráulicos; como plastificantes em copos de café de poliestireno, sacos de alimentos congelados, embalagens de pão e revestimentos plásticos para mamadeiras. Elas foram usadas em tintas de impressão, em papel-carbono sem carbono e como ceras para fabricação de moldes para fundição de metais. Entre 1929 e 1972, cerca de 500 mil toneladas de PCBs foram fabricadas.

As bifenilas policloradas são altamente persistentes no ambiente e, sendo solúveis em gordura, tendem a se acumular na cadeia alimentar. PCBs foram encontradas na água de chuva, em muitas espécies de peixes, aves e outros animais (incluindo ursos polares) em todo o mundo e em tecidos humanos. Os peixes que se alimentam de águas contaminadas com PCB, por exemplo, têm níveis de PCB de 1000 a 100.000 vezes o nível presente nessas águas, e a quantidade é ainda maior em aves que se alimentam dos peixes. A toxicidade das PCBs depende da composição da mistura individual.

Até 1975, as companhias industriais lançavam legalmente PCBs dentro do rio Hudson. Em 1977, a EPA (a Agência de Proteção Ambiental dos EUA) proibiu o descarte direto nos rios e, desde 1979, sua fabricação, processamento e distribuição foram proibidos nos EUA. Em 2000, a EPA especificou determinados trechos do rio Hudson para remoção de PCBs. Em 2009, um projeto de descontaminação de partes do rio Hudson por dragagem foi finalmente implementado. Veja "A Química Biológica de... Desalogenação Bactericida de um Derivado de PCB" (Seção 15.13) para um método potencial de remediação de PCB.

Bifenilas Polibromadas e Éteres Difenílicos Polibromados (PBBs e PBDEs)

Tal como as bifenilas policloradas (PCBs), os compostos aromáticos polibromados são utilizados na indústria desde o início do século XX. As propriedades de retardo de chama das bifenilas polibromadas e policloradas e dos éteres difenílicos, por exemplo, levaram a sua utilização em materiais de construção, móveis, vestuário e outros bens de consumo. No entanto, a descoberta na década de 1970, em Michigan (EUA), de bifenilas polibromadas (PBBs) em ração animal e, posteriormente, em carne e laticínios levou à suspensão do uso de PBBs nos EUA em 1979.

Hoje, há uma crescente preocupação com os éteres difenílicos polibromados (PBDEs). Embora PBDEs possam salvar vidas e bens materiais devido a seus papéis como retardantes de chamas, esses compostos estão agora dispersos no ambiente, e estudos levaram a uma preocupação significativa em relação a sua toxicidade para humanos e outros animais. Tal como acontece com os PCBs, os éteres difenílicos polibromados persistem no ambiente e se acumulam no tecido biológico adiposo. PBDEs foram encontrados em aves, peixes e leite materno. Eles agora estão proibidos em várias áreas.

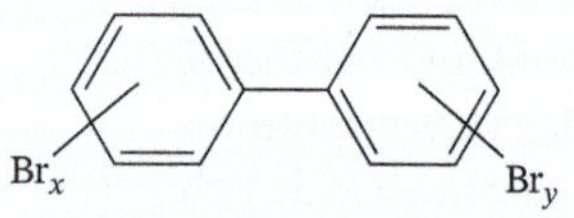

$x + y = 1 - 10$
Bifenilas polibromadas (PBBs)

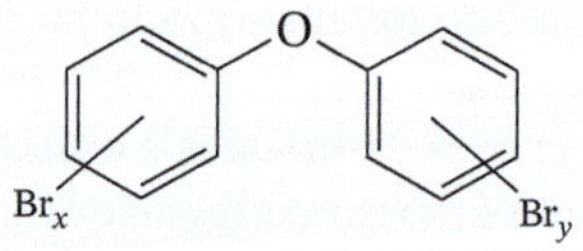

$x + y = 1 - 10$
Éteres difenílicos polibromados (PBDEs)

(x e y indicam a possibilidade de múltiplos sítios de substituição por bromo em cada anel.)

14.14 Espectroscopia de Compostos Aromáticos

14.14A Espectros de RMN de ^{1}H

- Os hidrogênios do anel de derivados de benzeno absorvem em campo baixo na região entre 6,0 e 9,5 ppm.

Na Seção 14.8, descobrimos que a absorção ocorre em campo mais baixo porque uma corrente de anel gerada no anel benzênico cria um campo magnético, chamado de "campo induzido", o qual reforça o campo magnético aplicado nas posições dos prótons do anel. Esse reforço faz com que os prótons do benzeno sejam altamente desblindados.

Aprendemos também na Seção 14.8 que os hidrogênios internos dos compostos **aromáticos** de anéis grandes como o [18]anuleno, devido às suas posições, são altamente blindados por esse campo induzido. Consequentemente, eles absorvem em frequência anormalmente baixa, geralmente em valores negativos de delta.

14.14B Espectros de RMN de ^{13}C

- Os átomos de carbono do anel benzênico geralmente absorvem na região 100–170 ppm nos espectros de RMN de ^{13}C.

A **Fig. 14.25** mostra um espectro de RMN de ^{13}C totalmente desacoplado do 4-*N*,*N*-dietilaminobenzaldeído e permite um exercício de atribuição de ^{13}C de um composto com átomos de carbono tanto aromáticos quanto alifáticos.

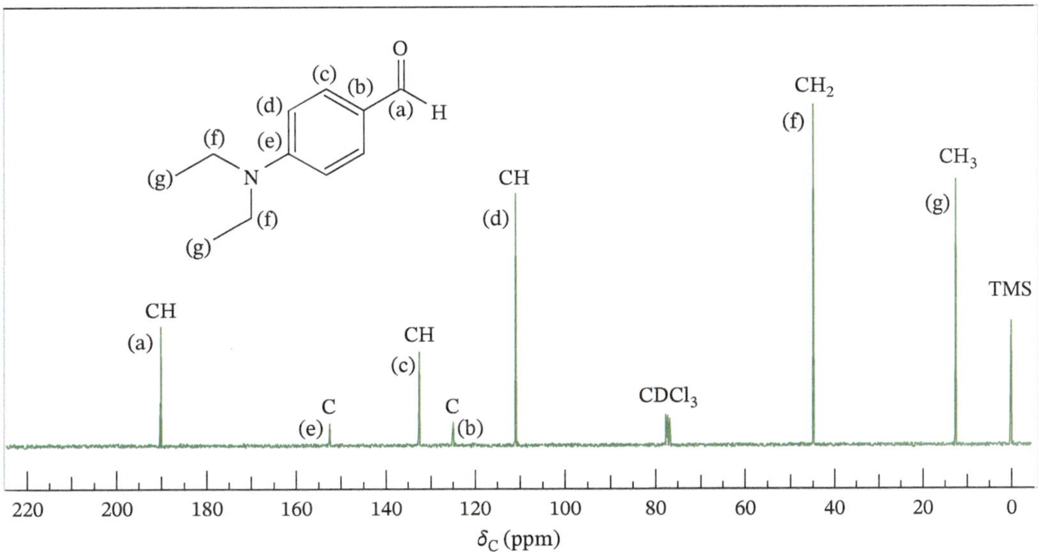

FIGURA 14.25 Espectro de RMN de ^{13}C totalmente desacoplado do 4-*N*,*N*-dietilaminobenzaldeído. As informações de DEPT e as atribuições dos carbonos são vistas em cada pico.

Os espectros de DEPT (não fornecidos para economizar espaço) mostram que o sinal em 45 ppm surge de um grupo CH_2 e aquele em 13 ppm surge de um grupo CH_3. Isso nos permite atribuir esses dois sinais imediatamente aos dois carbonos dos grupos etila equivalentes.

Os sinais em 126 e 153 ppm aparecem nos espectros de DEPT como átomos de carbono que não têm átomos de hidrogênio e são atribuídos aos carbonos b e e (veja a Fig. 14.25). A maior eletronegatividade do nitrogênio (quando comparada à do carbono) faz com que o sinal de e esteja localizado em frequências mais altas (em 153 ppm). O sinal em 190 ppm aparece como um grupo CH nos espectros de DEPT e surge do carbono do grupo aldeído. Seu deslocamento químico corresponde à frequência mais elevada de todos os picos, por causa da grande eletronegatividade do seu oxigênio e porque a segunda estrutura de ressonância abaixo contribui para o híbrido. Ambos os fatores fazem com que a densidade eletrônica nesse carbono seja muito baixa, e, consequentemente, esse carbono é fortemente desblindado.

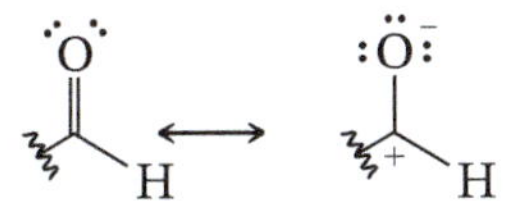

Contribuintes de ressonância para um grupo aldeído

Isso deixa os sinais em 112 e 133 ppm e os dois conjuntos de átomos de carbono do anel benzênico assinalados como c e d para serem explicados. Ambos os sinais estão indicados como grupos CH nos espectros de DEPT. Mas que sinal pertence a que conjunto de átomos de carbono? Aqui descobrimos outra aplicação interessante da teoria da ressonância.

Se escrevermos as estruturas de ressonância **A–D** envolvendo o par de elétrons não compartilhado do grupo amino, veremos que as contribuições feitas por **B** e **D** aumentam a densidade eletrônica no conjunto de átomos de carbono assinalados como d:

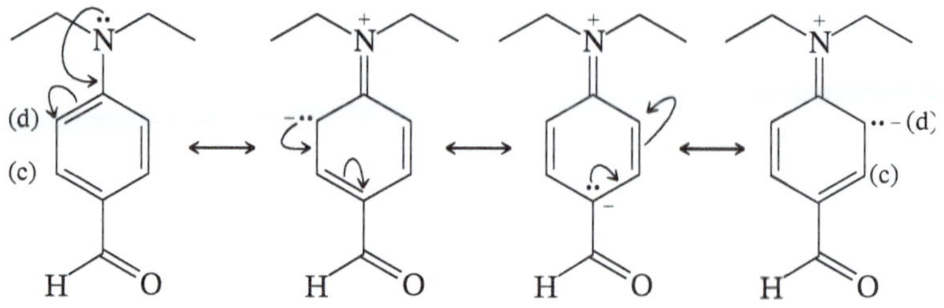

Por outro lado, escrevendo as estruturas **E–H** envolvendo o grupo aldeído veremos que as contribuições feitas por **F** e **H** diminuem a densidade eletrônica no conjunto de átomos de carbono assinalados como c:

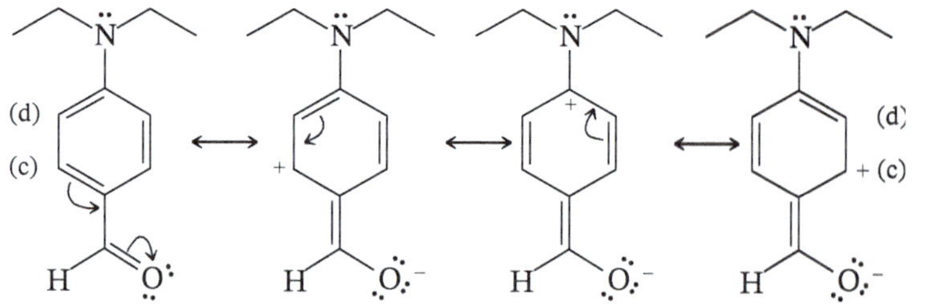

(Outras estruturas de ressonância são possíveis, mas não são pertinentes ao argumento neste caso.)

O aumento da densidade eletrônica em um carbono aumentaria a sua blindagem e deslocaria o seu sinal para uma frequência mais baixa. Assim, atribuímos o sinal em 112 ppm ao conjunto de átomos de carbono assinalados como d. Ao contrário, a diminuição da densidade eletrônica em um carbono deslocaria o seu sinal para uma frequência mais alta; logo, atribuímos o sinal em 133 ppm ao conjunto assinalado como c.

A espectroscopia de RMN de ^{13}C pode ser especialmente útil em reconhecer um composto com um alto grau de simetria. O Problema Resolvido visto a seguir ilustra essa aplicação.

PROBLEMA RESOLVIDO 14.6

O espectro de ^{13}C totalmente desacoplado do próton fornecido na **Fig. 14.26** é de um tribromobenzeno ($C_6H_3Br_3$). Que tribromobenzeno é esse?

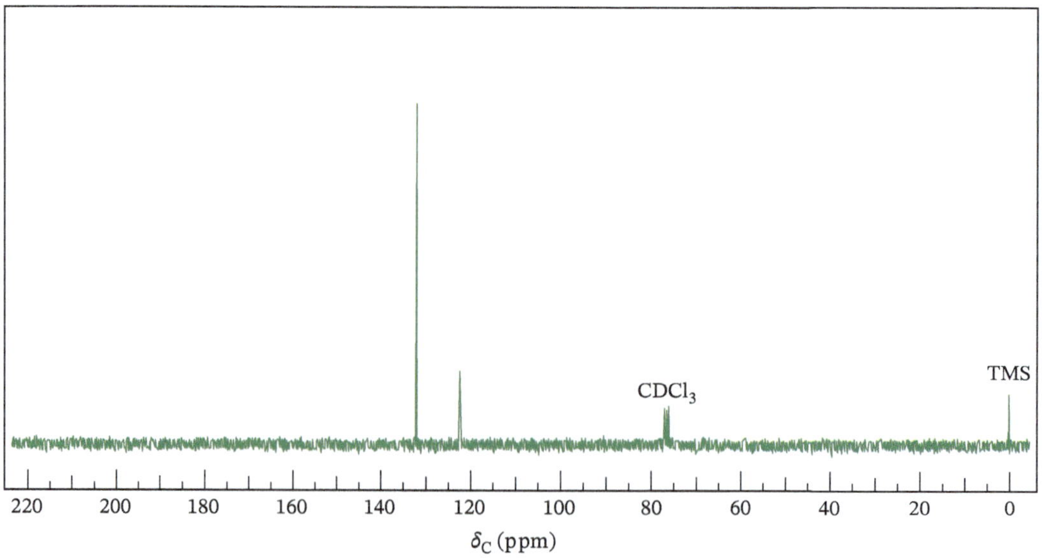

FIGURA 14.26 Espectro de RMN de ^{13}C totalmente desacoplado de um tribromobenzeno.

Resposta

Existem três tribromobenzenos possíveis:

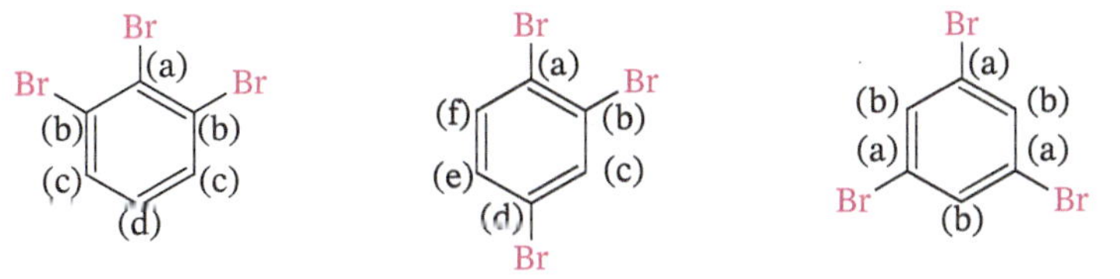

1,2,3-Tribromobenzeno **1,2,4-Tribromobenzeno** **1,3,5-Tribromobenzeno**

Nosso espectro (Fig. 14.26) consiste em apenas dois sinais, indicando que somente dois tipos diferentes de átomos de carbono estão presentes no composto. Apenas o 1,3,5-tribromobenzeno tem um grau de simetria de tal forma que geraria apenas dois sinais e, desse modo, ele é a resposta correta. O 1,2,3-tribromobenzeno forneceria quatro sinais RMN de ^{13}C e o 1,2,4-tribromobenzeno forneceria seis.

PROBLEMA DE REVISÃO 14.14

Explique como a espectroscopia RMN de ^{13}C seria utilizada para distinguir entre os isômeros *orto*-, *meta*- e *para*-dibromobenzeno.

14.14C Espectros de Infravermelho de Benzenos Substituídos

Os derivados benzênicos fornecem picos de estiramento C—H característicos próximos a 3030 cm^{-1} (Tabela 2.7). Os movimentos de estiramento do anel benzênico podem fornecer quatro bandas na região de 1450–1600 cm^{-1}, com dois picos próximos a 1500 e 1600 cm^{-1} sendo mais fortes.

Os picos de absorção na região de 680–860 cm^{-1} da deformação angular C—H fora do plano podem geralmente (mas nem sempre) ser utilizados para caracterizar os padrões de substituição dos compostos benzênicos (Tabela 14.1). Os **benzenos monossubstituídos** fornecem dois picos fortes, entre 690 e 710 cm^{-1} e entre 730 e 770 cm^{-1}.

TABELA 14.1 **Absorções no Infravermelho na Região de 680–860 cm^{-1}[a]**

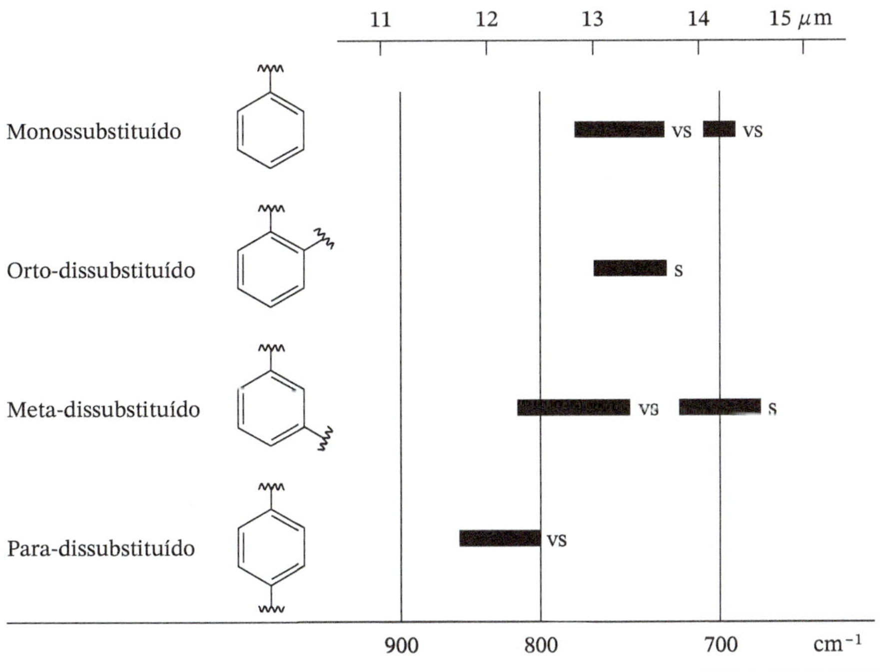

[a]s, forte; vs, muito forte.

Os **benzenos orto-dissubstituídos** mostram um pico forte de absorção entre 735 e 770 cm^{-1}, que surge dos movimentos de deformação das ligações C—H. Os **benzenos meta-dissubstituídos** mostram dois picos: um pico forte entre 680 e 725 cm^{-1} e um pico muito forte entre 750 e 810 cm^{-1}. Os **benzenos para-dissubstituídos** fornecem uma única absorção muito forte entre 800 e 860 cm^{-1}.

PROBLEMA DE REVISÃO 14.15

Quatro compostos benzenoides, todos com fórmula C_7H_7Br, fornecem os seguintes picos na região 680–860 cm^{-1} no IV:

A, 740 cm^{-1} (forte)
B, 800 cm^{-1} (muito forte)
C, 680 cm^{-1} (forte) e 760 cm^{-1} (muito forte)
D, 693 cm^{-1} (muito forte) e 765 cm^{-1} (muito forte)

Proponha as estruturas para **A, B, C** e **D.**

14.14D Espectros no Ultravioleta-Visível de Compostos Aromáticos

Os elétrons π conjugados de um anel benzênico fornecem absorções características no ultravioleta que indicam a presença de um anel benzênico em um composto desconhecido. Uma banda de absorção de intensidade moderada aparece próxima a 205 nm e outra banda menos intensa aparece na faixa de 250–275 nm. A conjugação fora do anel benzênico leva a absorções em outros comprimentos de onda.

A Química de Materiais de... Protetores Solares (Captura dos Raios Solares e o que Acontece com Eles)

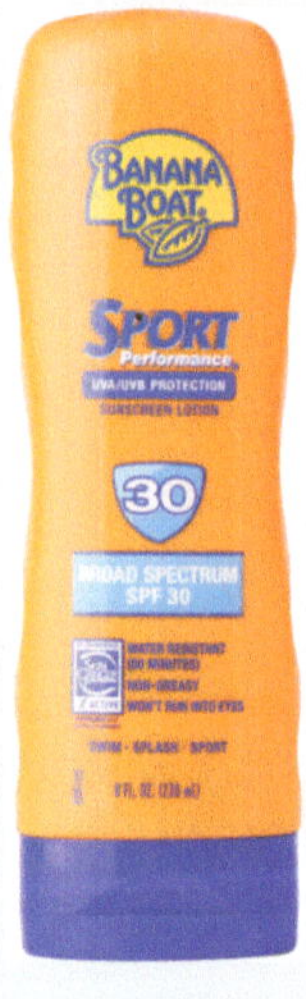

Sari O'Neal/Shutterstock

Um protetor solar UV-A e UV-B cujos ingredientes ativos incluem Homosalato, Oxibenzona e Octocrileno (fórmulas mostradas adiante).

A utilização de protetores solares em anos recentes tem aumentado devido à preocupação acentuada com o risco de câncer de pele e outros problemas provocados pela exposição à radiação UV. No DNA, por exemplo, a radiação UV pode fazer com que as bases timina adjacentes formem dímeros mutagênicos. Os protetores solares protegem contra a radiação UV porque contêm moléculas aromáticas que absorvem energia na região UV do espectro eletromagnético. A absorção de radiação na região do UV por essas moléculas promove os elétrons π e não ligantes para níveis de energia mais altos (Seção 13.9C), após o que a energia é dissipada pelo relaxamento através de vibrações moleculares. Em essência, a radiação UV é convertida em calor (radiação IV).

Os protetores solares são classificados de acordo com a parte do espectro no UV onde sua absorção máxima ocorre. Três regiões do espectro no UV são normalmente consideradas. A região de 320 a 400 nm é chamada de UV-A, a região de 280 a 320 nm é chamada de UV-B e a região de 100 a 280 nm é chamada de UV-C. A região UV-C é potencialmente a mais perigosa, porque ela compreende os comprimentos de onda mais curtos no UV e é, consequentemente, a de mais alta energia. Entretanto, o ozônio e outros componentes da atmosfera da Terra absorvem comprimentos de onda no UV-C e, assim, estamos protegidos da radiação nessa parte do espectro, desde que a atmosfera da Terra não seja ainda mais comprometida pelos poluentes que destroem a camada de ozônio. A maioria da radiação UV-A e parte da UV-B passam através da atmosfera para nos atingir, e é contra essas regiões do espectro que os protetores solares são formulados. O bronzeamento e as queimaduras de sol são provocados pela radiação no UV-B. O risco de câncer de pele está basicamente associado com a radiação UV-B, apesar de alguns comprimentos de onda no UV-A poderem ser importantes também.

A faixa específica de proteção fornecida por um protetor solar depende da estrutura dos seus grupos que absorvem no UV. A maioria dos protetores solares tem estruturas derivadas dos seguintes compostos principais: ácido *p*-aminobenzoico (PABA), ácido cinâmico (ácido 3-fenilpropenoico),

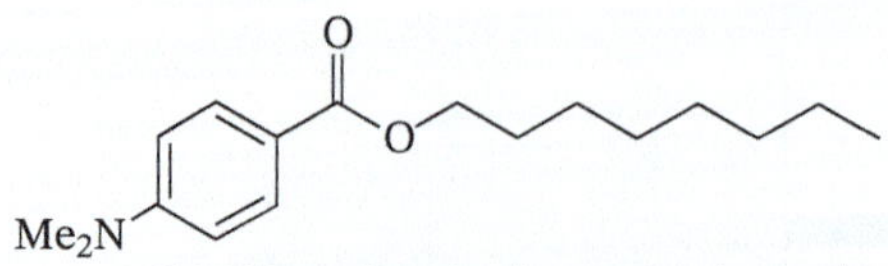

4-*N*,*N*-dimetilaminobenzoato de octila (Padimato O), $\lambda_{máx}$ 310 nm

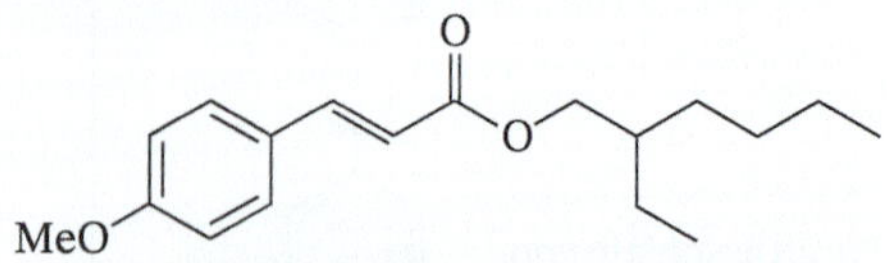

4-metoxicinamato de 2-etil-hexila (Parsol MCX), $\lambda_{máx}$ 310 nm

(*continua*)

(continuação)

benzofenona (difenilcetona) e ácido salicílico (ácido *o*-hidroxibenzoico). As estruturas e o $\lambda_{máx}$ para alguns dos mais comuns agentes protetores solares são fornecidos a seguir. O ponto comum dentre eles é um centro aromático na conjugação com outros grupos funcionais.

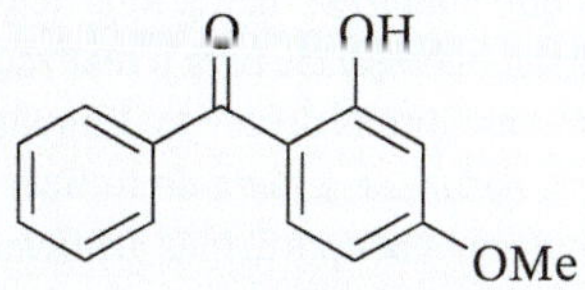

2-Hidroxi-4-metoxibenzofenona (Oxibenzona), $\lambda_{máx}$ 288 e 325 nm

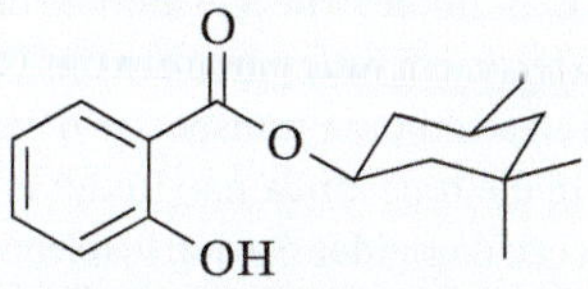

Salicilato de homomentila (Homosalato), $\lambda_{máx}$ 309 nm

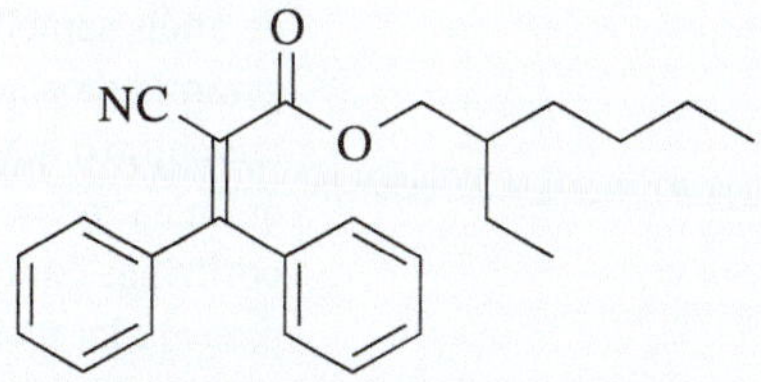

2-Ciano-3,3-difenilacrilato de 2-etilexila (Octocrileno), $\lambda_{máx}$ 310 nm

14.14E Espectro de Massa de Compostos Aromáticos

O íon principal no espectro de massa de um benzeno substituído com alquila normalmente é o *m/z* 91 ($C_6H_5CH_2^+$), resultante da quebra entre o primeiro e o segundo carbonos da cadeia alquila ligada ao anel. O íon presumivelmente se origina como um cátion benzílico que se rearranja para um cátion tropílio ($C_7H_7^+$, Seção 14.10). Outro íon visto frequentemente nos espectros de massa de compostos monoalquilbenzênicos é o *m/z* 77, correspondendo ao $C_6H_5^+$.

Por que Esses Tópicos São Importantes?

Fazendo Moléculas Aromáticas Ainda Maiores

Embora a regra de Hückel possa ser facilmente utilizada para sugerir se uma molécula pode ser aromática ou não, sabemos que ela nem sempre é acurada, pois não pode prever a forma molecular. Por exemplo, conforme discutimos anteriormente, o [10]anuleno não é aromático, porque dois átomos de hidrogênio teriam de ocupar o mesmo espaço para o sistema ser plano; em vez disso, a molécula se torce para fora da conjugação permitindo espaço para o hidrogênio. Enquanto moléculas maiores, como o [18]anuleno, podem superar esse problema e são aromáticas com um resultado ($4n + 2$, $n = 4$), durante muito tempo esperava-se que existisse um limite superior para o tamanho que uma molécula pudesse ter e ainda assim ter aromaticidade, conforme previsto pela regra de Hückel. De fato, um sistema com 22 elétrons π parecia ser o máximo que pudesse reter aromaticidade ($4n + 2$, $n = 5$) com base em cálculos experimentais e teóricos. Pensava-se que anéis maiores fossem flexíveis demais, tornando-os incapazes de manter uma estrutura que colocasse consistentemente todos os

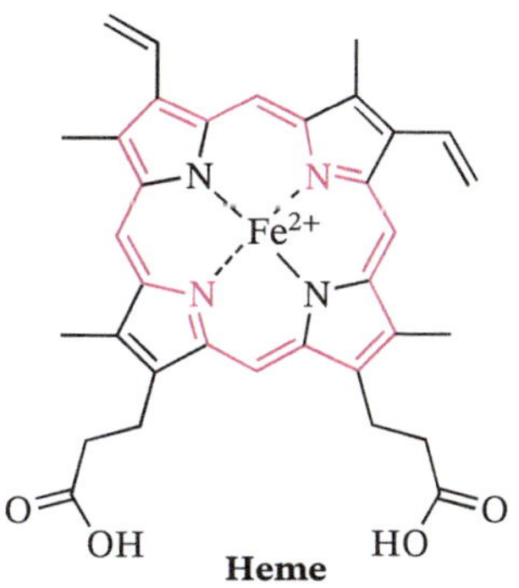

Heme
[sistema de 18 elétrons; $n = 4$]

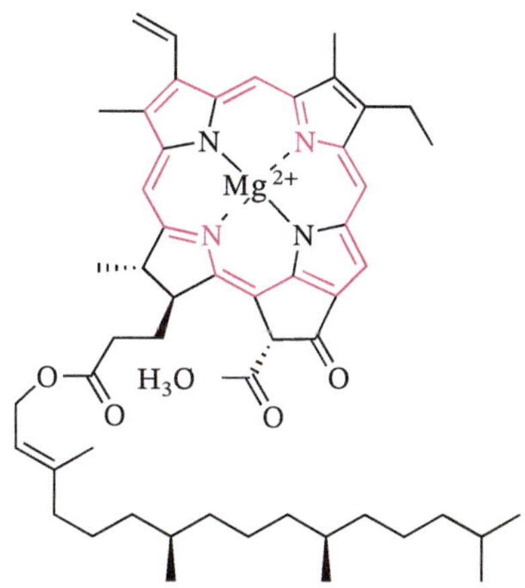

Clorofila a
[sistema de 18 elétrons; $n = 4$]

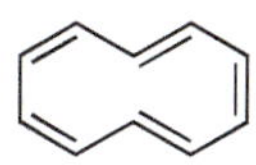

[10]Anuleno
$n = 2$
não aromático

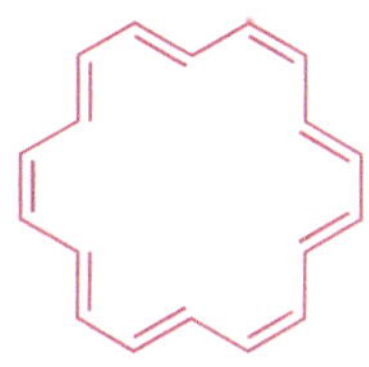

[18]Anuleno
$n = 4$

seus sistemas π em um arranjo conjugado plano. No entanto, como acontece com muitos problemas, a natureza deu aos químicos a inspiração quanto a como empurrar as fronteiras da aromaticidade um pouco mais do que se previa.

Muitas biomoléculas importantes possuem sistemas de [18]anuleno conhecidos como porfirinas, tais como aquelas que destacamos na clorofila a e na heme. O que é importante observar é que, em vez de apenas possuírem olefinas com conjugação, essas moléculas têm muitas das ligações duplas no interior de anéis semelhantes ao pirrol, tornando suas estruturas rígidas e amplificando a aromaticidade pela garantia da planicidade. Elas ainda fornecem átomos de nitrogênio que podem se ligar a íons de metais tais como o magnésio e o ferro, em seus poros centrais; esses metais são necessários para a realização da química redox da fotossíntese ou para transportar o oxigênio a todas as células do corpo. Enquanto as porfirinas com mais de 18 elétrons ainda não foram encontradas na natureza, a ideia de utilizar anéis para ajudar na intensificação da rigidez é o que inspirou os químicos a conceber porfirinas artificiais que não são apenas maiores, mas também quebram a hipotética barreira de aromaticidade dos 22 elétrons.

© Spencer Berger/iStockphoto

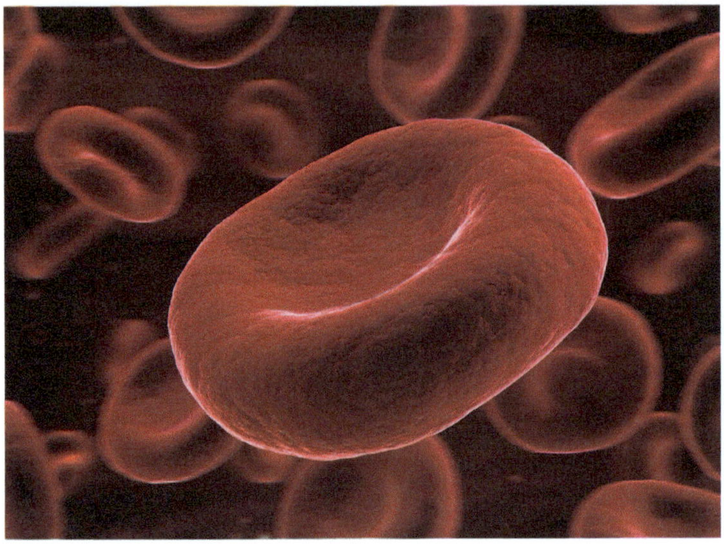

© Sebastian Kaulitzki/iStockphoto

Um dos exemplos, apresentados a seguir, vem de moléculas sintetizadas em 2001 que contêm 8 anéis pirrólicos. O sistema tem 30 elétrons baseados nos átomos em destaque, mostrando que n pode ser igual a 7 no paradigma de Hückel de $4n + 2$. Outro exemplo vem de químicos da Alemanha que produziram uma molécula contendo 34 elétrons π. A espectroscopia de RMN de ^1H revelou que a molécula era aromática com base na corrente de anel, significando que a regra de Hückel pode se aplicar a sistemas tão grandes quanto $n = 8$. Sua cavidade central é tão grande, de fato, que uma série de moléculas pode se encaixar dentro dela. Onde o limite superior da regra de Hückel se encontra ninguém sabe, mas claramente moléculas ainda maiores têm o potencial para apresentar as propriedades singulares da aromaticidade.

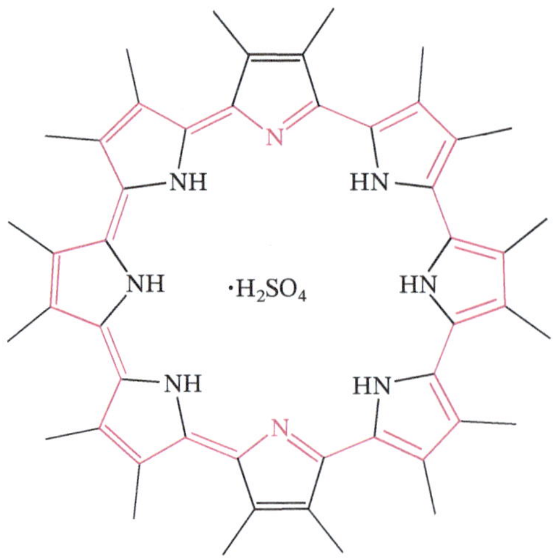

Octaporfirina
[sistema de 30 elétrons; $n = 7$]

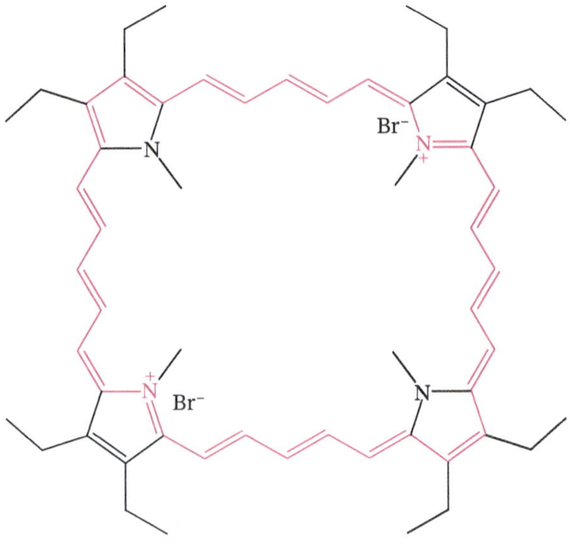

[sistema de 34 elétrons; $n = 8$]

Para saber mais sobre esses tópicos, consulte:

1. Milgrom, L. "How big can aromatic compounds grow?" in *New Scientist*, 18 February 1989, 32.
2. Seidel, D.; Lynch, V.; Sessler, J. L. "Cyclo[8]pyrrole: A Simple-to-Make Expanded Porphyrin with No Meso Bridges" in *Angew. Chem. Int. Ed.* **2002**, *41*, 1422–1425.
3. Knubel, G.; Franck, B. "Biomimetic Synthesis of an Octavinylogous Porphyrin with an Aromatic [34] Annulene System" in *Angew. Chem. Int. Ed. Engl.* **1988**, *27*, 1170–1172.

Resumo e Ferramentas de Revisão

As ferramentas de estudo para o presente capítulo incluem termos e conceitos fundamentais, que são realçados ao longo do capítulo em **negrito azul** e que estão definidos no Glossário (ao fim de cada volume), e um Mapa Conceitual relacionado com as propriedades e reatividade de compostos aromáticos.

Problemas

Nomenclatura

14.16 Escreva uma fórmula estrutural para cada um dos seguintes compostos:

(a) Ácido 3-nitrobenzoico
(b) *p*-Bromotolueno
(c) *o*-Dibromobenzeno
(d) *m*-Dinitrobenzeno
(e) 3,5-Dinitrofenol
(f) Ácido *p*-nitrobenzoico
(g) 3-Cloro-1-etoxibenzeno
(h) Ácido *p*-clorobenzenossulfônico
(i) *p*-Toluenossulfonato de metila
(j) Brometo de benzila
(k) *p*-Nitroanilina
(l) *o*-Xileno
(m) *terc*-Butilbenzeno
(n) *p*-Metilfenol
(o) *p*-Bromoacetofenona
(p) 3-Fenilciclo-hexanol
(q) 2-Metil-3-fenil-1-butanol
(r) *o*-Cloroanisol

14.17 Escreva as fórmulas estruturais e dê nomes aceitáveis para todos os representantes dos:

(a) Tribromobenzenos
(b) Diclorofenóis
(c) Nitroanilinas
(d) Ácidos metilbenzenossulfônicos
(e) Isômeros do $C_6H_5—C_4H_9$

Aromaticidade

14.18 Qual das seguintes moléculas você esperaria que fosse aromática?

(a) 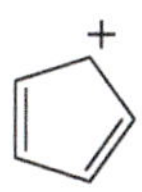

(b) 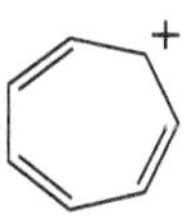

(c) 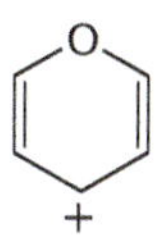

(d) 

(e) 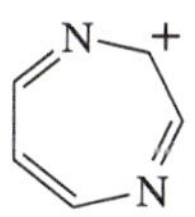

(f) 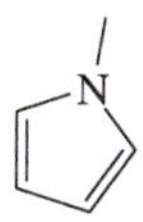

(g) 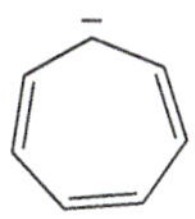

(h) 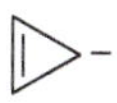

(i) 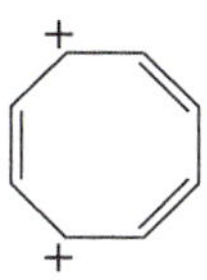

(j) 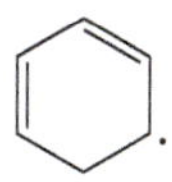

(k) 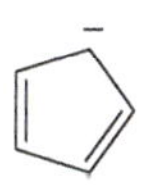

(l) 

14.19 Use o método do polígono e círculo para desenhar um diagrama de orbital para cada um dos compostos vistos a seguir.

(a) 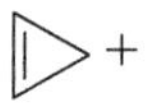

(b) 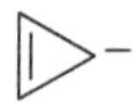

14.20 Escreva a estrutura do produto formado quando cada um dos seguintes compostos reage com um equivalente molar de HCl.

(a) 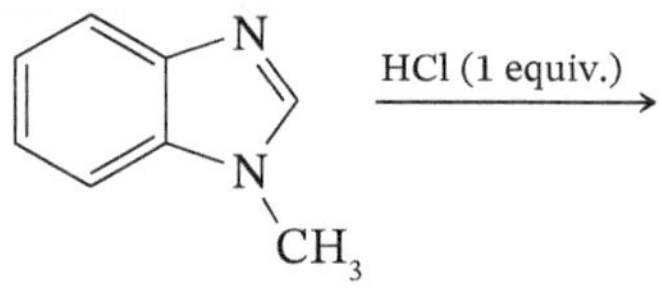

(b) 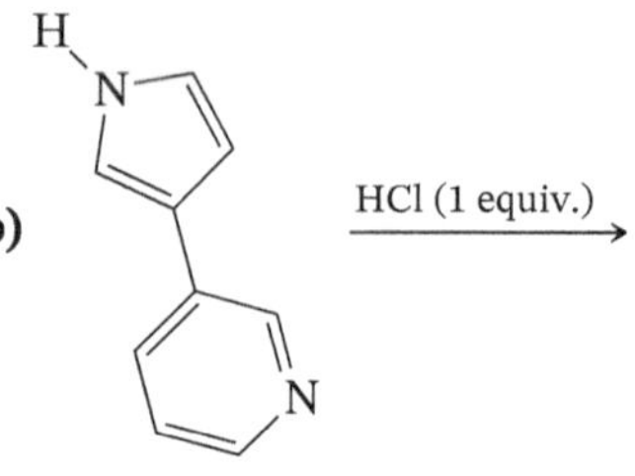

14.21 Qual dos átomos de hidrogênio mostrados a seguir é o mais ácido? Explique a sua resposta.

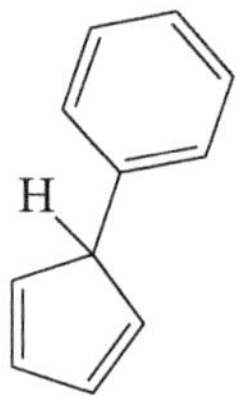

A

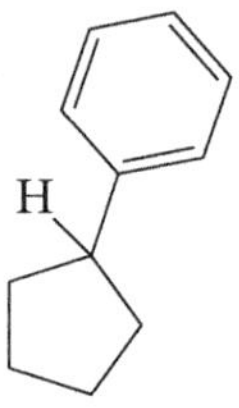

B

14.22 Os anéis que se seguem estão unidos por uma ligação dupla que sofre isomerização cis–trans muito mais rapidamente que a ligação de alqueno típico. Forneça uma explicação.

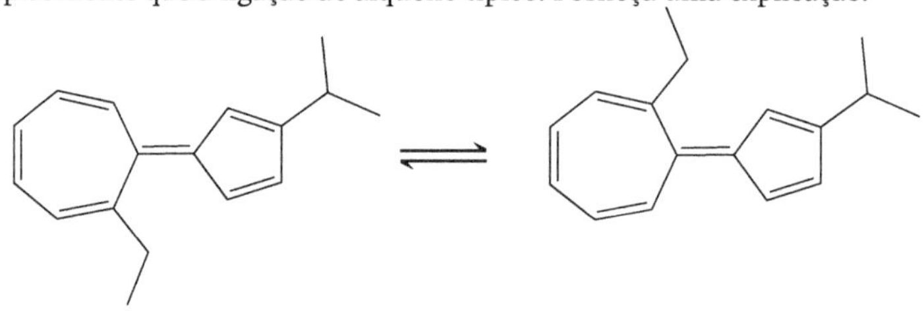

14.23 Apesar de a regra de Hückel (Seção 14.7) se aplicar estritamente aos compostos monocíclicos, ela parece ter aplicação para determinados compostos bicíclicos se admitirmos a utilização de estruturas de ressonância envolvendo apenas as ligações duplas do perímetro, como mostrado com um contribuinte de ressonância para o naftaleno visto a seguir.

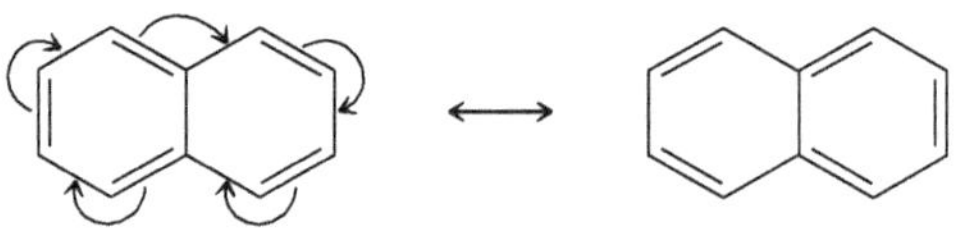

Tanto o naftaleno (Seção 14.11A) quanto o azuleno (Seção 14.11B) têm 10 elétrons π e são aromáticos. O pentaleno (a seguir) é aparentemente antiaromático e é instável, até mesmo a −100 °C. O heptaleno foi preparado, mas ele sofre adição de bromo, reage com ácidos e não é plano. A regra de Hückel é aplicável a esses compostos? Caso seja, explique a falta de aromaticidade deles.

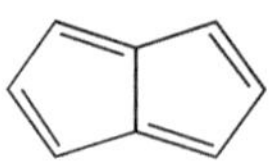

Pentaleno

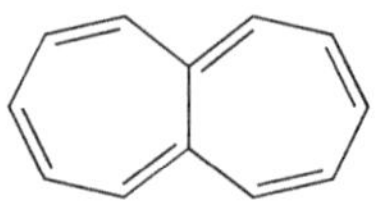

Heptaleno

14.24

(a) Em 1960, T. Katz (Columbia University) mostrou que o ciclo-octatetraeno sofre adição de dois elétrons quando tratado com potássio metálico, e forma um diânion plano estável, $C_8H_8^{2-}$ (como o sal de dipotássio):

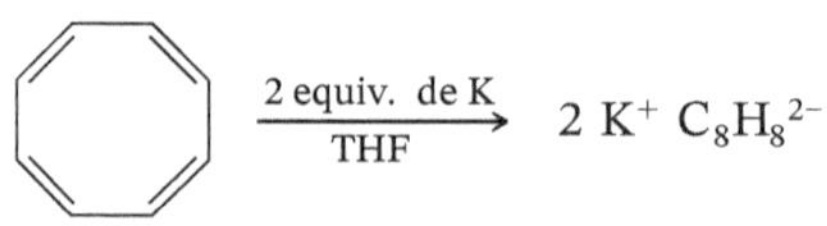

Utilize o diagrama de orbital molecular fornecido na Fig. 14.7 e explique esse resultado.

(b) Em 1964, Katz mostrou também que a remoção de dois prótons do composto visto a seguir (utilizando butil-lítio como base) leva à formação de um diânion estável com a fórmula $C_8H_6^{2-}$ (como o sal de dilítio).

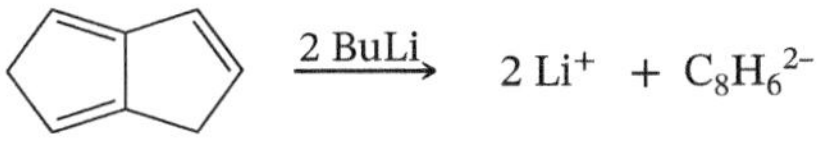

Proponha uma estrutura razoável para o produto e explique por que ele é estável.

14.25 Apesar de nenhum dos [10]anulenos fornecidos na Seção 14.9 ser aromático, o seguinte sistema de 10 elétrons π é aromático:

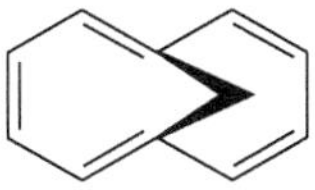

Que fator torna isso possível?

14.26 A ciclo-heptatrienona (**I**) é muito estável. A ciclopentadienona (**II**), ao contrário, é bastante instável e sofre rapidamente uma reação de Diels–Alder com ela mesma.

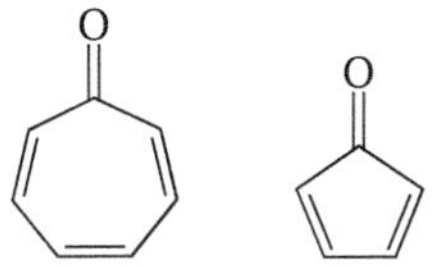

I **II**

(a) Proponha uma explicação para as estabilidades diferentes desses dois compostos.

(b) Escreva a estrutura do aduto de Diels–Alder da ciclopentadienona.

14.27 O 5-cloro-1,3-ciclopentadieno (visto a seguir) sofre solvólise S_N1 na presença de íon prata de maneira extremamente lenta, apesar de o cloro estar duplamente alílico e os haletos alílicos normalmente se ionizarem rapidamente. Forneça uma explicação para esse comportamento.

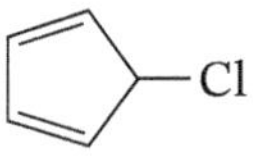

14.28 Explique o seguinte: **(a)** O ânion ciclononatetraenila é plano (apesar da tensão angular envolvida) e parece ser aromático. **(b)** Apesar de o [16]anuleno não ser aromático, ele sofre facilmente a adição de dois elétrons para formar um diânion aromático.

14.29 O furano possui menos caráter aromático do que o benzeno como medido por suas energias de ressonância (96 kJ mol^{-1} para o furano; 151 kJ mol^{-1} para o benzeno). Qual a reação que estudamos anteriormente mostra que o furano é menos aromático do que o benzeno e pode reagir de uma maneira característica de alguns dienos?

Espectroscopia e Elucidação Estrutural

14.30 Para cada um dos pares que se segue, prediga aspectos específicos nos seus espectros de RMN de ^1H que permitirão a você distinguir um composto do outro.

(a)

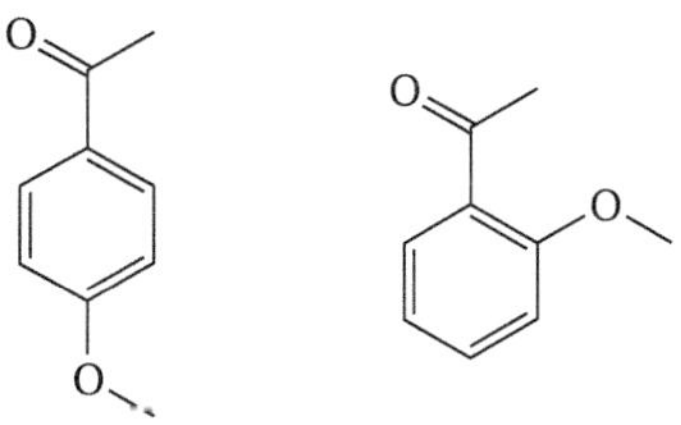

(c)

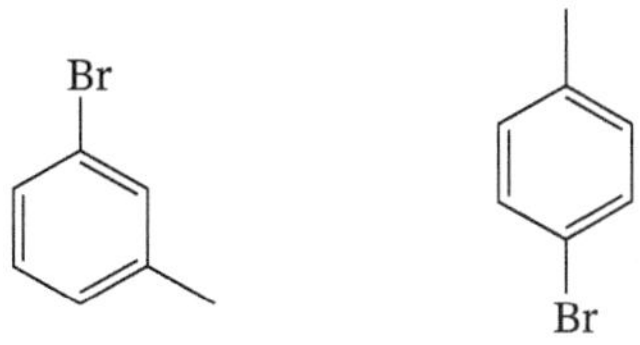

(b)

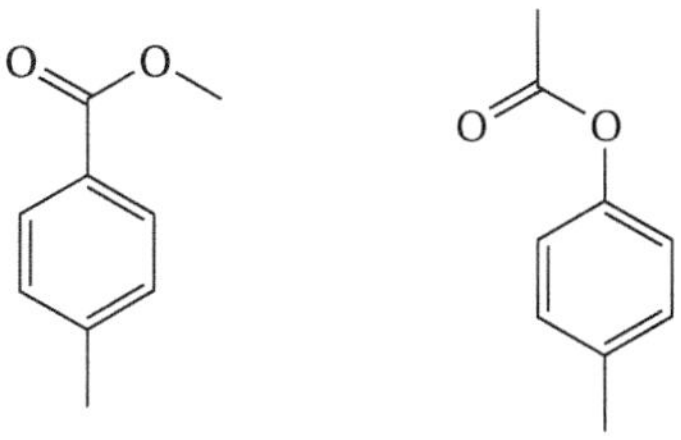

14.31 Atribua estruturas para cada um dos compostos **A, B** e **C** cujos espectros de RMN de ^1H estão mostrados na **Fig. 14.27**.

14.32 O espectro de RMN de ^1H do ciclo-octatetraeno consiste em uma única linha localizada em 5,78 ppm. O que a localização desse sinal sugere sobre a deslocalização de elétrons no ciclo-octatetraeno?

14.33 Dê uma estrutura para o composto **F** que seja consistente com os espectros de RMN de ^1H na **Fig. 14.28** e absorções no IV em 3020, 2965, 2940, 2870, 1517, 1463 e 818 cm^{-1}.

14.34 Um composto (**L**) com a fórmula molecular C_9H_{10} reage com o bromo em tetracloreto de carbono e fornece um espectro de absorção no IV que inclui os seguintes picos de absorção: 3035 cm^{-1} (m), 3020 cm^{-1} (m), 2925 cm^{-1} (m), 2853 cm^{-1} (w), 1640 cm^{-1} (m), 990 cm^{-1} (s), 915 cm^{-1} (s), 740 cm^{-1} (s), 695 cm^{-1} (s). O espectro de RMN de ^1H de **L** consiste em:

Dupleto 3,1 ppm (2H)	Multipleto 5,1 ppm	Multipleto 7,1 ppm (5H)
Multipleto 4,8 ppm	Multipleto 5,8 ppm	

O espectro no UV mostra um máximo em 255 nm. Proponha uma estrutura para o composto **L** e faça atribuições para cada um dos picos no IV.

14.35 O composto **M** tem a fórmula molecular C_9H_{12}. O espectro de RMN de ^1H de **M** é fornecido na **Fig. 14.29** e o espectro de IV na **Fig. 14.30**. Proponha uma estrutura para **M**.

14.36 Os espectros de RMN de ^1H e de IV para o composto **X** (C_8H_{10}) são fornecidos na **Fig. 14.31**. Proponha uma estrutura para o composto **X**.

14.37 Os espectros de RMN de ^1H e de IV do composto **Y** ($C_9H_{12}O$) são fornecidos na **Fig. 14.32**. Proponha uma estrutura para **Y**.

14.38 (a) Quantos picos você esperaria encontrar no espectro de RMN de ^1H da cafeína? **(b)** Quais picos característicos você esperaria encontrar no espectro no IV da cafeína?

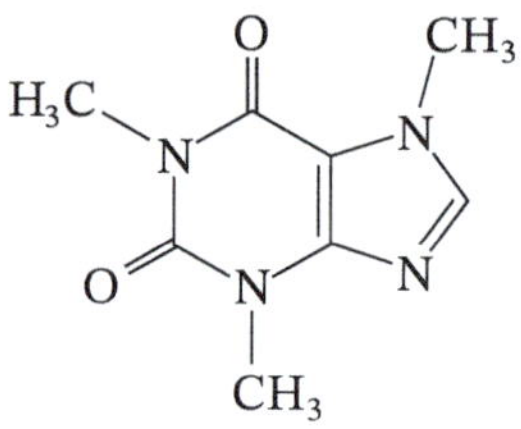

Cafeína

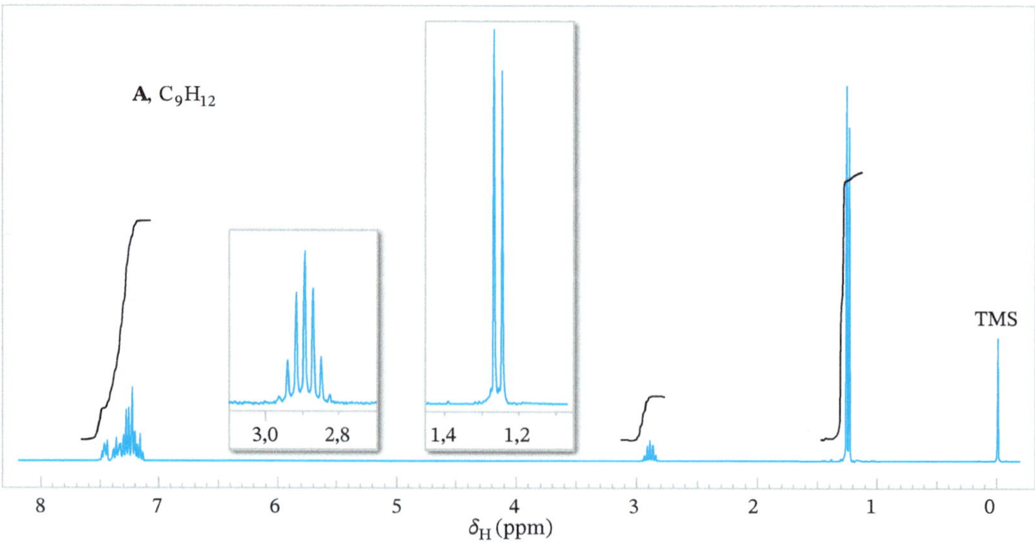

FIGURA 14.27 Espectros de RMN de ^1H para o Problema 14.31. As expansões dos sinais são vistas nos gráficos internos. (*continua*)

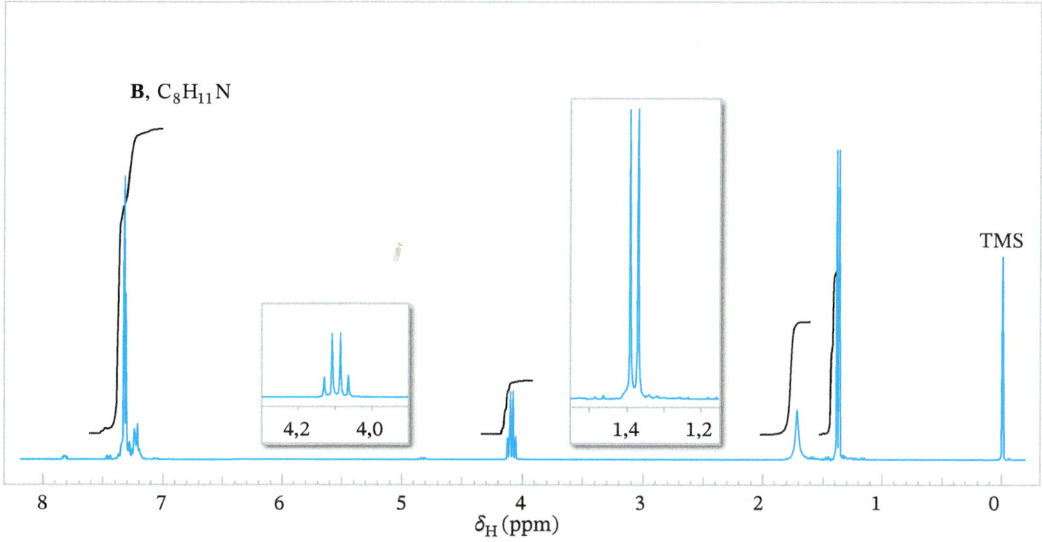

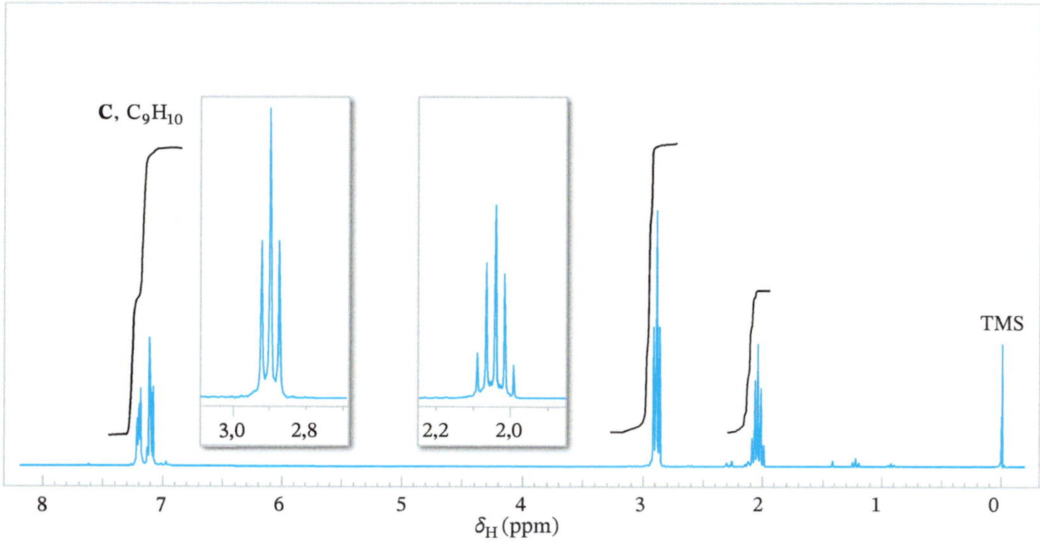

FIGURA 14.27 (*Continuação.*)

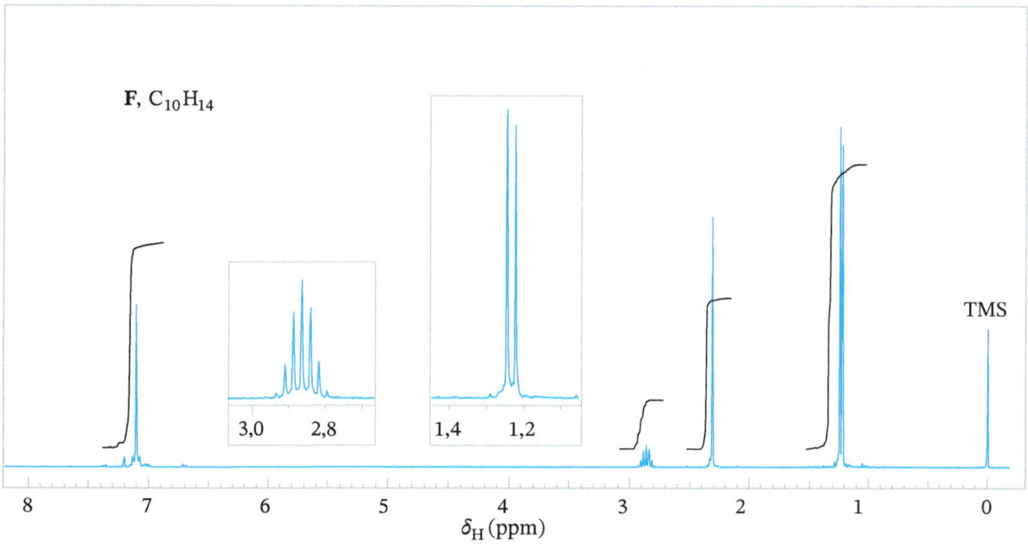

FIGURA 14.28 Espectros de RMN de ^{1}H do composto **F**, Problema 14.33. As expansões dos sinais são vistas nos gráficos internos.

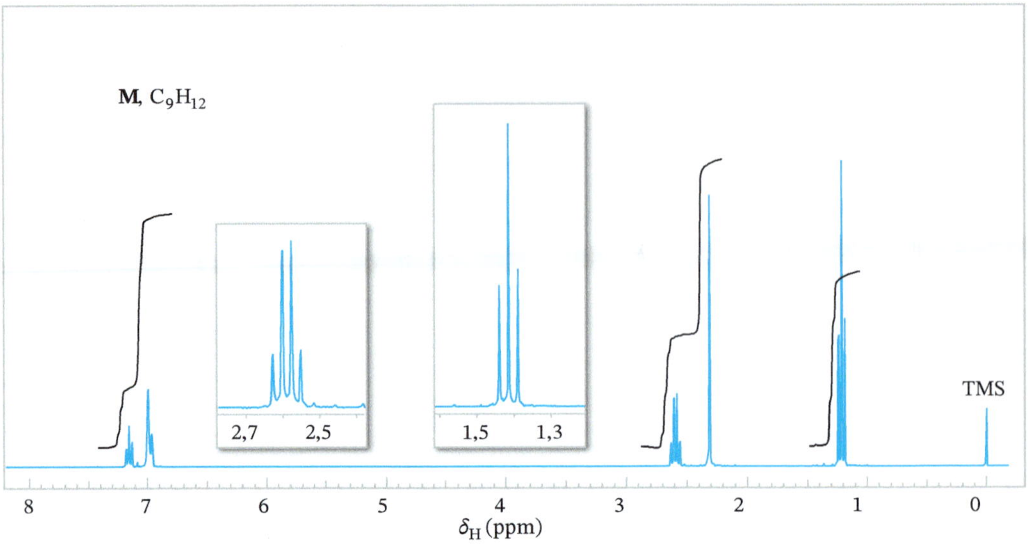

FIGURA 14.29 Espectros de RMN de ^1H do composto **M**, Problema 14.35. As expansões dos sinais são vistas nos gráficos internos.

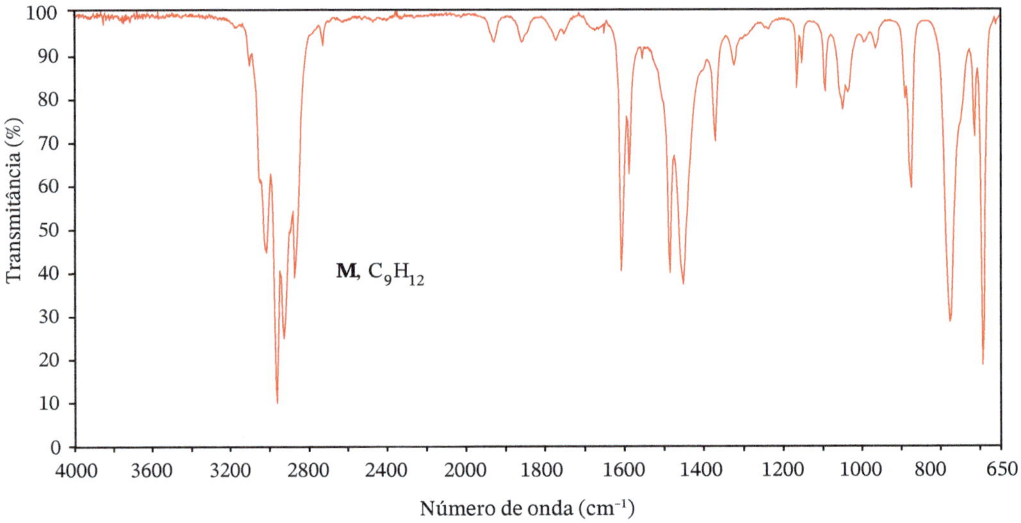

FIGURA 14.30 Espectro de IV do composto **M**, Problema 14.35.

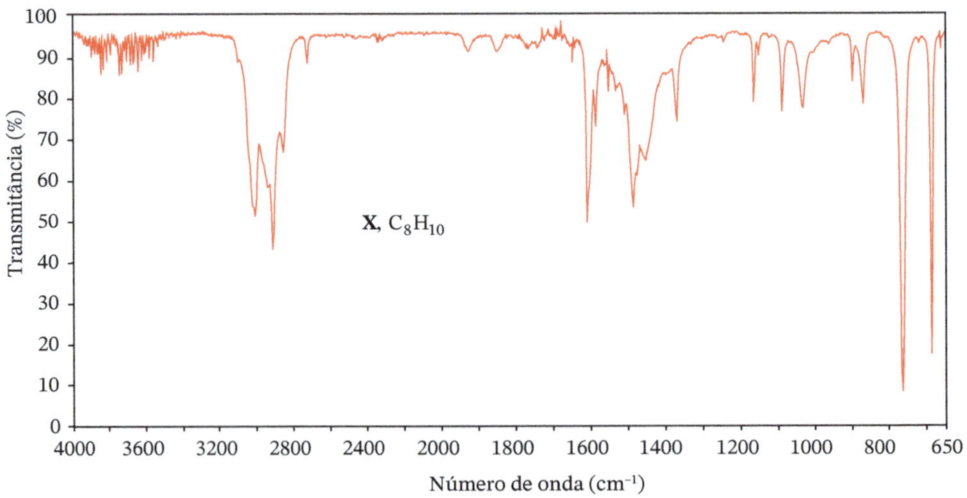

FIGURA 14.31 Espectros de IV e de RMN de ^1H do composto **X**, Problema 14.36. As expansões dos sinais são vistas nos gráficos internos. (*continua*)

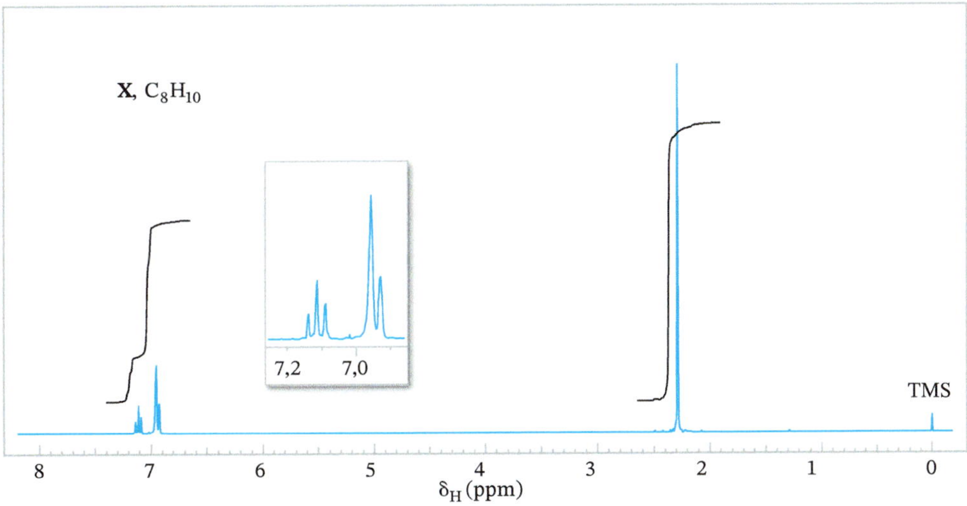

FIGURA 14.31 (*Continuação.*)

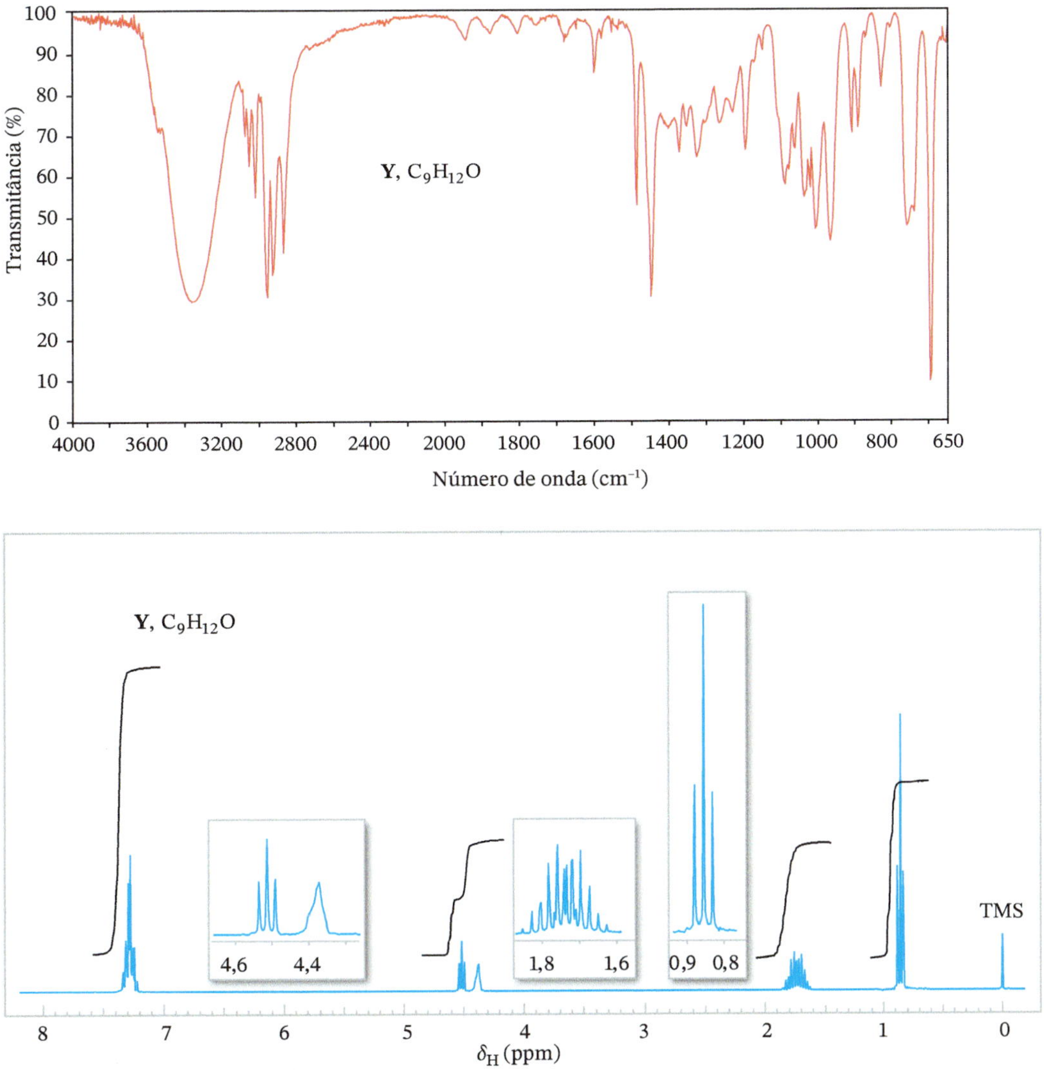

FIGURA 14.32 Espectros de IV e de RMN de ^1H do composto **Y**, Problema 14.37. As expansões dos sinais são vistas nos gráficos internos.

É Necessário um Consultor Químico

14.39 Para cada uma das estruturas indicadas a seguir, você prevê que essas moléculas possuem aromatização? Por quê?

(a)

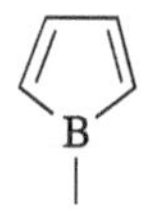

(b)

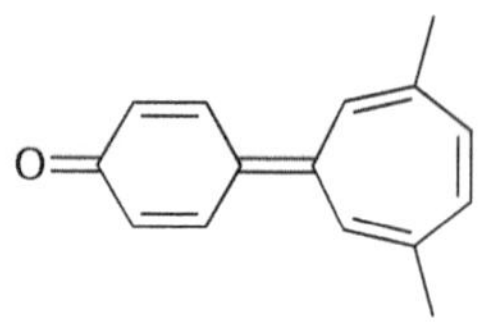

(c)

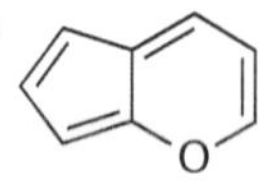

(d)

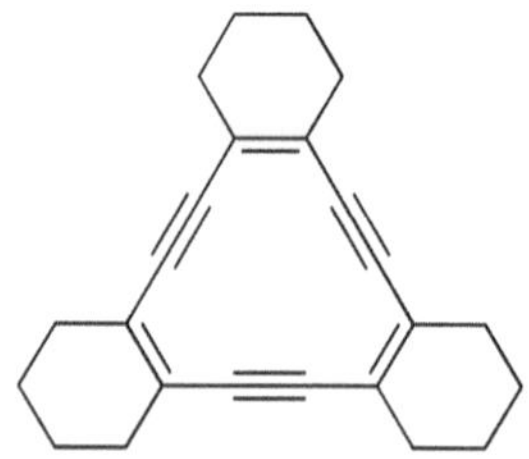

14.40 Cada uma das moléculas mostradas a seguir possui propriedades aromáticas, apesar de algumas possuírem números de elétrons π que violam a regra de Hückel para aromatização. Como você pode explicar essa dicotomia? (Veja: *J. Phys. Chem. A* **2018**, *122*, 8585.)

(a)

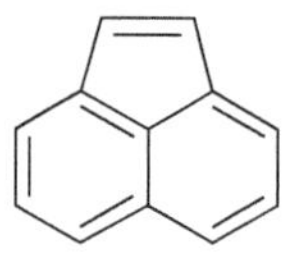

(b)

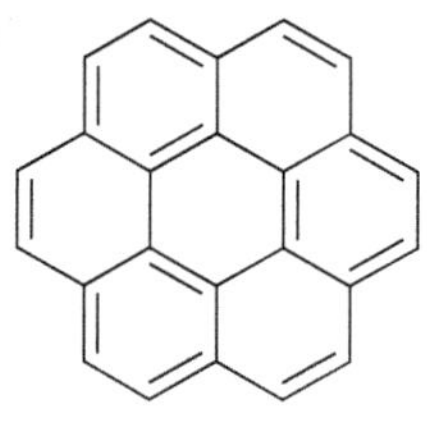

Coroneno

(c)

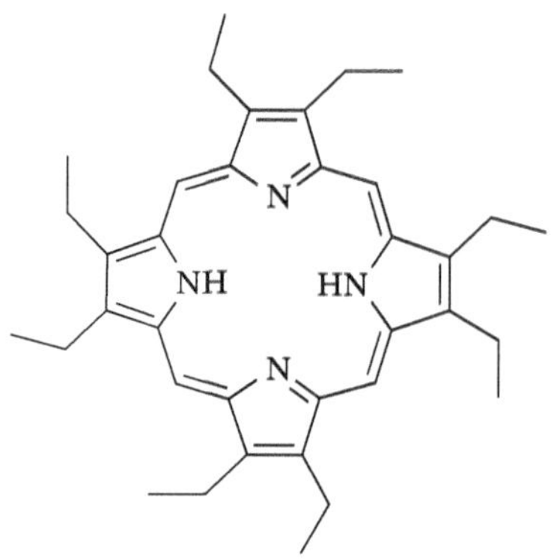

Octaetilporfirina

Problemas de Desafio

14.41 A partir das informações vistas a seguir, faça uma previsão da aparência do espectro de RMN de ^1H que surge dos átomos de hidrogênio vinílicos do *p*-cloroestireno. A desblindagem pelo campo magnético induzido do anel é maior no próton c (6,7 ppm) e é menor no próton b (5,3 ppm). O deslocamento químico do próton a é aproximadamente 5,7 ppm. As constantes de acoplamento têm as seguintes ordens de grandeza aproximadas: $J_{ac} \cong 18$ Hz, $J_{bc} \cong 11$ Hz e $J_{ab} \cong 2$ Hz. (Essas constantes de acoplamento são típicas daquelas de determinados sistemas vinílicos: as constantes de acoplamento para os átomos de hidrogênio trans são maiores do que aquelas para átomos de hidrogênio cis, e as constantes de acoplamento para átomos de hidrogênio vinílicos geminais são muito pequenas.)

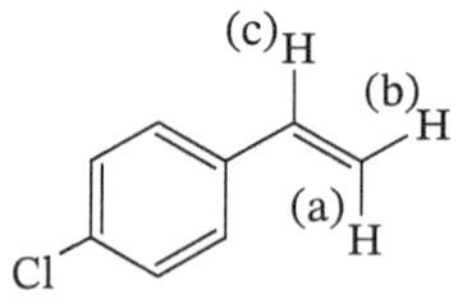

14.42 Considere essas reações:

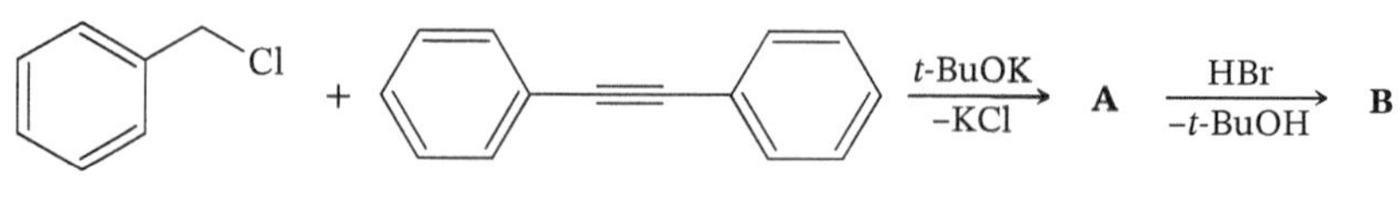

O intermediário **A** é um composto ligado covalentemente que tem sinais de RMN de ^1H típicos para hidrogênios de anéis aromáticos e apenas um sinal adicional em 1,21 ppm, com uma proporção de área de 5:3, respectivamente. O produto final **B** é iônico e tem apenas sinais de hidrogênio aromático. Quais são as estruturas de **A** e **B**?

14.43 O produto final dessa sequência, **D**, é um sólido cristalino alaranjado que se funde a 174 °C e tem massa molecular de 186:

$$\text{Ciclopentadieno} + \text{Na} \longrightarrow \mathbf{C} + H_2$$
$$2\,\mathbf{C} + FeCl_2 \longrightarrow \mathbf{D} + 2\,NaCl$$

Nos seus espectros de RMN de ^1H e de ^{13}C, o produto **D** mostra apenas um tipo de hidrogênio e somente um tipo de carbono, respectivamente. Desenhe a estrutura de **C** e faça uma sugestão estrutural de como o alto grau de simetria de **D** pode ser explicado. (**D** pertence a um grupo de compostos que recebem o nome em homenagem a algo que você pode obter em uma lanchonete para almoço.)

14.44 O composto **E** tem as características espectrais fornecidas a seguir. Qual é a sua estrutura?

EM: pico do íon molecular em m/z 202

IV: 3030–3080, 2150 (muito fraco), 1600, 1490, 760 e 690 cm^{-1}

RMN de ^1H: multipleto estreito centrado em 7,34 ppm

UV: 287 (ε = 25.000), 305 (ε = 36.000) e 326 (ε = 33.000) nm

14.45 Desenhe todos os orbitais moleculares π para o (3*E*)-1,3,5-hexatrieno, ordenando-os do menor para o maior em energia, e indique o número de elétrons que seriam encontrados em cada um para a molécula no estado fundamental.

Problemas para Trabalho em Grupo

1. Escreva setas de mecanismo para a seguinte etapa na síntese química realizada por A. Robertson e R. Robinson (*J. Chem. Soc.* **1928**, 1455–1472) do cloreto de calistefina, um pigmento de flores vermelhas obtido do áster vermelho-púrpura. Explique por que essa transformação é um processo razoável.

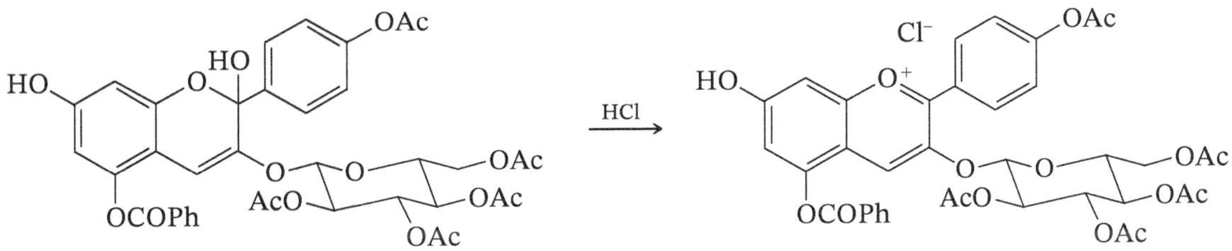

Cloreto de calistefina

2. A seguinte sequência de reação foi utilizada por E. J. Corey (*J. Am. Chem. Soc.* **1969**, *91*, 5675–5677) no início de uma síntese da prostaglandina $F_{2\alpha}$ e da prostaglandina E_2. Explique o que está envolvido nessa reação e por que ela é um processo razoável.

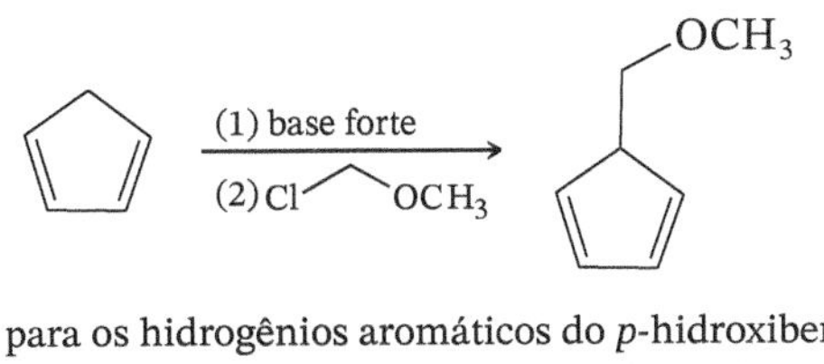

3. Os sinais de RMN de ^1H para os hidrogênios aromáticos do *p*-hidroxibenzoato de metila aparecem como dois dupletos a aproximadamente 7,05 e 8,04 ppm (ppm). Atribua esses dois dupletos aos respectivos hidrogênios que produzem cada sinal. Justifique suas atribuições utilizando argumentos de densidade eletrônica relativa baseada nas estruturas de ressonância contribuintes.

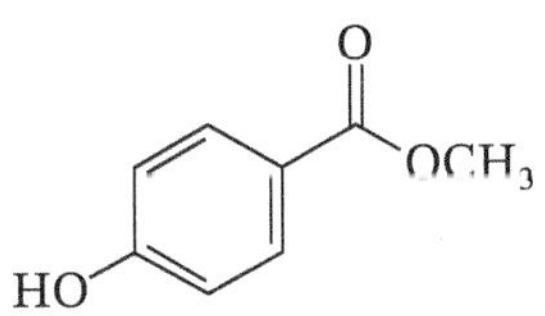

4. Desenhe a estrutura da adenina, um composto aromático heterocíclico incorporado na estrutura do DNA. Identifique os pares de elétrons não ligantes que *não* são parte do sistema aromático nos anéis da adenina. Que átomos de nitrogênio nos anéis você esperaria serem mais básicos e quais seriam menos básicos?

5. Desenhe as estruturas do anel da nicotinamida no NADH e no NAD^+. Na transformação do NADH em NAD^+, em que forma um hidrogênio deve ser transferido para produzir o íon piridínio aromático no NAD^+?

MAPA CONCEITUAL

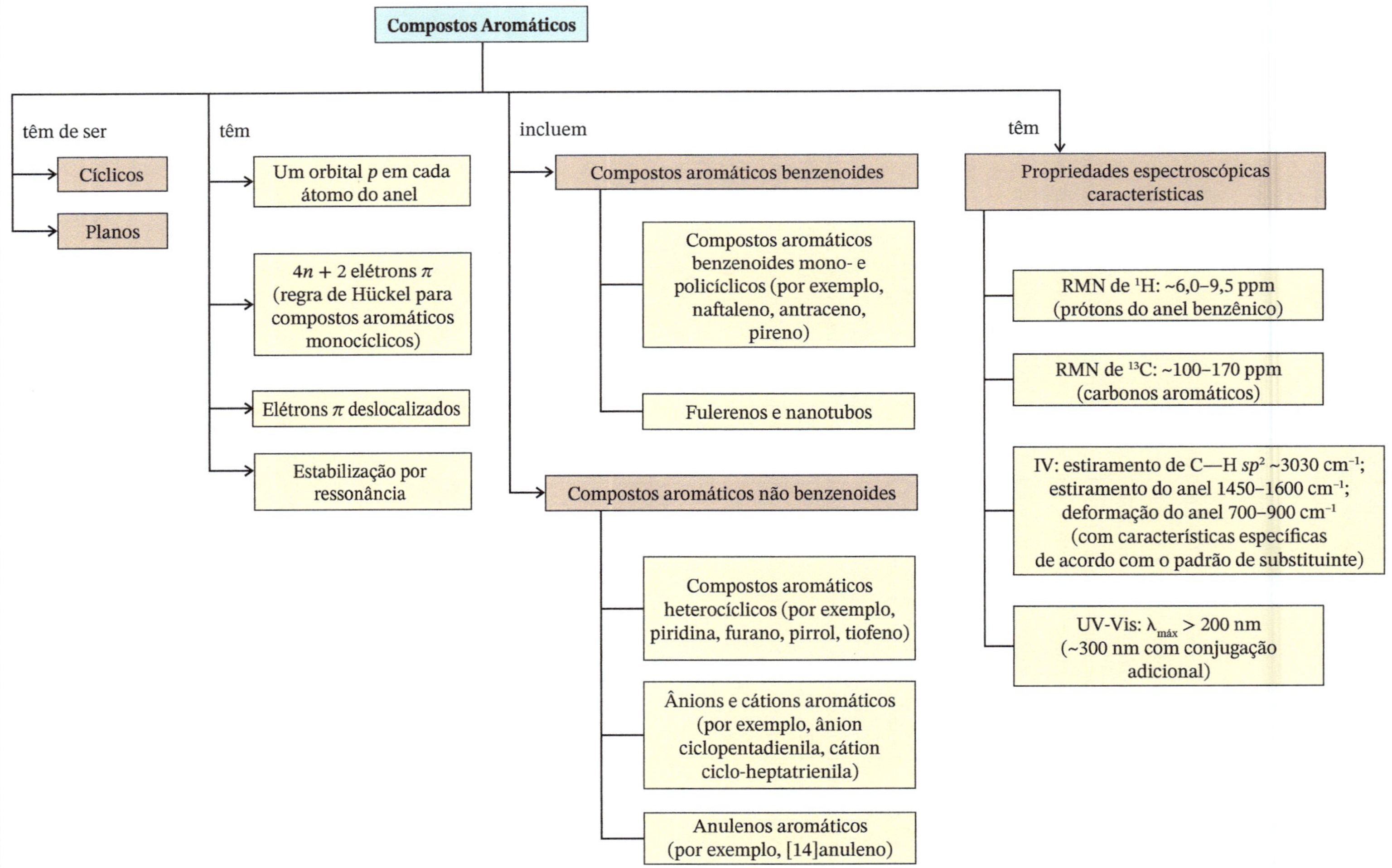

Lezh/E+/Getty Images

Reações de Compostos Aromáticos

Embora as moléculas aromáticas tenham propriedades eletrônicas especiais que as tornam inertes em muitas condições reacionais padrão, existem várias maneiras de mudar os átomos ligados a tais sistemas por meio de um processo chamado substituição aromática eletrofílica. Por exemplo, os seis átomos de hidrogênio no benzeno podem ser substituídos por diferentes grupos – por exemplo, por halogênios, grupos carbonila ou cadeias alifáticas. Tais processos podem converter benzeno, um composto líquido à temperatura ambiente, em milhares de moléculas diferentes, incluindo fármacos como a aspirina e explosivos como o trinitrotolueno (TNT). Em biossíntese, reações similares produzem moléculas biológicas como a tiroxina, um importante hormônio envolvido no metabolismo, e o palidol, um composto produzido pelas uvas. Aprenderemos sobre esses processos mais tarde neste capítulo. As possibilidades sintéticas são virtualmente infinitas, mas a chave para desvendar tal potencial é a compreensão dos conceitos, lógicas e regras que determinam como essas reações podem ser realizadas.

NESTE CAPÍTULO, VAMOS ESTUDAR:

- Os parâmetros gerais que permitem as reações de substituição no benzeno
- Como os substituintes no anel benzênico podem impactar a reatividade e a capacidade de sofrer substituições adicionais
- As reações que podem converter um dado substituinte em novos grupos funcionais

POR QUE ESSES TÓPICOS SÃO IMPORTANTES?

No fim deste capítulo, exploraremos um grupo especial de moléculas que sofrem diferentes versões das mesmas reações, tanto na natureza como no laboratório, produzindo uma sequência diversa de estruturas a partir de materiais de partida semelhantes.

15.1 Reações de Substituição Aromática Eletrofílica

Algumas das reações mais importantes dos compostos aromáticos são aquelas nas quais um eletrófilo substitui um dos átomos de hidrogênio do anel.

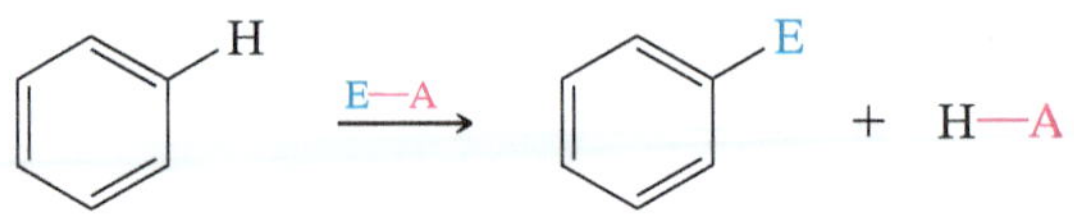

(E—A **é um reagente eletrofílico)**

Essas reações, chamadas de reações de **substituição aromática eletrofílica (SEAr)**, permitem a introdução direta de diversos grupos em anéis aromáticos, como o benzeno, e fornecem rotas sintéticas para muitos compostos importantes. A **Fig. 15.1** apresenta cinco tipos de substituição aromática eletrofílica que serão estudados neste capítulo, incluindo as reações de formação de ligação carbono-carbono e as halogenações.

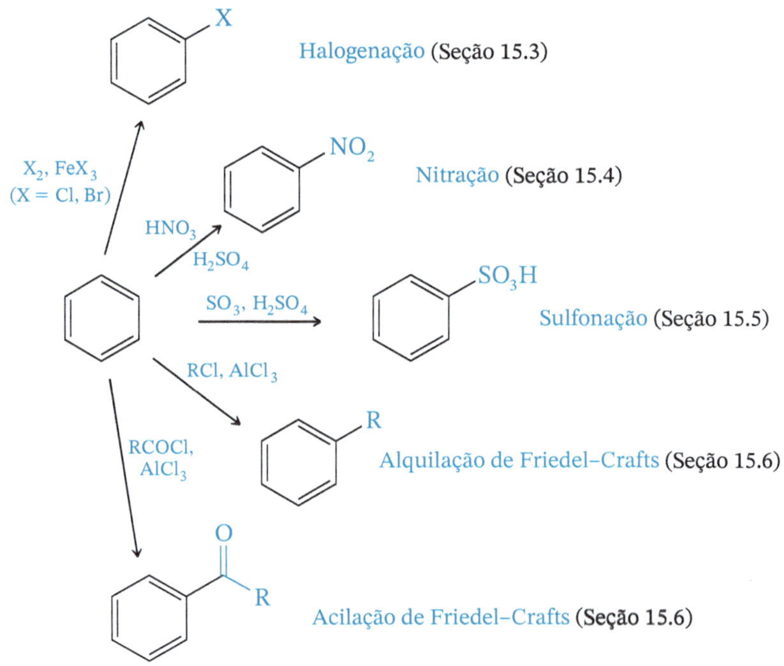

FIGURA 15.1 Reações de substituição aromática eletrofílica.

Um exemplo notável de uma reação de substituição aromática eletrofílica na natureza, como mencionado na introdução, é a biossíntese da tiroxina, um hormônio da tireoide, no qual o iodo é incorporado aos anéis aromáticos que são derivados da tirosina.

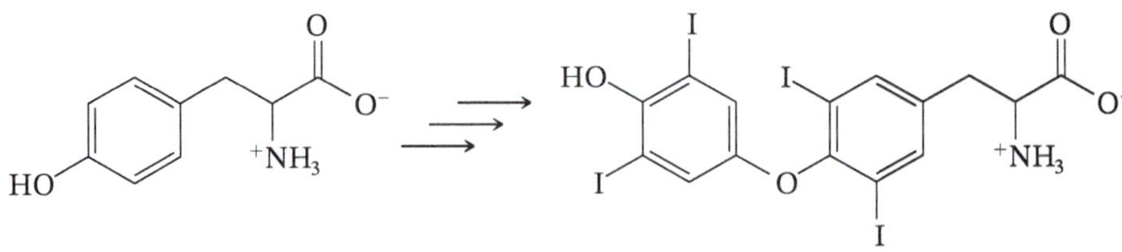

Tirosina
(um aminoácido da dieta alimentar)

Tiroxina
(um hormônio da tireoide)

Na próxima seção, estudaremos o mecanismo geral da reação de um eletrófilo com um anel benzênico. Em seguida, nas Seções 15.3 a 15.6, veremos exemplos específicos de eletrófilos e como cada um é formado em uma mistura reacional.

15.2 Um Mecanismo Geral para a Substituição Aromática Eletrofílica

Os elétrons π do benzeno reagem com eletrófilos fortes. Nesse sentido, o benzeno tem certa analogia com os alquenos. Quando um alqueno reage com um eletrófilo, como na adição de HBr (Seção 8.2), os elétrons da ligação π do alqueno reagem com o eletrófilo, formando um intermediário, que é um carbocátion.

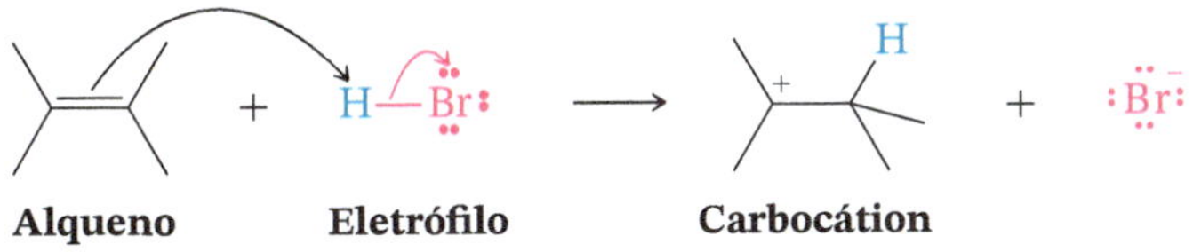

Em seguida, o carbocátion formado a partir do alqueno reage com o íon brometo, nucleofílico, para formar o produto de adição.

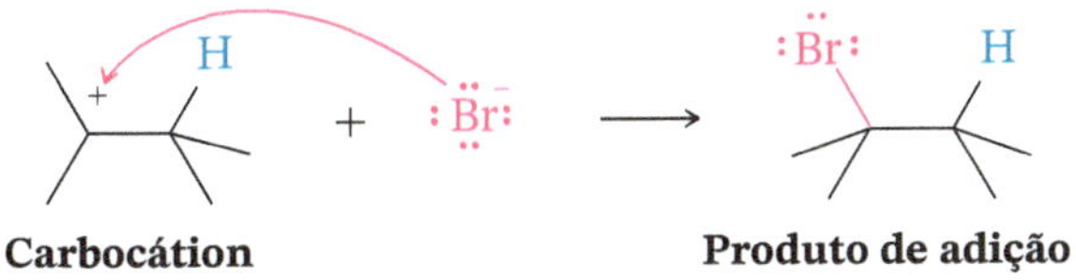

Entretanto, a semelhança de reatividade entre o benzeno e um alqueno termina no estágio do carbocátion, antes do ataque nucleofílico. Como vimos no Capítulo 14, os seis elétrons π do anel benzênico conferem a ele uma estabilidade especial.

- Embora o benzeno seja suscetível ao ataque eletrofílico, ele sofre *reações de substituição* em vez de *reações de adição*.

Reações de substituição permitem que o sexteto de elétrons π no benzeno seja regenerado após o ataque pelo eletrófilo. Podemos ver como isso acontece, estudando um mecanismo geral de **substituição aromática eletrofílica**.

Evidências experimentais indicam que eletrófilos atacam o sistema π do benzeno para formar um ***carbocátion ciclo-hexadienila não aromático***, conhecido como **íon arênio**. Ao mostrar esta etapa, é conveniente usar estruturas de Kekulé, pois assim é muito mais fácil contabilizar os elétrons π:

DICA ÚTIL

Estruturas de ressonância (como as usadas aqui para o íon arênio) serão importantes no nosso estudo da reação de substituição aromática eletrofílica.

Etapa 1

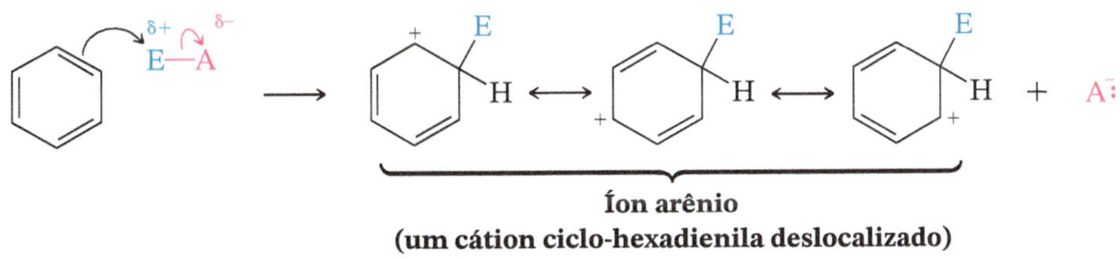

- Na etapa 1, o eletrófilo toma dois elétrons do sistema de seis elétrons π do benzeno, formando uma ligação σ com um dos átomos de carbono do anel benzênico.

A formação dessa ligação interrompe o sistema cíclico de elétrons π, porque na formação do íon arênio o carbono que se liga ao eletrófilo torna-se hibridizado sp^3 e, portanto, não tem mais um orbital p disponível. Agora, apenas cinco átomos de carbono do anel continuam hibridizados sp^2 e ainda têm orbitais p. Os quatro elétrons π do íon arênio estão deslocalizados nesses cinco orbitais p. Um mapa do potencial eletrostático calculado para um íon arênio, formado por adição eletrofílica de bromo ao benzeno, indica como a carga positiva está distribuída no anel do íon arênio (**Fig. 15.2**), assim como foi mostrado nas estruturas de ressonância contribuintes.

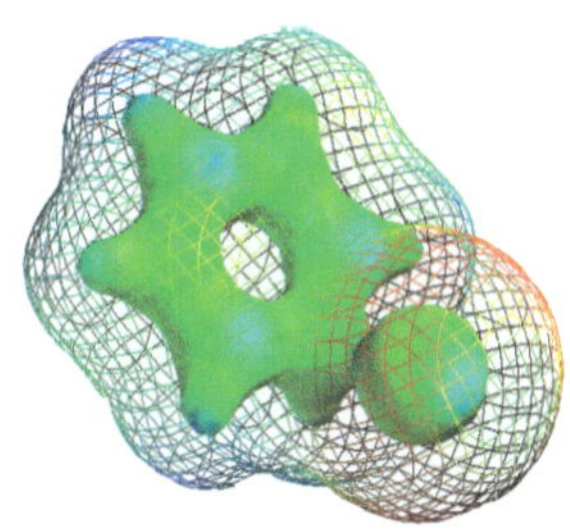

FIGURA 15.2 Estrutura calculada para o íon arênio intermediário formado pela adição eletrofílica do bromo ao benzeno (Seção 15.3). O mapa de potencial eletrostático para a localização principal dos elétrons ligantes (indicado pela superfície sólida) mostra que a carga positiva (em azul) se localiza basicamente nos carbonos em posição orto e para em relação ao carbono ao qual o eletrófilo se ligou. Essa distribuição de carga é consistente com o modelo de ressonância para um íon arênio. (A superfície de van der Waals é indicada por meio da malha externa.)

- Na etapa 2, um próton é removido do átomo de carbono do íon arênio que tem o eletrófilo, restaurando a aromaticidade do anel.

Etapa 2

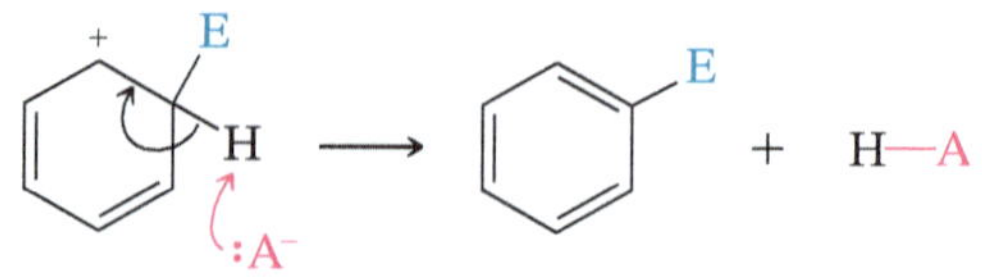

Os dois elétrons que ligavam o próton ao anel tornam-se uma parte do sistema π. O átomo de carbono ligado ao eletrófilo torna-se hibridizado sp^2 novamente, formando um derivado do benzeno com seis elétrons π totalmente deslocalizados. O próton é removido por qualquer das bases presentes, por exemplo, o ânion derivado do eletrófilo.

PROBLEMA DE REVISÃO 15.1

Mostre como a perda de um próton pode ser representada, usando cada uma das três estruturas de ressonância do íon arênio, e mostre como cada representação leva à formação de um anel benzênico com seis elétrons π totalmente deslocalizados.

As estruturas de Kekulé são mais apropriadas para escrever mecanismos como os das reações de substituição aromática eletrofílica, porque elas permitem o uso da teoria de ressonância, que, como veremos em breve, é inestimável para a compreensão dessa reação. Se, no entanto, por concisão, desejarmos mostrar o mecanismo utilizando a fórmula híbrida para o benzeno, podemos fazê-lo da seguinte maneira: desenhamos o íon arênio como um cátion ciclo-hexadienila deslocalizado:

DICA ÚTIL

No nosso esquema de cores para as fórmulas químicas, o azul geralmente indica grupos eletrofílicos ou que têm características de retirar elétrons. O rosa indica grupos que são ou tornam-se bases de Lewis, ou que têm caráter doador de elétrons.

Etapa 1

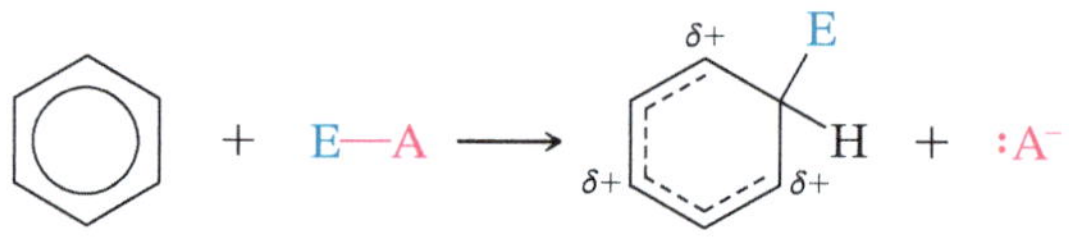

Íon arênio

Etapa 2

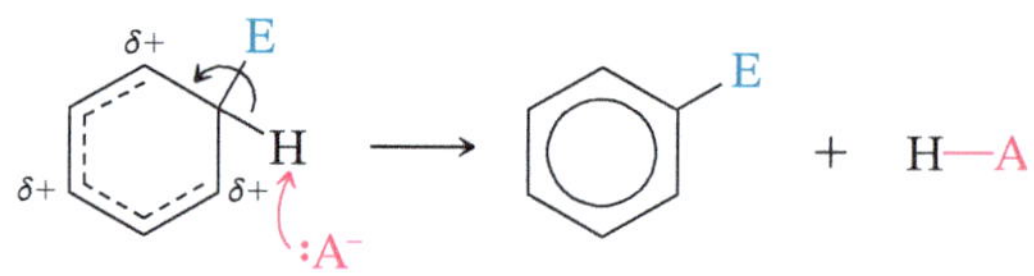

Há forte evidência experimental de que o íon arênio é um *intermediário* verdadeiro em reações de substituição eletrofílica, e não um estado de transição. Isso significa que, em um diagrama de energia livre (**Fig. 15.3**), o íon arênio localiza-se em um vale de energia entre dois estados de transição.

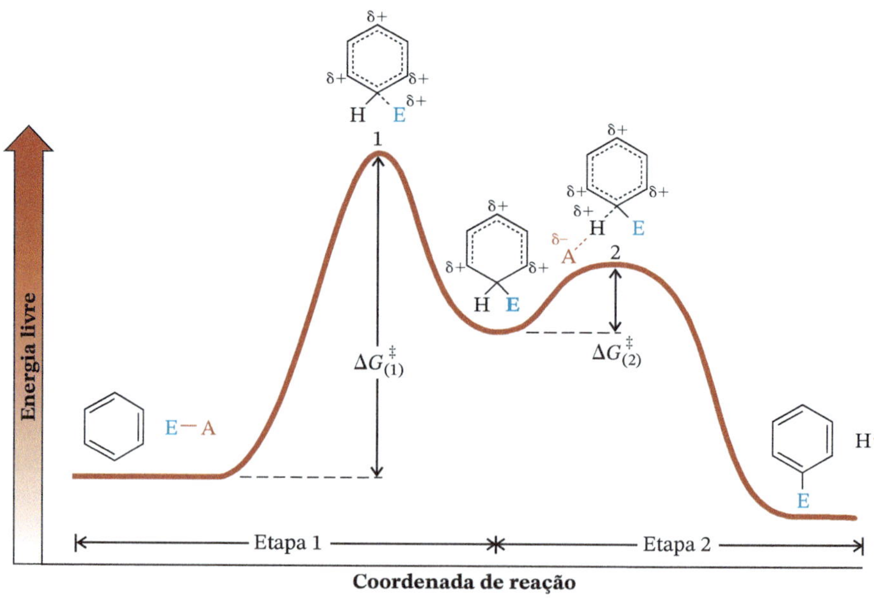

FIGURA 15.3 Diagrama de energia livre para uma reação de substituição aromática eletrofílica. O íon arênio é um intermediário verdadeiro, situando-se entre os estados de transição 1 e 2. No estado de transição 1 a ligação entre o eletrófilo e um dos átomos de carbono do anel benzênico é apenas parcialmente formada. No estado de transição 2 a ligação entre o mesmo átomo de carbono do anel benzênico e seu átomo de hidrogênio é parcialmente quebrada. A ligação entre o átomo de hidrogênio e a base conjugada é parcialmente formada.

Foi mostrado que a energia livre de ativação para a etapa 1, $\Delta G^{\ddagger}_{(1)}$, é muito maior do que a energia livre de ativação para a etapa 2, $\Delta G^{\ddagger}_{(2)}$, como observado na Fig. 15.3. Isso é consistente com o que nós esperaríamos. A reação do benzeno com um eletrófilo, conduzindo ao íon arênio, é altamente endotérmica, pois o efeito estabilizante do anel benzênico é perdido. A reação levando do íon arênio até o benzeno substituído, pelo contrário, é altamente exotérmica, pois restabelece a aromaticidade do sistema.

Das duas etapas vistas a seguir, a etapa 1 (formação do íon arênio) é, geralmente, a etapa determinante da velocidade na reação de substituição aromática eletrofílica devido à sua maior energia livre de ativação:

Etapa 1

Etapa 2

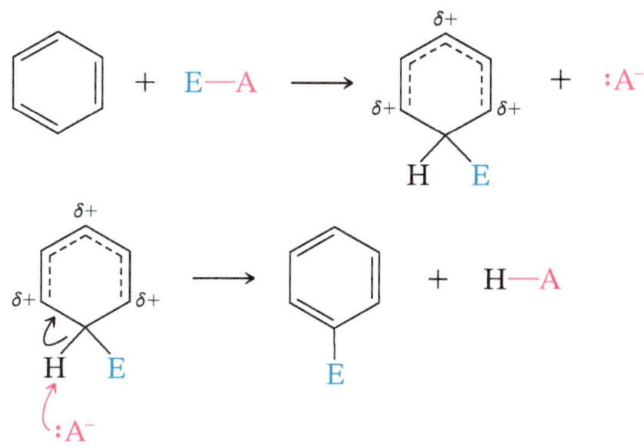

Lenta, etapa determinante

Rápida

A etapa 2, a remoção de um próton, ocorre rapidamente em relação à etapa 1, e não tem nenhum efeito sobre a velocidade global de reação.

15.3 Halogenação do Benzeno

O benzeno reage com bromo e cloro, na presença de ácidos de Lewis, formando produtos de substituição halogenados com bons rendimentos.

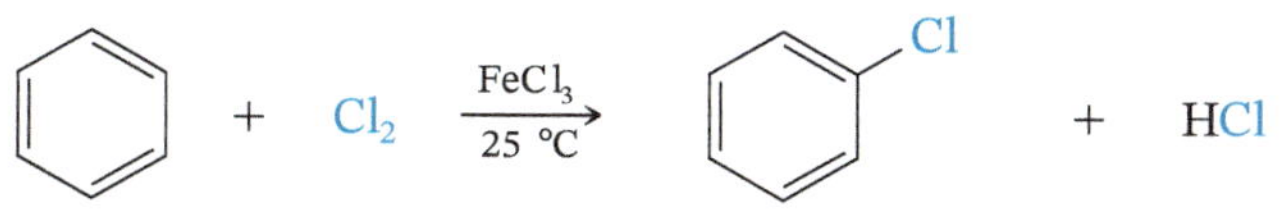

Clorobenzeno (90%)

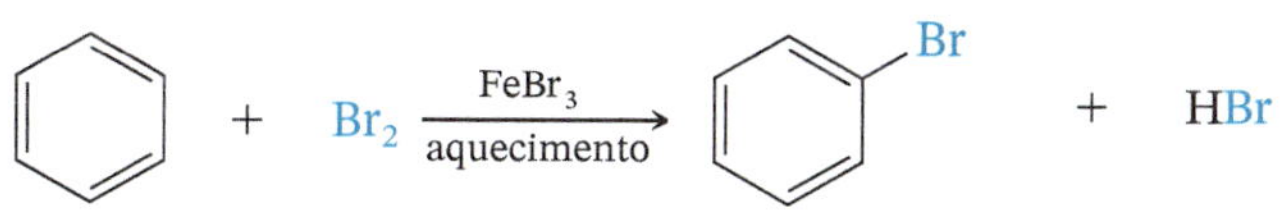

Bromobenzeno (75%)

Os ácidos de Lewis usados comumente são o cloreto de alumínio ($AlCl_3$) ou o cloreto férrico ($FeCl_3$) para a cloração, e o brometo férrico ($FeBr_3$) para a bromação. A função do ácido de Lewis é tornar o halogênio um eletrófilo mais forte. Um mecanismo para a reação de bromação aromática eletrofílica é mostrado a seguir.

Um Mecanismo para a Reação

Bromação Aromática Eletrofílica

Etapa 1

$$:\ddot{Br}-\ddot{Br}: + FeBr_3 \rightleftharpoons :\ddot{Br}-\overset{+}{\ddot{Br}}-\overset{-}{Fe}Br_3$$

O bromo se combina com $FeBr_3$ formando um complexo.

(continua)

(continuação)

Etapa 2

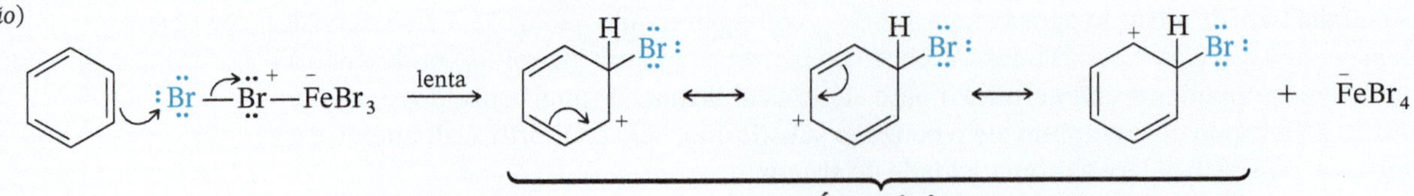

Íon arênio

DICA ÚTIL

Um mapa de potencial eletrostático para este íon arênio é mostrado na Fig. 15.2.

O anel benzênico doa um par de elétrons para o bromo terminal, formando o íon arênio e neutralizando a carga positiva formal sobre o outro átomo de bromo.

Etapa 3

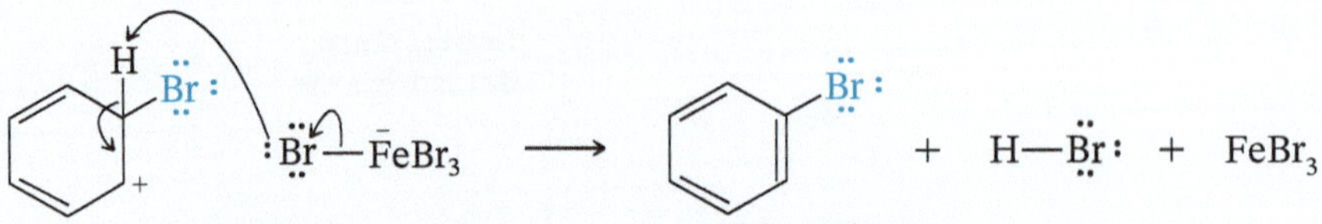

Um próton é removido do íon arênio para formar bromobenzeno e regenerar o catalisador.

O mecanismo da cloração do benzeno na presença de cloreto férrico é análogo ao da bromação.

O flúor reage tão rapidamente com o benzeno que a fluoração aromática requer condições e aparelhagem especiais. Mesmo assim, é difícil limitar a reação a monofluoração. Entretanto, o fluorobenzeno pode ser sintetizado por um método indireto que veremos na Seção 20.7D.

O iodo, por outro lado, é tão pouco reativo que uma técnica especial tem de ser usada para efetuar a iodação direta; a reação tem que ser realizada na presença de um agente oxidante como o ácido nítrico:

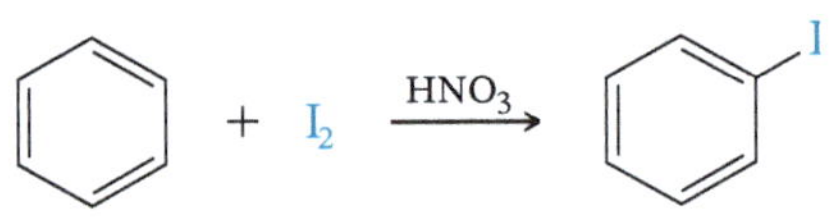

86%

A iodação bioquímica, como na biossíntese da tiroxina, ocorre sob catálise enzimática.

A Química Ambiental de . . . Halogenação Mais Verde Via SAE

Halogênios moleculares (Cl_2, Br_2, I_2) são materiais perigosos e difíceis de trabalhar. O cloro é um gás mortal, o bromo é um líquido denso e acre e o iodo é um sólido com alta pressão de vapor. A sua utilização em escala industrial, e mesmo em laboratório, apresenta riscos para o homem e para o ambiente. Existem alguns métodos, no entanto, que geram um halogênio eletrofílico para a substituição aromática

$$2\,HBr + H_2O_2 \longrightarrow Br_2 + 2\,H_2O$$

Para bromação por SAE

$$NaI + HOCl \longrightarrow \overset{\delta+}{I}-\overset{\delta-}{Cl} + NaOH$$

Para iodação por SAE

(continua)

(continuação)

eletrofílica diretamente na mistura reacional a partir de materiais mais seguros. Como mostram as reações deste quadro, o bromo pode ser produzido pela reação de brometo de hidrogênio e peróxido de hidrogênio. O iodo eletrofílico pode ser gerado a partir de iodeto de sódio e alvejante doméstico. Em ambos os casos, o halogênio eletrofílico assim produzido pode reagir diretamente através da SAE com um substrato aromático que também seria fornecido na mistura reacional.

15.4 Nitração do Benzeno

O benzeno sofre nitração na reação com uma mistura de ácido nítrico concentrado e ácido sulfúrico concentrado.

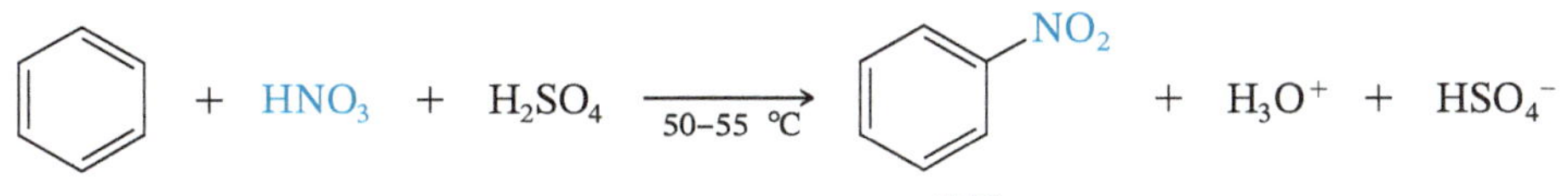

85%

O ácido sulfúrico concentrado aumenta a velocidade da reação pelo aumento da concentração do eletrófilo, o íon nitrônio (NO_2^+), conforme mostrado nas duas primeiras etapas do mecanismo visto a seguir.

Um Mecanismo para a Reação

Nitração do Benzeno

Etapa 1

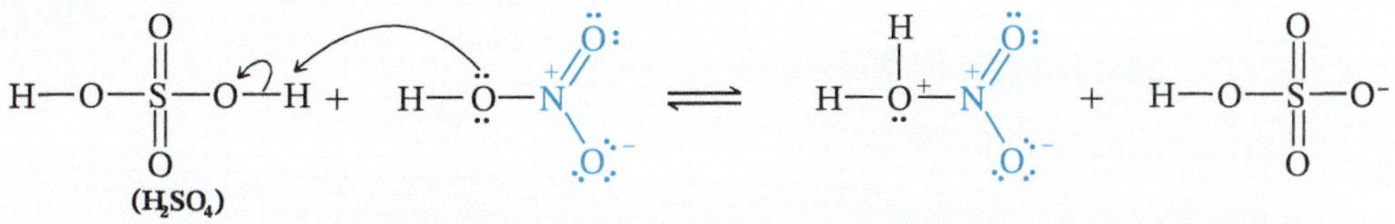

Nesta etapa, o ácido nítrico aceita um próton do ácido mais forte, ácido sulfúrico.

Etapa 2

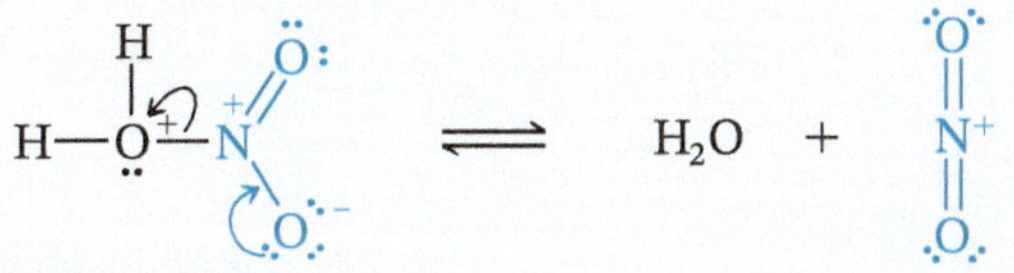

Íon nitrônio

Agora que está protonado, o ácido nítrico pode dissociar-se para formar um íon nitrônio.

Etapa 3

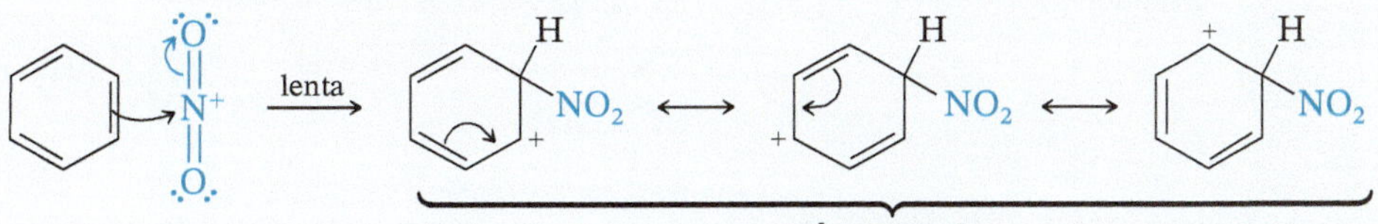

Íon arênio

O íon nitrônio é o eletrófilo na nitração; ele reage com o benzeno formando um íon arênio estabilizado por ressonância.

Etapa 4

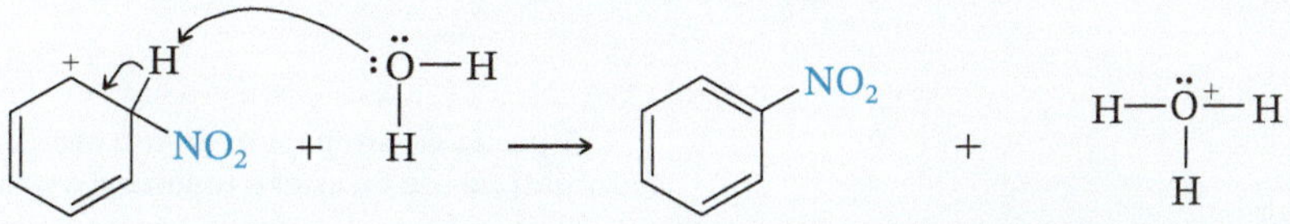

O íon arênio perde então um próton para uma base de Lewis, tornando-se o nitrobenzeno.

PROBLEMA DE REVISÃO 15.2

Dado que o pK_a do H_2SO_4 é −9 e que o do HNO_3 é −1,4, explique por que a nitração ocorre mais rapidamente em uma mistura de ácidos nítrico e sulfúrico concentrados do que em apenas ácido nítrico concentrado.

15.5 Sulfonação do Benzeno

O benzeno reage com ácido sulfúrico fumegante à temperatura ambiente, produzindo ácido benzenossulfônico. Ácido sulfúrico fumegante é o ácido sulfúrico que contém trióxido de enxofre adicionado (SO_3). A sulfonação também ocorre em ácido sulfúrico concentrado puro, porém, mais lentamente. Sob qualquer condição, o eletrófilo parece ser trióxido de enxofre protonado.

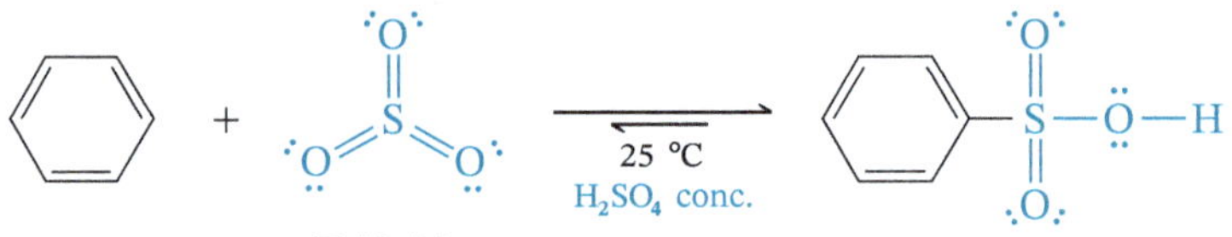

Trióxido de enxofre

Ácido benzenossulfônico (56%)

Um Mecanismo para a Reação

Sulfonação do Benzeno

Etapa 1

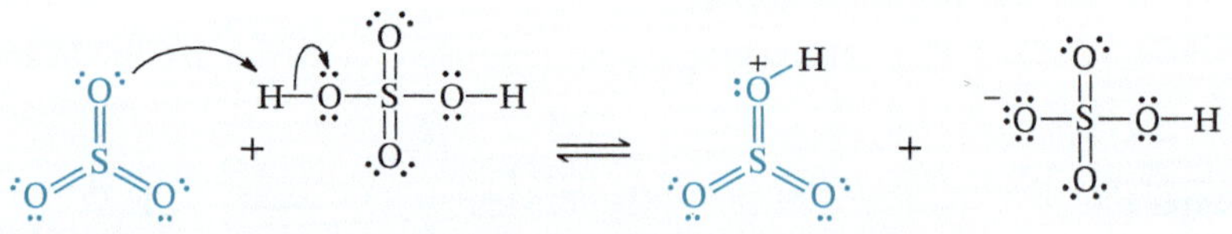

SO_3 é protonado, formando $^+SO_3H$

Etapa 2

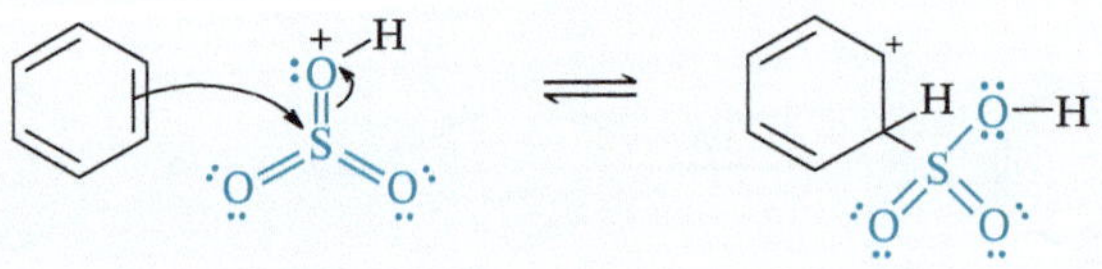

$^+SO_3H$ reage como um eletrófilo com o anel benzênico formando um íon arênio.

Etapa 3

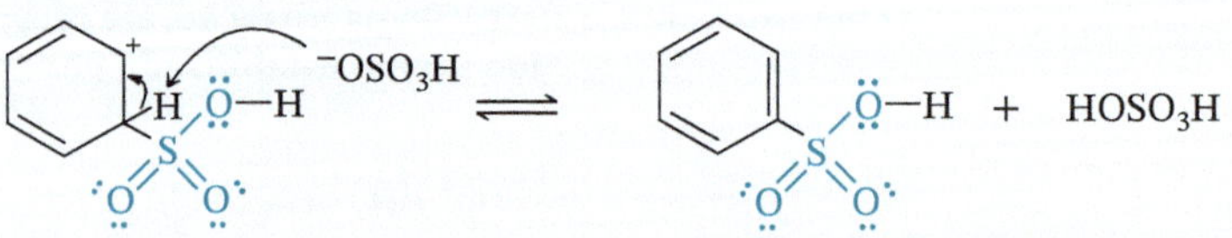

A perda de um próton do íon arênio restaura a aromaticidade do anel e regenera o catalisador ácido.

Em ácido sulfúrico concentrado, o trióxido de enxofre é produzido em um equilíbrio, no qual o H_2SO_4 atua como um ácido e uma base (veja a etapa 1 do mecanismo anterior mostrado).

Todas as etapas na sulfonação estão em equilíbrio, o que significa que a reação global é reversível. A posição do equilíbrio pode ser influenciada pelas condições utilizadas.

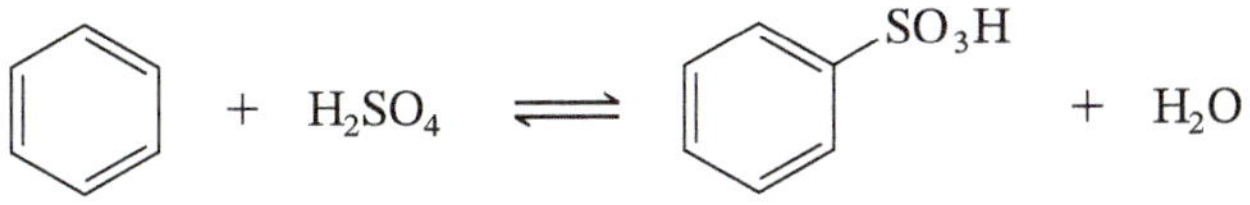

- Se queremos **sulfonar o anel** (inserir um grupo ácido sulfônico), utilizamos ácido sulfúrico concentrado ou, melhor ainda, ácido sulfúrico fumegante. Sob essas condições, a posição do equilíbrio é deslocada para a direita, e obtemos o ácido benzenossulfônico com bom rendimento.
- Se queremos **dessulfonar o anel** (remover um grupo ácido sulfônico), utilizamos ácido sulfúrico diluído e, geralmente, passamos uma corrente de vapor pela mistura. Sob estas condições (isto é, com uma alta concentração de água), a posição do equilíbrio é deslocada para a esquerda, ocorrendo a dessulfonação.
- Algumas vezes, um grupo sulfonato é introduzido **como um grupo protetor**, para bloquear temporariamente sua posição em relação a uma substituição aromática eletrofílica, ou **como um grupo orientador** para influenciar a posição de outra substituição relativa a ela (Seção 15.12B). O grupo sulfonato é removido quando não é mais necessário.

DICA ÚTIL

A sulfonação-dessulfonação é uma ferramenta útil em sínteses envolvendo substituição aromática eletrofílica.

15.6 Reações de Friedel–Crafts

Reações de Friedel–Crafts fornecem um método para a preparação de alquilbenzenos (ArR) e acilbenzenos (ArCOR). Tais reações são chamadas de **alquilação** e **acilação** de Friedel–Crafts.

15.6A Alquilação de Friedel–Crafts

- A seguir é mostrada uma equação geral para uma reação de **alquilação de Friedel–Crafts**:

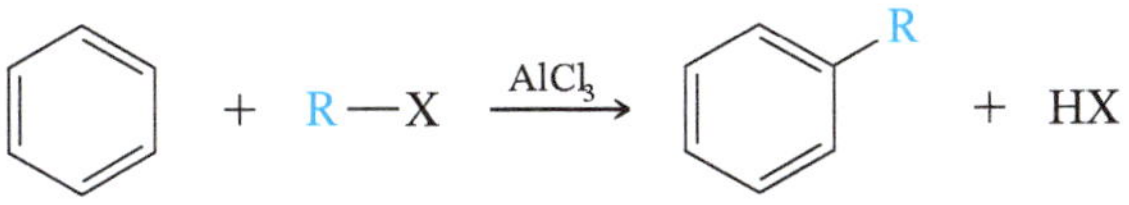

- O mecanismo para a reação começa com a formação de um carbocátion.
- Em seguida, o carbocátion atua como um eletrófilo e ataca o anel benzênico formando um íon arênio.
- Finalmente, o íon arênio perde um próton.

A seguir, este mecanismo é ilustrado usando 2-cloropropano e benzeno.

Um Mecanismo para a Reação

Alquilação de Friedel–Crafts

Etapa 1

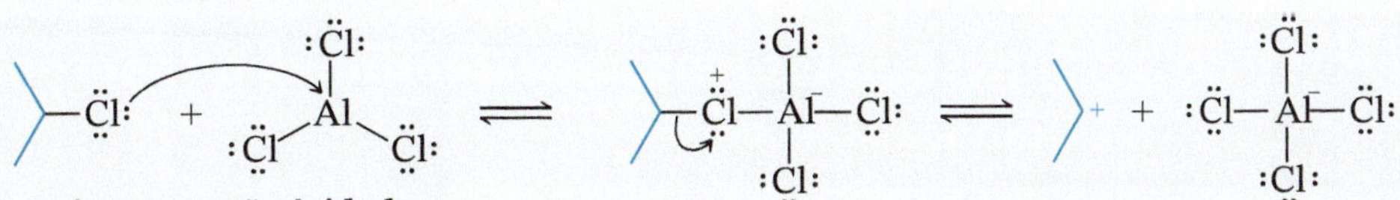

Esta é uma reação ácido-base de Lewis (veja a Seção 15.3).

O complexo se dissocia formando um carbocátion e $AlCl_4^-$.

(*continua*)

(continuação)

Etapa 2

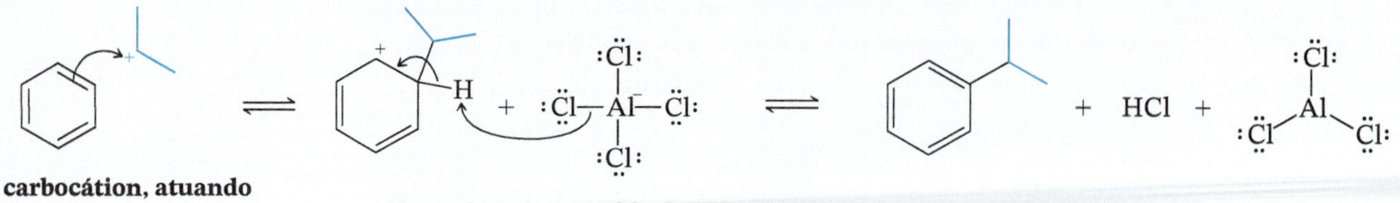

O carbocátion, atuando como um eletrófilo, reage com o benzeno produzindo um íon arênio.

Um próton é removido do íon arênio produzindo o isopropilbenzeno. Esta etapa também regenera o $AlCl_3$ e libera HCl.

- Quado R — X é um haleto primário, provavelmente não há formação de um carbocátion simples. Em vez disso, o cloreto de alumínio forma um complexo com o haleto de alquila, e este complexo atua como o eletrófilo.

$$\overset{\delta+}{RCH_2}\text{----}\overset{\delta-}{\ddot{\underset{..}{Cl}}}\text{:}AlCl_3$$

No complexo a ligação carbono–halogênio está praticamente rompida e o átomo de carbono tem uma carga parcial positiva considerável. Apesar de este complexo não ser um carbocátion simples, ele atua como se fosse e transfere um grupo alquila positivo para o anel aromático.

- Esses complexos reagem de forma tão parecida com os carbocátions que eles também sofrem rearranjos típicos de carbocátions (Seção 15.6C).
- Alquilações de Friedel–Crafts não se restringem ao uso de haletos de alquila e cloreto de alumínio. Outros pares de reagentes que formam carbocátions (ou espécies semelhantes a carbocátions) também podem ser usados em alquilações de Friedel–Crafts.

Dentre essas possibilidades, pode ser utilizada uma mistura de um alqueno ou de um álcool e um ácido:

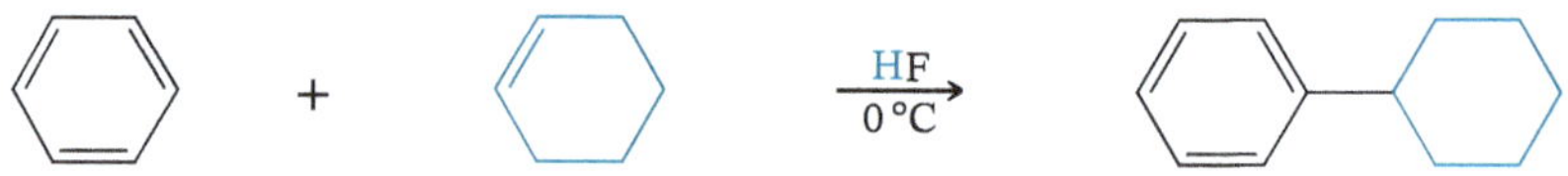

Ciclo-hexeno **Ciclo-hexilbenzeno (62%)**

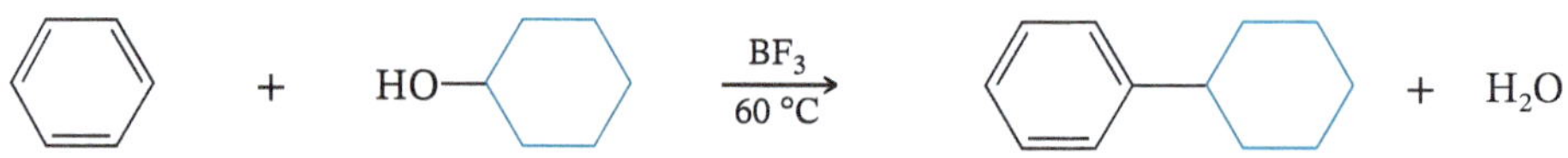

Ciclo-hexanol **Ciclo-hexilbenzeno (56%)**

Existem várias limitações importantes da reação de Friedel–Crafts, que serão discutidas na Seção 15.6C.

PROBLEMA DE REVISÃO 15.3

Proponha um mecanismo para todas as etapas da reação de formação do isopropilbenzeno a partir de propeno e benzeno com um catalisador ácido (indicado genericamente como HA). O mecanismo deve justificar a formação do isopropilbenzeno e não do propilbenzeno.

A Química Industrial de . . . Síntese do Estireno, uma Oportunidade para uma Química Mais Verde

Entre os produtos químicos produzidos industrialmente, o estireno é indiscutivelmente um dos mais importantes, com mais de 11 bilhões de toneladas produzidas a cada ano, a maior parte das quais é usada na química de polimerização para produzir o poliestireno plástico altamente familiar.

(continua)

(continuação)

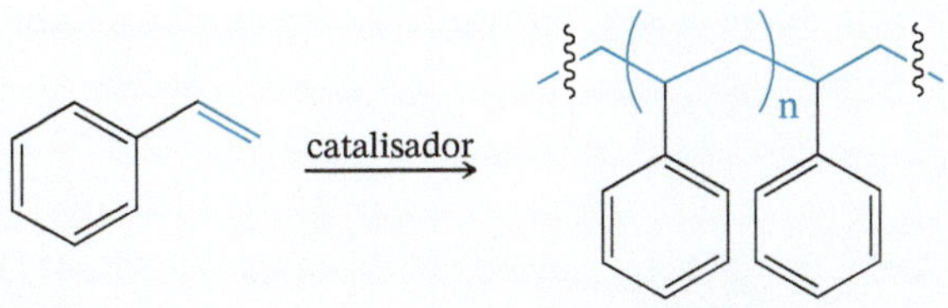

Estireno **Poliestireno**

A forma como esse estireno é produzido é baseada na química de Friedel-Crafts, primeiro formando etilbenzeno e depois desidrogenando-o na presença de um catalisador adequado (geralmente óxido de zinco ou óxido de cromo) em alta temperatura. Embora essa química funcione claramente em escala, tanto as altas temperaturas empregadas quanto os ácidos prótico e de Lewis usados na etapa de Friedel-Crafts não constituem condições reacionais benignas e suaves do ponto de vista do impacto ambiental. E, como você pode imaginar, a polialquilação na reação inicial de Friedel-Crafts também é frequentemente observada como um produto secundário importante.

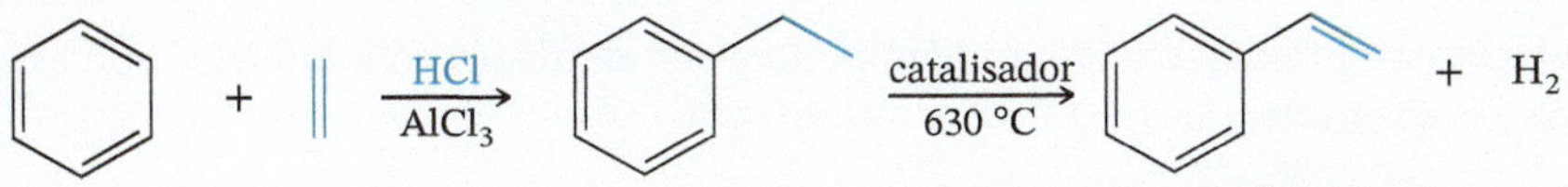

Estireno
(90–92% de rendimento)

Como tal, os esforços para melhorar esse processo continuam a ser uma área ativa de investigação. Um avanço recente, descrito por químicos da University of Virginia, indica que promotores de metais de transição apropriados baseados em Rh(I) podem ser usados em pequenas proporções em catalisadores em combinação com $Cu(OAc)_2$ e etileno para converter benzeno diretamente em estireno em temperaturas abaixo de 200 °C. O tempo dirá se essa alternativa se revelará industrialmente viável, mas aponta para um futuro em que os químicos conceberão processos melhores para produzir um produto químico tão amplamente utilizado.

Química & Meio Ambiente

15.6B Acilação de Friedel–Crafts

O grupo 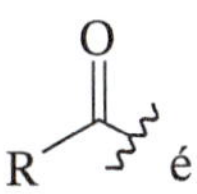

é chamado de **grupo acila**, e uma reação na qual um grupo acila é introduzido em um composto é chamada de reação de **acilação**. Dois grupos acila comuns são os grupos acetila e benzoíla. (O grupo benzoíla não deve ser confundido com o grupo benzila —$CH_2C_6H_5$; veja a Seção 14.2.)

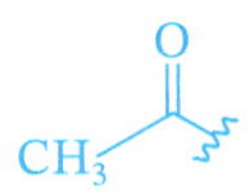

Grupo acetila
(grupo etanoíla)

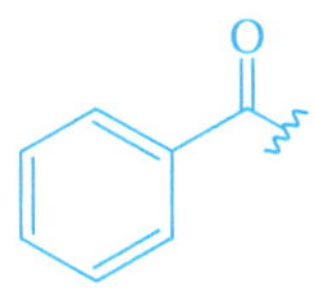

Grupo
benzoíla

A reação de **acilação de Friedel–Crafts** é, frequentemente, realizada tratando-se o composto aromático com um **haleto de acila** (geralmente um cloreto de acila). A menos que o composto aromático seja muito reativo, a reação requer a adição também de pelo menos um equivalente de um ácido de Lewis (tal como o $AlCl_3$). O produto da reação é uma arilcetona:

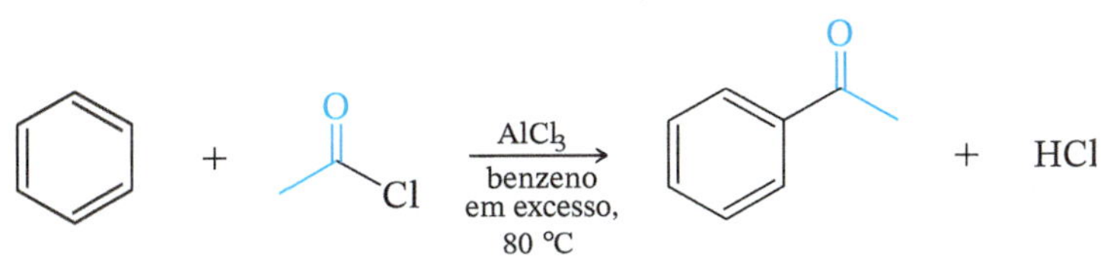

Cloreto de acetila

Acetofenona (metilfenilcetona) (97%)

Cloretos de acila, também chamados de **cloretos de ácidos**, são facilmente preparados (Seção 18.5) por tratamento de ácidos carboxílicos com cloreto de tionila ($SOCl_2$) ou pentacloreto de fósforo (PCl_5):

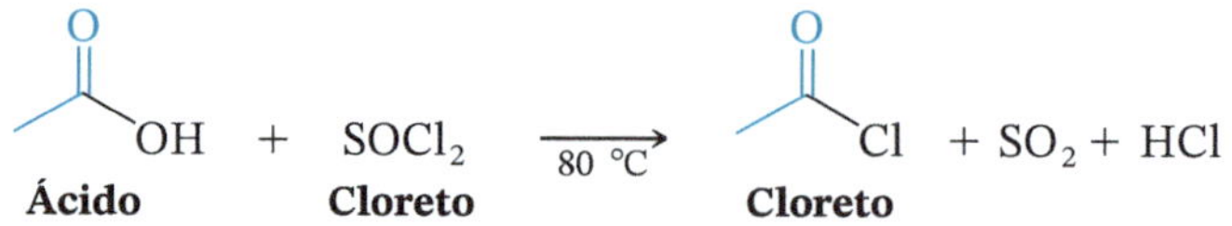

Ácido acético **Cloreto de tionila** **Cloreto de acetila (80–90%)**

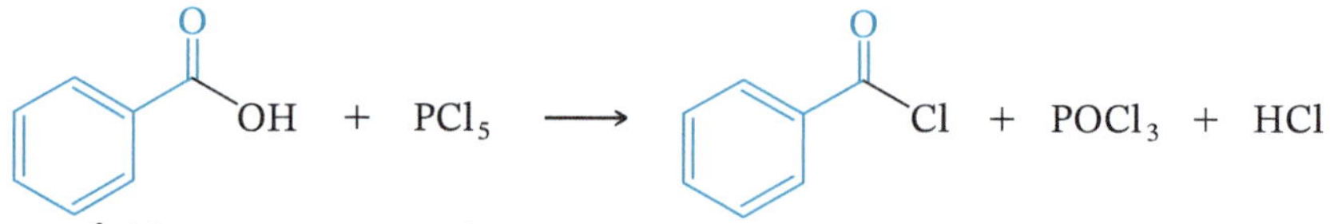

Ácido benzoico **Pentacloreto de fósforo** **Cloreto de benzoíla (90%)**

Acilações de Friedel–Crafts também podem ser efetuadas com anidridos de ácido carboxílico. Por exemplo,

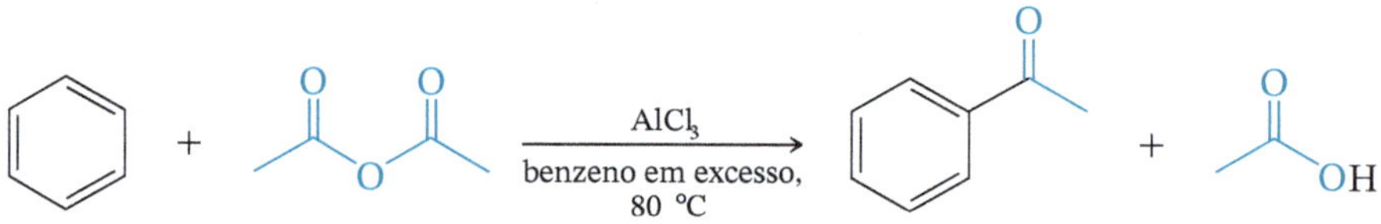

Anidrido acético (um anidrido de ácido carboxílico) **Acetofenona (82–85%)**

Na maioria das acilações de Friedel–Crafts, o eletrófilo parece ser um **íon acílio**, formado a partir de um haleto de acila como mostrado a seguir:

Etapa 1

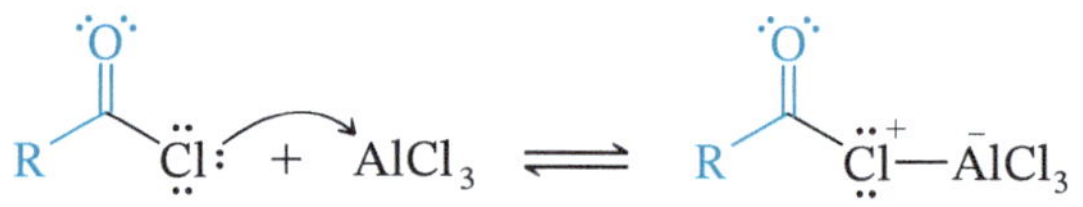

Etapa 2

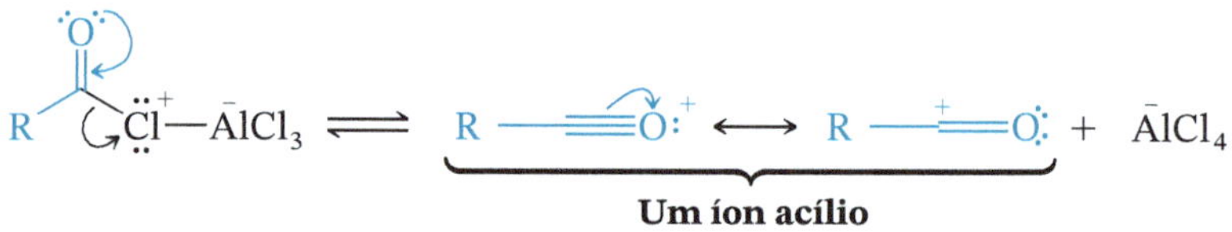

Um íon acílio (um híbrido de ressonância)

PROBLEMA RESOLVIDO 15.1

Mostre como um íon acílio pode ser formado a partir de anidrido acético na presença de $AlCl_3$.

Estratégia e Resposta

Reconhecemos que o $AlCl_3$ é um ácido de Lewis e que um anidrido de ácido, por possuir pares de elétrons não compartilhados, é uma base de Lewis. Um mecanismo razoável começa com uma reação ácido–base de Lewis e prossegue para formar um íon acílio da maneira vista a seguir.

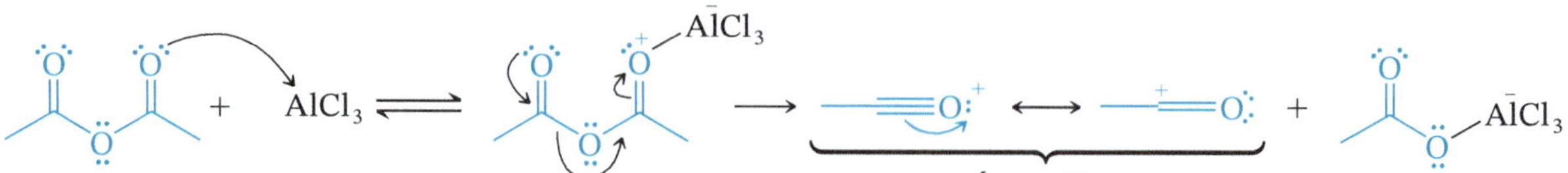

Íon acílio

As demais etapas na acilação de Friedel–Crafts do benzeno são as seguintes:

Um Mecanismo para a Reação

Acilação de Friedel–Crafts

Etapa 3

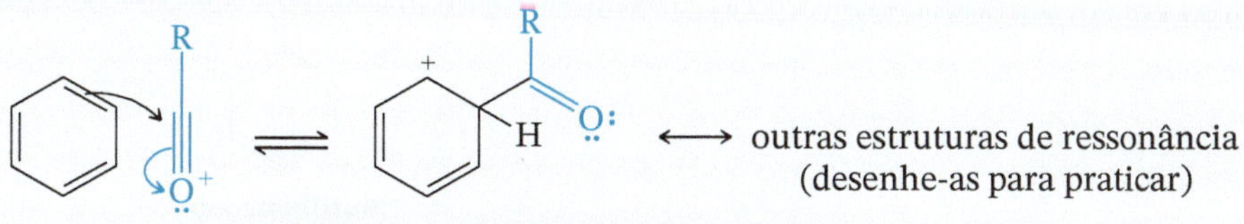

O íon acílio, atuando como um eletrófilo, reage com o benzeno formando o íon arênio.

Etapa 4

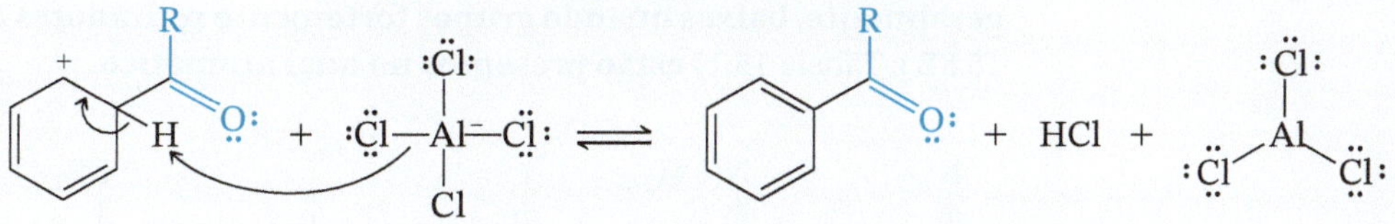

Um próton é removido do íon arênio, produzindo a arilcetona.

Etapa 5

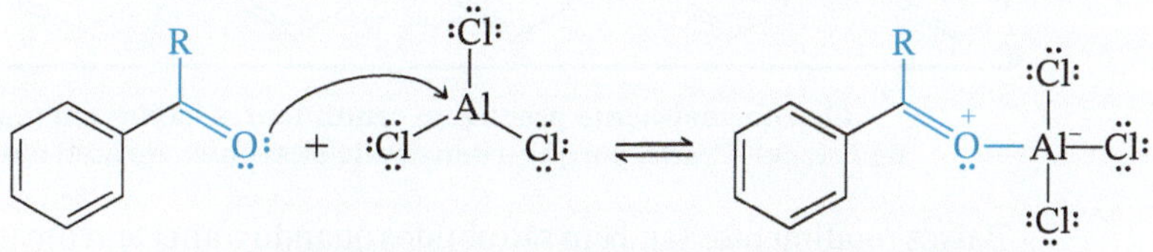

A cetona, atuando como uma base de Lewis, reage com o cloreto de alumínio (um ácido de Lewis) formando um complexo.

Etapa 6

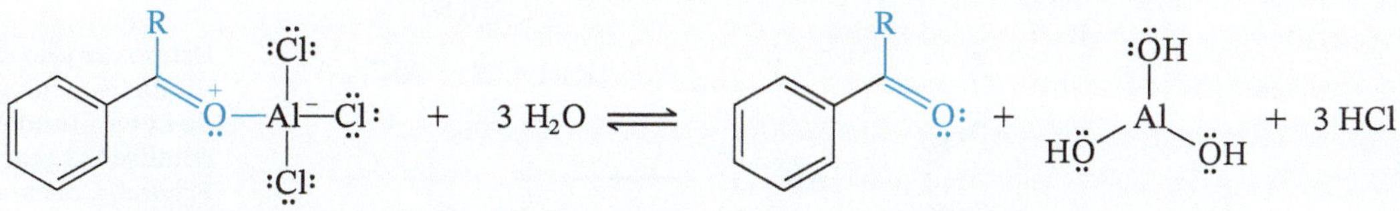

O tratamento do complexo com água libera a cetona e hidrolisa o ácido de Lewis.

Diversas aplicações sintéticas importantes da reação de Friedel–Crafts são apresentadas na Seção 15.7.

15.6C Limitações das Reações de Friedel–Crafts

Várias restrições limitam a utilidade das reações de Friedel–Crafts:

1. **Quando o carbocátion formado a partir de um haleto de alquila, alqueno ou álcool pode sofrer rearranjo produzindo um ou mais carbocátions que são mais estáveis, o que normalmente ocorre, os produtos principais são geralmente aqueles provenientes dos carbocátions mais estáveis.**

   Por exemplo, quando o benzeno é alquilado com brometo de butila, alguns dos cátions butila em formação podem sofrer rearranjo por deslocamento de hidreto. Alguns dos carbocátions primários em formação (veja as reações a seguir) tornam-se carbocátions secundários mais estáveis. Então, o benzeno reage com ambos os tipos de carbocátions para formar o butilbenzeno e o *sec*-butilbenzeno:

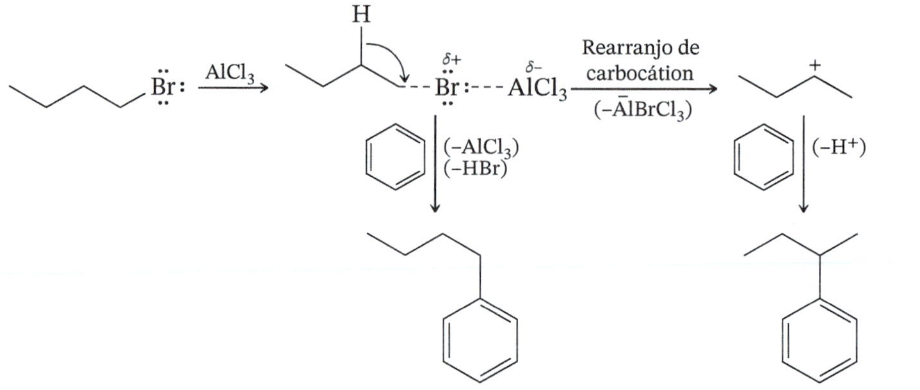

Butilbenzeno (32–36% da mistura)

***sec*-Butilbenzeno (64–68% da mistura)**

2. **Os rendimentos das reações de alquilação e acilação de Friedel–Crafts são, geralmente, baixos quando grupos fortemente retiradores de elétrons** (Seção 15.8B e Tabela 15.1) **estão presentes no anel aromático.**

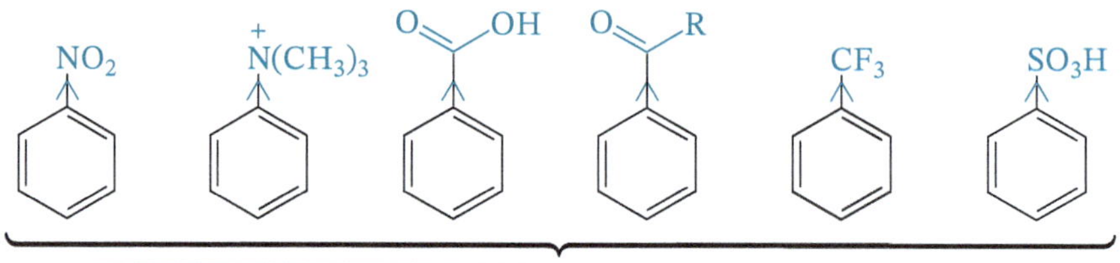

Eles normalmente produzem rendimentos baixos em reações de Friedel–Crafts, porque a densidade eletrônica no anel é reduzida.

Baixos rendimentos também são obtidos quando o anel tem um grupo —NH_2, —NHR ou —NR_2 porque esses grupos se tornam retiradores de elétrons quando eles reagem com o ácido de Lewis na mistura reacional.

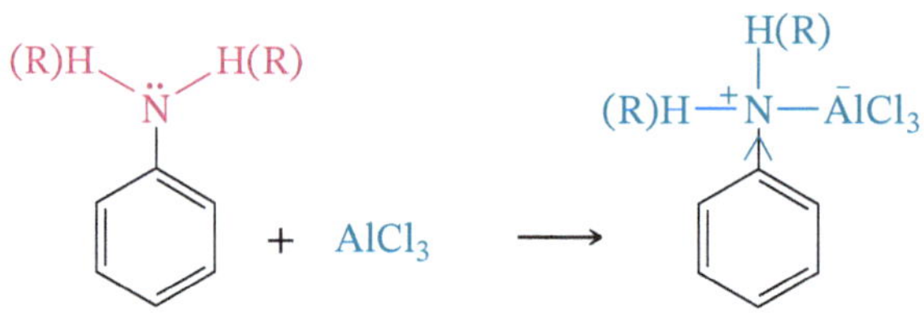

Não sofre uma reação de Friedel–Crafts

Grupos amino são mudados pelos ácidos de Lewis, usados para catalisar as reações de Friedel–Crafts, em poderosos grupos retiradores de elétrons.

3. **Haletos de arila e vinila não podem ser usados como o reagente halogenado porque eles não formam carbocátions com facilidade** (veja a Seção 6.14A):

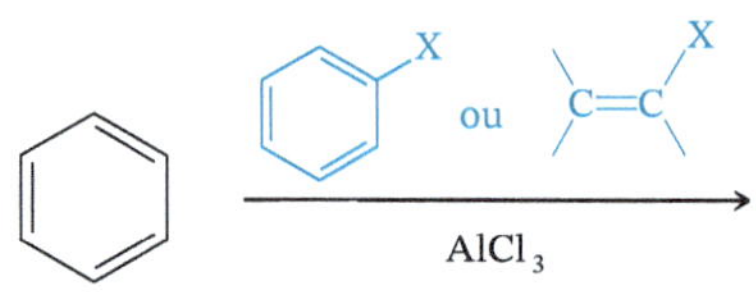

Não há reação de Friedel–Crafts, porque o haleto está em um carbono *sp*²

4. **Polialquilações ocorrem com frequência.** Os grupos alquila são grupos doadores de elétrons (Seções 15.8 e 15.9) e, quando um deles é introduzido no anel benzênico, o anel torna-se ativado para a próxima substituição:

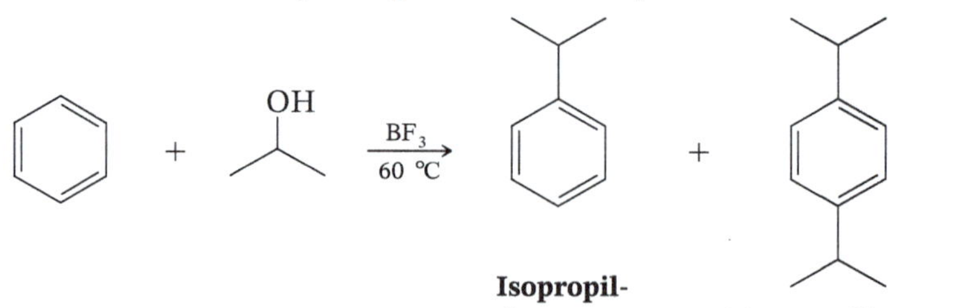

Isopropil-benzeno (24%)

***p*-Di-isopropilbenzeno (14%)**

Poliacilações não constituem um problema nas acilações de Friedel–Crafts. O grupo acila (—COR) em si é um grupo retirador de elétrons, e quando ele forma um complexo com o $AlCl_3$ na última etapa da reação (Seção 15.6B), ele se torna ainda mais retirador de elétrons. Isso inibe fortemente reações de substituição subsequentes e faz com que a monoacilação seja fácil.

PROBLEMA RESOLVIDO 15.2

Quando o benzeno reage com 1-cloro-2,2-dimetilpropano (cloreto de neopentila) na presença de cloreto de alumínio, o produto principal é 2-fenil-2-metilbutano, e não 1-fenil-2,2-dimetilpropano (neopentil-benzeno). Explique esse resultado.

Estratégia e Resposta

O carbocátion formado por reação direta do $AlCl_3$ com o 1-cloro-2,2-dimetilpropano seria um carbocátion primário; no entanto, ocorre um rearranjo para o carbocátion terciário mais estável antes que ele possa reagir com o benzeno.

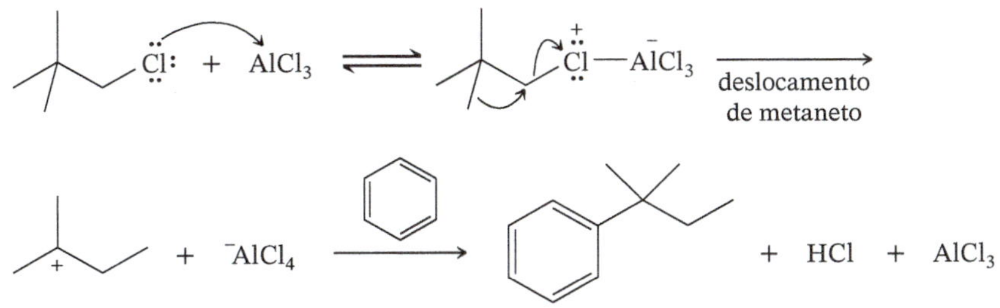

PROBLEMA DE REVISÃO 15.4

Proponha um mecanismo que explique o seguinte resultado.

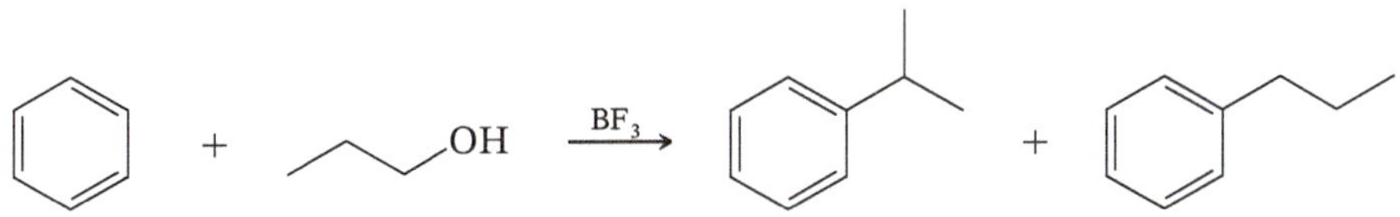

15.7 Aplicações Sintéticas das Acilações de Friedel–Crafts: Reduções de Clemmensen e Wolff–Kishner

- Rearranjos da cadeia de carbono não ocorrem em acilações de Friedel–Crafts.

O íon acílio, por ser estabilizado por ressonância, é mais estável do que a maioria dos carbocátions. Assim, não há força motriz para um rearranjo. Como não ocorrem rearranjos, as acilações de Friedel–Crafts seguidas de redução do grupo carbonila para um grupo CH_2 é uma estratégia mais adequada para sintetizar alquilbenzenos lineares do que as alquilações de Friedel–Crafts.

- O grupo carbonila de uma aril cetona pode ser reduzido a um grupo CH_2.

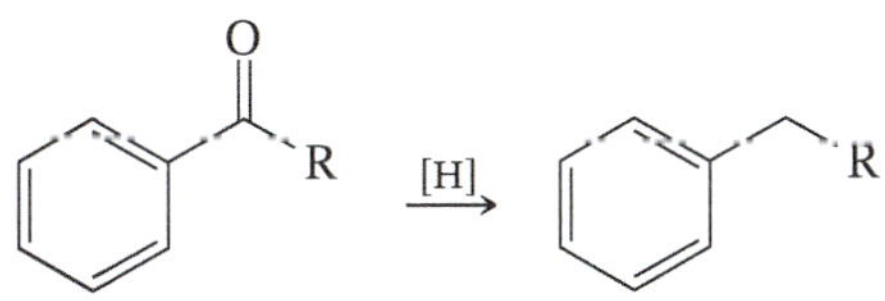

Como exemplo, vamos considerar o problema de sintetizar o propilbenzeno. Se tentarmos essa síntese por meio de uma alquilação de Friedel–Crafts, ocorre um rearranjo e o produto principal é o isopropilbenzeno (veja o Problema de Revisão 15.4):

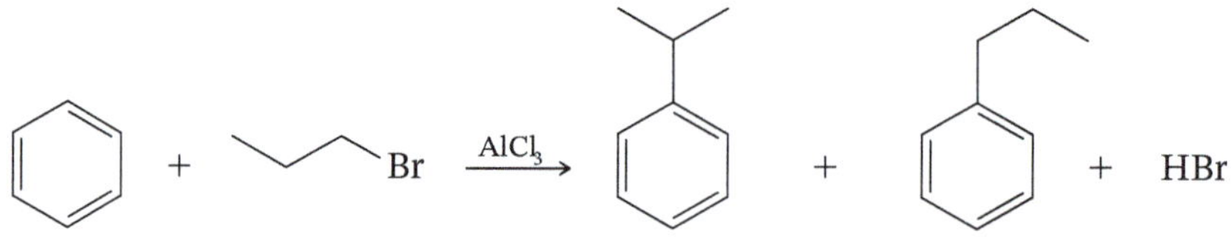

Isopropilbenzeno (produto principal) **Propilbenzeno (produto secundário)**

Em contrapartida, a acilação de Friedel–Crafts do benzeno com cloreto de propanoíla produz uma cetona com uma cadeia de carbono que não sofre rearranjo e com excelente rendimento:

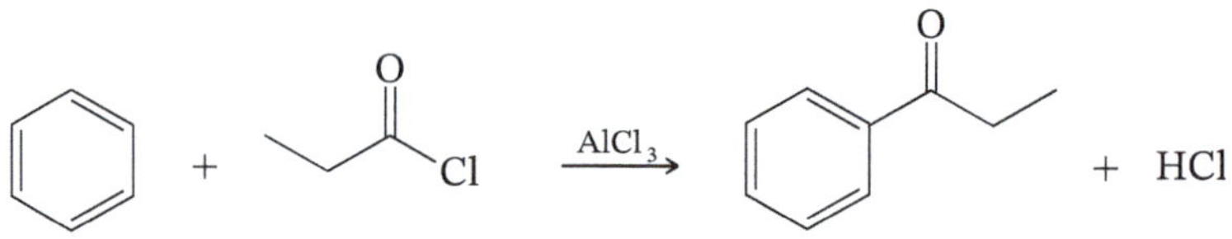

Cloreto de propanoíla **Etilfenilcetona (90%)**

Esta cetona pode ser reduzida a propilbenzeno por vários métodos, incluindo a redução de Clemmensen (Seção 15.7A) e a redução de Wolff–Kishner (Seção 15.7B).

15.7A Redução de Clemmensen

Um método geral de redução de uma cetona a um grupo metileno – chamado de **redução de Clemmensen** – consiste no refluxo da cetona com ácido clorídrico contendo amálgama de zinco. [*Atenção*: como será visto mais adiante (Seção 20.4B), zinco e ácido clorídrico também reduzem grupos nitro para grupos amino.]

Uma redução de Clemmensen

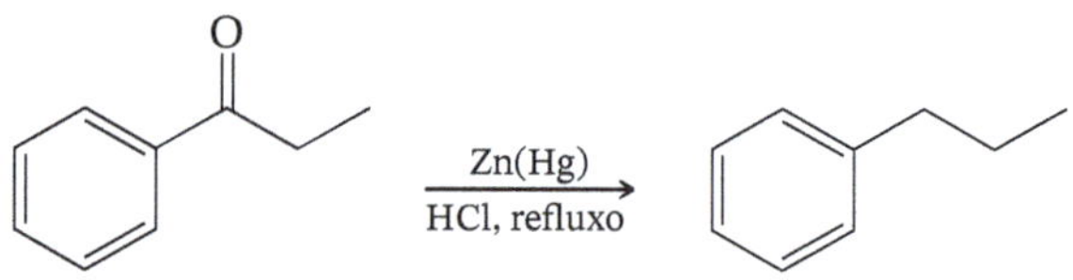

Etilfenilcetona **Propilbenzeno (80%)**

DICA ÚTIL

A acilação de Friedel–Crafts seguida de redução da cetona é o equivalente sintético da alquilação de Friedel–Crafts.

Em geral,

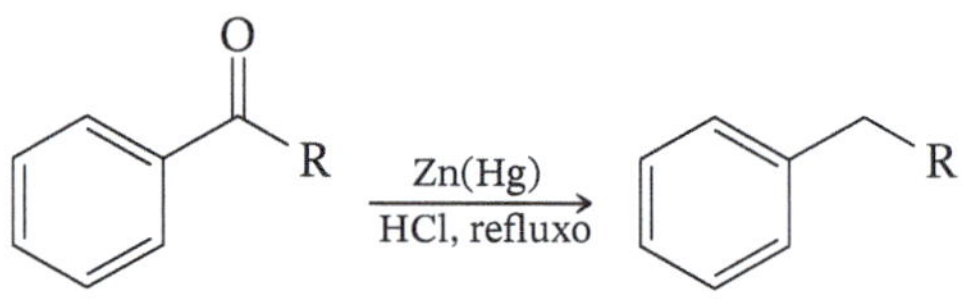

15.7B Redução de Wolff–Kishner

Outro método de redução de uma cetona formando um grupo metileno é a redução de Wolff–Kishner; este método envolve o aquecimento da cetona com hidrazina e uma base. A redução de Wolff–Kishner complementa a redução de Clemmensen na medida em que é realizada sob condições básicas, enquanto a redução de Clemmensen envolve condições ácidas. A redução de Wolff–Kishner ocorre por meio de um intermediário hidrazona (Seção 16.8B) que não é isolado durante a reação. Por exemplo, a etilfenilcetona pode ser reduzida a propilbenzeno por meio da redução de Wolff–Kishner conforme é visto a seguir:

Uma redução de Wolff–Kishner

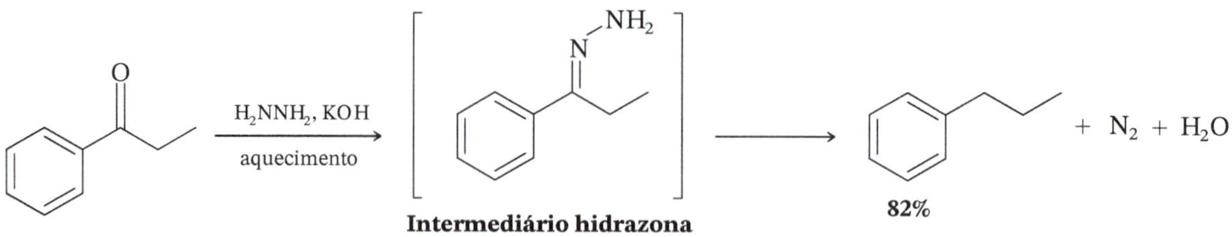

Intermediário hidrazona (veja a Seção 16.8B)

Quando anidridos cíclicos são usados como um dos componentes, a acilação de Friedel–Crafts permite a adição de um novo anel ao composto aromático. Um exemplo é mostrado a seguir. Observe que apenas a cetona é reduzida na etapa de redução de Clemmensen. O ácido carboxílico não é afetado.

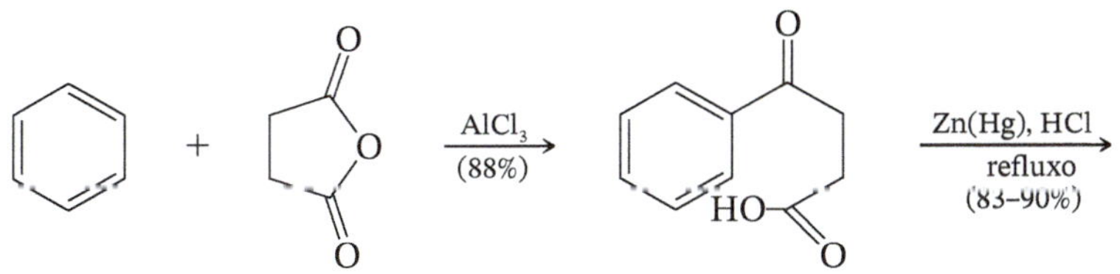

Benzeno (excesso) **Anidrido succínico** **Ácido 3-benzoilpropanoico**

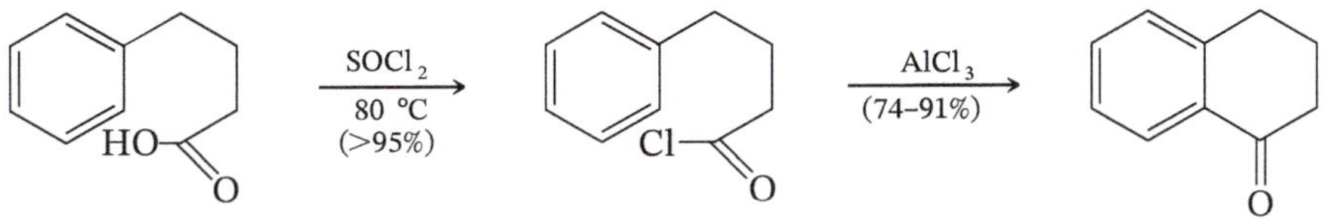

Ácido 4-fenilbutanoico **Cloreto de 4-fenilbutanoíla** **α-Tetralona**

PROBLEMA DE REVISÃO 15.5

Partindo do benzeno e do cloreto de acila ou anidrido de ácido adequado, proponha uma síntese para cada um dos seguintes compostos:

(a) Butilbenzeno

(b) 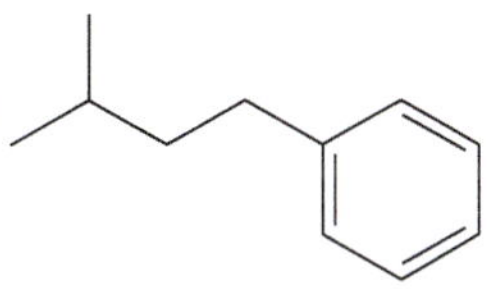

(c) 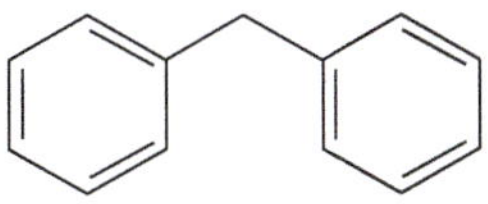

Difenilmetano

(d) 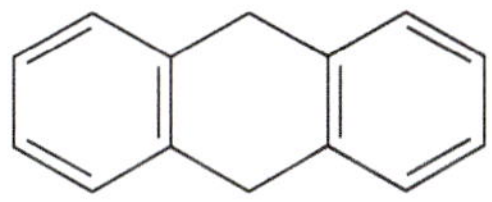

9,10-Di-hidroantraceno

A Química Ambiental de . . . DDT

Haletos de Arila como Inseticidas

Os insetos, especialmente os mosquitos, as pulgas e os piolhos, têm sido responsáveis por inúmeras mortes de humanos ao longo da história. A peste bubônica ou "peste negra", que matou aproximadamente um terço da população da Europa medieval, originou-se nas pulgas. A malária e a febre amarela, doenças que foram responsáveis pela perda de milhões de vidas só no século XX, são doenças transmitidas por mosquitos.

Um composto largamente conhecido por suas propriedades inseticidas e efeitos ambientais é o DDT [1,1,1-tricloro-2,2-bis(4-clorofenil)etano].

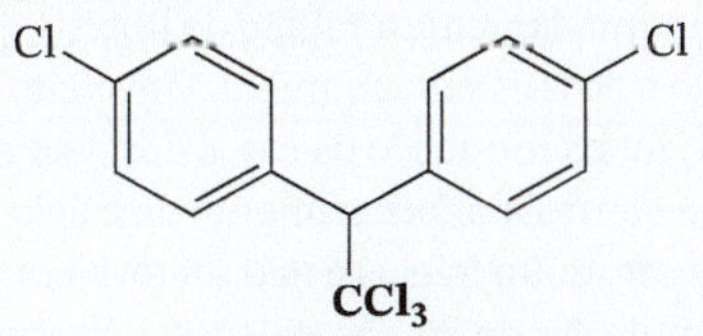

[1,1,1-tricloro-2,2-bis(4-clorofenil)etano]

(continua)

(continuação)

A partir do início da década de 1940 até o início da década de 1970, quando sua utilização foi banida nos Estados Unidos, vastas quantidades de DDT foram pulverizadas em muitas partes do mundo em um esforço de destruir os insetos. Esses esforços livraram várias áreas do mundo de insetos transmissores de doenças, especialmente daqueles responsáveis pela malária, pela febre amarela, pela doença do sono (causada pela mosca-tsé-tsé) e pelo tifo. Embora ela tenha ressurgido nos anos 1970, a malária tinha sido amplamente eliminada do mundo desenvolvido. De acordo com estimativas da National Academy of Sciences dos Estados Unidos, a utilização do DDT durante aquele tempo preveniu mais de 500 milhões de mortes somente por malária.

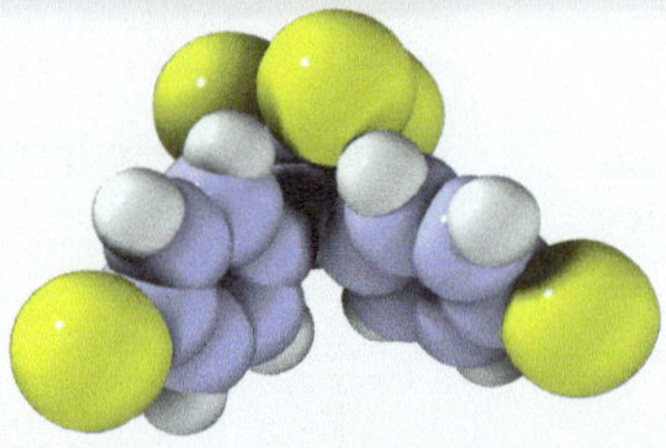

DDT

Com o tempo, no entanto, começou a tornar-se claro que a utilização extraordinária do DDT tinha efeitos colaterais danosos. Os haletos de arila costumam ser compostos altamente estáveis que são destruídos bem lentamente por processos naturais. Como consequência, eles permanecem no ambiente por anos; eles são o que chamamos agora de "inseticidas persistentes" ou "inseticidas duros". A U.S. Environmental Protection Agency, agência ambiental dos EUA, baniu o uso de DDT no início de 1973.

Os haletos de arila também são solúveis em gorduras e tendem a se acumular nos tecidos gordurosos de muitos animais. A cadeia alimentar, que vai do plâncton para pequenos peixes, passa pelos pássaros e daí até animais maiores, como os seres humanos, tende a aumentar as concentrações de haletos de arila em cada etapa.

O hidrocarboneto clorado DDT pode ser preparado a partir de materiais de partida baratos, o clorobenzeno e o tricloroacetaldeído. A reação, mostrada a seguir, é catalisada por ácido.

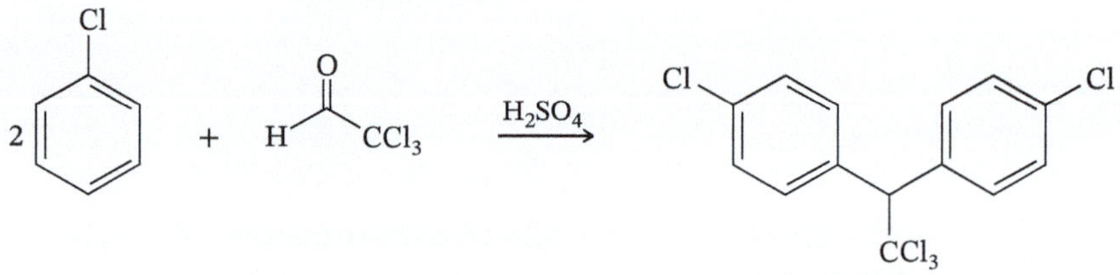

DDT
[1,1,1-tricloro-2,2-bis(4-clorofenil)etano]

Na natureza, o principal produto de decomposição do DDT é o DDE.

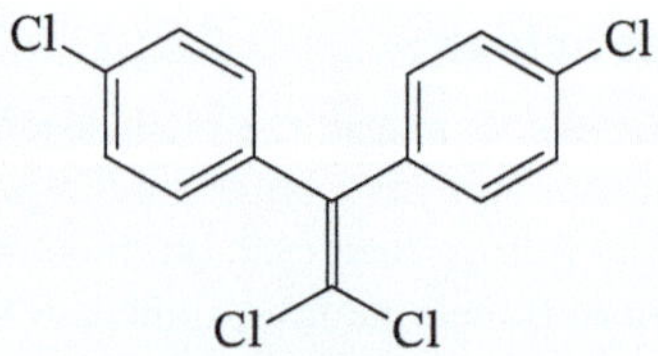

DDE
[1,1-dicloro-2,2-bis(4-clorofenil)eteno]

Estimativas indicam que aproximadamente 1 bilhão de libras – quase meio milhão de toneladas – de DDT foram borrifados por todo o ecossistema mundial. Um efeito ambiental pronunciado do DDE, após a conversão a partir do DDT, foi na formação da casca dos ovos em muitos pássaros. O DDE inibe a enzima *anidrase carbônica*, que controla o fornecimento de cálcio para a formação da casca. Como consequência, as cascas tendem a ser muito frágeis e não sobrevivem a tempo de terminar a incubação. No fim da década de 1940, a população de águias, falcões e gaviões caiu drasticamente. Há pouca

(continua)

(continuação)

dúvida de que o DDT foi o principal responsável. O DDE também se acumula nos tecidos gordurosos dos humanos. Apesar de os humanos parecerem ter, a curto prazo, uma tolerância a níveis moderados de DDE, os efeitos a longo prazo são incertos.

Problema de Estudo 1 O mecanismo para a formação do DDT a partir do clorobenzeno e do tricloroacetaldeído em ácido sulfúrico envolve duas reações de substituição aromática eletrofílica. Na primeira reação de substituição eletrofílica, o eletrófilo é o tricloroacetaldeído protonado. Na segunda, o eletrófilo é um carbocátion. Proponha um mecanismo para a formação do DDT.

Problema de Estudo 2 Que tipo de reação está envolvido na conversão do DDT em DDE?

15.8 A Existência de Substituintes Pode Afetar a Orientação da Substituição Aromática Eletrofílica

A existência de um grupo no anel benzênico pode direcionar a posição de um novo grupo adicionado por uma reação de substituição aromática eletrofílica (SAE).

- **Orientadores orto–para** direcionam predominantemente o grupo de entrada para uma posição orto ou para.

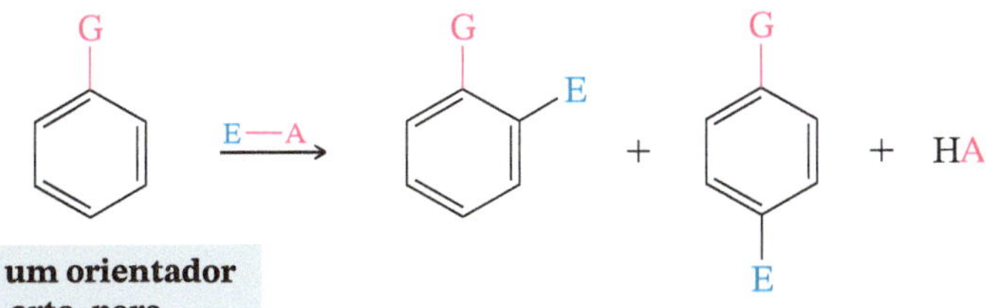

G é um orientador orto–para. **Produto orto** **Produto para**

- **Orientadores meta** direcionam predominantemente o grupo de entrada para uma posição meta.

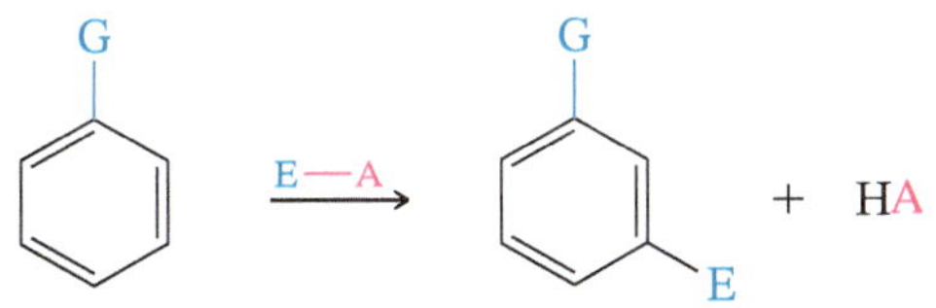

G é um orientador meta. **Produto meta**

Esses efeitos de orientação são decorrentes das propriedades de doação ou de retirada de elétrons do substituinte inicial. Os efeitos de doação de elétrons e de retirada de elétrons são causados por ressonância, indução ou ambos. Desses dois, quando ambos são possíveis, a ressonância exerce um papel maior do que a indução. Como também veremos, os grupos doadores de elétrons ativam (reforçam) a reatividade de um anel em direção a SAE e os grupos retiradores de elétrons desativam (reduzem) a reatividade da SAE. A seguir, discutiremos os fatores que levam um grupo a ser um orientador orto-para ou um orientador meta.

15.8A Orientadores Orto–Para

- Um átomo ligado ao anel que possui um par de elétrons não compartilhado faz com que a substituição aromática eletrofílica ocorra nas posições orto e para. A substituição para geralmente predomina em relação à substituição orto devido aos efeitos estéricos.

Por exemplo, a acetanilida sofre principalmente nitração na posição para, com formação apenas de traços de produto na posição orto.

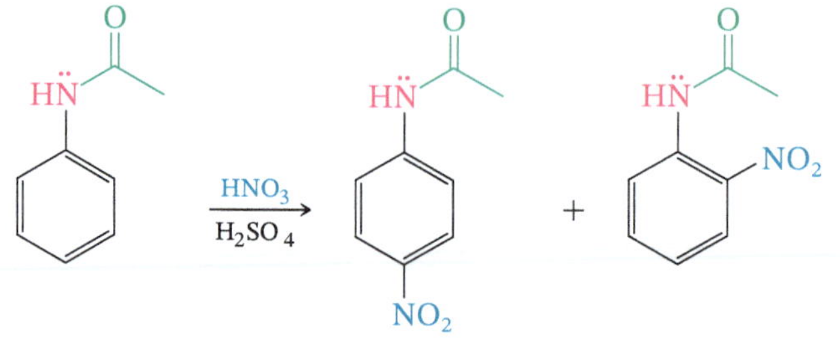

Acetanilida **p-Nitroacetanilida (90%)** **o-Nitroacetanilida (traço)**

- Grupos fortemente ativadores podem provocar substituição nas posições orto e para.

Por exemplo, anilina e fenol reagem com bromo para produzir compostos em que somente suas posições orto e para são substituídas.

Substituintes amino e hidroxila são grupos fortemente ativadores.

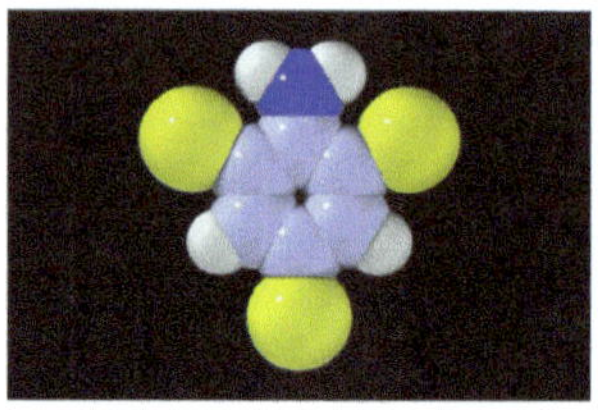

2,4,6-Tribromoanilina

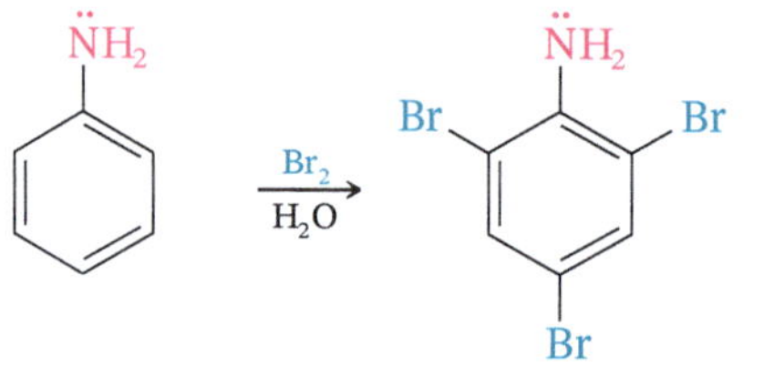

2,4,6-Tribromoanilina (~100%)

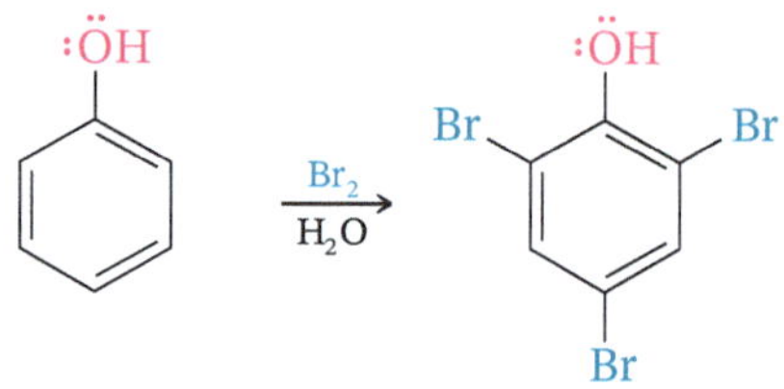

2,4,6-Tribromofenol (~100%)

Podemos entender a predominância das substituições orto e para em comparação com a substituição meta, bem como a maior reatividade da anilina e do fenol comparada com a da acetanilida, considerando as estruturas de ressonância para os íons arênio provenientes dos ataques nas posições orto, meta e para da anilina por um eletrófilo genérico E^+, como mostrado a seguir.

Ataque na Posição Orto

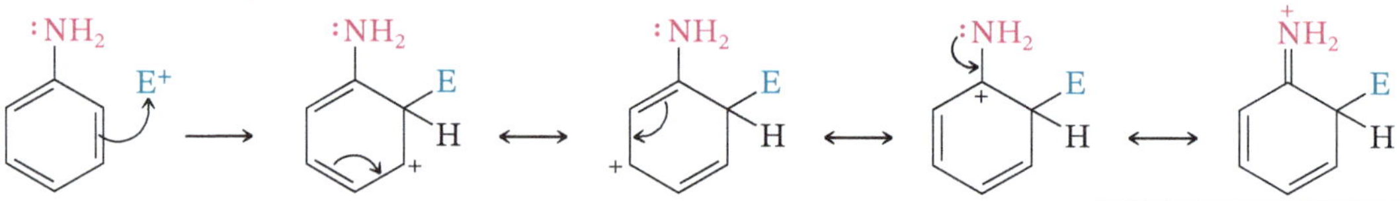

Contribuinte de ressonância relativamente estável

Ataque na Posição Meta

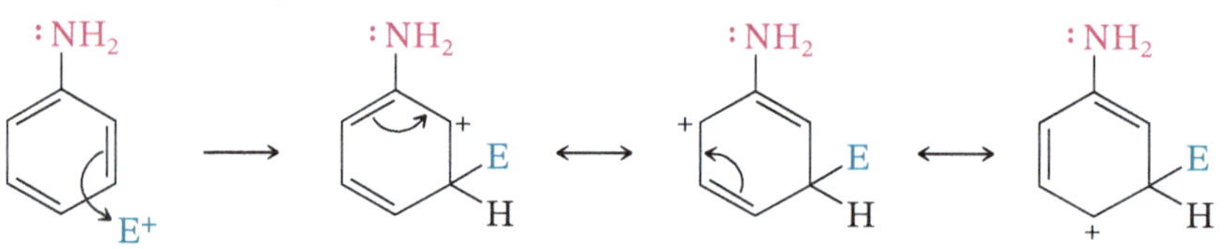

Ataque na Posição Para

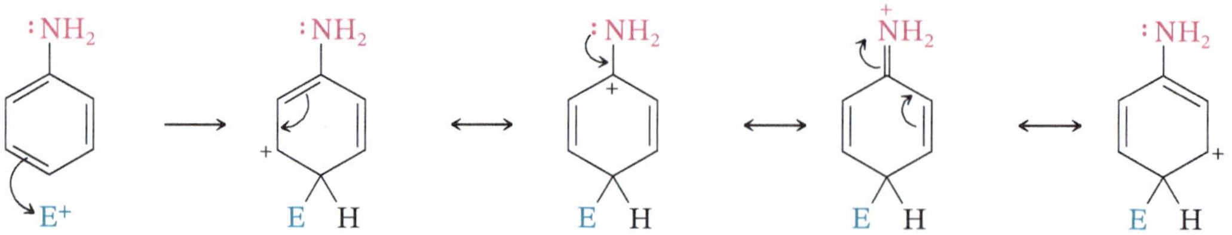

Contribuinte de ressonância relativamente estável

Como podemos ver, quatro estruturas de ressonância razoáveis podem ser escritas para os íons arênio resultantes dos ataques em orto e para, enquanto apenas três podem ser escritas para o íon arênio resultante do ataque em meta. Essa observação, por si só, sugere que os íons arênio orto e para substituídos devem ser mais estáveis. De maior importância, no entanto, são as estruturas relativamente estáveis que contribuem para o híbrido dos íons arênio orto e para substituídos. Nessas estruturas, pares de elétrons não ligantes do nitrogênio formam uma ligação covalente adicional com o carbono do anel. A ligação extra – e o fato de que todos os átomos em cada uma dessas estruturas têm um octeto externo de elétrons completo – torna essas estruturas as mais estáveis de todos os contribuintes. Como essas estruturas são particularmente mais estáveis, elas têm uma grande – *e estabilizante* – contribuição para os híbridos. Isso significa, naturalmente, que os próprios íons arênio orto e para substituídos são consideravelmente mais estáveis do que o íon arênio resultante do ataque em meta. Consequentemente, os eletrófilos reagem nas posições orto e para muito rapidamente.

PROBLEMA DE REVISÃO 15.6

(a) Use a teoria da ressonância para explicar por que o grupo hidroxila do fenol é um grupo ativador e orientador orto–para. Ilustre sua explicação mostrando os íons arênio formados quando o fenol reage com um íon Br^+ nas posições orto, meta e para. **(b)** Explique por que certas estruturas de ressonância contribuem mais ou menos para o híbrido de ressonância.

- A doação de elétrons para o anel por ressonância é reduzida quando existe um caminho de ressonância alternativo longe do anel.

Podemos explicar a menor reatividade da acetanilida em comparação com a anilina e o fenol com base na ressonância envolvendo o grupo carbonila na acetanilida. Na acetanilida, o par de elétrons não compartilhado no nitrogênio pode ser deslocalizado na carbonila do grupo funcional amida, diminuindo, assim, a disponibilidade do par de elétrons para a contribuição para as estruturas de ressonância do íon arênio. Na anilina ou no fenol, esse efeito de ressonância não é possível devido à ausência do grupo carbonila. Portanto, o grupo amida da acetanilida é menos ativador do que o grupo amino da anilina ou o grupo hidroxila do fenol.

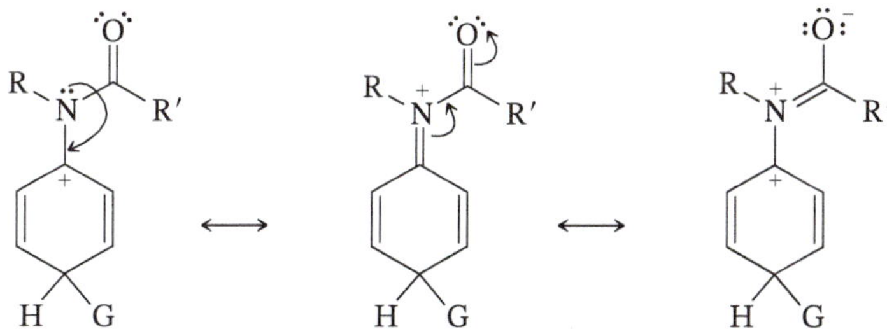

A doação de elétrons ao anel por ressonância é reduzida quando existe um caminho de ressonância alternativo fora do anel.

PROBLEMA DE REVISÃO 15.7

O fenol reage com o anidrido acético, na presença de acetato de sódio, formando o éster acetato de fenila:

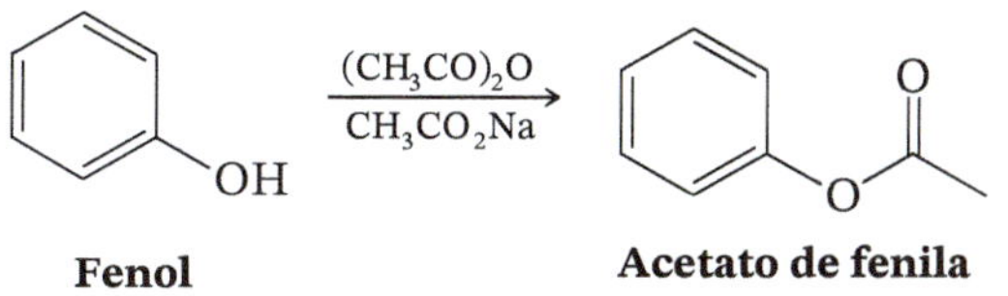

O grupo —$OCOCH_3$ do acetato de fenila, assim como o grupo —OH do fenol (Problema de Revisão 15.6), é um orientador orto–para.

(a) Que característica estrutural do grupo —$OCOCH_3$ explica esse fato?

(b) O acetato de fenila, apesar de sofrer reação nas posições orto e para, é menos reativo quanto à reação de substituição aromática eletrofílica que o fenol. Use a teoria da ressonância para explicar esse fato.

- Átomos de halogênio são também orientadores orto–para por ressonância, mas eles desativam o anel para a substituição aromática eletrofílica por meio de suas eletronegatividades.

O par de elétrons não compartilhado de um halogênio estabiliza o íon arênio por ressonância. Essa estabilização, porém, é limitada pela incompatibilidade do tamanho atômico e pela sobreposição orbital entre o carbono e os halogênios (exceto para o flúor), em comparação com a sobreposição orbital de ressonância mais efetiva entre carbono e oxigênio ou nitrogênio. Portanto, os halogênios são desativadores porque suas eletronegatividades desestabilizam o íon arênio, apesar de serem orientadores orto–para em virtude da ressonância.

- Os grupos alquila são orientadores orto–para.

Eles estabilizam o íon arênio por meio da doação de elétrons por efeito indutivo, de maneira semelhante ao modo como um carbocátion comum (p. ex., um carbocátion que não é conjugado como um íon arênio) é estabilizado pelo grupo alquila adjacente. Encontramos, por exemplo, que, quando o tolueno sofre substituição eletrofílica, a maior parte da substituição ocorre em suas posições orto e para. Quando nitramos o tolueno com uma mistura de ácido nítrico e ácido sulfúrico, obtemos mononitrotoluenos nas seguintes proporções relativas:

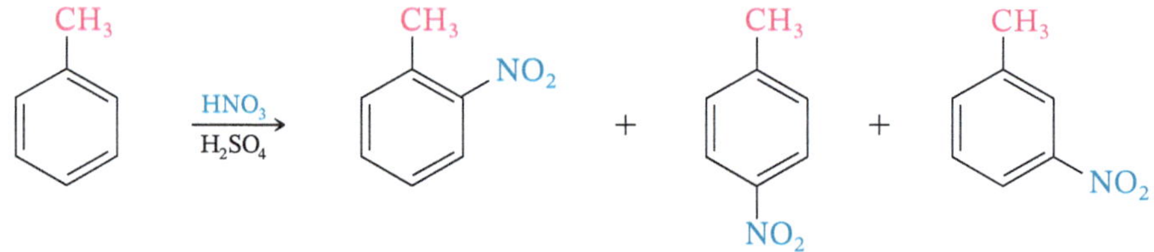

o-Nitrotolueno (59%) **p-Nitrotolueno (37%)** **m-Nitrotolueno (4%)**

Dos mononitrotoluenos obtidos da reação, 96% (59% + 37%) têm o grupo nitro na posição orto ou para. Apenas 4% têm o grupo nitro na posição meta.

A predominância da substituição nas posições orto e para do tolueno não se restringe a reações de nitração. O mesmo comportamento é observado nas reações de halogenação, sulfonação e assim por diante.

Para entender o predomínio das substituições orto e para no tolueno, vamos considerar os íons arênio que resultariam do ataque nas posições orto, meta e para do tolueno por um eletrófilo genérico E^+.

Ataque na Posição Orto

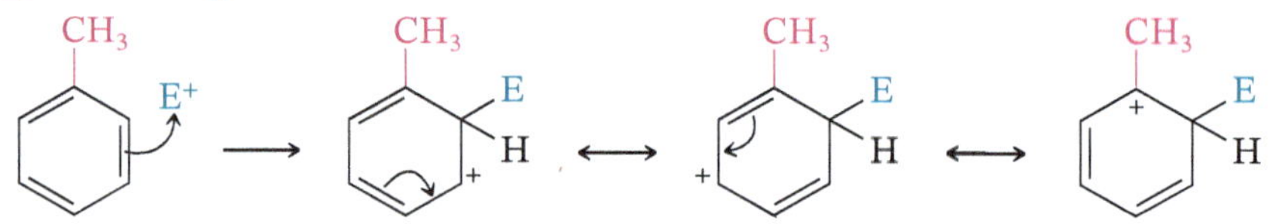

Contribuinte de ressonância mais estável

Ataque na Posição Meta

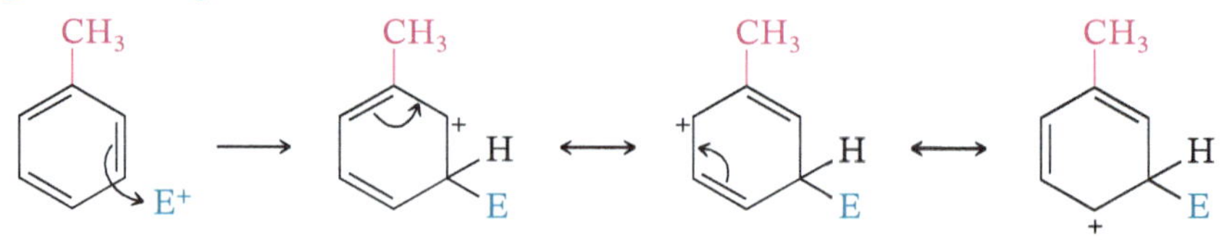

Ataque na Posição Para

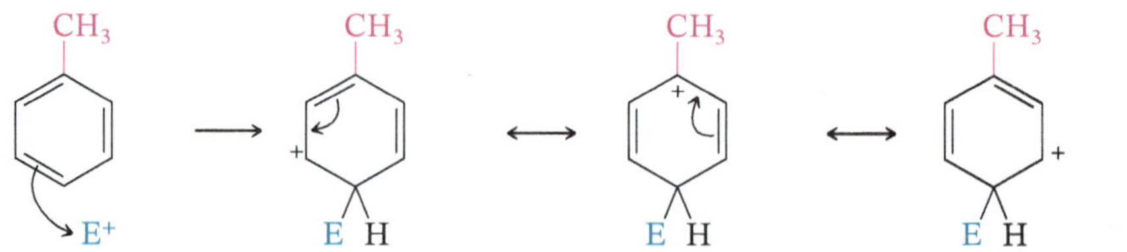

Contribuinte de ressonância mais estável

No ataque às posições orto e para, podemos escrever estruturas de ressonância nas quais o grupo metila está ligado diretamente a um átomo de carbono do anel carregado positivamente. Essas estruturas são relativamente mais *estáveis* do que as demais porque nelas a influência estabilizadora do grupo metila (por efeito indutivo doador de elétrons) é mais eficaz. Essas estruturas, portanto, fazem uma grande contribuição (estabilizadora) para o híbrido global dos íons arênio orto e para substituídos. Nenhuma estrutura relativamente estável desse tipo contribui para o híbrido do íon arênio substituído em meta e, como consequência, ele é menos estável do que os íons arênio substituídos em orto ou para. Como os íons arênio substituídos em orto e para são mais estáveis, os estados de transição que conduzem a eles têm menor energia e as substituições orto e para ocorrem mais rapidamente.

PROBLEMA DE REVISÃO 15.8

Escreva as estruturas de ressonância para os íons arênio formados quando o etilbenzeno reage com um íon Br^+ (originado de $Br_2/FeBr_3$), formando os produtos orto e para vistos a seguir.

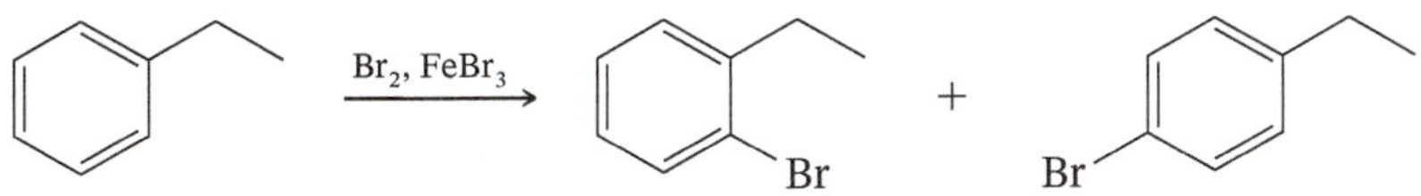

PROBLEMA DE REVISÃO 15.9

Proponha um mecanismo para a reação a seguir e explique por que ela ocorre mais rapidamente do que a nitração do benzeno.

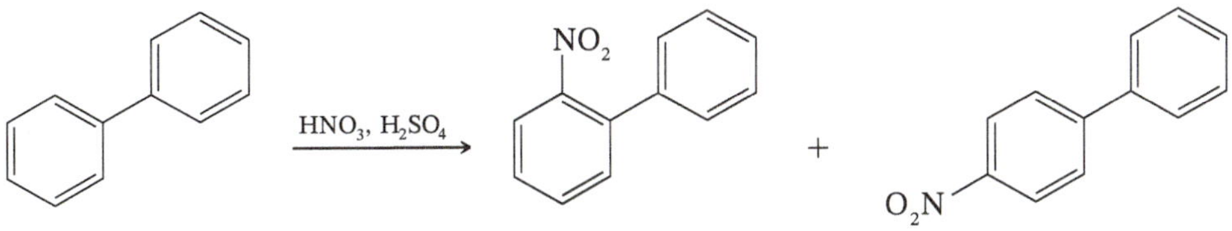

A Tabela 15.1 inclui um resumo dos grupos orientadores orto–para.

15.8B Orientadores Meta

- A substituição meta ocorre quando um grupo retirador de elétrons está inicialmente presente no anel benzênico. O efeito do grupo retirador de elétrons pode ocorrer por ressonância ou indução.

Vamos considerar a nitração do nitrobenzeno, em que o *m*-nitrobenzeno é o produto predominante.

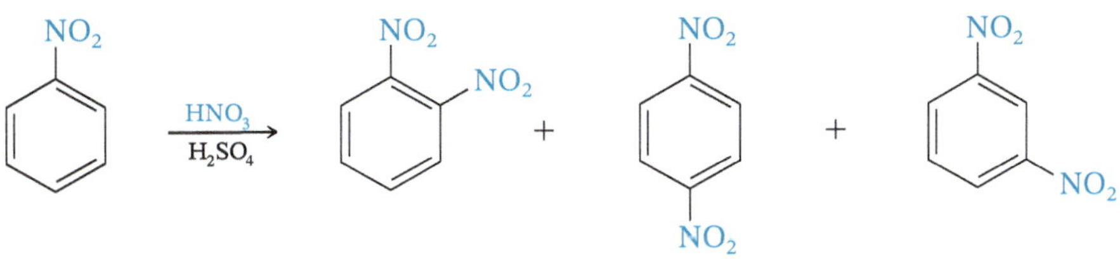

6% **1%** **93%**

Podemos entender como o efeito retirador de elétrons do grupo nitro inicial orienta a substituição para a posição meta se considerarmos as estruturas de ressonância para os íons arênio envolvidos na substituição nas posições orto, meta e para do nitrobenzeno por um eletrófilo genérico E^+.

Ataque na Posição Orto

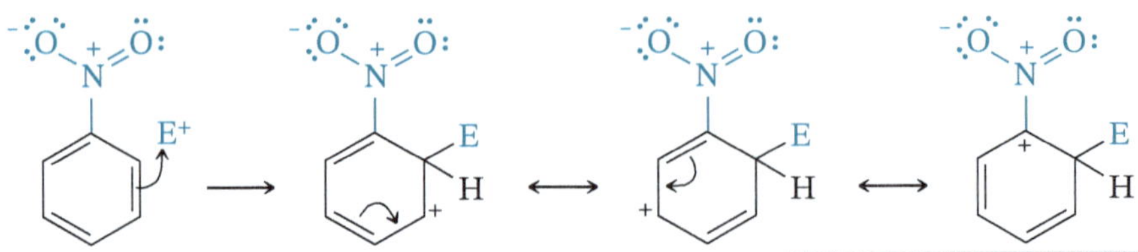

Contribuinte de ressonância altamente instável

Ataque na Posição Meta

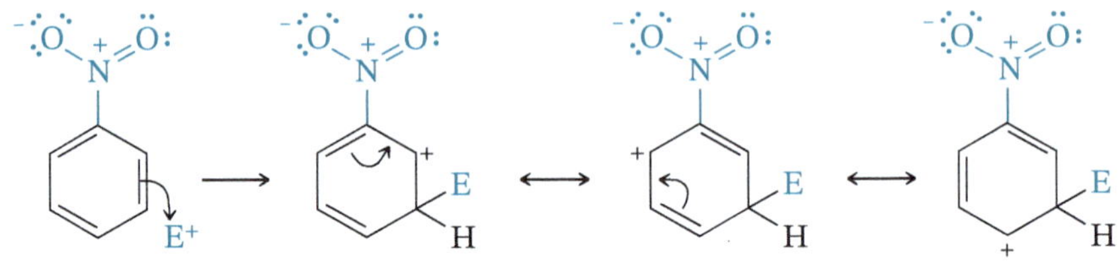

Ataque na Posição Para

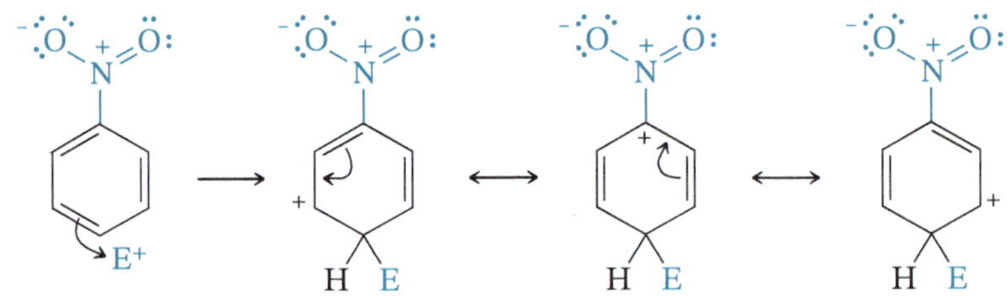

Contribuinte de ressonância altamente instável

- Quando o ataque ocorre em orto ou para, cada íon arênio resultante tem *uma estrutura contribuinte que é altamente instável em relação a todas as outras, porque a carga positiva está localizada no átomo de carbono do anel que está ligado ao grupo retirador de elétrons.*
- Quando o ataque ocorre em meta, o íon arênio resultante *não tem* tal estrutura de ressonância altamente instável.
- Pelo raciocínio usual, também esperaríamos que o estado de transição levando ao íon arênio substituído em meta seria menos instável e, portanto, que o ataque em meta seria favorecido.

Isto é exatamente o que encontramos experimentalmente. O grupo nitro é um orientador meta poderoso:

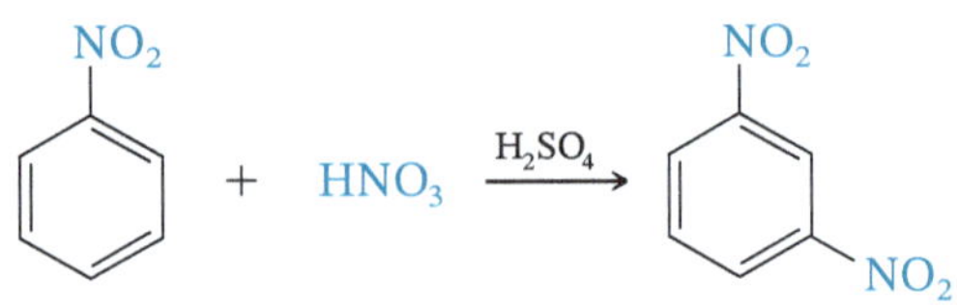

Nitrobenzeno **93%**

Tenha em mente, no entanto, que a substituição meta é favorecida somente porque *ela é a menos desfavorecida dos três caminhos desfavoráveis.* A energia livre de ativação para a substituição na posição meta do nitrobenzeno é menor do que para o ataque em uma posição orto ou para, mas ainda é muito maior do que para um ataque ao benzeno. A substituição ocorre na posição meta do nitrobenzeno mais rapidamente do que a substituição que ocorre nas posições orto ou para, mas ocorre muito mais lentamente do que com o benzeno.

- O grupo carboxila, o grupo trifluorometila e outros grupos orientadores meta (veja a Tabela 15.1) são todos poderosos grupos retiradores de elétrons e agem de forma semelhante.

A substituição meta ocorre mais lentamente do que a substituição eletrofílica do próprio benzeno devido à presença do substituinte retirador de elétrons. Em essência, a substituição meta predomina quando um grupo retirador de elétrons está presente somente porque ela é *menos desfavorável* do que a substituição nas posições orto e para.

PROBLEMA RESOLVIDO 15.3

Escreva as estruturas de ressonância contribuintes e o híbrido de ressonância para o íon arênio formado quando o benzaldeído sofre nitração na posição meta.

Estratégia e Resposta

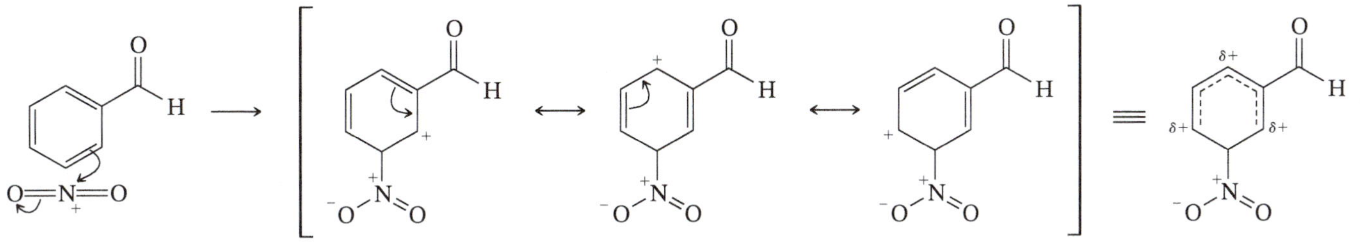

PROBLEMA DE REVISÃO 15.10

O grupo trifluorometil é um orientador meta. Explique por que isto ocorre usando estruturas de ressonância para os íons arênio que resultam da bromação orto, meta e para do trifluorometilbenzeno.

A Tabela 15.1 apresenta um resumo dos grupos orientadores meta.

TABELA 15.1 Efeito dos Substituintes na Substituição Aromática Eletrofílica

Orientadores Orto-Para	Orientadores Meta
Fortemente Ativadores	**Moderadamente Desativadores**
$-\ddot{N}H_2$, $-\ddot{N}HR$, $-\ddot{N}R_2$	$-C\equiv N$
$-\ddot{O}H$, $-\ddot{O}:^-$, $-\ddot{O}R$	$-SO_3H$
Moderadamente Ativadores	
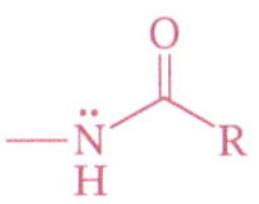	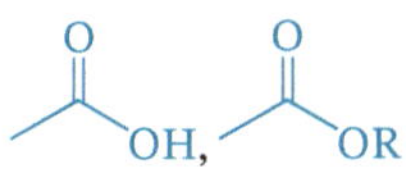
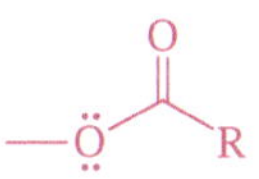	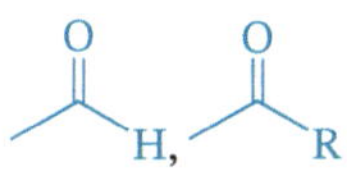
Fracamente Ativadores	**Fortemente Desativadores**
—R (alquil)	$-NO_2$
$-C_6H_5$ (fenil)	$-\overset{+}{N}R_3$
Fracamente Desativadores	$-CF_3$, $-CCl_3$
$-\ddot{F}:$, $-\ddot{Cl}:$, $-\ddot{Br}:$, $-\ddot{I}:$	

PROBLEMA RESOLVIDO 15.4

Classifique cada um dos anéis aromáticos a seguir como ativado ou desativado com base no substituinte ligado, e indique se o grupo é um orientador orto–para ou meta.

(a) 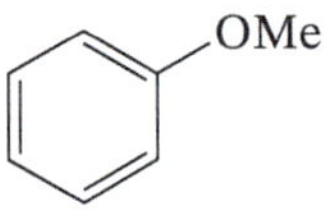

(b) 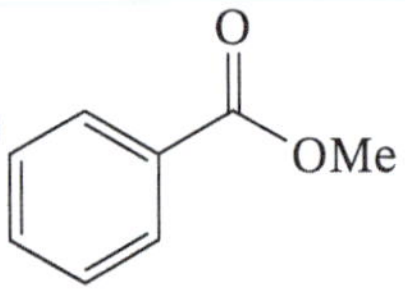

(c) 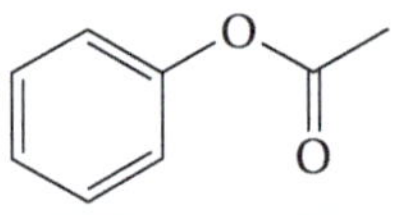

(d) 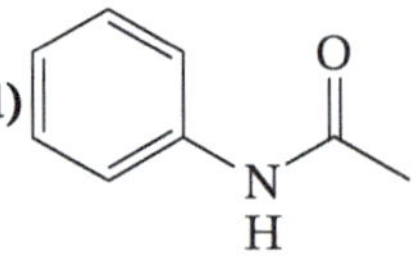

(e) 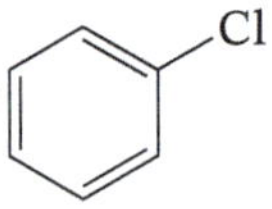

(f) 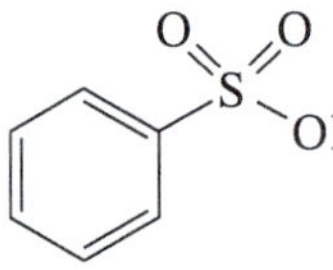

Estratégia e Resposta

Se um substituinte doa densidade eletrônica, ele ativará o anel e a substituição ocorrerá em orto e para. Se um substituinte retira densidade eletrônica, o anel será desativado e a substituição ocorrerá em meta (exceto para os halogênios, que retiram elétrons, mas promovem substituição em orto–para). **(a)** Ativado; um éter é um orientador orto–para; **(b)** desativado; a carbonila do éster é um orientador meta; **(c)** ativado; o oxigênio do éster está diretamente ligado ao anel e, portanto, é um orientador orto–para; **(d)** ativado; o nitrogênio da amida é um orientador orto–para; **(e)** desativado; porém, o halogênio é orientador orto–para por ressonância; **(f)** desativado; o grupo sulfonato é um orientador meta.

PROBLEMA DE REVISÃO 15.11

Preveja quais produtos principais são formados em cada reação a seguir. Indique quando o produto principal for uma mistura dos isômeros orto e para.

(a) O tolueno é sulfonado.

(b) O ácido benzoico é nitrado.

(c) O nitrobenzeno é bromado.

(d) O isopropilbenzeno reage com cloreto de acetila e $AlCl_3$.

15.9 Efeitos de Ativação e Desativação: Como Grupos Doadores e Retiradores de Elétrons Afetam a Velocidade de uma Reação SAE

A etapa determinante da velocidade de uma reação de substituição aromática eletrofílica é a formação do íon arênio. Podemos explicar a diferença de velocidade de reação entre benzenos substituídos por meio do exame do estado de transição para formação do íon arênio.

- Qualquer substituinte que reduz a energia do estado de transição diminui a energia livre de ativação e aumenta a velocidade relativa de reação.
- Qualquer substituinte que aumenta a energia do estado de transição aumenta a energia livre de ativação e diminui a velocidade relativa de reação.

Para ilustrar esse conceito usamos a letra G para representar qualquer substituinte do anel, incluindo o hidrogênio, e então consideramos a formação do íon arênio. O que encontramos é que a velocidade relativa de reação depende de o substituinte G **doar** ou **retirar** elétrons.

- Se G doa elétrons para o íon arênio, a reação ocorre mais rapidamente.
- Se G retira elétrons do íon arênio a reação ocorre mais lentamente.

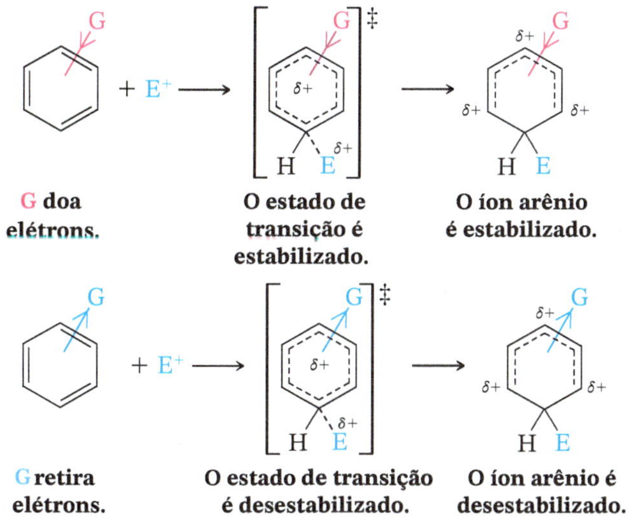

Quando G é um doador de elétrons, a reação é mais rápida.

Quando G é um retirador de elétrons, a reação é mais lenta.

O efeito dos substituintes tem relação com o estado de transição:

- **Grupos doadores de elétrons** estabilizam o estado de transição que leva ao íon arênio.
- **Grupos retiradores de elétrons** desestabilizam o estado de transição que leva ao íon arênio.

A **Fig. 15.4** compara como substituintes retiradores de elétrons e doares de elétrons afetam a energia livre de ativação relativa ao benzeno em uma reação de substituição aromática eletrofílica.

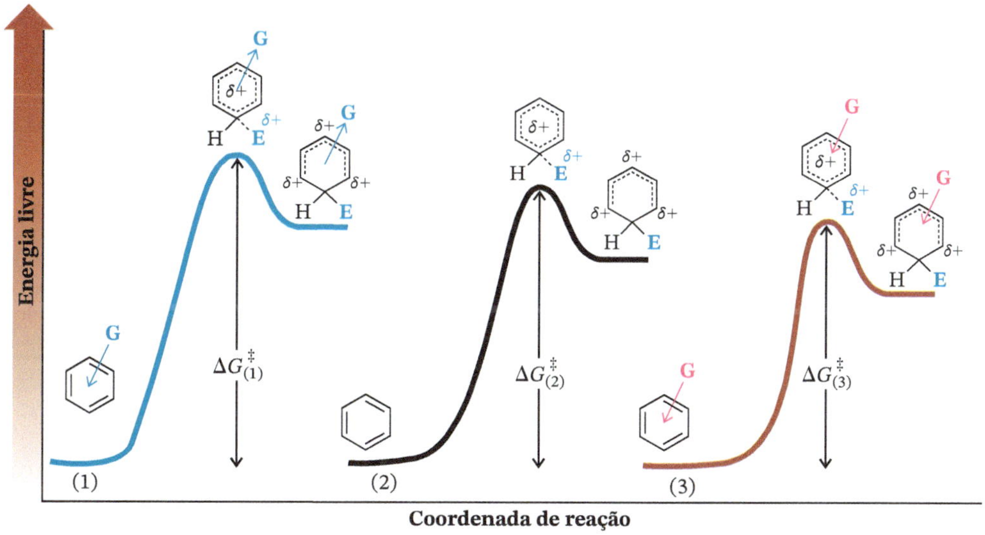

FIGURA 15.4 Uma comparação dos perfis de energia livre para a formação do íon arênio em um anel com um substituinte retirador de elétrons (→ G), sem substituinte, e com um substituinte doador de elétrons (← G). Em (1) (perfil de energia azul), o grupo retirador de elétrons G aumenta a energia do estado de transição. A energia da barreira de ativação é a mais elevada e, portanto, a reação é a mais lenta. A reação (2), sem substituinte, serve para fins de comparação. Em (3) (perfil de energia vermelho), o grupo doador de elétrons G estabiliza o estado de transição. A energia da barreira de ativação é a menor e, portanto, a reação é a mais rápida.

15.10 Efeitos de Orientação em Benzenos Dissubstituídos

- Quando dois grupos diferentes estão presentes no anel benzênico, o **grupo ativador** mais forte (Tabela 15.1) geralmente determina o resultado da reação.

Vamos considerar, a título de exemplo, a orientação da substituição eletrofílica da *p*-metilacetanilida. O grupo amida é um ativador muito mais forte do que o grupo metila. O exemplo a seguir mostra que o grupo amida determina o resultado da reação. A substituição ocorre, principalmente, na posição orto em relação ao grupo amida:

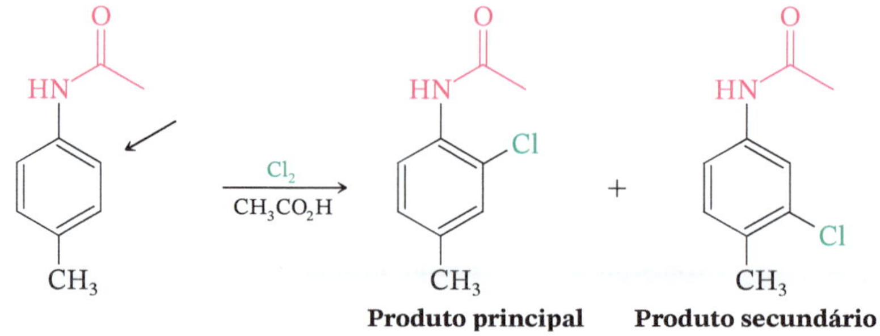

- Um orientador orto–para tem preferência sobre um orientador meta na determinação da posição de substituição porque todos os grupos orientadores orto–para são mais ativadores do que os orientadores meta.

Efeitos estéricos também são importantes em substituições aromáticas.

- A substituição não ocorre em uma extensão apreciável entre substituintes meta se outra posição estiver disponível.

Um bom exemplo desse efeito pode ser visto na nitração do *m*-bromoclorobenzeno:

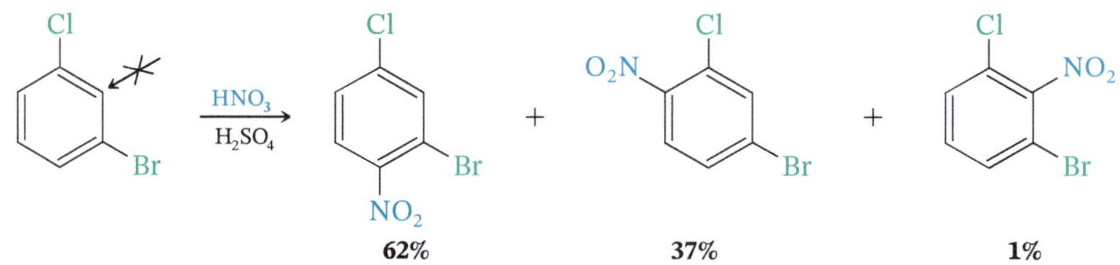

Apenas 1% do produto mononitrado tem o grupo nitro entre o bromo e o cloro.

PROBLEMA DE REVISÃO 15.12

Preveja o produto (ou produtos) principal da reação de nitração de cada um dos seguintes compostos:

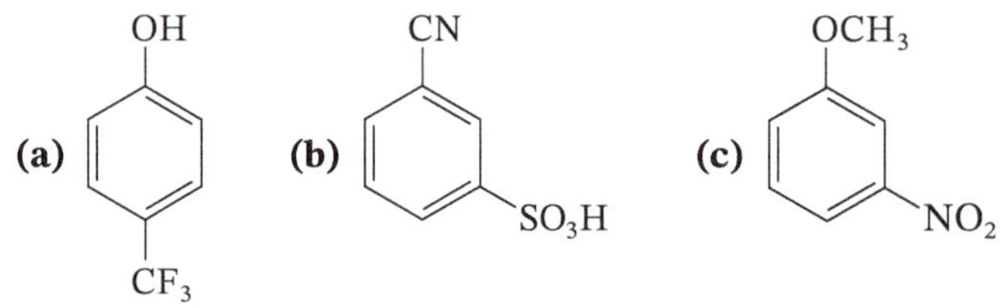

15.11 Reações da Cadeia Lateral de Alquilbenzenos

Hidrocarbonetos que consistem em grupos alifáticos e aromáticos são conhecidos também como **arenos**. Tolueno, etilbenzeno e isopropilbenzeno são **alquilbenzenos**:

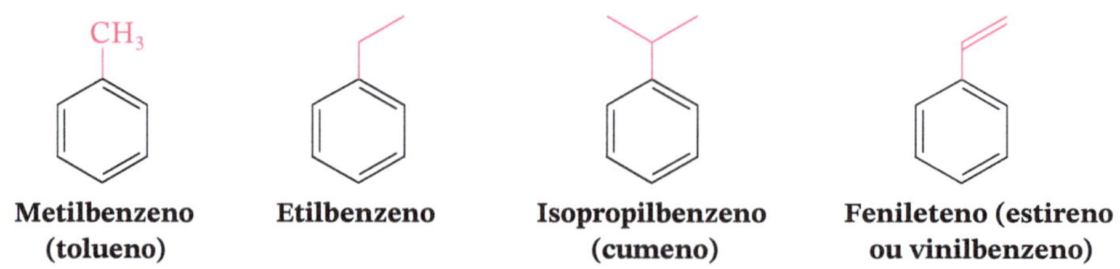

O fenileteno, conhecido como estireno, é um exemplo de um **alquenilbenzeno**. A parte alifática desses compostos é normalmente chamada de **cadeia lateral**.

15.11A Halogenação Benzílica da Cadeia Lateral

Como já foi visto neste capítulo, é possível substituir os átomos de hidrogênio no anel benzênico do tolueno e de outros compostos alquilaromáticos por bromo e cloro usando reações de substituição aromática eletrofílica. Como vimos no Capítulo 10 (Seção 10.9), cloro e bromo também podem substituir os átomos de hidrogênio que estão em um carbono **benzílico** de uma cadeia lateral por reações com radicais na presença de aquecimento, luz ou de um iniciador de radicais, como um peróxido. Isso é possível pela estabilidade especial do **radical benzílico** intermediário. Por exemplo, a cloração benzílica do tolueno ocorre em fase gasosa a 400-600 °C ou na presença de radiação UV, conforme é visto a seguir. Ocorrem substituições múltiplas na presença de excesso de cloro. O mecanismo é o mesmo que mostramos na Seção 10.4 ao se considerar a halogenação do metano.

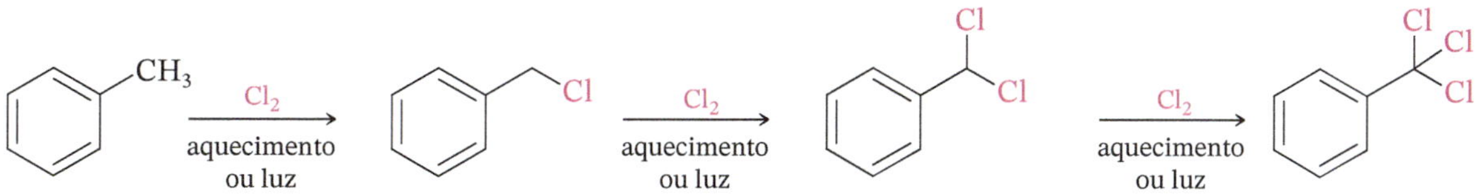

Cloreto de benzila **Diclorometilbenzeno** **Triclorometilbenzeno**

Uma boa maneira de obter monoalogenação na posição benzílica é usar NBS (*N*-bromosuccinimida, Seção 10.9). A NBS é empregada para bromações benzílicas, porque ela fornece uma quantidade estequiométrica de bromo em concentração baixa.

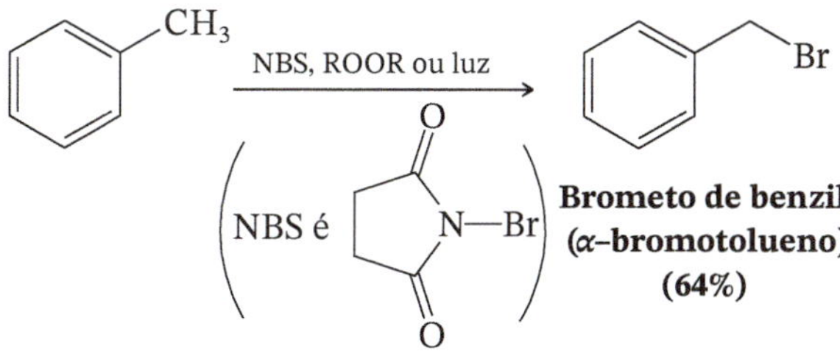

Brometo de benzila (α-bromotolueno) (64%)

A halogenação benzílica fornece uma maneira útil de introduzir um grupo de saída quando este é necessário para uma reação subsequente de eliminação ou substituição nucleofílica. Por exemplo, se desejamos sintetizar benzil etil éter a partir do tolueno, o brometo de benzila pode ser preparado a partir do tolueno, conforme foi visto anteriormente, e então o brometo de benzila pode reagir com o etóxido de sódio como é visto a seguir:

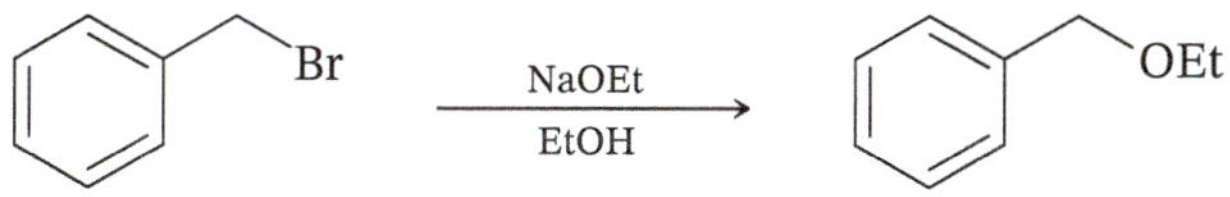

Benzil etil éter

15.11B A Conjugação É Favorecida Quando Alquenilbenzenos São Formados por Reações de Eliminação

- Alquenilbenzenos que têm a sua ligação dupla na cadeia lateral conjugada com o anel benzênico são mais estáveis do que aqueles que não têm:

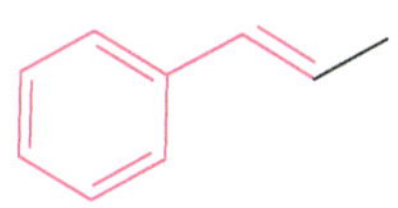 é mais estável que 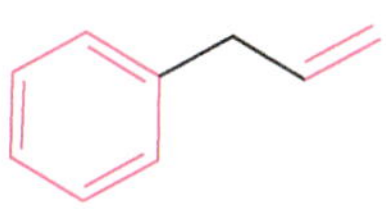

Sistema conjugado **Sistema não conjugado**

Parte das evidências para isso vem das reações de desidratação de álcoois catalisadas por ácido, que sabemos produzir o alqueno mais estável (Seção 7.11A). Por exemplo, a desidratação de um álcool, como a que vemos a seguir, produz exclusivamente o sistema conjugado:

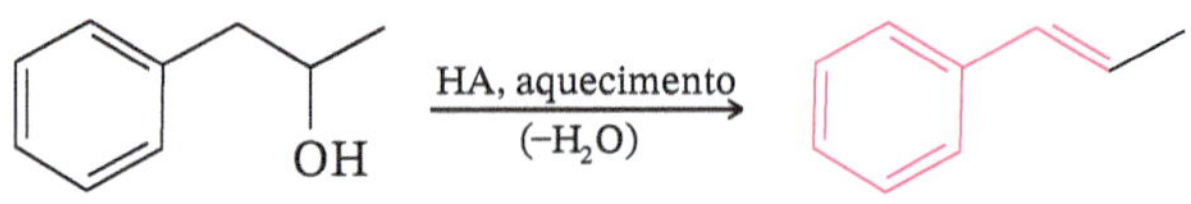

Como a conjugação sempre reduz a energia de um sistema insaturado por permitir a deslocalização dos elétrons π, esse comportamento é exatamente o que esperaríamos. Em geral, as reações de eliminação que podem formar uma dupla ligação conjugada ou não conjugada ao anel benzênico favorecem a formação da ligação dupla conjugada, como mostrado no exemplo visto a seguir de uma eliminação E2.

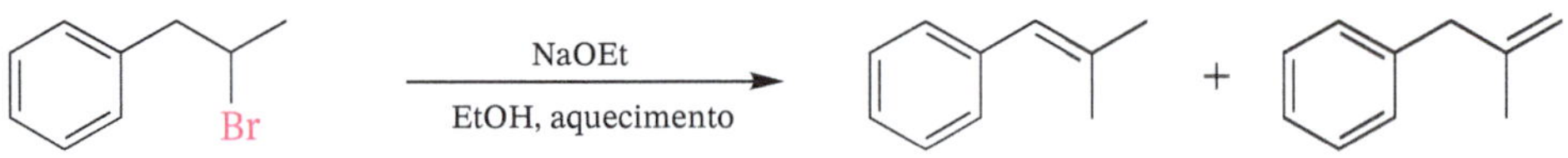

Principal (conjugado) **Secundário**

15.11C Adições à Ligação Dupla de Alquenilbenzenos

Na presença de peróxidos, a adição de brometo de hidrogênio à ligação dupla do 1-fenilpropeno forma o 2-bromo-1-fenilpropano como produto principal:

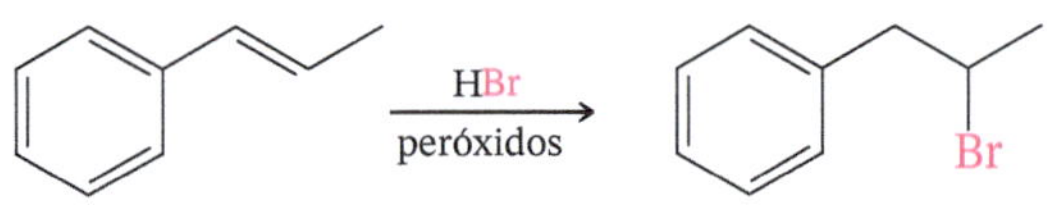

1-Fenilpropeno **2-Bromo-1-fenilpropano**

Na ausência de peróxidos, a adição de HBr ocorre de maneira oposta:

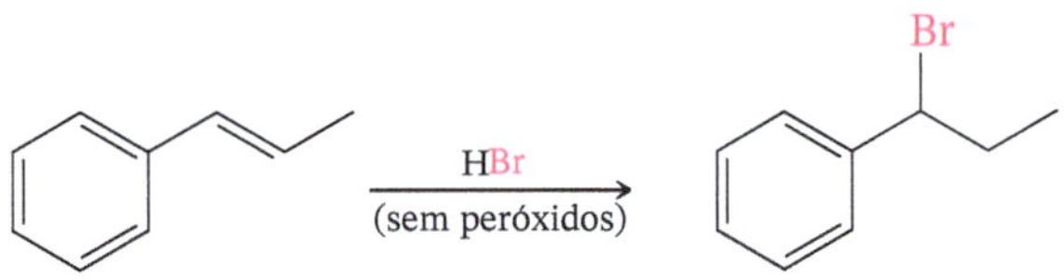

1-Fenilpropeno **2-Bromo-1-fenilpropano**

A adição de HBr ao 1-fenilpropeno ocorre via um radical benzílico na presença de peróxidos e via um cátion benzílico na ausência destes (veja o Problema de Revisão 15.13 e a Seção 10.9).

PROBLEMA DE REVISÃO 15.13

Escreva mecanismos para as reações de adição de HBr ao 1-fenilpropeno **(a)** na presença de peróxidos e **(b)** na ausência de peróxidos. Em cada caso, considere a regioquímica da adição (ou seja, explique por que o produto principal é o 2-bromo-1-fenilpropano na presença de peróxidos e o 1-bromo-1-fenilpropano na ausência de peróxidos).

PROBLEMA DE REVISÃO 15.14

(a) Que produto você espera que seja o produto principal quando o 1-fenilpropeno reage com HCl?
(b) Que produto você espera quando ele é submetido à reação de oximercuração–desmercuração?

15.11D Oxidação da Cadeia Lateral

Agentes oxidantes fortes oxidam o tolueno a ácido benzoico. A oxidação pode ser realizada pela ação do permanganato de potássio alcalino a quente. Esse método produz ácido benzoico com rendimento quase quantitativo:

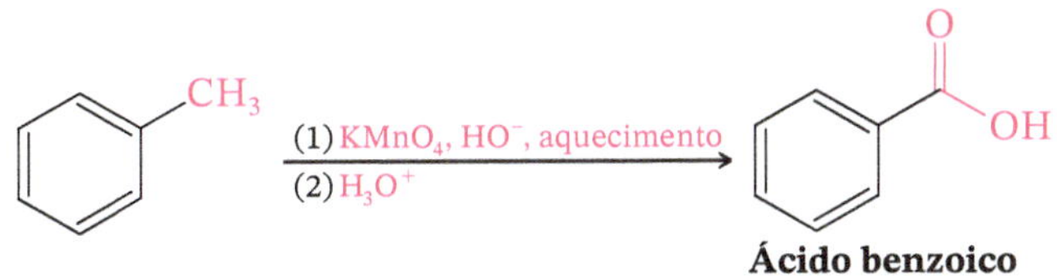

Ácido benzoico
(~100%)

Uma característica importante da reação de oxidação de cadeias laterais é que a oxidação ocorre, inicialmente, no carbono benzílico.

- Na prática, alquilbenzenos com grupos alquila maiores do que metila são degradados a ácido benzoico:

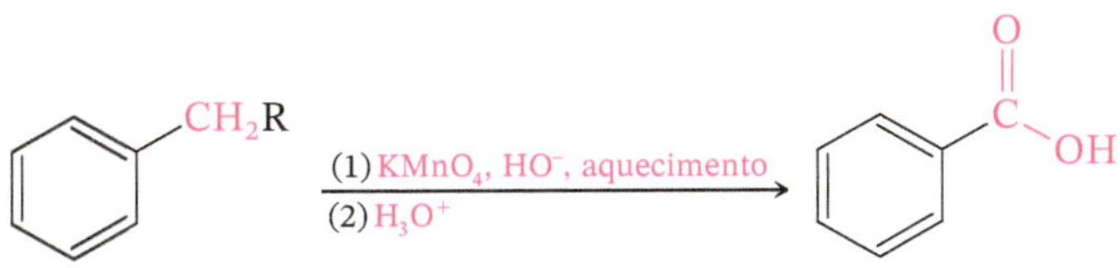

Um alquilbenzeno **Ácido benzoico**

Oxidações da cadeia lateral são similares às halogenações benzílicas porque na primeira etapa o agente oxidante retira um hidrogênio benzílico. Uma vez que a oxidação é iniciada no carbono benzílico, ela continua naquele ponto. Finalmente, o agente oxidante oxida o carbono benzílico a um grupo carboxila e, no processo, ele se separa dos átomos de carbono restantes da cadeia lateral. (O *terc*-butilbenzeno resiste à oxidação da cadeia lateral. Por quê?)

- Oxidações da cadeia lateral não estão restritas a grupos alquila. Grupos alquenila, alquinila e acila também são oxidados por permanganato de potássio alcalino a quente.

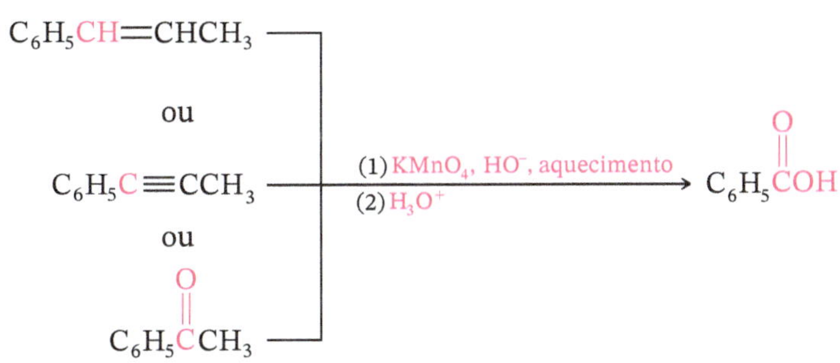

15.11E Oxidação do Anel Benzênico

O carbono do anel benzênico ligado a um grupo alquila pode ser convertido em um grupo carboxila por ozonólise, seguida por tratamento com peróxido de hidrogênio.

$$\text{R—C}_6\text{H}_5 \xrightarrow[(2)\ \text{H}_2\text{O}_2]{(1)\ \text{O}_3,\ \text{CH}_3\text{CO}_2\text{H}} \text{R—}\overset{\text{O}}{\overset{\|}{\text{C}}}\text{OH}$$

15.12 Estratégias para Síntese

As reações de substituição de anéis aromáticos e as reações das cadeias laterais de alquil e alquenilbenzenos, quando consideradas em conjunto, oferecem um poderoso conjunto de reações para a síntese orgânica. Utilizando essas reações habilmente é possível sintetizar um grande número de derivados do benzeno.

15.12A Escolha da Ordem de Execução das Reações

- Parte da habilidade no planejamento de uma síntese consiste em decidir em que ordem devem ser realizadas as reações.

Vamos supor, por exemplo, que queremos sintetizar o *o*-bromonitrobenzeno. Podemos ver muito rapidamente que devemos introduzir primeiro o bromo no anel porque ele é um orientador orto–para:

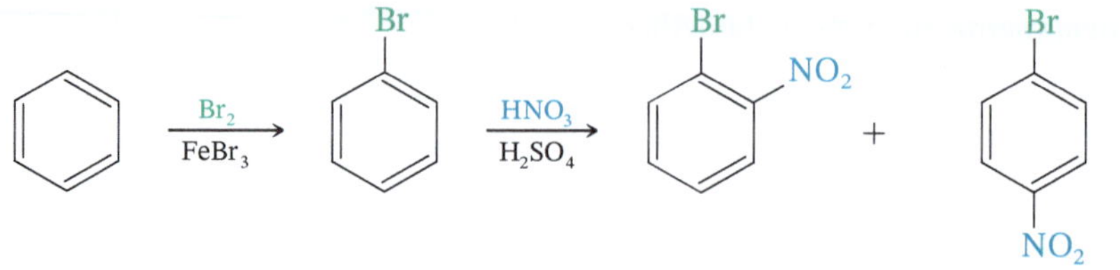

***o*-Bromonitrobenzeno**   ***p*-Bromonitrobenzeno**

Os produtos orto e para podem ser separados por vários métodos, porque eles têm propriedades físicas diferentes. Entretanto, caso o grupo nitro tivesse sido introduzido primeiro, o produto principal obtido seria o *m*-bromonitrobenzeno.

Outros exemplos nos quais a escolha da ordem correta das reações é importante são as sínteses dos ácidos *orto*-, *meta*- e *para*-nitrobenzoicos. Como o grupo metila do tolueno é um grupo doador de elétrons (mostrado em rosa a seguir), é possível sintetizar os ácidos *orto*- e *para*-nitrobenzoicos por nitração do tolueno, separando o *orto*- e o *para*-nitrotoluenos e depois oxidando os grupos metila a grupos carboxila:

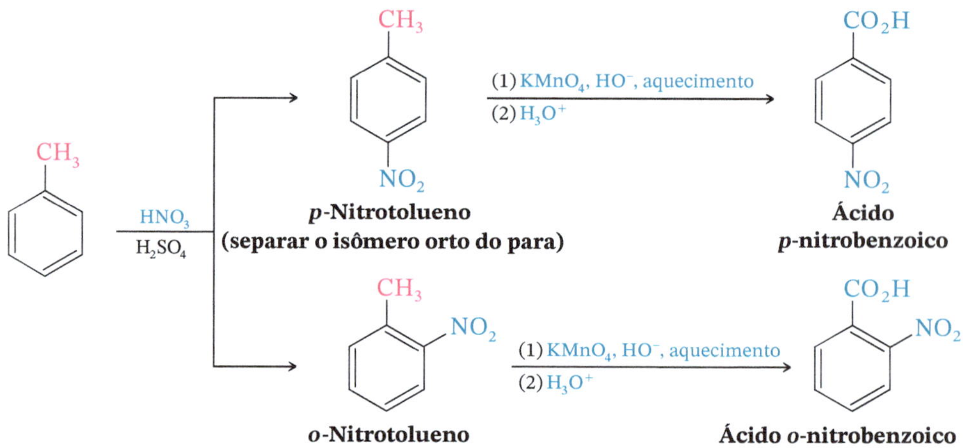

Podemos sintetizar o ácido *m*-nitrobenzoico invertendo a ordem das reações. Oxidamos o grupo metila a um ácido carboxílico e depois usamos a carboxila como um grupo retirador de elétrons (mostrado em azul) para orientar a nitração para a posição meta.

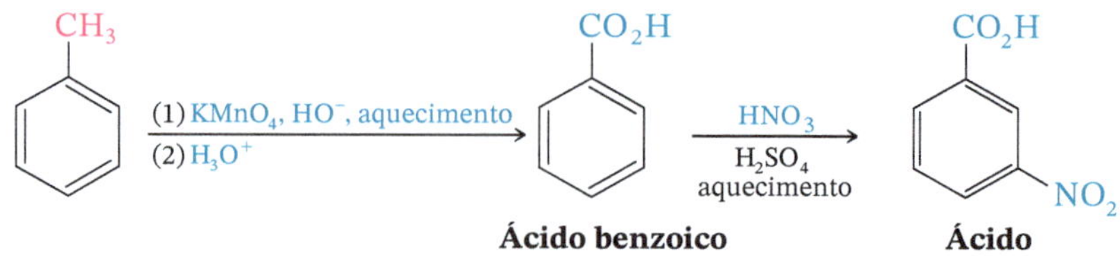

Ácido benzoico   **Ácido *m*-nitrobenzoico**

PROBLEMA RESOLVIDO 15.5

Começando com o tolueno, proponha uma síntese para **(a)** 1-bromo-2-triclorometilbenzeno, **(b)** 1-bromo-3-triclorometilbenzeno e **(c)** 1-bromo-4-triclorometilbenzeno.

Resposta

Os compostos **(a)** e **(c)** podem ser obtidos por bromação do anel do tolueno, seguido de cloração benzílica da cadeia lateral via radicais livres, usando três equivalentes molares de cloro:

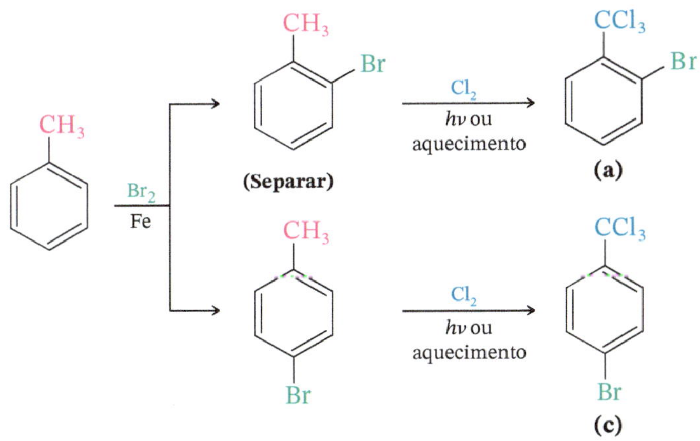

Para fazer o composto **(b)**, invertemos a ordem das reações. Ao converter primeiro a cadeia lateral para um grupo $—CCl_3$, criamos um orientador meta que faz com que o bromo entre na posição desejada:

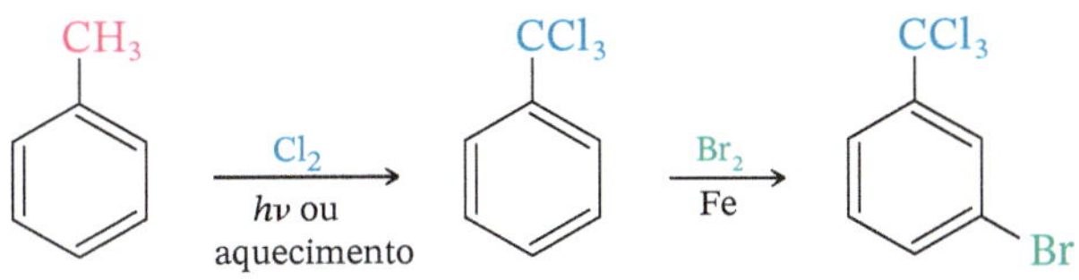

(b)

PROBLEMA DE REVISÃO 15.15

Suponha que você precise sintetizar o *m*-cloroetilbenzeno a partir do benzeno.

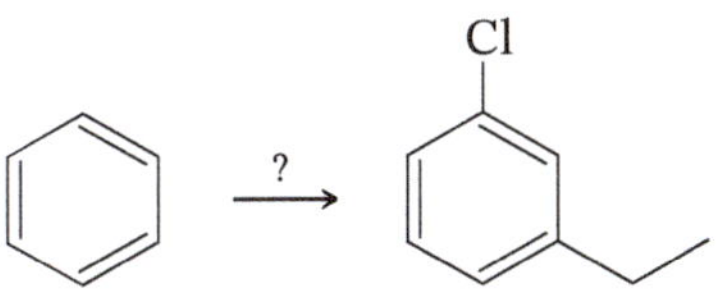

Você poderia começar pela cloração do benzeno e depois seguir com uma reação de alquilação de Friedel–Crafts empregando cloroetano e $AlCl_3$, ou você poderia começar com um alquilação de Friedel–Crafts, seguida de cloração. Entretanto, nenhuma das duas abordagens vai conduzir ao produto desejado.

(a) Por que nenhum dos dois métodos forma o produto desejado?

(b) Existe um método de três etapas que irá funcionar se as etapas forem feitas na ordem correta. Qual é esse método?

15.12B Uso de Grupos de Proteção e Bloqueadores

- Grupos ativadores muito fortes, tais como os grupos amino e hidroxila, fazem com que o anel benzênico se torne tão reativo que podem ocorrer reações indesejáveis.

Alguns reagentes utilizados nas reações de substituição eletrofílica, como o ácido nítrico, também são *agentes oxidantes* fortes. Tanto os eletrófilos como os agentes oxidantes têm afinidade por elétrons. Assim, os grupos amino e hidroxila não só ativam o anel para a reação de substituição eletrofílica, mas também o ativam para reações de oxidação. Por exemplo, a nitração da anilina resulta em considerável destruição do anel benzênico, porque ele é oxidado pelo ácido nítrico. Por conseguinte, a nitração direta da anilina não é um método satisfatório para a preparação da *o*- e *p*-nitroanilina.

O tratamento da anilina com cloreto de acetila, CH_3COCl, ou anidrido acético, $(CH_3CO)_2O$, converte o grupo amino da anilina em uma amida (especificamente, um grupo acetamido, $—NHCOCH_3$), formando acetanilida. Como o grupo amida é apenas moderadamente ativador, ele não torna o anel altamente suscetível à oxidação durante a nitração. Assim, com o grupo amino da anilina bloqueado na acetanilida, é possível fazer a nitração direta:

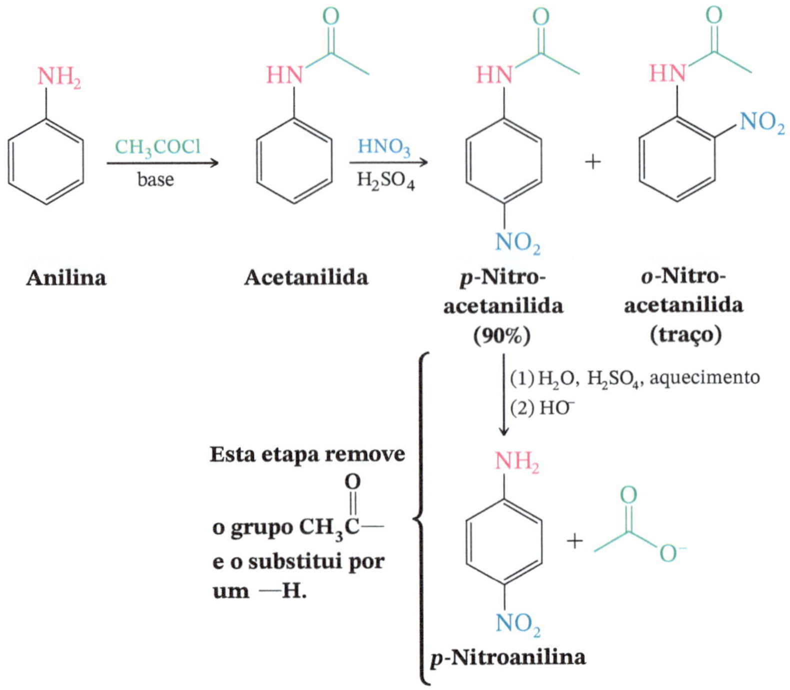

A nitração da acetanilida produz *p*-nitroacetanilida com excelente rendimento e apenas pequena quantidade do isômero orto. A hidrólise ácida da *p*-nitroacetanilida (Seção 17.8F) remove o grupo acetila, formando a *p*-nitroanilina, também com bom rendimento.

Admita, no entanto, que necessitamos obter a *o*-nitroanilina. Evidentemente, a síntese que acabamos de descrever não seria um método satisfatório, pois apenas uma pequena quantidade de *o*-nitroacetanilida é obtida na reação de nitração. (O grupo acetamido, em muitas reações, é um orientador quase que exclusivo para a posição para. Por exemplo, a bromação da acetanilida produz quase que exclusivamente a *p*-bromoacetanilida.) Contudo, podemos sintetizar a *o*-nitroanilina por meio das seguintes reações:

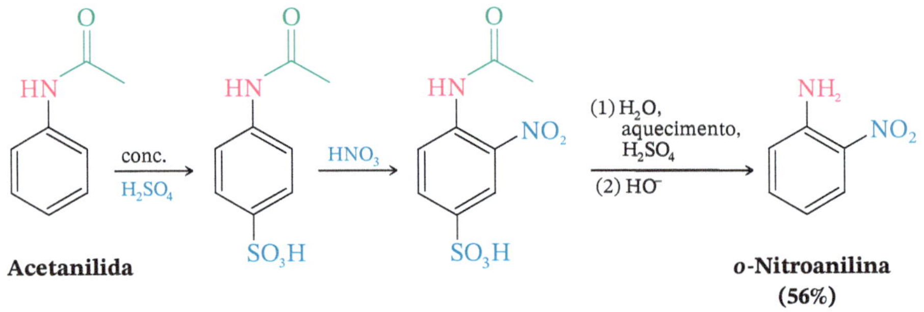

Aqui, vemos como um grupo ácido sulfônico pode ser usado como um **grupo bloqueador**. Podemos remover o grupo ácido sulfônico por dessulfonação em uma etapa posterior. Neste exemplo, o reagente utilizado para a dessulfonação (H_2SO_4 diluído) também remove convenientemente o grupo acetila que utilizamos para "proteger" o anel benzênico da oxidação pelo ácido nítrico.

15.13 S_NAr: Substituição Aromática Nucleofílica

Compostos aromáticos possuindo um ou mais substituintes fortemente retiradores de elétrons, bem como um grupo de saída, podem algumas vezes sofrer substituição nucleofílica em vez de substituição eletrofílica. Os mecanismos-padrão das reações S_N2 e S_N1 não são possíveis devido à hibridização sp^2 nos carbonos de um anel benzênico. Em vez disso, aplica-se um mecanismo chamado **S_NAr (substituição aromática nucleofílica)**. Por exemplo, o clorobenzeno não é reativo para substituição S_N2 ou S_N1 por hidróxido.

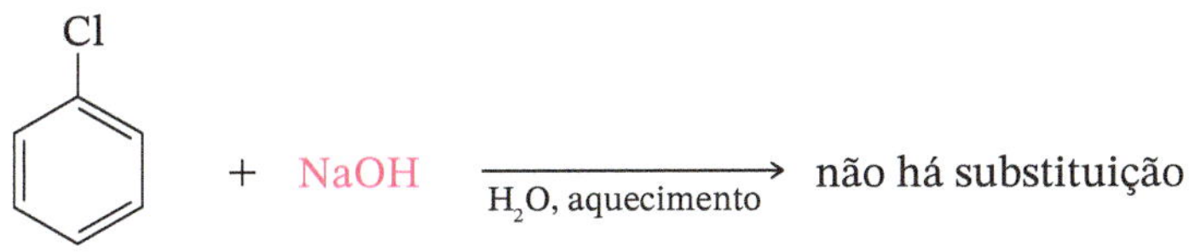

Entretanto, se um ou mais grupos fortemente retiradores de elétrons se localizam em posições orto ou para em relação ao grupo de saída, substituição por um nucleófilo é possível, como é mostrado pelas seguintes reações.

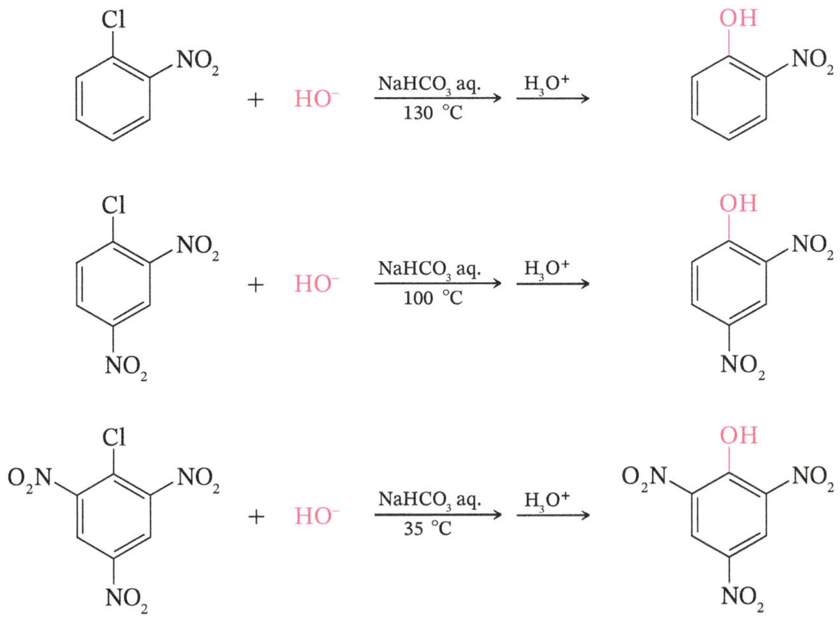

- Acredita-se que o mecanismo seja concertado com um ânion deslocalizado no estado de transição e formação e quebra simultânea de ligações.

Um Mecanismo para a Reação

Mecanismo S_NAr

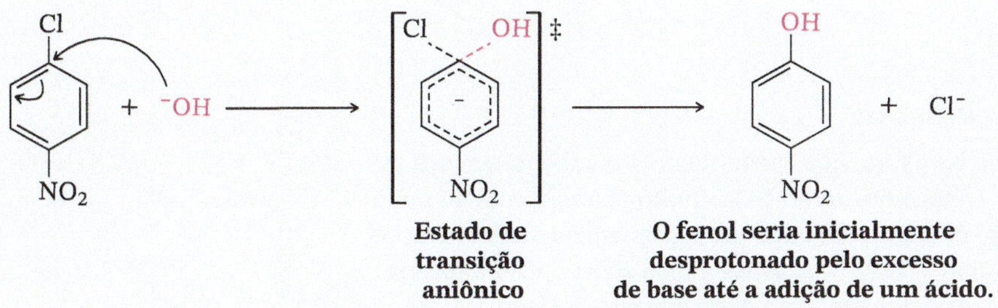

Quando o grupo de saída não é bom, como no caso do flúor, o mecanismo envolve a *adição-eliminação* nucleofílica por meio de um intermediário de Meisenheimer. No exemplo a seguir, a adição de um ânion metóxido ao *p*-nitrofluorobenzeno produz o carbânion; então a eliminação do íon fluoreto forma o produto de substituição à medida que a aromatização é restaurada.

Um Mecanismo para a Reação

S_NAr com um Intermediário de Meisenheimer

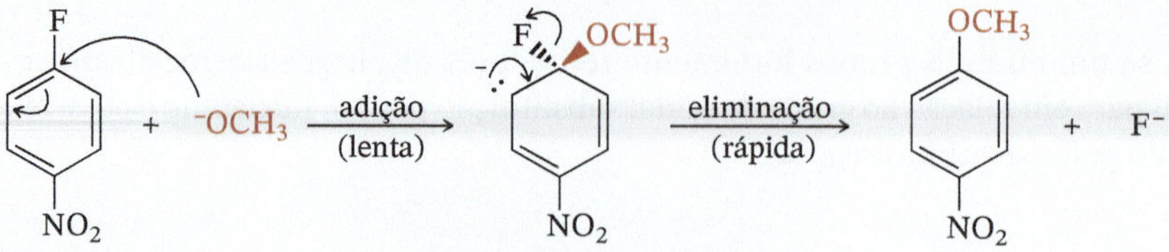

Carbânion de Meisenheimer intermediário (As estruturas das formas de ressonância contribuintes são apresentadas a seguir.)

O carbânion do intermediário de Meisenheimer é estabilizado por ressonância com grupos retiradores de elétrons nas posições orto ou para em relação à posição de substituição, como mostrado a seguir.

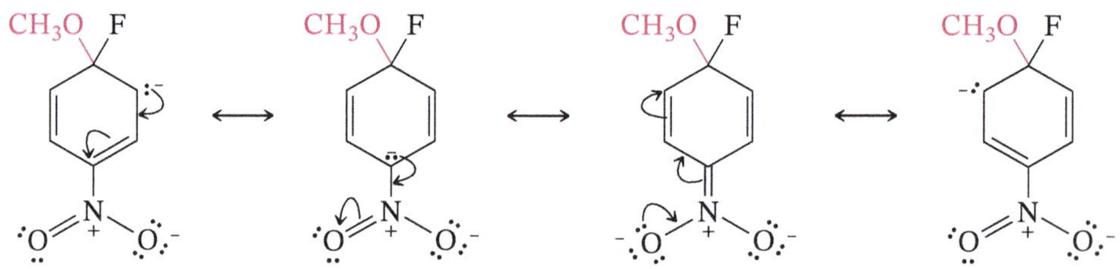

Especialmente estável (As cargas negativas estão ambas em átomos de oxigênio.)

PROBLEMA RESOLVIDO 15.6

Qual é o produto da seguinte reação?

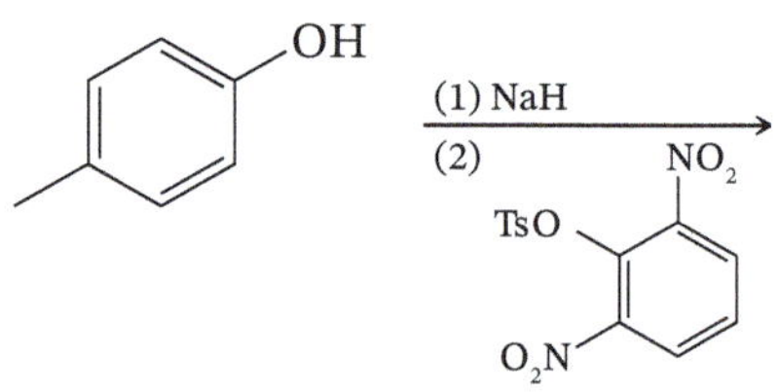

Estratégia e Resposta

O NaH é uma base forte que converterá o 4-metilfenol em seu sal fenóxido. O 1-(*p*-toluenossulfonil)-2,6-dinitrobenzeno contém tanto um bom grupo de saída como dois grupos fortemente retiradores de elétrons. Portanto, a reação plausível é uma substituição aromática nucleofílica (S_NAr), resultando no diaril éter visto ao lado.

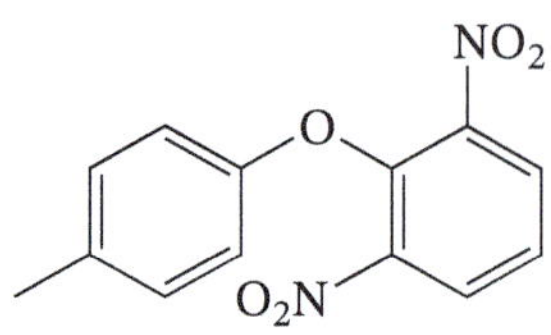

PROBLEMA DE REVISÃO 15.16

O 1-fluoro-2,4-dinitrobenzeno é altamente reativo na direção da substituição nucleofílica por meio de um mecanismo S_NAr. (Na Seção 24.5B, veremos como esse reagente é utilizado no método Sanger para a determinação das estruturas das proteínas.) Que produto seria formado quando o 1-fluoro-2,4-dinitrobenzeno reage com cada um dos seguintes reagentes?

(a) EtONa **(b)** NH_3 **(c)** $C_6H_5NH_2$ **(d)** EtSNa

A Química Biológica de . . . Desalogenação Bactericida de um Derivado de PCB

Química & Meio Ambiente

As bifenilas policloradas (PCBs) são compostos que foram utilizados no passado em uma variedade de dispositivos elétricos, aplicações industriais e polímeros. No entanto, a utilização e a produção desses compostos foram proibidas em 1979, devido à toxicidade das PCBs e à tendência de se acumularem na cadeia alimentar.

O ácido 4-clorobenzoico é um produto de degradação de algumas PCBs. Sabe-se agora que determinadas bactérias são capazes de desalogenar o ácido 4-clorobenzoico por meio de uma reação de substituição aromática nucleofílica. O produto é o ácido 4-hidroxibenzoico. Se essa reação enzimática S_NAr é combinada ou envolve um intermediário de Meisenheimer, não está claro. Aqui, ela é mostrada envolvendo um intermediário de Meisenheimer. A sequência começa com o tioéster do ácido 4-clorobenzoico derivado da coenzima A (CoA).

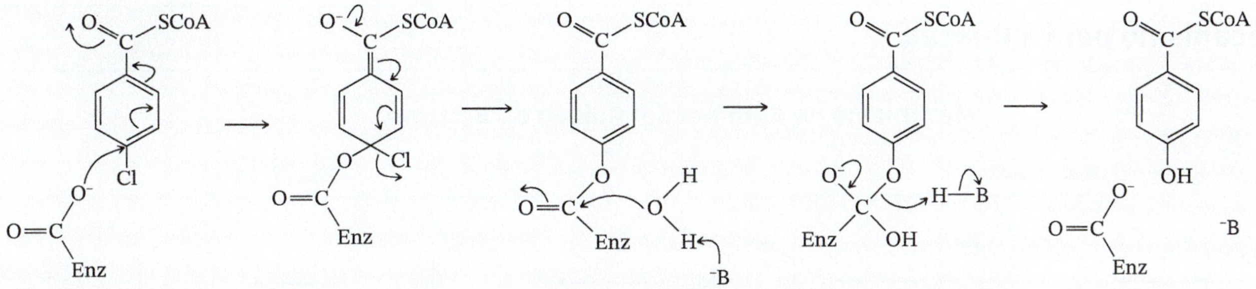

Algumas características-chave do mecanismo S_NAr enzimático, como observado aqui, são as seguintes. O nucleófilo que ataca o anel benzênico clorado é um ânion carboxilato da enzima. Quando o carboxilato ataca, os grupos positivamente carregados na enzima estabilizam a densidade eletrônica adicional que se desenvolve no grupo carbonila do tioéster do intermediário de Meisenheimer. O colapso do intermediário de Meisenheimer, com a rearomatização do anel e a perda do ânion cloreto, resulta em um intermediário em que o substrato está ligado covalentemente à enzima como um éster. A hidrólise dessa ligação éster envolve uma molécula de água cuja nucleofilicidade é realçada por um sítio básico dentro da enzima. A hidrólise do éster libera o ácido 4-hidroxibenzoico e deixa a enzima pronta para catalisar outro ciclo de reação.

15.14 Substituição Aromática Nucleofílica por Eliminação–Adição: Benzino

Embora os haletos de arila tais como o clorobenzeno e o bromobenzeno não reajam com muitos nucleófilos sob condições ordinárias, eles reagem sob condições altamente forçadas. O clorobenzeno pode ser convertido em fenol aquecendo-o com hidróxido de sódio aquoso em um reator pressurizado a 350 °C:

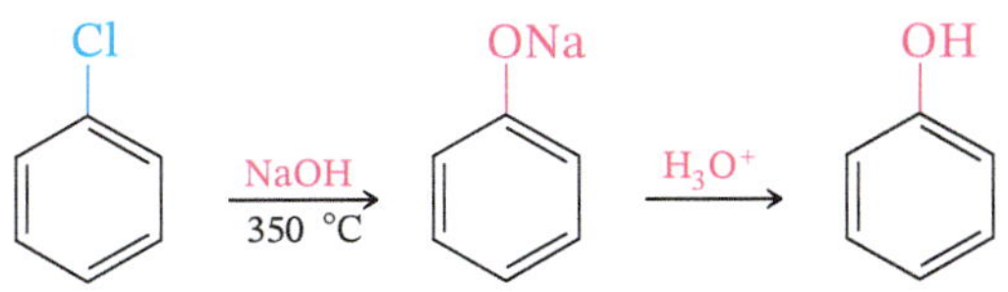

Fenol

O bromobenzeno reage com a base muito poderosa, $^-NH_2$, em amônia líquida:

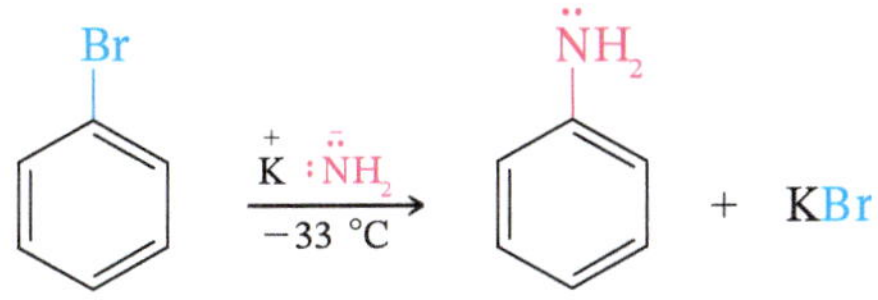

Anilina

- Essas reações ocorrem por meio de um mecanismo de **eliminação–adição** que envolve a formação de um intermediário altamente instável chamado de *benzino* (ou *desidrobenzeno*).

Podemos ilustrar esse mecanismo com a reação do bromobenzeno e o íon amideto. Na primeira etapa (veja o mecanismo a seguir), o íon amideto inicia uma eliminação por meio da abstração de um dos prótons em orto porque eles são os mais ácidos. A carga negativa que se desenvolve no carbono orto é estabilizada pelo efeito indutivo do bromo. O ânion, então, perde um íon brometo. Essa eliminação produz o **benzino**, altamente instável e, portanto, altamente reativo. O benzino então reage com qualquer nucleófilo disponível (nesse caso, um íon amideto) por meio de uma reação de adição em duas etapas para produzir a anilina.

Um Mecanismo para a Reação

Mecanismo de Eliminação–Adição do Benzino

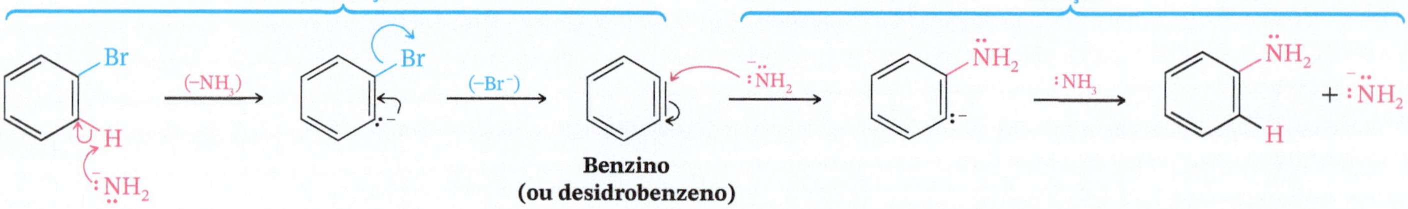

Podemos entender melhor a natureza reativa e instável do benzino se considerarmos aspectos de sua estrutura eletrônica.

O mapa de potencial eletrostático calculado para o benzino (Fig. 15.5*a*) mostra a carga negativa relativamente maior na borda do anel, correspondendo à densidade eletrônica da ligação π adicional no benzino. A Fig. 15.5*b* mostra uma representação esquemática do orbital associado à ligação π adicional. Podemos ver a partir desses modelos que os orbitais da ligação π adicional no benzino localizam-se no mesmo plano do anel, perpendicular ao eixo do sistema aromático π. Podemos ver também na **Fig. 15.5** que, uma vez que o anel de carbono não é um hexágono perfeito como no benzeno, existe tensão angular na estrutura do benzino. A distância entre os carbonos da ligação π adicional no benzino é mais curta do que entre os outros carbonos, e os ângulos de ligação do anel são, consequentemente, distorcidos de seus valores ideais. O resultado é que o benzino é altamente instável e reativo. Consequentemente, o benzino nunca foi isolado como uma substância pura, mas ele foi detectado e aprisionado de várias maneiras.

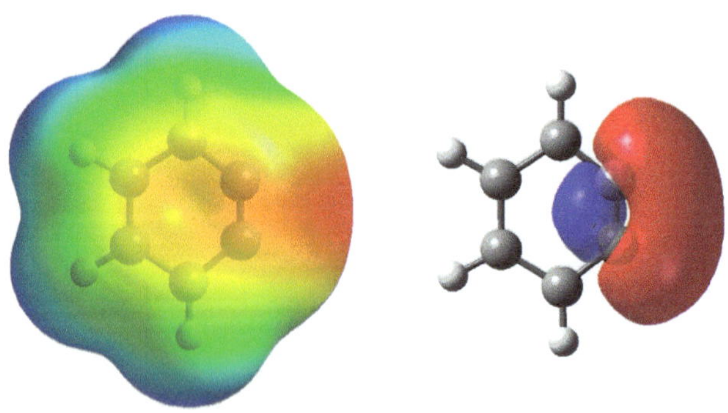

(*a*) (*b*)

FIGURA 15.5 (*a*) Um mapa de potencial eletrostático calculado para o benzino mostra a carga negativa relativamente maior (em vermelho) na borda do anel, correspondendo à densidade eletrônica da ligação π adicional no benzino. (*b*) Uma representação esquemática do orbital molecular associado à ligação π adicional no benzino. (O vermelho e o azul indicam a fase do orbital, não a distribuição de carga.) Observe que a orientação desse orbital está no mesmo plano do anel e perpendicular aos eixos do sistema π aromático.

A primeira evidência clara da existência do benzino foi um experimento feito por J. D. Roberts (Seção 9.7) em 1953 — um experimento que marcou o início da química do benzino. Roberts mostrou que, quando o clorobenzeno marcado com ^{14}C (C*) é tratado com íon amideto em amônia líquida, a anilina que é produzida tem a marcação igualmente dividida entre as posições 1 e 2. Esse resultado é consistente com o seguinte mecanismo de eliminação–adição, mas, é claro, não é de maneira alguma consistente com um deslocamento direto ou com um mecanismo de adição–eliminação. (Por quê?)

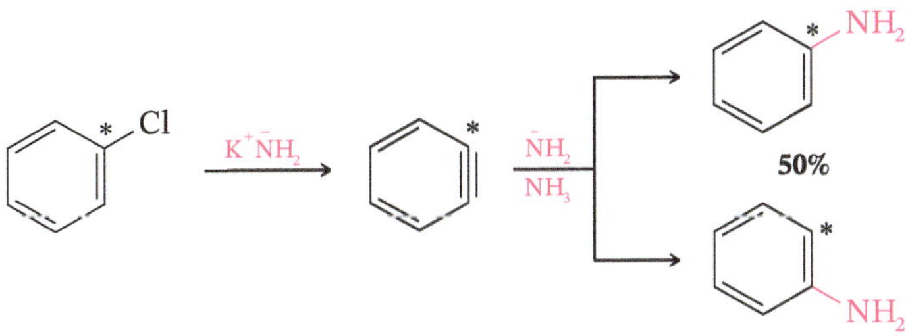

Eliminação **Adição**

Uma ilustração ainda mais impressionante pode ser vista na reação a seguir. Quando o derivado orto **1** é tratado com amideto de sódio, o único produto orgânico obtido é a *m*-(trifluorometil)anilina:

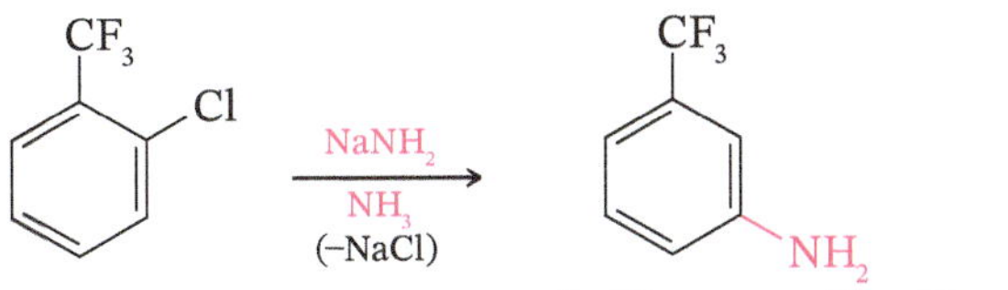

1 ***m*-(Trifluorometil)anilina**

Esse resultado também pode ser explicado por meio de um mecanismo de eliminação–adição. A primeira etapa produz o benzino **2**:

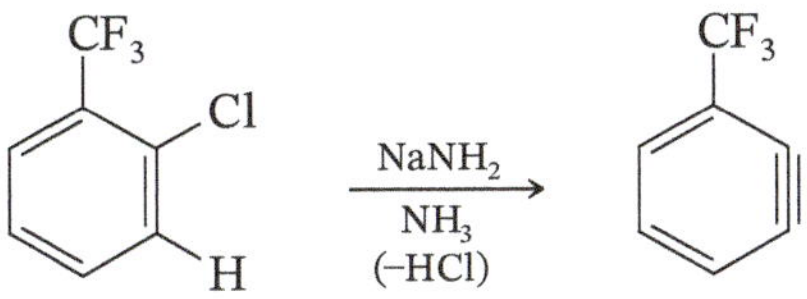

1 **2**

Esse benzino sofre então a adição de um íon amideto de forma a produzir o carbânion mais estável **3** em vez do carbânion menos estável **4**:

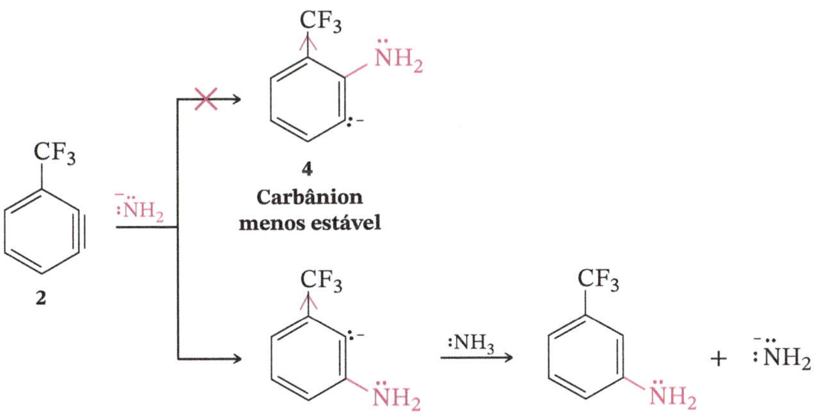

2

4
Carbânion menos estável

3
Carbânion mais estável (A carga negativa está mais próxima do grupo eletronegativo trifluorometil.)

O carbânion **3** então recebe um próton da amônia para formar a *m*-(trifluorometil)anilina.

O carbânion **3** é mais estável do que o **4** porque o átomo de carbono com a carga negativa está mais próximo do grupo trifluorometil altamente eletronegativo. O grupo trifluorometil estabiliza a carga negativa por meio de seu efeito indutivo. (Os efeitos de ressonância não são importantes aqui porque o orbital sp^2 que contém o par de elétrons não se superpõe com os orbitais π do sistema aromático.)

Os intermediários de benzino foram "aprisionados" por meio do uso de reações de Diels–Alder. Um método conveniente para gerar o benzino é a diazotação do ácido antranílico (ácido 2-aminobenzoico) seguida da eliminação de CO_2 e N_2:

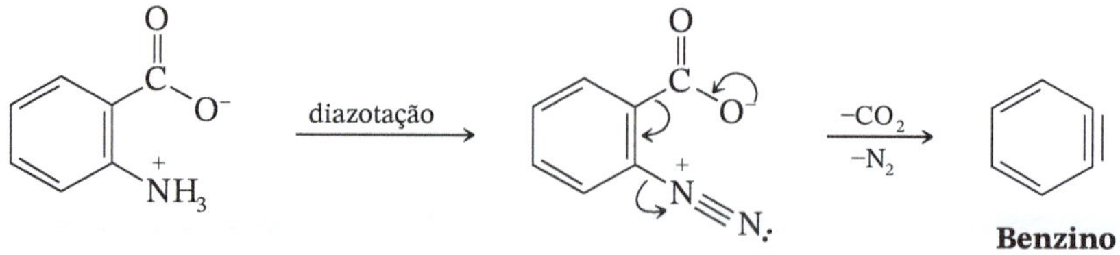

Ácido antranílico

Benzino (aprisionado *in situ*)

Quando o benzino é gerado na presença do dieno furano, o produto é um aduto de Diels–Alder:

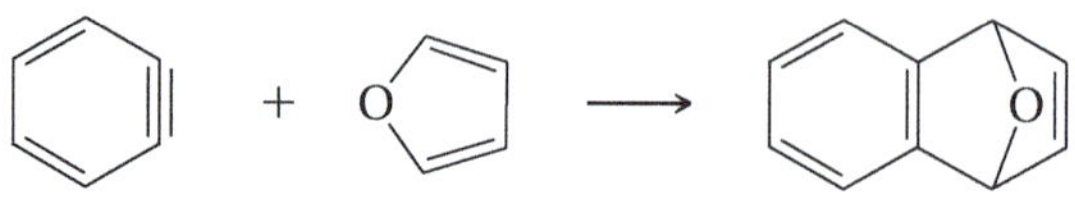

Benzino (gerado por uma reação de eliminação)

Furano

Aduto de Diels–Alder

A Química de Materiais de . . . Aprisionamento Hóspede–Hospedeiro do Benzino

PRÊMIO NOBEL

Donald Cram compartilhou o Prêmio Nobel de Química de 1987 por seu trabalho sobre a química hóspede–hospedeiro.

Apesar de sua reatividade incrivelmente alta, o benzino foi aprisionado em temperaturas muito baixas dentro de um recipiente molecular especial chamado hemicarcerando. Esses materiais foram desenvolvidos pela primeira vez pelo falecido D. Cram, que compartilhou o Prêmio Nobel de Química de 1987 por identificar o que é conhecido como química supramolecular ou química hóspede-hospedeiro. O que o hemicarcerando faz aqui é formar um novo complexo com o benzino, mantendo-o no lugar por meio de forças intermoleculares de tal forma que sua reatividade seja suficientemente estabilizada para permitir que seus espectros de ^1H e ^{13}C sejam registrados (Fig. 15.6). Esses complexos, porém, não duram para sempre e, ao fim, o benzino sofrerá uma reação de Diels-Alder com a própria molécula recipiente. Porém, devido ao material singular identificado e à sua capacidade de formar aquele complexo inicial, temos evidências espectrais da existência do benzino.

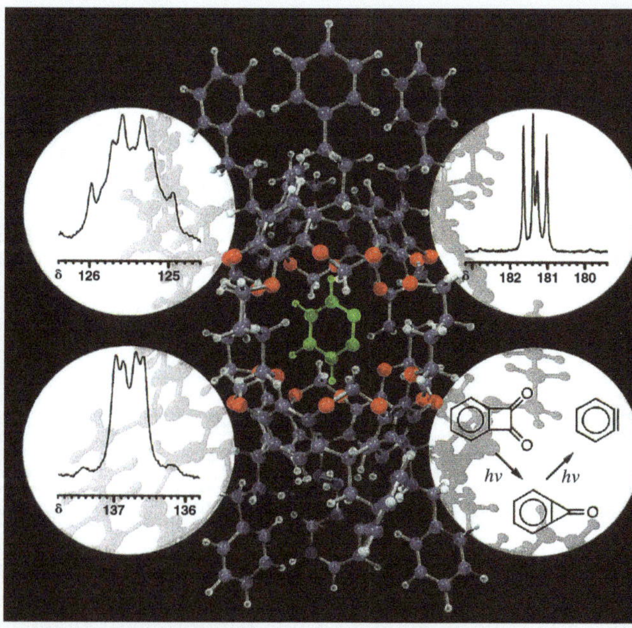

Imagem cortesia de Jan Haller, reimpressa com permissão de Ralf Warmuth

FIGURA 15.6 Um gráfico molecular do benzino (verde) aprisionado em um hemicarcerando. As imagens dos dados de RMN de ^{13}C do benzino e uma reação utilizada para sintetizá-lo são mostradas nos círculos brancos.

PROBLEMA DE REVISÃO 15.17

Quando o *o*-clorotolueno é tratado com NaOH aquoso a 350 °C e alta pressão, os produtos da reação são o *o*-cresol (2-metilfenol) e *m*-cresol (3-metilfenol). O que esse resultado sugere sobre o mecanismo?

PROBLEMA DE REVISÃO 15.18

Quando o 2-bromo-1,3-dimetilbenzeno é tratado com amideto de sódio em amônia líquida, não ocorre nenhuma substituição. Podemos interpretar que esse resultado fornece evidência do mecanismo de eliminação–adição. Explique como essa interpretação pode ser feita.

15.15 Redução de Compostos Aromáticos

A hidrogenação do benzeno sob pressão utilizando um catalisador metálico como o níquel, resulta na adição de três equivalentes molares de hidrogênio e na formação de ciclo-hexano (Seção 14.3). Os intermediários ciclo-hexadienos e ciclo-hexeno não podem ser isolados, porque eles sofrem hidrogenação catalítica mais rápido do que o próprio benzeno.

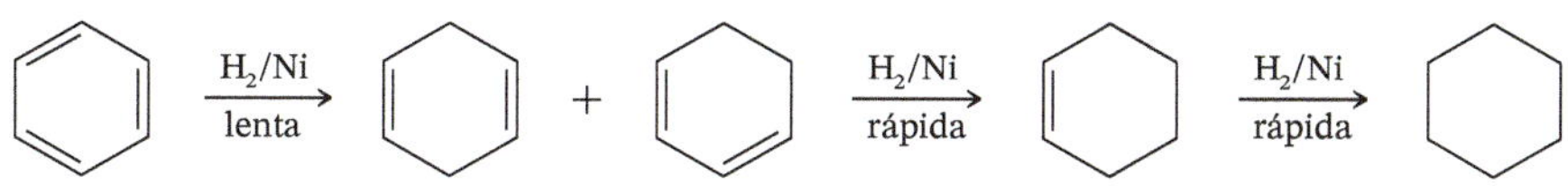

Benzeno **Ciclo-hexadienos** **Ciclo-hexeno** **Ciclo-hexano**

15.15A Redução de Birch

O benzeno pode ser reduzido para 1,4-ciclo-hexadieno por tratamento com um metal alcalino (sódio, lítio ou potássio) em uma mistura de amônia líquida e um álcool. Essa reação é chamada de **redução de Birch** em homenagem ao químico australiano A. J. Birch, que a desenvolveu.

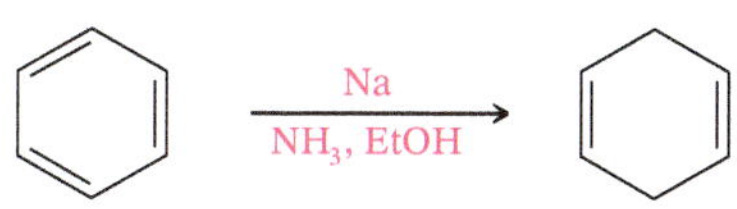

Benzeno **1,4-Ciclo-hexadieno**

A redução de Birch é uma redução por metal dissolvido e o mecanismo se assemelha ao da redução de alquinos estudada na Seção 7.17B. Ocorre uma sequência de transferência de elétron a partir do metal alcalino e de transferência de próton a partir do álcool, levando ao 1,4-ciclo-hexadieno. A razão para a formação preferencial do 1,4-ciclo-hexadieno em detrimento do 1,3-ciclo-hexadieno (conjugado, mais estável), não é bem compreendida.

Um Mecanismo para a Reação

Redução de Birch

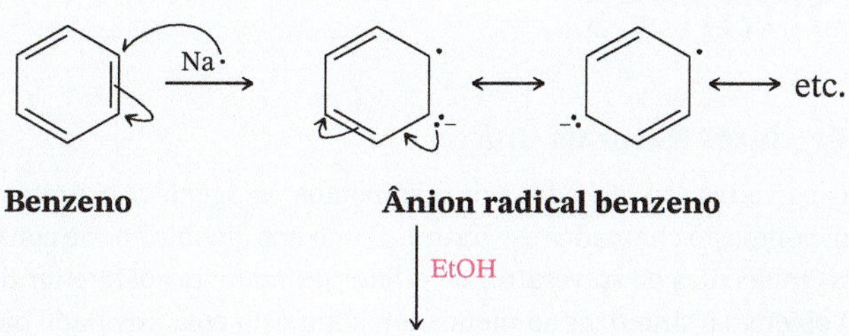

Benzeno **Ânion radical benzeno**

A primeira transferência de elétron produz um ânion radical benzeno deslocalizado.

(continua)

(continuação)

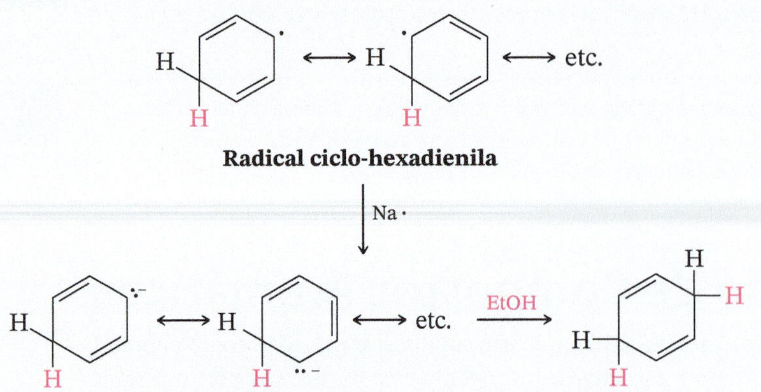

Radical ciclo-hexadienila

A protonação forma um radical ciclo-hexadienila (também uma espécie deslocalizada).

Ânion ciclo-hexadienila

1,4-Ciclo-hexadieno

A transferência de outro elétron leva à formação de um ânion ciclo-hexadienila deslocalizado, e a protonação deste forma o 1,4-ciclo-hexadieno.

Grupos substituintes no anel benzênico influenciam o curso da reação determinando a posição das ligações duplas não conjugadas restantes. Por exemplo, a redução de Birch do metoxibenzeno (anisol) leva à formação de 1-metoxi-1,4-ciclo-hexadieno. Tendo perdido a sua aromaticidade, esse material pode agora ser facilmente convertido em vários novos produtos. Por exemplo, a ozonólise proporcionaria os dois compostos dicarbonílicos mostrados a seguir, enquanto o tratamento com ácido diluído pode produzir 2-ciclo-hexanona. O processo por trás deste último evento ficará mais claro depois que você ler o Capítulo 18.

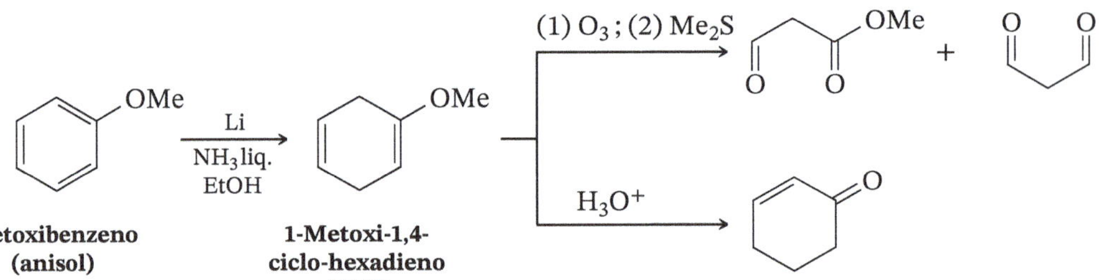

Metoxibenzeno (anisol) | **1-Metoxi-1,4-ciclo-hexadieno (84%)** | **2-Ciclo-hexenona**

PROBLEMA DE REVISÃO 15.19

A redução de Birch do tolueno forma um produto de fórmula molecular C_7H_{10}. Na ozonólise seguida por redução com sulfeto de dimetila, o produto é transformado em

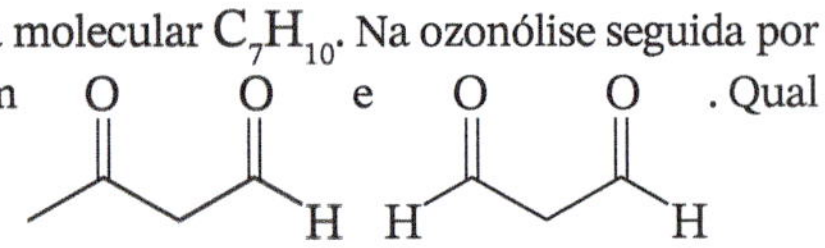

. Qual é a estrutura do produto da redução de Birch?

Por que Esses Tópicos São Importantes?

logoboom/iStock/Getty Images

Síntese Arquitetônica de Produtos Naturais Únicos

Quando certas plantas como as parreiras são atacadas por organismos patogênicos externos, como bactérias e fungos, elas usam um composto chamado resveratrol. Como nos bloquinhos de construção Lego, ele se combina com outras moléculas de resveratrol de diferentes maneiras para criar dezenas de novas moléculas maiores. O objetivo é sintetizar ao menos um composto com atividade biológica necessária para erradicar ou ao menos retardar o organismo patogênico de modo que a planta tenha uma chance de sobreviver. Alguns exemplos desses compostos são mostrados a seguir e ilustram apenas uma pequena parcela da diversidade arquitetônica que a família apresenta. Na verdade, existem membros que contêm até dez moléculas de resveratrol. O que é particularmente fascinante é que a síntese dessas moléculas envolve provavelmente dois tipos principais de formação de ligação – a química dos radicais e as reações de substituição aromática eletrofílica. Aqui iremos centralizar a nossa atenção neste último tipo de reação.

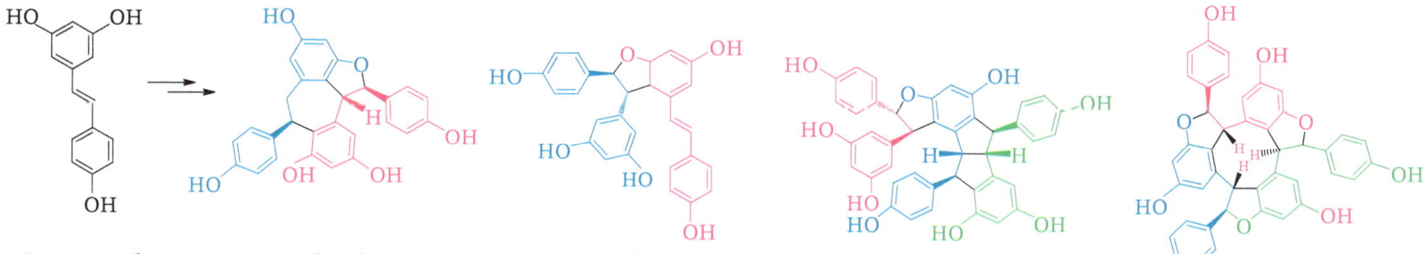

Resveratrol **Ampelopsina B** **ϵ-Viniferina** **Carasifenol C** **α-Viniferina**

Se o resveratrol se dimeriza, e a quadrangularina A e a ampelopsina D são expostas a um ácido apropriado, é razoável acreditar que a ativação do próton de suas partes alqueno criará novos carbocátions, mostrados a seguir em suas formas de ressonância estabilizadas pelo deslocamento de elétrons do sistema de anel *para*-fenóxi vizinho. O ataque pelo sistema do anel 3,5-difenóxi vizinho, rico em elétrons, através de reações de Friedel–Crafts, como mostrado a seguir, leva à formação de novas ligações C—C (assinaladas em azul), levando a estruturas completamente diferentes na forma de palidol e ampelopsina F. Todos os anéis benzênicos estão assinalados em cada caso de modo que você possa ver aonde eles se posicionam ao final. Não se tratam apenas de novas estruturas formadas, mas também de novas e diferentes propriedades biológicas. A quadrangularina A é um bom removedor de radicais, enquanto o palidol possui propriedades anticancerígenas em potencial.

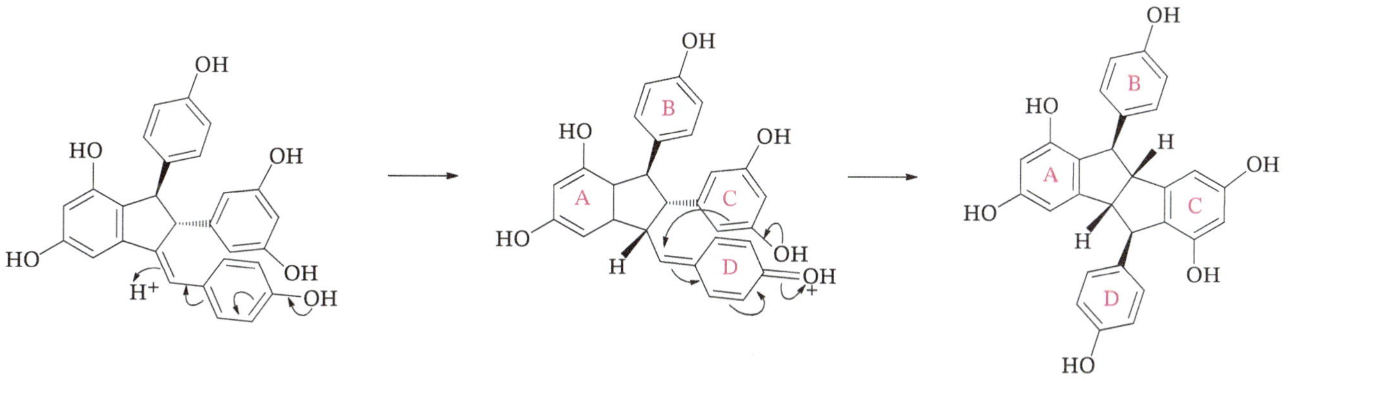

Quadrangularina A **Palidol**

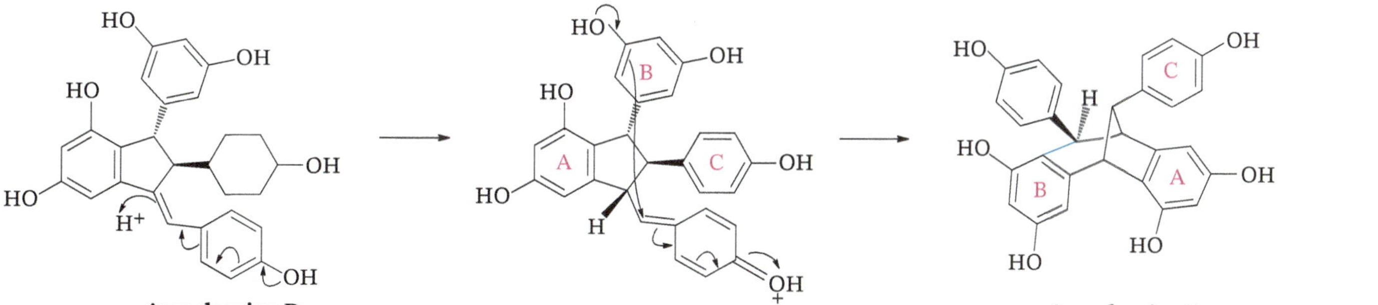

Ampelopsina D **Ampelopsina F**

Da mesma forma, se a ε-viniferina, um dímero de resveratrol, é exposta ao meio ácido, também pode levar a outras possibilidades por meio da química de Friedel–Crafts. O intermediário-chave é mostrado a seguir. Como uma questão de desafio, veja se você consegue descobrir como são formadas a ampelopsina D e a ampelopsina F.

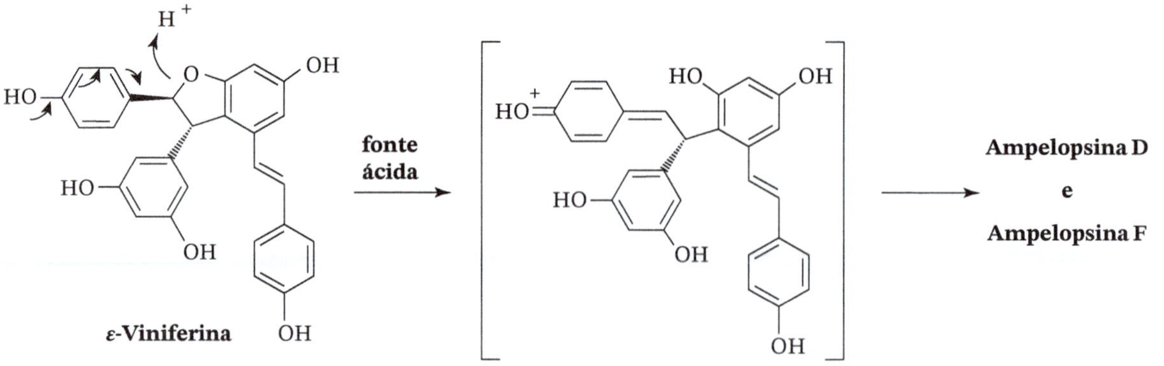

Para saber mais sobre esses tópicos, consulte:

1. Snyder, S. A.; Zografos, A. L.; Lin, Y. "Total Synthesis of Resveratrol-based Natural Products: A Chemoselective Solution" in *Angew. Chem. Int. Ed.* **2007**, *46*, 8186–8191.
2. Snyder, S. A.; Breazzano, S. P.; Ross, A. G.; Lin, Y.; Zografos, A. L. "Total Synthesis of Diverse Carbogenic Complexity within the Resveratrol Class from a Common Building Block" in *J. Am. Chem. Soc.* **2009**, *131*, 1753–1765.
3. Snyder, S. A.; Gollner, A.; Chiriac, M. I. "Regioselective Reactions for Programmable Resveratrol Oligomer Synthesis" in *Nature* **2011**, *474*, 461–466 e referências citadas.

Resumo e Ferramentas de Revisão

As ferramentas de estudo para o presente capítulo incluem termos e conceitos fundamentais que são realçados ao longo do capítulo em **negrito azul** e que estão definidos no Glossário (ao fim de cada volume), um Mapa Conceitual relativo às reações de substituição aromática eletrofílica e um esquema de Conexões Sintéticas para reações que vinculam o benzeno a uma variedade de derivados arila.

Problemas

Reações e Sínteses

15.20 Preveja o produto (ou os produtos) principal(is) formado(s) quando cada um dos seguintes compostos reage com Cl_2 e $FeCl_3$:

(a) 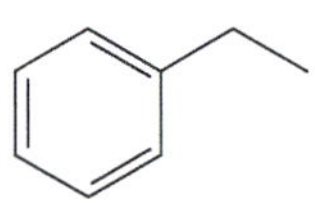

(c) 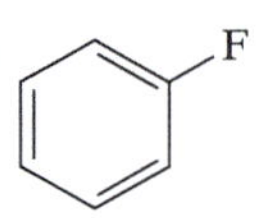

(e) 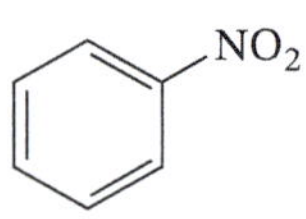

(g) 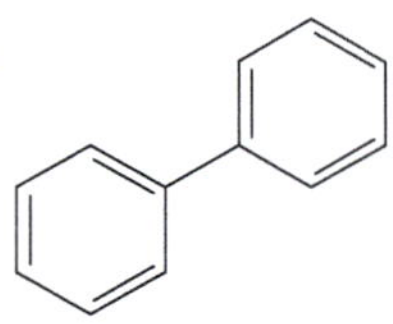

(b) 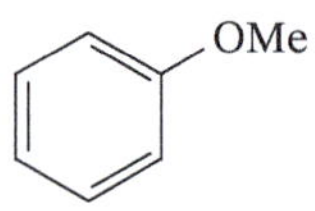

(d) 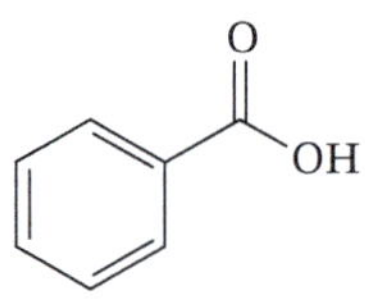

(f) 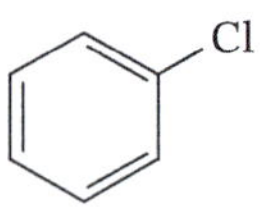

(h) 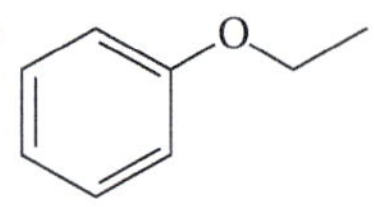

15.21 Preveja o produto (ou os produtos) principal(is) formado(s) quando cada um dos seguintes compostos reage com uma mistura de HNO_3 e H_2SO_4 concentrados.

(a) 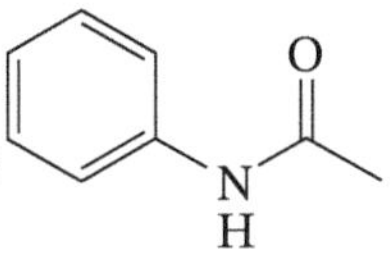

Acetanilida

(b) 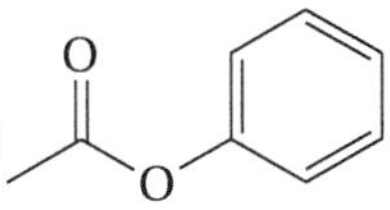

Acetato de fenila

(c) Ácido 4-clorobenzoico

(d) Ácido 3-clorobenzoico

(e) 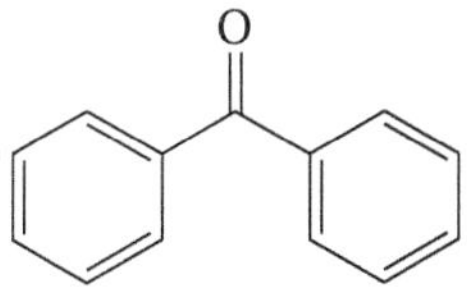

Benzofenona

(f) 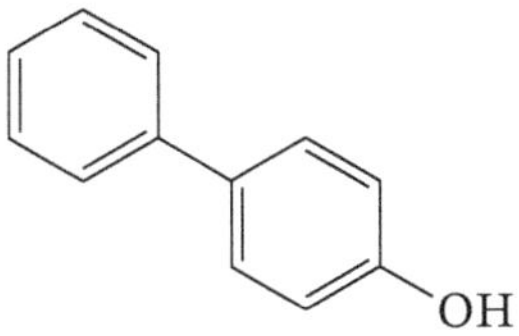

15.22 Que produto (ou produtos) monobromado(s) deve(m) ser obtido(s) quando os compostos a seguir sofrem bromação do anel com Br_2 e $FeBr_3$?

(a) 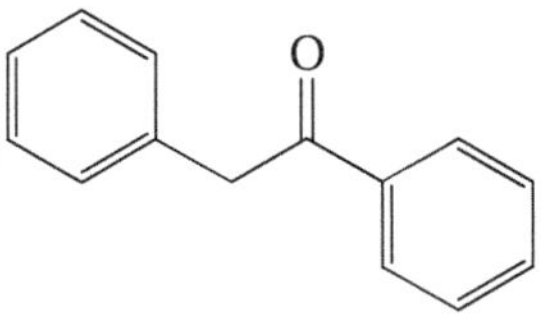

(b) 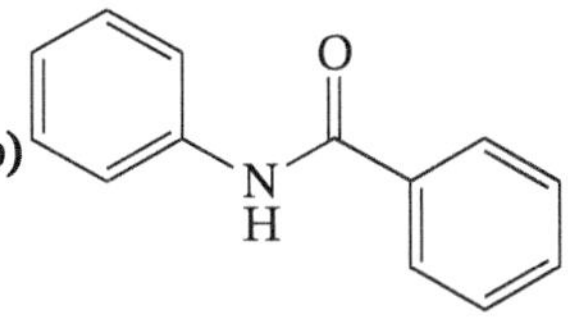

(c) 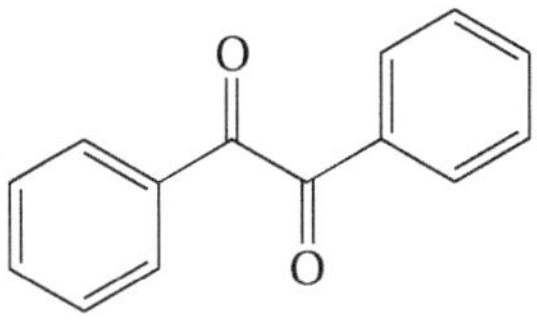

15.23 Preveja os produtos principais de cada uma das seguintes reações:

(a) 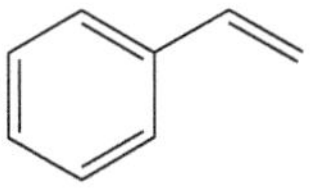 $\xrightarrow{\text{HCl}}$

Estireno

(b) 2-Bromo-1-fenilpropano $\xrightarrow{\text{EtONa}}$

(c) 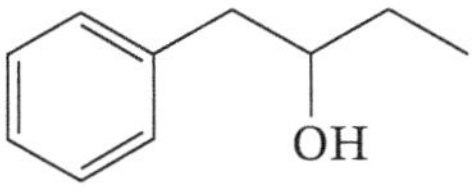 $\xrightarrow{\text{HA, aquecimento}}$

(d) Produto de (c) + HBr $\xrightarrow{\text{peróxidos}}$

(e) Produto de (c) + H_2O $\xrightarrow[\text{aquecimento}]{\text{HA}}$

(f) Produto de (c) + H_2 (1 equivalente molar) $\xrightarrow[25\ °C]{\text{Pt}}$

(g) Produto de (f) $\xrightarrow[(2)\ H_3O^+]{(1)\ KMnO_4,\ HO^-,\ \text{aquecimento}}$

(h) 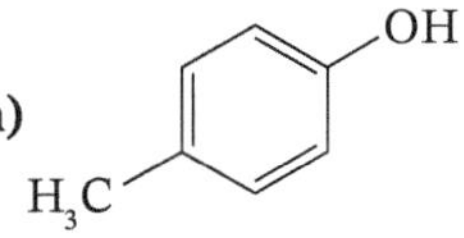 $\xrightarrow[H_2O]{Br_2\ \text{(excesso)}}$

15.24 Proponha uma síntese para cada um dos seguintes compostos a partir do benzeno:

(a) Isopropilbenzeno
(b) *terc*-Butilbenzeno
(c) Propilbenzeno
(d) Butilbenzeno
(e) 1-*terc*-Butil-4-clorobenzeno
(f) 1-Fenilciclopenteno
(g) *trans*-2-Fenilciclopentanol
(h) *m*-Dinitrobenzeno
(i) *m*-Bromonitrobenzeno
(j) *p*-Bromonitrobenzeno
(k) Ácido *p*-clorobenzenossulfônico
(l) *o*-Cloronitrobenzeno
(m) Ácido *m*-nitrobenzenossulfônico

15.25 Proponha uma síntese para cada um dos seguintes compostos a partir do estireno:

(a) 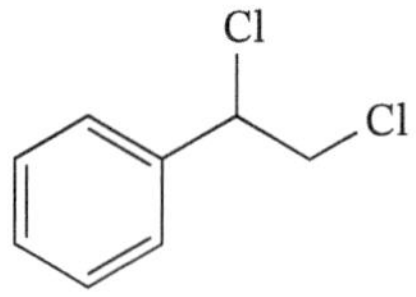
(f) 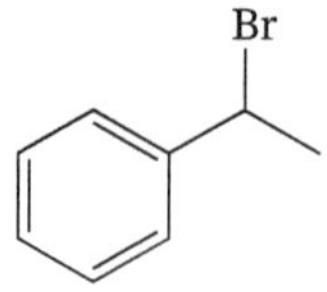
(k) 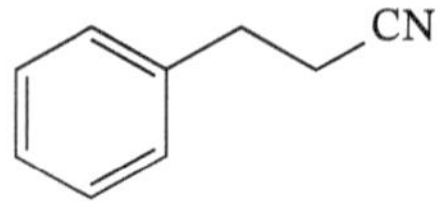
(b) 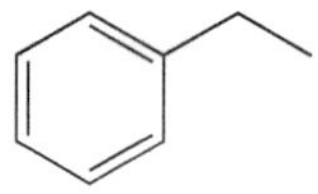
(g) 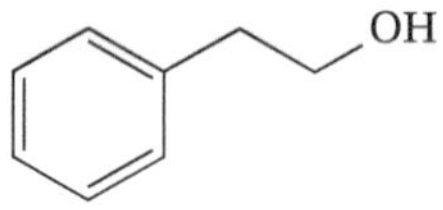
(l) 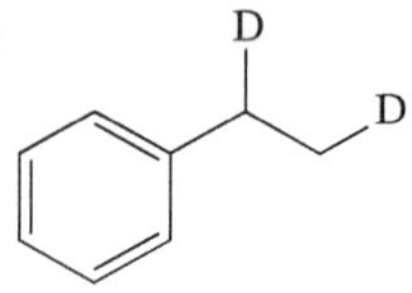
(c) 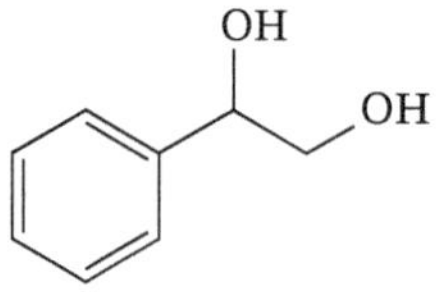
(h) 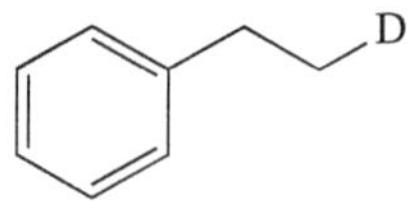
(m) 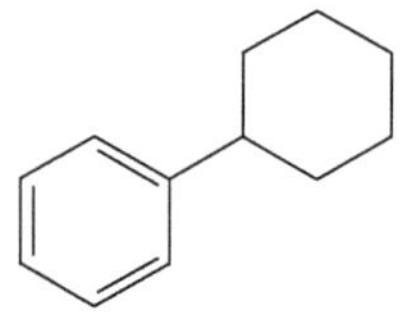
(d) 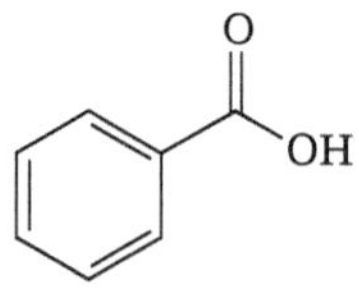
(i) 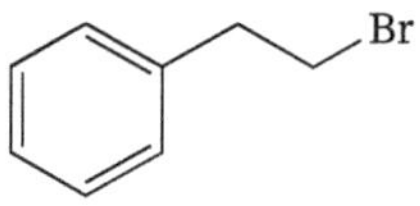
(n) 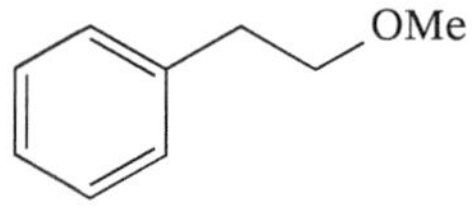
(e) 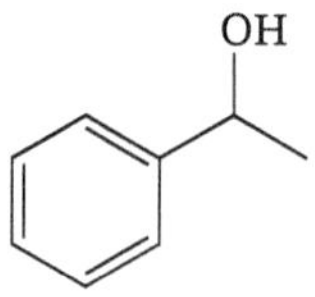
(j) 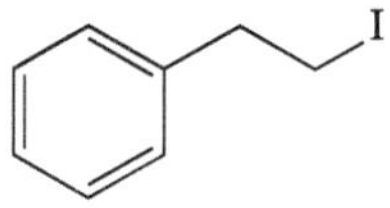

15.26 Proponha uma síntese para cada um dos seguintes compostos a partir do tolueno:

(a) 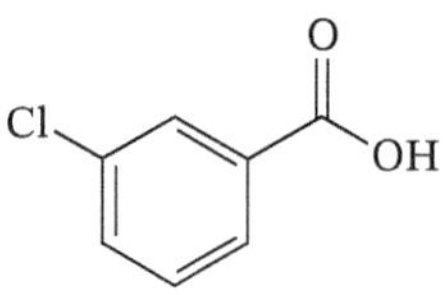
(e) 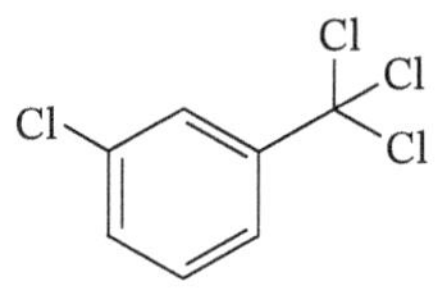
(i) 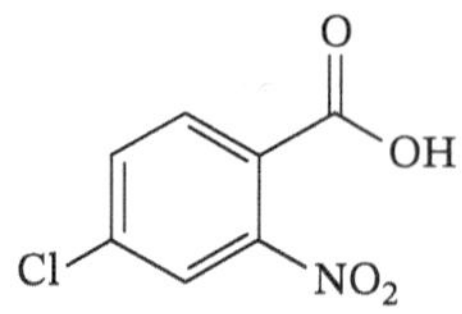
(b) 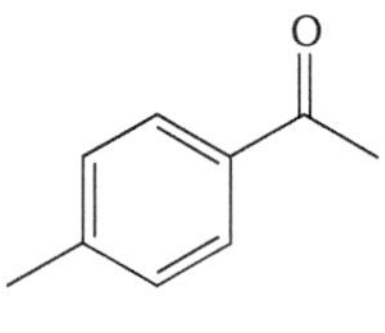
(f) 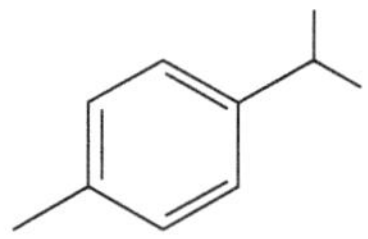
(j) 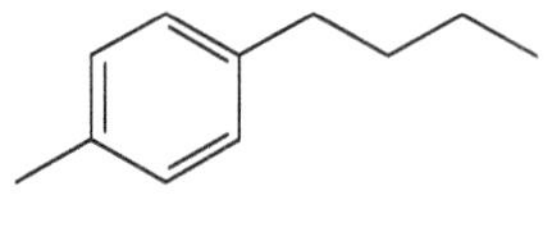
(c) 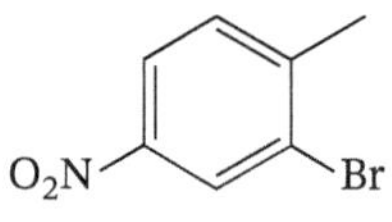
(g) 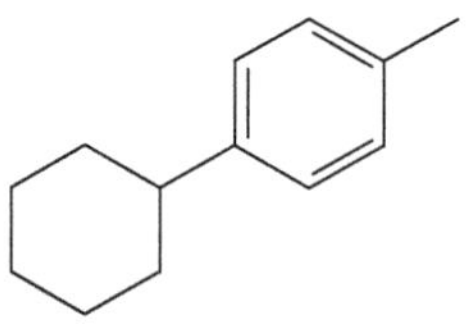
(d) 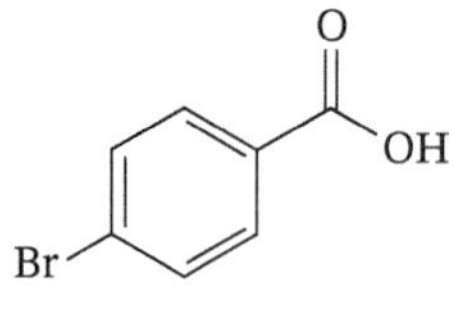
(h) 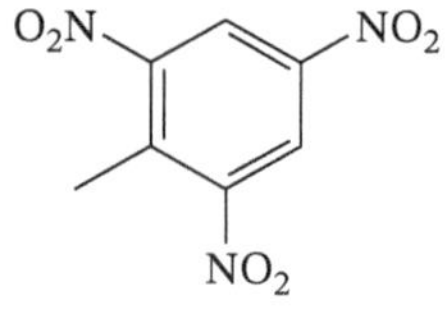

15.27 Proponha uma síntese para cada um dos seguintes compostos a partir da anilina:

(a) *p*-Bromoanilina
(b) *o*-Bromoanilina
(c) 2-Bromo-4-nitroanilina
(d) 4-Bromo-2-nitroanilina
(e) 2,4,6-Tribromoanilina

15.28 Ambas as propostas de síntese a seguir não irão funcionar. Explique o que há de errado com cada uma delas.

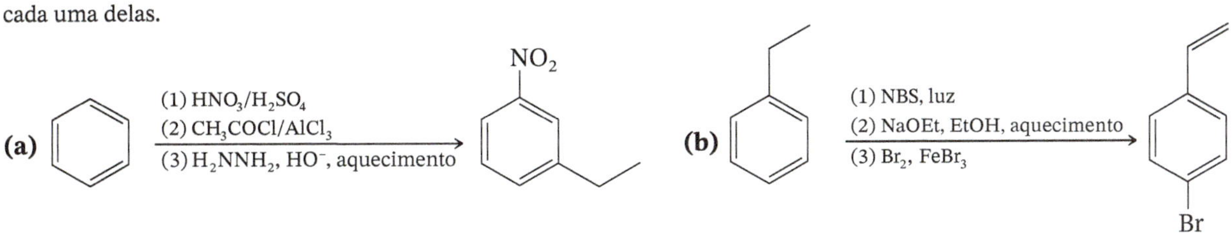

15.29 Proponha as estruturas para os compostos **G–I**:

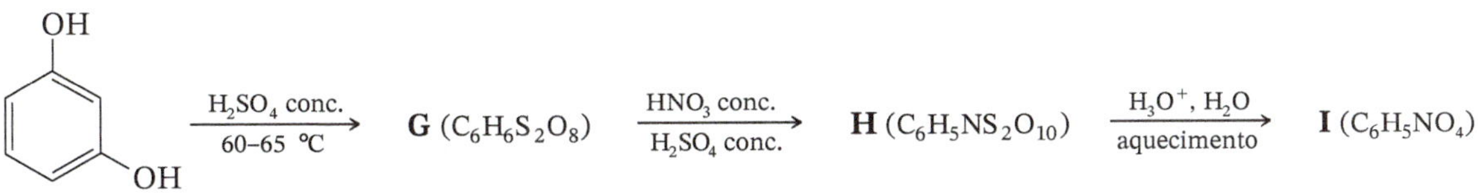

15.30 O 2,6-diclorofenol é isolado de fêmeas de duas espécies de carrapatos (*Amblyomma americanum* e *A. maculatum*), atuando, aparentemente, como um atrativo sexual. Cada fêmea produz apenas cerca de 5 ng de 2,6-diclorofenol. Supondo que sejam necessárias quantidades bem maiores, proponha uma síntese para o 2,6-diclorofenol a partir do fenol. (*Sugestão:* quando o fenol é sulfonado a 100 °C, o produto principal é o ácido *p*-hidroxibenzenossulfônico.)

15.31 Mostre como você poderia sintetizar cada um dos seguintes compostos a partir da α-tetralona (Seção 15.7):

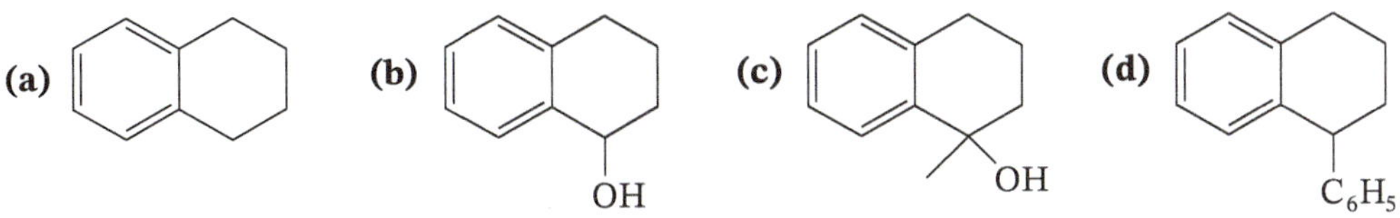

15.32 Dê as estruturas (incluindo a estereoquímica quando for pertinente) para os compostos **A–G**:

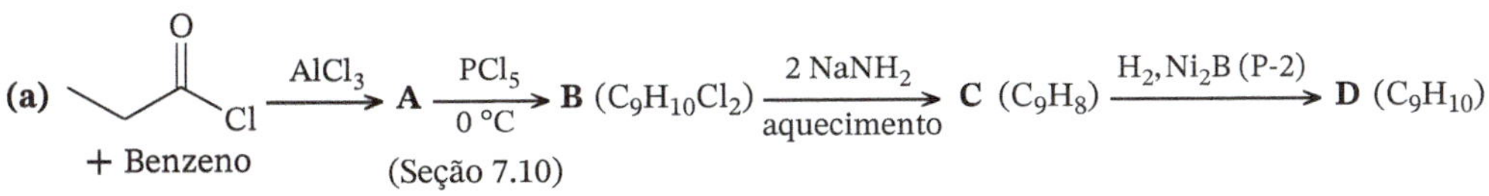

[*Sugestão:* o espectro de RMN de ^{1}H do composto **C** consiste em um multipleto em δ 7,20 (5H) e um simpleto em δ 2,0 (3H).]

(b) **C** $\xrightarrow[\text{(2) } NH_4Cl \text{ (Seção 7.15B)}]{\text{(1) Li, } EtNH_2}$ **E** (C_9H_{10})

(c) **D** $\xrightarrow[\text{2-5 °C}]{Br_2}$ **F** + enantiômero (produtos principais)

(d) **E** $\xrightarrow[\text{2-5 °C}]{Br_2}$ **G** + enantiômero (produtos principais)

Mecanismos

15.33 Dê um mecanismo detalhado para cada uma das reações vistas a seguir. Inclua as estruturas de ressonância contribuintes e o híbrido de ressonância para os íons arênio intermediários.

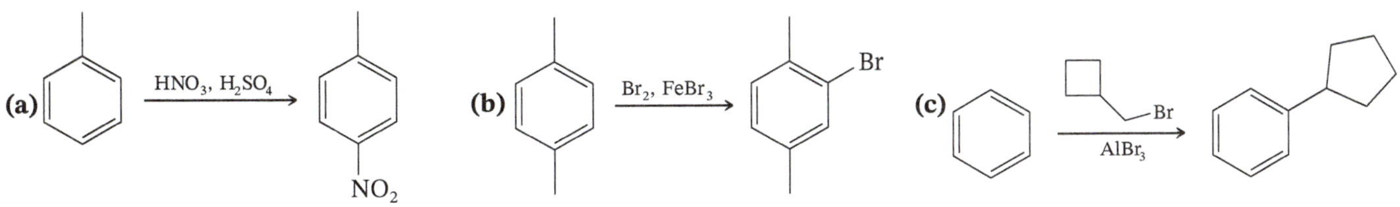

15.34 Dê um mecanismo detalhado para a reação vista a seguir.

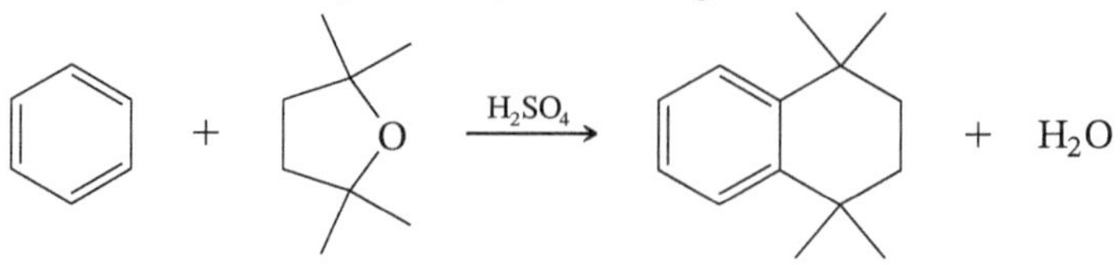

15.35 Um dos anéis do benzoato de fenila sofre reação de substituição aromática eletrofílica muito mais rapidamente do que o outro. (**a**) Qual é esse anel? (**b**) Justifique sua resposta.

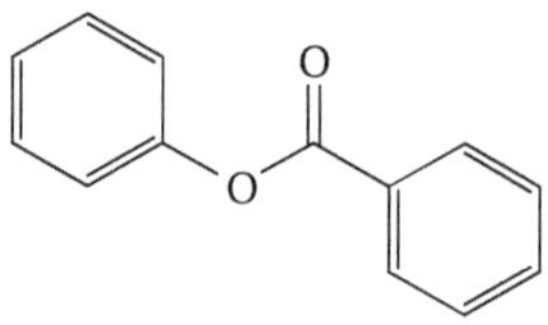

Benzoato de fenila

15.36 Muitos compostos aromáticos policíclicos foram sintetizados por uma reação de ciclização conhecida como **reação de Bradsher** ou **ciclodesidratação aromática**. Esse método pode ser ilustrado pela seguinte síntese do 9-metilfenantreno:

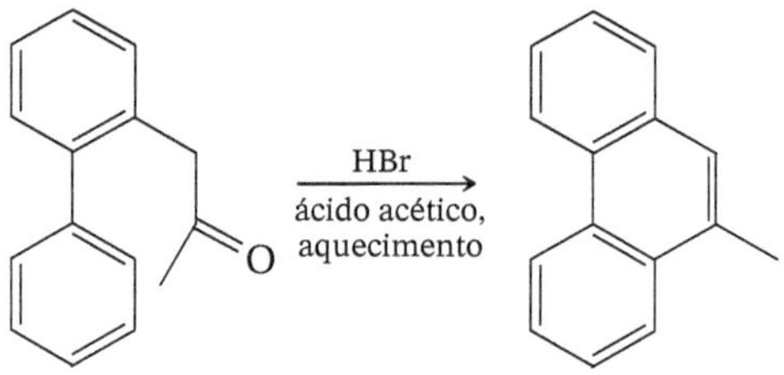

9-Metilfenantreno

Um íon arênio é um intermediário nessa reação e a última etapa consiste na desidratação de um álcool. Proponha um mecanismo razoável para esse exemplo da reação de Bradsher.

15.37 Escreva mecanismos que justifiquem os produtos das seguintes reações:

(a) 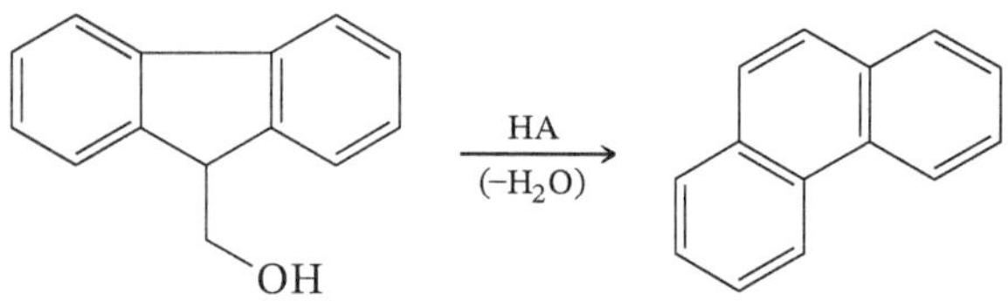

(b) 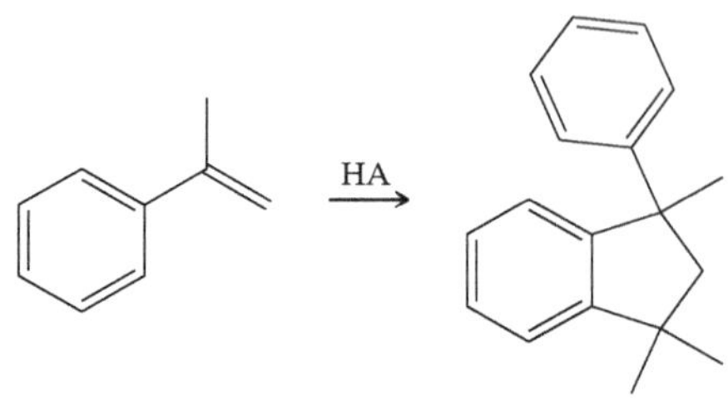

15.38 A adição de um haleto de hidrogênio (brometo de hidrogênio ou cloreto de hidrogênio) ao 1-fenil-1,3-butadieno produz (apenas) 1-fenil-3-halo-1-buteno. (**a**) Escreva um mecanismo que explique a formação desse produto. (**b**) Essa adição ao sistema butadieno é do tipo adição-1,2 ou adição-1,4? (**c**) O produto dessa reação está de acordo com a formação do carbocátion intermediário mais estável? (**d**) Essa reação parece estar sob controle cinético ou termodinâmico? Explique.

15.39 Proponha um mecanismo para a seguinte reação:

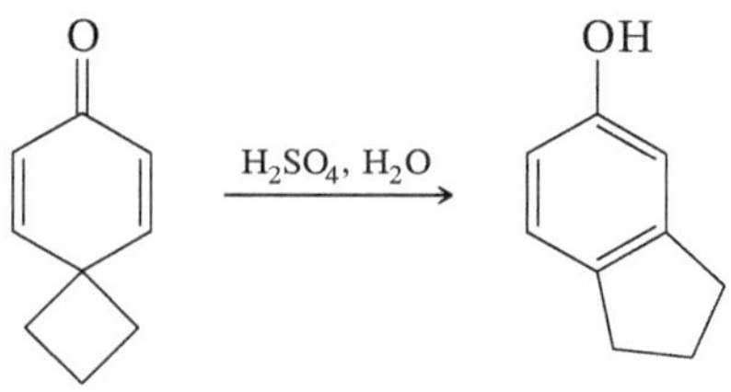

15.40 Proponha um mecanismo para a seguinte reação:

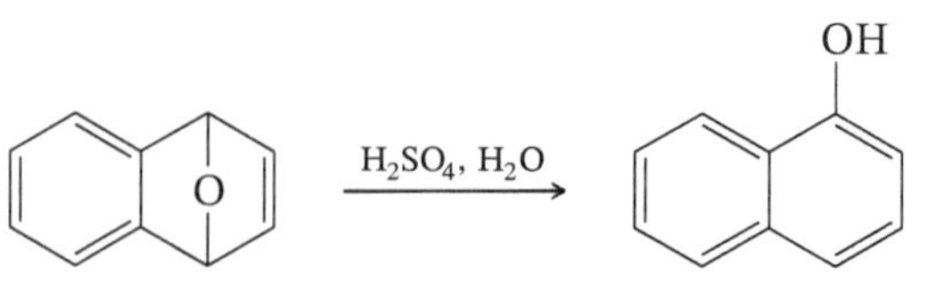

Benzino e Substituição Aromática Nucleofílica (S_NAr)

15.41 Preveja o produto da seguinte reação:

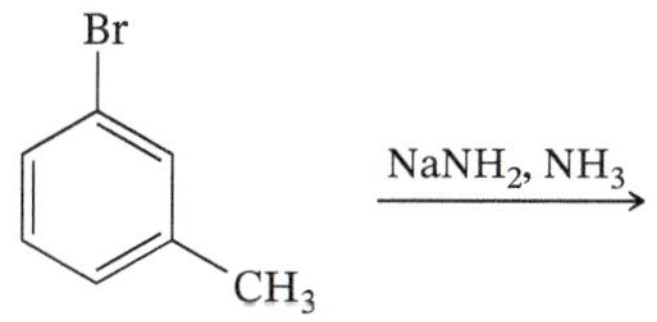

15.42 Quando o *m*-clorotolueno é tratado com amideto de sódio em amônia líquida, os produtos da reação são *o*-, *m*- e *p*-toluidina (ou seja, *o*-$CH_3C_6H_4NH_2$, *m*-$CH_3C_6H_4NH_2$ e *p*-$CH_3C_6H_4NH_2$). Proponha mecanismos plausíveis que abordem a formação de cada um dos produtos.

15.43 Preveja o resultado da seguinte reação:

(a)

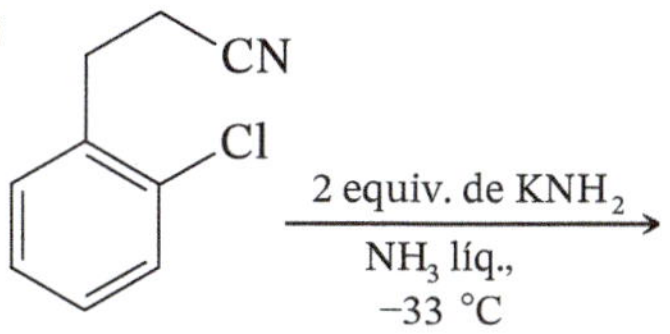

(b)

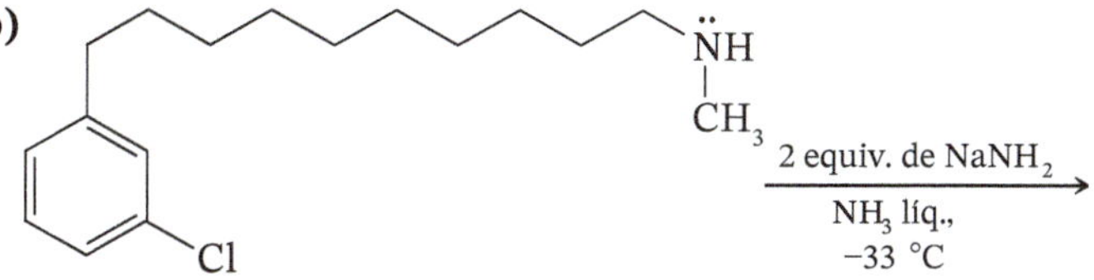

15.44 *p*-Cloronitrobenzeno foi colocado para reagir com o 2,6-*di-terc*-butilfenóxido de sódio visando à preparação do difenil éter **1**. Entretanto, o produto obtido não foi **1**, mas um isômero de **1** que ainda possuía um grupo hidroxila fenólica.

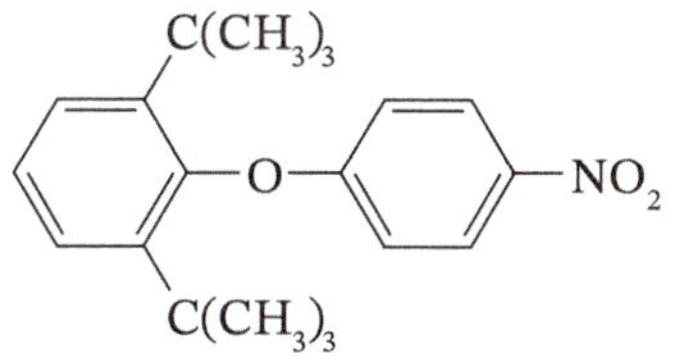

1

Qual foi esse produto e como pode ser explicada sua formação?

15.45 Proponha um mecanismo para a seguinte reação:

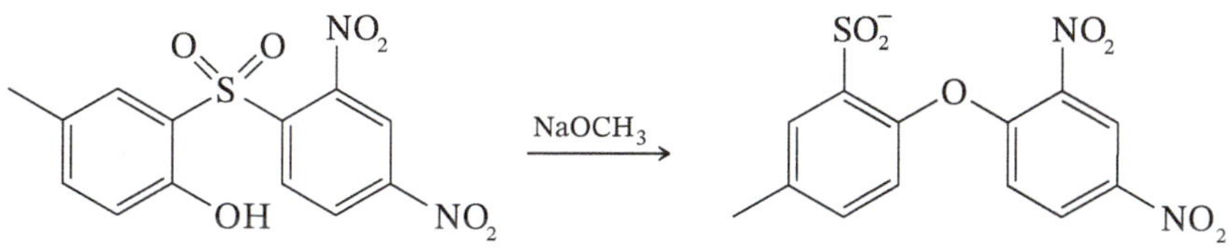

Problemas Gerais

15.46 Mostre como você poderia sintetizar cada um dos seguintes compostos a partir de um brometo de benzila ou brometo de alila:

(a) 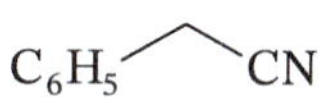

(b) 

(c) 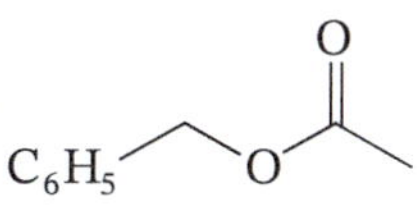

(d) 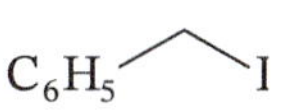

(e) 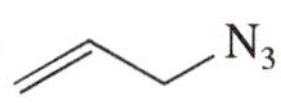

(f) 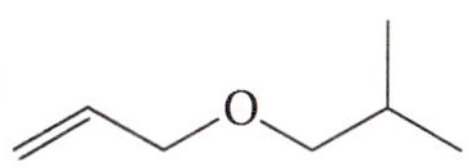

15.47 Proponha estruturas para os compostos **A** e **B**:

$$\text{Benzeno} \xrightarrow[\text{NH}_3\text{ líq., EtOH}]{\text{Na}} \mathbf{A}\,(C_6H_8) \xrightarrow{\text{NBS}} \mathbf{B}\,(C_6H_7Br)$$

15.48 A nitração do anel de um dimetilbenzeno (um xileno) resulta na formação de apenas um dimetilnitrobenzeno. Que isômero do dimetilbenzeno corresponde ao composto de partida?

15.49 O tratamento do ciclo-hexeno com cloreto de acetila e $AlCl_3$ forma um produto de fórmula molecular $C_8H_{13}ClO$ que, ao ser tratado com uma base, forma 1-acetilciclo-hexeno. Proponha mecanismos para ambas as etapas dessa sequência de reações.

15.50 O grupo *terc*-butila pode ser usado como um grupo bloqueador em certas sínteses de compostos aromáticos. (**a**) Como você pode adicionar um grupo *terc*-butila? (**b**) Como pode removê-lo? (**c**) Qual a vantagem da *terc*-butila em comparação com o —SO_3H como um grupo bloqueador?

15.51 Quando a sulfonação (H_2SO_4 concentrado) do tolueno é realizada em temperatura ambiente, o produto principal (~95% do total) corresponde a uma mistura dos produtos orto e para substituídos. Ao empregar temperatura mais elevada (150–200 °C) e maior tempo reacional, o produto principal (~95%) corresponde a uma mistura dos produtos meta (principalmente) e para substituídos. Justifique essas diferenças em termos cinéticos e termodinâmicos. (*Sugestão:* o ácido *m*-toluenossulfônico é o isômero mais estável.)

15.52 O antioxidante e preservativo de alimentos chamado **BHA** (hidroxianisol butilado), largamente usado, é na realidade uma mistura de 2-*terc*-butil-4-metoxifenol e 3-*terc*-butil-4-metoxifenol. O BHA é sintetizado a partir do *p*-metoxifenol e 2-metilpropeno. **(a)** Proponha como isto é feito. **(b)** Outro oxidante muito usado é o BHT (hidroxitolueno butilado). O BHT é na realidade o 2,6-di-*terc*-butil-4-metil-fenol e os materiais utilizados na sua produção são *p*-cresol e 2-metilpropeno. Qual é a reação?

Sintetizando o Material

15.53 O 2-metilnaftaleno pode ser sintetizado a partir do tolueno de acordo com a seguinte sequência de reações. Escreva a estrutura de cada intermediário.

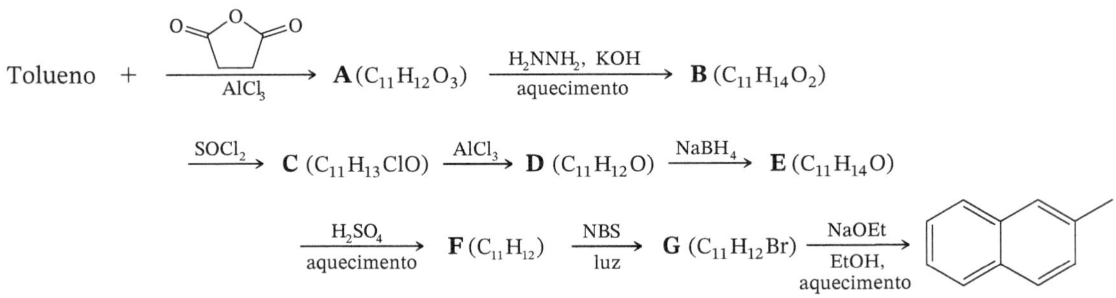

15.54 Para cada uma das questões a seguir proponha uma rota de sínteses da qual se possa razoavelmente esperar que converta o material de partida no produto final. Em cada caso é necessário utilizar mais de uma reação, e as reações que você aprendeu nos capítulos anteriores podem ser necessárias para resolver o problema.

(a)

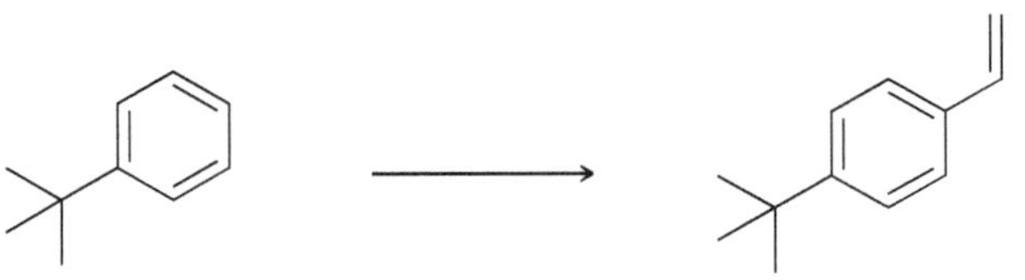

(b)

(c)

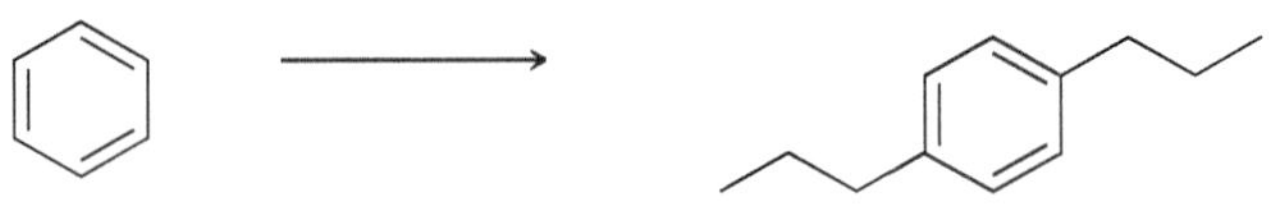

15.55 Para cada uma das questões seguintes, identifique o produto (representado por **A**, **B** e **C**) que seria formado, a partir do material de partida, por meio da sequência de etapas indicada.

(a)

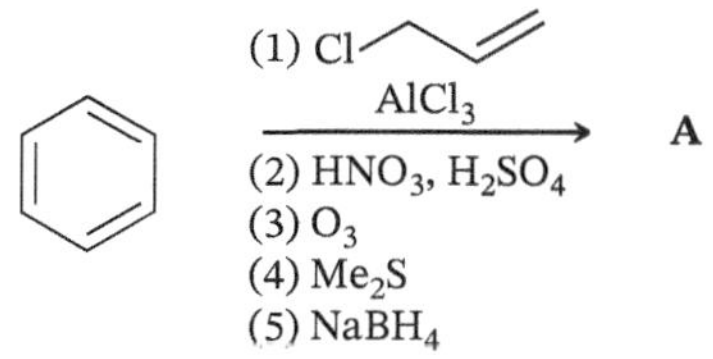

(c)

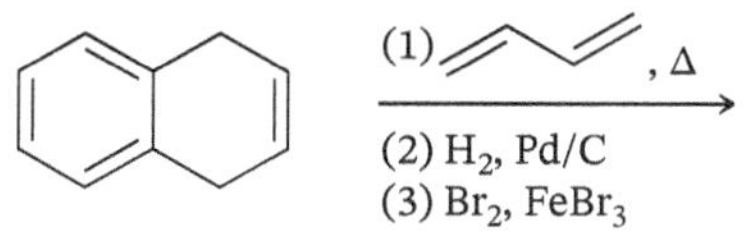

(b)

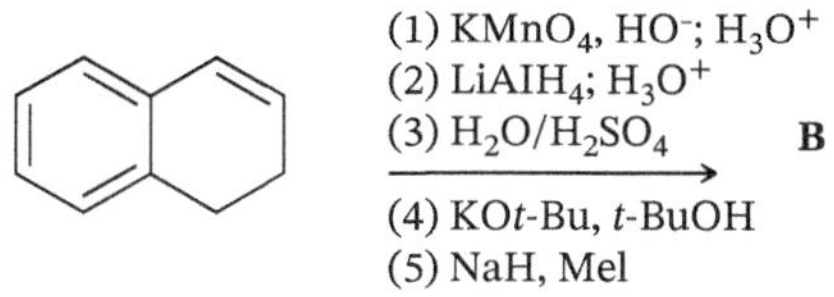

15.56 Trabalhando para trás, deduza o material de partida que leva ao produto indicado por meio das reações indicadas.

(a) **A**

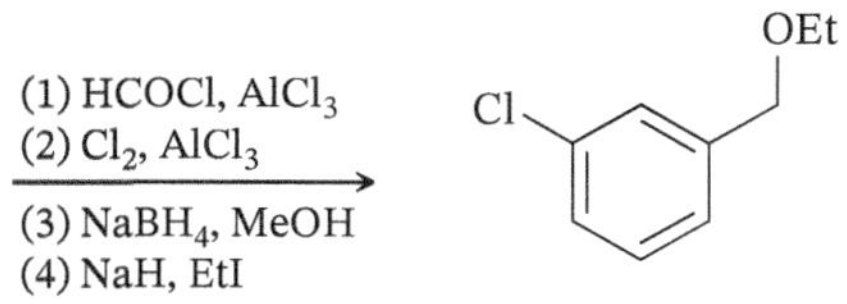

(b) **B**

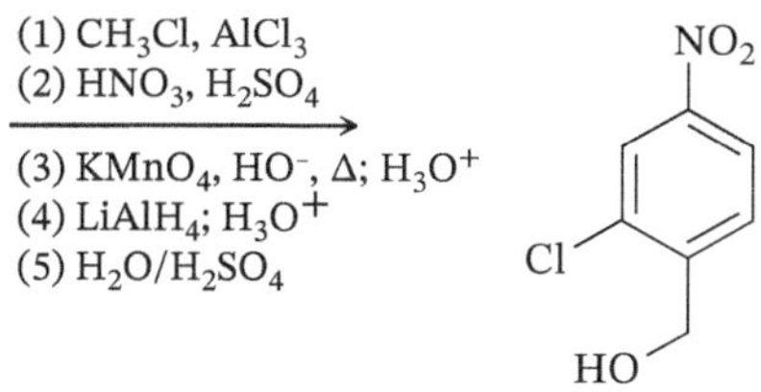

É Necessário um Consultor Químico

15.57 Dinocap, cuja estrutura é mostrada a seguir, é um pesticida de uso geral que foi utilizado durante várias décadas como fungicida de contato. Alguns químicos de uma grande empresa agroquímica estão interessados em fabricar e testar novos derivados desse agente, para os quais gostariam de ter acesso a grandes quantidades do composto **A**. Que rotas você sugeriria a eles para alcançar uma síntese eficaz desse composto a partir do benzeno? (Veja: *J. Mol. Struc.* **1995**, *349*, 361.)

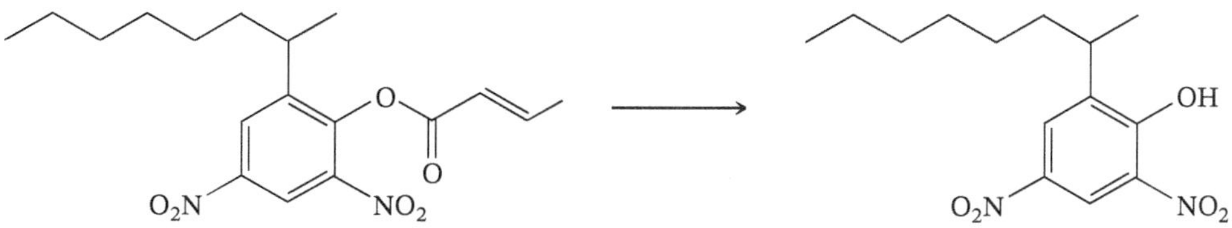

Dinocap **A**

15.58 Em 1885, Adolf von Baeyer (vencedor do Prêmio Nobel de Química de 1905) e seu estudante M. J. Lazarus estavam explorando a reatividade do corante isatina, de cor vermelha-brilhante, na esperança de identificar novos corantes sintéticos. Um experimento que eles realizaram é mostrado a seguir, levando ao novo composto **A**. Inspirado por esse episódio precedente (*Chem. Ber.* **1885**, *18*, 2642), um químico se questionou recentemente se seria possível fazer derivados como **B** contendo dois grupos diferentes ligados à posição benzílica. Dê sua opinião, baseando seu raciocínio no mecanismo pelo qual você acha que **A** é produzido. (Veja: *J. Org.Chem.* **1998**, *63*, 4481.)

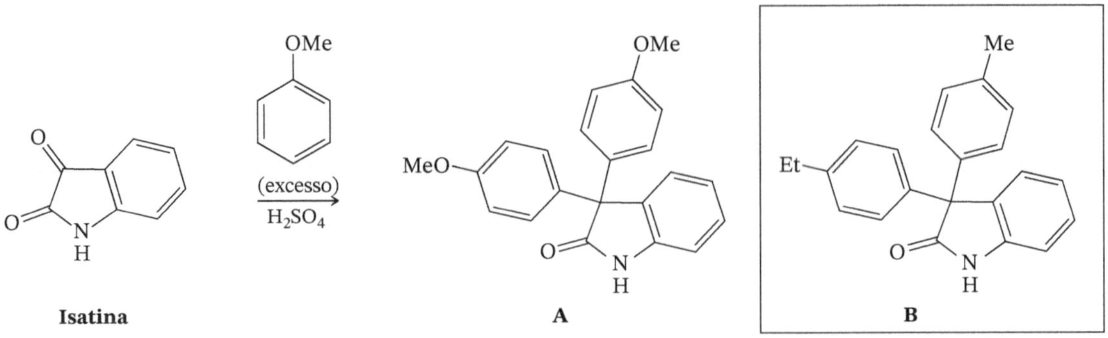

15.59 Como parte de uma síntese laboratorial planejada do antibiótico vancomicina (veja a Seção *Por que esses tópicos são importantes*? do Capítulo 2 para obter mais informações), alguns químicos queriam acesso ao composto mostrado a seguir, que contém dois anéis diferentes de 16 membros. Você acha que ambos os anéis poderiam ser feitos a partir de um precursor acíclico usando a química S_NAr? Se sim, que precursor eles deveriam tentar fazer? (Veja: *J. Chem. Soc. Chem. Comm.* **1994**, 439 e *Chem. Comm.* **1996**, 1029.)

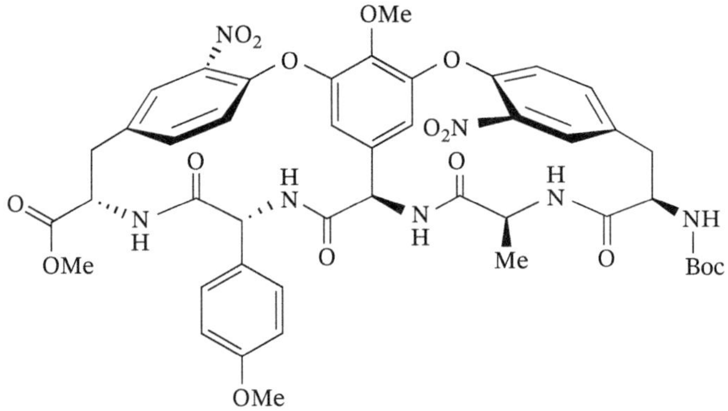

15.60 Como parte de um esforço de limpeza de um laboratório, um estudante encontrou um frasco grande rotulado apenas como "produto mono-halogenado formado por meio da substituição eletrofílica aromática do tolueno". Que experimentos analíticos você sugeriria que o estudante realizasse para determinar a estrutura desse misterioso material e descartá-lo adequadamente? As técnicas disponíveis incluem IV, RMN de ^1H, RMN de ^{13}C e espectrometria de massa. Observe, porém, que só há tempo para obter dados de duas dessas quatro opções.

Problemas de Desafio

15.61 O hexaclorofeno foi largamente utilizado como germicida até ser banido em 1972 depois que testes em animais mostraram que ele causava danos cerebrais. Proponha como esse composto pode ser sintetizado a partir do benzeno.

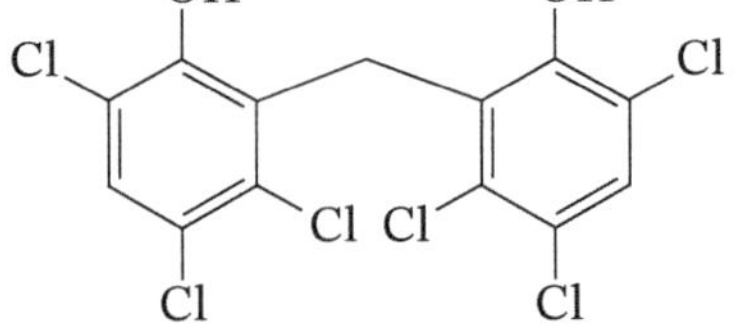

15.62 No caso de azulenos em que estão presentes halogêneos, um átomo de halogêneo em C6 pode ser substituído por nucleófilos, enquanto um halogêneo em C1 não é reativo em relação a nucleófilos. Explique essa diferença de comportamento.

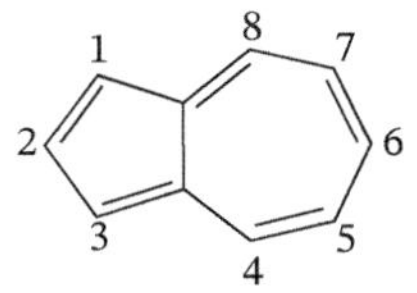

15.63 O furano sofre substituição aromática eletrofílica. Use estruturas de ressonância para os possíveis íons arênio intermediários para prever se o furano é suscetível de sofrer bromação mais rapidamente na posição C2 ou C3.

Furano

15.64 Uma ligação C—D é mais difícil de romper do que uma ligação C—H e, consequentemente, as reações que envolvem a quebra de ligações C—D são mais lentas do que aquelas que envolvem a quebra de ligações C—H. Que informação mecanicista pode ser inferida do fato de o benzeno deuterado, C_6D_6, ser nitrado na mesma velocidade que o benzeno comum, C_6H_6?

15.65 A acetanilida foi submetida à seguinte sequência de reações: (1) H_2SO_4 conc.; (2) HNO_3, calor; (3) H_2O, H_2SO_4, calor; e então, HO^-. O espectro de RMN de ^{13}C do produto final apresenta seis sinais. Escreva a estrutura do produto final.

15.66 No composto fenilbenzeno (C_6H_5—C_6H_5), chamado de *bifenila*, os átomos de carbono do anel são numerados da seguinte forma:

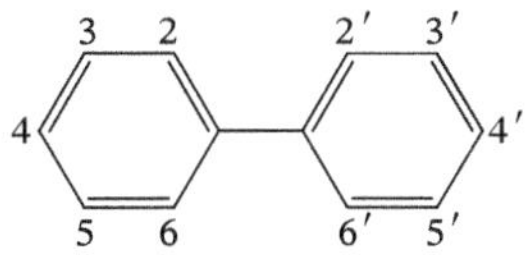

Use modelos para responder as seguintes perguntas sobre bifenilas substituídas. (**a**) Quando determinados grupos volumosos ocupam três ou quatro posições *orto* (por exemplo: 2, 6, 2′ e 6′), a bifenila substituída pode existir em formas enantioméricas. Um exemplo de uma bifenila que existe em formas enantioméricas é o composto em que os seguintes substituintes estão presentes: 2-NO_2, 6-CO_2H, 2′-NO_2, 6′-CO_2H. Quais são os fatores responsáveis por isso? (**b**) Você espera que uma bifenila com 2-Br, 6-CO_2H, 2′-CO_2H, 6′-H possa existir em formas enantioméricas? (**c**) A bifenila com 2-NO_2, 6-NO_2, 2′-CO_2H, 6′-Br não pode ser resolvida em formas enantioméricas. Explique.

15.67 Explique como é possível que o 2,2′-di-hidroxi-1,1′-binaftil (mostrado a seguir) exista em formas enantioméricas.

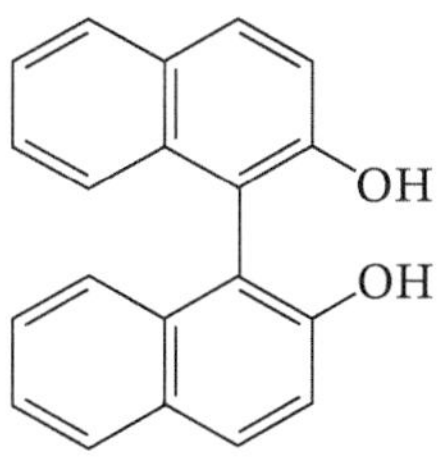

15.68 Ligninas são macromoléculas e os componentes principais dos diversos tipos de madeira, onde elas unem as fibras de celulose nestes compósitos naturais. As ligninas são construídas a partir de uma variedade de pequenas moléculas (tendo a maioria esqueletos fenilpropano). Essas moléculas precursoras são covalentemente ligadas de diversas maneiras, o que fornece uma grande complexidade às ligninas. Para explicar a formação do composto **B** (visto ao lado), como um dos muitos produtos da ozonólise de ligninas, o composto **A** (um modelo de lignina) foi tratado como mostrado ao lado. Use as seguintes informações para determinar a estrutura de **B**.

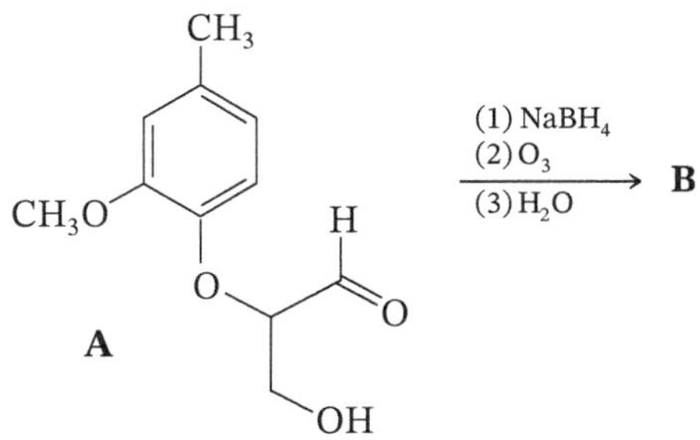

Para tornar **B** suficientemente volátil para ser analisado por CG/EM (cromatografia em fase gasosa acoplada à espectrometria de massas, Seção 9.15), ele foi inicialmente convertido no seu derivado tris(*O*-trimetilsilil), que apresenta $M^{+\cdot}$ 308 *m/z*. ["Tris" significa que estão presentes três dos grupos complexos indicados entre parênteses (por exemplo, grupos trimetilsilil neste caso). A letra maiúscula *O*, em itálico, significa que esses grupos estão ligados aos átomos de oxigênio do composto de partida, substituindo os átomos de hidrogênio. Analogamente, o prefixo "bis" indica a presença de dois grupos complexos subsequentemente nomeados e "tetraquis" (usado no problema a seguir) significa quatro.] O espectro de IV de **B** apresenta uma absorção larga em 3400 cm^{-1} e o espectro de RMN de ^1H mostra um multipleto único em 3,6 ppm. Qual é a estrutura de **B**?

15.69 Quando o composto **C**, frequentemente usado para modelar uma unidade muito comum em ligninas, foi ozonizado, o produto **D** foi obtido. De acordo com diversos dados experimentais, foi estabelecido que a estereoquímica da cadeia lateral de três carbonos dessas unidades de lignina permanece praticamente inalterada durante esse tipo de reação de oxidação.

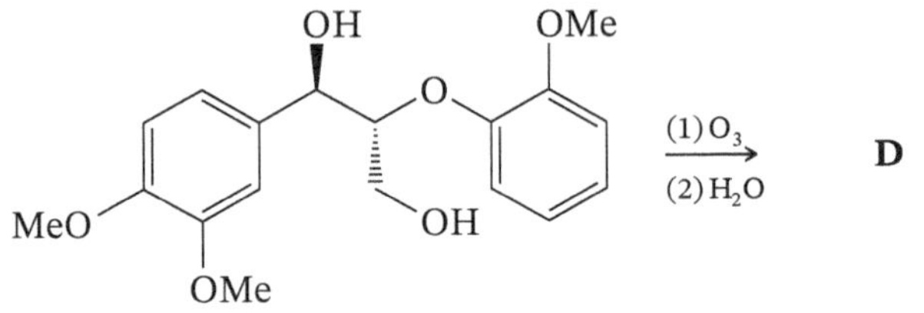

C

Para a análise por CG/EM, **D** foi convertido em seu derivado tetraquis(*O*-trimetilsilil) que teve $M^{+\cdot}$ 424 *m/z*. O espectro de IV de **D** apresentou bandas em 3000 cm^{-1} (larga, forte) e 1710 cm^{-1} (forte). O espectro de RMN de ^1H de **D**, após tratamento com D_2O, mostrou picos em 3,7 ppm (multipleto, 3H) e 4,2 ppm (dupleto, 1H). O espectro de RMN de ^{13}C/DEPT mostrou picos em 64 (CH_2), 75 (CH), 82 (CH) e 177 ppm (C). Qual é a estrutura de **D**, incluindo sua estereoquímica?

Problemas para Trabalho em Grupo

1. A estrutura da tiroxina, um hormônio da tireoide que auxilia na regulação do metabolismo, foi determinada, em parte, por comparação com um composto sintético que se acredita que tenha a mesma estrutura da tiroxina natural. O passo final na síntese de laboratório da tiroxina por Harington e Barger, mostrado a seguir, envolve uma reação de substituição aromática eletrofílica. Elabore um mecanismo detalhado para esta etapa e explique por que as substituições de iodo ocorrem na posição orto em relação à hidroxila fenólica e não na posição orto em relação ao oxigênio do éter arila. [Uma das razões da necessidade de iodo na dieta humana (por exemplo, na forma de sal iodado) é para a biossíntese da tiroxina.]

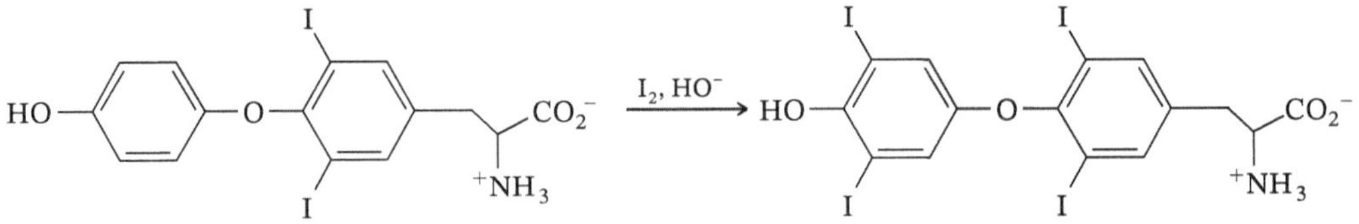

Tiroxina

2. Sintetize o ácido 2-cloro-4-nitrobenzoico a partir do tolueno e de quaisquer outros reagentes necessários. Comece escrevendo uma análise retrossintética.

3. Deduza as estruturas dos compostos **E–L** na sequência a seguir.

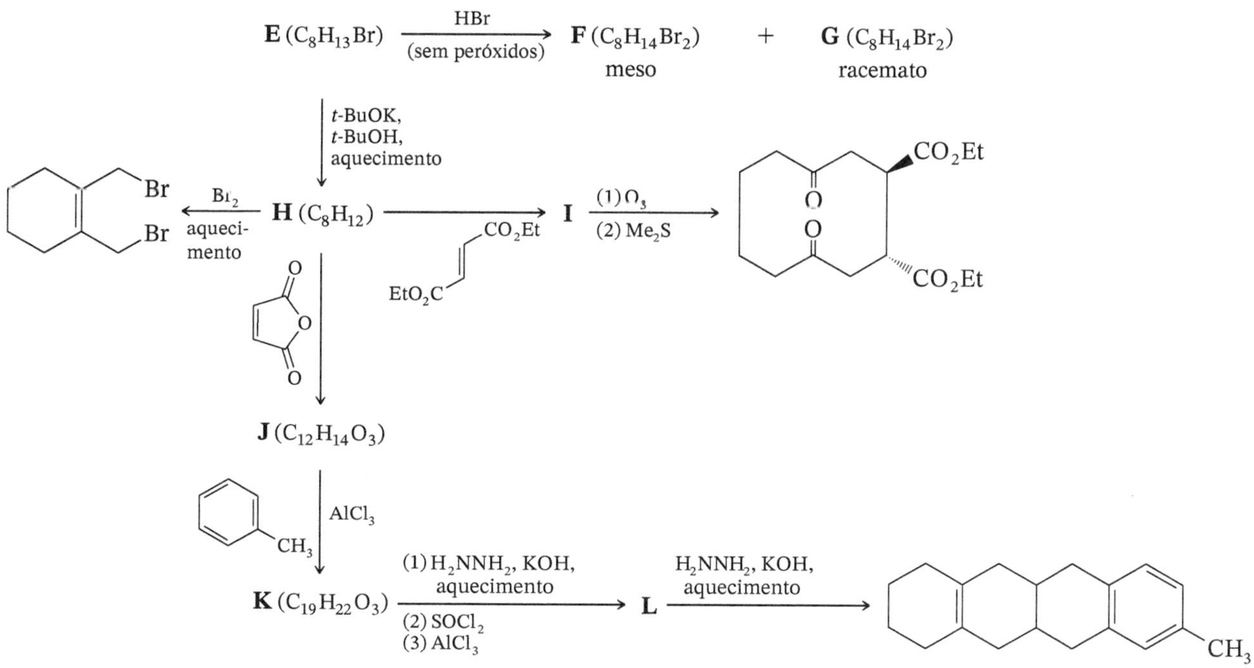

MAPA CONCEITUAL

Resumo de Mecanismos

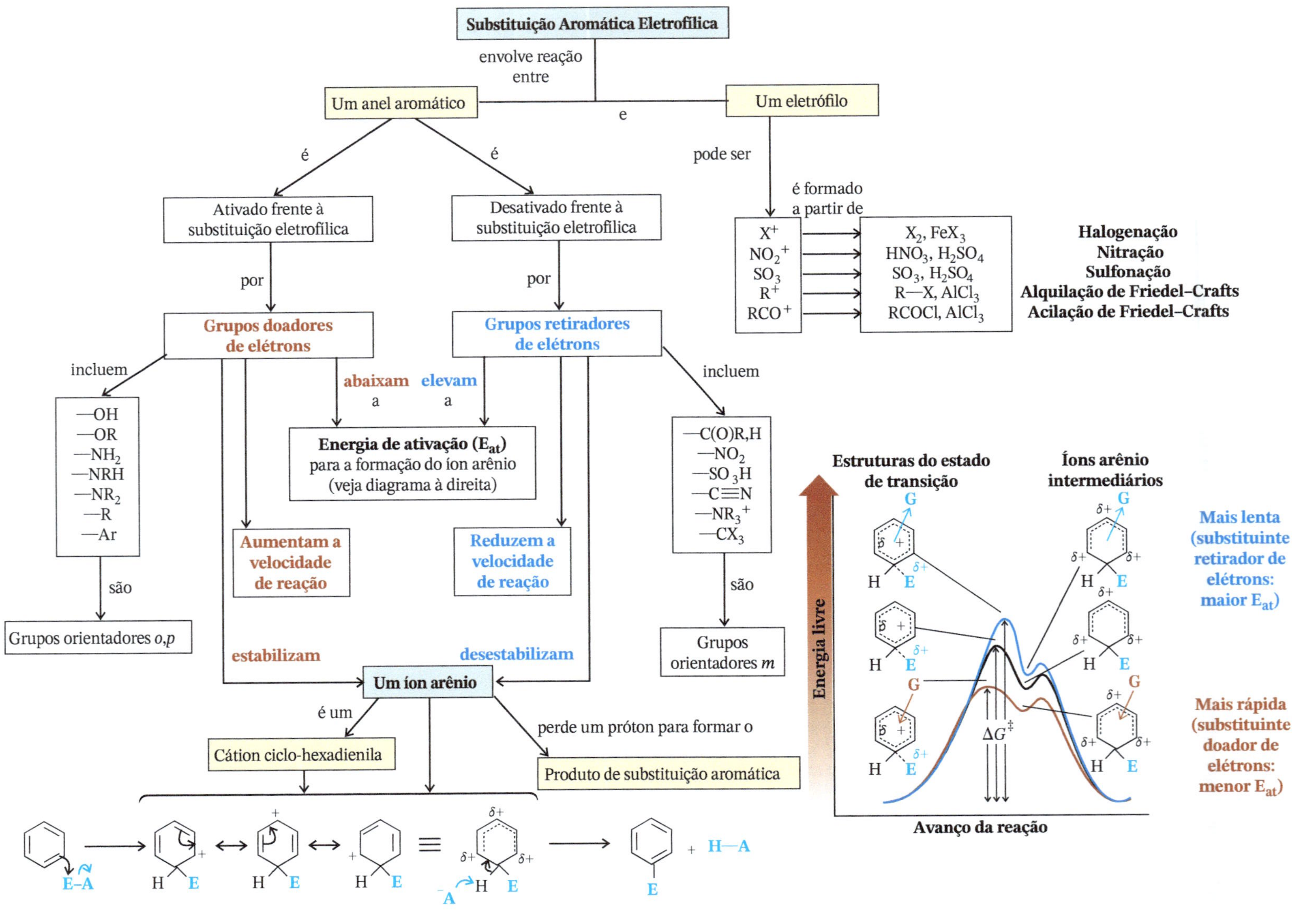

MAPA CONCEITUAL

Algumas Conexões Sintéticas entre o Benzeno e os Derivados de Arila

- Nitração
- Halogenação
- Sulfonação/dessulfonação
- Alquilação de Friedel–Crafts
- Acilação de Friedel–Crafts
- Redução de Wolff-Kishner ou de Clemmensen
- Oxidação da cadeia lateral
- Oxidação do anel
- Hidrogenação catalítica do anel
- Redução de Birch
- Halogenação do radical benzílico
- Substituição/eliminação benzílica
- S_NAr (Substituição Aromática Nucleofílica por adição–eliminação)
- Benzino (substituição por eliminação–adição)

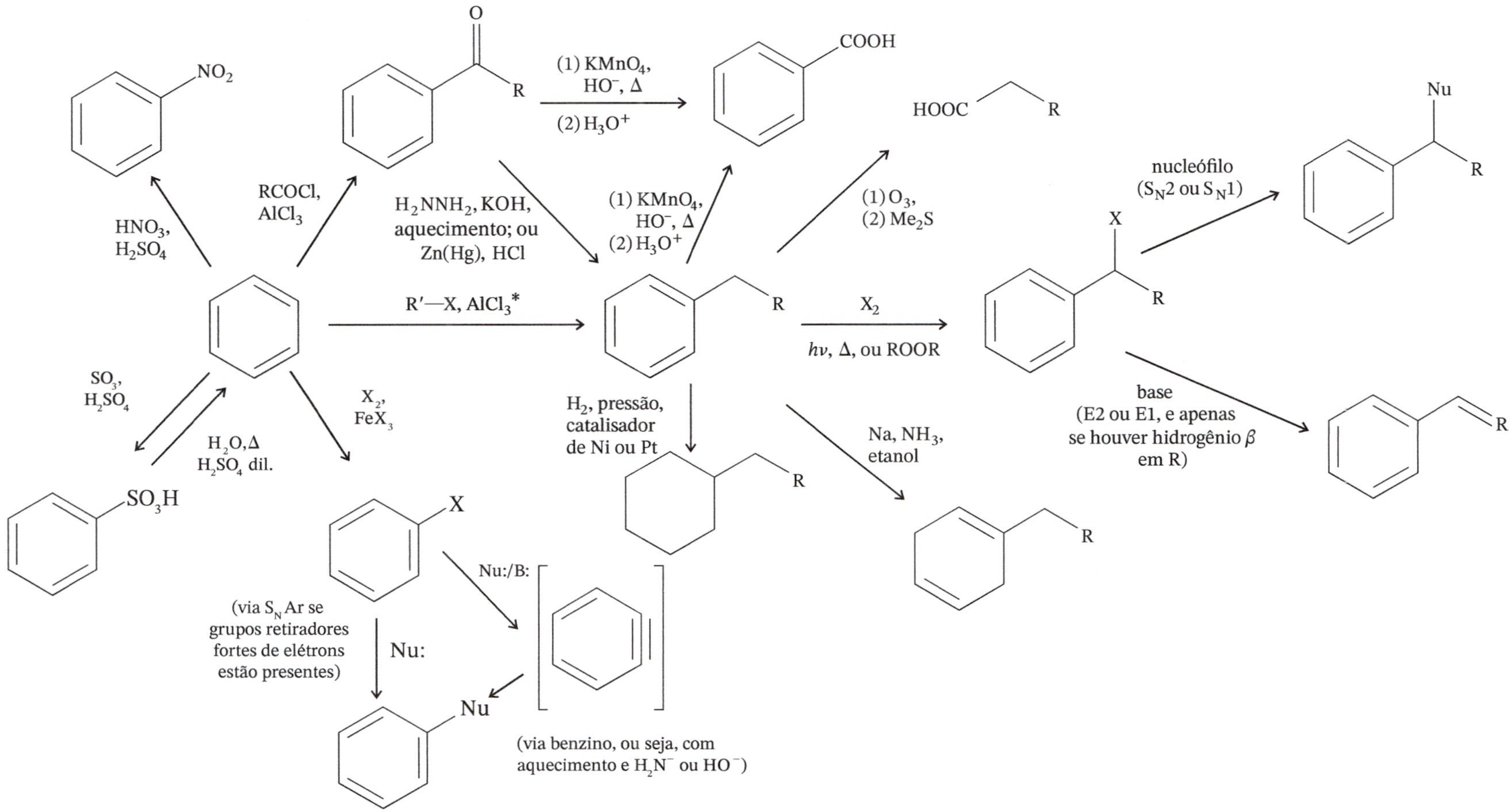

*No exemplo de alquilação de Friedel–Crafts mostrado aqui, R′ é um haleto de alquila primário. Se rearranjos de carbocátions são prováveis, então a acilação de Friedel–Crafts seguida de redução de Wolff–Kishner ou de Clemmensen deve ser empregada para incorporar um grupo alquila primário.

CAPÍTULO 16

Yaroslav Domnitsky/123 RF

Aldeídos e Cetonas

Adição Nucleofílica ao Grupo Carbonila

Você pode não saber, mas já tem experiência com aldeídos e cetonas baseados em coisas que, provavelmente, cheirou e provou. A vanilina é responsável pelo aroma da baunilha, enquanto o aroma da amêndoa resulta do benzaldeído, a canela vem do cinamaldeído, e a hortelã vem da (*R*)-carvona. Outros odores e sensações que são muito menos agradáveis também podem ser causados por aldeídos e cetonas – por exemplo, o odor penetrante do formaldeído ou acetona, ou a ressaca causada pelo acetaldeído que resulta do ato de ingerir bebidas alcoólicas em demasia.

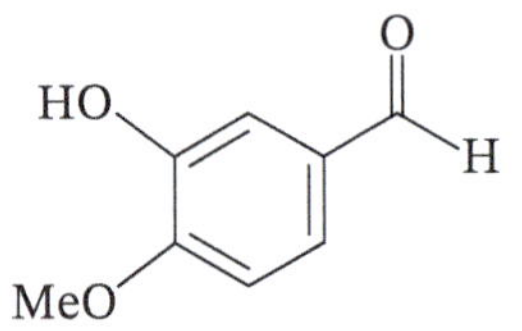

Vanilina

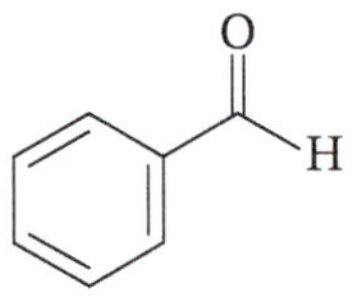

Benzaldeído

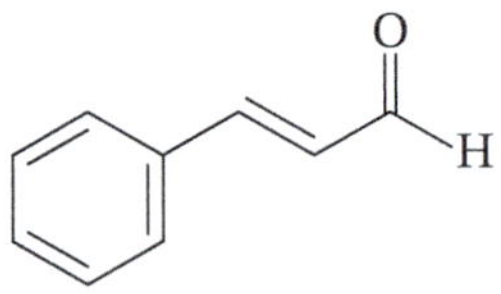

Cinamaldeído

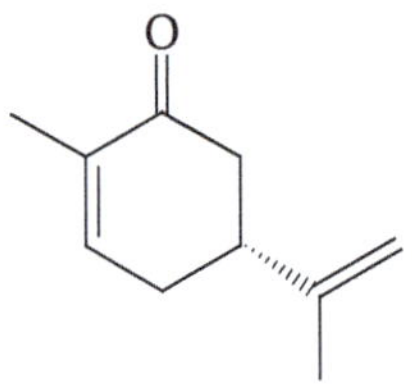

(*R*)-Carvona

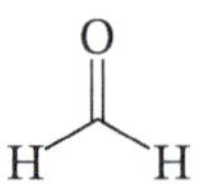

Formaldeído

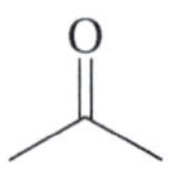

Acetona

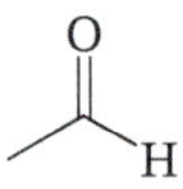

Acetaldeído

NESTE CAPÍTULO, VAMOS ESTUDAR:

- A estrutura e a reatividade de aldeídos e cetonas
- Métodos para as suas sínteses a partir de outros grupos funcionais
- Grupos funcionais que podem surgir dos aldeídos e cetonas que têm reatividade própria especial

POR QUE ESSES TÓPICOS SÃO IMPORTANTES?

No fim do capítulo, mostraremos como alguns dos grupos funcionais que podem ser obtidos a partir dos aldeídos e das cetonas fornecem um dispositivo de ativação que as esponjas do mar utilizam em moléculas destinadas a matar ou ferir predadores. Surpreendentemente, essas mesmas moléculas e grupos funcionais oferecem um tratamento potencial para várias formas de câncer humano.

16.1 Introdução

- Os aldeídos têm um **grupo carbonila** ligado de um lado a um carbono e do outro lado a um hidrogênio. (O formaldeído é uma exceção, porque ele possui hidrogênios em ambos os lados.)
- As cetonas têm um grupo carbonila ligado a átomos de carbono em ambos os lados.

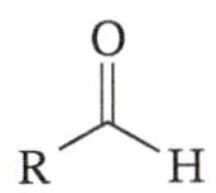

RCHO

Fórmula geral de um aldeído

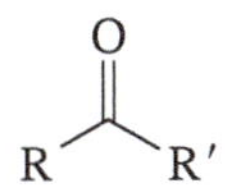

RCOR′

Fórmula geral de uma cetona

Acetona

Apesar de os capítulos anteriores nos terem fornecido alguma visão da química de compostos carbonilados, consideraremos agora sua química em detalhes. O motivo: a química do grupo carbonila é fundamental para a química da maior parte dos capítulos que se seguem.

Neste capítulo, vamos centrar a nossa atenção na preparação de aldeídos e cetonas, nas suas propriedades físicas e, especialmente, nas *reações de adição nucleofílica que ocorrem nos seus grupos carbonila.*

16.2 Nomenclatura de Aldeídos e Cetonas

- No sistema IUPAC, os aldeídos alifáticos recebem nomes substitutivamente trocando-se a terminação **-o** do nome do alcano correspondente por **-al**.

Uma vez que o grupo aldeído tem de estar em uma extremidade da cadeia de átomos de carbono, não existe necessidade de se indicar sua posição. Quando outros substituintes estão presentes, é atribuída a posição 1 ao carbono do grupo carbonila. Muitos aldeídos também têm nomes comuns; a seguir esses nomes são mostrados entre parênteses. Esses nomes comuns são derivados dos nomes comuns dos ácidos carboxílicos correspondentes (Seção 17.2A) e alguns deles são mantidos pela IUPAC como nomes aceitáveis.

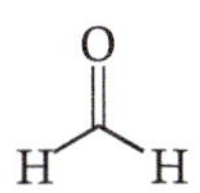

Metanal (formaldeído)

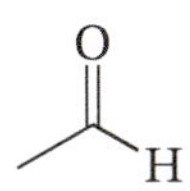

Etanal (acetaldeído)

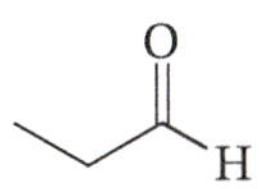

Propanal (propionaldeído)

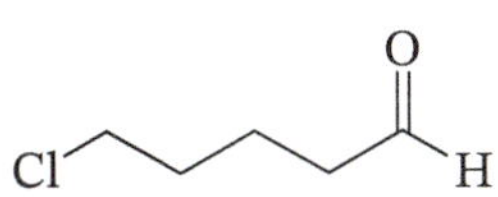

5-Cloropentanal

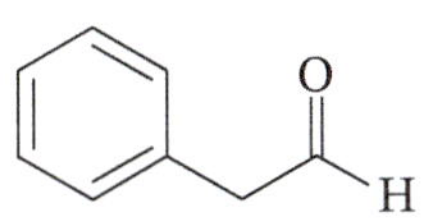

Feniletanal (fenilacetaldeído)

- Os aldeídos nos quais o grupo —CHO está ligado a um sistema de anel recebem o nome substitutivamente adicionando-se o sufixo **carbaldeído**. Vemos a seguir vários exemplos:

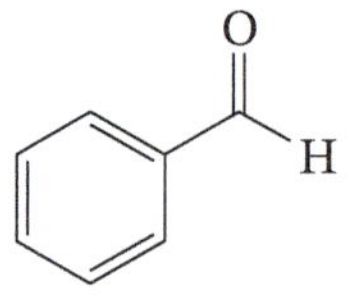

Benzenocarbaldeído (benzaldeído)

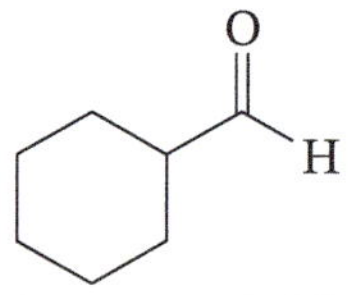

Ciclo-hexanocarbaldeído

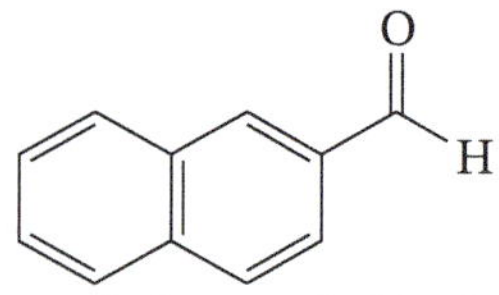

2-Naftalenocarbaldeído

O nome comum *benzaldeído* é utilizado muito mais frequentemente do que benzenocarbaldeído para o C_6H_5CHO, e é o nome que usaremos neste livro.

- As cetonas alifáticas recebem o nome substitutivamente trocando-se o final **-o** do nome do alcano correspondente por **-ona**.

A cadeia é, então, numerada de maneira que forneça o menor número possível ao átomo de carbono da carbonila e esse número é utilizado para designar sua posição.

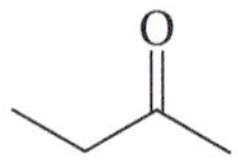

Butanona (etil metilcetona)

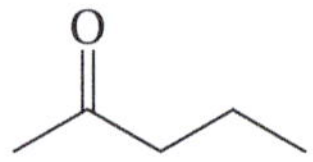

2-Pentanona (metil propil cetona)

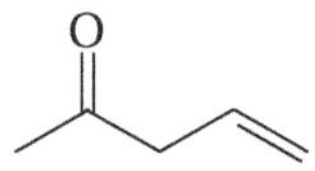

Pent-4-en-2-ona (e não 1-penten-4-ona) (alil metilcetona)

Os nomes dos grupos funcionais comuns para cetonas (vistos anteriormente entre parênteses) são obtidos simplesmente dando-se o nome separadamente aos dois grupos ligados ao grupo carbonila e adicionando-se a palavra **cetona** como uma palavra separada.

Algumas cetonas têm nomes comuns que são mantidos no sistema IUPAC:

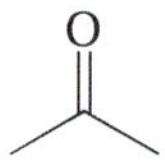

Acetona (propanona)

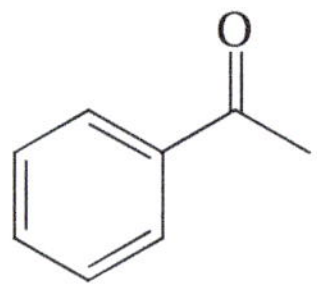

Acetofenona (1-feniletanona ou metil fenil cetona)

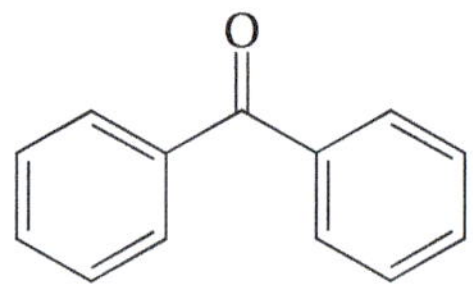

Benzofenona (difenilmetanona ou difenilcetona)

Quando é necessário nomear o grupo 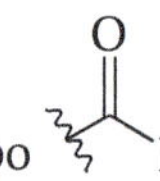 como um prefixo, ele é o **metanoíla** ou **grupo formila**. O grupo 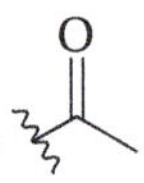 é chamado de **etanoíla** ou **grupo acetila** (normalmente abreviado como Ac). Quando os grupos 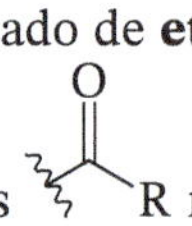 recebem o nome como substituintes, eles são chamados de **alcanoíla** ou **grupos acila**.

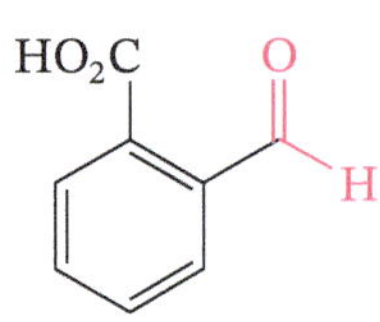

Ácido 2-metanoilbenzoico (ácido *o*-formilbenzoico)

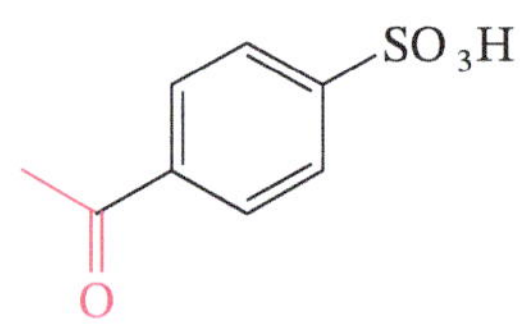

Ácido 4-etanoilbenzenossulfônico (ácido *p*-acetilbenzenossulfônico)

PROBLEMA RESOLVIDO 16.1

Escreva estruturas em bastão para três compostos isoméricos que contêm um grupo carbonila e possuem fórmula molecular C_4H_8O. Forneça, então, os nomes IUPAC.

Estratégia e Resposta

Escreva as fórmulas e, então, nomeie os compostos.

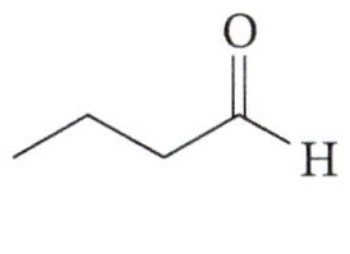

Butanal

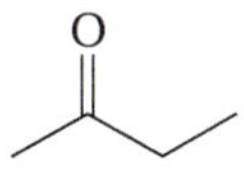

Butanona

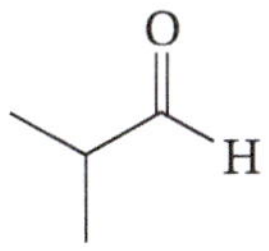

2-Metilpropanal

PROBLEMA DE REVISÃO 16.1

(a) Dê os nomes substitutivos IUPAC para os sete aldeídos e cetonas isoméricos com a fórmula $C_5H_{10}O$.
(b) Dê as estruturas e os nomes (nomes comuns ou nomes substitutivos IUPAC) para todos os aldeídos e cetonas que contêm um anel benzênico e têm a fórmula C_8H_8O.

16.3 Propriedades Físicas

O grupo carbonila é um grupo polar; consequentemente, os aldeídos e cetonas têm pontos de ebulição mais altos do que os hidrocarbonetos de mesma massa molecular. Entretanto, uma vez que os aldeídos e cetonas não podem ter ligações de hidrogênio fortes *entre as suas moléculas*, eles têm pontos de ebulição mais baixos do que os álcoois correspondentes. Os seguintes compostos que têm massas moleculares similares exemplificam essa tendência:

Um mapa do potencial eletrostático da acetona mostra a polaridade da ligação C=O da carbonila.

Butano
p.eb −0,5 °C
(MM= 58)

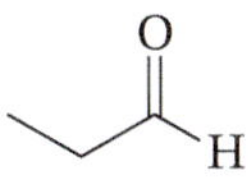

Propanal
p.eb 49 °C
(MM= 58)

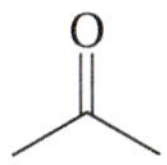

Acetona
p.eb 56,1 °C
(MM= 58)

1-Propanol
p.eb 97,2 °C
(MM= 60)

PROBLEMA DE REVISÃO 16.2

Qual o composto em cada um dos pares vistos a seguir tem o ponto de ebulição mais alto? (Responda este problema sem consultar as tabelas.)

(a) Pentanal ou 1-pentanol
(b) 2-Pentanona ou 2-pentanol
(c) Pentano ou pentanal
(d) Acetofenona ou 2-feniletanol
(e) Benzaldeído ou álcool benzílico

O átomo de oxigênio da carbonila permite que as moléculas de aldeídos e cetonas formem ligações de hidrogênio fortes com moléculas de água. Como resultado, os aldeídos e cetonas com baixas massas moleculares apresentam consideráveis solubilidades em água. A acetona e o acetaldeído são solúveis em água em todas as proporções.

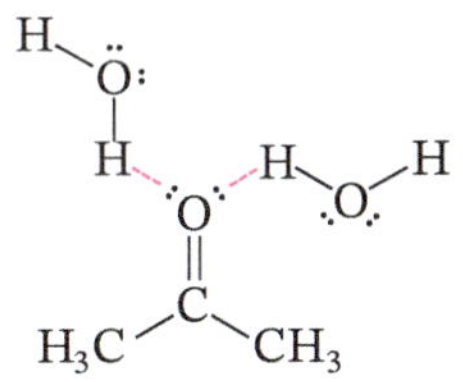

Ligações de hidrogênio (mostradas em rosa) entre as moléculas de água e acetona

A **Tabela 16.1** relaciona as propriedades físicas de diversos aldeídos e cetonas comuns. Alguns aldeídos obtidos de fontes naturais têm fragrâncias bem agradáveis. Alguns deles, além daqueles que foram mencionados no início do capítulo, são vistos a seguir.

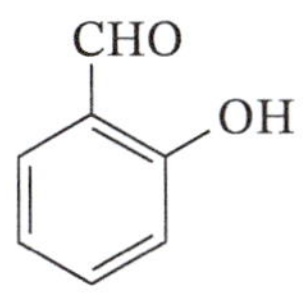

Salicilaldeído
(extraído do ulmeiro)

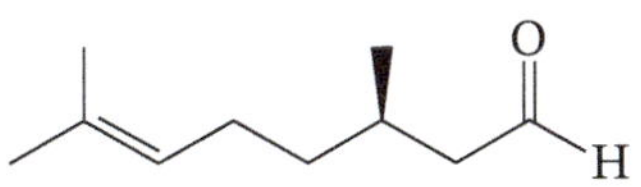

Citronelal
(o aroma de limão em certas plantas)

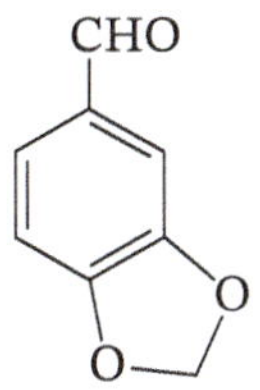

Piperonal
(sintetizado a partir do safrol; odor de heliotrópio)

TABELA 16.1 Propriedades Físicas de Aldeídos e Cetonas

Fórmula	Nome	p.fus (°C)	p.eb (°C)	Solubilidade em Água
$HCHO$	Formaldeído	−92	−21	Muito solúvel
CH_3CHO	Acetaldeído	−125	21	Miscível
CH_3CH_2CHO	Propanal	−81	49	Muito solúvel
$CH_3(CH_2)_2CHO$	Butanal	−99	76	Solúvel
$CH_3(CH_2)_3CHO$	Pentanal	−92	102	Pouco solúvel
$CH_3(CH_2)_4CHO$	Hexanal	−51	131	Pouco solúvel
C_6H_5CHO	Benzaldeído	−26	178	Pouco solúvel
$C_6H_5CH_2CHO$	Fenilacetaldeído	33	193	Pouco solúvel
CH_3COCH_3	Acetona	−95	56	Miscível
$CH_3COCH_2CH_3$	Butanona	−86	80	Muito solúvel
$CH_3COCH_2CH_2CH_3$	2-Pentanona	−78	102	Solúvel
$CH_3CH_2COCH_2CH_3$	3-Pentanona	−39	102	Solúvel
$C_6H_5COCH_3$	Acetofenona	21	202	Insolúvel
$C_6H_5COC_6H_5$	Benzofenona	48	306	Insolúvel

A Química Industrial de . . . Aldeídos e Cetonas em Perfumes

Muitos aldeídos e cetonas têm fragrâncias agradáveis e, por causa disso, encontraram uso em perfumes. Originalmente, os ingredientes para perfumes vinham de fontes naturais tais como óleos essenciais (Seção 23.3), mas, por meio do poder da química orgânica sintética, muitos ingredientes atualmente utilizados em perfumes resultam da criatividade de químicos experimentalistas.

Profissionais da arte da perfumaria, aqueles que formulam perfumes, falam de seus ingredientes em uma linguagem derivada da música. O armário que guarda os frascos contendo os compostos que o perfumista mistura é chamado de "órgão". Os ingredientes em si são descritos como tendo determinadas "notas". Por exemplo, diz-se que substâncias altamente voláteis apresentam "notas de cabeça", aquelas não tão voláteis e, geralmente, associadas às flores, diz-se que têm "notas de coração" e os ingredientes menos voláteis, geralmente com aromas de madeira, balsâmicos ou de almíscar, são descritos como "notas de fundo".*

A (*Z*)-jasmona (com a fragrância de jasmim) e a *α*-damascona (fragrância de rosas) têm "notas de coração", assim como as iononas (com a fragrância de violetas). Todas essas cetonas podem ser obtidas a partir de fontes naturais.

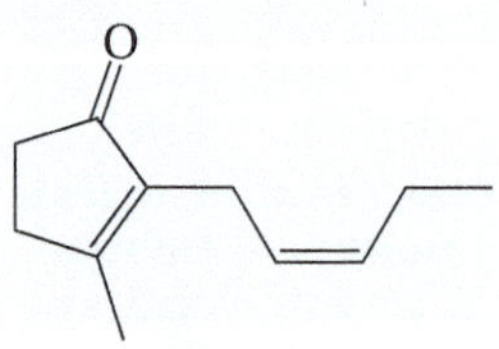

Z-Jasmona

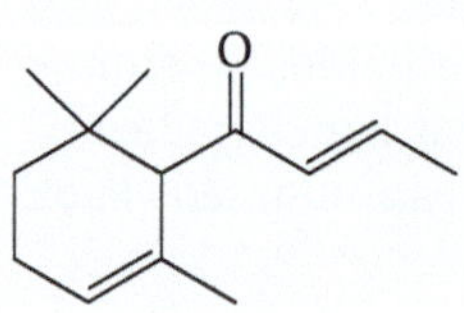

***α*-Damascona**

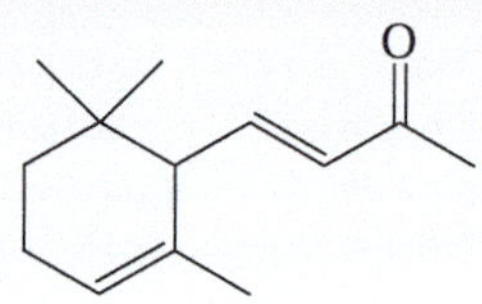

***α*-Ionona**

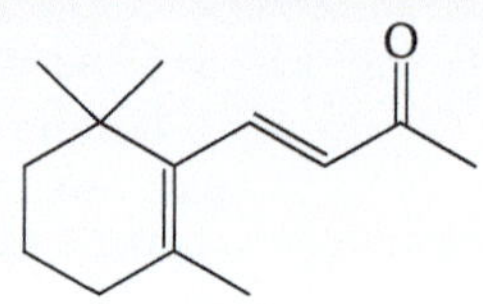

***β*-Ionona**

Duas cetonas de fontes naturais exóticas são a muscona (do cervo almiscareiro do Himalaia) e a civetona (do gato-de-algália africano).

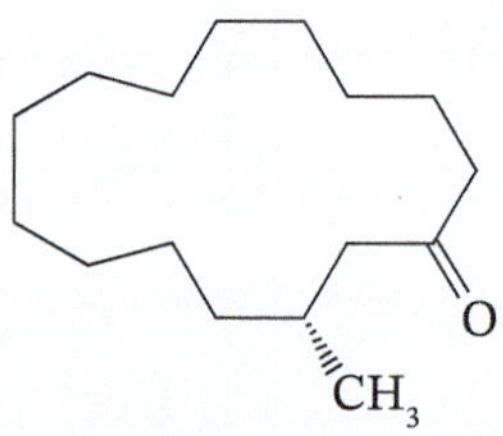

Muscona

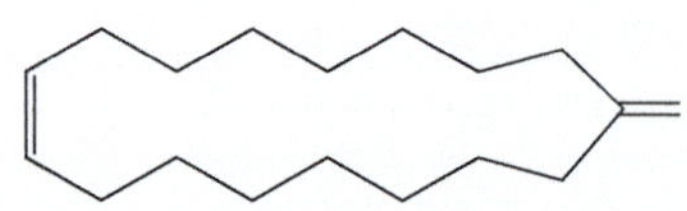

Civetona

A estereoquímica tem uma influência marcante nos aromas. Por exemplo, o enantiômero (*R*) da muscona (representado anteriormente) é descrito como tendo um "rico e poderoso almíscar", enquanto o enantiômero (*S*) é descrito como "pobre e menos forte". O enantiômero (*R*) da *α*-damascona tem um aroma de pétala de rosa com mais notas de maçã e de frutas do que o enantiômero (*S*).

* Para uma abordagem aprofundada da indústria de perfumes, veja Fortineau, A.-D. "Chemistry Perfumes Your Daily Life," *J. Chem. Educ.*, **2004**, *81*, 45–50.

16.4 Síntese de Aldeídos

16.4A Aldeídos por Oxidação de Álcoois Primários

- O estado de oxidação de um aldeído se situa entre o de um álcool primário e o de um ácido carboxílico (Seção 12.4A).

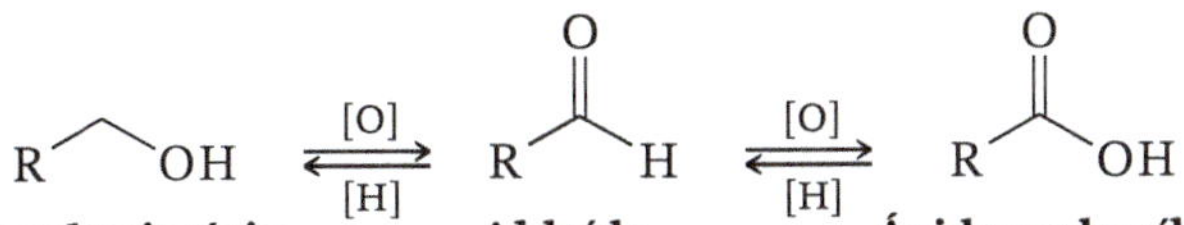

Álcool primário **Aldeído** **Ácido carboxílico**

Os aldeídos podem ser preparados a partir de álcoois primários pela oxidação de Swern (Seção 12.4B) e oxidação com clorocromato de piridínio ($C_5H_5\overset{+}{N}HCrO_3Cl^-$ ou PCC, Seção 12.4D):

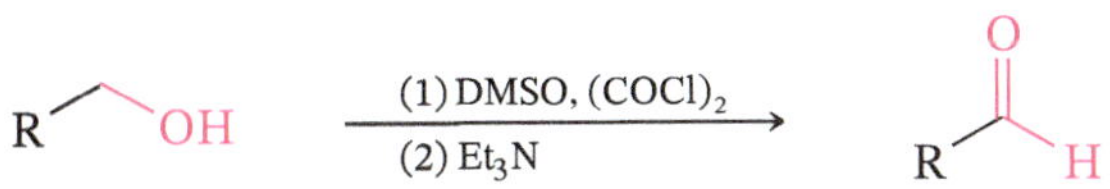

Oxidação de Swern de um álcool primário produzindo um aldeído.

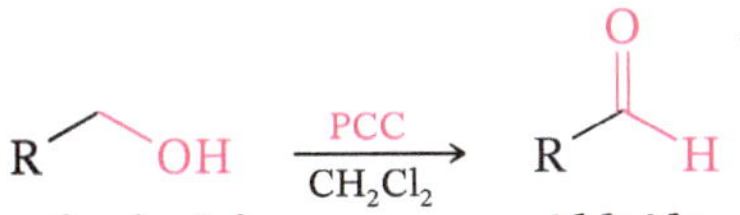

Álcool primário **Aldeído**

Oxidação de um álcool primário pelo PCC produzindo um aldeído

As oxidações vistas a seguir são exemplos do uso da oxidação de Swern ou do PCC na síntese de aldeídos.

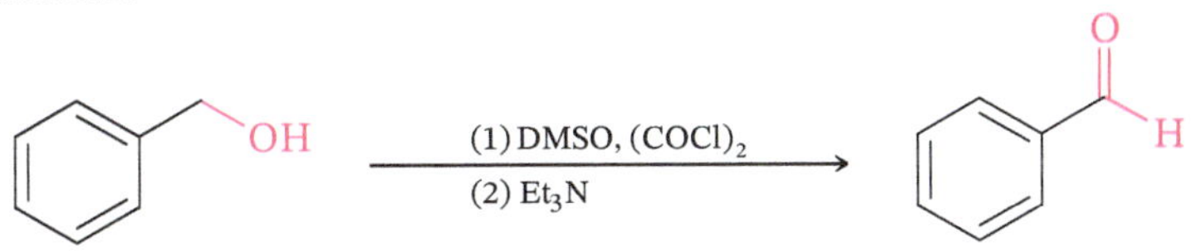

Álcool benzílico **Benzaldeído**

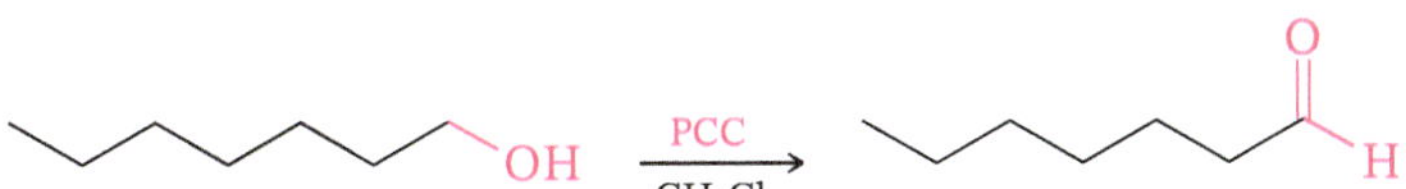

1-Heptanol **Heptanal**

16.4B Aldeídos por Ozonólise de Alquenos

- Alquenos podem ser clivados pela ozonólise de sua dupla ligação (Seção 8.16B). Os produtos são aldeídos e cetonas.

Os seguintes exemplos ilustram a síntese de aldeídos pela ozonólise de alquenos.

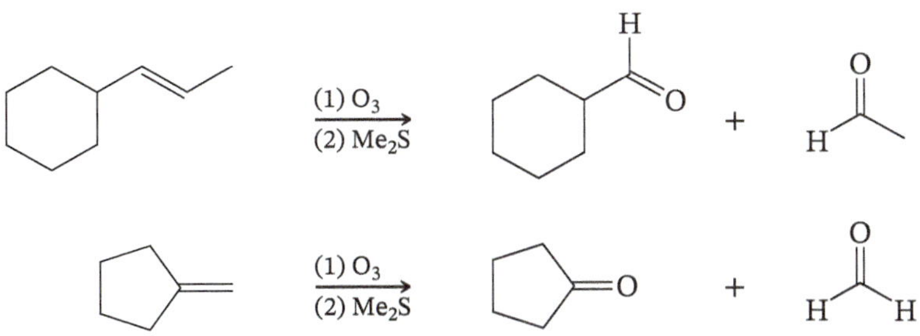

16.4C Aldeídos por Redução de Cloretos de Acila, Ésteres e Nitrilas

Teoricamente, deveria ser possível preparar aldeídos pela redução de ácidos carboxílicos. Na prática, isso não é possível com o reagente normalmente utilizado para reduzir um ácido carboxílico, o hidreto de alumínio e lítio ($LiAlH_4$).

- Quando qualquer ácido carboxílico é tratado com $LiAlH_4$, ele é diretamente reduzido a álcool primário.

- Isso acontece porque o $LiAlH_4$ é um agente redutor muito poderoso e os aldeídos são muito facilmente reduzidos.

Qualquer aldeído que poderia ser formado na mistura reacional é imediatamente reduzido pelo $LiAlH_4$ ao álcool primário. (Não adianta utilizar a quantidade estequiométrica de $LiAlH_4$ porque, assim que algumas poucas moléculas de aldeído são inicialmente formadas na mistura reacional, haverá ainda muito $LiAlH_4$ presente que ainda não reagiu e que irá reduzir o aldeído.)

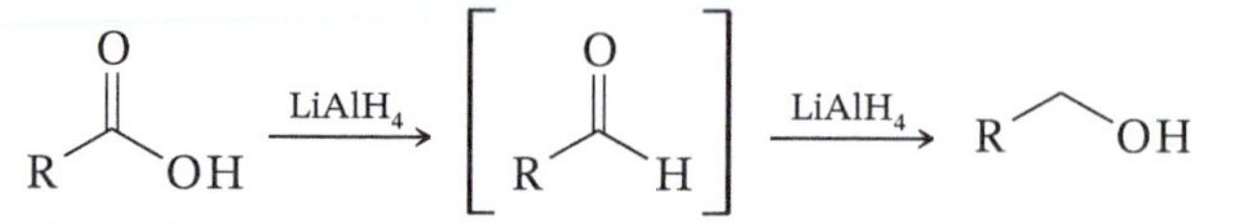

O segredo para o sucesso aqui é não utilizar um ácido carboxílico, mas utilizar um derivado de um ácido carboxílico que seja mais facilmente reduzido e um derivado do hidreto de alumínio que seja menos reativo do que o $LiAlH_4$.

DICA ÚTIL

Os cloretos de acila, os ésteres e as nitrilas, todos têm também o mesmo estado de oxidação que os ácidos carboxílicos. Convença-se disso aplicando os princípios que você aprendeu na Seção 12.2A.

- Os cloretos de acila (RCOCl), os ésteres (RCO_2R') e as nitrilas (RCN) são todos facilmente preparados a partir de ácidos carboxílicos (Capítulo 17) e todos eles são mais facilmente reduzidos.
- Dois derivados do hidreto de alumínio que são menos reativos do que o $LiAlH_4$, em parte porque eles são muito mais estericamente impedidos, são o **LiAlH(*Ot*-Bu)$_3$ (hidreto de tri-*terc*-butoxialumínio e lítio)** e o ***i*-Bu$_2$AlH (hidreto de di-isobutilalumínio, DIBAL-H):**

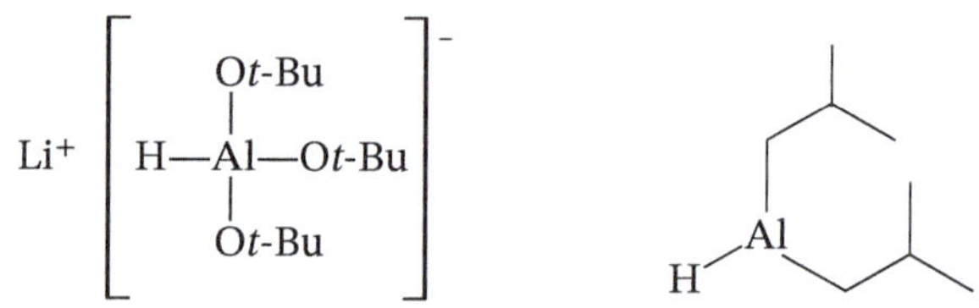

Hidreto de tri-*terc*-butoxialumínio e lítio (LiAlH(O*t*-Bu)$_3$)

Hidreto de di-isobutilalumínio (*i*-Bu$_2$AlH ou DIBAL-H)

- O esquema a seguir resume como o LiAlH(O*t*-Bu)$_3$ e o DIBAL-H podem ser utilizados para sintetizar aldeídos a partir dos derivados de ácidos:

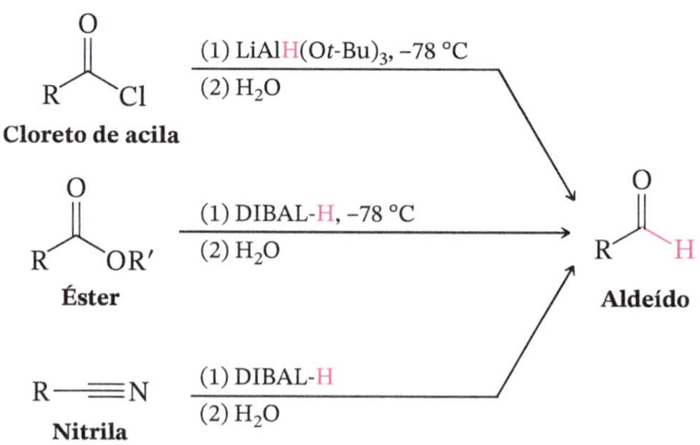

Examinaremos agora cada uma dessas sínteses de aldeídos mais detalhadamente.

Aldeídos a Partir de Cloretos de Acila: RCOCl ⟶ RCHO

- Os cloretos de acila podem ser reduzidos a aldeídos por meio do tratamento com LiAlH(O*t*-Bu)$_3$, a −78 °C.
- Os ácidos carboxílicos podem ser convertidos a cloretos de acila utilizando-se $SOCl_2$ (veja a Seção 15.6B).

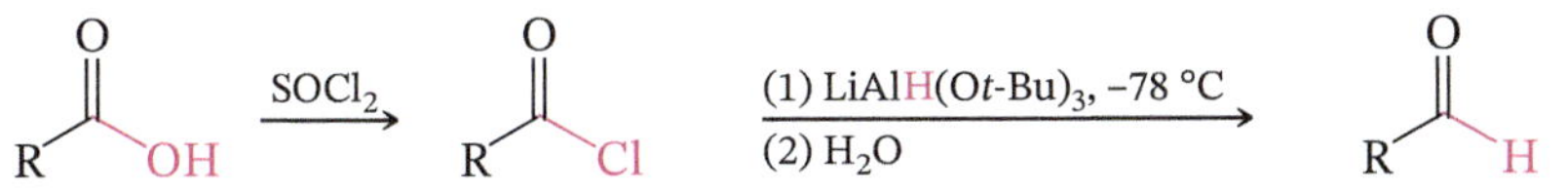

O exemplo a seguir é específico:

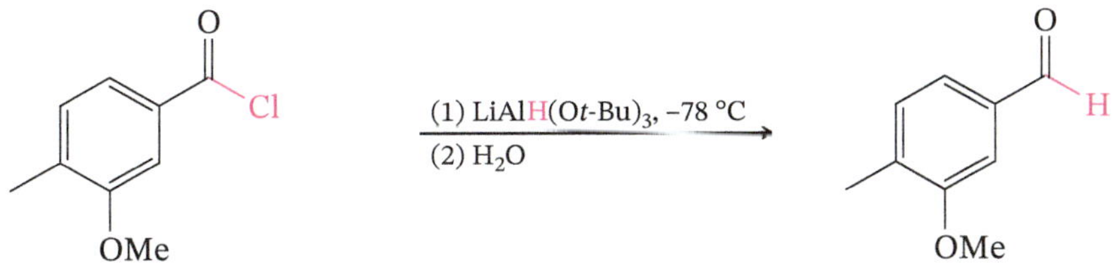

Cloreto de 3-metoxi-4-metilbenzoíla **3-Metoxi-4-metilbenzaldeído**

Mecanisticamente, a redução é realizada pela transferência de um íon hidreto do átomo de alumínio para o carbono da carbonila do cloreto de acila (veja a Seção 12.3). A hidrólise subsequente libera o aldeído.

Um Mecanismo para a Reação

Redução de um Cloreto de Acila a um Aldeído

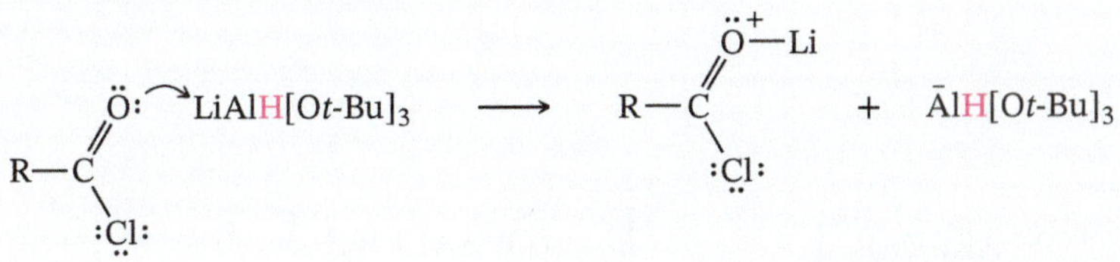

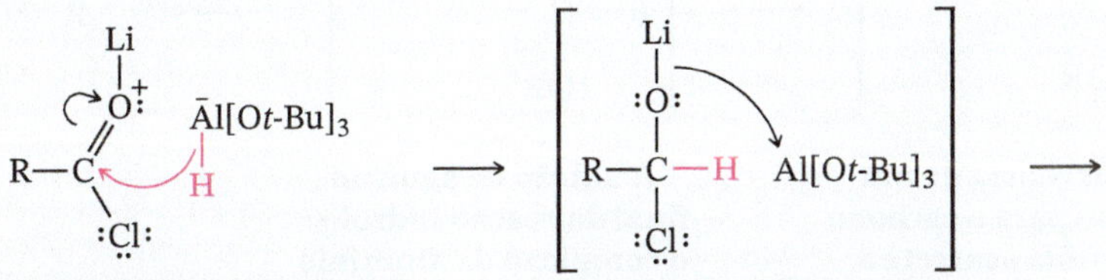

A transferência de um íon hidreto para o carbono da carbonila acarreta a redução.

Atuando como um ácido de Lewis, o átomo de alumínio recebe um par de elétrons do oxigênio.

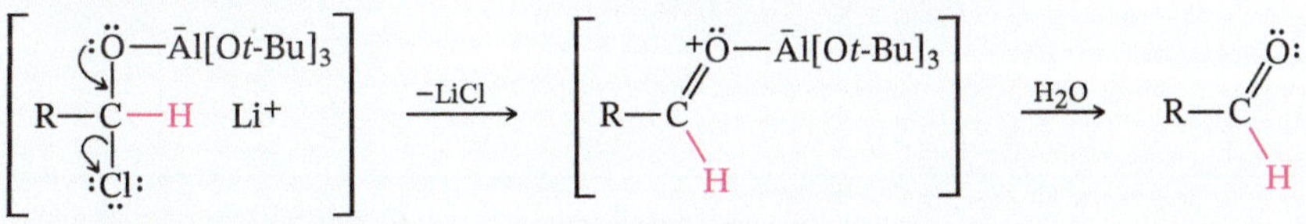

Esse intermediário perde um íon cloreto com a ajuda de um par de elétrons do oxigênio.

A adição de água causa a hidrólise desse complexo de alumínio, produzindo o aldeído. (Várias etapas estão envolvidas.)

PROBLEMA RESOLVIDO 16.2

Forneça os reagentes para as transformações (1), (2) e (3).

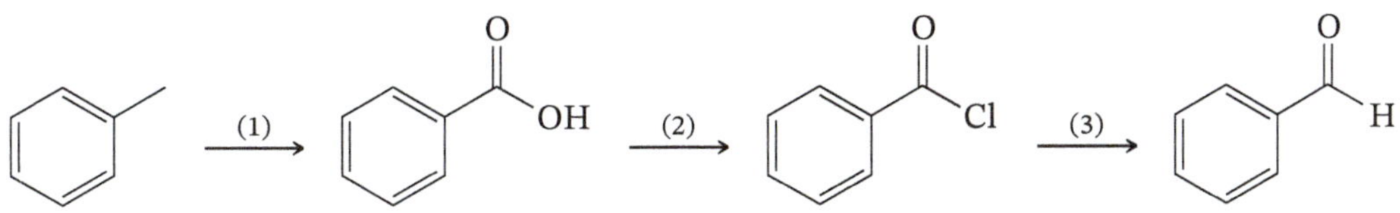

Estratégia e Resposta

Em (1), temos de oxidar o metilbenzeno a ácido benzoico. Para fazer isso usamos $KMnO_4$ a quente em solução básica seguido de tratamento ácido (veja a Seção 15.11D). Para (2), temos que converter um ácido carboxílico em um cloreto de ácido. Para essa transformação usamos $SOCl_2$ (cloreto de tionila) ou PCl_5 (veja a Seção 15.6B). Para (3), temos de reduzir um cloreto de ácido a um aldeído. Para isso usamos $LiAlH(Ot\text{-}Bu)_3$ (veja anteriormente).

Aldeídos a Partir de Ésteres e Nitrilas: $RCO_2R' \longrightarrow RCHO$ e $RC{\equiv}N \longrightarrow RCHO$

- Tanto os ésteres quanto as nitrilas podem ser reduzidos a aldeídos pela utilização de DIBAL-H.

Quantidades cuidadosamente controladas de DIBAL-H têm de ser utilizadas para evitar redução subsequente do aldeído, e a redução do éster tem de ser realizada a baixas temperaturas. Ambas as reduções resultam na formação de um intermediário relativamente estável através da adição de um íon hidreto ao carbono da carbonila do éster ou ao carbono do grupo —C≡N da nitrila. A hidrólise do intermediário libera o aldeído. Esquematicamente, as reações podem ser visualizadas da seguinte maneira:

Um Mecanismo para a Reação

Redução de um Éster a um Aldeído

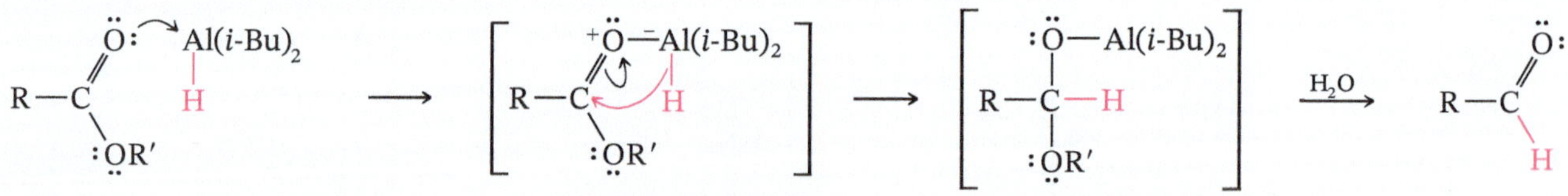

O átomo de alumínio recebe um par de elétrons do átomo de oxigênio da carbonila através de uma reação do tipo ácido-base de Lewis.

A transferência de um íon hidreto para o carbono da carbonila acarreta a sua redução.

A adição de água no final da reação hidrolisa o complexo de alumínio e produz o aldeído.

Um Mecanismo para a Reação

Redução de uma Nitrila a um Aldeído

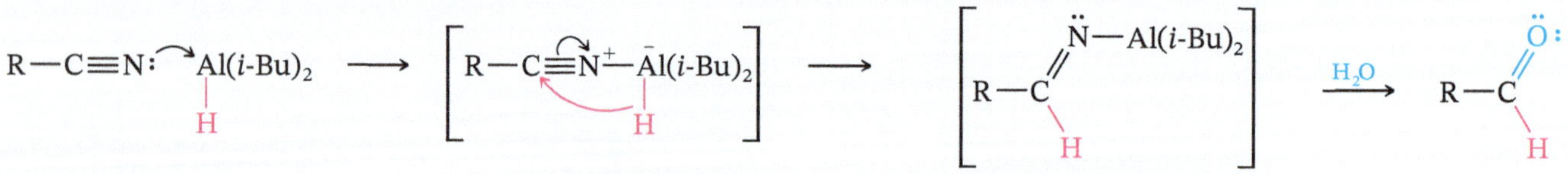

O átomo de alumínio recebe um par de elétrons da nitrila em uma reação do tipo ácido-base de Lewis.

A transferência de um íon hidreto para o carbono da nitrila causa a sua redução.

A adição de água no final da reação hidrolisa o complexo de alumínio e produz o aldeído. (Diversas etapas estão envolvidas. Veja a Seção 16.8 relativa a iminas.)

Os seguintes exemplos específicos ilustram essas sínteses:

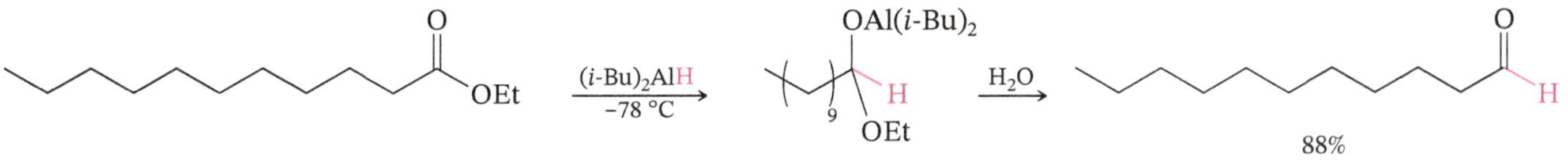

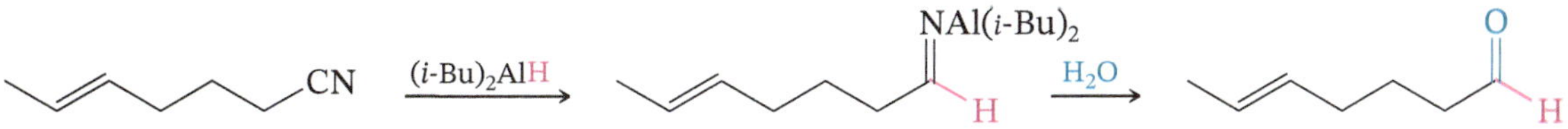

PROBLEMA RESOLVIDO 16.3

Qual é o produto da seguinte reação?

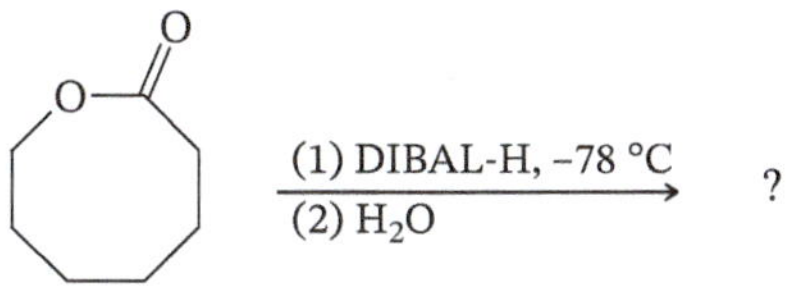

Estratégia e Resposta

O produto de partida é um éster cíclico, de modo que o produto seria um aldeído que também contém um grupo hidroxila de álcool.

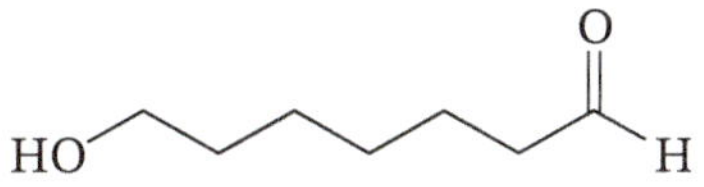

PROBLEMA RESOLVIDO 16.4

Partindo do álcool benzílico, proponha uma síntese para o feniletanal.

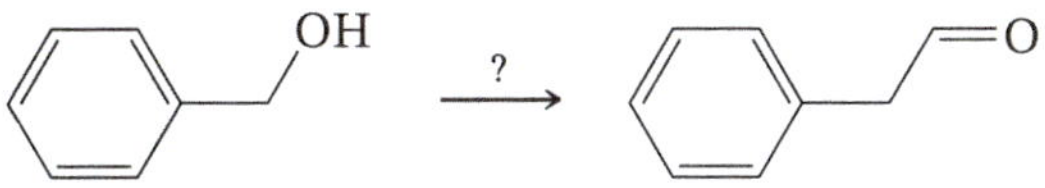

Estratégia e Resposta

Converta o álcool benzílico em brometo de benzila com PBr_3, então, substitua o brometo por cianeto por meio de uma reação S_N2. Finalmente, reduza a nitrila a feniletanal.

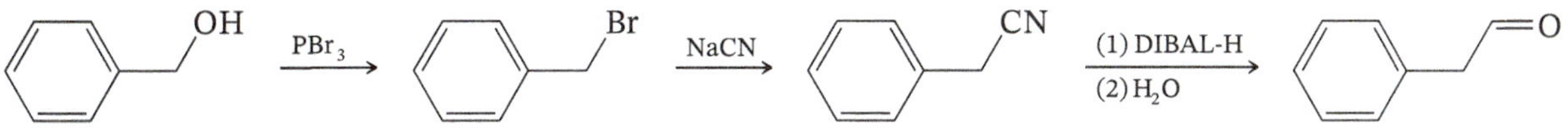

PROBLEMA DE REVISÃO 16.3

Mostre como você sintetizaria o propanal a partir de cada um dos seguintes compostos: **(a)** 1-propanol e **(b)** ácido propanoico ($CH_3CH_2CO_2H$).

16.5 Síntese de Cetonas

16.5A Cetonas a Partir de Alquenos, Arenos e Álcoois Secundários

Vimos, em capítulos anteriores, três métodos de laboratório para a preparação de cetonas:

1. Cetonas (e aldeídos) através da ozonólise de alquenos (abordada na Seção 8.16B).

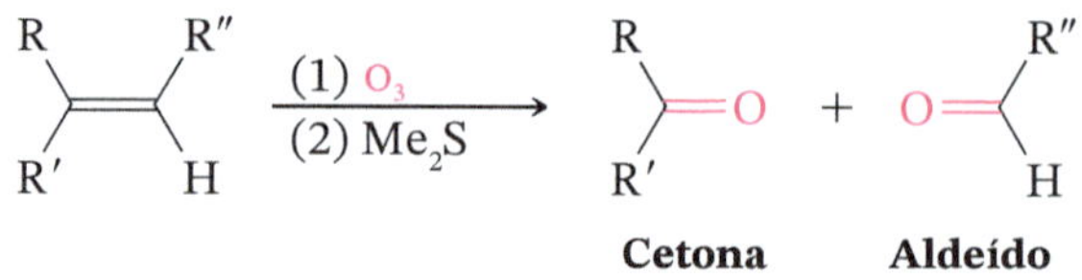

2. Cetonas a partir de arenos através das acilações de Friedel–Crafts (abordada na Seção 15.6B). Por exemplo:

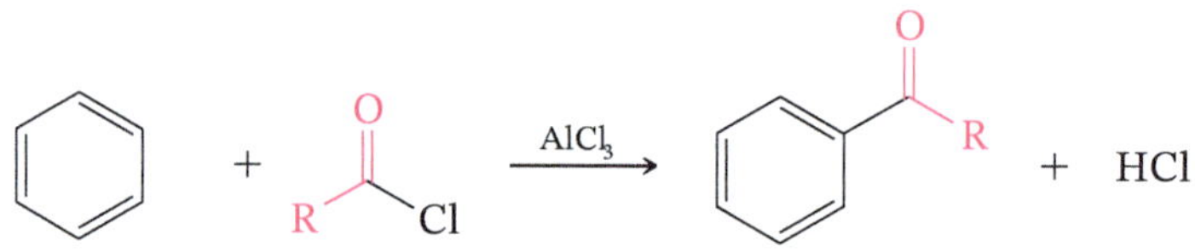

Uma alquil aril cetona

3. Cetonas a partir de álcoois secundários pela oxidação de Swern e outros métodos (abordados na Seção 12.4):

16.5B Cetonas a Partir de Nitrilas

O tratamento de uma nitrila (R—C≡N) ou com um reagente de Grignard ou um reagente de organolítio, seguido por hidrólise, produz uma cetona.

Reações Gerais

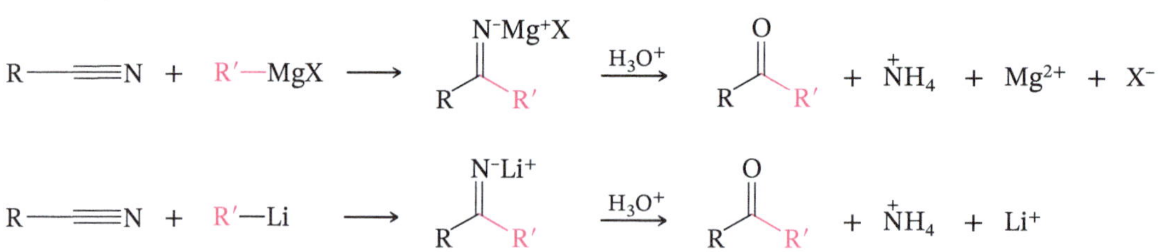

O mecanismo para a etapa de hidrólise ácida é o inverso daquele que estudaremos para a formação de imina na Seção 16.8A.

Exemplos Específicos

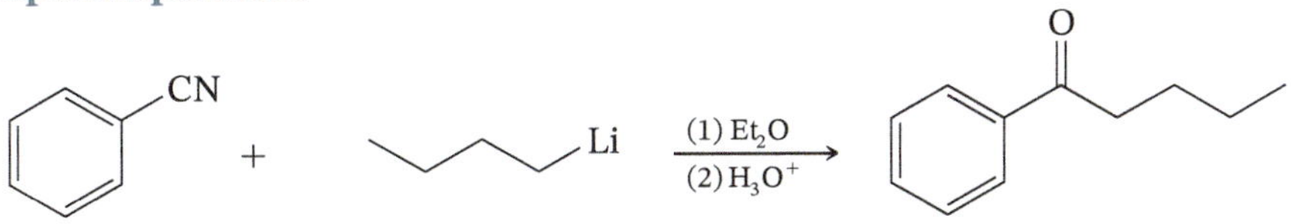

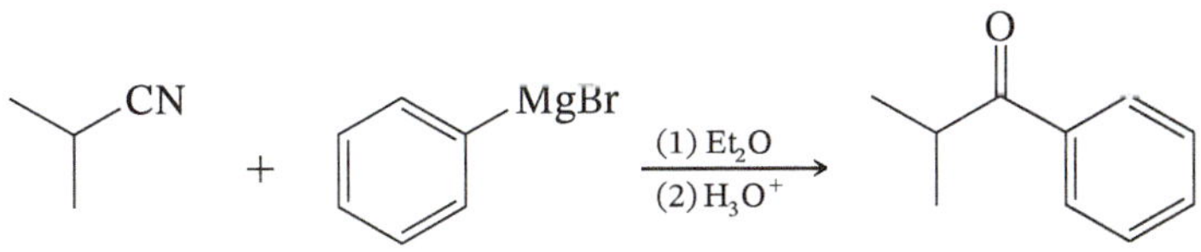

2-Cianopropano **2-Metil-1-fenilpropanona (isopropilfenilcetona)**

Apesar de uma nitrila ter uma ligação tripla, a adição do reagente de Grignard ou de lítio ocorre apenas uma vez. O motivo: se a adição ocorresse duas vezes, isto colocaria uma carga negativa dupla sobre o nitrogênio.

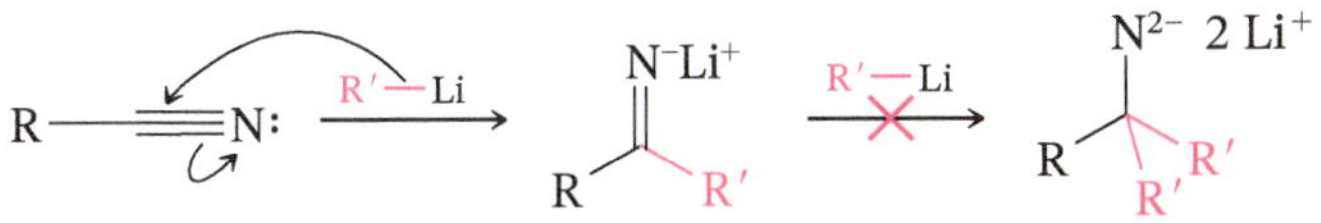

(O diânion não se forma.)

PROBLEMA RESOLVIDO 16.5

Ilustração de uma Síntese em Múltiplas Etapas

Com o 1-butanol como seu único composto orgânico de partida, projete uma síntese da 5-nonanona. Comece escrevendo uma análise retrossintética.

Resposta

Uma vez que a 5-nonanona contém 9 carbonos e o butanol tem apenas 4, provavelmente são necessárias duas moléculas de butanol e um composto com um carbono. Cianeto poderia fornecer o carbono único. Como nós também sabemos que as nitrilas reagem com os reagentes de Grignard para formar cetonas, a desconexão retrossintética da 5-nonanona sugere o brometo de butilmagnésio e a pentanonitrila como precursores imediatos. O brometo de butilmagnésio pode, por sua vez, ser sintetizado a partir do 1-bromobutano. A pentanonitrila também pode ser sintetizada a partir do 1-bromobutano, via reação S_N2 do 1-bromobutano com cianeto. Para começar a síntese, o 1-bromobutano pode ser preparado a partir do 1-butanol pela reação com o tribrometo de fósforo.

Análise Retrossintética

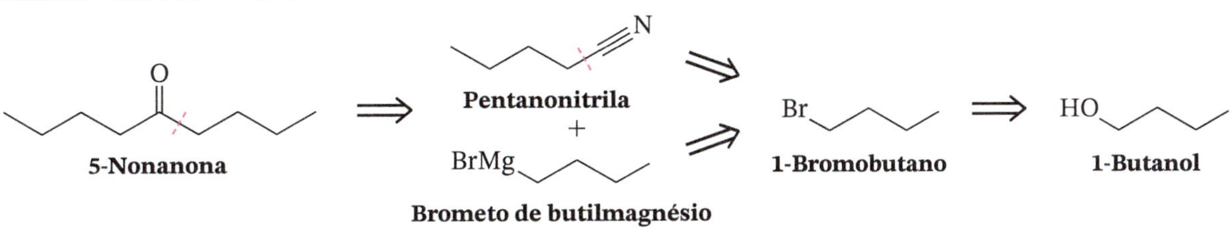

Síntese

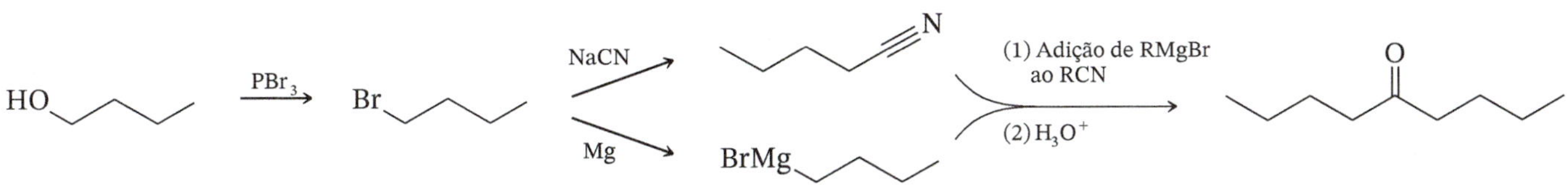

PROBLEMA DE REVISÃO 16.4 Forneça os reagentes e indique os intermediários para cada uma das seguintes sínteses.

(a) 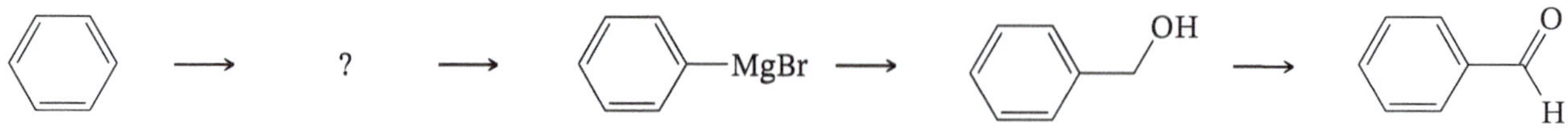

(b) 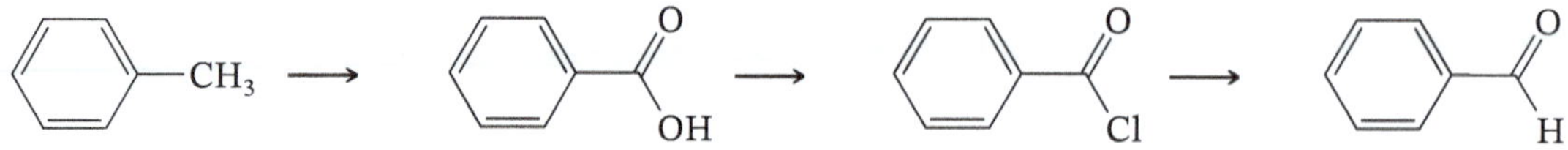

(c) 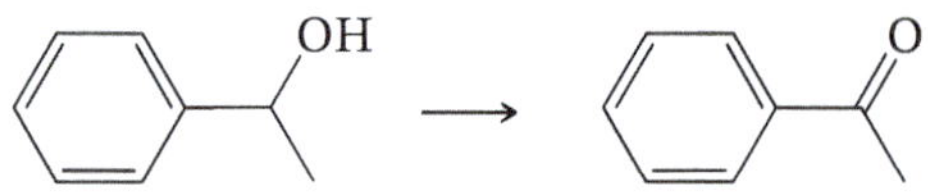

(d) 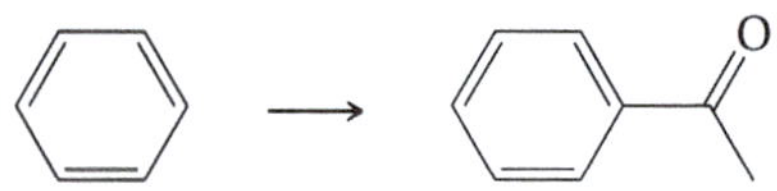

(e) 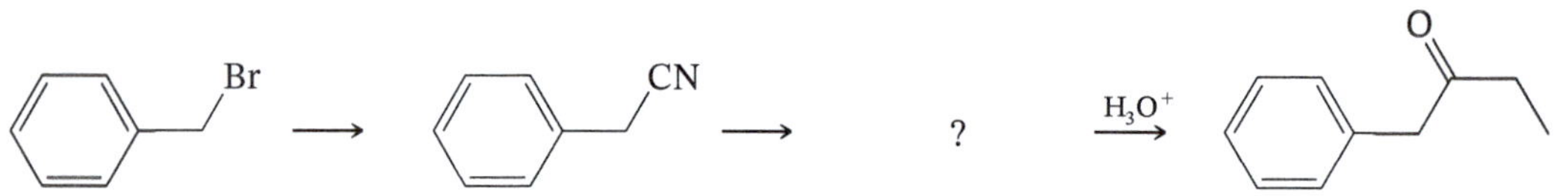

(f) 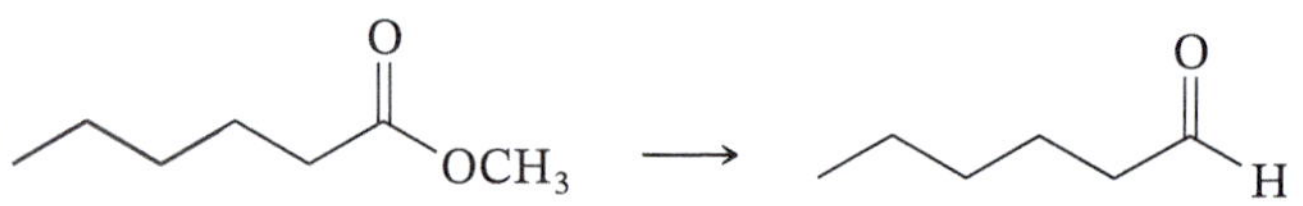

16.6 Adição Nucleofílica à Ligação Dupla Carbono–Oxigênio – Temas Mecanísticos

- A reação mais característica de aldeídos e cetonas é a *adição nucleofílica* à ligação dupla carbono–oxigênio.

Reação Geral

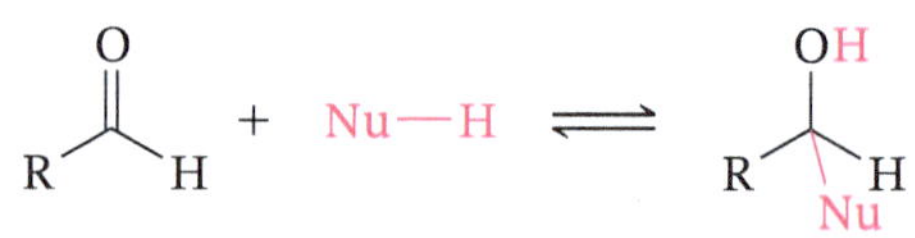

Exemplos Específicos

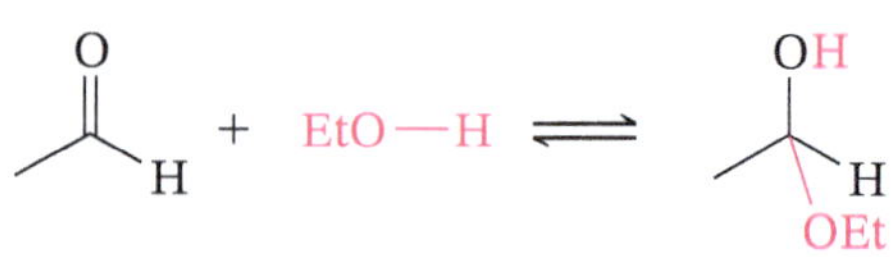

Um hemiacetal
(veja a Seção 16.7)

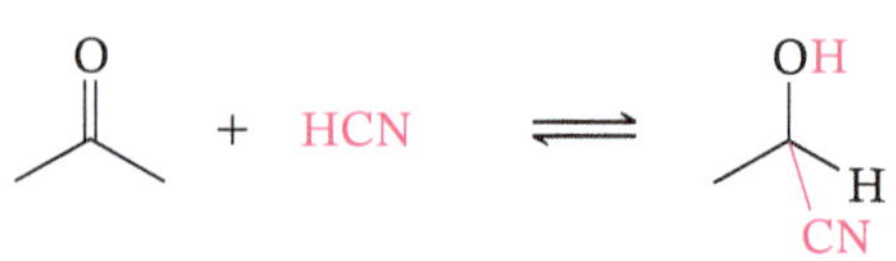

Uma cianoidrina
(veja a Seção 16.9)

Os aldeídos e as cetonas são especialmente suscetíveis à adição nucleofílica por causa das características estruturais que abordamos na Seção 12.1, que são mostradas a seguir.

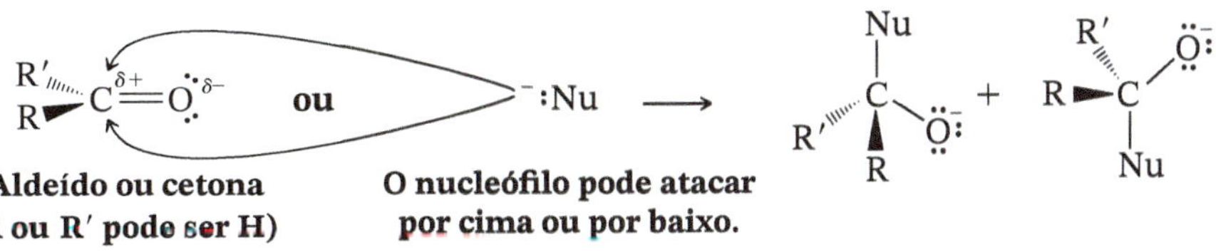

- O arranjo triangular plano dos grupos em torno do átomo de carbono da carbonila significa que o átomo de carbono da carbonila está relativamente aberto ao ataque por cima ou por baixo do plano do grupo carbonila (veja anteriormente).
- A carga positiva parcial no átomo de carbono da carbonila significa que ele é suscetível a ataque nucleofílico.
- Pares de elétrons não compartilhados no oxigênio permitem protonação para fazer o carbono da carbonila mais eletrofílico sob condições ácidas.

A adição nucleofílica à ligação dupla carbono–oxigênio ocorre, portanto, em uma de duas maneiras gerais.

1. **Quando o reagente é um nucleófilo forte** ($Nu:^-$), a adição geralmente ocorre da seguinte maneira (veja o mecanismo a seguir): convertendo o aldeído ou a cetona triangular plana em um produto tetraédrico.
   Nesse tipo de adição, o nucleófilo utiliza seu par de elétrons para formar uma ligação com o átomo de carbono da carbonila. À medida que isso acontece, o par de elétrons da ligação π carbono–oxigênio se desloca para o átomo de oxigênio eletronegativo da carbonila e os estados de hibridização, tanto do carbono quanto do oxigênio, mudam de sp^2 para sp^3. *O aspecto importante dessa etapa é a capacidade do átomo de oxigênio da carbonila em acomodar o par de elétrons da ligação dupla carbono–oxigênio.*

Um Mecanismo para a Reação

Adição de um Nucleófilo Forte a um Aldeído ou Cetona

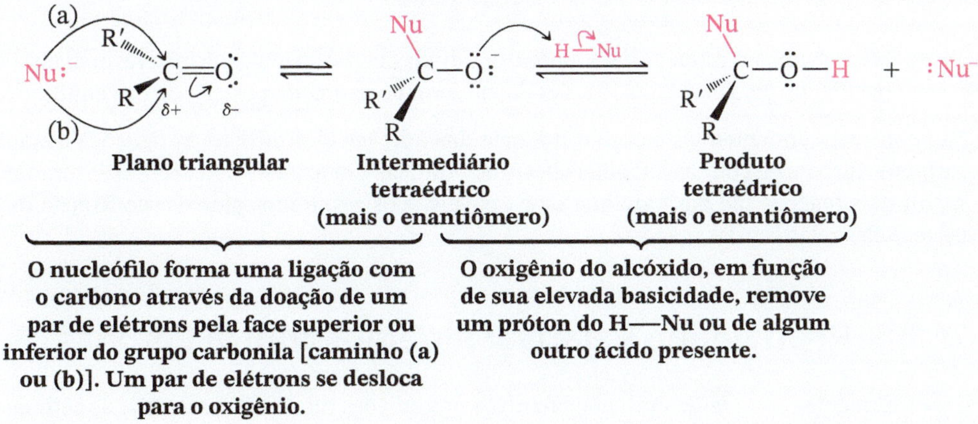

Na segunda etapa, o átomo de oxigênio recebe um próton. Isso acontece porque o átomo de oxigênio é agora muito mais básico; ele tem uma carga negativa completa como um ânion alcóxido.

2. **Quando um catalisador ácido está presente e o nucleófilo é fraco**, a reação do oxigênio da carbonila com o ácido aumenta a eletrofilicidade do grupo carbonila.

Um Mecanismo para a Reação

Adição Nucleofílica Catalisada por Ácido a um Aldeído ou Cetona

Etapa 1

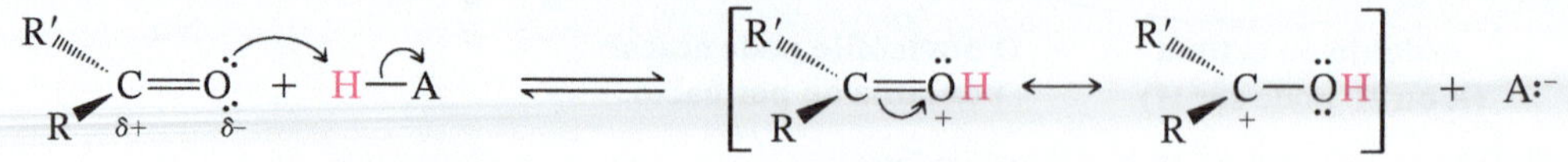

(ou um ácido de Lewis)

Em condições ácidas, um par de elétrons do oxigênio da carbonila recebe um próton do ácido (ou se associa a um ácido de Lewis). O carbono da carbonila protonada é agora mais suscetível ao ataque nucleofílico.

Etapa 2

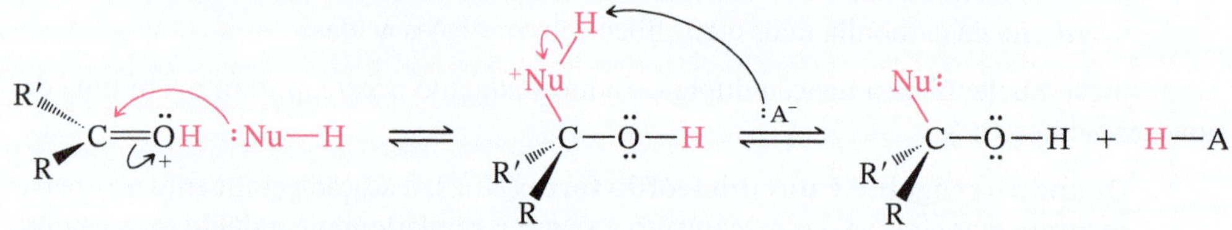

A carbonila protonada é atacada pelo nucleófilo e uma base remove um próton do átomo carregado positivamente, regenerando catalisador ácido.

> **DICA ÚTIL**
> **Qualquer composto contendo um átomo de oxigênio positivamente carregado que forma três ligações covalentes é um *cátion oxônio*.**

Esse mecanismo opera quando os compostos carbonilados são tratados com *ácidos fortes* na presença de *nucleófilos fracos*. Na primeira etapa, o ácido doa um próton a um par de elétrons do átomo de oxigênio da carbonila. O composto carbonilado protonado resultante, um **cátion oxônio**, é muito reativo frente ao ataque nucleofílico ao átomo de carbono da carbonila porque o átomo de carbono da carbonila possui mais carga positiva do que ele possui no composto não protonado.

16.6A Reversibilidade das Adições Nucleofílicas à Ligação Dupla Carbono–Oxigênio

- Muitas adições nucleofílicas às ligações duplas carbono–oxigênio são reversíveis; os resultados globais dessas reações dependem, portanto, da posição de um equilíbrio.

Isto contrasta enormemente com a maioria das adições eletrofílicas às ligações duplas carbono–carbono e com as substituições nucleofílicas em átomos de carbono saturados. As últimas reações são basicamente irreversíveis, e os resultados globais são função das velocidades relativas das reações.

16.6B Reatividade Relativa: Aldeídos contra Cetonas

- Em geral, os aldeídos são mais reativos nas adições nucleofílicas do que as cetonas. Tanto os fatores estéricos quanto os eletrônicos favorecem os aldeídos.

Fatores Estéricos Nos aldeídos, onde um grupo é um átomo de hidrogênio, o carbono central do produto tetraédrico formado a partir do aldeído é menos impedido e o produto é mais estável. A formação do produto, consequentemente, é favorecida no equilíbrio. Com as cetonas, os dois substituintes alquila no carbono da carbonila provocam maior impedimento estérico no produto tetraédrico e o tornam menos estável. Portanto, uma concentração menor do produto está presente no equilíbrio.

Fatores Eletrônicos Uma vez que os grupos alquila são doadores de elétrons, os aldeídos são mais reativos em termos eletrônicos também. Os aldeídos têm apenas um grupo alquila doador de elétrons para ajudar a estabilizar a carga parcial positiva em seu átomo de carbono carbonílico. As cetonas têm dois grupos alquila e, portanto, a carga positiva parcial em seu carbono carbonílico é mais bem estabilizada. A maior estabilização da cetona (o reagente) em relação ao seu produto significa que a constante de equilíbrio para a formação do produto tetraédrico a partir de uma cetona é menor e a reação é menos favorável:

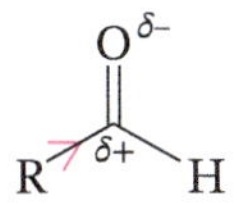

Aldeído

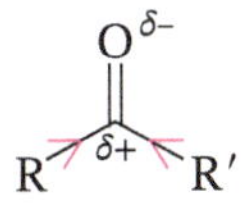

Cetona

O carbono da carbonila de uma cetona é menos positivo, porque possui dois grupos alquila doadores de elétrons ligados.

Por outro lado, substituintes retiradores de elétrons (por exemplo, grupos —CF_3 ou —CCl_3) fazem com que o carbono da carbonila seja mais positivo (e o composto de partida se torne menos estável) fazendo com que a **reação de adição** seja mais favorável.

16.6C Produtos de Adição Podem Sofrer Reações Subsequentes

A adição nucleofílica a um grupo carbonila pode levar a um produto que é estável sob as condições de reação que empregamos. Se esse é o caso, somos, então, capazes de isolar os produtos com a seguinte estrutura geral:

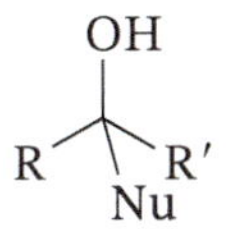

Em outras reações, o produto formado inicialmente pode ser instável e sofrer reações subsequentes espontaneamente. Quando um nitrogênio é o nucleófilo, por exemplo, uma reação subsequente comum é uma *reação de eliminação*, em particular a desidratação, como veremos na Seção 16.8.

PROBLEMA DE REVISÃO 16.5

A reação de um aldeído ou cetona com um reagente de Grignard (Seção 12.8) é uma adição nucleofílica à ligação dupla carbono–oxigênio. **(a)** Qual é o nucleófilo? **(b)** A parte do magnésio do reagente de Grignard desempenha um importante papel nessa reação. Qual é a sua função? **(c)** Que produto é formado inicialmente? **(d)** Que produto se forma quando a água é adicionada?

PROBLEMA DE REVISÃO 16.6

As reações de aldeídos e cetonas com $LiAlH_4$ e $NaBH_4$ (Seção 12.3) são adições nucleofílicas ao grupo carbonila. Qual é o nucleófilo nessas reações?

16.7 Adição de Álcoois: Hemiacetais e Acetais

- Aldeídos e cetonas reagem com álcoois formando **hemiacetais** e **acetais** através de uma reação de equilíbrio.

16.7A Hemiacetais

- As características estruturais essenciais de um **hemiacetal** são um grupo —OH e um grupo —OR ligados ao mesmo átomo de carbono.

O hemiacetal resulta da adição nucleofílica do oxigênio de um álcool ao carbono da carbonila do aldeído ou cetona.

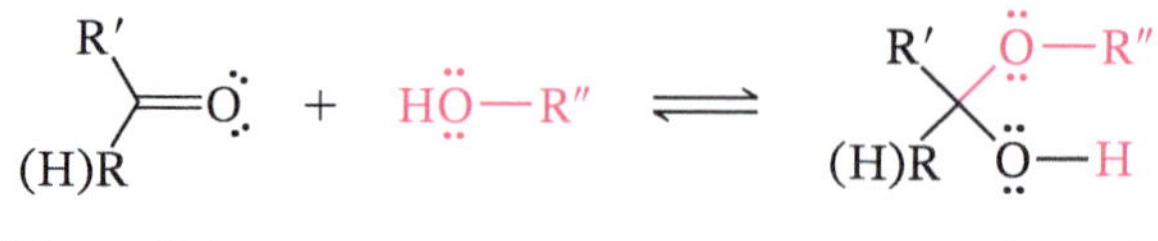

Aldeído ou Cetona **Hemiacetal**

- A formação de hemiacetais é catalisada por ácidos e bases.

Um Mecanismo para a Reação

Formação de Hemiacetal Catalisada por Ácido

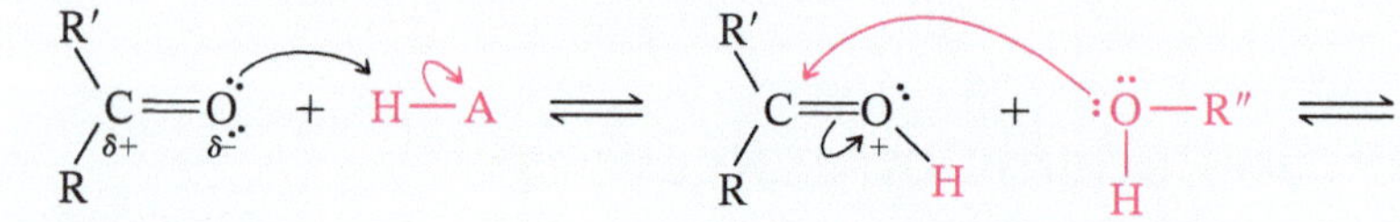

(R pode ser H)
Um catalisador ácido forte protona o oxigênio da carbonila.

Uma molécula de álcool é adicionada ao carbono da carbonila.

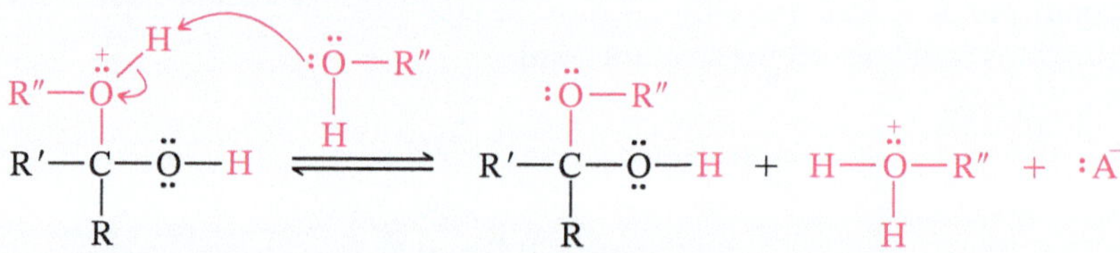

A remoção de um próton por algum receptor de prótons (p. ex., outra molécula de álcool) leva à formação do hemiacetal.

- Hemiacetais cíclicos com anéis de cinco ou seis membros são formados muito facilmente e podem ser isolados.

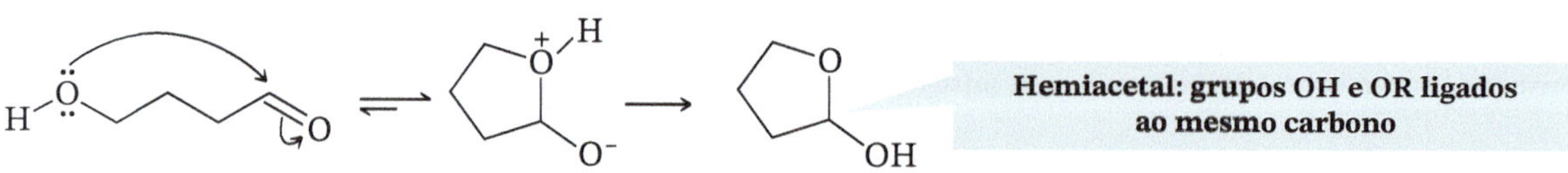

4-Hidroxibutanal **Um hemiacetal cíclico**

A maior parte dos açúcares simples (Capítulo 22) existe basicamente em uma forma hemiacetal cíclica. A glicose é um exemplo:

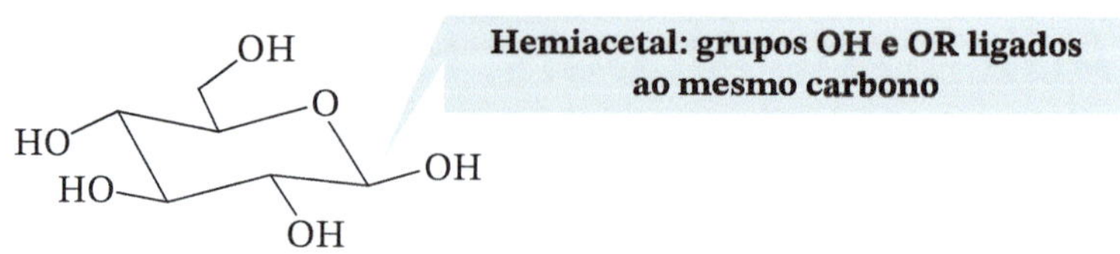

(+)-Glicose
(um hemiacetal cíclico)

Os hemiacetais formados entre álcool e moléculas de aldeído ou cetona geralmente não podem ser isolados, mas progridem para formar acetais, como veremos na Seção 16.7B.

16.7B Acetais

- Um **acetal** possui dois grupos —OR ligados ao mesmo átomo de carbono.

Um acetal se forma quando um aldeído ou uma cetona é tratado com um excesso de álcool na presença de um catalisador ácido. Embora um hemiacetal seja um intermediário, geralmente não pode ser isolado porque ele progride para tornar-se um acetal.

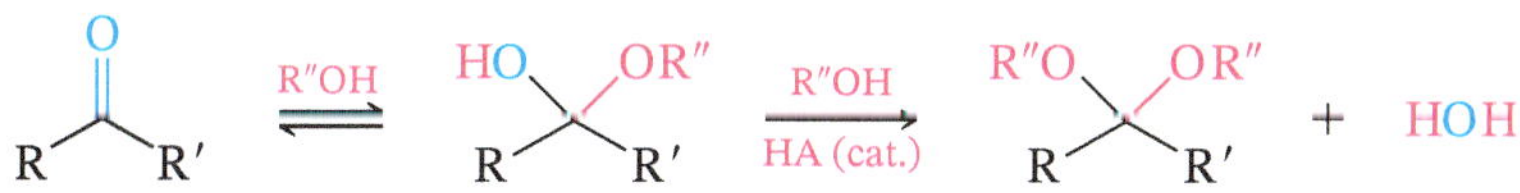

Um hemiacetal (R′ pode ser H) **Um acetal (R′ pode ser H)**

> **DICA ÚTIL**
> **As condições de equilíbrio governam a formação e a hidrólise de hemiacetais e acetais.**

- O mecanismo envolve a formação do hemiacetal catalisada por ácido e, então, eliminação de água catalisada por ácido, seguida pela adição de um segundo grupo álcool.
- Todas as etapas na formação de um acetal a partir de um aldeído são reversíveis.

Um Mecanismo para a Reação

Formação de Acetal Catalisada por Ácido

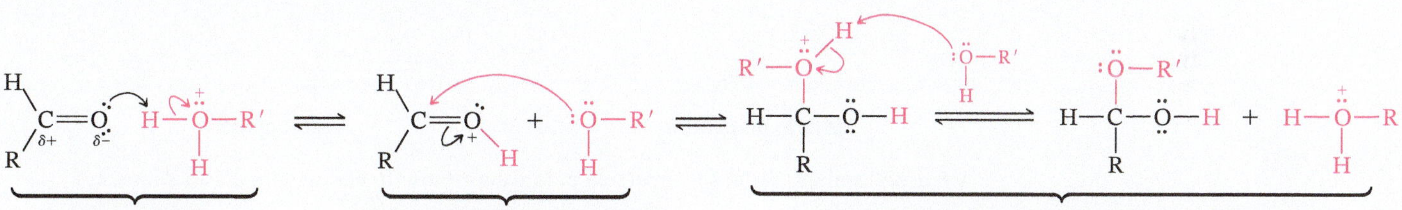

Protonação do oxigênio da carbonila — **Adição nucleofílica da primeira molécula de álcool** — **A remoção de próton do oxigênio com carga positiva resulta na formação de um hemiacetal.**

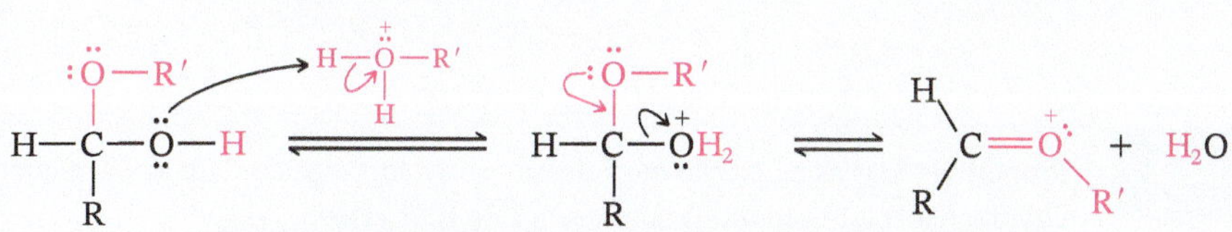

A protonação do grupo hidroxila leva à eliminação de água e à formação de um cátion oxônio altamente reativo.

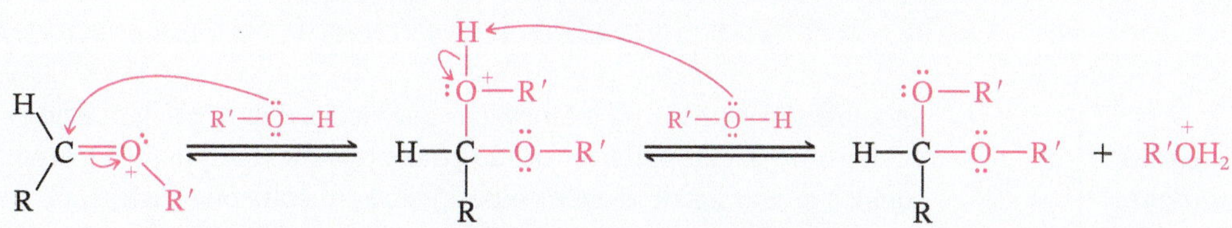

O ataque ao carbono do íon oxônio por uma segunda molécula do álcool, seguido pela remoção de um próton, leva ao acetal.

Se colocarmos um acetal na água e adicionarmos uma quantidade catalítica de ácido, todas as etapas se invertem. Sob essas condições (um excesso de água), o equilíbrio favorece a formação do aldeído. O acetal sofre ***hidrólise***:

Acetal (por meio do inverso do mecanismo visto anteriormente) **Aldeído ou cetona**

PROBLEMA DE REVISÃO 16.7

Escreva um mecanismo detalhado para a formação de um acetal a partir do benzaldeído e do metanol na presença de um catalisador ácido.

PROBLEMA DE REVISÃO 16.8

A fórmula estrutural para a sacarose (açúcar comum) é mostrada a seguir. A sacarose possui dois grupamentos acetais. Identifique-os.

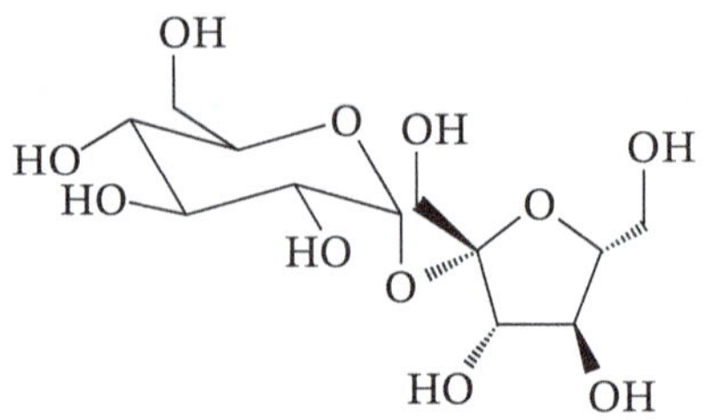

Acetais Cíclicos

- A formação do acetal cíclico é favorecida quando uma cetona ou um aldeído é tratado com um excesso de um 1,2- ou 1,3-diol e traços de ácido em meio não aquoso:

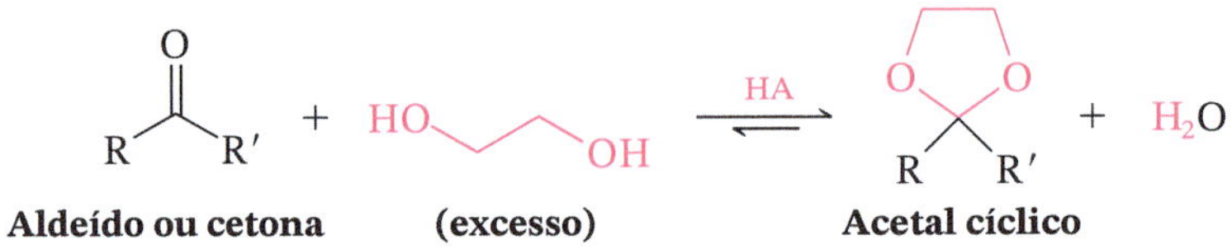

A reação também pode ser invertida pelo tratamento do acetal com ácido aquoso:

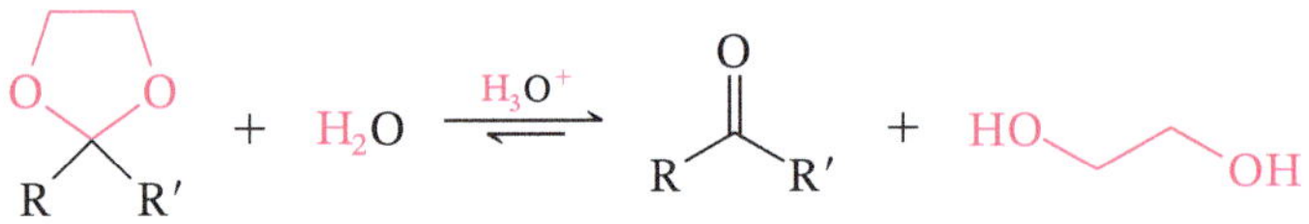

PROBLEMA DE REVISÃO 16.9

Proponha todas as etapas do mecanismo para a formação de um acetal cíclico a partir da acetona e do etilenoglicol (1,2-etanodiol) na presença de HCl gasoso.

16.7C Acetais São Usados como Grupos Protetores

> **DICA ÚTIL**
> **Grupos de proteção são ferramentas estratégicas para sínteses. Veja também as Seções 11.12E, 11.12F e 12.9.**

- Acetais são estáveis na maioria das condições que não sejam ácidas.
- Um grupo acetal pode ser usado para proteger (bloquear) o grupo carbonila de aldeídos e cetonas de reações indesejadas em soluções básicas. O grupo acetal pode ser removido a seguir por hidrólise ácida quando não é mais necessário.

Como exemplo, vamos considerar o problema da conversão de **A** em **B**.

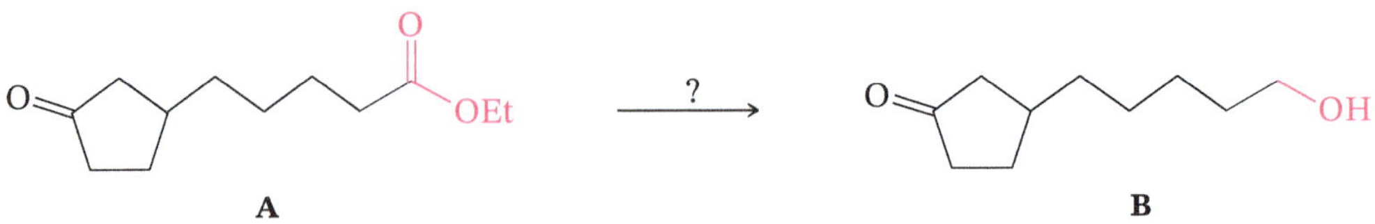

Os grupos cetônicos são mais facilmente reduzidos do que os grupos ésteres. Qualquer agente redutor (por exemplo, $LiAlH_4$) que pode reduzir o grupo éster em **A** também reduz o grupo cetônico. Mas, se "protegermos" o grupo cetônico convertendo-o em um acetal cíclico, podemos reduzir o grupo éster em solução básica sem afetar o acetal cíclico. Depois de terminarmos a redução do éster, podemos hidrolisar o acetal cíclico e obter nosso produto desejado, **B**:

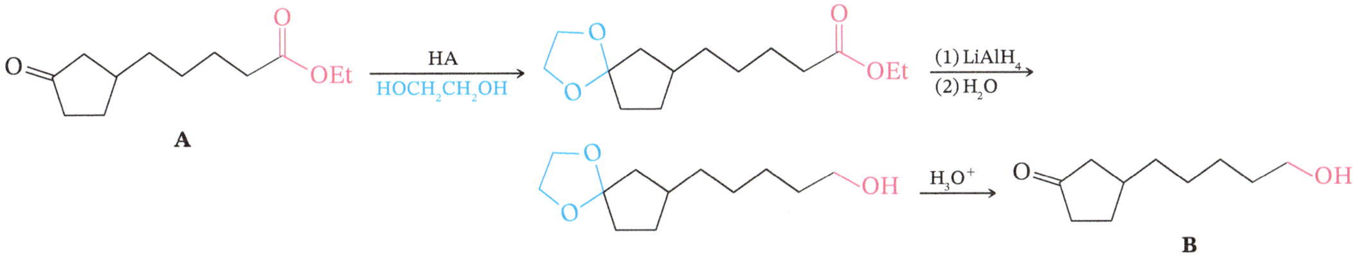

PROBLEMA DE REVISÃO 16.10

Que produto seria obtido se **A** fosse tratado com $LiAlH_4$ sem convertê-lo primeiramente em um acetal cíclico?

PROBLEMA DE REVISÃO 16.11

(a) Mostre como você poderia utilizar um acetal cíclico na realização da seguinte transformação:

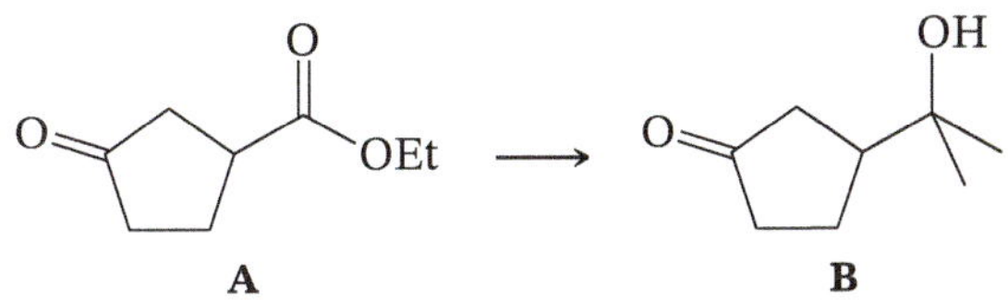

(b) Por que uma adição direta de brometo de metilmagnésio a **A** fracassaria em fornecer **B**?

PROBLEMA DE REVISÃO 16.12

O di-hidropirano reage rapidamente com um álcool na presença de um traço de HCl ou H_2SO_4 anidro formando um éter tetraidropiranílico (THP):

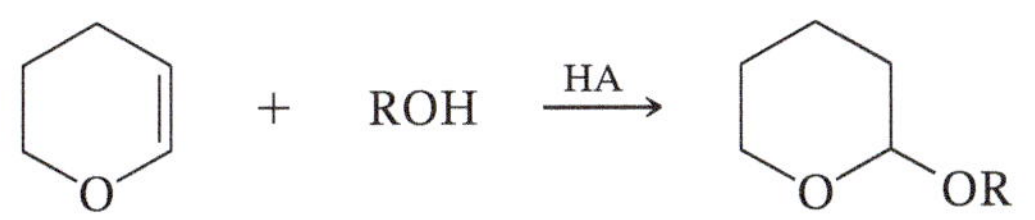

Di-hidropirano **Éter tetraidropiranílico**

(a) Escreva um mecanismo plausível para essa reação. **(b)** Os éteres tetraidropiranílicos são estáveis em base aquosa, mas hidrolisam rapidamente em ácido aquoso produzindo o álcool original e outro composto. Explique. (Qual é o outro composto?) **(c)** O grupo tetraidropiranila pode ser utilizado como um grupo protetor para álcoois e fenóis. Mostre como você o utilizaria em uma síntese do 5-metil-1,5-hexanodiol partindo do 4-cloro-1-butanol.

16.7D Tioacetais

- Aldeídos e cetonas reagem com tióis para formar tioacetais:

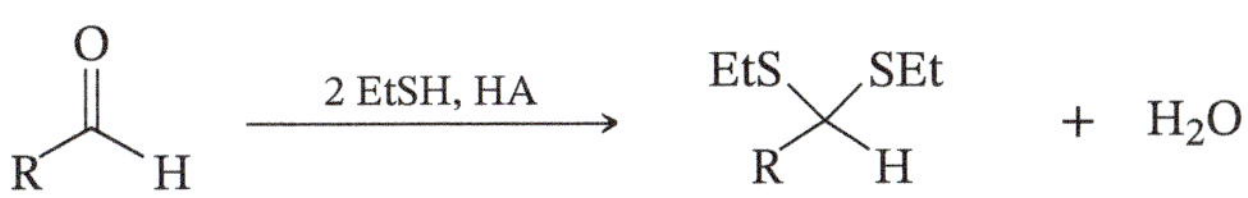

Tioacetal

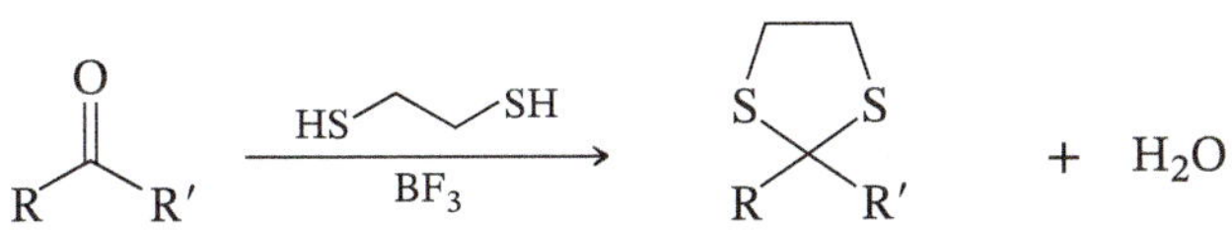

Tioacetal cíclico

Os tioacetais são importantes em sínteses orgânicas porque eles reagem com hidrogênio e níquel de Raney produzindo hidrocarbonetos. O níquel de Raney é um catalisador especial de níquel que contém hidrogênio adsorvido.

DICA ÚTIL

Um método para reduzir o grupo carbonila de aldeídos e cetonas para grupos —CH_2—.

- A formação de tioacetal com subsequente "dessulfurização" com hidrogênio e níquel de Raney nos fornece um método adicional para a conversão de grupos carbonila de aldeídos e cetonas em grupos $—CH_2—$:

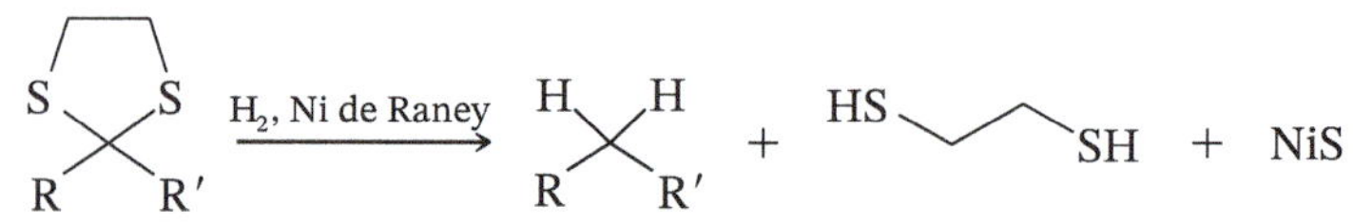

Os outros métodos que estudamos foram a **redução de Clemmensen** (Seção 15.7A) e a **redução de Wolff–Kishner** (Seção 15.7B). Na Seção 16.8C, vamos discutir o mecanismo da redução de Wolff–Kishner.

PROBLEMA DE REVISÃO 16.13

Mostre como você utilizaria a formação de tioacetal e a dessulfurização com níquel de Raney para converter: **(a)** ciclo-hexanona em ciclo-hexano e **(b)** benzaldeído em tolueno.

16.8 Adição de Aminas Primárias e Secundárias

- Os aldeídos e cetonas reagem com aminas primárias formando **iminas** e com aminas secundárias formando **enaminas**.

As iminas possuem uma ligação dupla carbono–nitrogênio. As enaminas possuem um grupo amino unido a uma ligação dupla carbono–carbono (elas são alqu*enoaminas*).

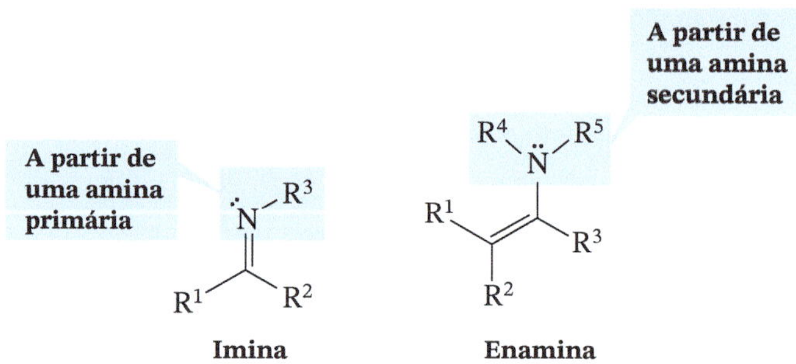

R^1, R^2, R^3 = C ou H;
R^4, R^5 = C

16.8A Iminas

Uma equação geral para a formação de uma imina a partir de uma amina primária e de um aldeído ou cetona é mostrada aqui. A formação de imina é catalisada por ácido e o produto pode se formar como uma mistura de isômeros (*E*) e (*Z*):

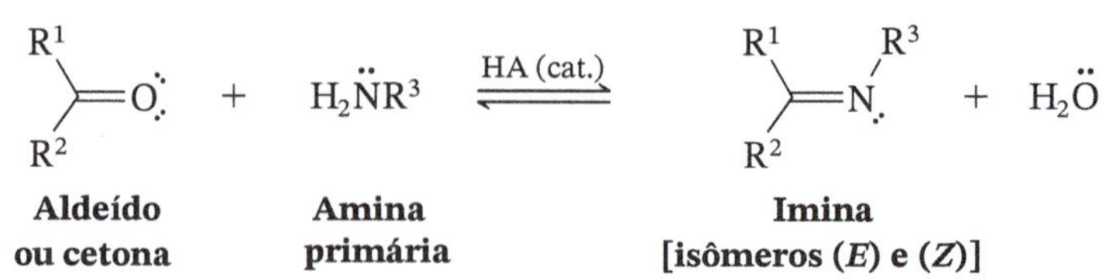

A formação de imina geralmente ocorre de maneira mais rápida entre pH 4 e 5 e é lenta em pH muito baixo ou muito alto. Podemos entender por que um catalisador ácido é necessário se considerarmos o mecanismo que foi proposto para a formação de imina. A protonação do grupo hidroxila no aminoálcool (um hemiaminal) converte um grupo de saída ruim em um bom grupo de saída (um grupo $—^{+}OH_2$). A perda de uma molécula de água a partir do aminoálcool protonado leva a um íon imínio.

Um Mecanismo para a Reação

Formação de Imina

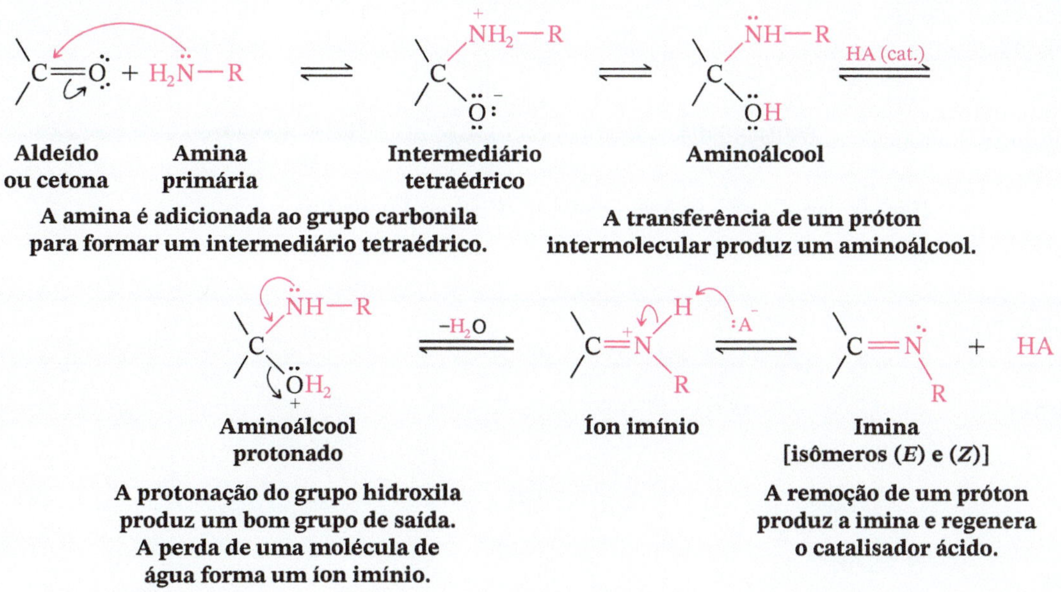

A reação avança mais lentamente se a concentração de íon hidrônio é muito alta porque a protonação da própria amina ocorre até uma extensão considerável; isso tem o efeito de diminuir a concentração do nucleófilo necessário na primeira etapa. Se a concentração do ácido é muito baixa, a reação torna-se mais lenta porque a concentração do aminoálcool protonado será menor. Um pH entre 4 e 5 é um compromisso adequado.

A formação de imina ocorre em muitas reações bioquímicas porque as enzimas geralmente utilizam um grupo $—NH_2$ para reagir com um aldeído ou uma cetona. A formação de uma ligação imina é importante na bioquímica de fosfato piridoxal [que é relacionado com a vitamina B_6; veja em "A Química Biológica de... Uma Vitamina Muito Versátil, Piridoxina (Vitamina B_6)"].

As iminas também são formadas como intermediários em uma síntese de laboratório útil de aminas que estudaremos na Seção 20.4.

DICA ÚTIL

Veja "A Química Biológica de... Uma Vitamina Muito Versátil, Piridoxina (Vitamina B_6)" neste capítulo.

16.8B Oximas e Hidrazonas

Os compostos tais como a hidroxilamina (NH_2OH), a hidrazina (NH_2NH_2) e as hidrazinas substituídas, tais como a fenil-hidrazina ($C_6H_5NHNH_2$) e a 2,4-dinitrofenil-hidrazina, formam derivados C═N de aldeídos e cetonas. Esses derivados são chamados de **oximas**, **hidrazonas**, fenil-hidrazonas e 2,4-dinitrofenil-hidrazonas, respectivamente. Os mecanismos pelos quais esses derivados C═N se formam são semelhantes ao mecanismo para a formação de uma imina a partir de uma amina primária. Da mesma forma que com as iminas, a formação de isômeros (*E*) e (*Z*) é possível. A **Tabela 16.2** resume as reações de aminas e compostos relacionados com aldeídos e cetonas.

16.8C Redução de Wolff–Kishner

Outro importante uso das hidrazonas é a redução de Wolff–Kishner, mencionada pela primeira vez na Seção 15.7B, por meio da qual uma cetona pode ser convertida em um grupo metileno. O mecanismo envolve a formação inicial de uma hidrazona seguida de uma tautomerização promovida por base e uma eliminação de nitrogênio. A redução de Wolff–Kishner é complementar da redução de Clemmensen (Seção 15.7A), que envolve ácido, e da redução de ditioacetais (Seção 16.7D), que envolve hidrogenação catalítica.

Por exemplo, a benzofenona pode ser reduzida a difenilmetano pela redução de Wolff–Kishner,

Uma redução de Wolff-Kishner

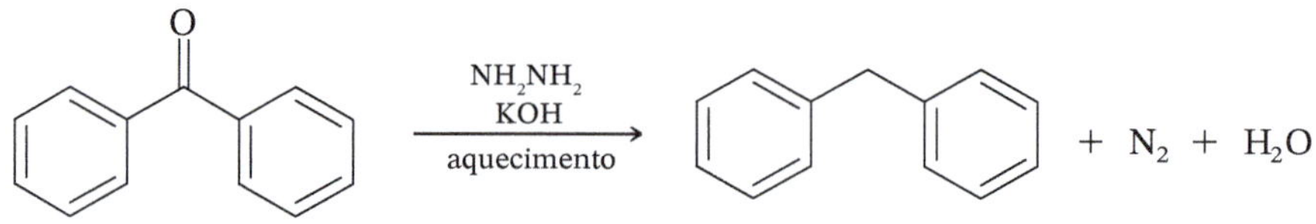

Benzofenona **Difenilmetano (83%)**

O mecanismo para a redução de Wolff–Kishner é o seguinte:

Um Mecanismo para a Reação

Redução de Wolff-Kishner

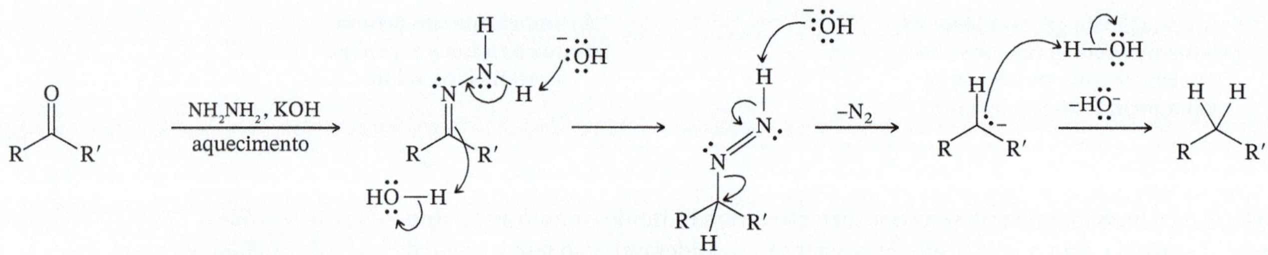

A hidrazina reage com o composto carbonilado formando uma hidrazona por meio do mesmo mecanismo usado para a formação da imina (visto anteriormente).

A tautomerização promovida pela base transfere um próton para o carbono.

A eliminação do N_2 leva a um carbânion, que, então, é protonado.

16.8D Enaminas

Os aldeídos e cetonas reagem com aminas secundárias formando enaminas. A seguinte equação é uma equação geral para a formação de enamina:

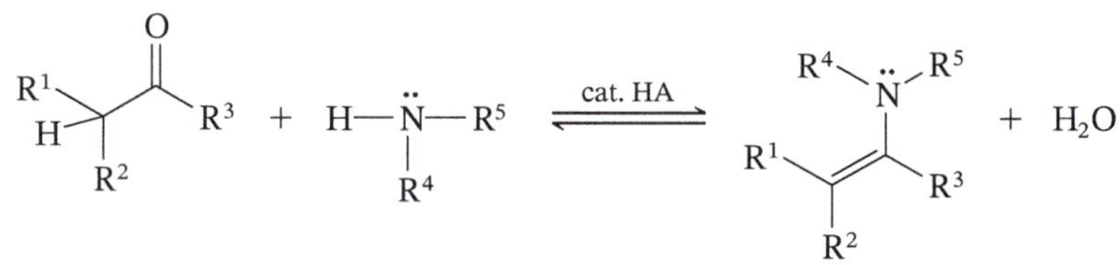

Amina secundária **Enamina**

Um mecanismo para a reação é apresentado no boxe a seguir. Observe a diferença entre o mecanismo descrito anteriormente para a formação de imina e esse mecanismo para a formação de enamina. Na formação de enamina, que envolve uma amina secundária, não existe próton no nitrogênio para remoção no cátion imínio intermediário. Logo, uma imina neutra não pode ser formada. Em vez disto, um próton é removido de um carbono adjacente ao antigo grupo carbonila, resultando em uma enamina. Veremos no Capítulo 18 que as enaminas são muito úteis para a formação de ligação carbono–carbono (Seção 18.9).

As aminas terciárias não formam produtos de adição estáveis com aldeídos e cetonas porque, com a formação do intermediário tetraédrico, a carga positiva resultante no nitrogênio não pode ser neutralizada pela perda de um próton.

Um Mecanismo para a Reação

Formação de Enamina

Etapa 1

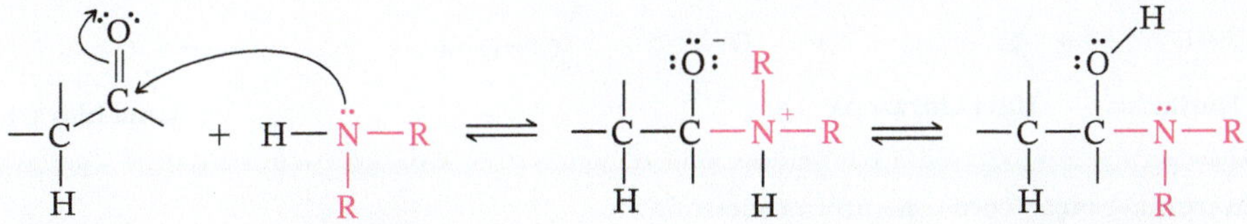

Aldeído ou cetona **Amina secundária** **Intermediário aminoálcool**

A amina se adiciona à carbonila da cetona ou do aldeído formando um aduto tetraédrico. A transferência do próton intermolecular leva ao intermediário aminoálcool.

Etapa 2

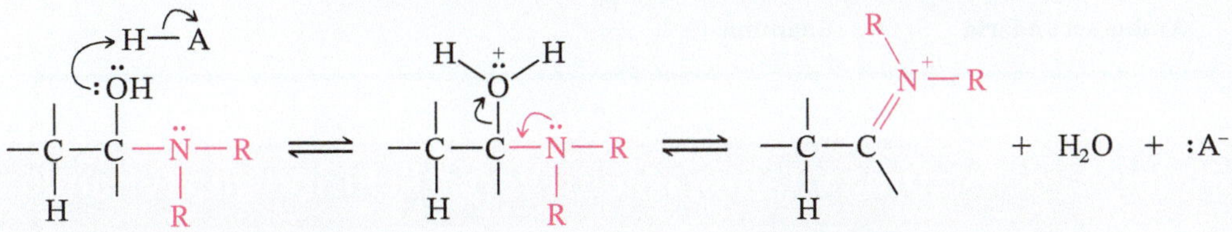

Intermediário aminoálcool **Intermediário íon imínio**

O intermediário aminoálcool é protonado pelo catalisador ácido. A contribuição de um par de elétrons não compartilhados do átomo de nitrogênio e a saída de uma molécula de água levam a um intermediário cátion imínio.

Etapa 3

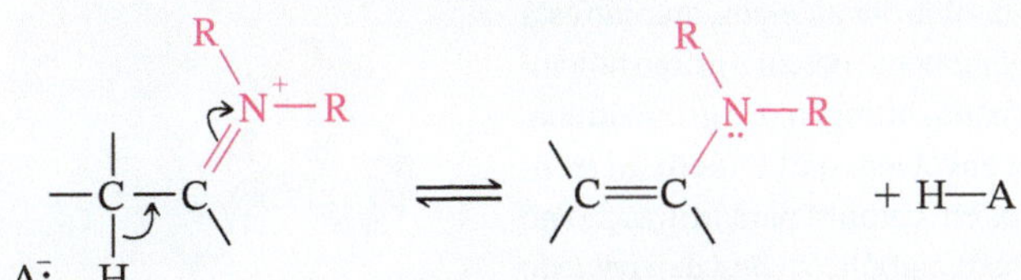

Enamina

Um próton é removido do carbono adjacente ao grupo imínio. A remoção do próton acontece no carbono, porque não há próton para ser removido do nitrogênio do cátion imínio (haveria, se uma amina primária tivesse sido utilizada). Nesta etapa a enamina é formada, a carga formal é neutralizada e o catalisador ácido é regenerado. (Se houvesse um próton para ser removido do nitrogênio do cátion imínio, o produto final seria uma imina.)

TABELA 16.2 Reações de Aldeídos e Cetonas com Derivados de Amônia

1. Formação de imina–reação com uma amina primária

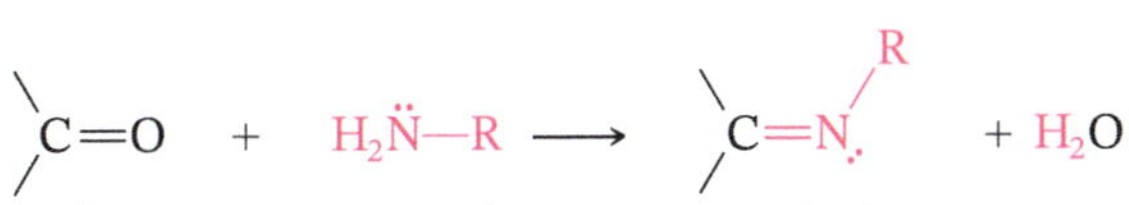

Aldeído ou cetona **Uma amina primária** **Uma imina [isômeros (*E*) e (*Z*)]**

2. Formação de oxima–reação com hidroxilamina

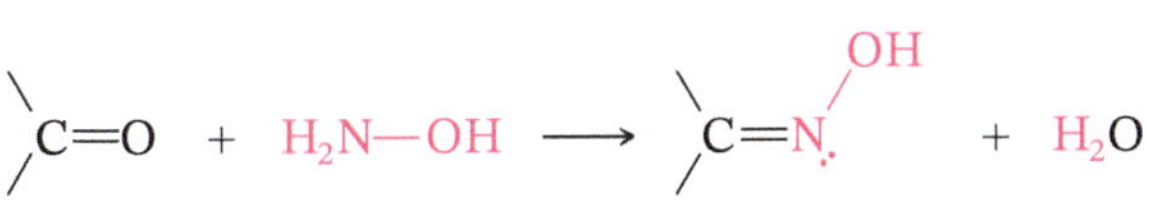

Aldeído ou cetona **Hidroxilamina** **Uma oxima [isômeros (*E*) e (*Z*)]**

(*continua*)

TABELA 16.2 Reações de Aldeídos e Cetonas com Derivados de Amônia (*continuação*)

3. **Formação de hidrazonas e hidrazonas substituídas [cada derivado pode ser formado como um isômero (*E*) ou (*Z*)]**

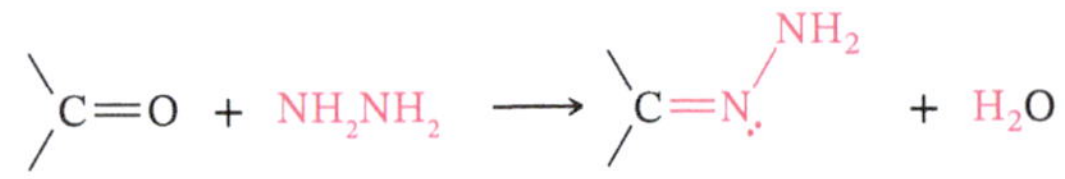

Aldeído ou cetona **Hidrazina** **Uma hidrazona**

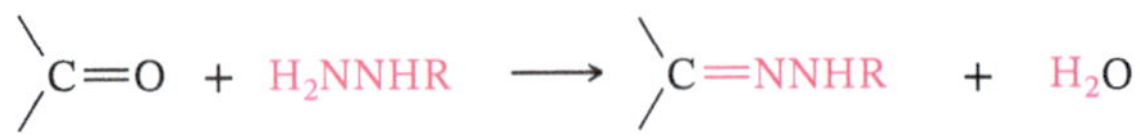

Uma hidrazona substituída

4. **Formação de enamina–reação com uma amina secundária**

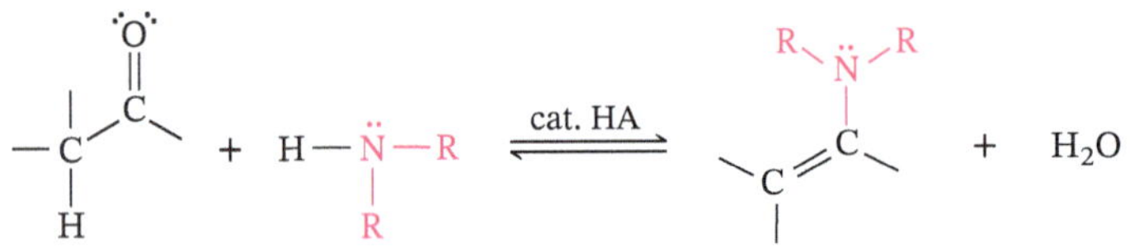

Amina secundária **Enamina**

A Química Biológica de. . . Uma Vitamina Muito Versátil, Piridoxina (Vitamina B$_6$)

O fosfato piridoxal (sigla em inglês, PLP) situa-se no coração da química conduzida por algumas enzimas. Muitos conhecem a coenzima fosfato piridoxal por causa da vitamina intimamente relacionada com ela, da qual ela é derivada em nossa dieta — a piridoxina ou vitamina B$_6$. O trigo é uma boa fonte alimentar de vitamina B$_6$. Embora o fosfato piridoxal (veja a seguir e o modelo) seja um membro da família dos aldeídos, quando está envolvido na química biológica ele frequentemente possui o grupo funcional correlato com uma ligação dupla carbono–nitrogênio, o grupo imina.

Algumas reações enzimáticas que envolvem o PLP incluem *transaminações*, que convertem aminoácidos em cetonas para utilização no ciclo do ácido cítrico e em outros ciclos metabólicos; *descarboxilação* de aminoácidos para a biossíntese de neurotransmissores como a histamina, dopamina e serotonina; e *inversão* de centros quirais de aminoácidos, tais como os requeridos para a biossíntese de paredes celulares em bactérias.

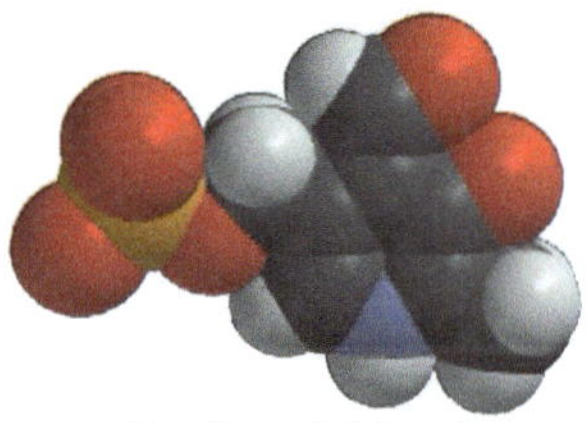

Fosfato piridoxal (vitamina B$_6$)

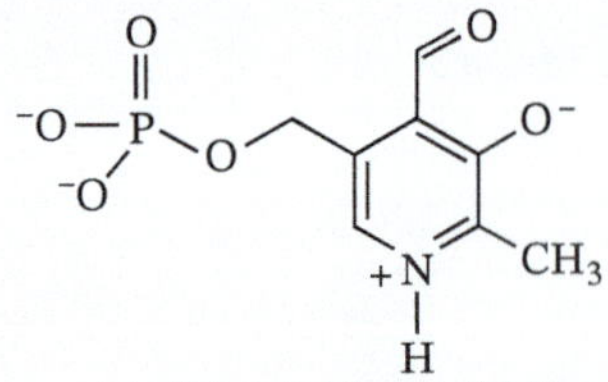

Fosfato piridoxal (PLP)

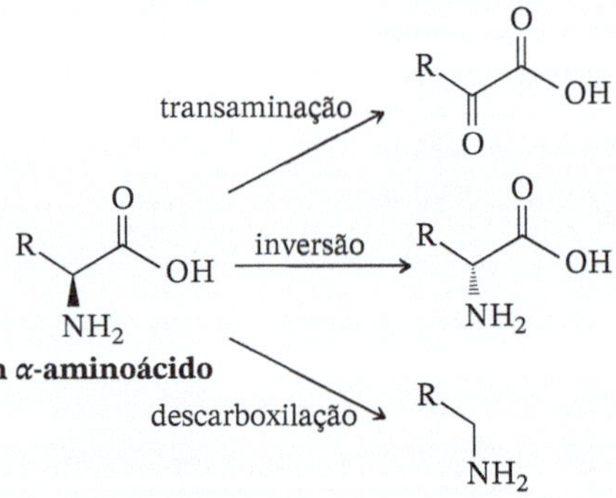

Um α-aminoácido

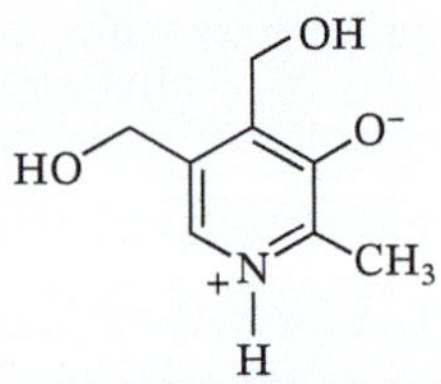

Piridoxina

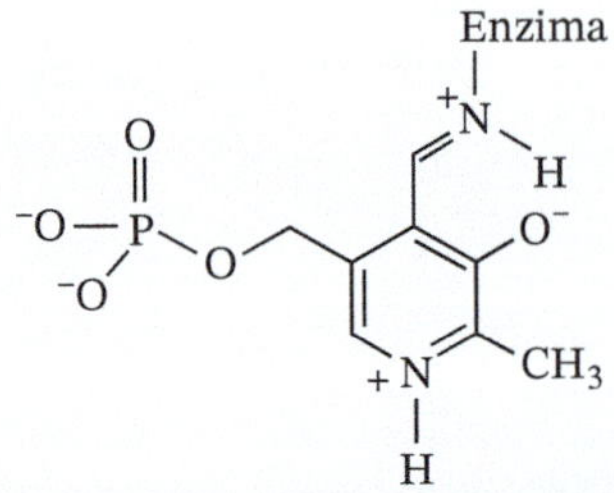

PLP com um grupo imínio

16.9 Adição de Cianeto de Hidrogênio: Cianoidrinas

- O cianeto de hidrogênio é adicionado aos grupos carbonila de aldeídos e da maioria das cetonas para formar compostos chamados de **cianoidrinas**. (Cetonas nas quais o grupo carbonila é altamente impedido não sofrem essa reação.)

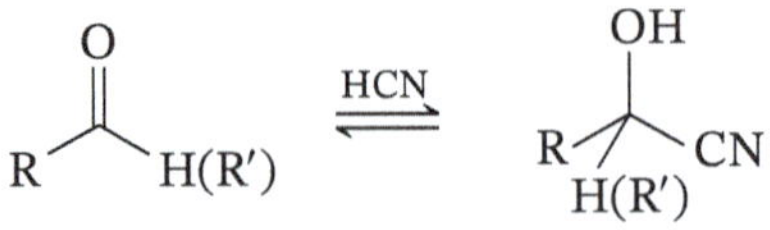

Uma cianoidrina

As cianoidrinas formam-se mais rapidamente sob condições onde os ânions cianetos estão presentes para agir como o nucleófilo. A utilização de cianeto de potássio, ou qualquer base que possa gerar ânions cianeto a partir do HCN, aumenta a velocidade da reação em comparação à utilização do HCN sozinho. A adição do próprio cianeto de hidrogênio a um grupo carbonila é lenta porque a fraca acidez do HCN (pK_a ~ 9) fornece apenas uma pequena concentração do ânion cianeto nucleofílico. A seguir vemos um mecanismo para a formação de uma cianoidrina.

Um Mecanismo para a Reação

Formação de Cianoidrina

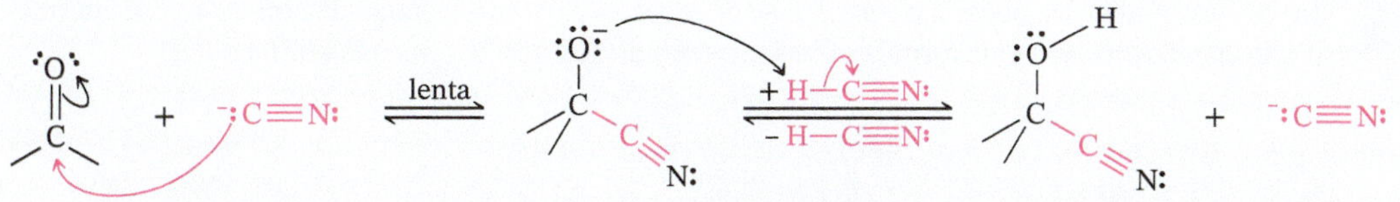

Muito cuidado deve ser tomado quando se trabalha com cianeto de hidrogênio em razão de sua elevada toxicidade e volatilidade. Reações envolvendo HCN têm de ser realizadas em uma capela com exaustão eficiente.

As cianoidrinas são intermediários úteis em síntese orgânica porque podem ser convertidas em diversos outros grupos funcionais.

- A hidrólise ácida converte as cianoidrinas em α-hidroxiácidos ou em ácidos α,β-insaturados.

O mecanismo para essa hidrólise é abordado na Seção 17.8H. A preparação de α-hidroxiácidos a partir de cianoidrinas é parte da síntese de Kiliani–Fischer de açúcares simples (Seção 22.9A):

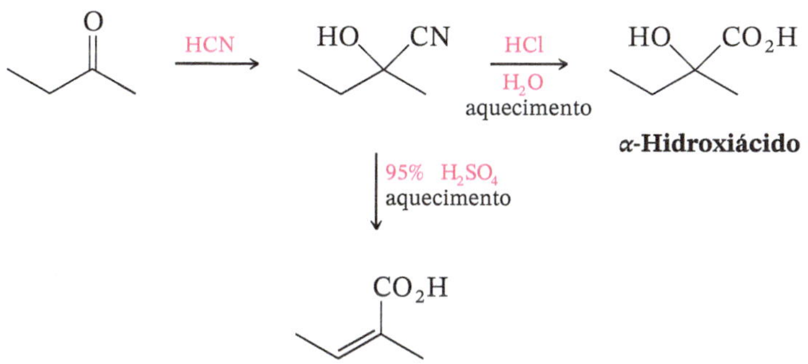

- A redução de uma cianoidrina com hidreto de alumínio e lítio fornece um β-aminoálcool:

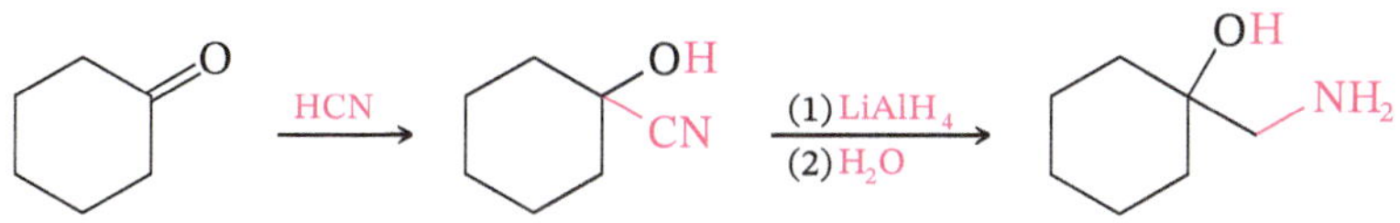

PROBLEMA RESOLVIDO 16.6

Forneça os reagentes e o intermediário que faltam na seguinte síntese:

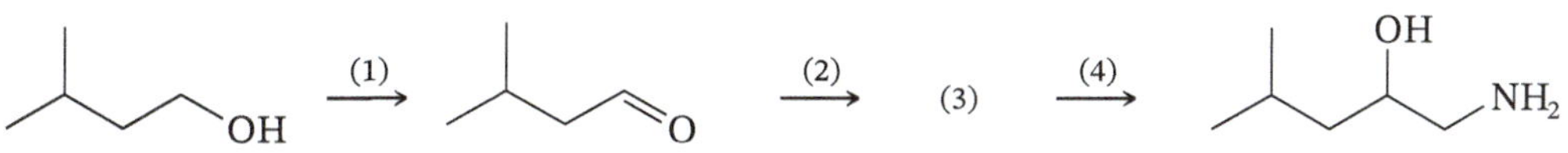

Estratégia e Resposta

A etapa (1) requer a oxidação de um álcool primário a um aldeído; utilizamos PCC (Seção 12.4D). Para obter o produto final a partir do aldeído necessitamos adicionar um átomo de carbono à cadeia e introduzir um grupo amino primário. Essa combinação sugere o uso de uma nitrila, que nós sabemos que pode ser reduzida a uma amina primária. Então, adicionando HCN ao aldeído na etapa (2), forma-se a cianoidrina (3), mostrada a seguir. Essa etapa também proporciona o grupo álcool presente no produto final. Na etapa (4) reduzimos a nitrila a uma amina primária usando $LiAlH_4$.

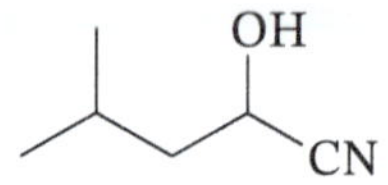

PROBLEMA DE REVISÃO 16.14

(a) Mostre como você poderia preparar o ácido láctico a partir do acetaldeído através de um intermediário cianoidrina. **(b)** Que forma estereoisomérica do ácido láctico você esperaria obter?

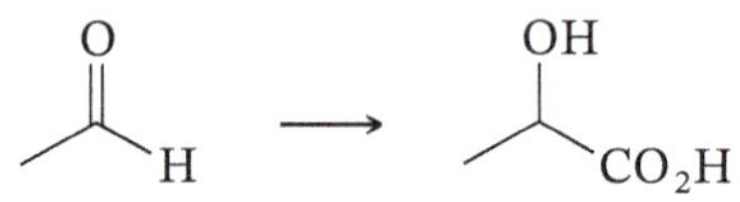

16.10 Adição de Ilídeos: Reação de Wittig

- Os aldeídos e cetonas reagem com ilídeos de fósforo para produzir alquenos e óxido de trifenilfosfina (um subproduto). Essa reação é conhecida como **reação de Wittig**.

A reação de Wittig provou ser um método valioso para a síntese de alquenos. O **ilídeo** necessário para a reação é uma molécula que não possui carga líquida, mas possui um átomo de carbono negativo adjacente a um heteroátomo positivo, que, na reação de Wittig, é um átomo de fósforo. Os ilídeos de fósforo são também chamados de fosforanos.

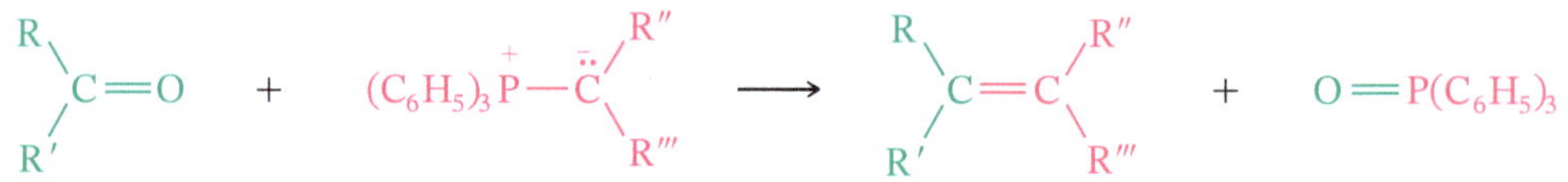

Aldeído ou cetona | **Ilídeo de fósforo (ou fosforano)** | **Alqueno** | **Óxido de trifenilfosfina**

Pelo menos um dos grupos entre R, R′, R″ e R‴ deve ser um átomo de hidrogênio. O alqueno (Z) geralmente predomina.

A reação de Wittig é aplicável a uma grande variedade de compostos. Ela também oferece uma grande vantagem sobre a maior parte das outras sínteses de alquenos no sentido de *não existir ambiguidade quanto à localização da ligação dupla no produto.* Alquenos mono-, di- e trissubstituídos podem ser obtidos. Ao menos um grupo R, R′, R″ e R‴ tem de ser um átomo de hidrogênio e o alqueno (Z) geralmente predomina quando isômeros (E) ou (Z) são possíveis. (Isso está em contraste com as eliminações E1, que podem produzir múltiplos alquenos por meio de rearranjos para carbocátions intermediários mais estáveis, e tanto as reações de eliminação E1 quanto E2 podem formar produtos múltiplos quando hidrogênios β diferentes estão disponíveis para remoção.)

Os ilídeos de fósforo são facilmente preparados a partir de trifenilfosfina e haletos de alquila primários ou secundários. Sua preparação envolve duas reações:

Reação Geral

Reação 1

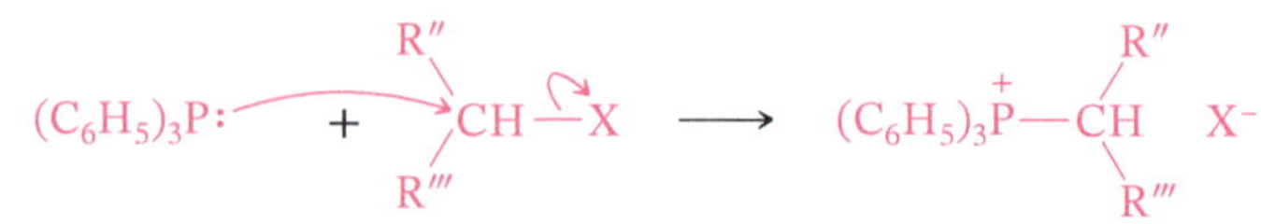

Trifenilfosfina | **Um haleto de alquiltrifenilfosfônio**

Reação 2

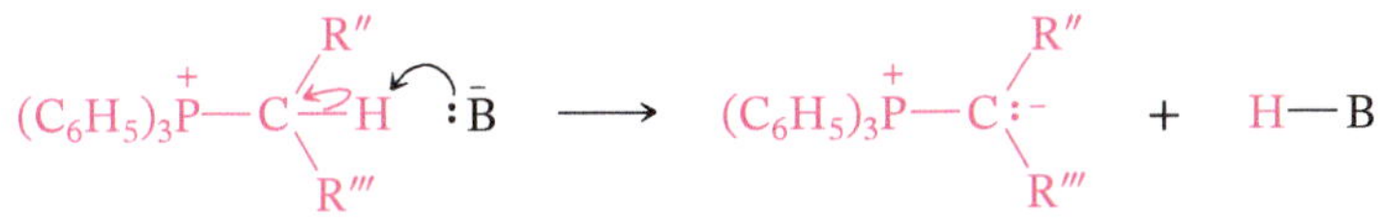

Um ilídeo de fósforo

Exemplo Específico

Reação 1

$$(C_6H_5)_3P{:} \; + \; CH_3Br \longrightarrow (C_6H_5)_3\overset{+}{P}-CH_3\ \ Br^-$$

Brometo de metiltrifenilfosfônio (89%)

Reação 2

$$(C_6H_5)_3\overset{+}{P}-CH_3\ \ Br^- \xrightarrow{RLi} (C_6H_5)_3\overset{+}{P}-\ddot{C}H_2^-$$

Ilídeo de metilenotrifenilfosforano

A primeira reação é uma reação de substituição nucleofílica. A trifenilfosfina é um excelente nucleófilo e uma base fraca. Ela reage prontamente com haletos de alquila primários e secundários por meio de um mecanismo S_N2 deslocando um íon haleto de um haleto de alquila para formar um sal de alquiltrifenilfosfônio. **A segunda reação é uma reação ácido–base.** Uma base forte (geralmente um alquil-lítio ou fenil-lítio) remove um próton do carbono que está ligado ao fósforo para formar o ilídeo.

Os ilídeos de fósforo podem ser representados como um híbrido das duas estruturas de ressonância mostradas aqui. Cálculos de mecânica quântica indicam que a contribuição feita pela primeira estrutura é relativamente sem importância.

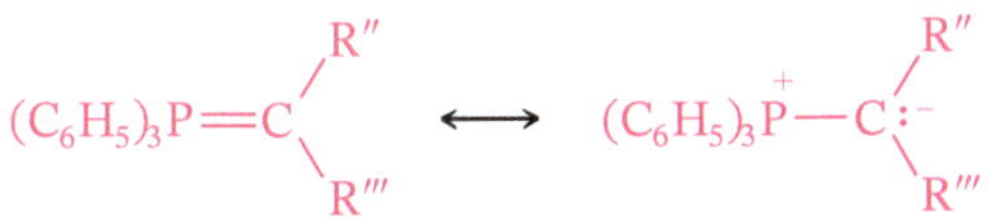

Estudos indicam que a reação de Wittig ocorre em duas etapas. Na primeira etapa, o aldeído ou cetona se combina com o ilídeo numa reação de cicloadição formando um anel de quatro membros de um oxafosfetano. Então, em uma segunda etapa, o oxafosfetano se decompõe formando o alqueno e o óxido de trifenilfosfina. A força motriz para a reação de Wittig é a formação da ligação muito forte fósforo–oxigênio ($\Delta H° = 540$ kJ mol^{-1}) do óxido de trifenilfosfina.

Embora as reações de Wittig possam parecer complicadas, na prática elas são facilmente realizadas. A maioria das etapas pode ser realizada no mesmo recipiente de reação e a síntese completa pode ser realizada em questão de horas. O resultado global de uma síntese de Wittig é resumido a seguir. O produto é geralmente o isômero (Z) quando os grupos R são substituintes alquila.

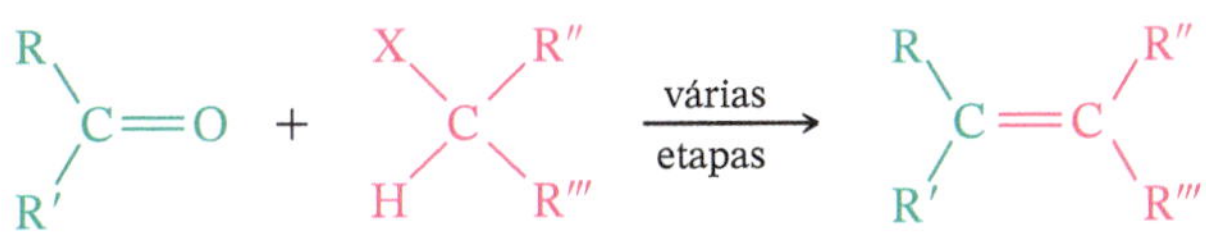

Um Mecanismo para a Reação

Reação de Wittig

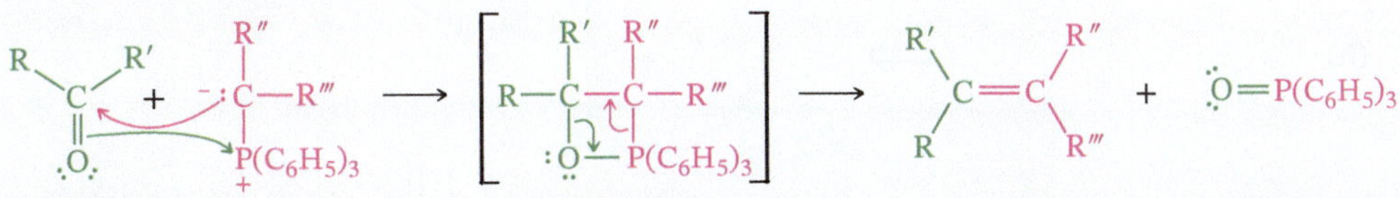

Aldeído ou cetona **Ilídeo** **Oxafosfetano** **Alqueno** **Óxido de trifenilfosfina**

Pelo menos um dos grupos entre R, R′, R″ e R‴ deve ser um átomo de hidrogênio. O alqueno (*Z*) geralmente predomina.

(*continua*)

(*continuação*)

Exemplo Específico

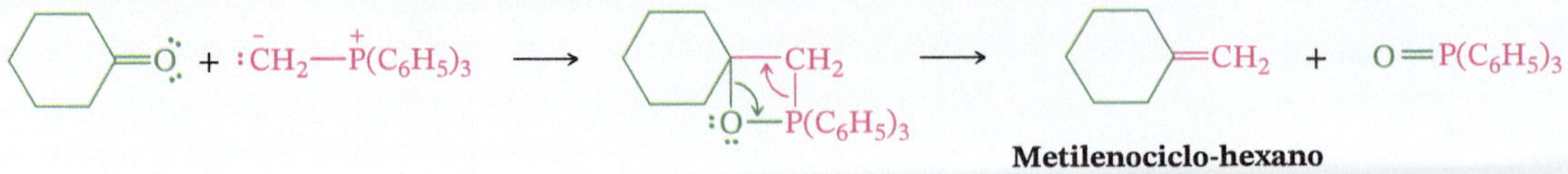

Metilenociclo-hexano
(86%)

16.10A Como Planejar uma Reação de Wittig

O planejamento de uma reação de Wittig começa no reconhecimento de qual deve ser o aldeído ou cetona e qual deve ser o haleto. Qualquer um ou todos os grupos R podem ser hidrogênios, apesar de os rendimentos serem relativamente melhores quando, no mínimo, um grupo é o hidrogênio. O componente haleto tem de ser um haleto primário, secundário ou um haleto de metila.

PROBLEMA RESOLVIDO 16.7

Sintetize o 2-metil-1-fenilprop-1-eno utilizando uma reação de Wittig. Comece escrevendo uma análise retrossintética.

Estratégia e Resposta

Examinamos a estrutura do composto, prestando atenção aos grupos em cada lado da ligação dupla:

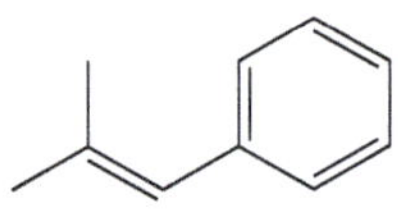

2-Metil-1-fenilprop-1-eno

Vemos que são possíveis duas análises retrossintéticas.

Análise Retrossintética

(a)

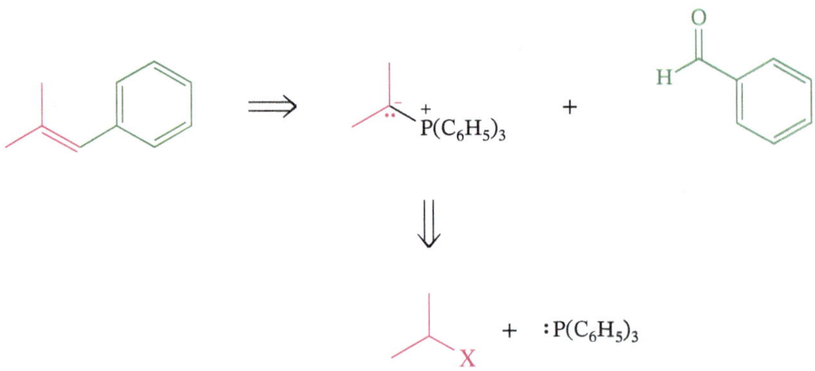

(b)

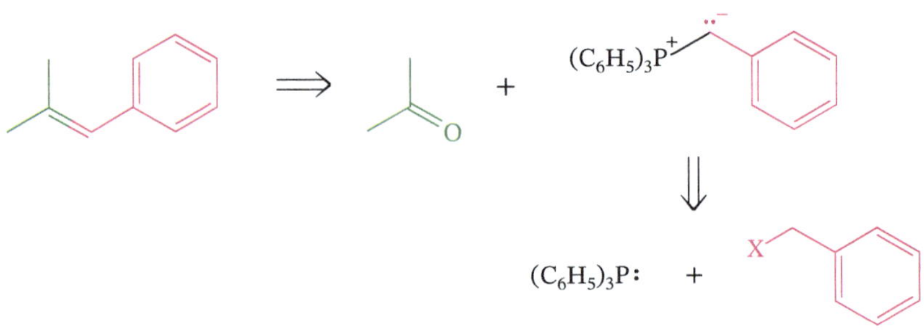

Síntese

Seguindo a análise retrossintética (a), começamos preparando o ilídeo a partir de um 2-halopropano para, então, reagir o ilídeo com o benzaldeído:

(a)

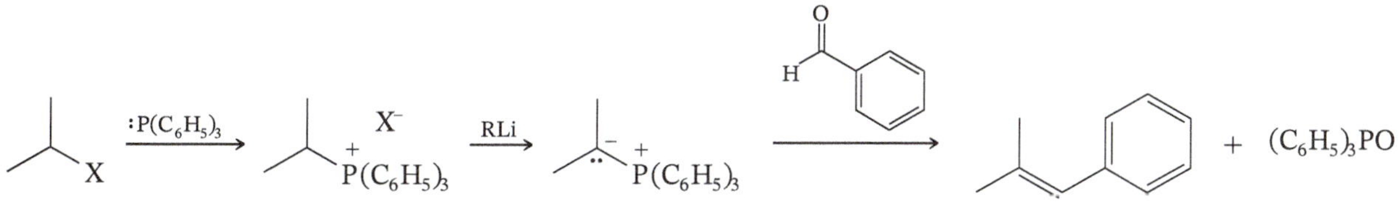

Seguindo a análise retrossintética (b), preparamos o ilídeo a partir de um haleto de benzila para, então, fazer a reação com a acetona:

(b)

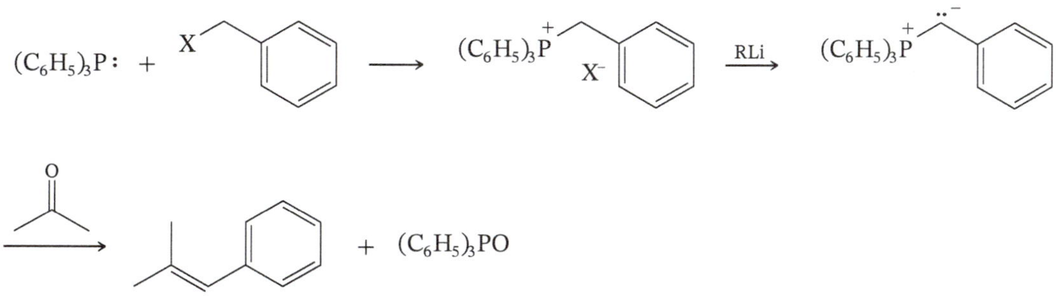

PROBLEMA DE REVISÃO 16.15

Além da trifenilfosfina, suponha que você tenha disponíveis como materiais de partida quaisquer aldeídos, cetonas e haletos orgânicos necessários. Mostre como você poderia sintetizar cada um dos seguintes alquenos utilizando a reação de Wittig:

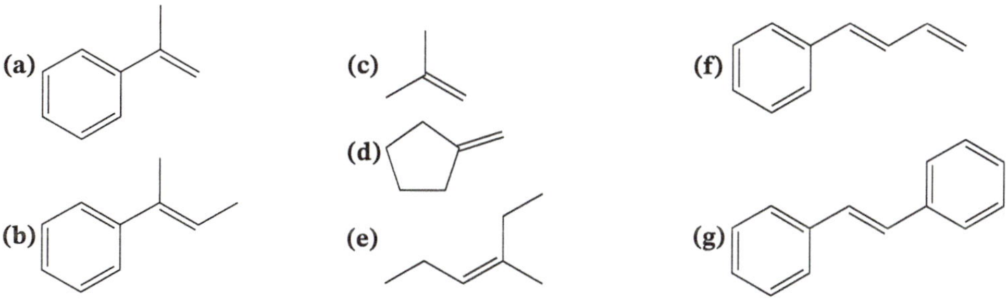

16.10B Reação de Horner–Wadsworth–Emmons: Uma Modificação da Reação de Wittig

Uma variação muito utilizada da reação de Wittig é a modificação de **Horner–Wadsworth–Emmons.**

- A reação de Horner–Wadsworth–Emmons envolve a utilização de um éster fosfonato em vez de um sal de trifenilfosfônio. O produto principal é geralmente o isômero (*E*) do alqueno, em contraste com a reação de Wittig.

Algumas bases que são geralmente utilizadas para formar o carbânion do éster fosfonato incluem o hidreto de sódio, o *terc*-butóxido de potássio e o butil-lítio. A sequência de reações a seguir é um exemplo:

Etapa 1

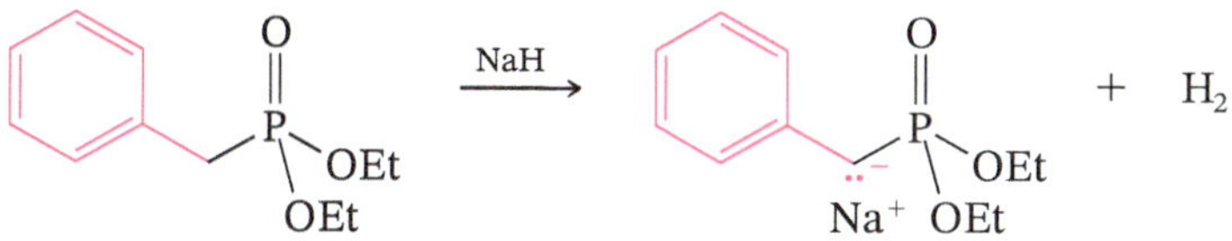

Um éster fosfonato

Etapa 2

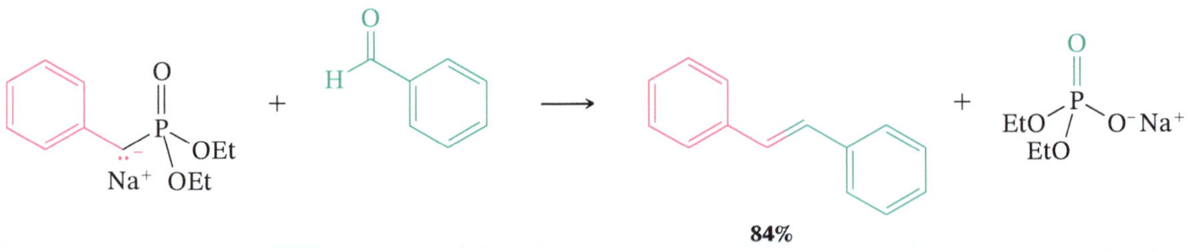

O éster fosfonato é preparado pela reação de um fosfito de trialquila $[(RO)_3P]$ com um haleto apropriado (um processo chamado de reação de Arbuzov). A reação a seguir é um exemplo:

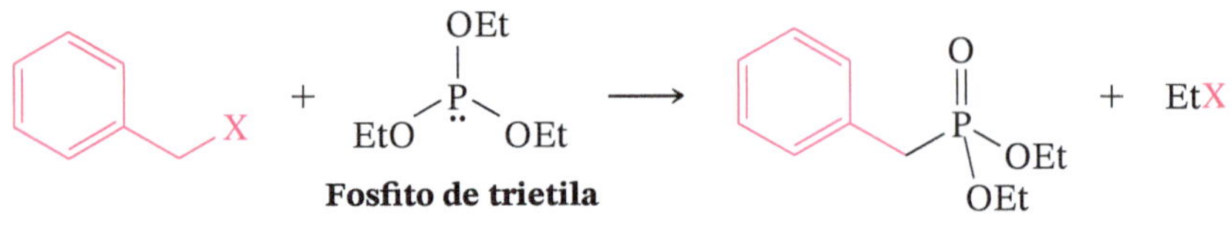

PROBLEMA DE REVISÃO 16.16

A trifenilfosfina pode ser utilizada para converter epóxidos em alquenos, por exemplo,

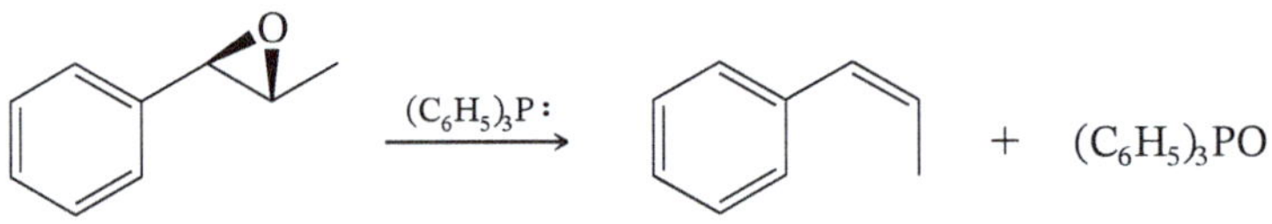

Proponha um mecanismo provável para essa reação.

16.11 Oxidação de Aldeídos

Os aldeídos são muito mais facilmente oxidados do que as cetonas. Os aldeídos são prontamente oxidados por agentes oxidantes fortes como o permanganato de potássio e eles também são oxidados por agentes oxidantes tão amenos quanto o óxido de prata:

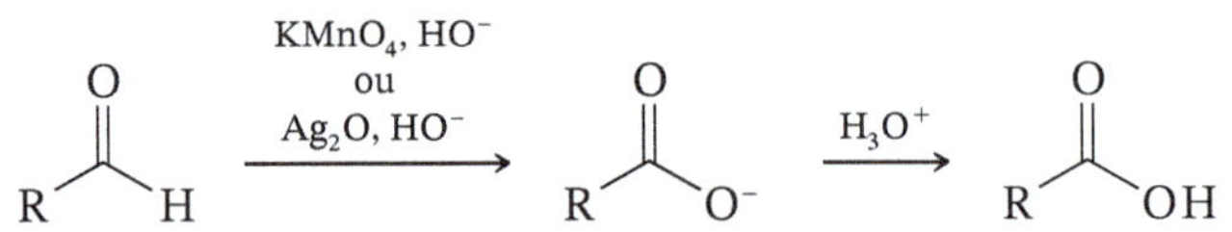

Observe que, nessas oxidações, os aldeídos perdem o hidrogênio que está ligado ao átomo de carbono da carbonila. Uma vez que as cetonas não têm esse hidrogênio, elas são mais resistentes à oxidação. Os aldeídos sofrem oxidação lenta por um processo radicalar envolvendo o oxigênio atmosférico e, por isso, amostras estocadas de aldeídos frequentemente contêm o ácido carboxílico correspondente como uma impureza.

16.12 Oxidação de Baeyer–Villiger

A oxidação de Baeyer–Villiger é um método útil para a conversão de aldeídos ou cetonas em ésteres pela inserção de um átomo de oxigênio a partir de um ácido peroxicarboxílico (RCO_3H). Por exemplo, a acetofenona é convertida em éster, o acetato de fenila, ao ser tratada com um ácido peroxicarboxílico.

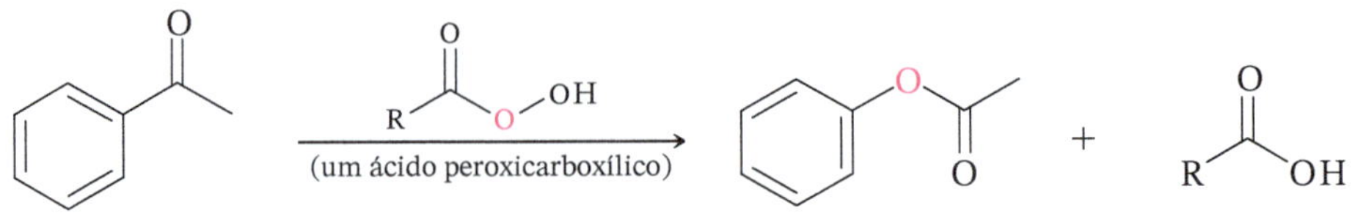

Acetofenona **Acetato de fenila**

A oxidação de Baeyer–Villiger também é amplamente empregada na síntese de lactonas (ésteres cíclicos) a partir de cetonas cíclicas. Um reagente comum utilizado na realização da oxidação de Baeyer–Villiger é o ácido *meta*-cloroperoxibenzoico (sigla em inglês, *m*CPBA). Alguns outros ácidos peroxicarboxílicos podem ser usados também. A seguir é dado o mecanismo para a oxidação de Baeyer–Villiger.

Um Mecanismo para a Reação

Oxidação de Baeyer–Villiger

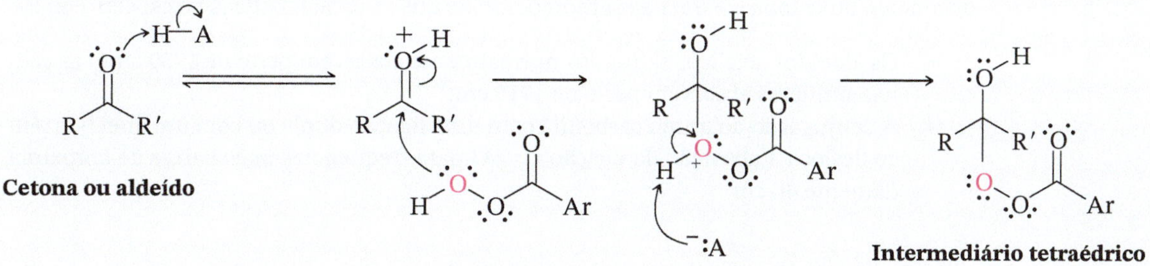

O ácido peroxicarboxílico (por exemplo, o *m*CPBA, onde Ar é o grupo 3-clorofenila) ataca o grupo carbonila da cetona ou do aldeído protonado, levando a um intermediário tetraédrico.

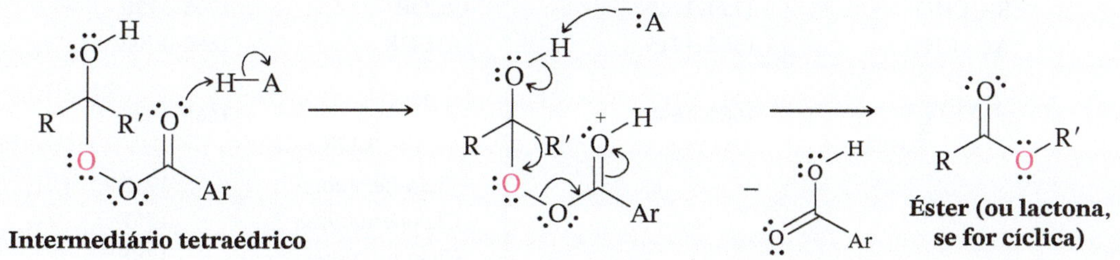

Um grupo ligado ao carbono da cetona ou do aldeído inicial migra para o oxigênio, produzindo o éster (ou lactona) à medida que o ácido peroxicarboxílico é liberado na forma de um ácido carboxílico.

O grupo que migra do carbono da cetona ou do aldeído inicial para o oxigênio do ácido peroxicarboxílico é uma função da "aptidão migratória". Estudos mostraram que a aptidão migratória dos grupos é H > fenol > alquila 3º > alquila 2º > alquila 1º > metila, o que significa que o lado mais substituído é aquele em que o átomo de O é adicionado.

PROBLEMA DE REVISÃO 16.17

Quando o benzaldeído reage com um peroxiácido, o produto é o ácido benzoico. O mecanismo para essa reação é análogo ao que acabamos de apresentar para a oxidação da acetofenona, e o produto ilustra a maior aptidão migratória de um átomo de hidrogênio em comparação com a fenila. Descreva todas as etapas envolvidas.

PROBLEMA DE REVISÃO 16.18

Dê a estrutura do produto que resultaria de uma oxidação de Baeyer–Villiger da ciclopentanona.

PROBLEMA DE REVISÃO 16.19

Qual seria o produto principal formado na oxidação de Baeyer–Villiger da 3-metil-2-butanona?

16.13 Propriedades Espectroscópicas de Aldeídos e Cetonas

16.13A Espectros no IV de Aldeídos e Cetonas

- Os grupos carbonila de aldeídos e cetonas dão origem a bandas de absorção de estiramento C═O muito fortes na região de 1665–1780 cm^{-1}.

A localização exata da absorção no IV da carbonila (Tabela 16.3) depende da estrutura do aldeído ou cetona e é uma das absorções mais úteis e características no espectro no IV.

- Os aldeídos acíclicos saturados normalmente absorvem perto de 1730 cm^{-1}; as cetonas similares absorvem perto de 1715 cm^{-1}.
- A conjugação do grupo carbonila com uma ligação dupla ou com um anel benzênico desloca a absorção da ligação C═O para frequências mais baixas de aproximadamente 40 cm^{-1}.

TABELA 16.3 **Bandas de Estiramento no IV de Carbonilas de Aldeídos e Cetonas**

Frequências de Estiramento de C═O			
Composto	**Faixa (cm^{-1})**	**Composto**	**Faixa (cm^{-1})**
R—CHO	1720–1740	RCOR	1705–1720
Ar—CHO	1695–1715	ArCOR	1680–1700
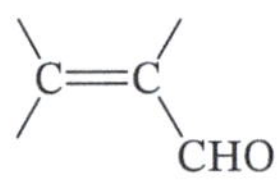	1680–1690	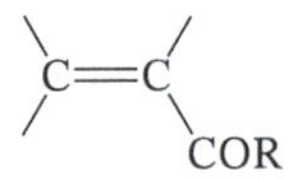	1665–1680
		Ciclo-hexanona	1715
		Ciclopentanona	1751
		Ciclobutanona	1785

Esse deslocamento para frequências mais baixas ocorre porque a ligação dupla da carbonila de um composto conjugado tem mais caráter de ligação simples (veja as estruturas de ressonância a seguir) e as ligações simples são mais fáceis de estirar do que as ligações duplas.

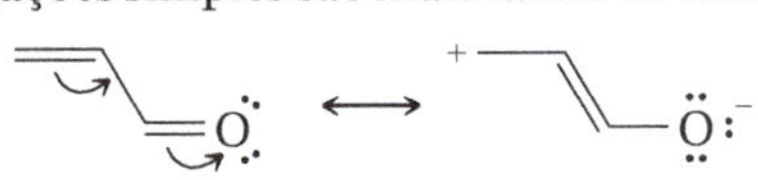

A localização da absorção da carbonila das cetonas cíclicas depende do tamanho do anel (compare os compostos cíclicos na Tabela 16.3). À medida que o anel se torna menor, o pico do estiramento de C═O é deslocado para frequências mais elevadas.

As vibrações da ligação C—H do grupo CHO dos aldeídos também fornecem duas bandas fracas nas regiões 2700–2775 e 2820–2900 cm^{-1}, que são facilmente identificadas.

A Fig. 16.1 mostra o espectro no IV do feniletanal.

16.13B Espectros de RMN de Aldeídos e Cetonas

Espectros de RMN de ^{13}C

- O átomo de carbono da carbonila de um aldeído ou cetona fornece sinais característicos na região de 180–220 ppm do espectro de ^{13}C.

Uma vez que quase nenhum outro sinal aparece nessa região, *a presença de um sinal nessa região (próximo a 200 ppm) sugere fortemente a presença de um grupo carbonila.*

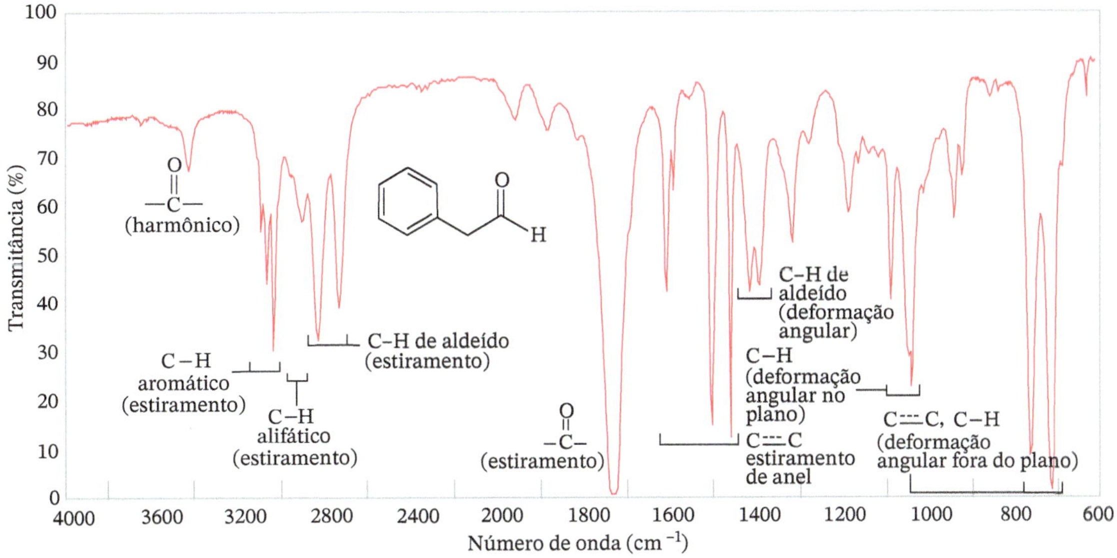

FIGURA 16.1 Espectro no infravermelho do feniletanal.

Espectros de RMN de ^{1}H

- Um próton de aldeído fornece um sinal distinto em campo baixo nos espectros RMN de ^{1}H na região de 9–12 ppm, onde quase nenhum outro próton absorve; dessa forma, é possível identificá-lo facilmente.

O próton aldeídico de um aldeído alifático mostra acoplamento spin–spin com os prótons no carbono α adjacente, e o padrão de desdobramento revela o grau de substituição do carbono α. A constante de acoplamento, no entanto, é pequena (de aproximadamente 3 Hz, quando comparada com um desdobramento vicinal típico, que é de cerca de 7 Hz, de modo que algumas vezes é difícil de ver). Por exemplo, no acetaldeído (CH_3CHO) o sinal do próton aldeídico é desdobrado em um quarteto pelos três prótons do grupo metila, e o sinal do próton do grupo metila é desdobrado em um dupleto pelo próton do aldeído.

- Os prótons no carbono α são desblindados pelo grupo carbonila e os seus sinais geralmente aparecem na região de 2,0–2,3 ppm.
- As metilcetonas mostram um singleto característico (3H) próximo a 2,1 ppm.

As **Figs. 16.2** e **16.3** mostram espectros analisados de ^{1}H e de ^{13}C do feniletanal.

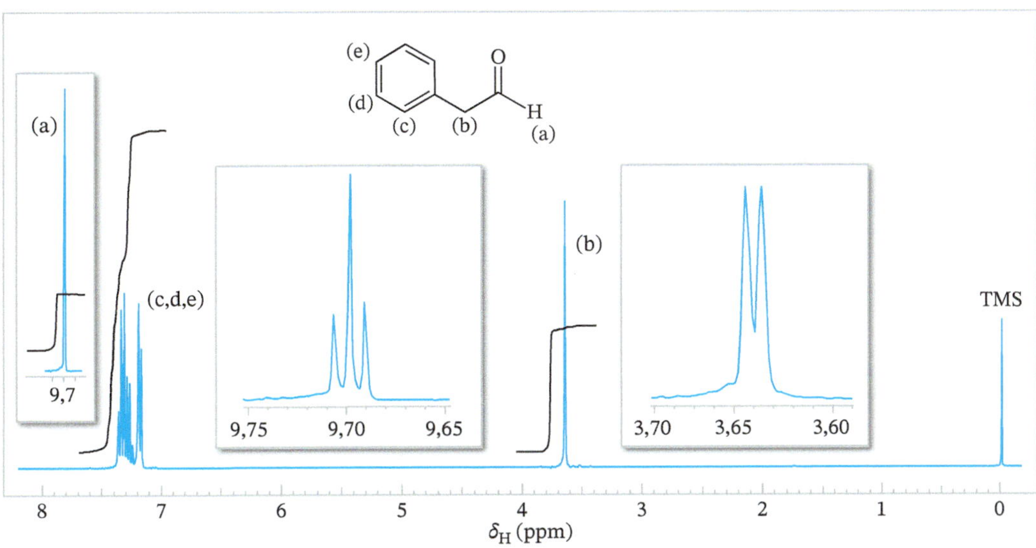

FIGURA 16.2 Espectro de RMN de ^{1}H do feniletanal. O pequeno acoplamento entre os prótons metilênicos e do aldeído (2,6 Hz) é mostrado nos gráficos de expansão da escala.

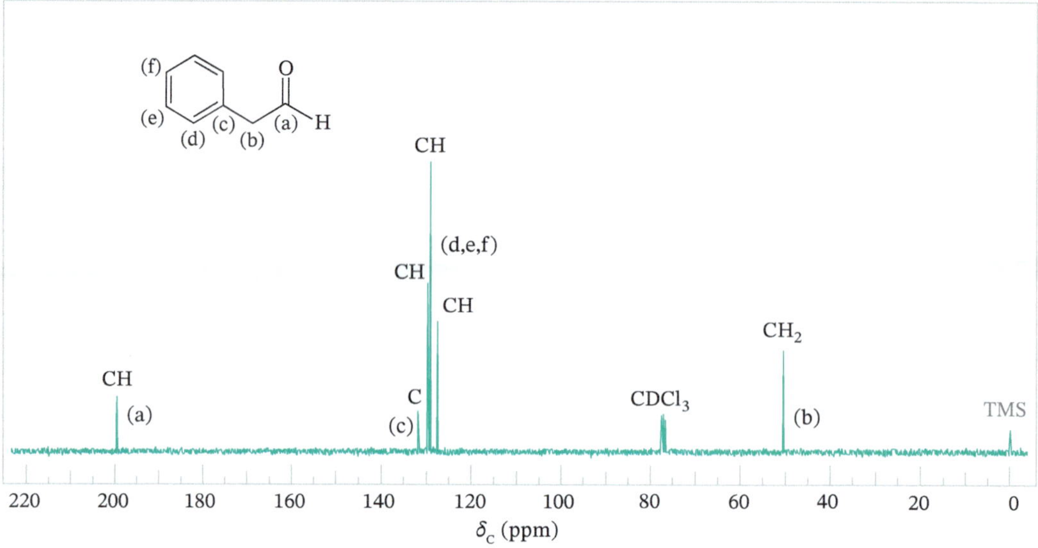

FIGURA 16.3 Espectro de RMN de ^{13}C totalmente desacoplado do próton do feniletanal. As informações a respeito dos prótons ligados são fornecidas acima dos picos.

16.13C Espectros de Massas de Aldeídos e Cetonas

Os espectros de massas de cetonas geralmente mostram um pico correspondendo ao íon molecular. Os aldeídos normalmente produzem um pico $M^+ - 1$ proeminente nos seus espectros de massas a partir da quebra do hidrogênio do aldeído. As cetonas geralmente sofrem quebra em qualquer lado do grupo carbonila produzindo íons acílio, $RC{\equiv}O:^+$, em que R pode ser o grupo alquila de qualquer lado da carbonila da cetona. A quebra via rearranjo de McLafferty (Seção 9.16D) também é possível em muitos aldeídos e cetonas.

16.13D Espectros no UV

Os grupos carbonila de aldeídos e cetonas saturados fornecem uma banda de absorção fraca na região do UV entre 270 e 300 nm. Essa banda é deslocada para comprimentos de onda maiores (300–350 nm) quando o grupo carbonila está conjugado com uma ligação dupla.

16.14 Resumo de Reações de Adição de Aldeídos e Cetonas

As reações de adição nucleofílica de aldeídos e cetonas que ocorrem no átomo de carbono da carbonila, que estudamos até aqui, são resumidas a seguir. Nos Capítulos 18 e 19, veremos outros exemplos.

Reações de Adição Nucleofílica de Aldeídos e Cetonas

1. ***Adição de Compostos Organometálicos*** **(Seção 12.7C)**

Reação Geral

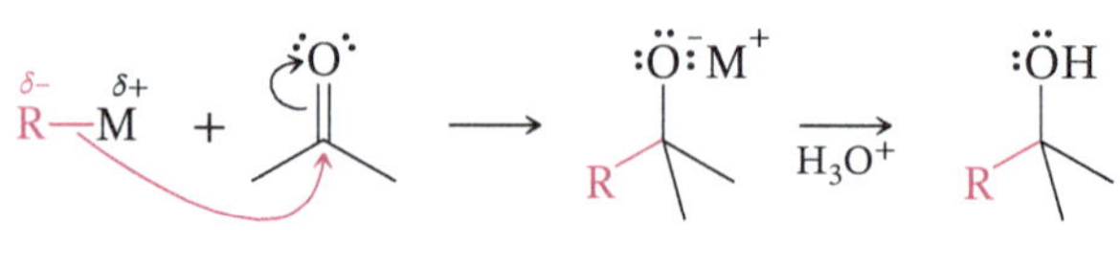

Exemplo Específico Utilizando um Reagente de Grignard (Seção 12.7C)

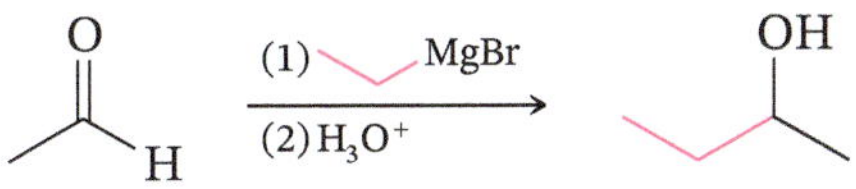

67%

2. ***Adição de Íon Hidreto*** **(Seção 12.3)**

Reação Geral

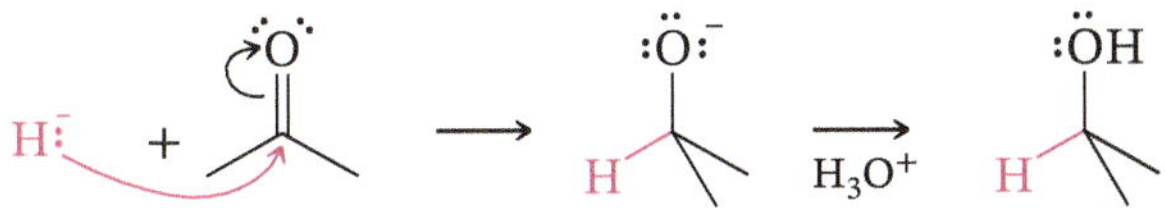

Exemplos Específicos Utilizando Hidretos Metálicos (Seção 12.3)

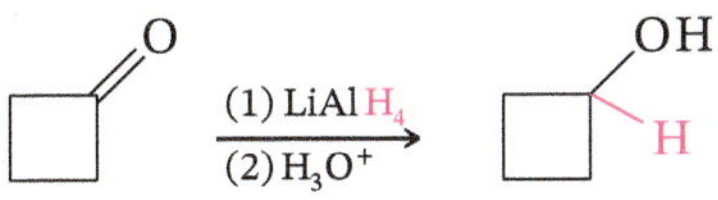

(90%)

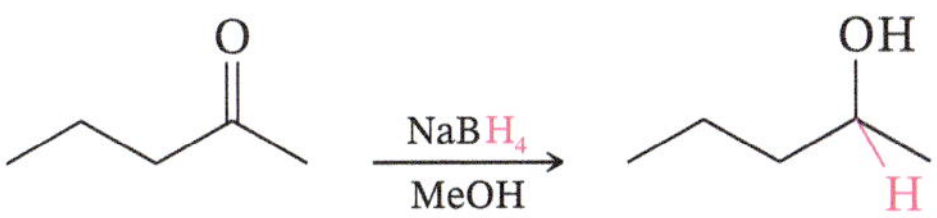

(100%)

3. ***Adição de Cianeto de Hidrogênio*** **(Seção 16.9)**

Reação Geral

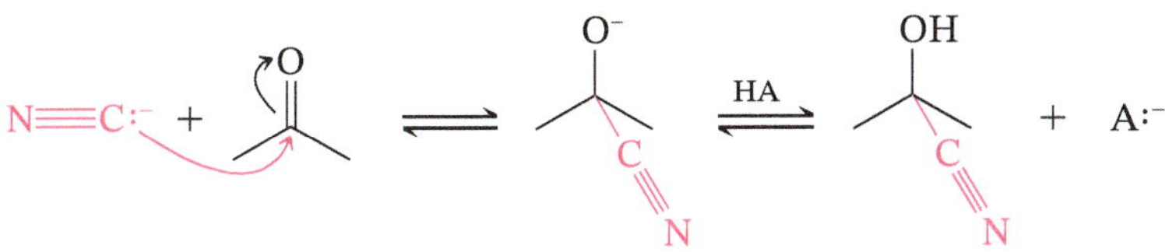

Exemplo Específico

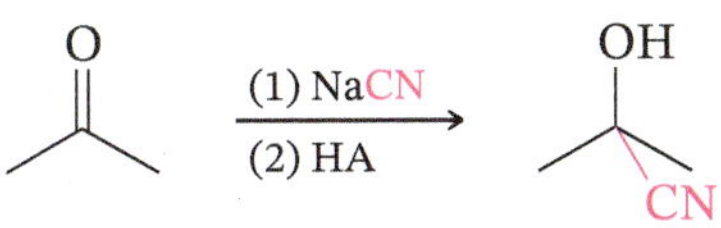

Cianoidrina de acetona
(78%)

4. ***Adição de Ilídeos*** **(Seção 16.10)**

Reação de Wittig

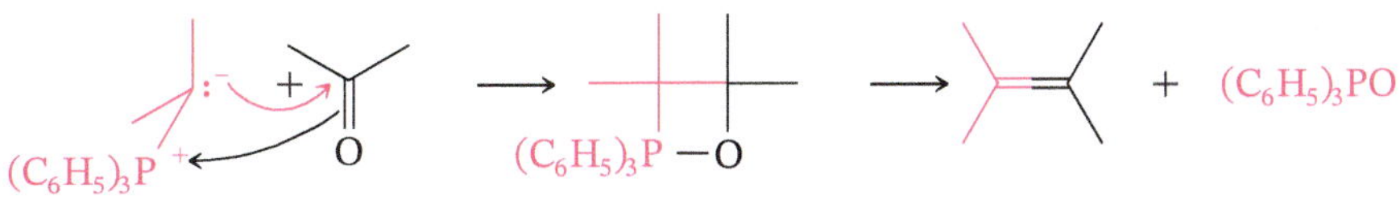

Pelo menos um grupo do ilídeo ou do composto carbonilado reagente deve ser o hidrogênio, e o alqueno (*Z*) geralmente predomina.

5. ***Adição de Álcoois*** **(Seção 16.7)**

Reação Geral

Hemiacetal **Acetal**

Exemplo Específico

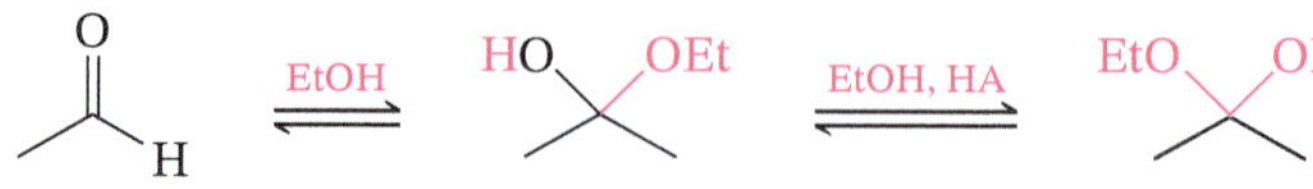

6. ***Adição de Derivados de Amônia*** **(Seção 16.8)**

Iminas

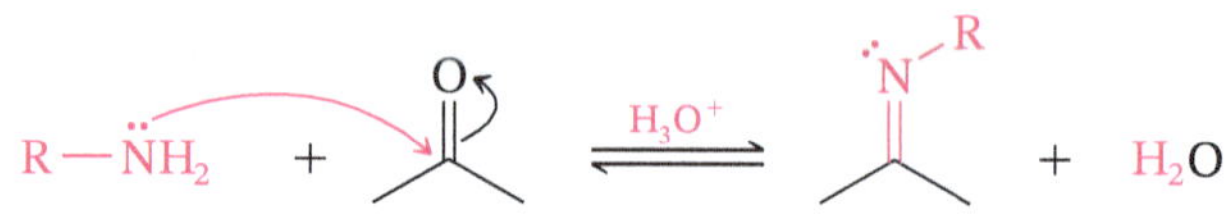

Amina primária	**Aldeído ou cetona**	**Imina [isômeros (*E*) e (*Z*)]**

Enaminas

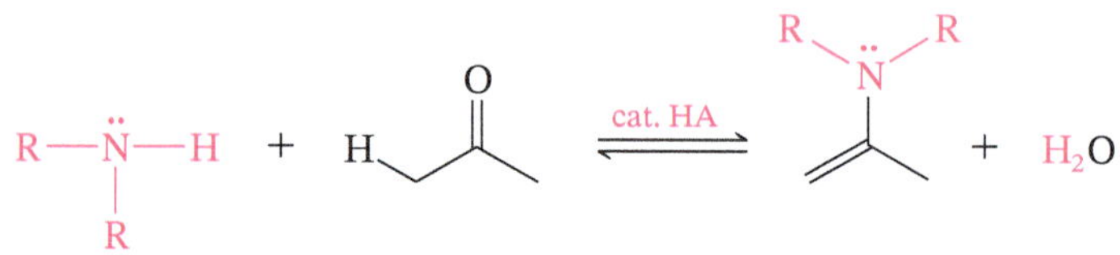

Amina secundária **Enamina**

Por que Esses Tópicos São Importantes?

Desencadeadores para a Reatividade Bioquímica

Uma das coisas que tornam as esponjas do mar e outros organismos que compõem os recifes de coral tão belos é seu brilho e a variedade de cores. No entanto, essa mesma característica, acoplada à sua incapacidade de movimento, torna-os alvos fáceis para os predadores. Entretanto, eles sobrevivem, porque têm um sistema químico de defesa que emprega moléculas altamente tóxicas para afastar, ferir ou mesmo matar um organismo marinho que os poderia consumir. O que é talvez mais surpreendente é que muitos desses compostos têm um efeito muito diferente nos seres humanos: a capacidade de tratar o câncer por meio de ataques a células que se replicam de modo anormal. Além disso, a maneira pela qual isso ocorre, às vezes, tira vantagem de grupos funcionais que você viu neste capítulo!

As ecteinascidinas e as saframicinas são dois desses grupos de compostos. São diversas as variantes desses compostos com base na natureza dos átomos nas posições marcadas com X e Y. O elemento fundamental para a sua atividade biológica é a configuração destacada de átomos que inclui Y. Os grupos na posição Y são, de maneira mais comum, CN ou OH, opções que constituem ou o grupo funcional nitrogênio análogo de uma cianoidrina ou um hemiacetal (conhecido como hemiaminal). Conforme vimos, tais grupos funcionais podem participar de uma série de reações, e essa reatividade confere a eles sua capacidade de combater as células cancerosas.

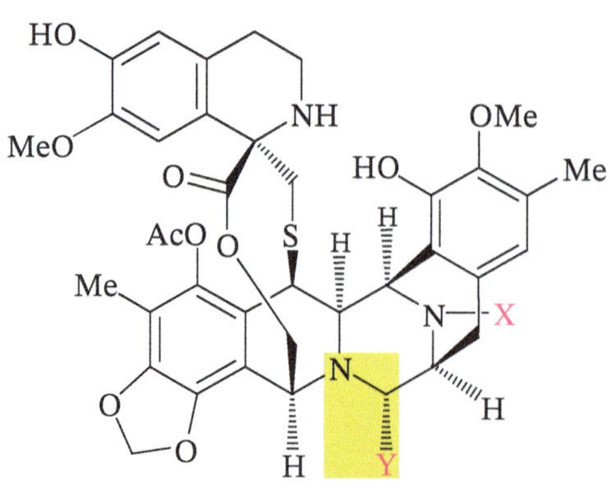

Ecteinascidinas

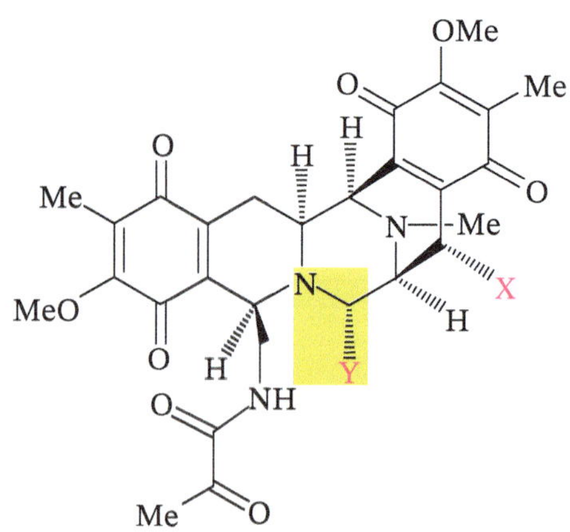

Saframicinas

Na saframicina A, mostrada a seguir, a ativação do próton do grupo funcional nitrila cria um grupo de saída melhor, um que pode levar à forma de um íon imínio pela participação do átomo de nitrogênio vizinho. Essa espécie imínio reativa pode, então, ou ser aprisionada reversivelmente pela água (caminho a) gerando um hemiaminal, ou, se formada no núcleo de uma célula, pode ser atacada por uma amina nucleofílica livre de um resíduo de guanina proveniente do DNA (caminho b). Se acontecer esse último, os outros anéis aromáticos dentro da saframicina A podem, então, converter oxigênio molecular em novas espécies radicalares reativas que podem danificar o DNA e levar à morte da célula.

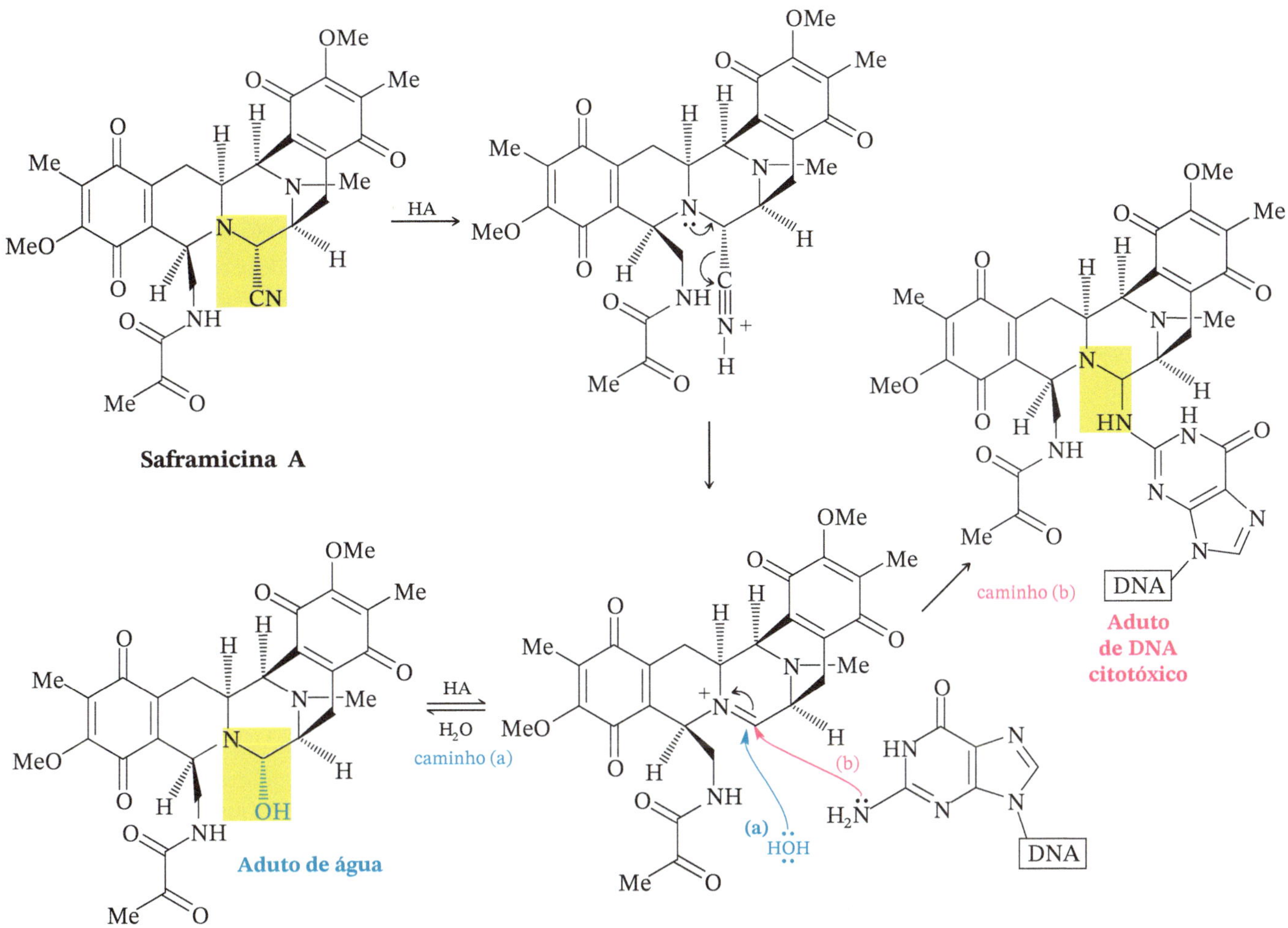

Por ora, o que pode ser apreciado é um sistema desencadeador engendrado para atividade baseada inteiramente em alguns dos grupos funcionais que podem surgir de grupos carbonila. Para localizar o poder dessa concepção dentro de uma perspectiva, esses compostos estão entre os mais potentes agentes antitumorais que já foram identificados a partir de espécies marinhas. Na realidade, alguns estudos calcularam que uma dose de 5 mg de alguns compostos seria mais que suficiente para erradicar diversas formas de câncer humano. Os testes clínicos estão atualmente avaliando esse potencial.

Para saber mais sobre esses tópicos, consulte:

1. Lown, J. W.; Joshua, A. V.; Lee, J. S. "Molecular mechanisms of binding and single-strand scission of deoxyribonucleic acid by the antitumor antibiotics saframycins A and C" in *Biochemistry* **1982**, *21*, 419–428.
2. Nicolaou, K. C.; Snyder, S. A. *Classics in Total Synthesis II*. Wiley-VCH: Weinheim, **2003**, pp. 109–136 e referências citadas.

Resumo e Ferramentas de Revisão

As ferramentas de estudo para o presente capítulo incluem termos e conceitos fundamentais, que são realçados ao longo do capítulo em **negrito azul** e estão definidos no glossário (ao fim de cada volume), Resumos de Mecanismos relativos a reações de aldeídos e cetonas com aminas, bem como com outros nucleófilos e um esquema de Conexões Sintéticas relativo a transformações de aldeídos e cetonas.

Problemas

Reações e Nomenclatura

16.20 Dê uma fórmula estrutural e outro nome aceitável para cada um dos seguintes compostos:

(a) Formaldeído
(b) Acetaldeído
(c) Fenilacetaldeído
(d) Acetona
(e) Etil metilcetona
(f) Acetofenona
(g) Benzofenona
(h) Salicilaldeído
(i) Vanilina
(j) Dietil cetona
(k) Etil isopropil cetona
(l) Di-isopropil cetona
(m) Dibutil cetona
(n) Dipropil cetona
(o) Cinamaldeído

16.21 Escreva fórmulas estruturais para os produtos formados quando o propanal reage com cada um dos seguintes reagentes:

(a) $NaBH_4$ em MeOH
(b) C_6H_5MgBr, e então H_3O^+
(c) $LiAlH_4$, e então H_2O
(d) Ag_2O, HO^-
(e) $(C_6H_5)_3\overset{+}{P}—\ddot{C}H_2^-$
(f) H_2 e Pt
(g) 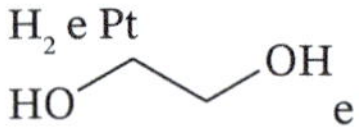 e HA
(h) $CH_3\ddot{C}^-H—\overset{+}{P}(C_6H_5)_3$
(i) Hidroxilamina
(j) Fenil-hidrazina
(k) $KMnO_4$ diluído frio
(l) 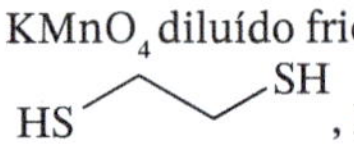, HA
(m) 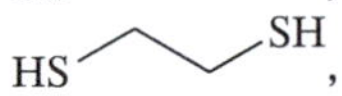, HA, e a seguir níquel de Raney
(n) *m*CPBA

16.22 Dê as fórmulas estruturais para os produtos formados (se houver) a partir da reação da acetona com cada reagente do Problema 16.21.

16.23 Que produtos seriam obtidos quando a acetofenona reage sob cada uma das seguintes condições?

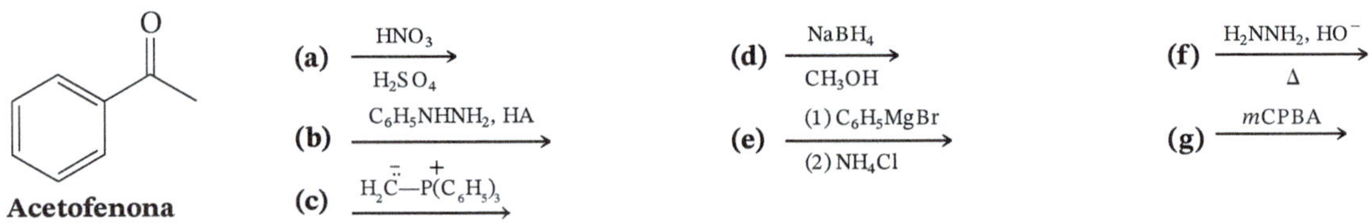

16.24 Prediga os produtos orgânicos principais de cada uma das seguintes reações.

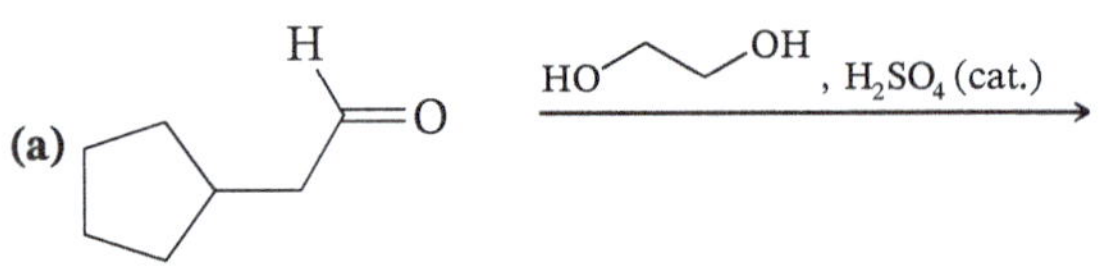

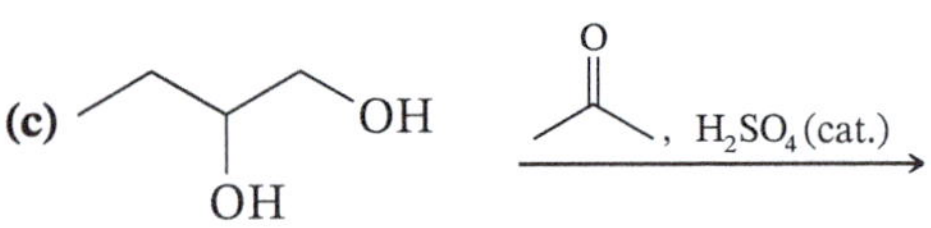

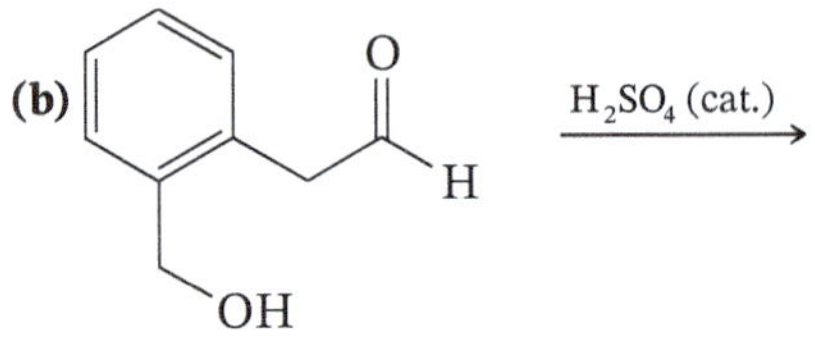

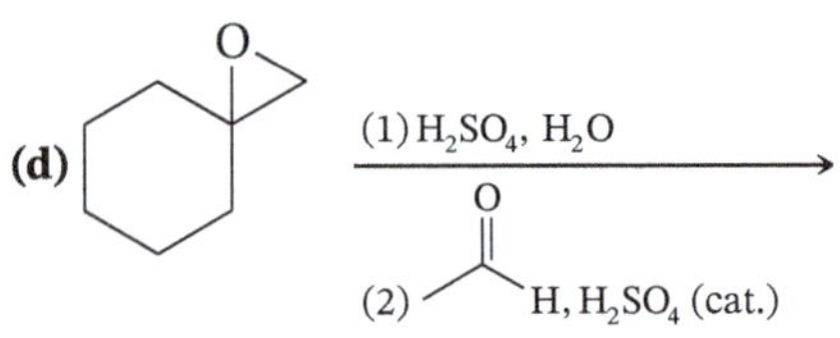

(e) 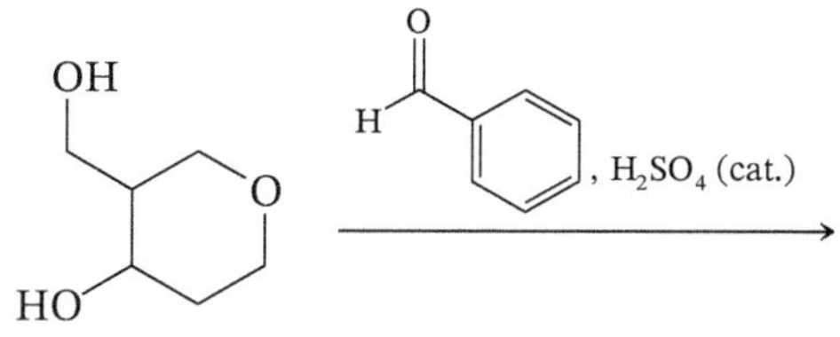

(g) 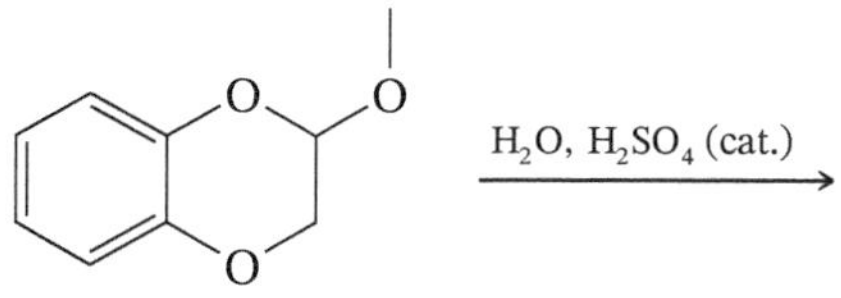

(f) 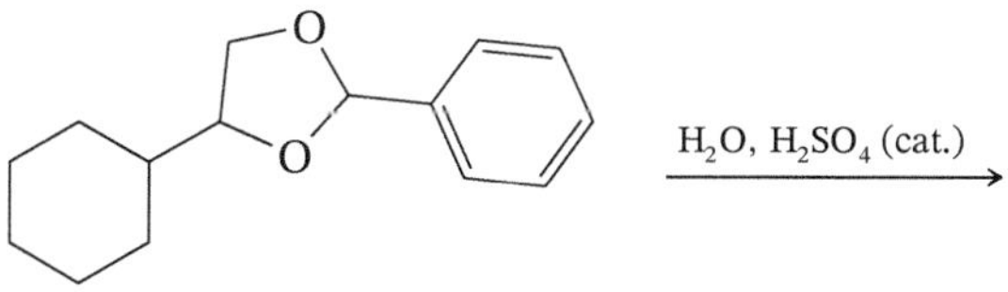

16.25 Prediga os produtos principais de cada uma das seguintes reações.

(a) 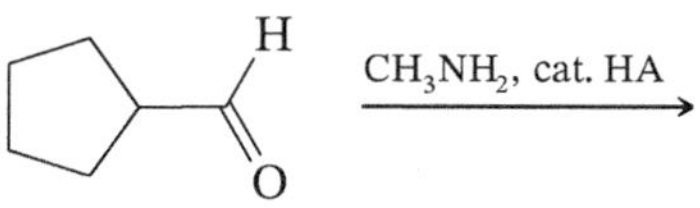

(f) 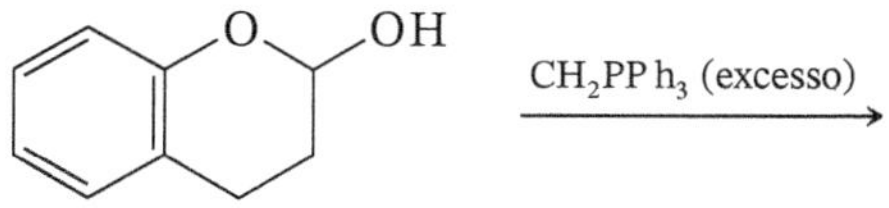

(b) 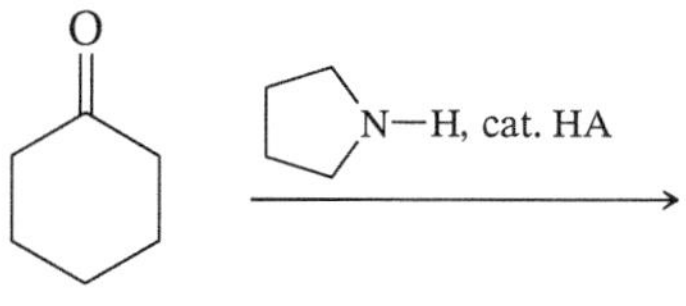

(g) 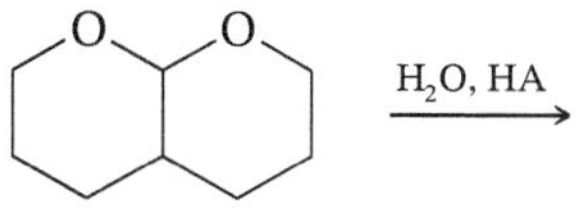

(c) 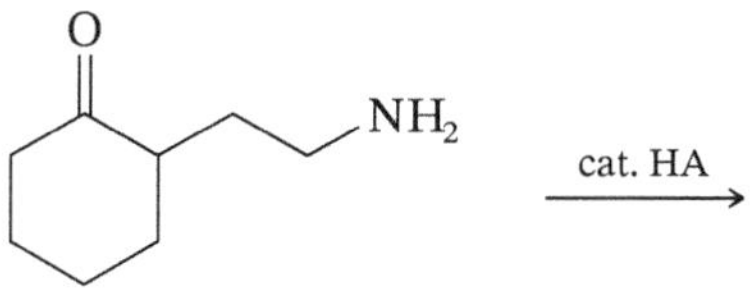

(h) 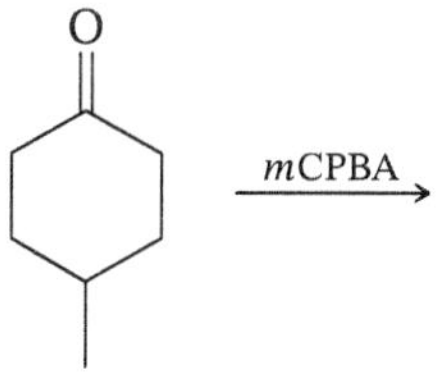

(d) 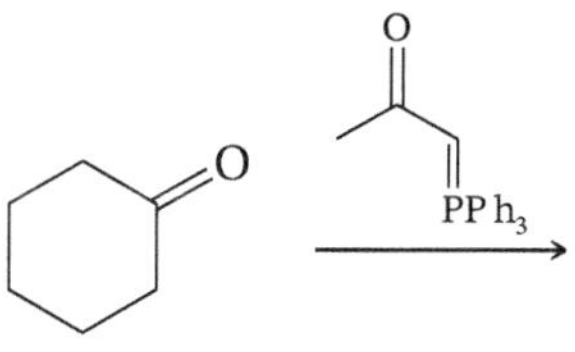

(i) 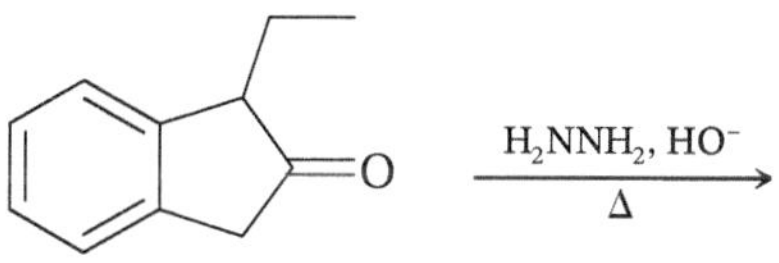

(e) 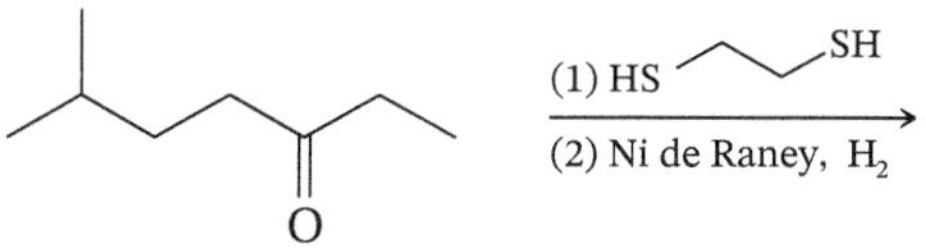

16.26 Prediga os produtos principais de cada uma das seguintes reações.

(a) 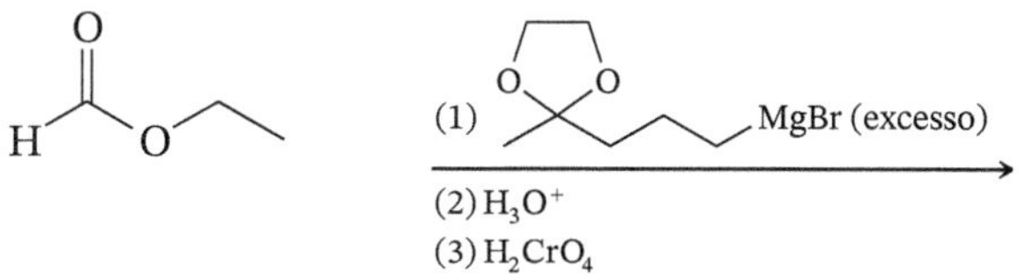

(c) 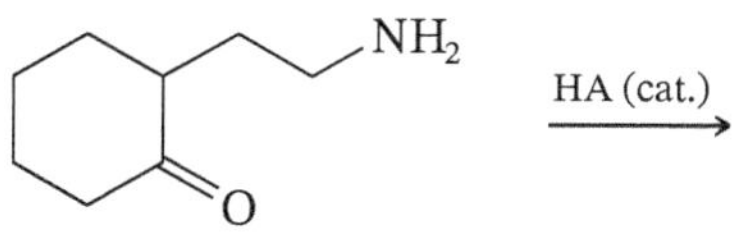

(d) 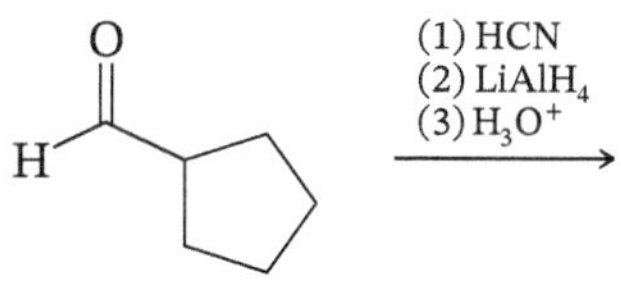

(b) 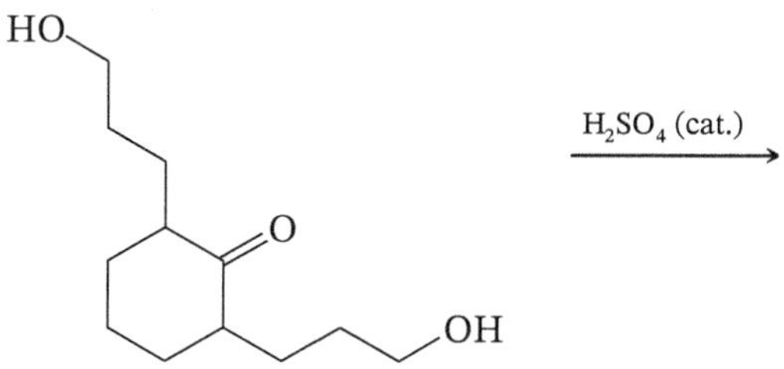

(e) 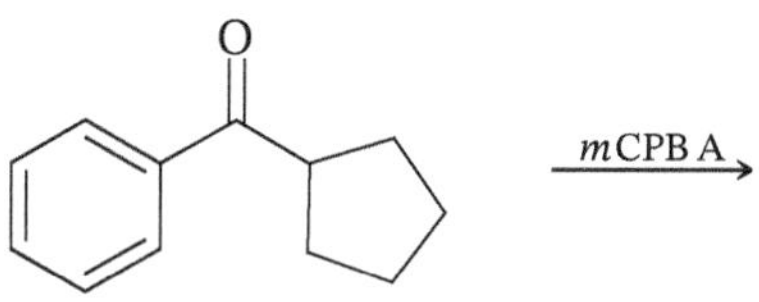

16.27 Forneça os reagentes necessários para realizar cada uma das seguintes transformações.

(a)
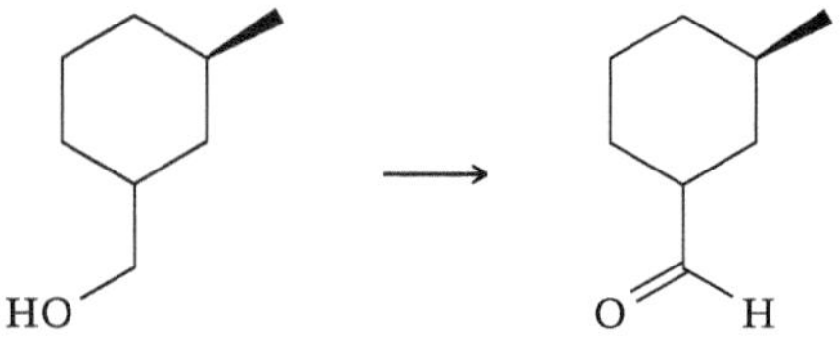

(b)
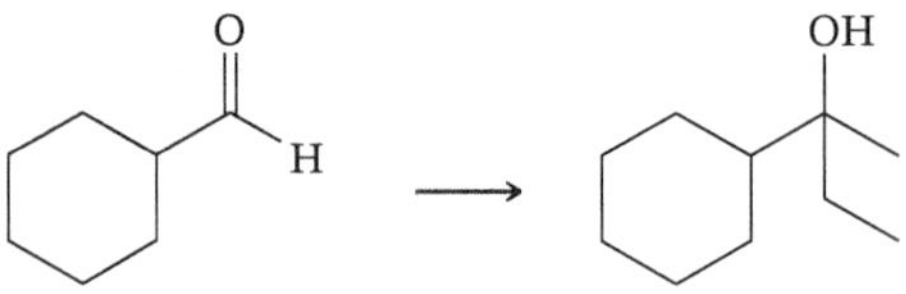

(c)
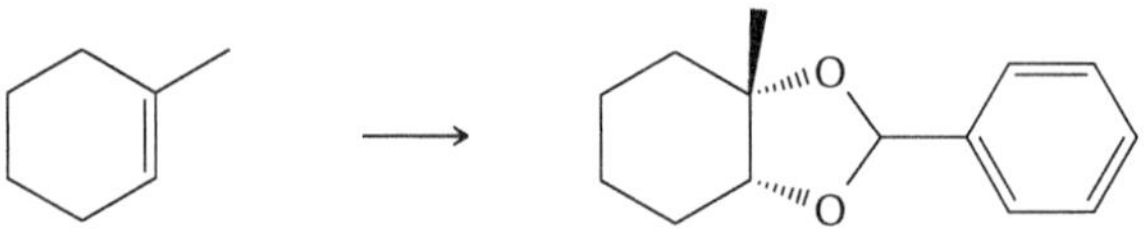

(d)
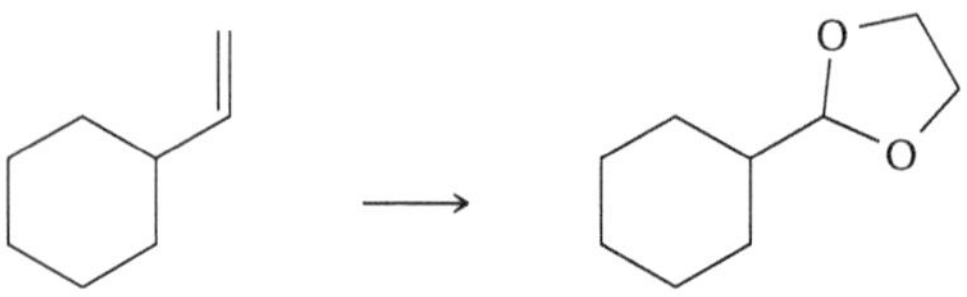

(e)

(f)

(g)
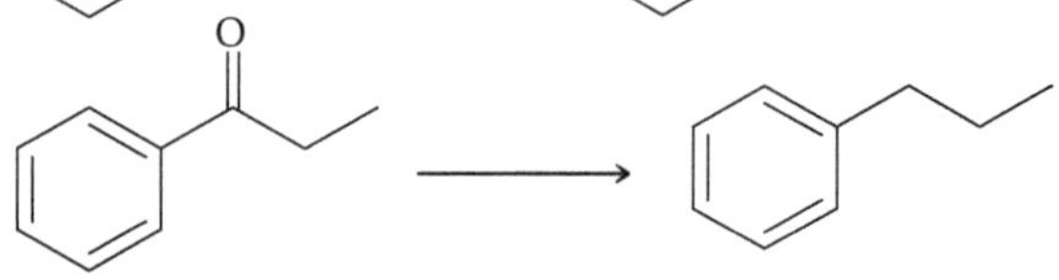

(h)
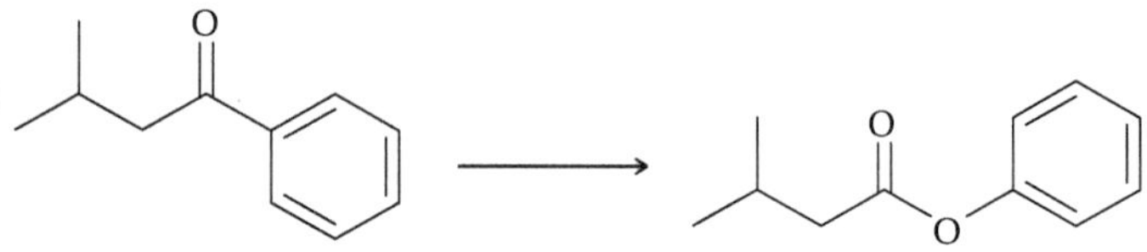

16.28 Escreva mecanismos detalhados para cada uma das seguintes reações.

(a)
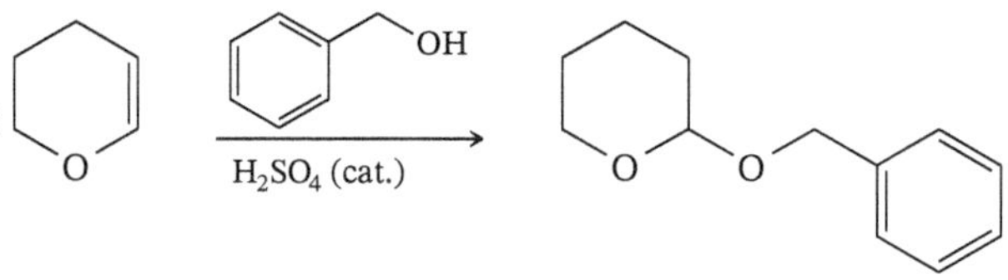

(b)
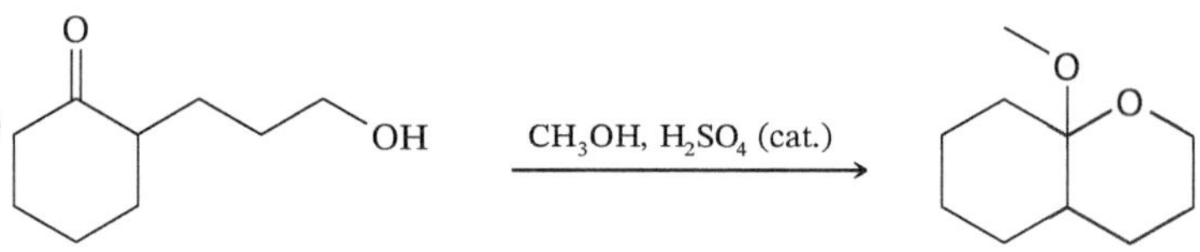

(c)
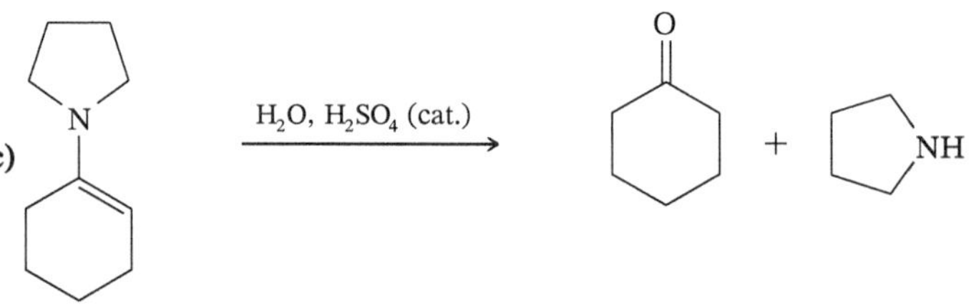

(d)
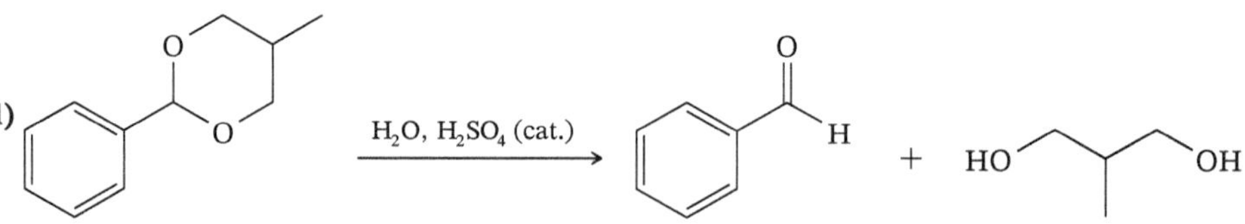

16.29 Forneça os reagentes necessários para realizar as seguintes sínteses.

Começar com 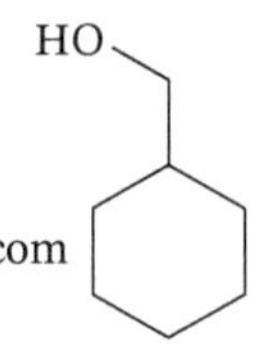 e produzir 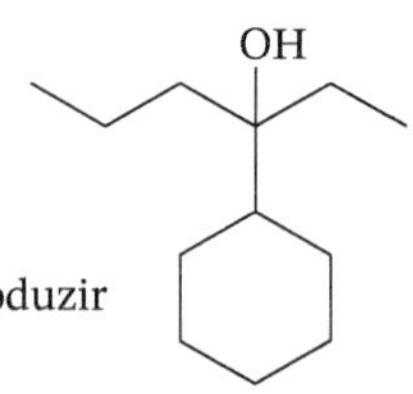

Sínteses

16.30 (a) Sintetize a fenil propil cetona a partir do benzeno e quaisquer outros reagentes necessários. **(b)** Dê dois métodos para transformar a fenil propil cetona em butilbenzeno.

16.31 Mostre como você converteria o benzaldeído em cada um dos seguintes compostos. Você pode utilizar quaisquer outros reagentes necessários, e mais de uma etapa pode ser necessária.

(a) Álcool benzílico
(b) Ácido benzoico
(c) Cloreto de benzoíla
(d) Benzofenona
(e) 1-Feniletanol
(f) 3-Metil-1-fenil-1-butanol
(g) Brometo de benzila
(h) Tolueno
(i) $C_6H_5CH(OCH_3)_2$
(j) C_6H_5CHDOH
(k) $C_6H_5CH(OH)CN$
(l) $C_6H_5CH{=}NOH$
(m) $C_6H_5CH{—}NNHC_6H_5$
(n) $C_6H_5CH{=}CHCH{=}CH_2$

16.32 Mostre como a etil fenil cetona ($C_6H_5COCH_2CH_3$) poderia ser sintetizada a partir de cada um dos seguintes compostos:

(a) Benzeno
(b) Benzonitrila, C_6H_5CN
(c) Benzaldeído

16.33 Mostre como o benzaldeído poderia ser sintetizado a partir de cada um dos seguintes:

(a) Álcool benzílico
(b) Ácido benzoico
(c) Feniletino
(d) Fenileteno (estireno)
(e) $C_6H_5CO_2CH_3$
(f) $C_6H_5C{\equiv}N$

16.34 Dê as estruturas para os compostos **A–E**.

$$\text{Ciclo-hexanol} \xrightarrow[\text{acetona}]{H_2CrO_4} \mathbf{A}(C_6H_{10}O) \xrightarrow[(2)\,H_3O^+]{(1)\,CH_3MgI} \mathbf{B}(C_7H_{14}O) \xrightarrow[\text{aquecimento}]{HA} \mathbf{C}\,(C_7H_{12}) \xrightarrow[(2)\,Me_2S]{(1)\,O_3} \mathbf{D}\,(C_7H_{12}O_2) \xrightarrow[(2)\,H_3O^+]{(1)\,Ag_2O,\ HO^-} \mathbf{E}(C_7H_{12}O_3)$$

16.35 O aquecimento de piperonal (Seção 16.3) com HCl aquoso diluído o converte em um composto com fórmula $C_7H_6O_3$. Qual é esse composto e que tipo de reação está envolvido?

16.36 Partindo do brometo de benzila, mostre como você sintetizaria cada um dos seguintes compostos:

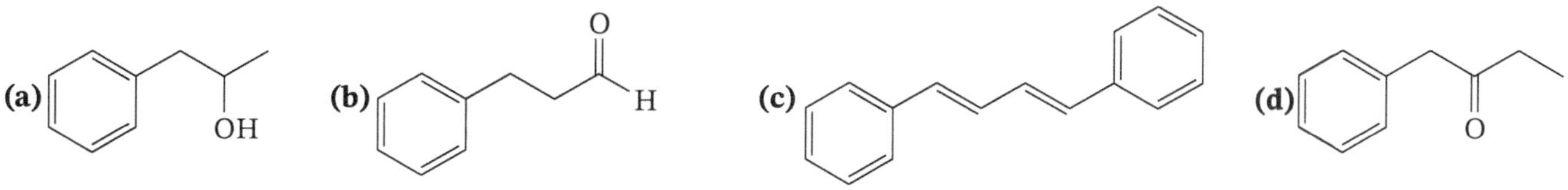

16.37 Os compostos **A** e **D** não apresentam sinais de RMN de ^{1}H na região 9-12 ppm; no entanto, o composto **C** fornece resultado positivo. Dê as estruturas para **A-D**.

$$\text{4-Bromobutanal} \xrightarrow[HA]{HOCH_2CH_2OH} \mathbf{A}(C_6H_{11}O_2Br) \xrightarrow{Mg,\ Et_2O} [\mathbf{B}(C_6H_{11}MgO_2Br)] \xrightarrow[(2)\,H_3O^+,\ H_2O]{(1)\,H_3CCHO} \mathbf{C}\,(C_6H_{12}O_2) \xrightarrow[HA]{CH_3OH} \mathbf{D}\,(C_7H_{14}O_2)$$

16.38 A dianeacerona é um produto natural volátil isolado das glândulas de secreção do crocodilo anão adulto africano. Acredita-se que o composto seja o feromônio associado à nidificação e acasalamento. A dianeacerona recebe esse nome em homenagem a Diane Ackerman, uma escritora no campo da história natural e promotora da importância da preservação da biodiversidade. O nome IUPAC da dianeacerona é 3,7-dietil-9-fenilnonan-2-ona, e ela é encontrada tanto como o estereoisômero (3*S*,7*S*) quanto como o (3*S*,7*R*). Desenhe as estruturas para ambos os estereoisômeros da dianeacerona.

16.39 É apresentada aqui a síntese do gliceraldeído (Seção 5.15A). Quais são os intermediários **A–C** e qual é a forma estereoisomérica do gliceraldeído que você esperaria obter?

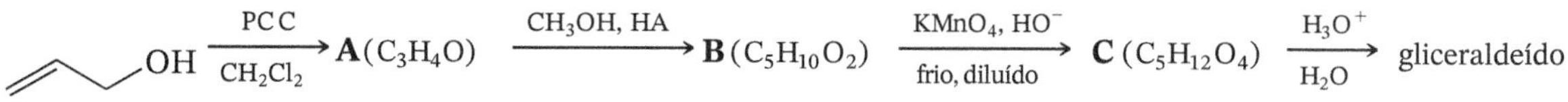

16.40 Considere a redução da (*R*)-3-fenil-2-pentanona por boroidreto de sódio. Após a redução se completar, a mistura é separada por cromatografia em duas frações. Essas frações contêm compostos isoméricos e cada isômero é oticamente ativo. Quais são estes dois isômeros e qual é a relação estereoisomérica entre eles?

16.41 A estrutura do feromônio sexual (de atração) da fêmea da mosca-tsé-tsé foi confirmada pela seguinte síntese. O composto **C** parece ser idêntico ao feromônio natural em todos os aspectos (incluindo a resposta do macho da mosca-tsé-tsé). Forneça as estruturas para **A, B** e **C**.

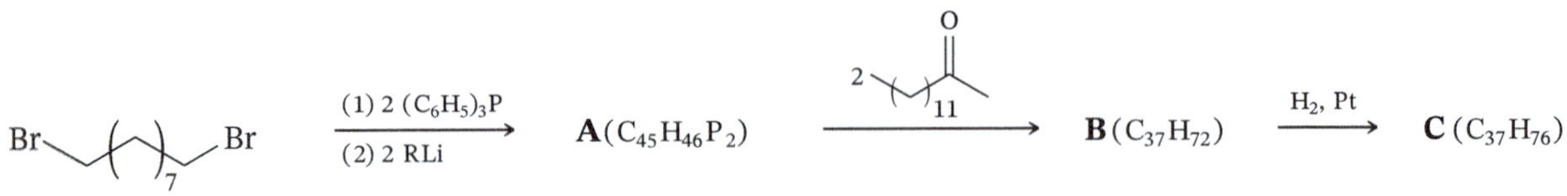

16.42 Forneça os reagentes necessários para realizar as seguintes sínteses. Comece escrevendo uma análise retrossintética.

(a)

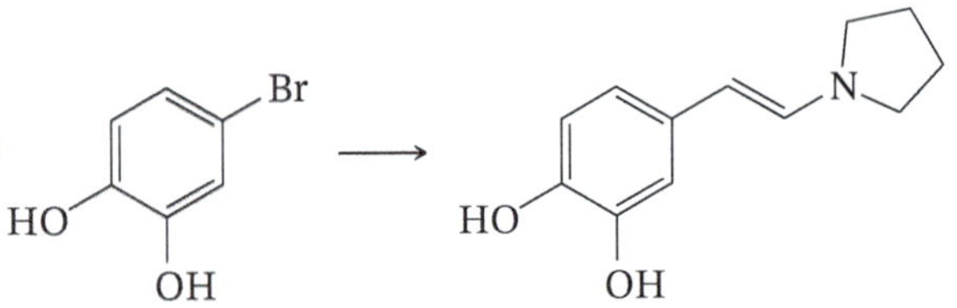

(b)

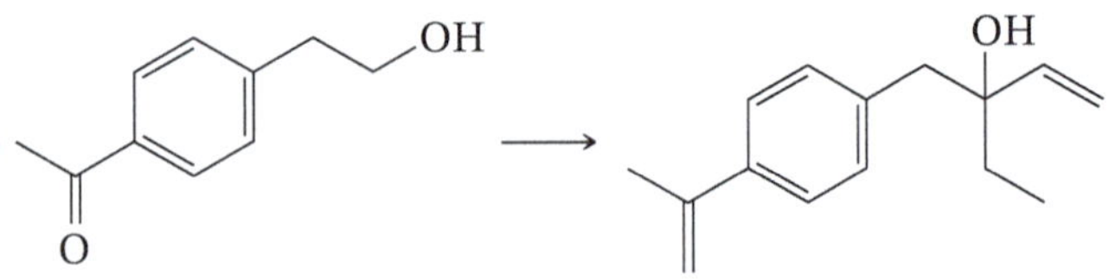

Explicação de Mecanismos e Estruturas

16.43 Escreva um mecanismo detalhado para a seguinte reação.

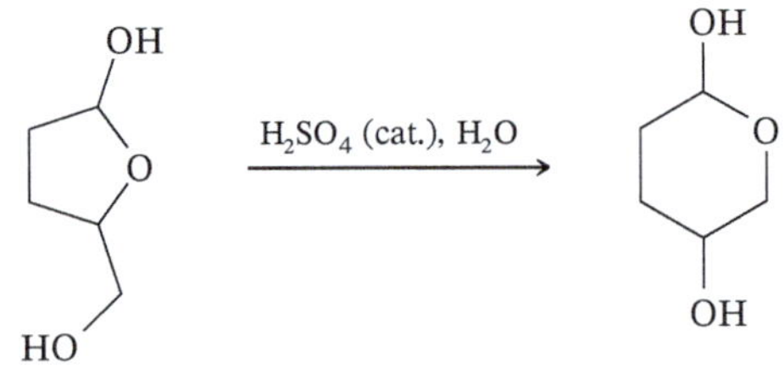

16.44 Quando a 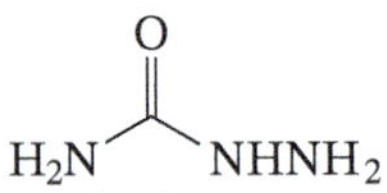 reage com uma cetona (ou um aldeído) para formar um derivado conhecido como semicarbazona, apenas um átomo de hidrogênio da semicarbazida age como um nucleófilo e ataca o átomo de carbono da carbonila da cetona. O produto da reação, consequentemente, é

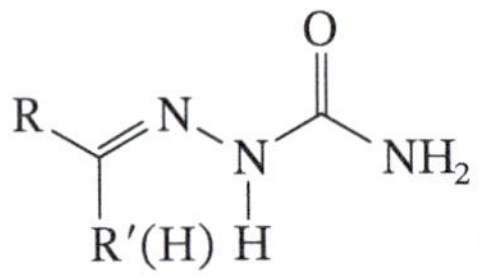

em vez de 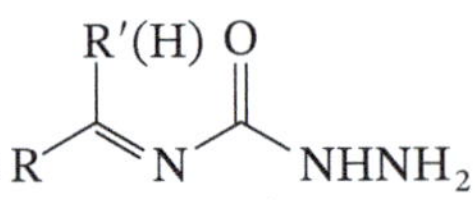. Que fator é responsável pelo fato de dois átomos de nitrogênio da semicarbazida serem relativamente não nucleofílicos?

16.45 A doença do olmo holandês é provocada por um fungo transmitido para as árvores de olmo por uma espécie de besouro. A fêmea do besouro, quando localiza uma árvore de olmo atraente, libera vários feromônios, incluindo a multistriatina, mostrada a seguir. Esses feromônios atraem os besouros machos, os quais trazem consigo o fungo mortal.

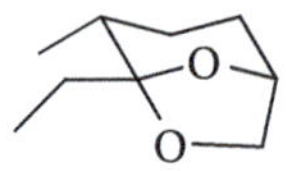

Multistriatina

O tratamento da multistriatina com ácido aquoso diluído à temperatura ambiente leva à formação de um produto, $C_{10}H_{20}O_3$, o qual mostra um pico intenso no infravermelho próximo a 1715 cm^{-1}. Proponha uma estrutura para esse produto.

16.46 A estrutura a seguir é um intermediário em uma síntese de prostaglandinas $F_{2\alpha}$ e E_2 realizada por E. J. Corey (Harvard University). Uma reação de Horner–Wadsworth–Emmons foi utilizada para formar o (*E*)-alqueno. Escreva as estruturas para o éster fosfonato e o reagente carbonílico que foram utilizados neste processo. (*Observação:* o componente carbonílico da reação incluiu o grupo ciclopentila.)

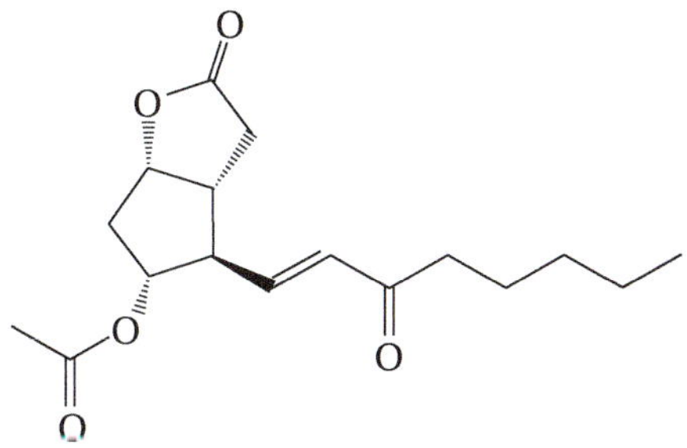

16.47 Os compostos **W** e **X** são isômeros; eles têm a fórmula molecular C_9H_8O. O espectro no IV de cada composto mostra uma banda de absorção forte próxima a 1715 cm^{-1}. A oxidação de qualquer um dos dois compostos com permanganato de potássio básico a quente seguida por acidificação produz ácido ftálico. O espectro de RMN de ^1H de **W** mostra um multipleto em 7,3 ppm e um singleto em 3,4 ppm. O espectro de RMN de ^1H de **X** mostra um multipleto em 7,5 ppm, um tripleto em 3,1 ppm e um tripleto em 2,5 ppm. Proponha as estruturas para **W** e **X**.

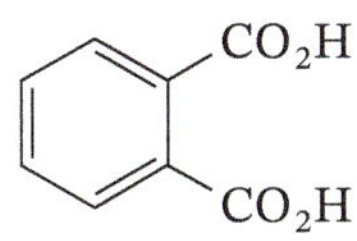

Ácido ftálico

16.48 Os compostos **Y** e **Z** são isômeros com a fórmula molecular $C_{10}H_{12}O$. O espectro no IV de cada composto mostra uma banda de absorção intensa próxima a 1710 cm^{-1}. Os espectros de RMN de ^1H de **Y** e **Z** são fornecidos nas **Figs. 16.4** e **16.5**. Proponha as estruturas para **Y** e **Z**.

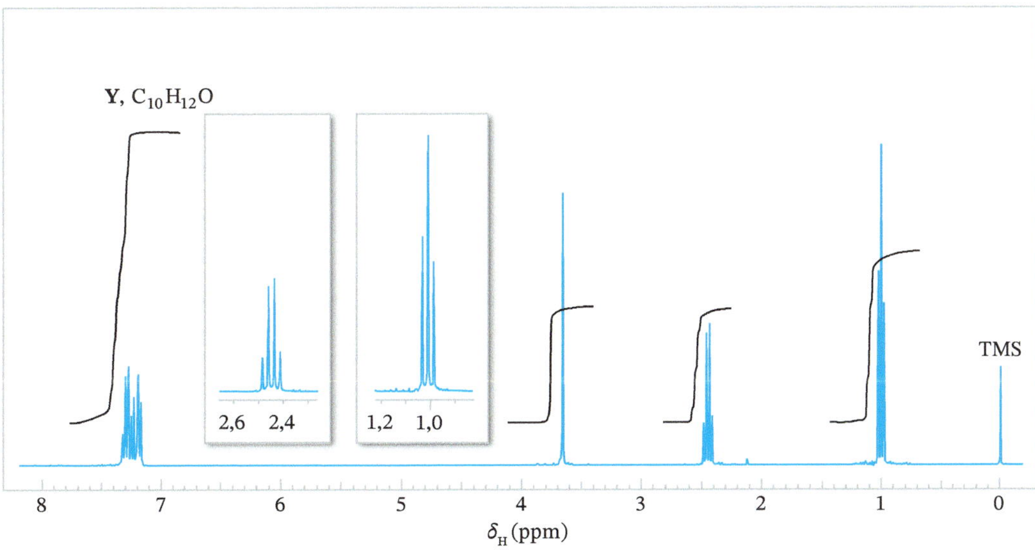

FIGURA 16.4 Espectro de RMN de ^1H do composto **Y**, Problema 16.48. As expansões dos sinais são apresentadas nos gráficos inseridos.

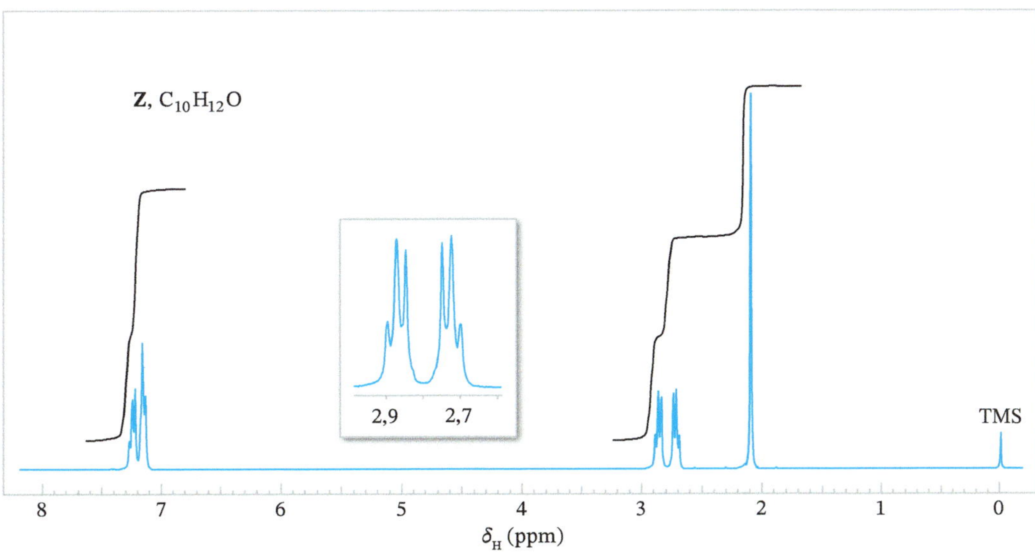

FIGURA 16.5 Espectro de RMN de ^1H do composto **Z**, Problema 16.48. As expansões dos sinais são apresentadas nos gráficos inseridos.

16.49 O espectro de IV de **A** ($C_9H_{16}O$) apresenta uma banda intensa próxima a 1710 cm^{-1}. **A** não apresenta absorção na região 9-12 ppm de seu espectro de RMN de ^1H. O espectro de RMN de ^{13}C totalmente desacoplado do próton de **A** é fornecido na Fig. 16.6. Proponha uma estrutura para **A**.

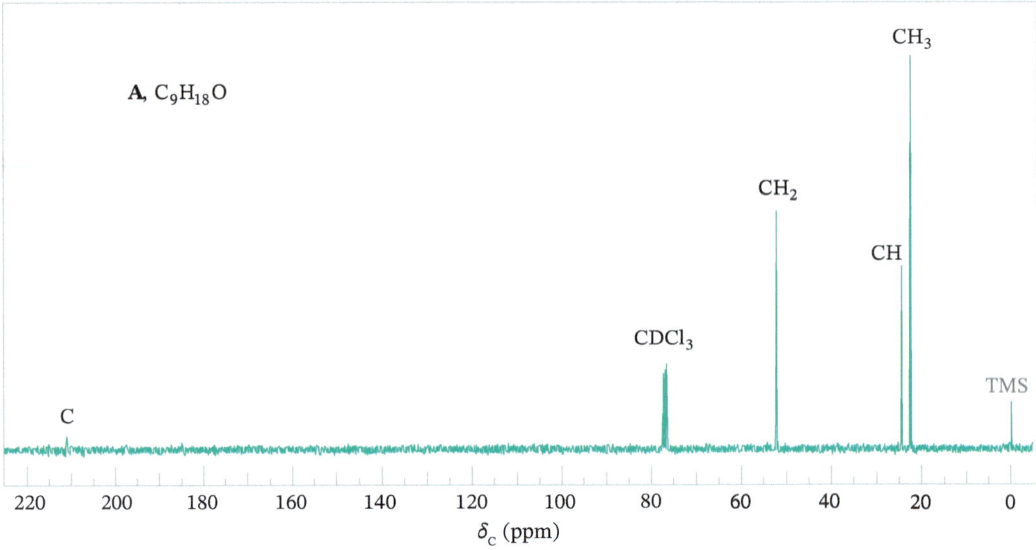

FIGURA 16.6 Espectro de RMN de ^{13}C totalmente desacoplado do próton de **A**, Problema 16.49. As informações a respeito dos prótons ligados são fornecidas acima dos picos.

16.50 O composto **B** ($C_8H_{12}O_2$) mostra uma absorção intensa de carbonila em seu espectro no IV. O espectro de RMN de ^{13}C totalmente desacoplado do próton de **B** apresenta apenas três sinais, em 19 ppm (CH_3), 71 ppm (C) e 216 ppm (C). Proponha uma estrutura para **B**.

Sintetizando o Material

16.51 Para cada uma das reações vistas a seguir, forneça uma rota da qual se possa razoavelmente esperar que converta o material de partida no produto final. Em cada caso, vai precisar aplicar mais de uma reação, e reações que você aprendeu nos capítulos anteriores podem ser necessárias para resolver o problema.

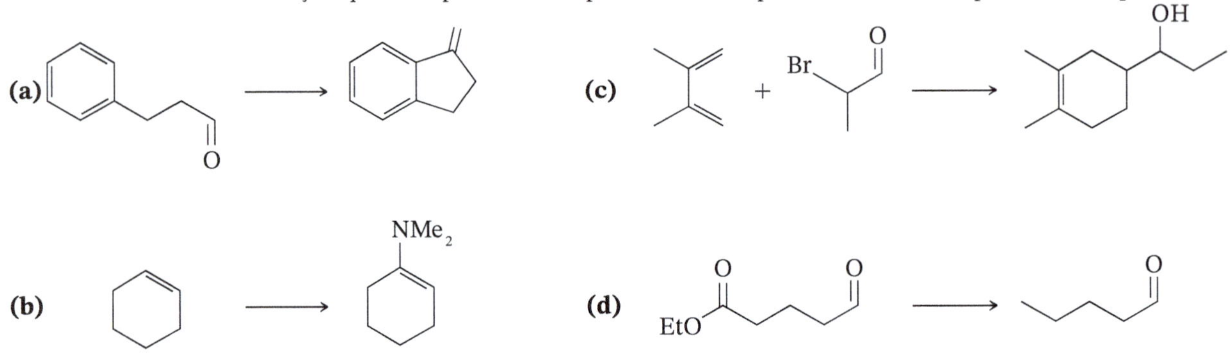

16.52 Para cada uma das reações a seguir, identifique o produto (representado por **A**, **B**, **C** e **D**) que será formado, a partir do material de partida, por meio da sequência de etapas indicada.

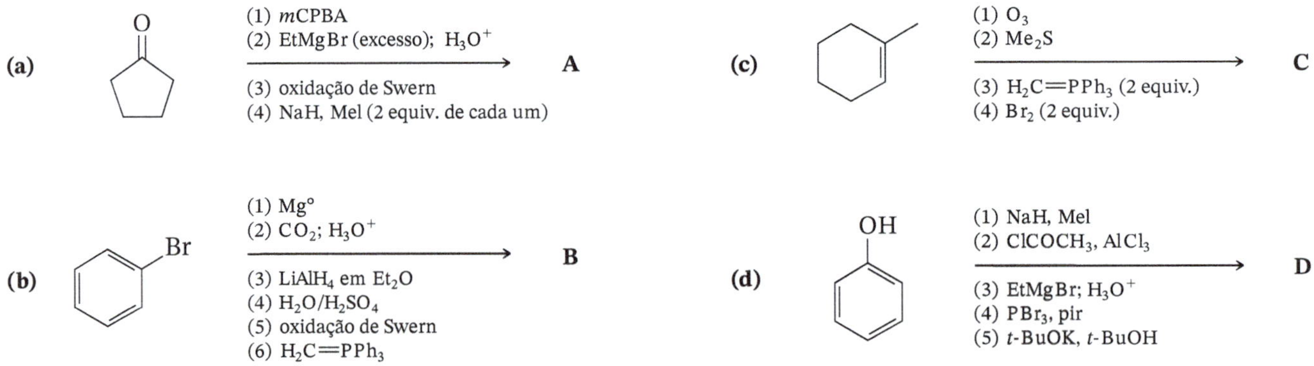

16.53 Trabalhando para trás, deduza o material de partida que leva, por meio das reações definidas, ao produto indicado.

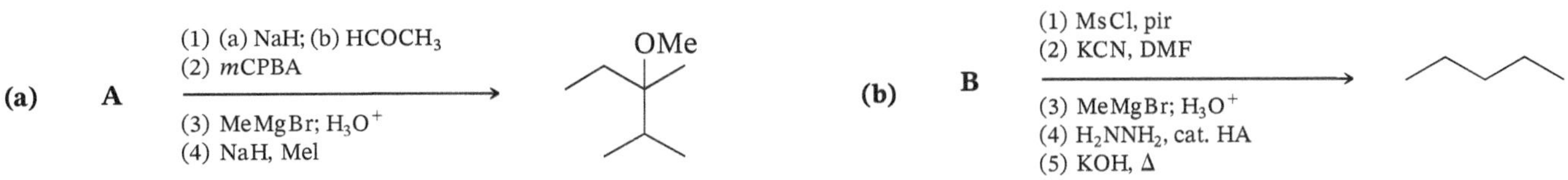

É Necessário um Consultor Químico

16.54 A abertura de anéis é um método poderoso para produzir novas moléculas com complexidade estereoquímica e de grupos funcionais, e a reação de Baeyer-Villiger é uma excelente reação que pode ajudar a atingir esse objetivo. Para as duas sequências mostradas a seguir, tal reação, juntamente com outras etapas, provou ser fundamental para proporcionar novos produtos. Para a primeira equação, forneça a estrutura de **B** e um mecanismo para explicar como esse novo produto poderia levar ao anel aberto **C**. Para a segunda equação, dadas as condições mostradas, você pode identificar a estrutura do produto **E**? (Veja: *J. Am. Chem. Soc.* **1999**, *121*, 3791; *J. Org. Chem.* **2001**, *66*, 2072.)

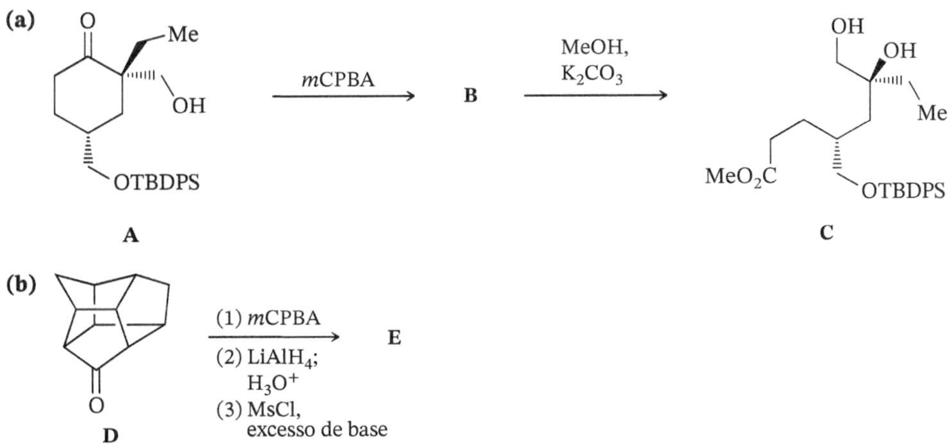

16.55 As operações mostradas a seguir fizeram parte de sínteses laboratoriais de moléculas complexas. Forneça condições para realizar todas as conversões indicadas sobre as setas marcadas com um ponto de interrogação. Observe que a abreviatura TBDPS significa *t*-butildifenilsilil e é um grupo protetor como aqueles baseados em silício que você já conheceu, como TMS e TBS. (Veja: *J. Am. Chem. Soc.* **2002**, *124*, 8584; *Angew. Chem. Int. Ed.* **2020**, *59*, 13521; *J. Am. Chem. Soc.* **2019**, *141*, 7776.)

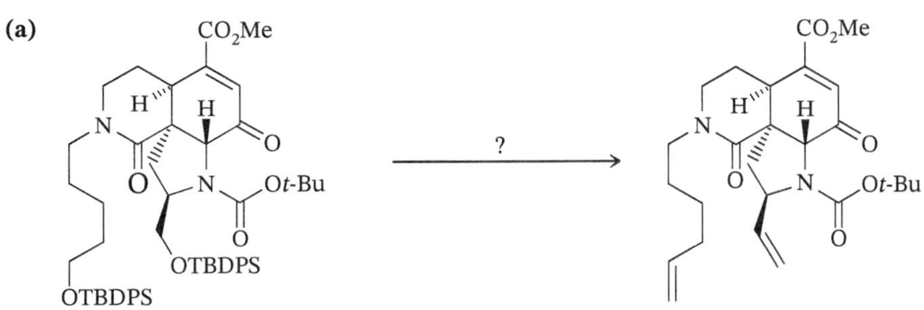

(b)

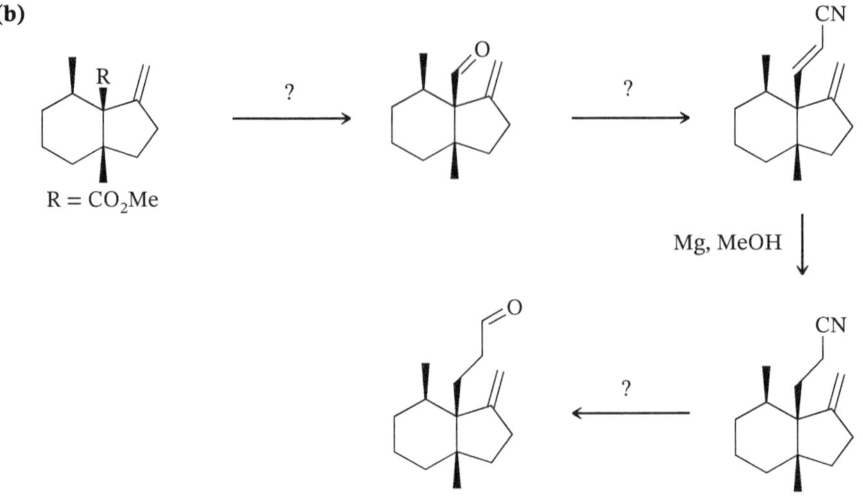

(c)

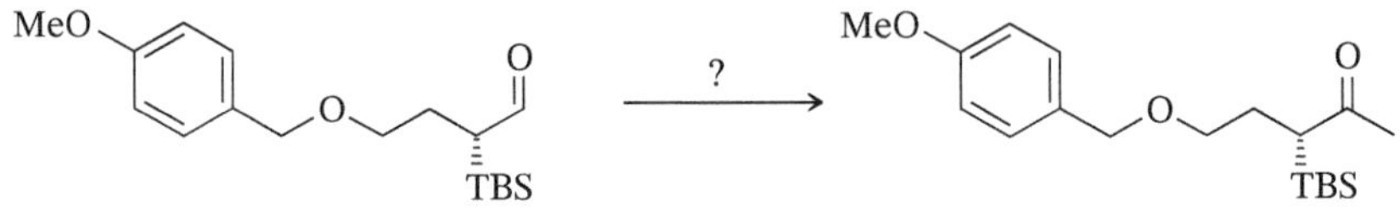

Problemas de Desafio

16.56 (a) Quais seriam as frequências das duas bandas de absorção que se espera serem as mais proeminentes no espectro de infravermelho da 4-hidroxiciclo-heptanona? **(b)** Na realidade, a banda em frequência mais baixa dessas duas é muito fraca. Desenhe a estrutura de um isômero que existiria em equilíbrio com 4-hidroxiciclo-heptanona que explicaria essa observação.

16.57 Uma das importantes reações dos álcoois benzílicos, éteres e ésteres é a facilidade de quebra da ligação benzil-oxigênio durante a hidrogenação. Esse é outro exemplo de "hidrogenólise", a quebra de uma ligação pelo hidrogênio. Ela é facilitada pela presença de ácido. A hidrogenólise pode também ocorrer com compostos com anel tensionado.

Na hidrogenação do composto **A** (veja adiante) utilizando como catalisador níquel de Raney em uma solução diluída de cloreto de hidrogênio em dioxano e água, a maioria dos produtos tem um grupo 3,4-dimetoxifenila ligado a uma cadeia lateral. Dentre esses, um produto interessante é **B**, cuja formação ilustra não apenas a hidrogenólise, mas também a aptidão migratória dos grupos fenila. Para o produto **B**, esses são os dados espectrais importantes:

EM (*m/z*): 196,1084 (M^{+}, em alta resolução), 178
IV (cm^{-1}): 3400 (largo), 3050, 2850 (estiramento CH_3—O)
RMN de ^{1}H (ppm, em $CDCl_3$): 1,21 (d, 3H, J = 7 Hz), 2,25 (s, 1H), 2,83 (m, 1H), 3,58 (d, 2H, *J* = 7 Hz), 3,82 (s, 6H), 6,70 (s, 3H).
Qual é a estrutura do composto **B**?

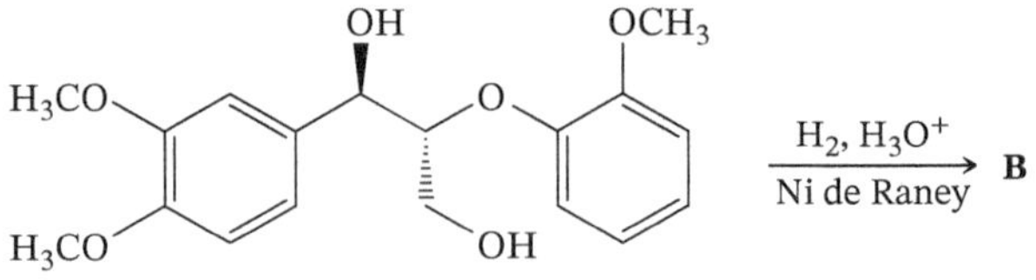

A

Problemas para Trabalho em Grupo

Uma síntese de ácido ascórbico (vitamina C, **1**) começando a partir da D-(+)-galactose (**2**) é mostrada a seguir (Haworth, W. N., *et al.*, *J. Chem. Soc.* **1933**, 1419–1423). Considere as seguintes questões sobre o desenvolvimento e as reações utilizadas nesta síntese:

(a) Por que Haworth e seus colaboradores introduziram os grupos funcionais acetal em **3**?

(b) Escreva um mecanismo para a formação de um dos acetais.

(c) Escreva um mecanismo para a hidrólise de um dos acetais (**4** para **5**). Suponha que a água esteja presente na mistura da reação.

(d) Na reação de **5** para **6** você pode supor que havia ácido (por exemplo, HCl) presente com o amálgama de sódio. Que reação ocorreu aqui e a partir de que grupo funcional essa reação realmente prosseguiu?

(e) Escreva um mecanismo para a formação de uma fenil-hidrazona a partir da carbonila do aldeído de **7**. [Não se preocupe com o grupo fenil-hidrazona no C2. Estudaremos a formação de bis-hidrazonas desse tipo (chamada de osazona) no Capítulo 22.]

(f) Que reação foi utilizada para adicionar o átomo de carbono que finalmente se tornou o carbono da carbonila da lactona no ácido ascórbico (**1**)?

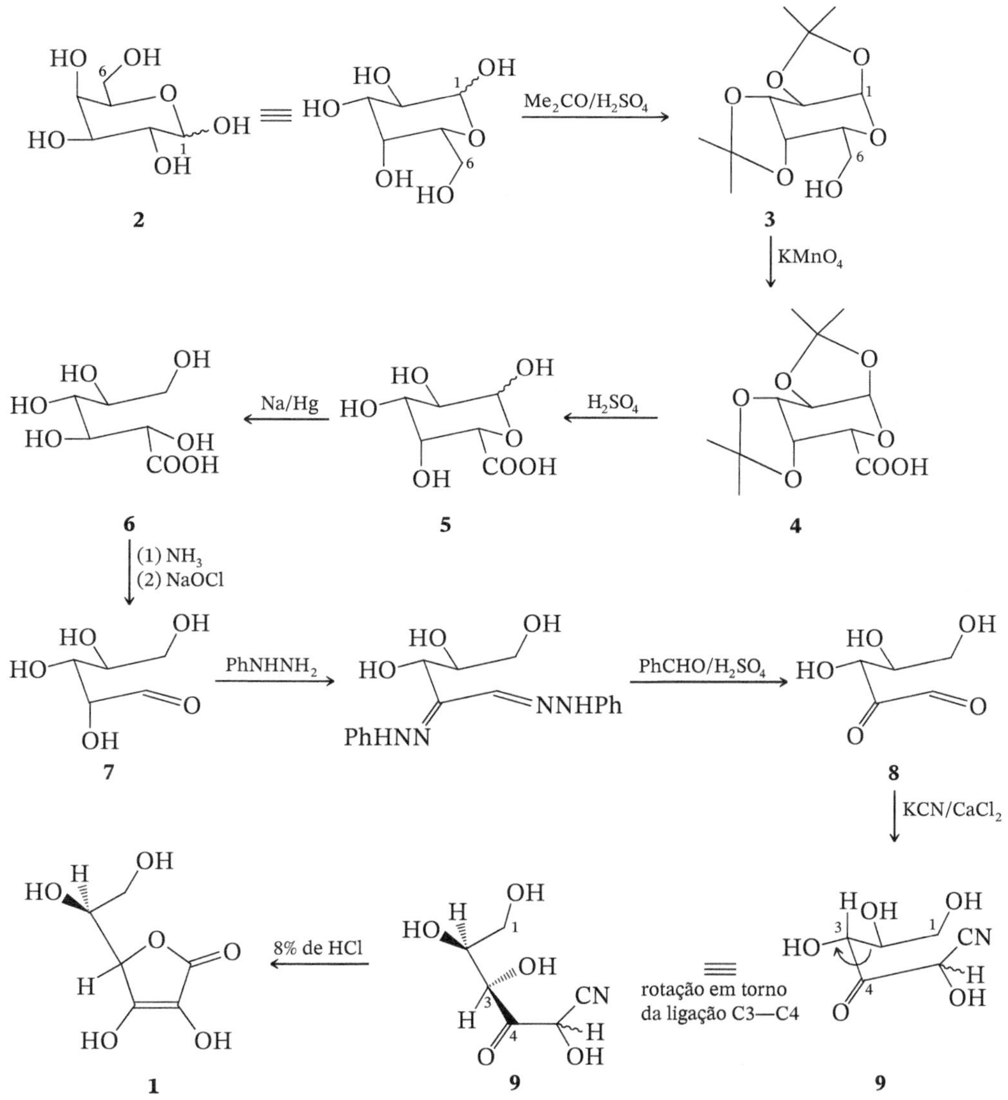

MAPA CONCEITUAL

Acetais, Iminas e Enaminas: Temas Mecanísticos Comuns na Formação Desses Compostos, Catalisada por Ácidos, a Partir de Aldeídos e Cetonas

Muitas etapas são praticamente as mesmas em reações de aldeídos e cetonas com álcoois e aminas catalisadas por ácido. Compare os mecanismos no sentido vertical e perceba as similaridades e diferenças. Observe as diferenças no término do mecanismo para cada tipo de produto.

I. Formação de hemiacetais e acetais: reação com álcoois

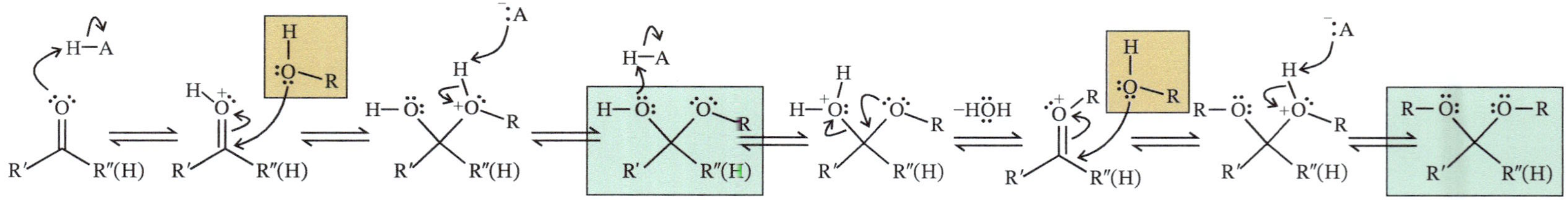

Hemiacetal **Acetal**

*Na formação do **acetal**, o íon oxônio é atacado por uma segunda molécula de álcool.*

II. Formação de iminas: reação com aminas primárias

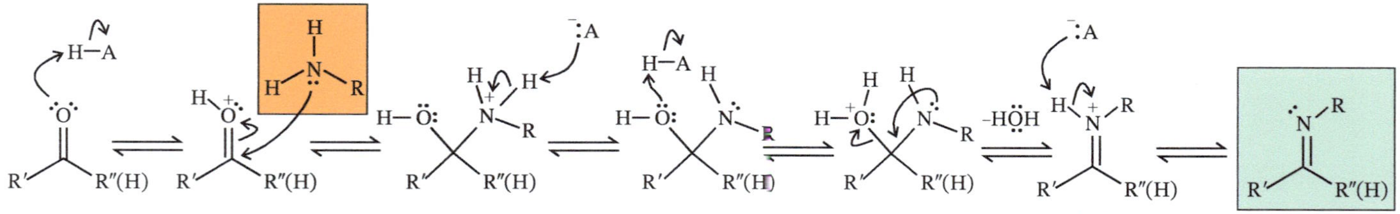

Imina

*Na formação de **iminas**, o próton no íon imínio inicial é removido, levando ao produto estável imina.*

III. Formação de enaminas: reação com aminas secundárias

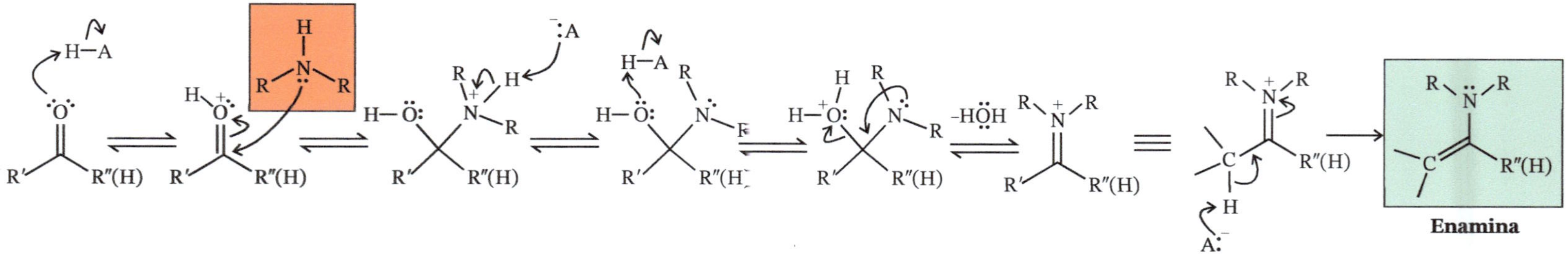

Enamina

*Na formação de **enaminas**, um próton é removido de um carbono adjacente ao carbono do imínio (porque nenhum próton no nitrogênio é disponível para remoção).*

MAPA CONCEITUAL

Adição Nucleofílica a Aldeídos e Cetonas sob Condições Básicas

Forma geral de adição nucleofílica a um aldeído ou cetona:

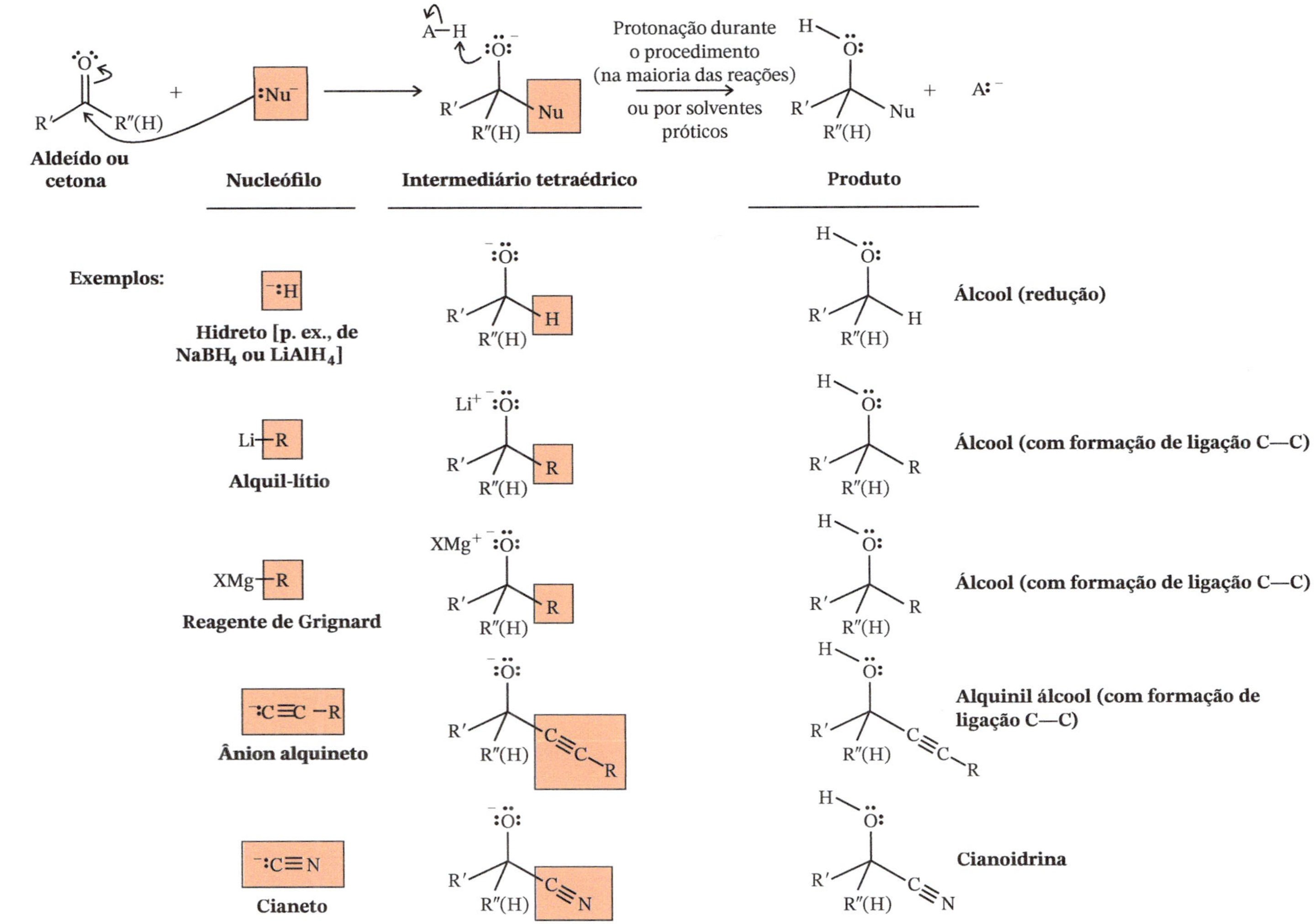

MAPA CONCEITUAL

Adição Nucleofílica a Aldeídos e Cetonas sob Condições Básicas

Forma geral de adição nucleofílica a um aldeído ou cetona:

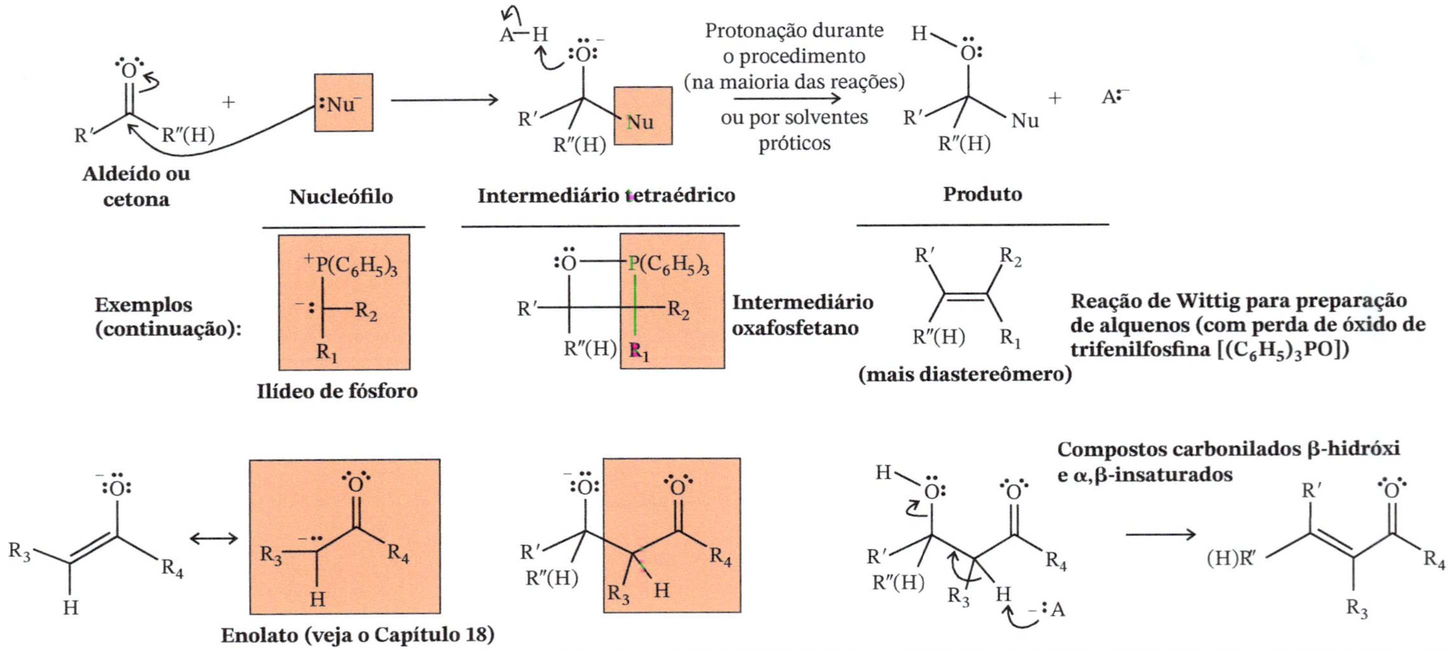

[MAPA CONCEITUAL]

Algumas Conexões de Sínteses de Aldeídos, Cetonas e Outros Grupos Funcionais

Sentido horário do centro para baixo:

I. Preparação de aldeídos e cetonas:

- **Redução de nitrila, éster, haleto de acila**
- **Oxidação de álcool**
- **Ozonólise**
- **Acilação de Friedel-Crafts**
- **Grignard com nitrila**
- **Hidrólise de acetal e hemiacetal**

II. Reações de aldeídos e cetonas:

- **Formação de hemiacetal e acetal**
- **Formação e redução de tioacetal**
- **Redução de Wolff-Kishner**
- **Adição de ânion alquineto**
- **Adição de nitrila (formação de cianoidrina)**
- **Síntese de Wittig de alquenos**
- **Síntese de enamina**
- **Oxidação de Baeyer-Villiger**
- **Síntese de imina**
- **Redução a álcoois (esquerda, centro)**

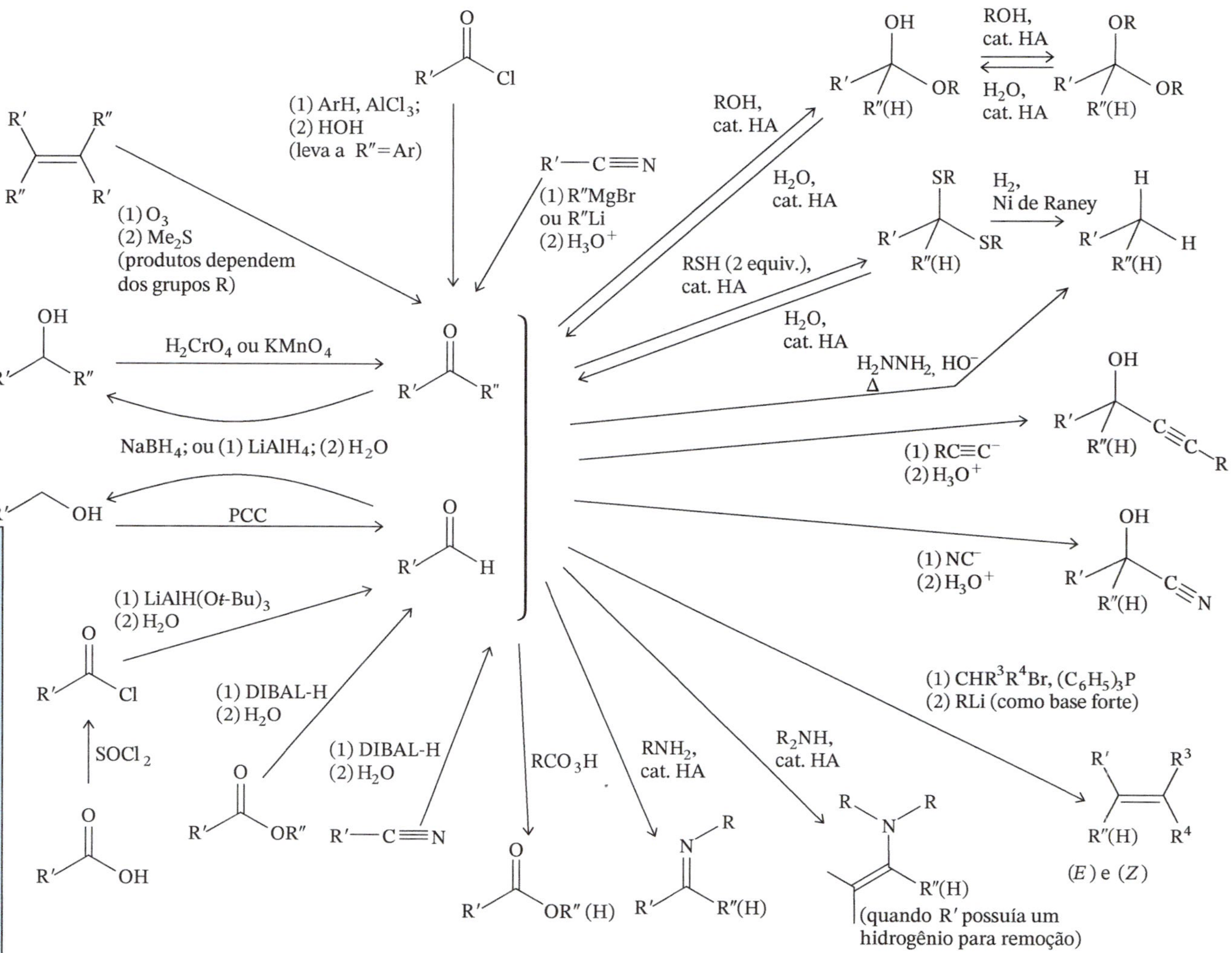

CAPÍTULO 17

kosmos111/Shutterstock.com

Adie Bush/Cultura/Getty Images

Ácidos Carboxílicos e Seus Derivados

Adição Nucleofílica–Eliminação no Carbono Acílico

Embora existam muitos derivados de ácidos carboxílicos diferentes, variações que podem explicar os milhões de moléculas orgânicas distintas, a vasta maioria pode surgir por meio de um processo de formação de ligações comum e mecanisticamente consistente. Esse evento é conhecido como substituição nucleofílica acílica, e envolve a criação de uma nova ligação por meio da adição nucleofílica e eliminação em um grupo carbonila. Esse processo é utilizado pela indústria na síntese de polímeros comuns, tais como o náilon e poliésteres, utilizados em esportes como escalada. Ele também ocorre no metabolismo, na síntese de proteínas, gorduras e precursores de esteroides, bem como na quebra de alimentos para a liberação de energia e para obtenção de outras matérias-primas biossintéticas. Sua versatilidade é realmente impressionante.

NESTE CAPÍTULO, VAMOS ESTUDAR:

- A estrutura e reatividade de vários derivados de ácidos carboxílicos
- Muitos exemplos diferentes de substituições nucleofílicas acílicas, todas elas ocorrendo por um mecanismo semelhante, embora levem a produtos diferentes
- Métodos para o preparo de derivados de ácidos carboxílicos a partir de outros grupos funcionais, como as nitrilas

POR QUE ESSES TÓPICOS SÃO IMPORTANTES?

No fim do capítulo, mostraremos como um problema fundamental em síntese química que exige uma substituição nucleofílica acílica – a preparação das penicilinas em laboratório – serviu de inspiração para o desenvolvimento de uma poderosa classe de reagentes que possibilitou a síntese fácil de ligações amida em muitos contextos.

17.1 Introdução

O grupo carboxila, 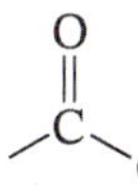 (abreviado como $—CO_2H$ ou —COOH), é um dos grupos funcionais mais frequentemente encontrados na química e na bioquímica. Os ácidos carboxílicos não são apenas importantes por si só, mas o grupo carboxila é o grupo-base de uma grande família de compostos relacionados chamados de **compostos de acila** ou **derivados de ácidos carboxílicos**, mostrados na **Tabela 17.1**.

TABELA 17.1 **Derivados de Ácidos Carboxílicos**

Estrutura	Nome	Estrutura	Nome
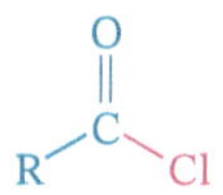	Cloreto de acila (ou de ácido)	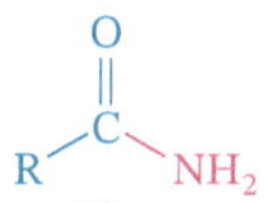	Amida
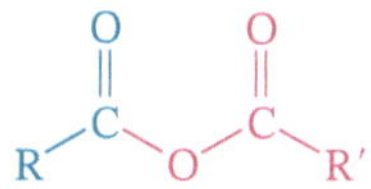	Anidrido de ácido	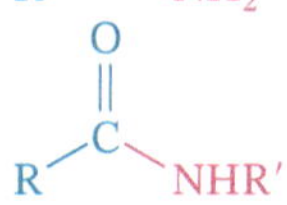	Amida
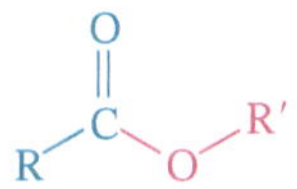	Éster	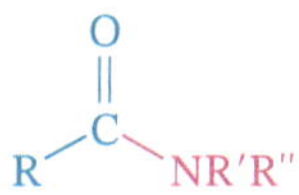	Amida
$R—C\equiv N$	Nitrila		

17.2 Nomenclatura e Propriedades Físicas

17.2A Ácidos Carboxílicos

- Os nomes sistemáticos ou substitutivos dos ácidos carboxílicos são obtidos retirando-se a terminação *-o* do nome do alcano correspondente à cadeia mais longa no ácido e adicionando-se a terminação *-oico* precedido da palavra *ácido.* Ao átomo de carbono do grupo carboxila é atribuído o número 1.

Os exemplos seguintes ilustram como isso é feito:

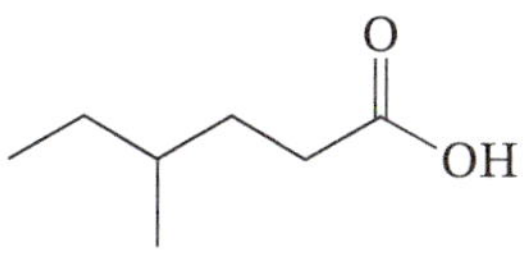

Ácido 4-metil-hexanoico

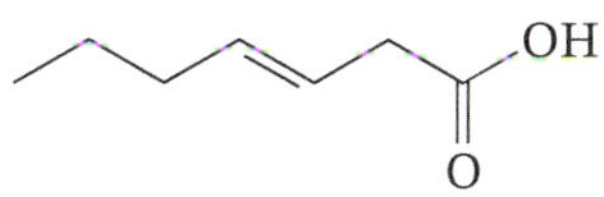

Ácido(*E*)-3-heptenoico [ou ácido (*E*)-hept-3-enoico]

Muitos ácidos carboxílicos têm nomes vulgares, derivados de palavras latinas ou gregas, que indicam uma de suas fontes naturais. O ácido metanoico é chamado de ácido fórmico (do latim *formica,* formiga). O ácido etanoico é chamado ácido acético (do latim *acetum,*

Emilio Ereza/Age Fotostock

A valeriana é uma fonte de ácido valérico.

vinagre). O ácido butanoico é um dos compostos responsáveis pelo odor da manteiga rançosa, por isso seu nome vulgar é ácido butírico (do latim *butyrum*, manteiga). O ácido pentanoico, por ser encontrado na valeriana, uma erva perene, também é chamado de ácido valérico. O ácido hexanoico é um composto associado ao odor das cabras, o que explica seu nome vulgar, ácido caproico (do latim *caper,* cabra). O nome vulgar do ácido octadecanoico, ácido esteárico, provém da palavra grega *stear* (sebo).

Muitos desses nomes vulgares vêm sendo utilizados há muito tempo e alguns provavelmente continuarão em uso, por isso é útil se familiarizar com eles. Neste livro nos referiremos ao ácido metanoico e ao ácido etanoico como ácido fórmico e ácido acético, respectivamente. Entretanto, em quase todos os outros casos, utilizaremos os nomes sistemáticos ou substitutivos da IUPAC.

Os ácidos carboxílicos são substâncias polares. Suas moléculas podem formar ligações de hidrogênio fortes entre si e com a água. Como resultado, os ácidos carboxílicos geralmente têm pontos de ebulição elevados, e os ácidos de massa molecular baixa são apreciavelmente solúveis em água. À medida que a cadeia carbônica aumenta, a solubilidade em água diminui.

17.2B Sais Carboxilatos

Os nomes dos sais de ácidos carboxílicos recebem a terminação *-ato* em substituição à terminação *-ico,* tanto nos nomes vulgares quanto nos sistemáticos. O nome do ânion carboxilato precede o do cátion. Assim, CH_3CO_2Na é o acetato de sódio ou etanoato de sódio.

Os sais de sódio e de potássio da maioria dos ácidos carboxílicos são facilmente solúveis em água. Isso é verdade até mesmo para os ácidos carboxílicos de cadeia longa. Os sais de sódio e de potássio de ácidos carboxílicos de cadeia longa são os principais ingredientes do sabão (veja a Seção 23.2C).

PROBLEMA RESOLVIDO 17.1

Dê o nome sistemático IUPAC para o composto visto a seguir.

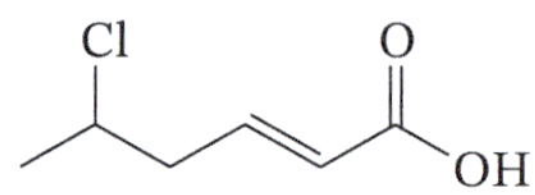

Estratégia e Resposta

Inicialmente, numeramos a cadeia começando com o carbono do grupamento ácido carboxílico.

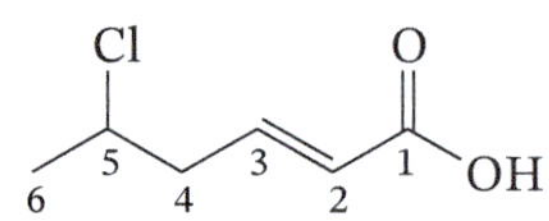

Essa cadeia contém seis átomos de carbono com uma ligação dupla, por isso o nome de partida é ácido hexenoico. Em seguida, determinamos a posição da ligação dupla e a sua estereoquímica, e ainda a posição e o nome do substituinte. Portanto, o nome completo é ácido (*E*)-5-cloro-2-hexenoico.

PROBLEMA DE REVISÃO 17.1

Dê o nome sistemático IUPAC para cada um dos seguintes compostos:

(a) 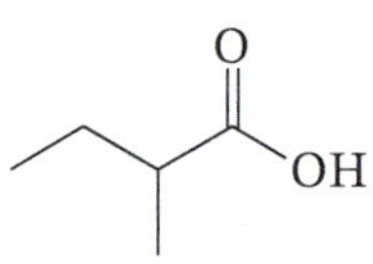

(c) 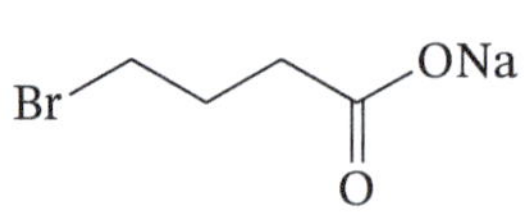

(e) 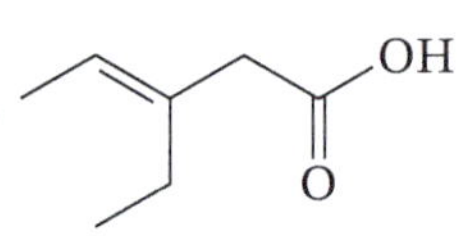

(b) 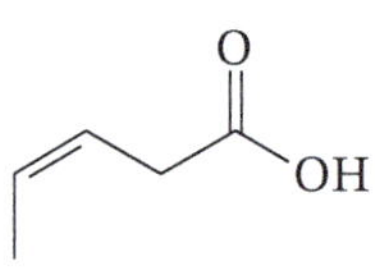

(d) 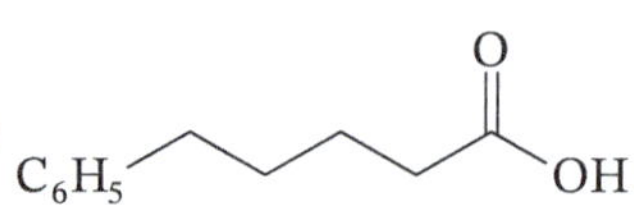

17.2C Acidez dos Ácidos Carboxílicos

A maioria dos ácidos carboxílicos não substituídos tem valores de K_a na faixa de 10^{-4}–10^{-5} (pK_a = 4–5). O pK_a da água é aproximadamente 16, e o pK_a aparente do H_2CO_3 é aproximadamente 7.

Esses valores de acidez relativa indicam que os ácidos carboxílicos reagem rapidamente com soluções aquosas de hidróxido de sódio e de bicarbonato de sódio formando sais de sódio solúveis. Portanto, podemos utilizar os testes de solubilidade para distinguir os ácidos carboxílicos insolúveis em água dos fenóis e dos álcoois insolúveis em água.

- Os ácidos carboxílicos insolúveis em água dissolvem-se em solução aquosa de hidróxido de sódio ou de bicarbonato de sódio.

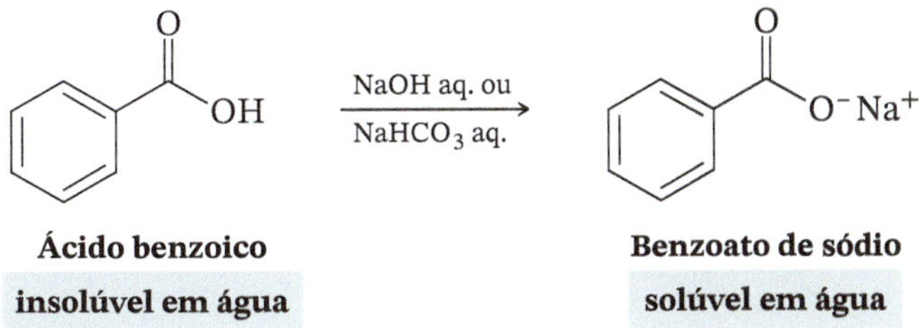

> **DICA ÚTIL**
> **Testes de solubilidade como esses são rápidos e um meio útil de classificar compostos desconhecidos.**

- Os fenóis insolúveis em água dissolvem-se em solução aquosa de hidróxido de sódio, mas não são suficientemente ácidos para se dissolverem em solução aquosa de bicarbonato de sódio a não ser que estejam presentes no anel substituintes retiradores de elétrons.
- Os álcoois insolúveis em água não se dissolvem em solução aquosa de hidróxido de sódio nem de bicarbonato de sódio.

Os ácidos carboxílicos que têm grupos retiradores de elétrons são mais fortes do que os ácidos não substituídos. Por exemplo, os ácidos cloroacéticos mostram a seguinte ordem de acidez:

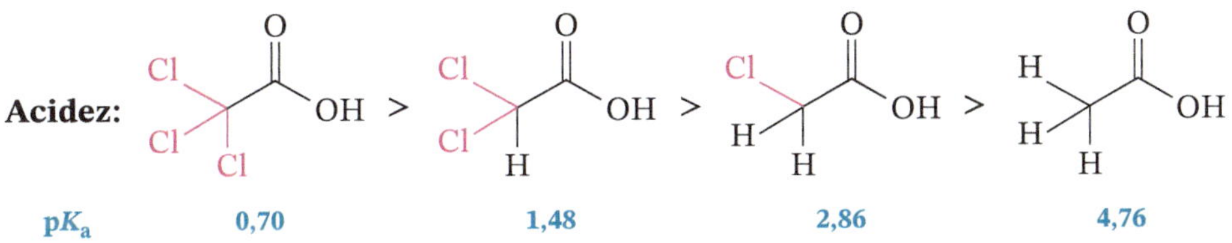

Como vimos na Seção 3.10, esse efeito dos grupos retiradores de elétrons em aumentar a força ácida surge de uma combinação dos efeitos indutivo e de entropia. Podemos visualizar a deslocalização indutiva de carga quando comparamos os mapas de potencial eletrostático para os ânions carboxilatos do ácido acético e do ácido tricloroacético na **Fig. 17.1**. Os mapas mostram uma maior carga negativa localizada próximo ao grupo carboxílico acetato do que próximo ao grupo carboxílico tricloroacetato. A deslocalização da carga negativa no tricloroacetato, pelo efeito retirador de elétrons dos seus três átomos de cloro, contribui para que o ácido tricloroacético seja um ácido mais forte do que o ácido acético.

- Em geral, quanto mais deslocalizada a carga na base conjugada, mais estável é o ânion e mais forte é o ácido.

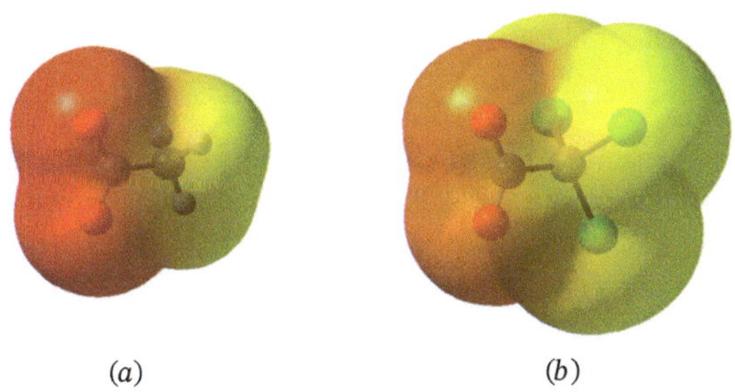

FIGURA 17.1 Mapas de potencial eletrostático para os ânions carboxilato do (*a*) ácido acético e do (*b*) ácido tricloroacético. Existe maior deslocalização da carga negativa no tricloroacetato do que no acetato devido ao efeito indutivo retirador de elétrons dos três átomos de cloro no tricloroacetato.

Uma vez que os efeitos indutivos não são transmitidos muito eficientemente pelas ligações covalentes, o efeito de aumento da força do ácido diminui à medida que a distância entre o grupo retirador de elétrons e o grupo carboxila aumenta. Dos ácidos clorobutanoicos que se seguem, o ácido mais forte é o ácido 2-clorobutanoico:

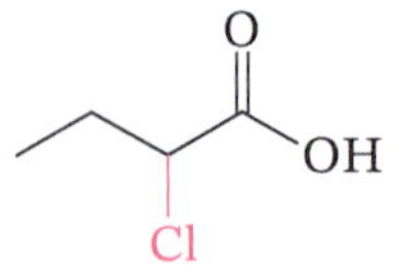

Ácido 2-clorobutanoico (pK_a = 2,85)

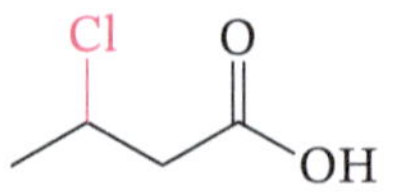

Ácido 3-clorobutanoico (pK_a = 4,05)

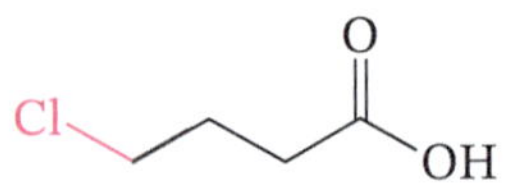

Ácido 4-clorobutanoico (pK_a = 4,50)

PROBLEMA RESOLVIDO 17.2

Que ácido carboxílico você espera que seja mais forte, **A** ou **B**?

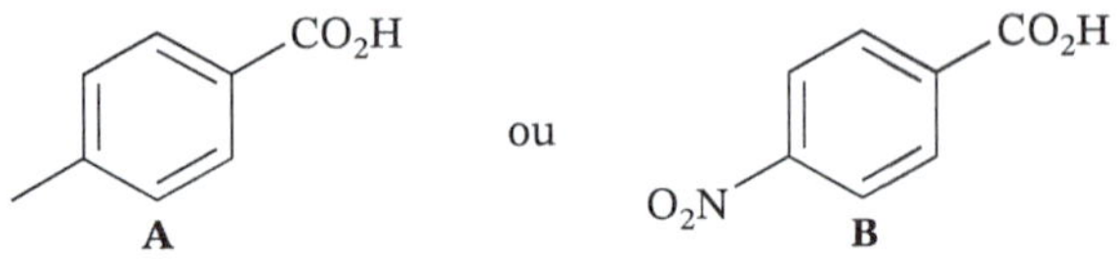

Estratégia e Resposta

O efeito retirador de elétrons do grupo nitro ajuda a estabilizar a base conjugada de **B**, enquanto o efeito doador de elétrons do grupo metila em **A** desestabiliza sua base conjugada. Portanto, espera-se que **B** seja o ácido mais forte.

PROBLEMA DE REVISÃO 17.2

Que ácido de cada par mostrado a seguir você espera que seja o mais forte?

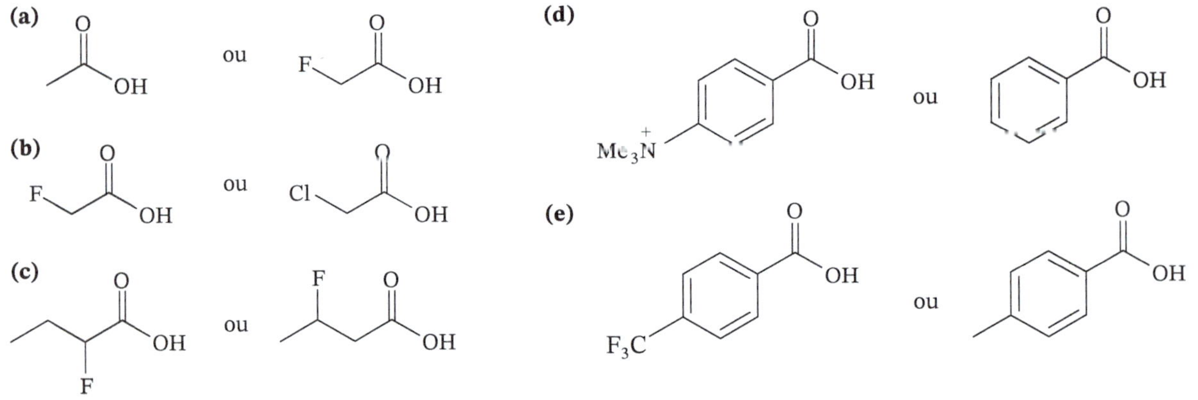

17.2D Ácidos Dicarboxílicos

Os ácidos dicarboxílicos são denominados **ácidos alcanodioicos** no sistema de nomenclatura sistemática ou substitutiva da IUPAC. A maioria dos ácidos dicarboxílicos simples tem nomes vulgares (Tabela 17.2).

PROBLEMA RESOLVIDO 17.3

Sugira explicações para os seguintes fatos: **(a)** o pK_{a1} de todos os ácidos dicarboxílicos da Tabela 17.2 é menor do que o pK_a dos ácidos monocarboxílicos com o mesmo número de átomos de carbono. **(b)** A diferença entre o pK_{a1} e o pK_{a2} dos ácidos dicarboxílicos do tipo $HO_2C(CH_2)_nCO_2H$ diminui à medida que n aumenta.

Estratégia e Resposta

(a) O grupo carboxila é retirador de elétrons; assim, em um ácido dicarboxílico, como os apresentados na Tabela 17.2, um grupo ácido carboxílico aumenta a acidez do outro. **(b)** Conforme as distâncias entre os grupos carboxílicos aumentam, o efeito indutivo, que aumenta a força do ácido, diminui.

TABELA 17.2 Ácidos Dicarboxílicos

Estrutura	Nome Vulgar	p.fus (°C)	pK_a (a 25 °C)	
			pK_{a1}	pK_{a2}
$HO_2C—CO_2H$	Ácido oxálico	189 dec.	1,2	4,2
$HO_2CCH_2CO_2H$	Ácido malônico	136	2,9	5,7
$HO_2C(CH_2)_2CO_2H$	Ácido succínico	187	4,2	5,6
$HO_2C(CH_2)_3CO_2H$	Ácido glutárico	98	4,3	5,4
$HO_2C(CH_2)_4CO_2H$	Ácido adípico	153	4,4	5,6
cis-$HO_2C—CH{=}CH—CO_2H$	Ácido maleico	131	1,9	6,1
trans-$HO_2C—CH{=}CH—CO_2H$	Ácido fumárico	287	3,0	4,4
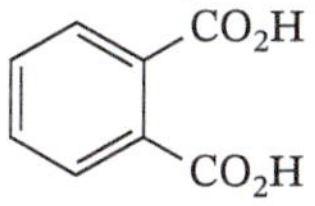	Ácido ftálico	206–208 dec.	2,9	5,4
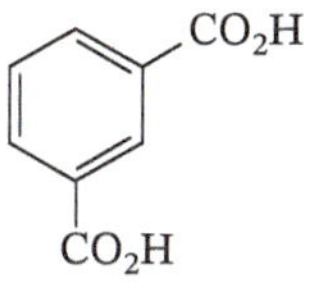	Ácido isoftálico	345–348	3,5	4,6
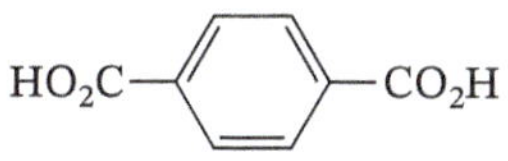	Ácido tereftálico	Sublima	3,5	4,8

Os ácidos succínico e fumárico são metabólitos-chave na rota do ácido cítrico. O ácido adípico é usado na síntese do náilon. Os isômeros do ácido ftálico são empregados na manufatura de poliésteres.

17.2E Ésteres

Os ésteres podem ser considerados derivados de um ácido carboxílico e de um álcool pela perda de uma molécula de água entre eles. Os nomes dos ésteres são derivados dos nomes do componente álcool (com a terminação **-ila**) e do componente ácido (com a terminação **-ato** ou **-oato**). A parte do nome derivado do álcool vem primeiro:

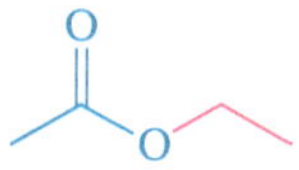

Acetato de etila ou etanoato de etila

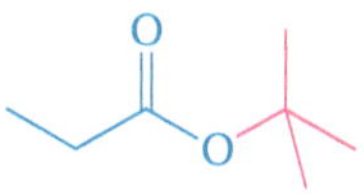

Propanoato de *terc*-butila

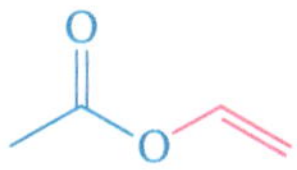

Acetato de vinila ou etanoato de etenila

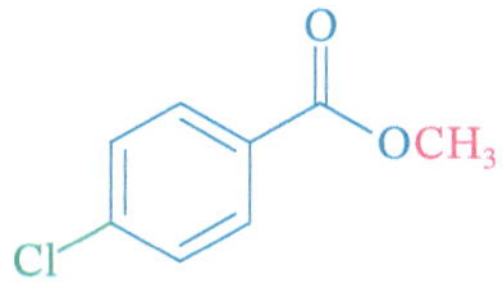

***p*-Clorobenzoato de metila**

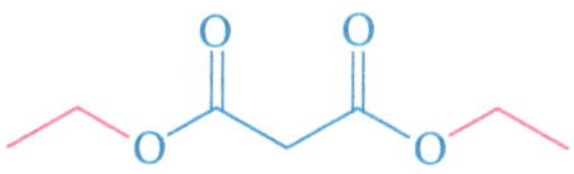

Malonato de dietila

Os ésteres são compostos polares, mas, devido à ausência de um hidrogênio ligado ao oxigênio, suas moléculas não podem formar ligações de hidrogênio fortes entre si. Por isso, os ésteres têm pontos de ebulição menores do que os ácidos e álcoois com massas moleculares comparáveis. Os pontos de ebulição dos ésteres são aproximadamente os mesmos dos aldeídos e cetonas correspondentes. Ao contrário dos ácidos de massa molecular baixa, os ésteres normalmente têm aromas agradáveis, alguns lembrando cheiro de frutas, e esses são utilizados na fabricação de flavorizantes (aromas) artificiais:

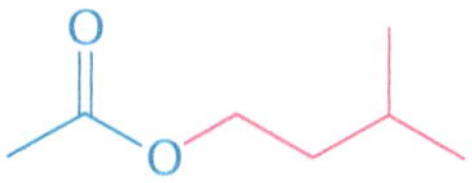

Acetato de isopentila (usado no aroma artificial de banana)

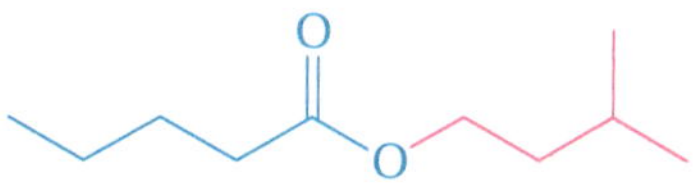

Pentanoato de isopentila (usado no aroma artificial de maçã)

17.2F Anidridos de Ácidos Carboxílicos

Os anidridos de ácidos carboxílicos (também chamados de anidridos de ácidos) podem ser considerados como decorrentes de dois ácidos carboxílicos pela perda de uma molécula de água entre eles. Se os dois ácidos carboxílicos são iguais, nós os nomeamos eliminando a palavra ácido do nome do **ácido** carboxílico e depois adicionando a palavra **anidrido**. Se dois precursores de ácidos carboxílicos diferentes estiverem envolvidos, nós os chamamos de anidridos mistos.

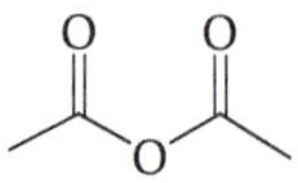

Anidrido acético (anidrido etanoico) p.fus − 73 °C

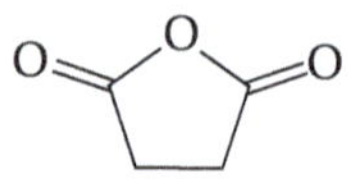

Anidrido succínico p.fus 121 °C

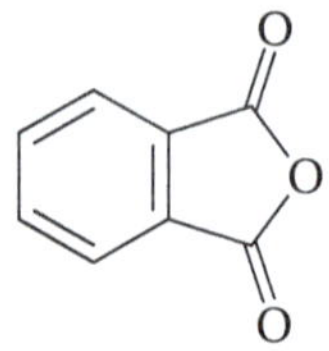

Anidrido ftálico p.fus 131 °C

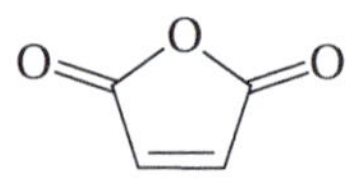

Anidrido maleico p.fus 53 °C

17.2G Cloretos de Acila

Os cloretos de acila, também chamados **cloretos de ácido**, são derivados dos ácidos carboxílicos pela substituição do grupo hidroxila por um cloro. Eles são denominados trocando-se a palavra ácido por cloreto seguida da preposição **de** e a terminação **-ico** do nome do ácido pela terminação **-ila**. Eis alguns exemplos:

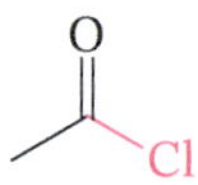

Cloreto de acetila (cloreto de etanoíla) p.fus −112 °C; p.eb 51 °C

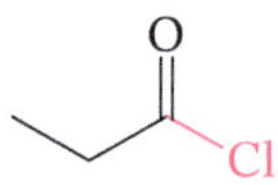

Cloreto de propanoíla p.fus −94 °C; p.eb 80 °C

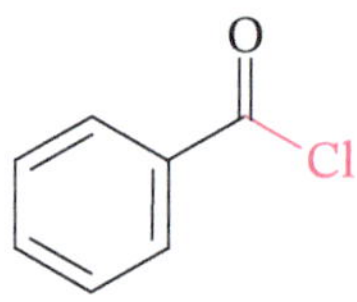

Cloreto de benzoíla p.fus −1 °C; p.eb 197 °C

Os cloretos de acila e os anidridos de ácidos carboxílicos têm pontos de ebulição na mesma faixa dos ésteres de massas moleculares semelhantes.

17.2H Amidas

As amidas podem ser consideradas como derivadas de um ácido carboxílico e uma amina pela perda de uma molécula de água entre eles. As amidas que não apresentam substituintes no nitrogênio são nomeadas simplesmente removendo **ácido ...ico** do nome vulgar do ácido (ou *ácido ...oico* na nomenclatura IUPAC) e adicionando **-amida**. As amidas contendo um ou dois grupos alquila ligados ao nitrogênio são nomeadas usando *N*- ou *N,N*- para especificar a posição.

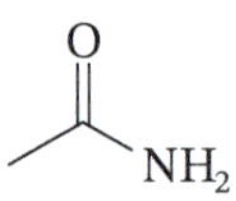

Acetamida (etanamida) p.fus 82 °C; p.eb 221 °C

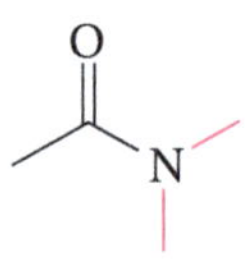

***N, N*-Dimetilacetamida p.fus −20°C; p.eb 166 °C**

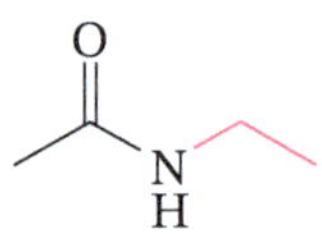

***N*-Etilacetamida p.eb 205 °C**

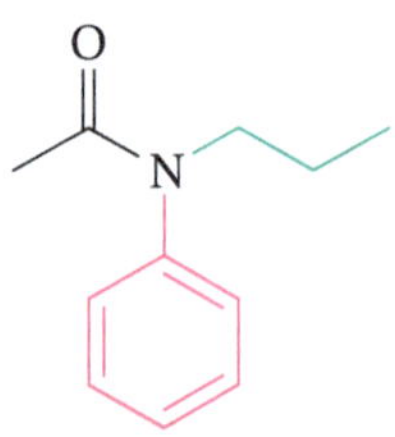

***N*-Fenil-*N*-propilacetamida p.fus 49 °C; p.eb 266 °C a 712 torr**

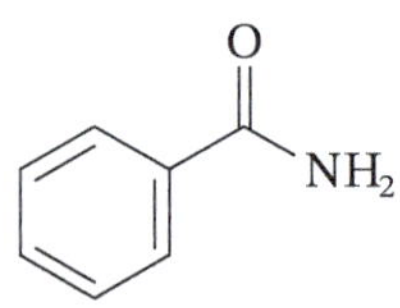

Benzamida p.fus 130 °C; p.eb 290 °C

- As amidas com átomos de nitrogênio ligados a um ou dois átomos de hidrogênio são capazes de formar ligações de hidrogênio fortes entre si.

Tais amidas têm pontos de fusão e de ebulição elevados. Por outro lado, moléculas de amidas *N,N*-dissubstituídas não podem formar ligações de hidrogênio fortes entre si, e elas têm pontos de fusão e de ebulição mais baixos. Os dados de pontos de fusão e de ebulição fornecidos nos exemplos anteriores ilustram esta tendência.

- A ligação de hidrogênio entre os grupos amida tem papel primordial na maneira pela qual as proteínas e os peptídeos se dobram para atingir sua forma espacial (Capítulo 24).

As proteínas e os peptídeos (proteínas curtas) são polímeros de aminoácidos unidos pelos grupos amida. Uma característica comum à estrutura de muitas proteínas é a folha β, mostrada a seguir:

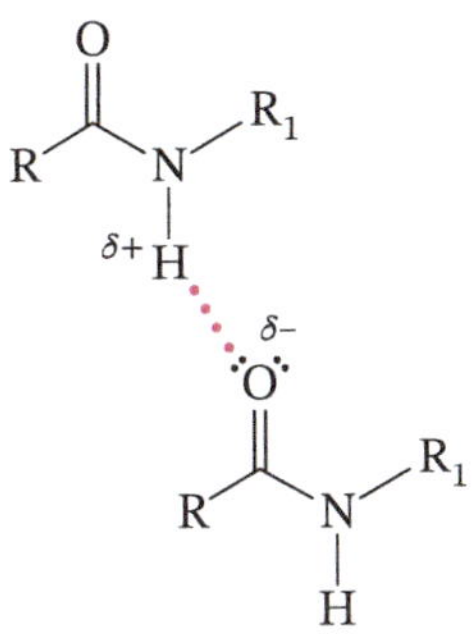

Ligação de hidrogênio (linha pontilhada rosa) entre moléculas de amida

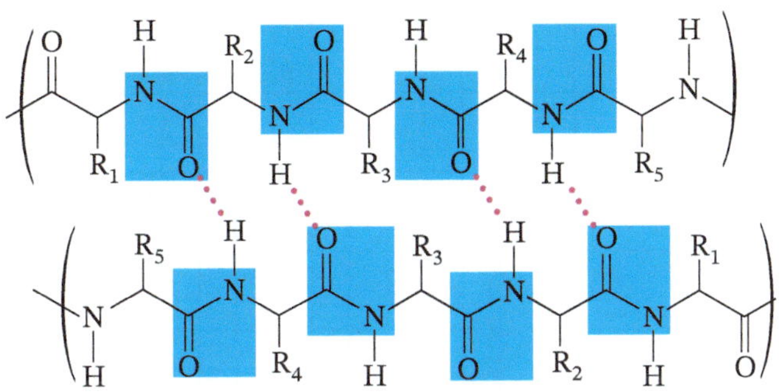

Ligação de hidrogênio entre grupos amida de cadeias peptídicas. Essa interação entre as cadeias (denominada folha β) é importante para a estrutura de muitas proteínas.

17.2I Nitrilas

Os ácidos carboxílicos podem ser convertidos a nitrilas e vice-versa. Na nomenclatura substitutiva IUPAC, as nitrilas acíclicas são denominadas adicionando-se o sufixo *-nitrila* ao nome do hidrocarboneto correspondente. Ao átomo de carbono do grupo $-C{\equiv}N$ é atribuído o número 1. O nome acetonitrila é um nome vulgar aceitável para CH_3CN, e acrilonitrila é um nome vulgar aceitável para $CH_2{=}CHCN$:

$$\overset{2}{C}H_3-\overset{1}{C}{\equiv}N: \qquad \overset{3}{C}H_2{=}\overset{2}{C}H-\overset{1}{C}{\equiv}N:$$

Etanonitrila (acetonitrila) | **Propenonitrila (acrilonitrila)**

PROBLEMA RESOLVIDO 17.4

A *N,N*-dietil-3-metilbenzamida (também chamada de *N,N*-dietil-*m*-toluamida ou DEET) é usada em muitos repelentes de insetos. Escreva sua estrutura.

Resposta

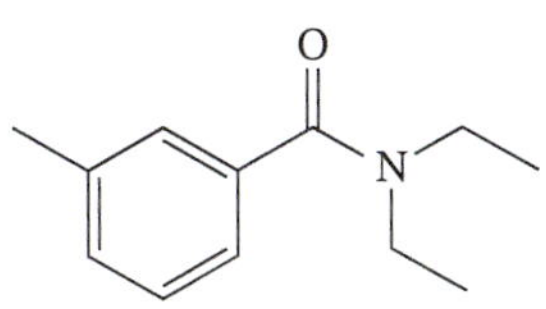

DEET

PROBLEMA DE REVISÃO 17.3

Escreva as fórmulas estruturais para os seguintes compostos:

(a) Propanoato de metila
(b) *p*-Nitrobenzoato de etila
(c) Malonato de dimetila
(d) *N,N*-Dimetilbenzamida
(e) Pentanonitrila
(f) Ftalato de dimetila
(g) Maleato de dipropila
(h) *N,N*-Dimetilformamida
(i) Brometo de 2-bromopropanoíla
(j) Succinato de dietila

DICA ÚTIL

A espectroscopia no infravermelho é útil para classificar os compostos de acila.

17.2J Propriedades Espectroscópicas dos Compostos de Acila

Espectros no IV

A espectroscopia no infravermelho é de considerável importância na identificação de ácidos carboxílicos e seus derivados. A banda de estiramento do grupo C═O é uma das mais proeminentes em seus espectros no IV, uma vez que ela é sempre uma banda forte. A **Fig. 17.2** fornece a localização desta banda para a maioria dos compostos de acila.

Grupo Funcional	Faixa Aproximada de Frequência (cm^{-1})
Cloreto de ácido	1815–1785 1800–1770 (conj.)
Anidrido de ácido	1820–1750 1775–1720 (conj.)
Éster/lactona	1750–1735 1730–1715 (conj.)
Ácido carboxílico	~1760 ou 1720–1705 1710–1680 (conj.)
Aldeído	1740–1720 1710–1685 (conj.)
Cetona	1720–1710 1685–1665 (conj.)
Amida/lactama	1700–1620
Sal carboxilato	1650–1550

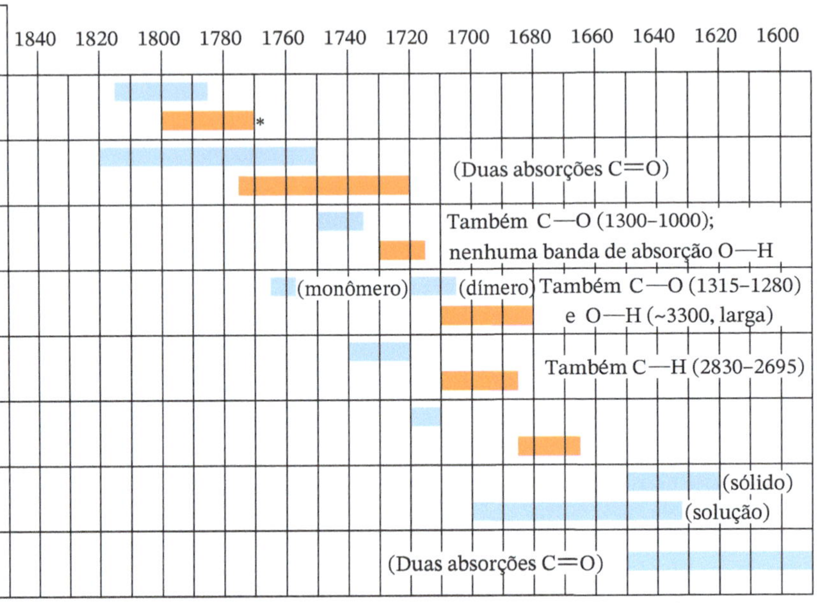

*As barras laranja representam faixas de absorção para espécies conjugadas.

FIGURA 17.2 Frequências aproximadas de absorção no IV do grupo carbonila. (Faixas de frequência baseadas em Silverstein e Webster, reproduzidas com permissão de John Wiley & Sons, Inc. de Silverstein, R. e Webster, F. X., *Spectrometric Identification of Organic Compounds*, Sixth Edition. Copyright 1998.)

- A banda de estiramento do grupo C═O aparece em diferentes frequências para ácidos, ésteres e amidas, e sua localização precisa é frequentemente útil na determinação da estrutura.
- A conjugação e a presença de grupos doadores de elétrons ligados à carbonila deslocam a absorção do C═O para frequências mais baixas.
- Os grupos retiradores de elétrons ligados à carbonila deslocam a absorção do C═O para frequências mais elevadas.
- Os grupos hidroxila dos ácidos carboxílicos também dão origem a um pico largo na região de 2500–3100 cm^{-1}, proveniente das vibrações de estiramento O—H.
- As vibrações de estiramento N—H de amidas absorvem entre 3140 e 3500 cm^{-1}.

A presença ou ausência de uma absorção O—H ou N—H pode ser um indício importante para saber que grupo funcional carbonílico está presente em um composto desconhecido.

A **Fig. 17.3** mostra um espectro do ácido propanoico com anotações. As nitrilas mostram uma banda de absorção no infravermelho intensa e característica, próxima a 2250 cm^{-1}, oriunda do estiramento da ligação tripla carbono–nitrogênio.

Espectros de RMN de ^{1}H

- Os prótons ácidos dos ácidos carboxílicos são altamente desblindados e absorvem em campo muito baixo na região de 10–12 ppm.
- Os prótons do carbono α dos ácidos carboxílicos absorvem na região de 2,0–2,5 ppm.

A **Fig. 17.4** fornece um espectro com comentários de RMN de ^{1}H de um éster, o propanoato de metila; ele mostra o padrão normal de desdobramento (quarteto e tripleto) de um grupo etila e, como esperaríamos, ele mostra um grupo metila não desdobrado.

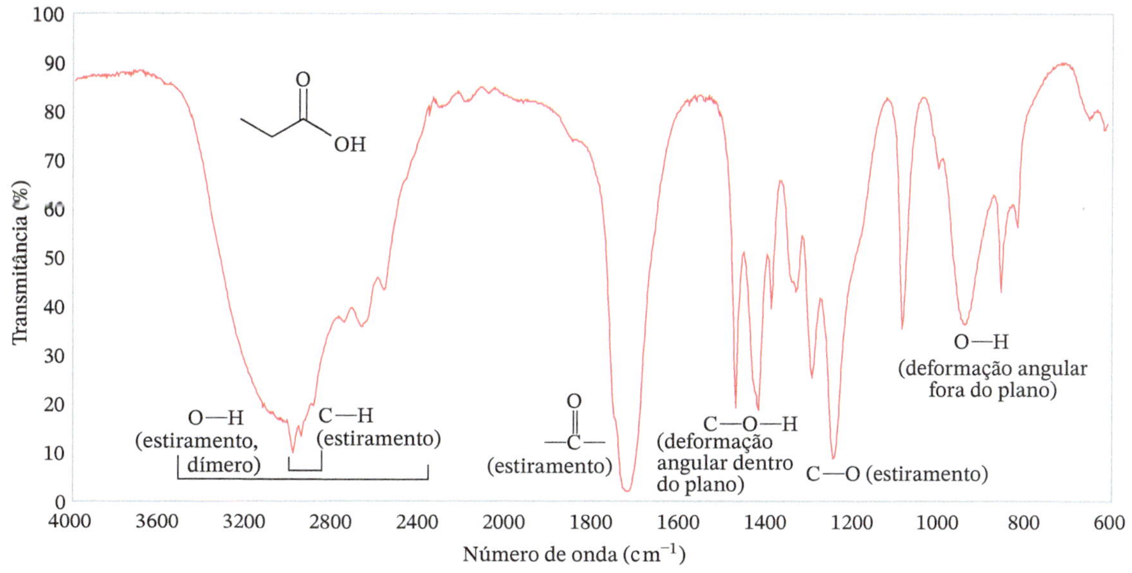

FIGURA 17.3 Espectro no infravermelho do ácido propanoico.

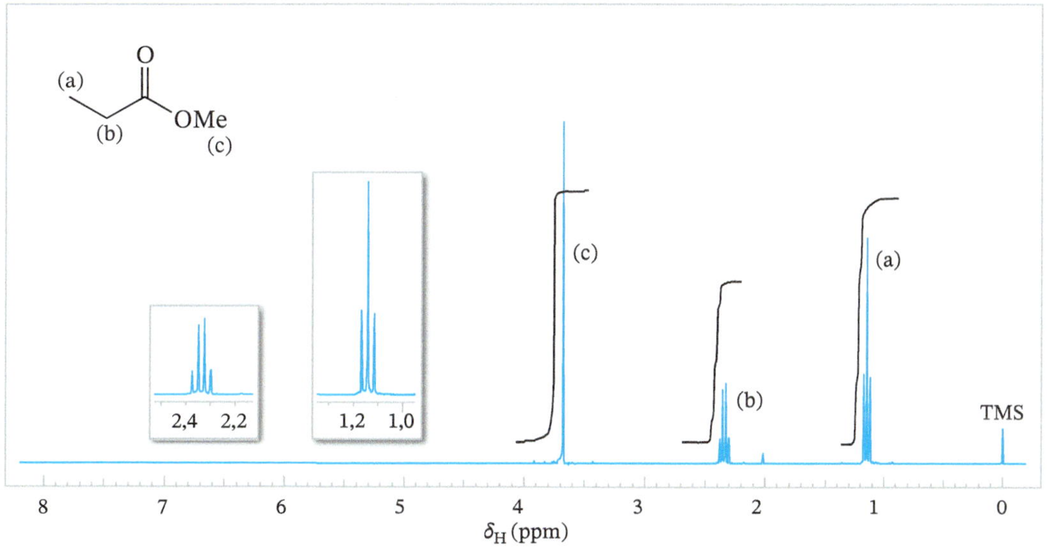

FIGURA 17.4 Espectro de RMN de ^{1}H do propanoato de metila. As expansões dos sinais são mostradas nos gráficos inseridos.

Espectros de RMN de ^{13}C

- O carbono da carbonila dos ácidos carboxílicos e seus derivados aparece em campo muito baixo na região de 160–180 ppm (veja os exemplos a seguir), mas essa faixa é menor que a observada para aldeídos e cetonas (180–220 ppm).
- O carbono da nitrila não é deslocado para campo tão baixo e absorve na região de 115–120 ppm.

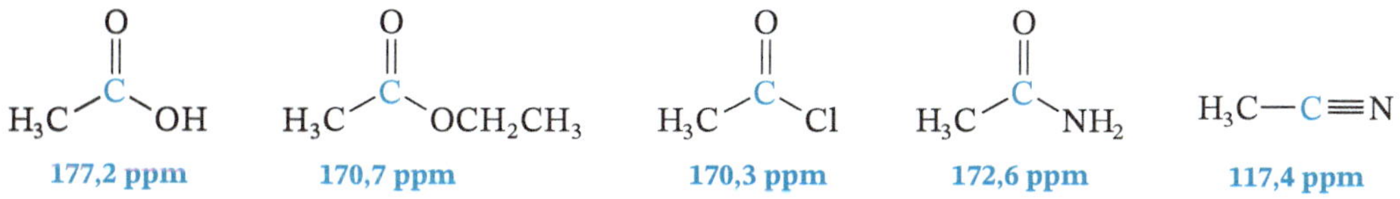

Deslocamentos químicos de RMN de ^{13}C para o átomo de carbono da carbonila ou da nitrila

Os átomos de carbono dos grupos alquila dos ácidos carboxílicos e seus derivados têm deslocamentos químicos de RMN de ^{13}C em campo muito mais alto. Os deslocamentos químicos para cada carbono do ácido pentanoico são os seguintes:

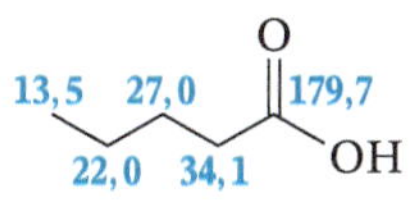

Deslocamentos químicos (ppm) de RMN de ^{13}C

17.3 Preparação de Ácidos Carboxílicos

A maioria dos métodos para a preparação de ácidos carboxílicos foi apresentada anteriormente:

1. **Oxidação de alquenos.** Aprendemos na Seção 8.17A que os alquenos podem ser oxidados a ácidos carboxílicos com solução alcalina de $KMnO_4$ a quente:

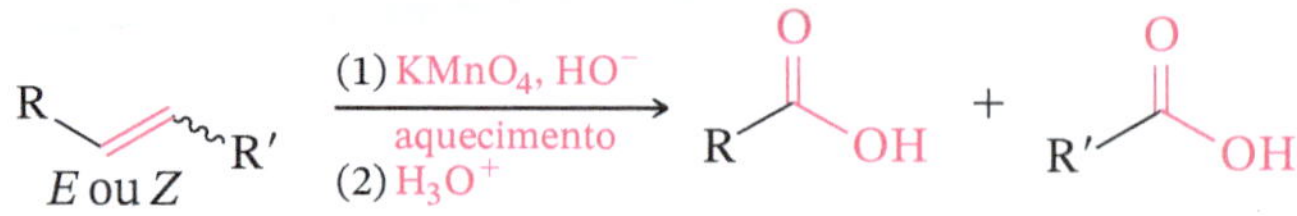

   Alternativamente, os ozonetos (ou ozonídeos) (Seção 8.16B) podem ser submetidos a condições oxidativas, com produção de ácidos carboxílicos:

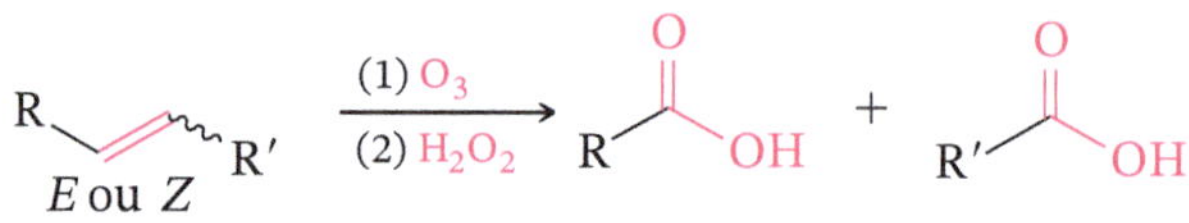

2. **Oxidação de aldeídos e álcoois primários.** Os aldeídos podem ser oxidados a ácidos carboxílicos com agentes oxidantes moderados tais como $Ag(NH_3)_2{}^+HO^-$ (Seção 16.11). Os álcoois primários podem ser oxidados com $KMnO_4$. Os aldeídos e álcoois primários são oxidados a ácidos carboxílicos com ácido crômico (H_2CrO_4) em solução aquosa de acetona (a oxidação de Jones; Seção 12.4C).

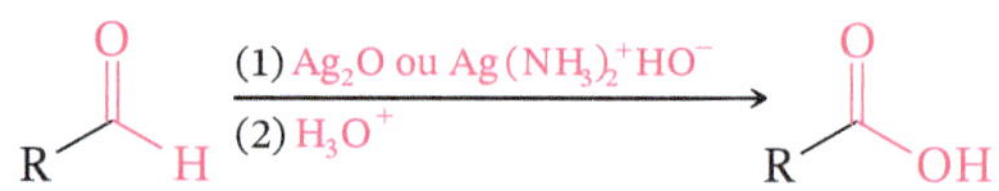

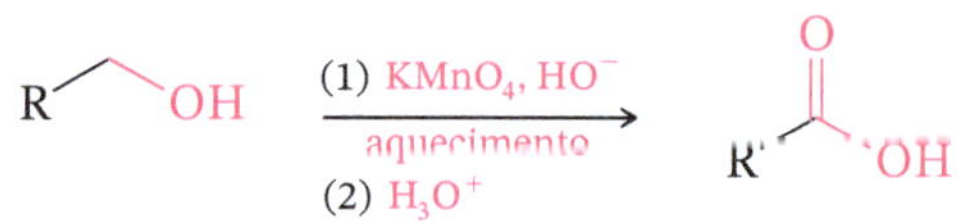

3. **Oxidação benzílica de alquilbenzenos.** Os grupos alquila primários e secundários (mas não os grupos terciários) diretamente ligados a um anel benzênico são oxidados pelo $KMnO_4$ formando o grupamento $—CO_2H$ (Seção 15.11D):

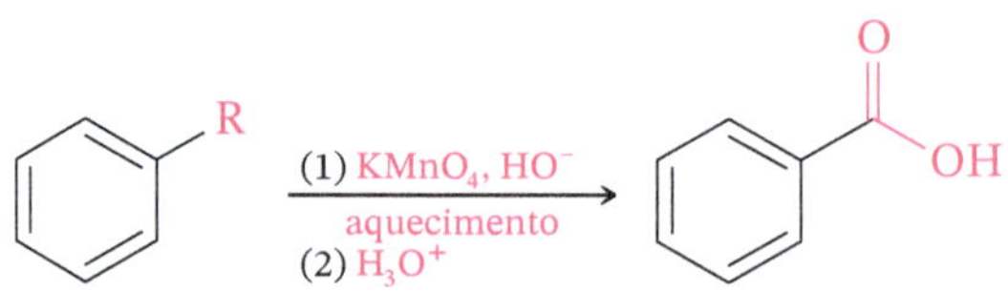

4. **Oxidação do anel benzênico.** O anel benzênico de um alquilbenzeno pode ser convertido em um grupo carboxila por ozonólise, seguida de tratamento com peróxido de hidrogênio (Seção 15.11E):

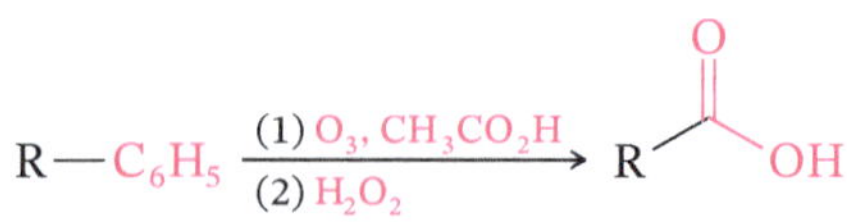

5. **Hidrólise de cianoidrinas e outras nitrilas.** Vimos na Seção 16.9 que aldeídos e cetonas podem ser convertidos em **cianoidrinas**, e que essas podem ser hidrolisadas

a α-hidroxiácidos. Na hidrólise do grupo —CN, ele é convertido a —CO_2H. O mecanismo da hidrólise de nitrilas é abordado na Seção 17.8H:

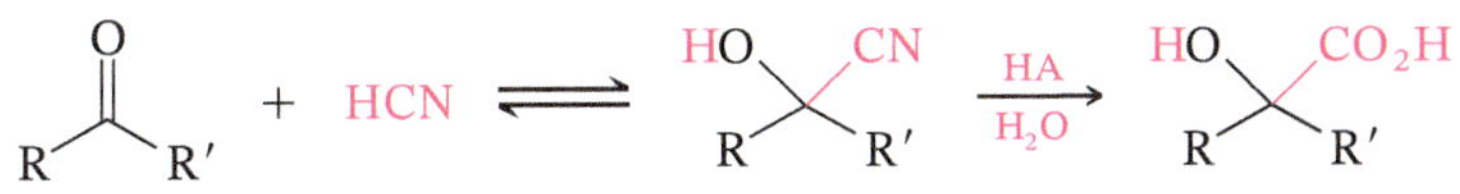

As nitrilas também podem ser preparadas por meio de reações de substituição nucleofílica de haletos de alquila com cianeto de sódio. A hidrólise da nitrila produz um ácido carboxílico *com uma cadeia contendo um átomo de carbono a mais* do que o haleto de alquila original:

Reação Geral

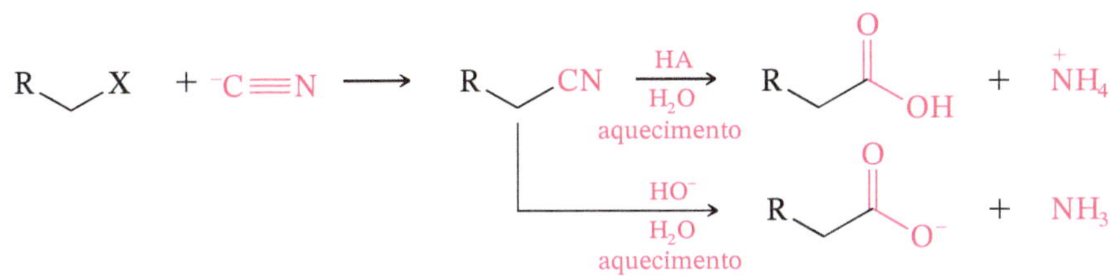

Exemplos Específicos

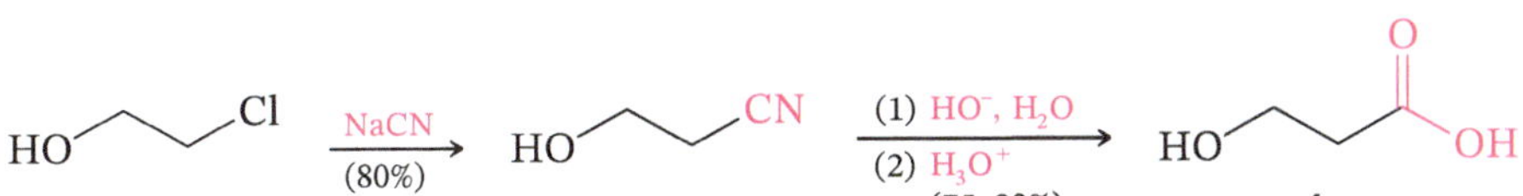

3-Hidroxi-propanonitrila **Ácido 3-hidroxipropanoico**

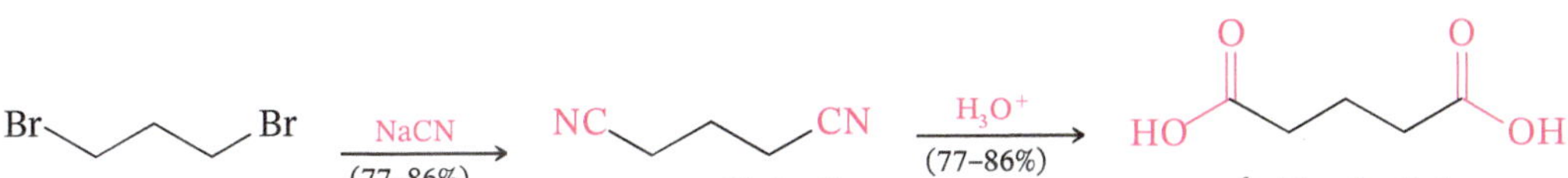

Pentanodinitrila **Ácido glutárico**

Este método sintético geralmente é limitado ao emprego de *haletos de alquila primários.* O íon cianeto é uma base relativamente forte, e a utilização de haletos de alquila secundários ou terciários leva basicamente a um alqueno (através de uma eliminação E2) em vez de uma nitrila (por meio de uma substituição S_N2). Os haletos de arila (exceto aqueles com grupos nitro em posição orto e para) não reagem com cianeto de sódio.

6. **Carbonatação de reagentes de Grignard.** Os reagentes de Grignard reagem com dióxido de carbono formando carboxilatos de magnésio. A acidificação produz ácidos carboxílicos:

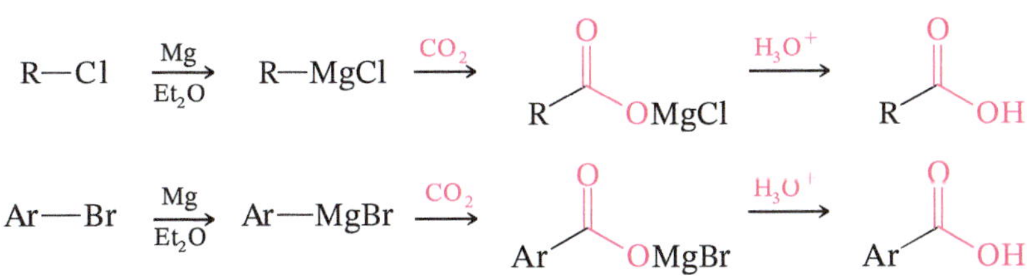

Esta síntese de ácidos carboxílicos é aplicável a haletos primários, secundários, terciários, de alila, de benzila e de arila, desde que eles não tenham grupos incompatíveis com uma reação de Grignard (veja a Seção 12.8B):

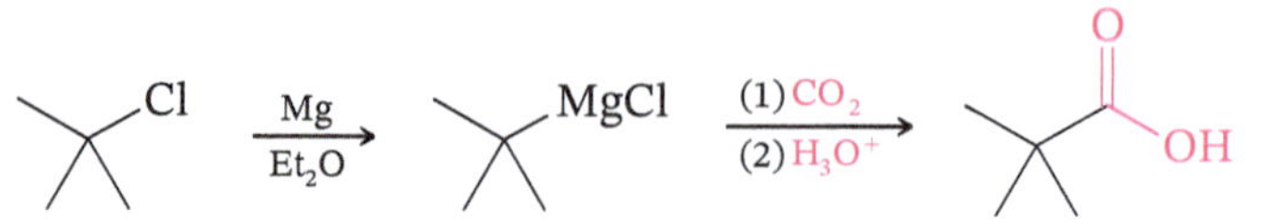

Cloreto de *terc*-butila **Ácido 2,2-dimetilpropanoico (rendimento global 79–80%)**

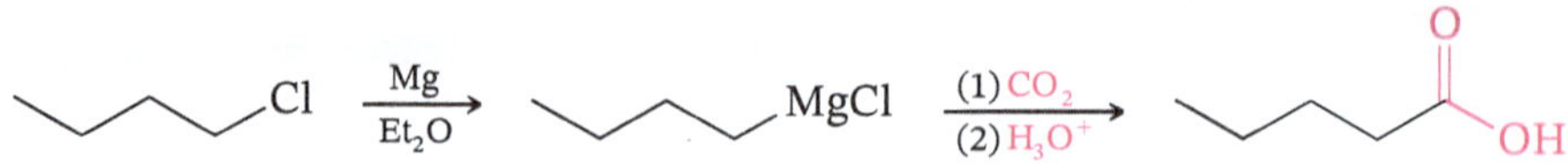

Cloreto de butila **Ácido pentanoico (rendimento global 80%)**

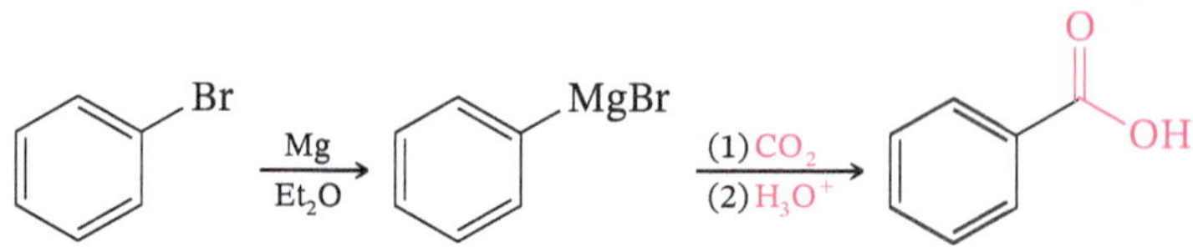

Bromobenzeno **Ácido benzoico (85%)**

PROBLEMA DE REVISÃO 17.4

Mostre como cada um dos seguintes compostos pode ser convertido a ácido benzoico:

(a) 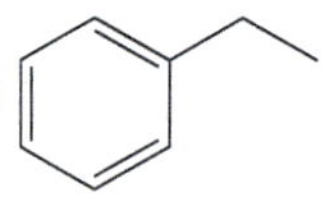

(b) 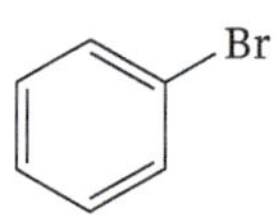

(c) 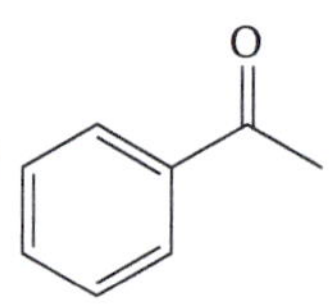

(d) 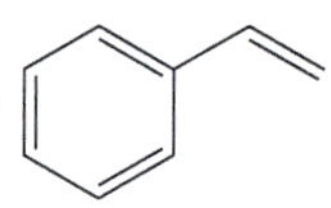

(e) Álcool benzílico
(f) Benzaldeído

PROBLEMA DE REVISÃO 17.5

Mostre como você prepararia cada um dos seguintes ácidos carboxílicos através de uma síntese de Grignard:

(a) 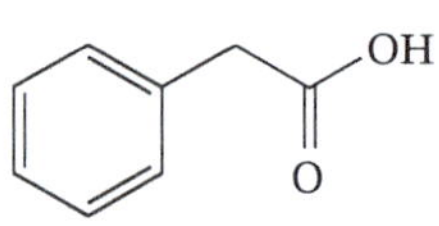

(b) 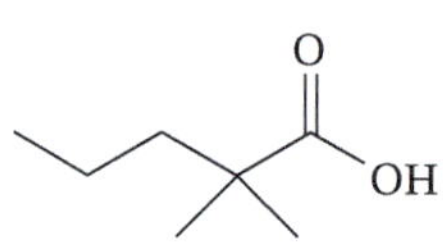

(c) 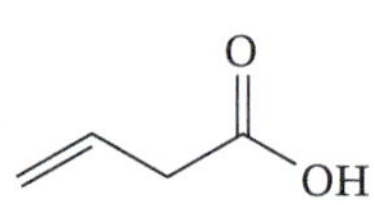

(d) Ácido 4-metilbenzoico
(e) Ácido hexanoico

PROBLEMA DE REVISÃO 17.6

(a) Quais dos ácidos carboxílicos no Problema de Revisão 17.5 poderiam também ser preparados através de uma síntese de nitrila? **(b)** Qual síntese, de Grignard ou de nitrila, você escolheria para preparar o ácido?

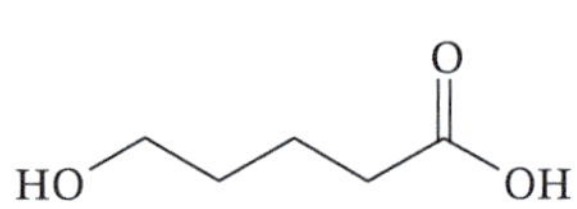 a partir de 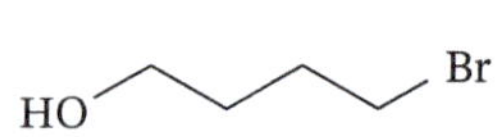 ? Por quê?

17.4 Substituição no Carbono Acílico: Adição Nucleofílica–Eliminação no Carbono Acílico

As reações de ácidos carboxílicos e seus derivados são caracterizadas por uma **adição nucleofílica–eliminação** em seus átomos de carbono acílico (carbonílico). O resultado é uma substituição no carbono acílico. A chave para esse mecanismo é a formação de um **intermediário tetraédrico** que retorna a um grupo carbonila após a eliminação de um grupo de saída. Encontraremos muitas reações deste tipo geral, como mostrado no boxe visto a seguir.

Um Mecanismo para a Reação

Substituição de Acila pela Adição Nucleofílica-Eliminação

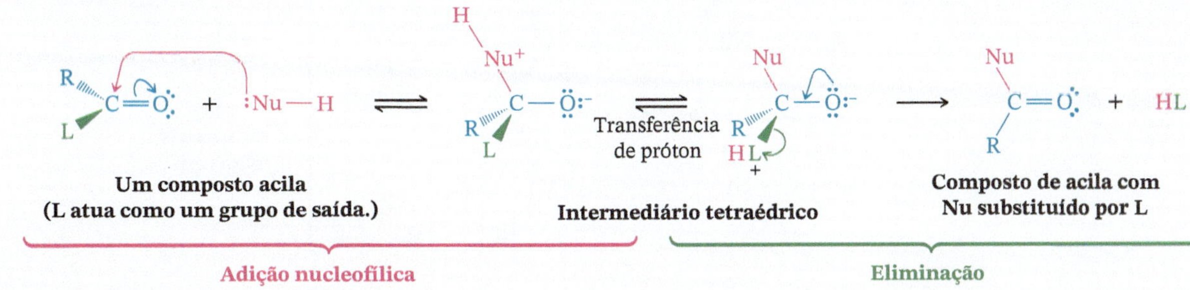

Muitas reações como essa ocorrem nos organismos vivos, e os bioquímicos as chamam de **reações de transferência de acila**. A acetil-coenzima A geralmente atua como um agente de transferência de acila bioquímico. As **reações de substituição de acila** são também de extrema importância na indústria, como descrito na abertura deste capítulo.

> **DICA ÚTIL**
> **Se você mantiver em mente o mecanismo geral de transferência de acila, você perceberá o elo comum entre as reações deste capítulo.**

- A etapa inicial em uma reação de substituição de acila é a adição nucleofílica no átomo de carbono da carbonila para formar um intermediário tetraédrico. Essa etapa é facilitada pela abertura estérica relativa do átomo de carbono da carbonila e pela capacidade do átomo de oxigênio da carbonila de acomodar um par de elétrons da ligação dupla carbono–oxigênio.
- Na segunda etapa, o intermediário tetraédrico elimina um grupo de saída (**L** no mecanismo anterior); essa **eliminação** leva à regeneração da ligação dupla carbono–oxigênio e a um produto de substituição.

O processo global, portanto, é uma **substituição de acila** através de um mecanismo de **adição nucleofílica–eliminação**.

Os compostos de acila reagem dessa forma porque todos eles têm bons grupos de saída, ou razoavelmente bons (ou eles podem ser protonados para formar bons grupos de saída), ligados ao átomo de carbono da carbonila.

- Uma substituição de acila requer um grupo de saída no carbono da carbonila.

Por exemplo, um cloreto de acila geralmente reage por meio da perda de um *íon cloreto* - uma base muito fraca e, por isso, um bom grupo de saída. A reação de um cloreto de acila com a água é um exemplo.

Exemplo Específico

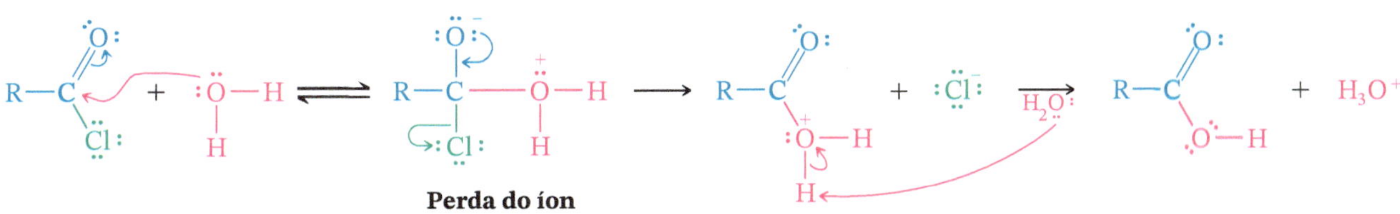

Perda do íon cloreto como um grupo de saída

Um anidrido de ácido geralmente reage pela perda de um ânion carboxilato ou uma molécula de um *ácido carboxílico* – ambos são bases fracas e bons grupos de saída.

Como veremos mais adiante, os ésteres geralmente sofrem adição nucleofílica–eliminação através da perda de uma molécula de um *álcool* (Seção 17.7B), os ácidos reagem pela perda de uma molécula de *água* (Seção 17.7A) e as amidas reagem pela perda de uma molécula de *amônia* ou de uma *amina* (Seção 17.8F). Todas as moléculas perdidas nessas reações são bases fracas e são grupos de saída razoavelmente bons.

Para que um aldeído ou cetona reaja por uma adição nucleofílica–eliminação, o intermediário tetraédrico precisa eliminar um íon hidreto (H:⁻) ou um íon alcaneto (R:⁻). Ambos são *bases muito fortes* e, consequentemente, são *grupos de saída muito ruins*:

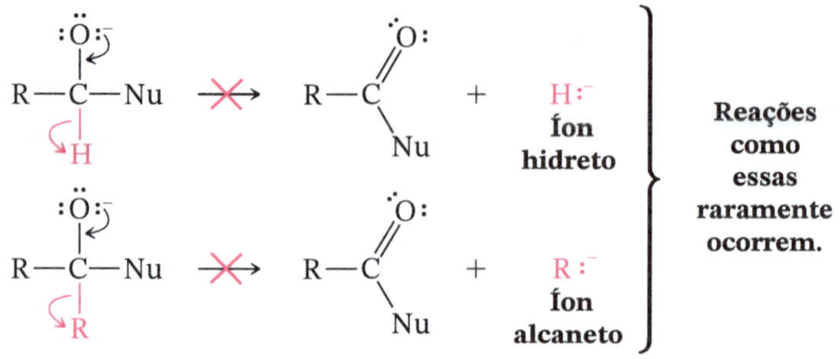

A reação de halofórmio (Seção 18.3C) é um dos raros casos nos quais um ânion alcaneto pode atuar como um grupo de saída, mas apenas porque, como veremos, esse grupo de saída é um ânion trialometila fracamente básico.

17.4A Reatividade Relativa de Compostos de Acila

Dos derivados de ácido que estudamos neste capítulo, os cloretos de acila são os mais reativos frente à adição nucleofílica–eliminação, e as amidas são as menos reativas. Em geral, a ordem global de reatividade é

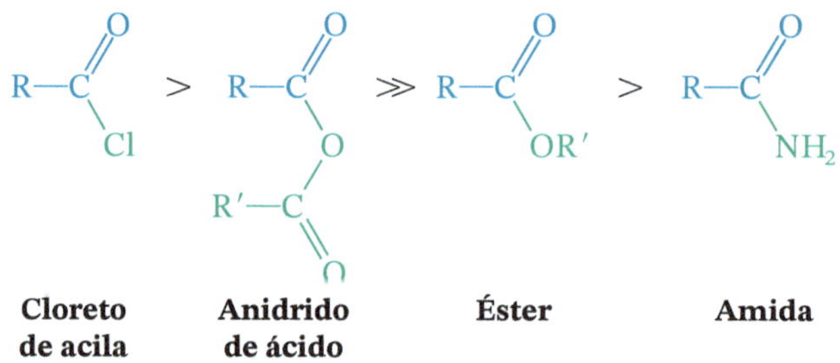

Os grupos em verde nas estruturas anteriores podem ser relacionados com o grupo verde **L** no boxe "Um Mecanismo para a Reação" no início da Seção 17.4.

- A ordem geral de reatividade dos derivados de ácidos pode ser explicada levando-se em conta a basicidade dos grupos de saída.

Quando os cloretos de acila reagem, o grupo de saída é um *íon cloreto.* Quando os anidridos de ácidos reagem, o grupo de saída é um ácido carboxílico ou um íon carboxilato. Quando os ésteres reagem, o grupo de saída é um álcool, e, quando as amidas reagem, o grupo de saída é uma amina (ou a amônia). De todas essas bases, os íons cloreto são as *bases mais fracas* e os cloretos de acila são os compostos de acila *mais reativos.* As aminas (ou a amônia) são as *bases mais fortes* e, assim, as amidas são os compostos de acila *menos reativos.*

17.4B Síntese de Derivados de Ácidos

À medida que começamos agora a explorar as sínteses de derivados de ácidos carboxílicos, descobriremos que, em muitos casos, um derivado de ácido pode ser sintetizado por uma reação de adição nucleofílica–eliminação de um outro. A ordem de reatividades que apresentamos nos fornece um indício de quais sínteses são factíveis e quais não são. Em geral, *os compostos de acila menos reativos podem ser sintetizados a partir dos mais reativos, mas o inverso é geralmente difícil e, quando é possível, requer reagentes especiais.*

- A síntese de derivados de ácido por meio de substituição de acila exige que o reagente tenha um grupo de saída no carbono acílico melhor do que o produto.

17.5 Cloretos de Acila

17.5A Síntese de Cloretos de Acila

Uma vez que os cloretos de acila são os derivados de ácido mais reativos, devemos utilizar reagentes especiais para prepará-los. Utilizamos os *cloretos derivados* de *ácidos inorgânicos*: PCl_5, PCl_3 e $SOCl_2$. Todos esses compostos reagem com ácidos carboxílicos produzindo cloretos de acila com bom rendimento:

Reações Gerais

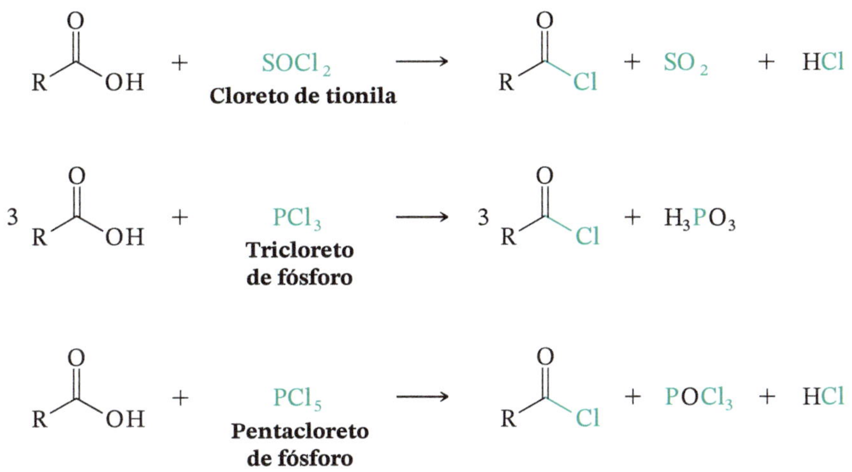

Todas essas reações envolvem adição nucleofílica–eliminação por meio de um íon cloreto em um intermediário altamente reativo: um clorossulfito de acila protonado, um clorofosfito de acila protonado ou um clorofosfato de acila protonado. Esses intermediários contêm grupos de saída acila até melhores do que o produto cloreto de acila. O cloreto de tionila, por exemplo, reage com um ácido carboxílico da maneira vista a seguir.

Um Mecanismo para a Reação

Síntese de Cloretos de Acila Utilizando Cloreto de Tionila

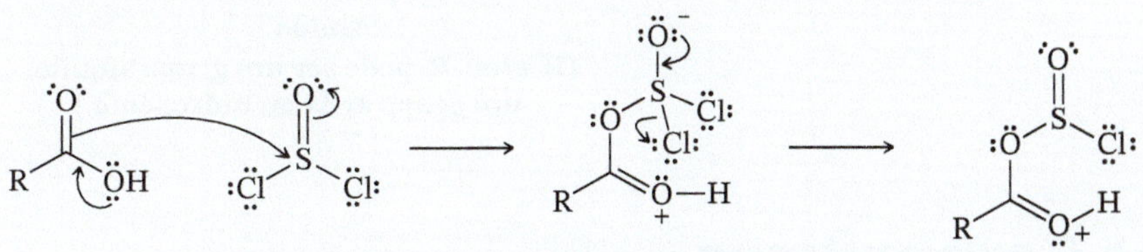

O ácido carboxílico reage com o $SOCl_2$, levando a um intermediário que expulsa um ânion cloreto.

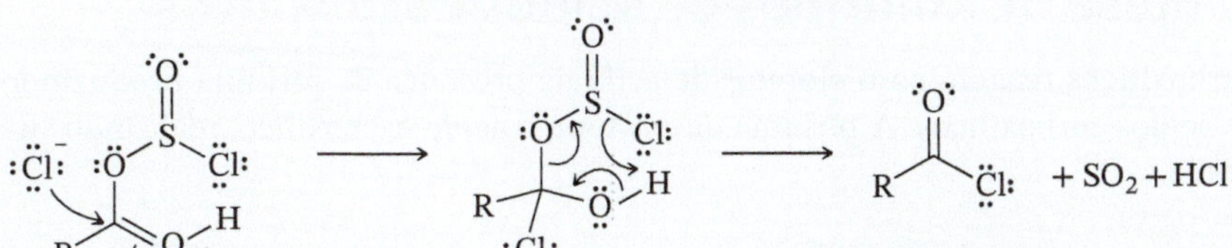

Cloreto ácido

O íon cloreto reage com o carbono do ácido carboxílico formando um intermediário tetraédrico que libera SO_2 e HCl, formando o cloreto de ácido.

17.5B Reações de Cloretos de Acila

Uma vez que os cloretos de acila são os mais reativos dos derivados de acila, eles são facilmente convertidos em compostos de acila menos reativos.

- Frequentemente, a melhor rota sintética para um anidrido, um éster ou uma amida é a síntese do cloreto de acila a partir do ácido carboxílico, e, então, a conversão desse cloreto de acila no derivado de acila desejado.

O esquema apresentado na **Fig. 17.5** ilustra como isso pode ser feito. Examinamos essas reações em detalhe nas Seções 17.6 a 17.8.

Os cloretos de acila também reagem com água e (até mais rapidamente) com solução aquosa de uma base, mas essas reações normalmente não são realizadas de propósito porque elas destroem o versátil reagente, o cloreto de acila, regenerando o ácido carboxílico ou o seu sal:

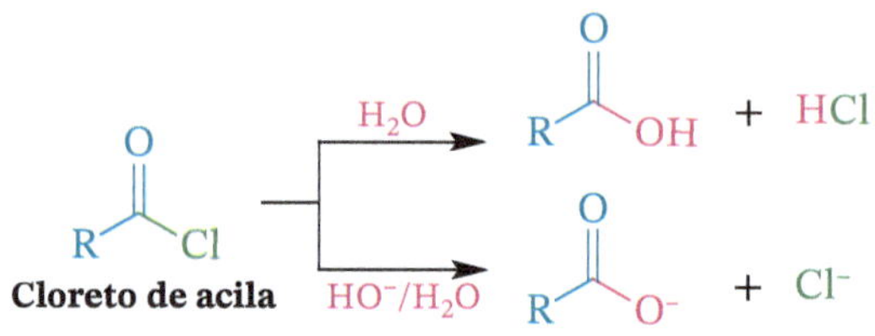

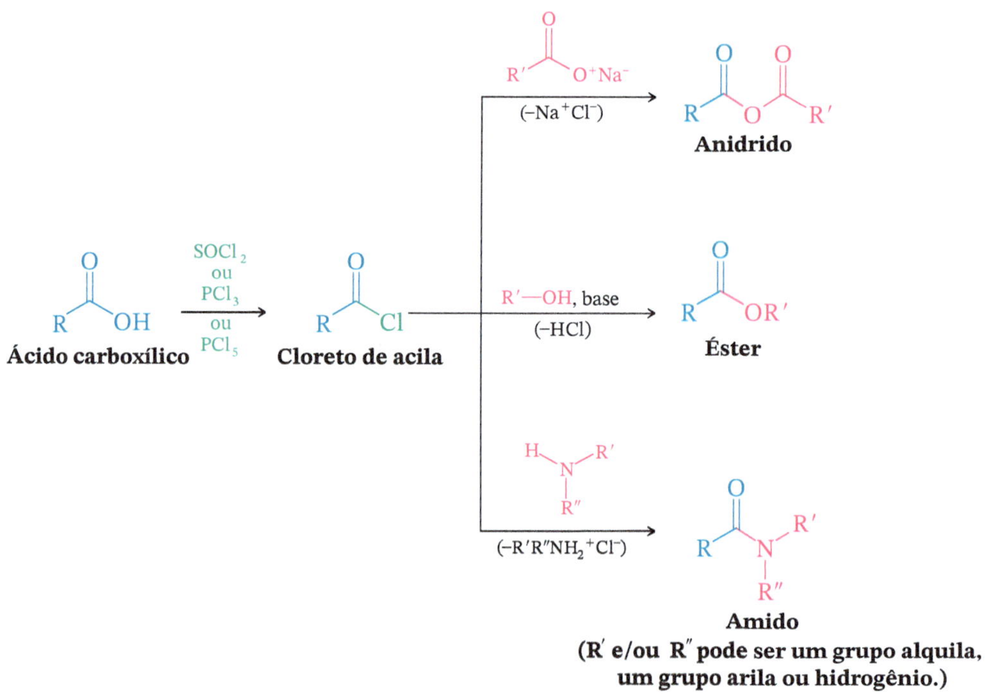

FIGURA 17.5 Preparação de um cloreto de acila e reações de cloretos de acila.

17.6 Anidridos de Ácidos Carboxílicos

17.6A Síntese de Anidridos de Ácidos Carboxílicos

Os ácidos carboxílicos reagem com cloretos de acila na presença de piridina produzindo anidridos de ácidos carboxílicos. A piridina desprotona o ácido carboxílico, realçando sua nucleofilicidade.

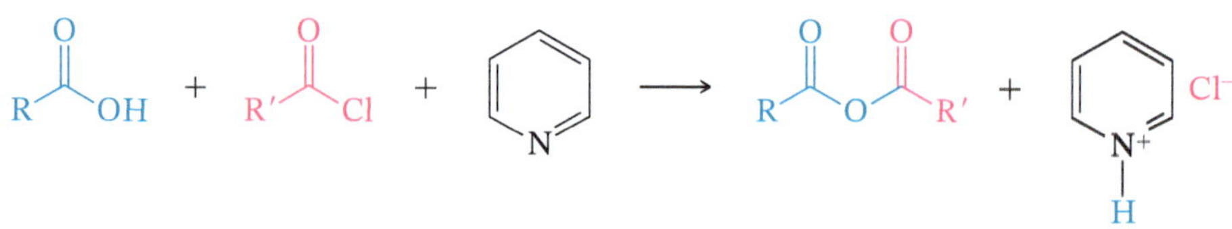

Este método é frequentemente utilizado em laboratório para a preparação de anidridos. O método é bastante geral e pode ser utilizado para preparar anidridos mistos (R ≠ R′) ou anidridos simétricos (R = R′).

Os sais de sódio dos ácidos carboxílicos também reagem com cloretos de acila formando anidridos:

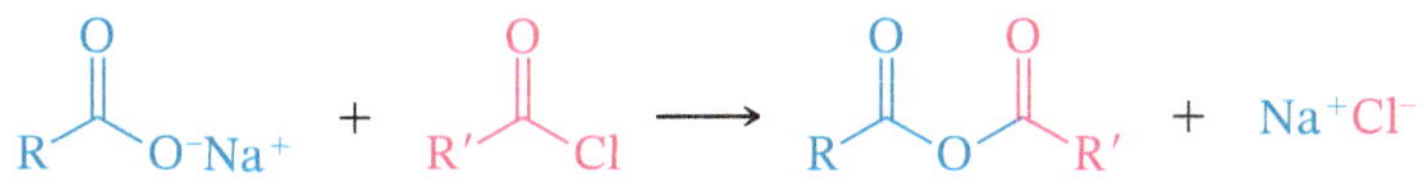

Os **anidridos cíclicos** podem algumas vezes ser preparados simplesmente aquecendo-se o ácido dicarboxílico apropriado. Entretanto, este método só funciona quando a formação do anidrido leva a um anel de cinco ou seis membros:

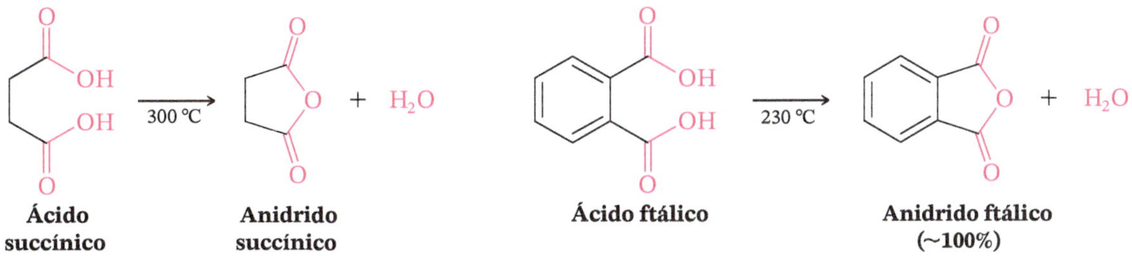

Ácido succínico **Anidrido succínico** **Ácido ftálico** **Anidrido ftálico (~100%)**

PROBLEMA DE REVISÃO 17.7

Quando o ácido maleico é aquecido a 200 °C, ele perde água e transforma-se no anidrido maleico. O ácido fumárico, um diastereoisômero do ácido maleico, requer uma temperatura muito mais alta para que ele se desidrate; quando isso ocorre, ele também produz o anidrido maleico. Forneça uma explicação para essas observações.

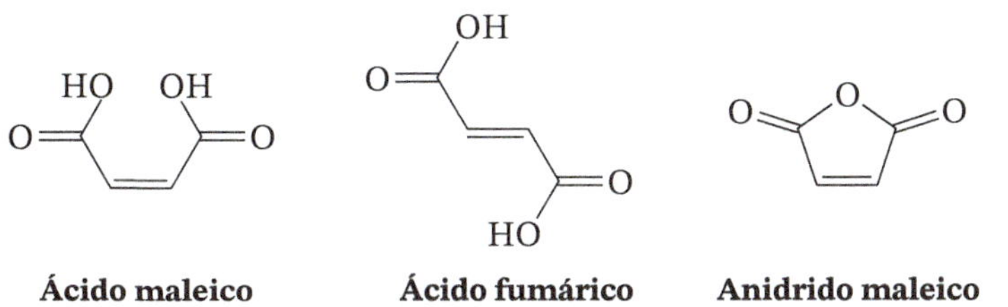

Ácido maleico **Ácido fumárico** **Anidrido maleico**

17.6B Reações de Anidridos de Ácidos Carboxílicos

Como os anidridos de ácidos carboxílicos são altamente reativos, eles podem ser utilizados para preparar ésteres e amidas. Estudaremos estas reações em detalhe nas Seções 17.7 e 17.8.

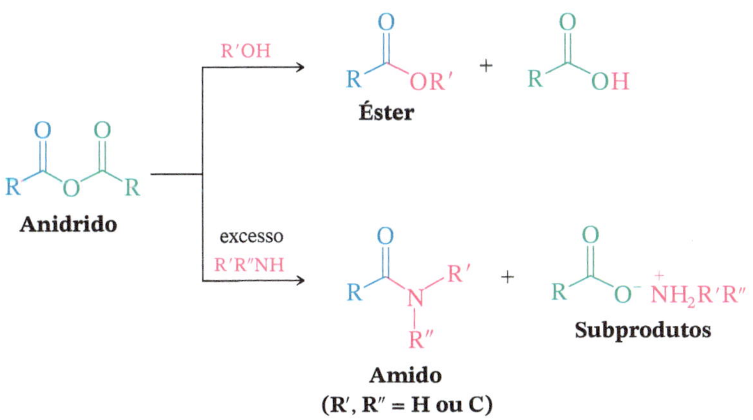

Os anidridos de ácidos carboxílicos também sofrem hidrólise:

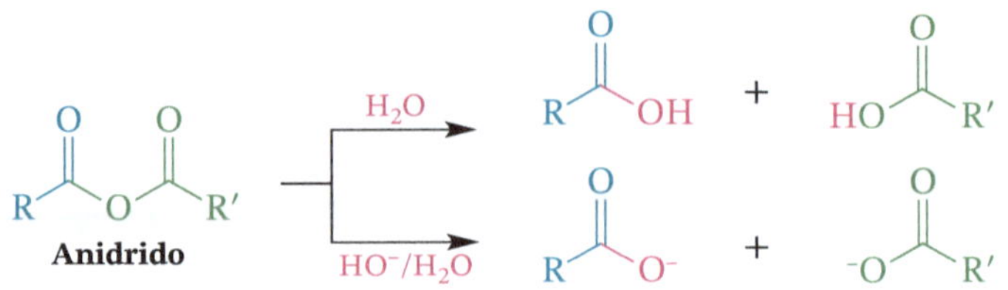

17.7 Ésteres

17.7A Síntese de Ésteres: Esterificação

Esterificação é a formação de um éster pela reação de um ácido carboxílico, de um cloreto ácido ou de um anidrido de ácido carboxílico com um álcool ou um fenol.

Esterificação Catalisada por Ácido Inicialmente consideramos a formação de um éster pela reação catalisada por ácido de um ácido carboxílico com um álcool ou um fenol. O método é frequentemente chamado de **esterificação de Fischer**.

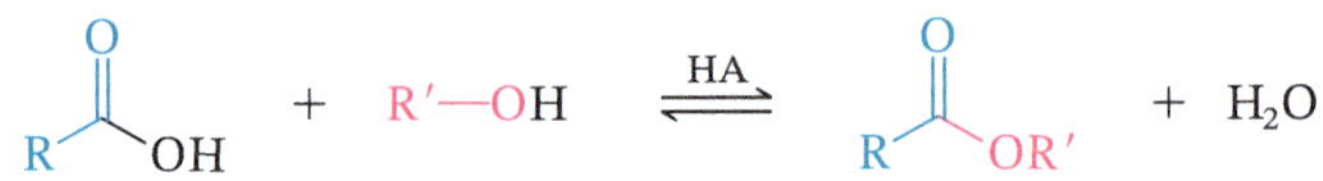

Exemplos Específicos

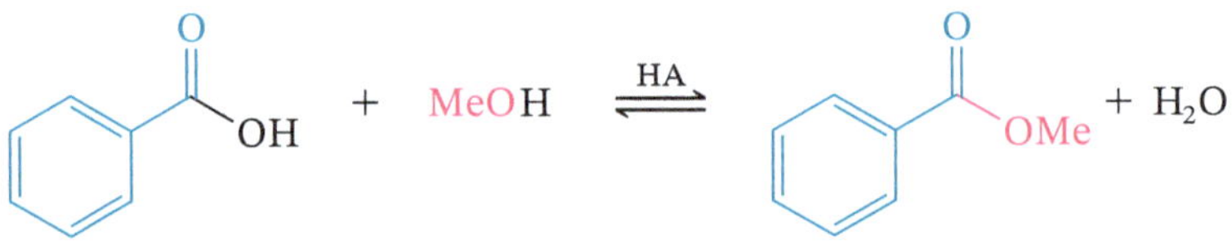

As esterificações catalisadas por ácido atingem o equilíbrio em questão de poucas horas quando se deixa um ácido carboxílico e um álcool em refluxo com uma pequena quantidade de ácido sulfúrico ou ácido clorídrico concentrados. Elas ocorrem muito lentamente na ausência de catalisadores constituídos por ácidos fortes. Uma vez que a posição de equilíbrio controla a quantidade de éster formada, a utilização de um excesso de ácido carboxílico ou de álcool aumenta o rendimento baseado no reagente limitante. A escolha do componente a ser usado em excesso depende de sua disponibilidade e de seu custo. O rendimento de uma reação de esterificação também pode ser aumentado por meio da remoção da água da mistura reacional à medida que ela é formada.

Quando o ácido benzoico reage com metanol marcado com ^{18}O, o oxigênio marcado aparece no éster. Este resultado mostra exatamente quais ligações se quebram na esterificação:

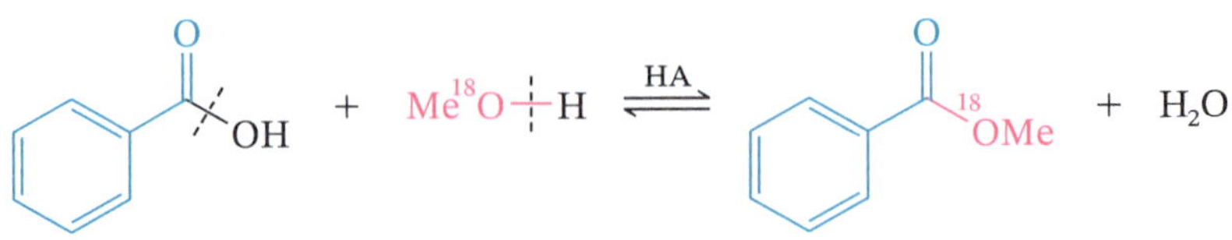

Os resultados do experimento de marcação e o fato de as esterificações serem catalisadas por ácido são consistentes com o mecanismo visto a seguir. Esse mecanismo é típico de reações de adição nucleofílica–eliminação catalisada por ácido em átomos de carbono acílico.

Um Mecanismo para a Reação

Esterificação Catalisada por Ácido

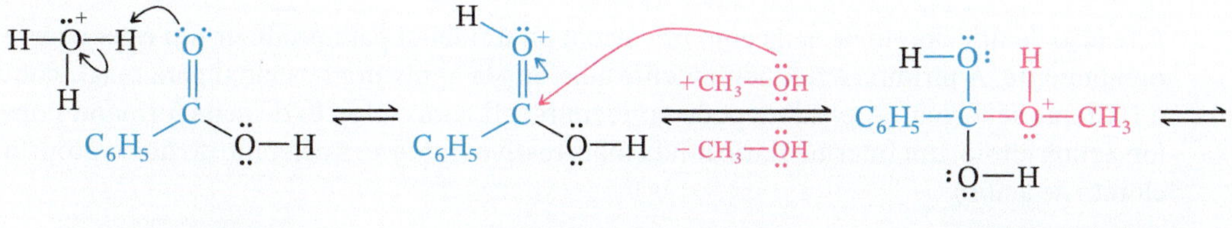

O ácido carboxílico aceita um próton do catalisador ácido forte.

O álcool ataca o grupo carbonila protonado produzindo um intermediário tetraédrico.

Perde-se um próton em um átomo de oxigênio e se ganha em outro.

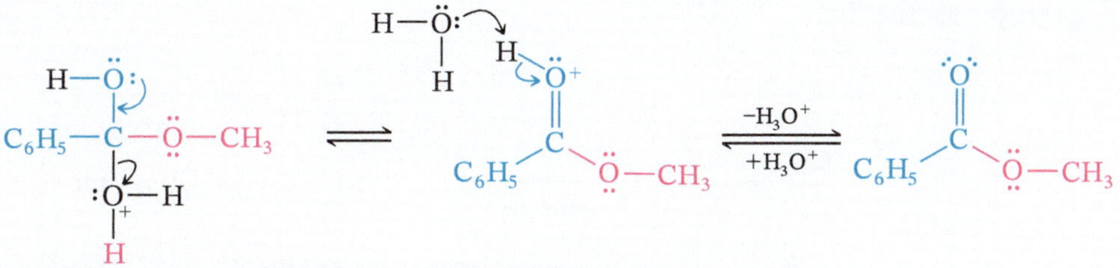

A perda de uma molécula de água produz um éster protonado.

A transferência de um próton para uma base leva ao éster.

Se seguirmos as reações inversas, teremos o mecanismo para a *hidrólise de um éster catalisada por ácido*:

Hidrólise de Éster Catalisada por Ácido

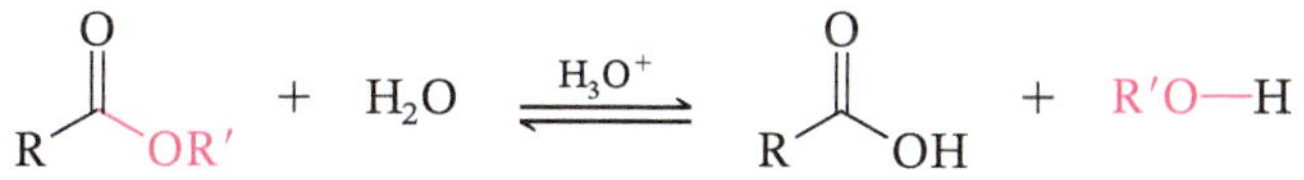

Sob condições ácidas, sintetizar ou hidrolisar um éster depende das condições que escolhermos.

- Se quisermos esterificar um ácido, utilizamos um excesso do álcool e, se possível, removemos a água à medida que ela é formada.
- Se quisermos hidrolisar um éster, utilizamos um grande excesso de água e o refluxo é feito do éster com uma solução aquosa de HCl diluído ou de H_2SO_4 diluído.

PROBLEMA DE REVISÃO 17.8

Onde você esperaria encontrar o oxigênio marcado se realizasse a hidrólise do benzoato de metila catalisada por ácido em água marcada com ^{18}O? Escreva um mecanismo detalhado para justificar a sua resposta.

Os fatores estéricos afetam fortemente as velocidades das hidrólises de ésteres catalisadas por ácidos. Grandes grupos próximos ao local de reação, seja no componente do álcool ou no componente do ácido, diminuem marcadamente a velocidade de ambas as reações. Por exemplo, os álcoois terciários reagem tão lentamente nas esterificações catalisadas por ácido que eles acabam geralmente sofrendo reações de eliminação. No entanto, eles podem ser convertidos a ésteres de maneira segura pela utilização de cloretos de acila e anidridos das maneiras indicadas a seguir.

Ésteres a Partir de Cloretos de Acila

- A reação de cloretos de acila com um álcool ou um fenol é uma das melhores maneiras de sintetizar um éster.

A reação de um cloreto de acila com um álcool ou um fenol para produzir um éster ocorre rapidamente. A piridina é frequentemente adicionada à mistura reacional para reagir com o HCl que se forma. (A piridina pode também reagir com o cloreto de acila formando um íon acilpiridínio, um intermediário ainda mais reativo frente ao nucleófilo do que o próprio cloreto de acila.)

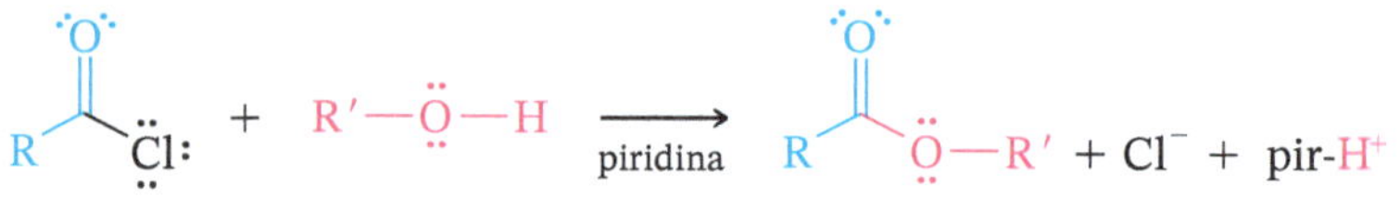

Exemplo Específico

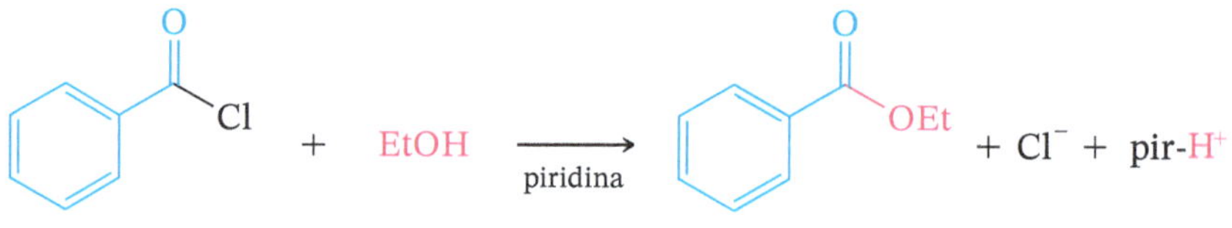

Cloreto de benzoíla **Benzoato de etila (80%)**

Ésteres a Partir de Anidridos de Ácidos Carboxílicos Os anidridos de ácidos carboxílicos também reagem com álcoois formando ésteres na ausência de um catalisador ácido.

Exemplo Específico

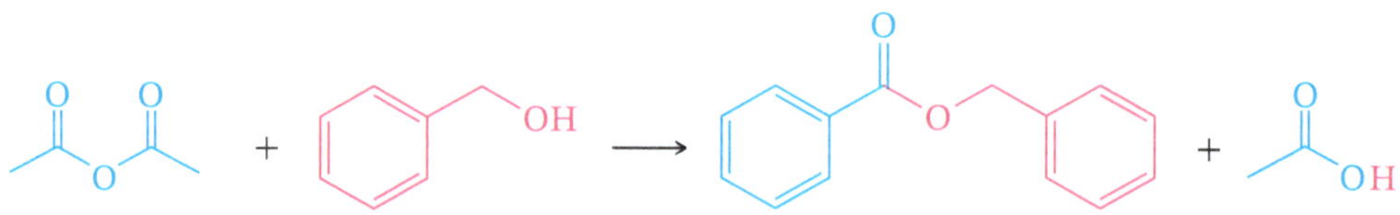

Anidrido acético **Álcool benzílico** **Acetato de benzila**

Os anidridos cíclicos reagem com um equivalente molar de um álcool formando compostos que são *simultaneamente ésteres e ácidos*:

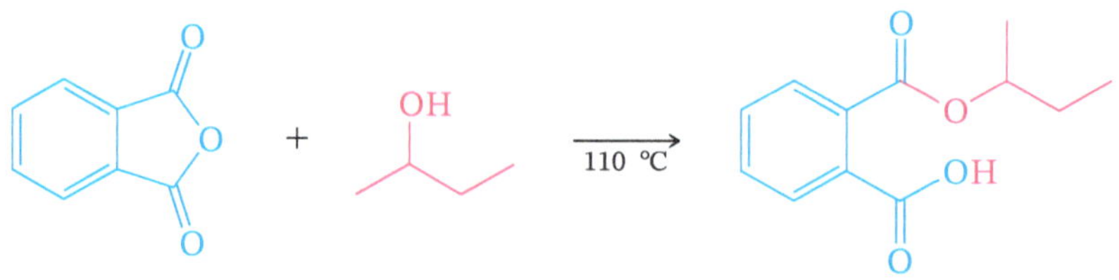

Anidrido ftálico **Álcool *sec*-butílico** **Hidrogenoftalato de *sec*-butila (97%)**

PROBLEMA DE REVISÃO 17.9

Os ésteres também podem ser sintetizados pela **transesterificação**:

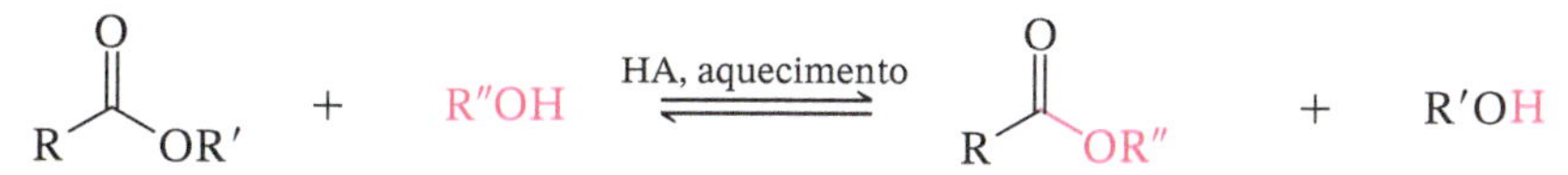

Éster de alto ponto de ebulição — **Álcool de alto ponto de ebulição** — **Éster de mais alto ponto de ebulição** — **Álcool de mais baixo ponto de ebulição**

Neste procedimento, deslocamos o equilíbrio para a direita, deixando que o álcool de baixo ponto de ebulição destile da mistura reacional. O mecanismo de transesterificação é similar àquele de uma esterificação catalisada por ácido (ou de uma hidrólise de éster catalisada por ácido). Escreva um mecanismo detalhado para a seguinte transesterificação:

Acrilato de metila — **Álcool butílico** — **Acrilato butílico (94%)** — **Metanol**

17.7B Hidrólise de Ésteres Promovida por Base: Saponificação

- Os ésteres não apenas sofrem hidrólise ácida, como também sofrem *hidrólise promovida por base.*

A hidrólise promovida por base é chamada de **saponificação**, da palavra latina *sapo*, sabão (veja a Seção 23.2C). Por exemplo, o refluxo de um éster em solução aquosa de hidróxido de sódio produz um álcool e o sal de sódio do ácido:

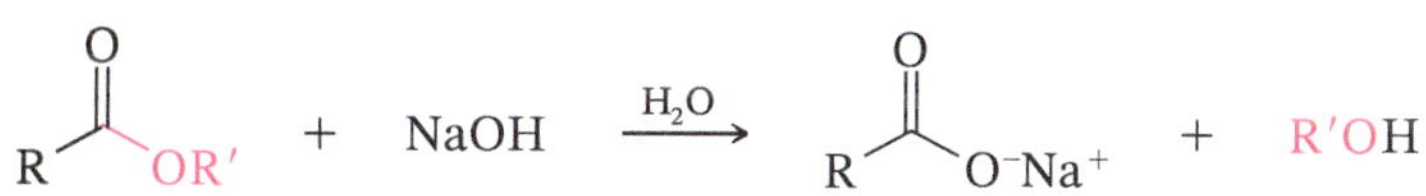

Éster — **Carboxilato de sódio** — **Álcool**

O íon carboxilato é muito pouco reativo frente à substituição nucleofílica porque ele é carregado negativamente. Por esse motivo a hidrólise de um éster promovida por uma base é uma reação essencialmente irreversível. O mecanismo para a hidrólise de um éster promovida por base também envolve uma adição nucleofílica–eliminação no carbono acílico.

Um Mecanismo para a Reação

Hidrólise de um Éster Promovida por Base

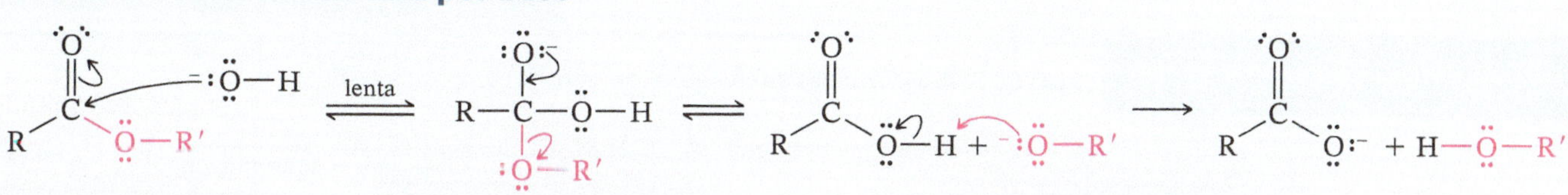

Um íon hidróxido ataca o átomo de carbono da carbonila. — **O intermediário tetraédrico elimina um íon alcóxido.** — **A transferência de um próton leva aos produtos da reação.**

As evidências para este mecanismo provêm de estudos realizados com ésteres marcados isotopicamente. Quando o propanoato de etila marcado com ^{18}O no oxigênio do tipo éter do éster (veja a seguir) é submetido à hidrólise com solução aquosa de NaOH, todos os ^{18}O aparecem no etanol que é produzido. Nenhum ^{18}O aparece no íon propanoato:

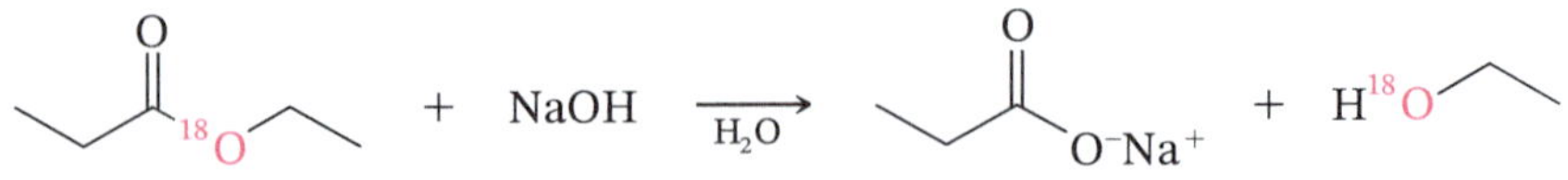

Esse resultado de marcação é totalmente consistente com o mecanismo apresentado anteriormente (você pode assinalar as etapas e seguir o oxigênio marcado até os produtos). Se o íon hidróxido tivesse atacado o carbono alquila em vez do carbono acílico, o álcool obtido não estaria marcado. O ataque no carbono alquila quase nunca é observado. (Para uma exceção, veja o Problema de Revisão 17.11.)

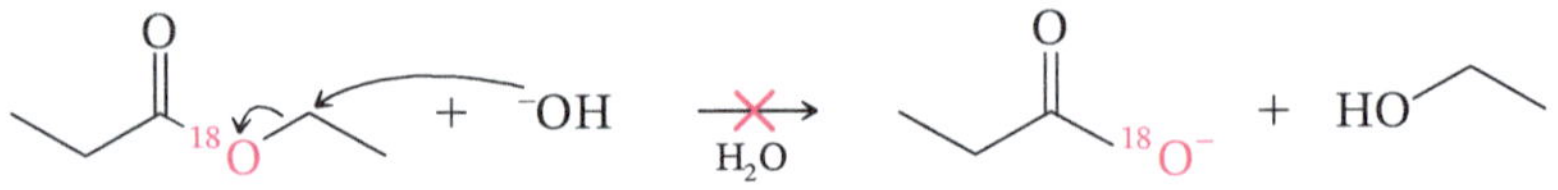

Apesar de o ataque nucleofílico no carbono alquila raramente ocorrer com ésteres de ácidos carboxílicos, ele é o modo preferencial de ataque nos ésteres de ácidos sulfônicos (por exemplo, tosilatos, mesilatos e triflatos; Seção 11.10).

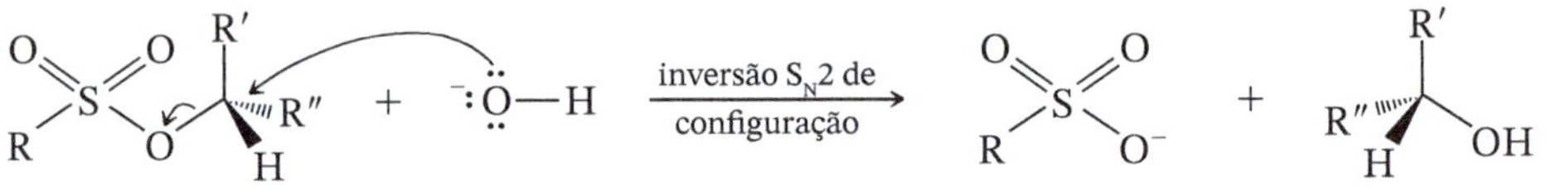

Um sulfonato de alquila

PROBLEMA RESOLVIDO 17.5

Dê as fórmulas estereoquímicas para os compostos **A–D**. [*Dica:* **B** e **D** são enantiômeros entre si.]

$$(R)\text{-2-Butanol} \xrightarrow{C_6H_5SO_2Cl} \mathbf{A} \xrightarrow{HO^-/H_2O} \mathbf{B} + C_6H_5SO_3^-$$

$$(R)\text{-2-Butanol} \xrightarrow{C_6H_5COCl} \mathbf{C} \xrightarrow{HO^-/H_2O} \mathbf{D} + C_6H_5CO_2^-$$

Estratégia e Resposta

O composto **A** é um éster benzenossulfonato, que se forma com retenção da configuração do (*R*)-2-butanol. **B** é o produto S_N2 formado pela reação com hidróxido, a qual ocorre com **inversão** de configuração. **C** é um éster benzoato, cuja formação não afeta a configuração no centro quiral. A saponificação de **C** com formação de **D** também não modifica o centro quiral, visto que se trata de uma reação de substituição no carbono acílico.

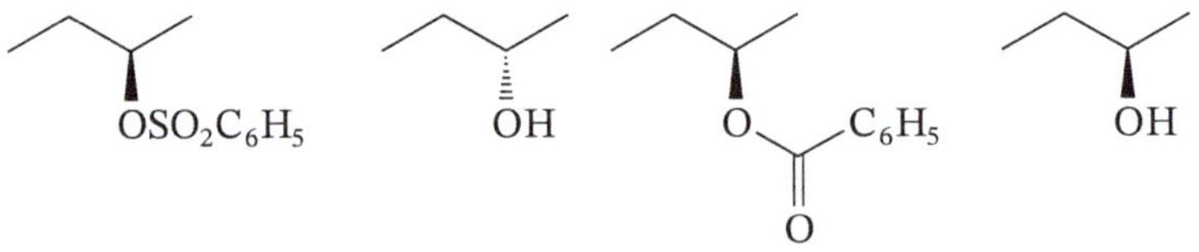

A **B** **C** **D**

PROBLEMA DE REVISÃO 17.10

(a) Escreva as fórmulas estereoquímicas para os compostos **A–F**:

1. *cis*-3-Metilciclopentanol + $C_6H_5SO_2Cl \longrightarrow$ **A** $\xrightarrow[\text{aquecimento}]{HO^-}$ **B** + $C_6H_5SO_3^-$

2. *cis*-3-Metilciclopentanol + $C_6H_5C(=O){-}Cl \longrightarrow$ **C** $\xrightarrow[\text{refluxo}]{HO^-}$ **D** + $C_6H_5CO_2^-$

3. (*R*)-2-Bromo-octano + $CH_3CO_2^-Na^+ \longrightarrow$ **E** + NaBr $\xrightarrow[\text{(refluxo)}]{HO^-,\ H_2O}$ **F**

4. (*R*)-2-Bromo-octano + $HO^- \xrightarrow[\text{acetona}]{}$ **F** + Br^-

(b) Qual dos últimos dois métodos, **3** ou **4**, você espera que forneça um maior rendimento de **F**? Por quê?

PROBLEMA DE REVISÃO 17.11

A hidrólise promovida por base do mesitoato de metila ocorre por meio de um ataque no carbono do álcool em vez de no carbono acílico:

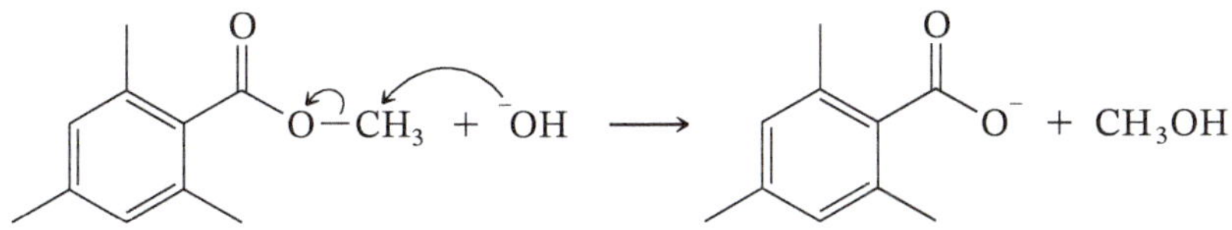

Mesitoato de metila

(a) Você pode sugerir uma razão que explique esse comportamento anômalo? **(b)** Sugira um experimento com compostos marcados que confirmaria esse modo de ataque.

17.7C Lactonas

Os ácidos carboxílicos cujas moléculas têm um grupo hidroxila em um carbono γ (gama) ou δ (delta) sofrem uma esterificação intramolecular produzindo ésteres cíclicos conhecidos como γ- ou δ-*lactonas*. A reação é catalisada por ácido:

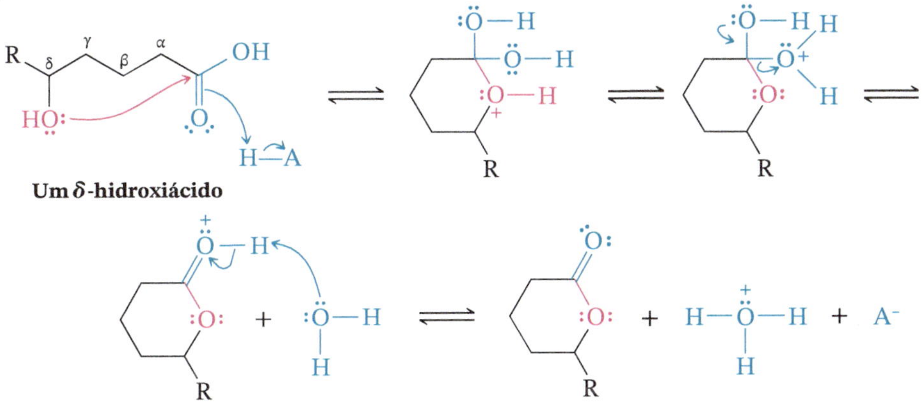

Um δ-hidroxiácido

Uma δ-lactona

As **lactonas** são hidrolisadas por soluções aquosas de base exatamente como os outros ésteres. Entretanto, a acidificação do sal de sódio pode levar espontaneamente de volta à γ- ou δ-lactona, particularmente quando se emprega um excesso de ácido:

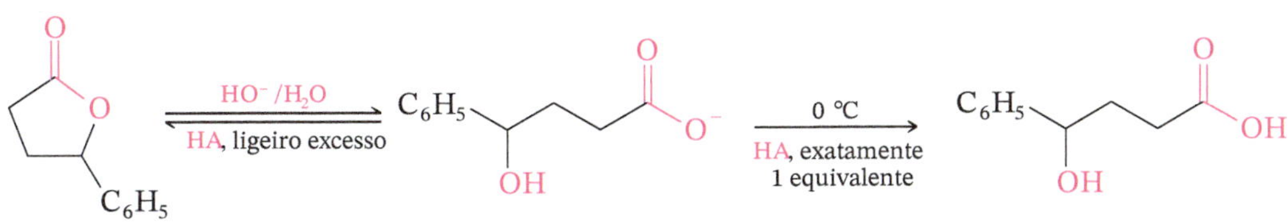

Muitas lactonas são encontradas na natureza. Por exemplo, a vitamina C (veja adiante) é uma γ-lactona. Alguns antibióticos, tais como a eritromicina e a nonactina (Seção 11.16), são lactonas com anéis muito grandes (chamadas de lactonas macrocíclicas), mas a maioria das lactonas naturais é γ- ou δ-lactona; ou seja, elas contêm anéis de cinco ou seis membros.

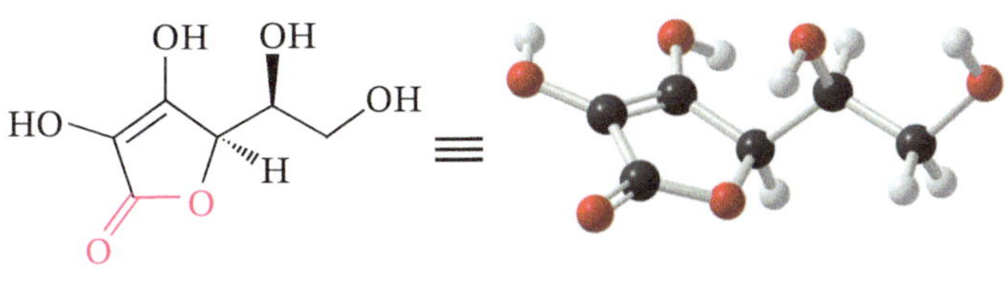

Vitamina C
(ácido ascórbico)

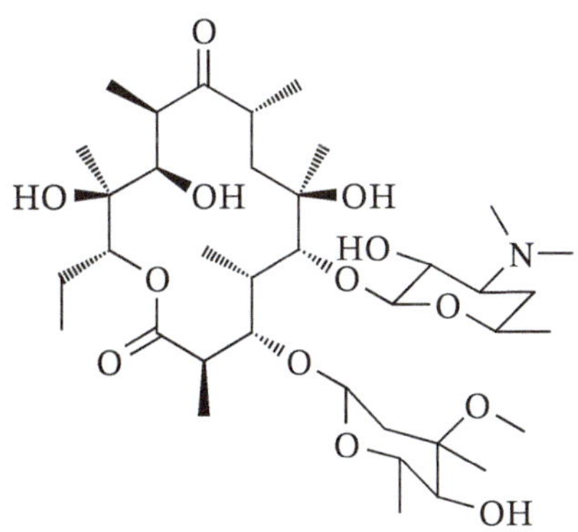

Eritromicina A

As β-lactonas (lactonas com anéis de quatro membros) foram detectadas como intermediárias em algumas reações e várias delas foram isoladas. No entanto, elas são altamente reativas. Quando alguém tenta preparar uma β-lactona a partir de um β-hidroxiácido, geralmente ocorre eliminação β:

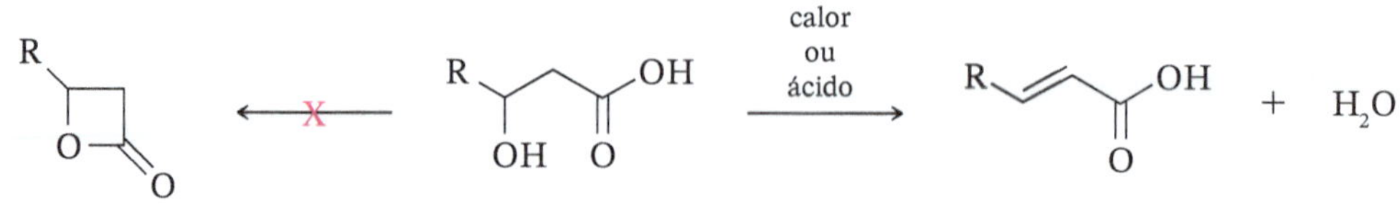

β-Lactona (não se forma) **β-Hidroxiácido** **Ácido α,β-insaturado**

17.8 Amidas

17.8A Síntese de Amidas

As amidas podem ser preparadas de várias maneiras, partindo dos cloretos de acila, anidridos de ácidos, ésteres, ácidos carboxílicos e sais carboxilatos. Todos esses métodos envolvem reações de adição nucleofílica–eliminação em um carbono acílico com amônia ou uma amina. Como era de se esperar, os cloretos de ácidos são os mais reativos e os ânions carboxilatos são os menos reativos.

17.8B Amidas a Partir de Cloretos de Acila

As aminas primárias, as aminas secundárias e a amônia reagem todas rapidamente com cloretos de ácido com formação de amidas. Emprega-se um excesso de amônia ou de amina para neutralizar o HCl formado na reação:

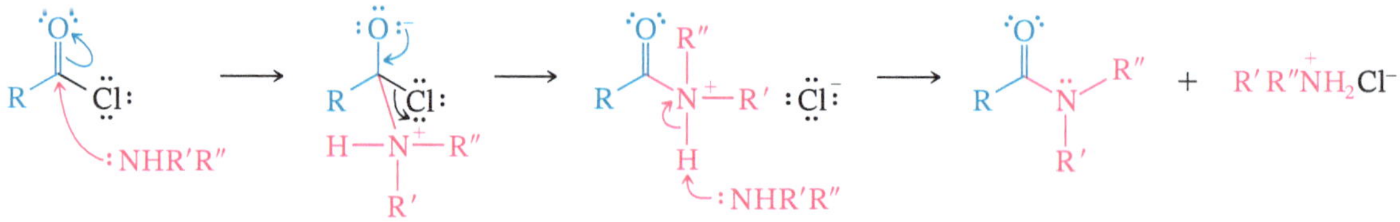

Reagente
Amônia; R′, R″ = H
Amina primária; R′ = H, R″ = alquila, arila
Amina secundária; R′, R″ = alquila, arila

Produto
Amida não substituída; R′, R″ = H
Amida *N*-substituída; R′ = H, R″ = alquila, arila
Amida *N*, *N*-dissubstituída; R′, R″ = alquila, arila

- A reação de uma amina com um cloreto de acila é um dos métodos mais amplamente utilizados para a síntese de amidas em laboratório, visto que os próprios cloretos de acila são facilmente preparados a partir dos ácidos carboxílicos.

A reação entre o cloreto de acila e a amina (ou a amônia) geralmente ocorre à temperatura ambiente (ou abaixo) e produz a amida com alto rendimento.

Os cloretos de acila também reagem com aminas terciárias por meio de uma reação de adição nucleofílica–eliminação. Entretanto, o íon acilamônio que se forma não é estável na presença de água ou qualquer outro solvente hidroxílico:

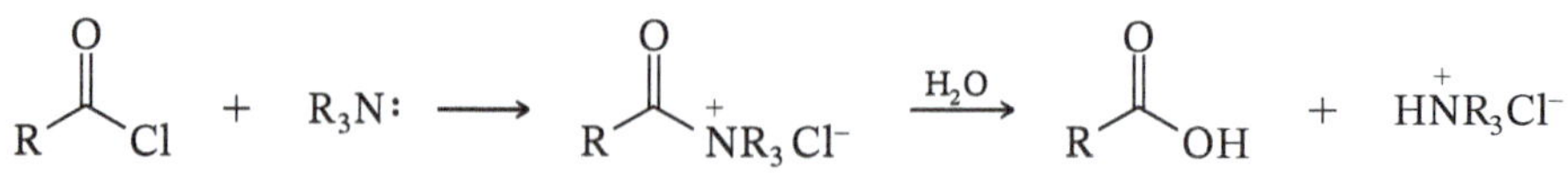

Cloreto de acila **Amina terciária** **Cloreto de acilamônio**

Os íons acilpiridínio estão provavelmente envolvidos como intermediários nas reações de cloretos de acila que são conduzidas na presença de piridina.

PROBLEMA RESOLVIDO 17.6

Forneça os compostos **A–C** que faltam na seguinte síntese:

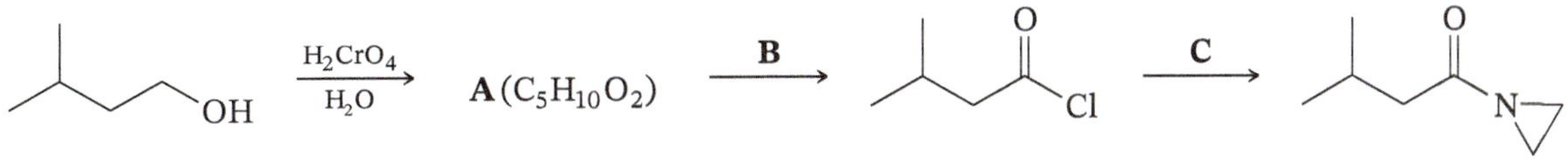

Estratégia e Resposta

A primeira reação é uma oxidação com ácido crômico, formando $C_5H_{10}O_2$, que é consistente com o ácido carboxílico derivado do 3-metil-1-butanol. **B** tem de ser um reagente a partir do qual podemos preparar um cloreto de ácido. O produto final é uma amida, assim, **C** é a amina apropriada. Desse modo, os compostos **A–C** são os seguintes:

A = 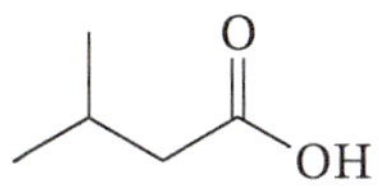 **B** = $SOCl_2$ **C** = 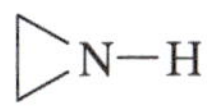

17.8C Amidas a Partir de Anidridos de Ácidos Carboxílicos

Os anidridos de ácido reagem com amônia e com aminas primárias e secundárias produzindo amidas por meio de reações que são análogas àquelas dos cloretos de acila:

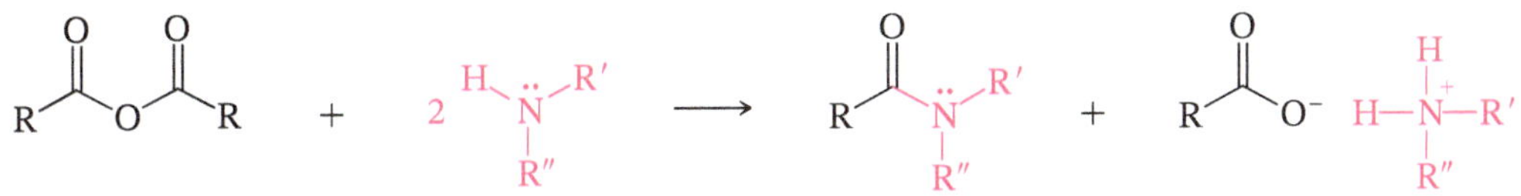

R′, R″ podem ser H, alquila ou arila.

Os anidridos cíclicos reagem com amônia ou uma amina da mesma maneira geral que os anidridos acíclicos; no entanto, a reação leva a um produto que é tanto uma amida quanto um sal de amônio. A acidificação do sal de amônio fornece um composto que é tanto uma amida quanto um ácido:

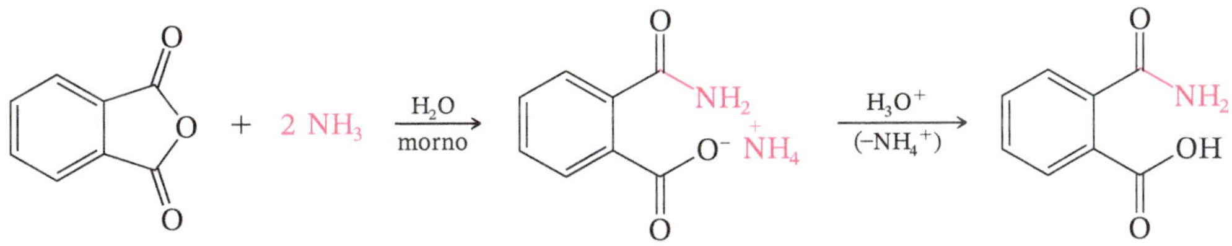

Anidrido ftálico **Ftalamato de amônio (94%)** **Ácido ftalâmico (81%)**

O aquecimento do composto amida–ácido leva a uma reação de desidratação, produzindo uma *imida*. As imidas contêm o grupo $-\overset{O}{\overset{\|}{C}}-NH-\overset{O}{\overset{\|}{C}}-$.

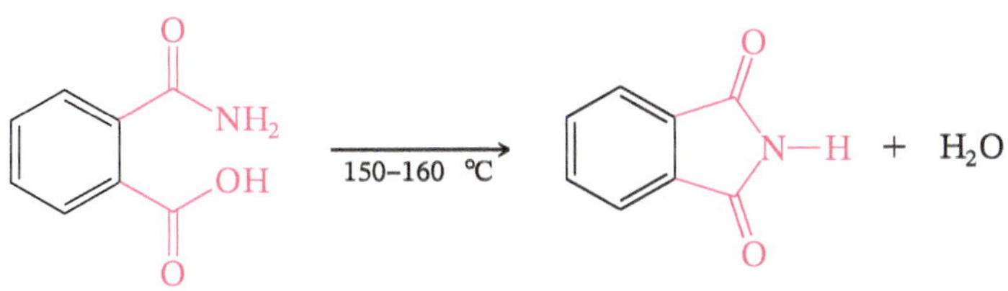

Ácido ftalâmico **Ftalimida (~100%)**

17.8D Amidas a Partir de Ésteres

Os ésteres sofrem adição nucleofílica–eliminação em seus átomos de carbono acílico quando eles são tratados com amônia (a reação é chamada *amonólise*) ou com aminas primárias e secundárias. Essas reações ocorrem bem mais lentamente do que aquelas com cloretos de acila e anidridos, mas elas ainda podem ser sinteticamente úteis:

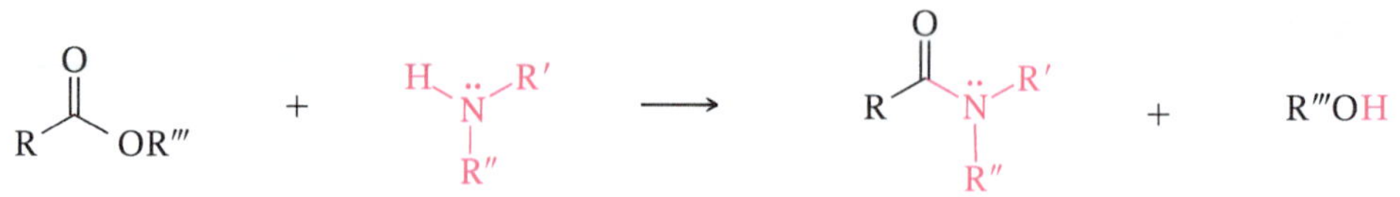

R′ e/ou R″ pode ser H.

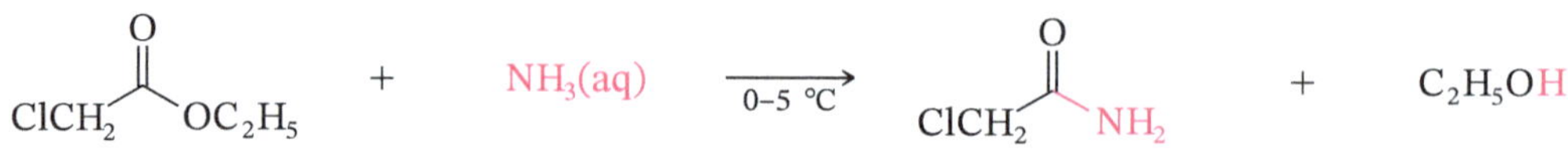

Cloroacetato de etila **Cloroacetamida (62–87%)**

17.8E Amidas por Acoplamento de Carbodi-imida

As amidas são de grande importância na bioquímica. As ligações que unem os aminoácidos individuais para formar proteínas são basicamente ligações de amida. Por esse motivo, muita pesquisa vem sendo realizada para encontrar rotas convenientes e em condições brandas para a síntese de amidas. As dialquilcarbodi-imidas (R—N═C═N—R), tais como a di-isopropilcarbodi-imida e a diciclo-hexilcarbodi-imida (DCC), são reagentes especialmente úteis para a síntese de amidas. As dialquilcarbodi-imidas promovem a formação da amida por meio da reação com o grupo carboxila de um ácido e ativando-o frente à reação de adição nucleofílica–eliminação. Veja o fim do capítulo para um exemplo importante, destacando seu desenvolvimento para alcançar a síntese laboratorial da família de antibióticos da penicilina.

Um Mecanismo para a Reação

Síntese de Amidas Promovida por DCC

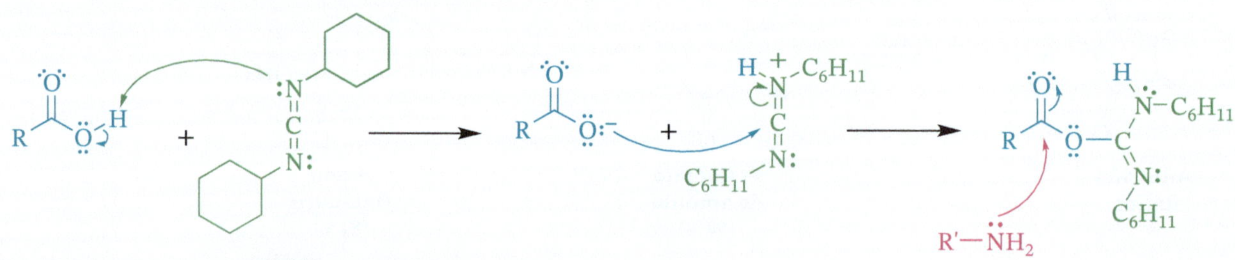

Ácido Carboxílico **Diciclo-hexilcarbodi-imida (DCC)** **Amina**

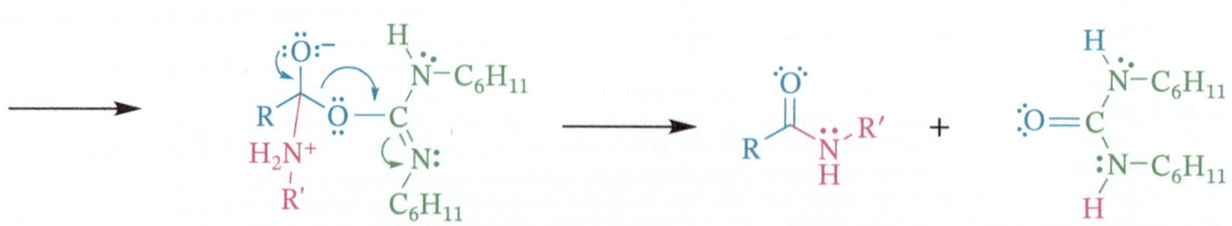

Transferência de próton e colapso do intermediário tetraédrico. **Amida** ***N,N′*-Diciclo-hexilureia**

O intermediário nessa síntese não precisa ser isolado, e ambas as etapas ocorrem à temperatura ambiente. No Capítulo 24, veremos como a di-isopropilcarbodi-imida é utilizada em uma síntese automatizada de peptídeos.

A Química Biológica de . . . Alguns Tópicos "Quentes" sobre as Relações entre Estrutura e Atividade

A partir do que sabemos que os grupos funcionais fazem, não surpreende que a mudança da estrutura de uma molécula possa levar a mudanças na atividade. Entretanto, às vezes é surpreendente como mudanças estruturais muito pequenas podem se traduzir em alterações extremas na atividade, como o conhecido Dr. Jekyll se transformando em Mr. Hyde. Existe um grupo de compostos encontrados na natureza que ilustra de modo claro essa ideia. No Capítulo 16, estudamos aldeídos como a vanilina, o composto responsável pelo odor e pelo gosto maravilhoso da baunilha. Esse composto é usado em grandes quantidades nas indústrias alimentícia e de fragrâncias.

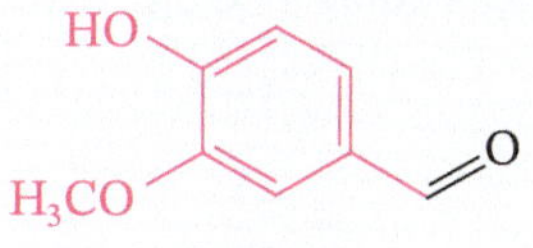

Vanilina

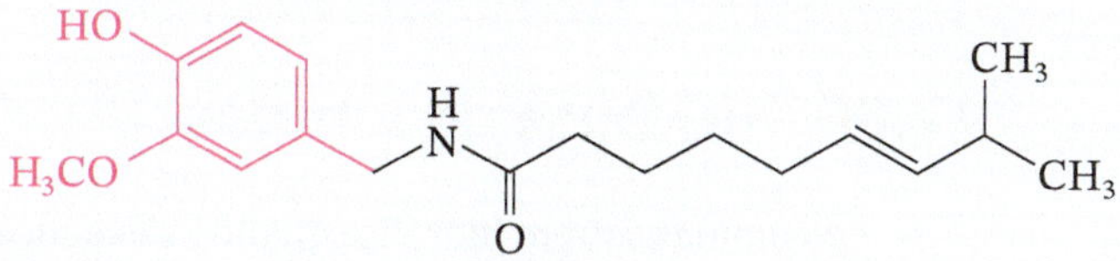

Capsaicina

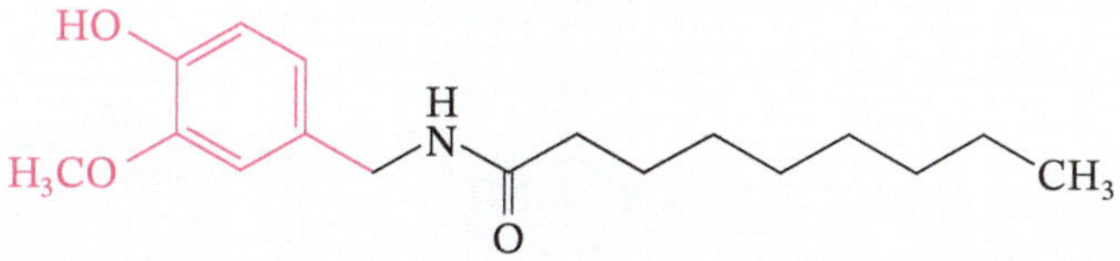

Nonivamida

Se o grupo aldeído da vanilina é trocado pelo fragmento alquila ligado por amida da capsaicina, obtemos então um produto natural encontrado em muitas pimentas. Em vez de apresentar um sabor agradável, esse composto ativa os receptores de dor em nossas bocas, enviando sinais ao cérebro que os registra como uma sensação de calor. Você provavelmente teve essa experiência se já comeu uma pimenta-jalapenho. Caso ative esses receptores de dor várias vezes, você irá ao final destruir sua eficiência, induzindo a boca a tolerar cada vez mais "calor". Todavia, a capsaicina não é de todo má. Na verdade, aplicada sobre a pele (como o ingrediente ativo no medicamento Capzasin), ela pode ajudar a modular a dor pela ativação dos receptores de dor, evitando que a pele arda ainda mais e, assim, agindo como analgésico. Curiosamente, mudanças sutis na estrutura da capsaicina podem diminuir seu impacto. Por exemplo, o produto natural nonivamida, que também é encontrado em pimentas, não tem um dos grupos metila terminais e a ligação dupla da capsaicina. Essas mudanças são pequenas, mas são suficientes para reduzir a "picância" do composto a quase a metade. A nonivamida ainda é picante o bastante, e por isso é empregada comercialmente como o ingrediente ativo em alguns *sprays* de pimenta.

PRÊMIO NOBEL

O Prêmio Nobel de Fisiologia ou Medicina de 2021 foi concedido conjuntamente a David Julius e Ardem Patapoutian por suas descobertas de receptores para temperatura e toque, trabalho em que a capsaicina desempenhou um papel fundamental.

Os principais componentes estruturais que são consistentes entre todas essas moléculas são o anel arílico, o fenol e o metil éter, que são denominados em conjunto grupo vaniloide (destacado em cor magenta em cada composto), e que é reconhecido por vários receptores críticos em todo o nosso corpo. A chave para nossa percepção da atividade resultante, seja um odor agradável seja a dor, são os átomos restantes ligados ao outro lado do anel benzênico.

Como um exemplo final desse conceito, consideremos o produto natural resiniferatoxina, um éster que provém do látex de várias espécies de cactos floridos. Embora contenha o mesmo grupo vaniloide, ele tem uma metade direita bem mais complexa. Essas mudanças estruturais produzem um composto que é mais de 1000 vezes mais potente do que a capsaicina, e que vem sendo utilizado como analgésico natural há mais de 2 mil anos.

(*continua*)

(continuação)

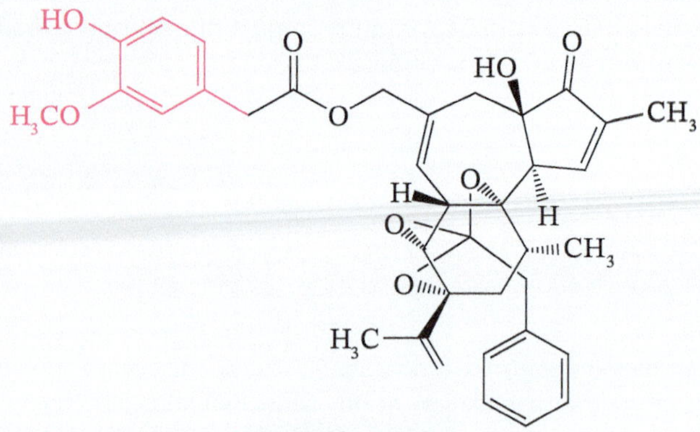

Resiniferatoxina

Para saber mais sobre esses tópicos, consulte:

1. Walpole, C. S. J. et al. *Similarities and Differences in the Structure-Activity Relationships of Capsaicin and Resiniferatoxin Anaiogues. J. Med. Chem.* **1996**, *39*, 2939–2952.
2. Nicolaou, K. C.; Montagnon, T. *Molecules that Changed the World*. Wiley-VCH: Weinheim, **2008**, p. 262.

17.8F Hidrólise de Amidas

- As amidas sofrem hidrólise quando são aquecidas com solução aquosa de um ácido ou de uma base.

Hidrólise Ácida

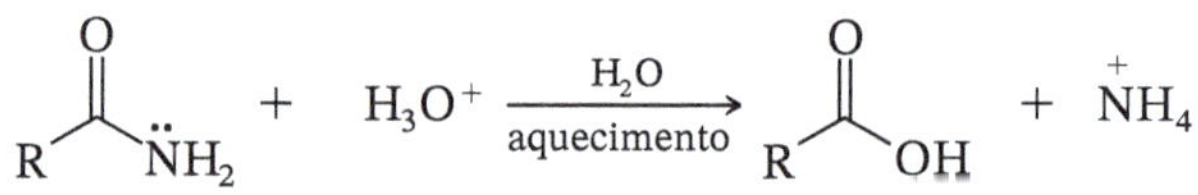

Hidrólise Básica

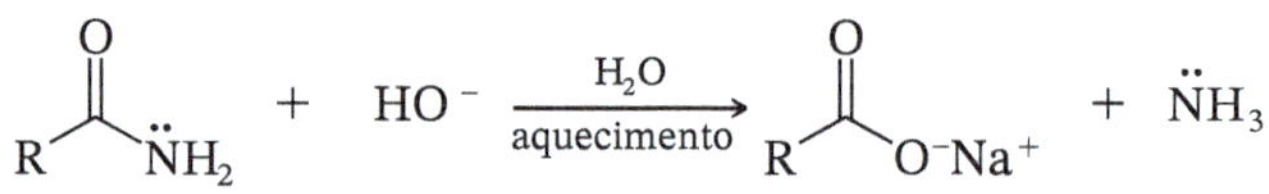

As amidas *N*-substituídas e as amidas *N,N*-dissubstituídas também sofrem hidrólise em meio aquoso ácido ou básico. A hidrólise de uma amida por qualquer dos métodos ocorre mais lentamente do que a hidrólise correspondente de um éster. Assim, as hidrólises das amidas geralmente necessitam de condições mais drásticas, envolvendo aquecimento e a presença de um ácido ou de uma base forte.

O mecanismo para a hidrólise ácida de uma amida é similar àquele mostrado na Seção 17.7A para a hidrólise ácida de um éster. A água age como um nucleófilo e ataca a amida protonada. O grupo de saída na hidrólise ácida de uma amida é a amônia (ou uma amina).

Um Mecanismo para a Reação

Hidrólise Ácida de uma Amida

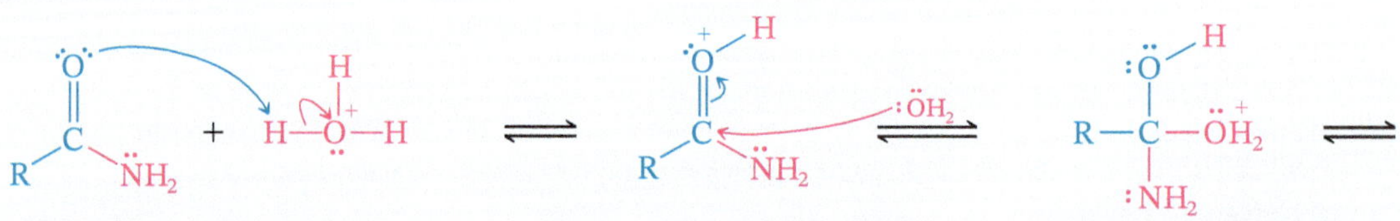

A carbonila da amida aceita um próton da solução aquosa ácida.

Uma molécula de água ataca a carbonila protonada produzindo um intermediário tetraédrico.

Um próton é perdido em um oxigênio e ganho no nitrogênio.

(continua)

(continuação)

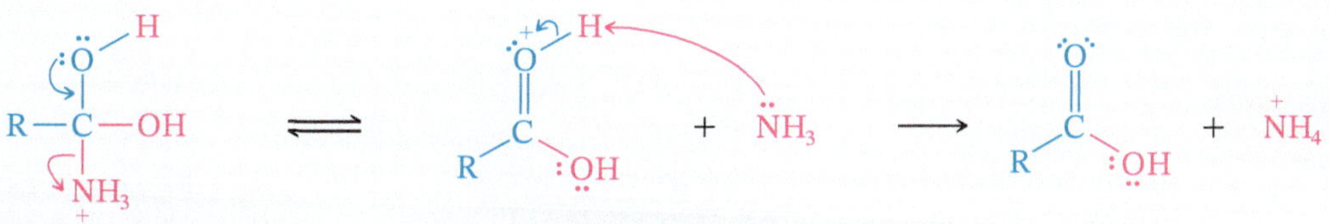

A perda de uma molécula de amônia leva à formação de um ácido carboxílico protonado.

A transferência de um próton para a amônia leva à formação do ácido carboxílico e do íon amônio.

Há evidências de que, na hidrólise básica de amidas, os íons hidróxido agem tanto como nucleófilos quanto como bases.

Um Mecanismo para a Reação

Hidrólise Básica de uma Amida

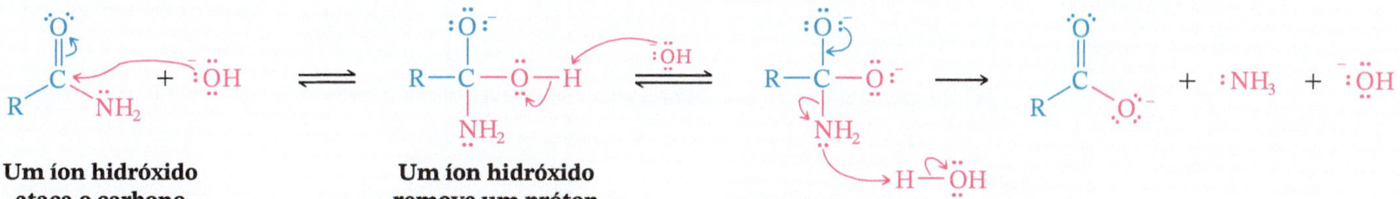

Um íon hidróxido ataca o carbono acílico da amida.

Um íon hidróxido remove um próton produzindo um diânion.

O diânion perde uma molécula de amônia (ou de uma amina); esta etapa é sincronizada com uma transferência de próton da água devido à basicidade do $^{-}NH_2$.

A hidrólise de amidas por enzimas é essencial para a digestão de proteínas. O mecanismo para a hidrólise de proteínas pela enzima quimotripsina é apresentado na Seção 24.11.

PROBLEMA DE REVISÃO 17.12

Que produtos você obtém a partir das hidrólises ácida e básica de cada uma das seguintes amidas?

(a) *N*, *N*-Dietilbenzamida

(b)

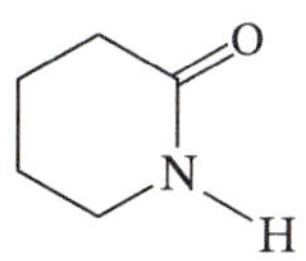

(c)

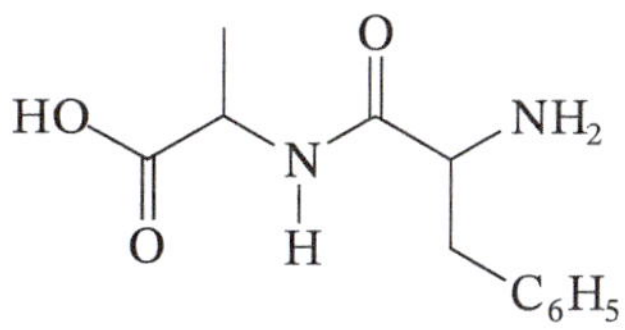

(um dipeptídeo)

17.8G Nitrilas a Partir da Desidratação de Amidas

Amidas sofrem desidratação na presença de P_4O_{10} (um composto que é normalmente chamado de pentóxido de fósforo e escrito como P_2O_5) ou com anidrido acético fervente formando nitrilas:

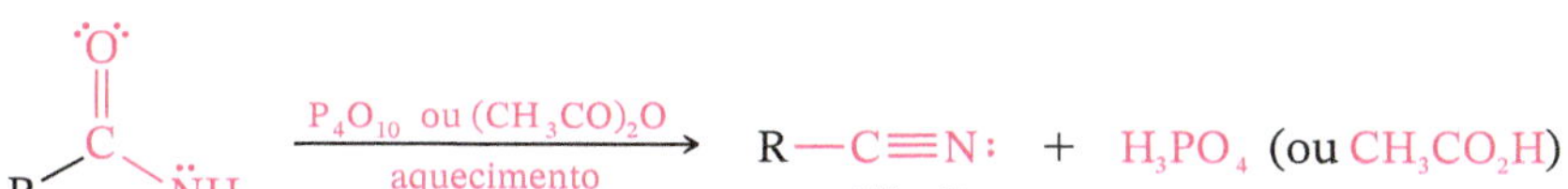

Nitrila

Este é um método sintético útil para a preparação de nitrilas que não são sintetizáveis por meio de reações de substituição nucleofílica entre haletos de alquila e o íon cianeto.

PROBLEMA RESOLVIDO 17.7

À primeira vista, a conversão de bromobenzeno a benzenonitrila parece simples – basta fazer uma substituição nucleofílica usando o íon cianeto como nucleófilo. Mas aí lembramos que o bromobenzeno não sofre tanto reações S_N1 como S_N2 (Seção 6.14A). Entretanto, a conversão pode ser realizada, embora ela envolva diversas etapas. Mostre essas possíveis etapas.

Resposta

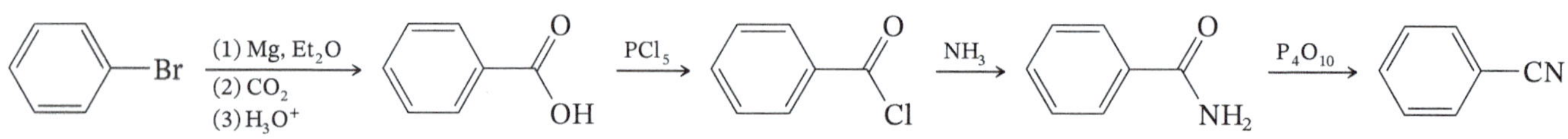

PROBLEMA DE REVISÃO 17.13

(a) Indique os reagentes necessários para realizar a seguinte transformação.

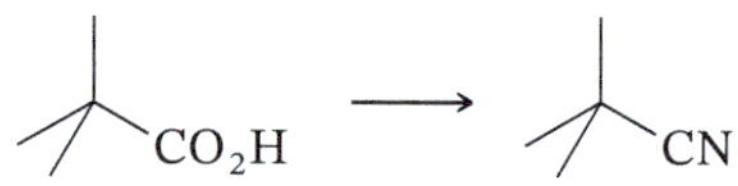

(b) Que produto você espera obter caso tente sintetizar a nitrila anterior utilizando o método visto a seguir?

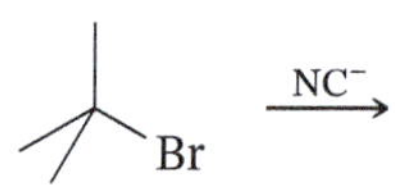

17.8H Hidrólise de Nitrilas

- As nitrilas são consideradas derivadas dos ácidos carboxílicos, porque a hidrólise completa de uma nitrila produz um ácido carboxílico ou um ânion carboxilato (Seções 16.9 e 17.3):

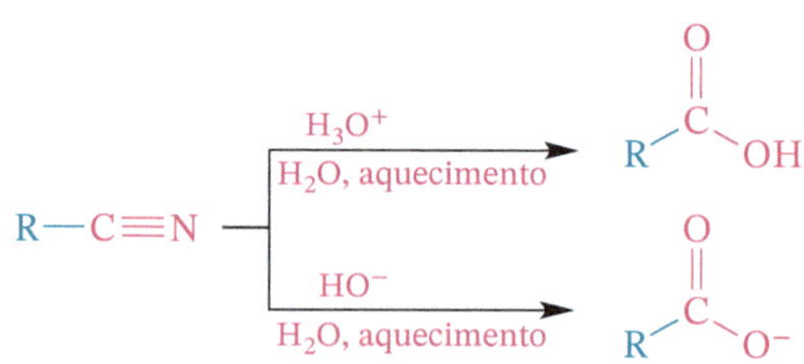

Os mecanismos para essas hidrólises são da mesma natureza daqueles para as hidrólises ácidas e básicas de amidas.

Na **hidrólise ácida** de uma nitrila (veja o mecanismo no boxe seguinte), a primeira etapa é a protonação do átomo de nitrogênio. Essa protonação (veja a sequência a seguir) realça a polarização do grupo nitrila e torna o átomo de carbono mais suscetível ao ataque nucleofílico pelo nucleófilo fraco, a água. A perda de um próton do átomo de oxigênio produz, então, uma forma tautomérica de uma amida. O ganho de um próton no átomo de nitrogênio produz uma **amida protonada** e, a partir desse ponto, as etapas são as mesmas apresentadas para a hidrólise ácida de uma amida na Seção 17.8F. Em H_2SO_4 concentrado, a reação cessa na amida protonada, representando uma maneira útil de preparar amidas a partir de nitrilas.

Um Mecanismo para a Reação

Hidrólise Ácida de uma Nitrila

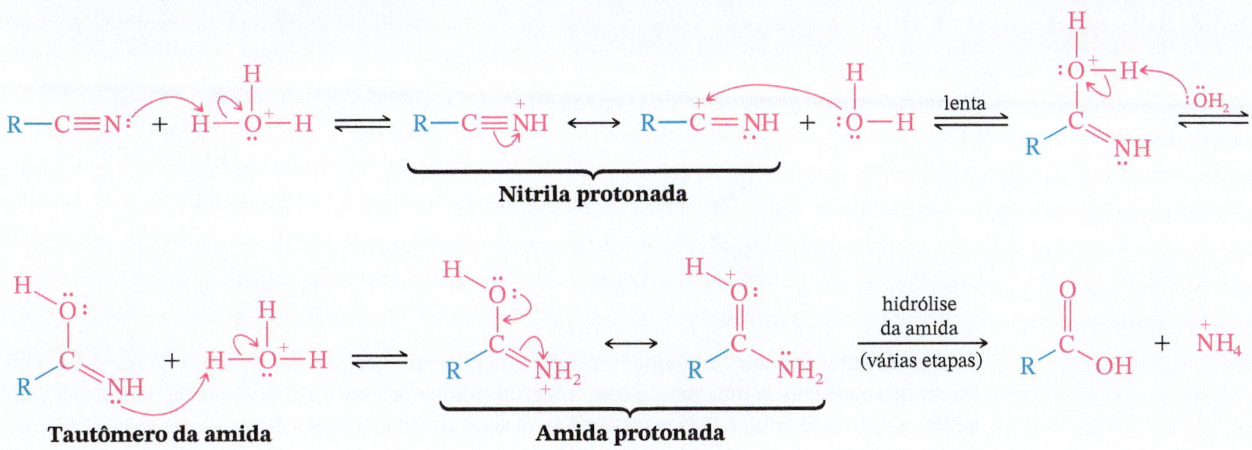

Na **hidrólise básica**, um íon hidróxido ataca o átomo de carbono da nitrila e a protonação subsequente leva ao tautômero da amida. Em seguida, o ataque pelo íon hidróxido leva à hidrólise de maneira análoga àquela para a hidrólise básica de uma amida (Seção 17.8F).

Um Mecanismo para a Reação

Hidrólise Básica de uma Nitrila

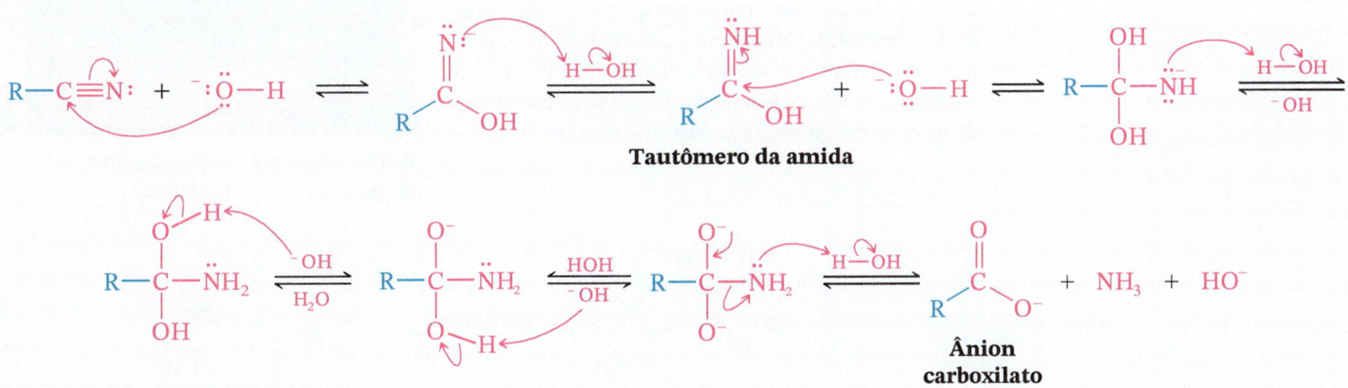

17.8I Lactamas

As amidas cíclicas são chamadas de **lactamas**. O tamanho do anel da lactama é designado por letras gregas de forma análoga à nomenclatura das lactonas (Seção 17.7C):

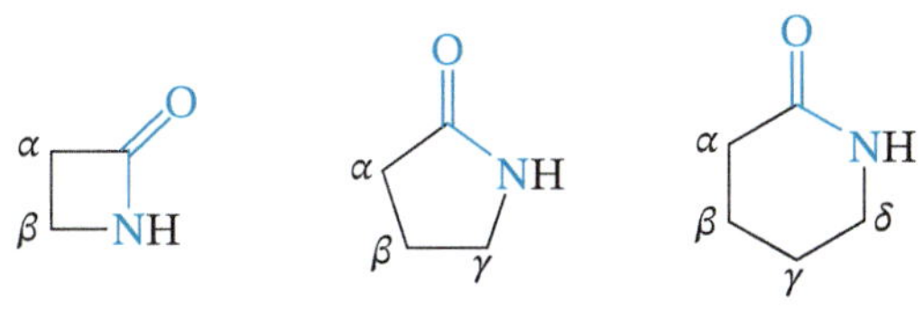

Uma β-lactama   Uma γ-lactama   Uma δ-lactama

As γ-lactamas e as δ-lactamas normalmente se formam espontaneamente a partir de γ- e δ-aminoácidos. Entretanto, as β-lactamas são altamente reativas; seus anéis tensionados de quatro membros abrem-se facilmente na presença de reagentes nucleofílicos.

A Química Biológica e Medicinal de . . . Penicilinas

Os antibióticos do grupo penicilina (veja as estruturas seguintes) contêm um anel β-lactama:

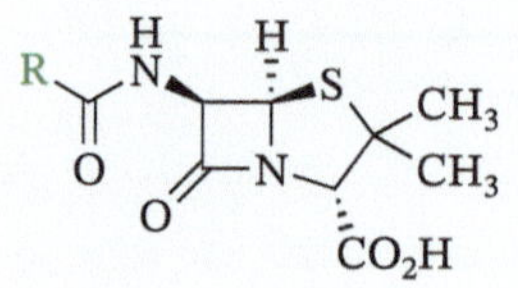

$R = C_6H_5CH_2—$ **Penicilina G**

$R = C_6H_5CH(NH_2)—$ **Ampicilina**

$R = C_6H_5OCH_2—$ **Penicilina V**

Aparentemente, as penicilinas atuam interferindo na síntese de paredes celulares de bactérias. Elas fazem isso por meio de uma reação com um grupo amino de uma enzima essencial para a rota biossintética da parede celular. Esta reação envolve a abertura de anel da β-lactama e a acilação da enzima, desativando-a.

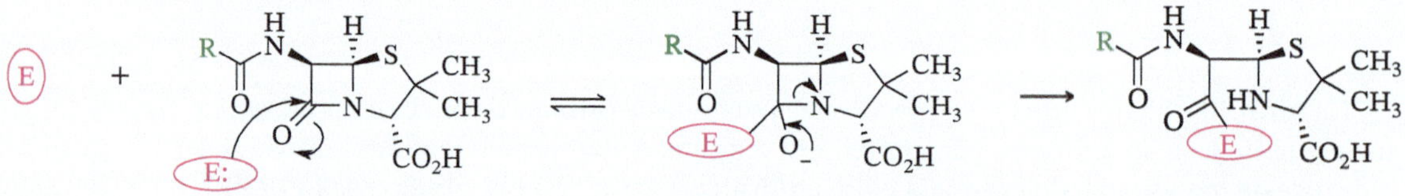

Enzima ativa **Uma penicilina** **Enzima inativa** **Enzima inativa**

A resistência das bactérias às penicilinas é um problema sério para o tratamento de infecções. As bactérias que desenvolveram resistência à penicilina produzem uma enzima chamada de penicilinase. Essa enzima hidrolisa o anel da β-lactama da penicilina, resultando no ácido peniciloico. Uma vez que o ácido peniciloico não pode atuar como um agente acilante, ele é incapaz de bloquear a síntese da parede celular das bactérias através do mecanismo mostrado anteriormente.

Alexey Rezvykh / Alamy Stock Photo

Reator em escala industrial para a preparação de um antibiótico.

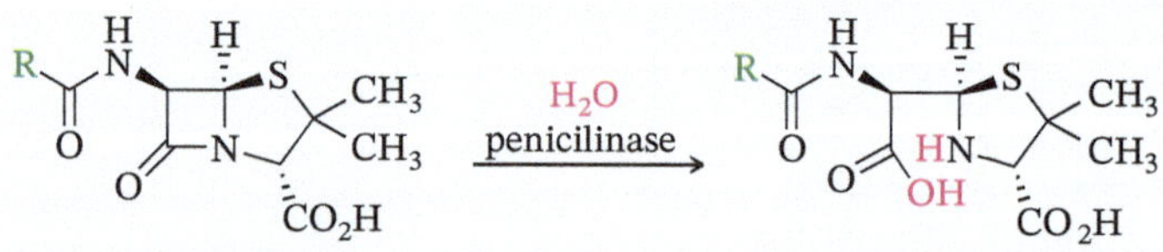

Uma penicilina **Ácido peniciloico**

17.9 Derivados de Ácido Carbônico

O ácido carbônico $HO-C(=O)-OH$ é um composto instável que se decompõe espontaneamente produzindo dióxido de carbono e água e, portanto, não pode ser isolado. No entanto, muitos cloretos de acila, ésteres e amidas que são derivados do ácido carbônico são compostos estáveis que têm importantes aplicações.

O dicloreto de carbonila (ClCOCl), um composto altamente tóxico que é também chamado *fosgênio*, pode ser imaginado como o cloreto de diacila do ácido carbônico. O dicloreto de carbonila reage através de adição nucleofílica–eliminação com dois equivalentes molares de um álcool produzindo um **carbonato de dialquila**:

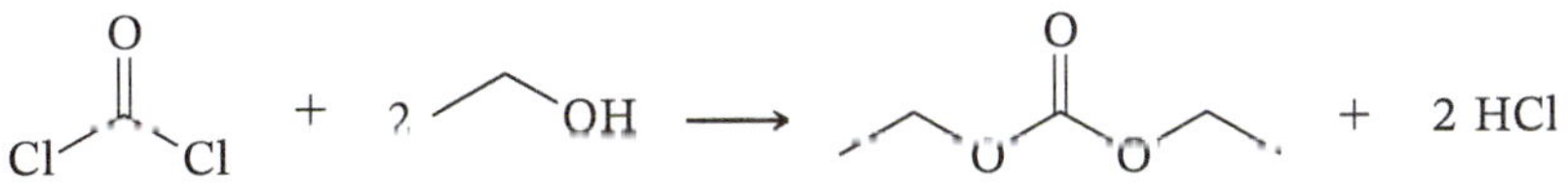

Dicloreto de carbonila **Carbonato de dietila**

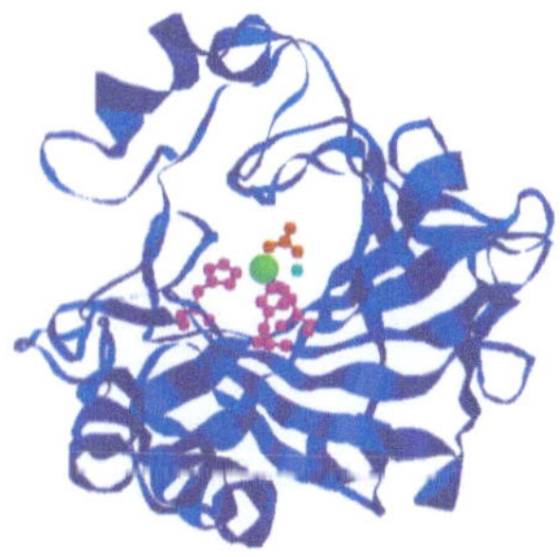

Anidrase carbônica

A anidrase carbônica é uma enzima que realiza a interconversão de água e dióxido de carbono com ácido carbônico. Um diânion carbonato está indicado em vermelho em meio à estrutura da anidrase carbônica.

Uma amina terciária é normalmente adicionada à reação para neutralizar o cloreto de hidrogênio que é produzido.

O dicloreto de carbonila reage com a amônia produzindo **ureia** (Seção 1.1C):

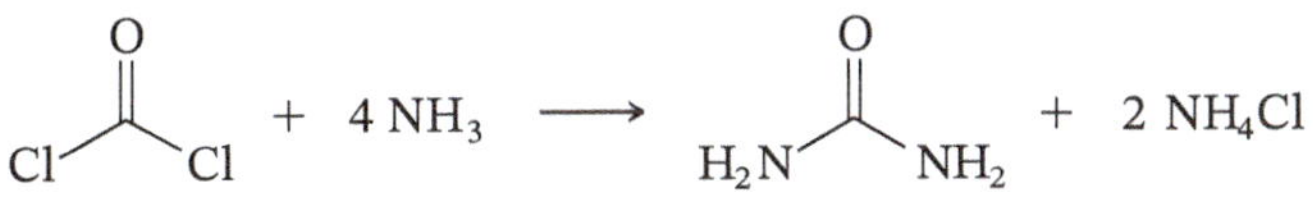

A ureia é o produto final do metabolismo de compostos contendo nitrogênio na maioria dos mamíferos, e é excretada na urina.

17.9A Cloroformiatos de Alquila e Carbamatos de Alquila (Uretanas)

O tratamento de dicloreto de carbonila com um equivalente molar de um álcool leva à formação de um cloroformiato de alquila:

Cloroformiato de alquila

Exemplo Específico

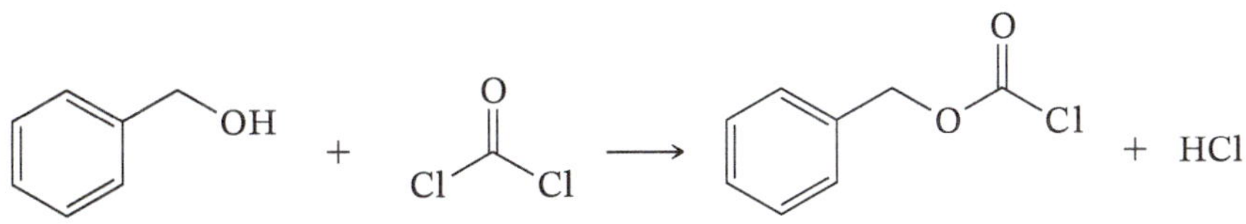

Cloroformiato de benzila

Os cloroformiatos de alquila reagem com amônia ou aminas produzindo compostos chamados de *carbamatos* ou *uretanas*:

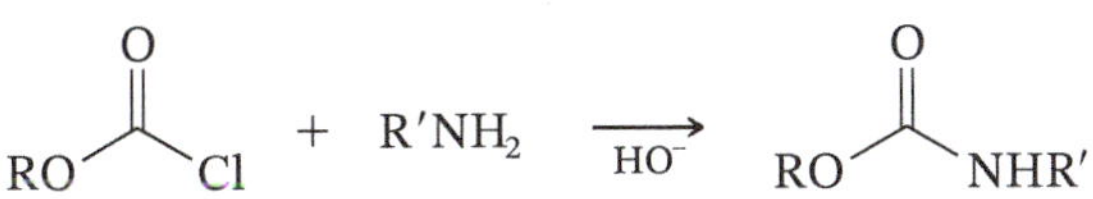

Um carbamato (ou uretana)

O cloroformiato de benzila é usado para inserir um grupo protetor (bloqueador) em uma amina, chamado de grupo benziloxicarbonila. Veremos na Seção 24.7A como esse grupo protetor é utilizado na síntese de peptídeos e proteínas. Uma vantagem do grupo benziloxicarbonila é que ele pode ser removido sob condições brandas. O tratamento do derivado de benziloxicarbonila com hidrogênio e um catalisador ou com HBr frio em ácido acético remove o grupo protetor:

Proteção

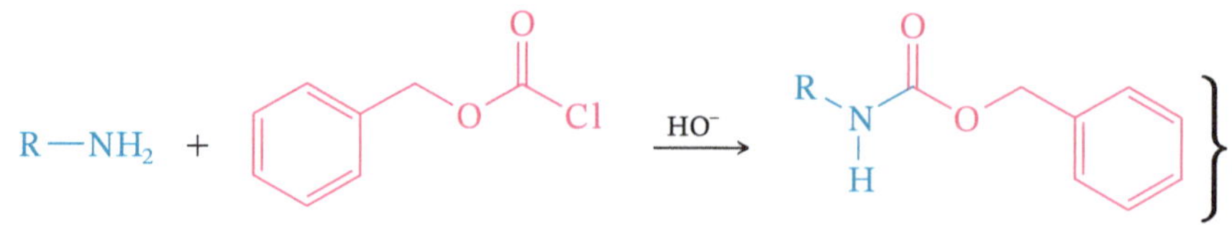

Amina protegida

Desproteção

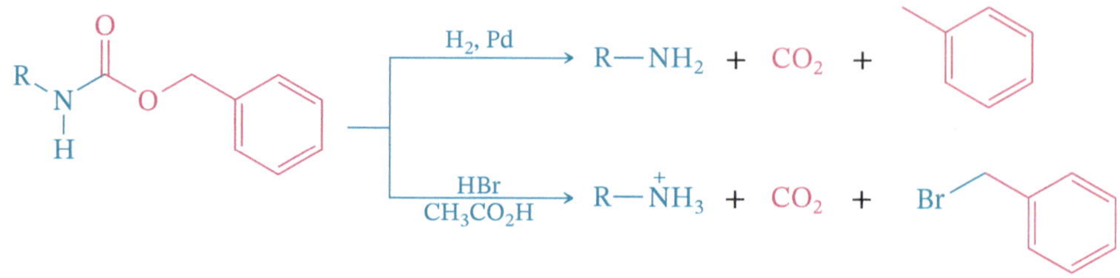

Os carbamatos também podem ser sintetizados deixando-se que um álcool reaja com um isocianato, R—N═C═O. A reação é um exemplo de adição nucleofílica ao carbono acílico:

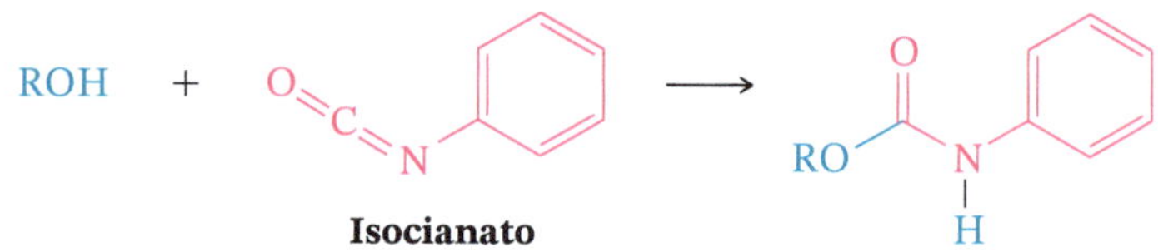

Isocianato de fenila

Este método é utilizado para sintetizar polímeros de poliuretano, uma das classes mais importantes de polímeros industriais. Veja a Seção 17.11. O inseticida *Sevin* é um carbamato produzido quando o 1-naftol reage com isocianato de metila:

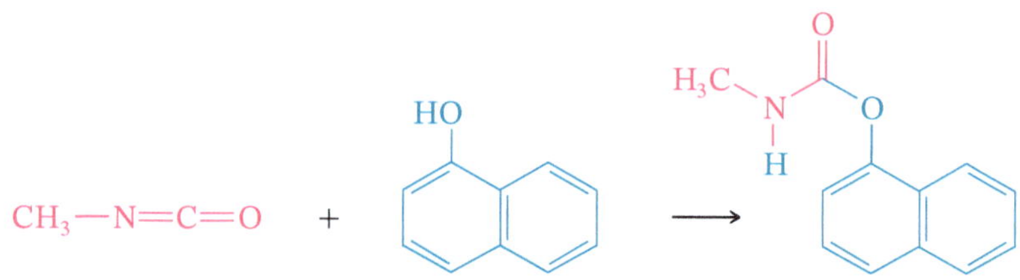

Isocianato de metila **1-Naftol** **Sevin**

Um trágico acidente ocorrido em Bhopal, na Índia, em 1984 foi provocado pelo vazamento de isocianato de metila de uma fábrica. O isocianato de metila é um gás altamente tóxico, e mais de 1800 pessoas que viviam perto da fábrica morreram.

PROBLEMA DE REVISÃO 17.14

Escreva as estruturas para os produtos das seguintes reações:

(a) $C_6H_5CH_2OH + C_6H_5N{=}C{=}O \longrightarrow$

(b) $ClCOCl + CH_3NH_2$ (excesso) $\longrightarrow$

(c) Glicina $(H_3\overset{+}{N}CH_2CO_2^-) + C_6H_5CH_2OCOCl \xrightarrow{HO^-}$

(d) Produto de (c) $+ H_2$, Pd $\longrightarrow$

(e) Produto de (c) + HBr (a frio), $CH_3CO_2H \longrightarrow$

(f) Ureia $+ HO^-$, H_2O, aquecimento

Os derivados do ácido carbônico se decompõem para liberar dióxido de carbono quando um grupo hidroxila é um dos grupos ligados à carbonila. Os compostos que se decompõem dessa forma incluem o próprio ácido carbônico e derivados como os mostrados a seguir. O grupo diferente da hidroxila serve como grupo de saída.

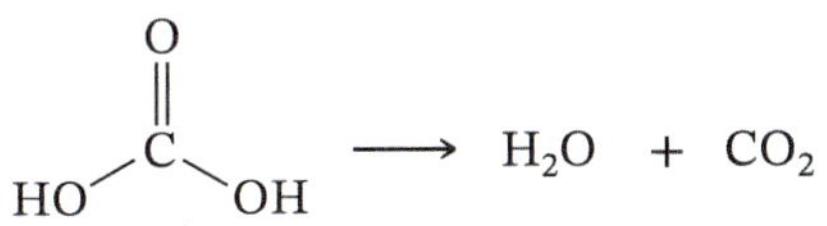

Ácido carbônico (instável)

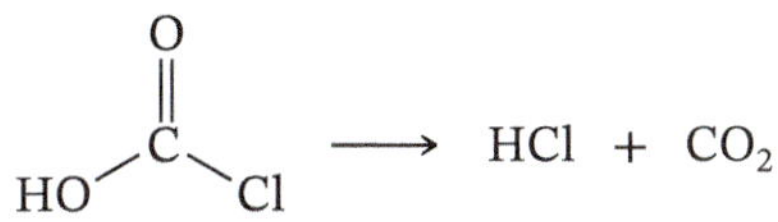

Ácido clorofórmico (instável)

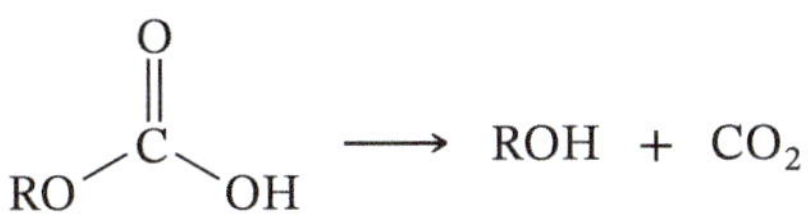

Hidrogenocarbamato (instável)

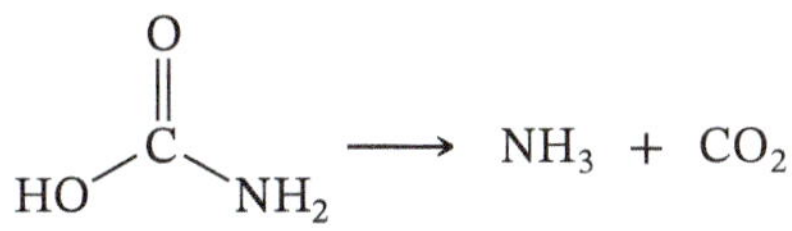

Ácido carbâmico (instável)

17.10 Descarboxilação de Ácidos Carboxílicos

A reação na qual um ácido carboxílico perde CO_2 é chamada de **descarboxilação**:

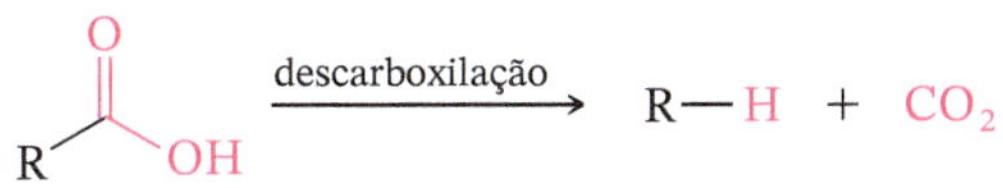

Apesar de a estabilidade anômala do dióxido de carbono significar que a descarboxilação da maioria dos ácidos é exotérmica, na prática, a reação nem sempre é fácil de realizar porque ela é muito lenta. Grupos especiais normalmente têm de estar presentes na molécula para que a descarboxilação seja rápida o suficiente para ser sinteticamente útil.

- Os ácidos carboxílicos cujas moléculas têm um grupo carbonila no segundo átomo de carbono depois do grupo carboxila são chamados **β-cetoácidos**, e sofrem prontamente descarboxilação quando são aquecidos a 100–150 °C. Alguns β-cetoácidos sofrem lenta descarboxilação até mesmo à temperatura ambiente.

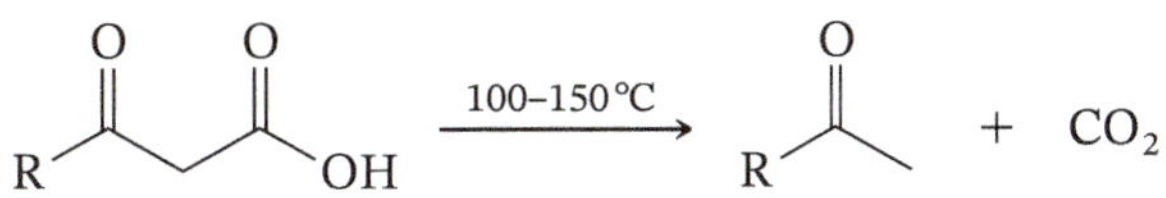

Um β-cetoácido

Existem duas razões para essa facilidade de descarboxilação:

1. Quando um ácido carboxílico neutro sofre descarboxilação, essa reação pode se processar por meio de um estado de transição cíclico de seis membros:

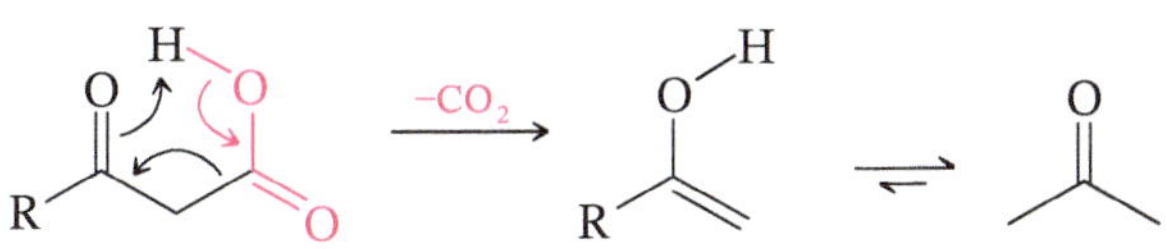

β-cetoácido **Enol** **Cetona**

   Esta reação produz um enol (alqu**en**o-álco**ol**) diretamente e evita um intermediário aniônico. O enol, então, tautomeriza-se em uma metilcetona.

2. Quando um sal carboxilato sofre descarboxilação, ele forma um ânion estabilizado por ressonância:

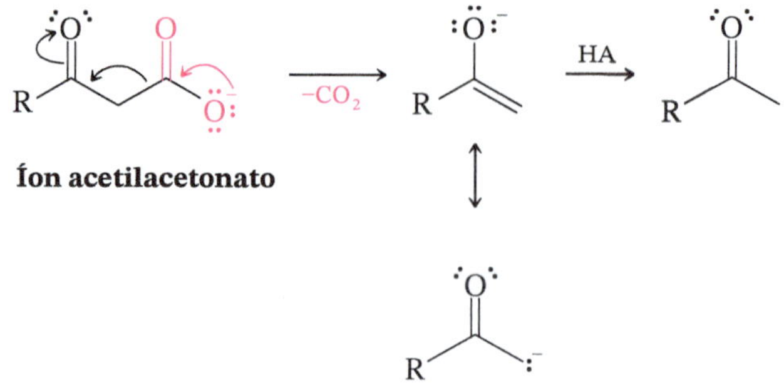

Íon acetilacetonato

Ânion estabilizado por ressonância

Um ânion adjacente a um grupo carbonila, conhecido como enolato, é muito mais estável que $RCH_2:^-$ na ausência de um grupo carbonila. Estudaremos os enolatos no Capítulo 18.

PROBLEMA RESOLVIDO 17.8

Forneça as estruturas de **A** e **B**.

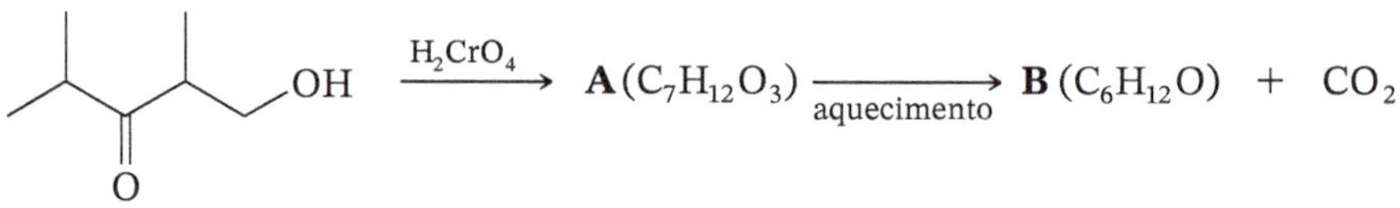

Estratégia e Resposta

O H_2CrO_4 oxida um álcool primário a ácido carboxílico, o que é consistente com a fórmula fornecida para **A**. Como **A** é um ácido β-cetocarboxílico, ele sofre descarboxilação sob aquecimento, produzindo **B**.

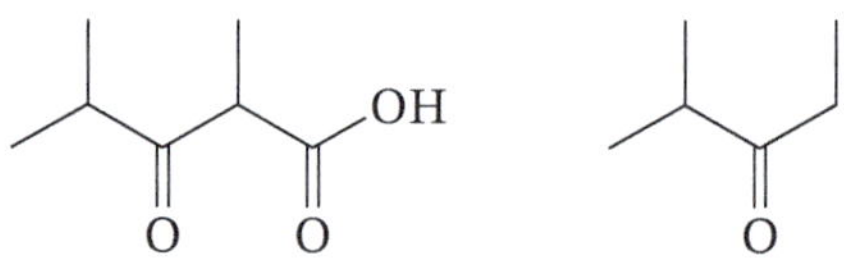

A **B**

Os ácidos β-dicarboxílicos (ácidos 1,3-dicarboxílicos, também chamados de ácidos malônicos) são prontamente descarboxilados pelas mesmas razões vistas para os β-cetoácidos.

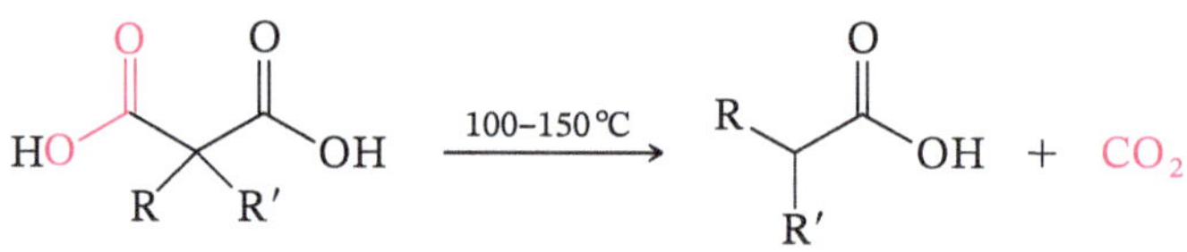

Um ácido β-dicarboxílico

Os ácidos β-dicarboxílicos sofrem descarboxilação tão facilmente que eles reagem dessa forma em vez de formarem anidridos cíclicos (Seção 17.6A).

Veremos nas Seções 18.6 e 18.7 como a descarboxilação dos β-cetoácidos e dos ácidos malônicos é uma reação sinteticamente útil.

17.10A Descarboxilação de Radicais Carboxila

Embora os ânions carboxilato não se descarboxilem facilmente, os radicais carboxila o fazem. Eles descarboxilam perdendo CO_2 e produzindo radicais de carbono. Um exemplo é a descarboxilação de um peróxido de diacila quando ele se decompõe para iniciar uma reação radicalar. (Seção 10.11 e Problema 17.16.)

$$RCO_2\cdot \longrightarrow R\cdot + CO_2$$

PROBLEMA DE REVISÃO 17.15

Utilizando reações de descarboxilação, proponha uma síntese para cada um dos seguintes compostos a partir dos materiais de partida apropriados:

(a) 2-Hexanona

(b) Ácido 2-metilbutanoico

(c) Ciclo-hexanona

(d) Ácido pentanoico

PROBLEMA DE REVISÃO 17.16

Os peróxidos de diacila, 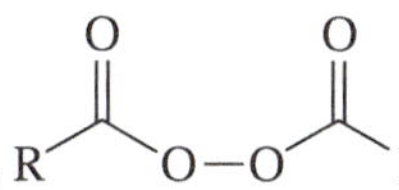 R, decompõem-se prontamente quando aquecidos.

(a) Que fator explica essa instabilidade?

(b) A decomposição de um peróxido de diacila produz CO_2. Como ele é formado?

(c) Os peróxidos de diacila são frequentemente utilizados para iniciar reações via radicais livres, como na polimerização de um eteno. Mostre as etapas envolvidas.

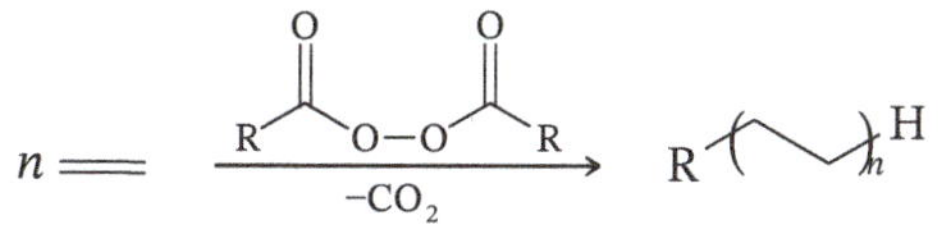

17.11 Poliésteres e Poliamidas: Polímeros de Crescimento em Etapas

Vimos na Seção 17.7A que os ácidos carboxílicos reagem com álcoois produzindo ésteres.

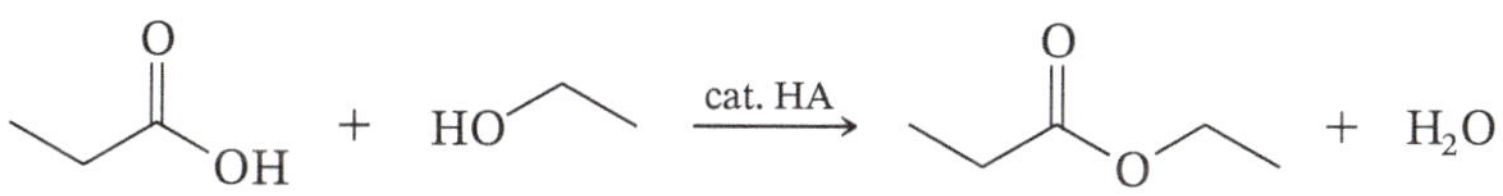

Ácido carboxílico **Álcool** **Éster**

De modo similar, os derivados de ácidos carboxílicos (L é um grupo de saída) reagem com aminas (Seção 17.8) produzindo amidas.

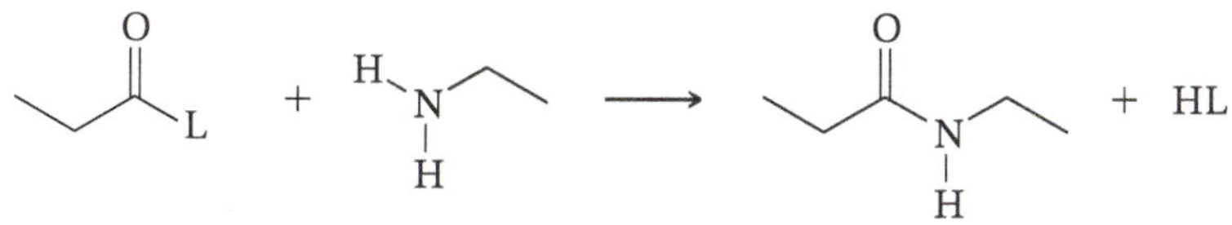

Derivado do ácido carboxílico **Amina** **Amida**

Em cada reação os dois reagentes unem-se com perda de uma molécula pequena. Reações desse tipo são comumente denominadas **reações de condensação.**

Reações de condensação similares começando com ácidos dicarboxílicos e dióis ou diaminas podem ser empregadas para produzir polímeros que são, respectivamente, **poliésteres** ou **poliamidas**. Esses polímeros são chamados de **polímeros de crescimento em etapas**. [Lembre-se de que, na Seção 10.11, estudamos outro grupo de polímeros chamados **polímeros de crescimento em cadeia** (também chamados **polímeros de adição**), que são formados a partir de radicais que sofrem reações em cadeia.]

- **Poliésteres.** Quando um ácido dicarboxílico reage com um diol sob condições apropriadas o produto é um poliéster. Por exemplo, a reação do ácido 1,4-benzenodicarboxílico (ácido tereftálico) com 1,2-etanodiol leva à formação dos poliésteres familiares conhecidos como Dacron, Terelene ou Mylar. Na nomenclatura sistemática, eles são denominados poli(tereftalato de etileno).

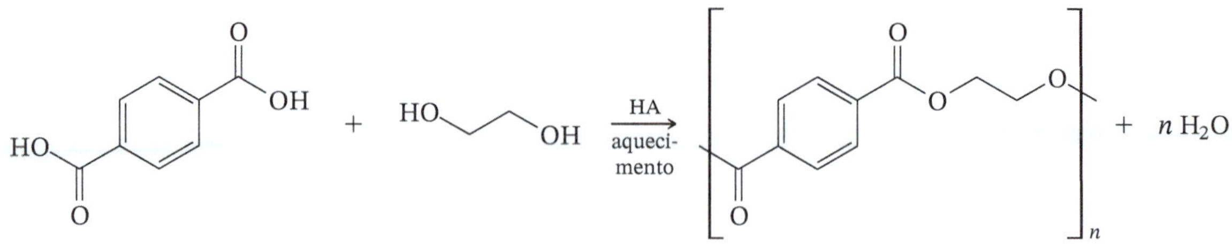

Ácido tereftálico **1,2-Etanodiol** **Poli(tereftalato de etileno) (um poliéster)**

- **Poliamidas.** Quando um ácido dicarboxílico, um cloreto de ácido ou um anidrido reage com uma diamina sob condições apropriadas, o produto é uma poliamida. Por exemplo, o ácido 1,6-hexanodioico (ácido adípico) pode reagir com 1,6-hexanodiamina sob aquecimento em um processo industrial, produzindo uma poliamida familiar chamada de náilon. Esse produto é chamado de náilon 6,6 porque ambos os componentes do polímero contêm seis átomos de carbono. Outros náilons podem ser preparados de modo similar.

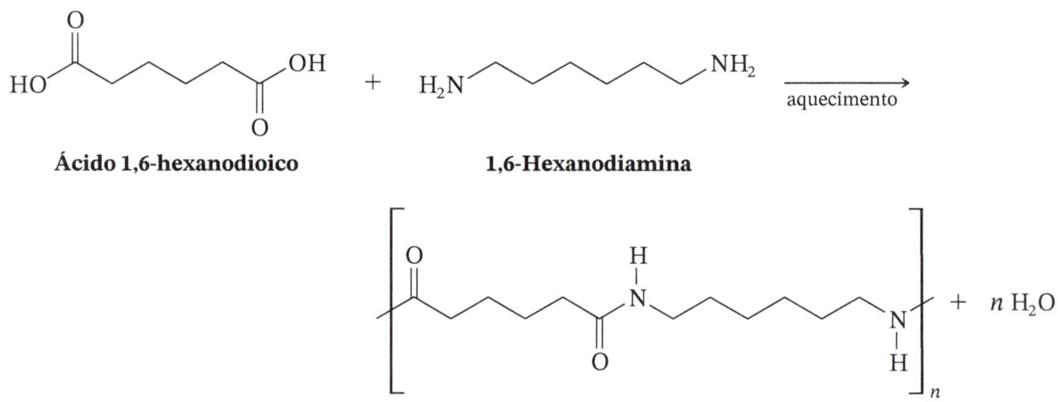

Ácido 1,6-hexanodioico **1,6-Hexanodiamina**

Náilon 6,6
(Uma poliamida)

- **Poliuretanos.** Poliuretanos são usados para produzir roupas, materiais de construção e muitos outros produtos comerciais. Geralmente são produzidos a partir da reação de um *diol* com um *di-isocianato*. O diol é normalmente um poliéster com grupos terminais —CH_2OH. O di-isocianato é geralmente o 2,4-di-isocianato de tolueno:*

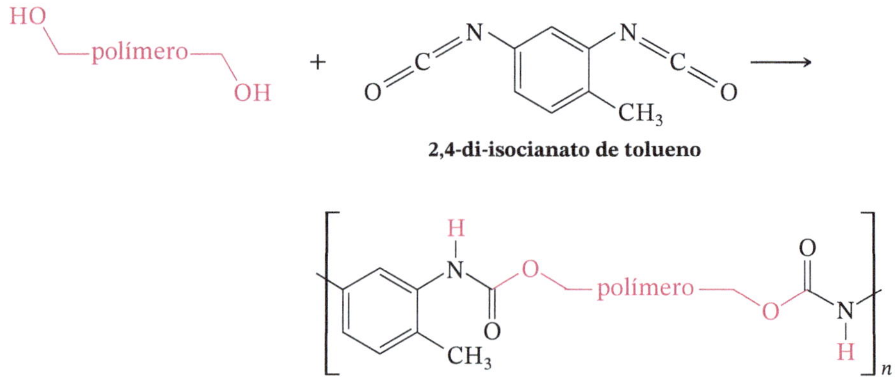

2,4-di-isocianato de tolueno

Um poliuretano

*Tolueno 2,4-di-isocianato é um produto químico perigoso que causou problemas respiratórios agudos entre trabalhadores que sintetizam poliuretanos.

17.12 Resumo das Reações de Ácidos Carboxílicos e Seus Derivados

As reações de ácidos carboxílicos e seus derivados estão resumidas aqui. Muitas das reações neste resumo (mas nem todas) são reações de substituição no carbono acílico (elas são principalmente as reações que servem como referência para as Seções 17.5 em diante). À medida que utilizar este resumo, você achará útil revisar também a Seção 17.4, que apresenta o mecanismo geral de adição nucleofílica–eliminação para a substituição no carbono acílico. É instrutivo relacionar aspectos das reações de substituição no carbono acílico específicas a seguir a esse mecanismo geral. Em alguns casos, estão também envolvidas etapas de transferência de próton, como aquelas para produzir um grupo de saída mais adequado por meio de uma protonação prévia, ou para transferir um próton para uma base mais forte em algum ponto em uma reação; todavia, em todas as transferências de acila, as etapas-chave de adição nucleofílica–eliminação são identificáveis.

Reações de Ácidos Carboxílicos

1. Como ácidos (discutidas nas Seções 3.11 e 17.2C):

2. Redução (discutida na Seção 12.3):

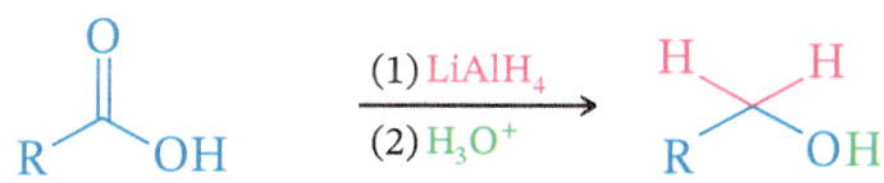

3. Conversão a cloretos de acila (discutida na Seção 17.5):

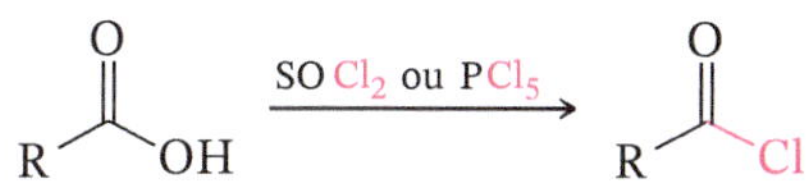

4. Conversão a ésteres (esterificação de Fischer) ou lactonas (discutida na Seção 17.7A):

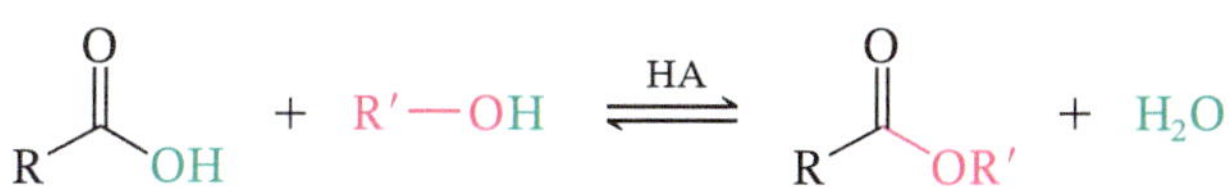

5. Conversão a amidas, por meio de um cloreto de ácido (discutida nas Seções 17.5 e 17.8B):

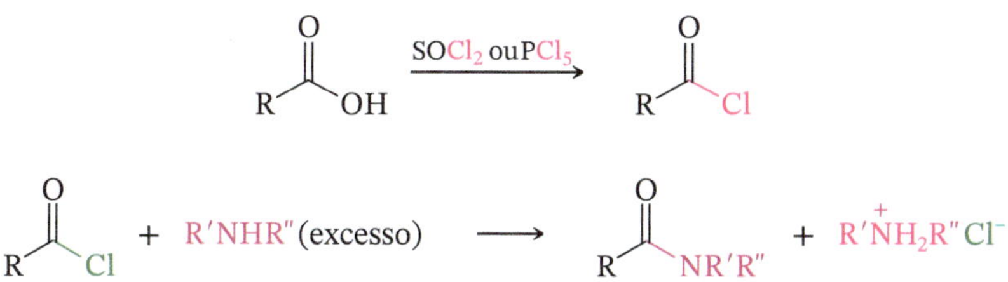

R′ e/ou R″ pode ser H.

6. Descarboxilação (discutida na Seção 17.10):

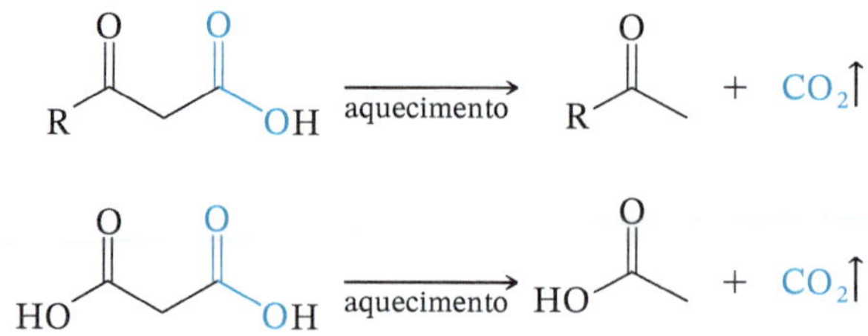

Reações de Cloretos de Acila

1. Conversão (hidrólise) a ácidos (discutida na Seção 17.5B):

2. Conversão a anidridos (discutida na Seção 17.6A):

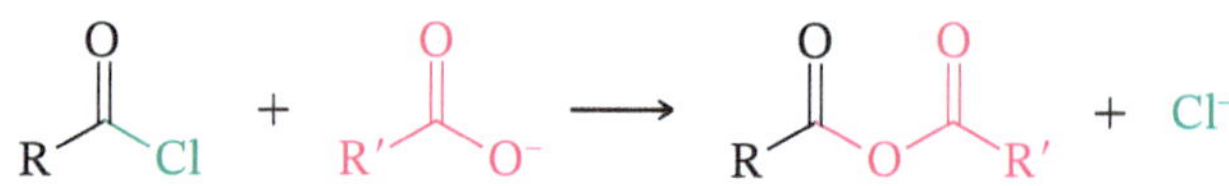

3. Conversão a ésteres (discutida na Seção 17.7A):

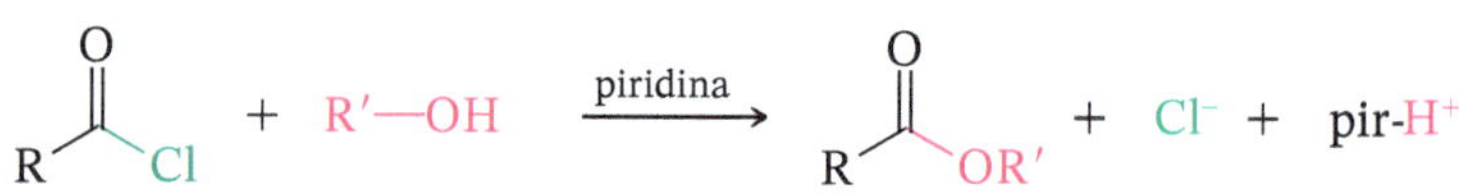

4. Conversão a amidas (discutida na Seção 17.8B):

R′ e/ou R″ pode ser H.

5. Conversão a cetonas (acilação de Friedel–Crafts, Seções 15.6B a 15.7):

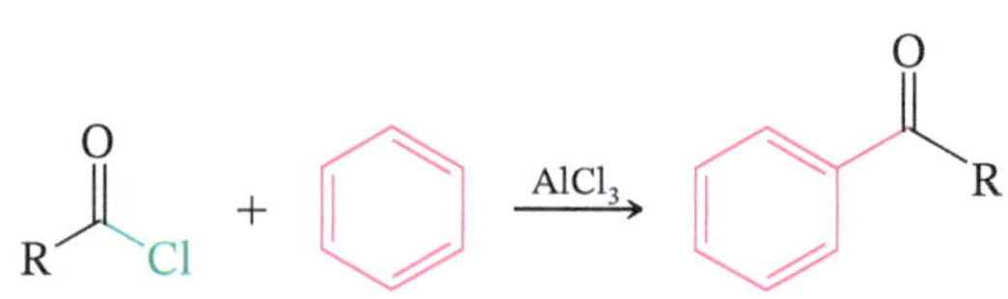

6. Conversão a aldeídos (discutida na Seção 16.4C):

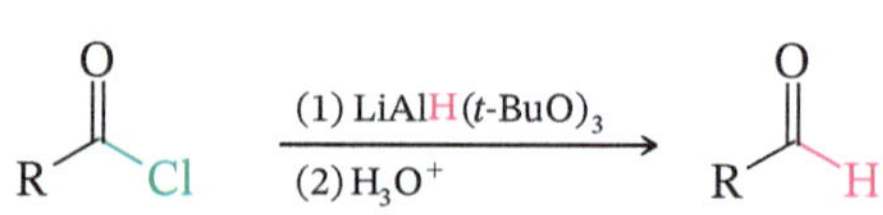

Reações de Anidridos de Ácidos

1. Conversão (hidrólise) a ácidos (discutida na Seção 17.6B):

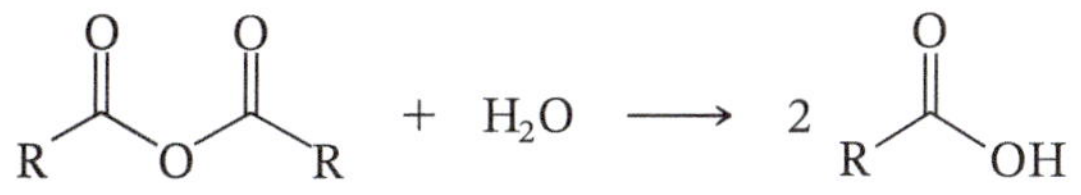

2. Conversão a ésteres (discutida nas Seções 17.6B e 17.7A):

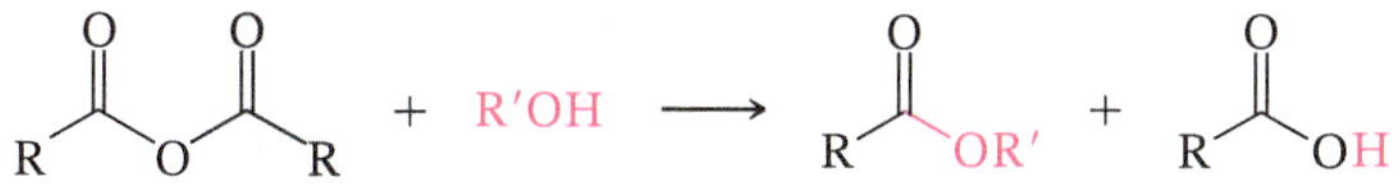

3. Conversão a amidas (discutida na Seção 17.8C):

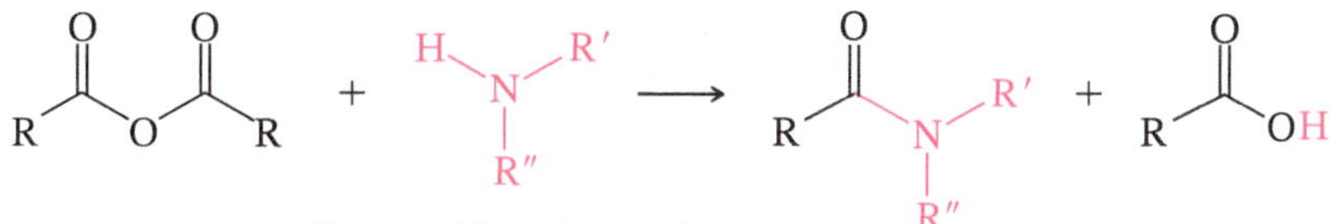

R′ e/ou R″ pode ser H.

4. Conversão a aril cetonas (acilação de Friedel–Crafts, Seções 15.6B a 15.7):

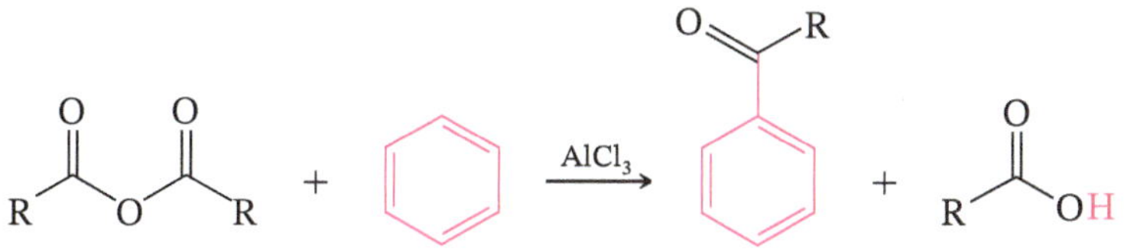

Reações de Ésteres

1. Hidrólise (discutida na Seção 17.7B):

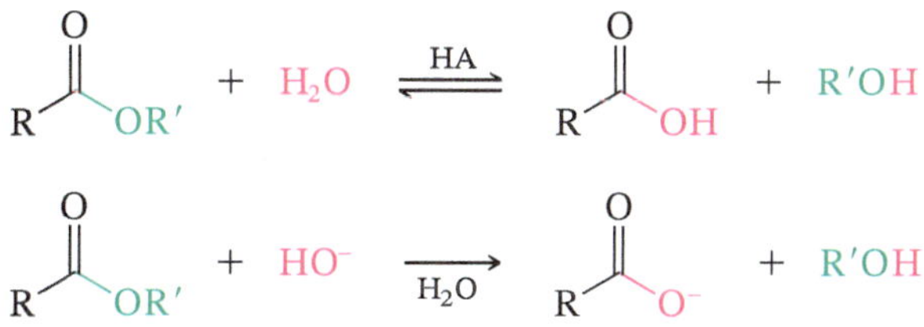

2. Conversão a outros ésteres: transesterificação (discutida no Problema de Revisão 17.9):

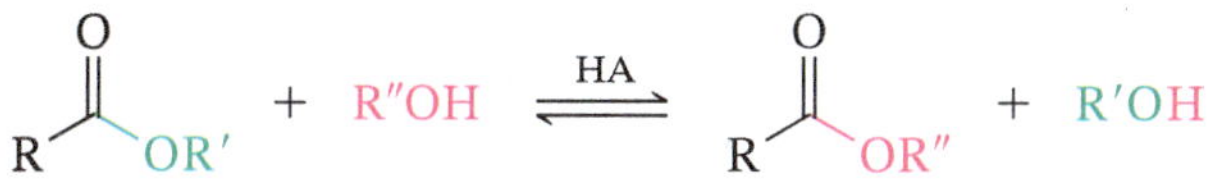

3. Conversão a amidas (discutida na Seção 17.8D):

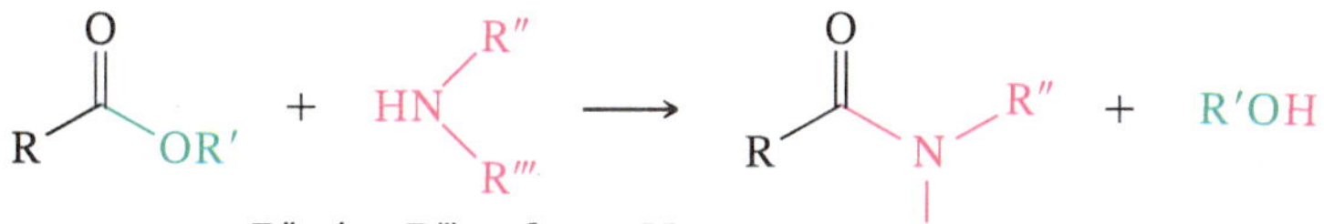

R″ e/ou R‴ pode ser H.

4. Reação com reagentes de Grignard (discutida na Seção 12.8):

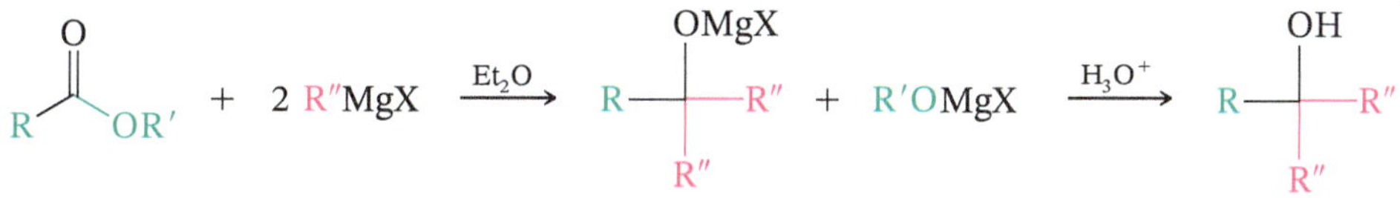

5. Redução (discutida na Seção 12.3):

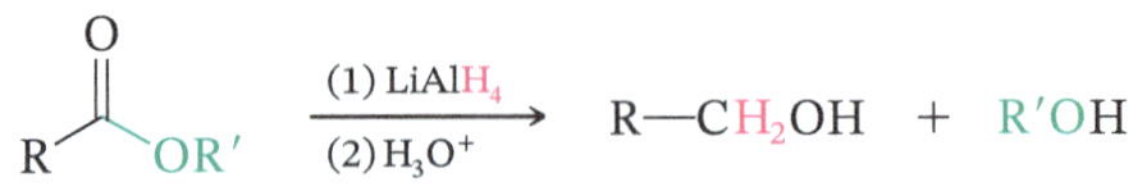

Reações de Amidas

1. Hidrólise (discutida na Seção 17.8F):

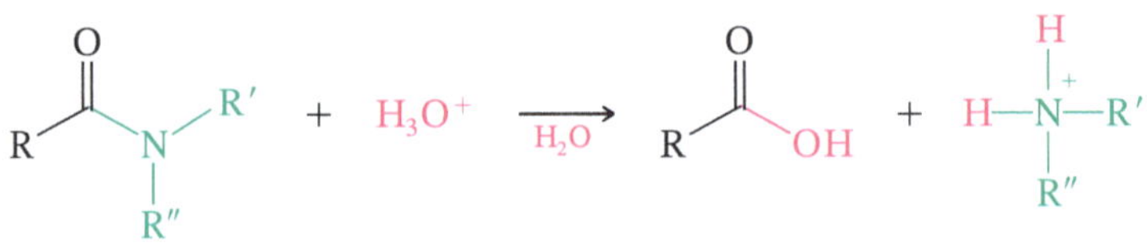

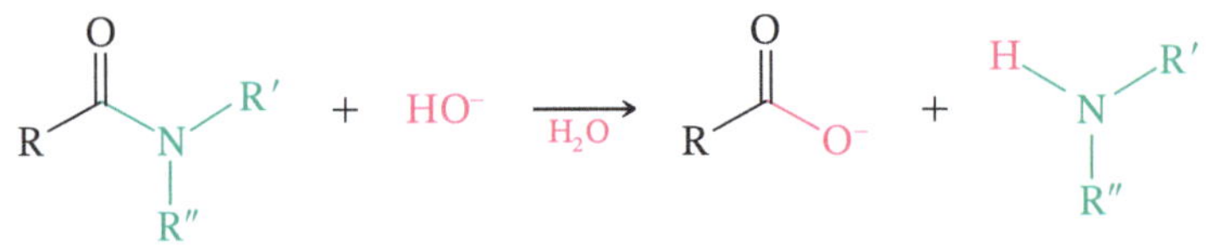

R, R′ e/ou R″ pode ser H.

2. Conversão a nitrilas: desidratação (discutida na Seção 17.8G):

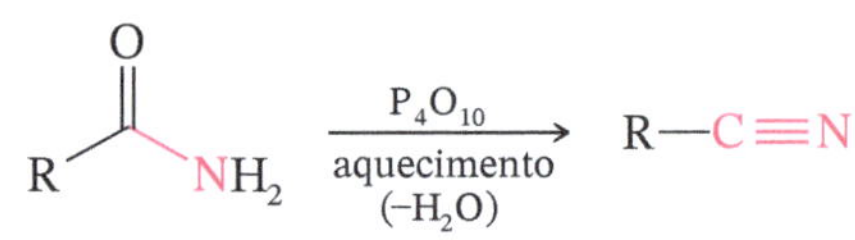

Reações de Nitrilas

1. Hidrólise a um ácido carboxílico ou ânion carboxilato (Seção 17.8H):

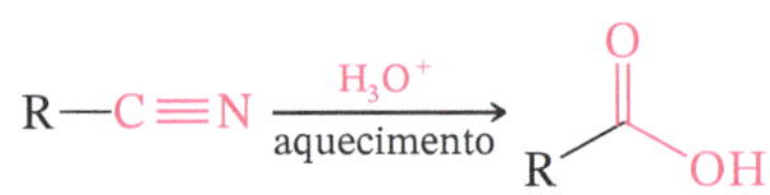

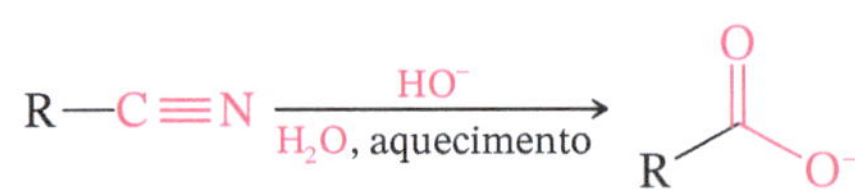

2. Redução a um aldeído com $(i\text{-Bu})_2AlH$ (DIBAL-H, Seção 16.4C):

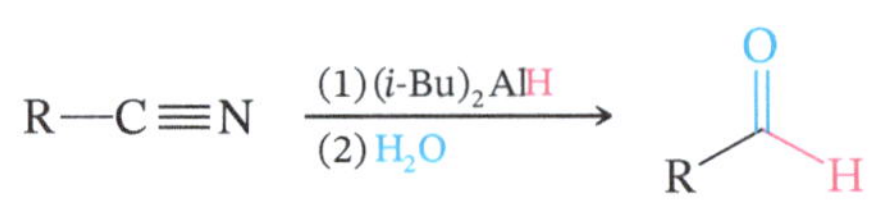

3. Conversão a uma cetona por meio de um reagente de Grignard ou organolítio (Seção 16.5B):

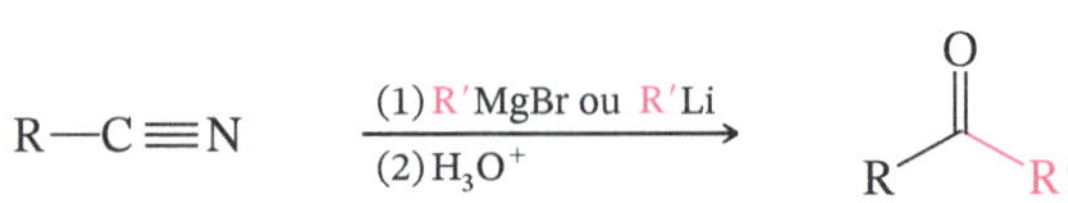

Por que Esses Tópicos São Importantes?

Construção da Singular Amida Tensionada das Penicilinas

O ditado de que a necessidade faz o sapo pular frequentemente se mostra verdadeiro para os químicos orgânicos, principalmente quando estão tentando sintetizar estruturas singulares. Na verdade, os esforços para fazer com que ligações particulares se formem na presença de muitos grupos potencialmente reativos frequentemente requerem o desenvolvimento de reagentes novos e mais seletivos. Esse foi o caso das penicilinas, uma família de moléculas, cuja determinação estrutural foi discutida ao final do Capítulo 9 e cujas estruturas singulares de lactamas foram apresentadas anteriormente neste capítulo.

Em 1945, o ano em que suas estruturas finalmente foram estabelecidas, os químicos conheciam diversas maneiras de produzir amidas, inclusive o uso de haletos de ácidos e aminas através de reações de substituição nucleofílica no carbono acílico que você aprendeu neste capítulo. No entanto, nenhum dos processos conhecidos foi brando o suficiente para permitir a formação da ligação necessária dentro de um sistema altamente tensionado porque eles geram subprodutos ácidos e/ou exigem temperaturas elevadas que podem facilmente romper uma ligação assim tão frágil. De fato, conforme observou John C. Sheehan, do MIT, que finalmente resolveu o problema, tentar moldar tal amida utilizando os métodos disponíveis à época, era "tentar consertar um relógio fino com um martelo e uma bigorna de ferreiro". Na verdade, é a mesma labilidade e tensão em seus anéis lactâmicos que, conforme mencionado anteriormente em "A Química Biológica e Medicinal de... Penicilinas", é a base para como esses antibióticos agem e como a resistência bacteriana se desenvolveu em torno deles.

O que se precisava quimicamente era a capacidade de transformar um ácido carboxílico em uma nova espécie ativada para substituição nucleofílica no carbono acílico e realizar sua fusão com uma amina, a baixas temperaturas e pH neutro; caso contrário, a ligação de amida tensionada simplesmente teria uma hidrólise de volta ao ácido carboxílico e amina iniciais. Finalmente, Sheehan e sua equipe de pesquisa levaram uma década para encontrar uma solução na forma do reagente diciclo-hexilcarbodi-imida (DCC), apresentado na Seção 17.8E. A importância da descoberta não pôde ser compreendida. Ela não apenas permitiu a produção de penicilina em maiores quantidades, como também possibilitou aos químicos a criação de novos análogos de penicilinas, como a meticilina, os quais possuem propriedades superiores e/ou distintas das estruturas originais encontradas na natureza. Ela ainda deu o acesso a outras classes de antibióticos que possuem anéis lactâmicos tensionados tais como as cefalosporinas e as carbapenemas. Além disso, ela apresentou perspectivas de como criar reagentes formadores de ligações amida ainda mais suaves e mais potentes, ferramentas que agora conduziram à síntese automatizada de peptídeos (veja o Capítulo 24), bem como uma série de medicamentos com base peptídica utilizados por centenas de milhares de pacientes, inclusive diversos tratamentos para o vírus da imunodeficiência humana.

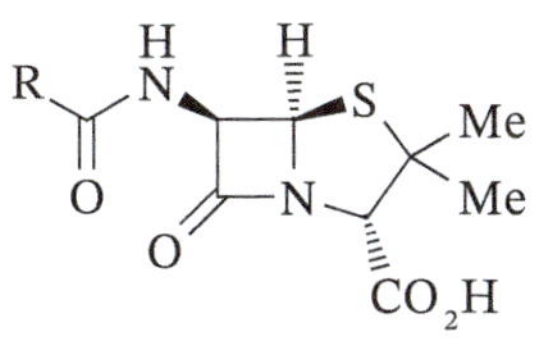

Penicilinas
[R = grupo variável]

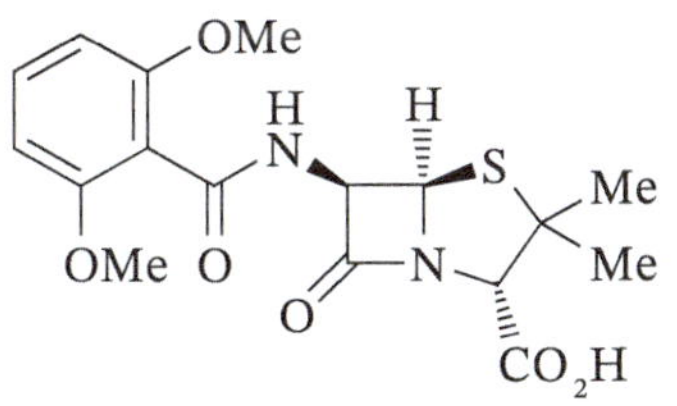

Meticilina

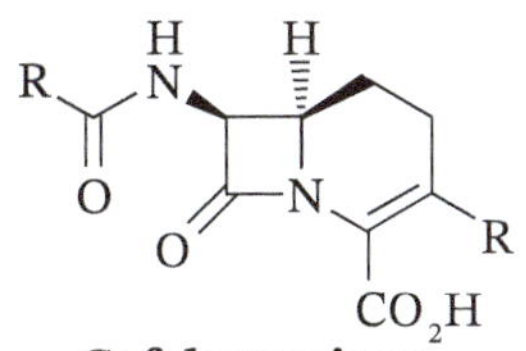

Cefalosporinas
[R = grupo variável]

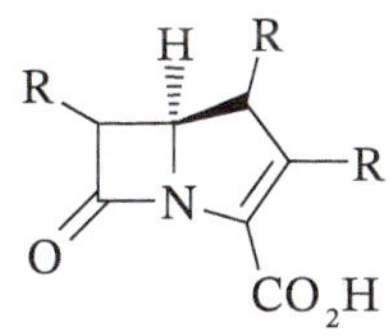

Carbapenemas
[R = grupo variável]

Para saber mais sobre esses tópicos, consulte:

1. Sheehan, J. C. *The Enchanted Ring: The Untold Story of Penicillin.* MIT Press: Cambridge, **1984**, p. 224.
2. "Penicillin Synthesis" in *Time* magazine. March 18, 1957.
3. Nicolaou, K. C.; Montagnon, T. *Molecules that Changed the World.* Wiley-VCH: Weinheim, **2008**, pp. 97–106.

Resumo e Ferramentas de Revisão

As ferramentas de estudo para o presente capítulo incluem termos e conceitos fundamentais, que são realçados ao longo do capítulo em **negrito azul** e estão definidos no glossário (ao fim de cada volume), e o Resumo de Reações de Ácidos Carboxílicos e Seus Derivados encontrado na Seção 17.12.

Problemas

Estrutura e Nomenclatura

17.17 Escreva a fórmula estrutural para cada um dos seguintes compostos:

(a) Ácido octanoico
(b) Propanamida
(c) *N,N*-Dietil-hexanamida
(d) Ácido 2-metil-4-hexenoico
(e) Ácido butanodioico
(f) Ácido 1,2-benzenodioico (ácido ftálico)
(g) Ácido 1,4-benzenodioico (ácido tereftálico)
(h) Anidrido acético
(i) Propanoato de isobutila
(j) Acetato de benzila
(k) Cloreto de etanoíla (cloreto de acetila)
(l) 2-Metilpropanonitrila
(m) 3-Oxobutanoato de etila (acetoacetato de etila)
(n) Propanodioato de dietila (malonato de dietila)

17.18 Dê um nome sistemático IUPAC ou vulgar para cada um dos seguintes compostos:

(a) 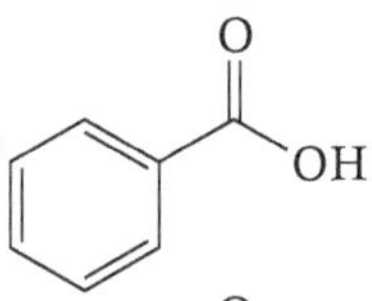
(b) 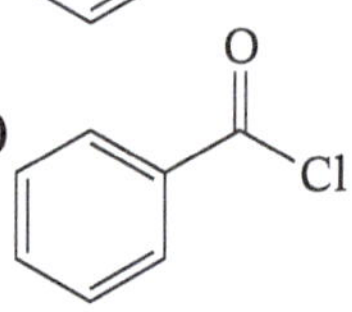
(c) 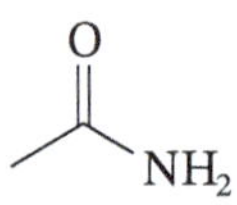
(d) 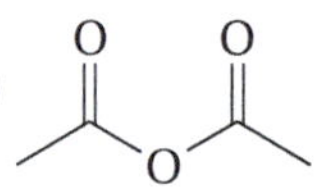
(e) 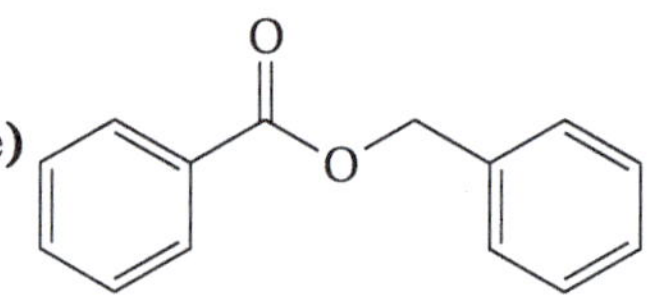
(f) 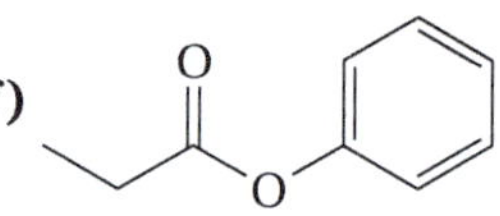
(g) 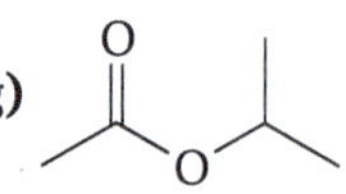
(h) CH_3CN

17.19 As amidas são bases mais fracas do que as aminas correspondentes. Por exemplo, a maioria das aminas insolúveis em água (RNH_2) se dissolve em soluções aquosas de ácidos diluídos (HCl, H_2SO_4 etc.) formando sais de alquilamônio solúveis em água ($RNH_3^+X^-$). Entretanto, as amidas correspondentes ($RCONH_2$) *não se dissolvem em soluções aquosas de ácidos diluídos*. Proponha uma explicação para a basicidade muito menor das amidas em comparação com as aminas.

17.20 Enquanto as amidas são muito menos básicas do que as aminas, elas são ácidos muito mais fortes. As amidas têm valores de pK_a na faixa 14–16, enquanto, para as aminas, a faixa de pK_a é 33–35.

(a) Que fator explica a acidez muito maior das amidas?

(b) As imidas, isto é, os compostos com a estrutura 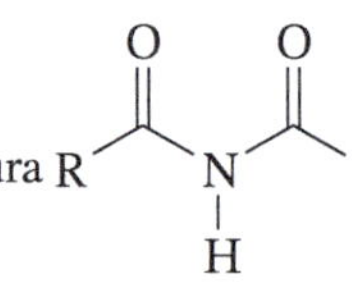 são ácidos ainda mais fortes do que as amidas.

Para as imidas, pK_a = 9–10. Devido a isso, as imidas insolúveis em água dissolvem-se em solução aquosa de NaOH produzindo sais de sódio solúveis. Qual é o fator adicional que explica a maior acidez das imidas?

Transformações de Grupos Funcionais

17.21 Qual é o produto orgânico principal que você espera obter quando o cloreto de acetila reage com cada um dos seguintes compostos?

(a) H_2O
(b) BuLi (excesso)
(c) 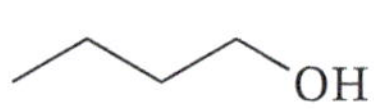 e piridina
(d) NH_3 (excesso)
(e) 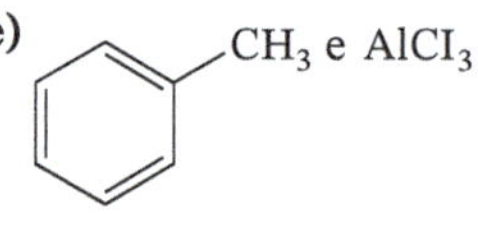 e $AlCl_3$
(f) LiAlH(*t*-BuO)$_3$
(g) NaOH/H_2O
(h) CH_3NH_2 (excesso)
(i) $(CH_3)_2NH$ (excesso)
(j) EtOH e piridina
(k) $CH_3CO_2^-Na^+$
(l) CH_3CO_2H e piridina
(m) 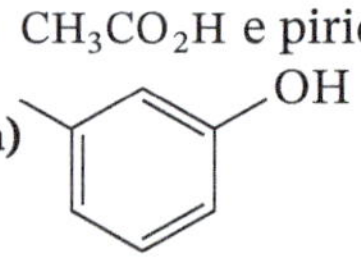 e piridina

17.22 Qual é o produto orgânico principal que você espera obter quando o anidrido acético reage com cada um dos seguintes compostos?

(a) NH_3 (em excesso)
(b) H_2O
(c) $CH_3CH_2CH_2OH$
(d) $C_6H_6 + AlCl_3$
(e) $CH_3CH_2NH_2$ (em excesso)
(f) $(CH_3CH_2)_2NH$ (em excesso)
(g) 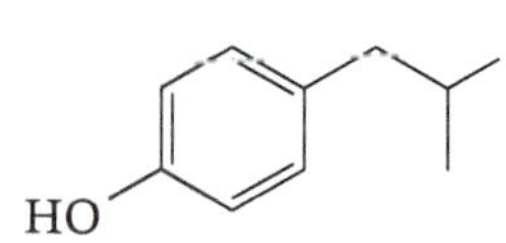 e piridina

17.23 Qual é o produto orgânico principal que você espera obter quando o anidrido succínico reage com cada um dos compostos reagentes fornecidos no Problema 17.22?

17.24 Que produtos você espera obter quando o propanoato de etila reage com cada um dos seguintes reagentes?

(a) H_3O^+; H_2O

(b) HO^-; H_2O

(c) 1-Octanol, HCl

(d) CH_3NH_2

(e) $LiAlH_4$ e, então, H_2O

(f) C_6H_5MgBr (excesso) e, então, H_2O, NH_4Cl

17.25 Que produtos você espera obter quando a propanamida reage com cada um dos seguintes reagentes?

(a) H_3O^+; H_2O **(b)** HO^-; H_2O **(c)** P_4O_{10} e aquecimento

17.26 Que produtos você espera obter quando cada um dos seguintes compostos é aquecido?

(a) Ácido 4-hidroxibutanoico

(b) Ácido 3-hidroxibutanoico

(c) Ácido 2-hidroxibutanoico

(d) Ácido glutárico

(e) 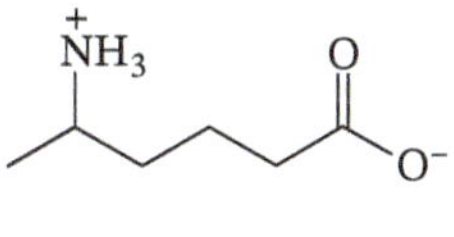

(f) 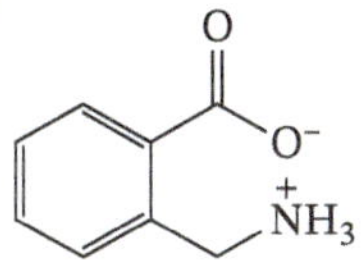

Problemas Gerais

17.27 Escreva fórmulas estruturais para os produtos orgânicos principais de cada uma das seguintes reações.

(a) 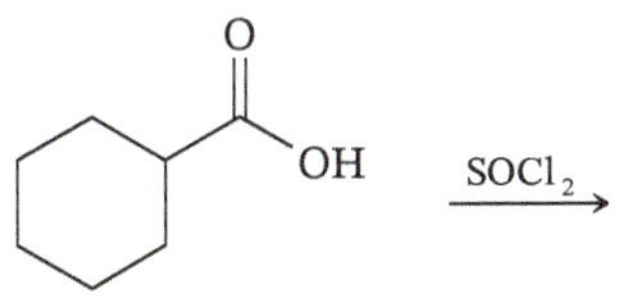

(b) 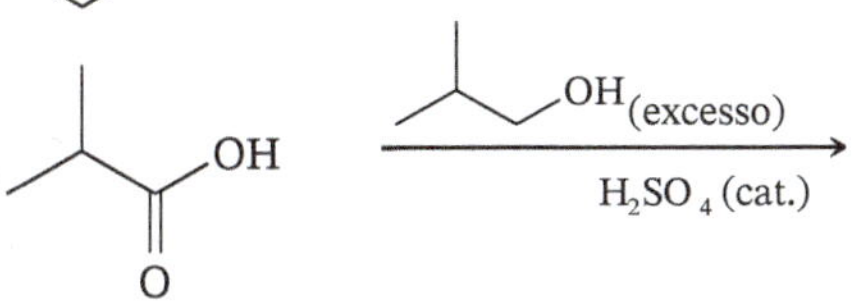

(c) 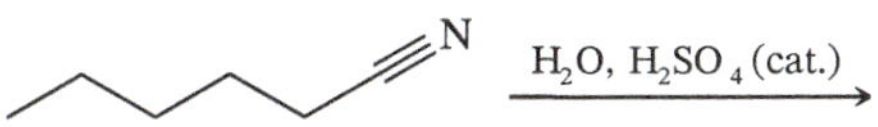

(d) 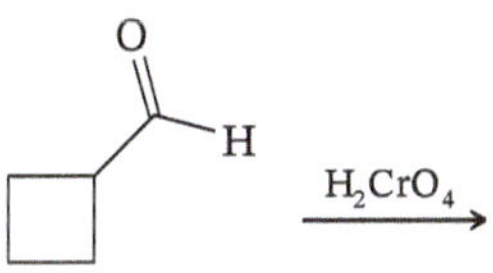

(e) 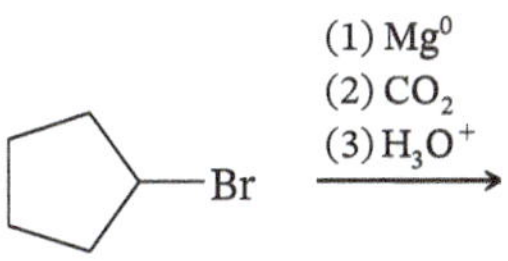

(f) 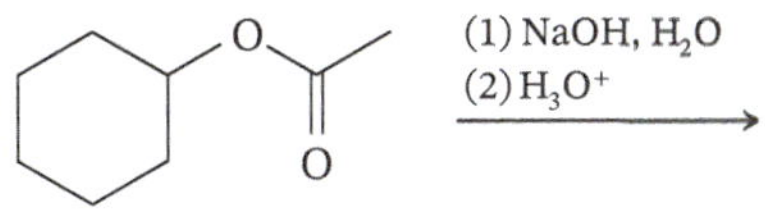

(g) 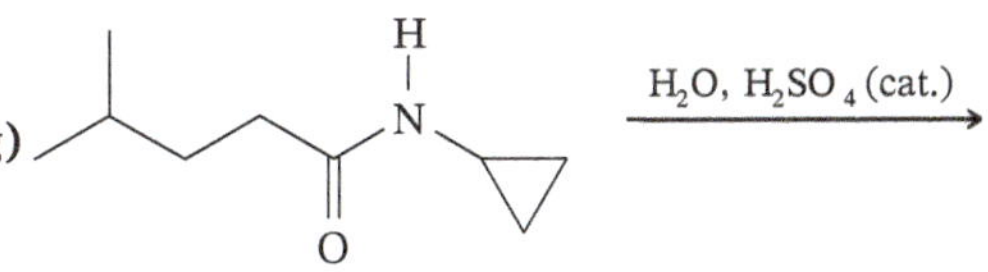

(h) 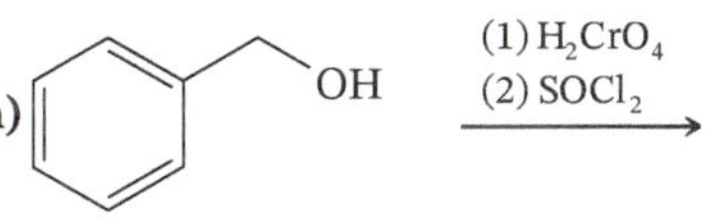

(i) Fenol + 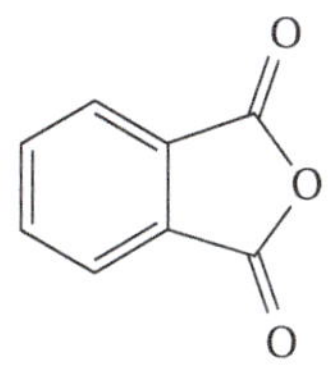

17.28 Indique os reagentes que permitem realizar cada uma das seguintes transformações. Pode ser necessária mais de uma reação em alguns casos.

(a) 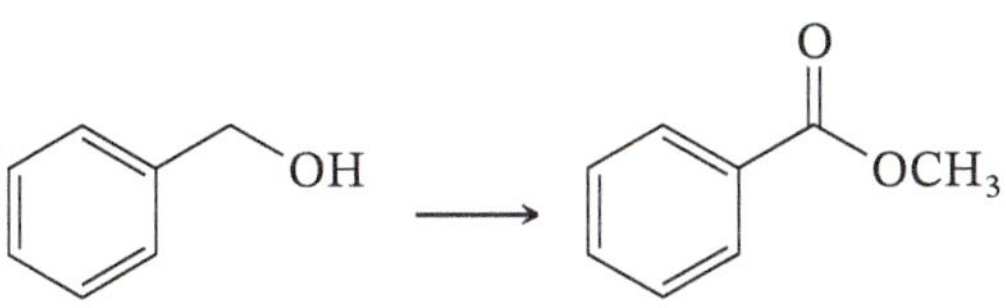

(b) 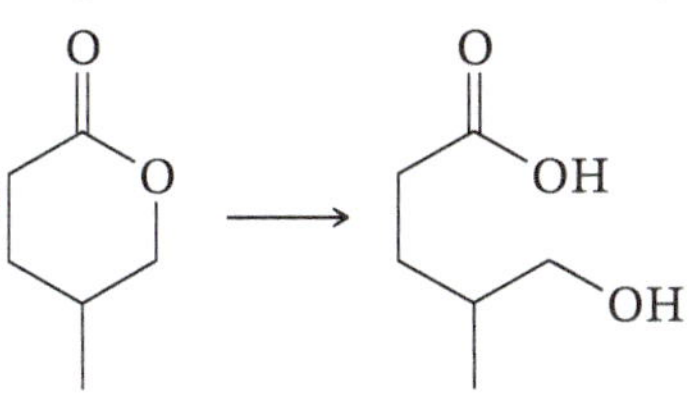

(c) 

(d) 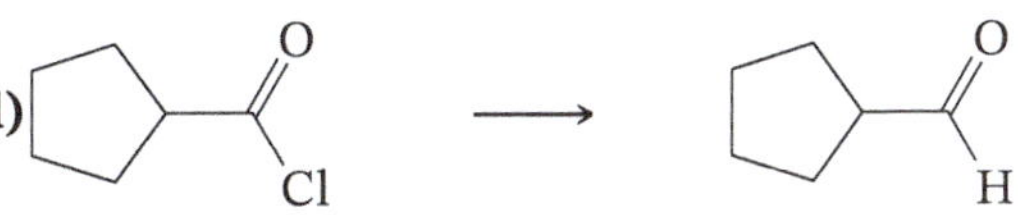

(e) 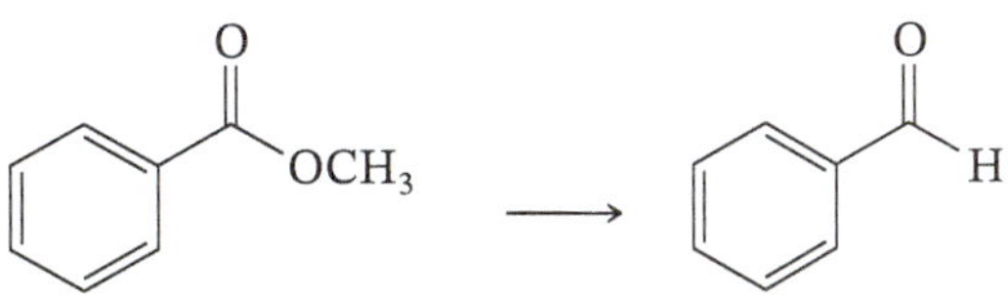

(f) 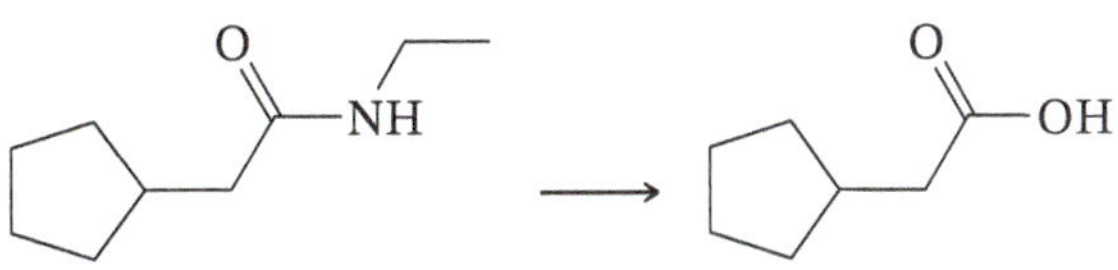 + $Et\overset{+}{N}H_3Cl^-$

17.29 Escreva fórmulas estruturais para os produtos orgânicos principais de cada uma das seguintes reações.

(a) 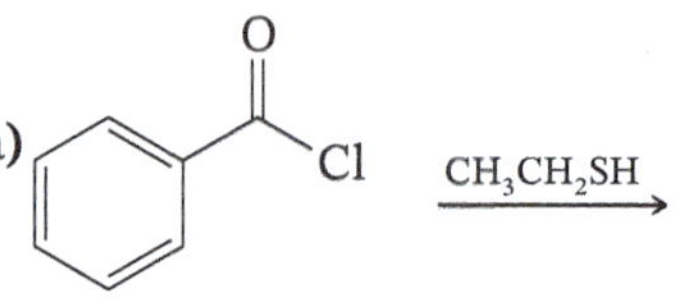

(b) 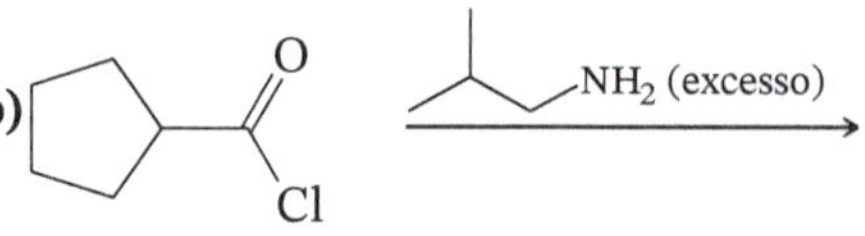

(c) 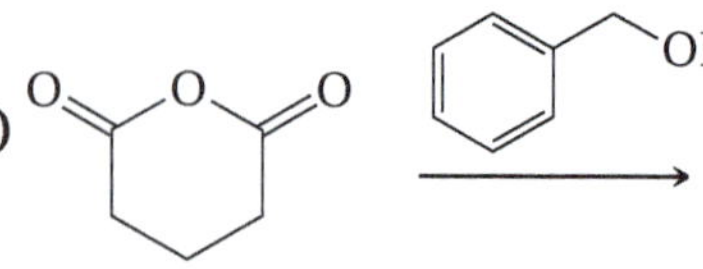

(d) 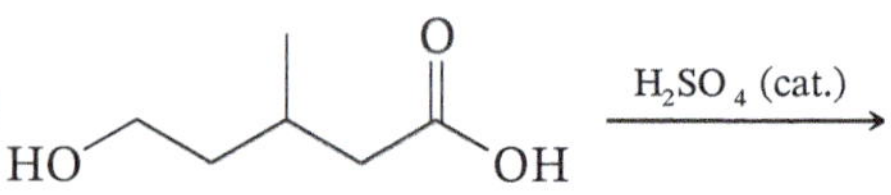

(e) 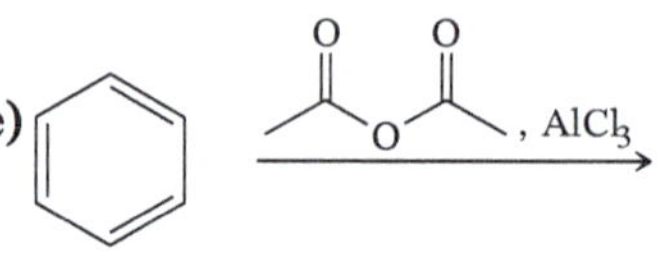

(f) 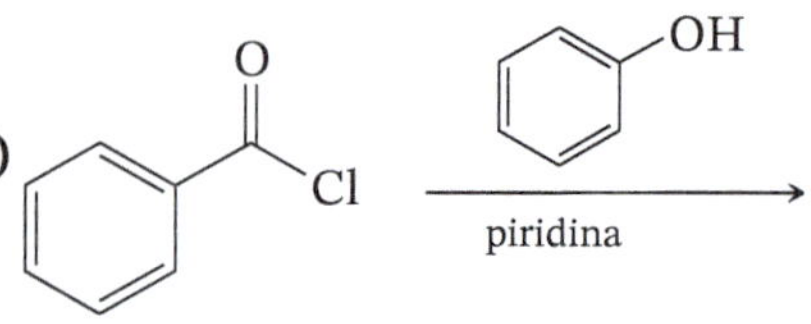

17.30 Escreva fórmulas estruturais para os produtos orgânicos principais de cada uma das seguintes reações.

(a) 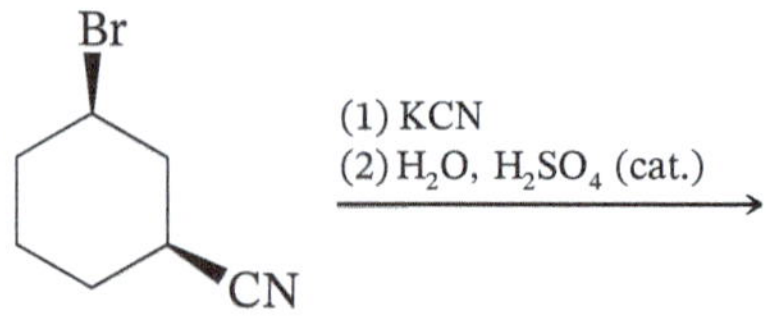

(c) 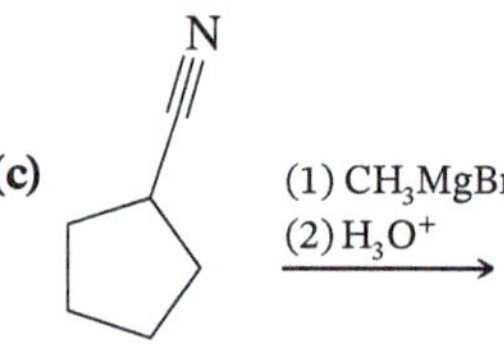

(e) 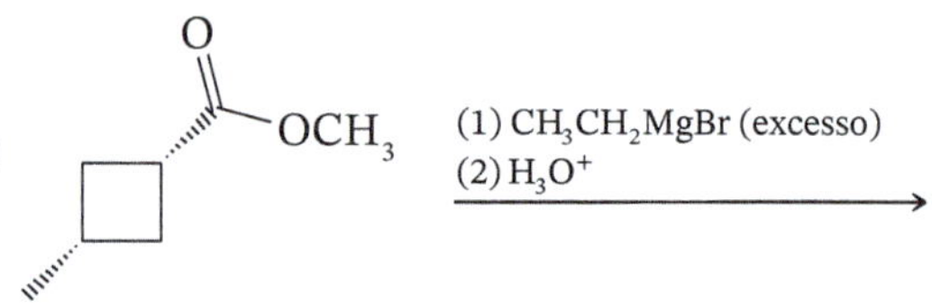

(b) 

(d) 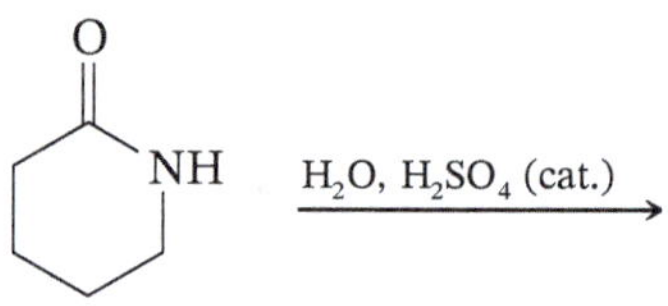

Mecanismos

17.31 Escreva mecanismos detalhados das hidrólises ácida e básica da propanamida.

17.32 Proponha um mecanismo detalhado para cada uma das seguintes reações:

(a) 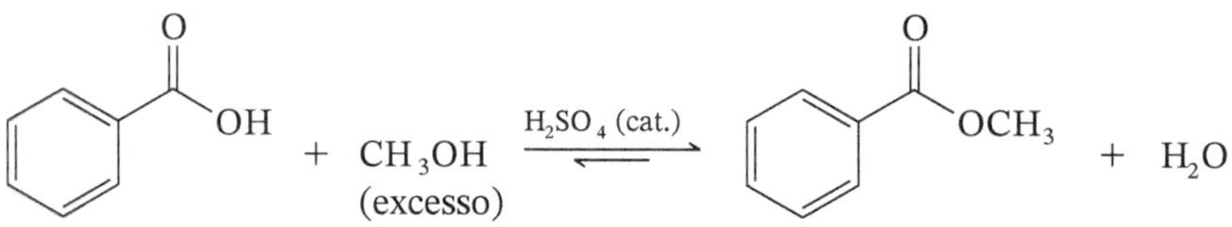

(b) 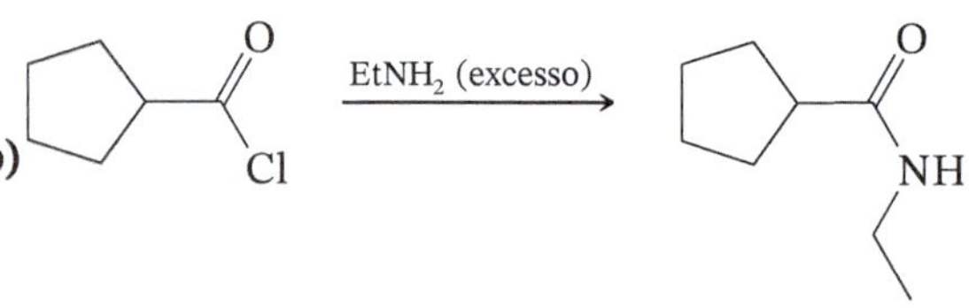

(c) 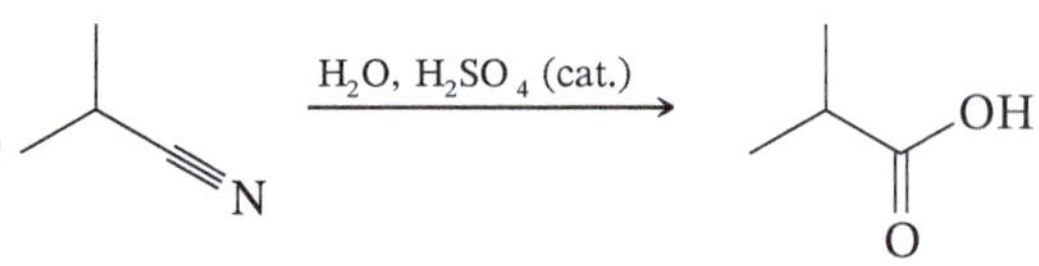

17.33 Sob aquecimento, o ácido *cis*-4-hidroxiciclo-hexanocarboxílico forma uma lactona, mas o ácido *trans*-4-hidroxiciclo-hexanocarboxílico não forma. Explique.

Sínteses

17.34 Mostre como o *p*-clorotolueno pode ser convertido a cada um dos seguintes compostos:

(a) Ácido *p*-clorobenzoico

(b) 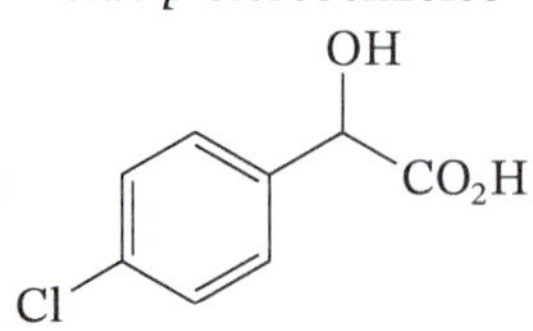

(c) Ácido *p*-clorofenilacético

(d) 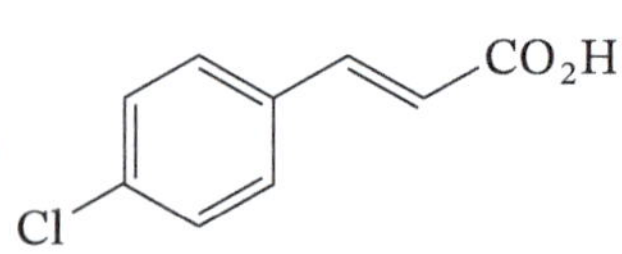

17.35 Indique os reagentes necessários para cada uma das seguintes sínteses. Pode ser necessária mais de uma etapa.

(a) 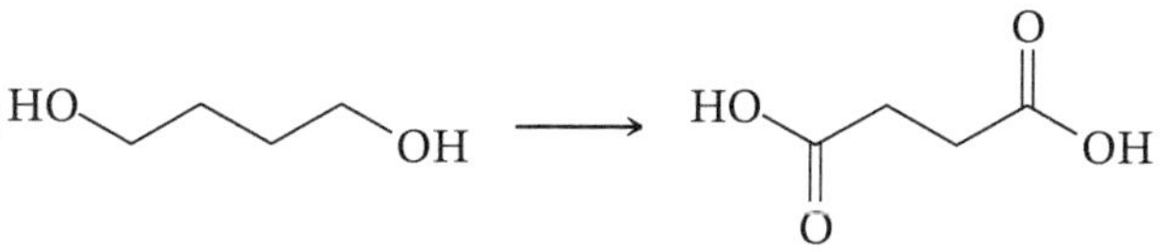

(b) 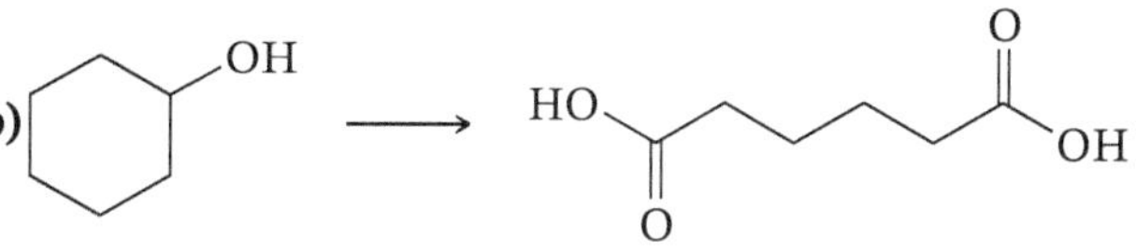

17.36 Mostre como o ácido pentanoico pode ser preparado a partir de cada um dos seguintes compostos:
(a) 1-Pentanol **(b)** 1-Bromobutano (duas maneiras) **(c)** 5-Deceno **(d)** Pentanal

17.37 O princípio ativo do repelente de insetos "Off" é a *N,N*-dietil-*m*-toluamida, *m*-$CH_3C_6H_4CON(CH_2CH_3)_2$. Proponha uma síntese desse composto a partir do ácido 3-metilbenzoico (ácido *m*-toluico).

17.38 A partir do benzeno e do anidrido succínico, e utilizando quaisquer outros reagentes necessários, proponha uma síntese do 1-fenilnaftaleno.

17.39 A partir do *cis*- ou do *trans*-$HO_2C—CH=CH—CO_2H$ (ou seja, do ácido maleico ou do ácido fumárico), e utilizando quaisquer outros compostos necessários, proponha sínteses para cada um dos seguintes compostos:

(a) 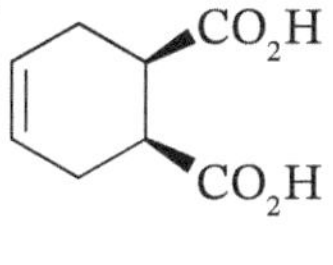

(b) 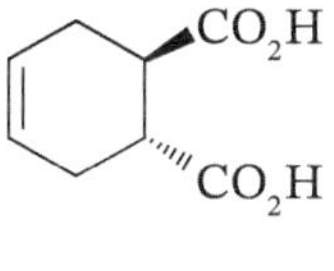

(c) 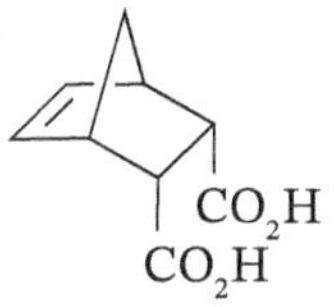

17.40 Dê as fórmulas estereoquímicas para os compostos **A–Q**:

(a) (*R*)-(−)-2-Butanol $\xrightarrow[\text{piridina}]{\text{TsCl}}$ **A** $\xrightarrow{\text{NaCN}}$ **B** (C_5H_9N) $\xrightarrow[H_2O]{H_2SO_4}$ (+)-**C** ($C_5H_{10}O_2$) $\xrightarrow[(2)\ H_2O]{(1)\ LiAlH_4}$ (−)-**D** ($C_5H_{12}O$)

(b) (*R*)-(−)-2-Butanol $\xrightarrow[\text{piridina}]{PBr_3}$ **E** (C_4H_9Br) $\xrightarrow{\text{NaCN}}$ **F** (C_5H_9N) $\xrightarrow[H_2O]{H_2SO_4}$ (−)-**C** ($C_5H_{10}O_2$) $\xrightarrow[(2)\ H_2O]{(1)\ LiAlH_4}$ (+)-**D** ($C_5H_{12}O$)

(c) **A** $\xrightarrow{CH_3CO_2^-}$ **G** ($C_6H_{12}O_2$) $\xrightarrow{HO^-}$ (+)-**H** ($C_4H_{10}O$) + $CH_3CO_2^-$

(d) (−)-**D** $\xrightarrow{PBr_3}$ **J** ($C_5H_{11}Br$) $\xrightarrow[Et_2O]{Mg}$ **K** ($C_5H_{11}MgBr$) $\xrightarrow[(2)\ H_3O^+]{(1)\ CO_2}$ **L** ($C_6H_{12}O_2$)

(e) 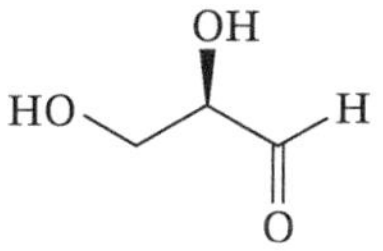 $\xrightarrow{HCN}$ M ($C_4H_7NO_3$) + N ($C_4H_7NO_3$)

(*R*)-(+)-Gliceraldeído

Diastereoisômeros, separados por cristalização fracionária

(f) **M** $\xrightarrow[H_2O]{H_2SO_4}$ **P** ($C_4H_8O_5$) $\xrightarrow[HNO_3]{[O]}$ ácido *meso*-tartárico

(g) **N** $\xrightarrow[H_2O]{H_2SO_4}$ **Q** ($C_4H_8O_5$) $\xrightarrow[HNO_3]{[O]}$ ácido (−)-tartárico

17.41 O (*R*)-(+)-gliceraldeído pode ser transformado no ácido (+)-málico por meio da seguinte rota sintética. Dê as estruturas estereoquímicas para os produtos de cada etapa.

(*R*)-(+)-Gliceraldeído $\xrightarrow[\text{oxidação}]{Br_2,H_2O}$ ácido (−)-glicérico $\xrightarrow{PBr_3}$

(−)-3-bromo-2-hidroxipropanoico $\xrightarrow{\text{NaCN}}$ $C_4H_5NO_3$ $\xrightarrow[\text{aquecimento}]{H_3O^+}$ ácido (+)-málico

Espectroscopia

17.42 Os espectros no IV e de RMN de ^{1}H da fenacetina ($C_{10}H_{13}NO_2$) são fornecidos na **Fig. 17.6**. A fenacetina (em inglês, *phenacetin*) é um composto analgésico e antipirético e correspondia à letra P (de **p**henacetin) dos comprimidos A–P–C (**a**spirina–**f**enacetina–**c**afeína). (Por causa da sua toxicidade, a fenacetina não é mais utilizada como medicamento.) Quando a fenacetina é aquecida com solução aquosa de hidróxido de sódio, ela produz a fenetidina ($C_8H_{11}NO$) e acetato de sódio. Proponha estruturas para a fenacetina e a fenetidina.

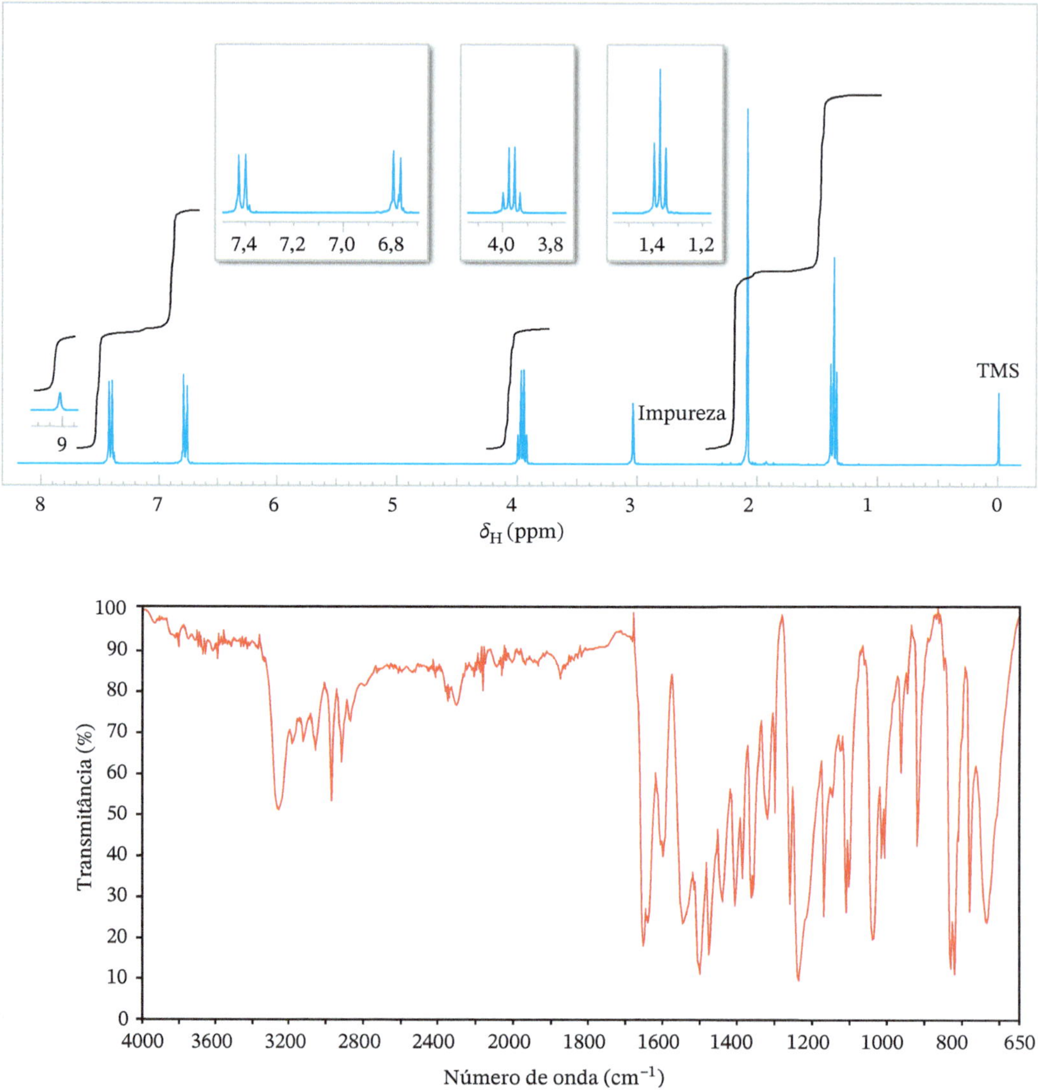

FIGURA 17.6 Espectros de RMN de ^{1}H e de IV da fenacetina. As expansões dos sinais de RMN de ^{1}H são mostradas nos gráficos inseridos.

17.43 São fornecidos a seguir os sinais (em ppm) dos espectros de RMN de ^{1}H e os picos de absorção da carbonila no IV de cinco compostos de acila. Proponha uma estrutura para cada um deles.

	Espectro de RMN de ^{1}H		Espectro no IV
(a) $C_8H_{14}O_4$	Tripleto	1,2 (6H)	1740 cm^{-1}
	Simpleto	2,5 (4H)	
	Quadrupleto	4,1 (4H)	
(b) $C_{11}H_{14}O_2$	Dupleto	1,0 (6H)	1720 cm^{-1}
	Multipleto	2,1 (1H)	
	Dupleto	4,1 (2H)	
	Multipleto	7,8 (5H)	

	Espectro de RMN de [1]H		Espectro no IV
(c) $C_{10}H_{12}O_2$	Tripleto	1,2 (3H)	1740 cm^{-1}
	Simpleto	3,5 (2H)	
	Quadrupleto	4,1 (2H)	
	Multipleto	7,3 (5H)	

	Espectro de RMN de [1]H		Espectro no IV
(d) $C_2H_2Cl_2O_2$	Simpleto	6,0	Pico largo em 2500–2700 cm^{-1}
	Simpleto	11,70	1705 cm^{-1}

	Espectro de RMN de [1]H		Espectro no IV
(e) $C_4H_7ClO_2$	Tripleto	1,3	1745 cm^{-1}
	Simpleto	4,0	
	Quadrupleto	4,2	

17.44 O composto **Y** ($C_8H_4O_3$) dissolve-se lentamente quando aquecido com solução aquosa de bicarbonato de sódio. O espectro no IV de **Y** tem picos fortes em 1779 e em 1854 cm^{-1}. O espectro de ^{13}C totalmente desacoplado do próton de **Y** apresenta sinais (em ppm) 125 (CH), 130 (C), 136 (CH) e 162 (C). A acidificação da solução aquosa de bicarbonato contendo **Y** produziu o composto **Z**. O espectro de RMN de ^{13}C totalmente desacoplado do próton de **Z** mostrou quatro sinais. Quando **Y** foi aquecido em etanol, formou-se um composto **AA**. O espectro de RMN de ^{13}C de **AA** mostrou 10 sinais. Proponha estruturas para **Y**, **Z** e **AA**.

Sintetizando o Material

17.45 A cantaridina é um poderoso agente vesicante (provoca bolhas na pele e em mucosas) que pode ser isolado de besouros secos (*Cantharis vesicatoria*, ou "mosca espanhola"). Segue-se aqui a síntese estereoespecífica da cantaridina realizada por Gilbert Stork (Columbia University). Forneça os reagentes que faltam nas etapas de (**a**) a (**j**):

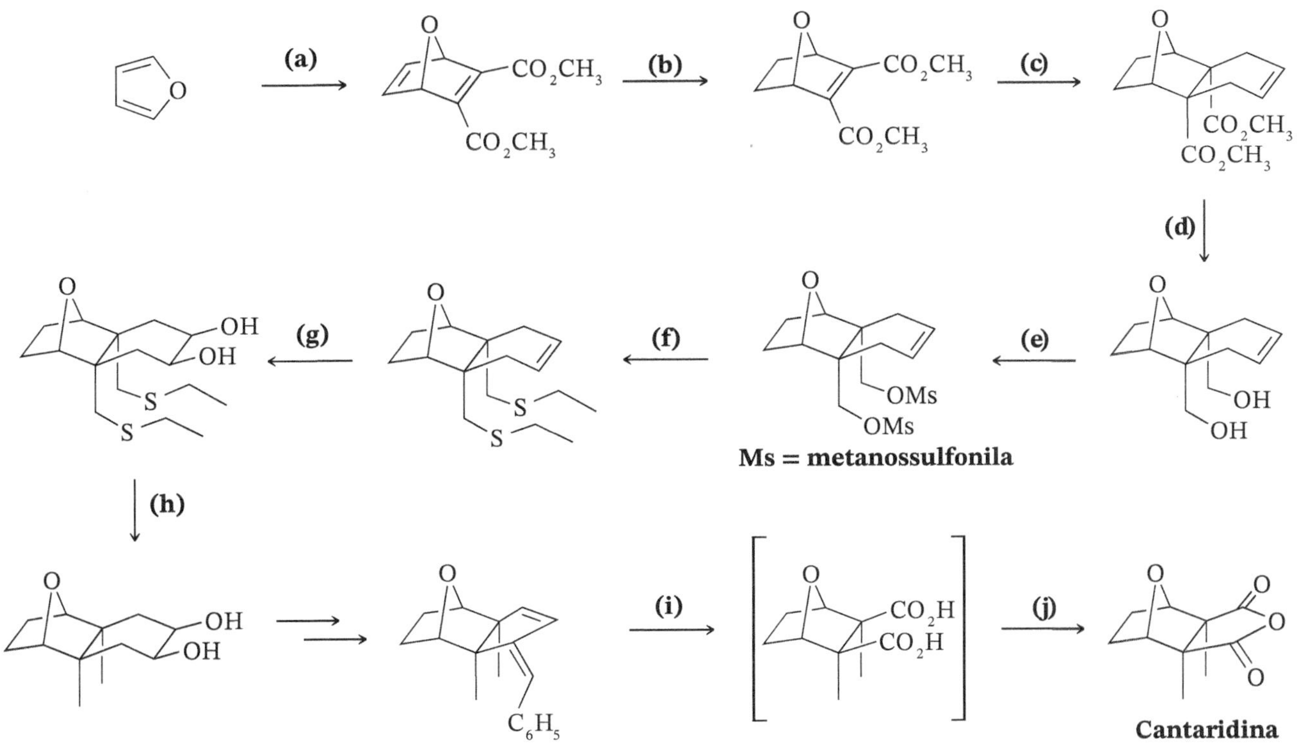

17.46 Para cada uma das questões a seguir forneça uma rota de síntese da qual pode-se razoavelmente esperar que converta o material de partida no produto final. Em cada caso, é necessário usar mais de uma reação, e reações que você já aprendeu nos capítulos anteriores podem ser necessárias para a resolução do problema.

(a)
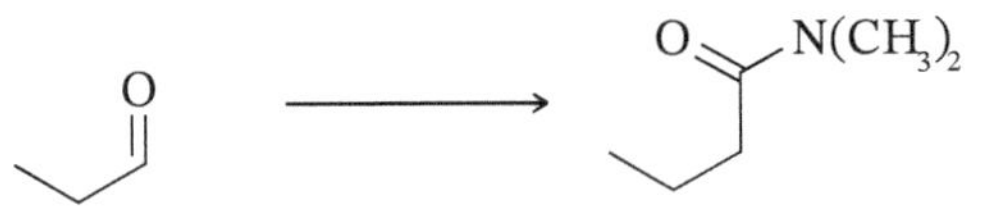

(b)
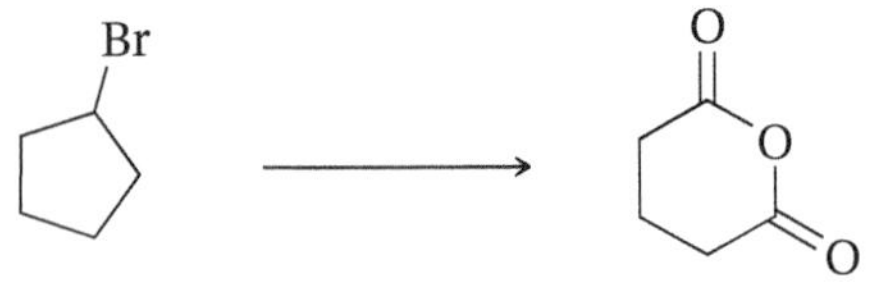

(c)
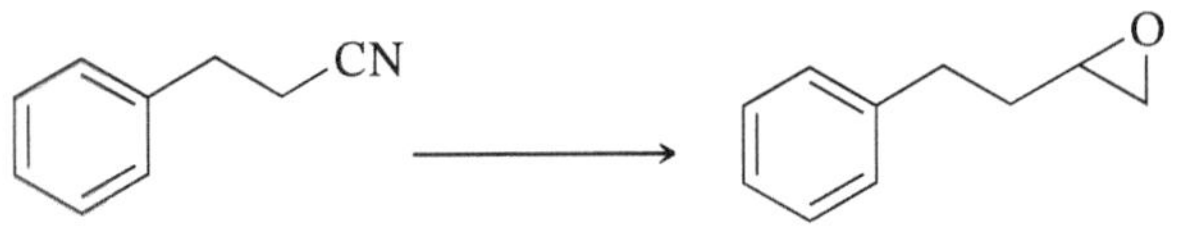

(d)
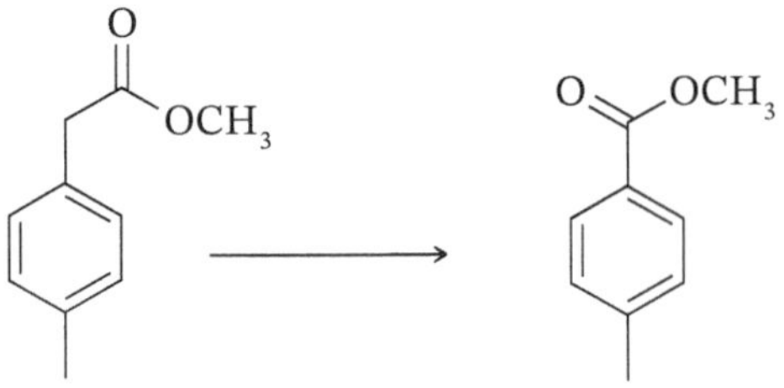

17.47 Para cada uma das reações a seguir, identifique o produto (representado por **A**, **B**, **C** e **D**) que seria formado por meio da sequência de etapas a partir do material inicial.

(a)
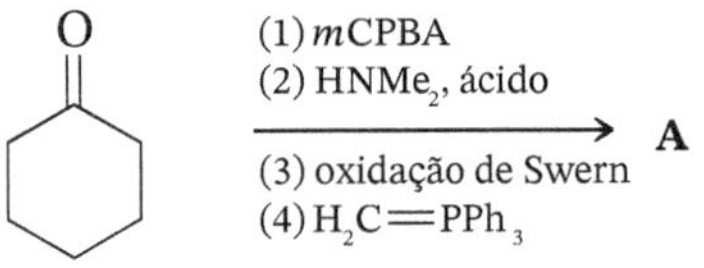

(b)
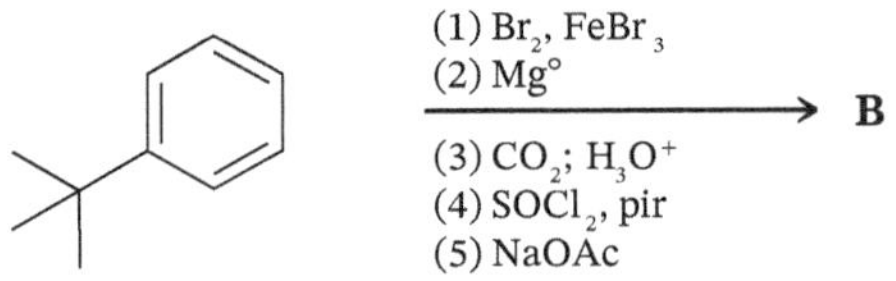

(c)
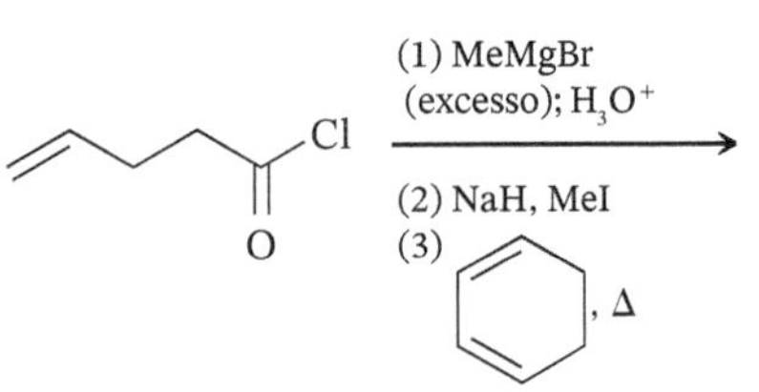

(d)
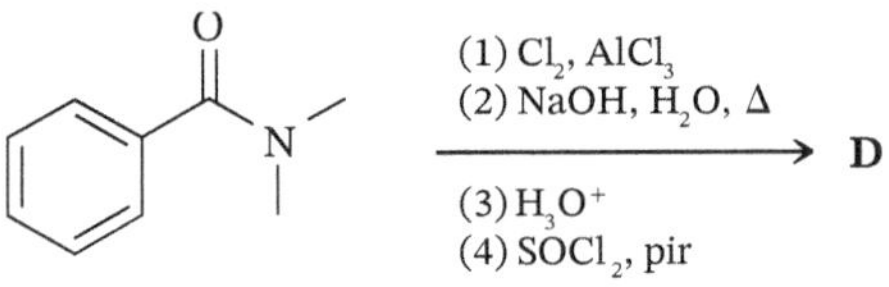

17.48 Trabalhando para trás, deduza o material de partida que leva, por meio das reações definidas, ao produto indicado.

(a) **A**
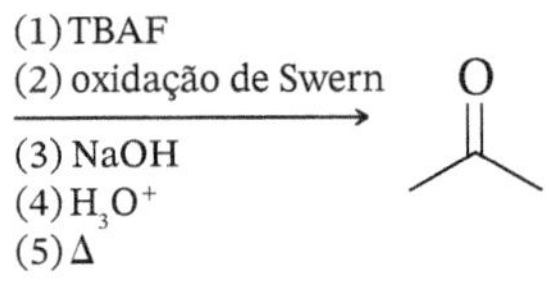

(b) **B**
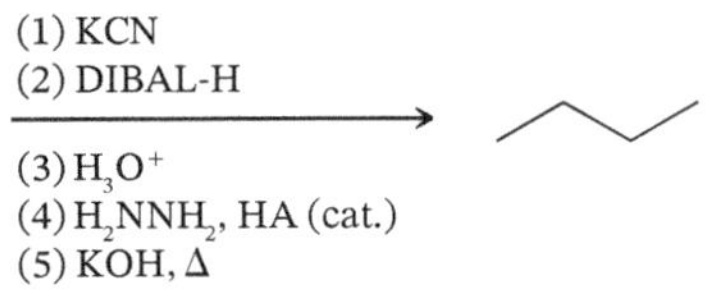

É Necessário um Consultor Químico

17.49 Embora as joaninhas sejam insetos coloridos e aparentemente inofensivos (pelo menos para os seres humanos), elas produzem uma série de moléculas que são venenosas para predadores em potencial, incluindo a molécula exocomina, mostrada a seguir. Como parte de uma recente síntese laboratorial desse alvo, uma série de reações envolvendo derivados de ácido carboxílico foi empregada. Forneça condições para converter **A** e **C** em **B** e **D**, respectivamente. Estes dois últimos materiais foram então acoplados para formar a molécula final ao longo de várias etapas. (Veja: *Angew. Chem. Int. Ed.* **2016**, *55*, 10301.)

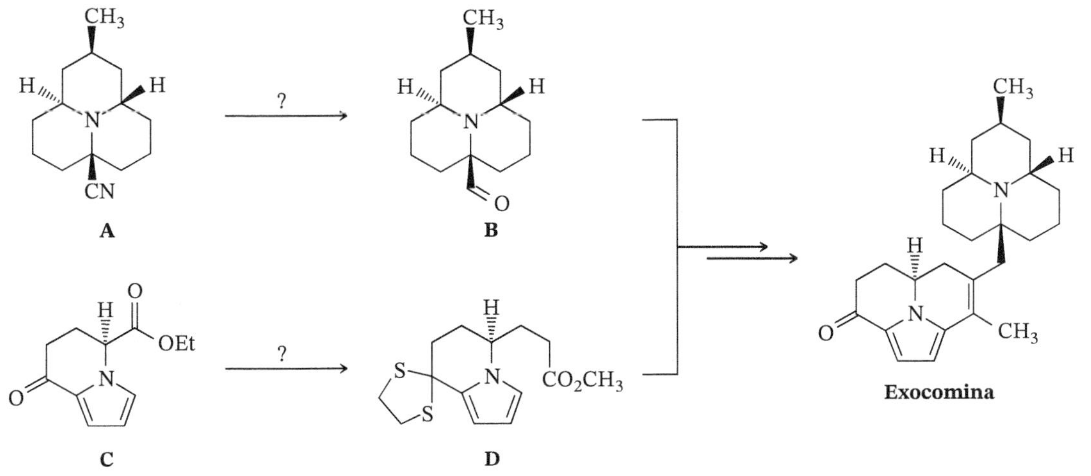

17.50 Uma das virtudes mais poderosas dos derivados de ácido carboxílico é a sua capacidade de serem interconvertidos sob condições específicas. Em cada um dos exemplos mostrados a seguir, a utilização de ácido ou base efetuou a formação e/ou a interconversão intramolecular desses grupos. Em um deles, uma estrutura de produto natural foi convertida seletivamente em outra. Forneça mecanismos para justificar cada um dos produtos observados. (Veja: *Angew. Chem. Int. Ed.* **1999**, *38*, 1669 and 1676; *Angew. Chem. Int. Ed.* **2012**, *51*, 4080; *J. Am. Chem. Soc.* **2003**, *125*, 5628.)

(a)

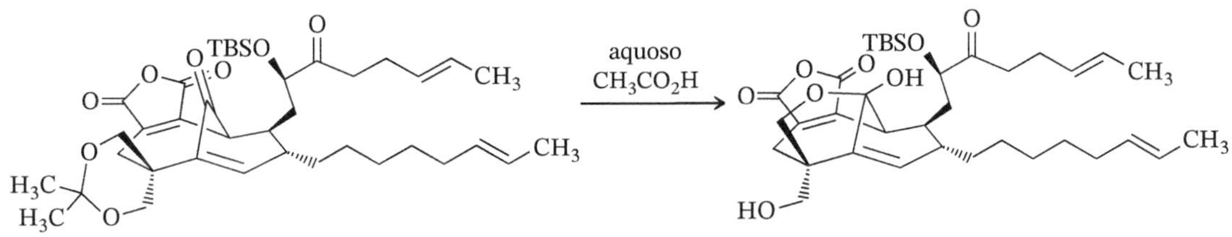

(b)

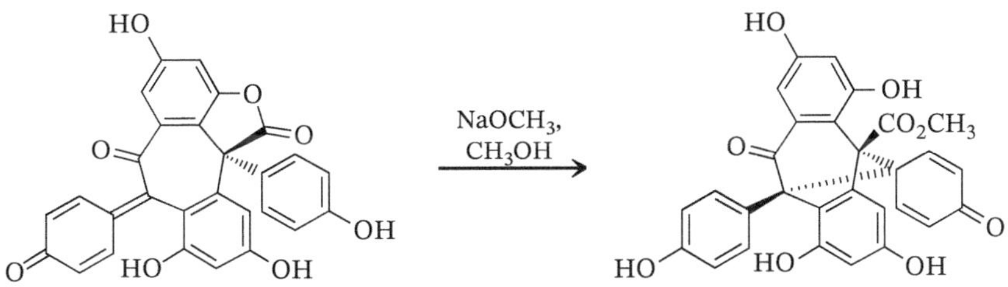

Hopeahainol A **Hopeanol**

(c)

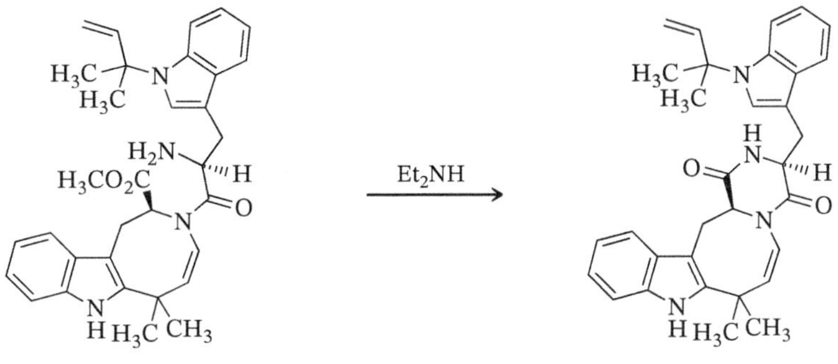

Problemas de Desafio

17.51 O ceteno, $H_2C{=}C{=}O$, é um importante produto químico industrial. Preveja os produtos que serão formados quando o ceteno reage com **(a)** etanol, **(b)** ácido acético e **(c)** etilamina. (*Dica:* ocorre adição de Markovnikov.)

17.52 Dois anidridos assimétricos reagem com a etilamina como se segue. Explique os fatores que podem esclarecer a formação dos produtos em cada reação.

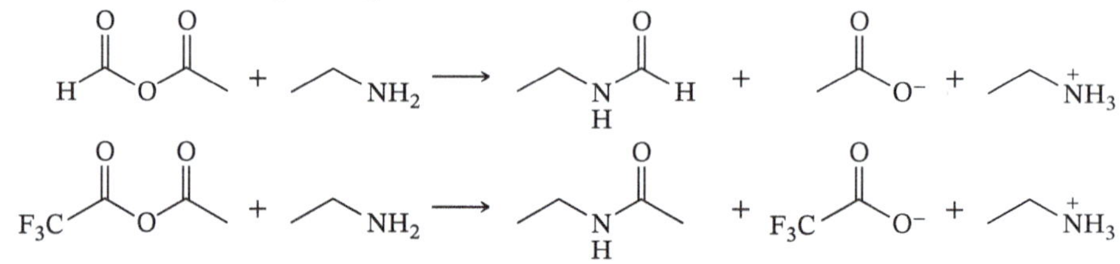

17.53 A partir do 1-naftol, sugira uma síntese alternativa do inseticida Sevin àquela apresentada Seção 17.9A.

17.54 Sugira uma síntese do ibuprofeno (Seção 5.11) a partir do benzeno, empregando a clorometilação como uma das etapas. A clorometilação é um caso especial da reação de Friedel–Crafts na qual uma mistura de HCHO e HCl, na presença de $ZnCl_2$, insere um grupo $—CH_2Cl$ em um anel aromático.

17.55 Uma síntese alternativa do ibuprofeno é apresentada a seguir. Forneça as fórmulas estruturais para os compostos **A–D**:

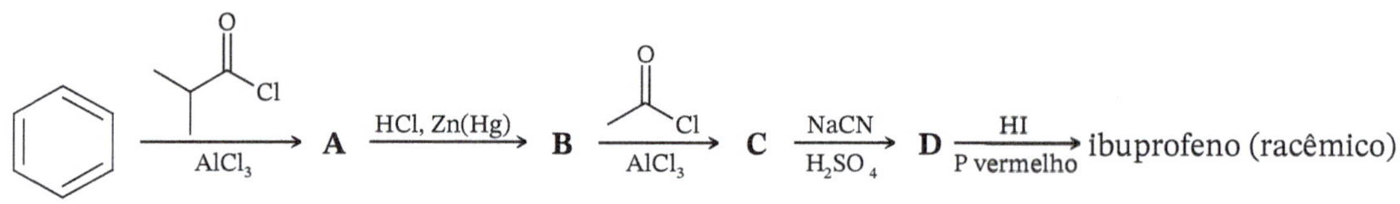

17.56 Como um método para a síntese do cinamaldeído (3-fenil-2-propenal), um químico tratou o 3-fenil-2-propen-1-ol com $K_2Cr_2O_7$ em ácido sulfúrico. O produto obtido da reação forneceu um sinal em 164,5 ppm em seu espectro de RMN de ^{13}C. Alternativamente, quando o químico tratou o 3-fenil-2-propen-1-ol com PCC em CH_2Cl_2, o espectro de RMN de ^{13}C do produto mostrou um sinal em 193,8 ppm. (Todos os outros sinais nos espectros de ambos os compostos que apareceram correspondem a deslocamentos químicos similares.) **(a)** Qual reação produziu o cinamaldeído? **(b)** Qual foi o outro produto?

Problemas para Trabalho em Grupo

Síntese Química de Peptídeos

Os ácidos carboxílicos e derivados de acila do grupo funcional carboxílico são muito importantes na bioquímica. Por exemplo, o grupo funcional ácido carboxílico está presente na família de lipídeos chamada de ácidos graxos. Os lipídeos chamados de glicerídeos contêm o grupo funcional éster, um derivado dos ácidos carboxílicos. Além disso, toda a classe de biopolímeros denominada proteínas contém uniões do grupo funcional amida que se repetem. As amidas também são derivadas de ácidos carboxílicos. Tanto as sínteses de laboratório quanto bioquímica de proteínas requerem reações que envolvem substituição nos carbonos acílicos ativados.

Este Problema para Trabalho em Grupo foca a síntese química de pequenas proteínas, chamadas de peptídeos. A essência da síntese de um peptídeo ou uma proteína é a formação do grupo funcional amida pela reação de um derivado de ácido carboxílico ativado com uma amina.

Primeiramente, consideraremos as reações para a síntese química tradicional de peptídeos, e, então, olharemos as reações utilizadas na síntese automatizada de peptídeos em fase sólida. O método para a síntese de peptídeos em fase sólida foi inventado por R. B. Merrifield (Rockefeller University), pelo qual ele recebeu o Prêmio Nobel de Química de 1984. As reações de síntese de peptídeos em fase sólida são tão confiáveis que foram incorporadas em máquinas chamadas de sintetizadores de peptídeos (Seção 24.7D).

1. A primeira etapa na síntese de peptídeo é bloquear (proteger) o grupo funcional amina de um aminoácido (um composto que contém os grupos funcionais amina e ácido carboxílico). Tal reação é mostrada na Seção 24.7C, na reação entre a Ala (alanina) e o cloroformiato de benzila. O grupo funcional formado na estrutura denominada Z-Ala é chamado de carbamato (ou uretano). (Z é um grupo benziloxicarbonila, $C_6H_5CH_2O\overset{\overset{O}{\|}}{C}—$.)

(a) Escreva um mecanismo detalhado para a formação da Z-Ala a partir da Ala e do cloroformiato de benzila na presença de hidróxido.

(b) Na reação do item (a), por que o grupo amino atua como o nucleófilo preferencialmente sobre o ânion carboxilato?

(c) Outro grupo protetor amplamente utilizado é o grupo 9-fluoroenilmetoxicarbonila (Fmoc). O Fmoc é o grupo protetor mais frequentemente utilizado na síntese automatizada de peptídeo em fase sólida (veja item 4 a seguir). Escreva um mecanismo detalhado para a formação de um aminoácido protegido por Fmoc sob as condições fornecidas na Seção 24.7A.

2. A segunda etapa nas reações da Seção 24.7C é a formação de um anidrido misto. Escreva um mecanismo detalhado para a reação entre a Z-Ala e o cloroformiato de etila ($ClCO_2C_2H_5$) na presença de trietilamina para formar o anidrido misto. Qual é a finalidade dessa etapa?

3. A terceira etapa na sequência de reações na Seção 24.7C é aquela que realmente une o novo aminoácido (neste caso a leucina, abreviada como Leu) através de outro grupo funcional amida. Escreva um mecanismo detalhado para esta etapa (a partir do anidrido misto da Z-Ala até o Z-Ala-Leu). Mostre como o CO_2 e o etanol são formados no curso desse mecanismo.

4. Uma sequência de reações normalmente utilizada para a síntese de peptídeos em fase sólida é mostrada na Seção 24.7D.

(a) Escreva um mecanismo detalhado para a etapa 1, na qual a di-isopropilcarbodi-imida é utilizada para unir o grupo carboxila do primeiro aminoácido (na forma protegida por Fmoc) a um grupo hidroxila no suporte polimérico sólido.

(b) A etapa 3 da síntese automatizada envolve a remoção do grupo Fmoc por meio da reação com piperidina (reação também mostrada na Seção 24.7A). Escreva um mecanismo detalhado para essa etapa.

CAPÍTULO 18

Microgen/Shutterstock.com

Reações no Carbono α de Compostos Carbonilados

Enóis e Enolatos

Quando nos exercitamos vigorosamente, nossos corpos dependem inteiramente do processo metabólico da glicólise para obter energia a partir da glicose. A glicólise quebra a glicose em duas moléculas de três átomos de carbono. Apenas uma dessas moléculas (o gliceraldeído-3-fosfato, GAP) é diretamente capaz de prosseguir no caminho glicolítico. Contudo, a outra molécula de três carbonos (a di-hidroxiacetona-3-fosfato, DHAP) não é desperdiçada. Nosso corpo a converte em uma segunda molécula de GAP por meio de um intermediário que é fundamental para nossos estudos neste capítulo – um enol (assim denominado porque o intermediário é um alqueno-álcool). Neste capítulo vamos estudar os enóis e enolatos, suas bases conjugadas.

No Capítulo 16, vimos como os aldeídos e cetonas sofrem adição nucleofílica em seus grupos carbonila. Por exemplo:

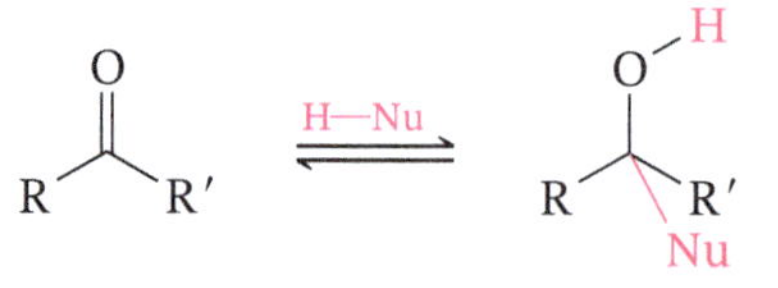

Adição nucleofílica

No Capítulo 17, vimos como a substituição pode ocorrer no grupo carbonila caso um grupo de saída adequado esteja presente. Este tipo de reação é chamado substituição acílica. Por exemplo,

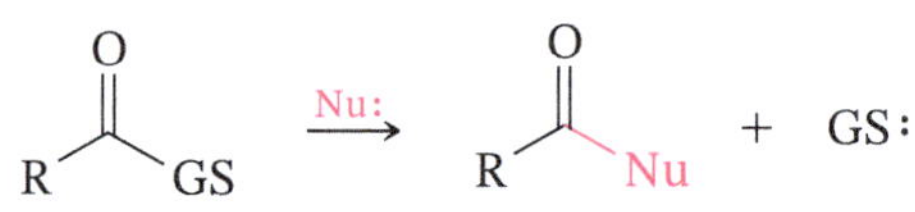

NESTE CAPÍTULO, VAMOS ESTUDAR:

- Reações derivadas da acidez dos átomos de hidrogênio nos átomos de carbono adjacentes ao grupo carbonila α. Esses átomos de hidrogênio são chamados de **hidrogênios α**, e o carbono no qual eles estão ligados é chamado de **carbono α**.

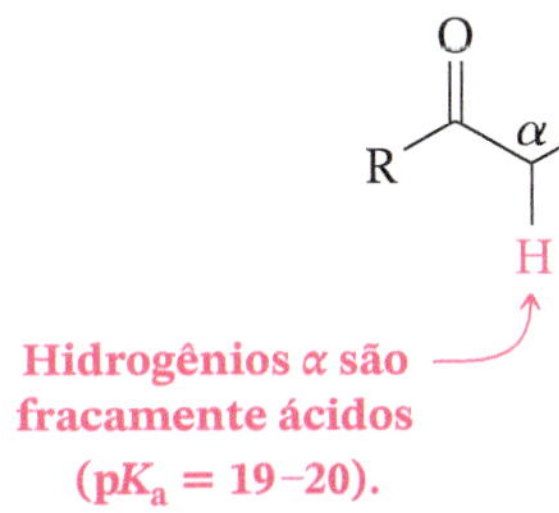

- O processo pelo qual enóis e enolatos podem ser formados pela remoção de um hidrogênio α
- O conceito de desprotonação cinética e termodinâmica na geração de diferentes enolatos a partir do mesmo material de partida
- Alquilações, acilações e outras reações de eletrófilos com enóis e enolatos
- Uma versão especial da mesma química utilizando análogos nitrogenados de um enol – isto é, uma enamina

POR QUE ESSES TÓPICOS SÃO IMPORTANTES?

No fim deste capítulo, mostraremos como a química de enaminas possibilita a formação de ligações altamente complexas pertinentes à síntese de moléculas complexas bioativas e como esta química tem sido utilizada na produção de toneladas de fármacos de alto valor medicinal.

18.1 Acidez dos Hidrogênios α dos Compostos Carbonilados: Ânions Enolato

Quando dizemos que os hidrogênios α são ácidos, *queremos dizer que eles são anomalamente ácidos para átomos de hidrogênio ligados ao carbono.*

- Os valores de pK_a para os hidrogênios α da maioria dos aldeídos e cetonas simples são da ordem de 19–20.

Isso significa que eles são mais ácidos do que os átomos de hidrogênio do etino, $pK_a = 25$ e são bem mais ácidos do que os hidrogênios do eteno ($pK_a = 44$) ou do etano ($pK_a = 50$).

As razões para a acidez anômala dos hidrogênios α dos compostos carbonilados são simples.

- O grupo carbonila é fortemente retirador de elétrons, e quando um composto carbonilado perde um próton α, o ânion que é produzido, chamado de **enolato**, é estabilizado por deslocalização.

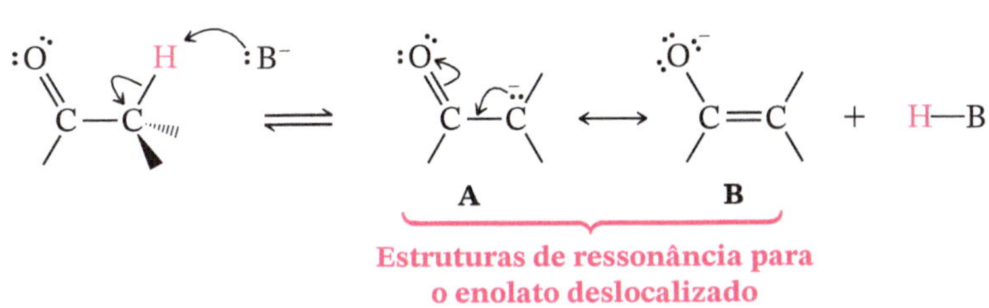

Duas estruturas de ressonância, **A** e **B**, podem ser escritas para o enolato. Na estrutura **A**, a carga negativa está no carbono, e na estrutura **B** a carga negativa está no oxigênio. Ambas as estruturas contribuem para o híbrido. Apesar de a estrutura **A** ser favorecida pela força da sua ligação π carbono–oxigênio em relação à ligação π carbono–carbono mais fraca de **B**, a estrutura **B** contribui mais para o híbrido porque o oxigênio, sendo altamente eletronegativo, é mais capaz de acomodar a carga negativa. Podemos representar o híbrido do enolato da seguinte maneira:

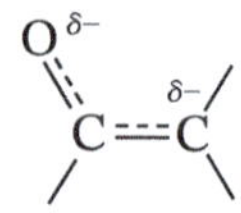

Estrutura do híbrido de ressonância para um enolato

Quando esse enolato estabilizado por ressonância recebe um próton, ele pode fazê-lo de duas maneiras: pode receber o próton no carbono para formar o composto carbonilado original no que é chamado de **forma ceto** ou ele pode receber o próton no oxigênio para formar um **enol** (alqu**en**o-álco**ol**).

- O enolato é a base conjugada de ambas as formas, ceto e enol.

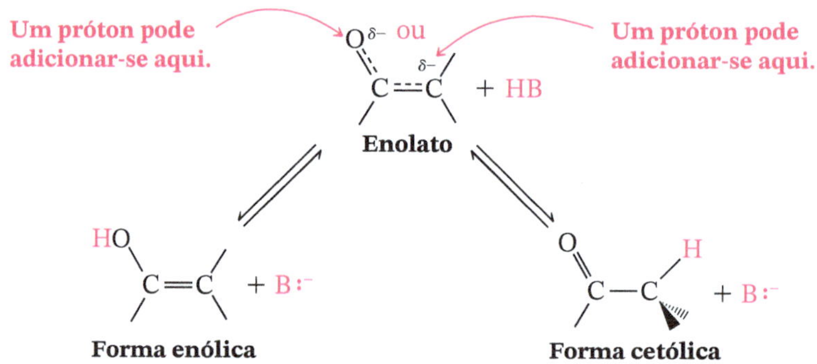

Um mapa de potencial eletrostático calculado para o enolato da acetona é mostrado a seguir. O mapa indica aproximadamente a região mais externa da densidade eletrônica (a superfície de van der Waals) do enolato da acetona. A cor vermelha próxima ao oxigênio é consistente com o fato de o oxigênio ser mais capaz de estabilizar o excesso de carga negativa do ânion. O amarelo no carbono de onde o hidrogênio α foi retirado indica que parte do excesso da carga negativa também está localizada lá. Essa descrição é consistente com as conclusões anteriores sobre a distribuição de carga no híbrido baseadas nos efeitos de deslocalização e eletronegatividade.

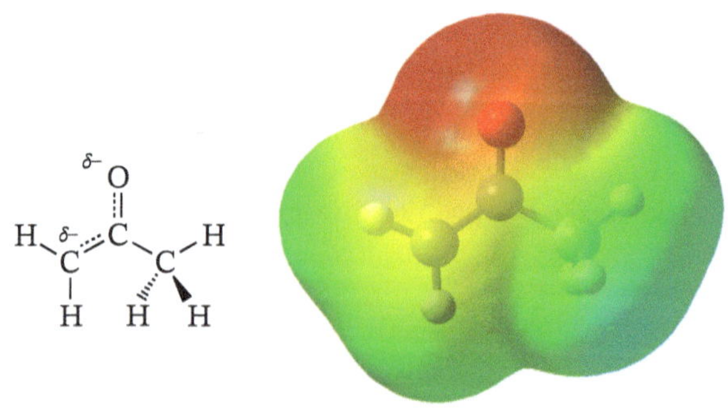

Enolato da acetona

18.2 Tautômeros Cetólico e Enólico

As formas ceto e enol de compostos carbonilados são isômeros constitucionais, mas de um tipo especial. Uma vez que eles são facilmente interconvertidos por transferência de próton na presença de traços de ácidos e bases, os químicos utilizam um termo especial para descrever esse tipo de isomerismo constitucional.

- As **formas ceto e enol** interconversíveis são chamadas de **tautômeros**, e sua interconversão é chamada de **tautomerização**.

Na maioria das circunstâncias, encontramos os tautômeros ceto–enólicos em um estado de equilíbrio. Para compostos monocarbonilados simples, tais como a acetona e o acetaldeído, a quantidade da forma enólica presente em equilíbrio é *muito pequena*. Na acetona, ela é bem menor do que 1%; no acetaldeído a concentração de enol é pequena demais para ser detectada. A maior estabilidade das formas ceto de compostos monocarbonilados pode estar relacionada com a maior força da ligação π carbono–oxigênio comparada à ligação π carbono–carbono (~364 *versus* ~250 kJ mol^{-1}):

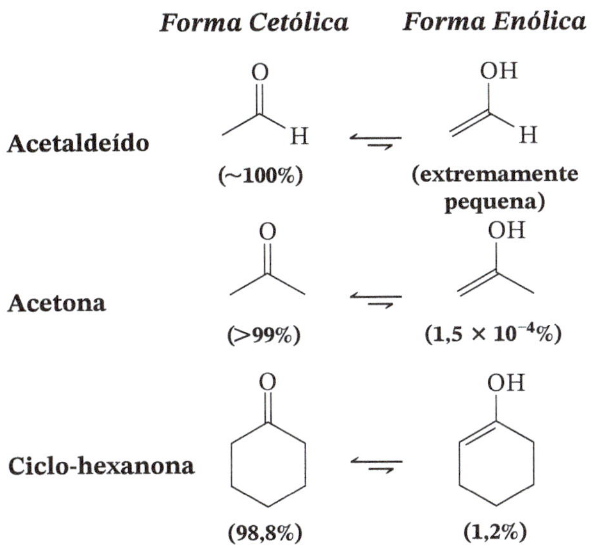

DICA ÚTIL

Os tautômeros ceto-enólicos não são estruturas de ressonância. Eles são isômeros constitucionais em equilíbrio (geralmente favorecendo a forma ceto).

Nos compostos cujas moléculas têm dois grupos carbonila separados por um átomo de carbono (chamados compostos *β*-dicarbonilados), a quantidade de enol presente em equilíbrio é bem maior. Por exemplo, o pentano-2,4-diona existe na forma enólica na proporção de 76%:

Pentano-2,4-diona (24%) — **Forma enólica** (76%)

- A maior estabilidade da forma enólica dos compostos *β*-dicarbonilados pode ser atribuída à estabilidade ganha por meio da estabilização por ressonância das ligações duplas conjugadas e (em uma forma cíclica) por meio da ligação de hidrogênio:

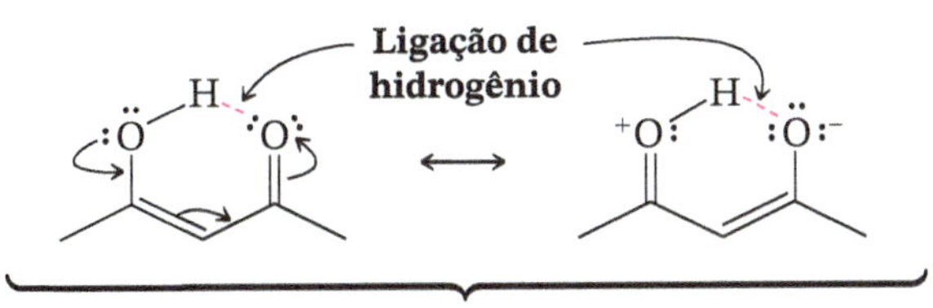

Estabilização por ressonância da forma enólica

PROBLEMA RESOLVIDO 18.1

Escreva as estruturas em bastão para as formas ceto e enol da 3-pentanona

Resposta

Ceto — **Enol**

PROBLEMA DE REVISÃO 18.1

Para todos os propósitos práticos, o composto ciclo-hexa-2,4-dien-1-ona existe totalmente na sua forma enólica. Escreva a estrutura da ciclo-hexa-2,4-dien-1-ona e da sua forma enólica. Que fator especial explica a estabilidade da forma enólica?

18.3 Reações Via Enóis e Enolatos

18.3A Racemização

Quando uma solução de (*R*)-(+)-2-metil-1-fenilbutan-1-ona (veja a reação a seguir) em etanol aquoso é tratada com ácidos ou bases, a solução perde gradativamente a sua atividade ótica. Após um tempo, o isolamento da cetona mostra que ela foi completamente racemizada. A forma (+) da cetona foi convertida em uma mistura equimolar de seus enantiômeros por meio de sua forma enólica.

Racemização via um enol

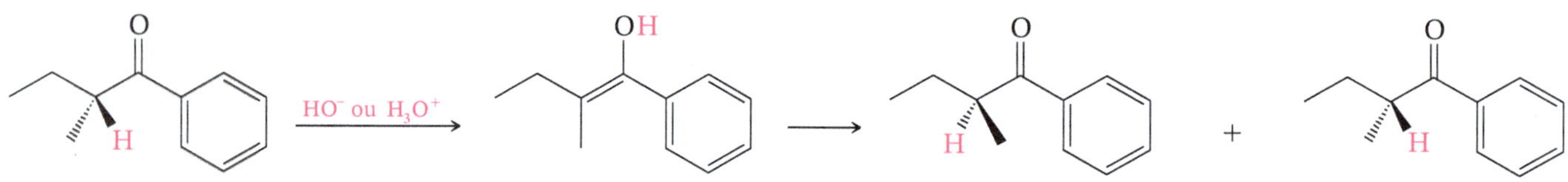

- A racemização no carbono α ocorre na presença de ácidos ou bases porque a forma ceto muda lenta, mas reversivelmente, para a sua forma enólica *e o enol é aquiral.* Quando o **enol** reverte para a **forma ceto**, ele produz quantidades iguais dos dois enantiômeros.

Uma base catalisa a formação de um enol por meio da formação intermediária de um ânion **enolato**.

Um Mecanismo para a Reação

Enolização Catalisada por Base

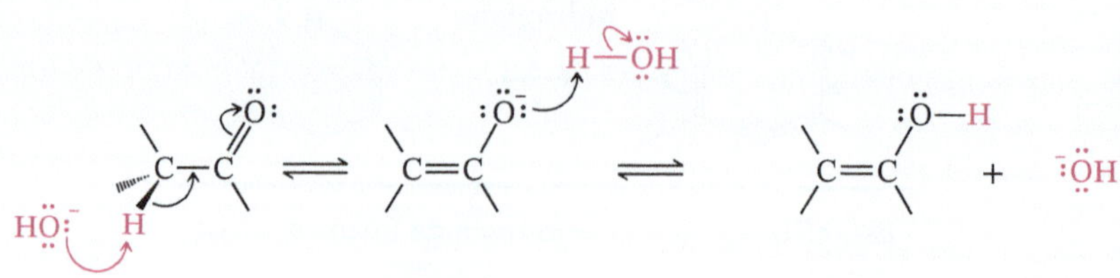

Um ácido pode catalisar a enolização da seguinte maneira.

Um Mecanismo para a Reação

Enolização Catalisada por Ácido

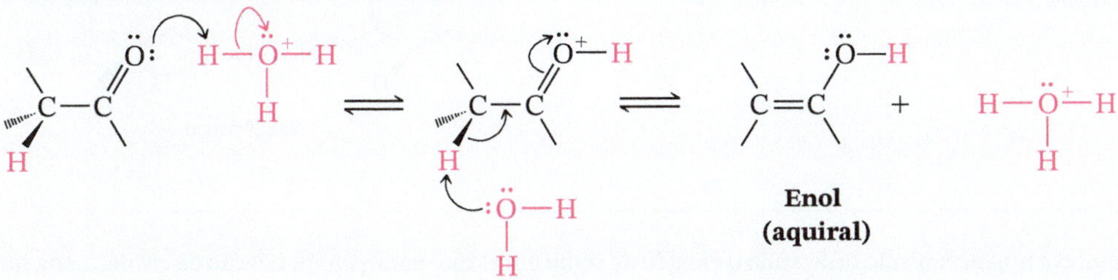

Enol (aquiral)

Nas cetonas acíclicas, o enol ou o ânion enolato formado pode ser (*E*) ou (*Z*). A protonação em uma face do isômero (*E*) e a protonação no mesmo lado do isômero (*Z*) produz enantiômeros.

PROBLEMA DE REVISÃO 18.2

As cetonas oticamente ativas, como as que são vistas a seguir, sofreriam racemização catalisada por ácido ou por base? Explique sua resposta.

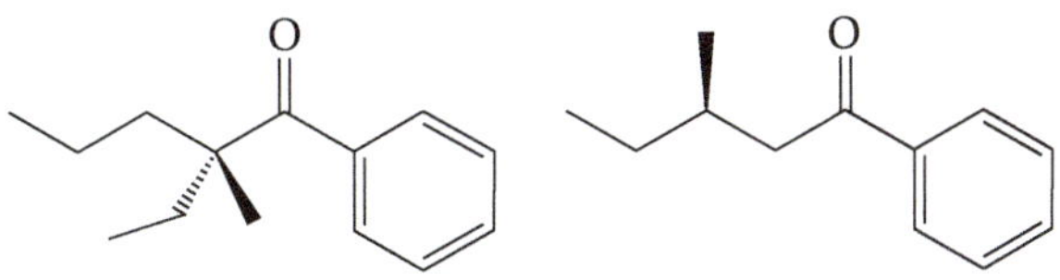

- Os diastereoisômeros que diferem na configuração em apenas um de vários centros quirais são algumas vezes chamados de **epímeros**.

A tautomerização ceto-enólica pode, às vezes, ser utilizada para converter um epímero menos estável em um mais estável. Esse processo de equilíbrio é um exemplo da **epimerização**. Um exemplo é a epimerização da *cis*-decalona para *trans*-decalona:

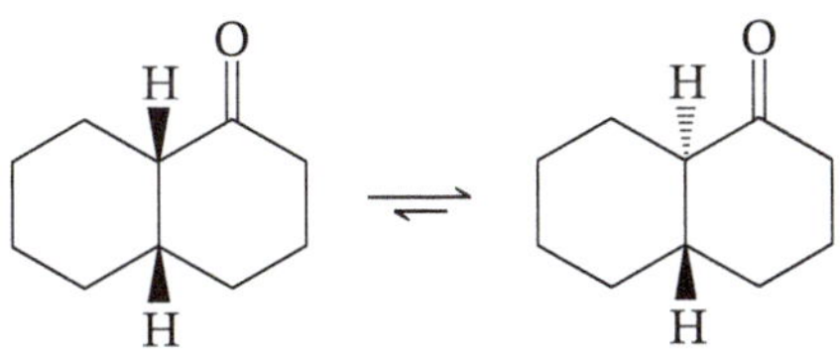

cis-Decalona *trans*-Decalona

PROBLEMA RESOLVIDO 18.2

Quando a 2-metil-1-fenilbutan-1-ona é tratada com NaOD na presença de D_2O, é formado um composto marcado com deutério como uma forma racêmica. Escreva um mecanismo que explique este resultado.

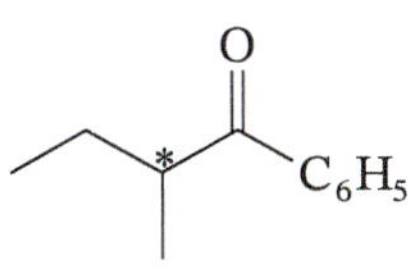

Racêmico

Estratégia e Resposta

Qualquer um dos enantiômeros da cetona pode transferir um próton α para o íon ^-OD para formar um enolato aquiral que pode aceitar um deutério e formar uma mistura racêmica de produtos marcados com deutério.

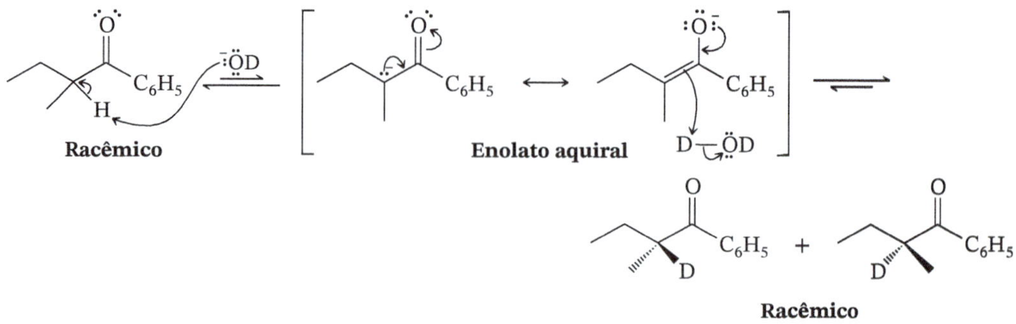

PROBLEMA DE REVISÃO 18.3

Escreva um mecanismo utilizando o etóxido de sódio em etanol para a epimerização da *cis*-decalona na *trans*-decalona. Desenhe as estruturas conformacionais que mostrem por que a *trans*-decalona é mais estável do que a *cis*-decalona. Você pode achar útil examinar também modelos moleculares da *cis*- e *trans*-decalona construídos usando-se um *kit* de montagem de modelos moleculares.

18.3B Halogenação no Carbono α

- Os compostos carbonilados que têm um hidrogênio α podem sofrer substituição no carbono α na presença de ácido ou de base.

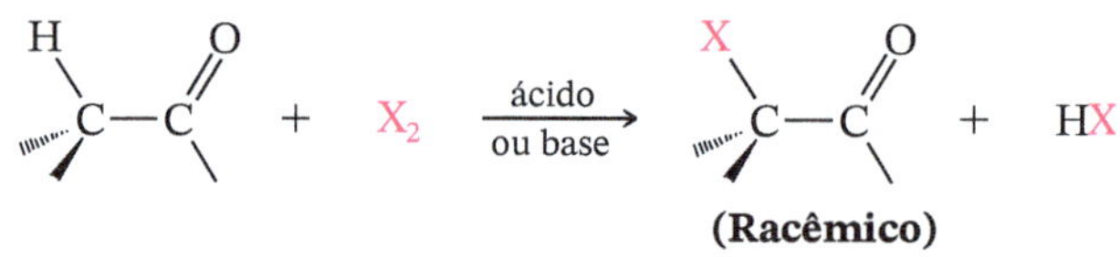

Halogenação Promovida por Base Na presença de bases, a halogenação ocorre por meio da formação lenta de um ânion enolato ou de um enol seguida por uma reação rápida do ânion enolato ou do enol com o halogênio.

Um Mecanismo para a Reação

Halogenação de Aldeídos e Cetonas Promovida por Base

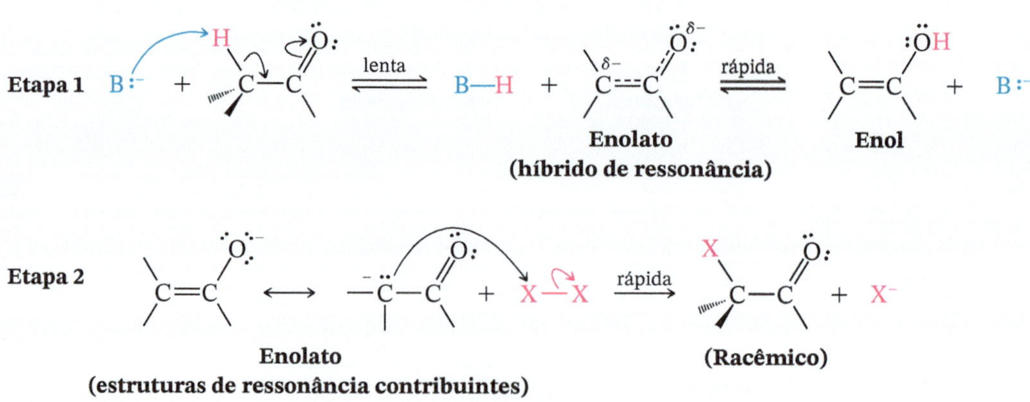

Como veremos na Seção 18.3C, podem ocorrer halogenações múltiplas.

Halogenação Catalisada por Ácido Na presença de ácidos, a halogenação ocorre por meio da formação lenta de um enol seguida pela reação rápida do enol com o halogênio.

Um Mecanismo para a Reação

Halogenação de Aldeídos e Cetonas Catalisada por Ácido

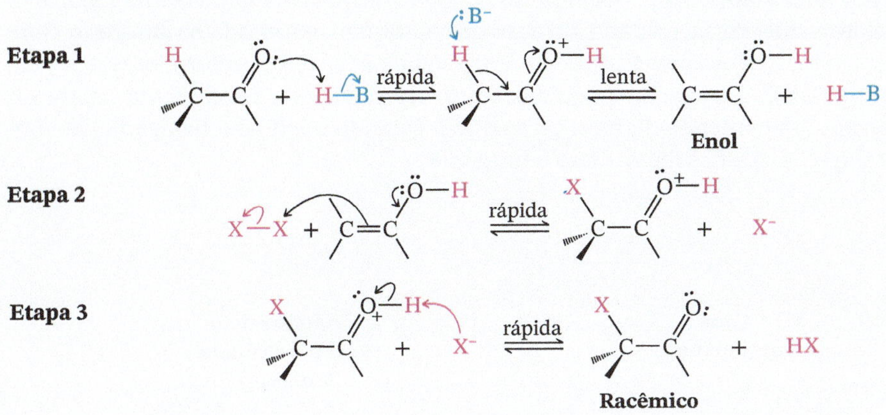

Parte da evidência que apoia esses mecanismos vem de estudos da cinética de reação. Tanto a halogenação de cetonas promovida por base quanto a catalisada por ácido *mostram velocidades iniciais que são independentes da concentração do halogênio.* Os mecanismos que escrevemos estão de acordo com essa observação: em ambos os casos a etapa lenta do mecanismo ocorre antes da intervenção do halogênio. (Essas velocidades iniciais também são independentes da natureza do halogênio; veja o Problema de Revisão 18.5.)

PROBLEMA DE REVISÃO 18.4

Por que dizemos que a halogenação de cetonas em uma base é "promovida por base" em vez de "catalisada por base"?

PROBLEMA DE REVISÃO 18.5

Evidências adicionais para os mecanismos de halogenação que acabamos de apresentar vêm dos seguintes fatos: **(a)** A 2-metil-1-fenilbutan-1-ona oticamente ativa sofre racemização catalisada por ácido a uma velocidade exatamente equivalente à velocidade com que ela sofre halogenação catalisada por ácido. **(b)** A 2-metil-1-fenilbutan-1-ona sofre iodação catalisada por ácido na mesma velocidade com que ela sofre bromação catalisada por ácido. **(c)** A 2-metil-1-fenilbutan-1-ona sofre troca de hidrogênio por deutério catalisada por base na mesma velocidade com que ela sofre halogenação promovida por base. Explique como cada uma dessas observações apoia os mecanismos que apresentamos.

18.3C Reação do Halofórmio

Quando metilcetonas reagem com halogênios na presença de base, sempre ocorrem halogenações múltiplas no carbono do grupo metila. As halogenações múltiplas ocorrem porque a introdução do primeiro halogênio torna o restante dos hidrogênios α no carbono metila mais ácidos devido ao halogênio eletronegativo. Entretanto, o grupo CX_3 ligado à carbonila pode ser um grupo de saída. Assim, quando uma solução aquosa de hidróxido é a base, ocorre uma reação de substituição na acila que leva a um sal carboxilato e a um halofórmio (CHX_3, por exemplo, clorofórmio, bromofórmio ou iodofórmio). A reação a seguir é um exemplo.

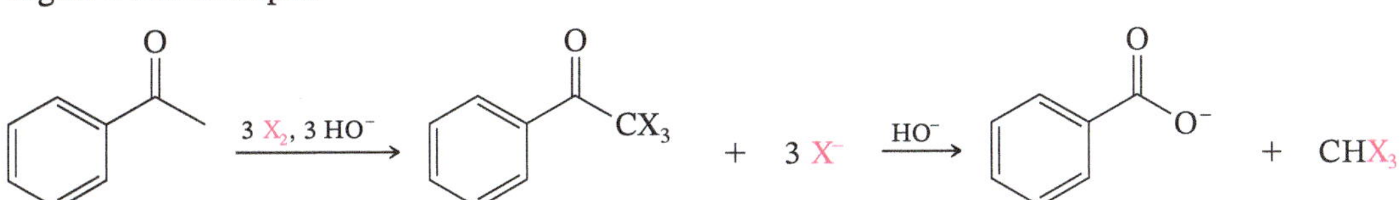

Um halofórmio
(X = Cl, Br, I)

A reação de halofórmio é um dos raros casos em que um carbânion atua como um grupo abandonador. Isso ocorre porque o ânion trialometila é anomalamente estável; sua carga negativa é dispersa pelos três átomos de halogênio negativo (quando X = Cl, o ácido conjugado, $CHCl_3$, tem pK_a = 13,6). Na última etapa, ocorre uma transferência de próton entre o ácido carboxílico e o ânion trialometila.

A **reação de halofórmio** é útil em sínteses como uma maneira de converter metilcetonas em ácidos carboxílicos. Quando a reação de halofórmio é utilizada na síntese, o cloro e o bromo são mais comumente utilizados como o halogênio. O clorofórmio ($CHCl_3$) e o bromofórmio ($CHBr_3$) são ambos líquidos, imiscíveis com água e facilmente separáveis da solução aquosa contendo o ânion carboxilato. Quando o iodo é o halogênio, obtém-se iodofórmio (CHI_3), um sólido amarelo-brilhante.

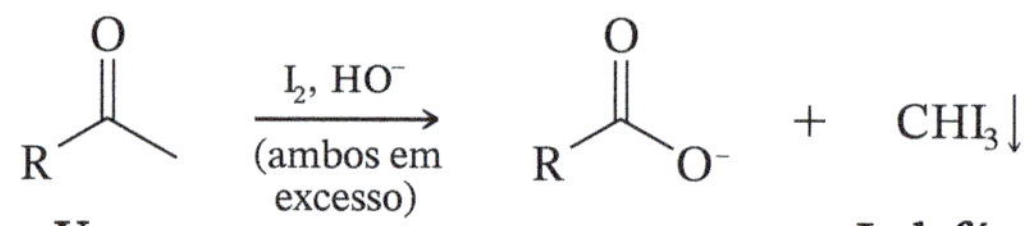

Um Mecanismo para a Reação

Reação do Halofórmio

Etapa de Halogenação

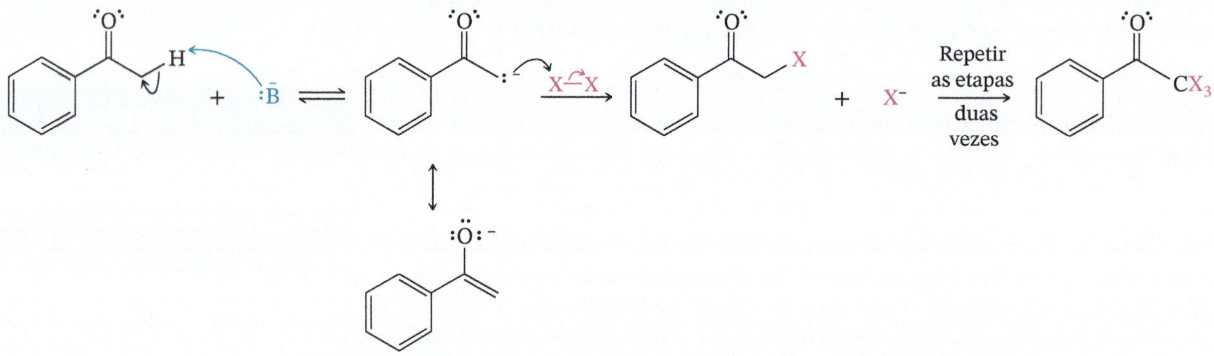

Etapa da Substituição da Acila

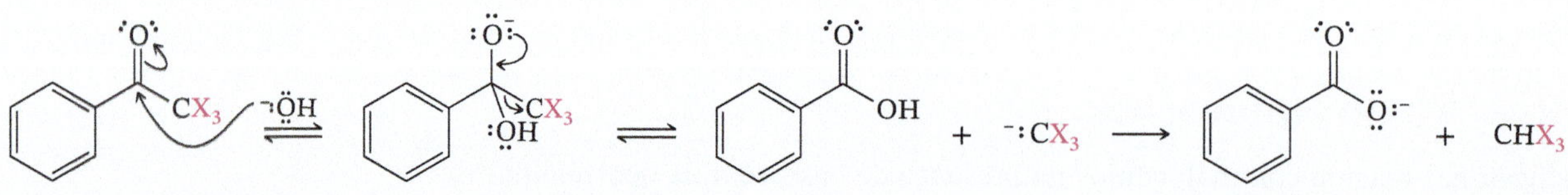

A Química Ambiental de . . . Clorofórmio na Água Potável

Quando a água é clorada para purificá-la para o consumo público, o clorofórmio é produzido a partir de impurezas orgânicas na água via reação de halofórmio. (Muitas dessas impurezas orgânicas são naturais, como as substâncias húmicas.) A presença de clorofórmio na água pública é preocupante tanto para as estações de tratamento de água quanto para autoridades ambientais, porque o clorofórmio é carcinogênico. Desse modo, a tecnologia que resolve um problema cria outro. Vale a pena lembrar, no entanto, que antes de a cloração da água ser introduzida, milhares de pessoas morriam em epidemias de doenças tais como cólera e disenteria.

18.3D Ácidos α-Halocarboxílicos: Reação de Hell–Volhard–Zelinski

Os ácidos α-halocarboxílicos podem ser sintetizados por meio de uma reação conhecida como reação de Hell–Volhard–Zelinski (ou HVZ). O ácido carboxílico deve apresentar ao menos um hidrogênio α. A reação envolve bromo ou cloro na presença de fósforo (ou de um haleto de fósforo). O mecanismo ocorre via haleto de acila e intermediários enol.

Reação Geral

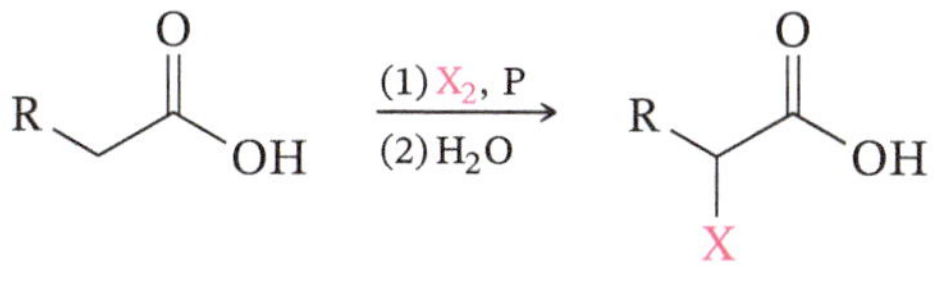

α-Haloácido

Exemplo Específico

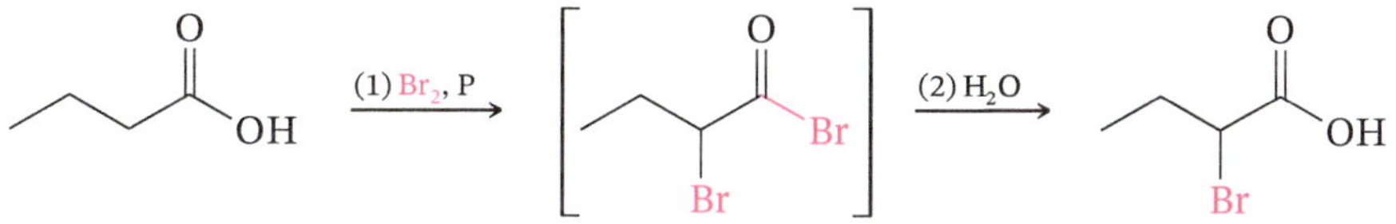

Ácido butanoico **Ácido 2-Bromobutanoico (77%)**

Se mais de um equivalente molar de bromo ou cloro é usado na reação, os produtos obtidos são α-α-dialoácidos ou α-α-α-trialoácidos.

Etapas importantes na reação são a formação de um haleto de acila e de um enol derivado do haleto de acila. O haleto de acila é crucial, porque os ácidos carboxílicos não formam enóis prontamente, já que o próton do ácido carboxílico é removido antes do hidrogênio α. Os haletos de acila não possuem o hidrogênio do ácido carboxílico.

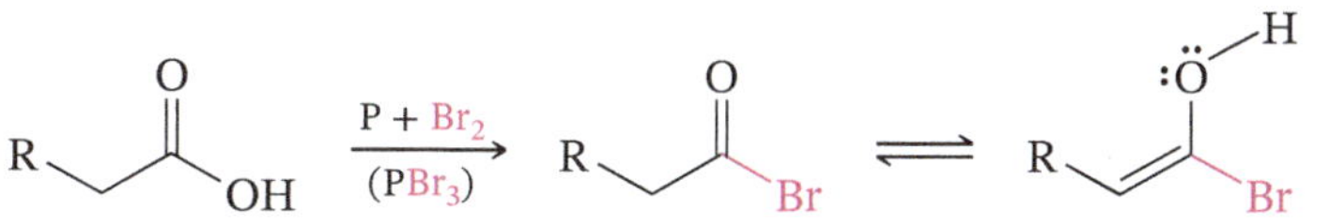

Brometo de acila **Forma enólica**

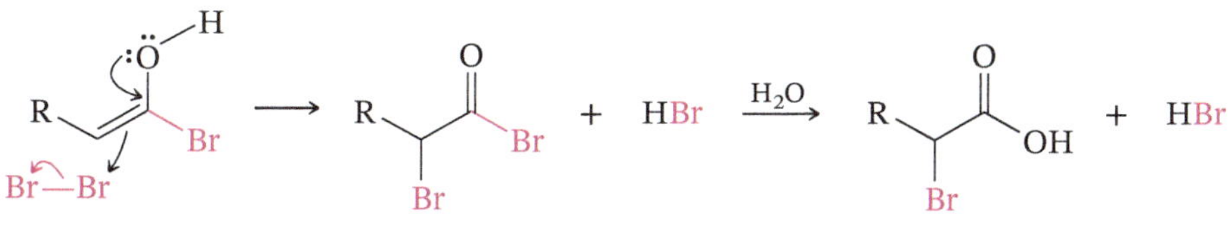

Forma enólica

Um método alternativo para a α-halogenação foi proposto por D. N. Harpp (McGill University). Cloretos de acila, formados *in situ* pela reação do ácido carboxílico com $SOCl_2$, são tratados com a *N*-halossuccinimida e um traço de HX para produzir cloretos de α-cloro e α-bromoacila.

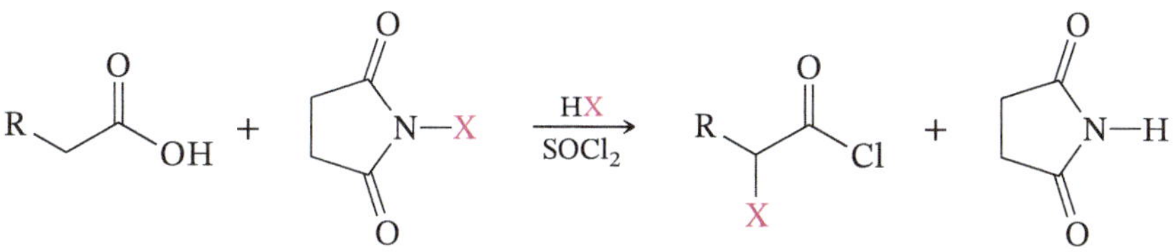

Os cloretos de α-iodoacila podem ser obtidos usando-se iodo molecular em uma reação semelhante.

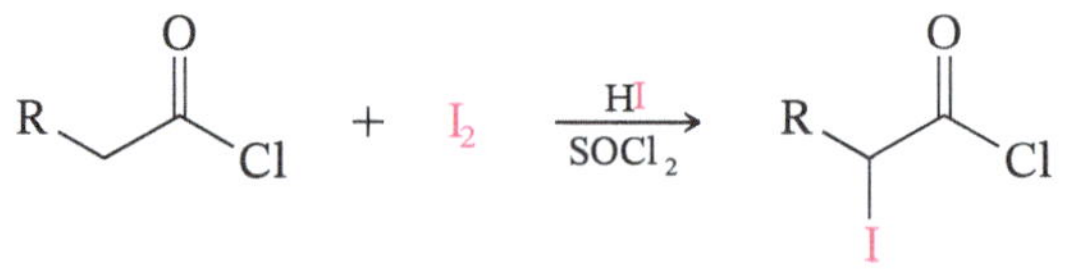

Os α-haloácidos são importantes intermediários sintéticos porque eles são capazes de reagir com diversos nucleófilos para formar outros derivados úteis. Por exemplo, eles podem ser usados para preparar α-hidroxiácidos e α-aminoácidos.

Conversão a α-Hidroxiácidos

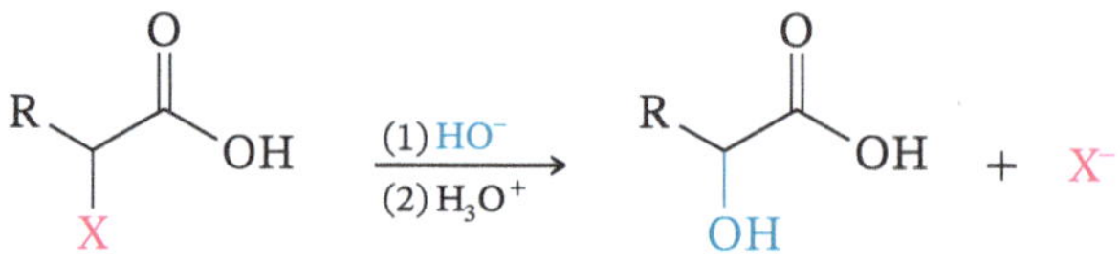

α-Haloácido **α-Hidroxiácido**

Exemplo Específico

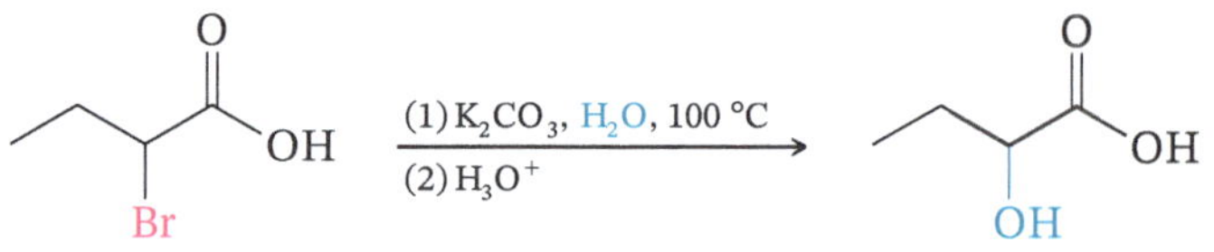

Ácido 2-hidroxibutanoico (69%)

Conversão a α-Aminoácidos

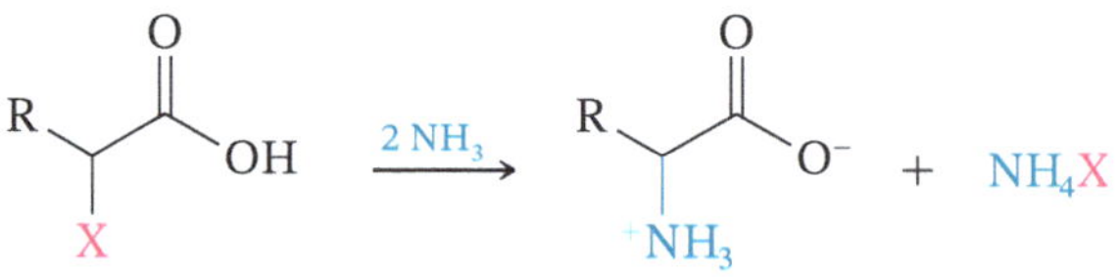

α-Haloácido **α-Aminoácido**

Exemplo Específico

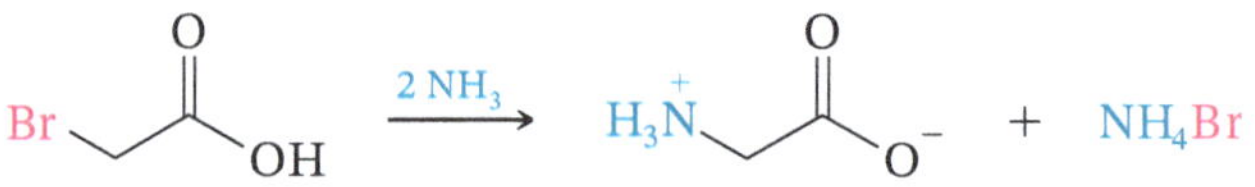

Ácido aminoacético (glicina) (60–64%)

18.4 Enolatos de Lítio

A posição de equilíbrio pela qual um **enolato** se forma depende da força da base usada. Se a base empregada é mais fraca que o enolato, o equilíbrio se encontra à esquerda. Este é o caso, por exemplo, quando uma cetona é tratada com etóxido de sódio em etanol.

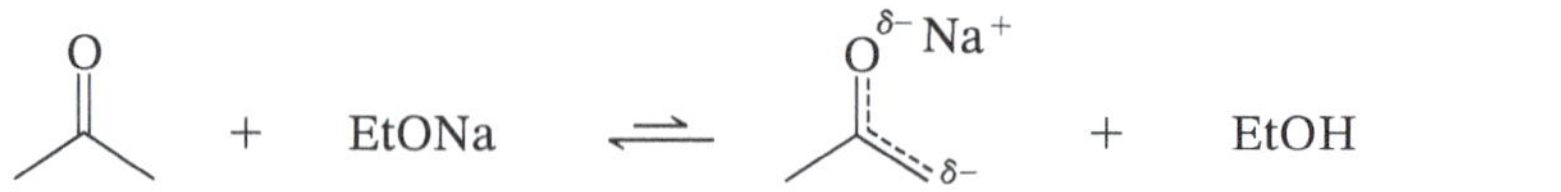

Ácido mais fraco (pK_a = 19) **Base mais fraca** **Base mais forte** **Ácido mais forte (pK_a = 16)**

Por outro lado, se uma base muito forte é usada, o equilíbrio se encontra muito à direita. Uma base forte muito útil para converter compostos carbonilados em enolatos é a **di-isopropilamideto de lítio (LDA)** ou $LiN(i\text{-}Pr)_2$:

Cetona (ácido mais forte) (pK_a = 19) — **LDA (base mais forte)** — **Enolato (base mais fraca)** — **Di-isopropilamina (ácido mais fraco) (pK_a = 38)**

- O di-isopropilamideto de lítio (LDA) pode ser preparado dissolvendo-se di-isopropilamina em um solvente como o dietil éter ou THF e tratando-a com um alquil-lítio:

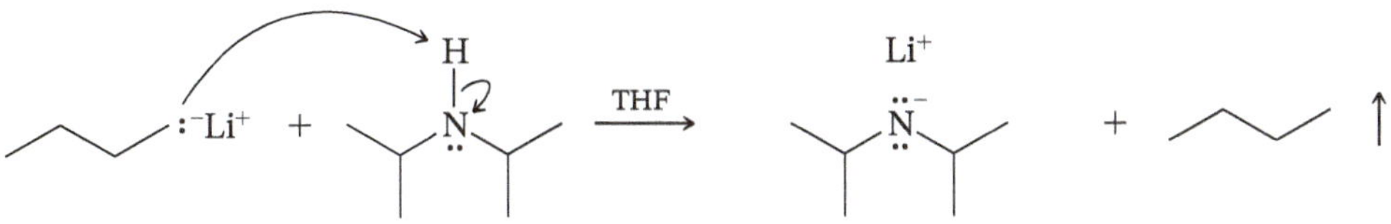

Butil-lítio (BuLi) — **Di-isopropilamina (pK_a = 38)** — **Di-isopropilamideto de lítio [LDA ou $LiN(i\text{-}Pr)_2$]** — **Butano (pK_a = 50)**

18.4A Formação Regiosseletiva de Enolatos

Uma cetona assimétrica como a 2-metilciclo-hexanona pode formar dois possíveis enolatos, que surgem da remoção de um hidrogênio α de um ou outro lado do grupo carbonila. Que enolato predomina na reação depende se o enolato é formado sob condições que favoreçam o equilíbrio ácido-base.

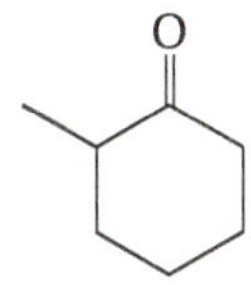

2-Metilciclo-hexanona

- O **enolato termodinâmico** é o mais estável dos enolatos possíveis. A estabilidade do enolato é determinada da mesma forma que para os alquenos, ou seja, o enolato mais substituído é o mais estável.
- O **enolato termodinâmico** predomina sob condições de **controle termodinâmico** em que o equilíbrio de desprotonação permite a interconversão entre os enolatos possíveis, de tal forma que eventualmente o enolato mais estável existe em maior concentração. Este é o caso com uma base fraca, quando o pK_a do ácido conjugado da base é semelhante ao pK_a do hidrogênio α do composto carbonilado. O uso do hidróxido ou de um alcóxido em um solvente prótico favorece a formação do enolato termodinâmico.
- O **enolato cinético** é aquele que é formado mais rapidamente. É normalmente formado pela remoção do hidrogênio α menos estericamente impedido.
- O **enolato cinético** predomina sob condições de **controle cinético** que não favorecem o equilíbrio entre os enolatos possíveis. Este é o caso com uma base muito forte e estericamente impedida em um solvente aprótico, como o LDA em tetraidrofurano (THF) ou dimetoxietano (DME), favorece a formação do enolato cinético.

As condições que favorecem a formação dos enolatos termodinâmico e cinético a partir da 2-metilciclo-hexanona estão ilustradas a seguir.

Formação de um Enolato Termodinâmico com uma Base Fraca em um Solvente Prótico

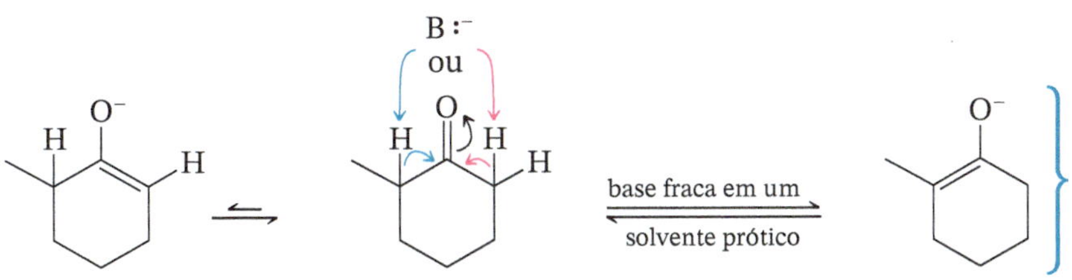

Cinético (enolato menos estável) — **2-Metilciclo-hexanona** — **Termodinâmico (enolato mais estável)**

Este enolato predomina no equilíbrio porque ele apresenta a ligação dupla mais substituída.

Formação de um Enolato Cinético com uma Base Forte em um Solvente Aprótico

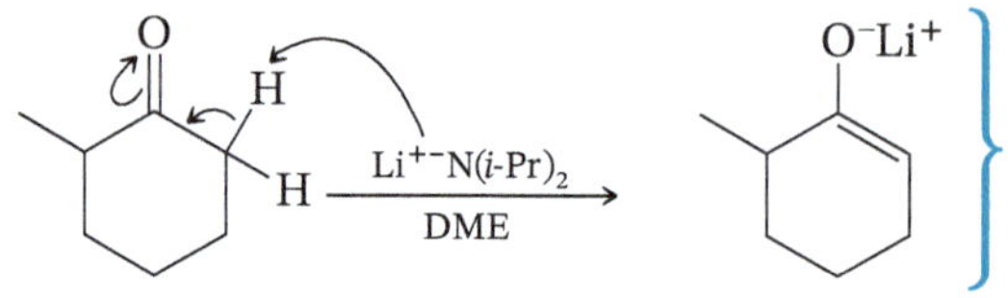

Enolato cinético

Este enolato é formado mais rapidamente porque a base forte impedida remove mais rapidamente o próton menos impedido.

18.4B Alquilação Direta de Cetonas Via Enolatos de Lítio

DICA ÚTIL
A alquilação dos enolatos de lítio é um método útil de síntese.

A formação de enolatos de lítio usando di-isopropilamideto de lítio fornece um modo útil de alquilar cetonas de forma regiosseletiva. Por exemplo, o enolato de lítio formado a partir da 2-metilciclo-hexanona pode ser metilado ou benzilado no carbono α menos impedido permitindo-se que ele reaja com o LDA seguido de iodeto de metila ou brometo de benzila, respectivamente:

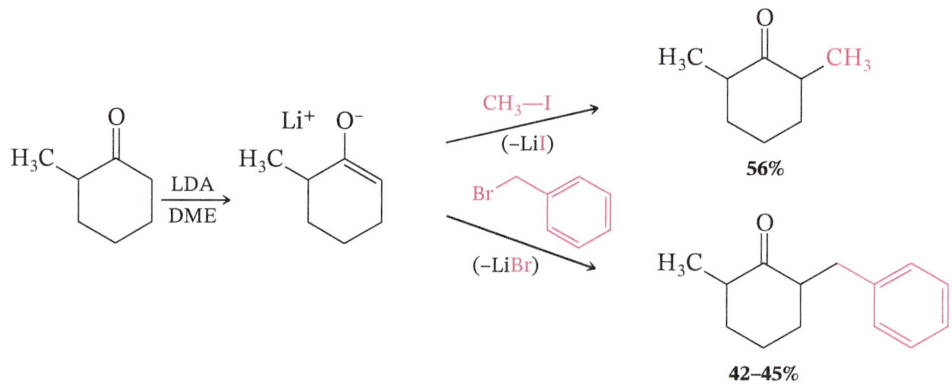

DICA ÚTIL
A escolha adequada do agente alquilante é a chave para a alquilação bem-sucedida do enolato de lítio.

Entretanto, reações de alquilação como essas têm uma importante limitação, porque elas são reações S_N2, e também porque os enolatos são bases fortes.

- A alquilação bem-sucedida ocorre somente quando são usados haletos de alquila primários, haletos benzílicos primários ou haletos alílicos primários. Com haletos secundários e terciários, a eliminação se torna o caminho principal da reação.

18.4C Alquilação Direta de Ésteres

Exemplos da **alquilação direta** de um éster e de uma lactona (um éster cíclico) são mostrados a seguir:

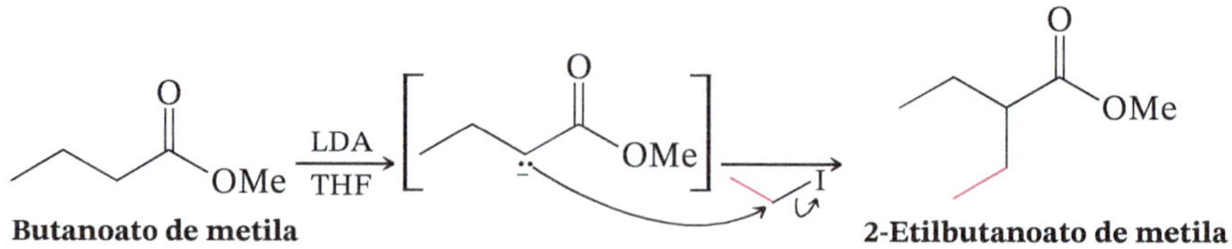

Butanoato de metila **2-Etilbutanoato de metila (96%)**

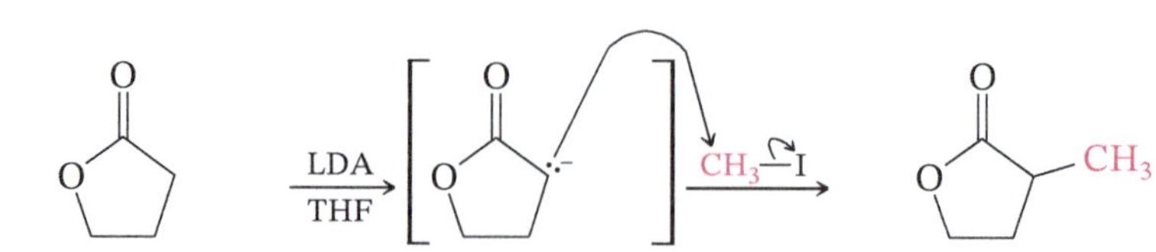

Butirolactona **2-Metilbutirolactona (88%)**

PROBLEMA RESOLVIDO 18.3

A síntese a seguir ilustra a alquilação de uma cetona via um enolato de lítio. Dê as estruturas do enolato e do agente alquilante.

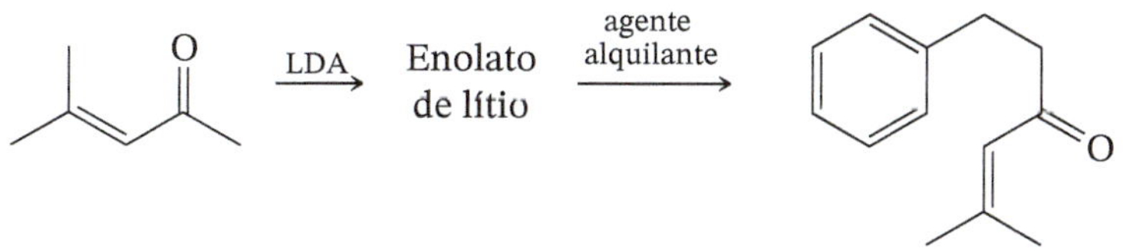

Resposta

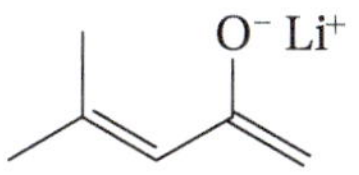

Enolato de lítio

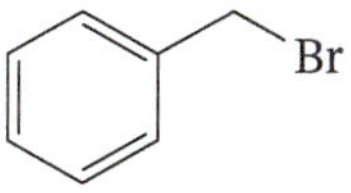

Agente alquilante

PROBLEMA DE REVISÃO 18.6

(a) Escreva uma reação que envolva um enolato de lítio para a introdução do grupo metila no seguinte composto (um intermediário em uma síntese do cafestol, um agente anti-inflamatório encontrado nos grãos do café, realizada por E. J. Corey):

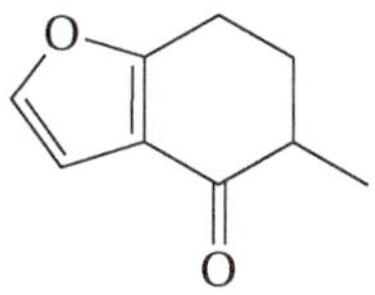

(b) Dienolatos podem ser formados a partir de β-cetoésteres usando-se dois equivalentes de LDA. O dienolato pode, então, ser alquilado seletivamente no mais básico dos dois carbonos do enolato. Escreva uma reação para a síntese do seguinte composto usando um dienolato e o haleto de alquila adequado:

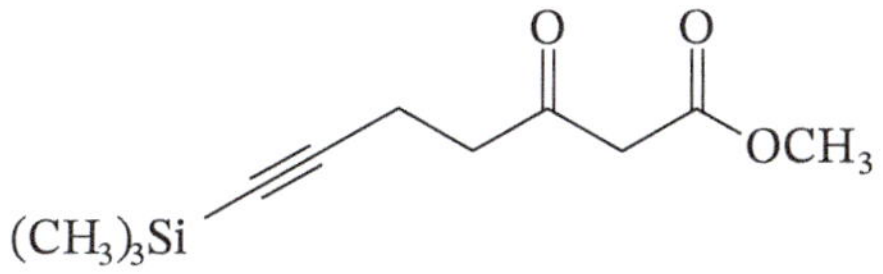

18.5 Enolatos de Compostos β-Dicarbonilados

- Os átomos de hidrogênio que estão entre dois grupos carbonila, como em um **composto β-dicarbonilado**, têm pK_a na faixa de 9–11. Esses átomos de hidrogênio α são muito mais ácidos que os hidrogênios α adjacentes a somente um grupo carbonila, que têm valores de pK_a de 18–20.

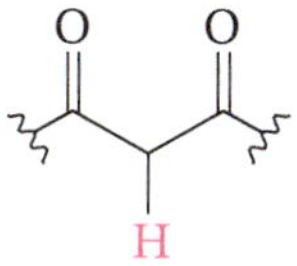

pK_a 9–11

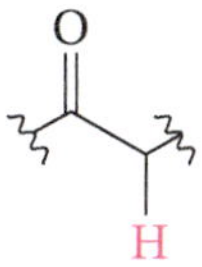

pK_a 18–20

- Uma base muito mais fraca que a LDA, tal como um alcóxido, pode ser usada para formar um enolato a partir de um composto β-dicarbonilado.

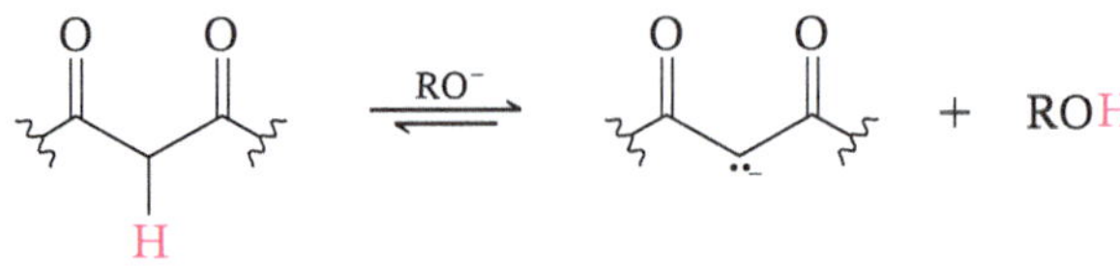

Podemos explicar a maior acidez dos sistemas β-dicarbonilados, quando comparados aos sistemas carbonílicos simples, pela deslocalização da carga negativa para os dois átomos de oxigênio em vez de somente um. Podemos representar esta deslocalização desenhando as estruturas de ressonância contribuintes para um enolato β-dicarbonilado e seu híbrido de ressonância:

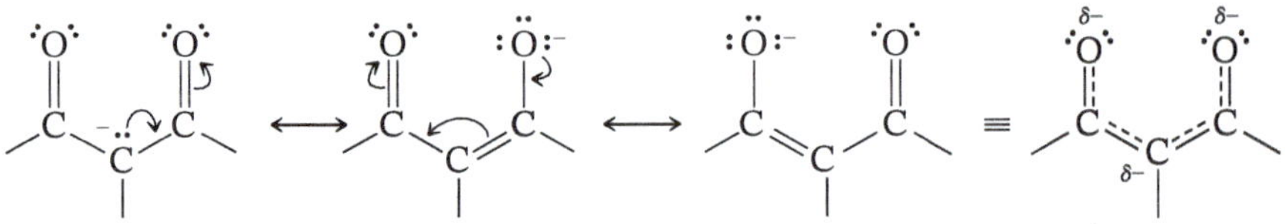

Estruturas de ressonância contribuintes **Híbrido de ressonância**

Podemos visualizar a maior deslocalização de carga de um enolato β-dicarbonilado examinando os mapas de potencial eletrostático para os enolatos derivados da pentano-2,4-diona e da acetona. Vemos aqui que a carga negativa do enolato da pentano-2,4-diona está associada substancialmente aos dois átomos de oxigênio, comparada com a do enolato da acetona, onde a carga negativa significativa no enolato permanece no átomo de carbono α:

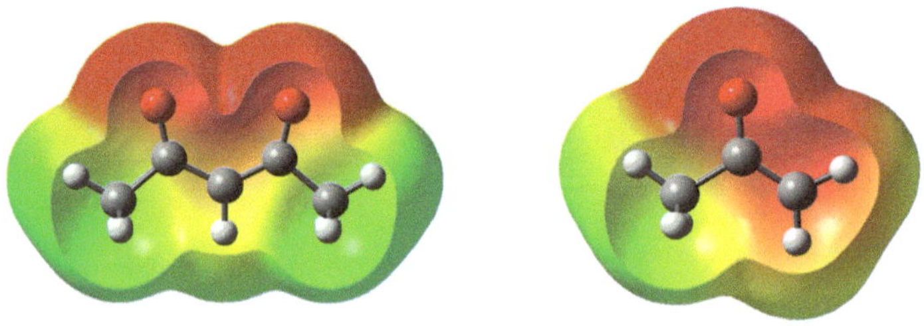

Enolato da pentano-2,4-diona **Enolato da acetona**

Dois compostos β-dicarbonilados específicos têm sido muito usados em síntese orgânica. São eles ésteres acetoacéticos (acetoacetato de etila e 3-oxobutanoato de etila), que podem ser usados para produzir derivados da acetona substituída e malonato de dietila (ácido dietil-1,3-propanodicarboxílico), que podem ser usados para produzir derivados do ácido acético substituído. Vamos considerar as sínteses envolvendo o acetoacetato de etila e o malonato de dietila nas seções subsequentes deste capítulo.

Éster acetoacético (acetoacetato de etila; 3-oxobutanoato de etila) **Malonato de dietila (ácido dietil-1,3-propanodicarboxílico)**

18.6 Síntese de Metilcetonas Usando Acetoacetato de Etila: a Síntese do Éster Acetoacético

O acetoacetato de etila, por ser um composto β-dicarbonilado, pode ser facilmente convertido em um enolato utilizando o etóxido de sódio. Podemos, então, alquilar o enolato resultante (chamado de éster sodioacetoacético) com um haleto de alquila. Esse processo é chamado de **síntese do éster acetoacético**.

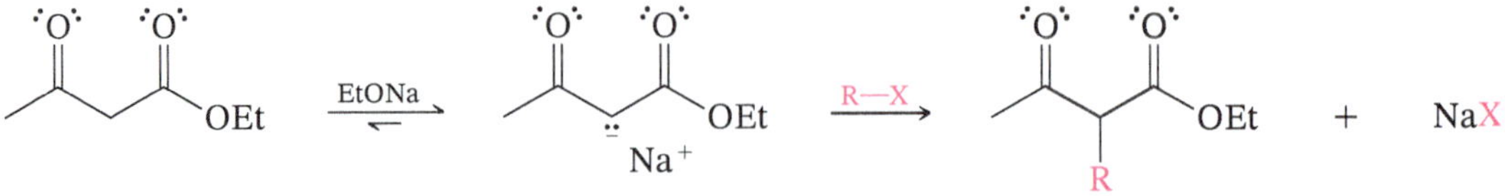

Acetoacetato de etila **Sal de sódio do acetoacetato de etila** **Acetoacetato de etila monoalquilado**

- Uma vez que a alquilação na reação anterior é uma reação S_N2, os melhores rendimentos são obtidos utilizando-se haletos de alquila primários (incluindo haletos alílicos primários e haletos benzílicos) ou haletos de metila. Os haletos secundários dão rendimentos mais baixos, e os haletos terciários dão apenas eliminação.

Dialquilação O éster monoalquilado mostrado anteriormente tem ainda um hidrogênio apreciavelmente ácido e, se for desejado, pode ser realizada uma segunda alquilação. Como o acetoacetato de etila monoalquilado é menos ácido que acetoacetato de etila, devido ao efeito do grupo alquila adicionado de doar elétrons, é geralmente útil usar uma base mais forte do que o íon etóxido para a segunda alquilação. O uso do *terc*-butóxido de potássio é comum porque é uma base mais forte que o etóxido de sódio. Devido ao seu volume, é provável que o *terc*-butóxido de potássio também provoque transesterificação.

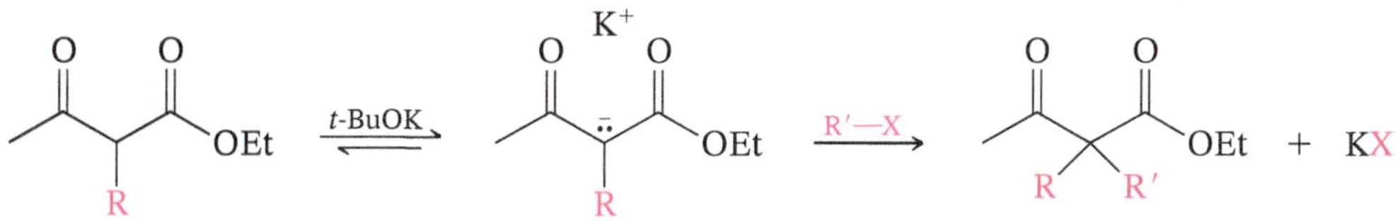

Acetoacetato de etila monoalquilado — **Acetoacetato de etila dialquilado**

Metilcetonas Substituídas Para sintetizar uma metilcetona monossubstituída (acetona monossubstituída) realizamos apenas uma alquilação. Então, hidrolisamos o acetoacetato de etila monoalquilado usando hidróxido de sódio ou de potássio aquoso. A acidificação subsequente da mistura dá um β-cetoácido alquilado e o aquecimento deste β-cetoácido a 100 °C produz a descarboxilação (Seção 17.10):

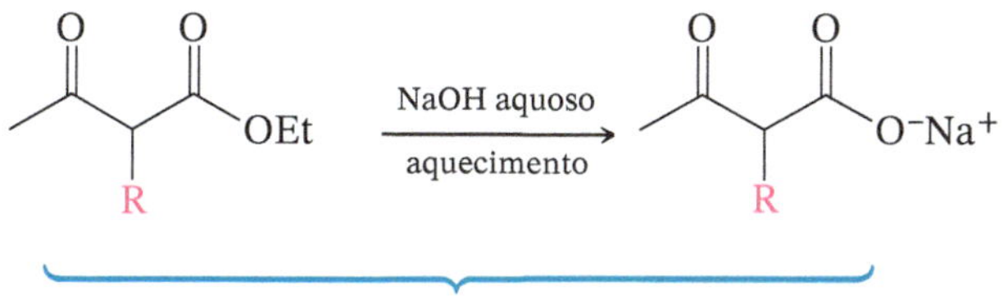

Hidrólise básica do grupo éster

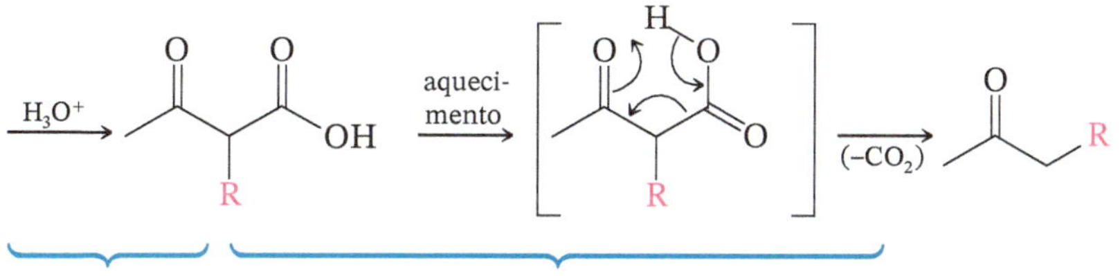

Acidificação — **Descarboxilação do β-cetoácido**

Um exemplo específico é a seguinte síntese da 2-heptanona:

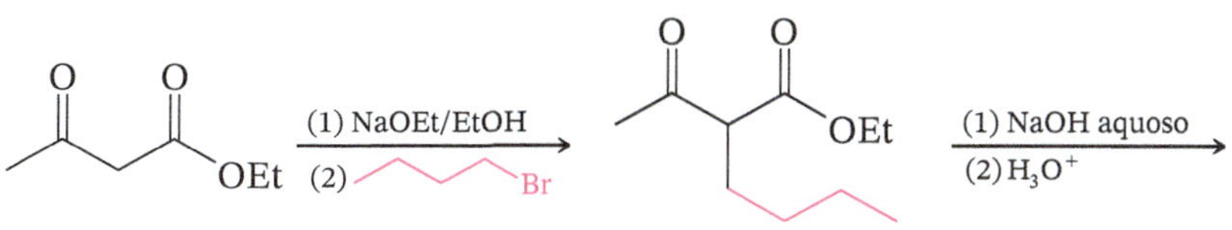

Acetoacetato de etila (éster acetoacético) — **Butilacetoacetato de etila (69–72%)**

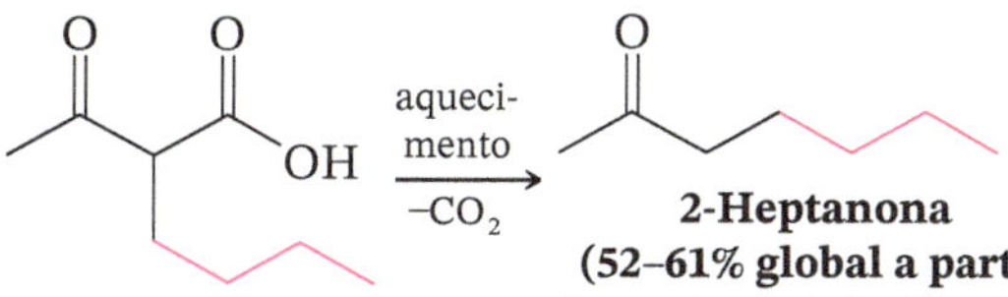

2-Heptanona (52–61% global a partir do acetoacetato de etila)

Se nosso objetivo é a preparação de uma acetona dissubstituída, realizamos duas alquilações sucessivas, hidrolisamos o acetoacetato de etila dialquilado que é produzido e então descarboxilamos β-cetoácido dialquilado. Um exemplo deste procedimento é a síntese da 3-butil-2-heptanona.

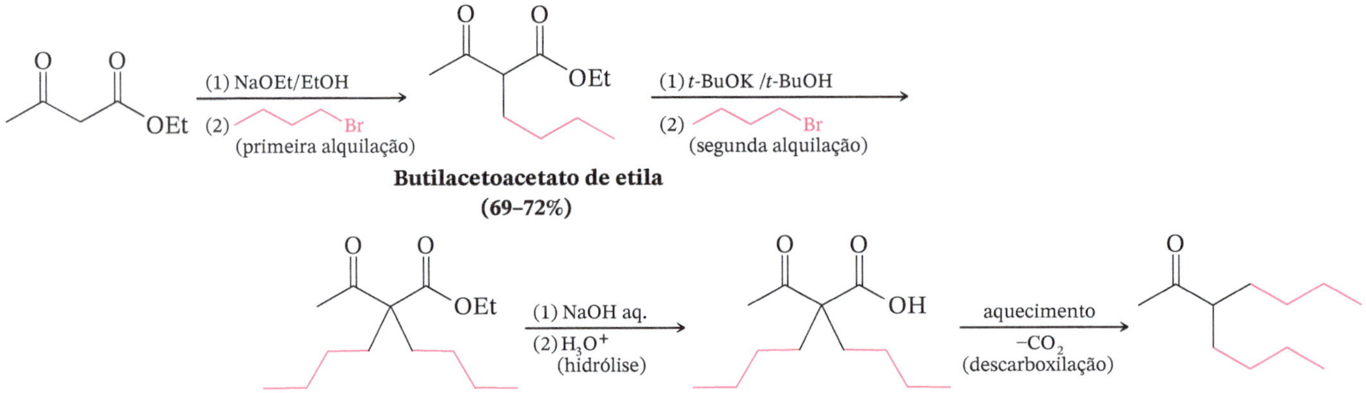

Butilacetoacetato de etila (69–72%)

Dibutilacetoacetato de etila (77%)

3-Butil-2-heptanona

Embora ambas as alquilações no exemplo que acabamos de dar tenham sido realizadas com o mesmo haleto de alquila, poderíamos ter usado diferentes haletos de alquila caso nossa síntese assim o exigisse.

- Como vimos, o acetoacetato de etila é um reagente útil na preparação de acetonas substituídas (metilcetonas) dos tipos mostrados a seguir.

Uma acetona monossubstituída **Uma acetona dissubstituída**

- Portanto, o acetoacetato de etila serve como o equivalente sintético do enolato proveniente da acetona mostrado a seguir.

Um **equivalente sintético** é um reagente cuja estrutura, quando incorporada a um produto, dá a aparência de ter se originado de um tipo de precursor quando, como um reagente, tinha na realidade uma origem estrutural diferente. Embora seja possível formar o enolato a partir da acetona, o uso do acetoacetato de etila como um equivalente sintético é frequentemente mais conveniente, porque seus hidrogênios α são muito mais ácidos ($pK_a = 9–11$) que os da própria acetona ($pK_a = 19–20$). Se tivéssemos desejado usar o enolato da acetona diretamente, teríamos que usar uma base muito mais forte e outras condições especiais (por exemplo, enolato de lítio, veja a Seção 18.4).

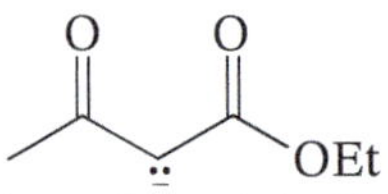

Íon do acetoacetato de etila

é o equivalente sintético de

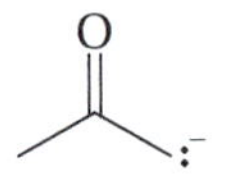

Enolato da acetona

PROBLEMA RESOLVIDO 18.4

Explique como compostos com a estrutura geral vista a seguir são formados como produtos secundários eventuais de alquilações do acetoacetato de etila.

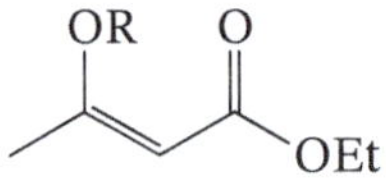

Estratégia e Resposta

O átomo de oxigênio parcialmente negativo do enolato do acetoacetato de etila atua como um nucleófilo.

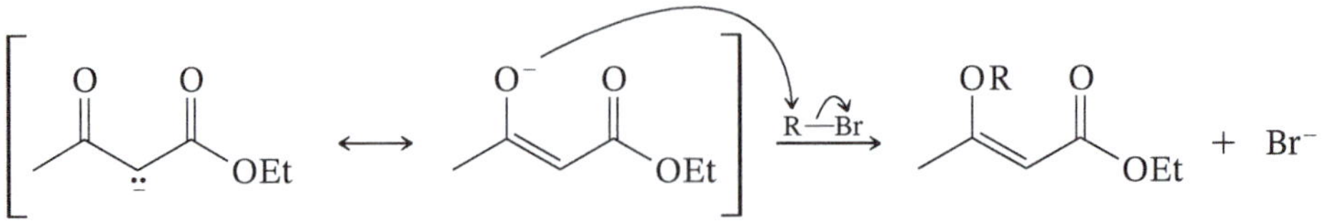

PROBLEMA RESOLVIDO 18.5

Apresente uma análise retrossintética e uma rota sintética para a preparação de 2-pentanona a partir do acetoacetato de etila.

Estratégia e Resposta

Análise Retrossintética

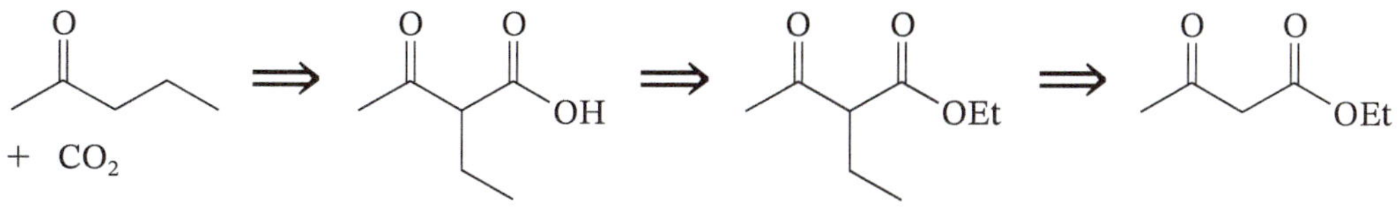

Síntese

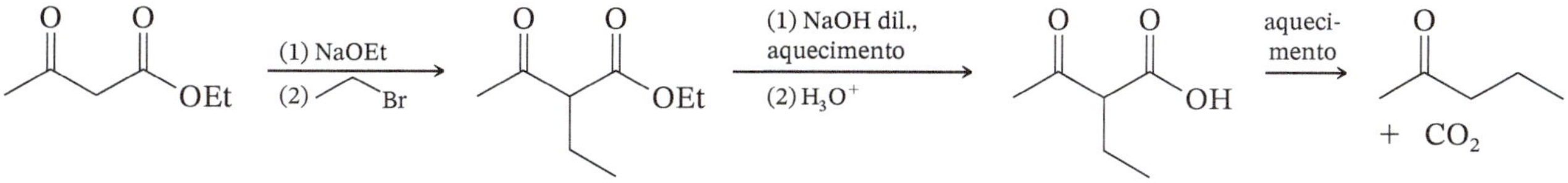

PROBLEMA DE REVISÃO 18.7

Mostre como você usaria acetoacetato de etila para preparar **(a)** 3-propil-2-hexanona e **(b)** 4-fenil-2-butanona.

PROBLEMA DE REVISÃO 18.8

A síntese com acetoacetato de etila geralmente dá melhores rendimentos quando são usados haletos primários na etapa da alquilação. Haletos secundários dão baixos rendimentos, e haletos terciários praticamente não dão produtos de alquilação. **(a)** Explique. **(b)** Que produtos você esperaria da reação do enolato do acetoacetato de etila com o brometo de *terc*-butila? **(c)** O bromobenzeno não pode ser usado como um agente arilante em uma síntese do éster acetoacético como a forma que acabamos de descrever. Por que não?

O acetoacetato de etila pode também ser alquilado com haloésteres e halocetonas. O uso de um α-haloéster produz uma síntese conveniente de γ-cetoácidos:

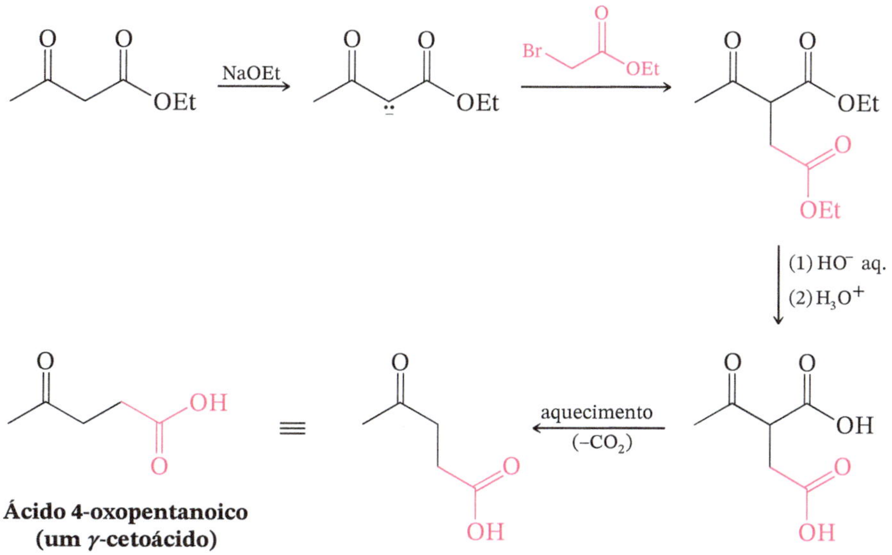

Ácido 4-oxopentanoico (um γ-cetoácido)

PROBLEMA DE REVISÃO 18.9

Na síntese do cetoácido dada anteriormente, o ácido dicarboxílico descarboxila para dar o produto mostrado à esquerda e não aquele que é mostrado à direita. Explique.

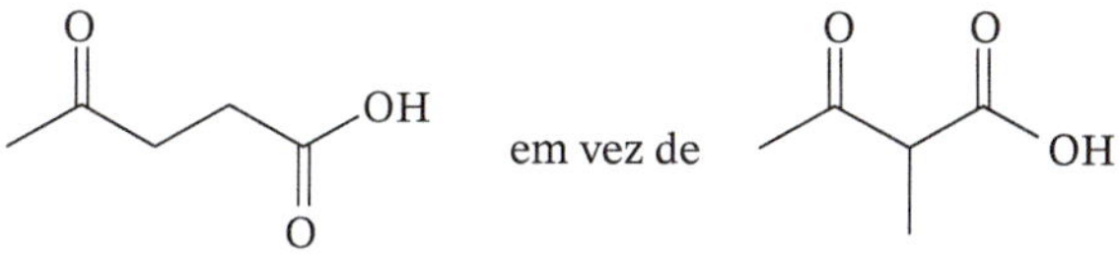

O uso de uma α-halocetona fornece um método geral de preparação de γ-dicetonas:

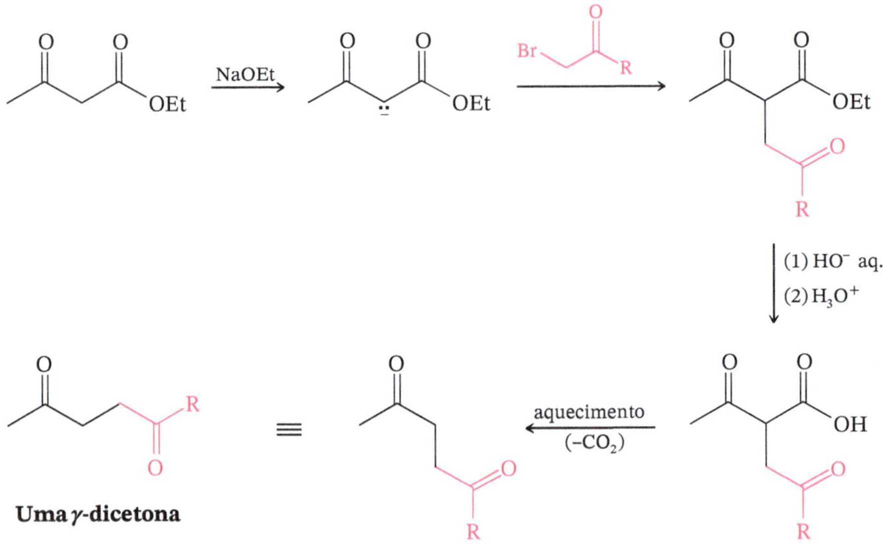

PROBLEMA DE REVISÃO 18.10

Como você usaria acetoacetato de etila para preparar o composto visto a seguir?

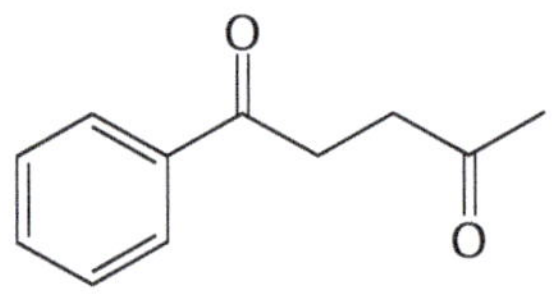

18.6A Acilação

Os enolatos a partir de β-cetoésteres sofrem acilação quando são tratados com cloretos de acila ou anidridos ácidos. Como esses dois agentes acilantes reagem com álcoois, as reações de acilação não podem ser realizadas em etanol, e devem ser feitas em solventes apróticos como DMF ou DMSO (Seção 6.13C). (Se a reação fosse realizada em etanol, usando-se etóxido de sódio, por exemplo, então o cloreto de acila seria rapidamente convertido em um éster de etila e o íon etóxido seria neutralizado.) O hidreto de sódio pode ser usado para gerar o íon enolato em um solvente aprótico:

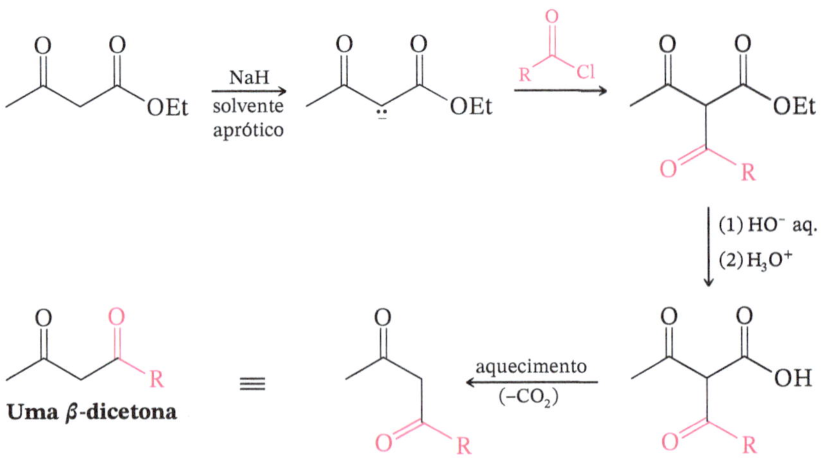

PROBLEMA DE REVISÃO 18.11

Como você usaria acetoacetato de etila para preparar o composto ao lado?

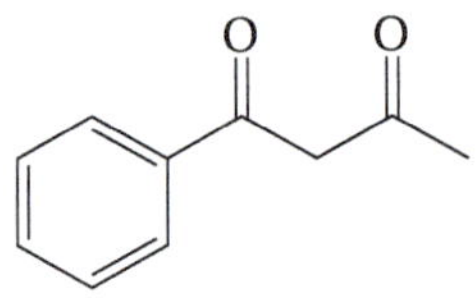

18.7 Síntese dos Ácidos Acéticos Substituídos: a Síntese do Éster Malônico

Uma contraparte útil à síntese usando acetoacetato de etila – que permite a síntese dos *ácidos acéticos mono* e *dissubstituídos* – é chamada **síntese do éster malônico**. O composto de partida é o diéster de um ácido β-dicarboxílico, chamado de éster malônico. O éster malônico mais comumente usado é o malonato de dietila.

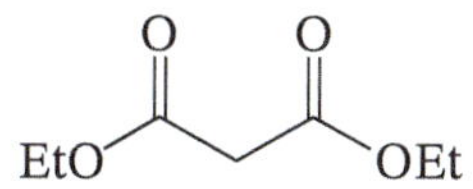

Malonato de dietila (um éster de ácido β-dicarboxílico)

Veremos, ao examinar o mecanismo a seguir, que a síntese do éster malônico se assemelha à síntese do éster acetoacético em diversos aspectos.

Um Mecanismo para a Reação

Síntese do Éster Malônico de Ácidos Acéticos Substituídos

Etapa 1 *O malonato de dietila, o composto de partida, forma um enolato relativamente estável:*

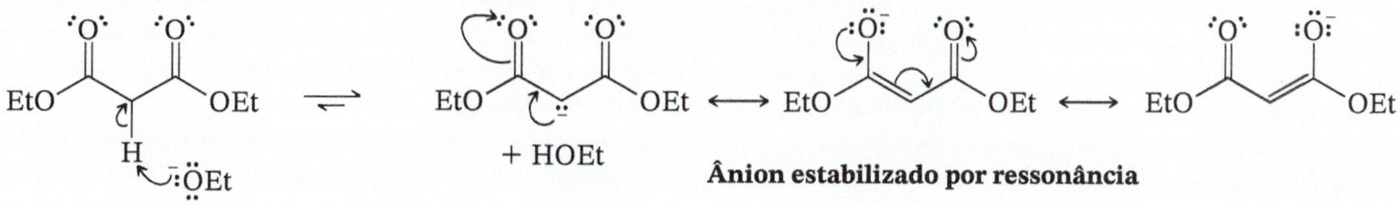

Ânion estabilizado por ressonância

Etapa 2 *Este enolato pode ser alquilado em uma reação S_N2,*

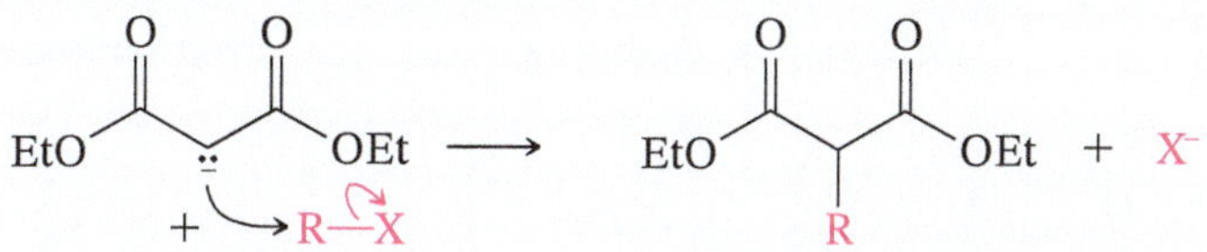

Enolato **Éster monoalquilmalônico**

e o produto pode ser novamente alquilado se a síntese assim o exigir:

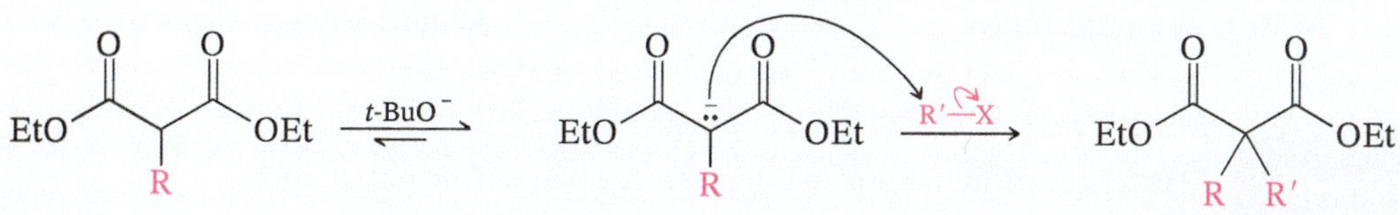

Éster dialquilmalônico

Etapa 3 *O éster mono ou dialquilmalônico pode ser então hidrolisado a um ácido mono ou dialquilmalônico, e os ácidos malônicos substituídos perdem a carboxila prontamente. A descarboxilação dá um ácido acético mono ou dissubstituído:*

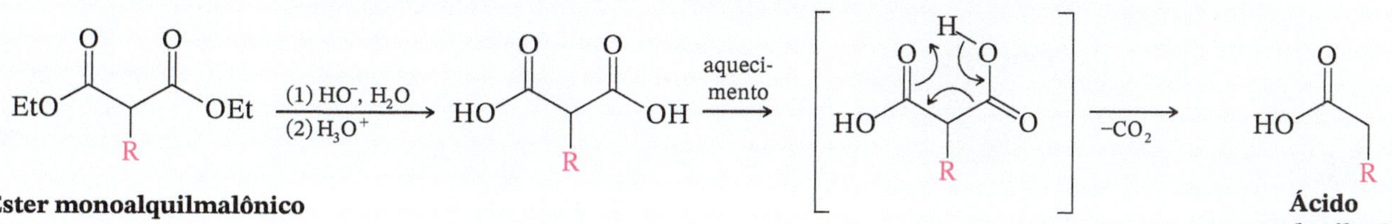

Éster monoalquilmalônico **Ácido monoalquilacético**

(continua)

(*continuação*)

ou depois da dialquilação,

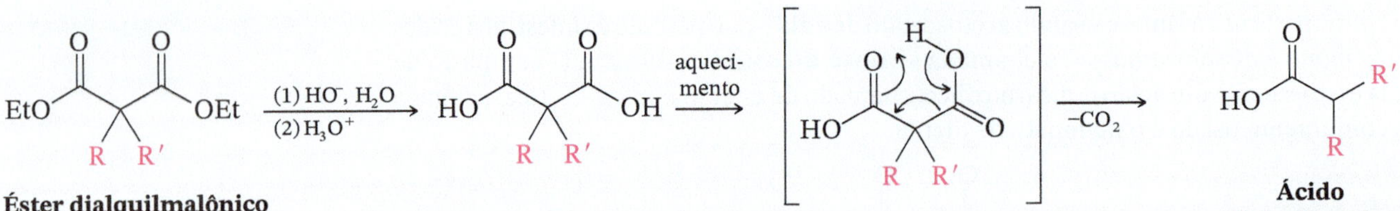

Éster dialquilmalônico

Ácido dialquilacético

Dois exemplos específicos da síntese do éster malônico são as sínteses do ácido hexanoico e do ácido 2-etilpentanoico que se seguem.

Uma Síntese do Éster Malônico do Ácido Hexanoico

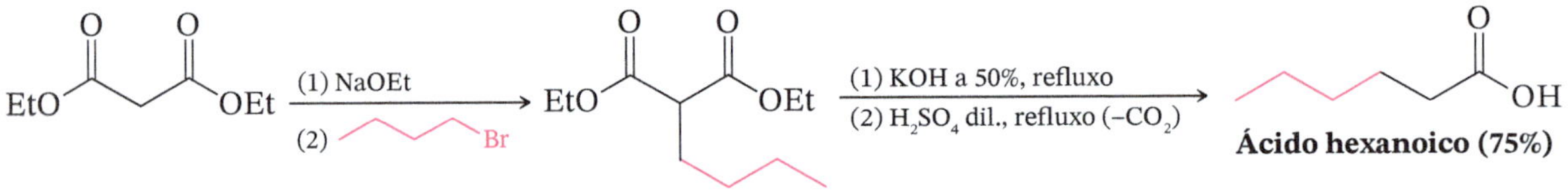

Ácido hexanoico (75%)

Butilmalonato de dietila (80–90%)

Uma Síntese do Éster Malônico do Ácido 2-Etilpentanoico

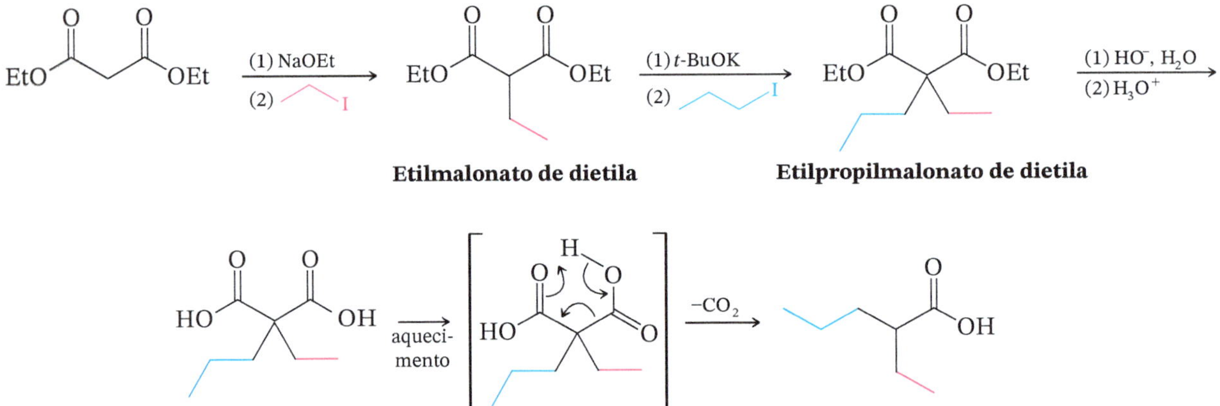

Etilmalonato de dietila

Etilpropilmalonato de dietila

Ácido etilpropilmalônico

Ácido 2-etilpentanoico

PROBLEMA RESOLVIDO 18.6

Forneça as estruturas para os compostos **A** e **B** na síntese vista a seguir.

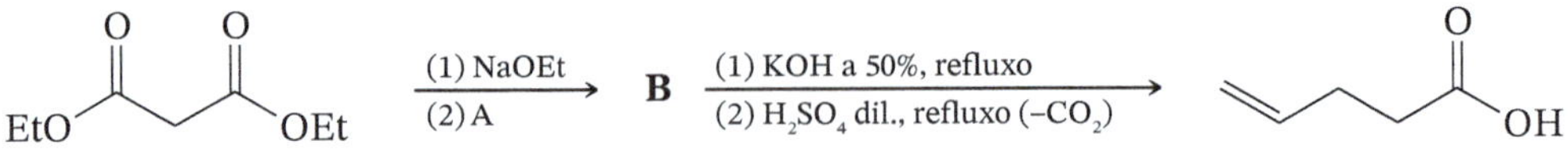

Resposta

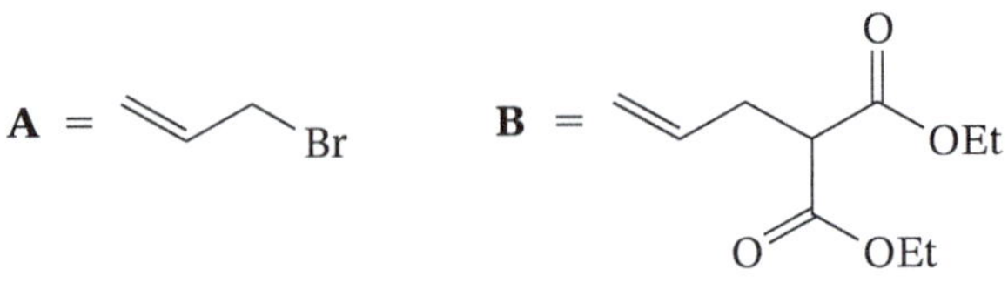

PROBLEMA DE REVISÃO 18.12

Indique todas as etapas em uma síntese do éster malônico de cada um dos seguintes compostos: **(a)** ácido pentanoico, **(b)** ácido 2-metilpentanoico e **(c)** ácido 4-metilpentanoico.

Duas variantes da síntese do éster malônico utilizam dialoalcanos. Na primeira delas, permite-se que dois equivalentes molares de enolato do éster malônico reajam com um dialoalcano. Ocorrem duas alquilações consecutivas, dando um tetraéster; a hidrólise e descarboxilação do tetraéster produz um ácido dicarboxílico. Um exemplo é a síntese do ácido glutárico:

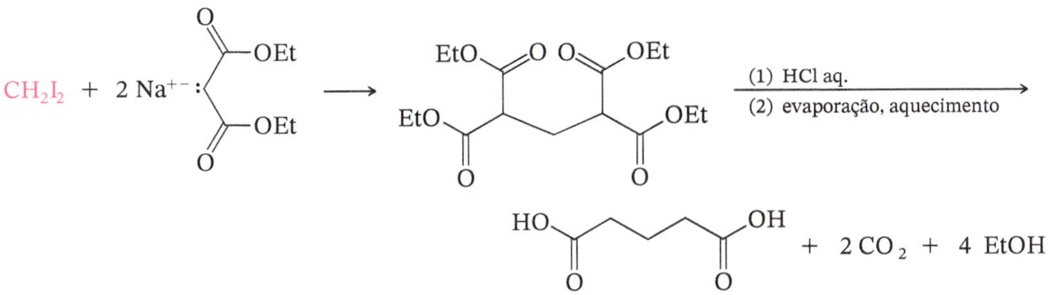

Ácido glutárico
(80% a partir do tetraéster)

Em uma segunda variante, permite-se que um equivalente molar de enolato do éster malônico reaja com um equivalente molar de um dialoalcano. Essa reação produz um éster haloalquilmalônico, que, quando tratado com etóxido de sódio sofre uma reação de alquilação intramolecular. Este método tem sido utilizado para preparar anéis de três, quatro, cinco e seis membros. Um exemplo é a síntese do ácido ciclobutanocarboxílico:

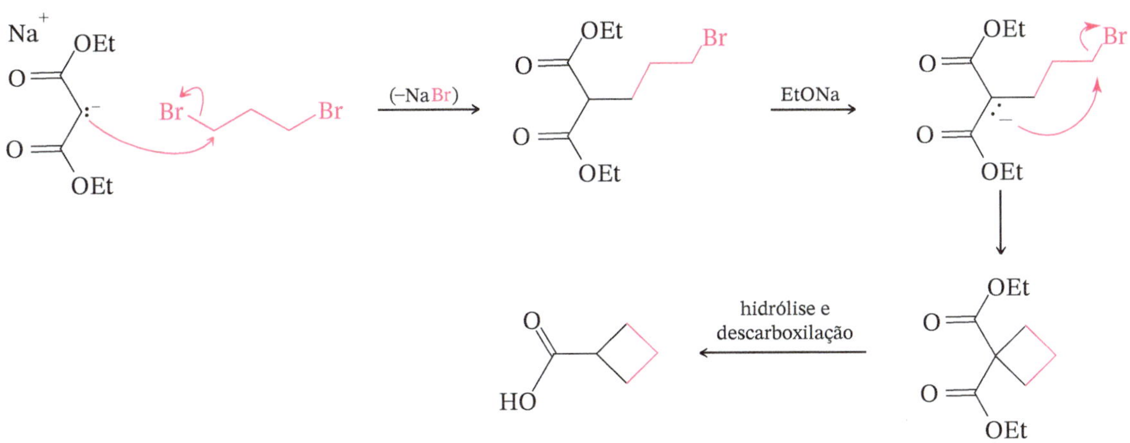

- Como vimos, a síntese do éster malônico é um método útil de preparação de ácidos mono e dialquilacéticos:

Um ácido monoalquilacético **Um ácido dialquilacético**

- Assim, a síntese do éster malônico fornece um equivalente sintético de um enolato do éster do ácido acético ou de um diânion do ácido acético.

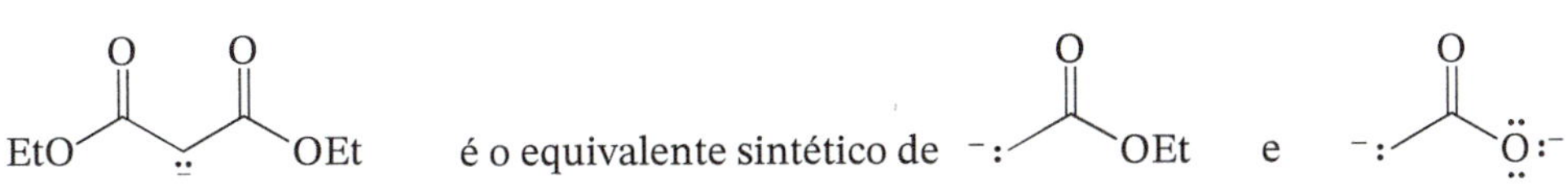

Ânion do malonato de dietila

DICA ÚTIL

A síntese do éster malônico é uma ferramenta para sintetizar ácidos acéticos substituídos.

A formação direta desses ânions é possível (Seção 18.4), mas é frequentemente mais conveniente usar o malonato de dietila como um equivalente sintético porque seus hidrogênios α são mais facilmente removíveis.

18.8 Outras Reações de Compostos com Hidrogênio Ativo

Devido à acidez de seus hidrogênios metilênicos, ésteres malônicos, ésteres acetoacéticos e compostos semelhantes são frequentemente chamados de **compostos com hidrogênio ativo** ou compostos com metileno ativo. Em geral, compostos com hidrogênio ativo têm dois grupos retiradores de elétrons ligados ao mesmo átomo de carbono:

Composto com hidrogênio ativo
(Z e Z′ são grupos retiradores de elétrons.)

Os grupos retiradores de elétrons podem ser uma variedade de substituintes, incluindo:

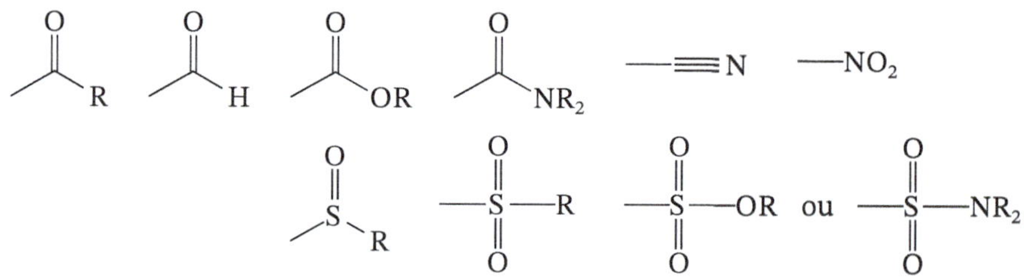

A faixa de valores de pK_a para esses compostos de metileno ativo é de 3–13.

O cianoacetato de etila, por exemplo, reage com uma base para dar um ânion estabilizado por ressonância:

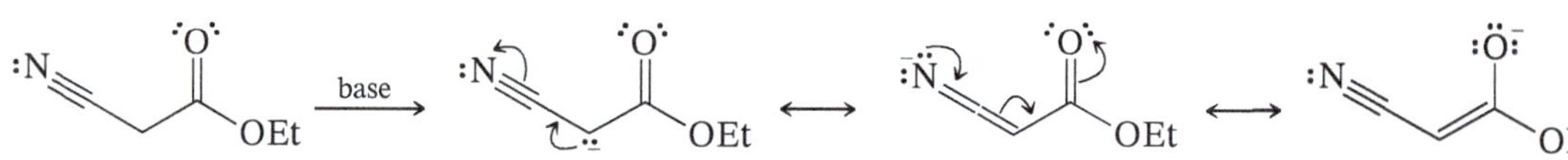

Cianoacetato de etila **Estruturas de ressonância para o ânion do cianoacetato de etila**

Os ânions do cianoacetato de etila também sofrem alquilações. Por exemplo, eles podem ser dialquilados com iodeto de isopropila:

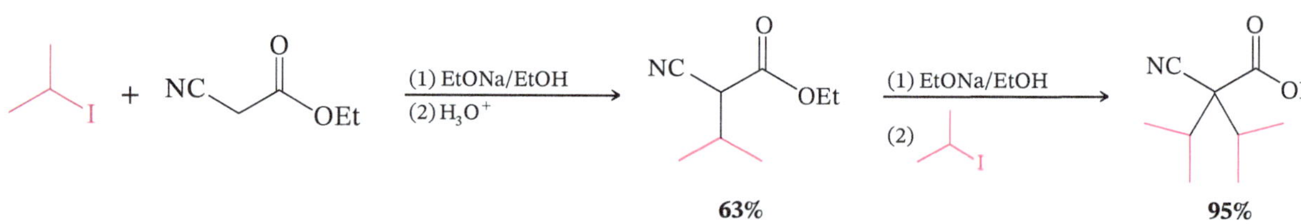

PROBLEMA DE REVISÃO 18.13

O fármaco antiepilético ácido valproico é o ácido 2-propilpentanoico (administrado como o sal de sódio). Uma síntese comercial do ácido valproico começa com o cianoacetato de etila. A penúltima etapa desta síntese envolve uma descarboxilação e, a última etapa, a hidrólise de uma nitrila. Esquematize essa síntese.

18.9 Síntese de Enaminas: Reações de Enaminas de Stork

Aldeídos e cetonas reagem com aminas secundárias formando compostos chamados **enaminas**. A reação geral para a formação de uma enamina pode ser escrita como se segue:

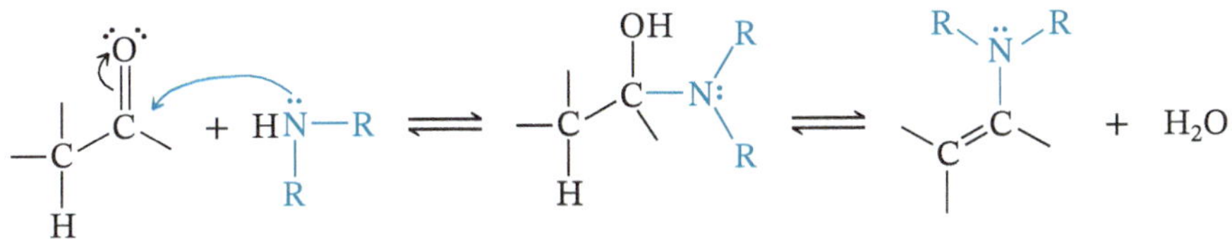

Aldeído ou cetona **Amina secundária** **Enamina**

Veja a Seção 16.8D para o mecanismo de formação de enaminas.

Uma vez que a formação de enamina requer a perda de uma molécula de água, as preparações de enaminas são geralmente realizadas de forma a permitir que a água seja removida como um azeótropo ou por um agente secante. Essa remoção de água leva a reação reversível a se completar. A formação de enamina também é catalisada pela presença de traços de um ácido. As aminas secundárias mais comumente utilizadas para preparar enaminas são aminas cíclicas, como a pirrolidina, a piperidina e a morfolina:

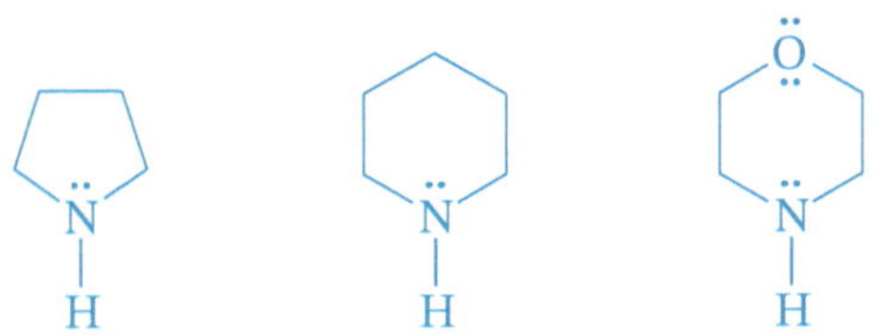

Pirrolidina **Piperidina** **Morfolina**

A ciclo-hexanona, por exemplo, reage com a pirrolidina da seguinte forma:

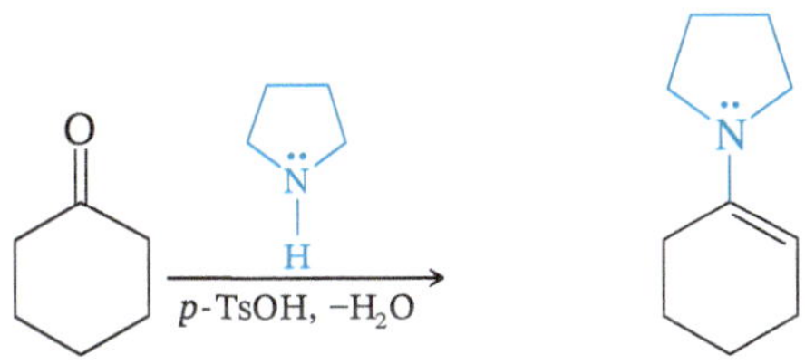

***N*-(1-Ciclo-hexenil)pirrolidina (uma enamina)**

As enaminas são bons nucleófilos. Um exame das estruturas de ressonância que se seguem mostra que devemos esperar que as enaminas tenham um nitrogênio nucleofílico e um *carbono nucleofílico*. Um mapa de potencial eletrostático destaca a região nucleofílica de uma enamina.

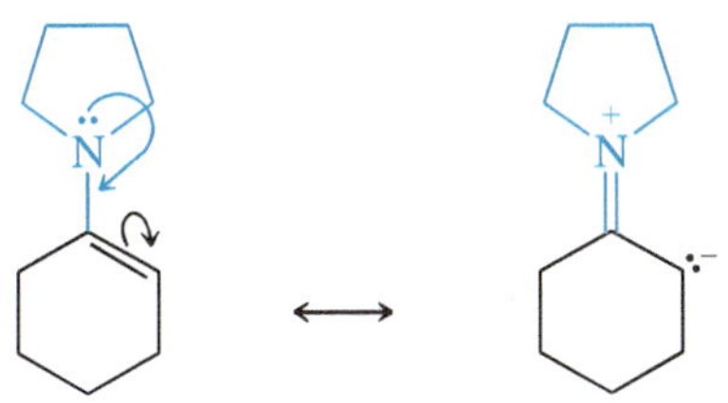

A contribuição para o híbrido feita por essa estrutura confere nucleofilicidade ao nitrogênio.

A contribuição para o híbrido feita por esta estrutura confere nucleofilicidade ao carbono e diminui a nucleofilicidade do nitrogênio.

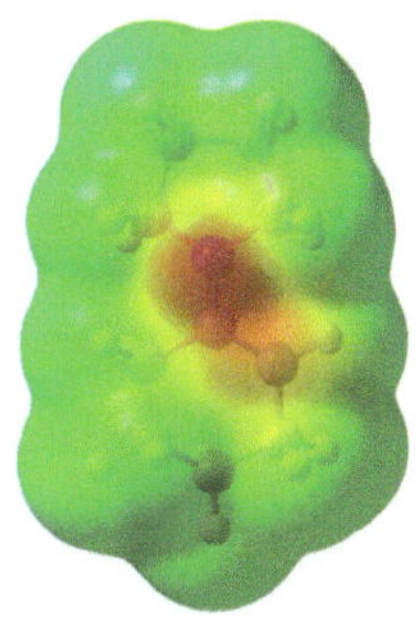

Um mapa de potencial eletrostático para a *N*-(1-ciclo-hexenil)pirrolidina mostra a distribuição de carga negativa e a região nucleofílica de uma enamina.

A nucleofilicidade do carbono de enaminas as torna reagentes particularmente úteis em síntese orgânica, pois elas podem ser **aciladas**, **alquiladas** e usadas nas **adições de Michael** (veja a Seção 19.7A). As enaminas podem ser usadas como equivalentes sintéticos de enolatos de aldeídos e cetonas porque o carbono alquênico de uma enamina reage da

DICA ÚTIL

Enaminas são os equivalentes sintéticos do aldeído e dos enolatos de cetonas.

mesma maneira que o carbono α de um enolato de aldeído ou cetona; após a hidrólise, os produtos são os mesmos. O desenvolvimento dessas técnicas teve origem no trabalho de Gilbert Stork da Columbia University, e em sua homenagem elas ficaram conhecidas como **reações de enaminas de Stork**.

Quando uma enamina reage com um haleto de acila ou com um anidrido ácido, o produto é o composto *C*-acilado. O íon imínio que se forma se hidrolisa com a adição de água e a reação global fornece a síntese de β-dicetonas:

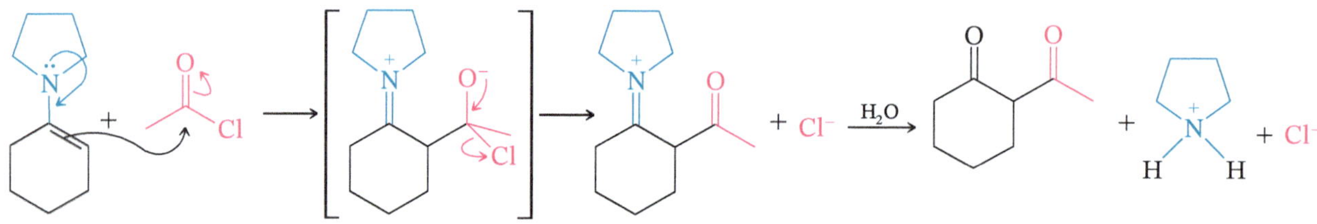

Sal de imínio **2-Acetilciclo-hexanona (uma β-dicetona)**

Embora a *N*-acilação possa ocorrer nesta síntese, o produto *N*-acilado é instável e pode atuar como um agente acilante:

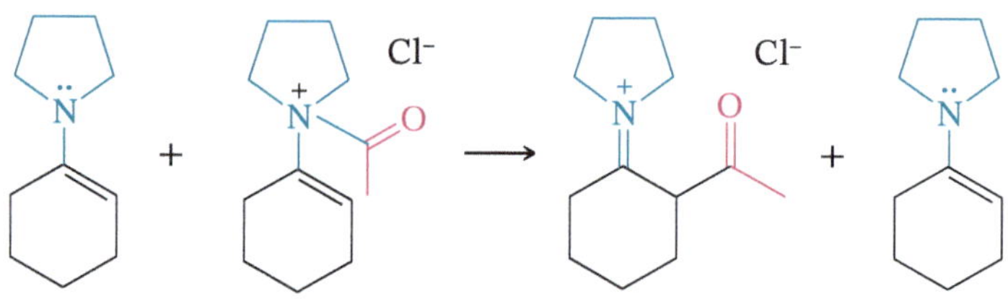

Enamina **Enamina *N*-acilada** **Sal de imínio *C*-acilado** **Enamina**

Como consequência, os rendimentos de produtos *C*-acilados são geralmente elevados.

As enaminas podem ser alquiladas assim como aciladas. Embora a alquilação possa levar à formação de uma quantidade considerável de produto *N*-alquilado, o aquecimento do produto *N*-alquilado frequentemente o converte em um composto de *C*-alquila. Esse rearranjo é particularmente favorecido quando o haleto de alquila é um haleto alílico, um haleto benzílico ou um éster α-haloacético:

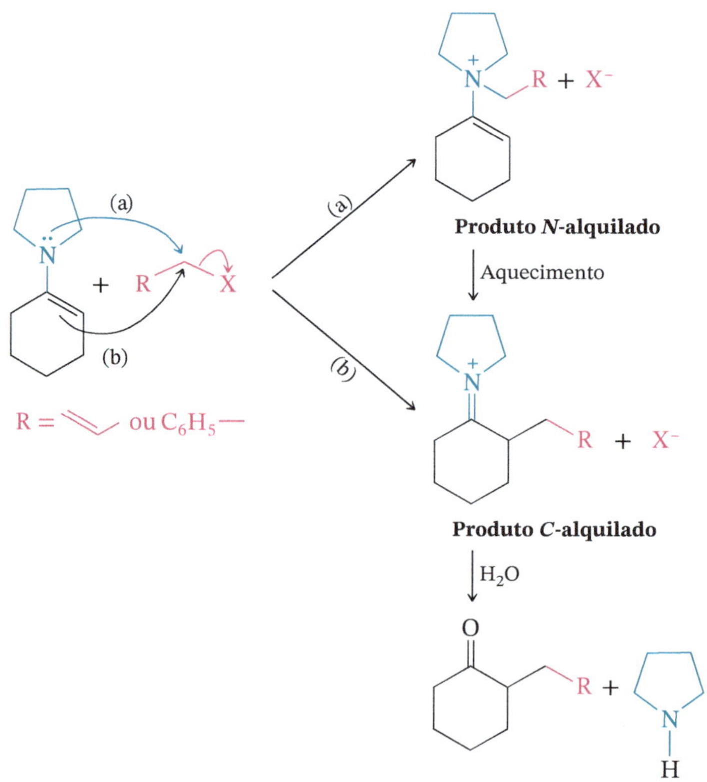

As alquilações de enaminas são reações S_N2; portanto, quando escolhemos nosso agente alquilante, estamos normalmente nos restringindo ao uso de haletos de metila, primários, alílicos e benzílicos. α-Haloésteres também podem ser usados como agentes alquilantes, e essa reação fornece uma síntese conveniente de γ-cetoésteres:

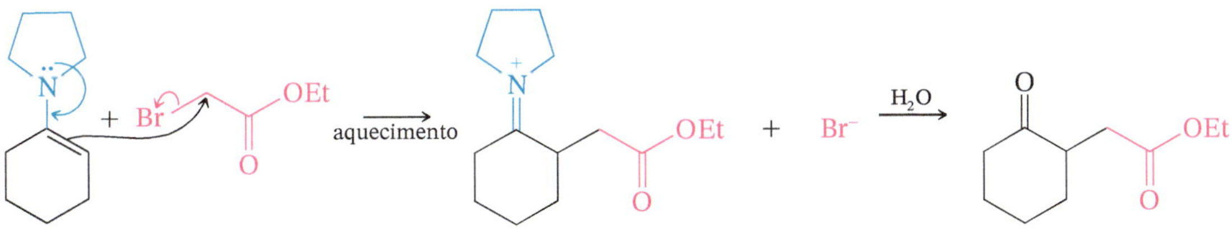

Um γ-cetoéster (75%)

PROBLEMA DE REVISÃO 18.14

Mostre como você poderia empregar enaminas na síntese dos seguintes compostos:

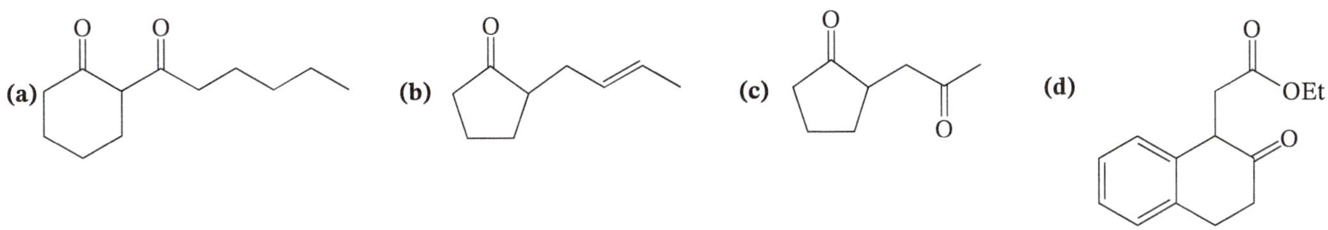

18.10 Resumo da Química dos Enolatos

1. ***Formação de um Enolato*** **(Seção 18.1)**

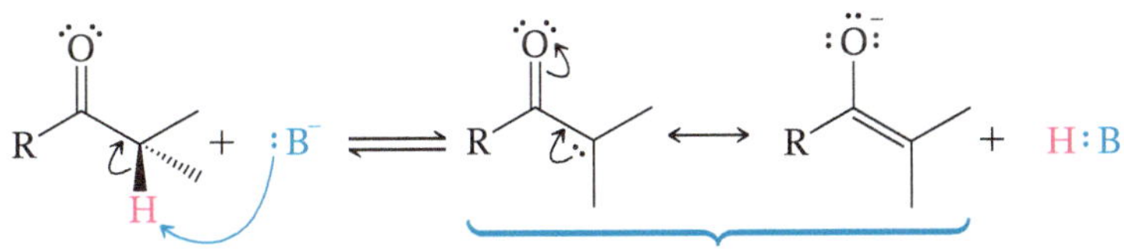

Enolato estabilizado por ressonância

$:B^- = {:}\ddot{O}H^-,\ {:}\ddot{O}R^-$, ou ${:}\ddot{N}(i\text{-Pr})_2^-$ (Seção 18.4)

2. ***Racemização*** **(Seção 18.3A)**

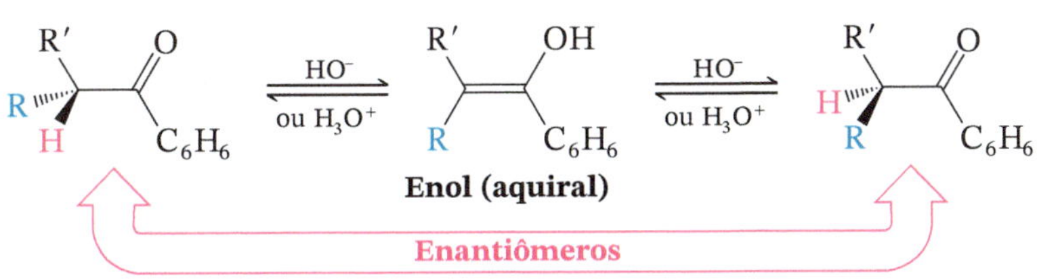

3. ***Halogenação de Aldeídos e Cetonas*** **(Seções 18.3B e 18.3C)**

Reação Geral

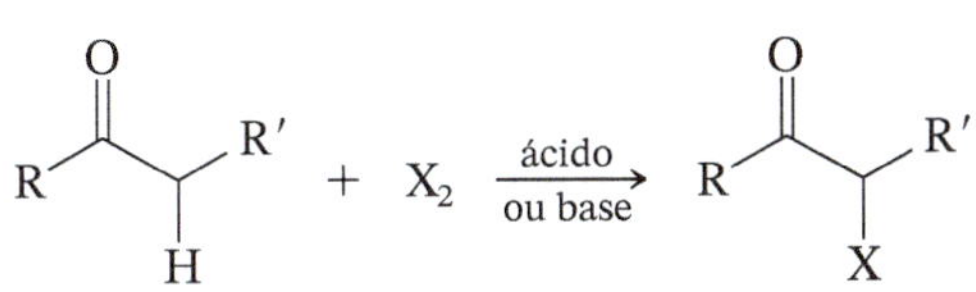

Exemplo Específico – Reação de Halofórmio

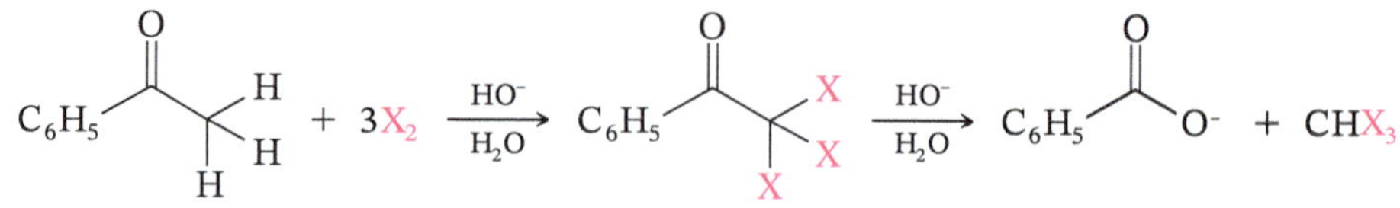

4. ***Halogenação de Ácidos Carboxílicos: Reação HVZ*** **(Seção 18.3D)**

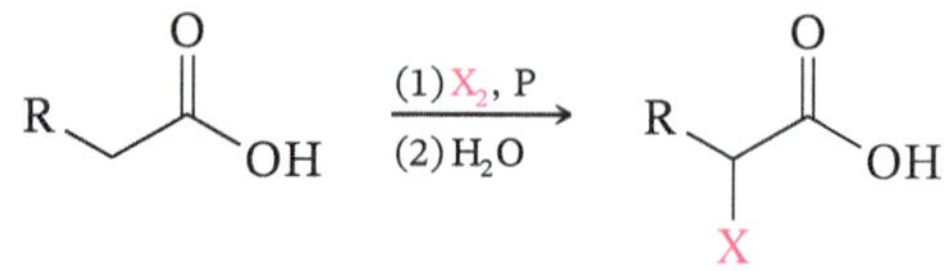

5. ***Alquilação Direta Via Enolatos de Lítio*** **(Seção 18.4)**

Reação Geral

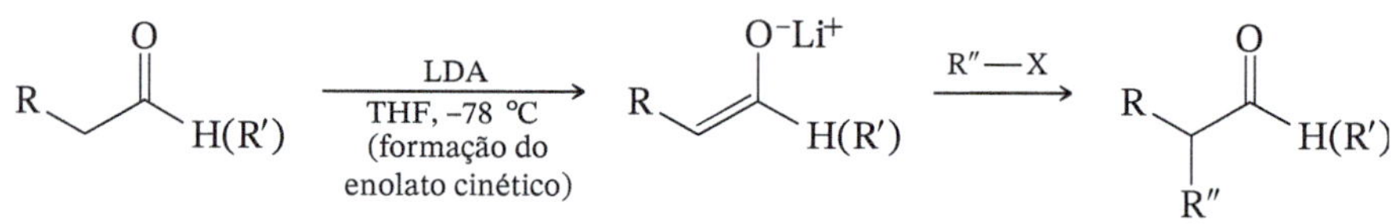

Exemplo Específico

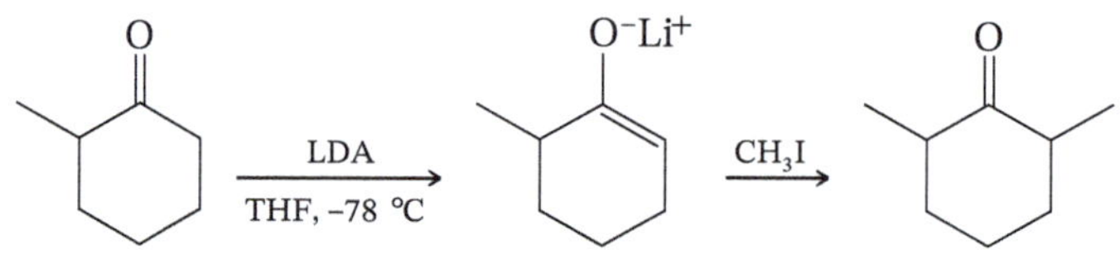

6. ***Alquilação Direta de Ésteres*** **(Seção 18.4C)**

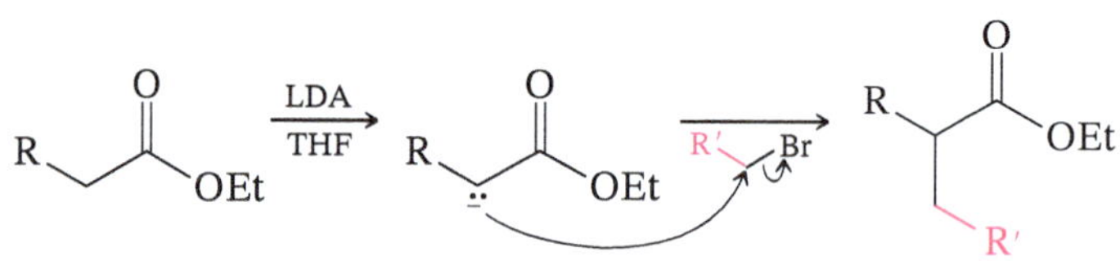

7. ***Síntese do Acetoacetato de Etila*** **(Seção 18.6)**

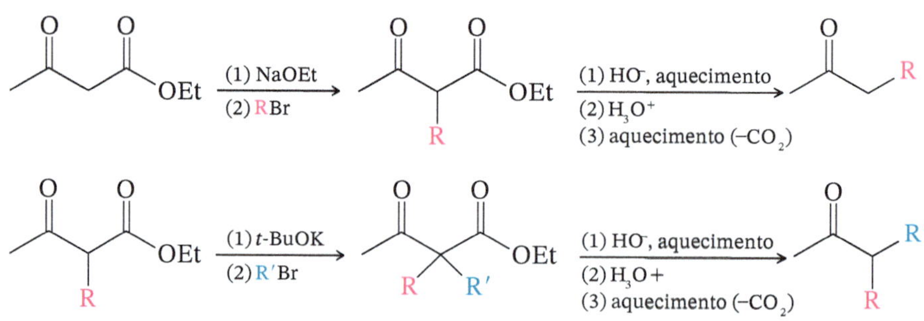

8. ***Síntese do Éster Malônico*** **(Seção 18.7)**

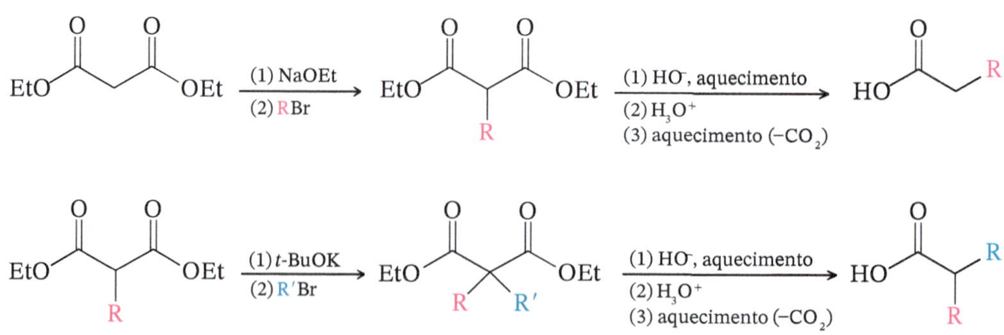

9. ***Reação de Enamina de Stork*** **(Seção 18.9)**

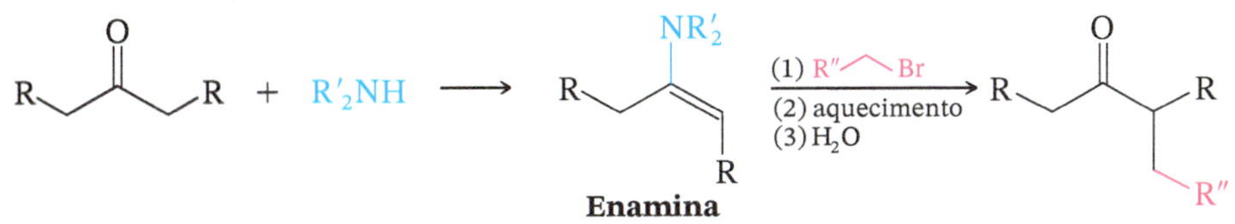

Por que Esses Tópicos São Importantes?

Utilização da Química de Enaminas para Obter Complexidade

As reações que você aprendeu neste capítulo não são apenas de interesse acadêmico; elas são ferramentas importantes que tornam possível a síntese de poderosos fármacos e moléculas bioativas, até mesmo na escala de toneladas! Essas reações são ferramentas importantes, pois elas constituem métodos poderosos na formação de ligações C—C. Das reações que vimos até aqui, a mais versátil talvez seja a reação de enamina de Stork. Essa reação geral foi inspirada na maneira pela qual a natureza constrói ligações C—C. Desde a sua descoberta, mais de meio século atrás, a reação de enamina de Stork encontrou incontáveis aplicações. Aqui mencionaremos apenas quatro.

As duas primeiras reações mostradas a seguir ilustram a reação entre cloretos de ácido e enaminas para a formação de novas ligações C—C (destacada em rosa) segundo as diretrizes apresentadas na Seção 18.9. Uma razão para a grande importância dessa reação é a possibilidade da presença de inúmeros grupos funcionais nos reagentes. O resultado é que os produtos apresentam a maioria das características necessárias para formar os alvos finais. A seguir pode-se ver a síntese da jatrofalona A, que apresenta atividade antitumoral, e a epi-ibogamina, um alcaloide importante no combate ao vício químico e ao câncer.

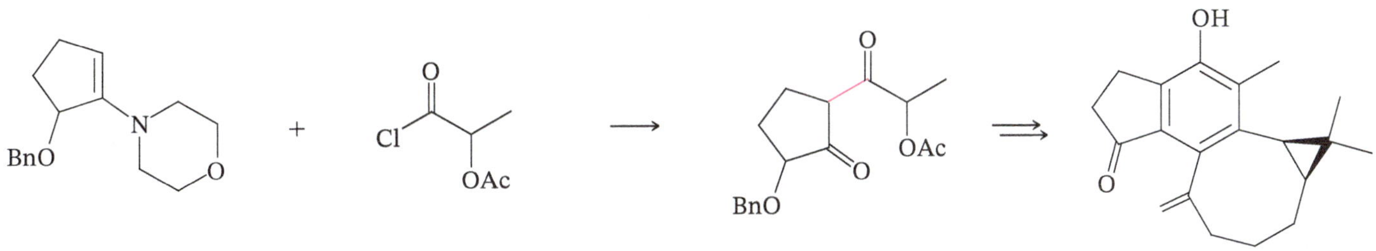

Jatrofalona A

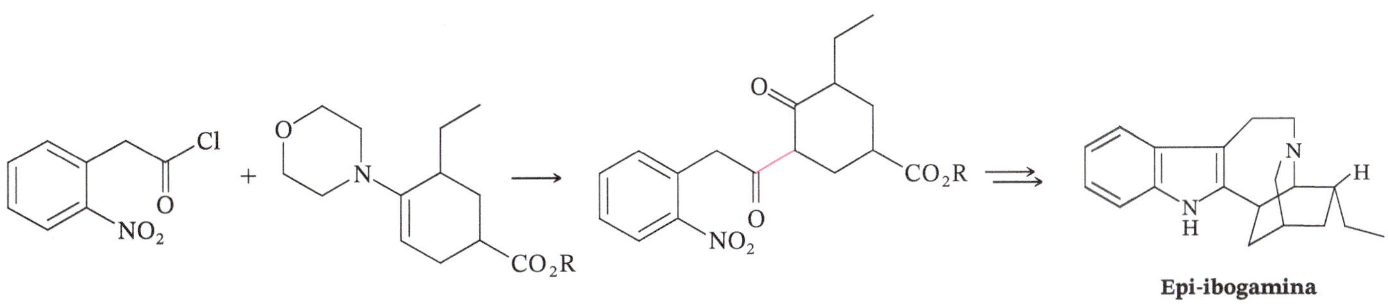

Epi-ibogamina

A química de enamina também pode conduzir ao produto final o átomo de nitrogênio presente originalmente na enamina. Apesar de o entendimento dos exemplos específicos mostrados a seguir necessitar do conhecimento de algumas reações encontradas no próximo capítulo, nós vamos apresentá-los agora na esperança de que eles conduzirão a um maior interesse no alcance do grupo funcional enamina e suas reações de acoplamento formando ligações. No primeiro caso, ela permitiu a rápida síntese da aspidospermina, uma molécula com atividade estimulante diurética e respiratória; e no segundo permitiu a síntese na escala de toneladas de um novo candidato a fármaco da AstraZeneca que tem sido avaliado em ensaios clínicos no tratamento de incontinência urinária.

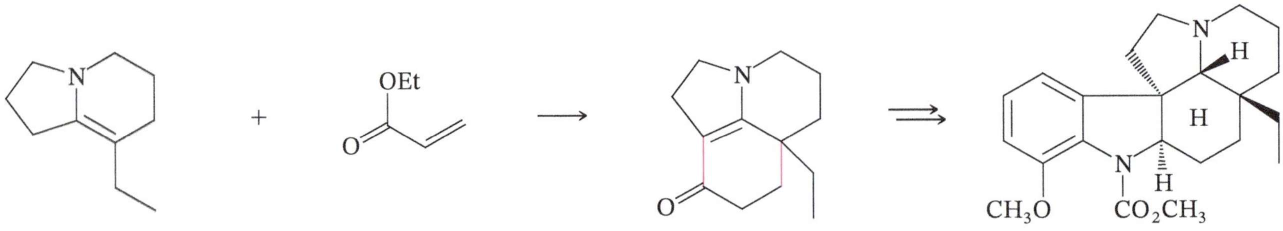

Aspidospermina

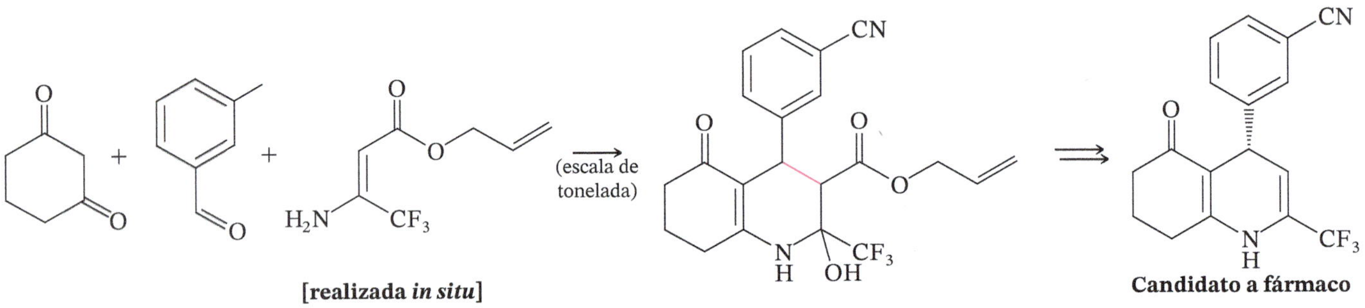

[realizada *in situ*]

Candidato a fármaco

Para saber mais sobre esses tópicos, consulte:

1. Kürti, L.; Czakó, B. *Strategic Applications of Named Reactions in Organic Synthesis*. Elsevier: London **2005**, pp. 444–445.
2. Kuehne, M. E. "Application of enamines to syntheses of natural products and related compounds" in *Synthesis* **1970**, 510–537.
3. Hopes, P. A.; Parker, A. J.; Patel, I. "Development and optimization of an unsymmetrical Hantzsch reaction for plant-scale manufacture" *in Org. Proc. Res.* Dev. **2006**, *10*, 808–813.
4. Smith, III, A. B.; Liverton, N. J.; Hrib, N. J.; Sivaramakrishnan, H.; Winzenberg, K. "Total Synthesis of (+) Jatropholones A and B: Exploitation of the High-pressure Technique." *J. Am. Chem. Soc.* **1986**, *108*, 3040-3048.

Resumo e Ferramentas de Revisão

As ferramentas de estudo deste capítulo incluem termos e conceitos fundamentais, que são realçados ao longo do capítulo em **negrito azul** e estão definidos no glossário (ao fim de cada volume), a lista dos tipos de reação na Seção 18.10 e o Resumo de Mecanismos para enolatos e substituição α.

Problemas

Enolatos, Enóis e Reatividade do Carbono α-Carbonilado

18.15 Disponha os seguintes compostos em ordem crescente de acidez para os átomos de hidrogênio indicados (em rosa) (1 = o menos ácido; 4 = o mais ácido).

(a)

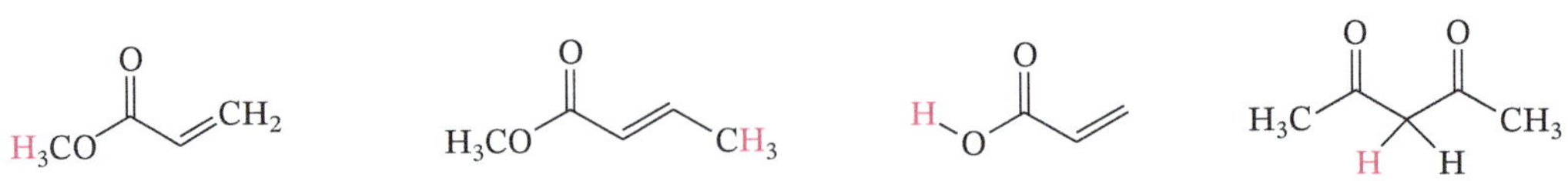

(b)

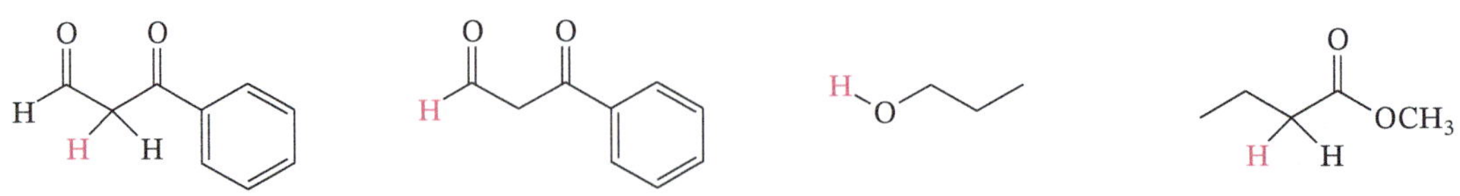

(c)

18.16 O tratamento de uma solução de *cis*-1-decalona faz com que ocorra uma isomerização. Quando o sistema atinge o equilíbrio, observa-se que a solução contém cerca de 95% de *trans*-1-decalona e 5% de *cis*-1-decalona. Explique essa isomerização.

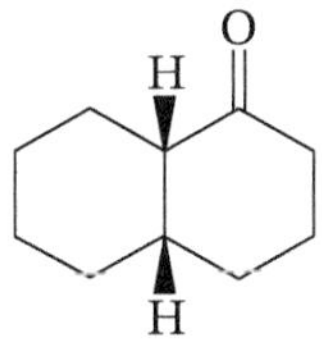

***cis*-1-Decalona**

18.17 Explique a variação na quantidade de enol que é observada para soluções de acetilacetona (pentano-2,4-diona) nos diversos solventes indicados:

Solvente	% Enol
H_2O	15
CH_3CN	58
C_6H_{14}	92
Fase gasosa	92

18.18 Dê uma fórmula estrutural para o produto de cada uma das seguintes reações.

(a)
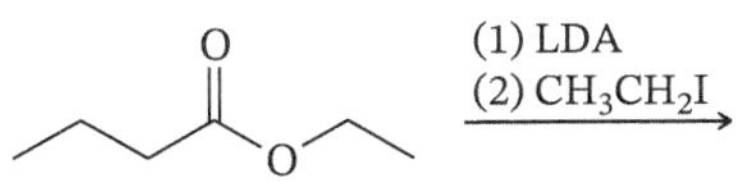

(b)
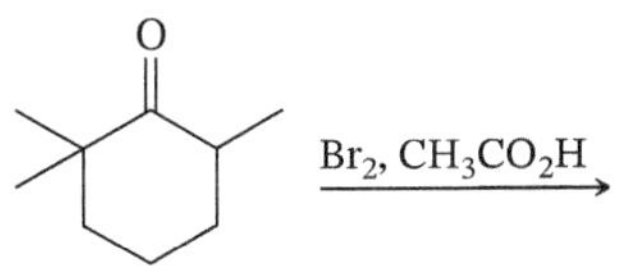

(c)
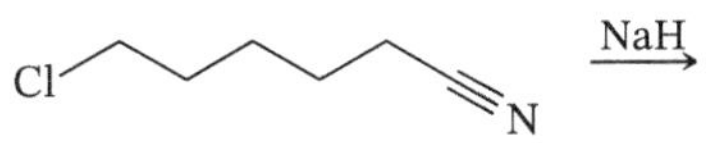

(d)
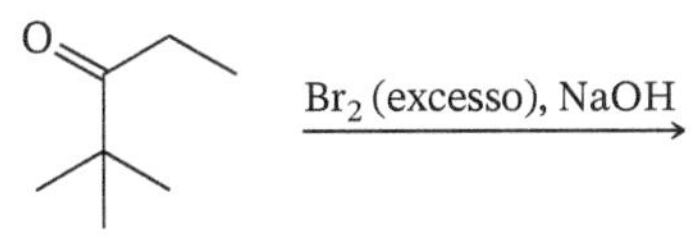

(e)
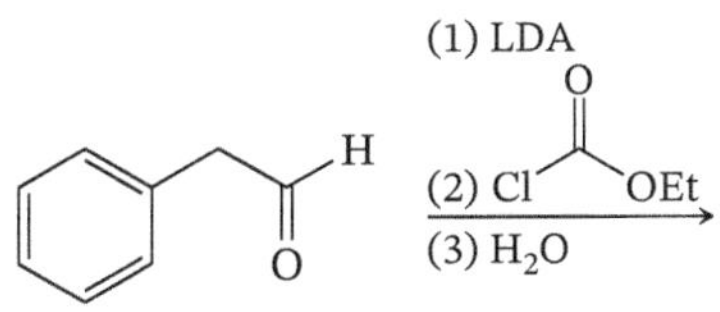

(f)
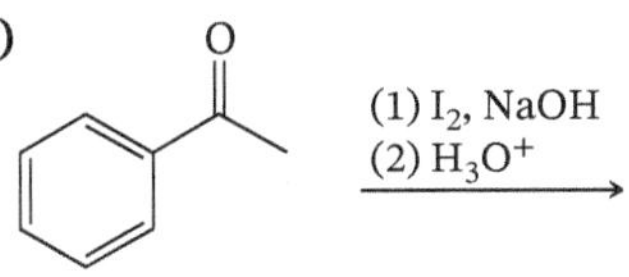

18.19 Escreva um mecanismo em etapas para cada uma das seguintes reações.

(a)
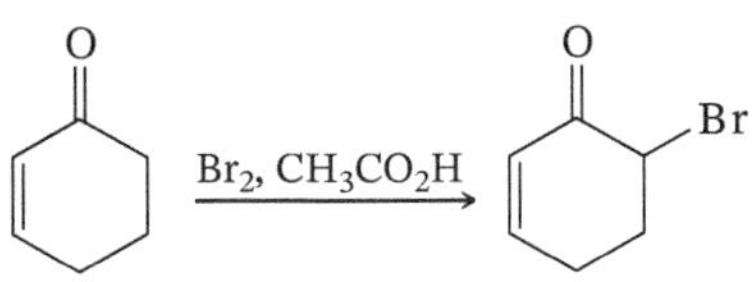

(b)
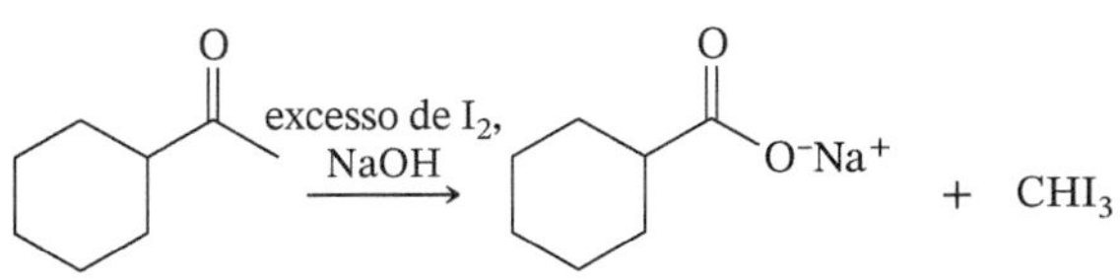

(c)
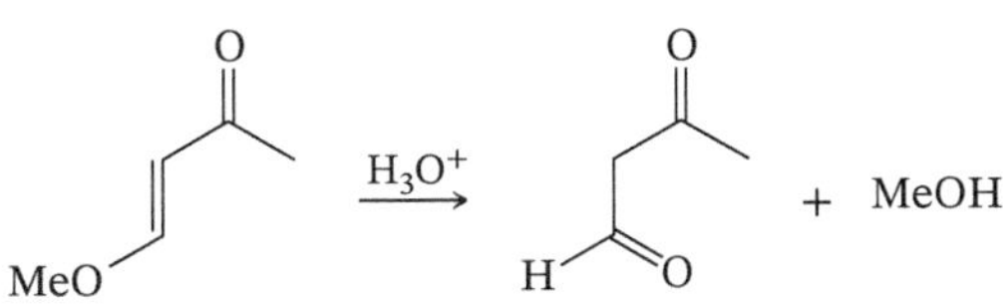

(d)
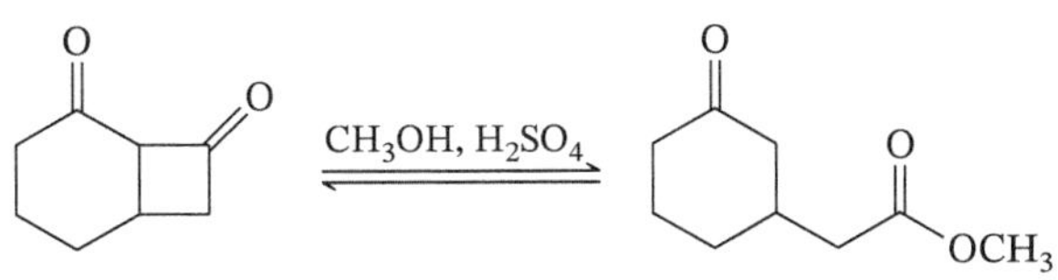

18.20 Escreva um mecanismo em etapas para cada uma das seguintes reações.

(a)

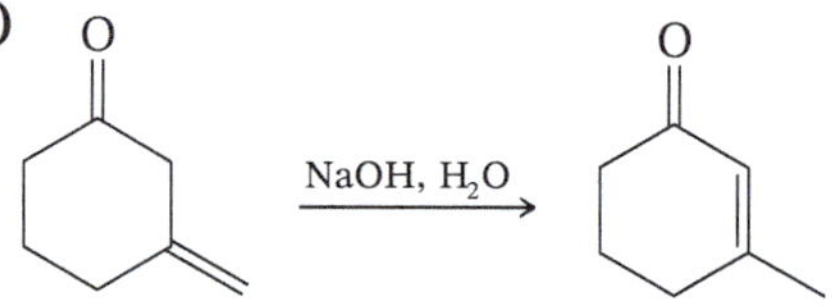

(b)

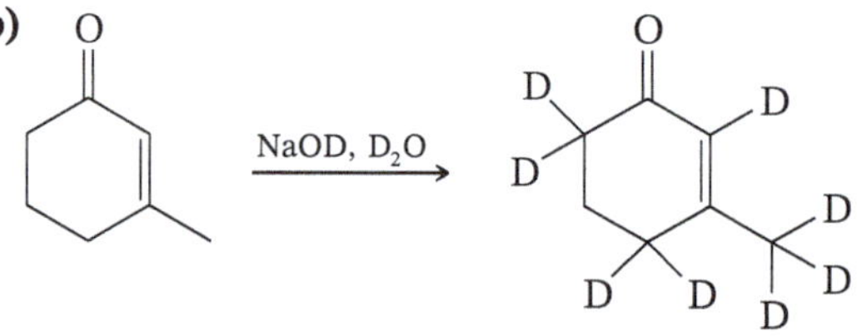

(c)

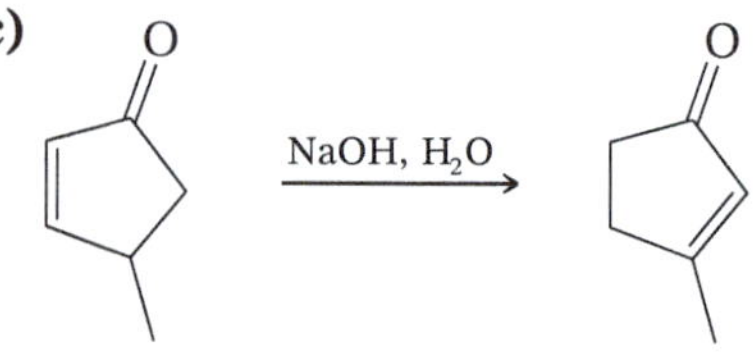

(d)

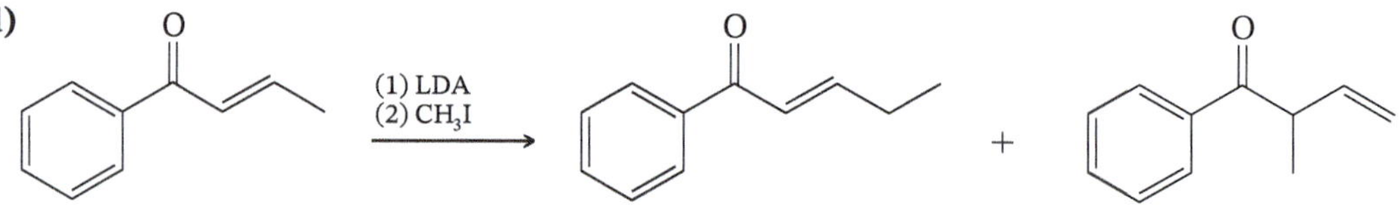

Acetoacetato de Etila e Síntese do Éster Malônico

18.21 Esquematize as sínteses de cada um dos compostos vistos a seguir a partir do acetoacetato de etila e quaisquer outros reagentes que forem necessários:

(a) *terc*-Butil metilcetona

(b) 2-Hexanona

(c) 2,5-Hexanodiona

(d) Ácido 4-hidroxipentanoico

(e) 2-Etil-1,3-butanodiol

(f) 1-Fenil-1,3-butanodiol

18.22 Esquematize as sínteses de cada um dos compostos vistos a seguir a partir do malonato de dietila e quaisquer outros reagentes que forem necessários:

(a) Ácido 2-metilbutanoico

(b) 4-Metil-1-pentanol

(c)

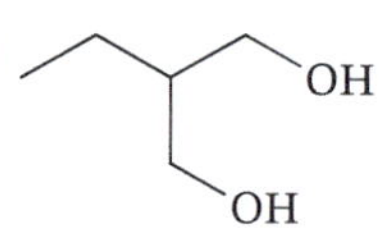

(d)

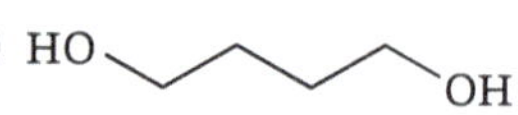

18.23 Dê uma fórmula estrutural para o produto de cada uma das seguintes reações.

(a)

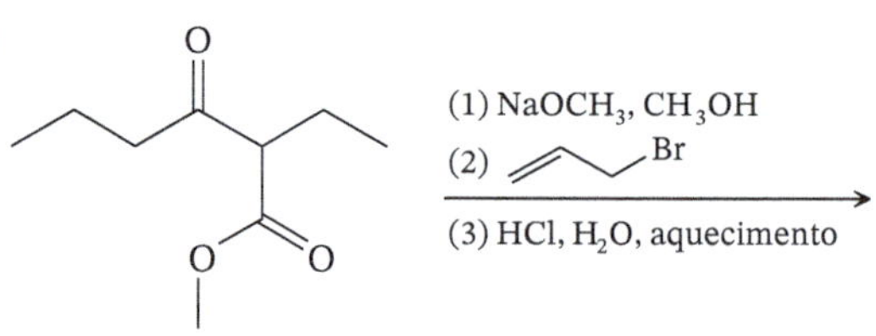

(b)

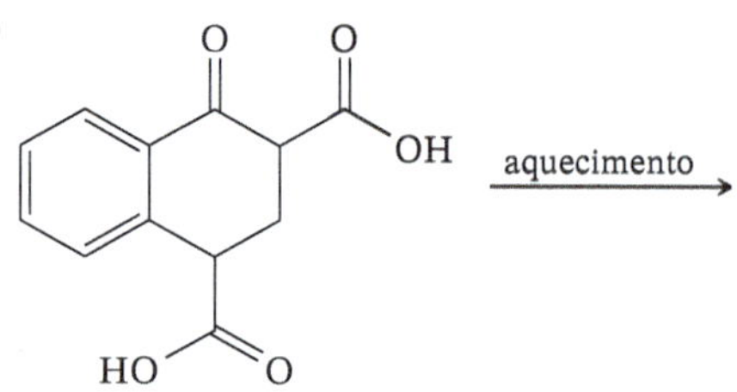

18.24 A síntese do ácido ciclobutanocarboxílico dada na Seção 18.7 foi primeiro realizada por William Perkin Jr., em 1883, e representa uma das primeiras sínteses de um composto orgânico com um anel com menos de seis átomos de carbono. (Havia um sentimento generalizado àquela época que esses compostos seriam por demais instáveis para existir.) No início de 1883, Perkin anunciou o que ele erroneamente acreditou ser um derivado do ciclobutano obtido a partir da reação do éster acetoacético com 1,3-dibromopropano. A reação que Perkin esperava ter ocorrido era a seguinte:

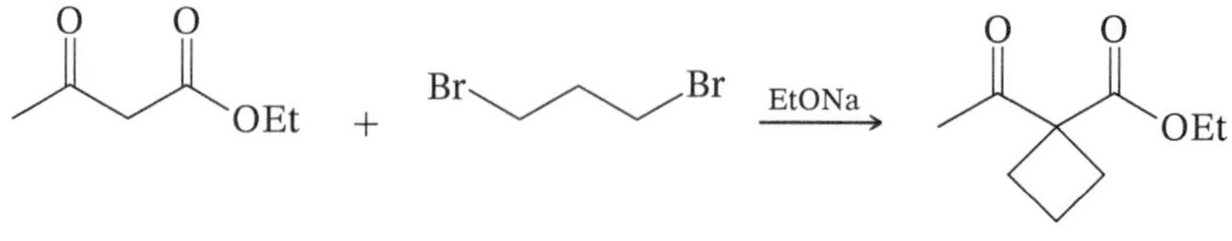

A fórmula molecular desse produto concordava com a formulação dada na reação precedente, e a hidrólise alcalina e acidificação deram um belo ácido cristalino (que também tinha a fórmula molecular esperada). Entretanto, o ácido era bastante estável sob aquecimento e resistia à descarboxilação. Perkin observou posteriormente que ambos, o éster e o ácido, continham anéis de seis membros (cinco átomos de carbono e um átomo de oxigênio). Lembre a distribuição de carga no íon enolato obtido a partir do éster acetoacético e proponha estruturas para o éster e o ácido de Perkin.

18.25 (a) Em 1884, Perkin conseguiu sintetizar com sucesso o ácido ciclopropanocarboxílico a partir do enolato do malonato de dietila e do 1,2-dibromoetano. Esquematize as reações envolvidas nesta síntese.

(b) Em 1885, Perkin sintetizou os compostos carbocíclicos de cinco membros **D** e **E** da seguinte forma:

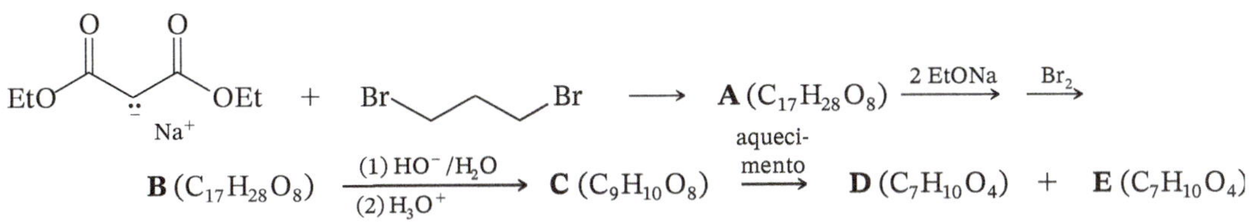

em que **D** e **E** são diasterômeros; **D** pode ser resolvido nas formas enantioméricas, ao passo que **E** não pode. Quais são as estruturas de **A–E**?

(c) Dez anos mais tarde, Perkin foi capaz de sintetizar o 1,4-dibromobutano; ele usou posteriormente esse composto e o malonato de dietila para preparar o ácido ciclopentanocarboxílico. Mostre as reações envolvidas.

18.26 Sintetize cada um dos compostos seguintes a partir do malonato de dietila ou do acetoacetato de etila e quaisquer outros reagentes orgânicos e inorgânicos.

(a)
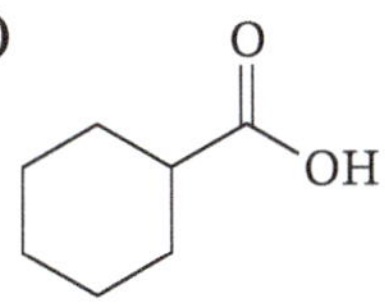

(b)
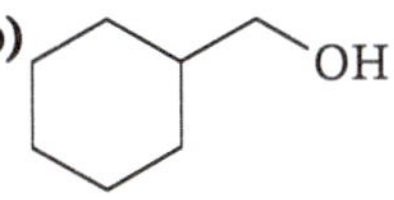

(c)
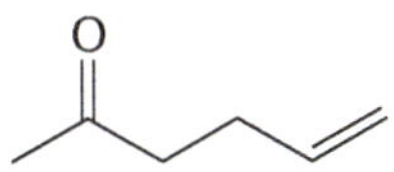

(d)
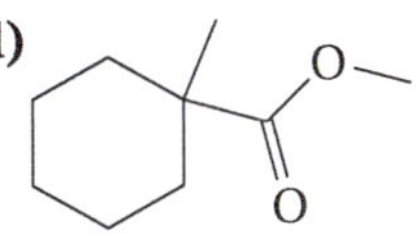

(e)
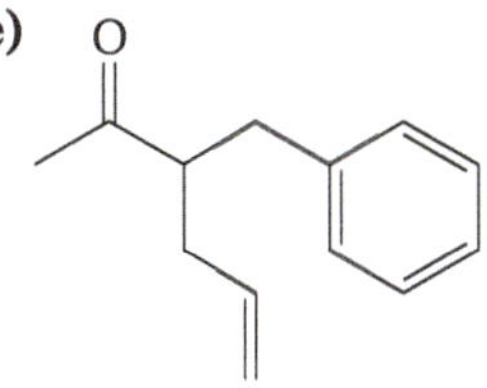

(f)
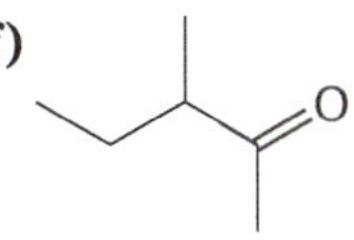

Problemas Gerais

18.27 Esquematize uma sequência de reações para a síntese de cada um dos seguintes compostos a partir do material de partida indicado e quaisquer outros reagentes orgânicos e inorgânicos necessários.

(a)
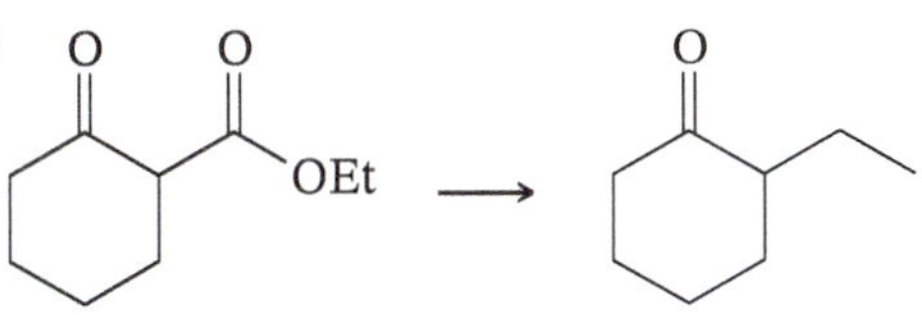

(b)
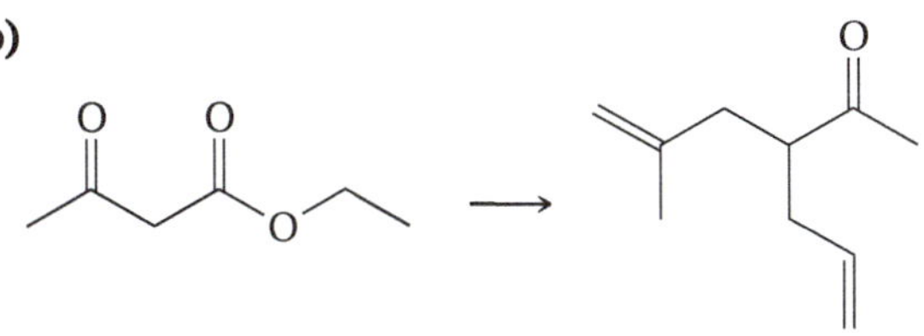

(c)
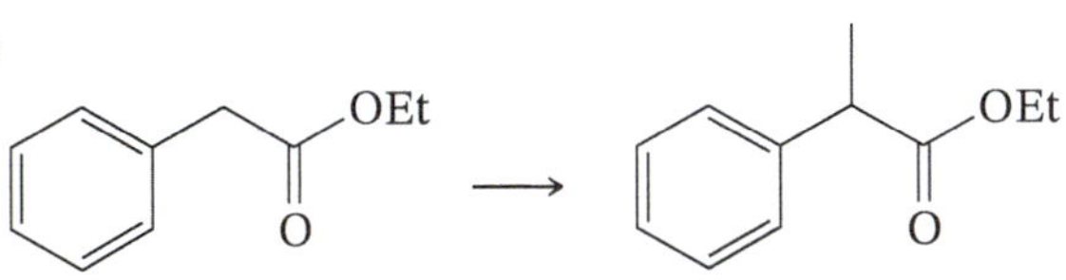

(d)
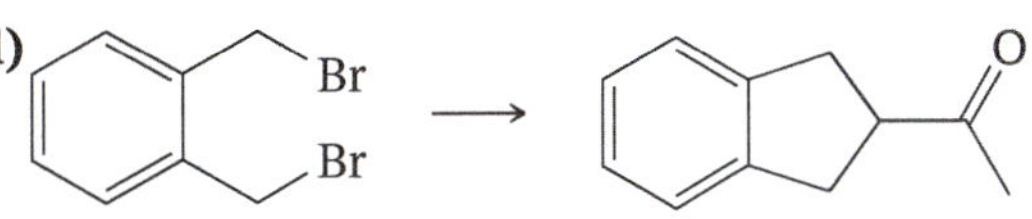

(e)
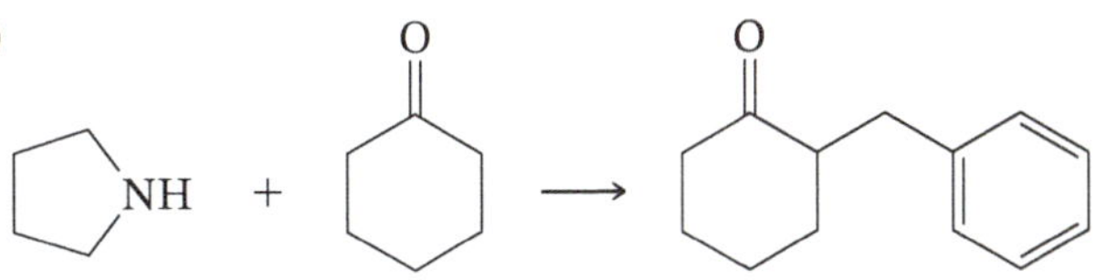

(f)
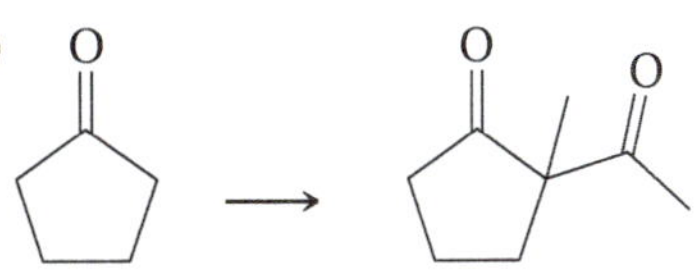

18.28 O linalool, um composto perfumado que pode ser isolado de diversas plantas, é o 3,7-dimetil-1, 6-octadien-3-ol. O linalool é usado na produção de perfumes, e pode ser sintetizado da seguinte maneira:

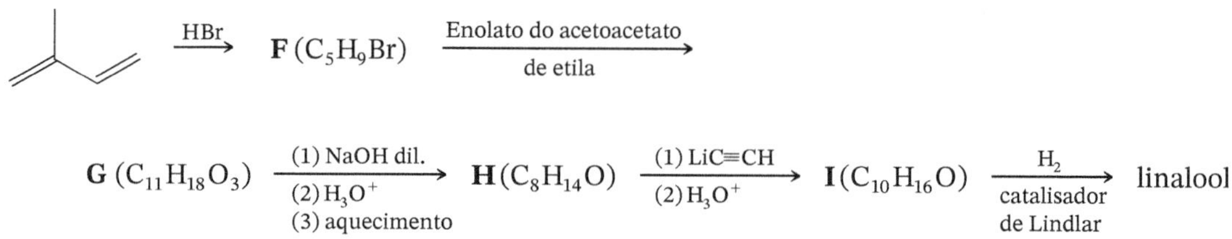

Esquematize as reações envolvidas. (*Sugestão*: o composto **F** é o isômero mais estável capaz de ser produzido na primeira etapa.)

18.29 O composto **J**, um composto com dois anéis de quatro membros, foi sintetizado pela seguinte rota. Esquematize as etapas envolvidas.

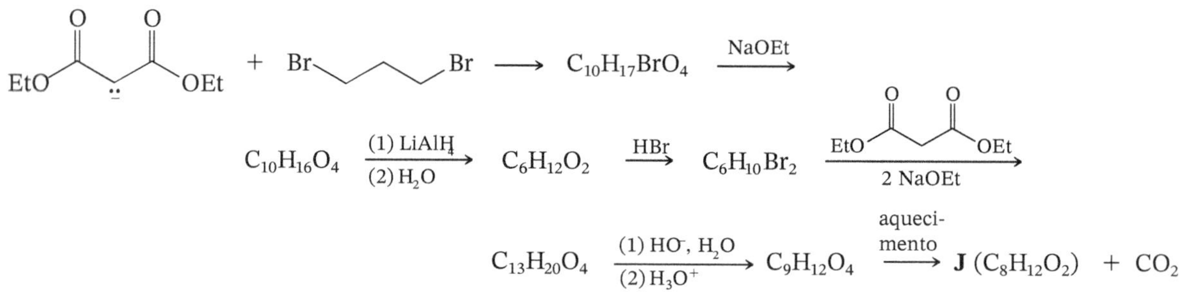

18.30 A reação de Wittig (Seção 16.10) pode ser usada na síntese de aldeídos, por exemplo,

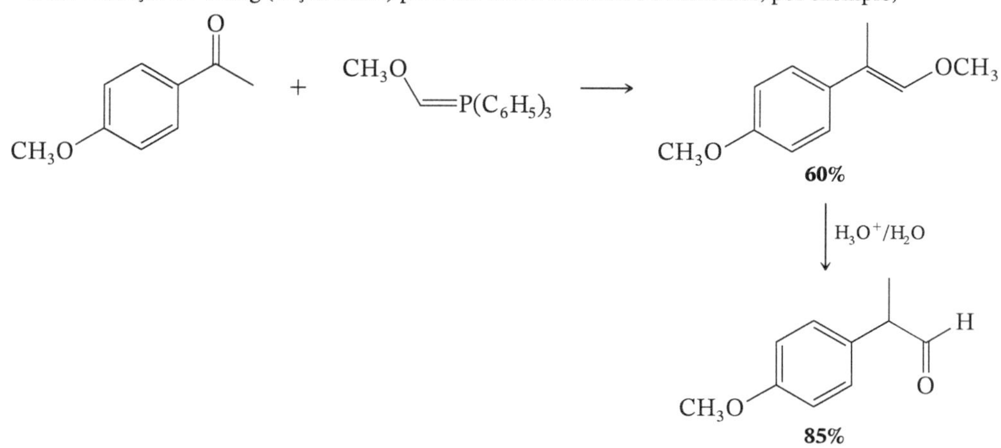

(a) Como você prepararia o $CH_3OCH{=}P(C_6H_5)_3$?

(b) Mostre, com um mecanismo, como a segunda reação produz um aldeído.

(c) Como você utilizaria este método para preparar 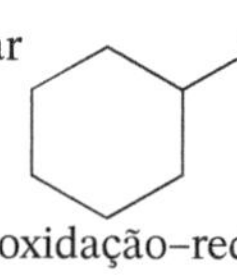 CHO a partir da ciclo-hexanona?

18.31 Os aldeídos que não têm hidrogênio α sofrem uma oxidação–redução intermolecular chamada de **reação de Cannizzaro** quando são tratados com base concentrada. Um exemplo é a seguinte reação do benzaldeído:

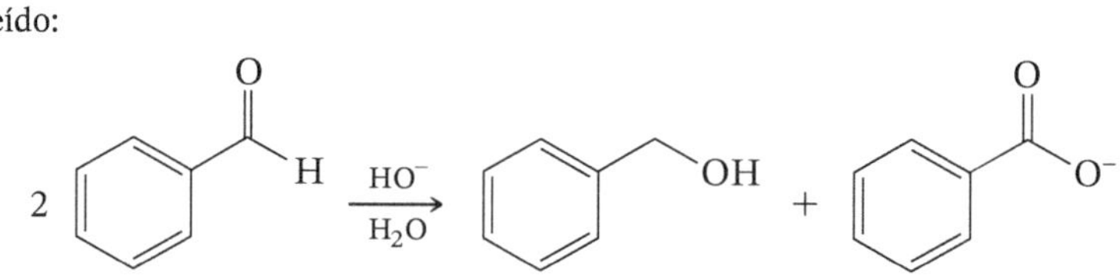

(a) Quando a reação é realizada em D_2O, o álcool benzílico que é isolado não contém deutério ligado ao carbono. Ele é o $C_6H_5CH_2OD$. O que isto sugere sobre o mecanismo para a reação?

(b) Quando o $(CH_3)_2CHCHO$ e o $Ba(OH)_2/H_2O$ são aquecidos em um tubo selado, a reação produz apenas $(CH_3)_2CHCH_2OH$ e $[(CH_3)_2CHCO_2]_2Ba$. Forneça uma explicação para a formação desses produtos.

18.32 A seguir é mostrada a síntese do feromônio do besouro do olmo, a multistriatina (veja o Problema 16.47). Dê as estruturas dos compostos **A**, **B**, **C** e **D**.

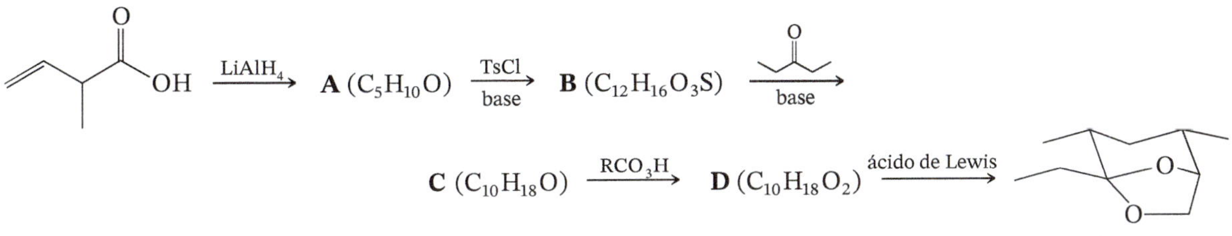

Multistriatina

Espectroscopia

18.33 (a) O espectro no IV de **U** ($C_9H_{10}O$) mostra um pico de absorção forte em 1690 cm^{-1}. O espectro de RMN de ^1H de **U** fornece os dados vistos a seguir. Qual é a estrutura de **U**?

Tripleto	1,2 ppm (3H)
Quadrupleto	3,0 ppm (2H)
Multipleto	7,7 ppm (5H)

(b) Um composto **V** é um isômero de **U**. Seu espectro no IV mostra um pico forte em 1705 cm^{-1} e mostra o espectro de RMN de 1H visto a seguir. Escreva uma estrutura para A. O espectro de RMN de ^1H de **V** fornece os dados vistos a seguir. Qual é a estrutura de **V**?

Simpleto	2,0 ppm (3H)
Simpleto	3,5 ppm (2H)
Multipleto	7,1 ppm (5H)

18.34 O composto **A** tem a fórmula molecular $C_6H_{12}O_3$, tem um pico de absorção forte em 1710 cm^{-1} e mostra o espectro de RMN de ^1H visto a seguir. Escreva uma estrutura para **A**.

Simpleto	2,1 ppm (3H)
Dupleto	2,6 ppm (2H)
Simpleto	3,2 ppm (6H)
Tripleto	4,7 ppm (1H)

Sintetizando o Material

18.35 Para cada uma das questões vistas a seguir, forneça uma rota de síntese da que de pode razoavelmente esperar que converta o material de partida no produto final. Em cada caso, é preciso usar mais de uma reação, e reações que você aprendeu nos capítulos anteriores podem ser necessárias para resolver o problema.

(a)

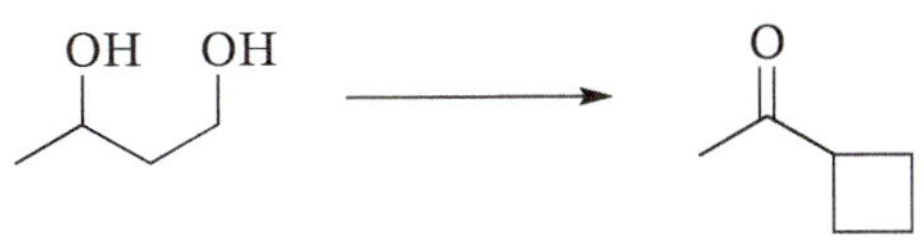

(c)

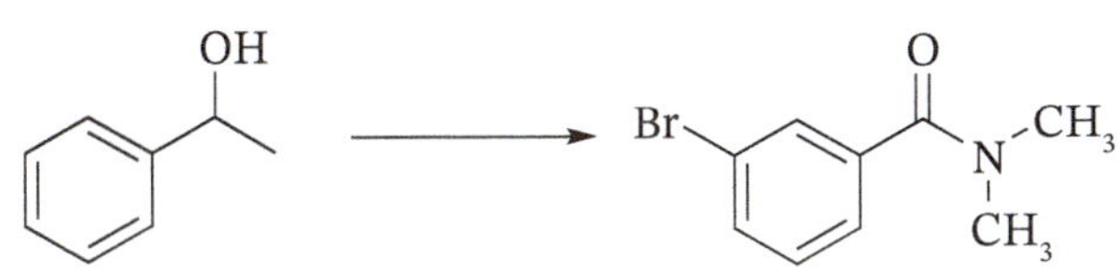

(b)

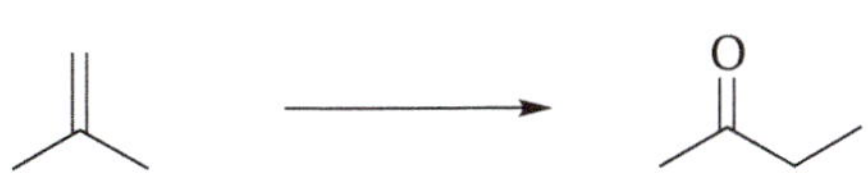

(d)

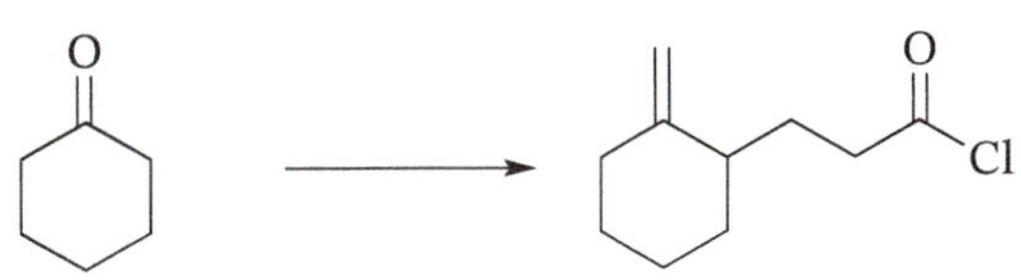

18.36 Para cada uma das reações vistas a seguir, identifique o produto (representado por **A**, **B**, **C** e **D**) que será formado, a partir do material de partida, por meio da sequência de etapas indicada.

(a)

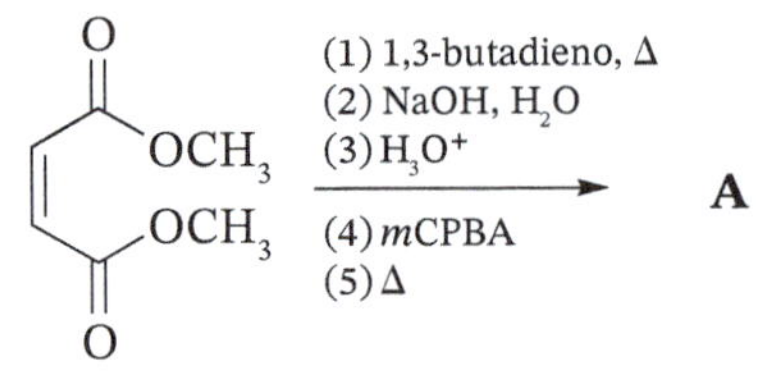

(b)

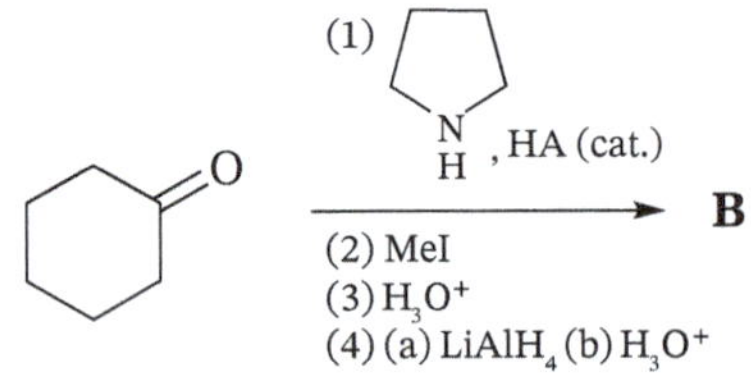

(c)

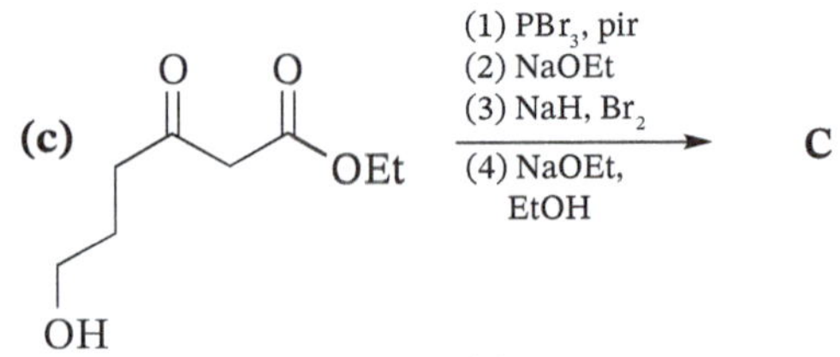

(d)

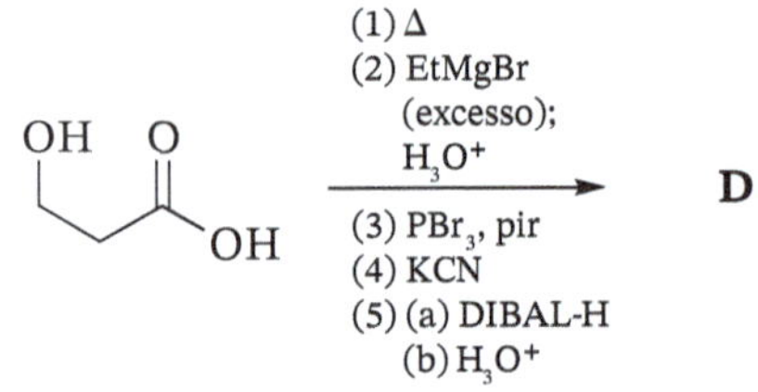

18.37 Trabalhando para trás, deduza o material de partida que leva ao produto indicado por meio das reações definidas.

(a) **A**

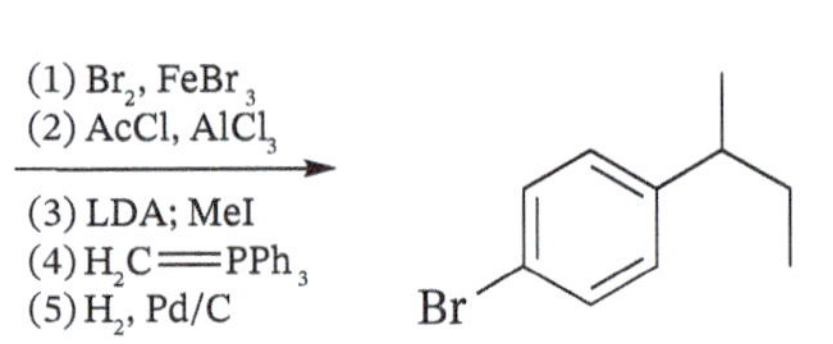

(b) **B**

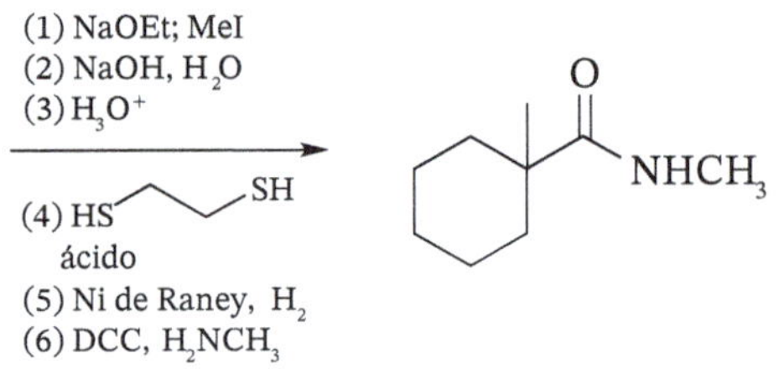

É Necessário um Consultor Químico

18.38 Como parte de uma síntese clássica de esteroides, R. B. Woodward (Harvard University) utilizou uma reação de Diels–Alder que, em condições apropriadas, permitiu o acesso ao produto mostrado a seguir, no qual os átomos originais de metila e hidrogênio coloridos em magenta terminam em uma configuração *trans* relativa no produto. Você consegue identificar tanto o dieno usado nesta reação quanto o processo pelo qual esse produto de disposição *trans* foi formado em vez do típico aduto *cis* (em termos do grupo metila e dos átomos de hidrogênio coloridos)? (Veja: *J. Am. Chem. Soc.* **1952**, *74*, 4223.)

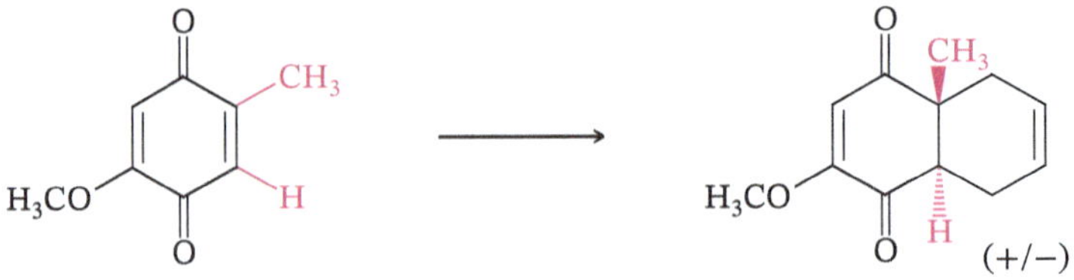

18.39 Um reagente que pode ser usado como equivalente sintético de um cloreto de ácido para a inserção de um grupo carbonilado empregando a química do enolato é conhecido como reagente de Mander (CH_3OCOCN). Como parte da síntese mostrada a seguir, este reagente foi usado para adicionar um éster metílico ao composto **A** para formar **B** quando LiHMDS (uma base como LDA) foi usado para formar um enolato. Forneça um mecanismo para explicar a formação desse produto (você pode usar B:- para indicar a base LiHMDS), incluindo uma explicação para o ponto onde esse grupo foi adicionado. Em seguida, forneça reagentes apropriados para alcançar a conversão de **B** no éster α,β-insaturado ao longo de várias etapas. (Veja: *J. Am. Chem. Soc.* **1998**, *120*, 6425.)

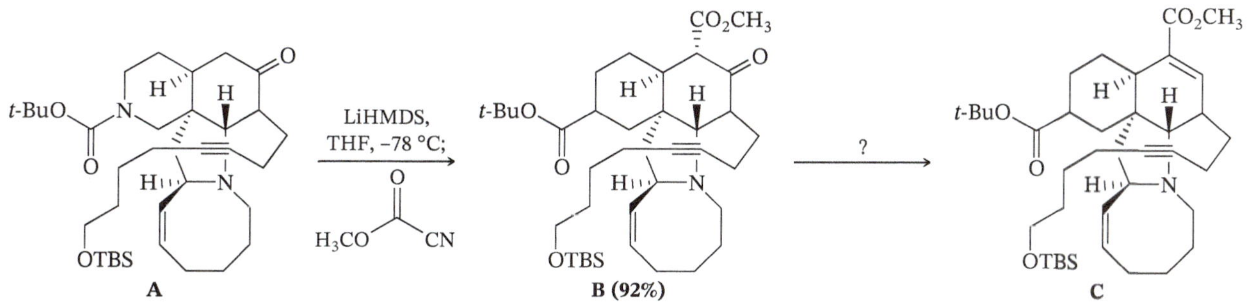

18.40 Uma maneira de usar a química do enolato e formar produtos com novos estereocentros como diastereômeros únicos é utilizar um derivado carbonílico com centros quirais preexistentes; se aquele grupo estereocentro adicional for removido em uma etapa subsequente, ele pode ser considerado um "auxiliar quiral" cujo único propósito era ajudar na formação desse novo estereocentro. A seguir está um exemplo de tal grupo (em azul), em que a coordenação da espécie metálica (M) como parte do enolato formado a partir de **A** permite chegar a **B**, no qual a aproximação do eletrófilo desejado só pode ocorrer pela face frontal, produzindo assim **C** na forma de um único diastereômero. O composto **C** foi então convertido em **D** por meio de uma reação que quebra a porção quiral que controlava a geração daquele novo centro quiral α para a carbonila. Forneça a estrutura de um reagente que possa ser usada para formar **C** a partir de **B** e, em seguida, indique os reagentes apropriados que possam converter a amida **C** no aldeído **D**. (Veja: *Angew. Chem. Int. Ed.* **1996**, *35*, 2801.)

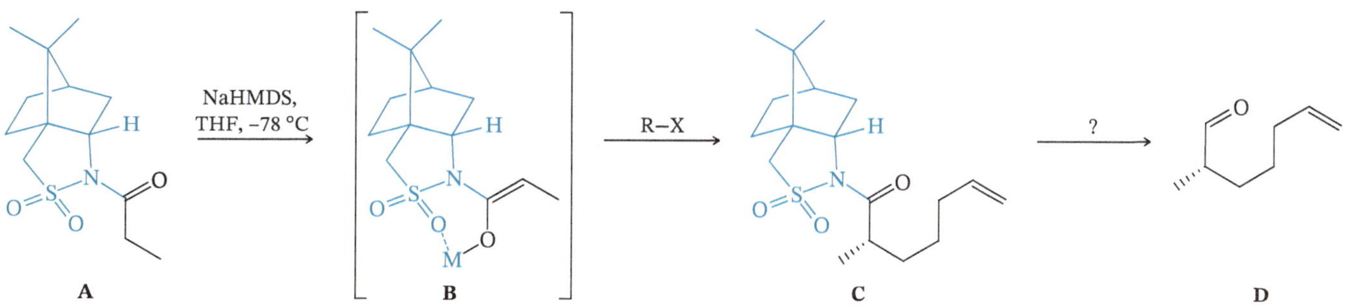

Problemas de Desafio

18.41 A seguir observa-se um exemplo de uma sequência de reações desenvolvida por Derin C. D'Amico e Michael E. Jung (UCLA) que resulta na formação enantioespecífica de dois novos centros quirais e uma ligação carbono–carbono. A sequência inclui uma reação de Horner–Wadsworth–Emmons (Seção 16.10B), uma epoxidação assimétrica de Sharpless (Seção 11.13) e um rearranjo novo que, finalmente, leva ao produto. Proponha um mecanismo para o rearranjo do álcool epóxi sob as condições mostradas para formar o produto aldólico. [*Sugestão*: o rearranjo pode também ser realizado primeiramente pela preparação de um éter trialquilsililíco a partir do álcool epóxi em uma reação separada e, então, pelo tratamento do éter silílico resultante com um catalisador ácido de Lewis (por exemplo, BF_3).]

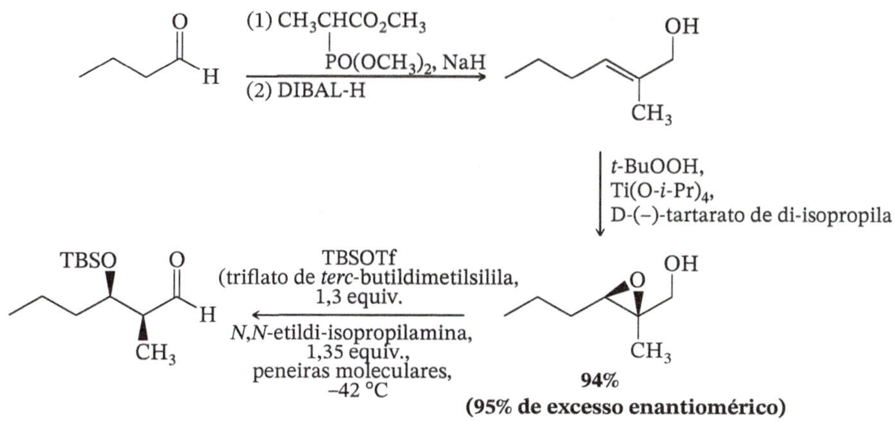

Problemas para Trabalho em Grupo

β-Caroteno, Ácido Deidroabiético

1. O β-caroteno é um hidrocarboneto altamente conjugado com uma cor laranja-avermelhada. A sua biossíntese ocorre via o caminho do isopreno e é encontrado, entre outras fontes, na abóbora. Uma das sínteses químicas do β-caroteno foi realizada próximo da virada do século XX por W. Ipatiew (*Ber.* **1901**, *34*, 594–596). As primeiras etapas dessa síntese envolvem uma química que deve ser familiar a você. Escreva mecanismos para todas as reações dos compostos **2** a **5** e de **8** a **9** e **10**.

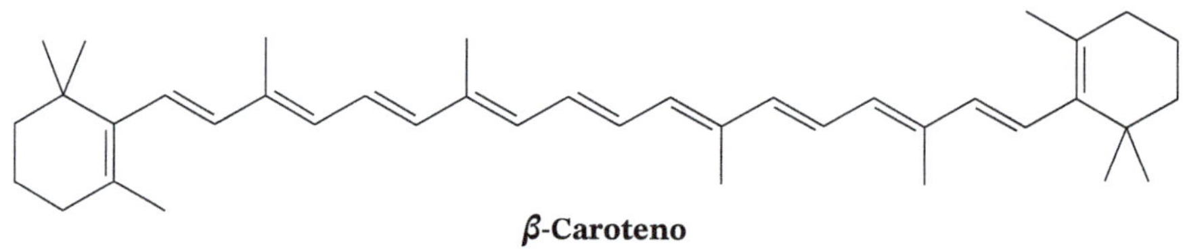

β-Caroteno

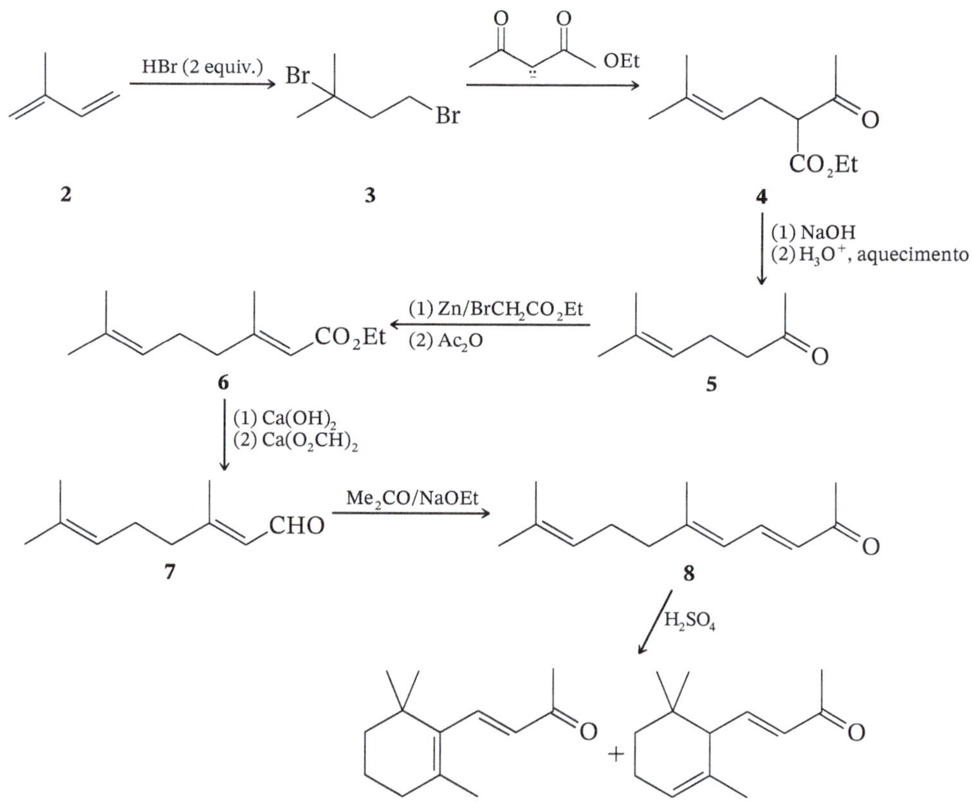

9 **10**

2. O ácido deidroabiético é um produto natural isolado da *Pinus palustris*. Ele é estruturalmente relacionado com o ácido abiético, que vem do breu. A síntese do ácido deidroabiético (*J. Am. Chem. Soc.* **1962**, *84*, 284–292) foi realizada por Gilbert Stork. No decorrer da síntese, Stork descobriu a famosa reação de enamina.

(a) Escreva o mecanismo detalhado para as reações **6** a **8** vistas a seguir.

(b) Escreva mecanismos detalhados para todas as reações de **9** a **11** na síntese de Stork do ácido deidroabiético. Observe que **11** contém um ditioacetal, que se forma de modo semelhante aos acetais que você já estudou (Capítulo 16).

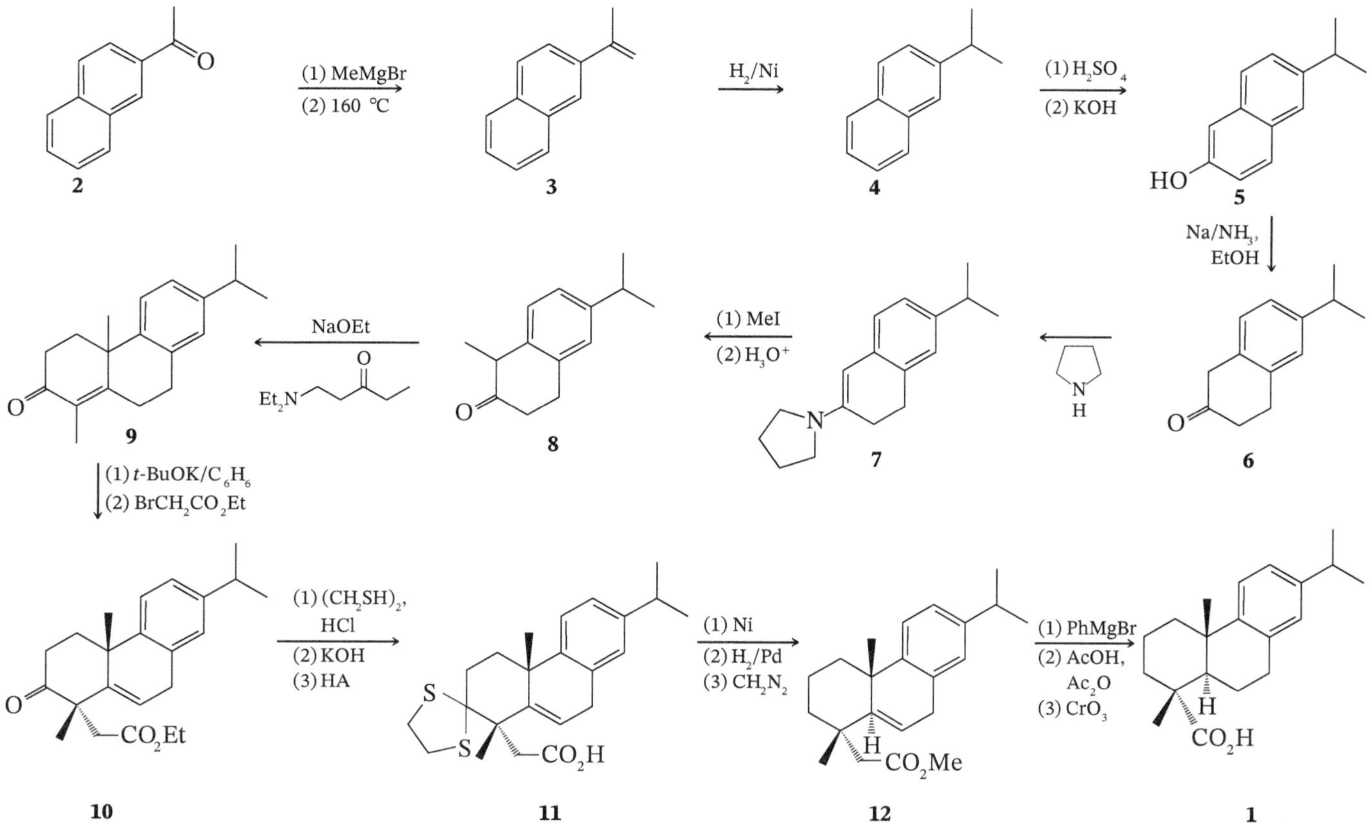

Ácido deidroabiético

(Fleming, I. *Selected Organic Synthesis*, p. 76. Copyright John Wiley & Sons, Limited.)

MAPA CONCEITUAL

Enolatos: Substituição α

Reação Geral

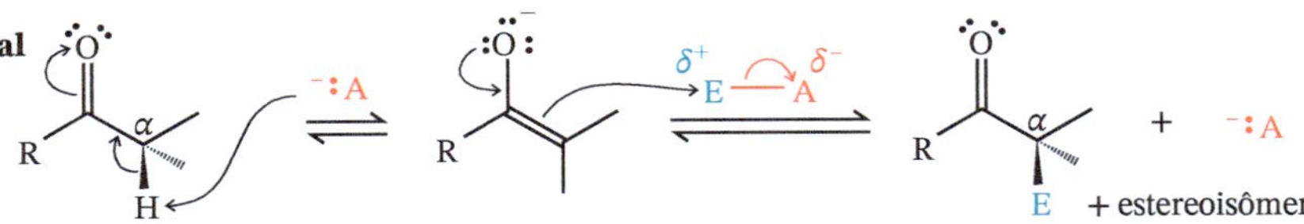

+ estereoisômero (se o carbono α é, e/ou se E contém, um centro estereogênico)

Alguns grupos que aumentam a acidez do hidrogênio α	**Bases típicas ($^-$:A) e solventes para a formação de enolato**	**Possíveis eletrófilos (E–A)**	**Produto(s)**
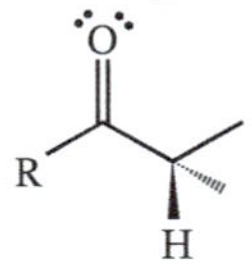 Carbonila	I. HO^- em H_2O ou ROH; ou RO^- em ROH; Útil para reações envolvendo enolatos termodinamicamente favorecidos e controle do produto no equilíbrio	H—A **Desprotonação–protonação** (pode levar à racemização ou epimerização)	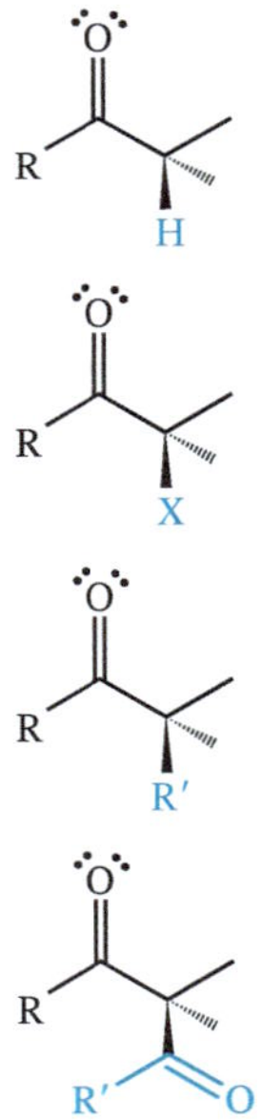
		:X—X: **Halogenação**	
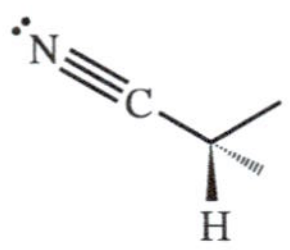 Nitrila (grupo ciano)	II. LDA (di-isopropilamida de lítio) em THF ou DME; útil, em geral, para formar enolatos em solventes apróticos (especialmente enolatos cineticamente favorecidos e alquilação direta)	R′—X: **Alquilação**	
(e, em geral, outros grupos que possam estabilizar um carbânion α)		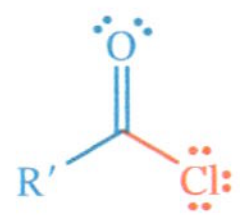 **Acilação**	

Substituição do hidrogênio α do enolato por H, X, R′ ou R′CO

skodonnell/Getty Images

Reações de Condensação e de Adição Conjugada de Compostos Carbonilados

Mais Química de Enolatos

Já aprendemos como novas ligações C—C podem ser criadas no átomo de carbono adjacente a certos grupos funcionais carbonílicos por meio da química dos enolatos, empregando vários eletrófilos, tais como haletos de alquila e halogênios. Entretanto, ainda não consideramos o que pode ser um grupo ainda mais valioso de eletrófilos – as moléculas que contêm elas próprias grupos carbonílicos. Como veremos adiante, tais eletrófilos permitem dois tipos adicionais de reações de formação de ligações C—C: reações de condensação e de adição conjugada. Ambos os tipos de reação são extremamente úteis na síntese de moléculas complexas, e têm um significado biológico importante. De fato, esses tipos de reações estão relacionados com propriedades anticancerígenas da 5-fluoruracila, um composto que se disfarça como o metabólito natural uracila e bloqueia a biossíntese de um composto necessário à replicação do DNA.

NESTE CAPÍTULO, VAMOS ESTUDAR:

- Química adicional de enolatos com moléculas contendo grupos carbonílicos atuando como eletrófilos tanto em processos de condensação como de adição conjugada
- Reações usando esses conceitos que permitam a síntese de variados anéis
- Uma versão especial de tais reações envolvendo nitrogênio que criam algumas aminas especiais contendo grupos carbonila

POR QUE ESSES TÓPICOS SÃO IMPORTANTES?

Na Seção "A Química Biológica de... Um Substrato Suicida de Enzima", veremos como a 5-fluoruracila age. Então, ao final deste capítulo, mostraremos como a combinação de várias dessas reações em série, cada uma delas determinando a etapa seguinte tal como dominós enfileirados que tombam um após o outro, pode permitir a preparação de uma só vez de um alcaloide muito importante conhecido como tropinona. A tropinona contém o núcleo de vários produtos farmacêuticos úteis.

19.1 Introdução

Em **reações de condensação** do grupo carbonila, o enol ou enolato de um composto carbonilado reage com o grupo carbonila de outro composto carbonilado, unindo os dois reagentes. Como parte do processo, uma nova molécula derivada desses reagentes "condensa" (se forma). Muitas vezes, essa molécula é um álcool ou água. Os principais tipos de reações de condensação que serão estudados são a **condensação de Claisen** e a **condensação aldólica**. As condensações aldólicas são precedidas, mecanisticamente, por adições aldólicas, que também serão estudadas. O nome **aldol** deriva do fato de os grupos funcionais **ald**eído e álco**ol** estarem presentes nos produtos de muitas reações aldólicas.

Um Exemplo de Condensação de Claisen

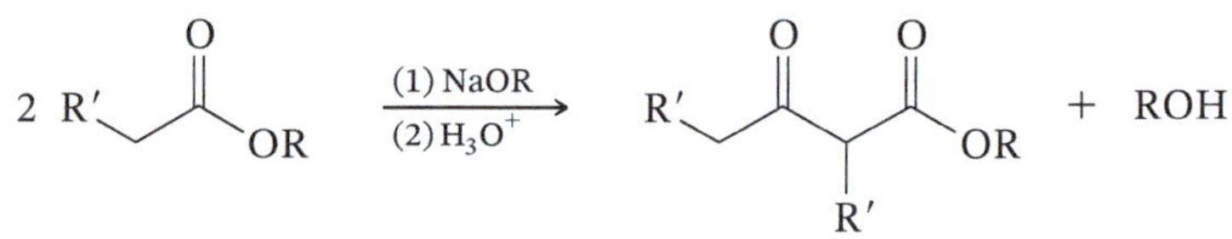

Um Exemplo de Adição e de Condensação Aldólica

Reações de **adição conjugada** envolvem um nucleófilo, frequentemente um enolato, que se adiciona a uma posição β de um composto carbonilado α,β-insaturado. Uma das reações de adição conjugada mais comuns é a adição de Michael. Como será visto, a condensação aldólica fornece um modo de sintetizar compostos carbonilados α,β-insaturados que, posteriormente, podem ser usados em reações de adição conjugada subsequentes.

Um Exemplo de Adição Conjugada

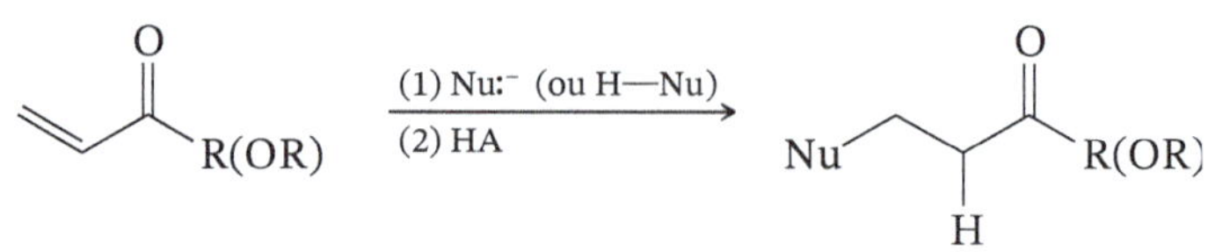

19.2 Condensação de Claisen: Síntese de β-Cetoésteres

A condensação de Claisen é uma reação de formação de ligação C—C que é útil na síntese de β-cetoésteres. No Capítulo 18, foi visto como β-cetoésteres são úteis em síntese. Em uma condensação de Claisen, o enolato de uma molécula de éster ataca o grupo carbonila de outra molécula de éster, resultando numa reação de substituição em acila, formando um

β-cetoéster e uma molécula de álcool. A molécula de álcool formada é proveniente do grupo alcoxila do éster. Um exemplo clássico é a condensação de Claisen, pela qual o acetoacetato de etila (éster acetoacético, Seção 18.6) pode ser sintetizado.

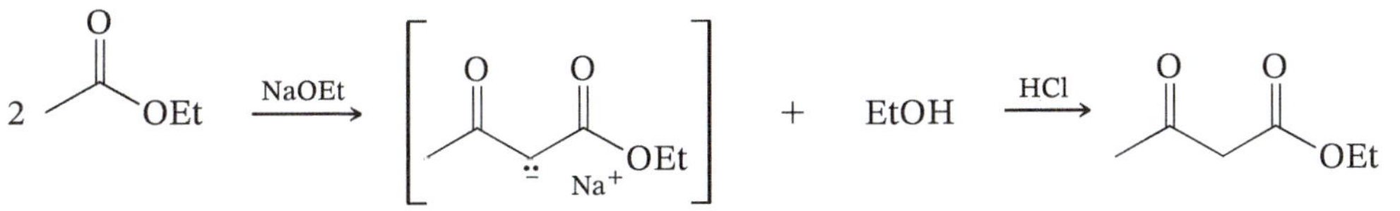

Acetoacetato de sódio **(removido por destilação)** **Acetoacetato de etila (éster acetoacético) (76%)**

Outro exemplo é a condensação de Claisen de duas moléculas de pentanoato de etila, formando 3-oxo-2-propil-heptanoato de etila.

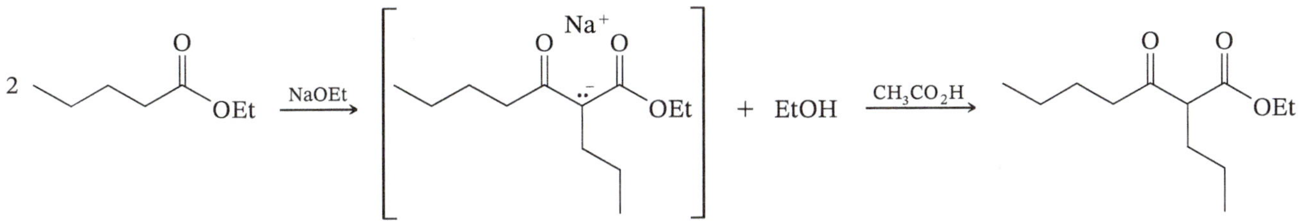

Pentanoato de etila **3-oxo-2-propil-heptanoato de etila (77%)**

Observando atentamente estes exemplos, é possível ver que, no global, ambas as reações envolvem uma condensação onde uma molécula do éster perde um hidrogênio α e a outra, um íon etóxido:

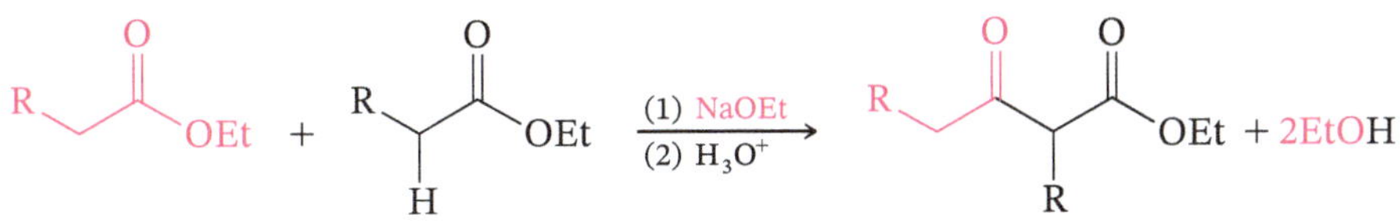

(R pode também ser H) **Um β-cetoéster**

É possível entender como isso acontece se examinarmos detalhadamente o mecanismo da reação. Ao fazer isso, é possível perceber que o mecanismo da condensação de Claisen é um exemplo clássico de **substituição em acila** (isto é, **adição nucleofílica** a um grupo carbonila seguida de **eliminação**).

- Ao planejar uma reação com um éster e um íon alcóxido, é importante usar um alcóxido que tenha o mesmo grupo alquila que o grupo alcoxila do éster.

Um Mecanismo para a Reação

Condensação de Claisen

Etapa 1

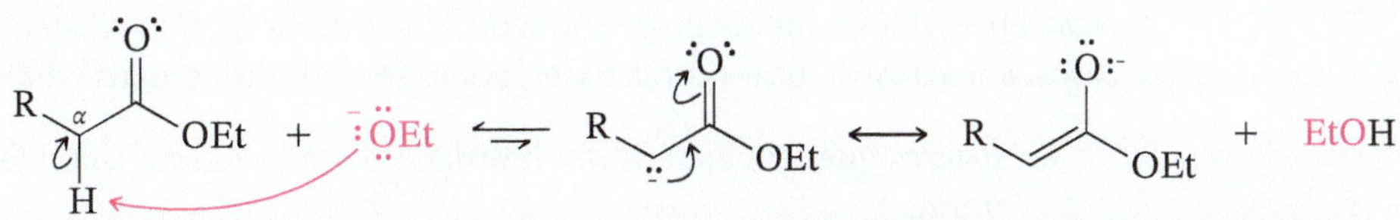

Uma base alcóxida remove um próton α do éster, gerando um íon enolato nucleofílico. (A base alcóxida, usada para formar o enolato, deve ter o mesmo grupo alquila que o éster, por exemplo, etóxido no caso de um éster etílico, pois, de outro modo, poderia ocorrer reação de transesterificação.) Embora os prótons α de um éster não sejam tão ácidos como os de aldeídos e cetonas, o enolato resultante é estabilizado por ressonância de modo semelhante.

(continua)

(*continuação*)

Etapa 2

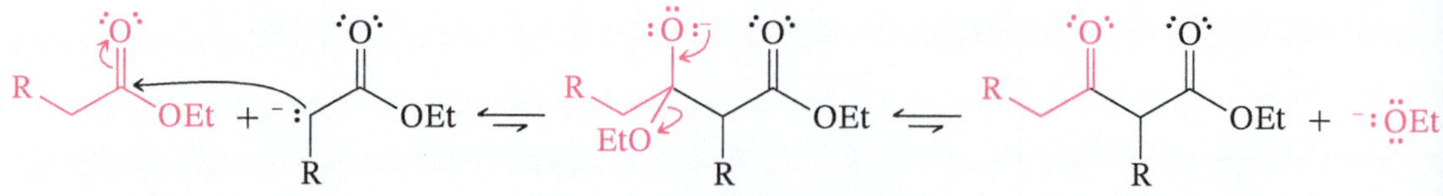

Adição nucleofílica

Intermediário tetraédrico e eliminação

O enolato ataca o carbono da carbonila de outra molécula do éster, formando um intermediário tetraédrico. Um íon alcóxido é eliminado do intermediário tetraédrico, resultando na substituição do alcóxido pelo grupo proveniente do enolato. O resultado líquido é uma adição nucleofílica-eliminação no grupo carbonila do éster. *Até agora, no entanto, o equilíbrio global para o processo é desfavorável*, mas é deslocado adiante na próxima etapa devido à remoção do hidrogênio α ácido do novo sistema β-dicarbonilado.

Etapa 3

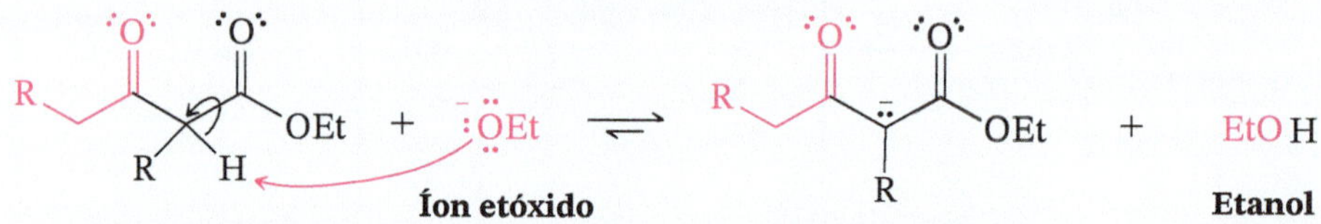

β-cetoéster (pK_a ~9; ácido mais forte)

Íon etóxido (base mais forte)

Ânion β-cetoéster (base mais fraca)

Etanol (pK_a 16; ácido mais fraco)

Um íon alcóxido remove um próton α do produto de condensação recém-formado, resultando num íon β-cetoéster estabilizado por ressonância. Esta etapa é altamente favorável e desloca o equilíbrio global no sentido da formação do produto. O subproduto álcool (etanol, neste caso) pode ser destilado da mistura reacional na medida em que é formado, deslocando ainda mais o equilíbrio no sentido do produto desejado de acordo com o Princípio de Le Chatelier.

Etapa 4

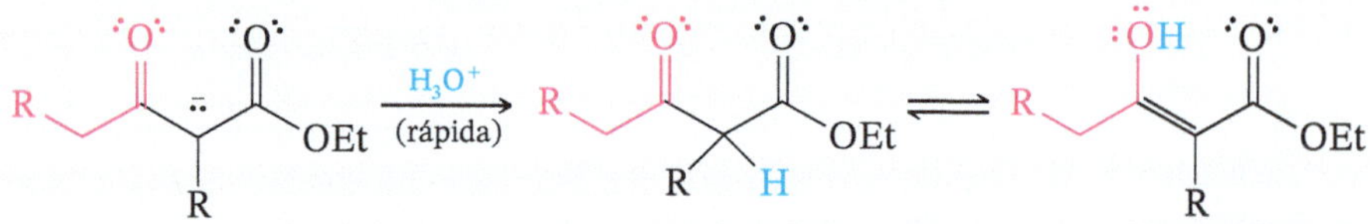

Forma ceto

Forma enólica

A adição de ácido finaliza a reação, neutralizando a base e protonando o produto da condensação de Claisen. O produto β-cetoéster existe como uma mistura em equilíbrio dos seus tautômeros ceto e enol.

Os grupos alcoxila do éster e do alcóxido têm de ser iguais para evitar uma reação de transesterificação (que ocorre com alcóxidos pelo mesmo mecanismo de hidrólise de éster promovida por base; Seção 17.7B). Na prática, ésteres etílicos e metílicos são os reagentes mais comuns nestes tipos de sínteses. Por isso, usamos etóxido de sódio quando ésteres etílicos estão envolvidos e metóxido de sódio quando ésteres metílicos estão envolvidos. Em certos casos, é necessário usar outras bases, como será discutido mais adiante.

- Ésteres que têm apenas um hidrogênio α não sofrem a condensação de Claisen comum.

O 2-metilpropanoato de etila é um exemplo de éster que não reage numa condensação de Claisen comum, porque tem apenas um hidrogênio α:

O carbono α possui apenas um hidrogênio.

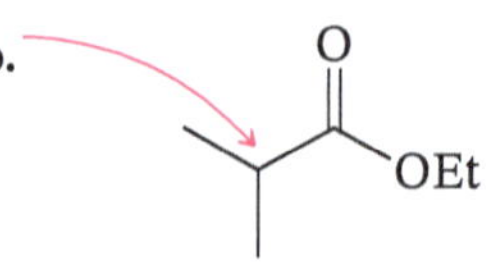

Este éster não sofre uma condensação de Claisen.

2-Metilpropanoato de etila

- A inspeção do mecanismo dado anteriormente permite entender claramente o motivo deste fato: um éster com apenas um hidrogênio α não terá um hidrogênio ácido quando a etapa 3 for atingida, e é nessa etapa que o equilíbrio é favorecido no sentido desejado, garantindo o sucesso da reação.

Na Seção 19.2B, será visto como um éster com apenas um hidrogênio α pode ser convertido em um β-cetoéster por um método que utiliza uma base forte.

PROBLEMA DE REVISÃO 19.1

(a) Escreva um mecanismo para todas as etapas da condensação de Claisen que ocorrem quando o propanoato de etila reage com íon etóxido. **(b)** Que produtos são formados quando a mistura reacional é acidificada?

PROBLEMA DE REVISÃO 19.2

Uma vez que os produtos obtidos a partir de condensações de Claisen são β-cetoésteres, reações subsequentes de hidrólise e descarboxilação desses produtos constituem um método geral para a síntese de cetonas. Mostre como é possível empregar essa técnica na síntese da 4-heptanona.

19.2A Condensação de Claisen Intramolecular: Condensação de Dieckmann

Uma condensação de Claisen intramolecular é chamada de **condensação de Dieckmann**. Por exemplo, quando hexanodioato de dietila é aquecido com etóxido de sódio e a mistura reacional é posteriormente acidificada, há formação de 2-oxociclopentanocarboxilato de etila:

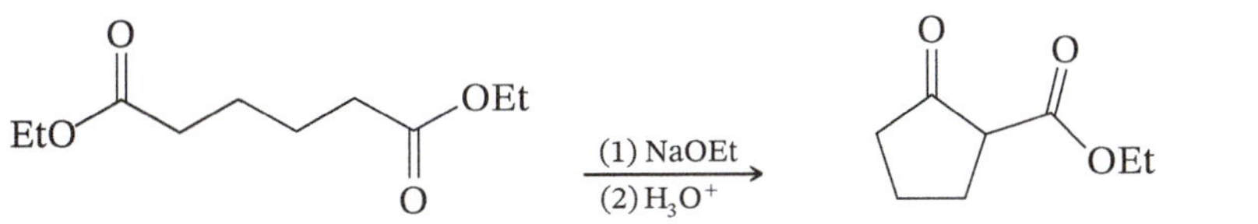

Hexanodioato de dietila (adipato de dietila)

2-Oxociclopentanocarboxilato de etila (74–81%)

- Em geral, a condensação de Dieckmann é útil somente na formação de anéis de cinco e seis membros.

Anéis de quatro membros ou menos são desfavorecidos devido à tensão angular. Anéis maiores do que com sete membros são entropicamente desfavorecidos devido ao maior número de conformações disponíveis de um precursor de cadeia mais longa, caso em que condensações intermoleculares começam a competir consideravelmente.

Um Mecanismo para a Reação

Condensação de Dieckmann

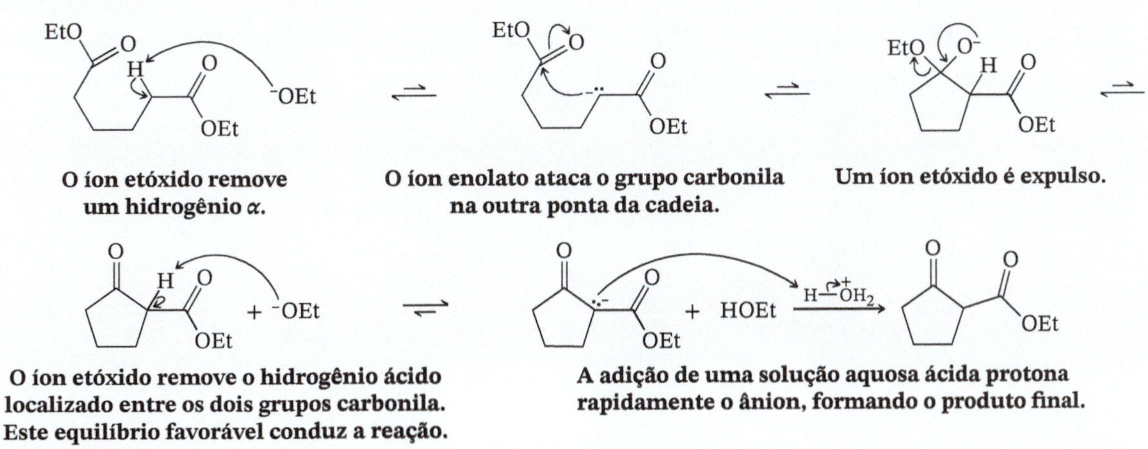

PROBLEMA DE REVISÃO 19.3

(a) Que produtos são esperados de uma condensação de Dieckmann do heptanodioato de dietila?
(b) Explique o fato de o pentanodioato de dietila (glutarato de dietila) não sofrer uma condensação de Dieckmann.

19.2B Condensação de Claisen Cruzada

- Condensações de Claisen cruzadas são possíveis **quando um componente éster não possui hidrogênios** α e, portanto, é incapaz de formar um íon enolato e sofrer autocondensação.

Benzoato de etila, por exemplo, condensa com acetato de etila para formar benzoilacetato de etila:

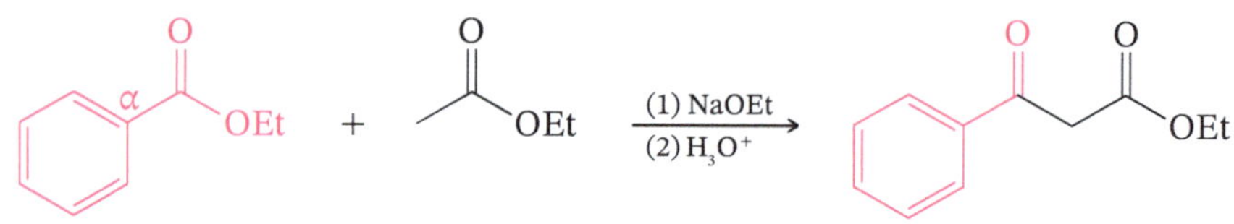

Benzoato de etila (sem hidrogênio α)

Benzoilacetato de etila (60%)

Fenilacetato de etila condensa com carbonato de dietila para formar fenilmalonato de dietila:

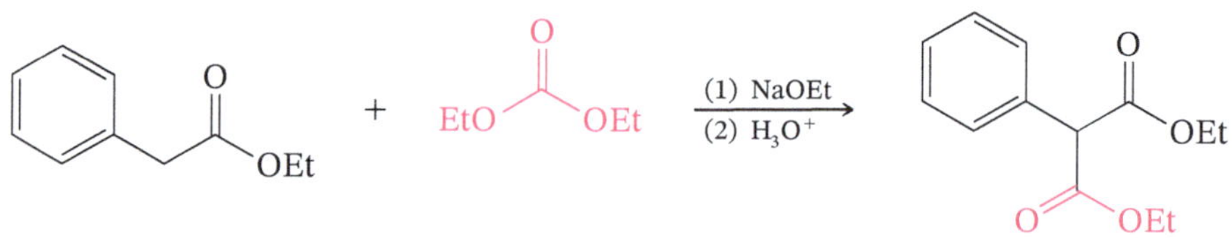

Fenilacetato de etila

Carbonato de dietila (sem carbono α)

Fenilmalonato de dietila (65%)

PROBLEMA RESOLVIDO 19.1

Escreva um mecanismo para todas as etapas da condensação de Claisen entre benzoato de etila e acetato de etila.

Resposta

Benzoato de etila não possui hidrogênios α. Portanto, vamos começar com a remoção de um hidrogênio α do acetato de etila para formar um enolato.

Etapa 1

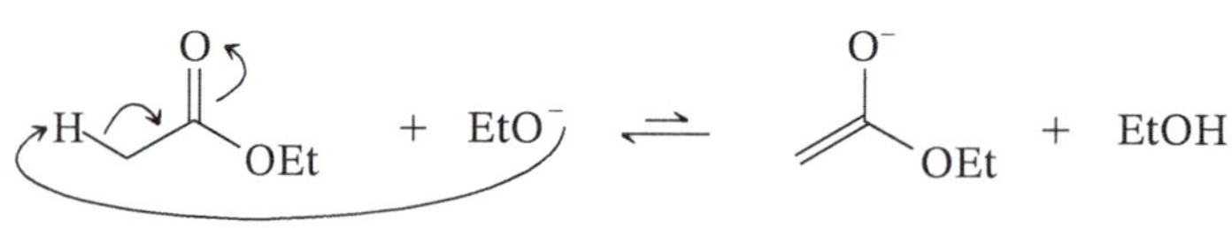

Etapa 2

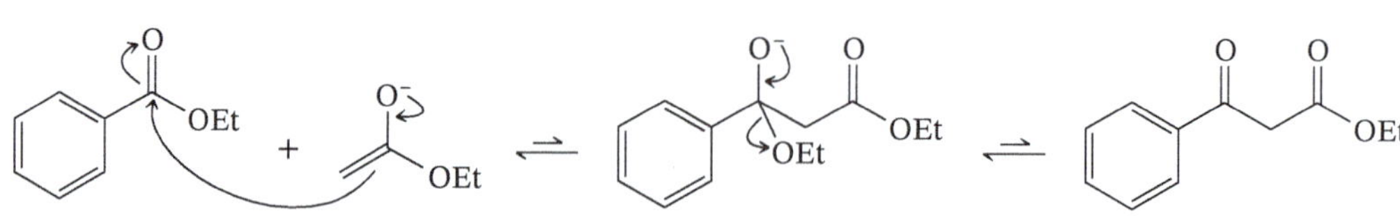

Etapa 3

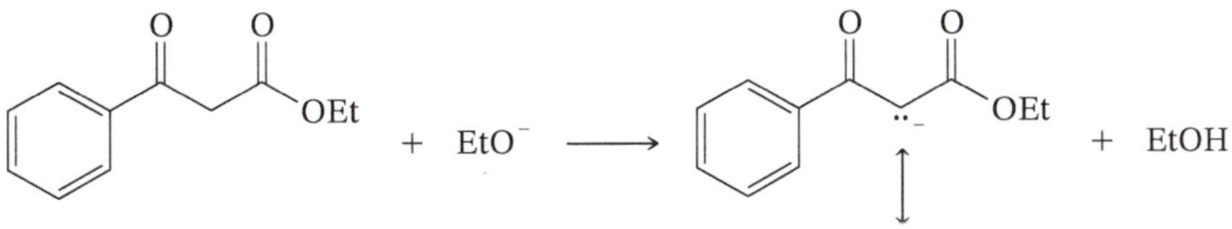

Outras estruturas de ressonância

Etapa 4

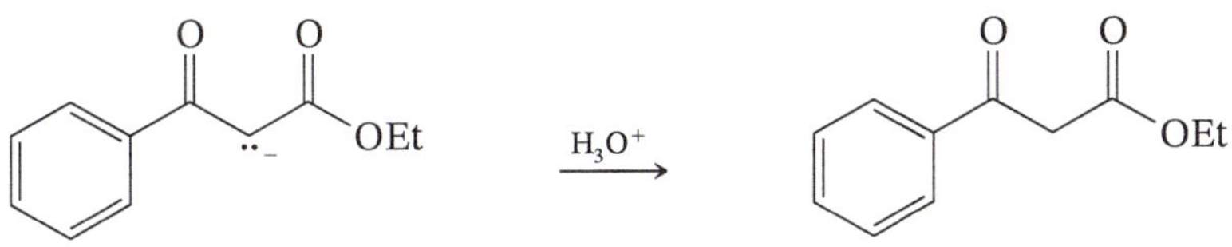

PROBLEMA DE REVISÃO 19.4

Escreva mecanismos que justifiquem os produtos formados na condensação de Claisen cruzada ilustrada anteriormente entre fenilacetato de etila e carbonato de dietila.

PROBLEMA DE REVISÃO 19.5

Que produtos são esperados em cada uma das seguintes condensações de Claisen cruzadas?

(a) Propanoato de etila + oxalato de dietila $\xrightarrow[(2)\ H_3O^+]{(1)\ NaOEt}$ **(b)** Acetato de etila + formiato de etila $\xrightarrow[(2)\ H_3O^+]{(1)\ NaOEt}$

Como aprendemos anteriormente, ésteres que têm apenas um hidrogênio α não podem ser convertidos a β-cetoésteres por etóxido de sódio. No entanto, eles podem ser convertidos a β-cetoésteres por reações que utilizam bases muito fortes, como di-isopropilamideto de lítio (LDA, do inglês *lithium diisopropylamide*) (Seção 18.4). A base forte converte o éster no seu íon enolato com rendimento praticamente quantitativo. Isso permite *acilar* o íon enolato, tratando-o com um cloreto de acila ou um éster. Um exemplo desta técnica, utilizando LDA, é mostrado a seguir:

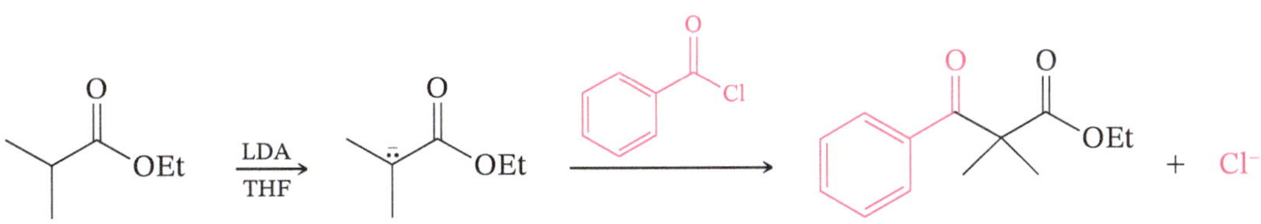

2,2-Dimetil-3-oxo-3-fenilpropanoato de etila

19.3 Compostos β-Dicarbonilados por Acilação de Enolatos de Cetonas

Íons enolatos provenientes de cetonas também reagem com ésteres em reações de substituição nucleofílica semelhantes às condensações de Claisen. No exemplo a seguir, apesar de ser possível a formação de dois ânions diferentes na reação da cetona com amideto de sódio, o produto principal é proveniente do carbânion primário porque (a) os átomos de hidrogênio α primários são um pouco mais ácidos do que os átomos de hidrogênio α

secundários e (b) na presença da base forte ($NaNH_2$), em um solvente aprótico (Et_2O), o enolato cinético é formado (veja a Seção 18.4). O LDA poderia ser usado da mesma forma como base.

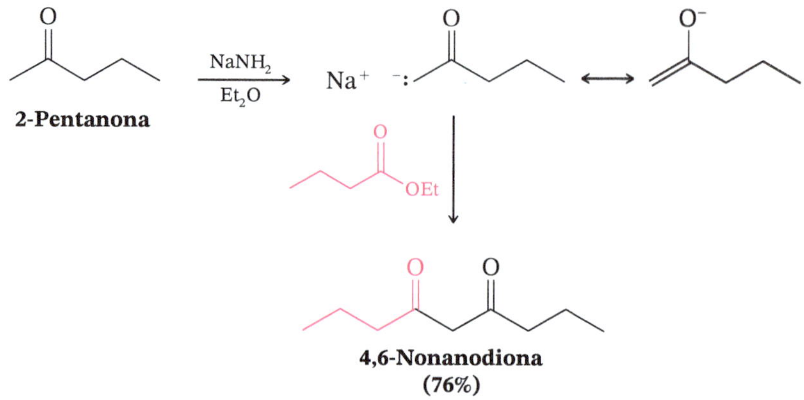

2-Pentanona

4,6-Nonanodiona (76%)

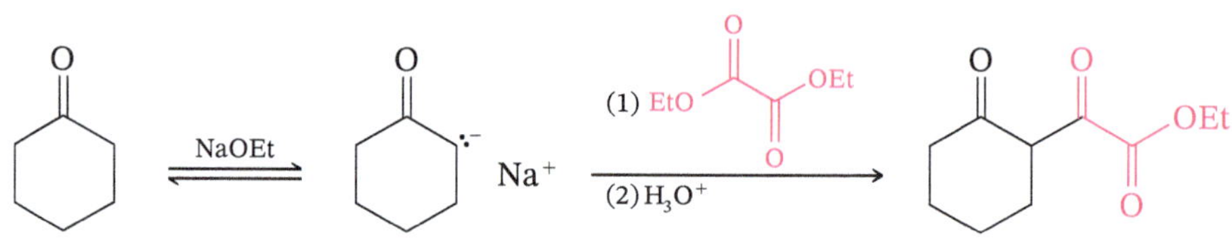

67%

PROBLEMA RESOLVIDO 19.2

Cetoésteres são capazes de sofrer reações de ciclização semelhantes à condensação de Dieckmann. Escreva um mecanismo para a reação vista a seguir.

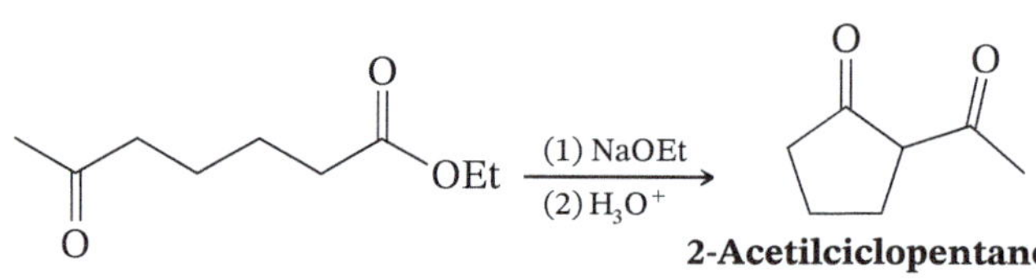

2-Acetilciclopentanona

Resposta

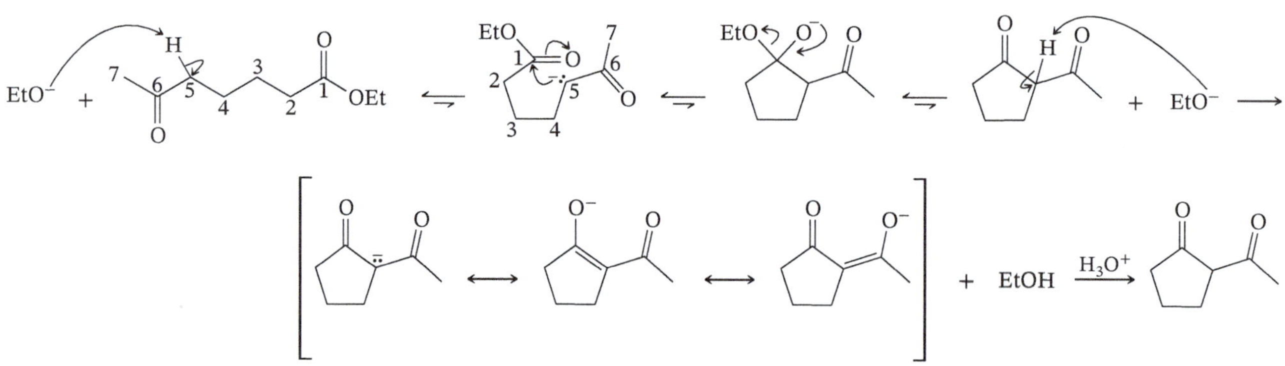

PROBLEMA DE REVISÃO 19.6

Mostre como sintetizar cada um dos seguintes compostos utilizando, como reagentes de partida, ésteres, cetonas, halogenetos de acila e assim por diante:

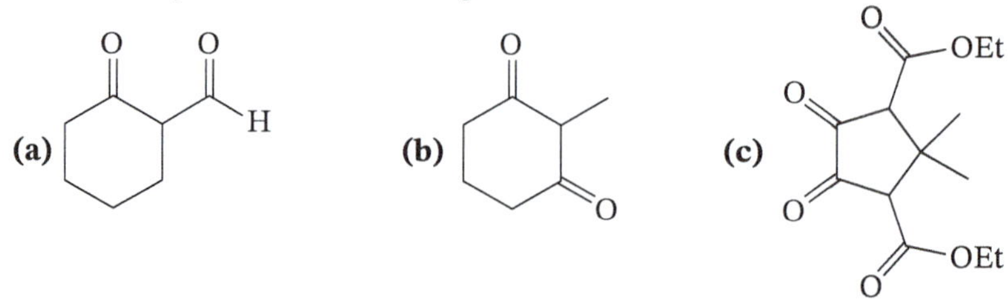

19.4 Reações Aldólicas: Adição de Enóis e Enolatos a Aldeídos e Cetonas

- Adições aldólicas e condensações aldólicas representam, em conjunto, uma classe importante de reações de formação de ligação C—C.

Uma **reação aldólica** começa com a adição de um enol ou enolato ao grupo carbonila de um aldeído ou cetona, formando um β-hidroxialdeído ou uma β-hidroxicetona como produto inicial. Um exemplo simples é mostrado a seguir, onde duas moléculas de acetaldeído (etanal) reagem para formar 3-hidroxibutanal. Este composto é um "**aldol**" porque ele contém ambos os grupos funcionais **ald**eído e álco**ol**. Reações desse tipo geral são conhecidas como **adições aldólicas**.

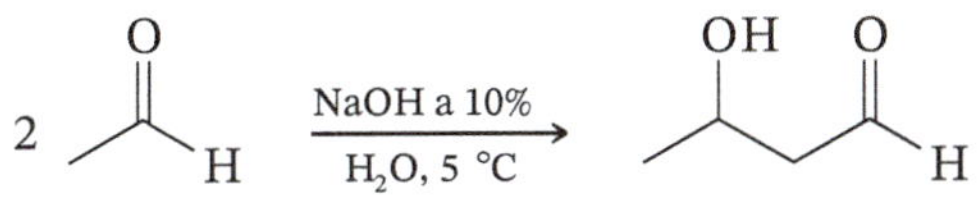

3-Hidroxibutanal
(50%)

Como será visto, o produto inicial da adição aldólica frequentemente sofre desidratação para formar um aldeído α,β-insaturado ou uma cetona α,β-insaturada. Quando isso ocorre, a reação global é uma **condensação aldólica**. Inicialmente, vamos abordar o mecanismo de adição aldólica.

19.4A Reações de Adição Aldólica

Uma adição aldólica é uma reação em equilíbrio quando ela é realizada em um solvente prótico com uma base como hidróxido ou um alcóxido. O mecanismo de uma adição aldólica envolvendo um aldeído é mostrado a seguir.

Um Mecanismo para a Reação

Adição Aldólica

Etapa 1 Formação de enolato

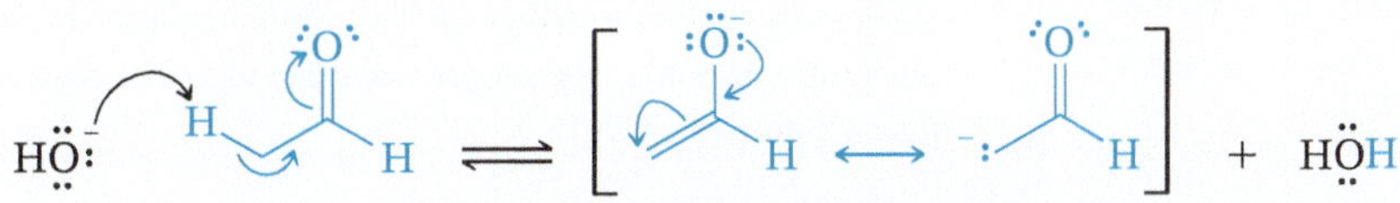

Ânion enolato

Nesta etapa, a base (um íon hidróxido) remove um próton do carbono α de uma molécula de acetaldeído, produzindo um enolato estabilizado por ressonância.

Etapa 2 Adição do enolato

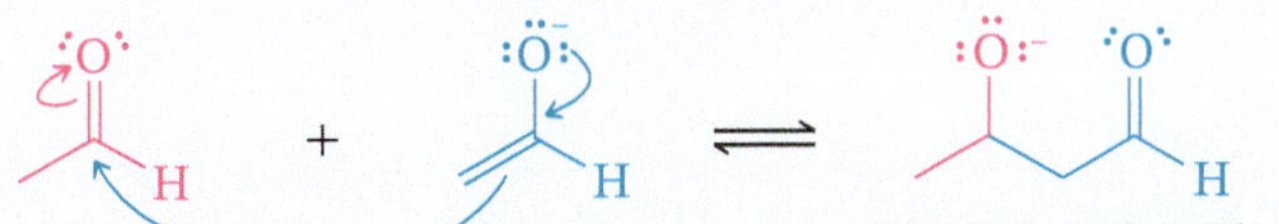

Um ânion alcóxido

O enolato atua então como um nucleófilo e ataca o carbono da carbonila de uma segunda molécula de acetaldeído, formando um ânion alcóxido.

Etapa 3 Protonação do alcóxido

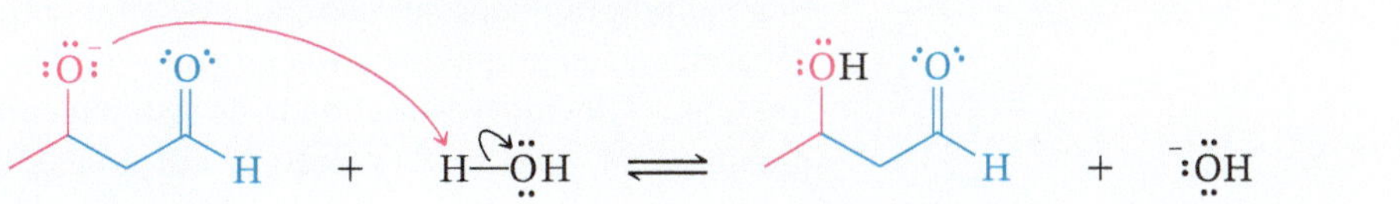

Base mais forte **Produto aldólico** **Base mais fraca**

Agora, o ânion alcóxido remove um próton de uma molécula de água para formar o produto aldólico.

Com cetonas, a etapa de adição que leva ao aldol é desfavorecida por causa do impedimento estérico, e o equilíbrio favorece os precursores do aldol em vez do produto de adição (Seção 19.4B). No entanto, como será visto na Seção 19.4C, a desidratação do aldol formado pode deslocar o equilíbrio no sentido do produto, quer o reagente seja um aldeído ou uma cetona. Adições de enolato a ambos, aldeídos e cetonas, são igualmente viáveis quando uma base mais forte (como o LDA) é usada em um solvente aprótico (Seção 19.5B).

DICA ÚTIL

Veja em "A Química Biológica de... Uma Reação Retroaldólica na Glicólise: Divisão de Recursos para Duplicar o Rendimento de ATP", Seção 19.4E, para uma aplicação bioquímica importante que aumenta a produção de energia a partir da glicose.

19.4B Reação Retroaldólica

Como as etapas do mecanismo de adição aldólica são facilmente reversíveis, uma **reação retroaldólica** pode ocorrer, convertendo um β-hidroxialdeído ou uma β-hidroxicetona nos precursores de uma adição aldólica. Por exemplo, quando 4-hidroxi-4-metil-2-pentanona é aquecida com hidróxido em água, a mistura final em equilíbrio consiste, essencialmente, em acetona, o produto retroaldólica.

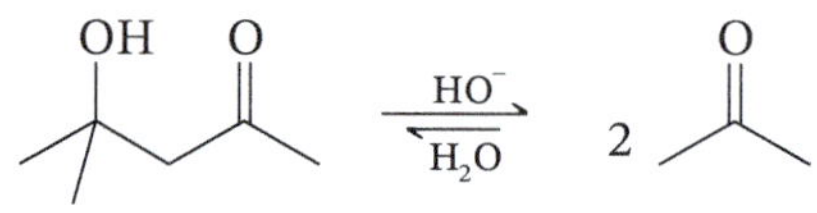

Esse resultado não é surpreendente, porque sabemos que o equilíbrio de uma reação de adição aldólica (o inverso da reação anterior) não é favorável quando o enolato reage com uma cetona. Contudo, como dito anteriormente, a desidratação de um produto de adição aldólica pode deslocar o equilíbrio no sentido do produto. A desidratação aldólica será discutida mais adiante (Seção 19.4C).

PROBLEMA RESOLVIDO 19.3

A etapa de clivagem da ligação C—C em uma reação retroaldólica envolve, em meio básico, um grupo de saída que é um enolato ou, em meio ácido, um enol. Considerando um meio básico, escreva um mecanismo para a reação retroaldólica da 4-hidroxi-4-metil-2-pentanona (mostrada anteriormente).

Estratégia e Resposta

A base remove o próton do grupo β-hidroxila, iniciando a reação inversa da adição aldólica. Enquanto o alcóxido é revertido ao grupo carbonila, uma ligação C—C é clivada, eliminando o enolato como um grupo de saída. Isso libera uma das moléculas carboniladas originais. A protonação do enolato forma a outra molécula.

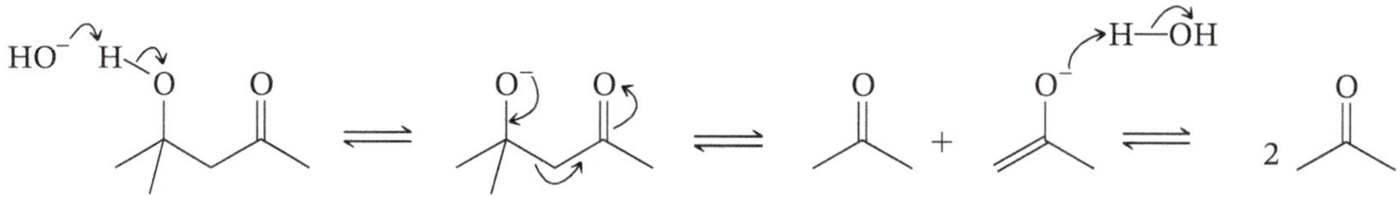

19.4C Reações de Condensação Aldólica: Desidratação do Produto de Adição Aldólica

A desidratação de um produto de adição aldólica forma um sistema conjugado, no caso, um composto carbonilado α,β-insaturado. O processo geral é chamado de **condensação aldólica** e o produto pode ser chamado de enal (alqu*en*o *al*deído) ou enona (alqu*en*o cet*ona*), dependendo do grupo carbonila no produto. O equilíbrio da desidratação é, essencialmente, irreversível devido à estabilidade do sistema conjugado enal ou enona. Por exemplo, 3-hidroxibutanal, produto da reação de adição aldólica mostrada na Seção 19.4, desidrata sob aquecimento, formando 2-butenal. Um mecanismo para a desidratação é mostrado a seguir. Ainda que o íon hidróxido seja um grupo de saída nessa reação, a estabilidade do produto conjugado faz com que a reação avance.

Um Mecanismo para a Reação

Desidratação de um Produto de Adição Aldólica

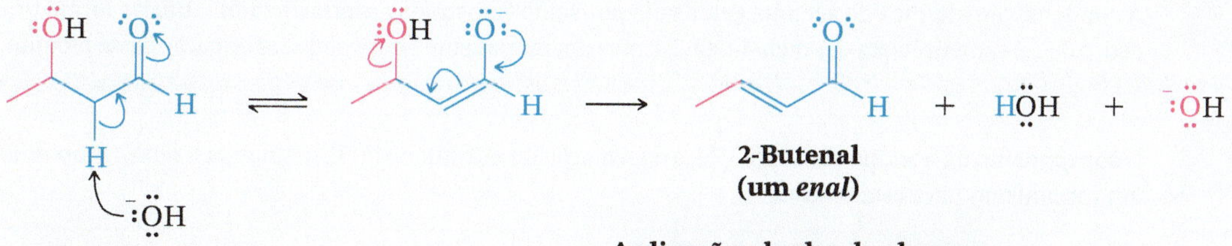

2-Butenal (um *enal*)

Os hidrogênios α são ácidos.

As ligações duplas do alqueno e dos grupos carbonilados são conjugadas, estabilizando o produto.

19.4D Condensações Aldólicas Catalisadas por Ácido

As reações aldólicas também podem ocorrer sob catálise ácida, e, neste caso, a reação geralmente conduz ao produto α,β-insaturado por desidratação direta do intermediário aldol β-hidroxilado. Desta maneira, cetonas podem ser usadas com êxito numa reação aldólica. No exemplo a seguir, a acetona forma o correspondente produto de condensação aldólica, 4-metilpent-3-en-2-ona, sob tratamento com cloreto de hidrogênio anidro.

Um Mecanismo para a Reação

Condensação Aldólica Catalisada por Ácido

Reação

4-Metilpent-3-en-2-ona

Mecanismo

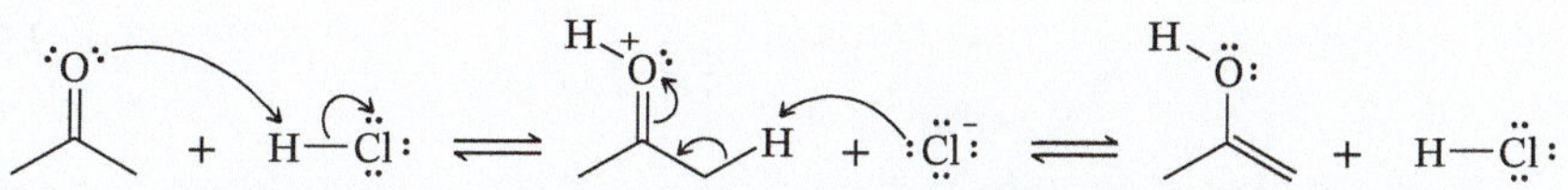

O mecanismo começa com a formação do enol catalisada por ácido.

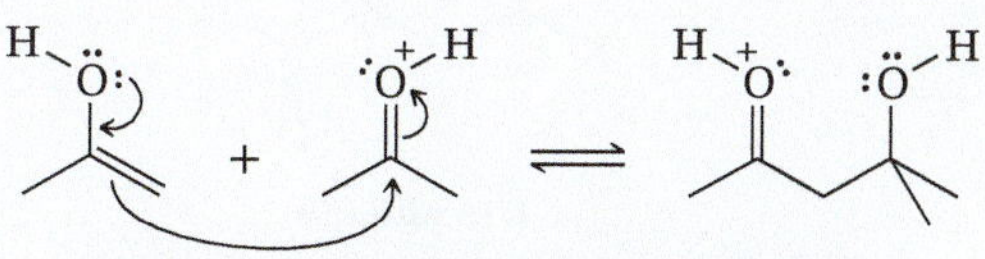

O enol é adicionado ao grupo carbonila protonada de outra molécula de acetona.

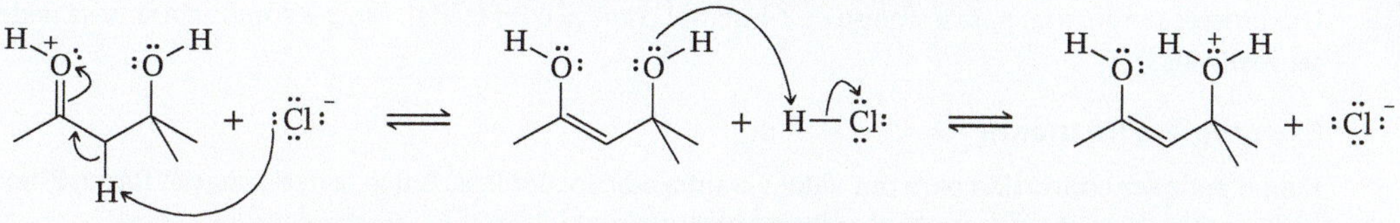

O enol é modificado e a β-hidroxila é protonada, preparando-a como um grupo de saída.

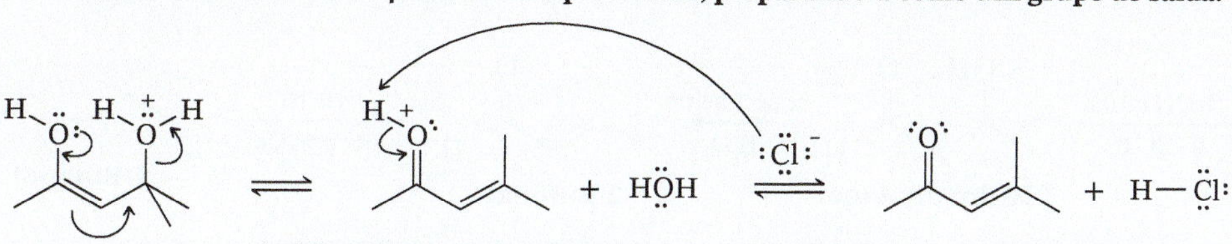

A desidratação ocorre à medida que o enol modifica o grupo carbonila.

A catálise ácida pode promover reações adicionais após a condensação aldólica. Um exemplo é dado no Problema de Revisão 19.8. Em geral, é mais comum na síntese para uma reação aldólica que a reação seja realizada em condições básicas do que ácidas.

PROBLEMA DE REVISÃO 19.7

A condensação aldólica da acetona catalisada por ácido (mostrada anteriormente) também forma um pouco de 2,6-dimetil-hepta-2,5-dien-4-ona. Escreva um mecanismo que explique a formação desse produto.

PROBLEMA DE REVISÃO 19.8

O aquecimento da acetona com H_2SO_4 leva à formação de mesitileno (1,3,5-trimetilbenzeno). Proponha um mecanismo para esta reação.

19.4E Aplicações Sintéticas das Reações Aldólicas

DICA ÚTIL

Reação aldólica: uma ferramenta de síntese. Veja também a revisão de Conexões Sintéticas no fim do capítulo.

Como estamos começando a ver, as adições e as condensações aldólicas são métodos importantes na formação de ligações carbono–carbono. Elas também resultam em compostos carbonilados β-hidroxilados e α,β-insaturados, úteis em outras transformações sintéticas. Algumas reações representativas são mostradas a seguir.

Reação Aldólica em Síntese

DICA ÚTIL

O $LiAlH_4$ reduz seletivamente o grupo carbonila de aldeídos e cetonas α,β-insaturados. O $NaBH_4$ frequentemente reduz também a ligação dupla carbono–carbono.

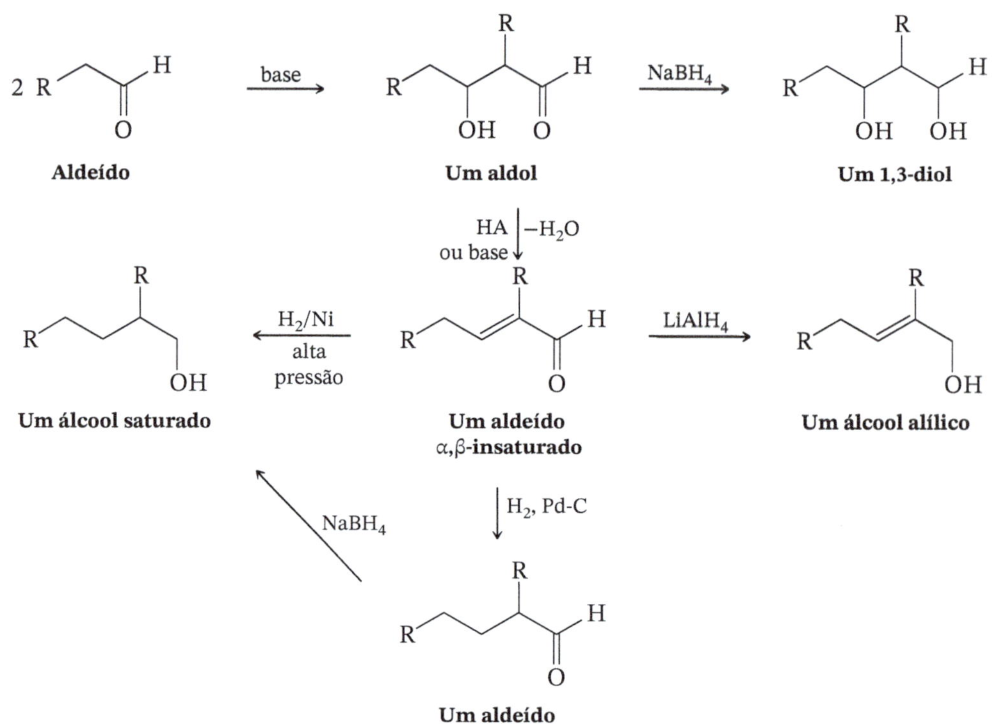

PROBLEMA RESOLVIDO 19.4

Um processo industrial para a síntese de 1-butanol começa com etanal. Mostre como esta síntese pode ser realizada.

Estratégia e Resposta

Etanal pode ser convertido para um aldol via uma adição aldólica. Então, a desidratação forma 2-butenal, que pode ser hidrogenado para formar 1-butanol.

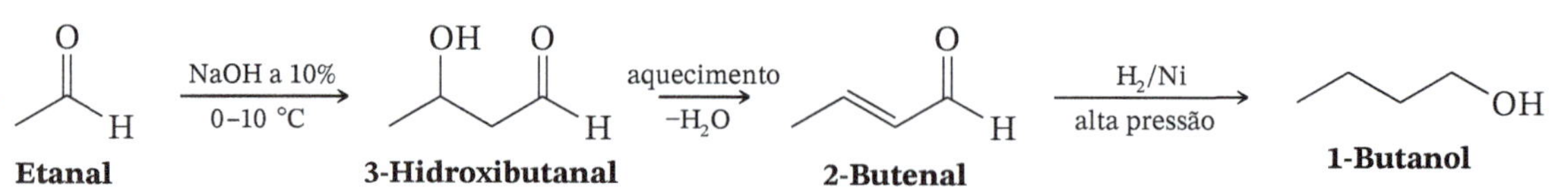

PROBLEMA DE REVISÃO 19.9

(a) Escreva um mecanismo para a reação mostrada a seguir, adição aldólica de propanal.

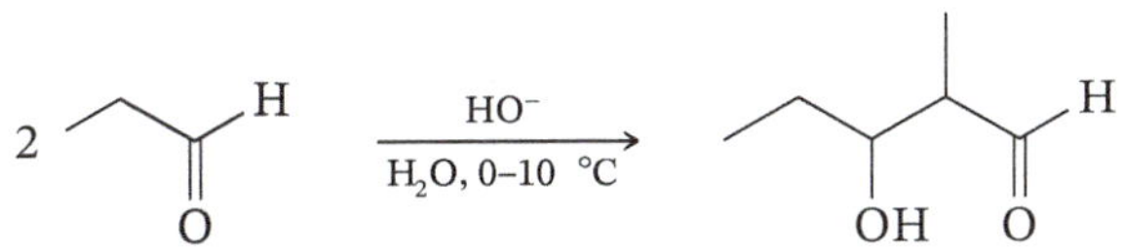

Propanal **3-Hidroxi-2-metilpentanal (55–60%)**

(b) Explique por que o produto da adição aldólica é o 3-hidroxi-2-metilpentanal e não o 4-hidroxi-hexanal.
(c) Que produtos podem ser formados se a mistura reacional for aquecida?

PROBLEMA DE REVISÃO 19.10

Mostre como cada um dos produtos a seguir pode ser sintetizado a partir do butanal:

(a) 2-Etil-3-hidroxi-hexanal
(b) 2-Etil-hex-2-en-1-ol
(c) 2-Etil-hexan-1-ol
(d) 2-Etil-hexano-1,3-diol (o repelente de insetos "6-12")

Até agora, foram considerados apenas exemplos de reações aldólicas onde o reagente forma um produto por dimerização. Nas próximas seções, será discutido o uso de reações aldólicas para preparar, de modo mais geral, compostos carbonilados β-hidroxilados e α,β-insaturados. Depois, serão estudadas as chamadas reações de adição conjugada (Seção 19.7), que nos possibilitam ir além na obtenção de sistemas carbonilados α,β-insaturados provenientes de condensações aldólicas.

A Química Biológica de . . . Uma Reação Retroaldólica na Glicólise: Divisão de Recursos para Duplicar o Rendimento de ATP

A glicólise é uma via fundamental para a produção de ATP em sistemas vivos. O caminho de reação começa com uma molécula de glicose e termina com duas moléculas de piruvato e um rendimento líquido de duas moléculas de ATP. A aldolase, uma enzima da glicólise, desempenha um papel fundamental, dividindo um composto de seis átomos de carbono, frutose-1,6-bisfosfato (derivado da glicose), em dois compostos contendo cada um três átomos de carbono: gliceraldeído-3-fosfato (GAP) e 1,3-di-hidroxiacetonafosfato (DHAP). Esse processo é essencial porque fornece duas unidades de três carbonos para a fase final da glicólise, onde é obtido o rendimento líquido de duas moléculas de ATP por glicose. (Duas moléculas de ATP são consumidas para formar frutose-1,6-bisfosfato e apenas duas são produzidas por piruvato. Assim, são necessárias duas passagens pela segunda fase da glicólise para obter um rendimento líquido de duas moléculas de ATP por glicose.)

A reação de clivagem catalisada pela aldolase é uma reação retroaldólica. Detalhes do mecanismo são mostrados a seguir, começando pela esquerda com a frutose-1,6-bisfosfato.

Dois intermediários decisivos no mecanismo da aldolase envolvem grupos funcionais já estudados (Capítulo 16): uma imina (protonada na forma de um cátion imínio) e uma enamina. No mecanismo da aldolase, um cátion imínio atua como um aceptor de densidade eletrônica durante a clivagem da ligação C—C (etapa 2), da mesma forma que o grupo carbonila faz em uma reação retroaldólica. Nesta etapa, o cátion imínio é convertido numa enamina, que corresponde ao enol ou enolato formado quando um grupo carbonila aceita densidade eletrônica durante a clivagem da ligação C—C em uma reação retroaldólica comum. Assim, o intermediário enamina é uma fonte de um par de elétrons usado para formar uma ligação com um próton retirado da hidroxila da tirosina no sítio ativo da aldolase (etapa 3). Finalmente, o grupo imínio resultante sofre hidrólise (etapa 4), liberando a aldolase para outro ciclo catalítico e liberando DHAP, o segundo produto da reação retroaldólica. Em seguida, por um processo catalisado pela enzima TIM (triose-fosfato isomerase), DHAP é isomerizado a GAP, para transformação em piruvato e síntese de mais duas moléculas de ATP.

Como visto com a aldolase, os grupos funcionais imina e enamina têm papéis muito difundidos na química biológica. No entanto, o papel das funções imina e enamina em biologia são previsíveis com base nas suas reatividades químicas inerentes.

(continua)

(continuação)

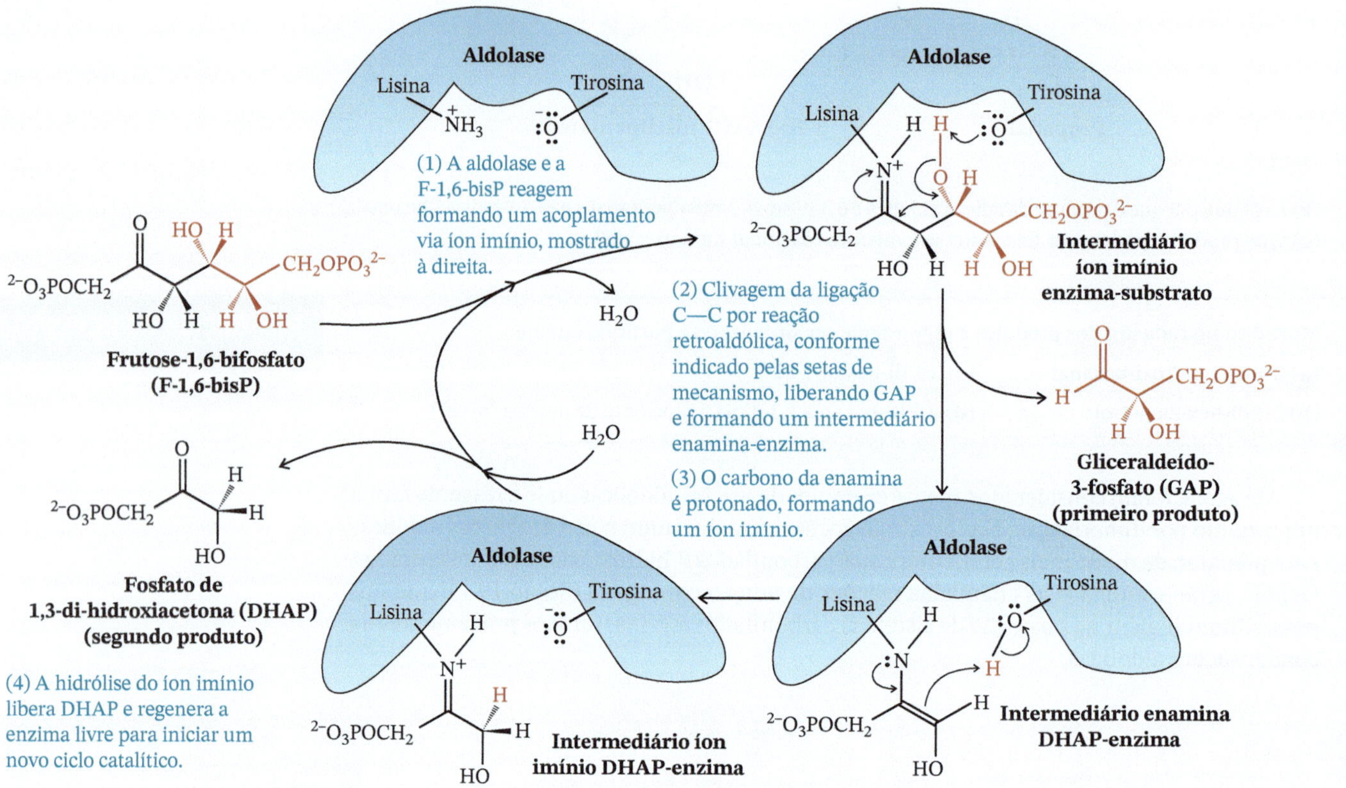

19.5 Condensações Aldólicas Cruzadas

Uma **reação aldólica** que começa com dois compostos carbonilados diferentes é chamada de **reação aldólica cruzada**. A não ser que condições específicas estejam envolvidas, uma reação aldólica cruzada pode levar a uma mistura de produtos a partir de vários pares de reagentes carbonilados, como ilustrado pelo exemplo da reação vista a seguir com etanal e propanal.

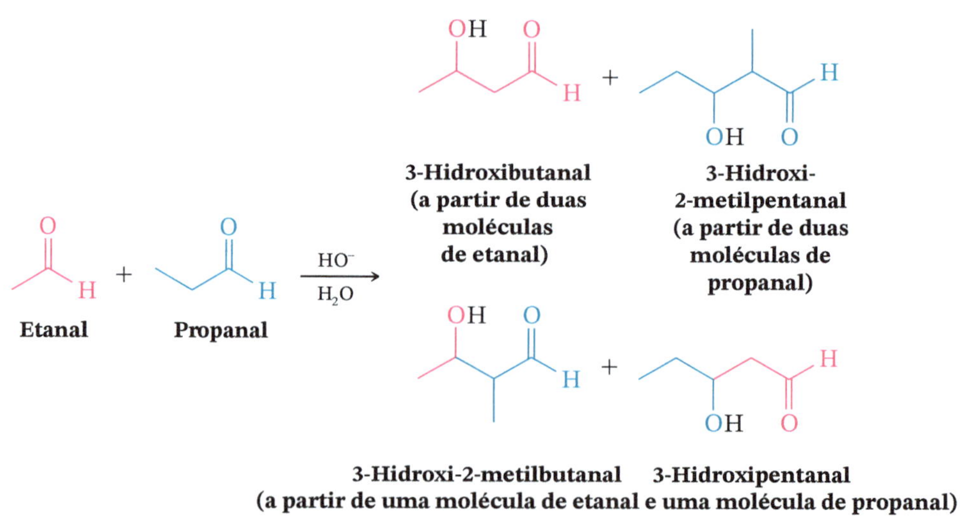

Portanto, as condensações aldólicas cruzadas serão abordadas segundo duas abordagens gerais, que permitem o controle sobre a distribuição dos produtos. A primeira abordagem depende de fatores estruturais dos reagentes carbonilados e do papel favorável ou desfavorável que o equilíbrio da adição aldólica exerce sobre a distribuição do produto. Nesta abordagem, bases relativamente fracas, como hidróxido ou um alcóxido, são usadas em um solvente prótico, como a água ou um álcool. A segunda abordagem, chamada de reação aldólica direcionada, envolve o uso de uma base forte, como LDA, em um solvente aprótico. Na presença de uma base forte, um dos reagentes pode ser quase completamente convertido no seu enolato, que então pode reagir com o outro reagente carbonilado.

PROBLEMA RESOLVIDO 19.5

Mostre como cada um dos quatro produtos mostrados no início desta seção é formado na adição aldólica cruzada entre etanal e propanal.

Resposta

Em solução aquosa básica, quatro espécies orgânicas estão presentes inicialmente: moléculas de etanal, moléculas de propanal, ânions enolatos derivados do etanal e ânions enolatos derivados do propanal.

Como visto anteriormente (Seção 19.4), uma molécula de etanal pode reagir com seu enolato, formando 3-hidroxibutanal (aldol). Do mesmo modo (Problema de Revisão 19.9), o propanal pode reagir com seu ânion enolato, formando 3-hidroxi-2-metilpentanal. Os outros dois produtos são formados da seguinte maneira.

O 3-hidroxi-2-metilbutanal é formado quando o enolato do propanal reage com etanal.

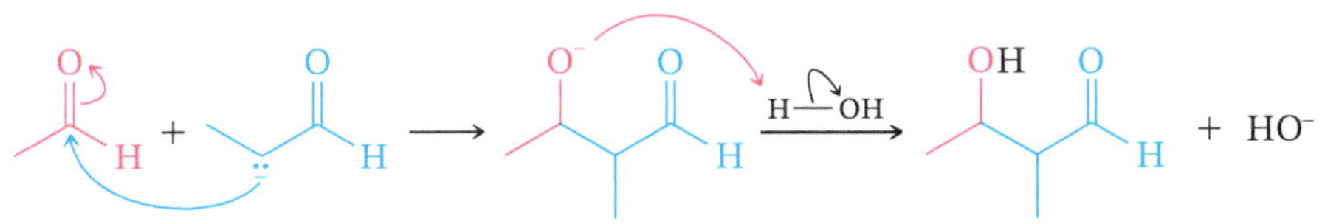

Etanal | Enolato do propanal | 3-Hidroxi-2-metilbutanal

E, finalmente, o 3-hidroxipentanal é formado quando o enolato do etanal reage com propanal.

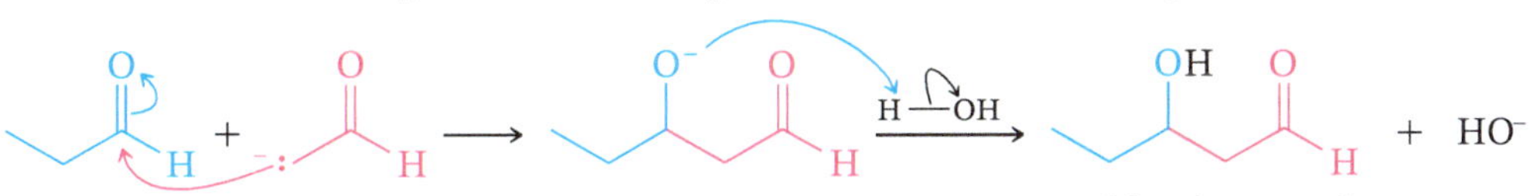

Propanal | Enolato do etanal | 3-Hidroxipentanal

19.5A Condensações Aldólicas Cruzadas Usando Bases Fracas

Reações aldólicas cruzadas são possíveis com bases fracas, tais como hidróxido ou um alcóxido, quando um reagente carbonilado não tem um hidrogênio α. Um reagente sem hidrogênio α não pode sofrer autocondensação porque ele não pode formar um enolato. Evitamos a autocondensação do outro reagente, que tem um hidrogênio α, adicionando-o lentamente à solução do primeiro reagente com a base fraca. Nestas condições, a concentração do reagente com um hidrogênio α é sempre baixa e ele está presente, principalmente, como enolato. A reação principal que ocorre é entre este enolato e o composto carbonilado que não tem hidrogênios α. As reações mostradas na **Tabela 19.1** são exemplos ilustrativos desta abordagem.

Os exemplos de reações aldólicas cruzadas mostrados na Tabela 19.1 envolvem aldeídos como ambos os reagentes. No entanto, uma cetona pode ser usada como um dos reagentes, porque cetonas não sofrem autocondensação apreciável devido ao impedimento estérico na etapa de adição da reação aldólica. Os exemplos a seguir ilustram condensações aldólicas cruzadas onde um dos reagentes é uma cetona. Essas reações são chamadas de condensações de Claisen–Schmidt. No fim dos anos 1800, Schmidt descobriu e Claisen desenvolveu este tipo de reação aldólica.

TABELA 19.1 Reações Aldólicas Cruzadas

O reagente sem hidrogênio α é colocado na solução contendo a base	O reagente com um hidrogênio α é adicionado lentamente	Produto

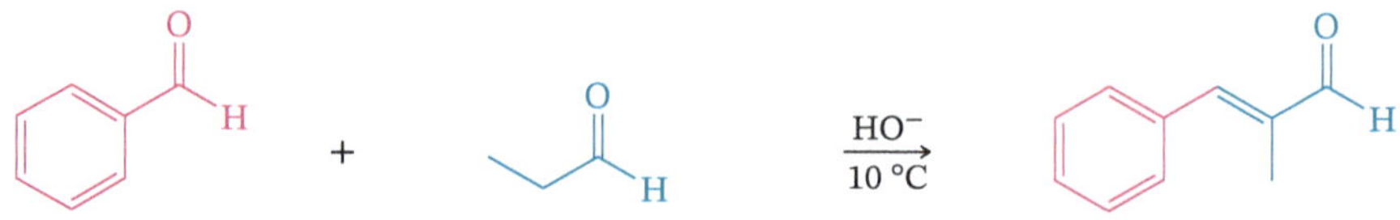

Benzaldeído	Propanal	2-Metil-3-fenil-2-propenal (α-metilcinamaldeído) (68%)

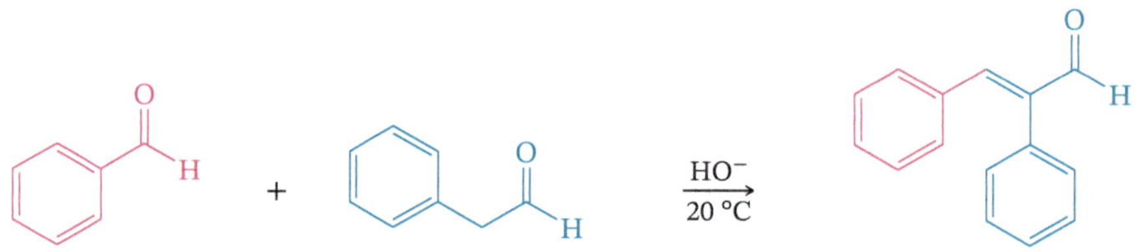

Benzaldeído	Fenilacetaldeído	2,3-Difenil-2-propenal

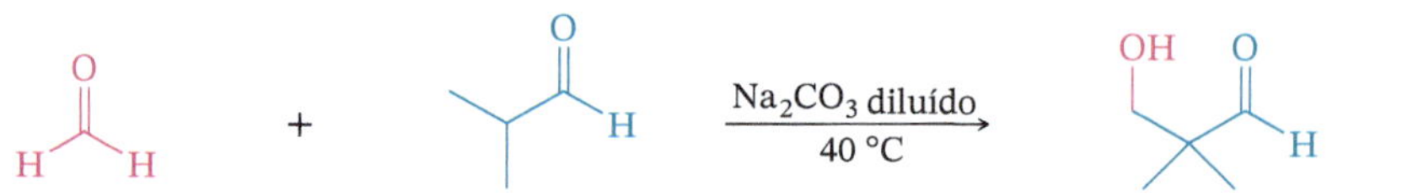

Formaldeído	2-Metilpropanal	3-Hidroxi-2,2-dimetilpropanal (>64%)

Condensações de Claisen-Schmidt: Condensações aldólicas em que um dos reagentes é uma cetona

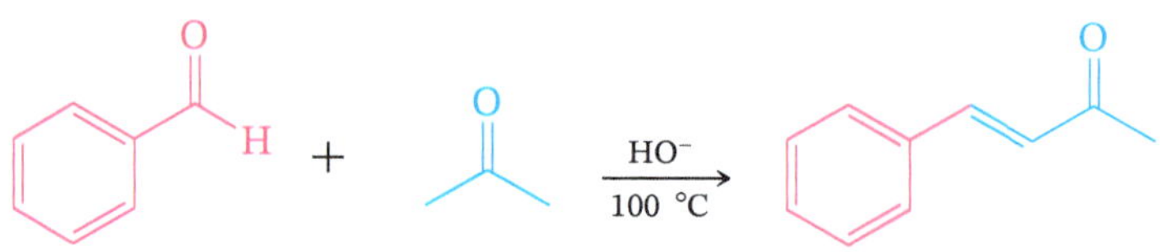

4-Fenilbut-3-en-2-ona (benzalacetona) (70%)

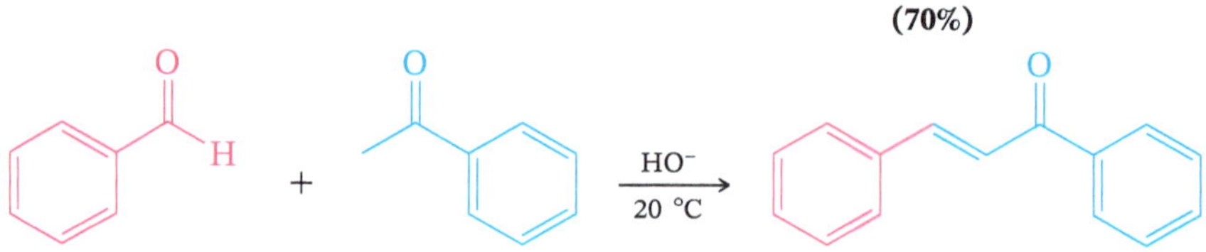

1,3-Difenilprop-2-en-1-ona (benzalacetofenona) (85%)

Nestas reações, a desidratação ocorre facilmente porque a ligação dupla que se forma está conjugada simultaneamente com o grupo carbonila e com o anel benzênico. Em geral, a desidratação do produto do aldol é particularmente favorecida, quando ela conduz a um sistema conjugado estendido.

Como mais um exemplo, uma etapa importante na síntese comercial da vitamina A emprega uma condensação aldólica cruzada entre geranial e acetona:

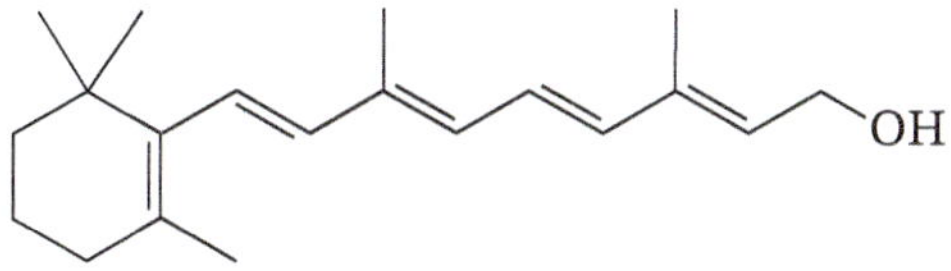

Vitamina A

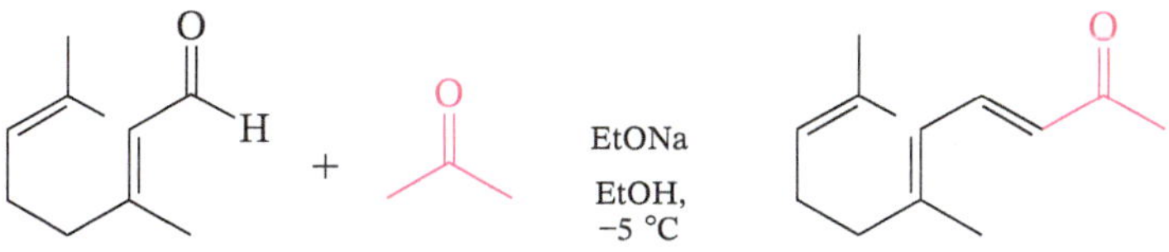

Geranial **Pseudoionona (49%)**

Geranial é um aldeído natural que pode ser obtido a partir do óleo essencial de capim-limão. O hidrogênio α do geranial é *vinílico* e, portanto, não é significativamente ácido. Observe que, nesta reação, a desidratação ocorre facilmente porque a desidratação estende o sistema conjugado.

PROBLEMA RESOLVIDO 19.6

O esquema a seguir descreve uma reação aldólica cruzada de uso prático que pode ser usada para a síntese do cinamaldeído (a essência de canela, usada na culinária). Dê as estruturas que estão faltando neste esquema.

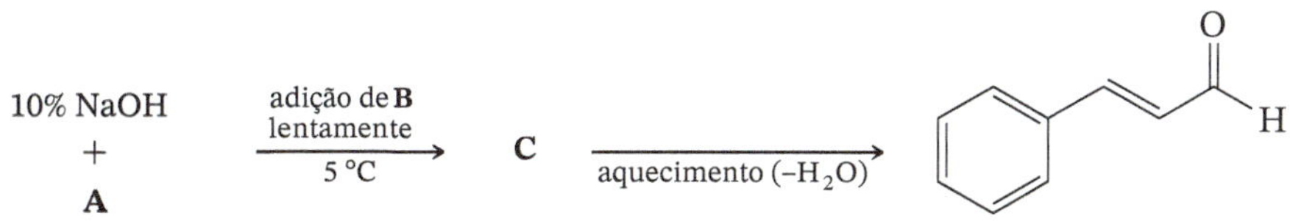

Cinamaldeído

Estratégia e Resposta

O composto **A** é o benzaldeído, **B** é o etanal (acetaldeído), e o intermediário **C** é mostrado a seguir.

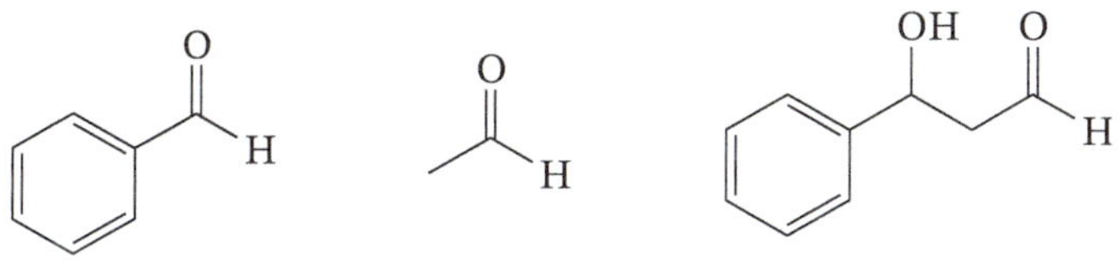

A **B** **C**

PROBLEMA DE REVISÃO 19.11

O esquema a seguir descreve uma síntese do lilial (aldeído de lírio), um composto usado em perfumes. Dê as estruturas que estão faltando neste esquema.

Álcool *p-terc*-butilbenzílico $\xrightarrow{\text{PCC}}$ $C_{11}H_{14}O$ $\xrightarrow[\text{HO}^-]{\text{propanal}}$ $C_{14}H_{18}O$ $\xrightarrow{H_2,\ \text{Pd/C}}$ aldeído de lírio ($C_{14}H_{20}O$)

PROBLEMA DE REVISÃO 19.12

Quando excesso de formaldeído em meio básico é tratado com etanal, a seguinte reação ocorre:

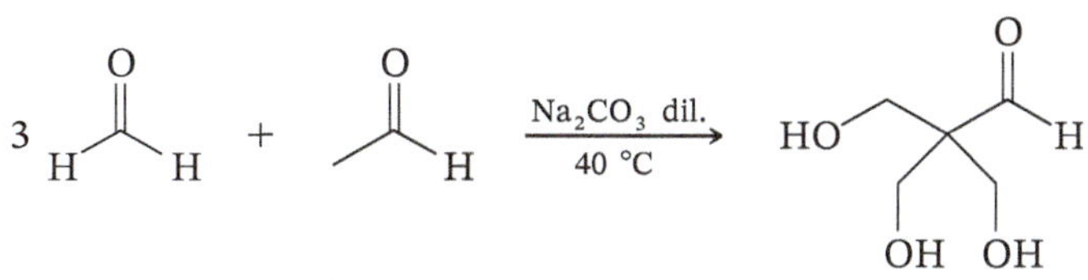

82%

Escreva um mecanismo que explique a formação do produto.

PROBLEMA DE REVISÃO 19.13

Quando a pseudoionona é tratada com BF_3, em ácido acético, ocorre ciclização, formando α- e β-ionona. Esta é mais uma etapa na síntese da vitamina A. *Dica*: BF_3 serve para tornar o ácido acético mais forte, facilitando a protonação de um alqueno.

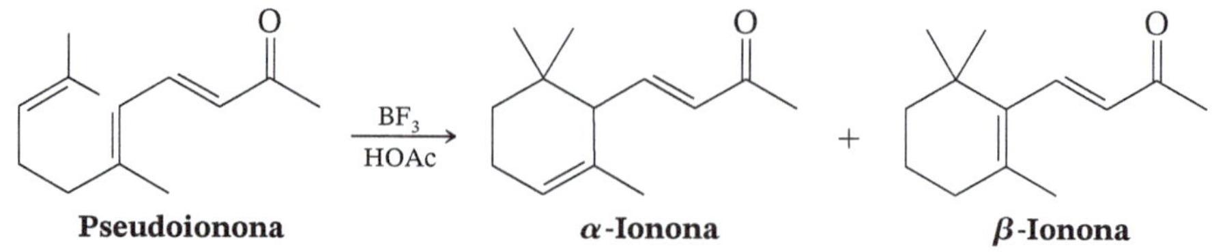

(a) Escreva mecanismos que expliquem a formação da α- e da β-ionona.
(b) A β-ionona é o produto principal. Explique.
(c) Qual ionona deve absorver em maior comprimento de onda na região UV-visível? Por quê?

O hidrogênio α de uma nitrila também é fracamente ácido ($pK_a \approx 25$) e, em consequência, as nitrilas sofrem condensações do tipo aldólica. Um exemplo é a condensação do benzaldeído com fenilacetonitrila:

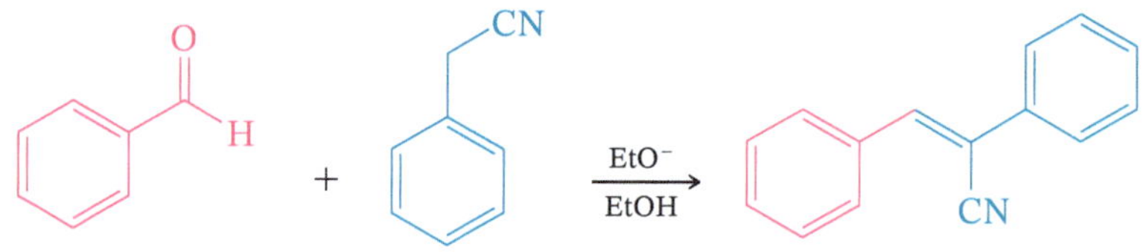

PROBLEMA DE REVISÃO 19.14

(a) Escreva estruturas de ressonância para o ânion da acetonitrila que justifiquem o fato de esta nitrila ser um ácido mais forte do que o etano. **(b)** Dê um mecanismo etapa a etapa para a condensação entre benzaldeído e acetonitrila.

19.5B Condensações Aldólicas Cruzadas Usando Bases Fortes: Enolatos de Lítio e Reações Aldólicas Direcionadas

DICA ÚTIL

Enolatos de lítio são úteis para sínteses aldólicas cruzadas.

Uma das maneiras mais eficazes e versáteis de realizar uma reação aldólica cruzada é usar um enolato de lítio obtido a partir de uma cetona como um dos componentes e um aldeído ou cetona, como o outro. Um exemplo desta abordagem, chamada de **reação aldólica direcionada**, é demonstrado pelo seguinte mecanismo.

Um Mecanismo para a Reação

Síntese Aldólica Direcionada Usando um Enolato de Lítio

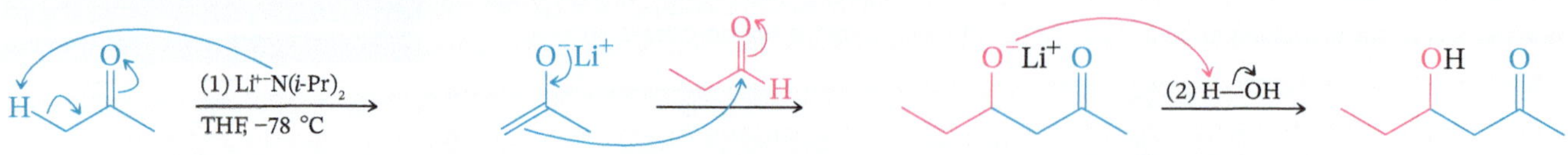

A cetona é adicionada ao $Li^+{}^-N(i\text{-}Pr)_2$ (LDA), uma base forte, que remove um hidrogênio α da cetona, formando um enolato.

O enolato reage com o carbono da carbonila do aldeído que é adicionado.

Finalmente, a adição de água promove a protonação do alcóxido de lítio via reação ácido-base.

É possível alcançar regiosseletividade quando cetonas assimétricas são usadas em reações aldólicas direcionadas através da formação do enolato cinético (Seção 18.4A) usando di-isopropilamideto de lítio (LDA). Isso garante a formação do enolato em que o próton foi removido do átomo de carbono α menos substituído. Um exemplo é visto a seguir:

Uma Reação Aldólica via Enolato Cinético (Usando LDA)

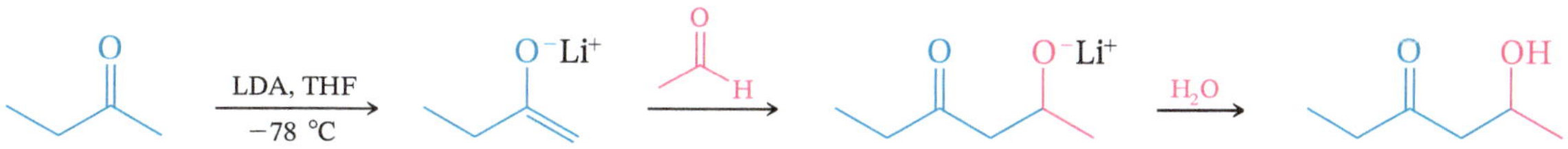

75%
Produto único resultante de uma reação aldólica cruzada.

Se essa reação aldólica fosse realizada da maneira clássica (Seção 19.5A), usando como base o íon hidróxido, seriam formados, no mínimo, dois produtos em quantidades significativas. Ambos os enolatos, cinético e termodinâmico, seriam formados a partir da cetona, e cada um desses seria adicionado ao carbono da carbonila do aldeído:

Uma Reação Aldólica que Produz uma Mistura via Ambos os Enolatos, Cinético e Termodinâmico (Usando uma Base Mais Fraca em Meio Prótico)

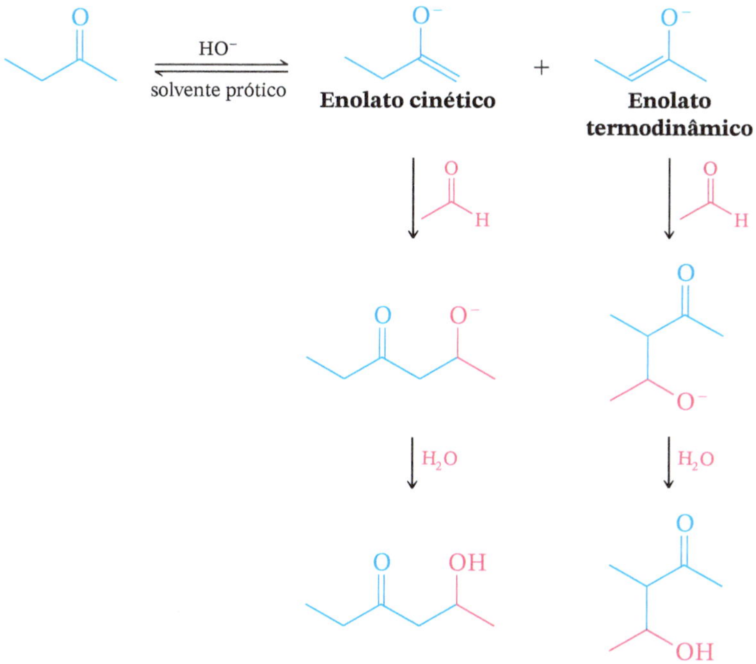

O resultado é uma mistura de produtos de reação aldólica cruzada.

PROBLEMA RESOLVIDO 19.7

Proponha uma síntese aldólica direcionada para o composto visto a seguir.

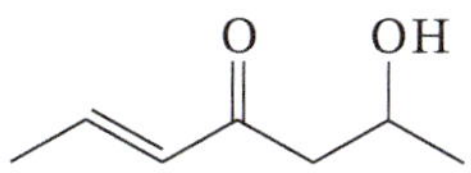

Estratégia e Resposta

Análise Retrossintética

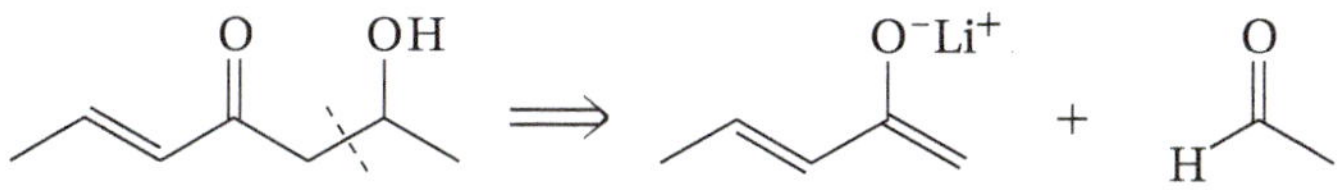

Síntese

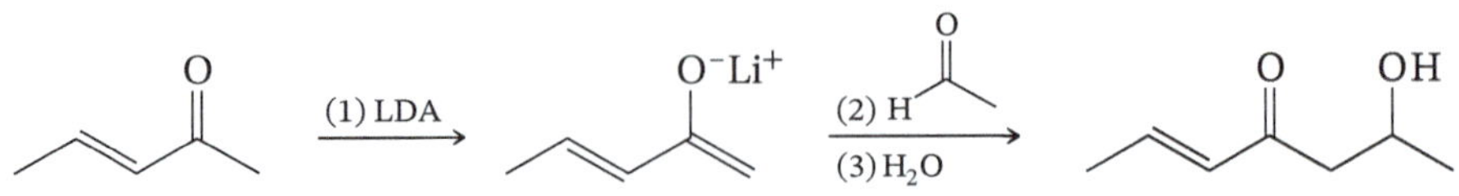

PROBLEMA DE REVISÃO 19.15

Partindo de aldeídos e cetonas de sua escolha, esboce uma síntese aldólica direcionada para cada um dos seguintes compostos, usando enolatos de lítio:

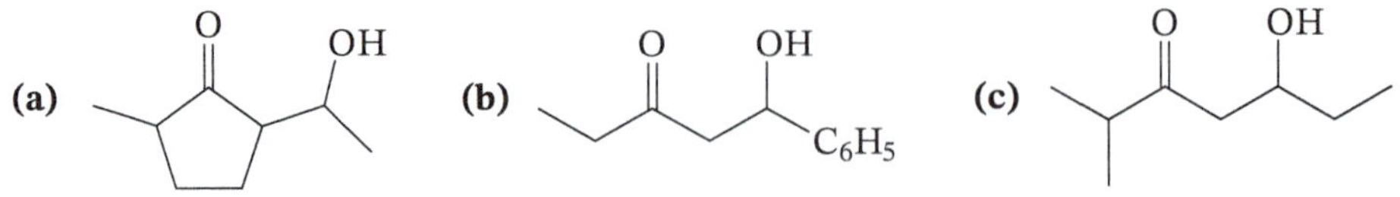

19.6 Ciclizações via Condensações Aldólicas

> **DICA ÚTIL**
> **A seletividade em ciclizações aldólicas é influenciada pelo tipo de carbonila e tamanho do anel.**

A condensação aldólica também oferece uma forma conveniente de sintetizar moléculas com anéis de cinco e seis membros (e, às vezes, até anéis maiores). Isso pode ser feito via condensação aldólica intramolecular, usando como substrato um dialdeído, um cetoaldeído ou uma dicetona. Por exemplo, o seguinte cetoaldeído sofre ciclização, formando 1-ciclopentenil metilcetona:

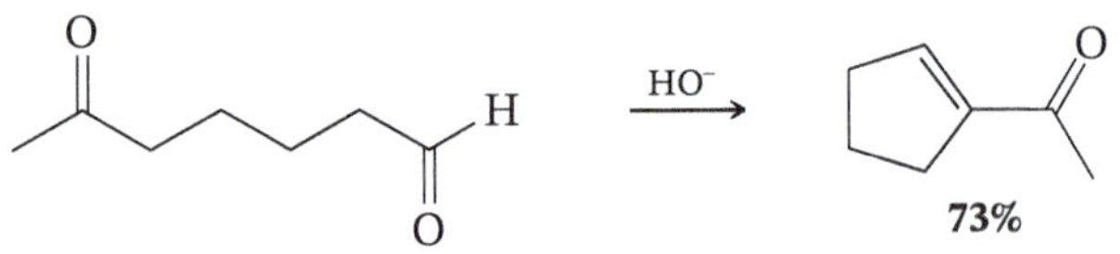

Esta reação quase certamente envolve a formação de pelo menos três enolatos diferentes. No entanto, é o enolato da parte cetona da molécula que se adiciona ao grupo aldeído formando o produto.

> **DICA ÚTIL**
> **Cetonas são menos eletrofílicas que aldeídos, e por isso menos reativas com nucleófilos, porque as cetonas possuem dois grupos alquila doadores de elétrons e uma maior restrição estérica.**

A razão de o grupo aldeído sofrer preferencialmente adição pode ser a maior reatividade, em geral, dos aldeídos frente às reações de adição nucleofílica. O átomo de carbono da carbonila da cetona é menos positivo (e, portanto, menos reativo frente a um nucleófilo) porque ele está ligado a dois grupos alquila doadores de elétrons; ele também é mais estericamente impedido:

Em reações deste tipo, quando possível, anéis de cinco membros são formados mais facilmente do que anéis de sete membros, e anéis de seis membros são mais favorecidos do que anéis de quatro ou oito membros, quando é possível.

Um Mecanismo para a Reação

Ciclização Aldólica

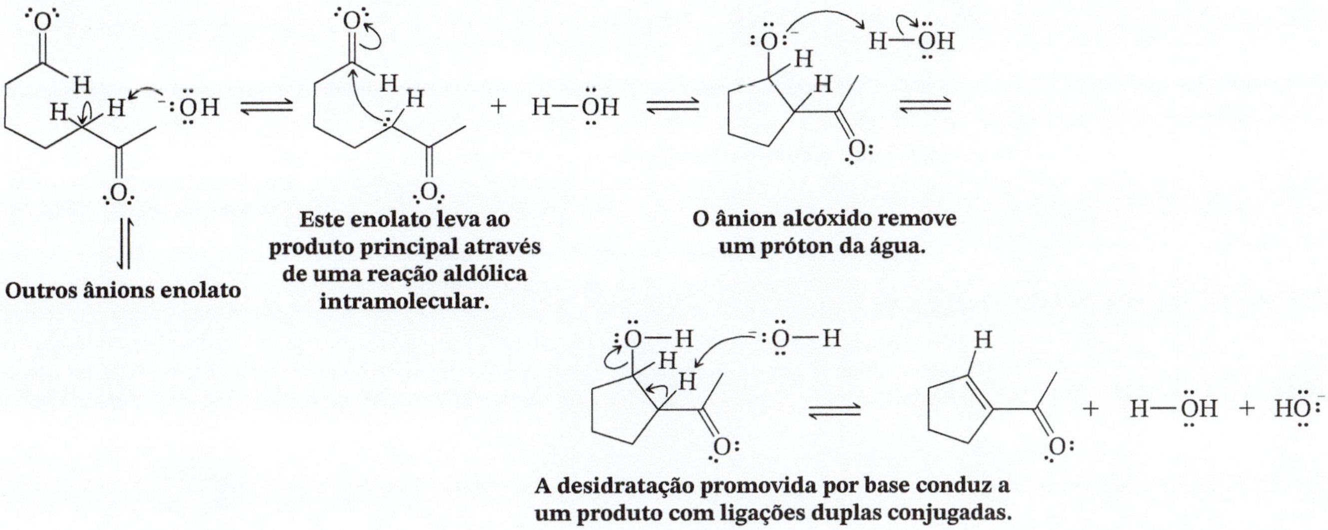

PROBLEMA DE REVISÃO 19.16

Admitindo que ocorra desidratação, escreva as estruturas dos outros dois produtos que seriam formados na ciclização aldólica dada anteriormente. (Um destes produtos terá um anel de cinco membros e o outro, um anel de sete membros.)

PROBLEMA DE REVISÃO 19.17

Que composto de partida deve ser usado em uma ciclização aldólica para preparar cada um dos produtos vistos a seguir?

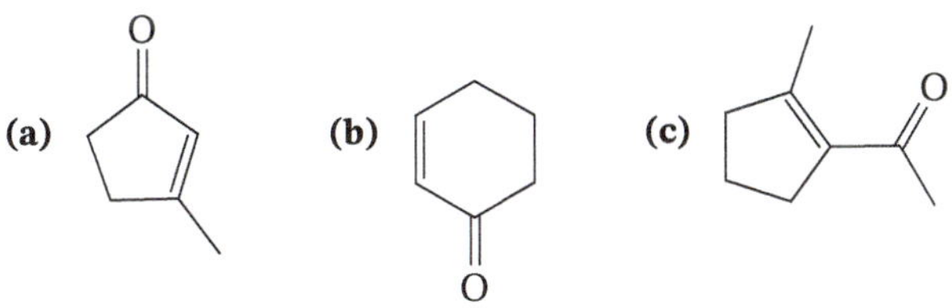

PROBLEMA DE REVISÃO 19.18

Que condições experimentais devem favorecer o processo de ciclização em uma reação aldólica intramolecular em detrimento da condensação intermolecular?

A Química Biológica de . . . Biossíntese de Antibiótico Policetídeo Anticancerígeno

A doxorrubicina (conhecida também como adriamicina) é um medicamento anticancerígeno altamente potente que é efetivo contra várias formas de câncer, entre eles tumores em ovários, seios, bexiga e pulmões, bem como contra o mal de Hodgkin e outras leucemias agudas. A doxorrubicina é um membro da família de antibióticos antraciclina. Outro membro da família é a daunomicina. Esses dois antibióticos são produzidos por cepas de bactérias *Streptomyces* por meio de um caminho metabólico chamado de biossíntese de policetídeo, que envolve reações aldólica e de acilação como as que estudamos.

(continua)

(continuação)

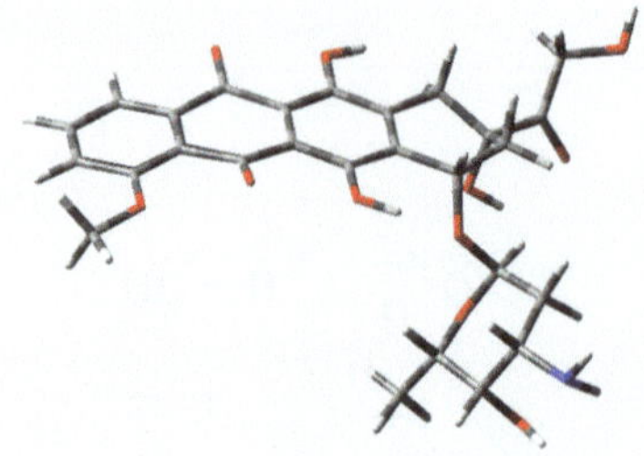

Um modelo molecular da doxorrubicina

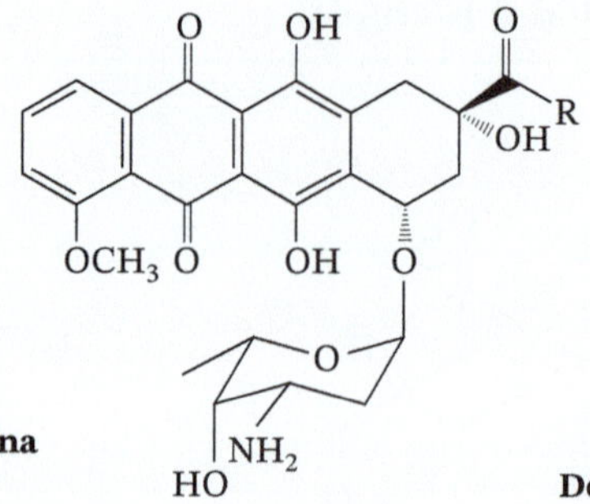

Doxorrubicina ($R = CH_2OH$)
Daunomicina ($R = CH_3$)

Experimentos de marcação isotópica mostraram que a daunomicina é sintetizada pela *Streptomyces galilaeus* a partir de um precursor da tetraciclina chamado aclavinona. A aclavinona, por sua vez, é sintetizada a partir do acetato. Quando a *S. galilaeus* cresce em um meio contendo acetato marcado com carbono-13 e oxigênio-18, a aclavinona produzida tem marcações isotópicas nas posições indicadas a seguir. Observe que os átomos de oxigênio aparecem em carbonos alternados em vários locais em torno da estrutura, o que é consistente com a união de unidades de acetato pelo modo cabeça-cauda. Isso é típico da biossíntese policetídica aromática.

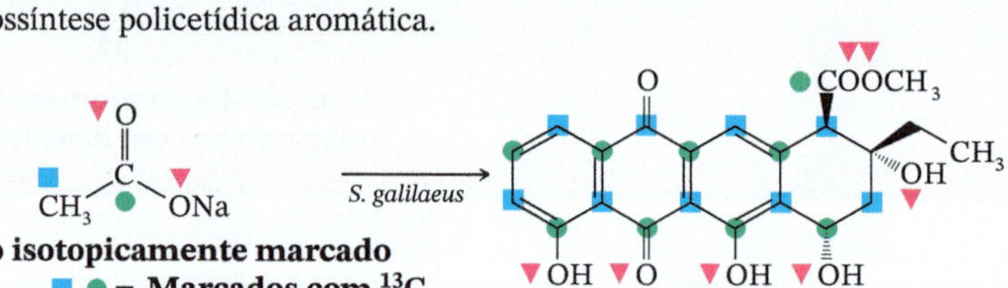

Essa e outras informações mostram que nove unidades C_2 da malonil-coenzima A e uma unidade C_3 da propionil-coenzima A condensam para formar o intermediário policetídeo linear mostrado a seguir. Essas unidades são ligadas por reações de acilação que são o equivalente biossintético da *síntese do éster malônico* que estudamos na Seção 18.7. Essas reações também são similares às etapas de acilação da biossíntese de ácidos graxos. Uma vez formado, o policetídeo linear é ciclizado por meio de reações enzimáticas semelhantes às *adições e desidratações aldólicas* intramoleculares (Seção 19.6). Essas etapas formam a parte central tetracíclica da aclavinona. Os grupos hidroxila fenólicos na aclavinona surgem por meio da enolização dos grupos carbonila cetônicos presentes após as etapas de condensação aldólica. Várias outras transformações levam finalmente à daunomicina:

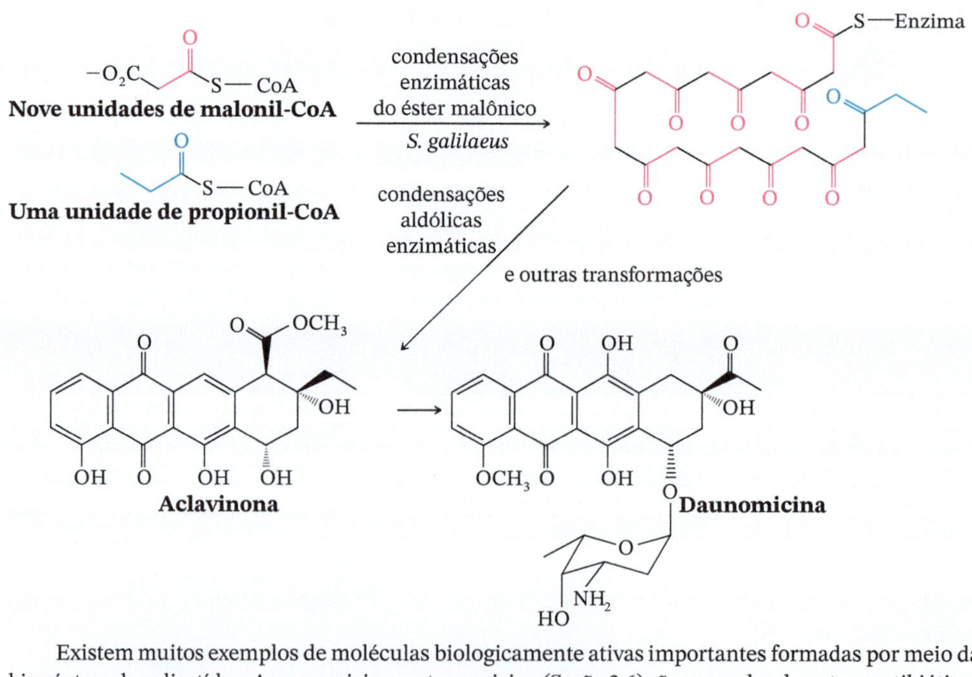

Existem muitos exemplos de moléculas biologicamente ativas importantes formadas por meio da biossíntese de policetídeo. A aureomicina e a terramicina (Seção 2.6) são exemplos de outros antibióticos policetídeos aromáticos. A eritromicina (Seção 17.7C) e a aflatoxina, um cancerígeno (veja o item "Por que esses tópicos são importantes?" no Capítulo 11), são policetídeos oriundos de outras vias metabólicas.

19.7 Adições a Aldeídos e Cetonas α, β-Insaturados

Aldeídos e cetonas α,β-insaturados podem reagir com nucleófilos de duas maneiras diferentes. Eles podem reagir via uma **adição simples**, isto é, quando ocorre adição do nucleófilo ao átomo de carbono do grupo carbonila; ou eles podem reagir via uma **adição conjugada**. Estes dois processos se assemelham às reações de adição 1,2 e 1,4 em dienos conjugados (Seção 13.9):

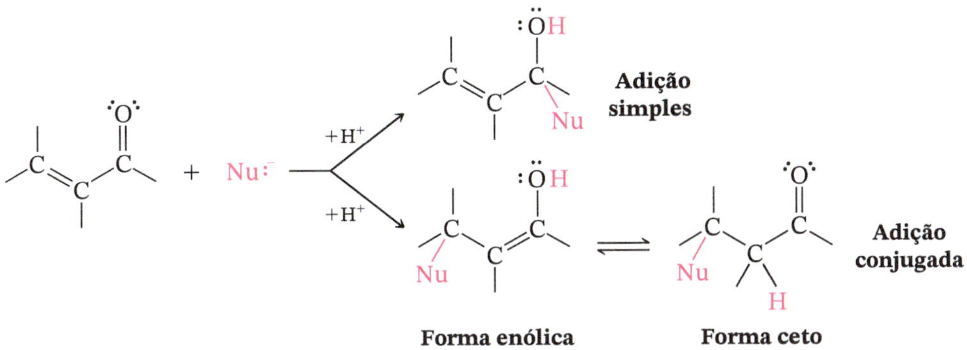

Em muitos casos, ambos os modos de adição, simples e conjugada, ocorrem na mesma mistura. Como um exemplo, vamos considerar a reação de Grignard mostrada a seguir:

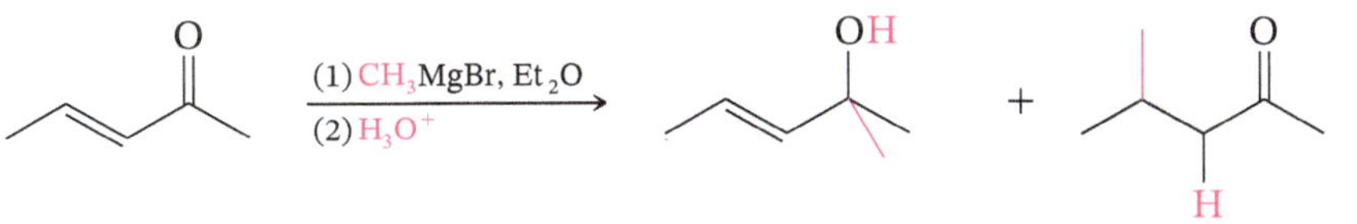

72% **Produto de adição simples** **20%** **Produto de adição conjugada (na forma ceto)**

Neste exemplo, vemos que a adição simples é favorecida, e isto é o que geralmente ocorre com o uso de nucleófilos fortes. A adição conjugada é favorecida quando nucleófilos mais fracos são empregados.

DICA ÚTIL

Observe a influência da força do nucleófilo sobre a adição simples *versus* a adição conjugada.

Examinando as estruturas de ressonância que contribuem para o híbrido de ressonância de um aldeído ou cetona α,β-insaturado (veja estruturas **A–C**), será possível entender melhor essas reações:

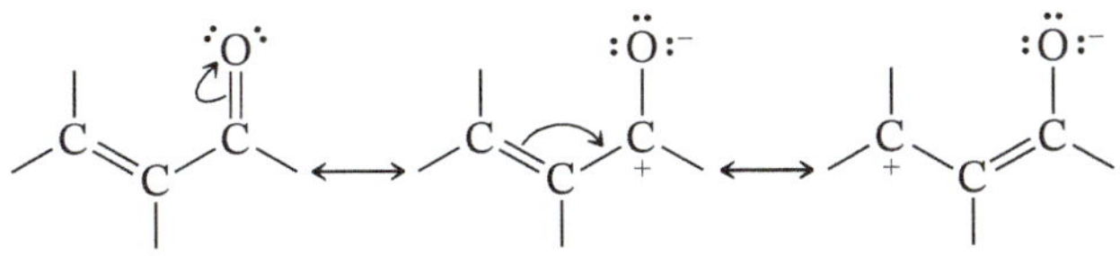

A **B** **C**

Embora as estruturas **B** e **C** envolvam separação de cargas, elas têm uma contribuição significativa para o híbrido, porque, em cada uma, a carga negativa localiza-se no oxigênio eletronegativo. As estruturas **B** e **C** também mostram que *ambos os átomos de carbono da carbonila e da posição β devem possuir uma carga parcial positiva*. Portanto, o híbrido deve ser representado da seguinte forma:

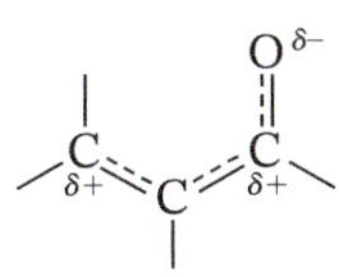

Esta estrutura mostra que um reagente nucleofílico pode atacar tanto o carbono da carbonila quanto o carbono β.

Quase todos os reagentes nucleofílicos que atacam o carbono da carbonila de um aldeído ou de uma cetona comum são capazes de atacar o carbono β de um composto carbonilado α,β-insaturado. Em muitos casos, quando nucleófilos mais fracos são usados, a adição conjugada é a reação principal. Considere a seguinte adição de cianeto de hidrogênio:

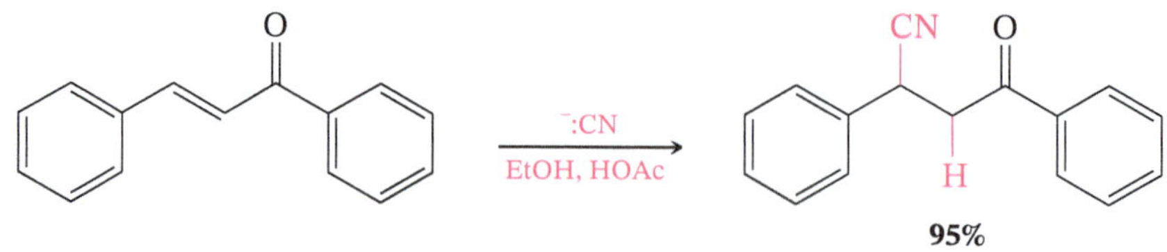

Um Mecanismo para a Reação

Adição Conjugada do HCN

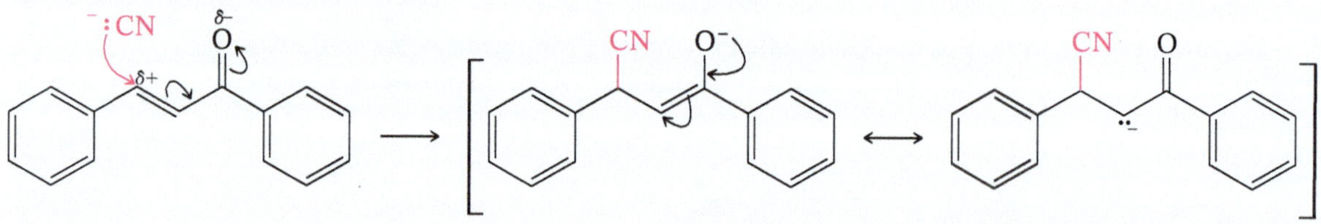

Enolato intermediário

O cianeto ataca no carbono β parcialmente positivo. Em seguida, o enolato intermediário é protonado de ambos os modos, com o equilíbrio favorecendo a forma ceto.

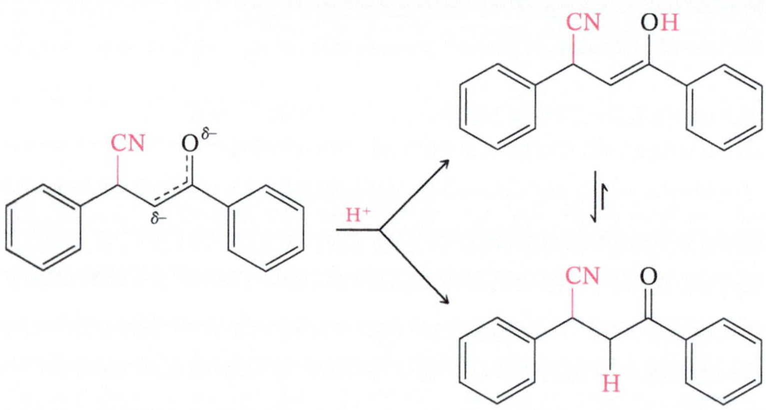

Forma enólica

Forma ceto

Outro exemplo deste tipo de adição é a seguinte reação:

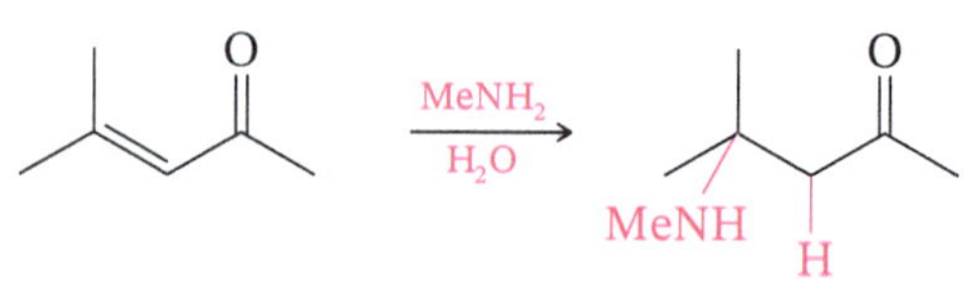

Veremos exemplos de adições conjugadas de relevância bioquímica em “A Química Farmacêutica de... Adições Conjugadas para Ativação de Fármacos” (Seção 19.7B), e em “A Química Biológica de... Um Substrato Suicida de Enzima” (Seção 19.8).

Um Mecanismo para a Reação

Adição Conjugada de uma Amina

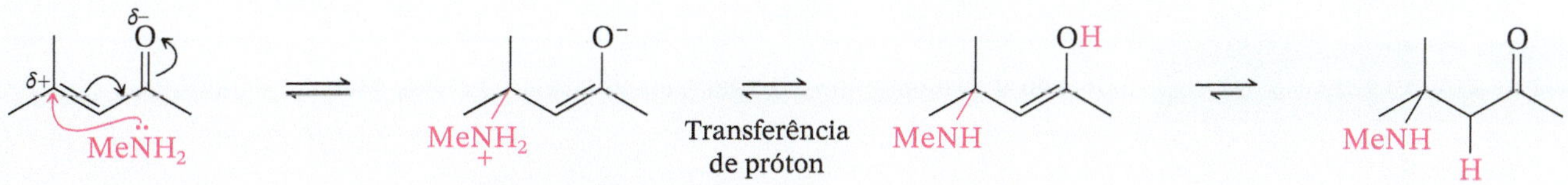

O nucleófilo ataca o carbono *β* parcialmente positivo.

Em duas etapas distintas, um próton é perdido pelo átomo de nitrogênio e um próton é ganho pelo átomo de oxigênio.

Forma enólica

Forma ceto

19.7A Adições Conjugadas de Enolatos: Adições de Michael

Adições conjugadas de enolatos a compostos carbonilados *α*,*β*-insaturados são conhecidas geralmente como reações de **adição de Michael** após a sua descoberta, em 1887, por Arthur Michael, da Tufts University e depois de Harvard. O mecanismo no boxe a seguir ilustra um exemplo de uma adição de Michael.

Um Mecanismo para a Reação

Adição de Michael

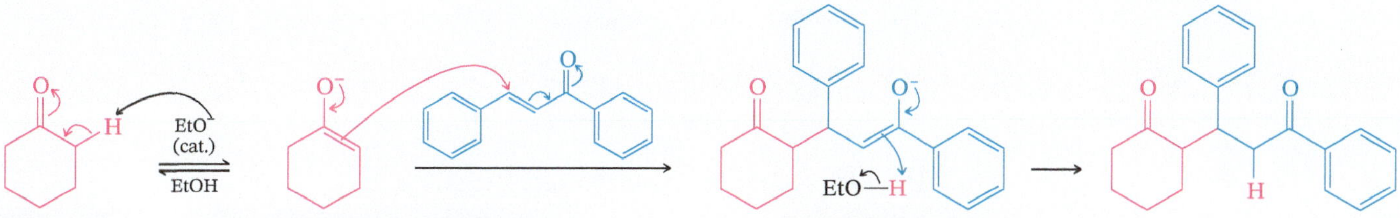

Uma base remove um próton *α* de um reagente carbonilado formando um enolato.

Este enolato ataca o carbono *β* do composto carbonilado *α*,*β*-insaturado, formando uma nova ligação C—C. À medida que essa ligação se forma, a densidade eletrônica no composto *α*,*β*-insaturado se desloca para o oxigênio da carbonila, formando um novo enolato.

A protonação do enolato obtido forma o produto final da adição de Michael.

Adições de Michael ocorrem com uma variedade de outros reagentes, que incluem ésteres acetilênicos e nitrilas *α*,*β*-insaturadas:

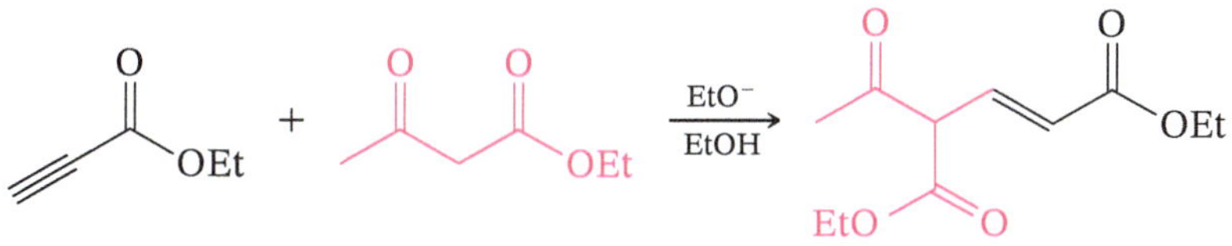

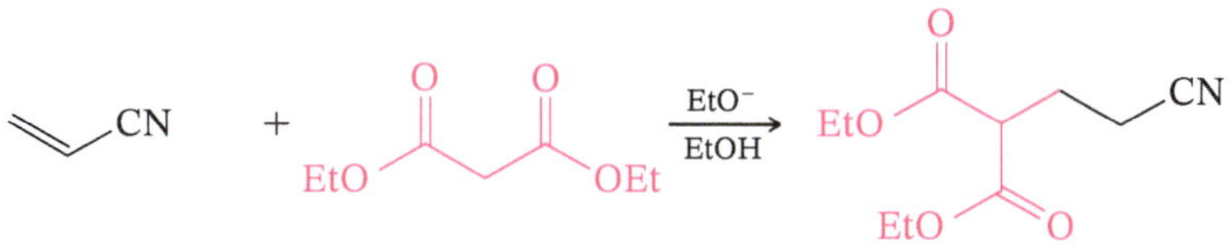

PROBLEMA DE REVISÃO 19.19

Que produto você espera obter a partir da reação de Michael catalisada por base de **(a)** 1,3-difenil-prop-2-en-1-ona (Seção 19.5A) e acetofenona, e **(b)** 1,3-difenilprop-2-en-1-ona e ciclopentadieno? Mostre todas as etapas em cada mecanismo.

PROBLEMA DE REVISÃO 19.20

Quando acroleína (propenal) reage com hidrazina, o produto é um di-hidropirazol:

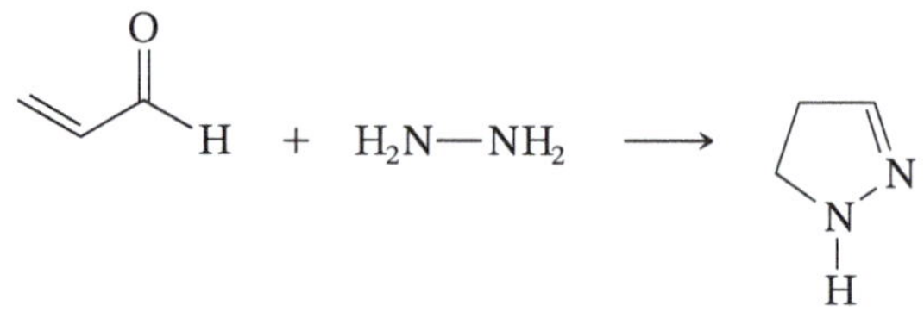

Acroleína **Hidrazina** **Um di-hidropirazol**

Proponha um mecanismo que explique esta reação.

Enaminas também podem ser usadas em adições de Michael. Um exemplo é a reação seguinte:

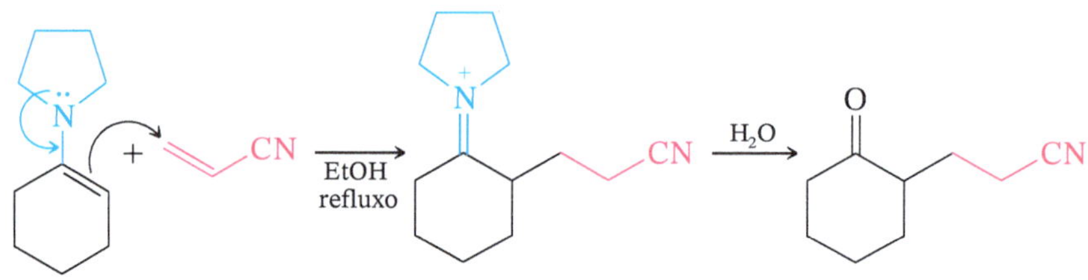

19.7B Anelação de Robinson

Uma adição de Michael seguida de uma condensação aldólica simples pode ser usada para construir um anel sobre outro. Este procedimento é conhecido como reação de *anelação* (formação de anel) *de Robinson* (em homenagem ao químico inglês, *Sir* Robert Robinson, que ganhou o Prêmio Nobel de Química em 1947 por sua pesquisa sobre produtos naturais):

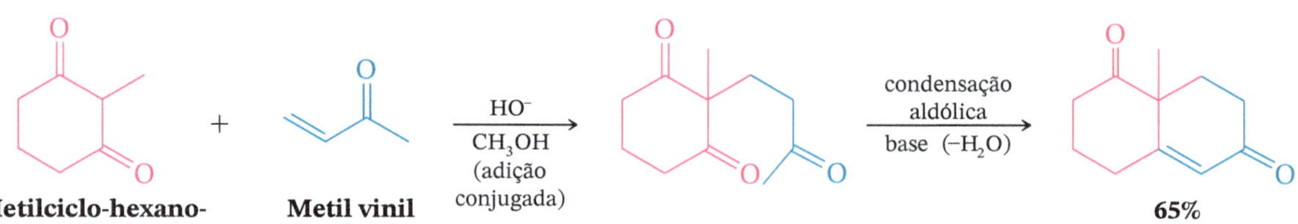

2-Metilciclo-hexano-1,3-diona **Metil vinil cetona**

PROBLEMA DE REVISÃO 19.21

(a) Proponha mecanismos, etapa a etapa, para ambas as transformações da sequência de anelação de Robinson mostrada anteriormente. **(b)** A 2-metilciclo-hexano-1,3-diona deve ser mais ou menos ácida do que a ciclo-hexanona? Justifique sua resposta.

A Química Farmacêutica de . . . Adições Conjugadas para Ativação de Fármacos

Ao final do Capítulo 10, foi descrita a reatividade especial de um antibiótico antitumoral conhecido como caliqueamicina γ_1^{I}. Nossa atenção foi concentrada em como uma reação química transformava um sistema enediíno estável em uma espécie capaz de sofrer uma cicloaromatização de Bergman. Agora, já que estudamos as reações de adição conjugada na Seção 19.7, você pode compreender a reação que deu início ao processo. Verifica-se que existem muitas situações onde uma adição conjugada ou de Michael pode definir um processo crítico em andamento. Vamos apresentar de forma breve a história das mitomicinas, moléculas naturais conhecidas por possuírem propriedades antitumorais.

Se qualquer um dos três produtos naturais apresentados a seguir (isomitomicina A, albomitomicina A ou mitomicina A) é simplesmente dissolvido em um solvente alcoólico, como o metanol, ele sofrerá rearranjo convertendo-se em uma mistura em equilíbrio que contém os outros dois compostos; o composto favorecido é a mitomicina A. O processo por trás de tal equilíbrio é uma série de reações de Michael e de reações retro-Michael, como mostrado a seguir. Todos eles são compostos antitumorais poderosos, mas sua capacidade de sofrer rearranjo por meio desse tipo de química é também igualmente notável.

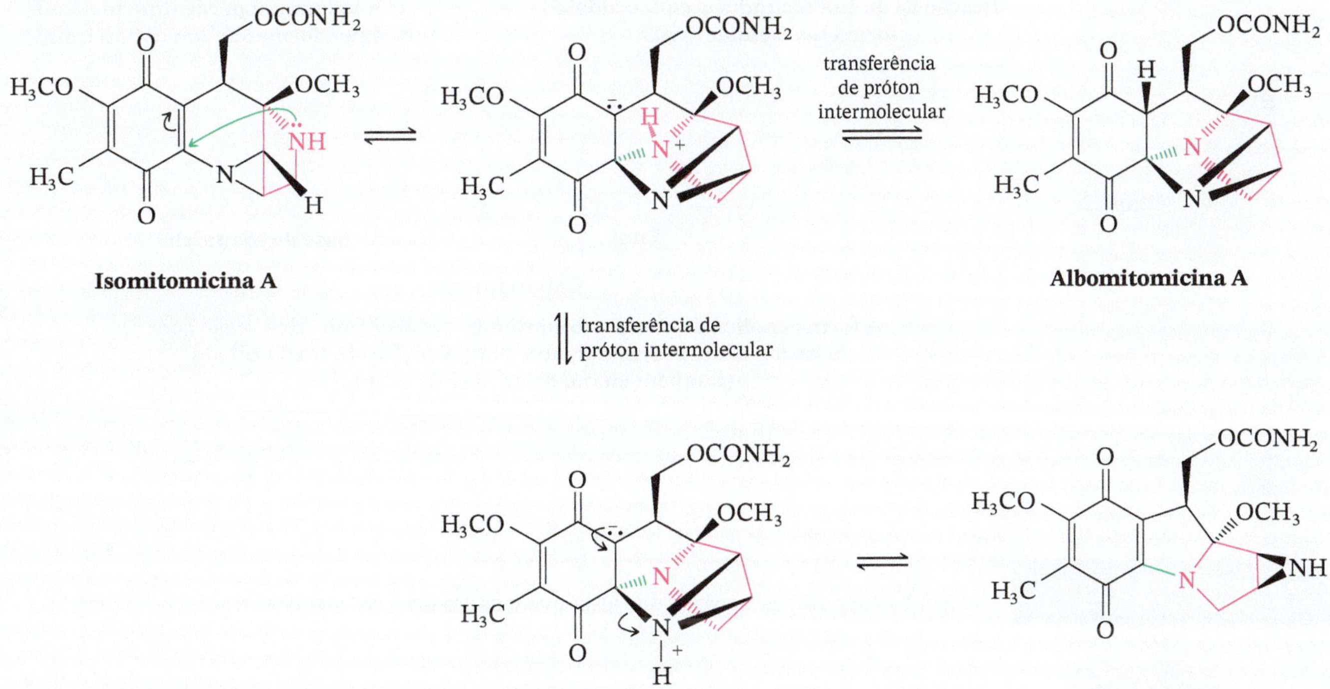

19.8 Reação de Mannich

Compostos capazes de formar um enol reagem com iminas, produzidas a partir de formaldeído e uma amina primária ou secundária, formando compostos carbonilados β-aminoalquilados chamados de bases de Mannich. Um exemplo, mostrado a seguir, é a reação entre acetona, formaldeído e dietilamina:

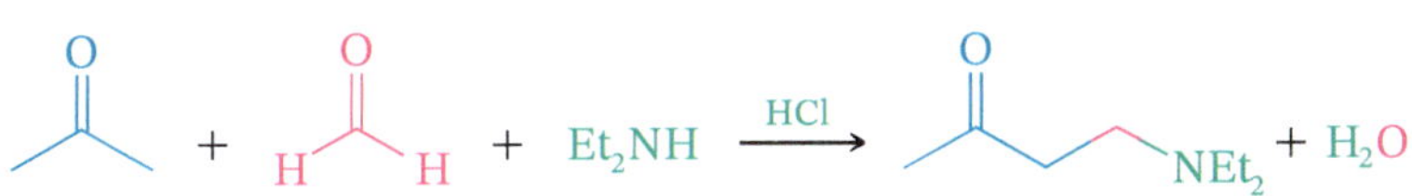

Uma base de Mannich

A **reação de Mannich**, aparentemente, ocorre por meio de uma variedade de mecanismos, dependendo dos reagentes e das condições que são empregadas. O mecanismo a seguir aparentemente ocorre em meio neutro ou ácido. Observe os aspectos em comum com a formação de imina e com reações de enóis e grupos carbonila.

Um Mecanismo para a Reação

Reação de Mannich

Etapa 1

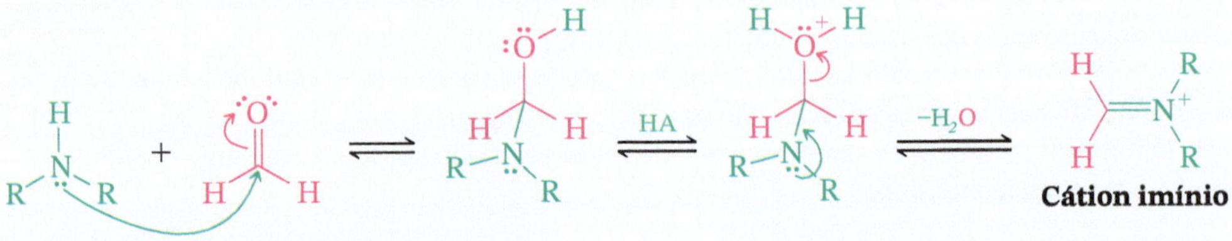

Reação da amina secundária com o aldeído forma um hemiaminal.

O hemiaminal perde uma molécula de água, formando um cátion imínio.

Etapa 2

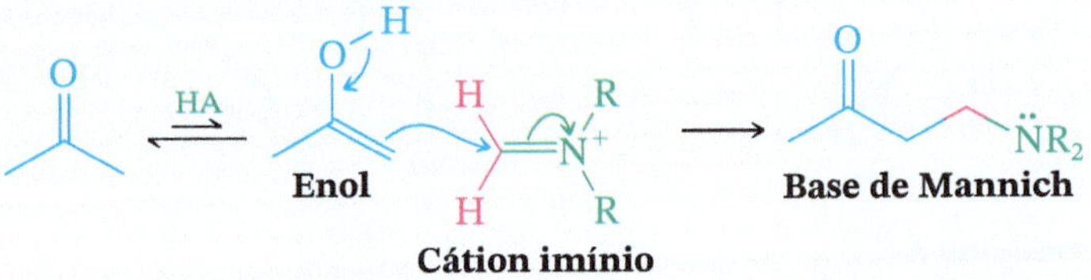

A forma enólica do composto contendo o hidrogênio ativo reage com o cátion imínio formando um composto β-aminocarbonilado (também chamado de base de Mannich).

PROBLEMA DE REVISÃO 19.22 Proponha mecanismos razoáveis que justifiquem os produtos das seguintes reações de Mannich:

(a)

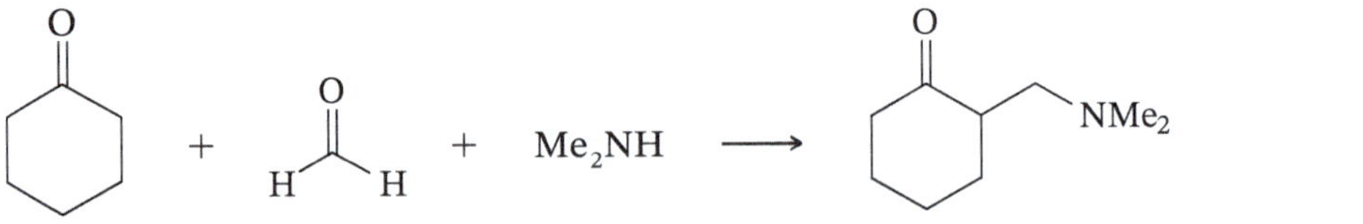

(b)

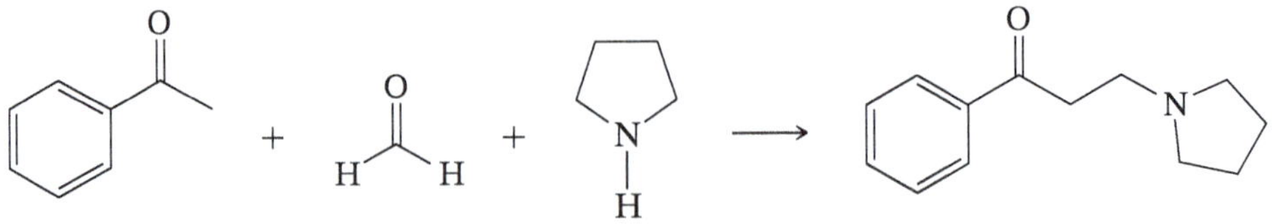

(c)

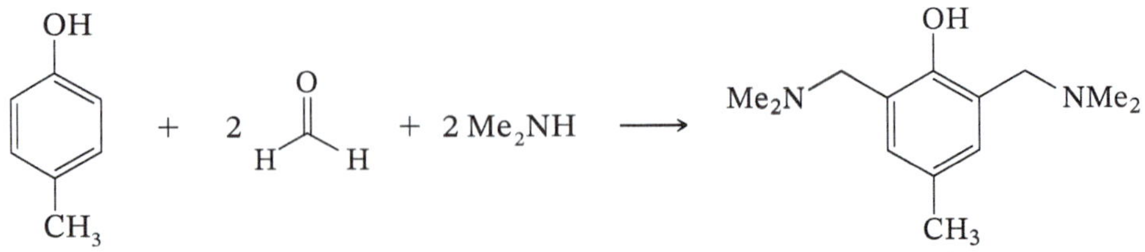

A Química Biológica de... Um Substrato Suicida de Enzima

O 5-Fluoruracila, um impostor químico da uracila, é um potente fármaco anticancerígeno de uso clínico. Esse efeito surge porque a 5-fluoruracila destrói irreversivelmente a capacidade da timidilato sintase (uma enzima) em catalisar uma transformação crítica essencial na síntese do DNA. A 5-fluoruracila atua como um inibidor baseado no mecanismo (ou substrato suicida), porque é capaz de se ligar à timidilato sintase como se fosse o substrato natural, mas então leva à autodestruição da atividade da enzima através do seu próprio caminho de mecanismo. O engano inicial é possível porque o átomo de flúor no inibidor ocupa, aproximadamente, o mesmo espaço que o átomo de hidrogênio ocupa no substrato natural. A interrupção do mecanismo da enzima ocorre porque um átomo de flúor não pode ser removido por uma base do mesmo modo como é possível remover um átomo de hidrogênio.

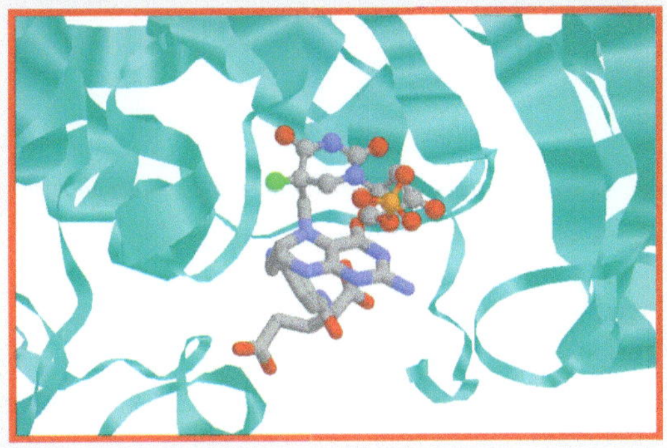

Monofosfato de 5-fluorodeoxiuracila ligado covalentemente ao tetra-hidrofolato na timidilato sintase, bloqueando a atividade catalítica da enzima.

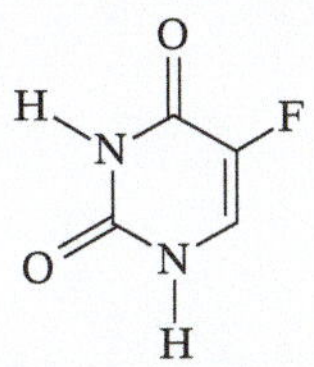

5-Fluoruracila

O mecanismo da timidilato sintase, tanto em seus modos normais como quando ela está prestes a ser bloqueada pelo inibidor, envolve o ataque de um íon enolato sobre um cátion imínio. Este processo é muito parecido com a reação de Mannich, discutida na Seção 19.8. O íon enolato nesse ataque provém da adição conjugada de um grupo tiol da timidilato sintase ao grupo carbonila α,β-insaturado do substrato. Este processo é análogo à maneira como ocorre com um intermediário enolato em uma adição de Michael. O íon imínio que é atacado neste processo é proveniente da coenzima N^5,N^{10}-metilenotetraidrofolato (N^5,N^{10}-metileno-THF). Nesta etapa, o ataque pelo enolato forma a ligação covalente que une o substrato à enzima. É esta ligação que não pode ser clivada quando o inibidor fluorado é utilizado. O mecanismo de inibição é mostrado a seguir.

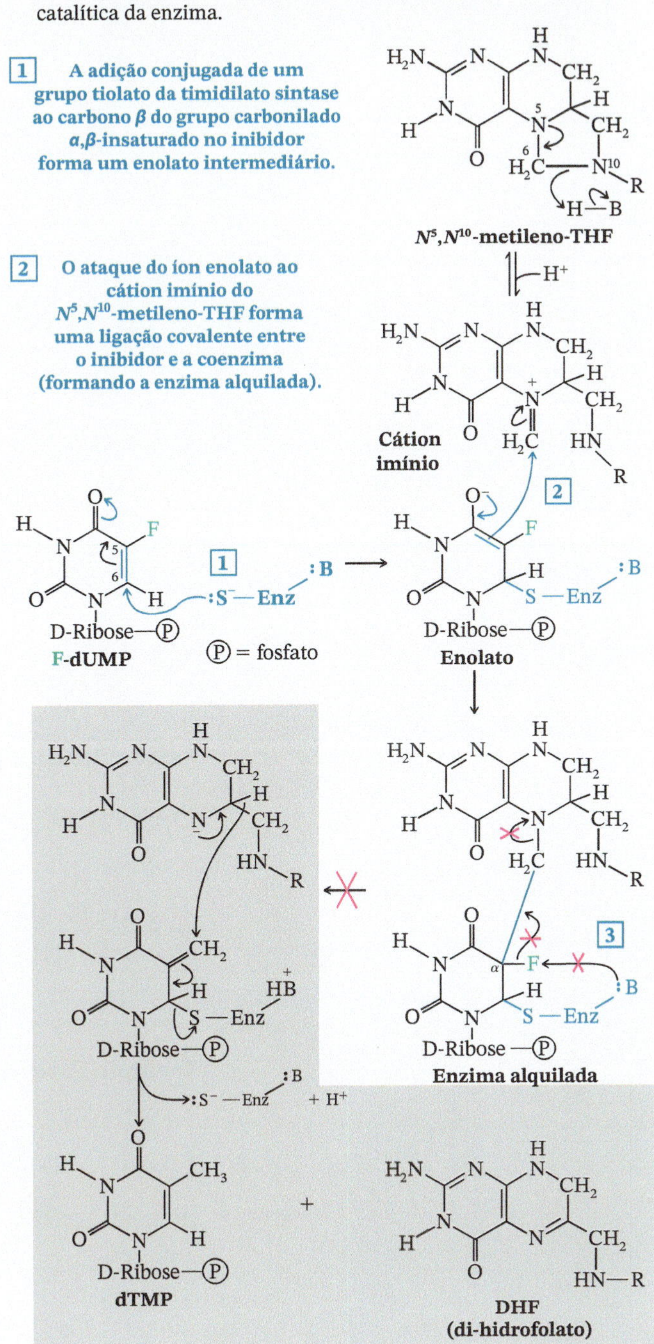

3 A próxima etapa no mecanismo normal seria uma reação de eliminação envolvendo a perda de um próton no carbono α para o grupo carbonila do substrato, liberando a coenzima tetra-hidrofolato como um grupo de saída. No caso do inibidor fluorado, essa etapa não é possível porque um átomo de flúor toma o lugar do átomo de hidrogênio necessário para a remoção na eliminação. A enzima não pode sofrer a reação de eliminação necessária para se liberar da coenzima tetra-hidrofolato. Essas etapas bloqueadas estão indicadas pelas setas assinaladas. A transferência subsequente de hidreto da coenzima para o substrato também não pode ocorrer, o que completaria a formação do grupo metila e permitiria a liberação do produto do grupo tiol da enzima. Essas etapas bloqueadas estão assinaladas na área sombreada. A atividade da enzima é destruída porque ela está irreversivelmente ligada ao inibidor.

19.9 Resumo das Reações Importantes

1. Condensação de Claisen (Seção 19.2)

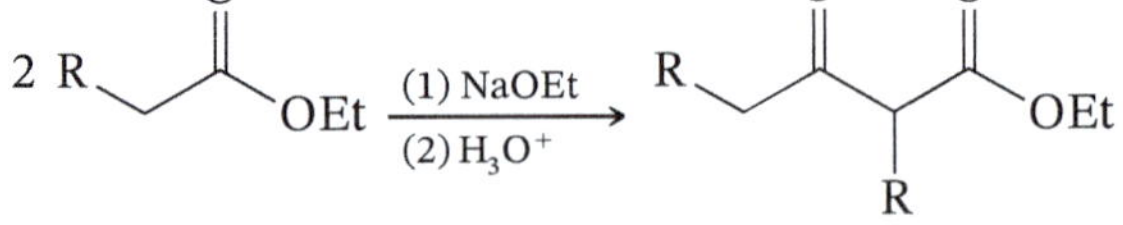

2. Condensação de Claisen Cruzada (Seção 19.2B)

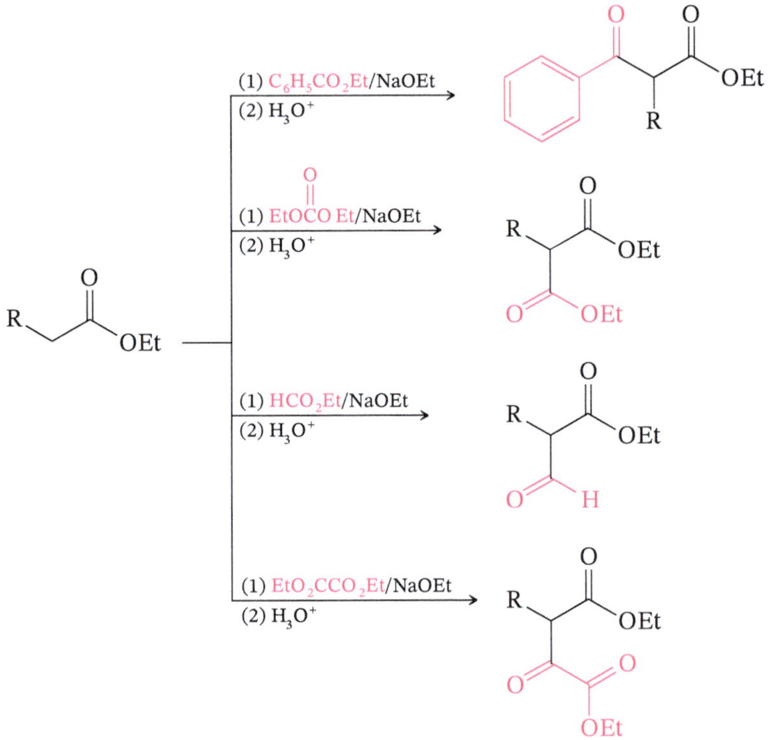

3. Reação Aldólica (Seção 19.4)

Reação Geral

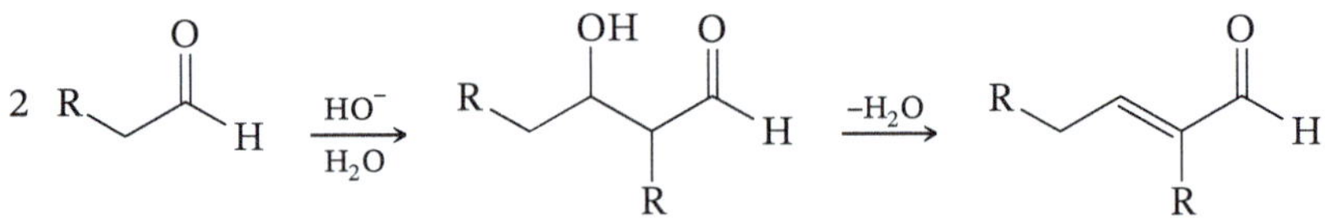

Exemplo Específico

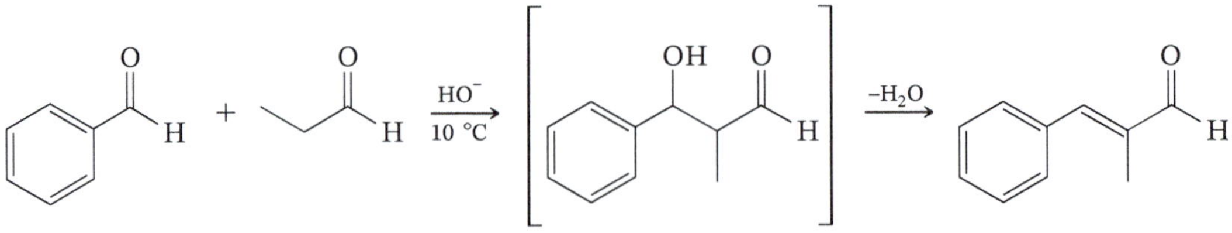

4. Reações Aldólicas Direcionadas via Enolatos de Lítio (Seção 19.5B)

Reação Geral

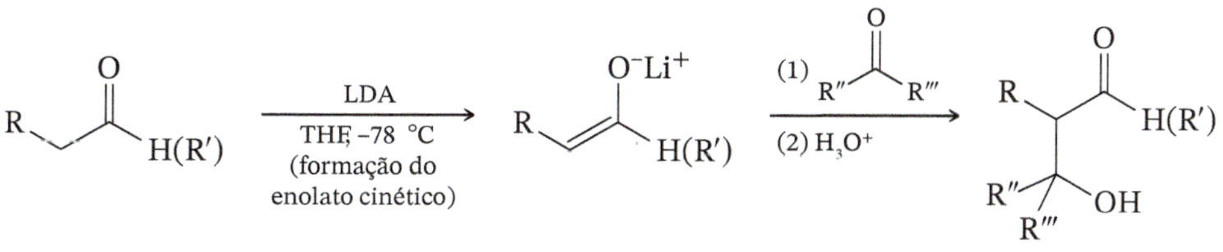

Exemplo Específico

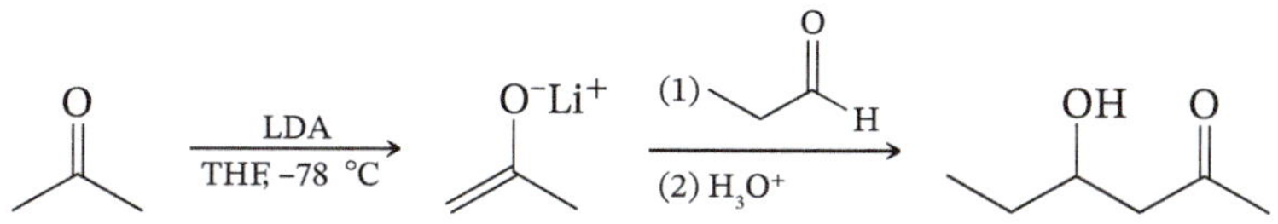

5. Adição Conjugada (Seção 19.7)

Reação Geral

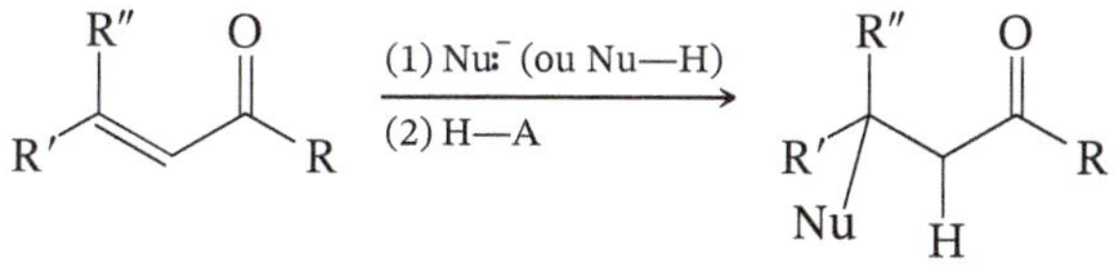

Nu:⁻ = ⁻CN ; um enolato (adição de Michael)
Nu—H = amina 1ª ou 2ª; uma enamina

Exemplo Específico

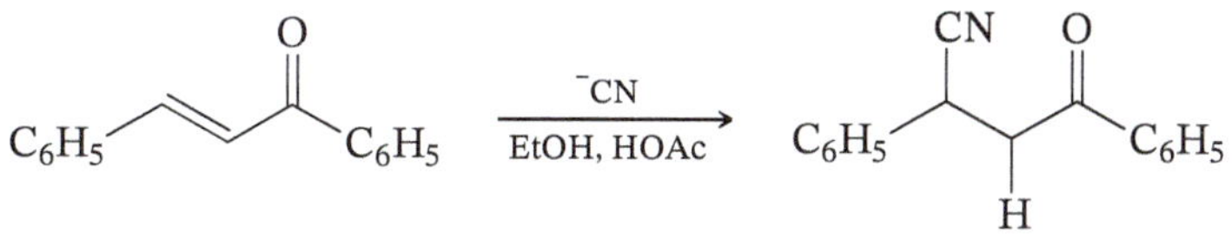

Exemplo Específico (Adição de Michael)

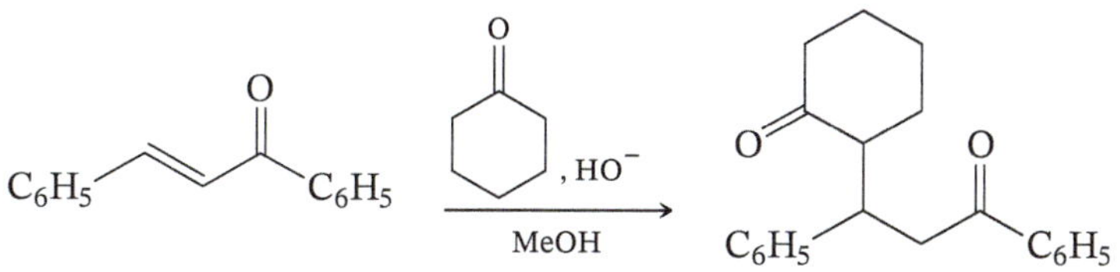

6. Reação de Mannich (Seção 19.8)

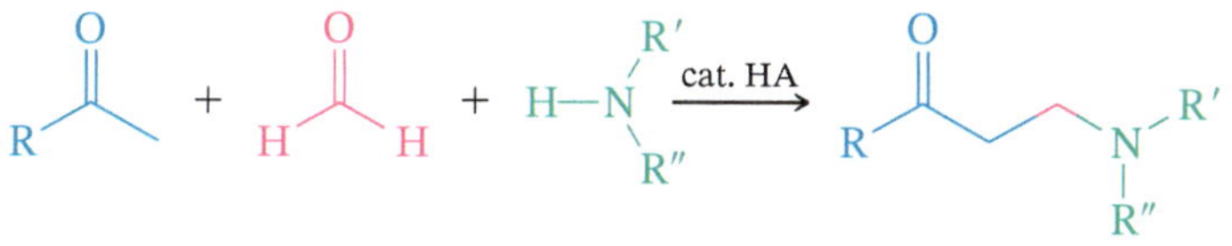

Por que Esses Tópicos São Importantes?

Colocando Reações Múltiplas Juntas em Um Meio Reacional

Ao longo dos últimos capítulos você teve a oportunidade de aprender a respeito de várias ferramentas poderosas na construção de ligações C—C usando carbonilas e seus derivados tanto como nucleófilos quanto como eletrófilos. Enquanto essas reações são claramente efetivas por si mesmas, quando elas são combinadas em série, elas podem produzir moléculas incrivelmente complexas de uma vez. Tais processos são conhecidos como sequências em cascata ou dominó, sequências nas quais cada etapa determina o estágio para o próximo evento, tudo no mesmo meio reacional. Ilustramos aqui o que talvez seja o exemplo mais antigo dessa concepção, como efetuado por *Sir* Robert Robinson (laureado mais tarde com o Prêmio Nobel de Química) durante o meio da Primeira Guerra Mundial (1917). Seu alvo era um produto natural conhecido como tropinona. Esse composto constitui o núcleo de uma série de outras substâncias bioativas, incluindo a cocaína e a atropina. Nesse ponto na guerra, a atropina era desesperadamente necessária aos soldados que estavam no *front* para combater o envenenamento por agentes organofosforados, atuando principalmente no sistema nervoso.

Como esse complexo composto bicíclico poderia ser sintetizado com eficiência? Observando a posição do átomo de nitrogênio relativo à cetona, Robinson acreditava que a molécula como um todo poderia provir de um dialdeído, metilamina e ácido acetonadicarboxílico, como mostrado adiante em cores diferenciadas. As principais reações na junção efetiva seriam uma série de formações cuidadosamente orquestradas de íons imínio e reações de Mannich para formar novas ligações C—C (assinaladas em verde), seguidas de descarboxilações de ácidos carboxílicos para completar o alvo.

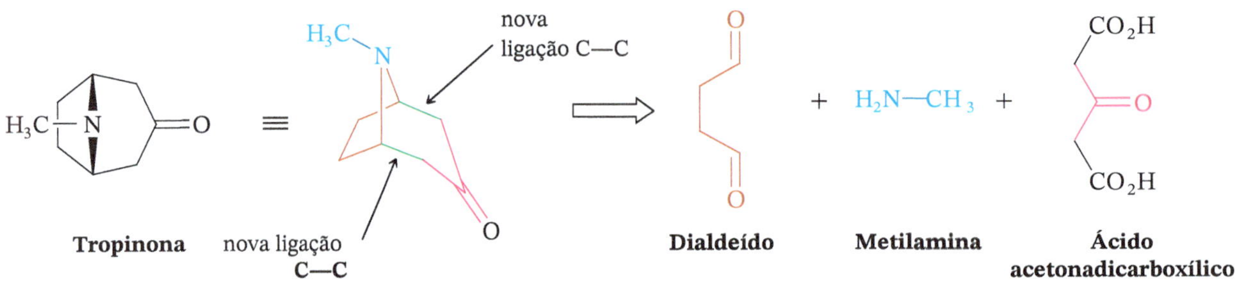

Como é visto a seguir, a ideia realmente funcionou! Apenas os intermediários críticos são mostrados na sequência, mas como uma maneira de verificar o que você aprendeu até agora, você deve ser capaz de escrever os mecanismos para todas as etapas que intervêm. O fato principal é que após a formação do anel de cinco membros contendo o nitrogênio, a primeira nova ligação C—C é formada através de uma reação intermolecular de Mannich. Como as condições do meio reacional são ácidas, é um enol tautômero que atua como o principal nucleófilo nesse evento; os dois grupos ácidos carboxílicos ligados ao núcleo da acetona auxiliam na facilitação dessa tautomerização. Em sequência à expulsão induzida por ácido da hidroxila na aminal resultante, forma-se um novo íon imínio. Uma vez formado, uma reação intramolecular de Mannich pode então formar a segunda ligação C—C necessária para completar o núcleo completo da molécula-alvo. Finalmente, os dois grupos ácidos carboxílicos posicionados estrategicamente de uma maneira 1,3 em torno da cetona central sofrem descarboxilação sob aquecimento formando a tropinona. É incrível como essas reações em série podem acontecer!

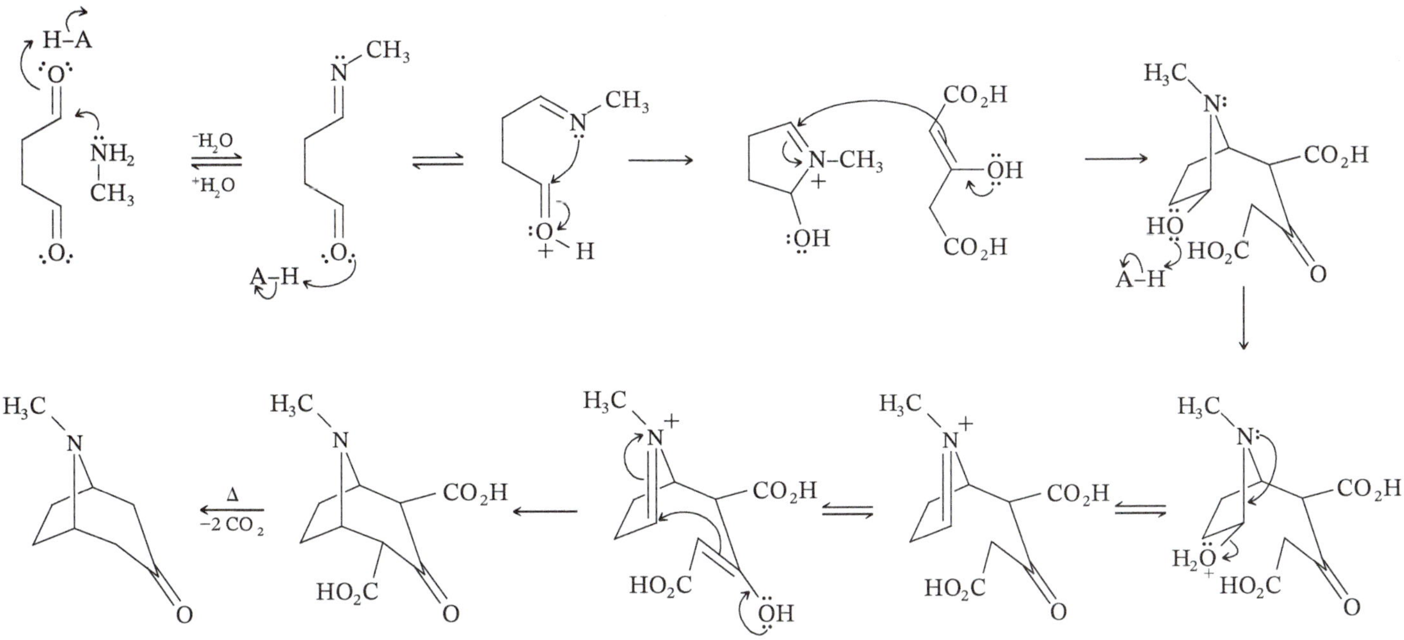

Para saber mais sobre esses tópicos, consulte:

1. Nicolaou, K.C.; Montagnon, T. *Molecules that Changed the World. Wiley-VCH: Weinheim*, **2008**, p. 366.
2. Nicolaou, K.C.; Vourloumis, D.; Winssinger, N.; Baran, P.S. "The Art and Science of Total Synthesis at the Dawn of the Twenty-First Century" *in Angew. Chem. Int. Ed.* **2000**, *39*, 44–122.

Resumo e Ferramentas de Revisão

As ferramentas de estudo para o presente capítulo incluem termos e conceitos fundamentais, que são realçados ao longo do capítulo em **negrito azul** e estão definidos no glossário (ao fim de cada volume), a lista com os tipos de reações na Seção 19.9, o Resumo de Mecanismos para as Reações de Enolatos com Eletrófilos Carbonilados e um esquema de Conexões Sintéticas Envolvendo Enolatos.

Problemas

Reações de Condensação de Claisen

19.23 Escreva uma fórmula estrutural para o produto de cada uma das seguintes reações.

(a)

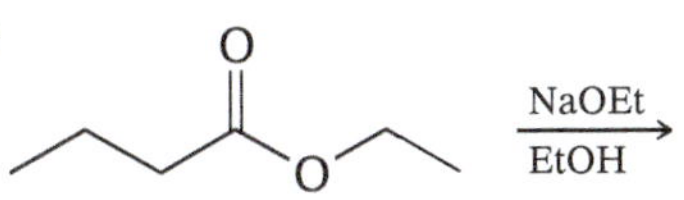

(b)

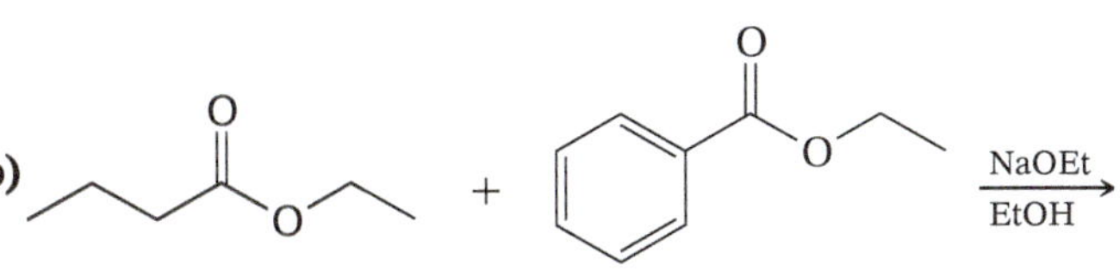

(c)

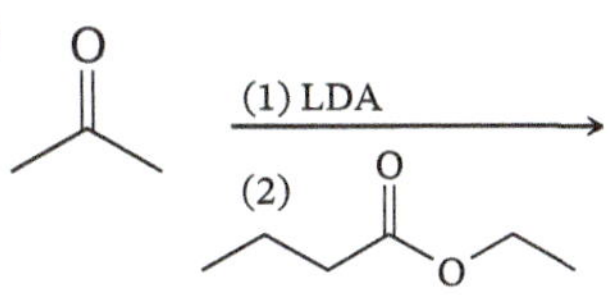

(d)

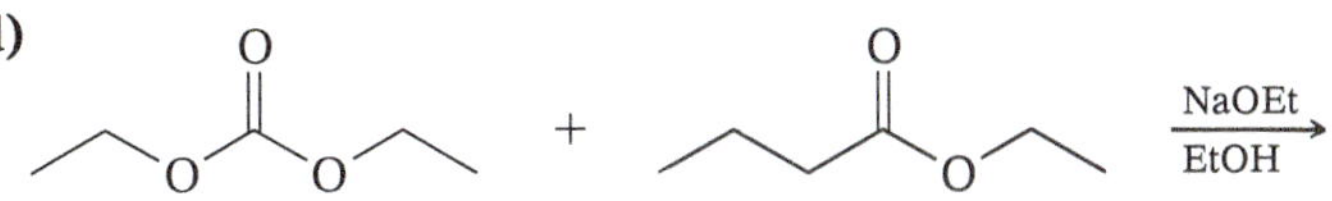

(e)

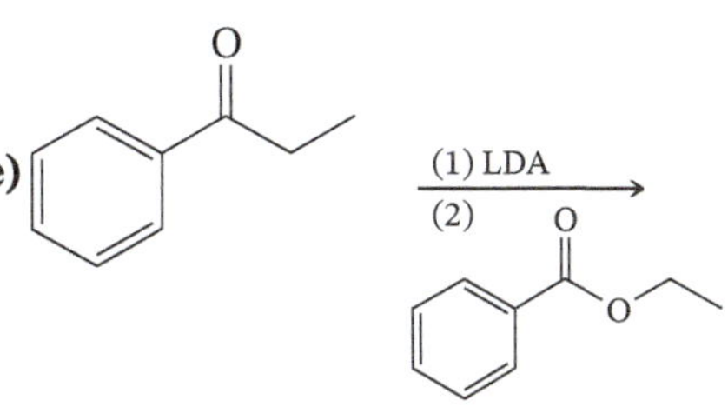

(f)

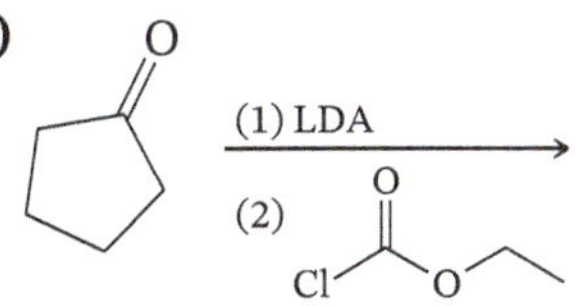

19.24 Mostre todas as etapas das sínteses vistas a seguir. Podem ser usados quaisquer outros reagentes necessários, mas cada reação deve começar com o composto indicado.

(a)

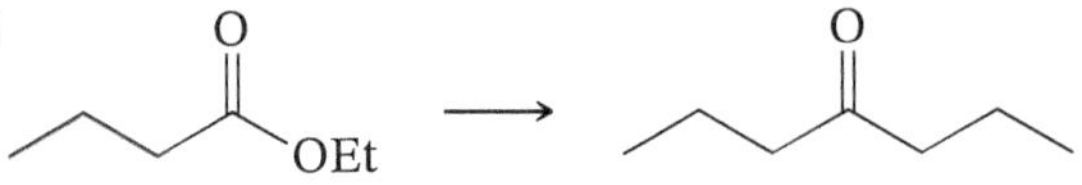

(b)

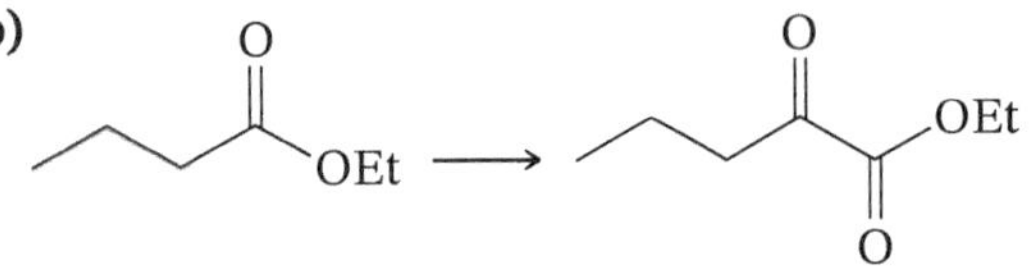

(c)

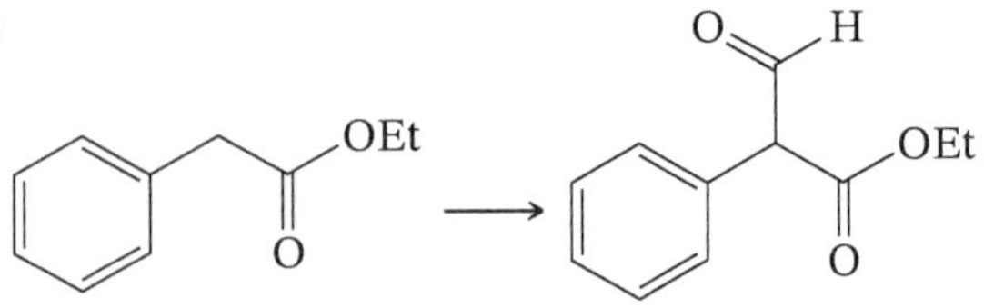

19.25 Dê as estruturas de partida necessárias para sintetizar cada um dos compostos vistos a seguir via acilação de um enolato.

(a)

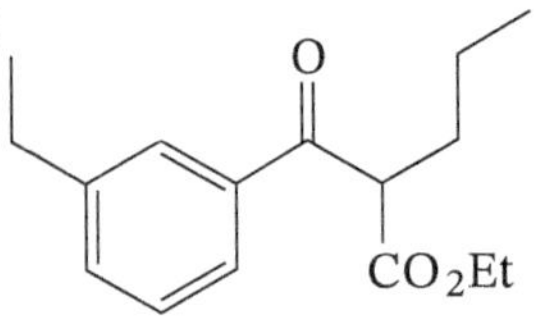

(b)

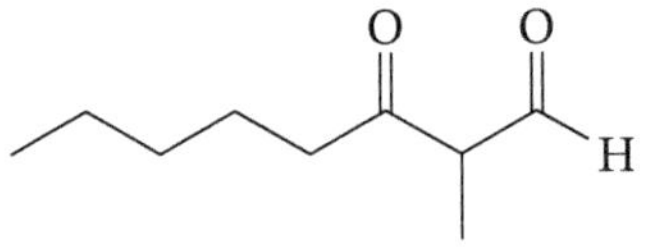

(c)

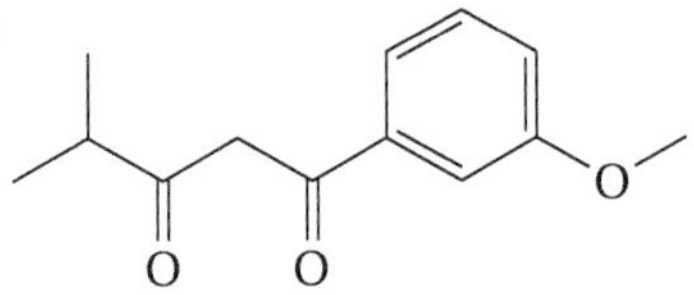

19.26 Escreva fórmulas estruturais para ambos os produtos possíveis da seguinte condensação de Dieckmann e preveja qual deve ser o produto principal.

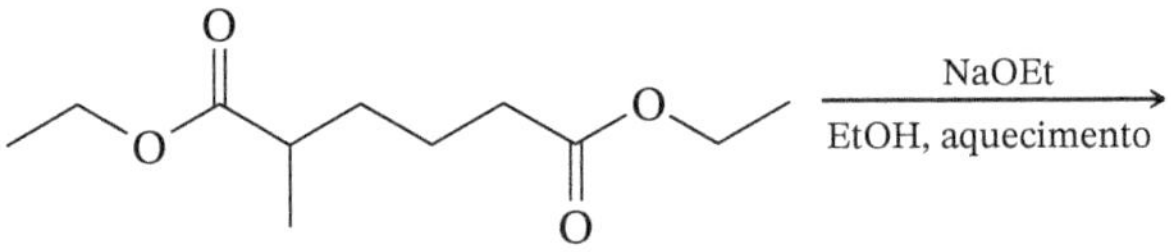

19.27 Quando uma condensação de Dieckmann é tentada com succinato de dietila, o produto obtido tem a fórmula molecular $C_{12}H_{16}O_6$. Qual é a estrutura desse composto?

19.28 Mostre como a dicetona vista a seguir pode ser preparada por uma reação de condensação:

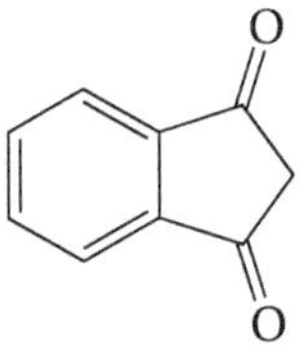

19.29 Em contraste com a reação com base diluída (Seção 18.6), quando soluções concentradas de NaOH são usadas, um éster acetoacético sofre clivagem, como mostrado a seguir. Proponha um mecanismo que explique este resultado.

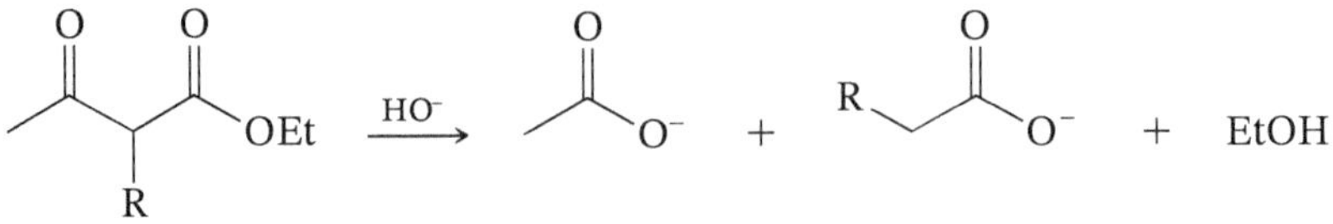

19.30 Escreva um mecanismo detalhado para a reação vista a seguir.

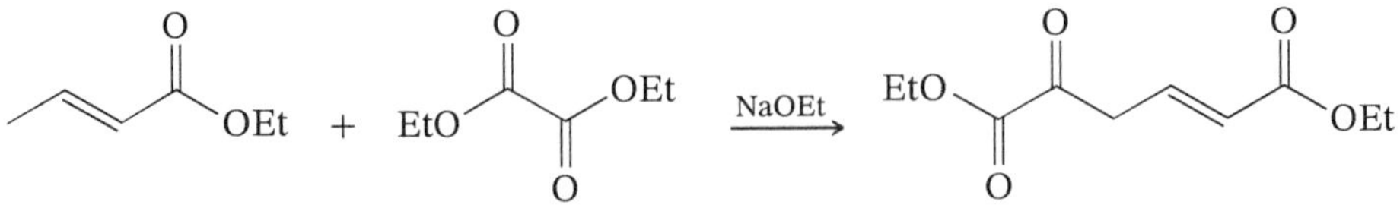

Crotonato de etila **Oxalato de dietila**

19.31 Na presença de etóxido de sódio, a seguinte transformação ocorre. Explique.

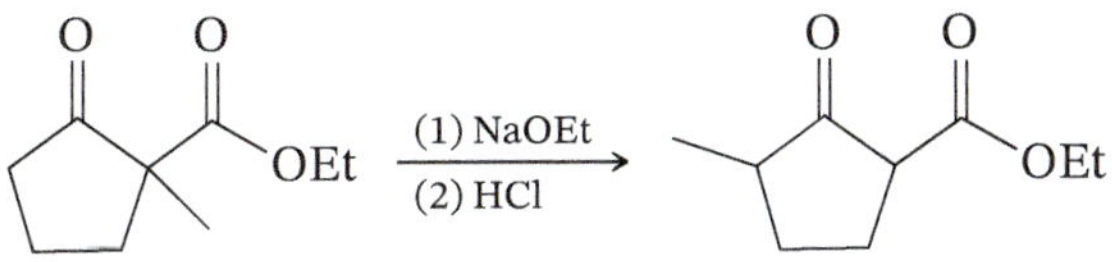

19.32 A timina é uma das bases heterocíclicas do DNA. Começando com propanoato de etila e usando quaisquer outros reagentes necessários, mostre como é possível sintetizá-la.

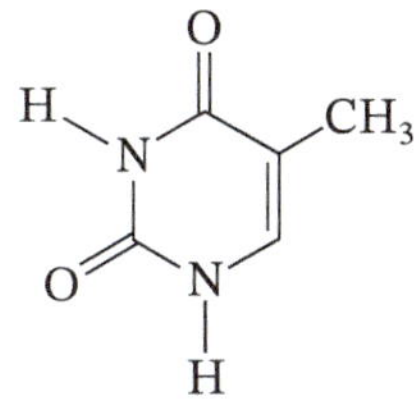

Timina

Reações Aldólicas

19.33 Preveja os produtos de cada uma das reações aldólicas cruzadas vistas a seguir.

(a)
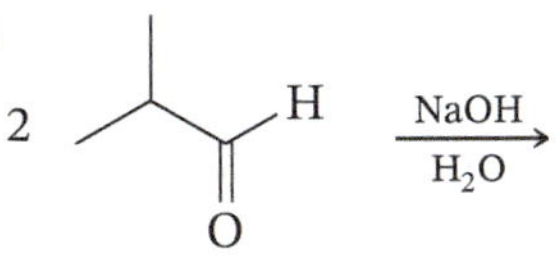

(b)
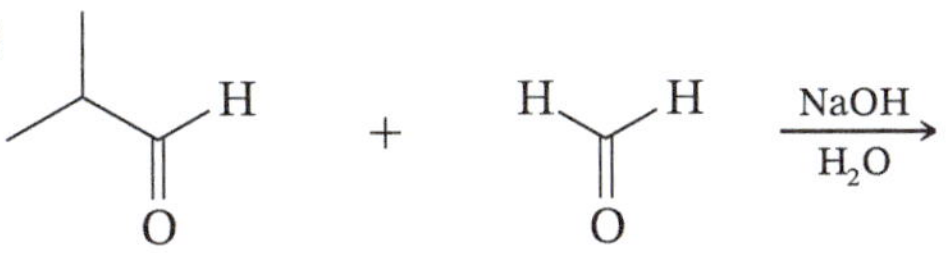

(c)
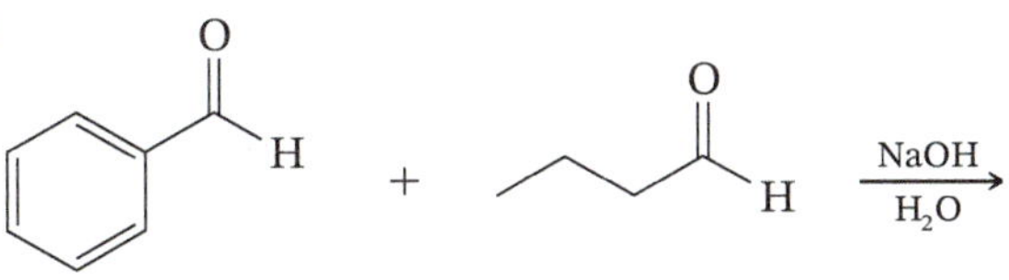

(d)
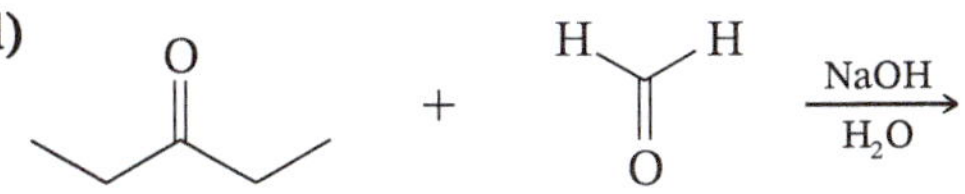

(e)
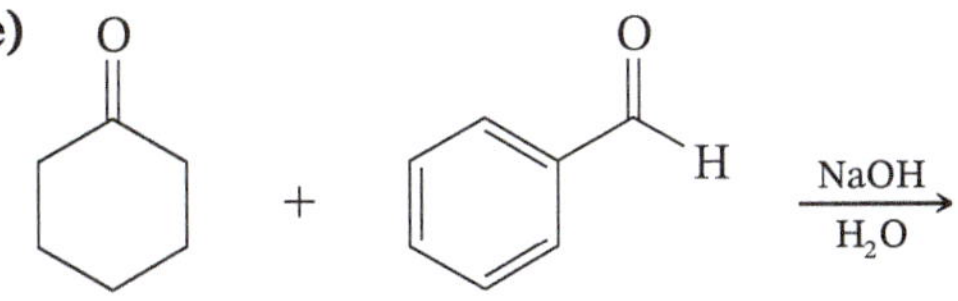

19.34 Quais são os quatro β-hidroxialdeídos formados numa reação aldólica cruzada entre os compostos vistos a seguir?

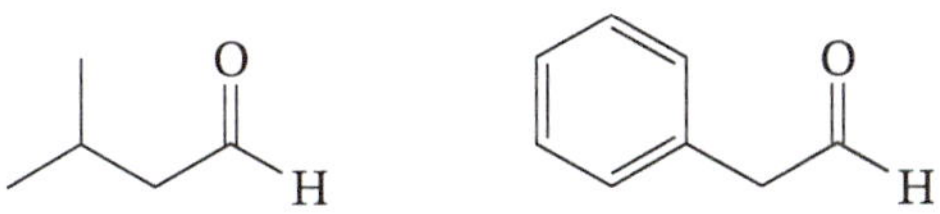

19.35 Mostre como cada uma das transformações vistas a seguir poderia ser realizada. Podem ser usados quaisquer outros reagentes necessários.

(a)
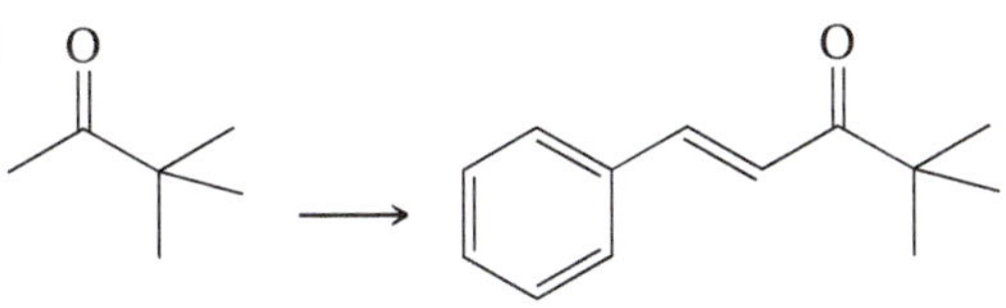

(b)
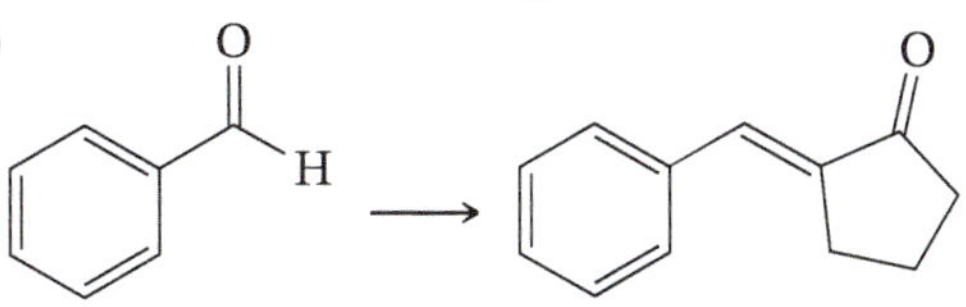

(c)
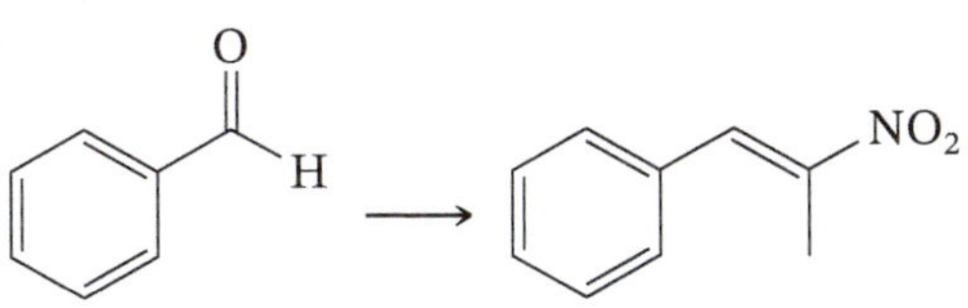

(d)
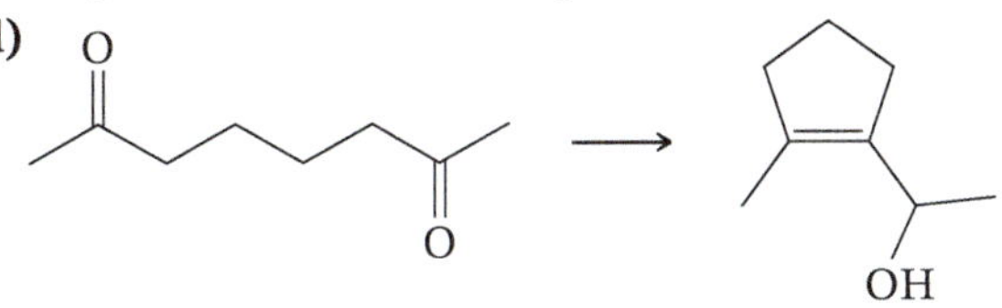

(e)
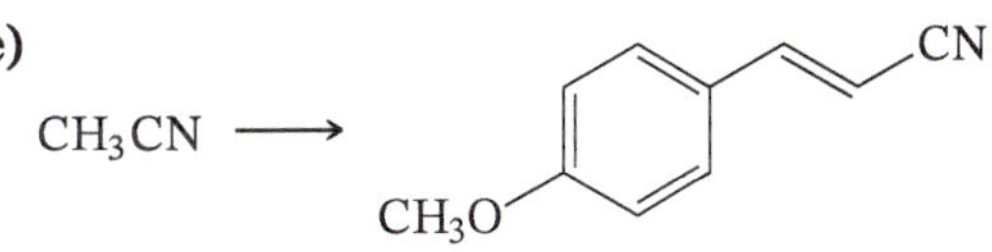

(f)
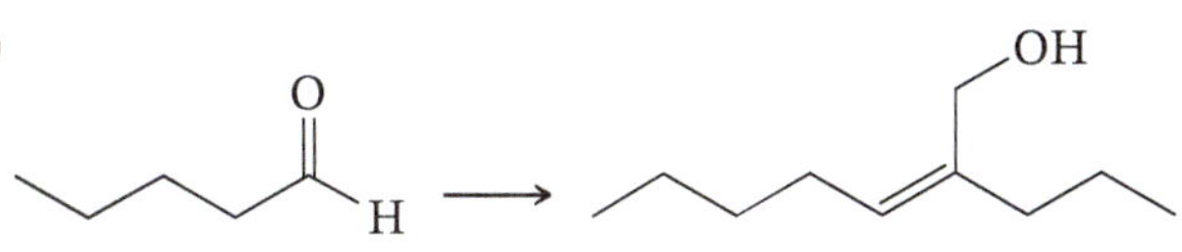

(g)
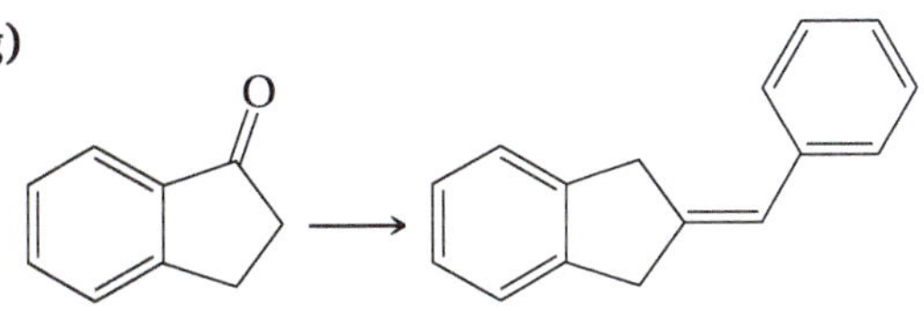

19.36 Que estruturas de partida são necessárias para sintetizar cada um dos compostos vistos a seguir empregando uma reação aldólica?

(a)

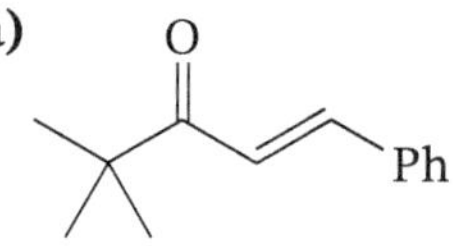

(b)

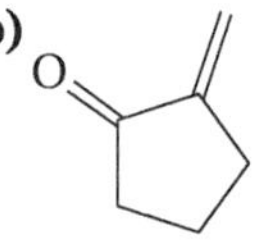

(c)

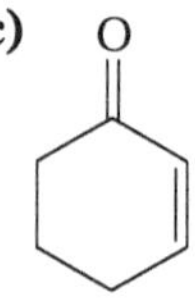

(d)

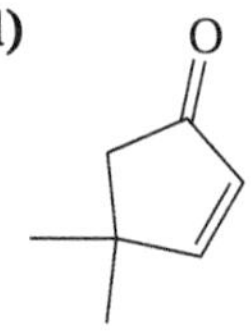

(e)

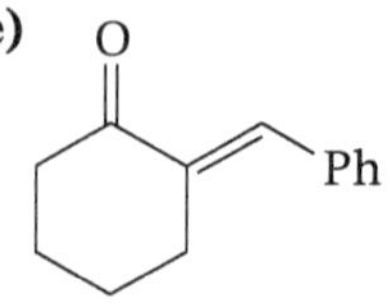

(f)

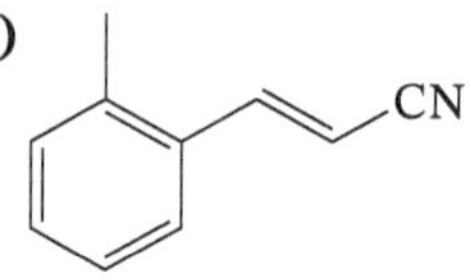

(g)

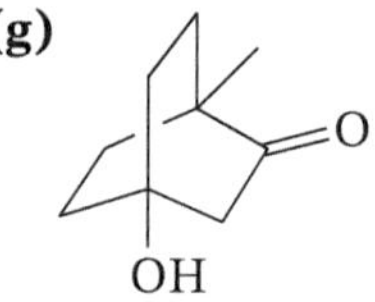

(h)

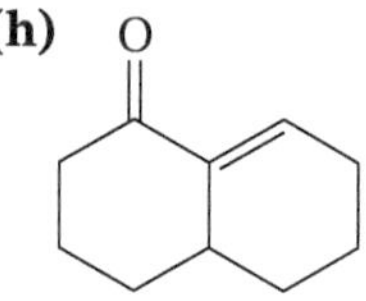

19.37 Que reagentes são necessários para realizar cada etapa das sínteses vistas a seguir?

(a)

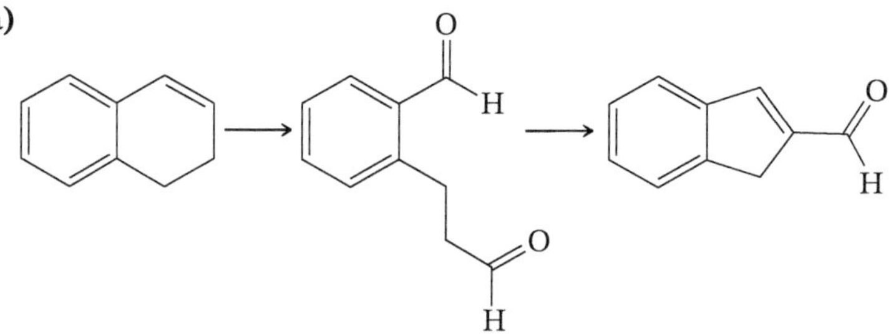

(b)

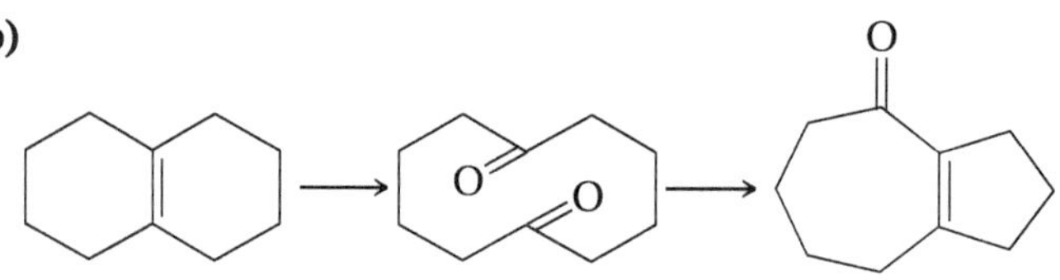

(c)

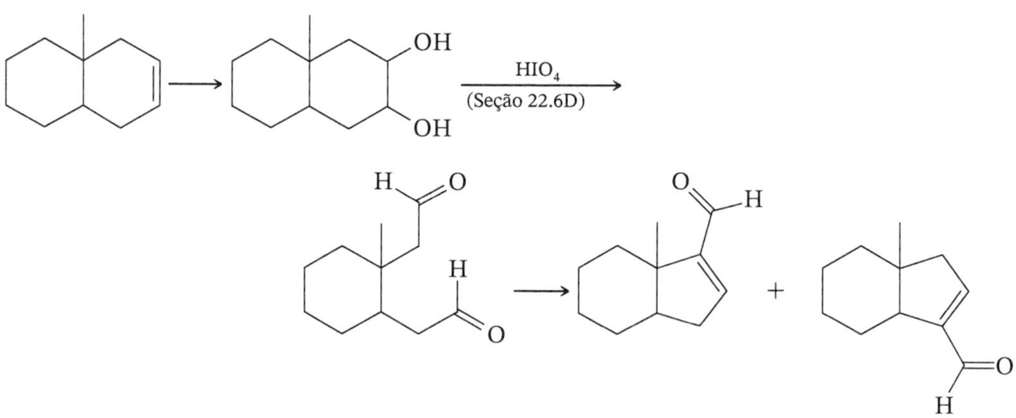

(d)

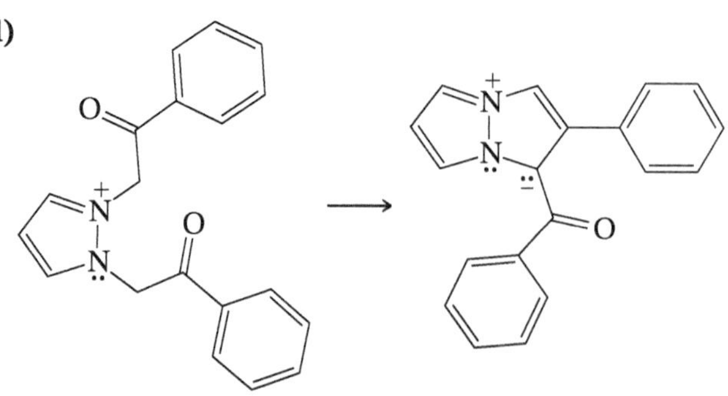

19.38 Os átomos de hidrogênio do carbono γ do crotonaldeído são relativamente ácidos ($pK_a \cong 20$).

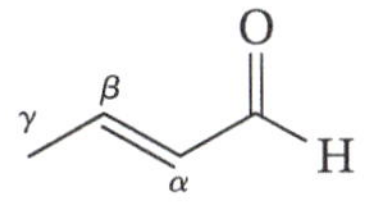

Crotonaldeído

(a) Escreva estruturas dc ressonância que justifiquem esse fato.

(b) Escreva um mecanismo que explique a reação vista a seguir:

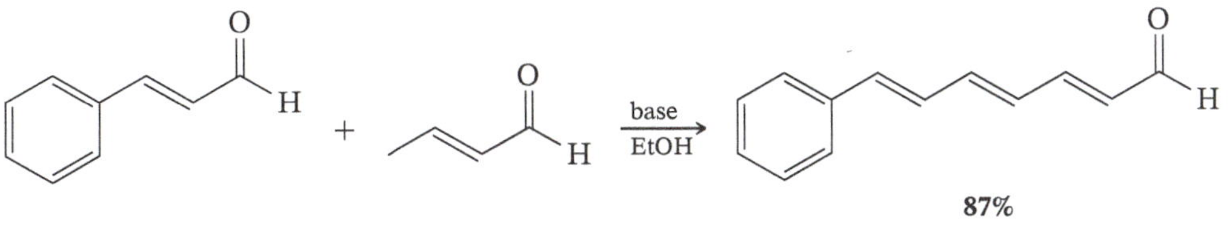

19.39 Dê um mecanismo para a reação vista a seguir.

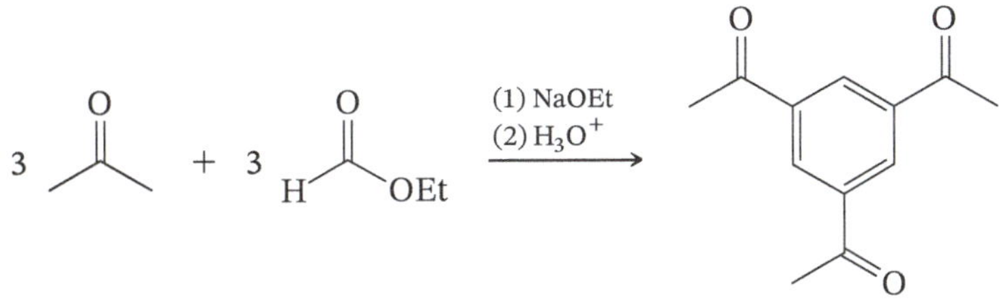

19.40 Quando a reação aldólica do acetaldeído é realizada em D_2O, nenhum átomo de deutério é encontrado no grupo metila do aldeído que não reagiu. No entanto, na reação aldólica da acetona, o átomo de deutério é incorporado no grupo metila da acetona que não reagiu. Explique essa diferença de comportamento.

Reações de Adição Conjugadas

19.41 Escreva mecanismos que justifiquem os produtos das seguintes reações:

(a)

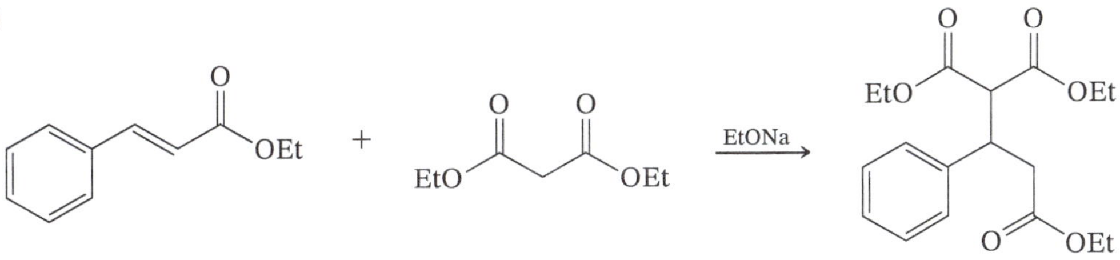

(b)

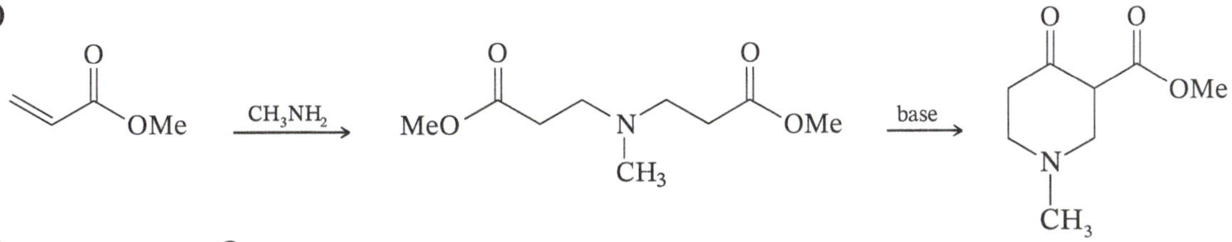

(c)

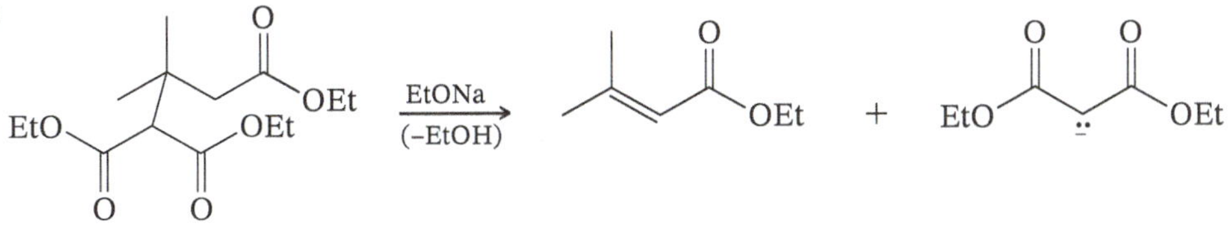

19.42 Condensações onde o reagente com hidrogênio ativo é um β-cetoéster ou uma β-dicetona geralmente formam produtos provenientes de uma molécula de aldeído ou cetona e de duas moléculas do componente metileno ativo. Proponha um mecanismo razoável que justifique a formação deste produto.

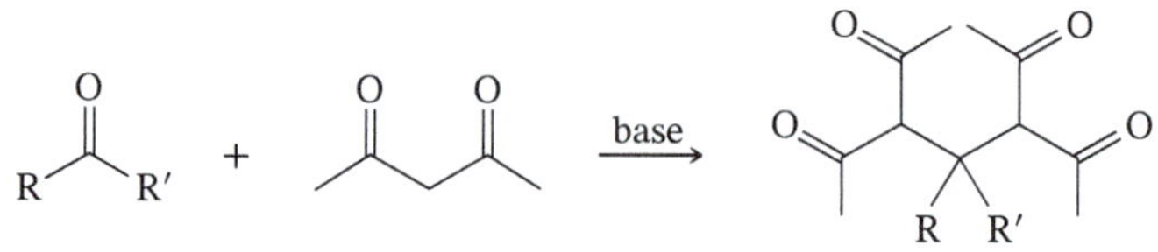

19.43 Dê um mecanismo para a reação de anelação de Robinson (Seção 19.7B) ilustrada no esquema a seguir.

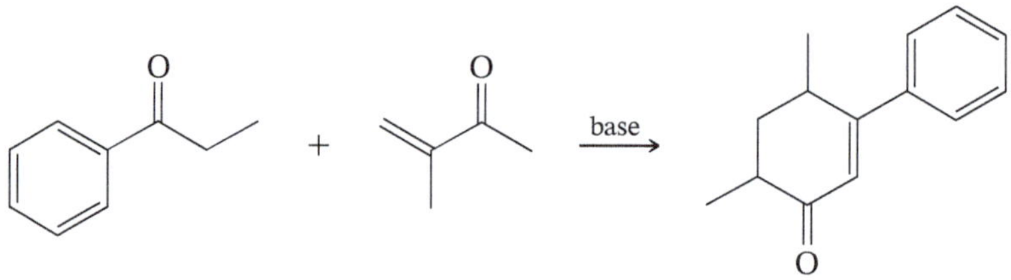

19.44 Qual é a estrutura do composto *cíclico* que é formado por adição de Michael entre **1** e **2** na presença de etóxido de sódio?

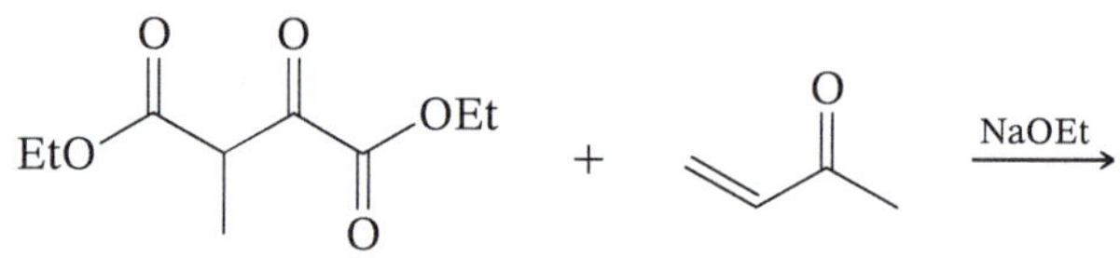

1 **2**

Problemas Gerais

19.45 Sintetize (**a**) e (**b**) a partir de ciclopentanona e (**c**) a partir de malonato de dietila. Você pode usar quaisquer outros reagentes necessários.

(a) 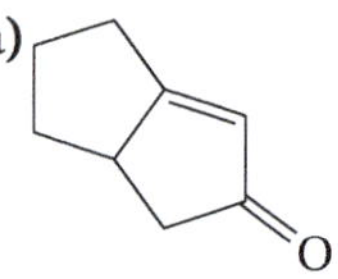

(b) 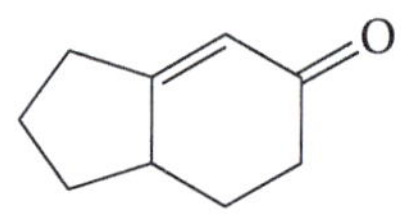

(c) 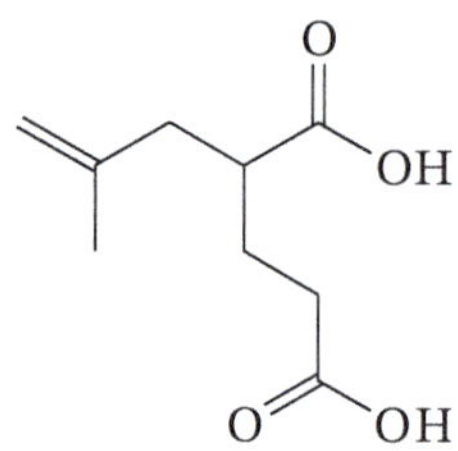

19.46 Proponha um mecanismo para a reação vista a seguir.

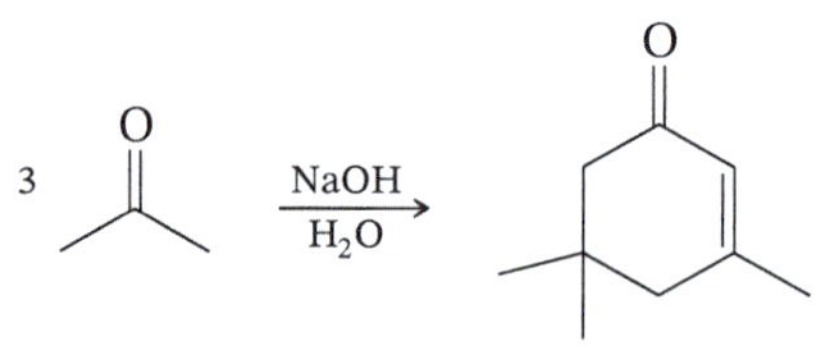

19.47 Preveja os produtos das reações vistas a seguir.

(a) 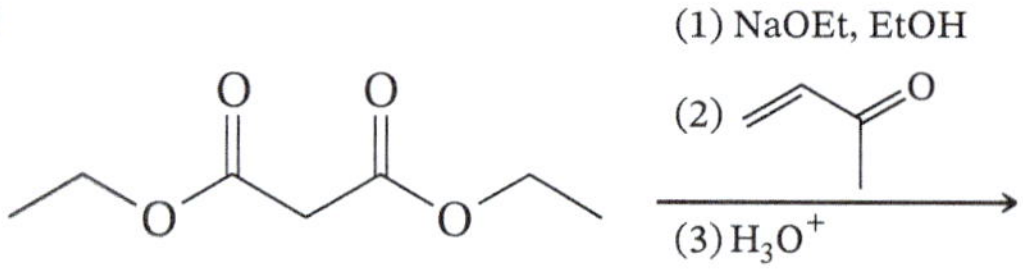

(b) 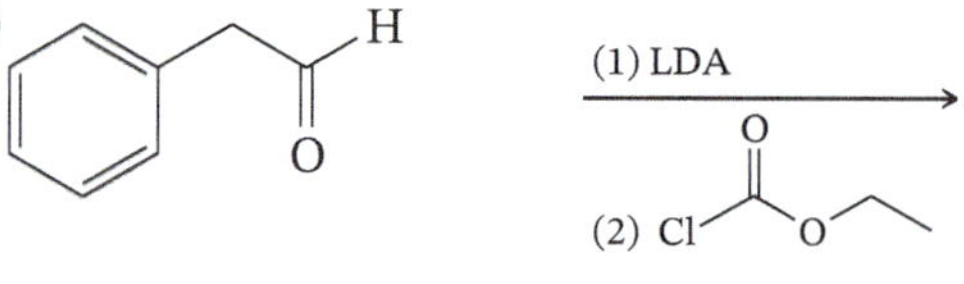

(c) 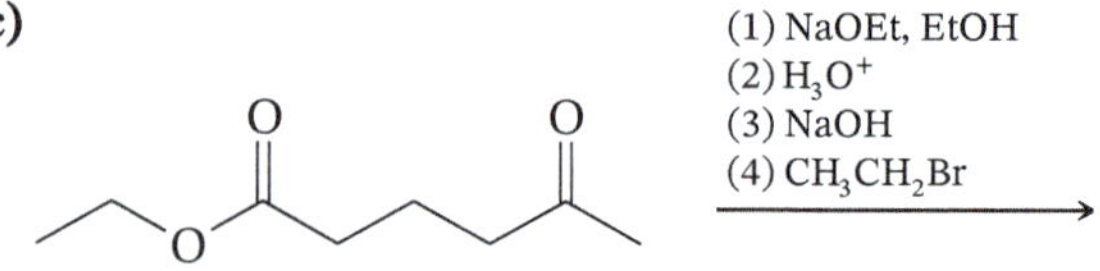

(d) 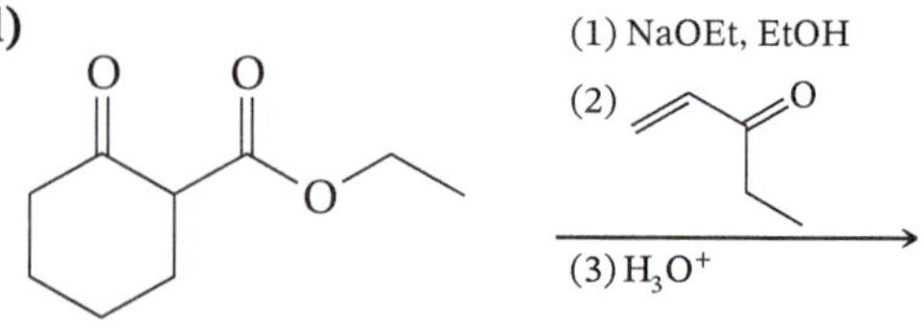

19.48 Preveja os produtos das reações vistas a seguir.

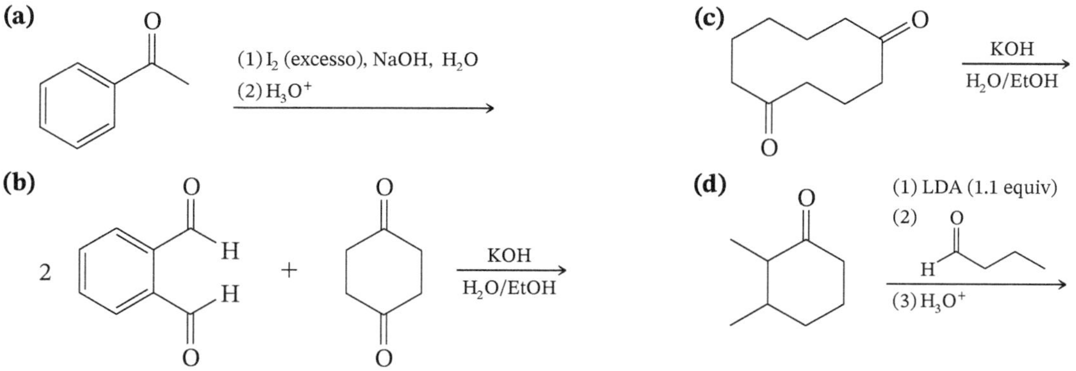

19.49 As glândulas mandibulares de abelhas-rainhas secretam um fluido que contém um composto notável conhecido como "substância da rainha". Mesmo quando uma quantidade muito pequena da substância da rainha é transferida para abelhas operárias, ela inibe o desenvolvimento dos ovários destas últimas, impedindo-as de criar novas rainhas. A substância da rainha, um ácido monocarboxílico, com fórmula molecular $C_{10}H_{16}O_3$, foi sintetizada de acordo com a seguinte rota:

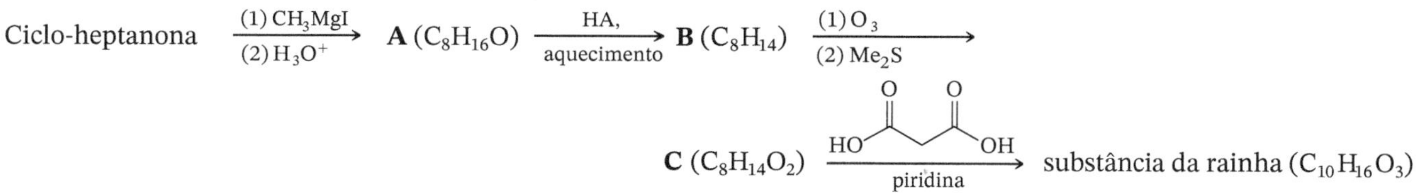

A hidrogenação catalítica da substância da rainha produz o composto **D**, que tratado com iodo em hidróxido de sódio e, posteriormente, acidificado, produz um ácido dicarboxílico **E**; isto é,

$$\text{Substância da rainha} \xrightarrow[\text{Pd}]{H_2} \mathbf{D}(C_{10}H_{18}O_3) \xrightarrow[(2)\ H_3O^+]{(1)\ I_2 \text{ em NaOH aq.}} \mathbf{E}(C_9H_{16}O_4)$$

Dê as estruturas da substância da rainha e dos compostos **A**–**E**.

19.50 Proponha uma síntese racêmica do composto analgésico Darvon (visto a seguir), cujo uso foi interrompido, partindo da etil fenil cetona.

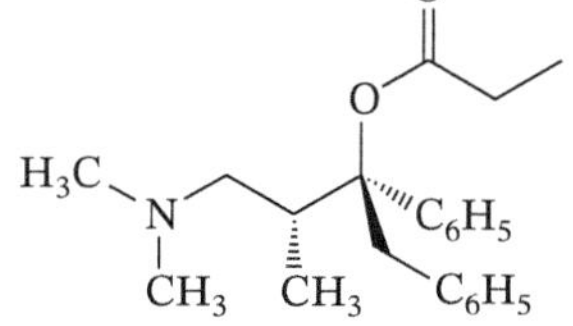

Darvon

19.51 Mostre como a dimedona pode ser sintetizada a partir de éster malônico e 4-metil-3-penten-2-ona (óxido de mesitila) em meio básico.

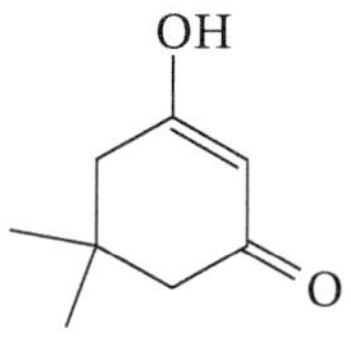

Dimedona

19.52 Escreva as etapas do mecanismo de ciclização do fenilacetoacetato de etila (3-oxo-4-fenilbutanoato de etila) em ácido sulfúrico concentrado para formar naftoresorcinol (1,3-naftalenodiol).

19.53 Quando um aldeído ou uma cetona sofre condensação com α-cloroacetato de etila na presença de etóxido de sódio, o produto é um α,β-epoxiéster chamado de *éster glicídico*. A síntese é chamada de condensação de Darzens.

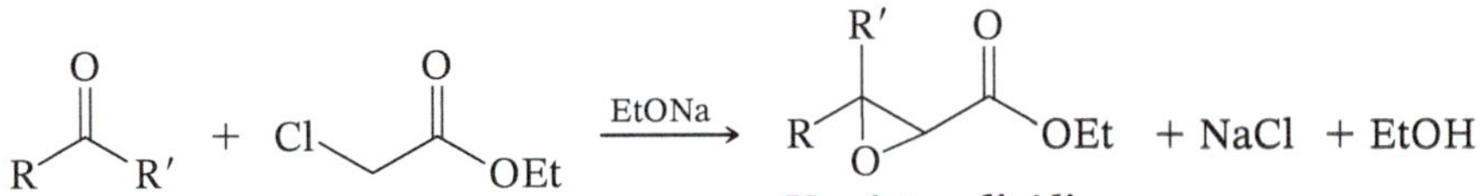

Um éster glicídico

(a) Proponha um mecanismo razoável para a condensação de Darzens. **(b)** A hidrólise do epóxi éster forma um epóxi ácido, que ao ser aquecido com piridina forma um aldeído. O que está acontecendo aqui?

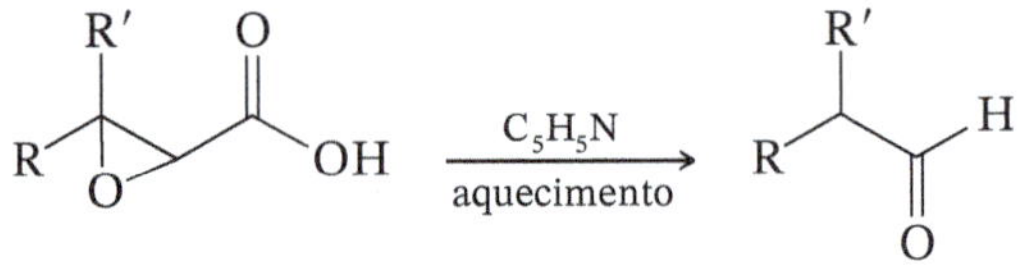

(c) Partindo da β-ionona (Problema de Revisão 19.13), mostre como sintetizar o aldeído visto a seguir. Este aldeído é um intermediário na síntese industrial da vitamina A.

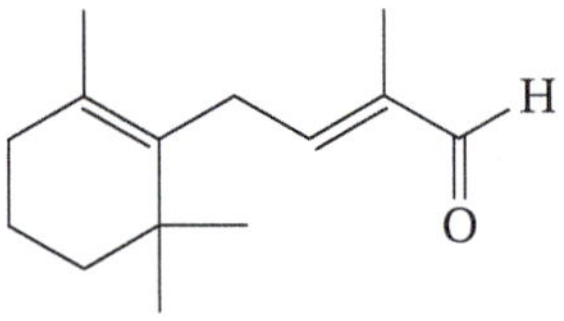

19.54 A *condensação de Perkin* é um tipo de condensação aldólica onde um aldeído aromático (ArCHO) reage com um anidrido de ácido carboxílico, $(RCH_2CO)_2O$, formando um ácido α,β-insaturado ($ArCH{=}CRCO_2H$). O catalisador normalmente empregado é o sal de potássio do ácido carboxílico (RCH_2CO_2K). **(a)** Proponha a condensação de Perkin que ocorre quando benzaldeído reage com anidrido propanoico na presença de propanoato de potássio. **(b)** Como preparar o ácido *p*-clorocinâmico, *p*-$ClC_6H_4CH{=}CHCO_2H$, usando uma condensação de Perkin?

Espectroscopia

19.55 (a) A espectroscopia no infravermelho é um método fácil para verificar se o produto obtido a partir da adição de um reagente de Grignard a uma cetona α,β-insaturada é o produto por adição simples ou conjugada. Explique. (Que pico ou picos devem ser procurados?) **(b)** Como é possível acompanhar a velocidade da reação vista a seguir usando espectroscopia no UV?

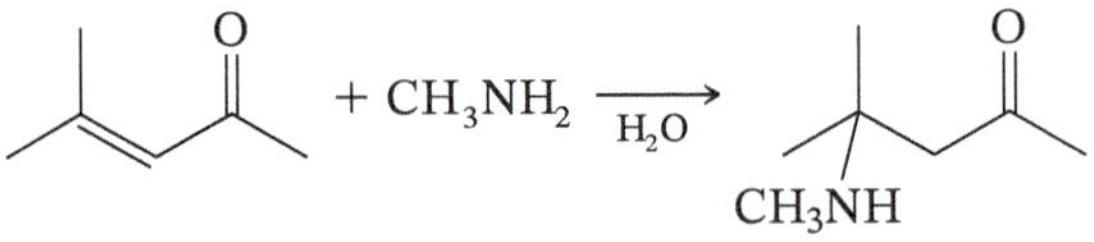

19.56 A reação da acetona com dois equivalentes molares de benzaldeído na presença de KOH, em etanol, leva à formação do composto **X**. O espectro de RMN de ^{13}C de **X** é dado na Fig. 19.1. Proponha uma estrutura para o composto **X**.

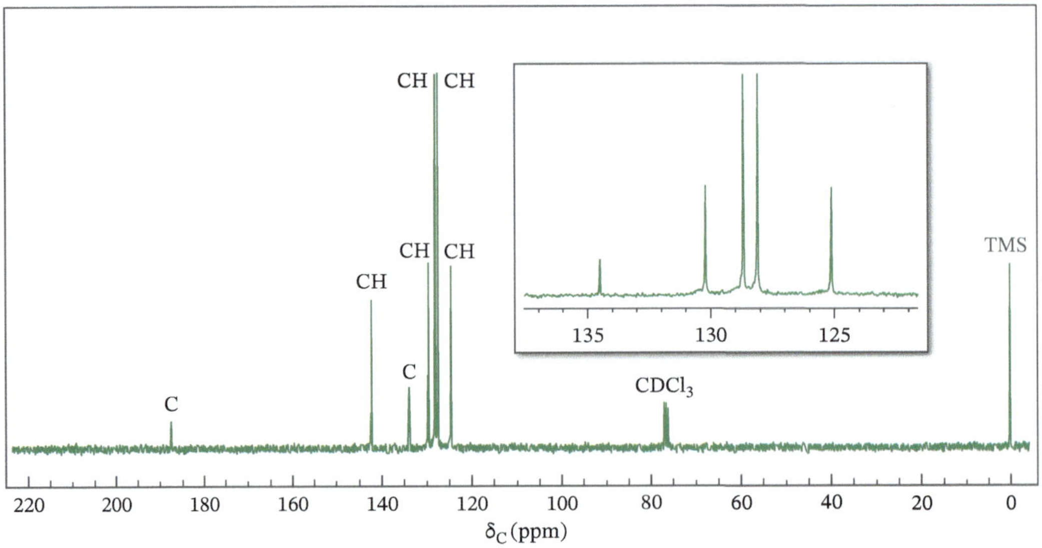

FIGURA 19.1 Espectro de RMN de ^{13}C desacoplado de prótons em banda larga do composto X, Problema 19.56. As informações a respeito dos prótons ligados são fornecidas acima dos picos.

Sintetizando o Material

19.57 (+)-Fenchona é um terpenoide que pode ser isolado do óleo essencial da erva-doce. (±)-Fenchona foi sintetizada por meio da rota vista a seguir. Dê as estruturas dos intermediários e dos reagentes que estão faltando.

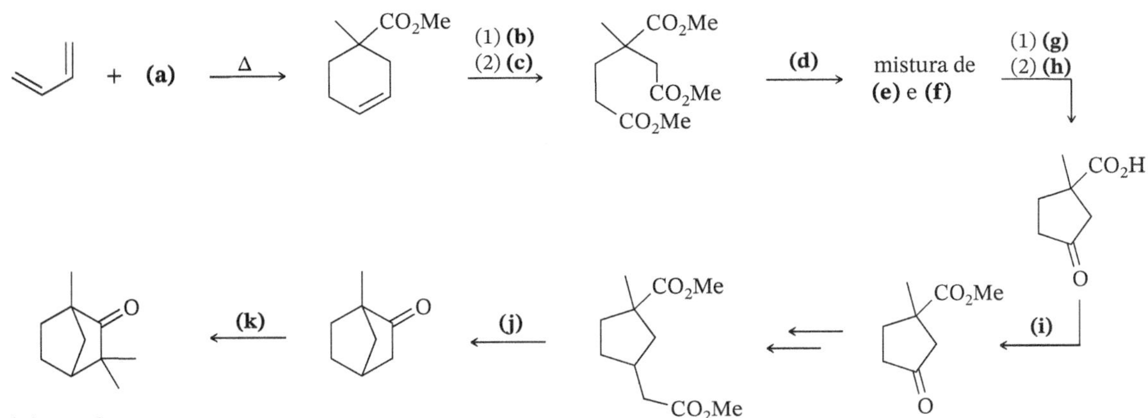

(±)-Fenchona

19.58 Para cada uma das questões a seguir, proponha uma rota de síntese da qual se pode razoavelmente esperar que converta o material de partida no produto. Em cada caso, é preciso usar mais de uma reação, e as reações que você aprendeu nos capítulos anteriores podem ser necessárias para resolver o problema.

(a) 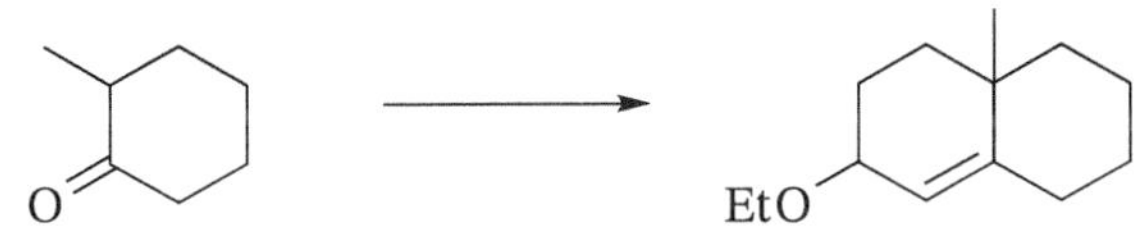

(b) 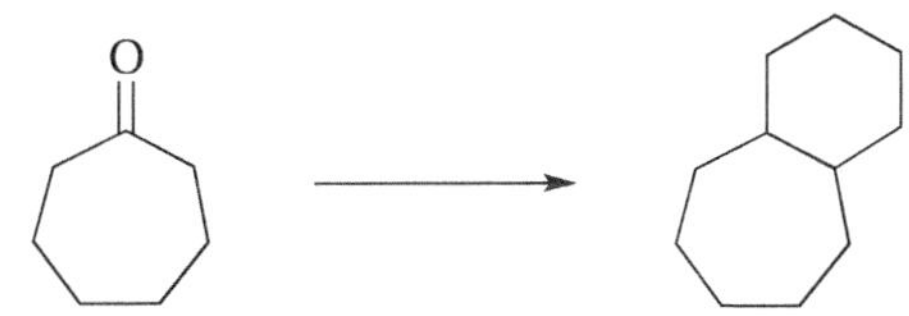

(c) 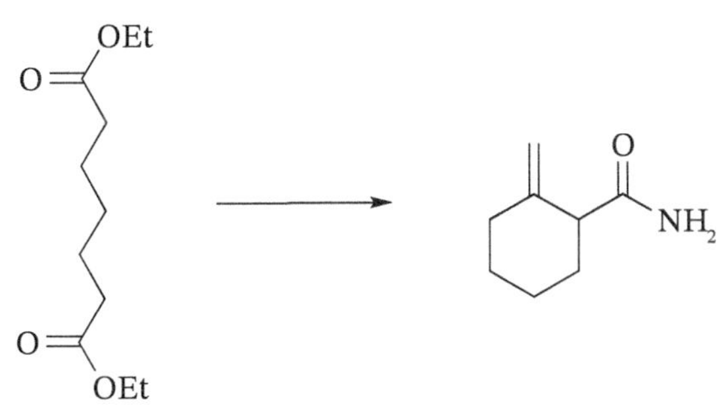

(d) 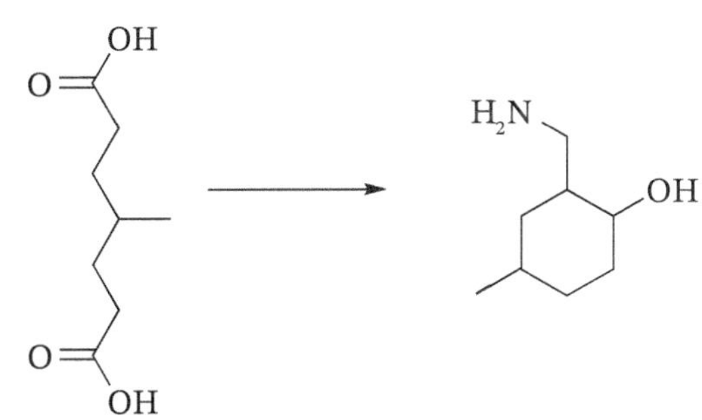

(e) 

(f) 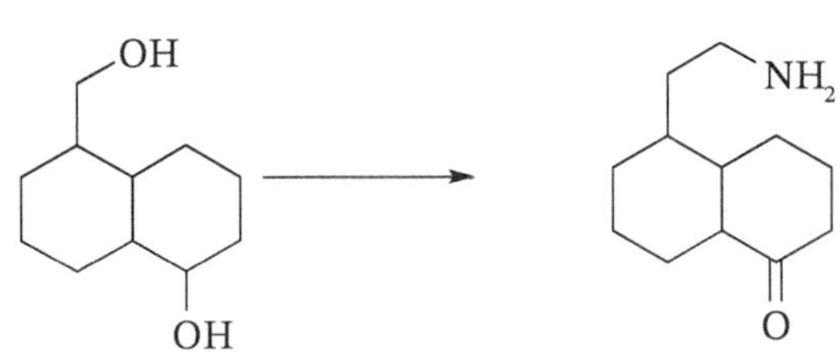

19.59 Para cada uma das reações vistas a seguir, identifique o produto (representado por **A** e **B**) que será formado, a partir do material de partida, por meio da sequência de etapas indicada.

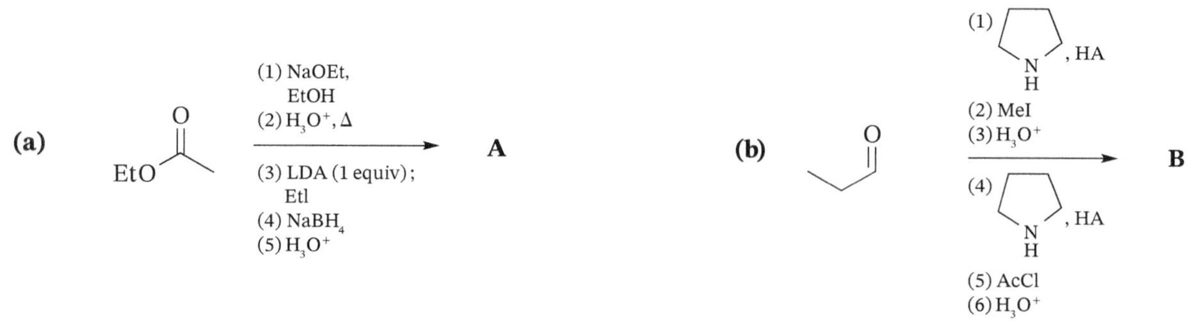

19.60 Desenvolva uma síntese para a molécula a seguir usando somente os materiais indicados como fontes para os átomos de carbono que aparecem no produto final. *Sugestão:* para uma solução satisfatória você necessitará de várias reações vistas em capítulos anteriores e pode ter de usar algumas das fontes de carbono mais de uma vez.

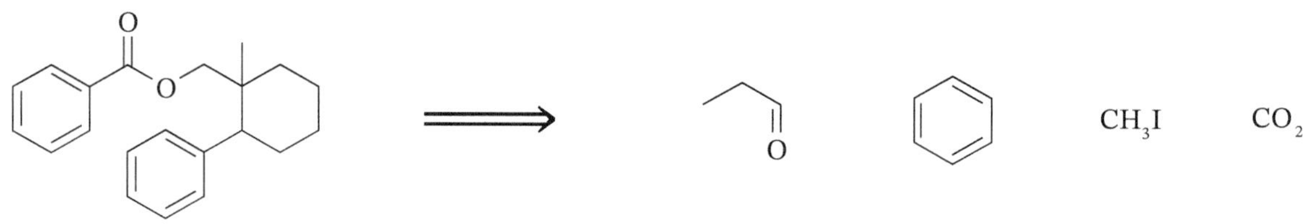

É Necessário um Consultor Químico

19.61 As operações a seguir fizeram parte de sínteses laboratoriais de moléculas complexas. Uma delas é a progesterona, um hormônio sexual feminino que também é um constituinte ativo do controle da natalidade. Forneça condições para realizar as conversões indicadas. (Veja: *J. Am. Chem. Soc.* **1971**, *93*, 4332; *J. Am. Chem. Soc.* **1994**, *116*, 1670.)

(a)

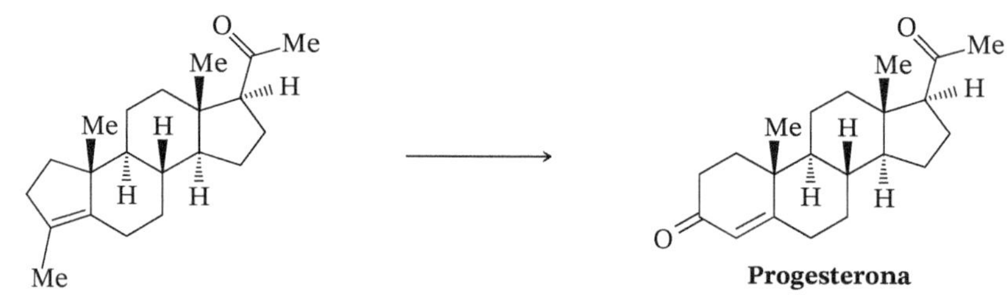

(b)

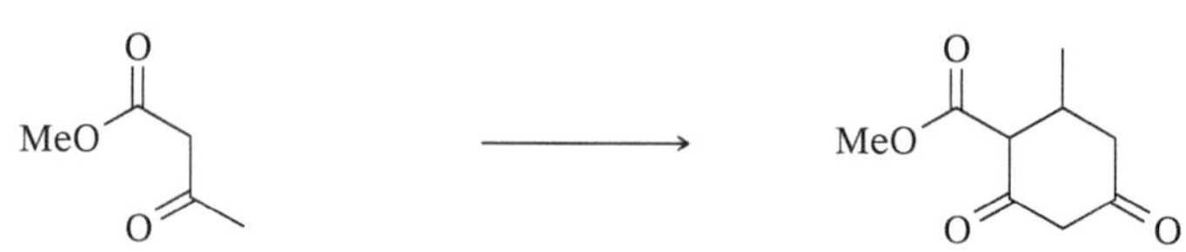

19.62 A síntese clássica de Skraup da quinolina emprega a anilina e a acroleína (geradas *in situ* a partir de glicerol, reação não mostrada) sob condições ácidas. Pouco antes da oxidação final que leva ao produto heterocíclico, o intermediário **A** é formado. Forneça um mecanismo para explicar sua formação. (Veja: *RSC Advances* **2020**, *10*, 20784.)

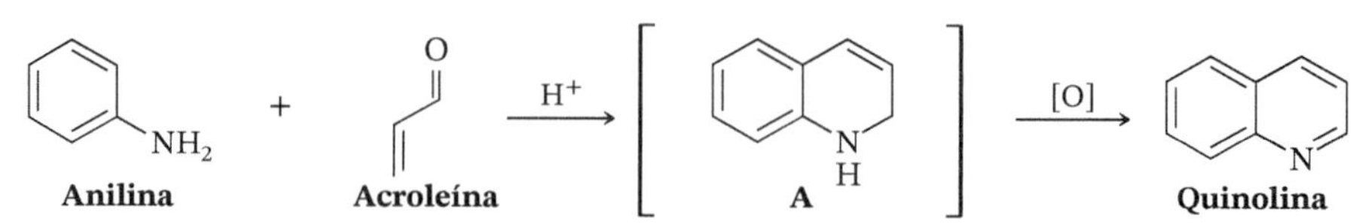

19.63 A utilização de enaminas, geradas na presença de ácido trifluoroacético (CF_3CO_2H), revelou-se crucial para a formação da amina tricíclica mostrada a seguir. Forneça um mecanismo responsável por essa conversão. (Veja: *J. Am. Chem. Soc.* **2014**, *136*, 9743.)

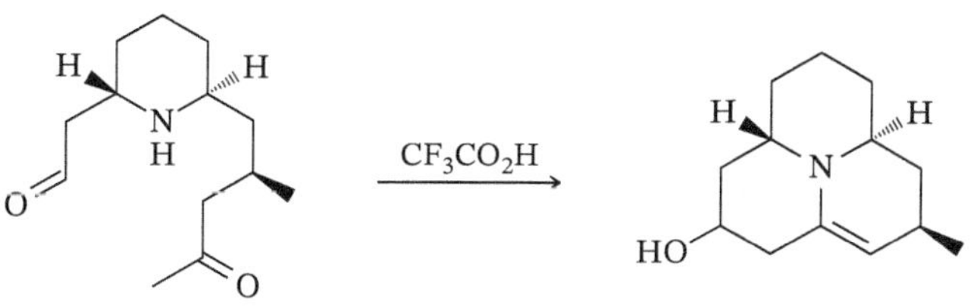

Problemas de Desafio

19.64 Dê um mecanismo para cada uma das reações vistas a seguir.

(a)

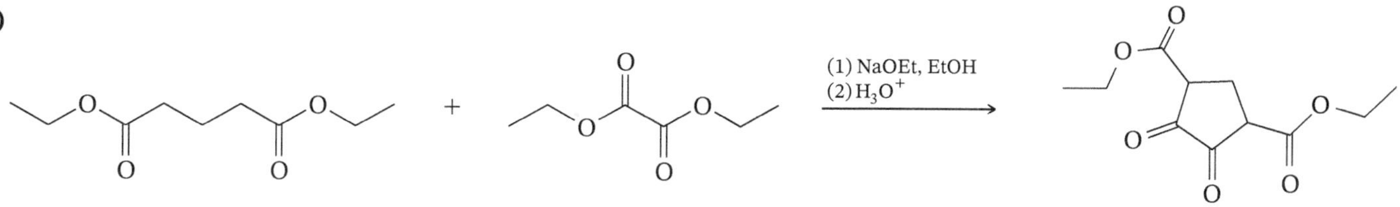

(b)

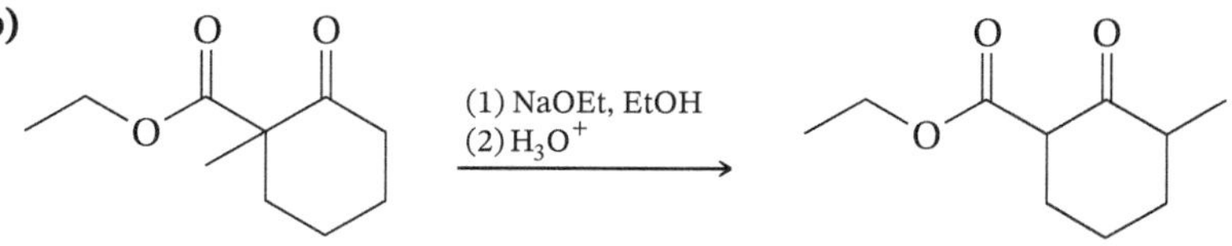

19.65 (a) Deduza a estrutura altamente simétrica do produto **A**:

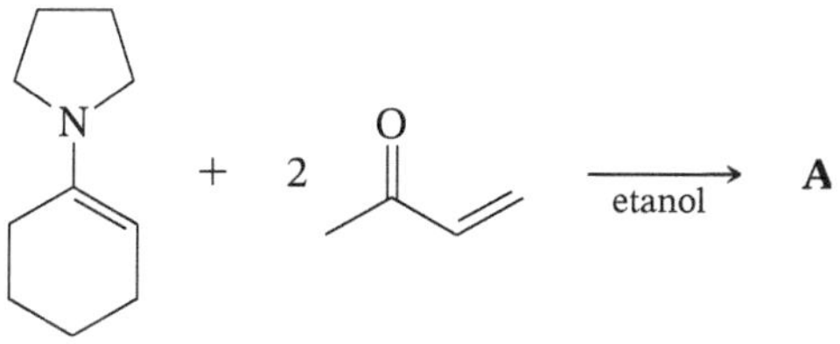

Os dados vistos a seguir são dados espectrais selecionados de **A**:

EM (m/z): 220 ($M^{+\cdot}$)

IV (cm^{-1}): 2930, 2860, 1715

RMN de ^1H (ppm): 1,25 (m), 1,29 (m), 1,76 (m), 1,77 (m), 2,14 (s) e 2,22 (t); (razões das áreas 2:1:2:1:2:2, respectivamente)

RMN de ^{13}C (ppm): 23 (CH_2), 26 (CH_2), 27 (CH_2), 29 (C), 39 (CH), 41 (CH_2), 46 (CH_2), 208 (C)

(b) Escreva um mecanismo que explique a formação de **A**.

19.66 (a) Escreva mecanismos que expliquem as duas transformações vistas a seguir que levam ao mesmo produto. **(b)** Por que, nessas condições, esses novos produtos são favorecidos em relação aos materiais de partida?

(a)

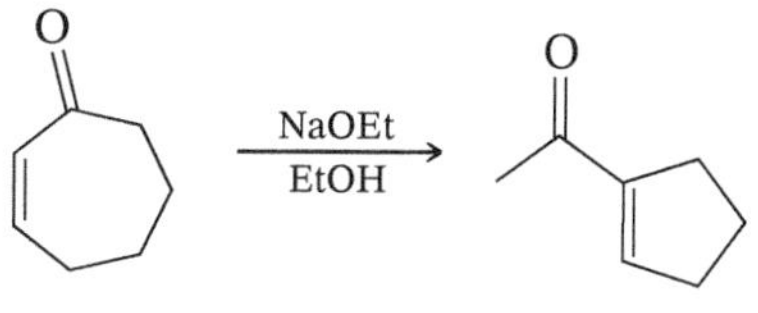

(b)

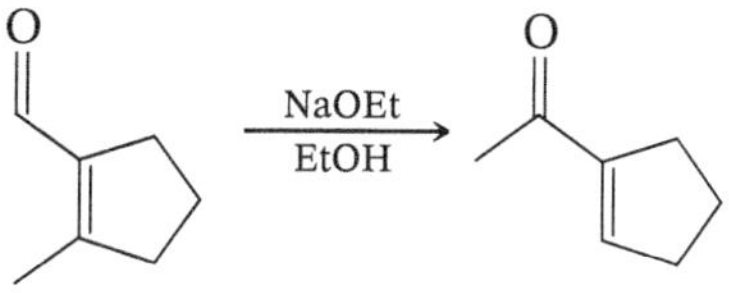

Problema para Trabalho em Grupo

1. Licopodina, uma amina natural, pertencente à família de produtos naturais chamados de alcaloides. Sua síntese (*J. Am. Chem. Soc.* **1968**, *90*, 1647–1648) foi realizada por um dos grandes químicos orgânicos sintéticos do nosso tempo, Gilbert Stork (Columbia University). Escreva um mecanismo para todas as etapas que ocorrem quando **2** reage com acetoacetato de etila na presença de íon etóxido. Observe que uma etapa do mecanismo ocorre por isomerização catalisada por base (via um enolato conjugado) do alqueno em **2**, formando o éster α,β-insaturado correspondente.

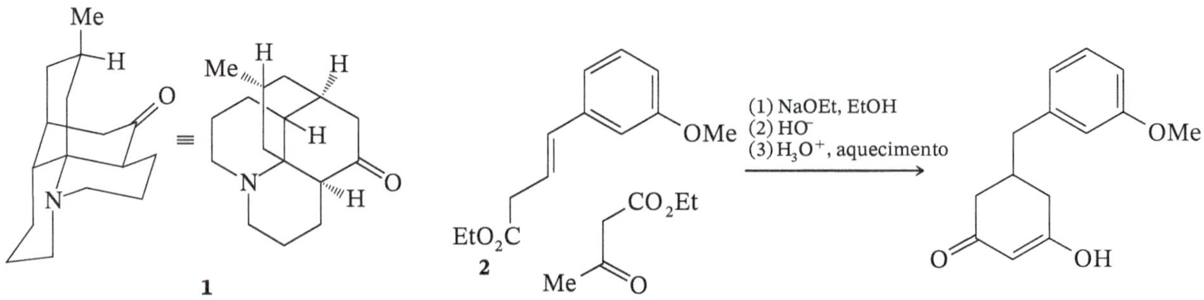

1
Licopodina

2

3

MAPA CONCEITUAL

Reações de Enolatos com Eletrófilos Carbonilados

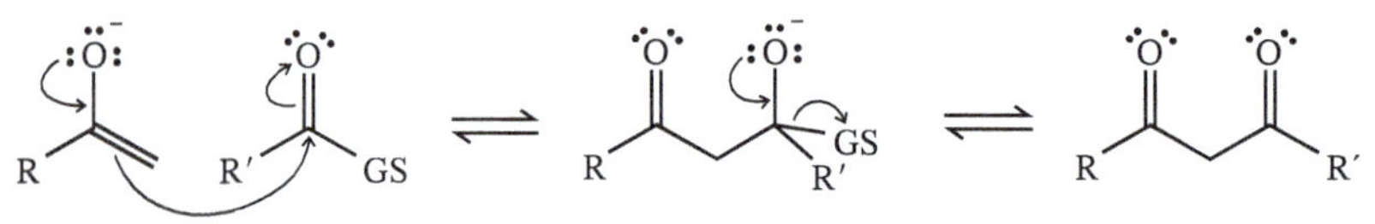

Substituição Acila (adição-eliminação), por exemplo, condensação de Claisen, quando GS = OR

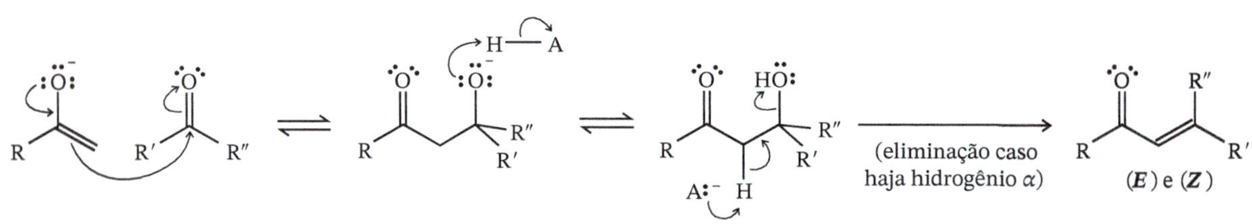

Reações Aldólicas (adição e condensação)

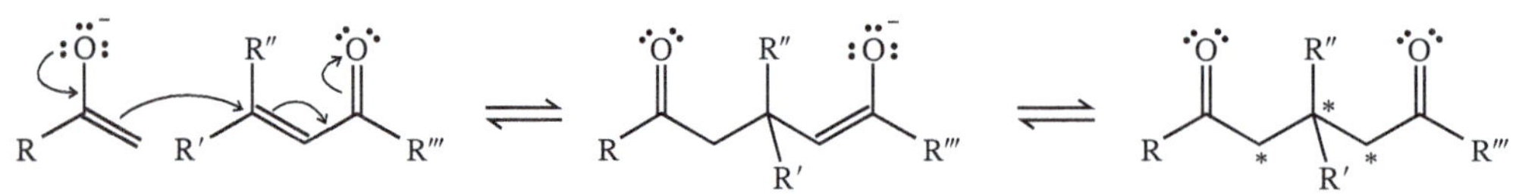

* podem ser centros quirais

Adição (conjugada) de Michael

MAPA CONCEITUAL

Algumas Conexões Sintéticas Envolvendo Enolatos

Os enolatos fornecem muitas maneiras de funcionalizar o carbono α de um composto carbonilado. Mais importante ainda, os enolatos propiciam meios de formar novas ligações carbono-carbono. Algumas dessas conexões sintéticas são mostradas a seguir. Reações de grupos funcionais carbonila, álcool e alqueno (por exemplo, redução, oxidação, adição, substituição) estudadas anteriormente levam a, ou partem de, alguns desses caminhos reacionais.

- Formação de enolato
- Tautomerismo ceto-enólico
- Halogenação
- Alquilação
- Acilação

- Condensação de Claisen
- Reações aldólicas
- Adição de reagentes de Grignard e RLi
- Adição de Michael
- Adição conjugada de HCN
- Adição conjugada de aminas

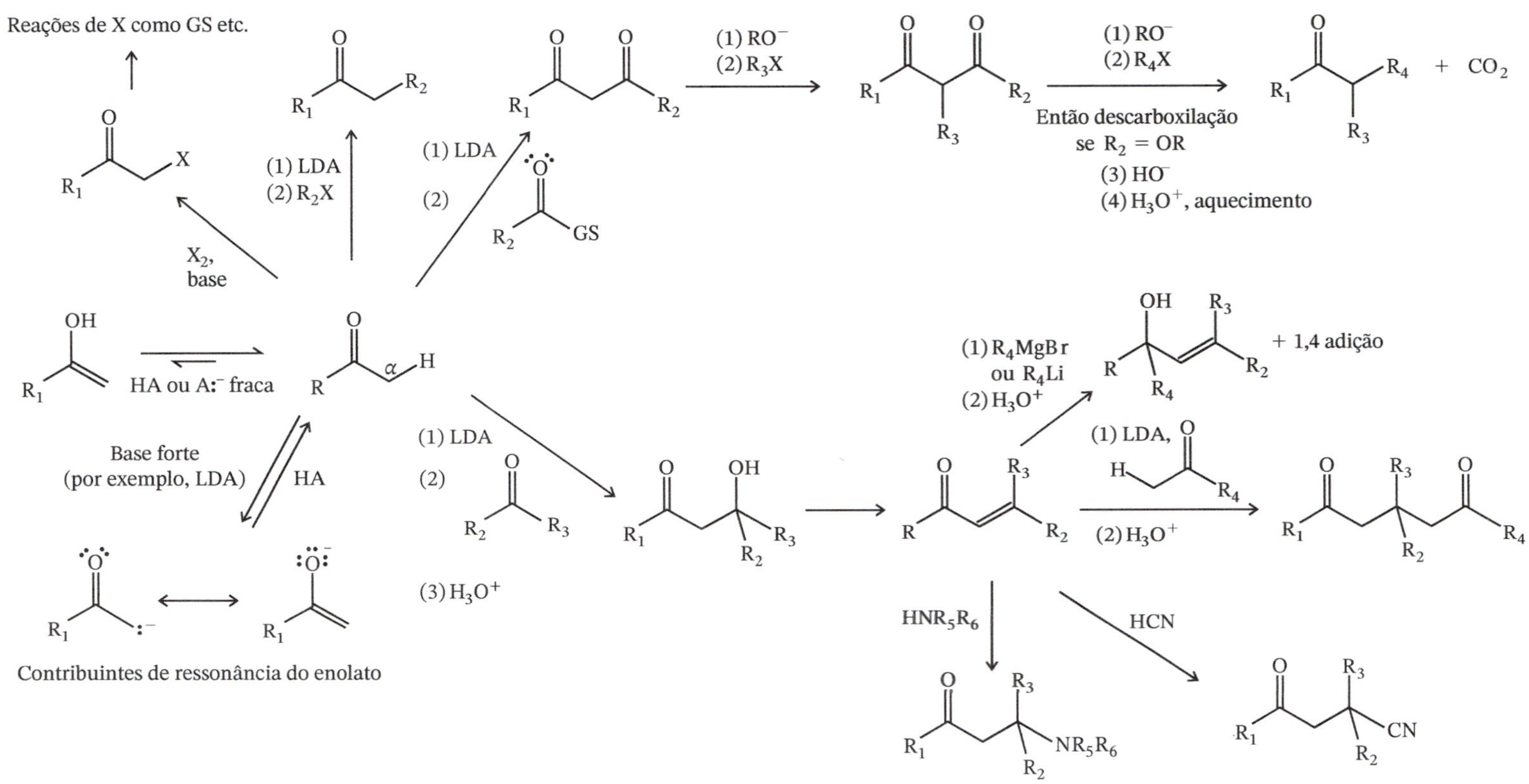

CAPÍTULO 20

dirk ercken/123 RF

Aminas

Os compostos que contêm aminas têm uma incrível gama de propriedades bioquímicas. Alguns deles, como a acetilcolina, agem como neurotransmissores, controlam a função muscular, intensificam as percepções sensoriais e sustentam a capacidade de atenção. Outros podem desempenhar papéis bem mais sinistros. As rãs colombianas venenosas são minúsculas, bonitas, mas também são mortíferas. Elas produzem um composto chamado de histrionicotoxina, uma amina que causa paralisia e, por fim, a morte pela asfixia. Os músculos respiratórios param de funcionar porque a acetilcolina não pode agir, evitando que ela dê início à sinalização elétrica que faz os músculos dos nossos pulmões funcionarem. De modo semelhante, tribos amazônicas há muito utilizam para caçar e para autoproteção uma mistura de compostos provenientes de uma planta da floresta chamada curare; esse material inclui outra neurotoxina paralisante chamada *d*-tubocurarina, a qual também bloqueia a função da acetilcolina. Conforme veremos, esses exemplos representam só a ponta do *iceberg* do que as aminas fazem.

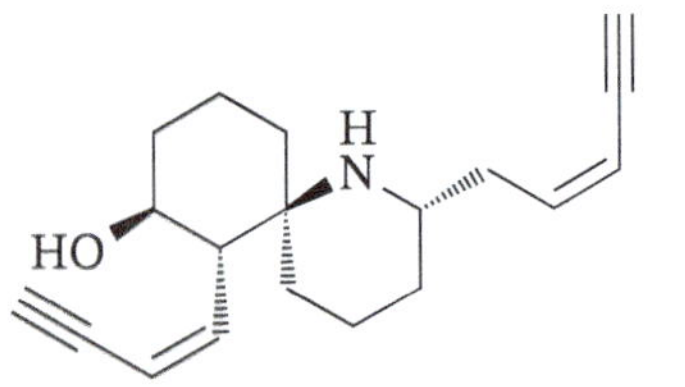

Histrionicotoxina

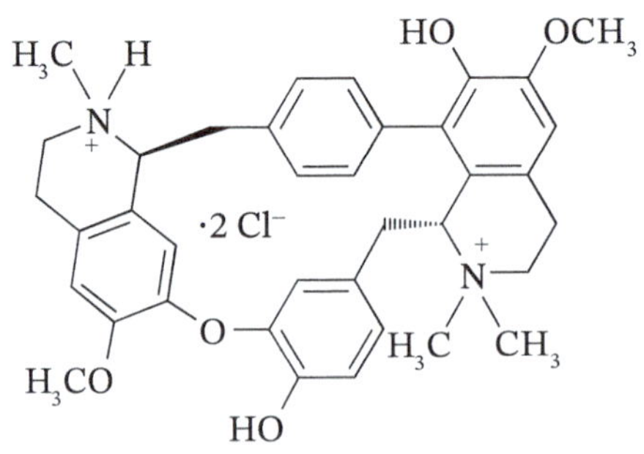

Cloreto de *d*-tubocurarina

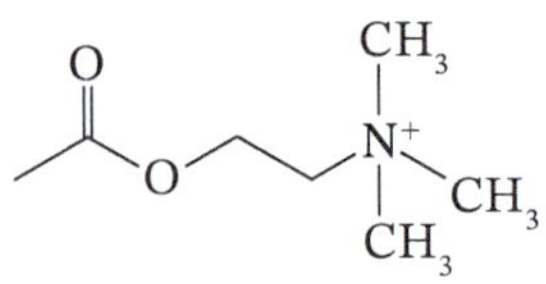

Acetilcolina

NESTE CAPÍTULO, VAMOS ESTUDAR:

- As propriedades, a estrutura e a nomenclatura das aminas
- A capacidade das aminas em agir como bases, sais e agentes de resolução
- A síntese e a reatividade das aminas

POR QUE ESSES TÓPICOS SÃO IMPORTANTES?

No fim deste capítulo, mostraremos como os compostos que contêm aminas levaram não apenas à gênese de uma ideia revolucionária para como pequenas moléculas podem tratar doenças, mas também à identificação das primeiras terapias mundiais para pneumonia e infecções gastrointestinais.

20.1 Nomenclatura

Na nomenclatura vulgar, a maioria das aminas primárias é denominada *alquilaminas*. Na nomenclatura sistemática (nomes em azul entre parênteses), elas são denominadas por meio da adição do sufixo *-amina* ao nome da cadeia ou do sistema cíclico ao qual o grupo NH_2 está ligado com a remoção do *-o* final. As aminas são classificadas como **primária (1ª)**, **secundária (2ª)** ou **terciária (3ª)**, com base no número de grupos orgânicos ligados ao nitrogênio (Seção 2.8).

Aminas Primárias

$CH_3\ddot{N}H_2$

Metilamina
(metanamina)

Etilamina
(etanamina)

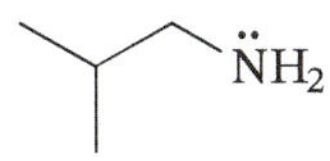

Isobutilamina
(2-metil-1-propanamina)

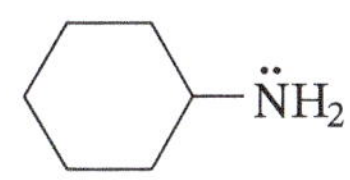

Ciclo-hexilamina
(ciclo-hexanamina)

A maior parte das **aminas secundárias** e **terciárias** recebe seus nomes da mesma maneira geral. Na nomenclatura vulgar, designamos os grupos orgânicos individualmente, se eles são diferentes, ou utilizamos os prefixos di- ou tri-, se eles são iguais. Na nomenclatura sistemática, utilizamos o símbolo *N* para indicar os substituintes ligados a um átomo de nitrogênio.

Aminas Secundárias

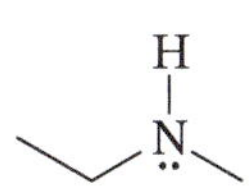

Etilmetilamina
(*N*-metiletanamina)

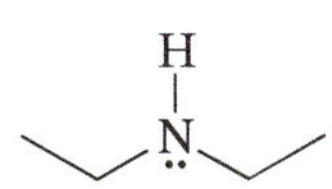

Dietilamina
(*N*-etiletanamina)

Aminas Terciárias

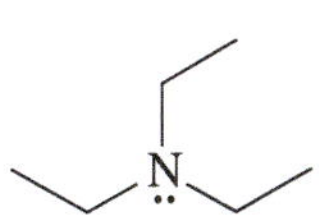

Trietilamina
(*N*,*N*-dietiletanamina)

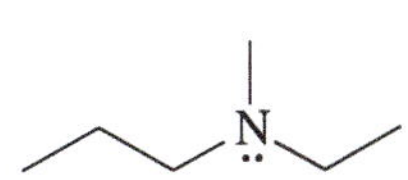

Etilmetilpropilamina
(*N*-etil-*N*-metil-1-propanamina)

No sistema IUPAC, o substituinte $—NH_2$ é chamado de grupo *amino*. Frequentemente utilizamos este sistema para dar nomes às aminas que contêm um grupo OH ou um grupo CO_2H:

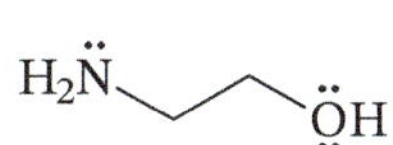

2-Aminoetanol

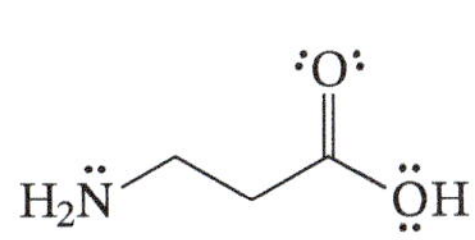

Ácido 3-aminopropanoico

20.1A Arilaminas

Algumas **arilaminas** comuns têm os seguintes nomes:

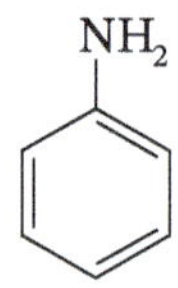

Anilina (benzenamina)

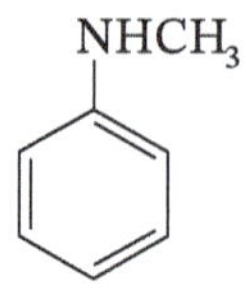

***N*-Metilanilina** (*N*-metil-benzenamina)

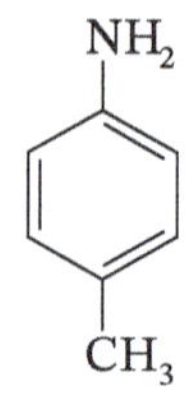

***p*-Toluidina** (4-metil-benzenamina)

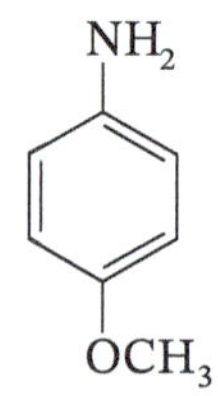

***p*-Anisidina** (4-metoxi-benzenamina)

20.1B Aminas Heterocíclicas

Todas as **aminas heterocíclicas** importantes têm nomes comuns. Na nomenclatura sistemática de substituição os prefixos *aza*-, *diaza*- e *triaza*- são utilizados para indicar que os átomos de carbono foram substituídos por átomos de nitrogênio no hidrocarboneto correspondente. Um átomo de nitrogênio no anel (ou o heteroátomo de massa atômica mais alta, como no caso do tiazol) é assinalado como tendo a posição 1 e a numeração é feita de modo a fornecer o menor número possível para todos os heteroátomos:

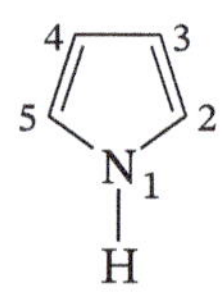

Pirrol (1-azaciclopenta-2,4-dieno)

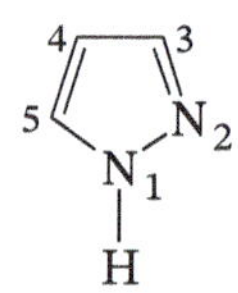

Pirrazol (1,2-diazaciclopenta-2,4-dieno)

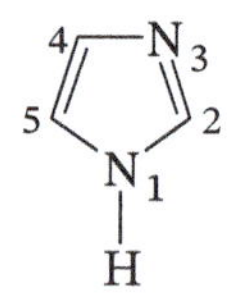

Imidazol (1,3-diazaciclopenta-2,4-dieno)

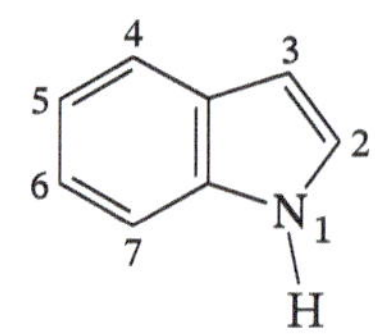

Indol (1-azaindeno)

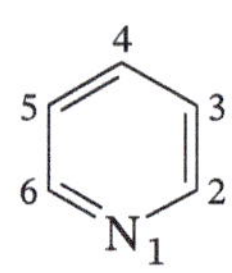

Piridina (azabenzeno)

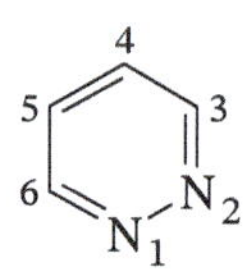

Piridazina (1,2-diazabenzeno)

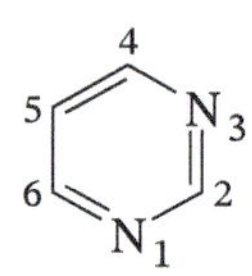

Pirimidina (1,3-diazabenzeno)

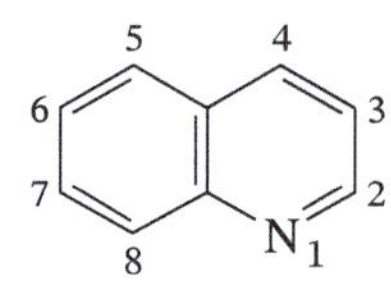

Quinolina (1-azanaftaleno)

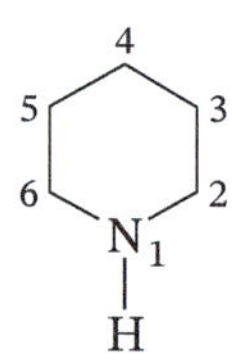

Piperidina (azaciclo-hexano)

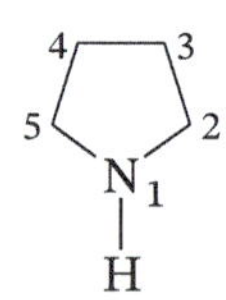

Pirrolidina (azaciclopentano)

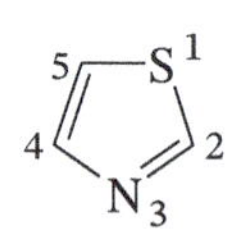

Tiazol (1-tia-3-azaciclopenta-2,4-dieno)

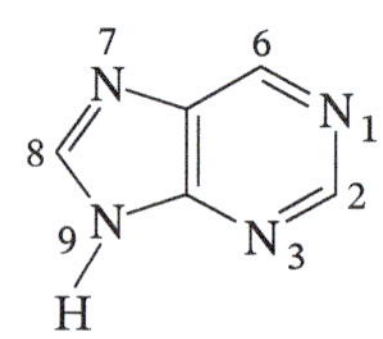

Purina

20.2 Propriedades Físicas e Estrutura das Aminas

20.2A Propriedades Físicas

As aminas são substâncias moderadamente polares; elas têm pontos de ebulição mais elevados do que os alcanos, mas geralmente mais baixos do que os álcoois de massa molecular comparável. As moléculas das aminas primárias e secundárias podem formar ligações de hidrogênio fortes entre si e com a água. As moléculas das aminas terciárias não podem formar ligações de hidrogênio umas com as outras, mas elas podem formar ligações de hidrogênio com as moléculas de água ou com outros solventes hidroxilados. Por esse motivo, as aminas terciárias geralmente entram em ebulição a temperaturas mais baixas do que as aminas primárias e secundárias de massa molecular comparável, mas todas as aminas de massa molecular baixa são muito solúveis em água. A **Tabela 20.1** relaciona as propriedades físicas de algumas aminas comuns.

TABELA 20.1 **Propriedades Físicas de Algumas Aminas**

Nome	Estrutura	p.fus (°C)	p.eb (°C)	Solubilidade em Água (25 °C)	pK_a (íon amínio)
Aminas Primárias					
Etilamina	$CH_3CH_2NH_2$	−81	17	Muito solúvel	10,75
Benzilamina	$C_6H_5CH_2NH_2$	10	185	Ligeiramente solúvel	9,30
Anilina	$C_6H_5NH_2$	−6	184	Ligeiramente solúvel	4,58
4-Metilanilina	4-$CH_3C_6H_4NH_2$	44	200	Insolúvel	5,08
4-Nitroanilina	4-$NO_2C_6H_4NH_2$	148	332	Insolúvel	1,00
Aminas Secundárias					
Dietilamina	$(CH_3CH_2)_2NH$	−48	56	Muito solúvel	10,98
Difenilamina	$(C_6H_5)_2NH$	53	302	Insolúvel	0,80
Aminas Terciárias					
Trietilamina	$(CH_3CH_2)_3N$	−115	90	Um pouco solúvel	10,76
N,N-Dimetilanilina	$C_6H_5N(CH_3)_2$	3	194	Ligeiramente solúvel	5,06

20.2B Estrutura das Aminas

O átomo de nitrogênio da maioria das aminas é semelhante àquele da amônia; sua hibridização é aproximadamente sp^3. Os três grupos alquila (ou átomos de hidrogênio) ocupam os vértices de um tetraedro; o orbital sp^3 contendo o par de elétrons não compartilhado está dirigido para o outro vértice. Levando-se em conta a localização dos átomos, descrevemos a forma das aminas como **piramidal triangular** (Seção 1.16B). Entretanto, se fôssemos considerar o par de elétrons não compartilhado como um grupo, a geometria das aminas seria descrita como tetraédrica. O mapa de potencial eletrostático para a superfície de van der Waals da trimetilamina indica a localização da carga negativa onde os elétrons não ligantes são encontrados no nitrogênio:

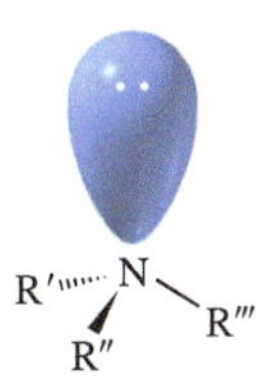

Estrutura de uma amina

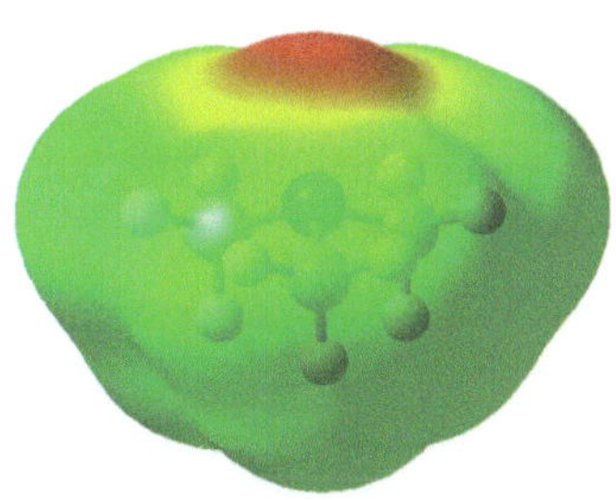

Uma estrutura calculada para a trimetilamina. O mapa de potencial eletrostático mostra a carga associada ao par de elétrons não compartilhados do átomo de nitrogênio.

Os ângulos de ligação são os esperados para uma estrutura tetraédrica; eles são muito próximos de 109,5°. Por exemplo, os ângulos de ligação para a trimetilamina são de 108°.

Se os grupos alquila de uma amina terciária forem todos diferentes, a amina será quiral. Existirão duas formas enantioméricas dessa amina, e, teoricamente, devemos ser capazes de resolver (separar) esses enantiômeros. Entretanto, na prática, a separação é normalmente impossível porque os enantiômeros se interconvertem rapidamente:

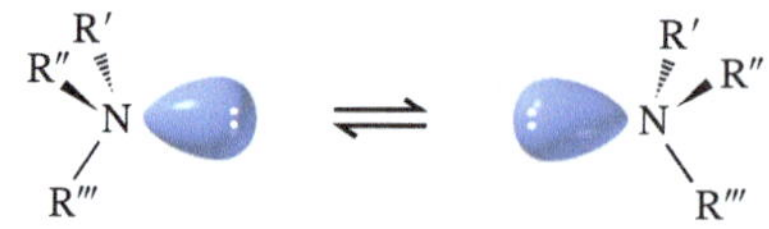

Interconversão de enantiômeros da amina

Essa interconversão ocorre através do que se chama **inversão do nitrogênio** ou **piramidal.** A barreira para a interconversão é de aproximadamente 25 kJ mol^{-1} para as aminas mais simples, baixa o suficiente para ocorrer prontamente à temperatura ambiente. No estado de transição para a inversão, o átomo de nitrogênio tem hibridização sp^2, com o par de elétrons não compartilhado ocupando um orbital *p*.

Os sais de amônio não podem sofrer inversão porque eles não têm um par de elétrons não compartilhado. Portanto, **sais de amônio quaternário** com quatro grupos diferentes são quirais e podem ser resolvidos em seus enantiômeros (relativamente estáveis):

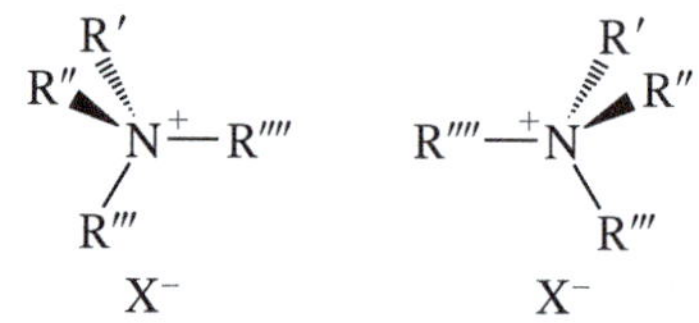

Sais de amônio quaternário como esses podem ser resolvidos.

20.3 Basicidade das Aminas: Sais de Aminas

- As aminas são bases fracas, e a maioria delas é mais forte do que a água, mas são bases bem mais fracas do que os íons hidróxido, íons alcóxido e íons alcaneto.

Uma maneira conveniente de comparar a **basicidade (força básica)** das aminas é comparar os valores de pK_a dos seus ácidos conjugados, os íons alquilamínio (Seções 3.5C e 20.3D).

$$R\overset{+}{N}H_3 + H_2O \rightleftharpoons RNH_2 + H_3O^+$$

$$K_a = \frac{[RNH_2][H_3O^+]}{[RNH_3^+]}$$

$$pK_a = -\log K_a$$

O equilíbrio para uma amina que é relativamente mais básica estará mais deslocado para a esquerda na equação química anterior do que para uma amina que é menos básica.

- O íon amínio de uma amina mais básica tem um pK_a maior do que um íon amínio de uma amina menos básica.

Quando comparamos a acidez dos íons amínio em termos desse equilíbrio, vemos que a maioria dos íons alquilamínio primários (RNH_3^+) são menos ácidos do que o íon amônio (NH_4^+). Em outras palavras, as alquilaminas primárias (RNH_2) são mais básicas do que a amônia (NH_3):

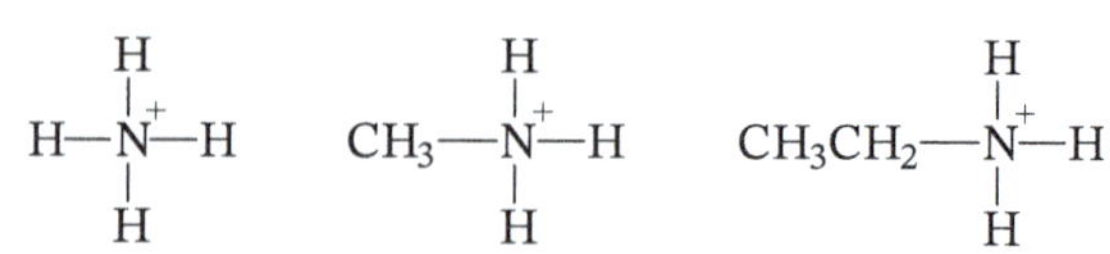

pK_a do íon amínio **9,26** **10,64** **10,75**

Podemos explicar isto com base na capacidade doadora de elétrons de um grupo alquila. Esse grupo libera elétrons e *estabiliza* o íon alquilamínio que resulta da reação ácido–base *por meio da dispersão da sua carga positiva.* Ele estabiliza o íon alquilamínio em maior extensão do que a amina:

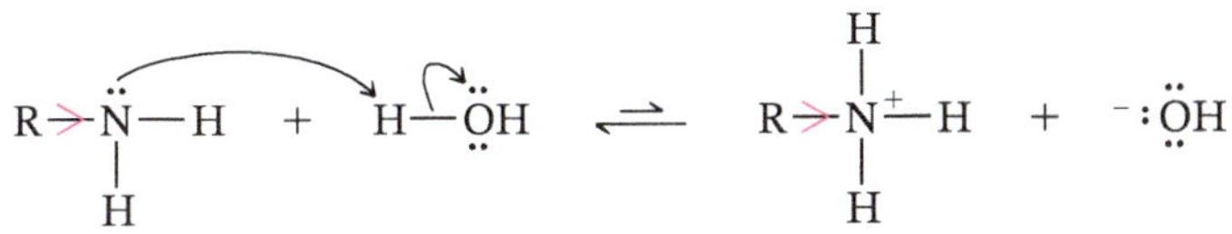

Ao liberar elétrons, R ⇾ estabiliza o íon alquilamínio por meio da dispersão da carga.

20.3A Basicidade das Arilaminas

- As aminas aromáticas são bases muito mais fracas do que as alquilaminas. Os valores de pK_a para seus correspondentes íons amínio ilustram esse fato.

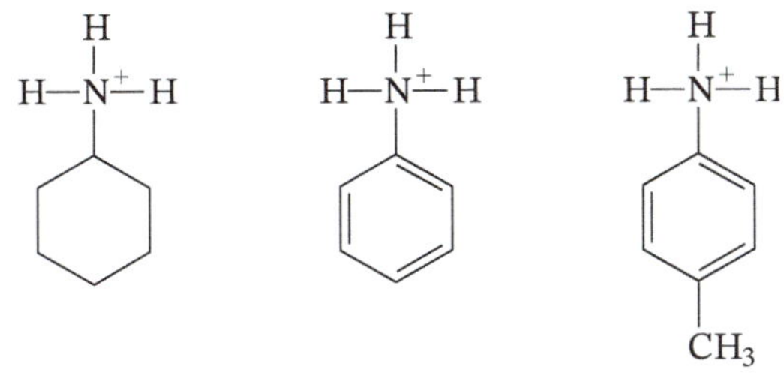

pK_a do íon amínio	**10,64**	**4,58**	**5,08**

Podemos explicar esse efeito, em parte, com base nas contribuições de ressonância para o híbrido global de uma arilamina. No caso da anilina, os seguintes contribuintes são importantes:

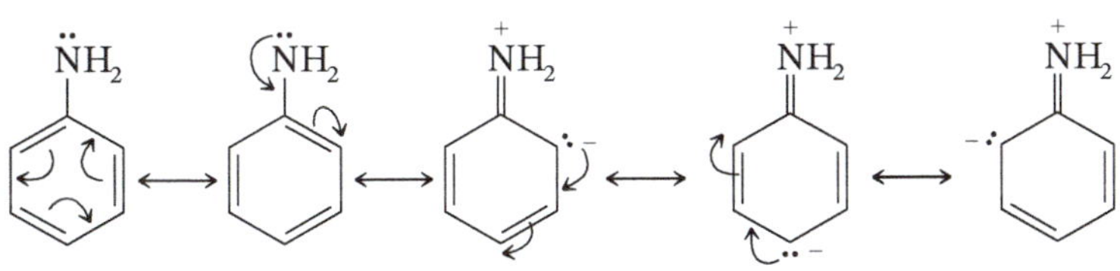

1 **2** **3** **4** **5**

As estruturas **1** e **2** são as estruturas de Kekulé que contribuem para qualquer derivado benzênico. Entretanto, as estruturas **3–5** *deslocalizam* o par de elétrons não compartilhado do nitrogênio sobre as posições orto e para do anel. Esta deslocalização do par de elétrons faz com que ele esteja menos disponível para um próton, e a *deslocalização do par de elétrons estabiliza a anilina.*

Outro efeito importante na explicação da menor basicidade das aminas aromáticas é o **efeito retirador de elétrons de um grupo fenila**. Uma vez que os átomos de carbono de um grupo fenila têm hibridização sp^2, eles são mais eletronegativos (e por isso retiram mais elétrons, Seção 3.7A) do que os átomos de carbono com hibridização sp^3 dos grupos alquila.

20.3B Basicidade das Aminas Heterocíclicas

As aminas heterocíclicas não aromáticas têm basicidades aproximadamente equivalentes às das aminas acíclicas:

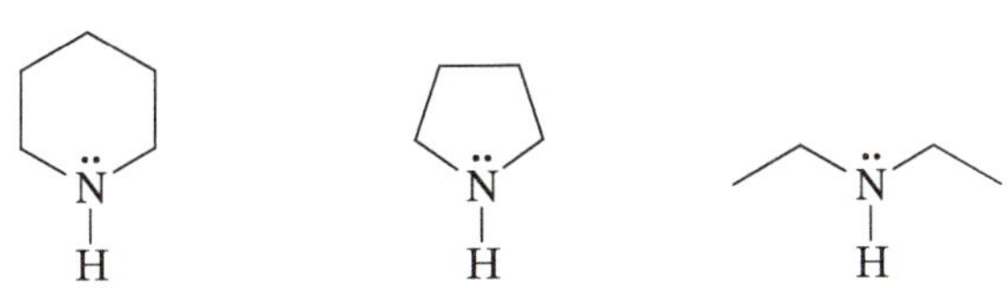

pK_a do íon amínio correspondente	**Piperidina** 11,20	**Pirrolidina** 11,11	**Dietilamina** 10,98

Em soluções aquosas, as aminas aromáticas heterocíclicas, tais como piridina, pirimidina e pirrol, são bases muito mais fracas do que as aminas não aromáticas ou a amônia.

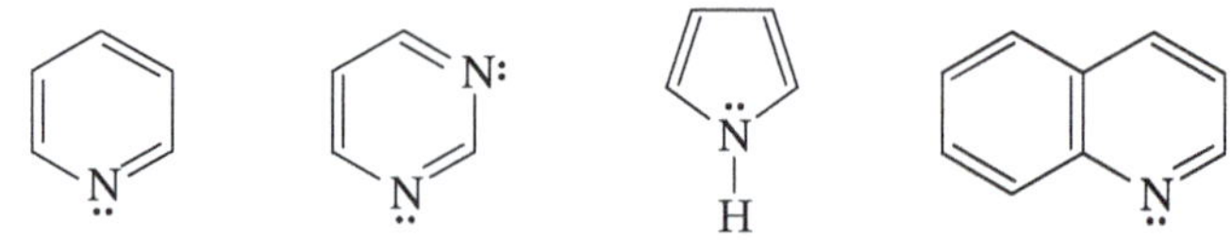

	Piridina	Pirimidina	Pirrol	Quinolina
pK_a do íon amínio correspondente	**5,23**	**2,70**	**0,40**	**4,5**

20.3C Aminas *versus* Amidas

- As amidas são muito menos básicas (até menos básicas do que as arilaminas). O pK_a do ácido conjugado de uma amida típica é aproximadamente zero.

A menor basicidade das amidas quando comparada à das aminas pode ser entendida em termos de efeitos de ressonância e indutivo. Uma amida é estabilizada por ressonância envolvendo o par de elétrons não ligante no átomo de nitrogênio. No entanto, uma amida protonada no seu átomo de nitrogênio não possui esse tipo de estabilização por ressonância. Isso é mostrado nas seguintes estruturas de ressonância:

Amida

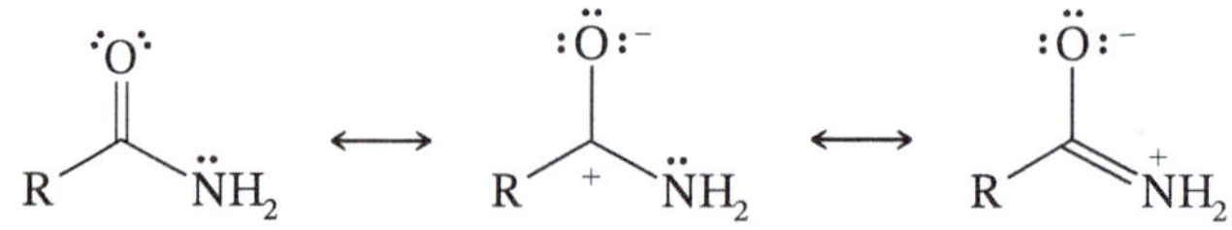

Maior estabilização por ressonância

Amida N-Protonada

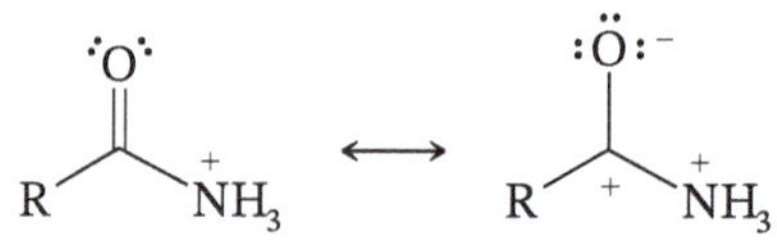

Menor estabilização por ressonância

No entanto, um fator mais importante que explica o fato de as amidas serem bases mais fracas do que as aminas é o poderoso efeito de retirada de elétrons do grupo carbonila da amida. Esse efeito é ilustrado pelos mapas de potencial eletrostático para a etilamina e para a acetamida, mostrados na Fig. 20.1. Uma carga negativa significativa está localizada na posição do par de elétrons não ligante na etilamina (como indicado pela cor vermelha). Na acetamida, no entanto, a carga negativa é menor nas proximidades do átomo de nitrogênio do que na etilamina.

Comparando os equilíbrios vistos a seguir, observa-se que a reação com a amida está mais deslocada para a esquerda do que a reação correspondente com uma amina. Esse resultado é consistente com o fato de a amina ser uma base mais forte do que uma amida.

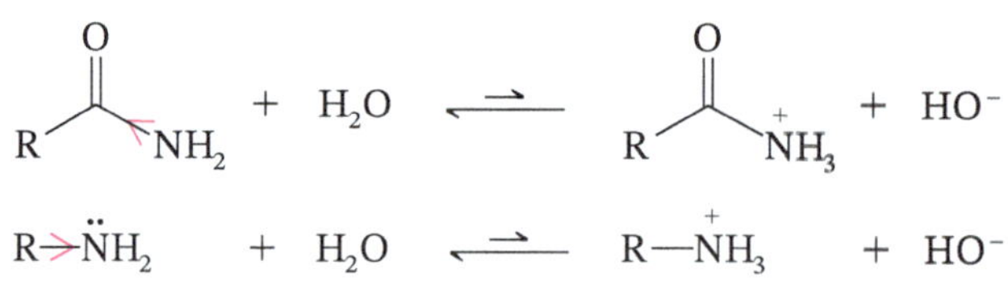

Os átomos de nitrogênio das amidas são tão fracamente básicos que, quando uma amida recebe um próton, ela o faz em seu átomo de oxigênio (veja o mecanismo de hidrólise de uma amida, Seção 17.8F). A protonação no átomo de oxigênio ocorre mesmo sendo os átomos de oxigênio (por causa de sua maior eletronegatividade) normalmente menos básicos do que os átomos de nitrogênio. No entanto, observe que, se uma amida recebe um próton em seu átomo de oxigênio, ainda é possível uma estabilização por ressonância envolvendo o par de elétrons não ligante do átomo de nitrogênio:

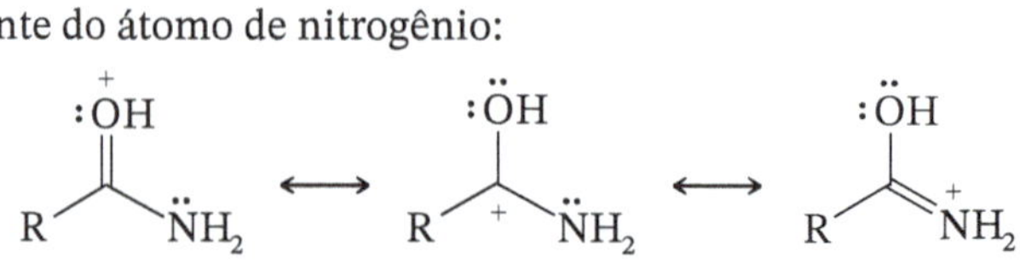

Etilamina

Acetamida

FIGURA 20.1 Mapas de potencial eletrostático calculados (calibrados para a mesma escala de carga) para a etilamina e para a acetamida. O mapa para a etilamina mostra a localização da carga negativa no par de elétrons não compartilhado do nitrogênio. O mapa para a acetamida mostra que a maior parte da carga negativa está em seu átomo de oxigênio em vez de no átomo de nitrogênio, devido ao efeito retirador de elétrons do grupo carbonila.

20.3D Sais de Amínio e Sais de Amônio Quaternário

Quando aminas primárias, secundárias e terciárias atuam como bases e reagem com ácidos, elas formam compostos chamados de **sais de amínio**. Em um sal de amínio, o átomo de nitrogênio carregado positivamente é ligado a pelo menos um átomo de hidrogênio:

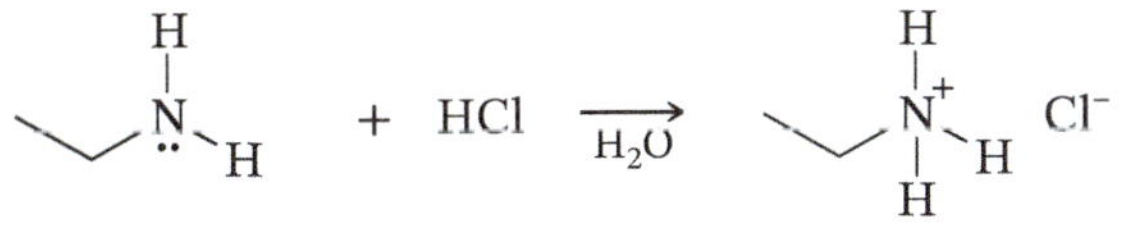

Cloreto de etilamínio (um sal de amínio)

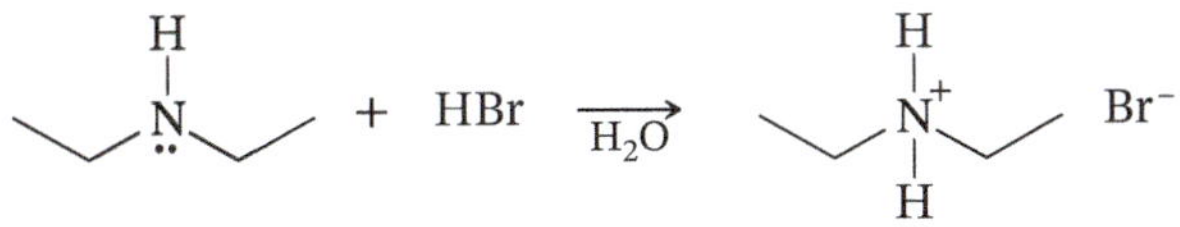

Brometo de dietilamínio

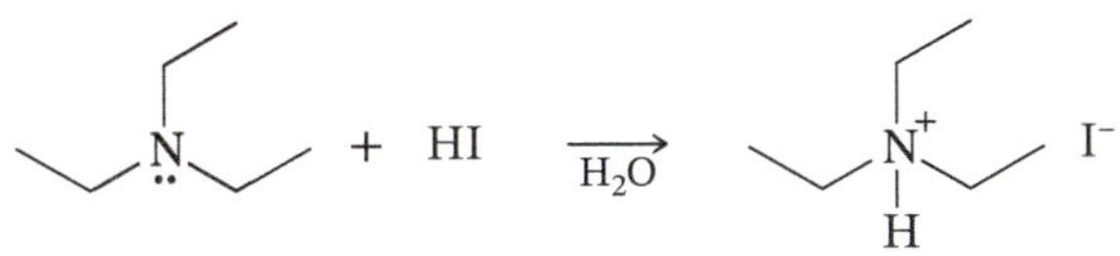

Iodeto de trietilamínio

Quando o átomo central de nitrogênio de um composto está carregado positivamente, *mas não está ligado a um átomo de hidrogênio*, o composto é chamado de **sal de amônio quaternário**. Por exemplo,

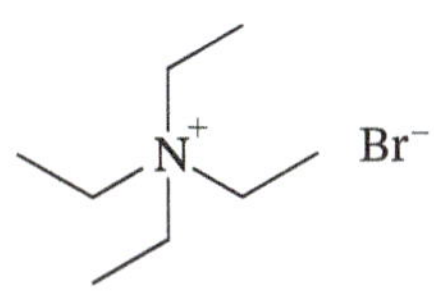

Brometo de tetraetilamônio (um sal de amônio quaternário)

Os haletos de amônio quaternário – uma vez que não têm um par de elétrons não compartilhado no átomo de nitrogênio – não podem atuar como bases. Entretanto, os *hidróxidos* de amônio quaternário são bases fortes. Como sólidos, ou em solução, eles consistem *inteiramente* em cátions de amônio quaternário (R_4N^+) e íons hidróxido (HO^-); eles são, portanto, bases fortes – tão fortes quanto os hidróxidos de sódio ou de potássio. Os hidróxidos de amônio quaternário reagem com ácidos formando sais de amônio quaternário:

$$(CH_3)_4N^+HO^- + HCl \longrightarrow (CH_3)_4N^+Cl^- + H_2O$$

Na Seção 20.12A, veremos como os sais de amônio quaternário podem ser utilizados na preparação de alquenos através de uma reação chamada de *eliminação de Hofmann*.

20.3E Solubilidade de Aminas em Soluções Aquosas de Ácidos

- Quase todos os sulfatos de alquilamínio são solúveis em água. Assim, as aminas primárias, secundárias ou terciárias que não são solúveis em água dissolvem-se em solução aquosa de HCl, HBr, HI ou H_2SO_4 diluído.

A solubilidade em ácido diluído fornece um método químico conveniente para separar aminas de compostos não básicos que são insolúveis em água. Uma amina pode ser extraída em meio ácido aquoso (HCl diluído) e, então, recuperada tornando a solução aquosa básica e extraindo a amina com éter ou CH_2Cl_2.

DICA ÚTIL

Aminas são básicas. Amidas não são. Você pode querer usar a basicidade das aminas em seu trabalho de laboratório de química orgânica para a separação de compostos ou para a caracterização de substâncias desconhecidas.

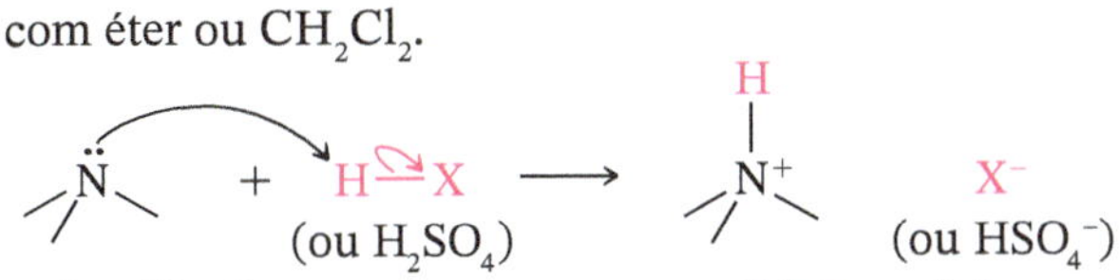

Amina insolúvel em água **Sal de amínio solúvel em água**

Uma vez que as amidas são muito menos básicas do que as aminas, as amidas insolúveis em água não se dissolvem em solução aquosa diluída de HCl, HBr, HI ou H_2SO_4.

PROBLEMA DE REVISÃO 20.1

Esboce um procedimento para separar a hexilamina do ciclo-hexano utilizando HCl diluído, solução aquosa de NaOH e éter dietílico.

PROBLEMA DE REVISÃO 20.2

Esboce um procedimento para separar uma mistura de ácido benzoico, 4-metilfenol, anilina e benzeno, utilizando ácidos, bases e solventes orgânicos.

20.3F Aminas como Agentes de Resolução

- Aminas enantiomericamente puras são geralmente utilizadas para resolver formas racêmicas de compostos ácidos através da formação de sais diastereoisoméricos.

Podemos ilustrar os princípios envolvidos na **resolução** mostrando como uma forma racêmica de um ácido orgânico pode ser resolvida (separada) em seus enantiômeros com um único enantiômero de uma **amina como agente de resolução** (**Fig. 20.2**).

Neste procedimento, o enantiômero puro de uma amina, (*R*)-1-feniletilamina, é adicionado a uma solução da forma racêmica de um ácido. Os sais que se formam são *diastereoisômeros*. Os centros quirais da parte ácida dos sais estão enantiomericamente relacionados entre si, mas

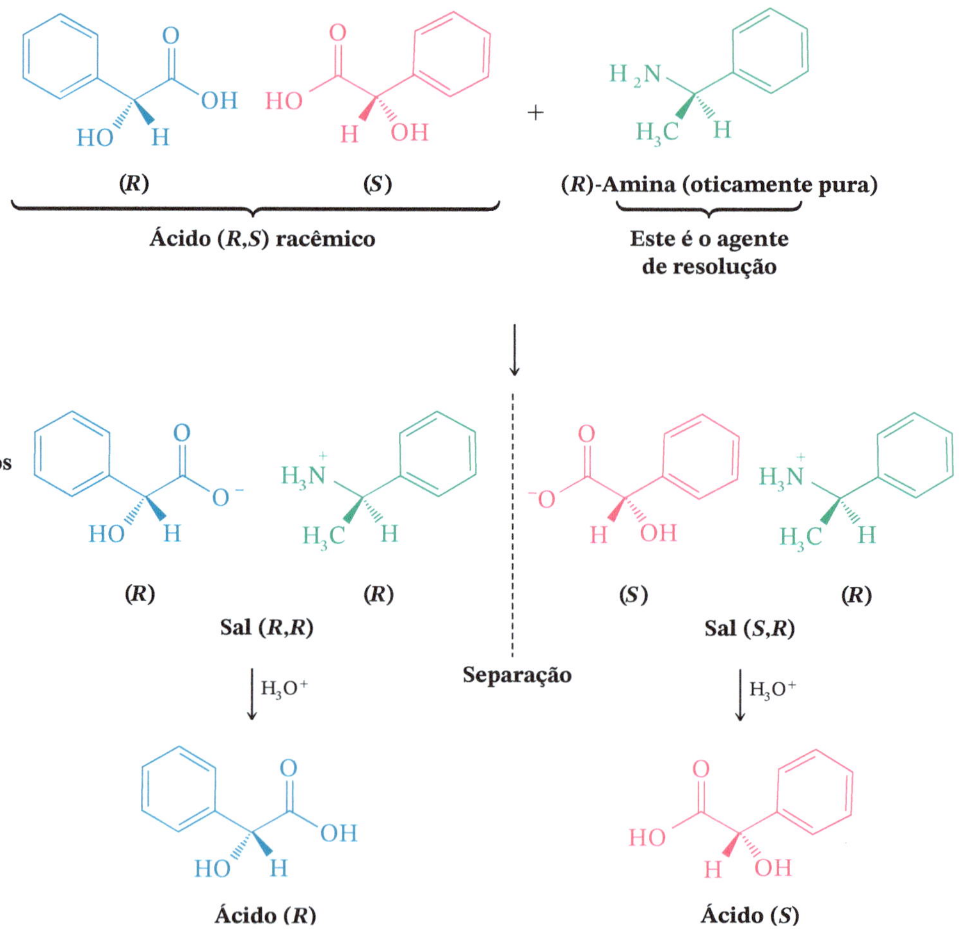

FIGURA 20.2 A resolução da forma racêmica de um ácido orgânico através da utilização de uma amina oticamente ativa. A acidificação dos sais diastereoisoméricos separados leva à precipitação dos ácidos enantioméricos (supondo que eles sejam insolúveis em água) e deixa o agente de resolução na solução na forma de seu ácido conjugado.

os centros quirais da parte da amina não estão. Os diastereoisômeros têm diferentes solubilidades e podem ser separados através de uma cuidadosa cristalização. Os sais separados são, então, acidificados com ácido clorídrico, e os ácidos enantioméricos são obtidos a partir de suas respectivas soluções. A amina permanece em solução como seu sal cloridrato.

Os enantiômeros puros empregados como agentes de resolução geralmente são facilmente disponíveis a partir de fontes naturais. Uma vez que a maior parte das moléculas orgânicas quirais encontradas nos organismos vivos é sintetizada através de reações catalisadas por enzimas, a maioria delas é enantiômeros puros. As aminas naturais oticamente ativas tais como a (–)-quinina (veja em "A Química Biológica de... Aminas Importantes" nesta seção), a (–)-estricnina e a (–)-brucina são comumente empregadas como agentes de resolução para ácidos racêmicos. Ácidos como (+)- ou (–)-tartárico (Seção 5.15A) são frequentemente utilizados para resolver bases racêmicas.

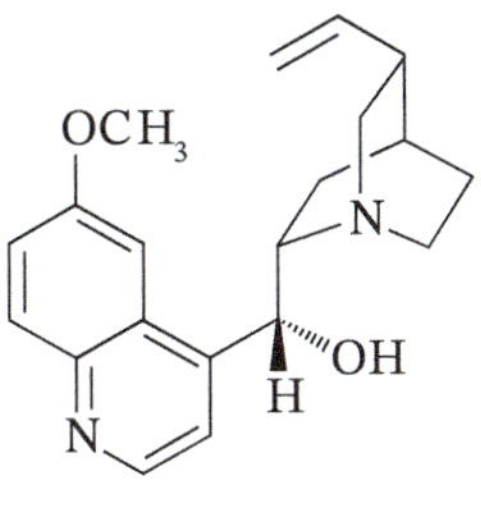

(–)-Quinina

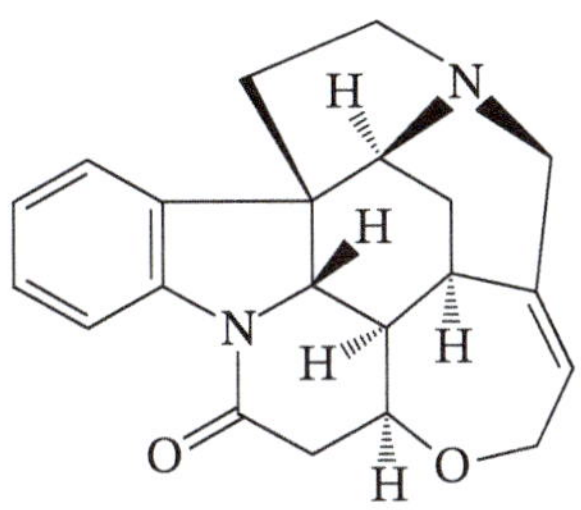

(–)-Estricnina

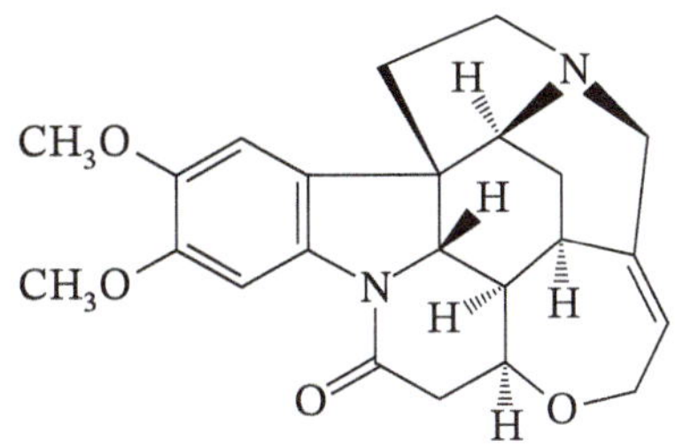

(–)-Brucina

A Química Biológica de. . . Aminas Importantes

Um grande número de compostos de importância médica e biológica são aminas. A seguir, apresentam-se alguns exemplos relevantes:

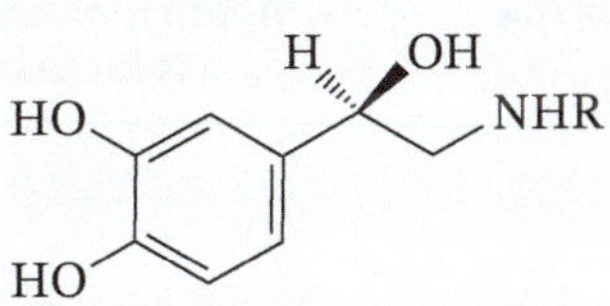

R = CH_3, Adrenalina (epinefrina)
R = H, Noradrenalina (norepinefrina)

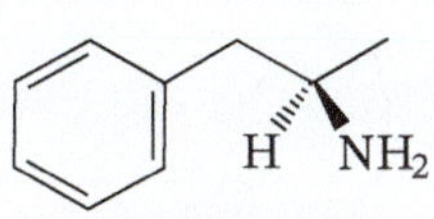

Anfetamina (benzedrina)

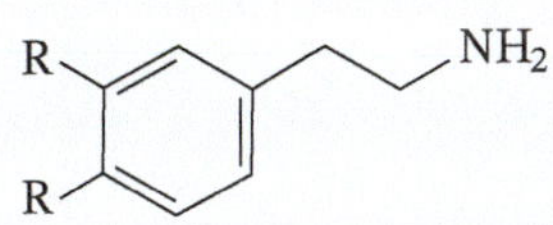

R = H, 2-Feniletilamina
R = OH, Dopamina

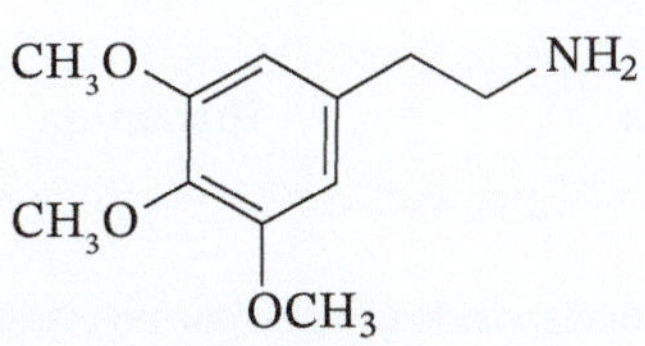

Mescalina

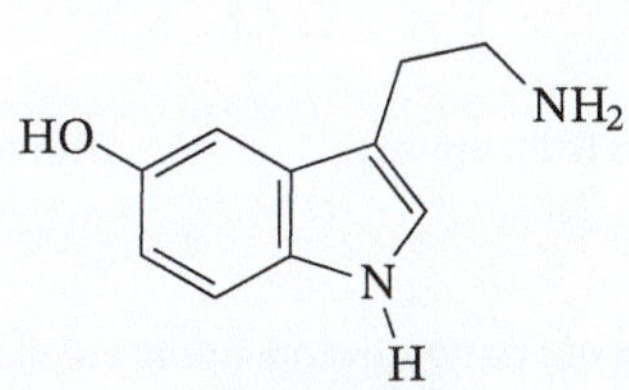

Serotonina

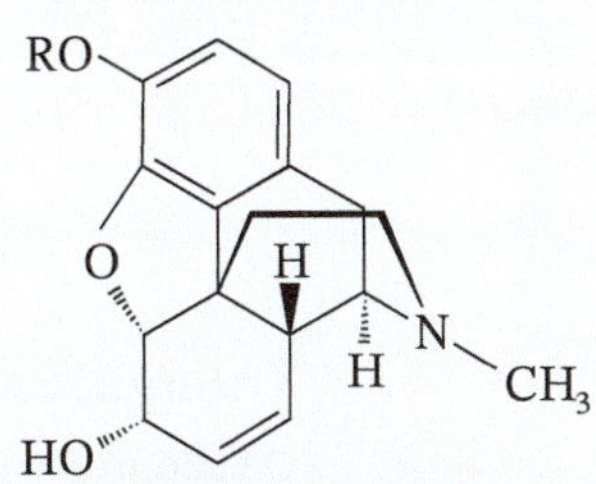

Morfina (R= H)
Codeína (R = CH_3)

2-Feniletilaminas

Muitos compostos derivados da feniletilamina têm poderosos efeitos fisiológicos e psicológicos. A adrenalina e a noradrenalina são dois hormônios excretados na medula da glândula adrenal. Liberada na corrente sanguínea quando um animal sente perigo, a adrenalina provoca um aumento na pressão sanguínea, uma elevação do batimento cardíaco e um alargamento das passagens dos pulmões. Todos esses efeitos preparam o animal para lutar ou fugir. A noradrenalina também provoca um aumento na pressão sanguínea, e ela está envolvida na transmissão dos impulsos da extremidade de uma fibra nervosa para a próxima. A dopamina e a serotonina são importantes neurotransmissores no cérebro. As

(continua)

(continuação)

anomalias no nível de dopamina no cérebro estão associadas a muitos distúrbios, incluindo a doença de Parkinson. A dopamina tem um papel fundamental na regulação e no controle do movimento, da motivação e da percepção. A serotonina é um composto de particular interesse porque parece ser importante na manutenção da estabilidade dos processos mentais. Tem-se sugerido que a desordem mental chamada de esquizofrenia pode estar relacionada com anomalias no metabolismo da serotonina.

A anfetamina (um poderoso estimulante) e com mescalina (um alucinógeno) têm estruturas similares àquelas da serotonina, da adrenalina e da noradrenalina. Elas são todas derivadas da 2-feniletilamina. (Na serotonina o nitrogênio está ligado ao anel benzênico, criando um anel de cinco membros.) As similaridades estruturais desses compostos devem estar relacionadas com seus efeitos fisiológicos e psicológicos porque muitos outros compostos com propriedades similares também são derivados da 2-feniletilamina. Exemplos (não mostrados) são a *N*-metilanfetamina e o LSD (dietilamida do ácido lisérgico). Mesmo a morfina e a codeína, dois analgésicos poderosos, têm parte de suas estruturas baseada na 2-feniletilamina. [A morfina e a codeína são exemplos de compostos chamados de alcaloides. Tente localizar o sistema 2-feniletilamina em suas estruturas.]

Vitaminas e Anti-histaminas

Algumas aminas são vitaminas. Elas incluem o ácido nicotínico e a nicotinamida, a piridoxina (vitamina B_6) e o cloreto de tiamina (vitamina B_1). A nicotina é um alcaloide tóxico encontrado no tabaco que torna o hábito de fumar viciante. A histamina, outra amina tóxica, é encontrada ligada a proteínas em quase todos os tecidos do corpo. A liberação de histamina livre provoca os sintomas associados com reações alérgicas e com o resfriado comum. A clorfeniramina, um "anti-histamínico", é um ingrediente de muitos medicamentos contra resfriado vendidos sem receita médica.

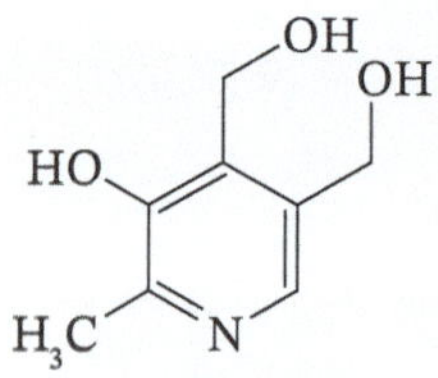

Piroxidina (vitamina B_6)

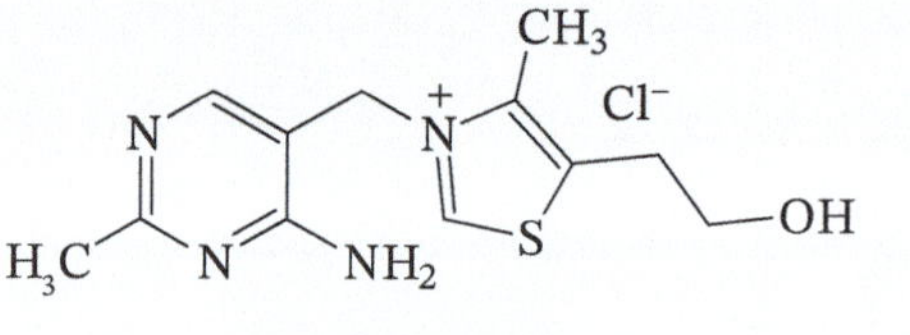

Cloreto de tiamina (vitamina B_1)

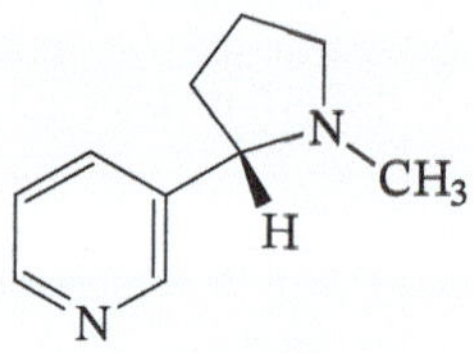

Nicotina

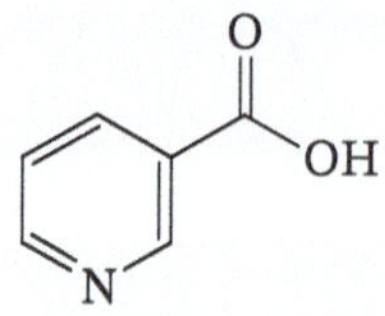

Ácido nicotínico (niacina)

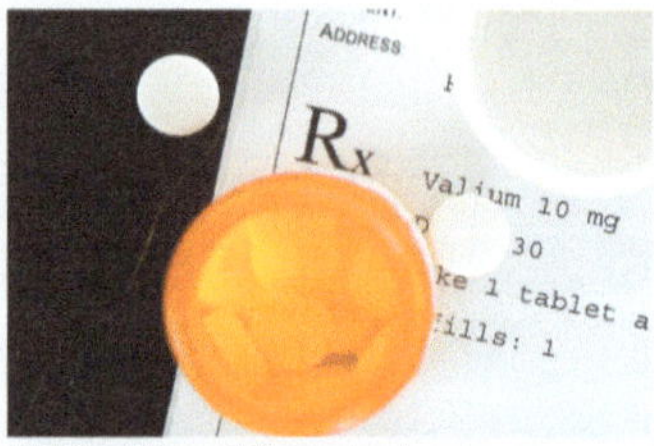

© Mike Filippo / Shutterstock

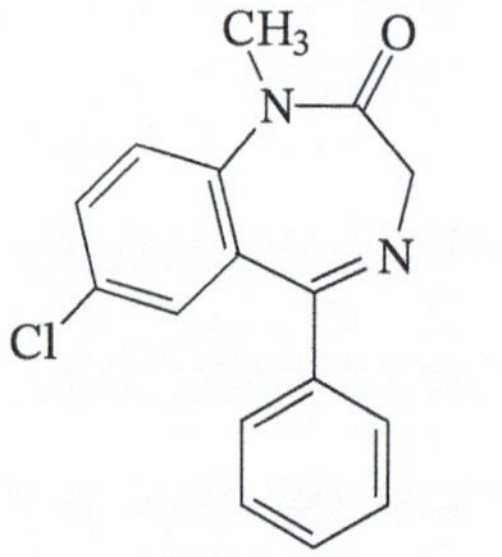

Valium (diazepam)

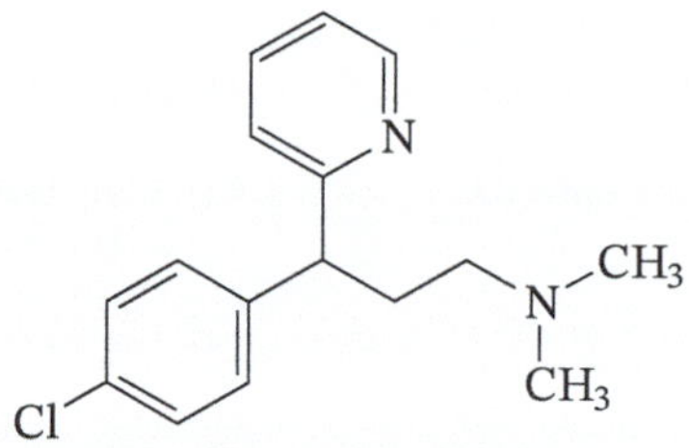

Clorfeniramina

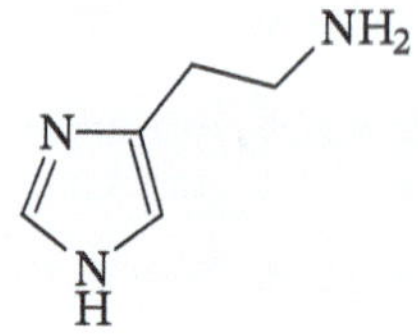

Histamina

Tranquilizantes

O Valium (diazepam) é um tranquilizante muito receitado. O clordiazepóxido é um composto estreitamente relacionado. O fenobarbital (veja também o modelo a seguir) é utilizado para controlar ataques epiléticos e como sedativo para insônia e alívio da ansiedade.

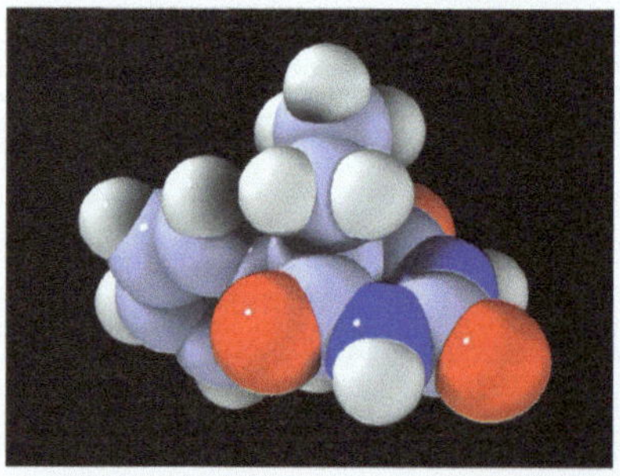

≡

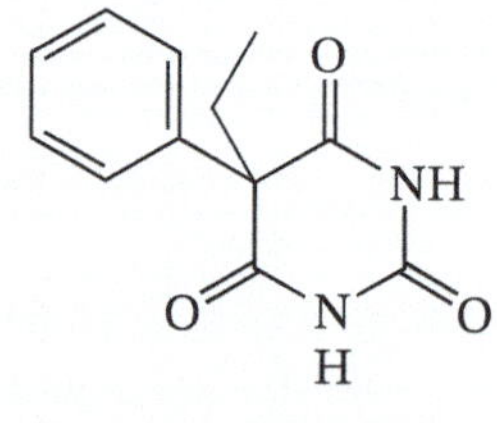

Fenobarbital

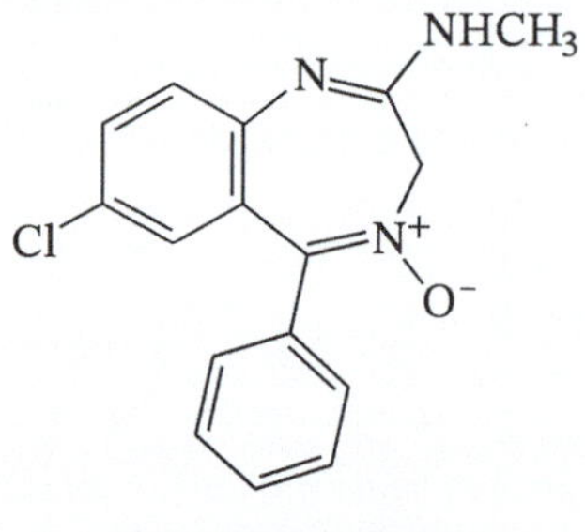

Clordiazepóxido

(continua)

(continuação)

Neurotransmissores

As células nervosas interagem com outras células nervosas ou com músculos nas junções, ou lacunas, chamadas de sinapses. Os impulsos nervosos são transportados através das lacunas sinápticas por compostos químicos chamados de *neurotransmissores*. A acetilcolina (veja a reação a seguir) é um neurotransmissor importante nas sinapses neuromusculares chamadas de *sinapses colinérgicas*. A acetilcolina contém um grupo amônio quaternário. Sendo pequena e iônica, a acetilcolina é muito solúvel em água e possui elevadíssima capacidade de difusão, qualidades que combinam com seu papel de neurotransmissor. As moléculas de acetilcolina são liberadas pela membrana pré-sináptica no neurônio em grupos de aproximadamente 10^4 moléculas. Esse grupo de moléculas, então, se difunde através da lacuna sináptica.

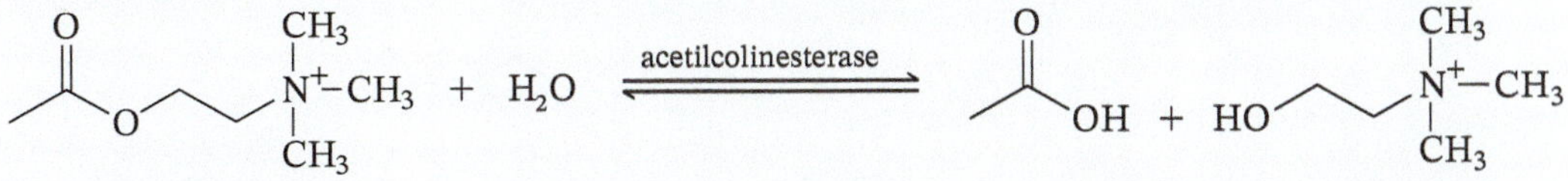

Acetilcolina **Colina**

Tendo transportado um impulso nervoso através da sinapse para o músculo onde ele desencadeia uma resposta elétrica, as moléculas de acetilcolina devem ser hidrolisadas (para colina) em poucos milissegundos para permitir a chegada do próximo impulso nervoso. Esta hidrólise é catalisada por uma enzima de eficiência quase perfeita chamada de *acetilcolinesterase*.

O receptor da acetilcolina na membrana pós-sináptica do músculo é alvo de algumas das neurotoxinas mais letais, incluindo a *d*-tubocurarina e a histrionicotoxina, mostradas a seguir.

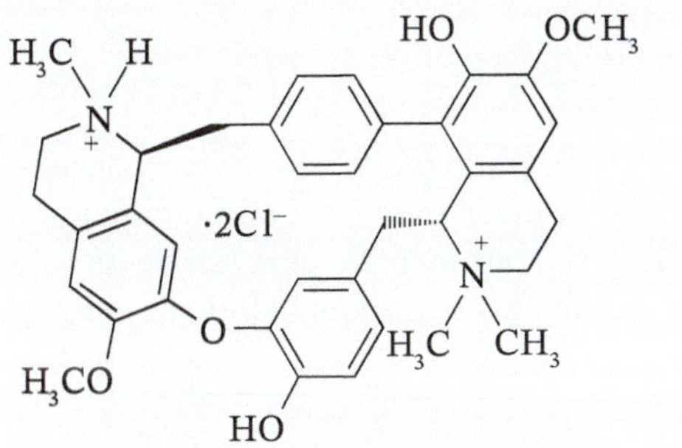

Cloreto de *d*-tubocurarina

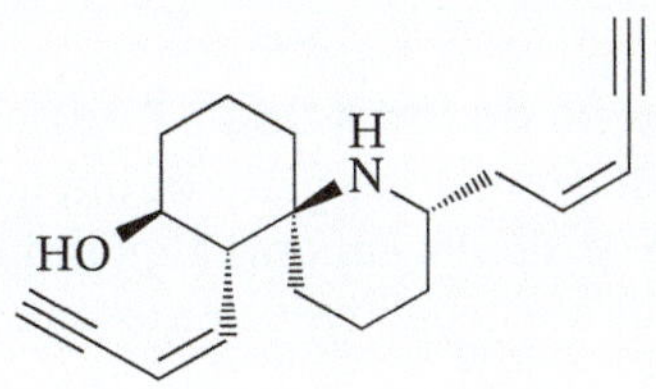

Histrionicotoxina

Quando a *d*-tubocurarina se liga ao sítio receptor da acetilcolina, ela evita a abertura dos canais iônicos que despolarizam a membrana. Isso impede o impulso nervoso, resultando na paralisia.

Apesar de a *d*-tubocurarina e da histrionicotoxina serem venenos mortais, ambas têm utilidade em pesquisas. Por exemplo, experimentos na fisiologia respiratória que requerem ausência de padrões normais de respiração têm envolvido curare – induzindo paralisia respiratória temporária (e voluntária!) de um pesquisador. Enquanto o experimento está em curso, e até que os efeitos do curare sejam revertidos, o pesquisador é mantido vivo através de um respirador hospitalar. De maneira similar, a *d*-tubocurarina, bem como o brometo de succinilcolina, é utilizada como relaxante muscular durante algumas cirurgias.

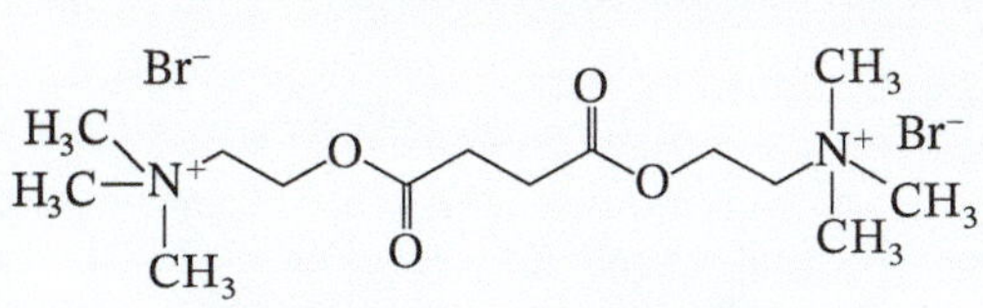

Brometo de succinilcolina

20.4 Preparação de Aminas

Nesta seção, abordaremos várias maneiras de sintetizar aminas. Algumas delas serão novas para você, enquanto outras são métodos que já estudamos anteriormente no contexto de grupos funcionais e reações correlatas. Mais adiante, no Capítulo 24, você verá como alguns dos métodos apresentados aqui, bem como alguns outros para a síntese assimétrica, podem ser utilizados para sintetizar α-aminoácidos, os blocos de construção de peptídeos e proteínas.

20.4A Por Meio de Reações de Substituição Nucleofílica

Alquilação de Amônia Aminas primárias podem ser preparadas a partir de amônia e de haletos de alquila por meio de reações de substituição nucleofílica. É preciso usar um grande excesso de amônia para prevenir uma posterior alquilação da amina primária inicialmente formada (resultando na formação de aminas secundárias e terciárias e sais de amônio quaternário).

$$\ddot{N}H_3 + R-X \longrightarrow [R-\overset{+}{N}H_3\ X^-] \longrightarrow RNH_2 + \overset{+}{N}H_4X^-$$

(grande excesso)

Um exemplo é a síntese da alanina a partir do ácido 2-bromopropanoico:

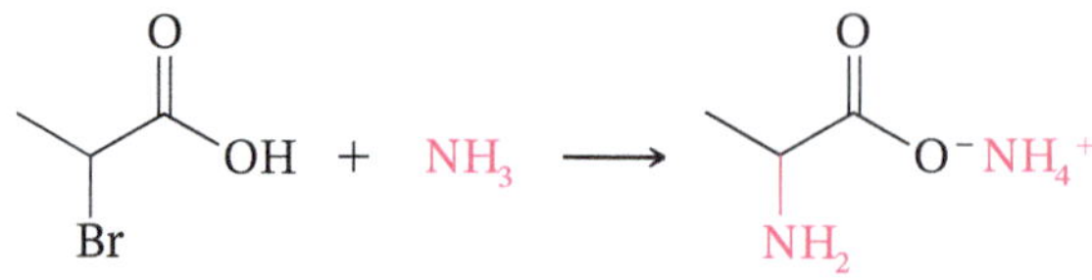

(1 mol) **(70 mols)** **Alanina (65–70%)**

- Como mencionado, esse método é de aplicação sintética muito limitada, porque ocorrem alquilações múltiplas, a não ser que seja usado um grande excesso de amônia.

PROBLEMA DE REVISÃO 20.3

Proponha um mecanismo que explique como a reação de 1 mol de bromoetano com 1 mol de amônia pode levar a uma mistura de etilamina, dietilamina, trietilamina e brometo de tetraetilamônio em vez de etilamina pura.

Alquilação do Íon Azida e Redução Um método muito melhor para a preparação de uma amina primária a partir de um haleto de alquila consiste em primeiramente converter o haleto de alquila em uma alquilazida ($R-N_3$) por meio de uma reação de substituição nucleofílica, e depois reduzir a azida a uma amina primária com hidreto de alumínio e lítio.

$$R-X + :\overset{-}{N}=\overset{+}{N}=\overset{-}{N}: \xrightarrow[(-X^-)]{S_N2} R-\ddot{N}=\overset{+}{N}=\overset{-}{N}: \xrightarrow{LiAlH_4} R\ddot{N}H_2$$

Íon azida (um bom nucleófilo) **Alquilazida**

Uma palavra de precaução: as alquilazidas são explosivas e as alquilazidas de massa molecular baixa não devem ser isoladas, mas devem ser mantidas em solução. A azida de sódio é utilizada em *airbags* de automóveis.

Síntese de Gabriel A ftalimida de potássio (veja a reação a seguir) também pode ser utilizada para preparar aminas primárias através de um método conhecido como *síntese de Gabriel*. Esta síntese também evita as complicações de alquilações múltiplas que ocorrem quando haletos de alquila são tratados com amônia:

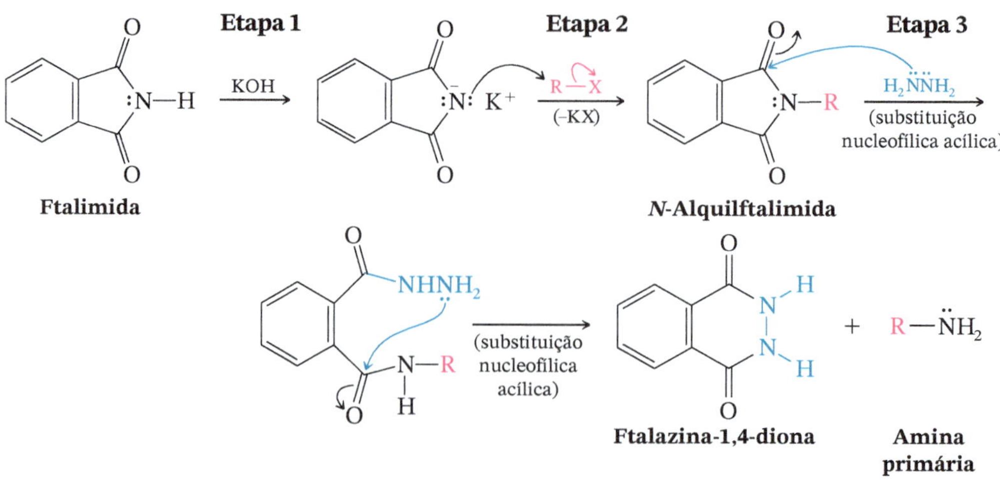

A ftalimida é bastante ácida (pK_a = 9); ela pode ser convertida em ftalimida de potássio pelo hidróxido de potássio (etapa 1). O ânion ftalimida é um nucleófilo forte e (na etapa 2) ele reage com um haleto de alquila através de um mecanismo S_N2 produzindo uma *N*-alquilftalimida. Neste ponto, a *N*-alquilftalimida pode ser hidrolisada com solução aquosa de ácido ou base, mas a hidrólise é normalmente difícil. Geralmente, é mais conveniente tratar a *N*-alquilftalimida com hidrazina (H_2NNH_2) (etapa 3) para obter uma amina primária e a ftalazina-1,4-diona.

PROBLEMA DE REVISÃO 20.4

(a) Escreva estruturas de ressonância para o ânion ftalimida que expliquem a acidez da ftalimida. **(b)** Você espera que a ftalimida seja mais ou menos ácida do que a benzamida? Por quê? **(c)** Na etapa 3 de nossa reação várias etapas foram omitidas. Proponha mecanismos razoáveis para essas etapas.

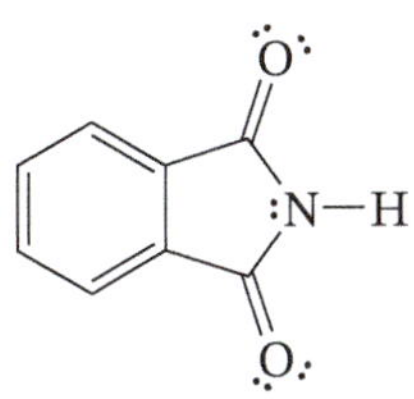

Ftalimida

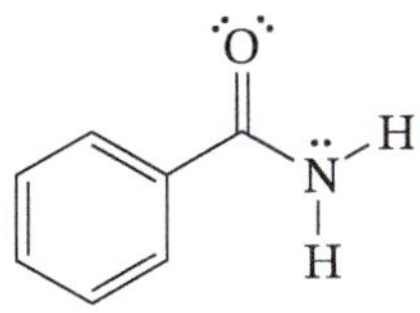

Benzamida

As sínteses de aminas utilizando a síntese de Gabriel são, como poderíamos esperar, restritas ao uso de haletos de metila, haletos de alquila primários e haletos de alquila secundários. A utilização de haletos terciários leva quase exclusivamente a eliminações, uma vez que deslocamento S_N2 não é possível.

PROBLEMA RESOLVIDO 20.1

Esboce uma síntese da 4-metilpentanamina por meio da síntese de Gabriel.

Resposta

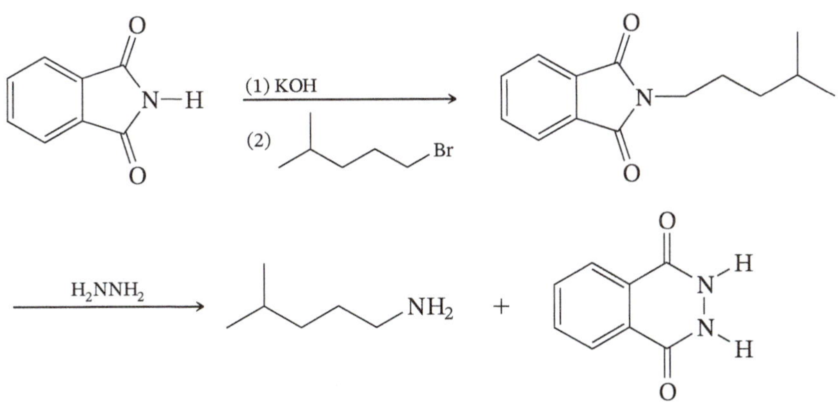

PROBLEMA DE REVISÃO 20.5

Esboce uma obtenção da benzilamina por meio da síntese de Gabriel.

Alquilação de Aminas Terciárias

Alquilação de Aminas Terciárias As alquilações múltiplas não são um problema quando aminas terciárias são alquiladas com haletos de metila ou haletos primários. Reações como a seguinte ocorrem em bom rendimento:

$$R_3N\!: + RCH_2{-}Br \xrightarrow{S_N2} R_3\overset{+}{N}{-}CH_2R + Br^-$$

20.4B Preparação de Aminas Aromáticas por Meio da Redução de Nitrocompostos

O método mais amplamente utilizado para a preparação de aminas aromáticas envolve a nitração do anel e subsequente redução do grupo nitro a um grupo amino:

$$\text{Ar—H} \xrightarrow[\text{H}_2\text{SO}_4]{\text{HNO}_3} \text{Ar—NO}_2 \xrightarrow{[\text{H}]} \text{Ar—NH}_2$$

Estudamos a nitração do anel no Capítulo 15, e vimos então que ela é aplicável a uma variedade de compostos aromáticos. A redução do grupo nitro também pode ser realizada de várias maneiras. Os métodos mais frequentemente utilizados empregam a hidrogenação catalítica ou o tratamento do nitrocomposto com ácido e ferro. Zinco, estanho ou um sal de metal como o $SnCl_2$ também podem ser utilizados.

Reação Geral

$$\text{Ar—NO}_2 \xrightarrow[\text{ou (1) Fe, HCl (2) HO}^-]{\text{H}_2\text{, catalisador}} \text{Ar—NH}_2$$

Exemplo Específico

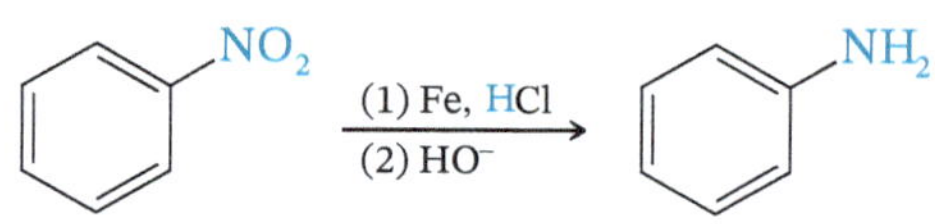

97%

20.4C Preparação de Aminas Primárias, Secundárias e Terciárias por Meio da Aminação Redutora

Aldeídos e cetonas podem ser convertidos a aminas através de redução catalítica ou química na presença de amônia ou de uma amina. As aminas primárias, secundárias e terciárias podem ser preparadas dessa maneira:

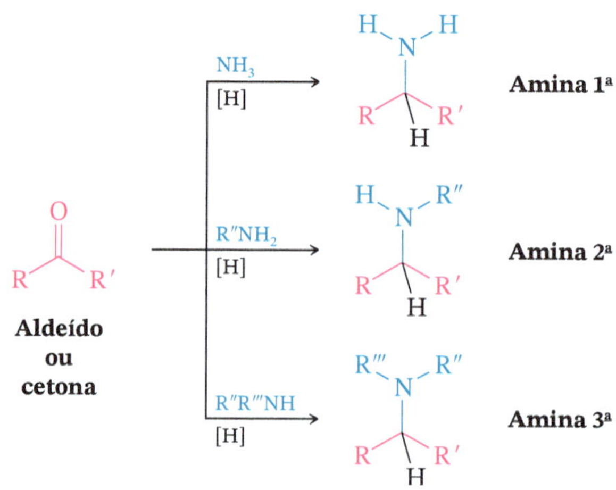

Esse processo, chamado de **aminação redutora** do aldeído ou cetona (ou *alquilação redutora* da amina), ocorre por meio do mecanismo geral visto a seguir (ilustrado para uma amina primária).

Um Mecanismo para a Reação

Aminação Redutora

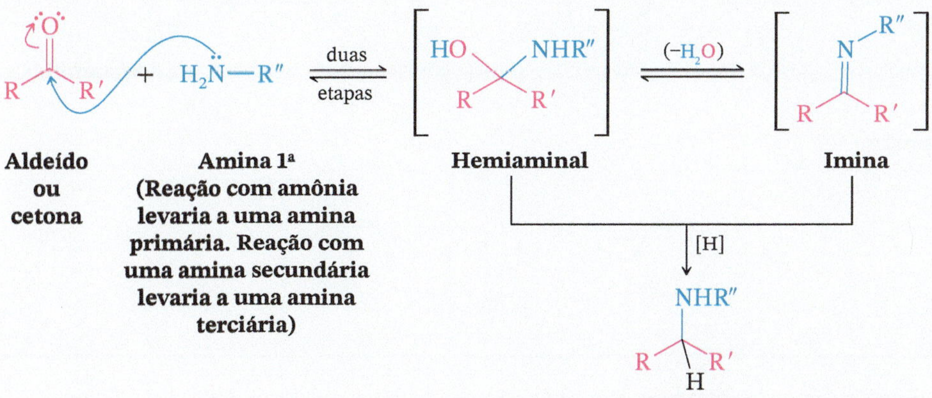

Aldeído ou cetona — **Amina 1ª (Reação com amônia levaria a uma amina primária. Reação com uma amina secundária levaria a uma amina terciária)** — **Hemiaminal** — **Imina** — **Amina 2ª**

Quando se emprega a amônia ou uma amina primária, existem dois caminhos possíveis para o produto: via um aminoálcool, que é similar a um hemiacetal, e é chamado de *hemiaminal*, ou via uma imina (Seção 16.8A). Quando se empregam aminas secundárias, não é possível a formação de uma imina, por isso o caminho é através do hemiaminal ou através de um íon imínio:

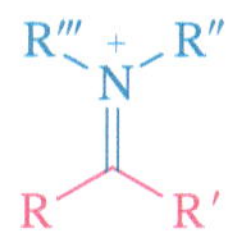

Íon imínio

Os agentes redutores empregados incluem o hidrogênio e um catalisador (como o níquel) ou $NaBH_3CN$ ou $LiBH_3CN$ (cianoboroidreto de sódio ou de lítio). Os dois últimos agentes redutores são similares ao $NaBH_4$, e são especialmente eficientes nas aminações redutoras. Seguem-se três exemplos específicos de aminação redutora:

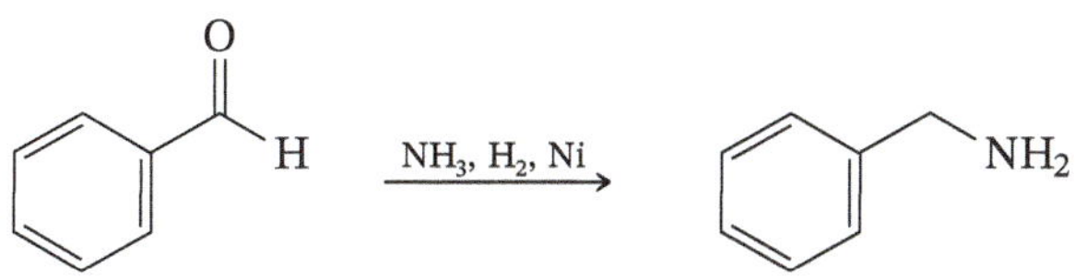

Benzaldeído → **Benzilamina (89%)**

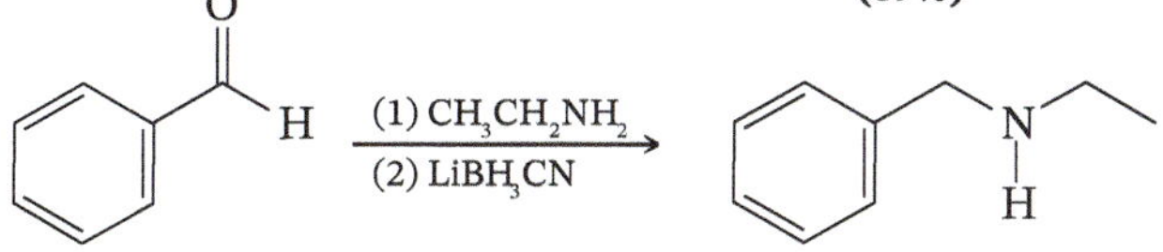

Benzaldeído → ***N*-Benziletanamina (89%)**

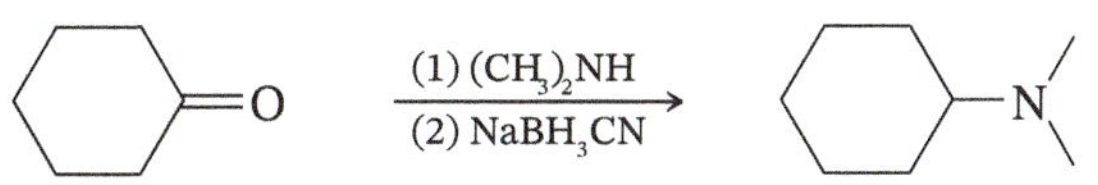

Ciclo-hexanona → ***N,N*-Dimetilciclo-hexanamina (52–54%)**

PROBLEMA RESOLVIDO 20.2

É mostrada a seguir a síntese do estimulante anfetamina. Indique os intermediários **A** e **B**.

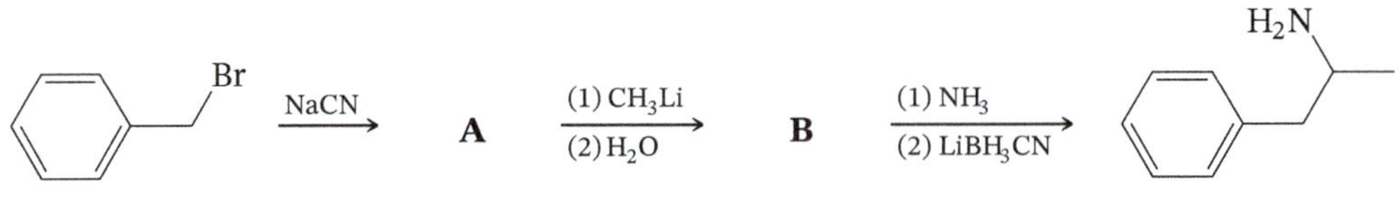

Resposta

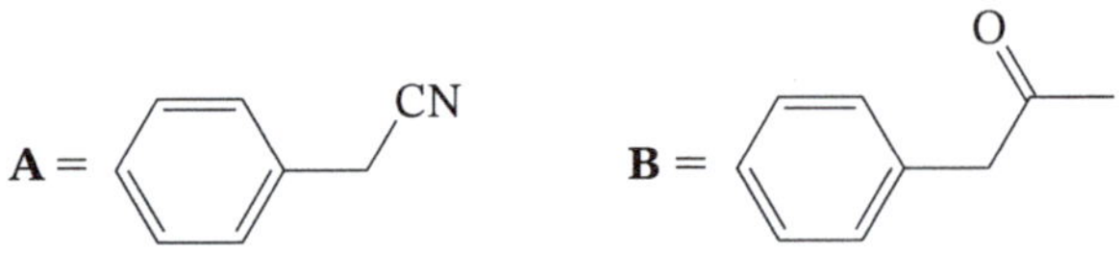

PROBLEMA DE REVISÃO 20.6

Mostre como você pode preparar cada uma das seguintes aminas através da aminação redutora:

(a)

(b)

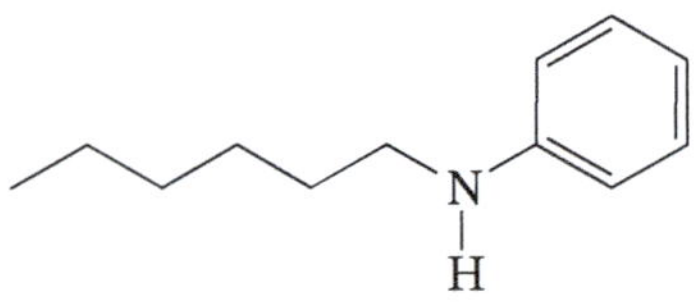

(c)

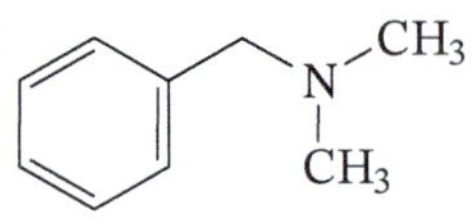

PROBLEMA RESOLVIDO 20.3

A aminação redutora de uma cetona é quase sempre um método melhor para a preparação de aminas do tipo 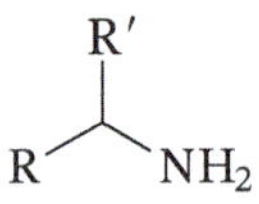 do que o tratamento de um haleto de alquila com amônia. Explique por que isso é verdade.

Estratégia e Resposta

Considere a estrutura do haleto de alquila necessário para a síntese. A reação de um haleto de alquila secundário com amônio seria inevitavelmente acompanhada por uma quantidade considerável de eliminação, reduzindo o rendimento da amina secundária. Podem também ocorrer *N*-alquilações múltiplas.

20.4D Preparação de Aminas Primárias, Secundárias ou Terciárias pela Redução de Nitrilas, Oximas e Amidas

Nitrilas, oximas e amidas podem ser reduzidas a aminas. A redução de uma nitrila ou de uma oxima produz uma amina primária; a redução de uma amida pode produzir uma amina primária, secundária ou terciária:

$$\underset{\textbf{Nitrila}}{R{-}C{\equiv}N} \xrightarrow{[H]} \underset{\textbf{Amina 1ª}}{RCH_2NH_2}$$

$$\underset{\textbf{Oxima}}{RCH{=}NOH} \xrightarrow{[H]} \underset{\textbf{Amina 1ª}}{RCH_2NH_2}$$

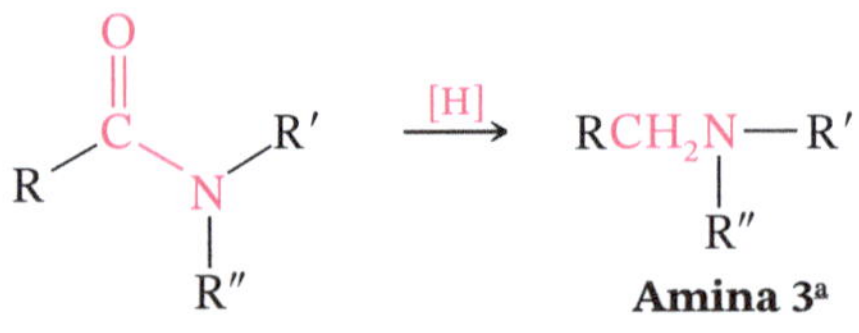

Amida → **Amina 3ª**

> **DICA ÚTIL**
>
> **Nitrilas podem ser preparadas a partir de haletos de alquila e $^{-}$CN (Seção 17.3) ou a partir de aldeídos e cetonas como cianoidrinas (Seção 16.9). Oximas podem ser preparadas a partir de aldeídos e cetonas (Seção 16.8B). Amidas podem ser preparadas a partir de cloretos de ácidos, anidridos de ácidos e ésteres (Seção 17.8).**

No último exemplo, se R′ = H e R″ = H, o produto é uma amina primária; se apenas R′ = H, o produto é uma amina secundária.

Todas essas reduções podem ser realizadas com hidrogênio e um catalisador ou com $LiAlH_4$. As oximas também são convenientemente reduzidas com sódio em etanol.

Seguem-se alguns exemplos específicos:

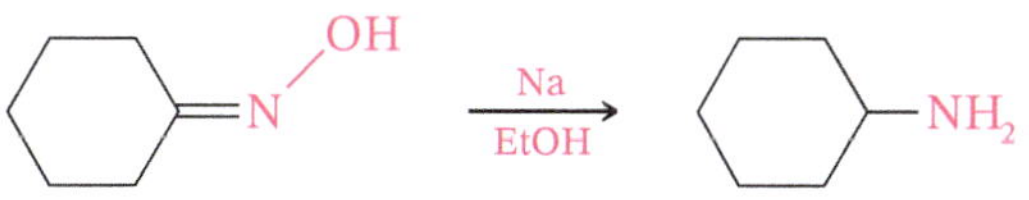

50–60%

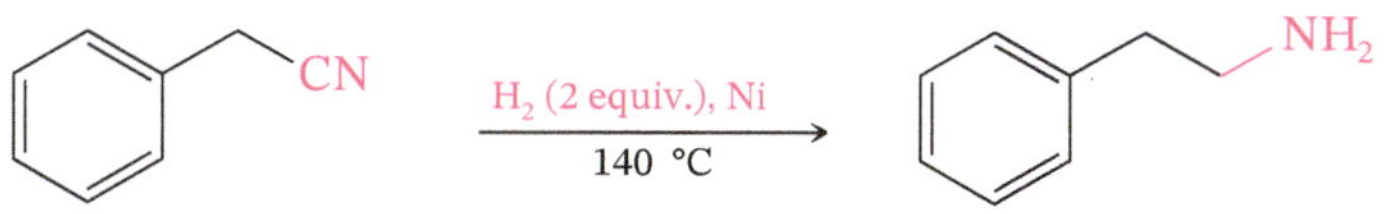

2-Feniletanonitrila (fenilacetonitrila) **2-Feniletanamina (71%)**

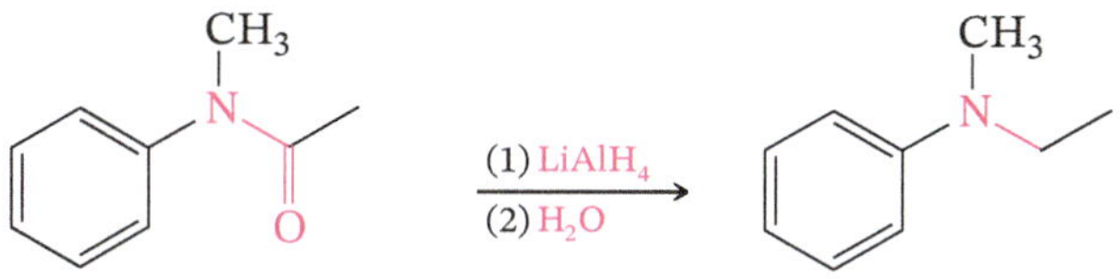

***N*-Metilacetanilida** ***N*-Etil-*N*-metilanilina**

A redução de uma amida é a última etapa em um procedimento útil para a **monoalquilação de uma amina**. O processo começa com a *acilação* da amina utilizando-se um cloreto de acila ou um anidrido ácido; a amida é, então, reduzida com hidreto de lítio e alumínio. Por exemplo,

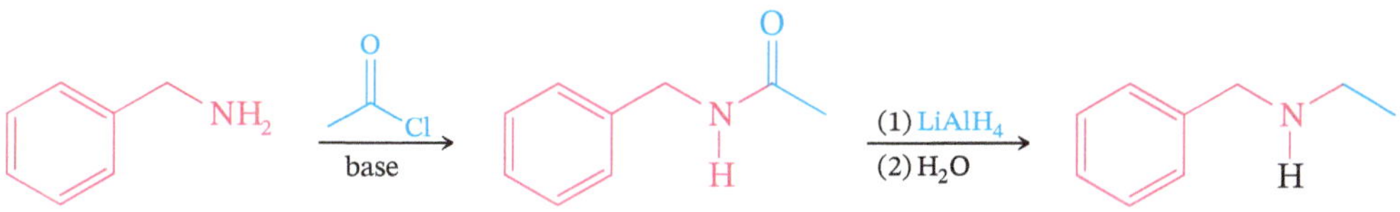

Benzilamina **Benziletilamina**

PROBLEMA RESOLVIDO 20.4

Mostre como você sintetizaria a 2-propanamina a partir de um composto de três átomos de carbono que pode ser uma cetona, um aldeído, uma nitrila ou uma amida.

Estratégia e Resposta

Começamos reconhecendo que a 2-propanamina possui um grupo amino primário ligado a um carbono secundário. Uma nitrila ou uma amida com três átomos de carbono não pode produzir essa unidade estrutural a partir de um material inicial C_3. Uma oxima pode conduzir à estrutura desejada, e devemos começar com uma cetona de três átomos de carbono e não com um aldeído. Portanto, escolhemos a propanona como nosso material de partida, a convertemos em uma oxima, e, então, reduzimos a oxima a amina.

PROBLEMA DE REVISÃO 20.7

Mostre como você utilizaria a redução de uma amida, de uma oxima ou de uma nitrila para realizar as seguintes transformações:

(a)

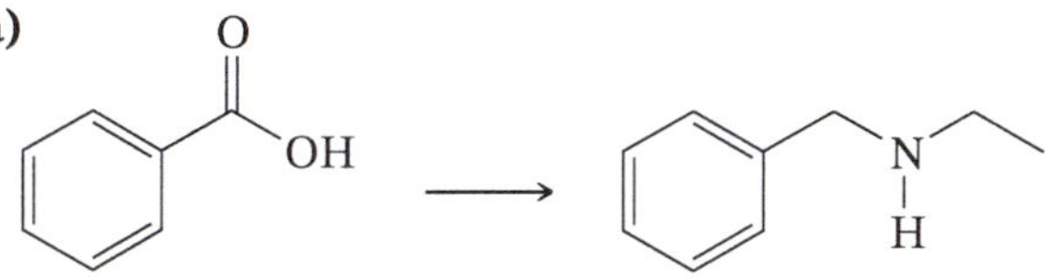

(b)

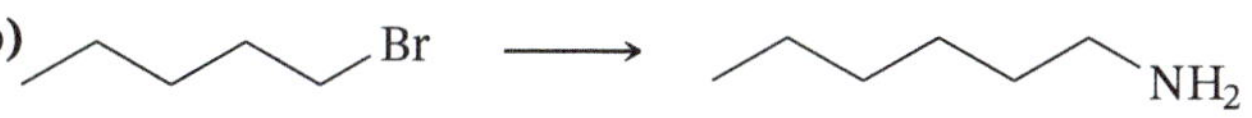

(c)

(d)

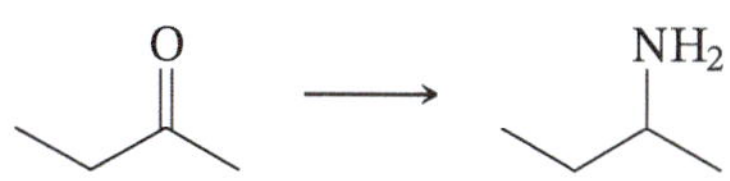

20.4E Preparação de Aminas Primárias pelos Rearranjos de Hofmann e de Curtius

Rearranjo de Hofmann As amidas sem substituintes no nitrogênio reagem com solução de bromo ou de cloro em hidróxido de sódio produzindo aminas através da perda do carbono da carbonila por uma reação conhecida como *rearranjo de Hofmann ou degradação de Hofmann*:

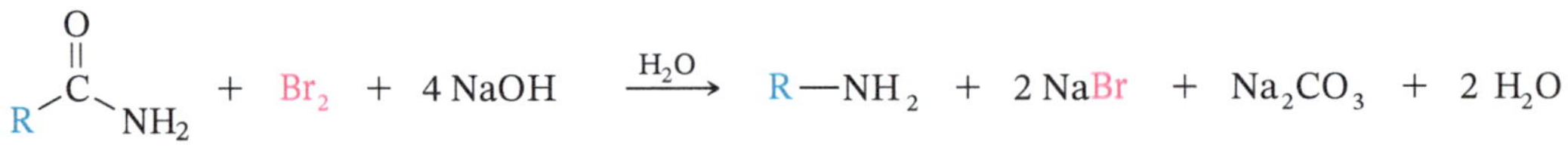

A partir dessa equação, podemos ver que o átomo de carbono da carbonila da amida é perdido (como CO_3^{2-}) e que o grupo R da amida se liga ao nitrogênio da amina. As aminas primárias preparadas dessa maneira não são contaminadas por aminas secundárias e terciárias.

O mecanismo dessa interessante reação é mostrado no esquema visto a seguir. Nas primeiras duas etapas, a amida sofre uma bromação promovida por base, de uma maneira análoga à halogenação de uma cetona promovida por base que estudamos na Seção 18.3B. (O grupo acila da amida, retirador de elétrons, torna os hidrogênios do grupo NH_2 muito mais ácidos do que aqueles de uma amina.) A *N*-bromoamida reage, então, com o íon hidróxido produzindo um ânion, o qual se rearranja espontaneamente com a perda de um íon brometo para produzir um isocianato (Seção 17.9A). No rearranjo, o grupo R migra com os seus elétrons do carbono acila para o átomo de nitrogênio ao mesmo tempo em que o íon brometo sai. Esse rearranjo também exige que as ligações sigma do grupo de saída e do grupo migrante estejam orientadas em um arranjo coplanar como indicado a seguir. O isocianato que se forma na mistura é rapidamente hidrolisado pela base aquosa formando um íon carbamato, o qual sofre descarboxilação espontânea, resultando na formação da amina.

Um Mecanismo para a Reação

Rearranjo de Hofmann

Etapa 1 A base promove a *N*-bromação da amida

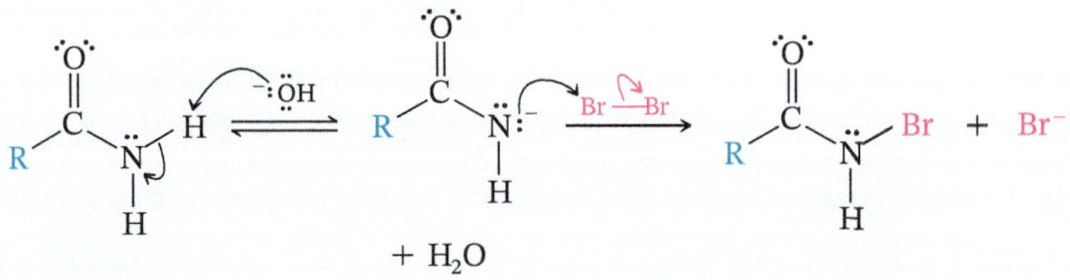

Amida **N-Bromoamida**

Etapa 2 Formação do isocianato

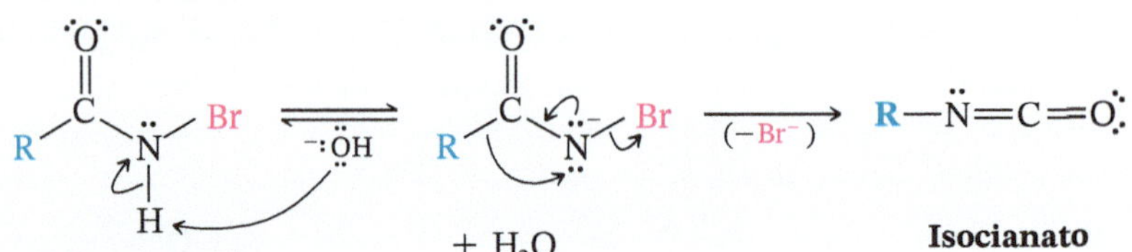

N-Bromoamida **Isocianato**

(continua)

(continuação)

Etapa 3 O isocianato sofre hidrólise e sofre descarboxilação produzindo a amina

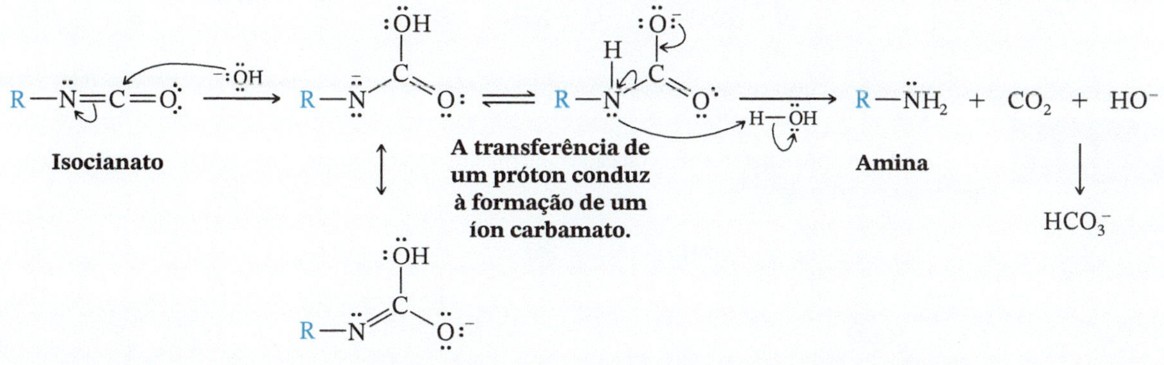

Um exame das duas primeiras etapas desse mecanismo mostra que, inicialmente, dois átomos de hidrogênio devem estar presentes no nitrogênio da amida para que a reação ocorra. Por essa razão, o rearranjo de Hofmann é limitado a amidas do tipo $RCONH_2$.

Estudos do rearranjo de Hofmann de amidas oticamente ativas, nas quais o centro quiral está diretamente ligado ao grupo carbonila, mostraram que essa reação ocorre com *retenção de configuração*. Assim, o grupo R migra para o nitrogênio com os seus elétrons, *mas sem inversão*.

Rearranjo de Curtius O *rearranjo de Curtius* é um rearranjo que ocorre com acilazidas e produz uma amina primária com a perda do carbono acílico. Ele lembra o rearranjo de Hofmann, no qual um grupo R migra do carbono acílico para o átomo de nitrogênio à medida que o grupo de saída deixa a molécula. Neste caso, o grupo de saída é o N_2 (o melhor de todos os grupos de saída possíveis, uma vez que ele é altamente estável, praticamente não tem basicidade e, sendo um gás, é facilmente removido do meio). As acilazidas são facilmente preparadas por meio de reação entre cloretos de acila e azida de sódio. O aquecimento da acilazida inicia o rearranjo; em seguida, a adição de água leva à hidrólise e à descarboxilação do isocianato pelo mesmo mecanismo mostrado anteriormente:

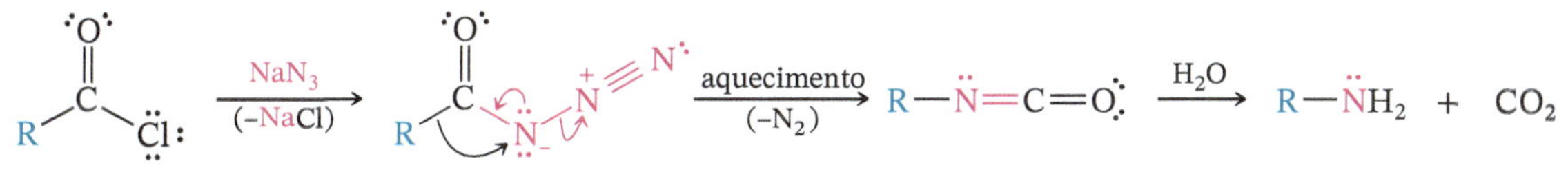

PROBLEMA RESOLVIDO 20.5

A sequência de reações a seguir mostra como um grupo metila de um anel benzênico pode ser substituído por um grupo amino. Forneça os reagentes e intermediários que faltam.

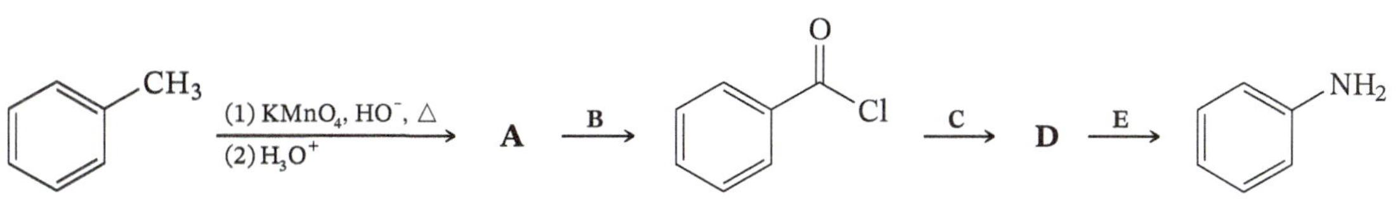

Estratégia e Resposta

O tratamento de **A** com **B** resulta em um cloreto de acila. Portanto, **A** deve ser um ácido carboxílico, conclusão essa consistente com as condições oxidantes que levam à formação de **A** a partir do metilbenzeno (tolueno). **B** tem de ser um reagente que pode levar a um cloreto de acila. Cloreto de tionila ou PCl_5 seriam reagentes adequados. Em uma visão geral, **C**, **D** e **E** envolvem a introdução do átomo de nitrogênio e a perda do carbono da carbonila. Essa sequência é consistente com a preparação de uma amida seguida por um rearranjo de Hofmann.

A = 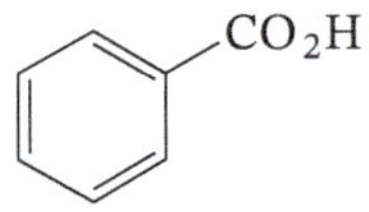 **B** = $SOCl_2$ **C** = NH_3 **D** = 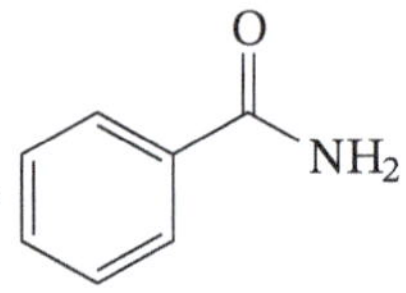 **E** = Br_2/HO^-

PROBLEMA DE REVISÃO 20.8

Utilizando um método diferente para cada item mostre como cada uma das seguintes transformações poderia ser realizada:

(a)

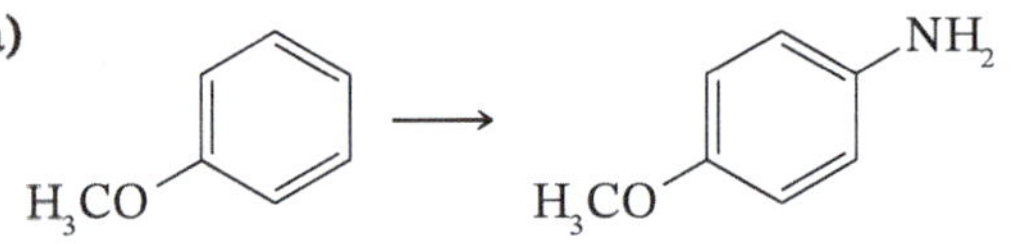

(b)

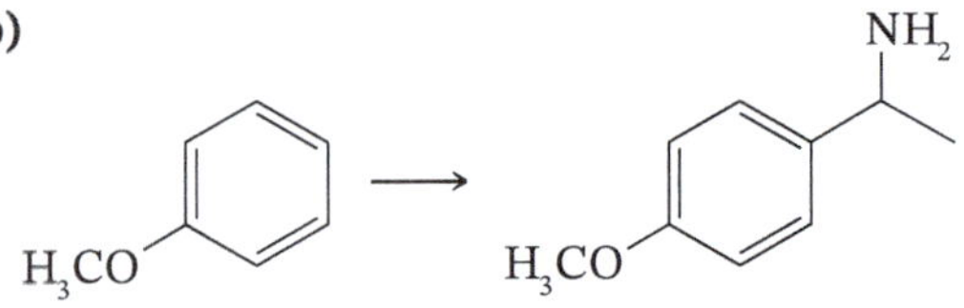

(c)

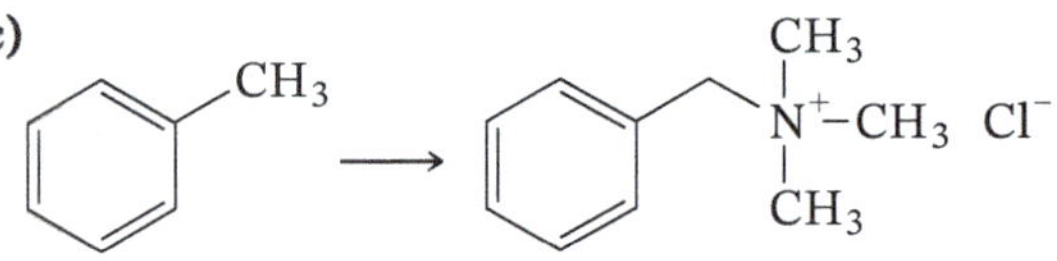

(d)

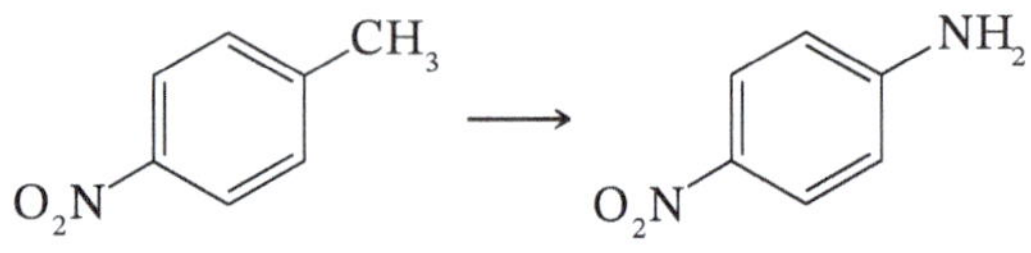

(e)

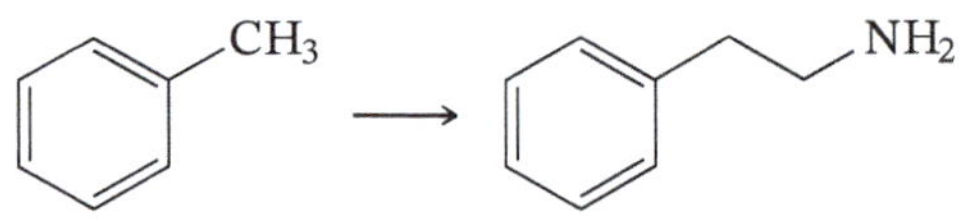

20.5 Reações de Aminas

Encontramos uma diversidade de reações importantes de aminas em seções anteriores. Na Seção 20.3, vimos reações nas quais as aminas primárias, secundárias e terciárias atuam *como bases*. Na Seção 20.4, vimos suas reações como *nucleófilos* em *reações de alquilação*, e, no Capítulo 17, como *nucleófilos* em *reações de acilação*. No Capítulo 15, vimos que um grupo amino em um anel aromático atua como um *grupo ativador* poderoso e como um *diretor orto–para*.

A característica das aminas, que está por trás de todas essas reações e que forma a base para o nosso entendimento da maior parte da química das aminas, é a capacidade do nitrogênio em compartilhar um par de elétrons:

Reações Ácido–Base

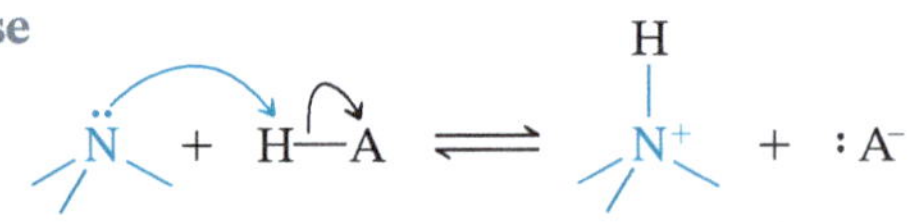

Uma amina atuando como uma base

Alquilação de uma amina terciária

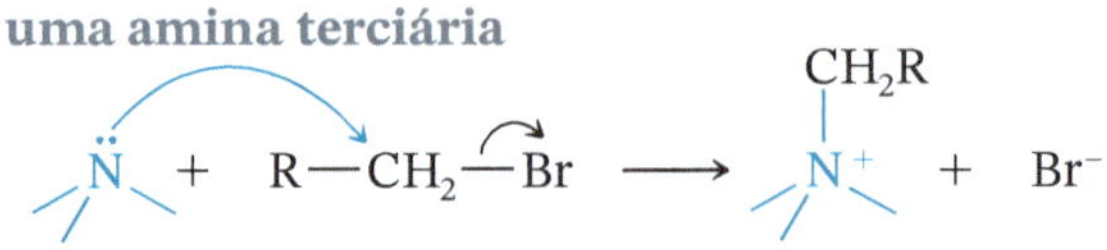

Uma amina terciária atuando como um nucleófilo em uma reação de alquilação

Acilação

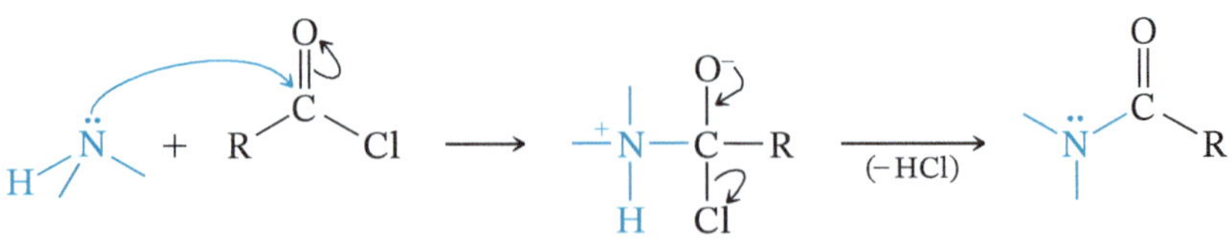

Uma amina primária ou secundária atuando como um nucleófilo em uma reação de acilação

Nos exemplos anteriores, a amina atua como um nucleófilo doando o seu par de elétrons para um reagente eletrofílico. No exemplo a seguir, as contribuições de ressonância envolvendo o par de elétrons do nitrogênio tornam os átomos de *carbono* nucleofílicos:

Substituição Aromática Eletrofílica

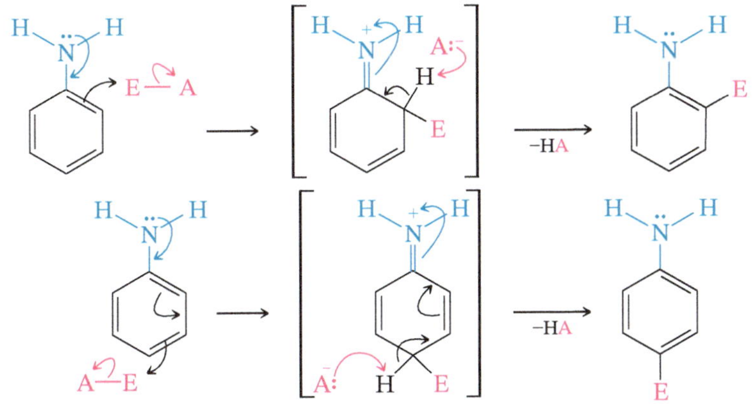

O grupo amino atuando como um grupo ativador e como um diretor orto–para na substituição aromática eletrofílica

PROBLEMA DE REVISÃO 20.9

Faça uma revisão da química das aminas, abordada nas seções anteriores, e forneça um exemplo específico de cada uma das reações ilustradas anteriormente.

20.5A Oxidação de Aminas

As aminas alifáticas primárias e secundárias estão sujeitas a oxidação, apesar de, na maioria das circunstâncias, não serem obtidos produtos de interesse. Em geral, ocorrem reações paralelas complicadas, levando à formação de misturas complexas.

As aminas terciárias podem ser oxidadas de forma direta a óxidos de aminas terciárias. Esta transformação pode ser realizada utilizando-se peróxido de hidrogênio ou um peroxiácido:

$$R_3N: \xrightarrow{H_2O_2 \text{ ou } RC(=O)OOH} R_3\overset{+}{N}—\ddot{\underset{..}{O}}:^-$$

Um óxido de amina terciária

Os óxidos de amina terciária sofrem uma reação de eliminação útil que será abordada na Seção 20.12B.

As arilaminas são muito facilmente oxidadas por uma variedade de reagentes, incluindo oxigênio atmosférico. A oxidação não está restrita ao grupo amino. O próprio anel aromático também pode ser degradado por oxidação, em razão da capacidade de doação de elétrons do grupo amino. Além disso, as tentativas de oxidar outros grupos funcionais em um anel aromático contendo um grupo amino muitas vezes não são possíveis devido à degradação concomitante do anel.

20.6 Reações de Aminas com Ácido Nitroso

O ácido nitroso (HO—N=O) é um ácido fraco e instável. Ele é sempre preparado *in situ*, geralmente através do tratamento de nitrito de sódio ($NaNO_2$) com uma solução aquosa de um ácido forte:

$$HCl + NaNO_2 \longrightarrow HONO + NaCl$$
$$H_2SO_4 + 2\,NaNO_2 \longrightarrow 2\,HONO + Na_2SO_4$$

O ácido nitroso reage com todas as classes de aminas. Os produtos que obtemos dessas reações dependem se a amina é primária, secundária ou terciária, e se a amina é alifática ou aromática.

20.6A Reações de Aminas Alifáticas Primárias com Ácido Nitroso

As aminas alifáticas primárias reagem com ácido nitroso através de uma reação chamada de *diazotação* produzindo **sais de diazônio** alifáticos altamente instáveis. Mesmo a baixas temperaturas, os sais de diazônio *alifáticos* decompõem-se espontaneamente através da perda de nitrogênio formando carbocátions. Os carbocátions se decompõem produzindo misturas de alquenos, álcoois e haletos de alquila através da remoção de um próton, reação com H_2O e reação com X^-:

Reação Geral

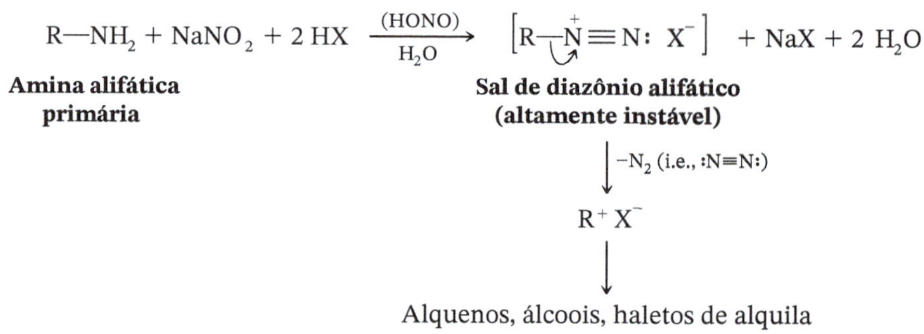

- As diazotações de aminas alifáticas primárias têm pequena importância em sínteses porque elas produzem uma mistura muito complexa de produtos.

Entretanto, as diazotações de aminas alifáticas primárias são utilizadas em alguns procedimentos analíticos porque a liberação de nitrogênio é quantitativa.

20.6B Reações de Arilaminas Primárias com Ácido Nitroso

A reação mais importante de aminas com ácido nitroso é, de longe, a reação de arilaminas primárias. Veremos o porquê disso na Seção 20.7.

- As arilaminas primárias reagem com ácido nitroso, produzindo sais.

Apesar de os sais de arenodiazônio serem instáveis, eles ainda assim são bem mais estáveis do que os **sais de diazônio** alifáticos; eles não se decompõem com uma velocidade considerável em solução quando a temperatura da mistura reacional é mantida abaixo de 5 °C:

$$\underset{\textbf{Arilamina primária}}{\text{Ar—NH}_2} + \text{NaNO}_2 + 2\ \text{HX} \longrightarrow \underset{\textbf{Sal de arenodiazônio (estável se mantido abaixo de 5 °C)}}{\text{Ar—}\overset{+}{\text{N}}\equiv\text{N:}\ \text{X}^-} + \text{NaX} + 2\ \text{H}_2\text{O}$$

DICA ÚTIL

As arilaminas primárias podem ser convertidas a haletos de arila, nitrilas e fenóis via íons arildiazônio (Seção 20.7).

A diazotação de uma amina primária ocorre através de uma série de etapas, como indicado no quadro mecanístico apresentado a seguir. Na presença de ácido forte, o ácido nitroso se dissocia produzindo íons ^+NO. Esses íons reagem, então, com o nitrogênio da amina formando um íon *N*-nitrosoamínio como um intermediário instável. Este intermediário perde em seguida um próton formando uma *N*-nitrosamina, que, por sua vez, sofre tautomerização a um diazoidróxido, reação similar à tautomerização ceto-enólica. Por fim, na presença de ácido, o diazoidróxido perde água para formar o íon diazônio.

Um Mecanismo para a Reação

Diazotação

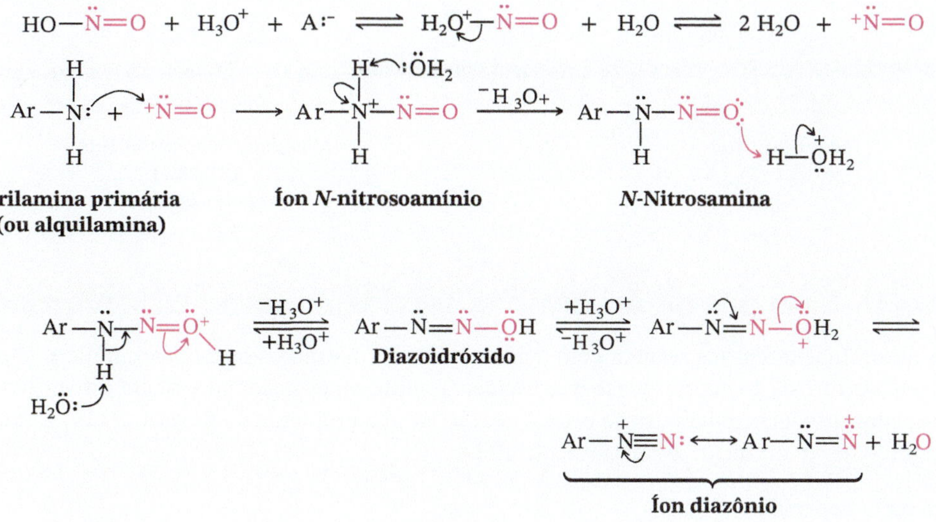

- As reações de diazotação de arilaminas primárias têm considerável importância sintética, uma vez que o grupo diazônio, $-\overset{+}{N}\equiv N:$, pode ser substituído por uma variedade de outros grupos funcionais.

Examinaremos estas reações na Seção 20.7.

A Química Biológica de. . . *N*-Nitrosaminas

Cientistas temem que *N*-nitrosaminas, agentes cancerígenos muito poderosos, possam estar presentes em muitos alimentos, especialmente em carnes cozidas que foram tratadas com nitrito de sódio.

O nitrito de sódio é adicionado a muitas carnes (por exemplo, bacon, presunto, salsichão, salsicha e carnes enlatadas) para inibir o crescimento da bactéria *Clostridium botulinum* (que produz a toxina do botulismo) e para evitar que as carnes vermelhas se tornem marrons. (O envenenamento alimentar pela toxina do botulismo é frequentemente fatal.) Na presença de ácido e sob a influência do aquecimento, o nitrito de sódio reage com aminas sempre presentes na carne produzindo *N*-nitrosaminas. Demonstrou-se, por exemplo, que o bacon cozido contém *N*-nitrosodimetilamina e *N*-nitrosopirrolidina.

Existe também uma preocupação de que os nitritos dos alimentos possam produzir nitrosaminas quando eles reagem com aminas na presença do ácido encontrado no estômago. Em 1976, a FDA (agência de fiscalização de alimentos e medicamentos dos Estados Unidos) reduziu a quantidade permitida de nitrito em carnes defumadas de 200 partes por milhão (ppm) para 50–125 ppm. Os nitritos (e nitratos que podem ser convertidos a nitritos por bactérias) também são encontrados naturalmente em muitos alimentos.

Sabe-se que a fumaça do cigarro contém *N*-nitrosodimetilamina. Alguém que fuma um maço de cigarros por dia inala em torno de 0,8 μg de *N*-nitrosodimetilamina, e demonstrou-se que a fumaça que sai do cigarro contém ainda mais.

20.6C Reações de Aminas Secundárias com Ácido Nitroso

As aminas secundárias – tanto arila quanto alquila – reagem com ácido nitroso produzindo as **_N_-nitrosaminas**, as quais geralmente se separam da mistura reacional como líquidos oleosos amarelos:

Exemplos Específicos

$$(CH_3)_2\ddot{N}H \quad + \quad NaNO_2 \quad + \quad HCl \xrightarrow[H_2O]{(HONO)} (CH_3)_2\ddot{N}-\ddot{N}=O$$

Dimetilamina → **N-Nitrosodimetilamina (um óleo amarelo)**

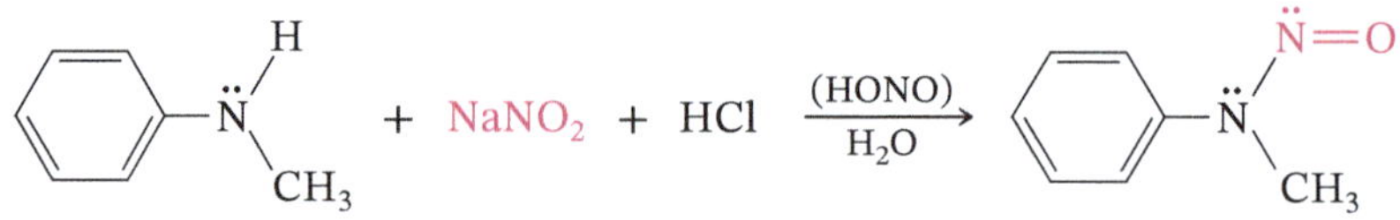

***N*-Metilanilina** → ***N*-Nitroso-*N*-metilanilina (87–93%) (um óleo amarelo)**

20.6D Reações de Arilaminas Terciárias com Ácido Nitroso

As arilaminas terciárias reagem com ácido nitroso formando compostos aromáticos *C*-nitrosos. A nitrosação ocorre quase que exclusivamente na posição para, se ela estiver livre, caso contrário, ocorre na posição orto. A reação (veja o Problema de Revisão 20.10) é outro exemplo de substituição aromática eletrofílica.

Exemplo Específico

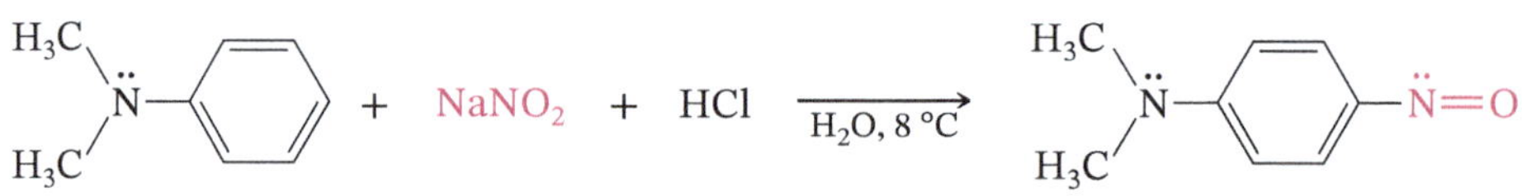

***p*-Nitroso-*N,N*-dimetilanilina (80–90%)**

PROBLEMA DE REVISÃO 20.10

Acredita-se que a nitrosação na posição para da *N,N*-dimetilanilina (*C*-nitrosação) ocorre através de um ataque eletrofílico pelos íons $\overset{+}{N}O$. **(a)** Mostre como os íons $\overset{+}{N}O$ poderiam ser formados em uma solução aquosa de $NaNO_2$ e HCl. **(b)** Escreva um mecanismo para a *p*-nitrosação da *N,N*-dimetilanilina. **(c)** As aminas aromáticas terciárias e os fenóis sofrem reações de *C*-nitrosação, enquanto a maioria dos demais derivados benzênicos não sofre. Como você pode explicar esta diferença?

Quando uma amina alifática terciária é misturada com ácido nitroso, um equilíbrio é estabelecido entre a amina terciária, seu sal e um composto *N*-nitroso amônio:

$$2\,R_3N\colon \quad + \quad NaNO_2 \quad + \quad HX \rightleftharpoons R_3\overset{+}{N}H\,X^- \quad + \quad R_3\overset{+}{N}-\ddot{N}=O\;X^-$$

Amina alifática terciária — **Sal de amina** — **Composto *N*-nitroso amônio**

Embora os compostos de *N*-nitroso amônio sejam estáveis em baixas temperaturas, a temperaturas mais elevadas e em meio ácido aquoso eles se decompõem, produzindo aldeídos ou cetonas. No entanto, as reações dos compostos de *N*-nitroso alquilamônio são de pouca importância sintética.

20.7 Reações de Substituição de Sais de Arenodiazônio

- Os sais de arenodiazônio são intermediários muito úteis na síntese de compostos aromáticos, porque o grupo diazônio pode ser substituído por toda uma variedade de átomos ou grupos, incluindo —F, —Cl, —Br, —I, —CN, —OH e —H.

Os **sais de diazônio** quase sempre são preparados através da diazotação de aminas aromáticas primárias. As arilaminas primárias podem ser sintetizadas através da redução de nitrocompostos que são facilmente obtidos por meio de reações de nitração direta.

20.7A Sínteses Utilizando Sais de Diazônio

Em sua maioria, os sais de arenodiazônio são instáveis em temperaturas acima de 5–10 °C, e muitos explodem quando secos. Felizmente, no entanto, na maioria das reações de substituição de sais de diazônio não há a necessidade de isolá-los. Basta simplesmente adicionar outro reagente (CuCl, CuBr, KI etc.) à mistura e aquecer suavemente a solução para que a substituição (acompanhada de liberação de nitrogênio) ocorra:

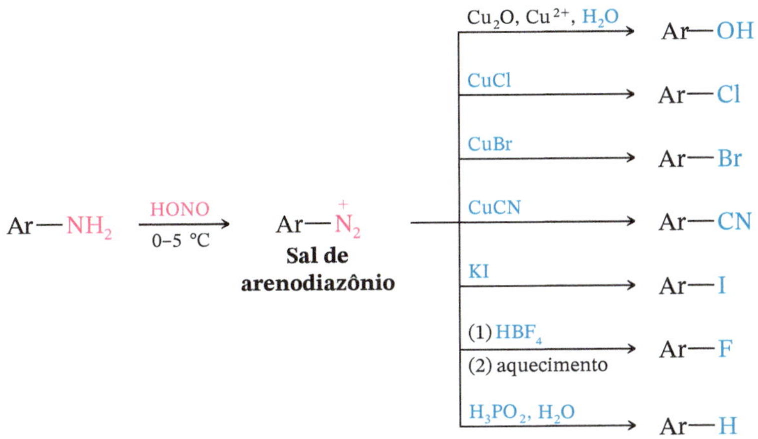

Somente no caso da substituição do grupo diazônio por —F precisamos isolar o sal de diazônio. Fazemos isso adicionando HBF_4 à mistura, fazendo com que o fluoroborato de arenodiazônio, $ArN_2^+ BF_4^-$, pouco solúvel e razoavelmente estável, precipite.

20.7B Reação de Sandmeyer: Substituição do Grupo Diazônio por —Cl, —Br ou —CN

Os sais de arenodiazônio reagem com cloreto cuproso, brometo cuproso e cianeto cuproso formando produtos nos quais o grupo diazônio foi substituído por —Cl, —Br e —CN, respectivamente. Essas reações são geralmente conhecidas como *reações de Sandmeyer*. Alguns exemplos específicos são mostrados a seguir. Os mecanismos dessas reações de substituição não são completamente entendidos; a natureza delas parece ser radicalar, e não iônica.

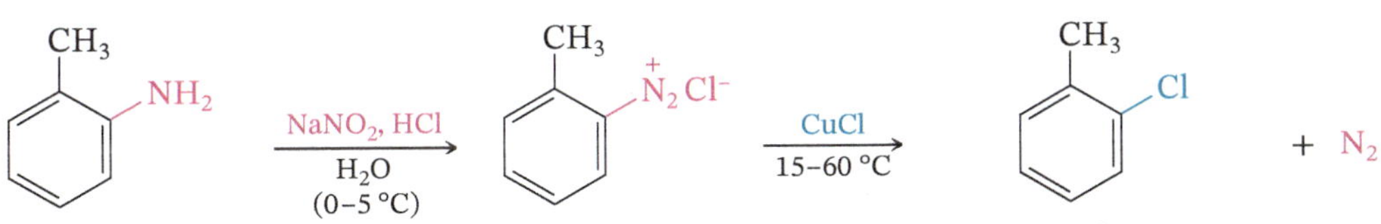

o-Toluidina **o-Clorotolueno (rendimento global 74-79%)**

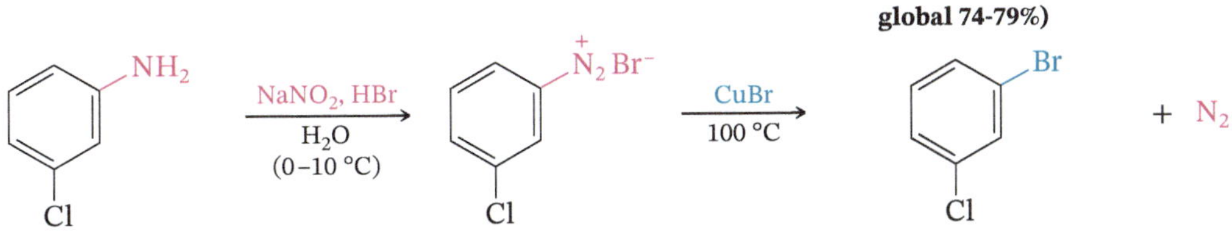

***m*-Cloroanilina** ***m*-Bromoclorobenzeno (rendimento global 70%)**

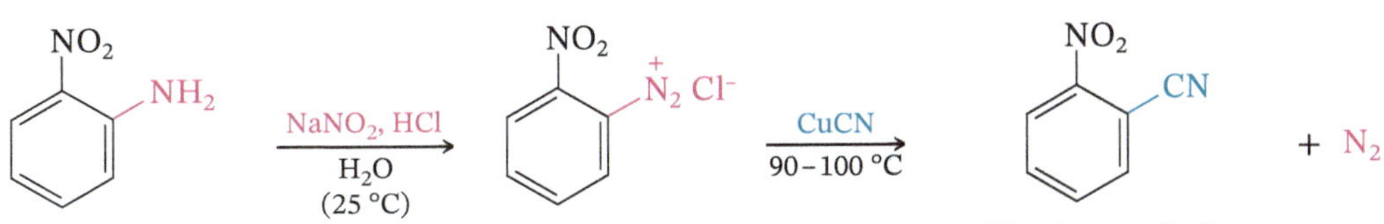

***o*-Nitroanilina** ***o*-Nitrobenzonitrila (rendimento global 65%)**

20.7C Substituição por —I

Os sais de arenodiazônio reagem com iodeto de potássio fornecendo produtos nos quais o grupo diazônio foi substituído por —I. Um exemplo é a síntese do *p*-iodonitrobenzeno:

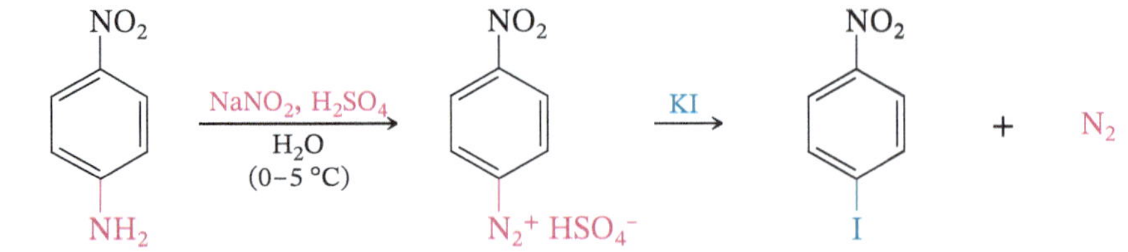

p-Nitroanilina **p-Iodonitrobenzeno (rendimento global 81%)**

20.7D Substituição por —F

O grupo diazônio pode ser substituído pelo flúor através do tratamento do sal de diazônio com ácido fluorobórico (HBF_4). O fluoroborato de diazônio que precipita é isolado, seco e aquecido até que ocorra a decomposição. Obtém-se um fluoreto de arila:

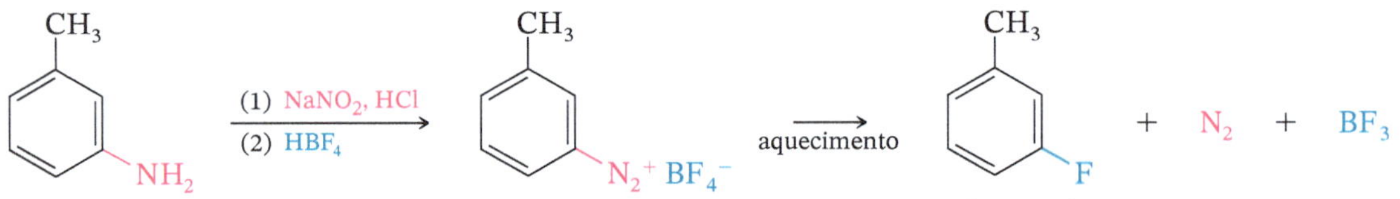

***m*-Toluidina** **Fluoroborato de *m*-toluenodiazônio (79%)** ***m*-Fluorotolueno (69%)**

20.7E Substituição por —OH: Uma Síntese de Fenóis

O grupo diazônio pode ser substituído por um grupo hidroxila através da adição de óxido cuproso a uma solução diluída do sal de diazônio contendo um grande excesso de nitrato cúprico:

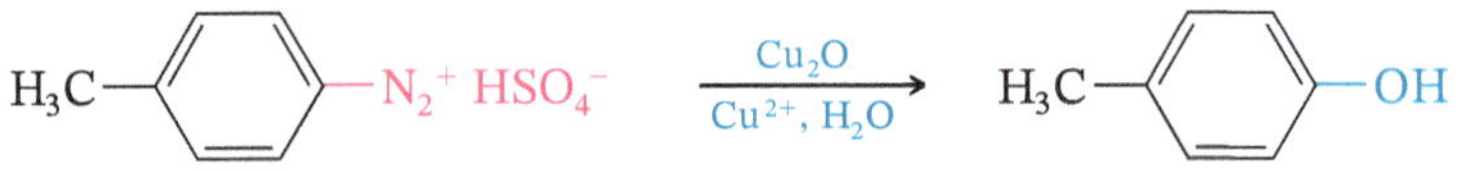

Hidrogenossulfato de *p*-toluenodiazônio ***p*-Cresol (93%)**

Uma síntese global de um fenol a partir da arilamina correspondente é mostrada na equação vista a seguir.

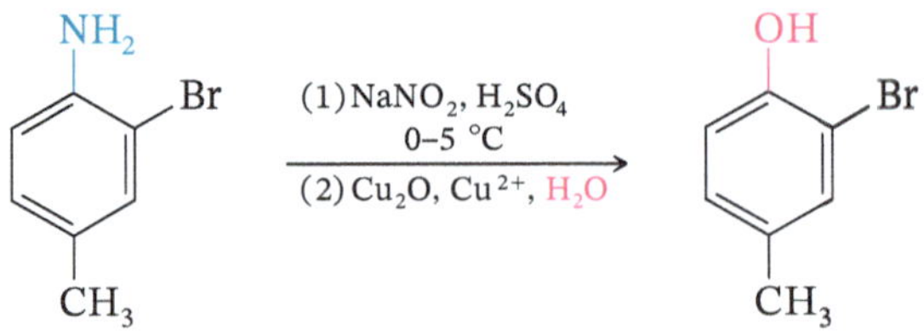

2-Bromo-4-metilfenol (80–92%)

PROBLEMA DE REVISÃO 20.11

Nos exemplos anteriores envolvendo reações de diazônio, ilustramos as sínteses iniciando com os compostos **(a)–(d)** vistos a seguir. Mostre como você poderia preparar cada um desses compostos a partir do benzeno:

(a) *m*-Cloroanilina **(b)** *m*-Bromoanilina **(c)** *o*-Nitroanilina **(d)** *p*-Nitroanilina

20.7F Substituição por Hidrogênio: Desaminação por Diazotação

Os sais de arenodiazônio reagem com ácido hipofosforoso (H_3PO_2) formando produtos nos quais o grupo diazônio foi substituído por —H. Uma vez que geralmente começamos uma síntese utilizando sais de diazônio através da nitração de um composto aromático, isto é, substituindo o —H pelo —NO_2 e, então, por —NH_2, pode parecer estranho que queiramos substituir um grupo diazônio por —H. Entretanto, a substituição do grupo diazônio pelo —H pode ser uma reação útil. Podemos introduzir um grupo amino em um anel aromático para influenciar a orientação de uma reação subsequente. Mais tarde, podemos remover o grupo amino (ou seja, realizar uma *desaminação*) através da sua diazotação e do tratamento do sal de diazônio com H_3PO_2.

Um exemplo da utilidade de uma reação de desaminação pode ser visto na síntese do *m*-bromotolueno, mostrada a seguir.

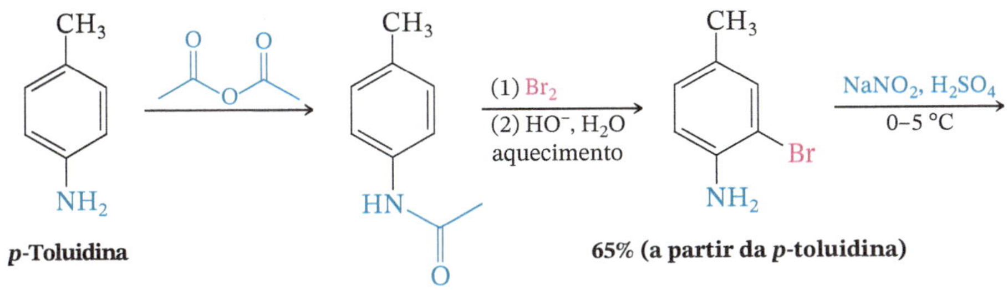

p-Toluidina

65% (a partir da p-toluidina)

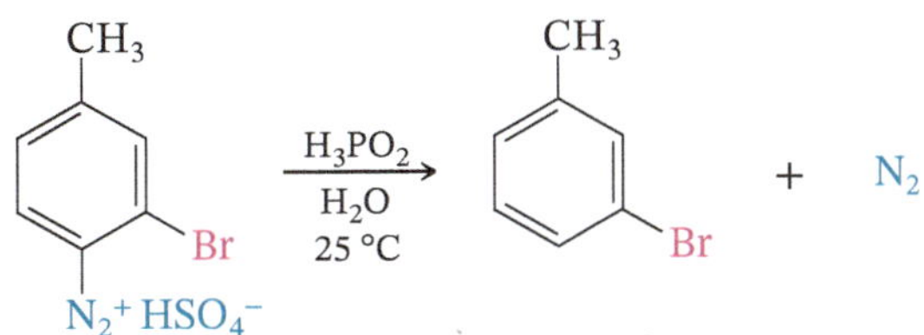

***m*-Bromotolueno (85% a partir da 2-bromo-4-metilanilina)**

Não é possível preparar o *m*-bromotolueno por bromação direta do tolueno ou por alquilação de Friedel–Crafts do bromobenzeno porque ambas as reações produzem *o*- e *p*-bromotolueno. (Tanto o CH_3— quanto o Br— são grupos diretores orto-para.) No entanto, se começarmos com a *p*-toluidina (preparada através da nitração do tolueno, separação do isômero para e redução do grupo nitro), é possível realizar a sequência de reações mostrada e obter o *m*-bromotolueno em bom rendimento. A primeira etapa, a síntese do derivado *N*-acetil da *p*-toluidina, é realizada para reduzir o efeito ativador do grupo amino. Caso contrário, ambas as posições orto seriam bromadas. Depois, o grupo acetila é removido por hidrólise.

PROBLEMA RESOLVIDO 20.6

Sugira como você modificaria a síntese anterior a fim de preparar o 3,5-dibromotolueno.

Estratégia e Resposta

Um grupo amino é um grupo ativador mais forte do que o grupo amido. Se realizarmos a bromação direta na presença do grupo amino, em vez de só realizá-la após a conversão da amina a uma amida, poderemos bromar ambas as posições orto. Devemos também ter certeza de adicionar bromo em quantidade suficiente.

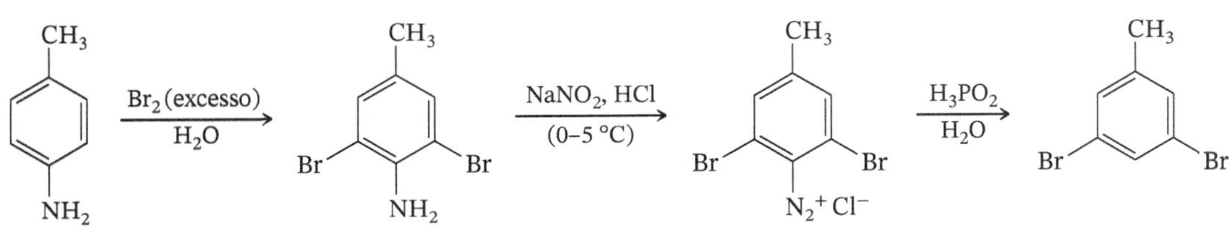

PROBLEMA DE REVISÃO 20.12

(a) Na Seção 20.7D, mostramos uma síntese do *m*-fluorotolueno a partir da *m*-toluidina. Como você prepararia a *m*-toluidina a partir do tolueno? **(b)** Como você prepararia o *m*-clorotolueno? **(c)** *m*-Bromotolueno? **(d)** *m*-Iodotolueno? **(e)** *m*-Toluenonitrila (*m*-$CH_3C_6H_4CN$)? **(f)** Ácido *m*-toluico?

PROBLEMA DE REVISÃO 20.13

A partir da *p*-nitroanilina [Problema de Revisão 20.11(d)], mostre como você poderia sintetizar o 1,2,3-tribromobenzeno.

20.8 Reações de Acoplamento de Sais de Arenodiazônio

Os íons arenodiazônio são eletrófilos fracos; eles reagem com compostos aromáticos altamente reativos – com fenóis e arilaminas terciárias – produzindo compostos *azo*. Esta substituição eletrofílica aromática é frequentemente chamada de *reação de acoplamento diazo*.

Reação Geral

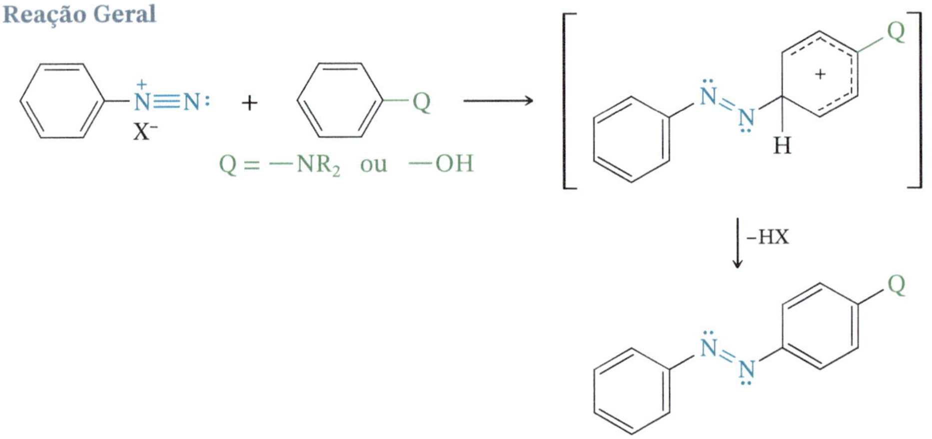

Um composto azo

Exemplos Específicos

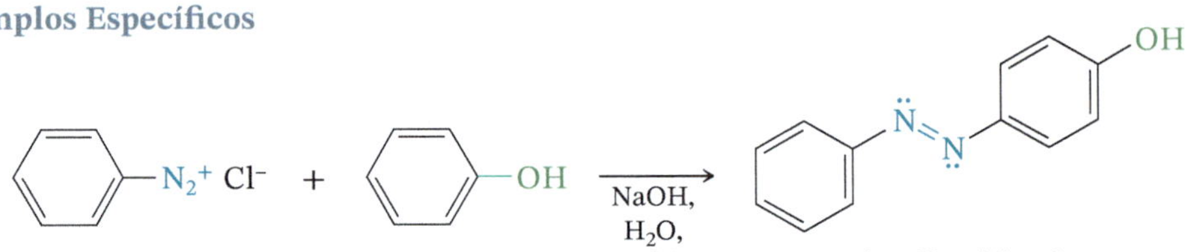

Cloreto de benzenodiazônio — **Fenol** — ***p*-(Fenilazo)fenol (sólido laranja)**

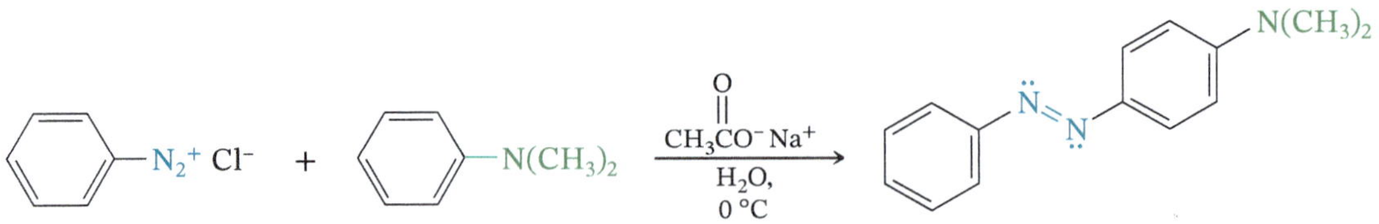

Cloreto de benzenodiazônio — ***N,N*-Dimetilanilina** — ***N,N*-Dimetil-*p*-(fenilazo)anilina (sólido amarelo)**

Os acoplamentos entre os cátions arenodiazônio e os fenóis ocorrem mais rapidamente em solução *ligeiramente* alcalina. Sob essas condições, uma quantidade considerável do fenol está presente como íon fenóxido, ArO^-, e os íons fenóxido são ainda mais reativos frente à substituição eletrofílica do que os próprios fenóis. (Por quê?) Entretanto, se a solução é demasiadamente alcalina ($pH > 10$), o próprio sal de arenodiazônio reage com o íon hidróxido formando um diazoidróxido, relativamente não reativo, ou um íon diazotato:

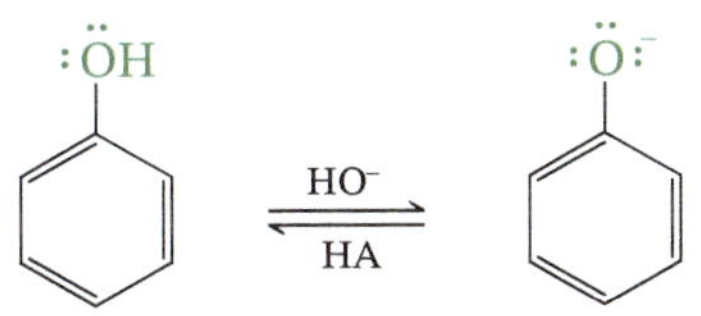

Fenol **(acopla lentamente)** **Íon fenóxido** **(acopla rapidamente)**

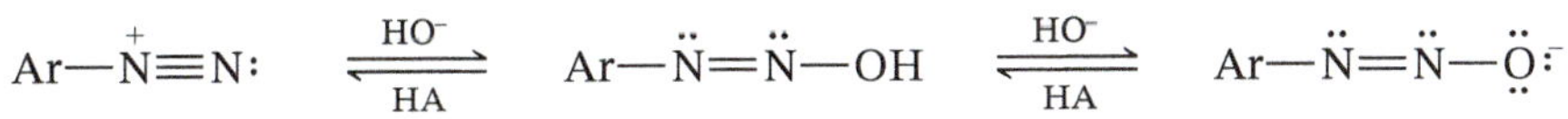

Íon arenodiazônio (acopla) **Diazo-hidróxido (não acopla)** **Íon diazotato (não acopla)**

Os acoplamentos entre os cátions arenodiazônio e as aminas ocorrem mais rapidamente em soluções ligeiramente ácidas (pH 5–7). Nessas condições, a concentração do cátion arenodiazônio é a maior possível; ao mesmo tempo em que uma quantidade excessiva da amina não foi convertida em um sal de amínio, não reativo:

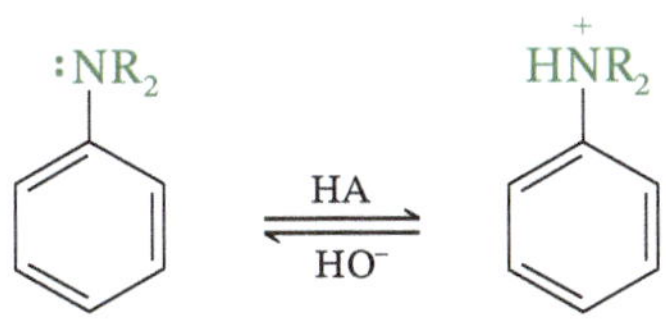

Amina (acopla) **Sal de amínio (não acopla)**

Se o pH da solução estiver abaixo de 5, a velocidade de acoplamento da amina é baixa.

Com os derivados de fenóis e da anilina, o acoplamento ocorre quase que exclusivamente na posição para, se ela estiver livre. Caso contrário, o acoplamento ocorre na posição orto.

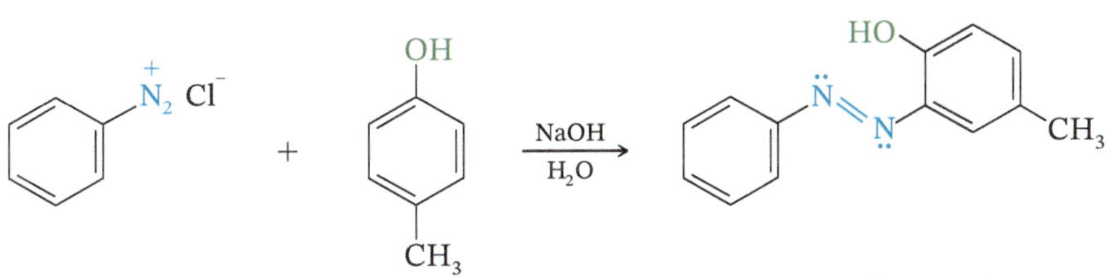

4-Metilfenol (*p*-cresol) **4-Metil-2-(fenilazo)fenol**

Em geral, os compostos azo são intensamente coloridos porque as ligações com o grupo azo (diazenodiila), —N=N—, levam a uma conjugação envolvendo os dois anéis aromáticos. Isso produz um sistema ampliado de deslocalização de elétrons π e permite a absorção da luz na região do visível. Em função de sua cor intensa e porque eles podem ser sintetizados a partir de compostos relativamente baratos, os compostos azo são utilizados extensivamente como corantes.

Os *corantes azo* quase sempre contêm um ou mais grupos $—SO_3^-Na^+$ para conferir solubilidade em água ao corante e ajudar na fixação do corante nas superfícies de fibras polares (lã, algodão ou náilon). Muitos corantes são preparados através de reações de acoplamento de naftilaminas e naftóis. O corante alaranjado II, introduzido em 1876, é preparado a partir do 2-naftol:

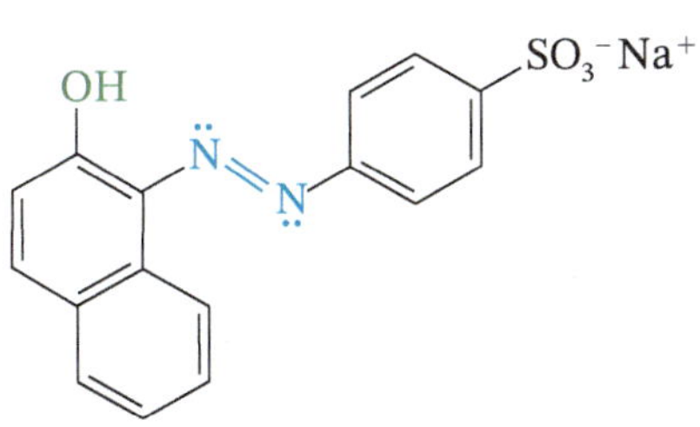

Alaranjado II

PROBLEMA DE REVISÃO 20.14

Esboce uma síntese do alaranjado II a partir do 2-naftol e do ácido *p*-aminobenzenossulfônico.

PROBLEMA DE REVISÃO 20.15

O amarelo-manteiga é um corante que foi utilizado no passado para colorir a margarina. Desde quando se demonstrou que ele é cancerígeno, a sua utilização em alimentos não é mais permitida. Esboce uma síntese do amarelo-manteiga a partir do benzeno e da *N,N*-dimetilanilina.

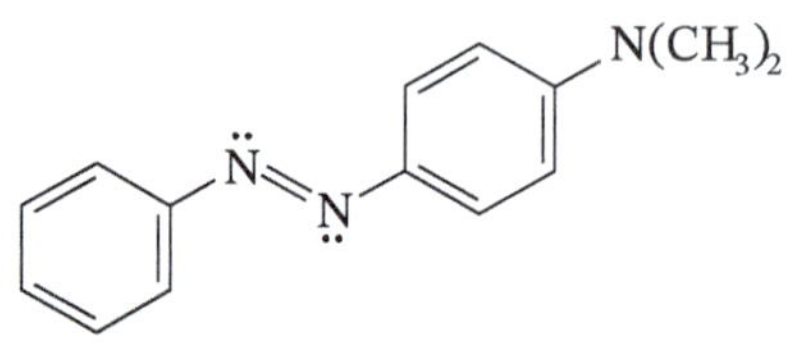

Amarelo-manteiga

PROBLEMA DE REVISÃO 20.16

Os azocompostos podem ser reduzidos a aminas por uma variedade de reagentes, incluindo o cloreto estanoso ($SnCl_2$):

$$Ar{-}N{=}N{-}Ar' \xrightarrow{SnCl_2} ArNH_2 + Ar'NH_2$$

Essa redução pode ser útil em sínteses como no seguinte exemplo:

$$\text{4-Etoxianilina} \xrightarrow[\text{(2) fenol, HO}^-]{\text{(1) NaNO}_2\text{, HCl}} \mathbf{A}\ (C_{14}H_{14}N_2O_2) \xrightarrow{\text{NaOH, } CH_3CH_2Br} \mathbf{B}\ (C_{16}H_{18}N_2O_2)$$

$$\mathbf{B}\ (C_{16}H_{18}N_2O_2) \xrightarrow{SnCl_2} \mathbf{C}\ (C_8H_{11}NO)$$

$$\text{dois equivalentes molares de } \mathbf{C}\ (C_8H_{11}NO) \xrightarrow{\text{anidrido acético}} \text{fenacetina } (C_{10}H_{13}NO_2)$$

Dê uma estrutura para a fenacetina e para os intermediários **A**, **B** e **C**. (A fenacetina, antigamente utilizada como um analgésico, é também o assunto do Problema 17.45.)

20.9 Reações de Aminas com Cloretos de Sulfonila

As aminas primárias e secundárias reagem com o cloreto de sulfonila formando **sulfonamidas**:

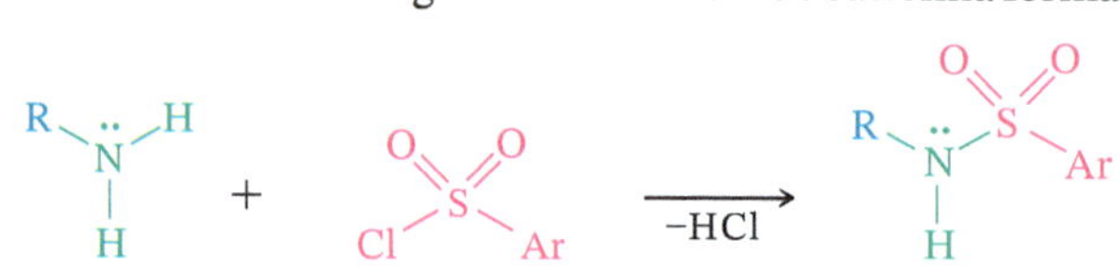

Amina primária | **Cloreto de sulfonila** | **Sulfonamida *N*-substituída**

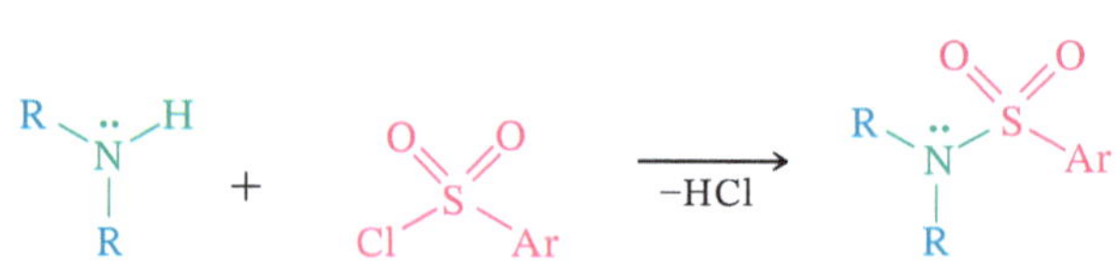

Amina secundária | **Sulfonamida *N,N*-dissubstituída**

Quando aquecidas em meio aquoso ácido, as sulfonamidas são hidrolisadas a aminas:

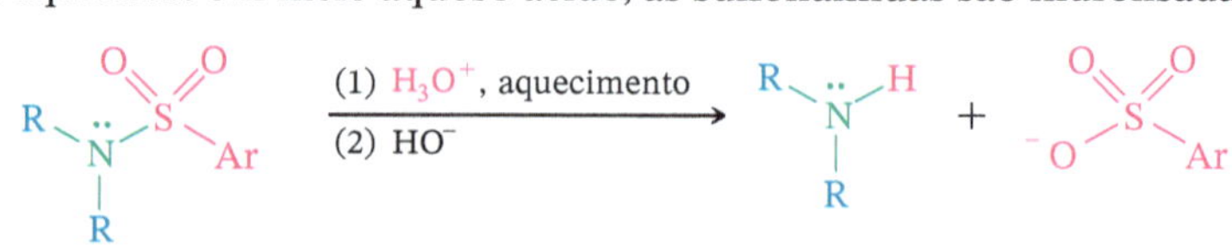

No entanto, essa hidrólise é muito mais lenta do que a hidrólise de carboxamidas.

20.9A Sulfonamidas Possuindo um Próton que Pode Ser Alquilado

Ânions sulfonamidas podem ser usados como nucleófilos para reações de *N*-alquilação com eletrófilos adequados. A hidrólise da sulfonamida alquilada produz uma amina substituída.

Alquilação de Sulfonamida e Hidrólise

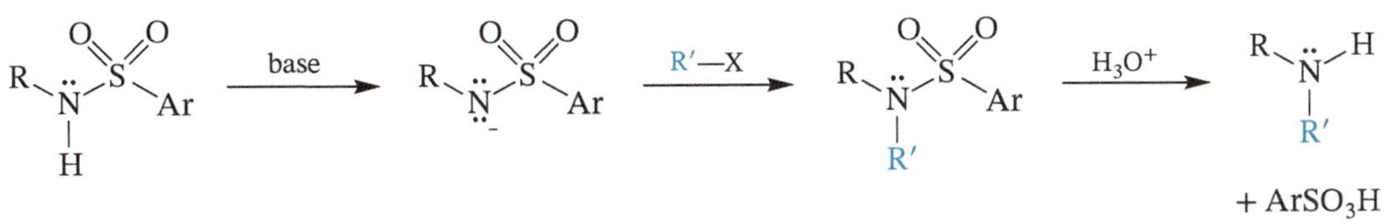

PROBLEMA DE REVISÃO 20.17

Mostre como a *N*-metilbenzilamina poderia ser sintetizada a partir da metilamina ou da benzilamina por alquilação de uma sulfonamida.

A Química Biológica de. . . Nutrientes Essenciais e Antimetabólitos

Todos os animais superiores e muitos microrganismos não têm capacidade bioquímica de sintetizar determinados compostos orgânicos essenciais. Esses nutrientes essenciais incluem vitaminas, certos aminoácidos, ácidos carboxílicos insaturados, componentes das bases do DNA, como purinas e pirimidinas. Por exemplo, o ácido *p*-aminobenzoico, uma amina aromática, é um nutriente essencial para muitas bactérias (veja a **Fig. 20.3**). Esses microrganismos dependem do ácido *p*-aminobenzoico como matéria-prima fundamental, juntamente com diversos outros componentes, para a síntese do ácido fólico em processos controlados por enzimas.

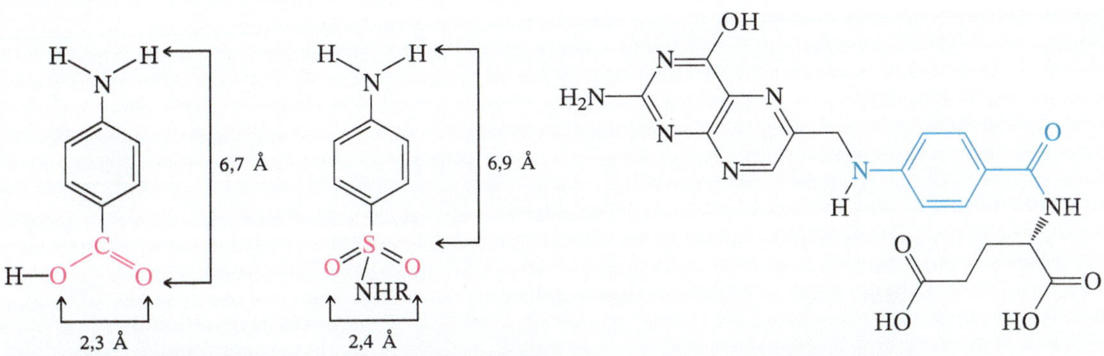

Ácido *p*-aminobenzoico **Uma sulfanilamida** **Ácido fólico**

FIGURA 20.3 Semelhança estrutural do ácido *p*-aminobenzoico e uma sulfanilamida. (Reproduzida com permissão de John Wiley and Sons, Inc. de Korolkovas, *Essentials of Molecular Pharmacology*, Copyright 1970.)

Os produtos químicos que inibem o crescimento de microrganismos são chamados de antimetabólitos. Acontece que certas moléculas que contêm aminas, conhecidas como sulfanilamidas (que vamos abordar com detalhes mais adiante) são antimetabólitos para essas bactérias que dependem do ácido *p*-aminobenzoico. A razão: a homologia das suas formas globais, cujas características fundamentais foram destacadas anteriormente. De fato, as enzimas das bactérias são incapazes de distinguir entre essas duas moléculas. Isso, por fim, leva à morte da bactéria, pois não é sintetizado o suficiente do seu nutriente essencial. Acontece que tais tratamentos são particularmente úteis para os seres humanos, porque derivamos o ácido fólico de que necessitamos de fontes alimentares (o ácido fólico é uma

(*continua*)

(*continuação*)

vitamina). Dessa maneira, não temos nenhuma enzima que sintetiza o ácido fólico a partir do ácido *p*-aminobenzoico e, como resultado, não somos afetados negativamente por uma terapia de sulfanilamida.

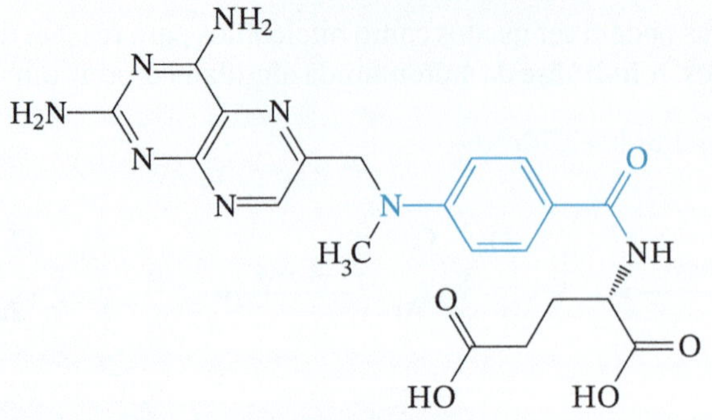

Metotrexato

Existem muitos outros exemplos desse conceito. Um exemplo recente é o metotrexato, um derivado do ácido fólico, que vem sendo utilizado com sucesso no tratamento de determinados carcinomas, bem como na artrite reumatoide. Exatamente conforme no caso acima, o metotrexato, em virtude da sua semelhança com o ácido fólico, pode participar de algumas das mesmas reações do ácido fólico, mas ele não pode desempenhar a mesma função biológica inerente. Aqui, esse papel é o envolvimento em reações críticas para a divisão celular. Apesar de o metotrexato ser tóxico para o processo de divisão de todas as células, aquelas que se dividem mais rapidamente – as células cancerosas – são mais vulneráveis a seus efeitos.

20.10 Síntese de Fármacos com Sulfa

As sulfanilamidas (**fármacos com sulfa**) podem ser sintetizadas a partir da anilina por meio da seguinte sequência de reações:

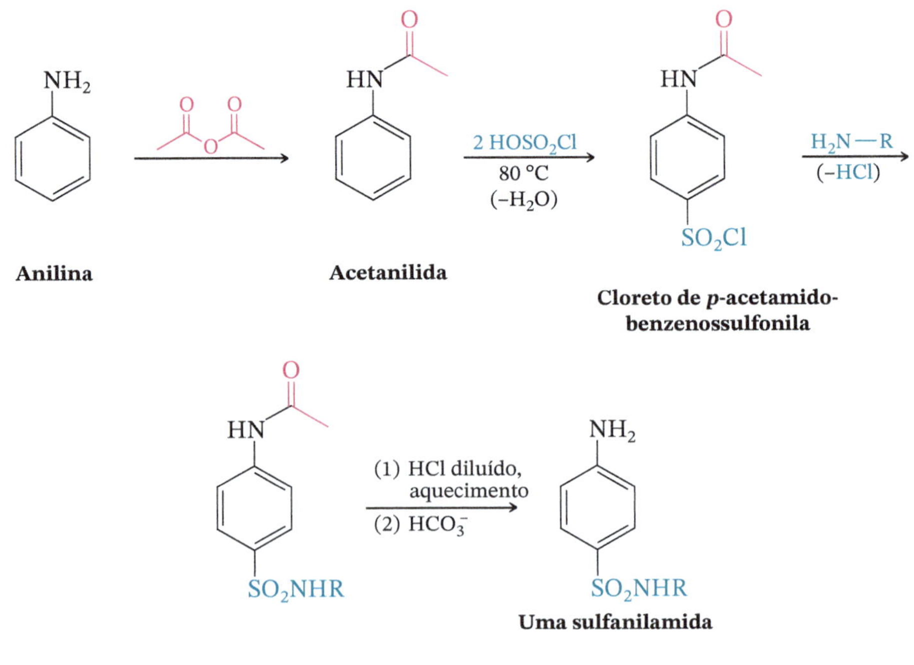

A acetilação da anilina produz a acetanilida e protege o grupo amino do reagente a ser utilizado em seguida. O tratamento de acetanilida com ácido clorossulfônico provoca uma reação de substituição aromática eletrofílica e produz o cloreto de *p*-acetamidobenzenossulfonila.

A adição de amônia ou de uma amina primária fornece a diamida, uma amida tanto do ácido carboxílico quanto do ácido sulfônico. Finalmente, o refluxo com ácido clorídrico hidrolisa seletivamente a ligação de carboxamida e produz uma sulfanilamida. (A hidrólise de carboxamidas é muito mais rápida do que a de sulfonamidas.)

PROBLEMA DE REVISÃO 20.18

(a) A partir da anilina e supondo que você disponha do 2-aminotiazol, mostre como você sintetizaria o sulfatiazol. **(b)** Como você converteria o sulfatiazol a succinilsulfatiazol? Nota: as estruturas para esses produtos podem ser encontradas na Seção "Por que Esses Tópicos São Importantes?".

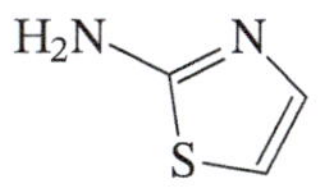

2-Aminotiazol

20.11 Análise de Aminas

20.11A Análise Química

As aminas são caracterizadas por sua basicidade e, portanto, pela capacidade de se dissolverem em ácido aquoso diluído (Seções 20.3A, 20.3E). Um papel de pH umedecido pode ser utilizado para testar a presença de um grupo funcional amina em um composto desconhecido. Se o composto é uma amina, o papel de pH indicará a presença de uma base. A amina desconhecida pode, então, ser prontamente classificada como primária, secundária ou terciária através de espectroscopia no IV (veja a seguir).

20.11B Análise Espectroscópica

Espectros no Infravermelho As aminas primárias e secundárias são caracterizadas através das bandas de absorção no IV na região de 3300–3555 cm^{-1} oriundas das vibrações de estiramento da ligação N—H. As aminas primárias apresentam duas bandas nessa região (veja a **Fig. 20.4**); as aminas secundárias geralmente apresentam apenas uma. Uma vez que elas não têm grupo N—H, as aminas terciárias não absorvem nessa região. As bandas de absorção resultantes das vibrações de estiramento da ligação C—N de aminas alifáticas ocorrem na região de 1020–1220 cm^{-1}, mas normalmente são fracas e difíceis de identificar. As aminas aromáticas geralmente apresentam uma banda de forte intensidade de estiramento da ligação C—N na região de 1250–1360 cm^{-1}. A Fig. 20.4 mostra um espectro no IV comentado da 4-metilanilina.

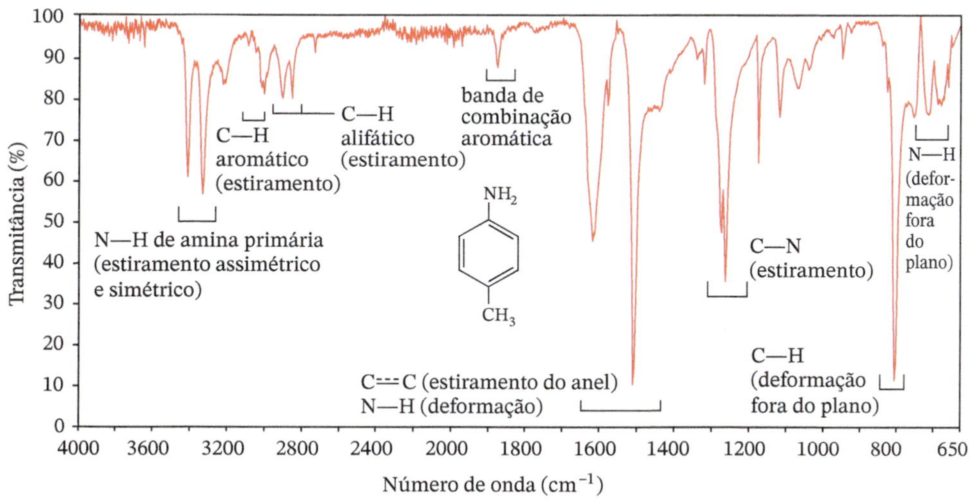

FIGURA 20.4 Espectro no IV comentado da 4-metilanilina.

Espectros de RMN de ^1H As aminas primárias e secundárias mostram sinais do próton N—H na região δ 0,5–5. Esses sinais geralmente são largos, e a posição exata deles depende da natureza do solvente, da pureza da amostra, da concentração e da temperatura. Devido à troca de próton, os prótons do grupo N—H geralmente não estão acoplados aos prótons dos carbonos adjacentes. Dessa forma, eles são difíceis de identificar e são mais bem detectados por meio da integração ou pela adição de uma pequena quantidade de D_2O à amostra. Após a adição de D_2O, o sinal devido aos prótons N—H desaparece à medida que ocorre a troca de prótons do N—H por átomos de deutério do D_2O.

Os prótons no carbono α de uma amina alifática são desblindados pelo efeito de atração de elétrons do nitrogênio e absorvem normalmente na região 2,2–2,9 ppm; os prótons no carbono β não são tão desblindados, absorvendo na faixa 1,0–1,7 ppm.

A Fig. 20.5 mostra um espectro de RMN de ^1H comentado da di-isopropilamina.

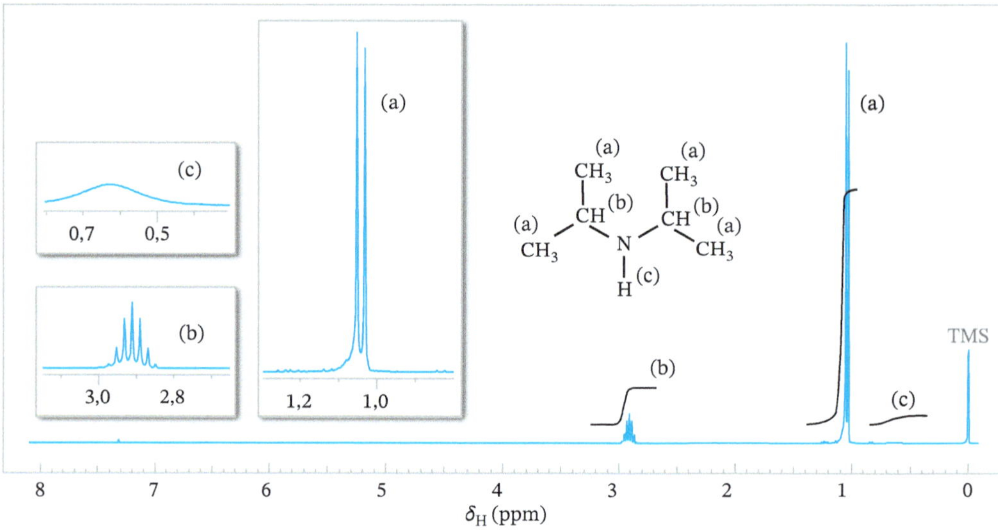

FIGURA 20.5 Espectro de RMN de ^1H da di-isopropilamina. Observe a integral para o pico largo de NH em aproximadamente δ 0,7. As expansões verticais não estão em escala.

Espectros de RMN de ^{13}C O carbono α de uma amina alifática sofre desblindagem pelo nitrogênio eletronegativo, e a sua absorção é deslocada para campo mais baixo, normalmente aparecendo em 30–60 ppm. No entanto, o deslocamento não é tão grande como ocorre para o carbono α de um álcool (normalmente 50–75 ppm), porque o nitrogênio é menos eletronegativo do que o oxigênio. O deslocamento para campo mais baixo é ainda menor para o carbono β, e assim por diante ao longo da cadeia, como mostram os deslocamentos químicos dos carbonos da pentilamina:

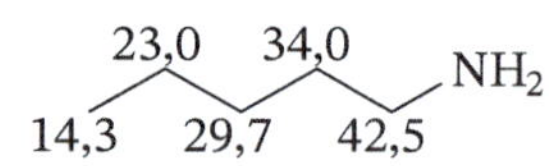

Deslocamentos químicos de RMN de ^{13}C (ppm)

Espectros de Massa de Aminas O íon molecular no espectro de massa de uma amina tem um número de massa ímpar (a menos que exista um número par de átomos de nitrogênio na molécula). O pico correspondente ao íon molecular é normalmente intenso para aminas aromáticas e aminas alifáticas cíclicas, mas fraco para aminas alifáticas acíclicas. A quebra entre os carbonos α e β de aminas alifáticas é um modo comum de fragmentação.

20.12 Eliminações Envolvendo Compostos de Amônio

20.12A Eliminação de Hofmann

Todas as eliminações que descrevemos até aqui envolvem substratos eletricamente neutros. No entanto, são conhecidas eliminações nas quais o substrato contém uma carga positiva. Uma dessas eliminações mais importantes é a eliminação do tipo E2, que ocorre quando se aquece um hidróxido de amônio quaternário. Os produtos são um alqueno, água e uma amina terciária:

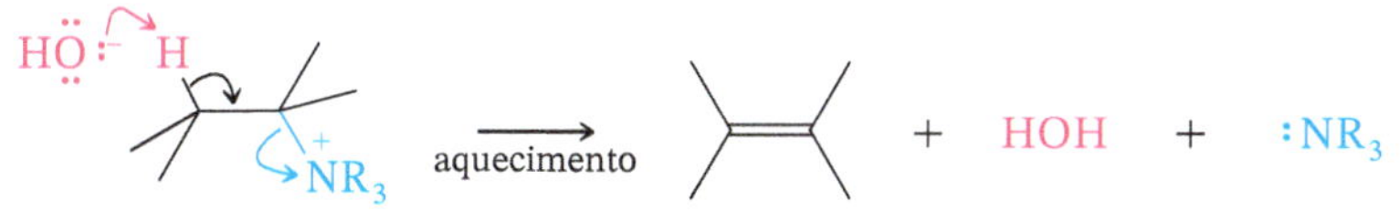

Um hidróxido de amônio quaternário **Um alqueno** **Uma amina terciária**

Essa reação foi descoberta em 1851 por August W. von Hofmann e, desde então, ela é conhecida por seu nome.

Os hidróxidos de amônio quaternário podem ser preparados a partir de haletos de amônio quaternário em solução aquosa através da utilização de óxido de prata ou de uma resina de troca iônica:

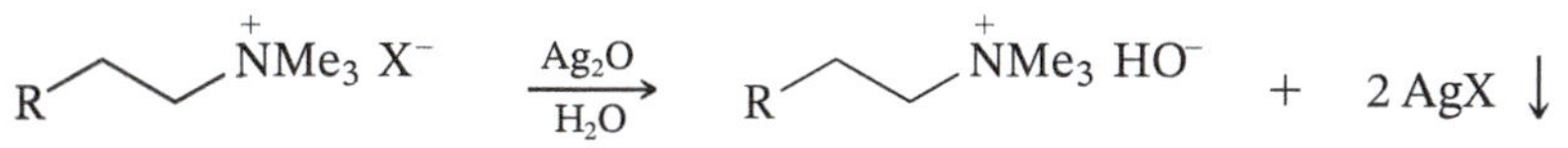

Um haleto de amônio quaternário **Um hidróxido de amônio quaternário**

O haleto de prata precipita da solução e pode ser removido por filtração. O hidróxido de amônio quaternário pode, então, ser obtido por evaporação da água.

Apesar de a maioria das eliminações envolvendo substratos neutros tender a seguir a *regra de Zaitsev* (Seção 7.7A), as eliminações com substratos carregados tendem a seguir o que é chamado de **regra de Hofmann**, *produzindo principalmente o alqueno menos substituído*. Podemos ver um exemplo desse comportamento ao comparar as seguintes reações:

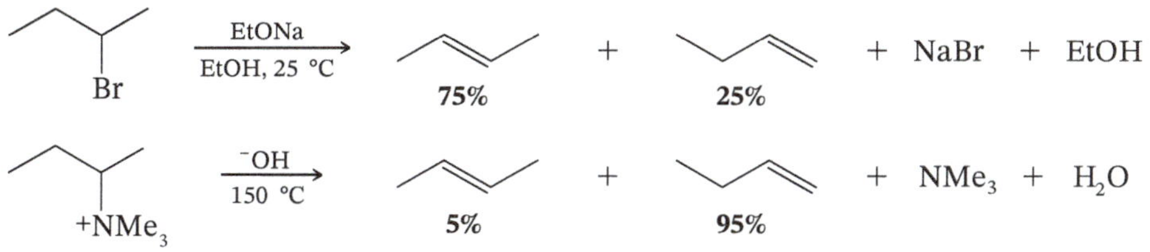

As razões mecanísticas que explicam essas diferenças são complexas. Uma explicação é que os estados de transição das reações de eliminação com substratos carregados têm considerável caráter de carbânion. Portanto, esses estados de transição mostram pouca semelhança com o alqueno, o produto final, e não são apreciavelmente estabilizados através do desenvolvimento de uma ligação dupla:

Estado de transição que lembra um carbânion (segue a regra de Hofmann)

Estado de transição que lembra um alqueno (segue a regra de Zaitsev)

Com um substrato carregado, a base ataca o hidrogênio mais ácido. Um átomo de hidrogênio primário é mais ácido porque o seu átomo de carbono contém apenas um grupo doador de elétrons.

20.12B Eliminação de Cope

Os óxidos de aminas terciárias sofrem a eliminação de uma dialquilidroxiamina quando eles são aquecidos. A reação é chamada de eliminação de Cope, é uma eliminação do tipo sin e ocorre através de um estado de transição cíclico.

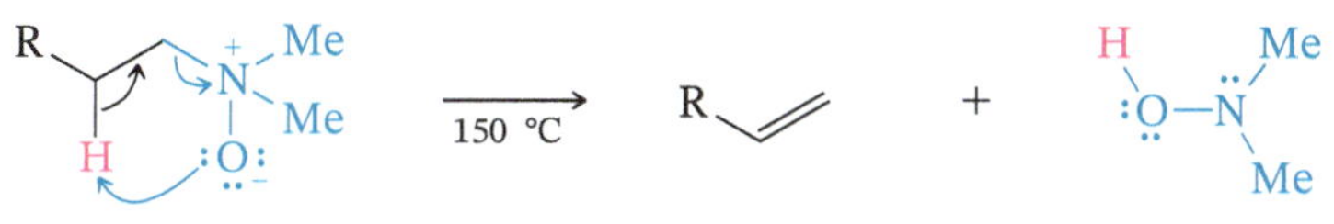

Um óxido de amina terciária **Um alqueno** ***N,N*-Dimetil-hidroxilamina**

Os óxidos de aminas terciárias são facilmente preparados através do tratamento de aminas terciárias com peróxido de hidrogênio (Seção 20.5A).

A eliminação de Cope tem utilidade em sínteses. Considere a seguinte síntese do metilenociclo-hexano:

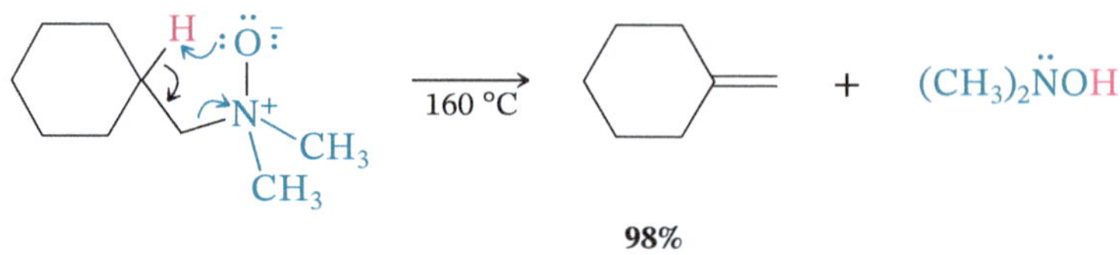

20.13 Resumo das Preparações e Reações de Aminas

Preparação de Aminas

1. Síntese de Gabriel (abordada na Seção 20.4A):

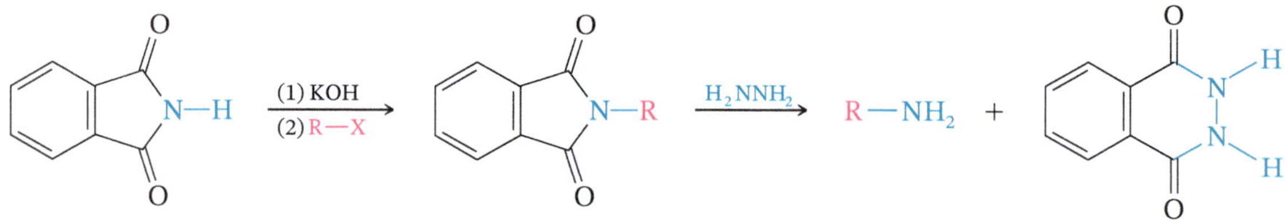

2. Por meio da redução de alquilazidas (abordada na Seção 20.4A):

$$\text{R—Br} \xrightarrow{\text{NaN}_3} \text{R—N}{=}\overset{+}{\text{N}}{=}\overset{-}{\text{N}} \xrightarrow[\text{ou LiAlH}_4]{\text{Na/álcool}} \text{R—NH}_2$$

3. Por meio da aminação de haletos de alquila (abordada na Seção 20.4A):

$$\text{R—Br} + \text{NH}_3 \longrightarrow \text{RNH}_3^+\,\text{Br}^- + \text{R}_2\text{NH}_2^+\,\text{Br}^- + \text{R}_3\text{NH}^+\,\text{Br}^- + \text{R}_4\text{N}^+\,\text{Br}^-$$

(R = um grupo alquila primário)

$$\downarrow \text{HO}^-$$

$$\text{RNH}_2 + \text{R}_2\text{NH} + \text{R}_3\text{N} + \text{R}_4\text{N}^+\,\text{OH}^-$$

(Obtém-se uma mistura de produtos)

4. Por meio da redução de nitroarenos (abordada na Seção 20.4B):

$$\text{Ar—NO}_2 \xrightarrow[\text{ou (1) Fe/HCl (2) NaOH}]{\text{H}_2\text{, catalisador}} \text{Ar—NH}_2$$

5. Por meio da aminação redutora (abordada na Seção 20.4C):

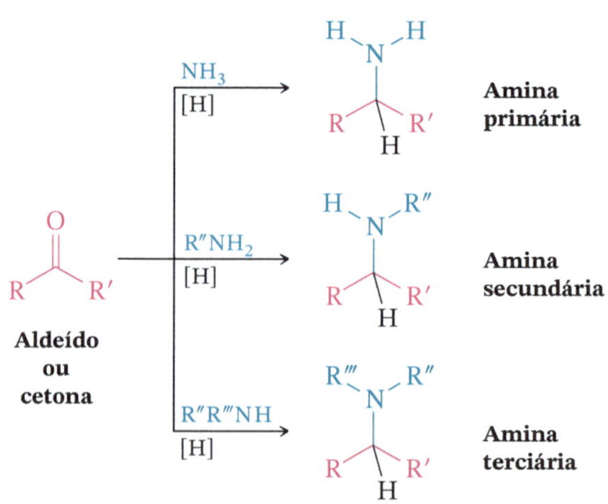

6. Por meio da redução de nitrilas, oximas e amidas (abordada na Seção 20.4D):

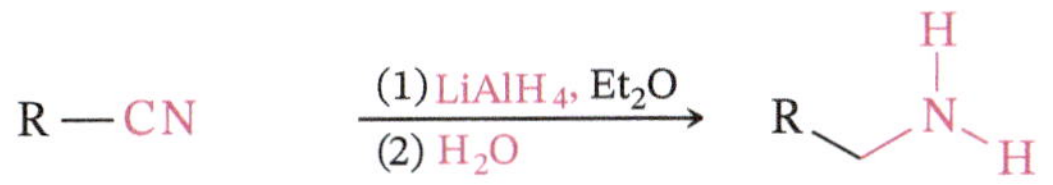

Amina primária

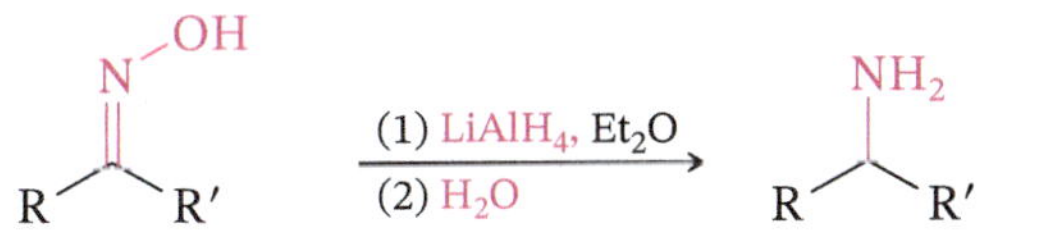

Amina primária

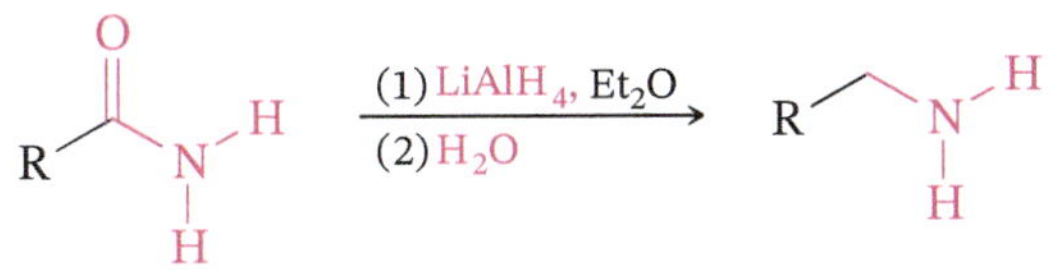

Amina primária

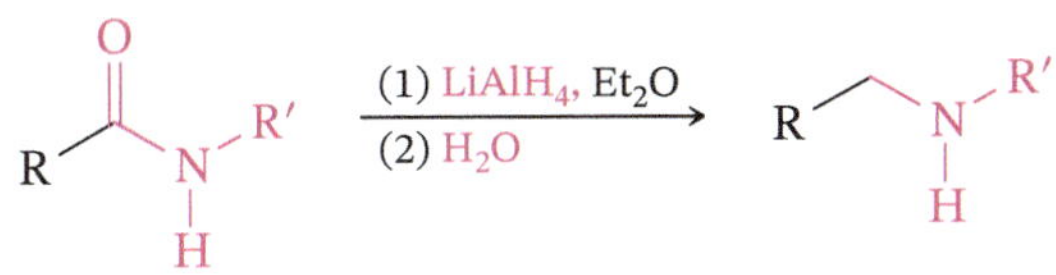

Amina secundária

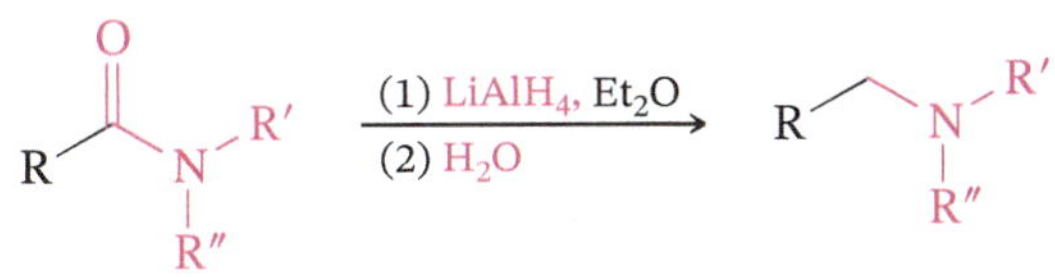

Amina terciária

7. Por meio dos rearranjos de Hofmann e Curtius (abordados na Seção 20.4E):

Rearranjo de Hofmann

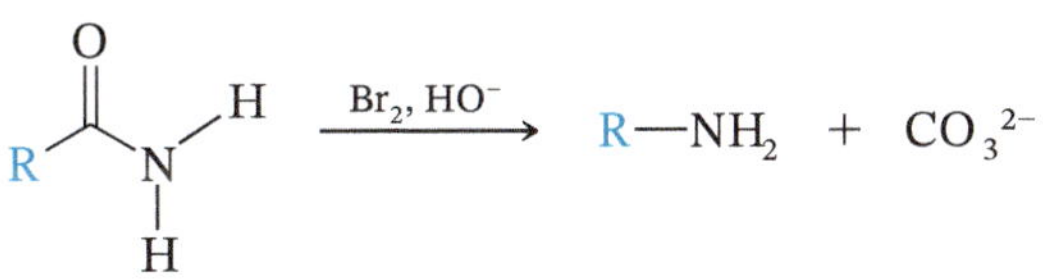

Rearranjo de Curtius

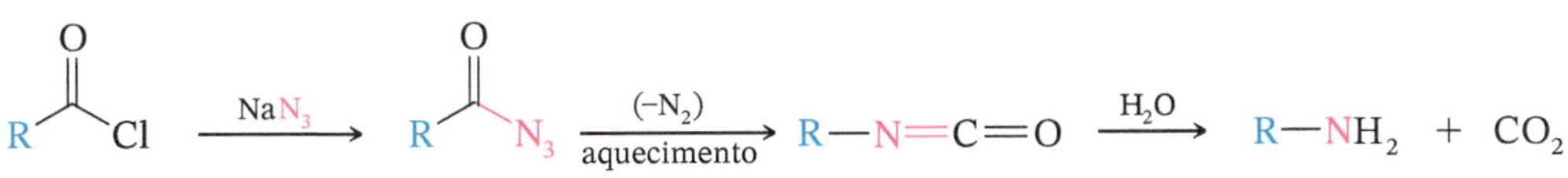

Reações de Aminas

1. Como bases (abordadas na Seção 20.3):

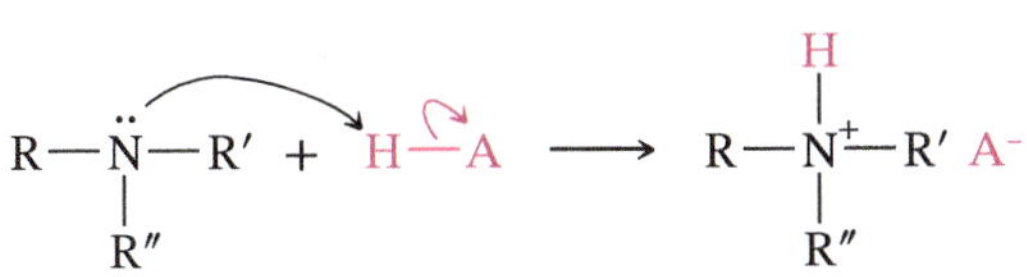

(R, R′ e/ou R″ pode ser alquila, H ou Ar)

2. Diazotação de arilaminas primárias e substituição do grupo diazônio ou acoplamento com esse grupo (abordadas nas Seções 20.7 e 20.8):

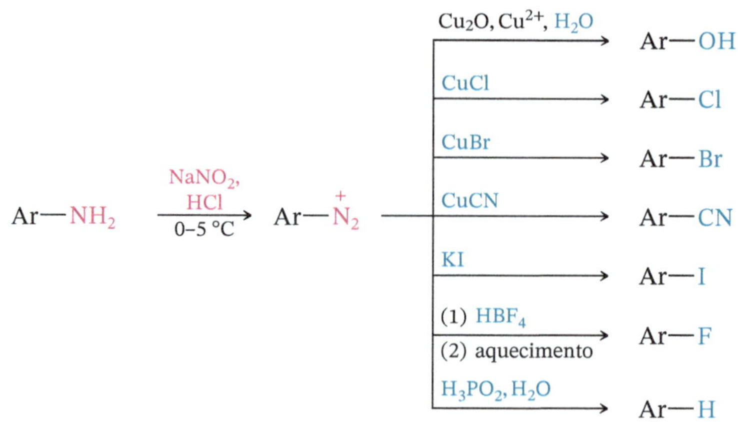

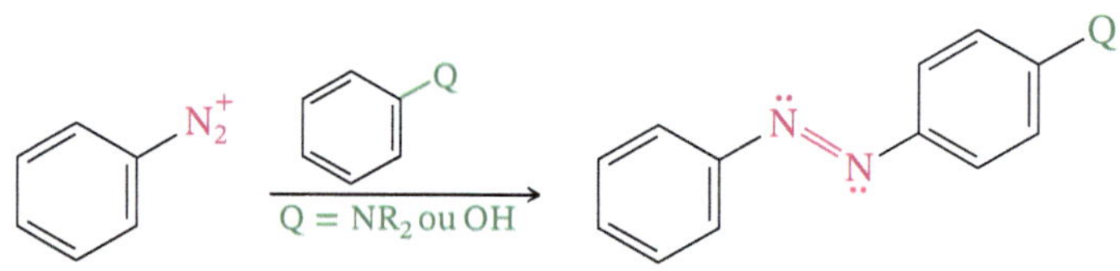

3. Conversão a sulfonamidas (abordada na Seção 20.9):

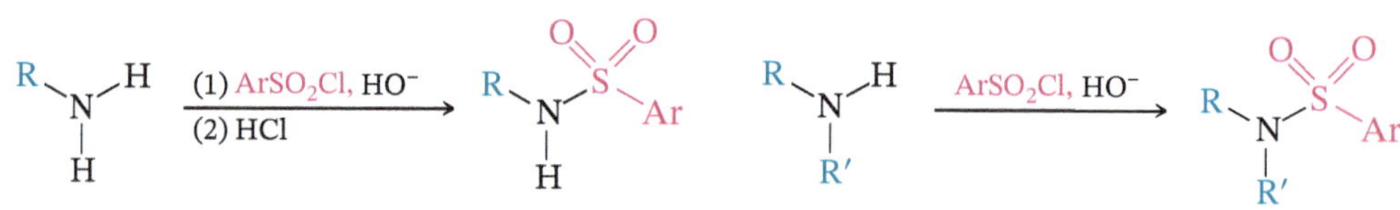

4. Conversão a amidas (abordada na Seção 17.8):

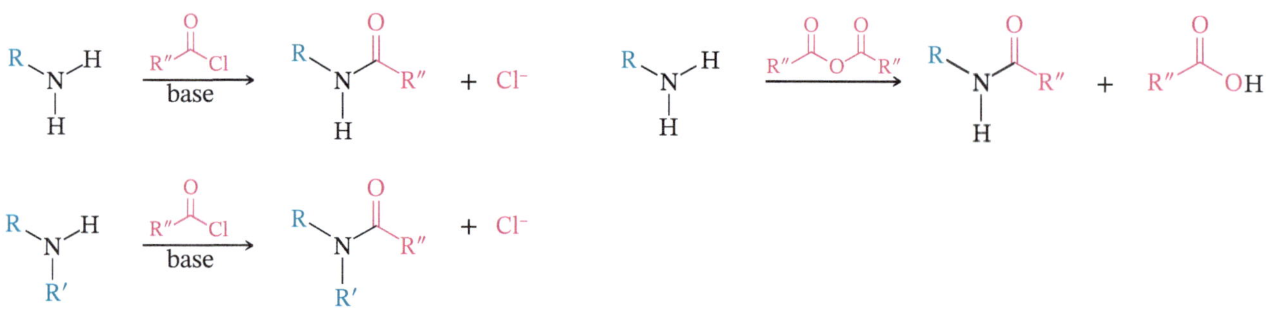

5. Eliminações de Hofmann e de Cope (abordadas na Seção 20.12):

Eliminação de Hofmann

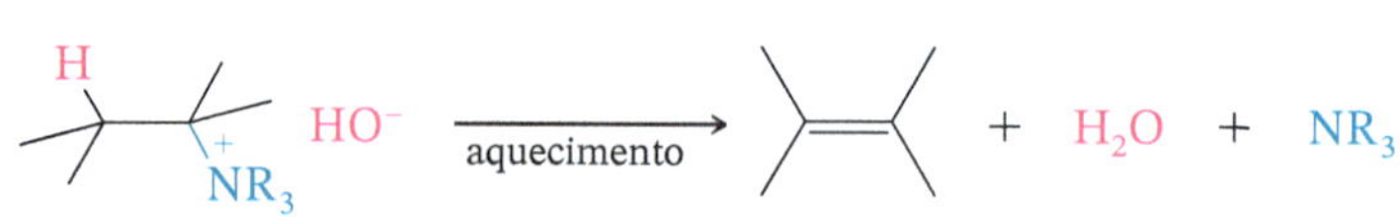

Eliminação de Cope

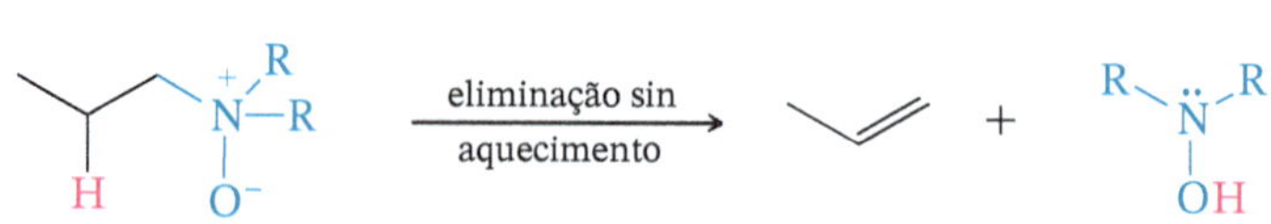

Por que Esses Tópicos São Importantes?

Origem da Quimioterapia e Fármacos com Sulfa

Define-se quimioterapia como o uso de agentes químicos para a destruição de células infecciosas ou anormais seletivamente sem a destruição simultânea de células hospedeiras normais. Embora seja difícil acreditar, nessa era de fármacos maravilhosos, a quimioterapia é um fenômeno relativamente moderno. Antes de 1900, apenas três medicamentos químicos específicos eram conhecidos para o tratamento de doenças de qualquer forma: o mercúrio (para a sífilis, porém com resultados frequentemente desastrosos), a casca da cinchona ou quinina (isto é, o quinino, para a malária) e a ipecacuanha ou ipeca (para disenteria).

O termo quimioterapia em si teve sua origem no trabalho de um médico chamado Paul Ehrlich. Como aluno da escola de medicina, Ehrlich ficou impressionado com a capacidade de certos corantes tingirem seletivamente os tecidos. Acreditando que esse tingimento era o resultado de uma reação química entre o tecido e o corante, Ehrlich imaginou se seria possível identificar corantes com afinidades seletivas por microrganismos. Então, sua esperança era de que poderia ser capaz de modificar esses corantes de modo que pudessem ser especificamente letais para microrganismos, mas inofensivos para o ser humano. Ele chamou tais substâncias de "balas mágicas". Em 1907, ele descobriu uma dessas substâncias na forma de um corante conhecido como vermelho de tripan 1. Esse corante, que combatia a tripanossomíase, fez com que ele recebesse o Prêmio Nobel de 1908 em Medicina. Em 1909, ele acompanhou sua descoberta inicial com uma segunda bala mágica conhecida como salvarsan, um remédio contra sífilis, que contém aminas aromáticas combinadas com átomos de arsênio.

PRÊMIO NOBEL

O trabalho de Paul Ehrlich em quimioterapia levou-o a dividir o Prêmio Nobel de Fisiologia ou Medicina, de 1908, com Ilya Mechnikov.

Com essas fortes evidências nas mãos, durante as várias décadas seguintes, Ehrlich e muitos outros cientistas testaram dezenas de milhares de produtos químicos (não apenas corantes) na busca por mais balas mágicas. Infelizmente, pouco foi encontrado como tendo efeitos promissores. Então, em 1935, a filha de Gerhard Domagk, um médico empregado por um fabricante de corantes alemão (I. G. Farbenindustrie), contraiu uma infecção estreptocócica em uma picada de agulha. Quando ela estava para morrer, Domagk decidiu a dar a ela uma dose de um corante por via oral chamado prontosil, uma substância que a firma dele havia desenvolvido. Em testes em ratos o prontosil tinha inibido o desenvolvimento de estreptococos. Em um curto espaço de tempo a garotinha se recuperou. A aposta de Domagk não apenas salvou a vida da própria filha, mas também iniciou uma nova e espetacularmente moderna fase na moderna quimioterapia e, por fim, o levou a ser laureado com o Prêmio Nobel de Medicina ou Fisiologia (1939).

PRÊMIO NOBEL

Gerhard Domagk foi laureado com o Prêmio Nobel de Fisiologia ou Medicina em 1939 pela descoberta dos efeitos bactericidas do prontosil.

Em 1936, Ernest Fourneau, do Instituto Pasteur, em Paris, demonstrou que (1) o prontosil se quebra, no corpo humano, produzindo sulfanilamida, e (2) a sulfanilamida é o princípio ativo real contra os estreptococos. Portanto, o prontosil é um profármaco, por ser convertido no composto ativo *in vivo*.

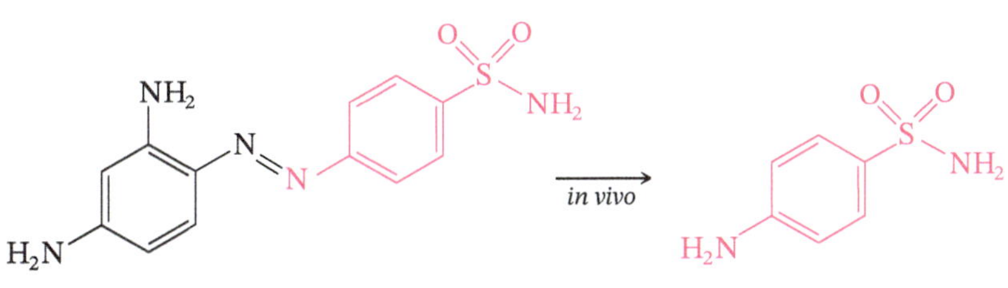

Prontosil **Sulfanilamida**

O anúncio desses resultados feito por Fourneau acionou uma pesquisa por outros produtos químicos relacionados com a sulfanilamida que poderiam ter efeitos quimioterápicos ainda melhores. Literalmente, milhares de variações químicas foram apresentadas sobre o tema sulfanilamida; a sua estrutura recebeu variações de quase todas as maneiras imagináveis. Ao final, foram obtidos os melhores agentes terapêuticos a partir de compostos em que um hidrogênio do grupo $-SO_2NH_2$ era substituído por algum outro grupo, geralmente um anel heterocíclico (mostrado em azul nas estruturas vistas a seguir). Entre as variações de maior sucesso ficaram os compostos apresentados a seguir; a própria sulfanilamida, por fim, provou ser também tóxica para uso geral.

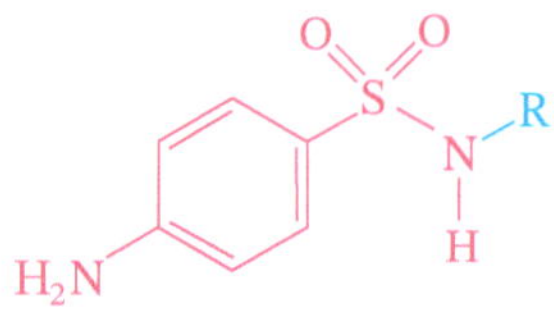

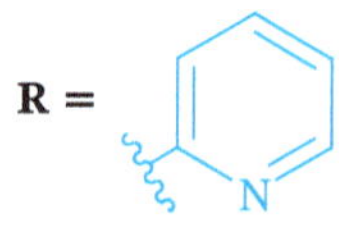

Sulfapiridina

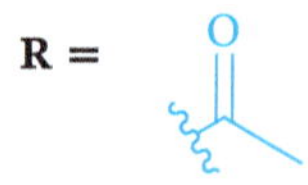

Sulfacetamida

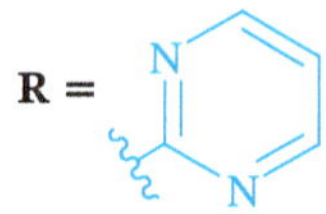

Sulfadiazina

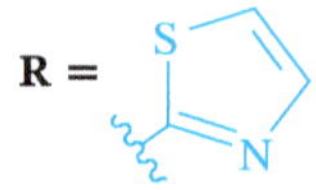

Sulfatiazol

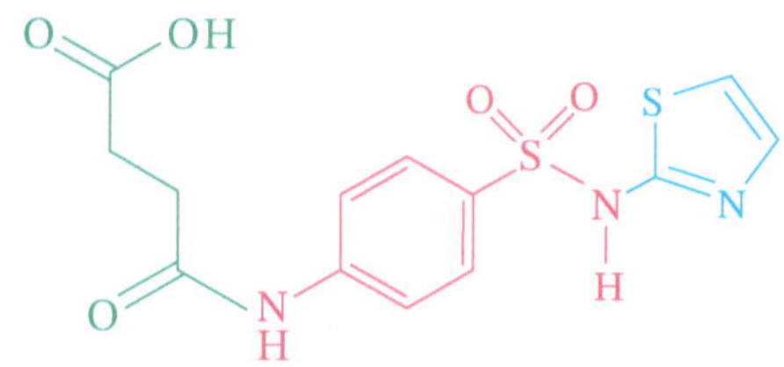

Succinilsulfatiazol

Demonstrou-se que a sulfapiridina era efetiva contra a pneumonia em 1938; antes dessa época, a epidemia de pneumonia havia matado dezenas de milhares de pessoas. A sulfacetamida foi utilizada pela primeira vez com sucesso no tratamento de infecções do trato urinário em 1941. O succinilsulfatiazol e o composto correlato, o ftalilsulfatiazol, foram usados como quimioterápicos contra infecções do trato gastrointestinal. Ambos os compostos são hidrolisados a sulfatiazol, uma molécula que, por si só, salvou as vidas de inúmeros soldados na Segunda Guerra Mundial.

Resumo e Ferramentas de Revisão

As ferramentas de estudo para o presente capítulo incluem termos e conceitos fundamentais, que são realçados ao longo do capítulo em **negrito azul** e estão definidos no glossário (ao fim de cada volume), e a lista de tipos de reações na Seção 20.13.

Problemas

Nomenclatura

20.19 Escreva as fórmulas estruturais para cada um dos seguintes compostos:

(a) Benzilmetilamina
(b) Tri-isopropilamina
(c) *N*-Etil-*N*-metilanilina
(d) *m*-Toluidina
(e) 2-Metilpirrol
(f) *N*-Etilpiperidina
(g) Brometo de *N*-etilpiridínio
(h) Ácido 3-piridinocarboxílico
(i) Indol
(j) Acetanilida
(k) Cloreto de dimetilamínio
(l) 2-Metilimidazol
(m) 3-Aminopropan-1-ol
(n) Cloreto de tetrapropilamônio
(o) Pirrolidina
(p) *N*,*N*-Dimetil-*p*-toluidina
(q) 4-Metoxianilina
(r) Hidróxido de tetrametilamônio
(s) Ácido *p*-aminobenzoico
(t) *N*-Metilanilina

20.20 Dê os nomes vulgares ou sistemáticos para cada um dos seguintes compostos:

(a)

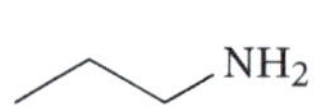

(b)

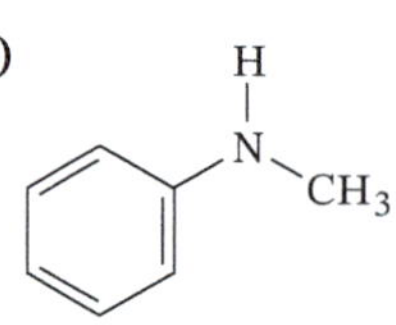

(c)

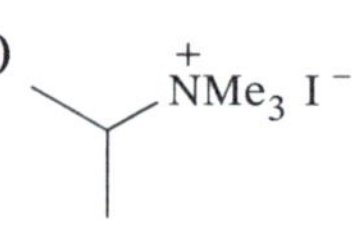

(d)

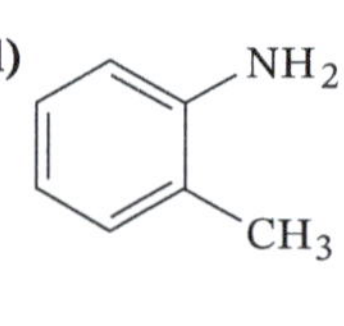

(e) 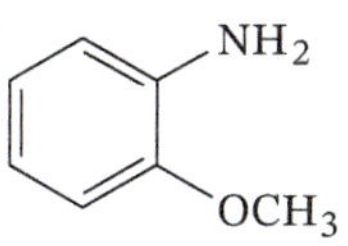

(i) 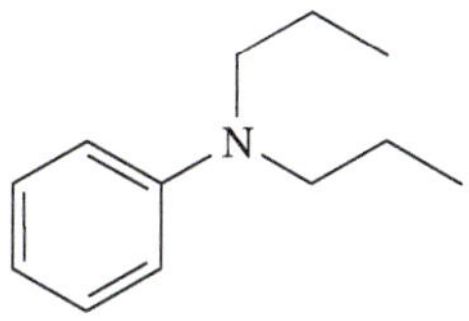

(m) 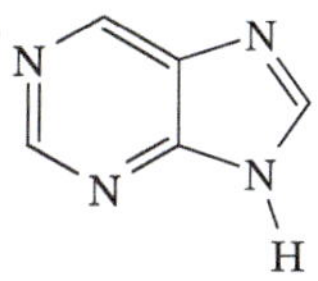

(f) 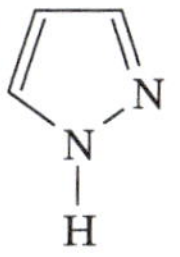

(j) 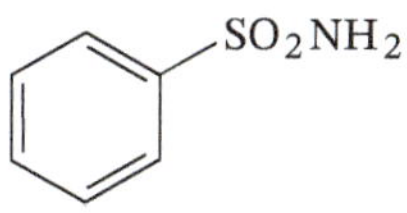

(n) 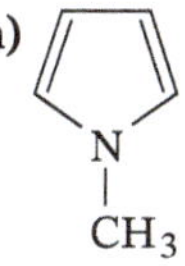

(g) 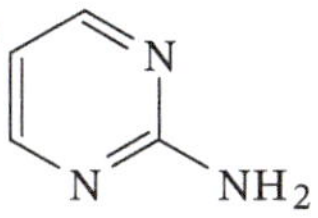

(k) $CH_3\overset{+}{N}H_3\ CH_3CO_2^-$

(h) 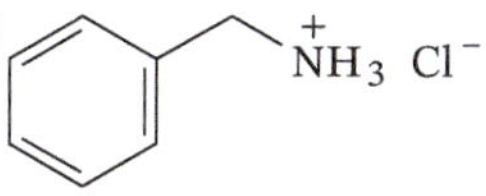

(l) 

Síntese e Reatividade de Aminas

20.21 Qual dos átomos de nitrogênio em cada um dos seguintes compostos é o mais básico? Explique suas escolhas.

(a) 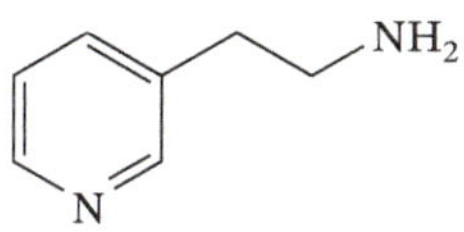

(b) 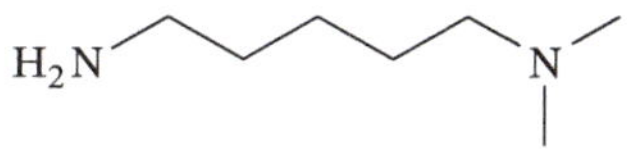

(c) 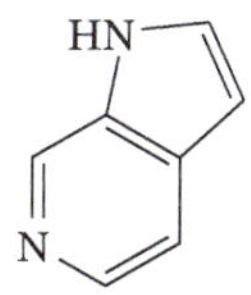

20.22 Mostre como você pode preparar a benzilamina a partir de cada um dos seguintes compostos:

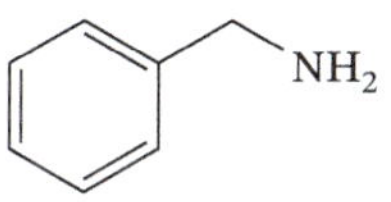

Benzilamina

(a) 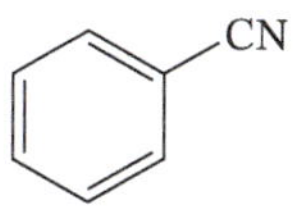

(b) 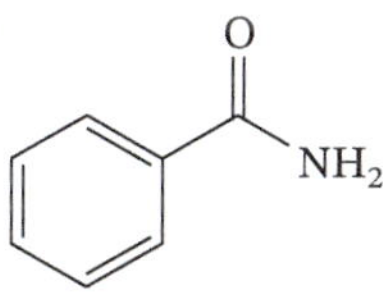

(c) Brometo de benzila (dois modos)
(d) Tosilato de benzila
(e) Benzaldeído
(f) Fenilnitrometano
(g) 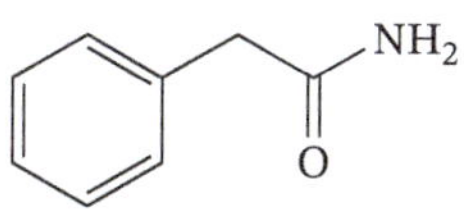

20.23 Mostre como você pode preparar a anilina a partir de cada um dos seguintes compostos:

(a) Benzeno **(b)** Bromobenzeno **(c)** Benzamida

20.24 Mostre como você pode sintetizar cada um dos seguintes compostos a partir do 1-butanol:

(a) Butilamina (livre de aminas secundárias e terciárias)
(b) Pentilamina
(c) Propilamina
(d) Butilmetilamina

20.25 Mostre como você pode converter a anilina em cada um dos compostos vistos a seguir. (Você não precisa repetir as etapas realizadas nos itens anteriores deste problema.)

(a) Acetanilida
(b) *N*-Fenilftalimida
(c) *p*-Nitroanilina
(d) Sulfanilamida
(e) *N,N*-Dimetilanilina
(f) Fluorobenzeno
(g) Clorobenzeno
(h) Bromobenzeno
(i) Iodobenzeno
(j) Benzonitrila
(k) Ácido benzoico
(l) Fenol
(m) Benzeno
(n) 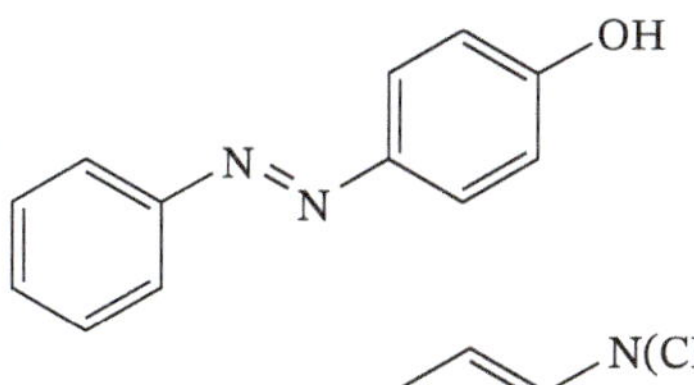

(o) 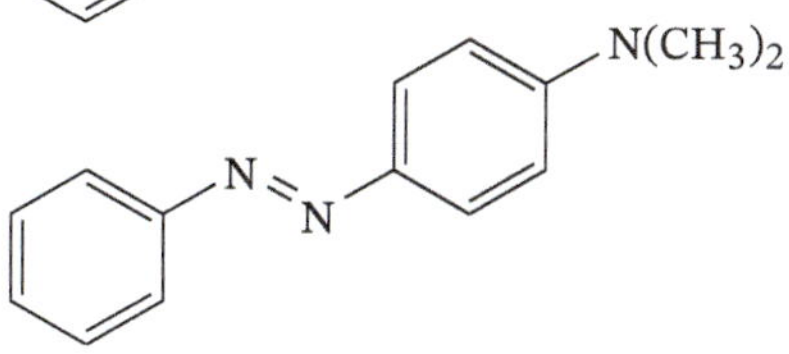

20.26 Indique o produto orgânico principal de cada uma das seguintes reações.

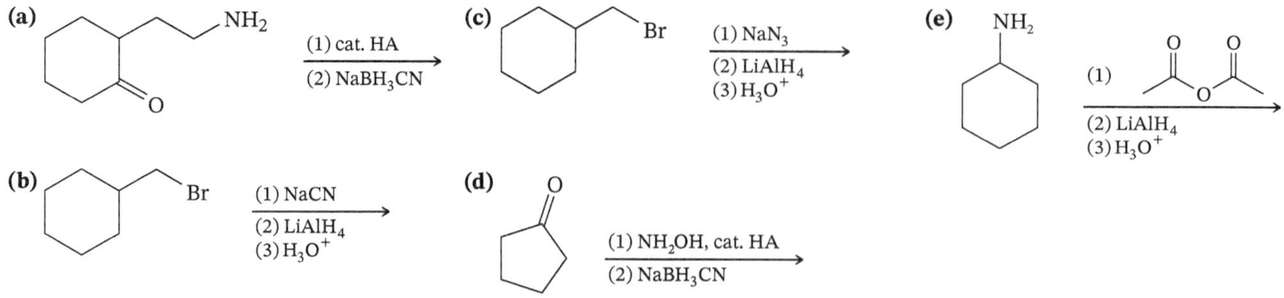

20.27 Que produtos você espera que sejam formados quando cada uma das seguintes aminas reage com solução aquosa de nitrito de sódio e ácido clorídrico?

(a) Propilamina
(b) Dipropilamina
(c) *N*-Propilanilina
(d) *N,N*-Dipropilanilina
(e) *p*-Propilanilina

20.28 Que produtos você espera que sejam formados quando cada uma das aminas do problema anterior reage com anidrido acético?

20.29 Que produto você espera obter a partir de cada uma das reações vistas a seguir?

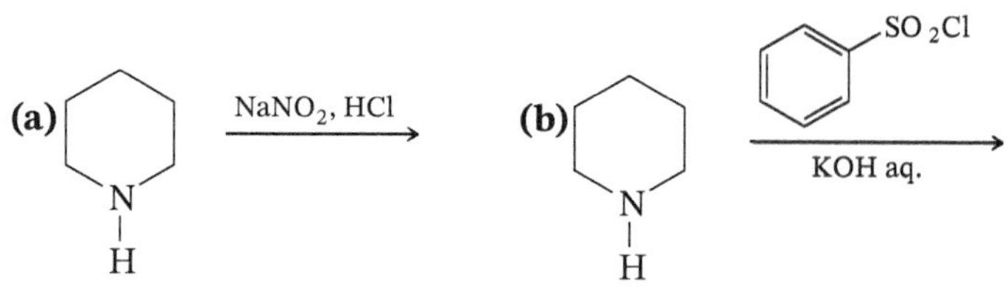

20.30 Dê as estruturas para os produtos de cada uma das seguintes reações:

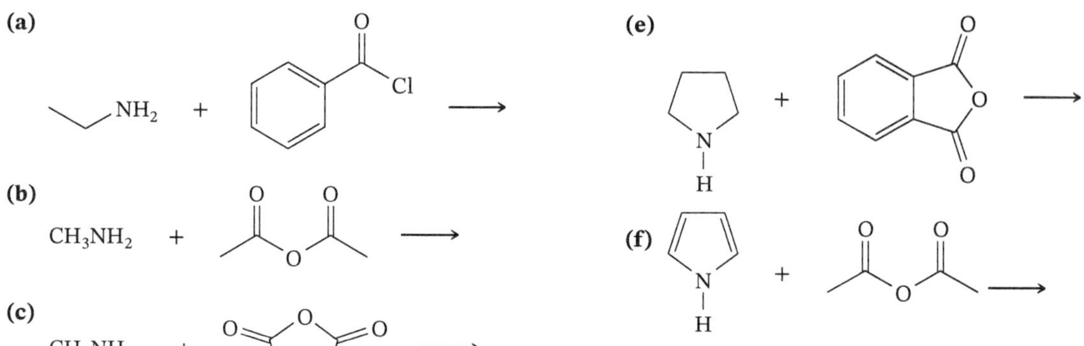

(d) Produto de (c) $\xrightarrow[\text{aquecimento}]{}$

(g) Anilina + cloreto de propanoíla $\longrightarrow$

(h) Hidróxido de tetraetilamônio $\xrightarrow[\text{aquecimento}]{}$

(i) *p*-Toluidina + Br_2 (excesso) $\xrightarrow[H_2O]{}$

20.31 A partir do benzeno ou do tolueno, esboce uma síntese de cada um dos seguintes compostos utilizando os sais de diazônio como intermediários. (Você não precisa repetir as sínteses realizadas nos itens anteriores deste problema.)

(a) *p*-Fluorotolueno
(b) *o*-Iodotolueno
(c) *p*-Cresol
(d) *m*-Diclorobenzeno
(e) *m*-$C_6H_4(CN)_2$
(f) *m*-Bromobenzonitrila
(g) 1,3-Dibromo-5-nitrobenzeno
(h) 3,5-Dibromoanilina
(i) 3,4,5-Tribromofenol
(j) 3,4,5-Tribromobenzonitrila
(k) Ácido 2,6-dibromobenzoico
(l) 1,3-Dibromo-2-iodobenzeno
(m)

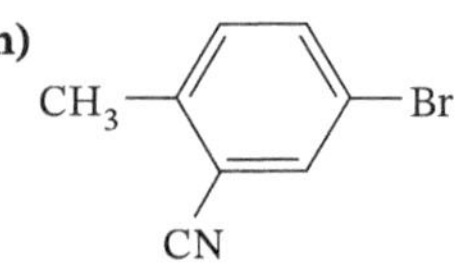

(n)

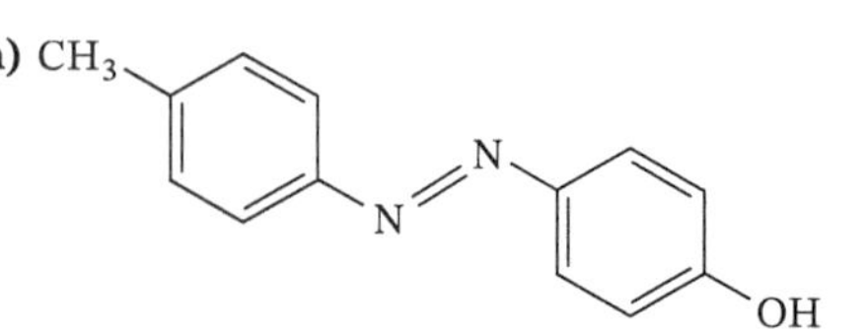

(o) 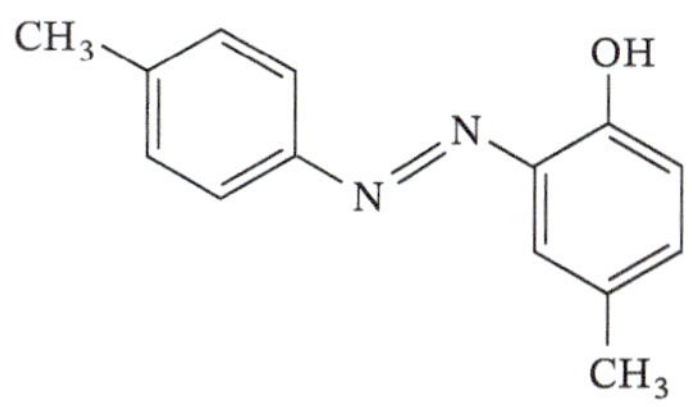

20.32 Escreva as equações para testes químicos simples ou estabcleça no mínimo um aspecto específico dos dados de IV ou RMN capazes de distinguir os compostos em cada um dos seguintes pares.

(a) Benzilamina e benzamida
(b) Alilamina e propilamina
(c) *p*-Toluidina e *N*-metilanilina
(d) Ciclo-hexilamina e piperidina
(e) Piridina e benzeno
(f) Ciclo-hexilamina e anilina
(g) Trietilamina e dietilamina
(h) Cloreto de tripropilamínio e cloreto de tetrapropilamônio
(i) Cloreto de tetrapropilamônio e hidróxido de tetrapropilamônio

20.33 Descreva com equações como você pode separar uma mistura de anilina, *p*-cresol, ácido benzoico e tolueno utilizando reagentes normalmente encontrados em laboratório.

Mecanismos

20.34 Explique a reação a seguir mencionando os principais intermediários que estão envolvidos na reação.

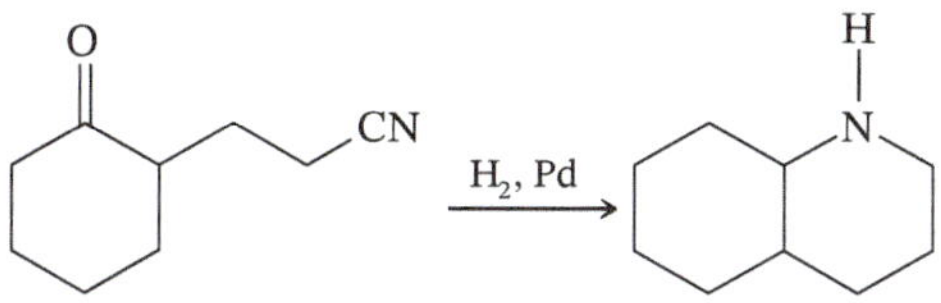

20.35 Dê um mecanismo detalhado para cada uma das seguintes reações:

(a) 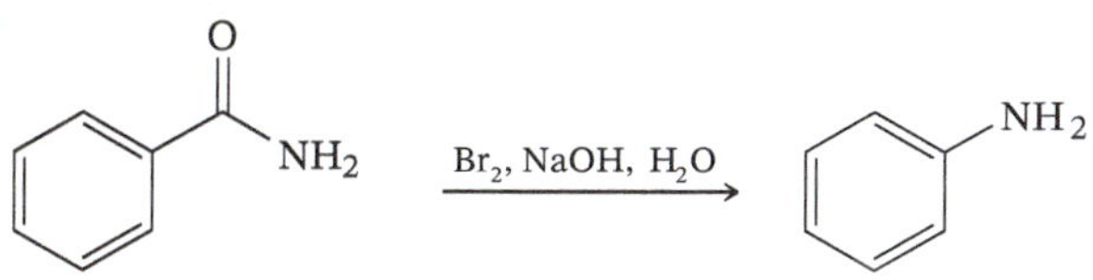

(b) 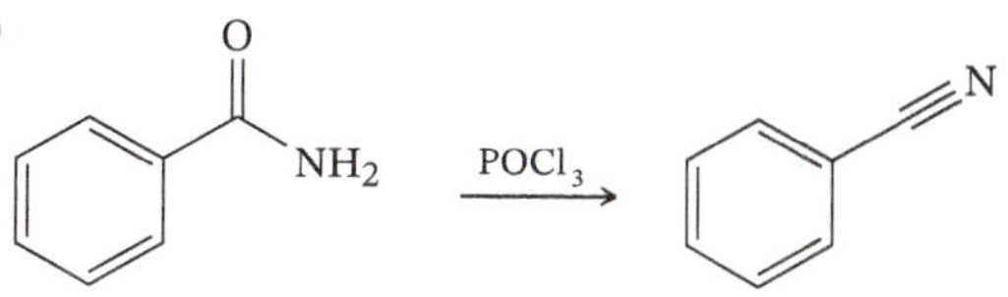

20.36 Proponha um experimento para testar a afirmação de que a reação de Hofmann é um rearranjo intramolecular, ou seja, é uma reação na qual o grupo migrante R nunca se separa completamente da molécula da amida.

Sínteses Gerais

20.37 Mostre como você pode sintetizar o ácido β-aminopropiônico a partir do anidrido succínico. (O ácido β-aminopropiônico é utilizado na síntese do ácido pantotênico, um precursor da coenzima A.)

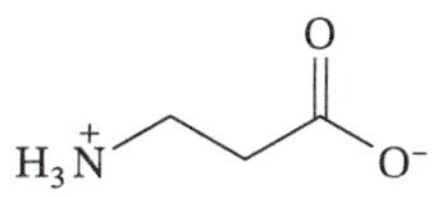

Ácido β-aminopropanoico

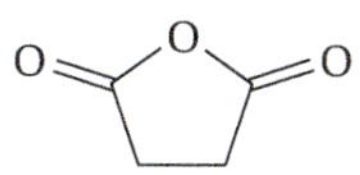

Anidrido succínico

20.38 Mostre como você pode sintetizar cada um dos seguintes compostos a partir dos precursores indicados e de quaisquer outros reagentes necessários:

(a) 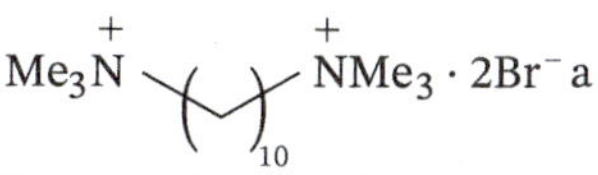 a partir do 1,10-decanodiol

(b) Brometo de succinilcolina (veja em "A Química Biológica de... Aminas Importantes" na Seção 20.3) a partir do ácido succínico, do 2-bromoetanol e da trimetilamina.

20.39 Uma síntese comercial do ácido fólico (ver a fórmula na Fig. 20.3) consiste em aquecer os três compostos mostrados a seguir com solução aquosa de $NaHCO_3$. Proponha mecanismos razoáveis para as reações que levam ao ácido fólico. *Sugestão*: a primeira etapa envolve a formação de uma imina entre o grupo NH_2 na posição inferior direita da amina heterocíclica e a cetona.

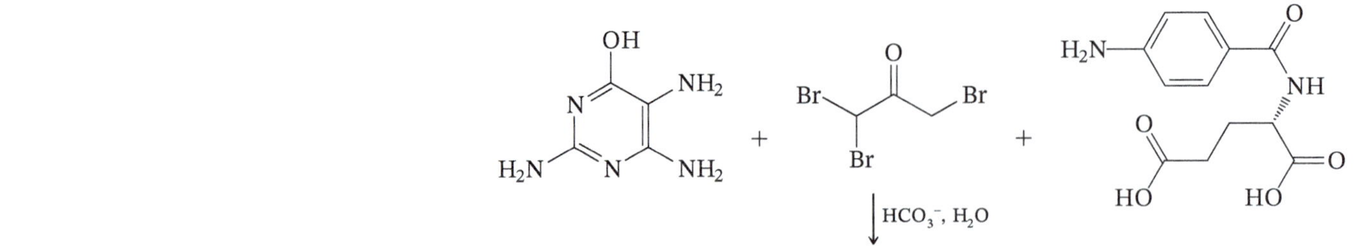

Ácido fólico
(~10%)

20.40 Dê as estruturas dos compostos de **R** a **W**:

$$N\text{-Metilpiperidina} \xrightarrow{CH_3I} \mathbf{R}\,(C_7H_{16}NI) \xrightarrow[H_2O]{Ag_2O} \mathbf{S}\,(C_7H_{17}NO) \xrightarrow[\text{aquecimento}]{(-H_2O)}$$

$$\mathbf{T}\,(C_7H_{15}N) \xrightarrow{CH_3I} \mathbf{U}\,(C_5H_{18}NI) \xrightarrow[H_2O]{Ag_2O} \mathbf{V}\,(C_8H_{19}NO) \xrightarrow[\text{aquecimento}]{} \mathbf{W}\,(C_5H_8) + H_2O + (CH_3)_3N$$

20.41 Proponha uma síntese do iodeto de acetilcolina usando dimetilamina, oxirano, iodometano e cloreto de acetila como materiais de partida.

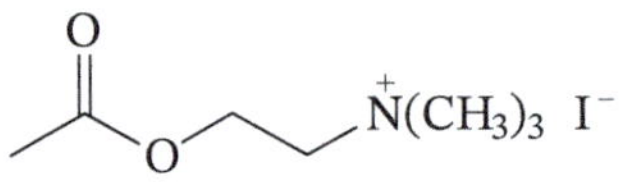

Iodeto de acetilcolina

20.42 A etanolamina, $HOCH_2CH_2NH_2$, e a dietanolamina, $(HOCH_2CH_2)_2NH$, são usadas comercialmente para produzir agentes emulsificantes e para absorver gases ácidos. Proponha sínteses para esses dois compostos.

20.43 A dietilpropiona (mostrada a seguir) é um composto empregado no tratamento de anorexia. Proponha uma síntese da dietilpropiona a partir do benzeno e quaisquer outros reagentes necessários.

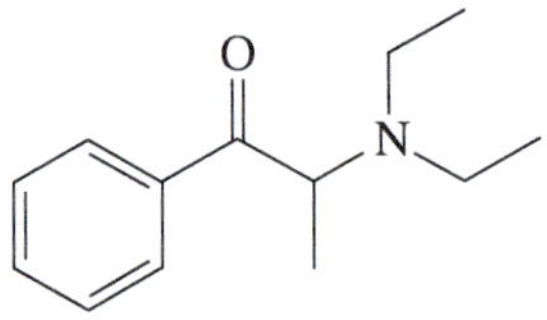

Dietilpropiona

20.44 A partir do ácido 2-cloropropanoico, anilina e 2-naftol, proponha uma síntese da naproanilida, um herbicida usado nos arrozais na Ásia:

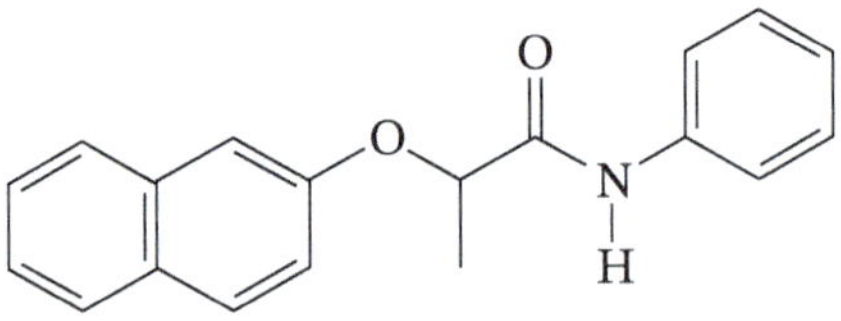

Naproanilida

Espectroscopia

20.45 O composto **W** ($C_{15}H_{17}N$) é solúvel em HCl aquoso diluído e não apresenta nenhum pico na região de 3300-3500 cm^{-1} em seu espectro de IV. O espectro de RMN de ^1H de **W** está representado na Fig. 20.6. Proponha uma estrutura para **W**.

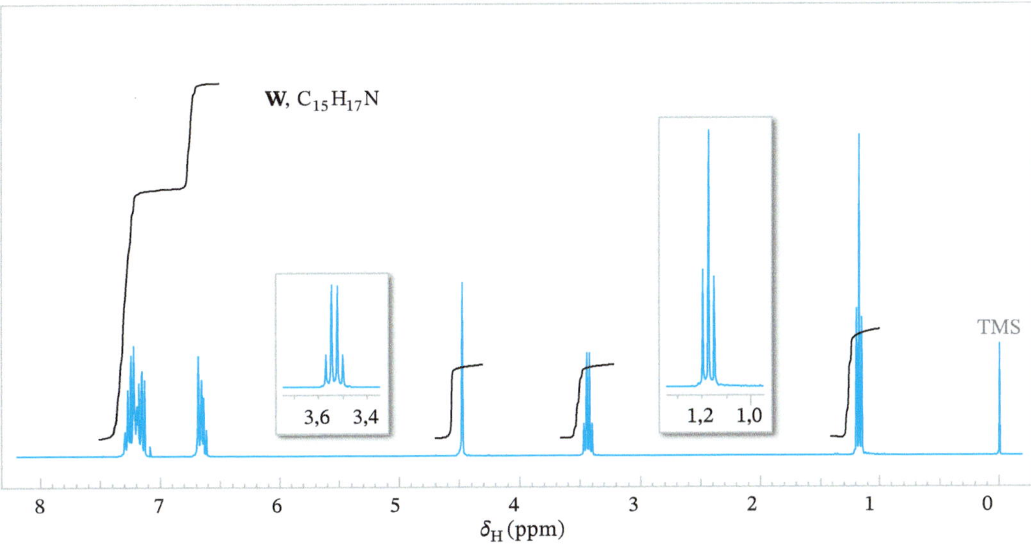

FIGURA 20.6 Espectro de RMN de ^{1}H do composto W, Problema 20.45. As expansões dos sinais são mostradas nos gráficos inseridos.

20.46 Proponha estruturas para os compostos **X**, **Y** e **Z**:

$$\mathbf{X}\,(C_7H_7Br) \xrightarrow{\text{NaCN}} \mathbf{Y}\,(C_8H_7N) \xrightarrow{\text{LiAlH}_4} \mathbf{Z}\,(C_8H_{11}N)$$

O espectro de RMN de ^{1}H de **X** fornece dois sinais, um multipleto em 7,3 ppm (5H) e um simpleto em 4,25 ppm (2H); a região 680–840 cm^{-1} do espectro no IV de **X** mostra picos em 690 e 770 cm^{-1}. O espectro de RMN de ^{1}H de **Y** é similar àquele de **X**: multipleto em 7,3 ppm (5H), simpleto em δ 3,7 (2H). O espectro de RMN de ^{1}H de **Z** está mostrado na **Fig. 20.7**.

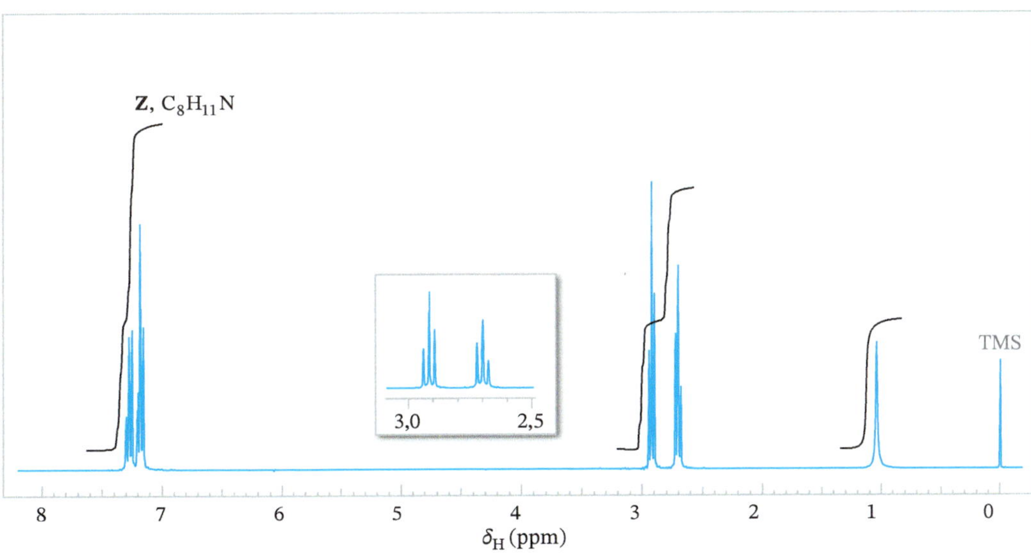

FIGURA 20.7 Espectro de RMN de ^{1}H do composto Z, Problema 20.46. As expansões dos sinais são mostradas nos gráficos inseridos.

20.47 O composto **A** ($C_{10}H_{15}N$) é solúvel em HCl diluído. O espectro de absorção no IV mostra duas bandas na região 3300–3500 cm^{-1}. O espectro de RMN de ^{13}C totalmente desacoplado de **A** é fornecido na Fig. 20.8. Proponha uma estrutura para **A**.

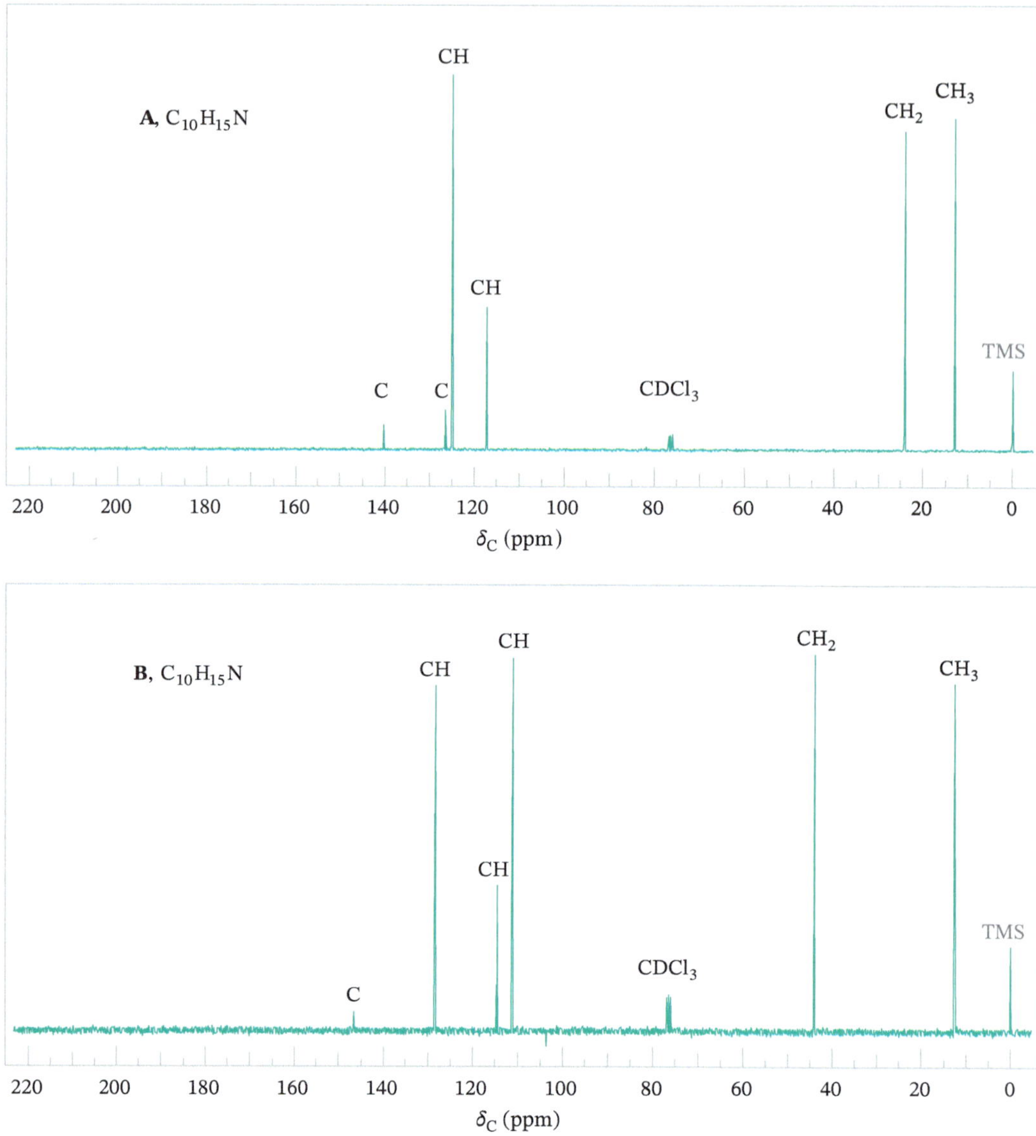

FIGURA 20.8 Espectro de RMN de ^{13}C totalmente desacoplado dos compostos **A** e **B**, Problemas 20.47 e 20.48. As informações obtidas dos espectros de RMN de ^{13}C DEPT são dadas acima de cada pico.

20.48 O composto **B**, um isômero de **A** (Problema 20.47), também é solúvel em HCl diluído. O espectro no IV de **B** não mostra bandas na região 3300–3500 cm^{-1}. O espectro de RMN de ^{13}C totalmente desacoplado de **B** é fornecido na Fig. 20.8. Proponha uma estrutura para **B**.

Sintetizando o Material

20.49 Para cada uma das questões a seguir, proponha uma rota de síntese da qual se pode razoavelmente esperar que converta o material de partida no produto. Em cada caso, é preciso usar mais de uma reação, e as reações que você aprendeu nos capítulos anteriores podem ser necessárias para resolver o problema.

(a) 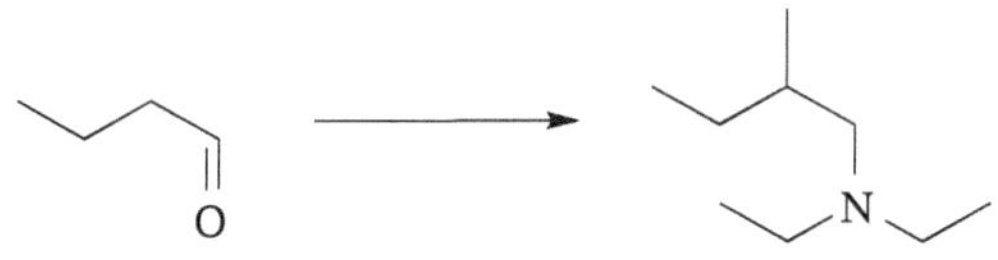

(b) 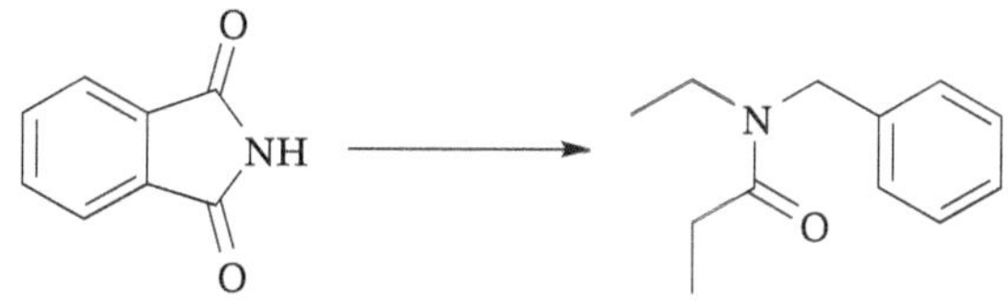

(c) 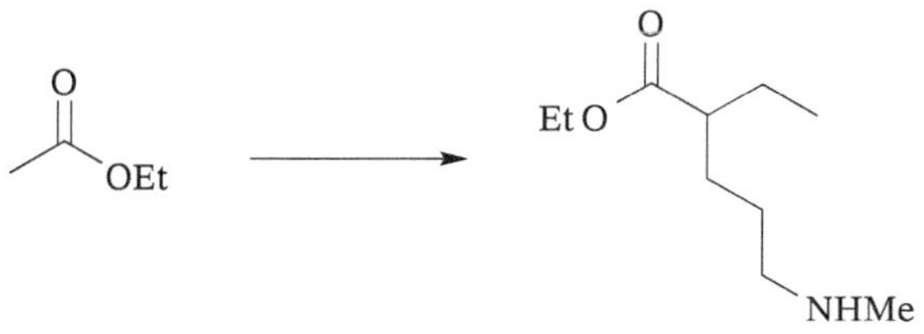

(d) 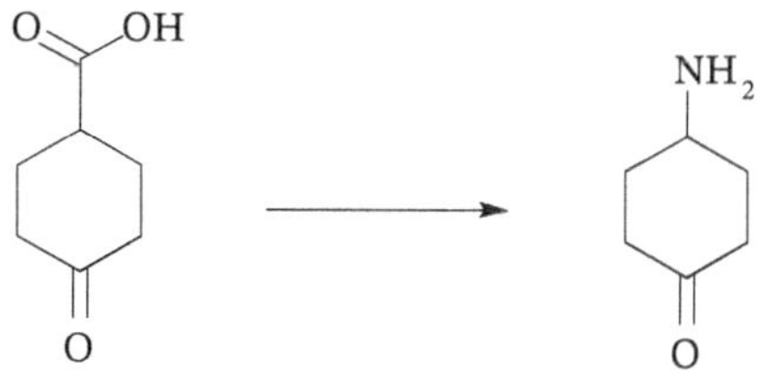

(e) 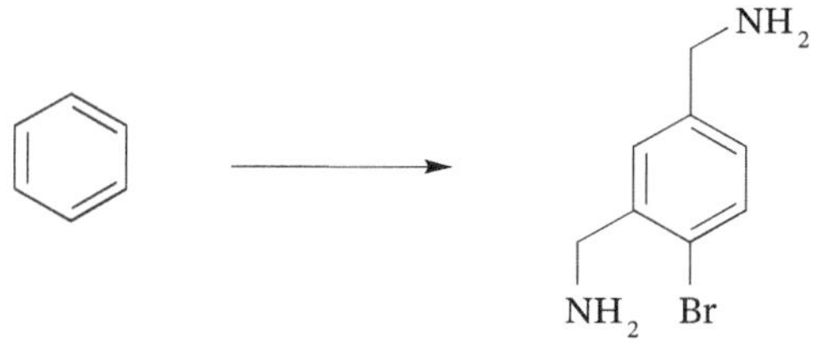

(f) 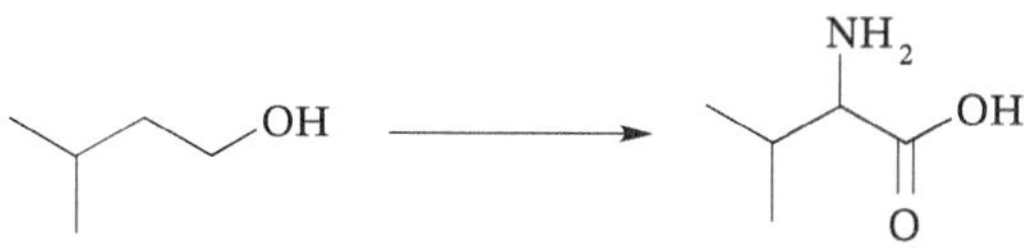

Valina racêmica

20.50 Para cada uma das reações vistas a seguir, identifique o produto (representado por **A**, **B** e **C**) que será formado, a partir do material de partida, por meio da sequência de etapas indicada.

(a) 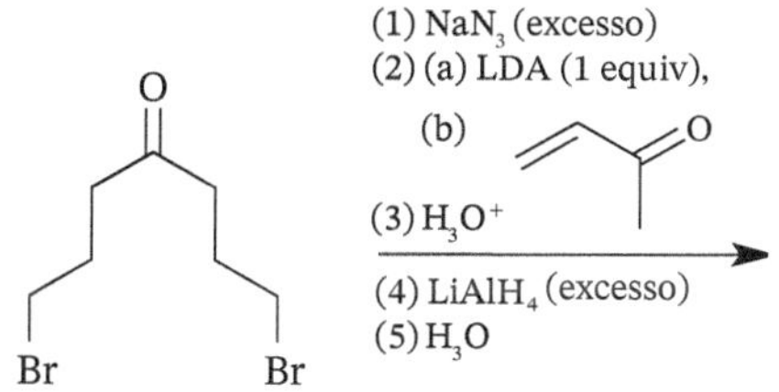

A

(b) 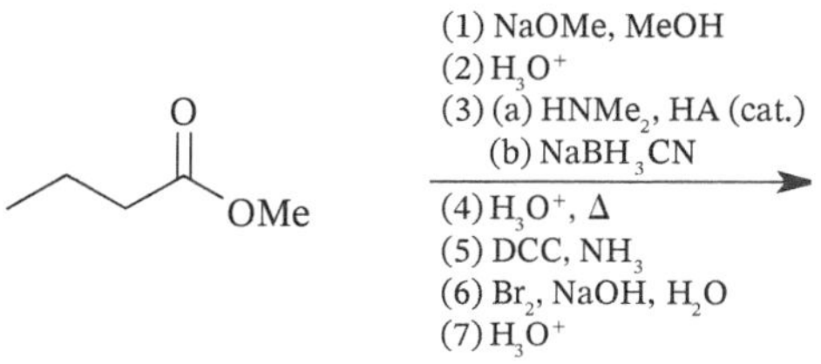

B

(c) 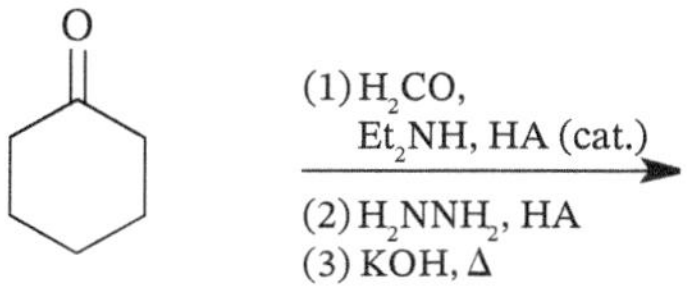

C

20.51 Desenvolva uma síntese para a molécula a seguir usando somente os materiais indicados como fontes para os átomos de carbono que aparecem no produto final. *Sugestão:* Para uma solução satisfatória você necessitará de várias reações vistas em capítulos anteriores e pode ter de usar algumas das fontes de carbono mais de uma vez. Considere também que o deslocamento S_N2 de um brometo de benzila deve funcionar razoavelmente bem.

É Necessário um Consultor Químico

20.52 As operações mostradas a seguir fizeram parte de sínteses laboratoriais de moléculas complexas. Forneça condições para realizar as conversões indicadas. (Veja: *J. Am. Chem. Soc.* **1945**, *67*, 860; *Angew. Chem. Int. Ed.* **2002**, *41*, 2194; *J. Am. Chem. Soc.* **2002**, *124*, 2137; *J. Am. Chem. Soc.* **1999**, *121*, 10004.)

(a)

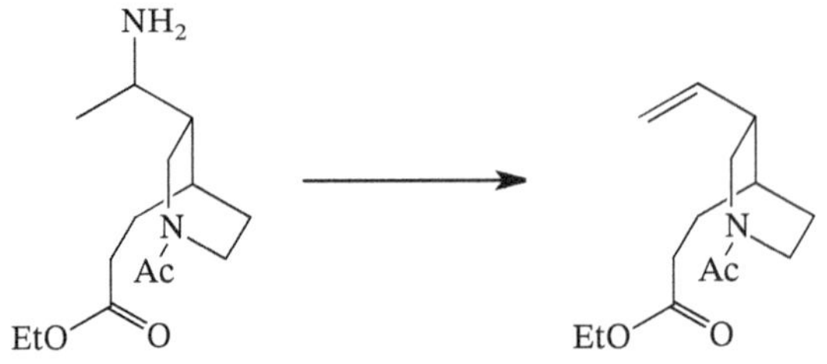

(b)

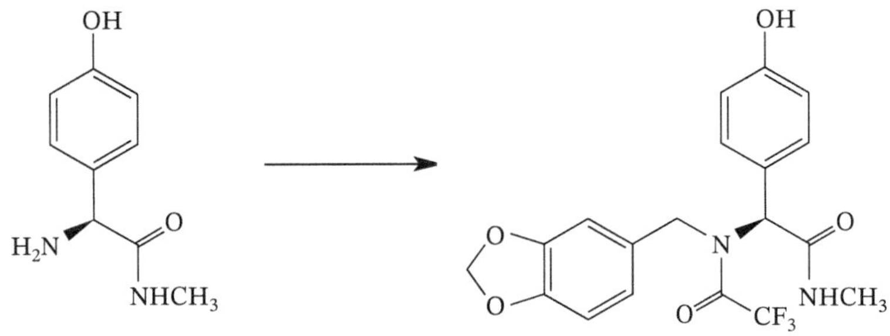

(c)

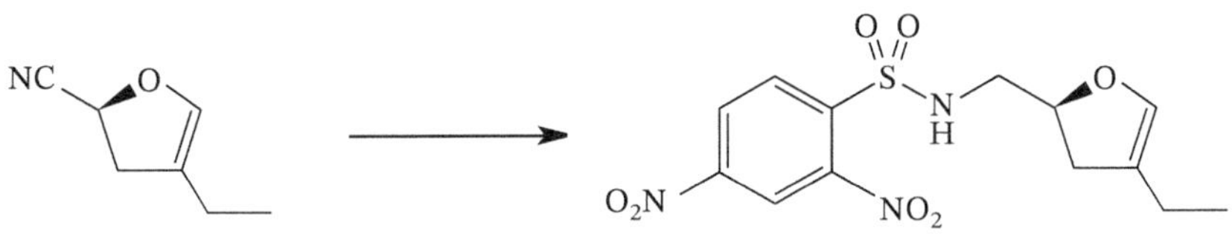

(d)

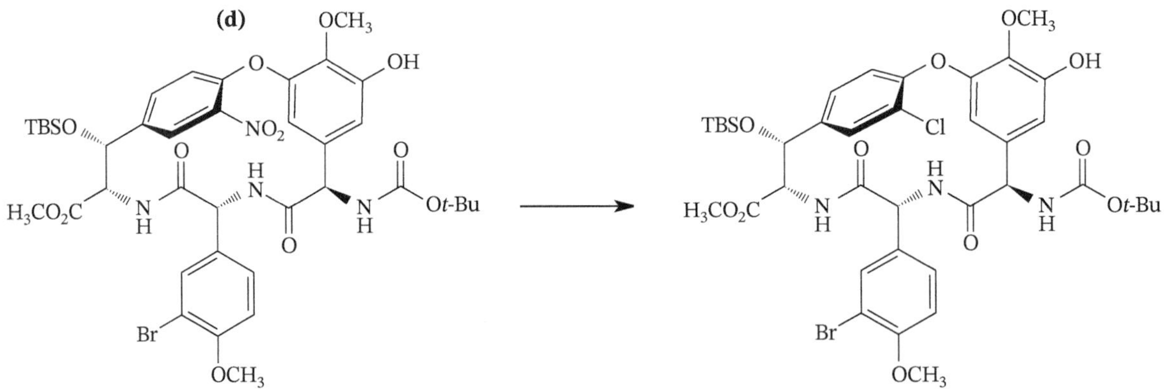

20.53 O emprego do rearranjo de Curtius mostrado a seguir levou à formação de um único produto. Forneça um mecanismo que explique sua formação. (Veja: *Tetrahedron: Asymmetry* **2002**, *13*, 1005.)

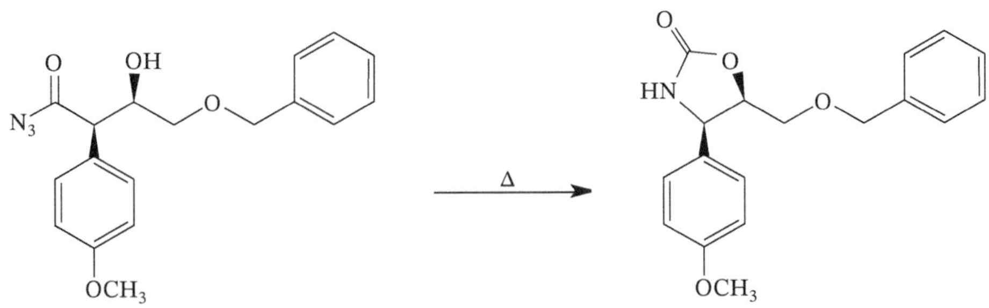

Problemas de Desafio

20.54 Quando o isotiocianato de fenila, $C_6H_5N{=}C{=}S$, é reduzido com hidreto de lítio e alumínio, o produto formado apresenta os seguintes dados espectrais:

EM (*m/z*): 107, 106

IV (cm^{-1}): 3330 (pronunciada), 3050, 2815, 760, 700

RMN de ^{1}H (ppm): 2,7 (s, 3H), 3,5 (larga, 1H), 6,6 (d, 2H), 6,7 (t, 1H), 7,2 (t, 2H)

RMN de ^{13}C (ppm): 30 (CH_3), 112 (CH), 117 (CH), 129 (CH), 150 (C)

(a) Qual é a estrutura do produto?

(b) Qual é a estrutura que explica o pico *m/z* 106 e como ele é formado? (É um íon imínio.)

20.55 Quando a *N,N′*-difenilureia (**A**) reage com o cloreto de tosila em piridina, ela leva ao produto **B**. Os dados espectrais de **B** incluem:

EM (*m/z*): 194 ($M^{+\cdot}$)

IV (cm^{-1}): 3060, 2130, 1590, 1490, 760, 700

RMN de ^{1}H (ppm): apenas 6,9–7,4 (m)

RMN de ^{13}C (ppm): 122 (CH), 127 (CH), 130 (CH), 149 (C) e 163 (C)

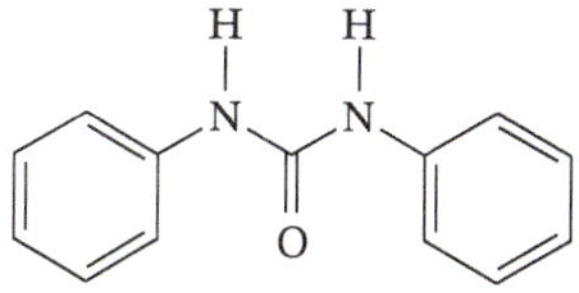

A

(a) Qual é a estrutura de **B**?

(b) Escreva um mecanismo para a formação de **B**.

20.56 Proponha um mecanismo que explique a ocorrência da seguinte reação:

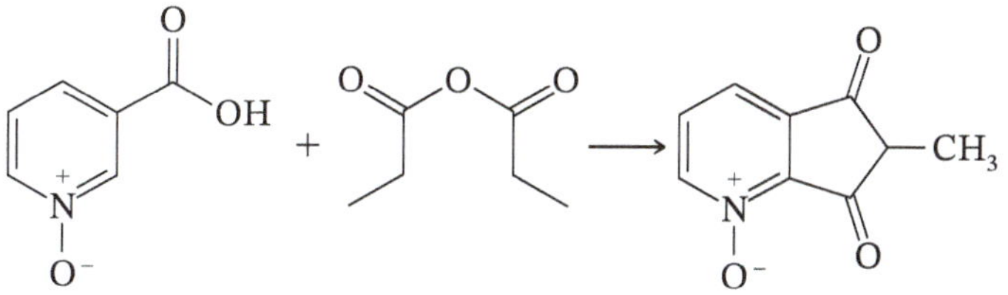

20.57 Quando a acetona é tratada com amônia anidra na presença de cloreto de cálcio anidro (um agente secante comum), obtém-se o produto cristalino **C** ao se concentrar a fase líquida orgânica da mistura reacional. Os dados espectrais para o produto **C** são os seguintes:

EM (*m/z*): 155 ($M^{+\cdot}$), 140

IV (cm^{-1}): 3350 (pronunciada), 2850–2960, 1705

RMN de ^{1}H (ppm): 2,3 (s, 4H), 1,7 (1H; desaparece em D_2O) e 1,2 (s, 12H)

(a) Qual é a estrutura de **C**?

(b) Proponha um mecanismo para a formação de **C**.

20.58 A diferença na distribuição de carga positiva em uma amida que recebe um próton em seu átomo de oxigênio ou em seu átomo de nitrogênio pode ser visualizada por meio de mapas de potencial eletrostático. Considere os mapas de potencial eletrostático para a acetamida nas suas formas protonadas O—H e N—H mostradas a seguir. Com base nesses mapas de potencial eletrostático, qual é a forma protonada que parece deslocalizar, e logo estabilizar, mais efetivamente a carga formal positiva? Discuta a sua conclusão em termos dos contribuintes de ressonância para as duas formas protonadas possíveis da acetamida.

Acetamida protonada no oxigênio | **Acetamida protonada no nitrogênio**

Problemas para Trabalho em Grupo

1. A reserpina é um produto natural pertencente à família dos alcaloides. A reserpina foi isolada da raiz indiana *Rauwolfia serpentina*. As aplicações clínicas da reserpina incluem o tratamento da hipertensão e de distúrbios nervosos e mentais. A síntese da reserpina, que contém seis centros quirais, foi uma realização marcante relatada por R. B. Woodward em 1955. A síntese incorpora várias reações envolvendo aminas e grupos funcionais correlatos contendo nitrogênio, como veremos adiante.

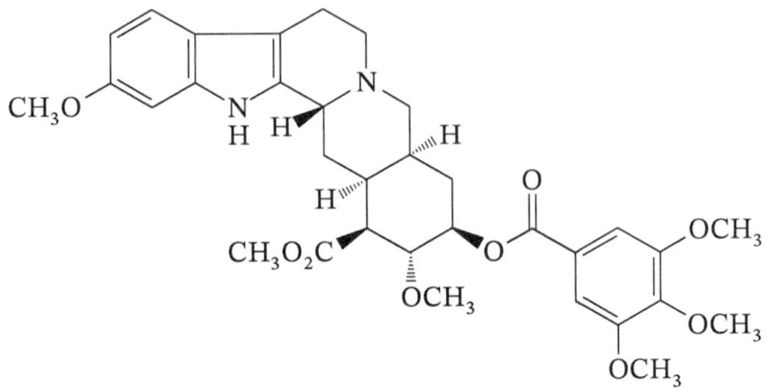

Reserpina

(a) O objetivo das duas primeiras etapas mostradas adiante, antes da formação da amida, é a preparação de uma amina secundária. Desenhe a estrutura dos produtos assinalados como **A** e **B**, da primeira e da segunda reações, respectivamente. Escreva um mecanismo para a formação de **A**.

(b) A próxima sequência de reações envolve a formação de uma amina terciária juntamente com o fechamento de um novo anel. Escreva setas curvas para mostrar como o grupo funcional amida reage com o oxicloreto de fósforo ($POCl_3$) para colocar o grupo de saída no intermediário entre colchetes.

(c) O fechamento do anel do intermediário entre colchetes envolve um tipo de reação de substituição aromática eletrofílica característica de anéis indólicos. Identifique a parte da estrutura que contém o anel indólico. Escreva setas de mecanismo para mostrar como o nitrogênio no anel indólico, via conjugação, pode fazer com que os elétrons do carbono adjacente ataquem um eletrófilo. Neste caso, o ataque pelo anel indólico no intermediário entre colchetes é uma reação de adição–eliminação, algo parecido com as reações que ocorrem nas carbonilas contendo grupos de saída.

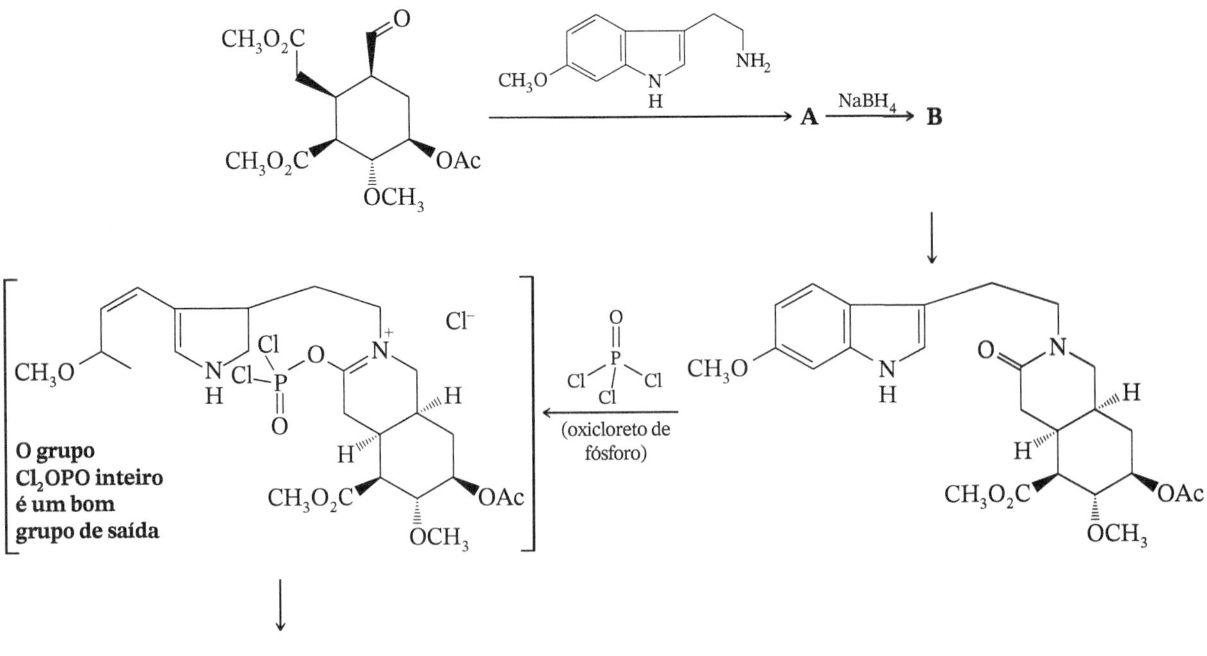

(Ilustração continua na próxima página)

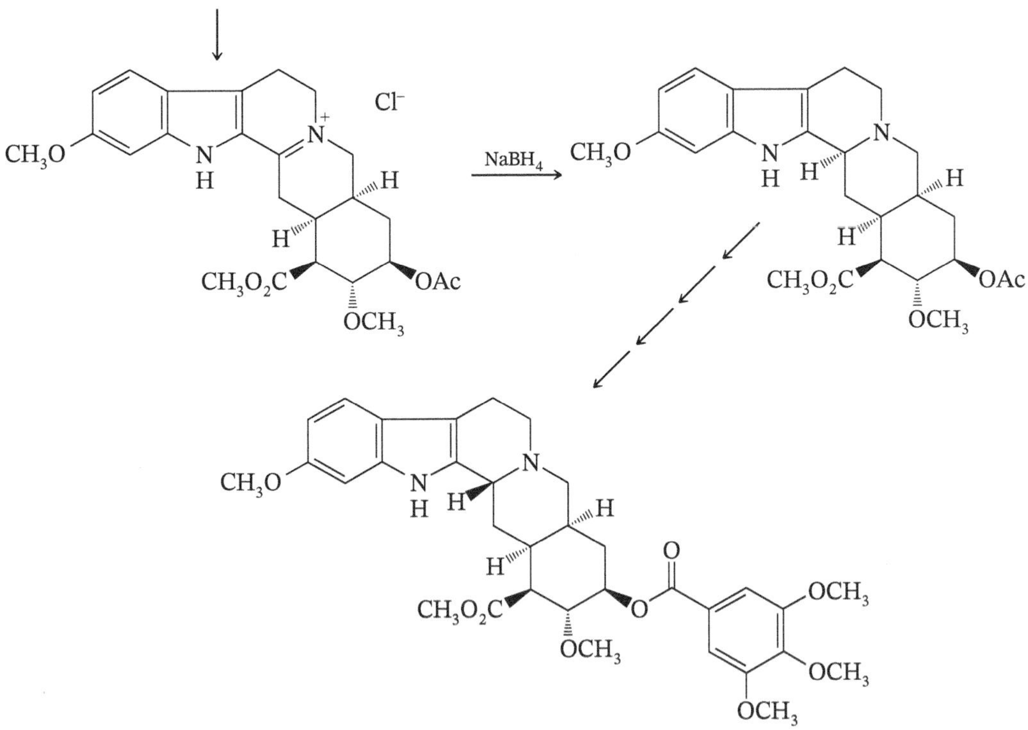

Reserpina

2. **(a)** Um estudante recebeu uma mistura de dois compostos desconhecidos e foi pedido a ele que os separasse e os identificasse. Um dos compostos era uma amina e o outro era um composto neutro (não era perceptivelmente ácido ou básico). Descreva como você separaria a amina desconhecida do composto neutro utilizando técnicas de extração envolvendo éter dietílico e soluções aquosas de HCl a 5% e $NaHCO_3$ a 5%. A mistura como um todo era solúvel em éter dietílico, mas nenhum dos componentes era solúvel em água em pH 7. Utilizando grupos R em uma amina genérica, escreva as reações para quaisquer etapas ácido–base que você propuser e explique por que o composto de interesse estará na fase etérea ou na fase aquosa em um determinado instante qualquer durante o processo.

(b) Uma vez que a amina foi isolada com sucesso e purificada, ela foi analisada por IV, RMN e EM. Os dados vistos a seguir foram obtidos. Com base nessas informações, deduza a estrutura da amina desconhecida. Interprete os dados espectrais com base nos aspectos específicos da estrutura que você propôs para a amina.

IV (cm^{-1}): 3360, 3280, 3020, 2962, 1604, 1450, 1368, 1021, 855, 763, 700, 538

RMN de ^1H (ppm): 1,35 (d, 3H), 1,8 (sl, 2H), 4,1 (q, 1H), 7,3 (m, 5H)

EM (*m/z*): 121, 120, 118, 106 (pico base), 79, 77, 51, 44, 42, 28, 18, 15

Rutênio, SPL/Science Source; *Lingote de Paládio*, alexlmx/123 RF

Complexos de Metais de Transição

Responsáveis por Importantes Reações de Formação de Ligações

Embora grande parte da química descrita nos capítulos anteriores use reagentes constituídos de elementos encontrados na parte superior direita da tabela periódica, existe uma parte importante da química orgânica que pode também ser feita com elementos localizados no lado esquerdo superior e na parte central. Muitos desses elementos são conhecidos como metais de transição, e complexos específicos formados a partir deles servem como catalisadores importantes, promovendo reações críticas de formação de ligações. Em muitos casos, esses metais de transição fornecem meios para formar ligações que, de outra forma, dificilmente ocorreriam, se é que seriam possíveis. Em consequência, esses processos têm moldado drasticamente a vida moderna, permitindo a produção eficiente em grande escala de produtos químicos de consumo essenciais, produtos farmacêuticos e materiais adicionais de alto valor.

NESTE CAPÍTULO, VAMOS ESTUDAR:

- As propriedades dos metais de transição e seus complexos com certos ligantes
- Exemplos de reações promovidas por metais de transição, como paládio, ródio, molibdênio, rutênio e cobre
- Mecanismos para explicar a participação sintética importante desses metais de transição

POR QUE ESSES TÓPICOS SÃO IMPORTANTES?

No fim do capítulo, veremos como as pesquisas atuais usando metais de transição aumentam muito a extensão de grupos funcionais que podem ser incorporados em suportes complexos, às vezes em processos que aparentemente "violam" algumas das regras discutidas nos capítulos anteriores por funcionalizar diretamente as ligações C—H, que, de outra forma, poderiam ser intocáveis.

21.1 Compostos Organometálicos nos Capítulos Anteriores

Se você tentasse classificar todas as reações que estudou nos capítulos anteriores, elas poderiam ser divididas em dois grupos principais. O primeiro são as interconversões de grupos funcionais. Incluem, entre outras, oxidações, reduções, substituições acila e nucleofílica e etapas de proteção. O segundo são as reações de formação de ligações C—C. Essa classe é muito menor em número e inclui processos como a reação de Diels–Alder, alquilações e acilações de Friedel–Crafts, condensações aldólicas e a adição de certos nucleófilos (reagentes de Grignard ou organolítio) a carbonilas, como mostrado a seguir.

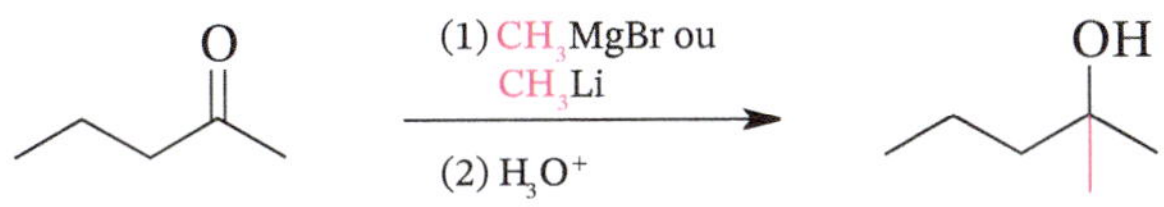

Neste último caso, essas adições nucleofílicas envolvem espécies organometálicas, ou seja, materiais que combinam um componente orgânico com um metal para gerar um material novo e muitas vezes reativo. Acontece, no entanto, que os reagentes de Grignard e organolítio são apenas a ponta do *iceberg* para os reagentes baseados em metais que podem ser utilizados na química sintética. Na verdade, existem muitos complexos organometálicos adicionais que podem forjar ligações C—C, bem como podem ser responsáveis por diversas interconversões importantes de grupos funcionais. Na maioria dos casos, esses complexos envolvem metais encontrados na quarta, na quinta e na sexta linhas da tabela periódica, elementos que também são conhecidos como metais de transição.

Como as características desses elementos não foram apresentadas até agora, vamos discutir suas propriedades, os tipos de complexos que podem formar e algumas das etapas mecanísticas em que eles podem participar, de modo que sua reatividade única possa ser entendida. O capítulo está estruturado, no entanto, de modo que, se você (ou seu professor) estiver ansioso para ver algumas das importantes reações que podem ser obtidas com metais de transição, você pode ir diretamente para a Seção 21.5 e se concentrar nas reações gerais e específicas que são apresentadas, explorando e aprendendo detalhes mecanísticos, deixando as propriedades dos metais de transição para mais tarde.

21.2 Elementos e Complexos de Metais de Transição

Os metais de transição são definidos como aqueles elementos que têm subníveis *d* (ou *f*) parcialmente preenchidos, tanto no estado elementar quanto nos seus compostos importantes. São esses subníveis (e seus orbitais adicionais) que desempenham um papel crítico em grande parte da química de que eles participam com os compostos orgânicos. Os metais de transição mais importantes para os químicos orgânicos são aqueles mostrados na parte amarela da tabela periódica apresentada na **Fig. 21.1**. Para todos os propósitos práticos, porém, nossas discussões são amplamente centradas nos elementos na quarta, na quinta e na sexta linha da tabela.

O fundamental para a química dos metais de transição é que eles reagem com uma variedade de moléculas ou grupos, chamados de **ligantes**, para formar **complexos de metais de transição**. Ao formar um complexo, os ligantes doam elétrons para os orbitais vazios do metal, e as ligações resultantes entre o ligante e o metal variando de muito fracas até muito fortes. Assim como as ligações que estudamos para o carbono com elementos como hidrogênio e nitrogênio, essas ligações são covalentes, mas geralmente diferem por possuir considerável caráter polar.

Os complexos de metais de transição podem assumir uma variedade de geometrias dependendo do metal e do número de ligantes ao redor dele. O ródio, por exemplo, pode formar complexos com quatro ligantes em uma configuração chamada de *plana quadrado.* Por outro lado, o ródio pode também formar complexos com cinco ou seis ligantes que são *bipiramidais triangulares* ou *octaédricos*, respectivamente. Essas formas típicas são mostradas a seguir, com a letra L sendo utilizada para indicar um ligante.

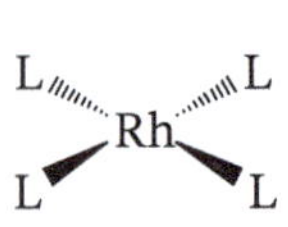

Complexo de ródio plano quadrado

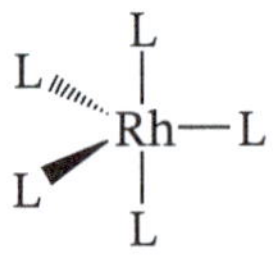

Complexo de ródio bipiramidal triangular

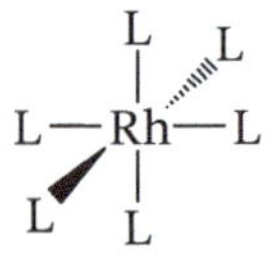

Complexo de ródio octaédrico

21.3 Como Contar Elétrons em um Complexo Metálico

Os metais de transição são semelhantes aos elementos que estudamos anteriormente no fato de serem mais estáveis quando têm a configuração eletrônica de um gás nobre. Além dos orbitais *s* e *p*, que podem conter até 8 elétrons na sua camada externa, os metais de transição também têm cinco orbitais *d*, que podem acomodar um total de 10 elétrons. Consequentemente, a configuração de gás nobre de um metal de transição é de *18 elétrons*, e não de 8 elétrons como para o carbono, o nitrogênio, o oxigênio e outros elementos das primeiras linhas. Deve-se destacar que é essa capacidade adicional de ultrapassar os 8 elétrons, e ter como alvo 18 elétrons, que caracteriza a química dos metais de transição em relação às moléculas orgânicas.

DICA ÚTIL

É comum que os pares de elétrons não compartilhados não sejam mostrados nas estruturas dos complexos metálicos, porque isso faria com que elas se tornassem desnecessariamente complicadas.

- Quando o metal de um complexo de metal de transição tem 18 elétrons de valência, diz-se que ele está **coordenativamente saturado**.

Para determinar a contagem de elétrons de valência de um metal de transição em um complexo:

1. Determinamos o estado de oxidação do metal. O estado de oxidação do metal é a carga que seria deixada no metal se todos os ligantes aniônicos (alguns deles mostrados na **Tabela 21.1**) e contraíons fossem removidos.
2. Pegamos o número do grupo do metal na tabela periódica (veja a Fig. 21.1) e subtraímos desse número o estado de oxidação do metal no complexo. Esse procedimento fornece a **contagem de elétrons *d***, ou d^n. Embora essa contagem de elétrons de valência

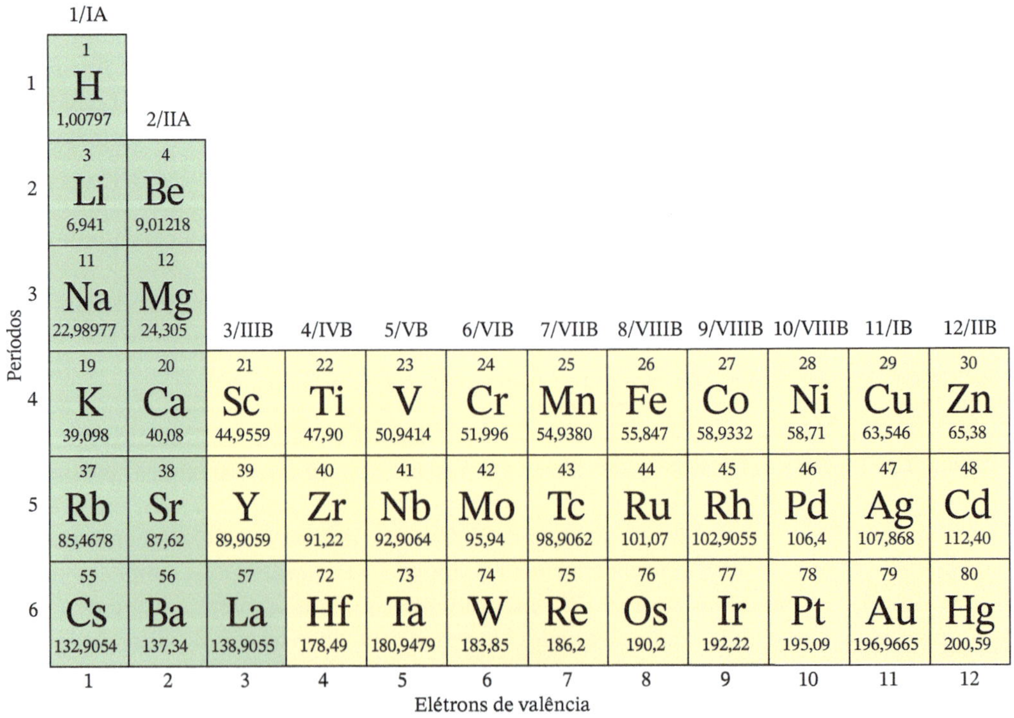

FIGURA 21.1 Os elementos de transição importantes são mostrados na parte amarela da tabela periódica. Na parte inferior da tabela é fornecido o número total de elétrons de valência (*s* e *d*) de cada elemento.

inclua elétrons *s* e *d* de diferentes camadas principais, suas energias em complexos de metais de transição são próximas e, portanto, são consideradas em conjunto para fins de contagem de elétrons de valência do metal.

$$d^n = \begin{array}{l}\text{Número do grupo do metal}\\ \text{(número total de elétrons de}\\ \text{valência do metal no estado}\\ \text{elementar)}\end{array} - \begin{array}{l}\text{estado de oxidação}\\ \text{do metal no complexo}\end{array}$$

3. Para se obter a contagem total de elétrons de valência do metal *no complexo*, adicionamos a d^n o número de elétrons doados por todos os ligantes. A Tabela 21.1 fornece o número de elétrons doados por vários dos ligantes mais comuns.

$$\begin{array}{c}\text{número total de elétrons de}\\ \text{valência do metal no complexo}\end{array} = d^n + \begin{array}{c}\text{elétrons doados}\\ \text{pelos ligantes}\end{array}$$

TABELA 21.1 Ligantes Comuns nos Complexos de Metais de Transição[a]

Ligante	Contado como	Número de elétrons doados
Ligantes carregados negativamente		
Hidreto, H	$H:^-$	2
Alcaneto, R	$R:^-$	2
Haleto, X	$X:^-$	2
Cianeto, CN	$^-:C{\equiv}N:$	2
Ânion alila		4
Ânion ciclopentadienila, Cp		6
Ligantes eletricamente neutros		
Carbonila (monóxido de carbono)	$:C{\equiv}O:$	2
Nitrila	$RC{\equiv}N:$	2
Fosfina	$R_3P:$ ou $Ph_3P:$	2
Amônia ou amino	$R_3N:$	2
Água	$H_2\ddot{O}:$	2
Alqueno	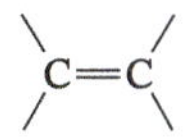	2
Dieno		4
Benzeno	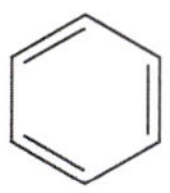	6

[a]Com base nos dados obtidos do *Journal of Chemical Education*, Vol. 57, n. 1, 1980, pp. 170-175.

A partir do que vimos, vamos agora fazer a contagem de elétrons de valência em dois exemplos.

Exemplo A Considere a pentacarbonila de ferro, $Fe(CO)_5$, um líquido tóxico que se forma quando o ferro finamente dividido reage com monóxido de carbono.

$$Fe + 5\,CO \longrightarrow Fe(CO)_5$$ ou

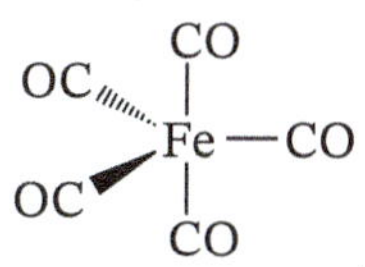

Pentacarbonila de ferro

A partir da Fig. 21.1, descobrimos que o ferro está no grupo 8 da tabela periódica e, portanto, é considerado como tendo 8 elétrons de valência em seu estado elementar. Chegamos ao estado de oxidação do ferro na pentacarbonila de ferro observando que a carga total do complexo é zero (ele não é um íon) e que cada ligante CO contribui com dois elétrons de valência para o complexo. Portanto, o ferro está no estado de oxidação zero.

Utilizando esses números, podemos agora calcular d^n e, a partir daí, o número total de elétrons de valência do ferro no complexo, conforme mostrado a seguir.

$$d^n = 8 - 0 = 8$$

$$\text{número total de elétrons de valência} = d^n + 5(\text{CO}) = 8 + 5(2) = 18$$

Descobrimos, portanto, que o ferro do $Fe(CO)_5$ tem 18 elétrons de valência e que, consequentemente, está coordenativamente saturado.

Exemplo B Considere o complexo de ródio $Rh(Ph_3P)_3H_2Cl$, um complexo que, como veremos mais tarde, é um intermediário em determinadas hidrogenações de alquenos.

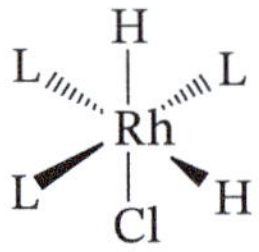

L = Ph_3P [i.e., $(C_6H_5)_3P$]

O estado de oxidação do ródio no complexo é +3. Descobrimos esse valor porque, com base na Tabela 21.1, os dois átomos de hidrogênio e o cloro são cada um deles contados como −1 (isto é, hidreto e cloreto, respectivamente) e a carga em cada um dos ligantes trifenilfosfina (Ph_3P) é zero; a remoção de todos os ligantes levaria, portanto, ao íon Rh^{3+}. A partir da Fig. 21.1 descobrimos que, no estado elementar, o ródio tem 9 elétrons de valência. Podemos agora calcular d^n para o ródio do complexo como mostrado a seguir.

$$d^n = 9 - 3 = 6$$

Cada um dos seis ligantes do complexo doa dois elétrons para o ródio no complexo e, portanto, o número total de elétrons de valência do ródio é 18. O ródio no $Rh(Ph_3P)_3H_2Cl$ está coordenativamente saturado.

$$\text{número total de elétrons de valência do ródio} = d^n + 6(2) = 6 + 12 = 18$$

PROBLEMA DE REVISÃO 21.1

Para cada um dos complexos a seguir, determine o estado de oxidação e o número total de elétrons de valência que ele possui.

(a) 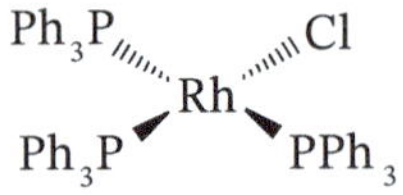

(b) 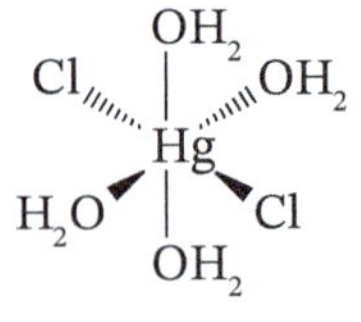

(c) 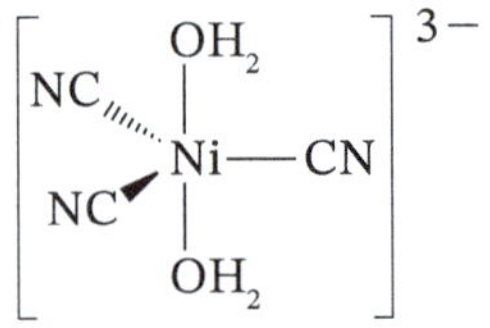

21.4 Etapas Mecanísticas nas Reações de Alguns Complexos de Metais de Transição

Com uma melhor compreensão dos complexos de metais de transição e da contagem de elétrons, passamos agora aos tipos de processos mecanísticos que podem ocorrer com esses complexos, seus ligantes e as moléculas orgânicas apropriadas. Esses mecanismos, na maioria dos casos, correspondem a nada mais do que uma sequência de reações, cada uma das quais representando *um tipo de reação fundamental que é característica de um complexo de metal de transição.* Apenas alguns processos fundamentais estão envolvidos (há três que consideramos neste livro) e compreendê-los nos permitirá explicar muitas reações importantes, incluindo várias que iremos apresentar nas seções a seguir.

Para ilustrar estas três etapas mecanísticas fundamentais, usaremos um metal genérico complexado com vários números de ligantes. Vamos assumir que as espécies com 6 ligantes têm uma contagem total de elétrons de 18 e aquelas com menos estão coordenativamente insaturadas.

1. **Dissociação–Associação de Ligante (Troca de Ligante).** Um complexo de metal de transição pode perder um ligante (por dissociação) e, então, combinar-se com outro ligante (por associação). No processo, ele sofre *troca de ligante.* Por exemplo, se o complexo metálico genérico pode reagir com um alqueno (nesse exemplo, com o eteno), então a seguinte reação ocorreria:

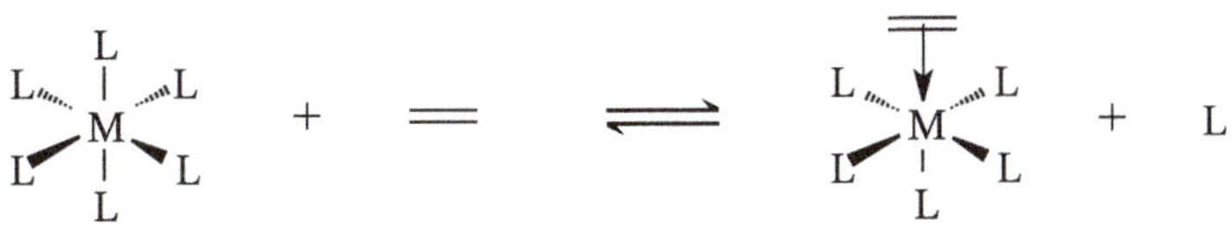

Na realidade, duas etapas estão envolvidas nesse processo. Na primeira, um dos ligantes se dissocia do material inicial. Admitindo que ele carrega dois elétrons com ele, devido à ligação covalente que é quebrada, essa reação leva a um novo complexo que tem apenas 16 elétrons e está, portanto, coordenativamente insaturado.

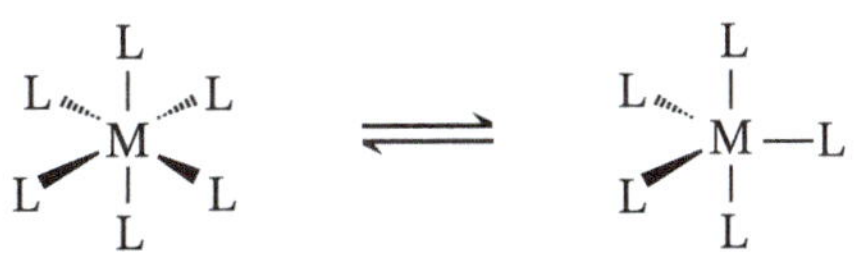

(18 elétrons) (16 elétrons)

Associação do Ligante

Na segunda etapa, o metal se associa com o alqueno para tornar-se novamente coordenativamente saturado.

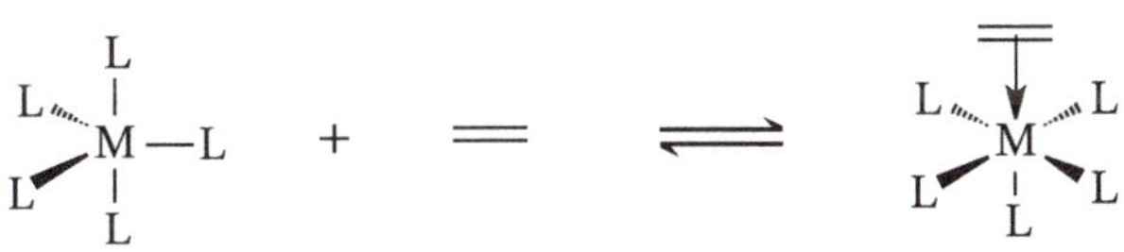

(16 elétrons) (18 elétrons)

Associação do Ligante

O complexo formado entre o metal e o alqueno é chamado de *complexo* π. Nele, dois elétrons π são doados pelo alqueno para o metal e é por isso que a ligação é representada por uma seta apontando para o metal a partir do meio da ligação π. Os alquenos são frequentemente chamados de doadores π para distingui-los de doadores σ, tais como Ph_3P: e Cl^-, como vimos em alguns complexos nas seções anteriores em que é formada uma ligação σ da associação com esses ligantes. Além disso, também se deve notar que, em um complexo π como esse que acaba de ser abordado, existe também uma doação de elétrons de um orbital *d* ocupado do metal de volta para o orbital π^* vazio do alqueno. Este tipo de doação é chamado de "retroligação" e alivia algum excesso de carga negativa no metal. Ela também encurta a ligação entre o metal e o alqueno em relação ao que seria se essa retroligação não existisse.

2. **Inserção–Desinserção.** Um ligante insaturado como um alqueno pode sofrer inserção em uma ligação entre o metal de um complexo e um hidrogênio, ou um carbono, já ligado como um dos ligantes. Essas reações são reversíveis e a reação inversa é chamada de *desinserção.* A reação a seguir é um exemplo de inserção–desinserção em que um dos ligantes no complexo original é um hidrogênio.

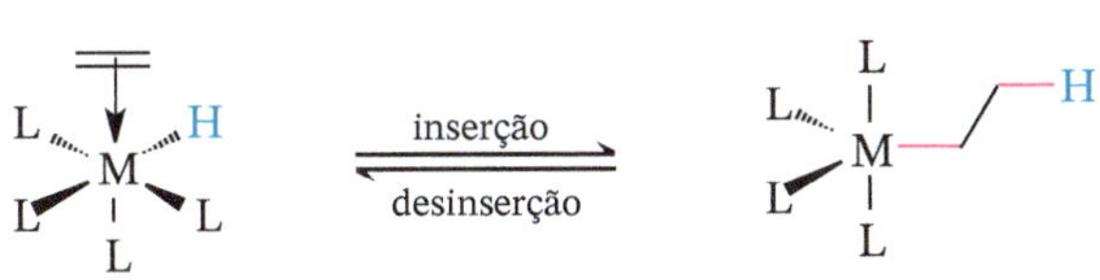

(18 elétrons) (16 elétrons)

Nesse processo, uma ligação π, entre o metal e o alqueno, e uma ligação σ, entre o metal e o hidrogênio, são trocadas por duas novas ligações σ, representadas em rosa na figura anterior. Essas novas ligações são entre o metal e o carbono e entre o carbono e o hidrogênio. Consequentemente, a contagem de elétrons de valência do metal diminui de 18 para 16 e resulta uma geometria bipiramidal triangular.

Deve-se ressaltar que essa inserção–desinserção ocorre de uma maneira estereoespecífica, tal como uma *adição sin* da unidade M—H no alqueno.

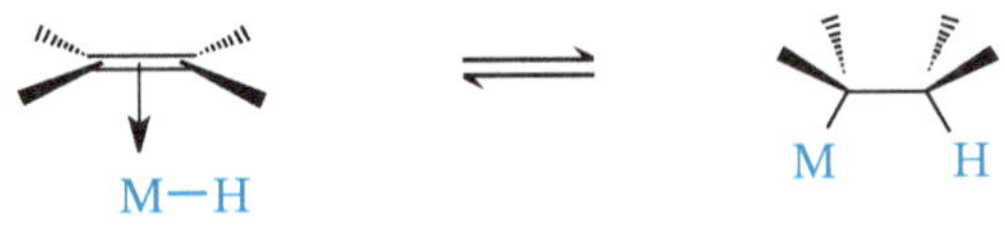

3. **Adição Oxidativa-Eliminação Redutora.** Complexos metálicos coordenativamente insaturados podem sofrer adição oxidativa de uma variedade de substratos da seguinte maneira.*

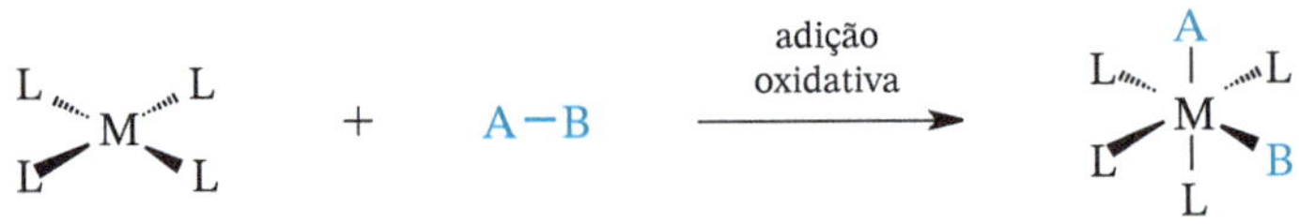

O substrato, A—B, pode ser H—H, H—X, R—X, RCO—H, RCO—X e uma série de outros compostos.

Nesse tipo de adição oxidativa, o metal do complexo sofre um aumento no número de seus elétrons de valência *e no seu estado de oxidação.* Considere, como um exemplo, a adição oxidativa de hidrogênio ao complexo de ródio que se segue (L = Ph_3P), no qual o ródio passa do estado de oxidação +1 para +3.

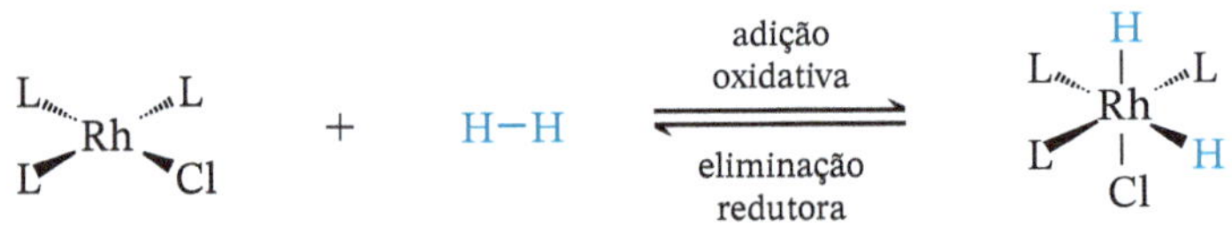

A *eliminação redutora* é o inverso da adição oxidativa e esse é um processo que também pode ocorrer facilmente.

De posse desses conceitos, estamos agora em condições de examinar algumas reações específicas da química orgânica que alguns complexos de metais de transição podem realizar tanto no nível básico quanto no mecanístico.

21.5 Hidrogenação Homogênea: Catalisador de Wilkinson

Nos capítulos anteriores, vimos várias maneiras de saturar alquenos e alquinos com hidrogênio usando catalisadores como Pd/C, Ni de Raney e outras espécies baseadas na Pt e no Ni. Em todos os casos, esses processos eram heterogêneos, indicando que duas fases estavam envolvidas. A fase sólida era o catalisador metálico com átomos de hidrogênio adsorvido e a fase líquida era a solução contendo o composto insaturado. Acontece que existe um complexo de metal de transição solúvel baseado no Rh conhecido como catalisador de Wilkinson – isto é, $Rh(Ph_3P)_3Cl$ – que permite que a hidrogenação ocorra em uma única fase homogênea (isto é, com tudo em solução). No catalisador de Wilkinson os ligantes conferem solubilidade suficiente para que toda a espécie se dissolva em meio orgânico, tornando o processo uma hidrogenação homogênea. A transformação vista a seguir é um exemplo representativo desse tipo de hidrogenação.

*Complexos coordenativamente saturados também sofrem adição oxidativa, mas não vamos considerar esses casos aqui.

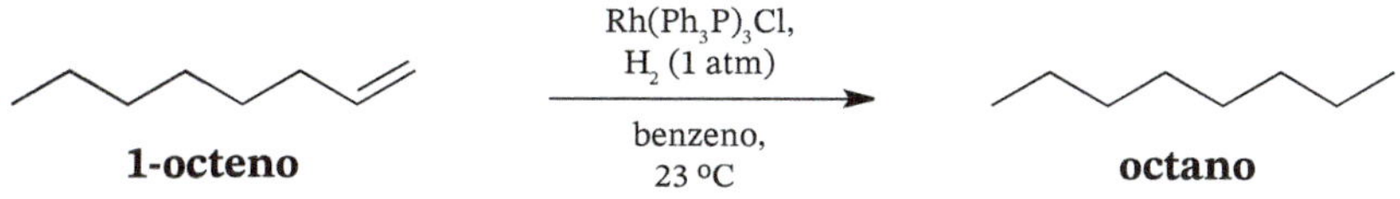

O mecanismo para esse processo envolve muitas das etapas mostradas na seção anterior. Primeiro, o hidrogênio é inserido no complexo por meio da adição oxidativa e, em seguida, a dissociação de um dos ligantes Ph_3P proporciona um novo complexo coordenativamente insaturado contendo 16 elétrons. Essa reação permite que o alqueno se associe na etapa 3. A partir daqui, inserção, eliminação redutora e uma adição oxidativa final completa o processo.

Um Mecanismo para a Reação

Hidrogenação Homogênea Usando o Catalisador de Wilkinson

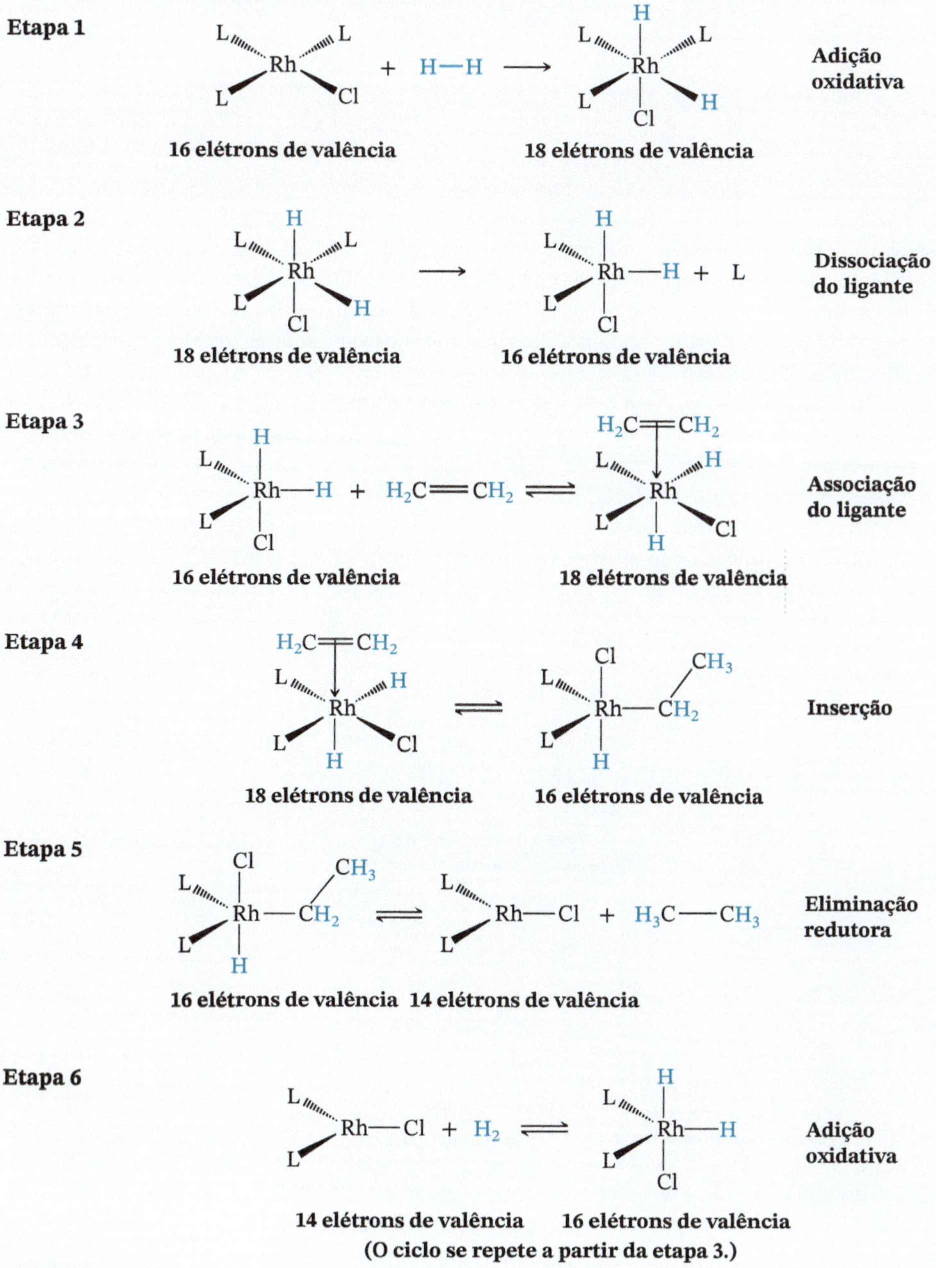

Uma vez que a etapa de inserção (etapa 4) e o processo de eliminação redutora (etapa 5) são estereoespecíficos, o resultado líquido da hidrogenação utilizando o catalisador de Wilkinson é uma adição sin do hidrogênio ao alqueno. O exemplo a seguir, usando D_2 no lugar de H_2, ilustra esse aspecto.

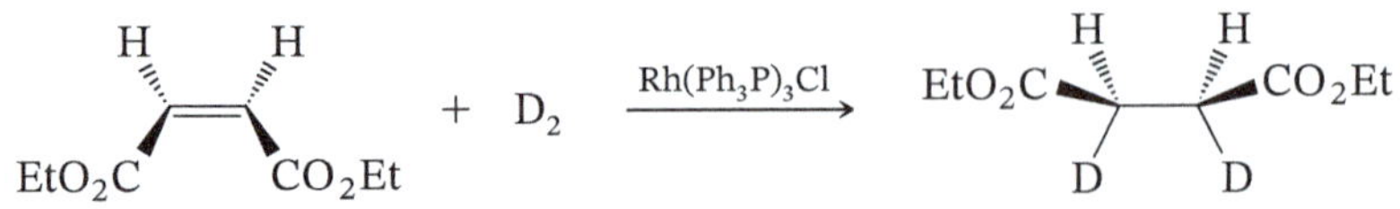

Um *cis*-alqueno (maleato de dietila) **Um composto meso**

Observe que a etapa 6 regenera o complexo de ródio que possui hidrogênio, possibilitando a reação com outra molécula do alqueno começando na etapa 3. Assim, quantidades catalíticas do metal são suficientes para converter completamente o material de partida no produto.

PROBLEMA DE REVISÃO 21.2

Que produto (ou produtos) seria(m) formado(s) se o *trans*-alqueno correspondente ao *cis*-alqueno (veja a reação anterior) fosse hidrogenado com D_2 na presença do catalisador de Wilkinson?

A Química Farmacêutica de... Hidrogenação Catalítica Assimétrica Homogênea: Exemplos Envolvendo L-DOPA, (*S*)-Naproxeno e Aspartame

O desenvolvimento por Geoffrey Wilkinson de um catalisador solúvel para hidrogenação [cloreto de tris(trifenilfosfina)ródio, Seção 21.5] fez com que ele compartilhasse o Prêmio Nobel de Química de 1973. Sua descoberta inicial, no Imperial College, na University of London, inspirou muitos outros pesquisadores a criar novos catalisadores baseados no catalisador de Wilkinson. Alguns desses pesquisadores obtiveram o reconhecimento através do Prêmio Nobel de Química de 2001, cuja metade do prêmio foi para William S. Knowles (Monsanto, aposentado) e Ryoji Noyori (Nagoya University). (A outra metade do Prêmio de 2001 foi para K. B. Sharpless, do Scripps Research Institute, por reações de oxidação assimétrica. Veja o Capítulo 8.) Knowles, Noyori e outros desenvolveram catalisadores quirais para hidrogenação homogênea que se mostraram extraordinariamente úteis em sínteses enantiosseletivas, desde reações de laboratório em escala reduzida até reações em escala industrial, da ordem de toneladas. Um exemplo importante é o método desenvolvido por Knowles e colaboradores na Empresa Monsanto para a síntese de L-DOPA, um composto usado no tratamento da doença de Parkinson:

PRÊMIO NOBEL

Ryoji Noyori, William S. Knowles e K. Barry Sharpless compartilharam o Prêmio Nobel de Química de 2001.

Síntese Assimétrica de L-DOPA

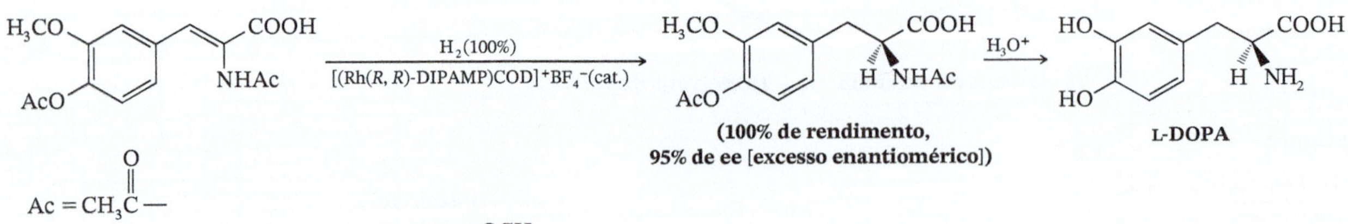

(100% de rendimento, 95% de ee [excesso enantiomérico]) **L-DOPA**

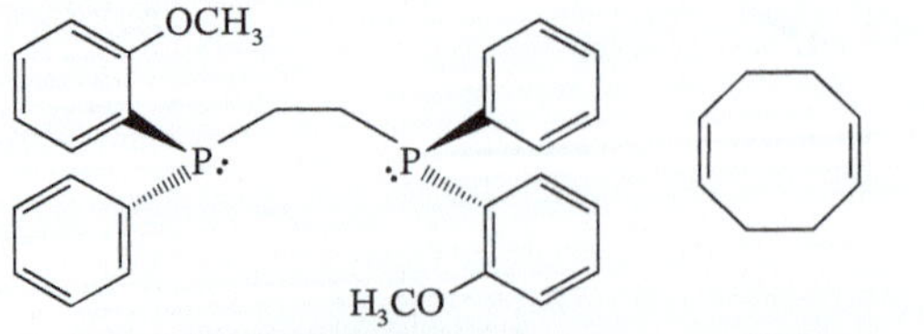

(*R*,*R*)-DIPAMP (Ligante quiral para o ródio) **COD = 1,5-Ciclo-octadieno**

Outro exemplo é a síntese do analgésico de uso sem prescrição médica (*S*)-naproxeno utilizando um catalisador de ródio-BINAP desenvolvido por Noyori (Seções 5.11 e 5.18).

(*continua*)

(continuação)

Síntese Assimétrica de (*S*)-Naproxeno

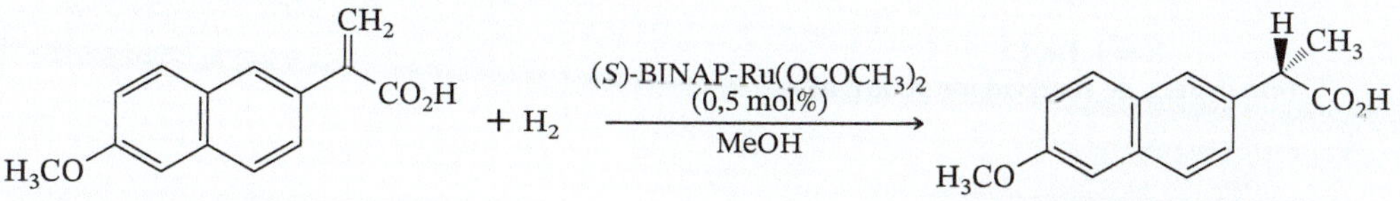

(*S*)-Naproxeno
(um agente anti-inflamatório)
(92% de rendimento, 97% de ee)

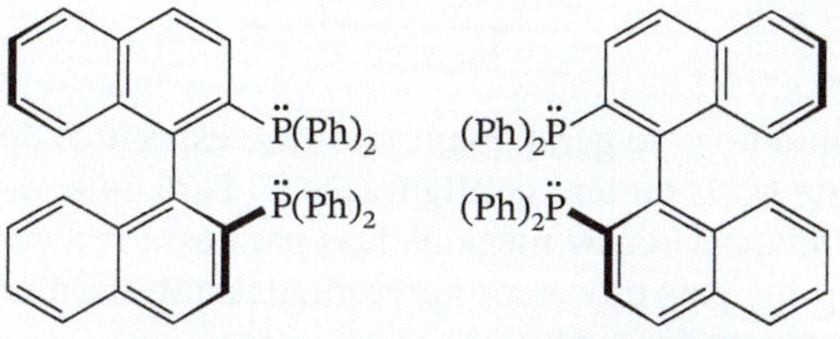

(*S*)-BINAP **(*R*)-BINAP**

(*S*)-BINAP e (*R*)-BINAP são atropisômeros quirais
(veja a Seção 5.18)

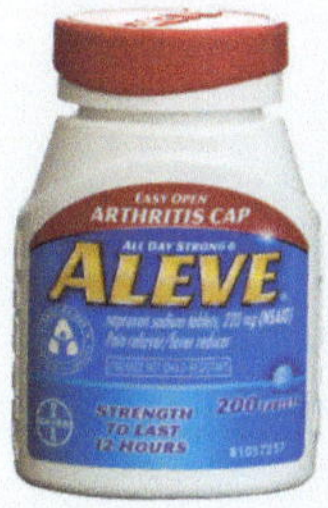

Carlos Yudica/Shutterstock

Catalisadores como esses são também importantes para sínteses químicas assimétricas de aminoácidos (Seção 24.3D). Um último exemplo é a síntese do éster metílico da (*S*)-fenilalanina, que é um composto usado na síntese do adoçante artificial aspartame. Essa preparação emprega ainda um ligante quiral diferente para o catalisador de ródio.

Síntese Assimétrica do Aspartame

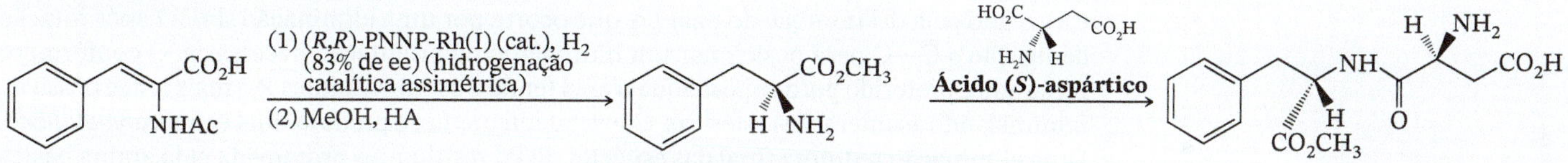

Éster metílico da (*S*)-fenilalanina
(97% de ee após recristalização)

Aspartame

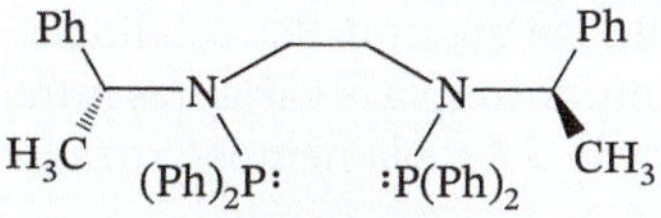

(*R*,*R*)-PNNP
(ligante quiral para o ródio)

21.6 Reações de Acoplamento Cruzado

Passamos agora para uma série de processos pelos quais as ligações C—C podem ser formadas com vários reagentes. Esses processos são chamados de **reações de acoplamento cruzado**, porque os dois reagentes estão especialmente sintonizados por diferentes grupos funcionais para realizar etapas específicas com os complexos de metais de transição adequados, de modo a não se combinarem consigo mesmos, mas apenas um com o outro. Essas reações provaram ser um componente essencial dos métodos atuais para formar uma variedade de ligações diferentes entre diversos reagentes, inclusive alcanos, alquenos e alquinos funcionalizados. Elas também são amplamente utilizadas em processos industriais, particularmente para a síntese de produtos farmacêuticos ativos.

21.6A Reação de Heck–Mizoroki

A primeira reação que vamos estudar é a reação de Heck–Mizoroki. Essa reação envolve o acoplamento catalisado por paládio de um alqueno com um haleto de arila ou alquenila na presença de uma base, geralmente uma amina, a uma temperatura elevada.

Reação Geral

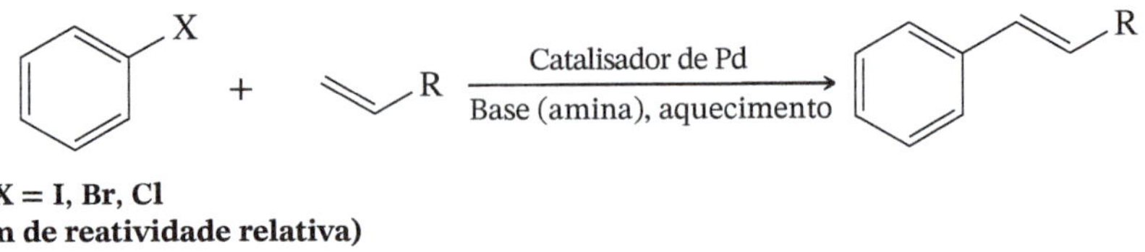

Exemplo Específico

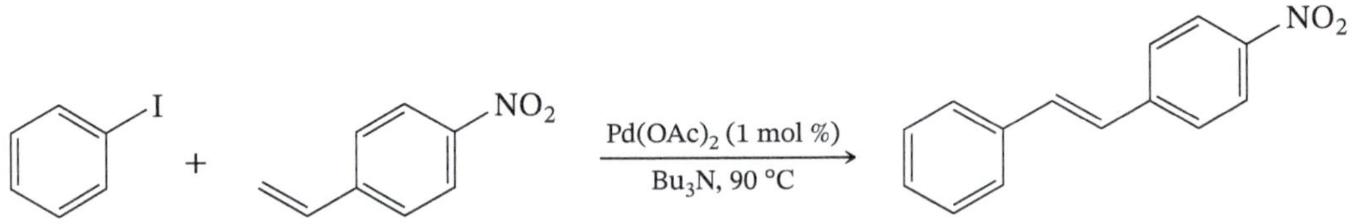

Como mostrado tanto no caso geral quanto no caso específico dessa reação, o alqueno produzido é geralmente *trans* ou tem configuração *E*. Para entender esse resultado, precisamos discutir as principais etapas mecanísticas para essa reação de acoplamento; elas destacam muitos dos principais processos apresentados anteriormente, bem como alguns outros conceitos importantes dos capítulos precedentes.

Como mostrado no mecanismo a seguir, o composto de paládio ativo está ligado a somente dois ligantes, de modo que ele é coordenativamente insaturado. Algumas vezes o composto de paládio ativo é formado em solução pela dissociação de ligantes a partir de um reagente coordenativamente saturado, semelhante ao $Pd(Ph_3P)_4$. Ele também pode resultar da interação dos ligantes em uma espécie inicial com ligantes adequados para atingir o intermediário organometálico catalítico reativo.

Uma vez gerado, o intermediário catalítico se adiciona oxidativamente na ligação carbono-halogênio. Esse processo permite então a inserção do reagente alqueno, levando a uma nova ligação C—C por adição sin do anel arila e Pd através da ligação dupla. O produto final é formado pela desinserção do paládio, que ocorre por uma eliminação sin-1,2 após rotação da ligação σ C—C para posicionar um hidrogênio na orientação necessária. O confôrmero mostrado é preferido porque posiciona o anel fenila e os substituintes R o mais longe possível, minimizando as interações estéricas. Consequentemente, o produto final é um *trans-alqueno*. Uma eliminação redutora final das espécies de Pd resultantes promovida pela amina básica regenera o PdL_2, permitindo, portanto, que o metal seja usado em quantidades catalíticas.

A gama de substratos que pode participar nesta reação é muito ampla, e variantes intramoleculares podem ser trabalhadas (veja "A Química Sintética de... Acoplamentos Cruzados Complexos", mais adiante neste capítulo).

Um Mecanismo para a Reação

Reação de Heck-Mizoroki Usando um Haleto de Arila como Substrato

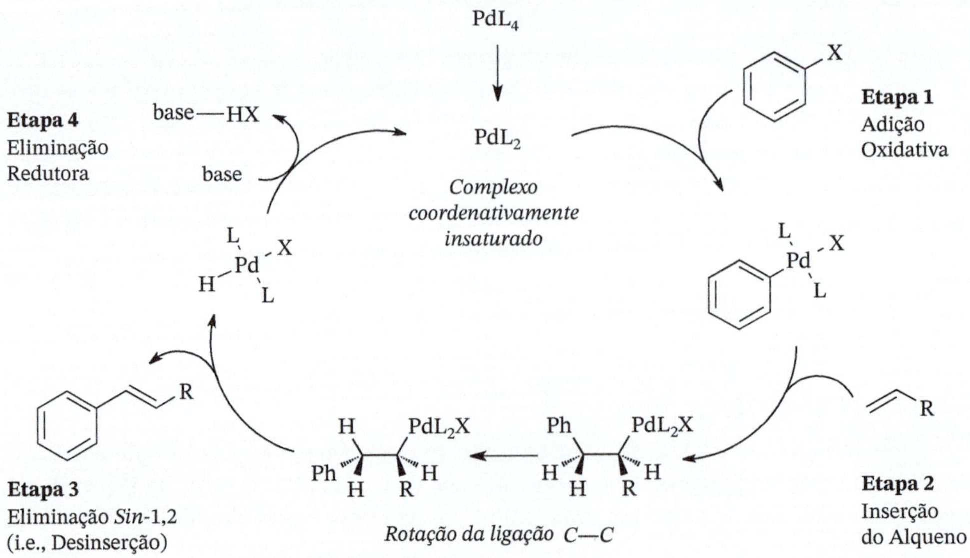

PROBLEMA DE REVISÃO 21.3

Que produto você esperaria para cada uma das seguintes reações?

(a)

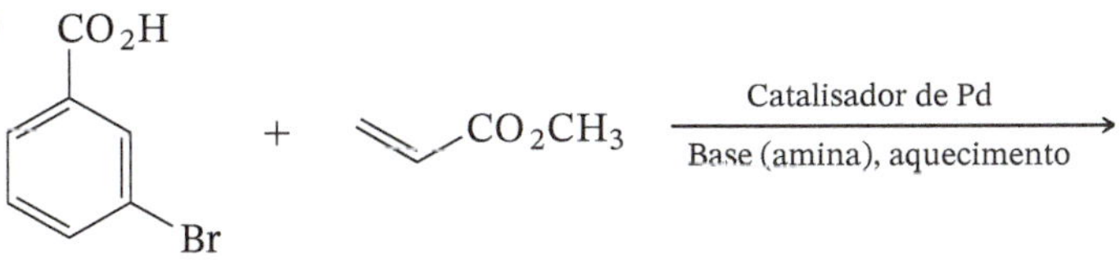

(b)

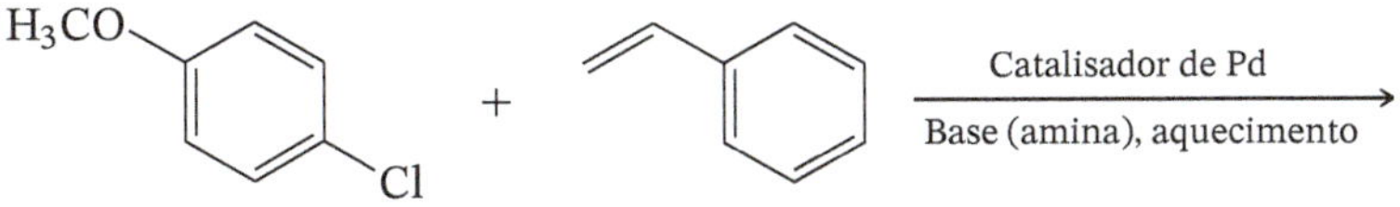

PROBLEMA DE REVISÃO 21.4

Quais materiais de partida poderiam ser utilizados para sintetizar cada um dos seguintes compostos por uma reação de Heck–Mizoroki?

(a)

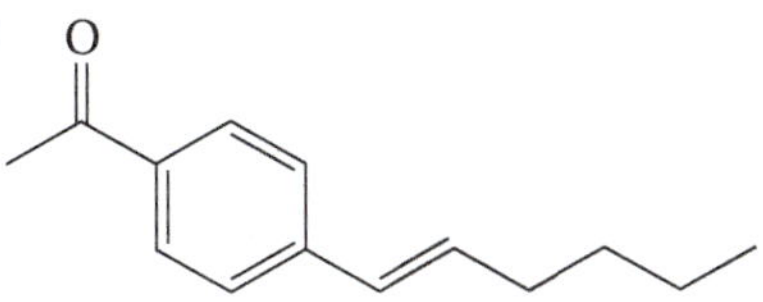

(b)

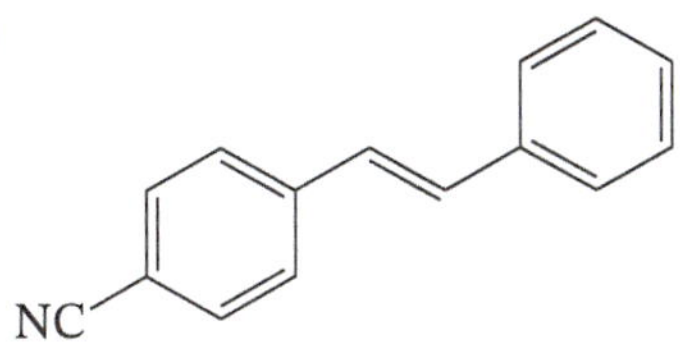

21.6B Reação de Suzuki–Miyaura

Outra poderosa reação de acoplamento catalisada por paládio é a reação de Suzuki–Miyaura. Esse processo ocorre por um mecanismo semelhante àquele da reação de Heck–Mizoroki, com a diferença de que os reagentes de acoplamento na reação de Suzuki–Miyaura são um borato de alquenila ou de arila e um haleto de alquenila ou de arila, como mostrado a seguir. Deve ser observado que a estereoquímica dos dois reagentes é preservada no produto final, como realçado pelo exemplo específico que leva à síntese do bombicol, um hormônio sexual feminino do bicho-da-seda.

Reações Gerais

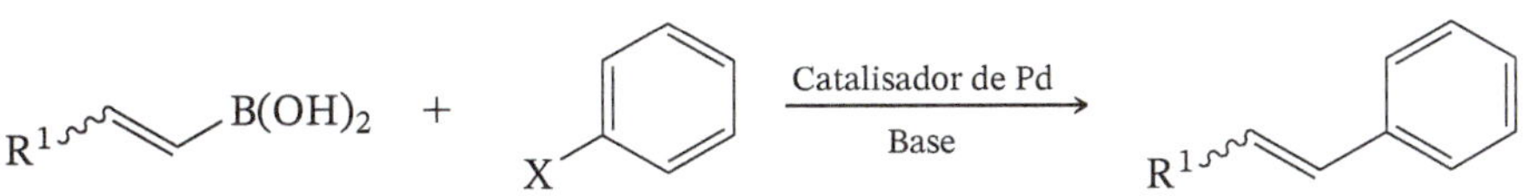

Borato de alquenila **Haleto de arila (ou haleto de alquenila)**

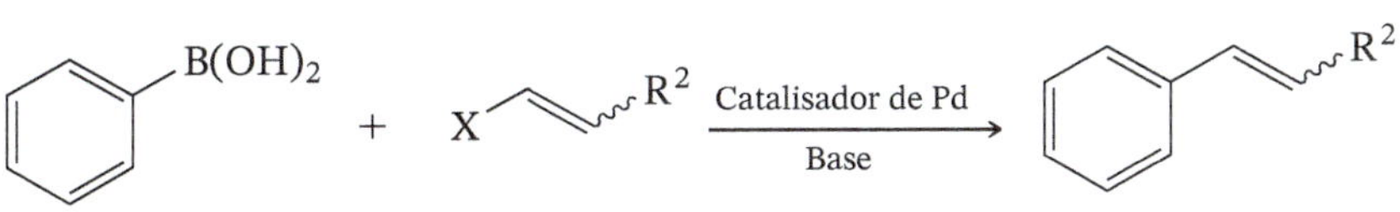

Borato de arila **Haleto de alquenila (ou haleto de arila)**

PRÊMIO NOBEL

Richard F. Heck, Ei-ichi Negishi e Akira Suzuki compartilharam o Prêmio Nobel de Química de 2010 pelo desenvolvimento de reações de acoplamento cruzado.

Exemplo Específico

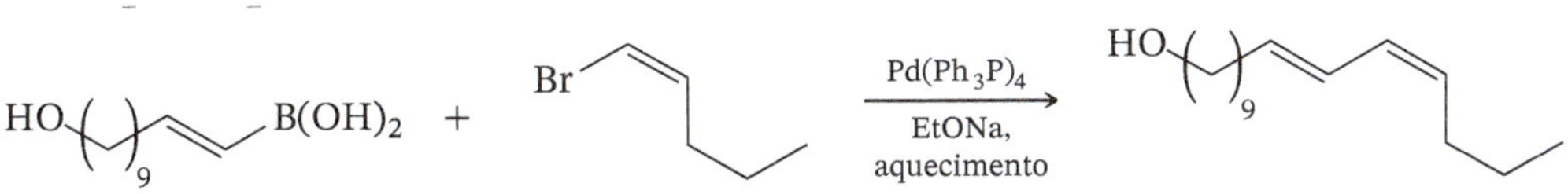

Bombicol (um hormônio sexual liberado pela fêmea do bicho-da-seda)

A Química Verde de... Oxidação de Wacker

Embora você tenha visto neste capítulo várias maneiras pelas quais os alquenos podem ser usados, um processo adicional muito útil é a oxidação seletiva do alqueno sem perder nenhum dos átomos de carbono. Na verdade, esse processo usando complexos de paládio, às vezes com aditivos apropriados para efetuar a reoxidação do paládio durante a reação, constitui a primeira reação organometálica e organopaládio já realizada em escala industrial. A reação, conhecida como oxidação de Wacker, é descrita a seguir em sua versão original, em que o etileno foi convertido em etanal.

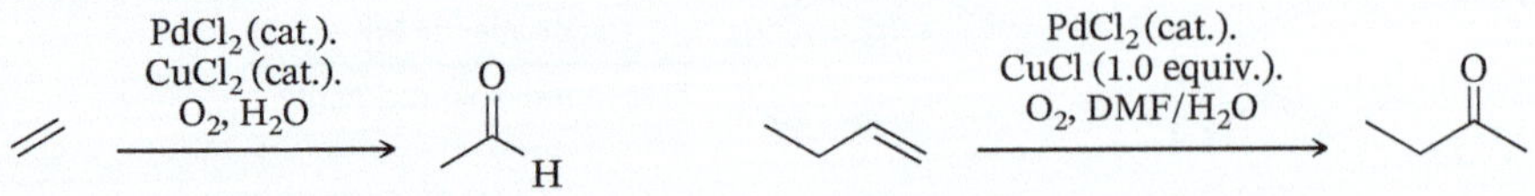

Quando são utilizados alquenos superiores, como na segunda equação, o resultado é uma cetona. Perceba que, nesse caso, foram usadas condições modificadas conhecidas como oxidação Wacker–Tsuji. Em geral, esta operação atinge em uma etapa o que de maneira mais convencional exigiria duas etapas a partir do mesmo alqueno por meio de uma oximercuração Markovnikov seletiva seguida de oxidação do álcool resultante; além disso, usa apenas uma quantidade catalítica de paládio em vez de uma quantidade estequiométrica de mercúrio relativamente tóxico. Muitas modificações adicionais em tempos mais recentes expandiram em muito o escopo, a utilidade e a facilidade de efetuar esse importante processo, particularmente em substratos mais complexos.

PROBLEMA DE REVISÃO 21.5

Qual é o produto para o seguinte acoplamento de Suzuki–Miyaura?

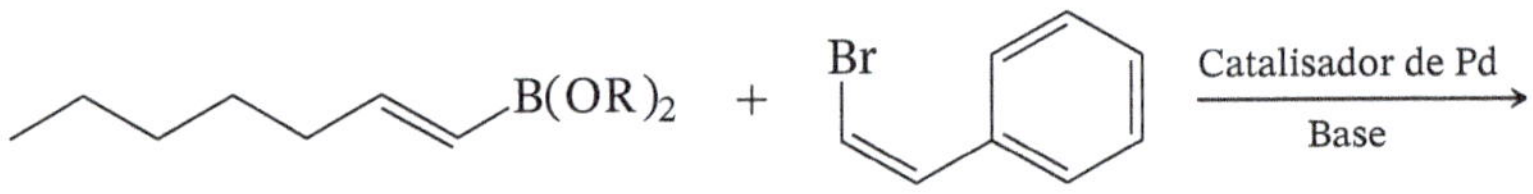

PROBLEMA DE REVISÃO 21.6

Quais materiais de partida poderiam ser utilizados para sintetizar o seguinte composto pelo acoplamento de Suzuki–Miyaura?

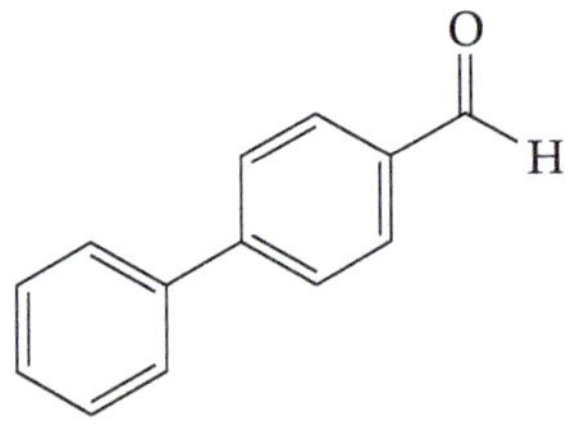

21.6C Acoplamento de Stille e Carbonilação

Se um reagente organoestanho é usado como um reagente de acoplamento em vez de um borato, então o processo que resulta é conhecido como reação de acoplamento de Stille. Na presença de catalisadores de paládio apropriados, muitos dos quais são efetivos também para os acoplamentos cruzados já descritos, reagentes alquenil-estanho e aril-estanho podem ser acoplados com haletos de alquenila. Deve-se destacar que reagentes de acoplamento adicionais, tais como cloretos alílicos, cloretos de ácido e triflatos de alquenila, também podem ser usados com os reagentes organoestanho.

Reação Geral

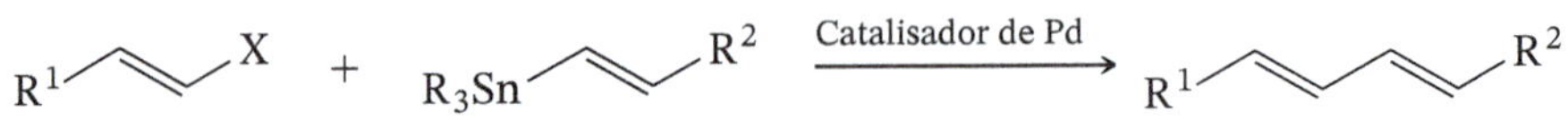

X = triflato, I, ou Br

Exemplo Específico

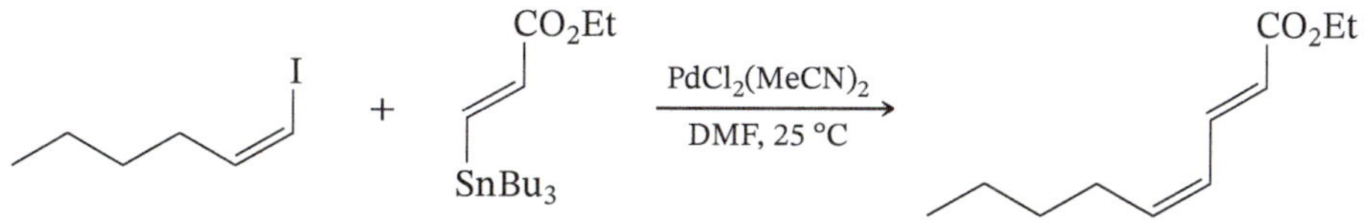

Além das anteriores, uma opção adicional é realizar a reação na presença de monóxido de carbono (CO), normalmente borbulhando CO na solução e mantendo uma pressão positiva do gás no recipiente de reação. Nessas condições, resultam produtos em que o CO foi inserido na ligação que seria formada sob condições-padrão entre o reagente organoestanho e o reagente de acoplamento. Esse processo é conhecido como acoplamento de Stille carbonilativo.

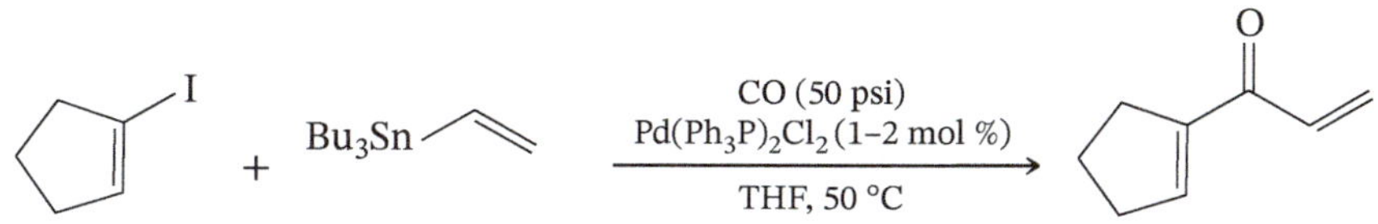

PROBLEMA DE REVISÃO 21.7

Qual é o produto de cada uma das seguintes reações?

(a)

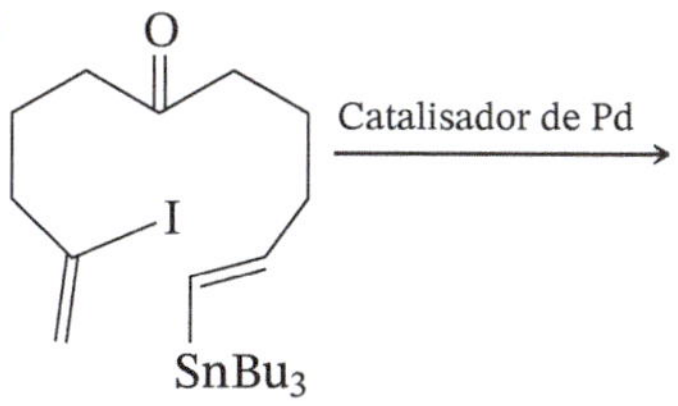

(b)

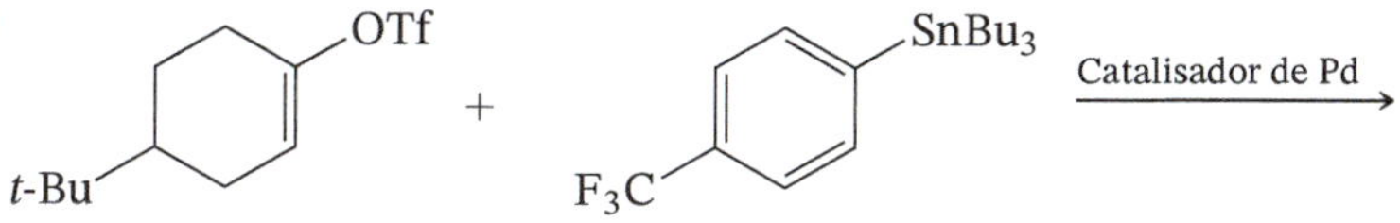

(c)

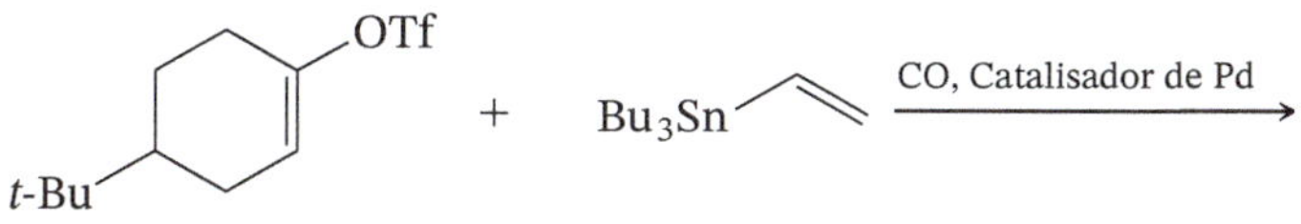

(d)

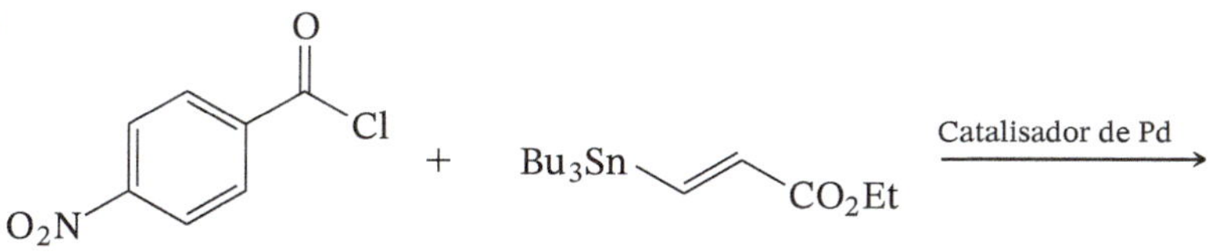

PROBLEMA DE REVISÃO 21.8

Que materiais de partida poderiam ser utilizados para sintetizar cada um dos compostos a seguir por meio de uma reação de acoplamento de Stille?

(a)

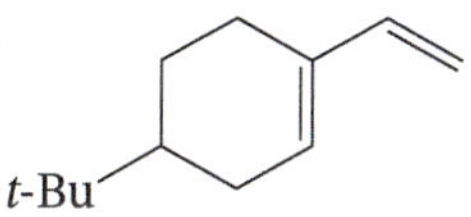

(b)

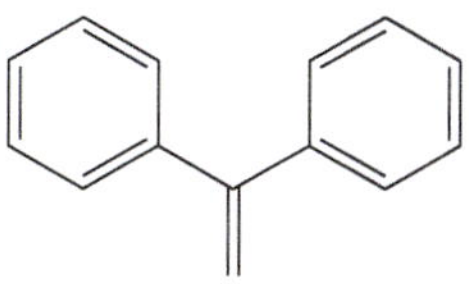

21.6D Acoplamento de Sonogashira

O acoplamento de Sonogashira liga um alquino terminal a um haleto de alquenila ou arila na presença de uma mistura de paládio catalítico e cobre (I). Embora o mecanismo para esse processo não tenha sido mostrado explicitamente, um alquineto de cobre é formado como um intermediário; na realidade, a reação pode ser feita usando somente cobre, mas, nesse caso, são necessárias quantidades estequiométricas do metal e a reação é chamada de acoplamento de Stephens–Castro. Como é mostrado nos exemplos a seguir, a reação de Sonogashira é um excelente método para ligar um alquino diretamente a um anel aromático e também pode ser usada para sintetizar eninas.

Reações Gerais

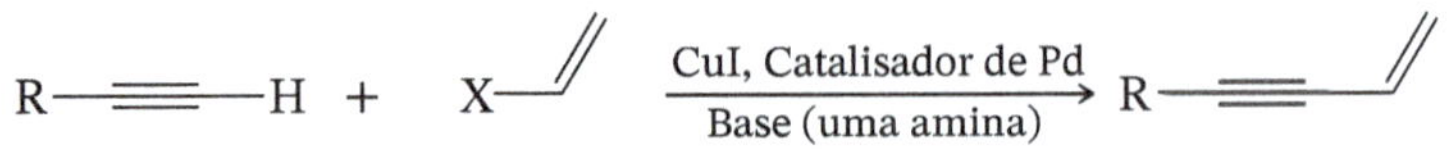

Haleto de alquenila

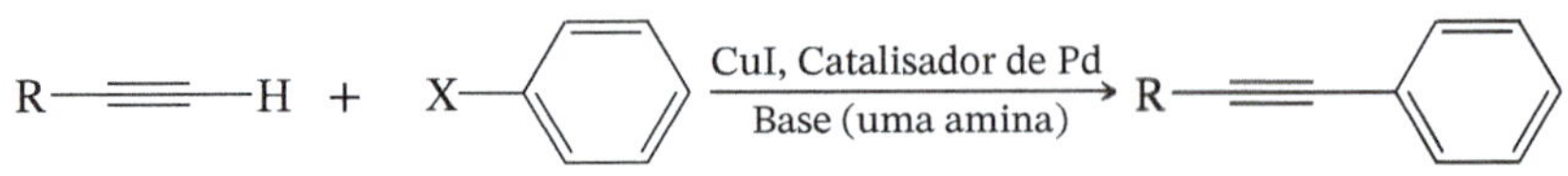

Haleto de arila

Exemplo Específico

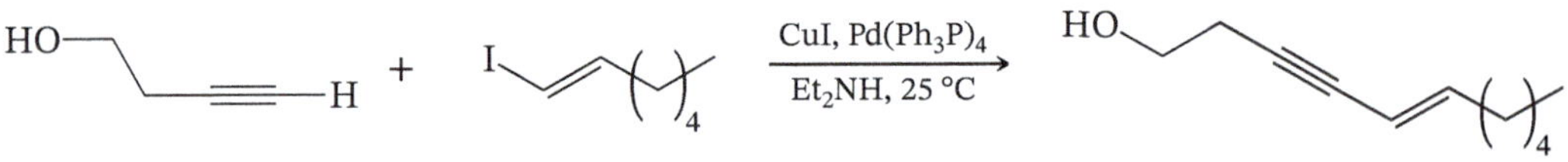

PROBLEMA DE REVISÃO 21.9

Forneça os produtos de cada uma das seguintes reações.

(a)

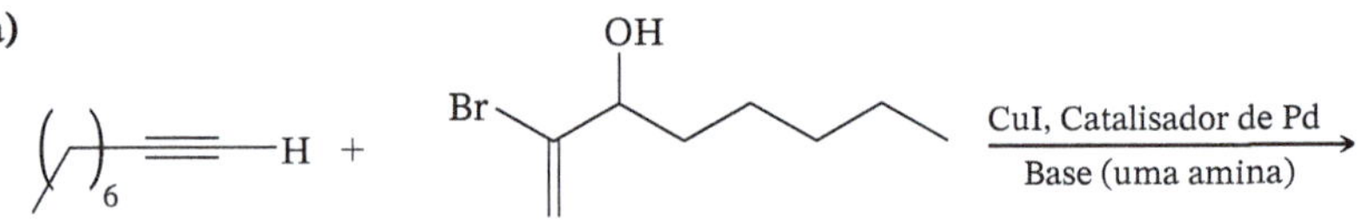

(b)

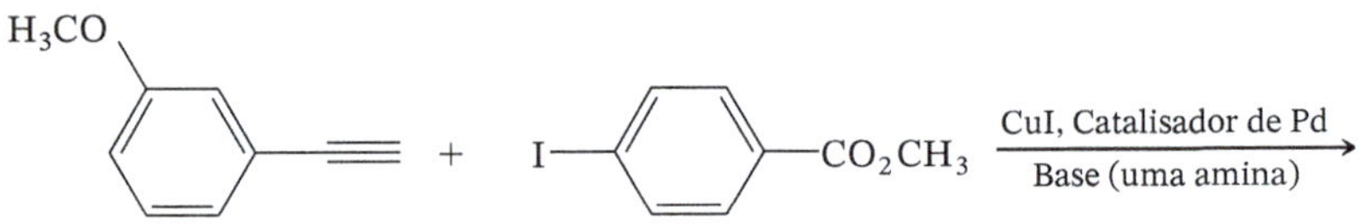

PROBLEMA DE REVISÃO 21.10

Quais materiais de partida poderiam ser utilizados para sintetizar cada um dos seguintes compostos por uma reação de acoplamento de Sonogashira?

(a)

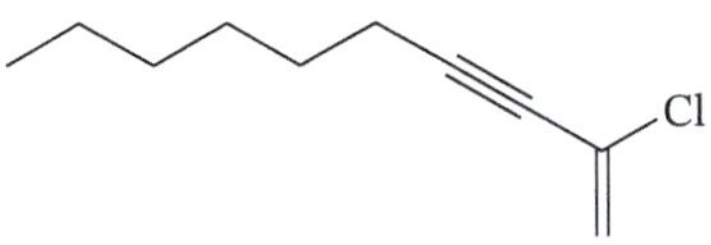

(b)

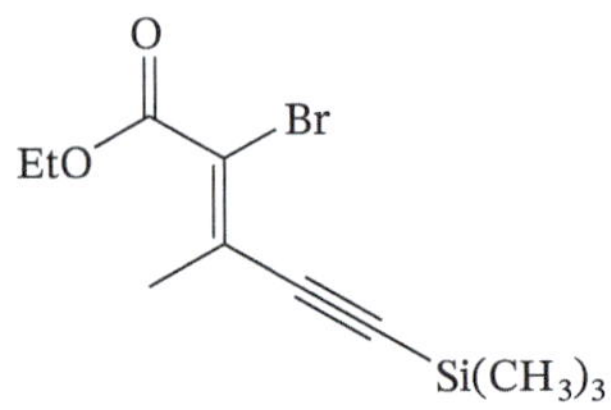

A Química Sintética de... Acoplamentos Cruzados Complexos

Uma das razões pelas quais a química de acoplamento cruzado tem tido grande impacto na prática da síntese orgânica moderna é que ela funciona de forma confiável com materiais altamente funcionalizados em contextos muito complexos, permitindo a formação de produtos naturais, produtos farmacêuticos e diversos materiais. A seguir, apresentamos exemplos da síntese de um produto natural, que também foi investigado clinicamente, usando cada uma das principais reações de acoplamento

(*continua*)

(continuação)

cruzado catalisadas por paládio apresentadas neste capítulo. Muitos desses substratos e produtos possuem grupos protetores com abreviações que não são familiares, alguns dos quais serão apresentados de forma mais detalhada nos capítulos subsequentes. O mais importante por enquanto é se preocupar com o processo de formação de ligação. Em cada caso, os dois grupos reativos estão coloridos em azul e a nova ligação formada é colorida em rosa.

O primeiro exemplo usa uma reação de Heck para formar o anel do meio de um sistema tricíclico como parte de uma síntese da ecteinascidina-743, uma molécula importante no combate ao câncer discutida com algumas moléculas parecidas no final do Capítulo 16. O segundo exemplo emprega uma reação de Suzuki para produzir uma ligação biarila como parte de uma síntese laboratorial da vancomicina, um antibiótico de última geração cujo modo de ação foi discutido no final do Capítulo 2.

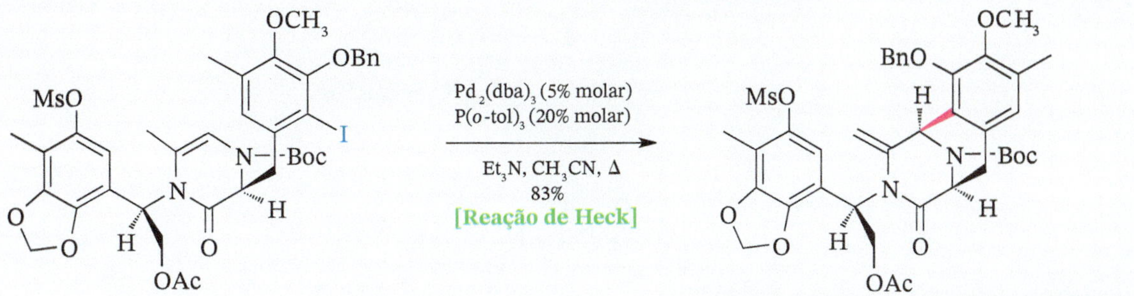

Precursor para a ecteinascidina-743

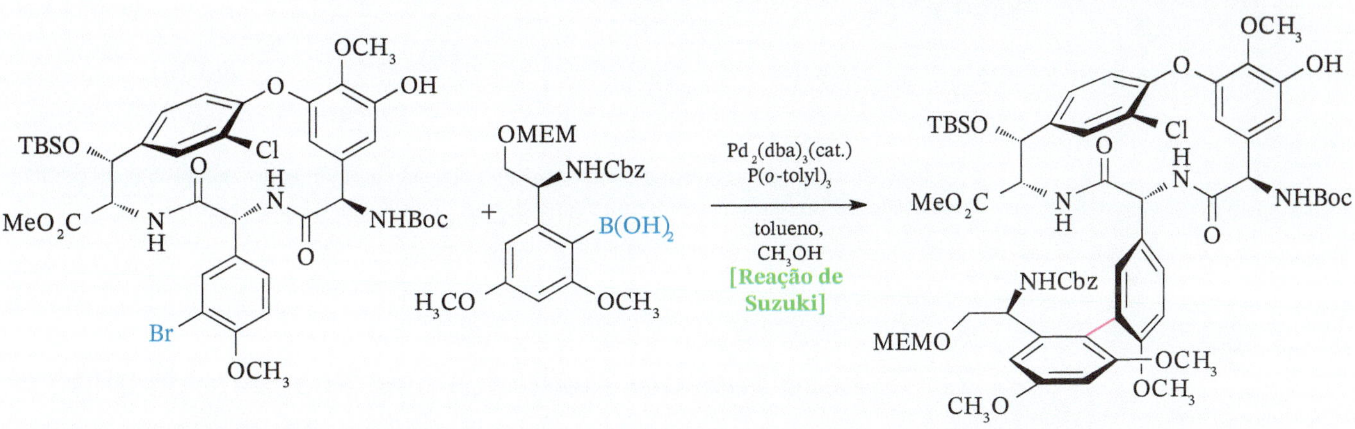

Precursor para a vancomicina

O terceiro exemplo mostra um uso impressionante de um duplo acoplamento de Stille na etapa final para produzir rapamicina, uma molécula usada clinicamente para ajudar a prevenir a rejeição de órgãos transplantados; a primeira reação é um acoplamento intermolecular, preparando o estágio para uma segunda reação, um acoplamento intramolecular ocorrendo com os grupos reativos restantes. Finalmente, o sistema enediino de moléculas como a caliceamicina γ_1^1, apresentado no Capítulo 10, pode ser preparado sem dificuldades por meio da reação de Sonogashira.

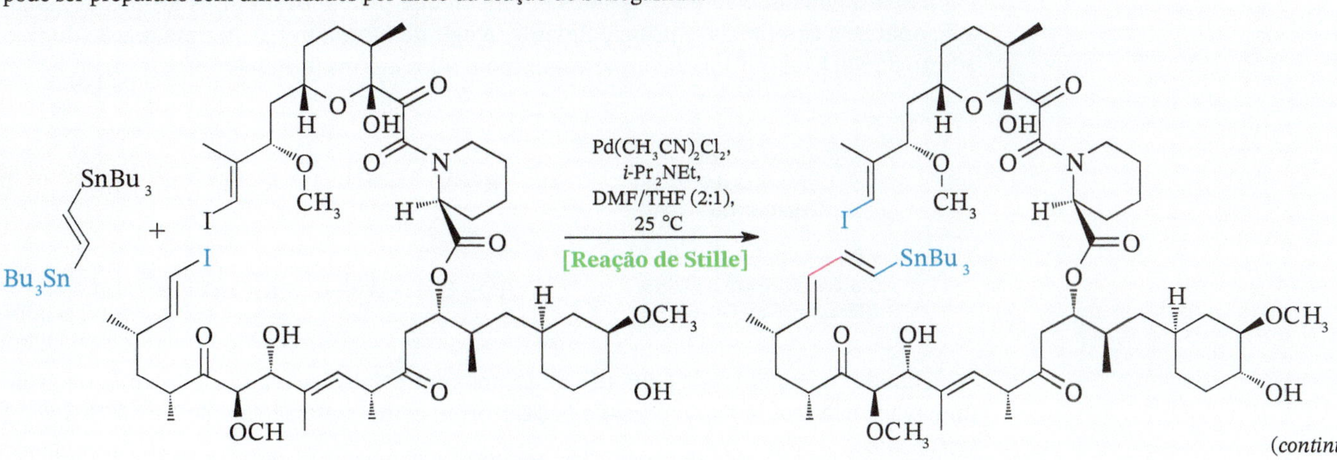

(continua)

(*continuação*)

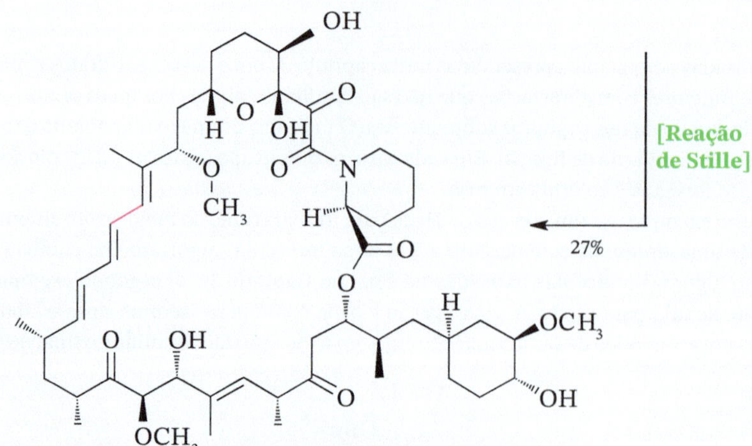

Rapamicina

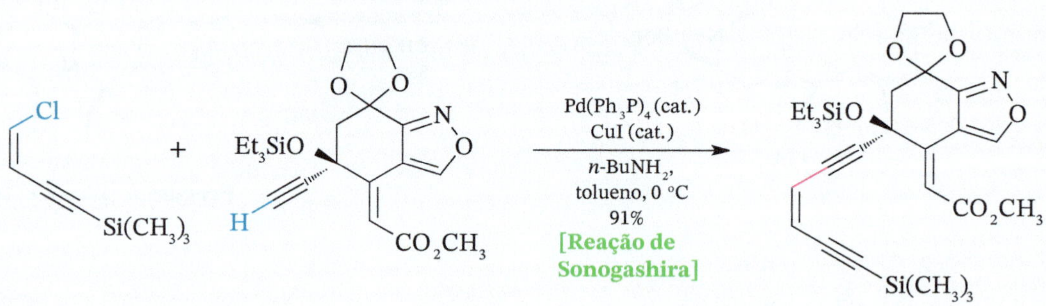

Precursor para a caliceamicina γ_1^1

Seria difícil imaginar outros processos que poderiam tão prontamente e sem problemas produzir tais ligações na presença de tantos outros grupos funcionais potencialmente reativos.

21.6E Acoplamentos Mediados pelo Reagente de Gilman

Além da reação de Sonogashira, há outro processo baseado no cobre que pode acoplar dois grupos reativos diferentes. Essas reações usam compostos de dialquilcuprato de lítio conhecidos como reagentes de Gilman. Desenvolvidos pela primeira vez por Gilman na Iowa State University em 1952, esses reagentes são preparados em duas etapas convertendo um haleto orgânico em uma espécie de organolítio, como foi visto anteriormente (Seção 12.6A), seguido de tratamento com meio mol equivalente de CuI para gerar o dialquilcuprato de lítio. Assim como as espécies de organolítio e os reagentes de Grignard, os reagentes de Gilman são bons nucleófilos baseados em metal que podem deslocar os grupos de saída, adicionar-se a carbonilas e, principalmente, reagir de forma limpa em uma reação do tipo adição de Michael (ou 1,4) a compostos carbonilados α,β-insaturados.

Síntese de um Composto de Organolítio	$R{-}X \xrightarrow{2Li} R{-}Li + LiX$
Síntese do Reagente Dialquilcuprato de Lítio (Reagente de Gilman)	$2R{-}Li \xrightarrow{CuI} R_2CuLi + LiI$

Quando os reagentes de Gilman são usados com haletos de alquila, alquenila ou arila, uma reação de acoplamento cruzado pode ocorrer, como mostrado a seguir de forma geral e específica.

Reação Geral

$$R_2CuLi \quad + \quad R'{-}X \longrightarrow R{-}R' \quad + \quad RCu \quad + \quad LiX$$

Um dialquilcuprato de lítio (um reagente de Gilman) — **Haleto de alquenila, arila, ou haleto de alquila primário ou cíclico secundário**

Exemplo Específico

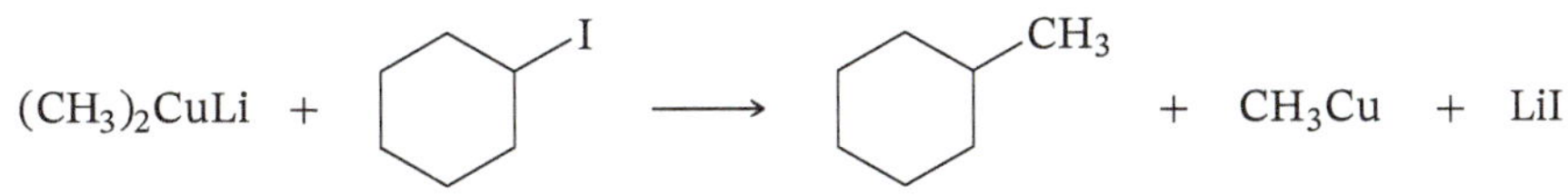

Dimetilcuprato de lítio — **75%**

É importante observar sobre este acoplamento que, enquanto o grupo alquila do reagente Gilman pode ser primário, secundário ou terciário, o haleto com o qual o reagente de Gilman se acopla é mais limitado. Se for alquila, então o haleto tem de ser primário ou secundário cíclico. Por outro lado, qualquer haleto de arila ou alquenila tem boas chances de sucesso. Um destaque em particular desse protocolo de acoplamento cruzado é que ele permite acoplamentos com formação de ligações entre carbonos com hibridização sp^3, em contraste nítido com outras reações de acoplamento cruzado mencionadas anteriormente que normalmente envolvem a formação de ligações entre carbonos com hibridização *sp* ou sp^2. Ao contrário do que ocorre nesses processos, no entanto, os reagentes Gilman são usados como reagentes estequiométricos. Esse mecanismo não envolve um catalisador, como já vimos com todos os outros metais de transição que estudamos. Além disso, como os reagentes Gilman são bons nucleófilos, a gama de grupos funcionais que são tolerados nos acoplamentos é mais limitada.

PROBLEMA DE REVISÃO 21.11

Mostre como o 1-bromobutano pode ser convertido no reagente de Gilman dibutilcuprato de lítio, e como é possível usar esse reagente para sintetizar cada um dos seguintes compostos.

(a) 

(b) 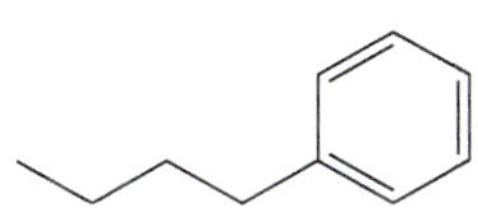

21.7 Metátese de Olefinas

Outro processo muito importante mediado por metal de transição é uma reação conhecida como **metátese de olefinas**. A primeira parte do nome é derivada do grego, em que *meta* significa "trocar" e *tese* significa "posição". Você deve ter estudado no curso de química geral as reações de dupla **metátese** (ou dupla troca) de compostos iônicos, processos em que as duas espécies trocaram seus parceiros. As reações de metátese de olefinas alcançam a mesma coisa, mas as espécies reativas são alquenos e o que está sendo trocado são seus grupos ligados, como mostrado a seguir.

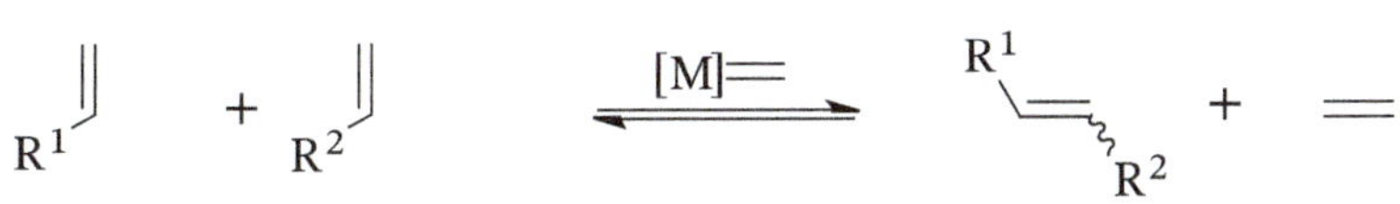

A espécie com o metal de transição que facilita esse processo é um carbeno metálico, também chamado de **alquilideno**. O mecanismo para essa reação, que foi primeiro proposto por Yves Chauvin, é mostrado a seguir.

Um Mecanismo para a Reação

Reação de Metátese de Olefinas

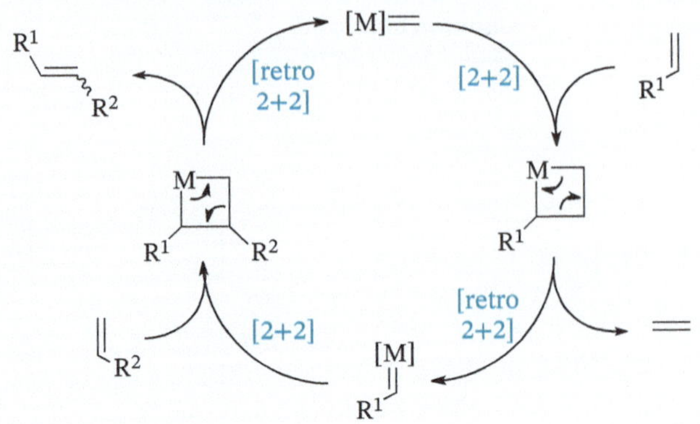

Nesse processo, o alquilideno metálico sofre o que é formalmente uma adição pericíclica a um dos alquenos (geralmente o mais reativo e menos estericamente impedido dos dois) para formar um metalociclobutano intermediário. Essa reação é denominada reação [2+2] e é similar em mecanismo à reação de Diels–Alder que você estudou no Capítulo 13, exceto por envolver um total de apenas quatro elétrons π. Uma reação [2+2] em sentido inverso (isto é, uma reação retro [2+2]) gera então um novo alquilideno metálico que reage com o outro alqueno em outra reação [2+2] para formar um novo metalociclobutano. Uma reação retro [2+2], em seguida, gera o produto final, em que os substituintes alqueno foram trocados e o alquilideno metálico foi regenerado para uma reação posterior. Como resultado, o alquilideno metálico pode ser usado em quantidades catalíticas.

Vários dos primeiros responsáveis altamente efetivos e discretos para a metátese de olefinas foram desenvolvidos por Richard Schrock; um dos seus projetos com base no molibdênio é mostrado a seguir. Sistemas mais recentes baseados no rutênio, que são indiscutivelmente os compostos responsáveis pela metátese de olefinas mais utilizados atualmente, vieram de Robert Grubbs. Dois dos seus reagentes também são mostrados a seguir.

Cy = ciclo-hexil

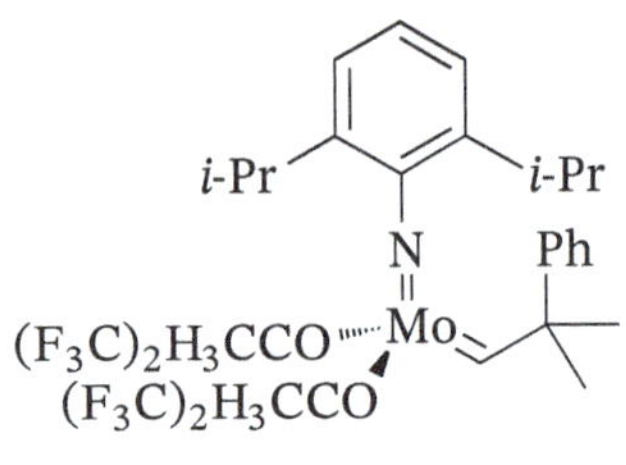

Schrock, 1990

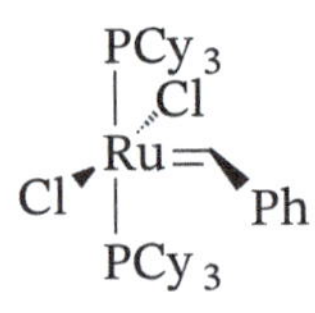

Grubbs, 1995 (também conhecido como Grubbs I)

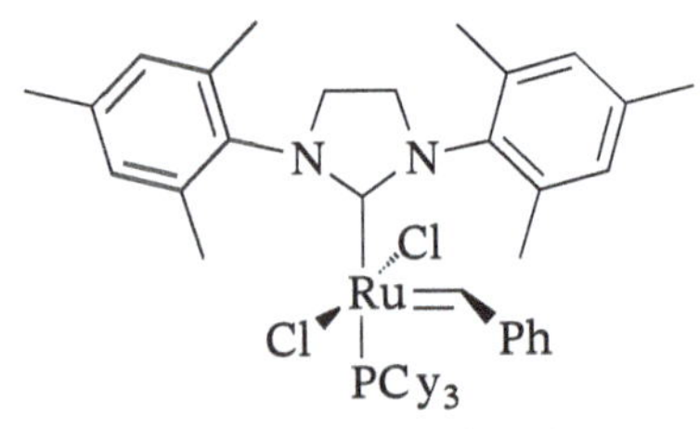

Grubbs, 1999 (também conhecido como Grubbs II)

A gama de processos que podem ser realizados pela metátese de olefinas é muito grande. Com base no mecanismo e na reação de uma amostra genérica para a metátese de olefinas mostrados anteriormente, a troca intermolecular de substituintes alqueno é uma variante para a qual esses reagentes podem ser efetivamente eficazes. Entretanto, como a metátese de olefinas é uma reação de equilíbrio, um dos reagentes alqueno é geralmente utilizado em excesso para assegurar uma boa conversão para um determinado produto misto, como mostrado no exemplo a seguir, em que apenas o produto principal é representado.

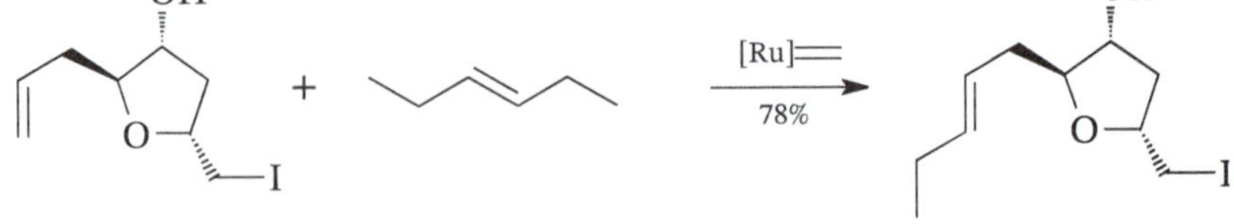

(1 equiv.) (6 equiv.)

Provavelmente, os usos mais comuns são para realizar reações intramoleculares entre dois alquenos em uma reação conhecida como **metátese de fechamento do anel** (**RCM**). Dois exemplos são mostrados a seguir usando os sistemas de Schrock e Grubbs.

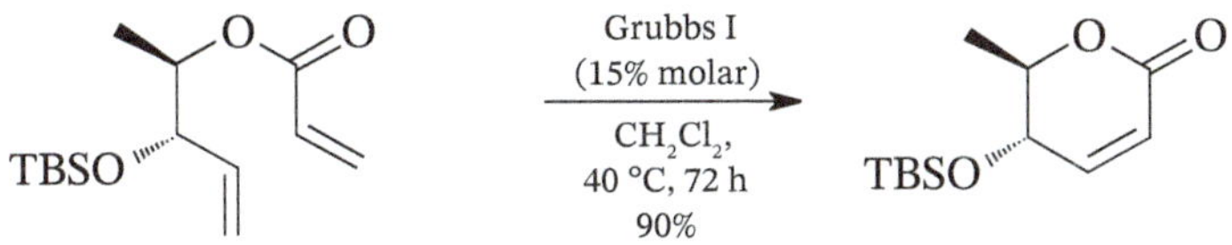

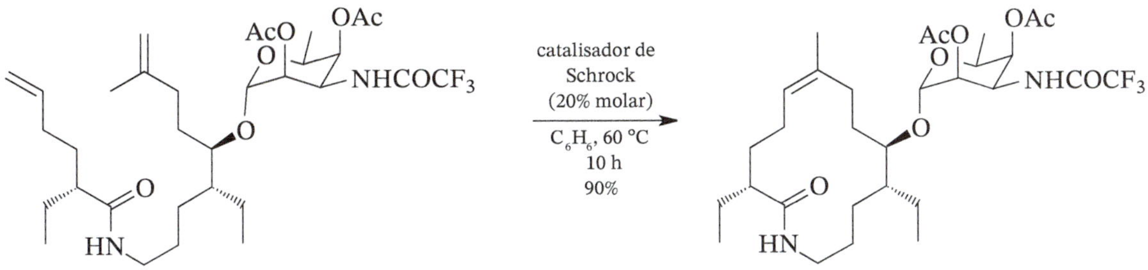

Precursor para Sch38516

Os pontos importantes para essa variante da metátese de olefinas são os seguintes:

- O processo de reação é incrivelmente tolerante a outros grupos funcionais.
- Pode ser preparada uma ampla gama de tamanhos de anel.
- A geometria do alqueno no produto final é seletiva para *cis*- em pequenos anéis, mas às vezes é mais difícil de prever em grandes anéis, em que frequentemente o resultado são misturas de *E* e *Z*.
- Apenas os alquenos dissubstituídos e trissubstituídos podem ser gerados pela metátese de fechamento de anel. Embora todos os catalisadores possam formar alquenos dissubstituídos, apenas alguns podem produzir alquenos trissubstituídos (e isso inclui o sistema de Schrock mostrado anteriormente e Grubbs II).

Como aplicação final, a metátese de olefinas também pode ser bastante eficaz para produzir polímeros. Um processo que muitas vezes é altamente eficaz, que é a variante mostrada aqui, é conhecido como **polimerização de metátese de abertura de anel (ROMP)**. Ele usa substratos que têm olefinas tensionadas que são favorecidas pela entalpia para abrir o anel de modo a aliviar essa tensão após a formação do metalociclobutano inicial, conforme mostrado a seguir usando o 1,5-ciclo-octeno como substrato. O intermediário reativo então reage com outra molécula do material de partida, e assim por diante, até que todo o monômero tenha sido consumido. Muitas dessas polimerizações têm sido realizadas e elas oferecem uma gama de produtos muito úteis, sintetizados anualmente na escala de toneladas.

Dada essa lista de aplicações, e considerando que apenas uma pequena parcela delas foi abordada aqui, não é surpreendente que o Prêmio Nobel de Química de 2005 tenha homenageado a reação e Chauvin, Grubbs e Schrock por suas contribuições para seu desenvolvimento e popularização.

PRÊMIO NOBEL

Prêmio Nobel de 2005 em Química: Chauvin, Grubbs e Schrock.

PROBLEMA DE REVISÃO 21.12

Que produtos seriam formados quando cada um dos seguintes compostos é tratado com $(PCy_3)_2Cl_2Ru{=}CHPh$, um dos catalisadores de Grubbs?

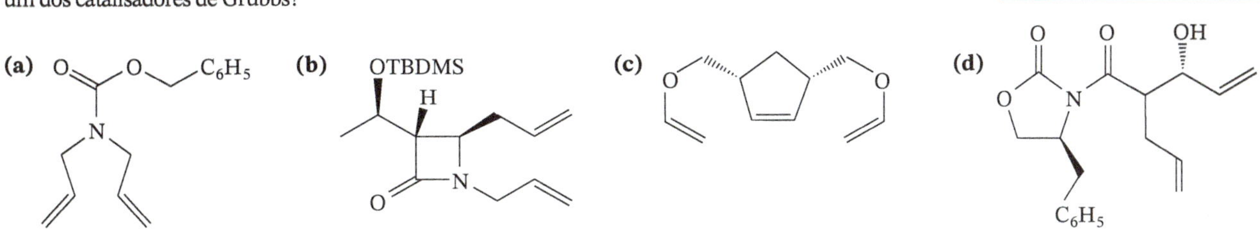

A Química Industrial de... Alquimia da Química Orgânica: Transformação de Alquenos Simples em "Ouro"

As primeiras aplicações da metátese de olefinas ocorreram na indústria química, embora na época (as décadas de 1950 e 1960) não houvesse compreensão mecanística do processo, o que significa que nem sequer era claro que eram os alquilidenos metálicos que eram necessários para promovê-lo. Em consequência, a procura dos pesquisadores industriais por novas espécies que poderiam realizar metáteses era essencialmente pura alquimia, com uma distinção crítica: qualquer sistema poderia transformar os alquenos em "ouro" se os produtos tivessem maior valor do que os materiais de partida. Na verdade, a aplicação comercial da metátese de olefinas em maior escala e mais amplamente utilizada é produto apenas da sorte: o processo da triolefina de Phillips.

Essa reação, mostrada a seguir, interconverte 2-buteno, etileno e propileno e usa uma mistura heterogênea de WO_3 e SiO_2 que gera no processo algum tipo de alquilideno metálico.

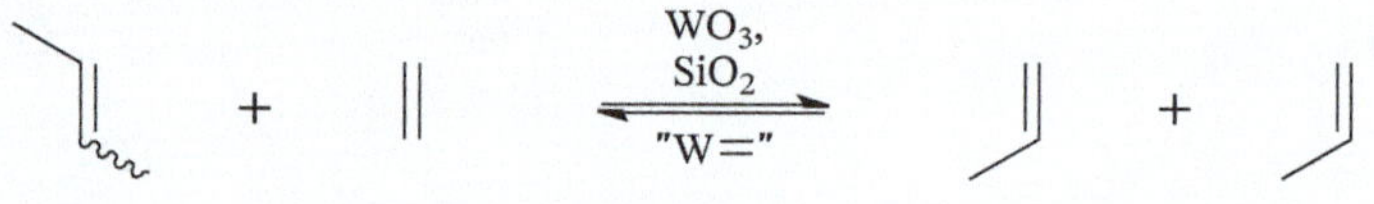

Como é um equilíbrio, a reação pode ser deslocada em qualquer direção usando o princípio de Le Chatelier. Atualmente, ela serve para gerar 700 mil toneladas por ano de propileno a partir de 2-buteno e etileno. Grande parte desse propileno é então polimerizado para fazer polipropileno. É importante notar que, embora os alquilidenos metálicos mais modernos e discretos possam influir nessa química, o sistema heterogêneo "alquímico" original ainda é usado porque é barato.

21.8 Metais de Transição na Natureza: Vitamina B_{12} e Haloperoxidases de Vanádio

Embora os químicos tenham certamente aproveitado a química dos metais de transição, a natureza também faz isso, mas em geral de formas e para propósitos diferentes.

Por exemplo, em 1926, descobriu-se que a anemia perniciosa poderia ser superada pela ingestão de grandes quantidades de fígado. Essa descoberta iniciou uma busca pelo agente responsável e, em 1948, esse fator de cura foi isolado e chamado de vitamina B_{12}. A determinação de sua estrutura completa (mostrada na **Fig. 21.2*a***) levaria mais oito anos com os estudos de cristalografia de raios X de Dorothy Crowfoot Hodgkin (Prêmio Nobel em 1964) servindo de guia. Sua síntese química em laboratório não seria alcançada até 1972. O sucesso nessa síntese foi anunciado por Robert Burns Woodward (Harvard University) e Albert Eschenmoser (Federal Institute of Technology), um projeto que exigiu 11 anos, mais de 100 colaboradores e mais de 90 reações químicas separadas!

A vitamina B_{12} é a única biomolécula conhecida que possui uma ligação metal–carbono. Na forma comercial estável da vitamina, um grupo ciano está ligado ao cobalto e o cobalto está no estado de oxidação +3. O núcleo da molécula de vitamina B_{12} é conhecido como um anel corrina (Fig. 21.2*b*) com vários grupos laterais ligados. O anel corrina consiste em quatro subunidades pirrólicas, e o nitrogênio de cada uma delas está coordenado ao cobalto central. O sexto ligante (abaixo do anel corrina na Fig. 21.2*c*) é um nitrogênio de um grupo heterocíclico derivado do 5,6-dimetilbenzimidazol.

O cobalto da vitamina B_{12} pode ser reduzido para um estado de oxidação +2 ou +1. Quando o cobalto está no estado de oxidação +1, a vitamina B_{12} (chamada B_{12s}) torna-se um dos nucleófilos mais poderosos conhecidos, sendo cerca de 1000 vezes mais nucleofílica do que o metanol. Atuando como um nucleófilo, a vitamina B_{12s} reage com trifosfato de adenosina (Fig. 22.2) para produzir a forma biologicamente ativa da vitamina (Fig. 21.2*c*).

Outro exemplo de um metal de transição usado na natureza é o vanádio. Alguns organismos, especialmente vários nos oceanos, possuem enzimas que utilizam um centro metálico de vanádio para converter íons haleto como Cl^- e Br^- em Cl^+ ou Br^+ na presença de H_2O_2 (veja "A Química Biológica de... O Mar: Um Tesouro de Produtos Naturais Biologicamente Ativos" no Capítulo 8). Essas enzimas são coletivamente conhecidas como haloperoxidases (HPO), ou mais especificamente como cloroperoxidases (CPO), bromoperoxidases (BPO) e iodoperoxidases (IPO) com base em qual halogênio elas fornecem. As conversões a seguir ilustram como duas etapas envolvendo enzimas CPO baseadas em vanádio incorporam dois átomos de cloro a determinado produto natural. Em cada caso, um alqueno reage com o Cl^+ gerado, e outra espécie na molécula se comporta como um nucleófilo para criar um novo anel.

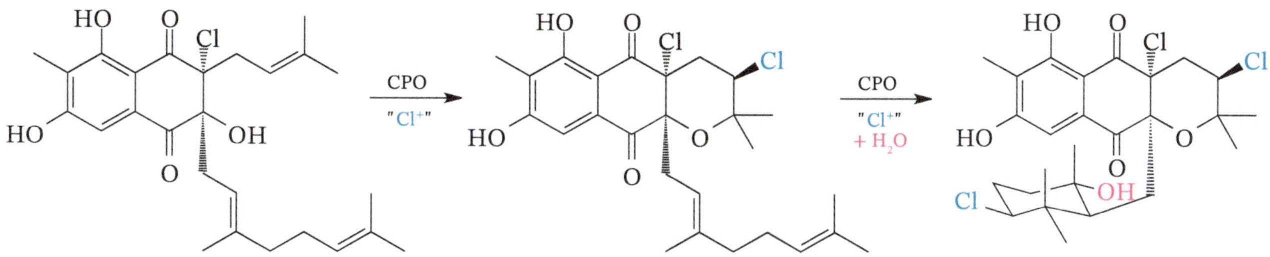

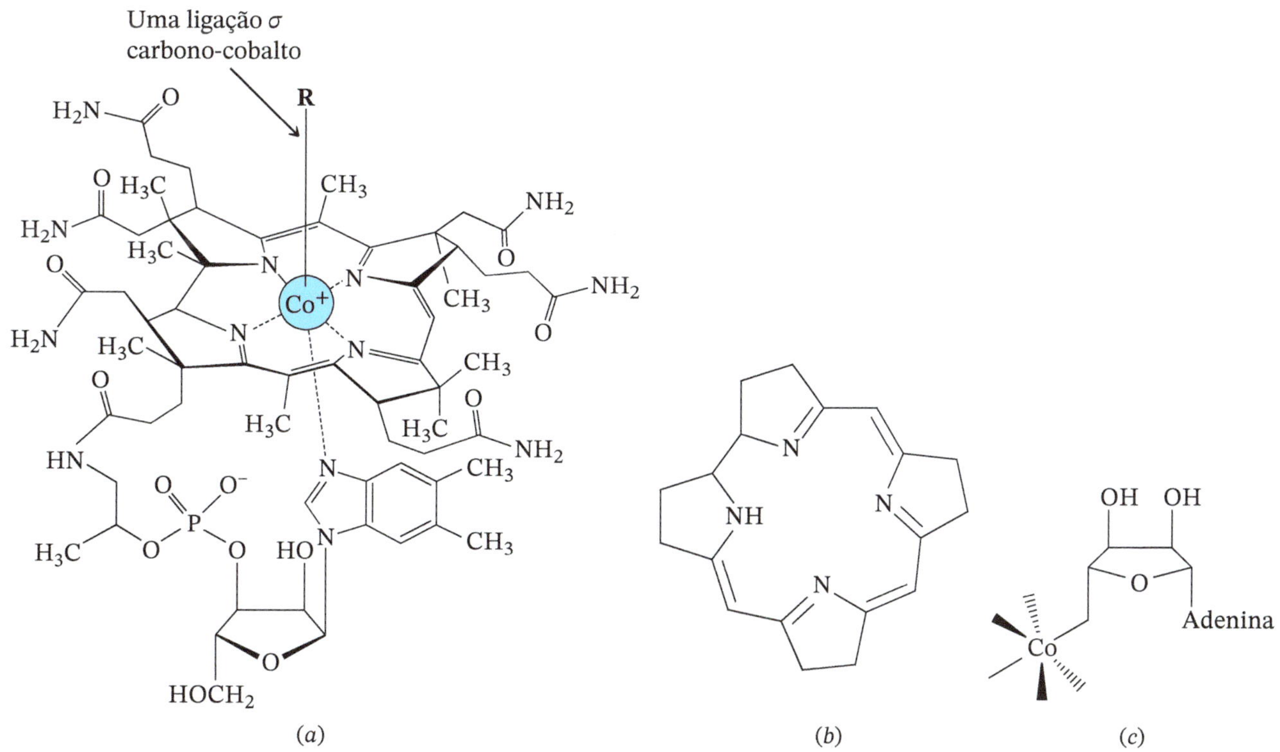

FIGURA 21.2 (*a*) Estrutura da vitamina B_{12}. Na forma comercial da vitamina (cianocobalamina), R═CN. (*b*) Anel corrina. (*c*) Na forma biologicamente ativa da vitamina (5′-desoxiadenosilcobalamina), o átomo de carbono 5′ da 5′-desoxiadenosina é coordenado ao átomo de cobalto. Para a estrutura da adenina, veja a Seção 25.2.

Por que Esses Tópicos São Importantes?

Quebrando as Regras com a Funcionalização das Ligações C—H

Nos capítulos anteriores, muitas vezes você viu como a presença de um grupo funcional ajuda a incorporar novos grupos funcionais e/ou a criar novas ligações C—C. Por exemplo, quando você estudou a substituição aromática eletrofílica, você aprendeu como os grupos retiradores de elétrons fortes direcionavam novos eletrófilos para posições *meta* em relação a eles em um anel benzênico. Você também deve lembrar como você podia usar um grupo de saída em uma cadeia alquílica para permitir que o deslocamento nucleofílico formasse uma molécula diferente. Acontece que a pesquisa atual com metais de transição tem permitido que os químicos façam uma química totalmente única ao eliminar a necessidade de ter um grupo funcional preexistente para fazer essas transformações. De fato, os complexos de metais de transição permitem que os químicos funcionalizem ligações C—H diretamente, às vezes "quebrando as regras" da reatividade típica no processo.

Como um exemplo, considere o ácido benzoico. Normalmente, na substituição aromática eletrofílica, esse grupo retirador de elétrons forte direcionaria novos eletrófilos para a posição *meta* em relação a ele. Entretanto, se for adicionado um metal de transição apropriado, tal como *Pd* em um estado de oxidação +2 [i.e., Pd^{II}], o oxigênio da carbonila do ácido na sua forma de carboxilato pode coordenar-se com o complexo por associação. Como resultado, um novo complexo de metal de transição é formado em que o Pd pode então inserir-se na ligação *orto* C—H, formando uma espécie reativa que, quando exposta a reagentes apropriados, pode levar a novos produtos por meio de alguns tipos de processos mecanísticos que você viu anteriormente.

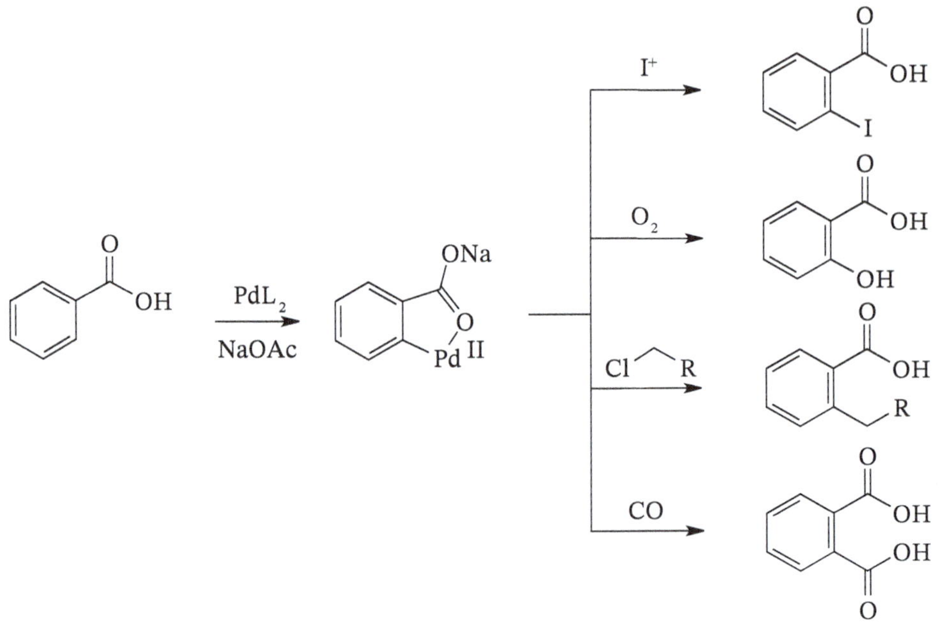

Em cada um dos quatro casos mostrados na figura anterior, seria muito difícil imaginar como você prontamente formaria esses produtos, ainda mais em apenas uma etapa a partir do ácido benzoico, usando os métodos que você já aprendeu. Estão sendo feitas pesquisas em processos como esses em laboratórios em todo o mundo, expandindo dramaticamente os tipos de ligações C—H normalmente não reativas que podem ser funcionalizadas para criar produtos químicos de alto valor e intermediários sintéticos. A chave para isso é frequentemente o metal de transição certo e a coordenação apropriada!

Para saber mais sobre esses tópicos, consulte:

1. Engle, K. M., Mei, T.-S., Wasa, M., Yu, J.-Q., "Weak Coordination as a Powerful Means for Developing Broadly Useful C-H Functionalization Reactions" in *Acc. Chem.* Res. **2012**, 45, 788.
2. Newhouse, T., Baran, P. S., "If C-H Bonds Could Talk: Selective C—H Bond Oxidation" in *Angew. Chem. Int. Ed.* **2011**, *50*, 3362.

Resumo e Ferramentas de Revisão

As ferramentas de estudo para o presente capítulo incluem termos e conceitos fundamentais (que são realçados ao longo do capítulo em **negrito azul**) e estão definidos no glossário (ao fim de cada volume).

Problemas

21.13 Para cada um dos complexos a seguir, determine o estado de oxidação do metal e o número total de elétrons de valência que ele possui, e indique se o metal está coordenativamente saturado ou insaturado.

(a)

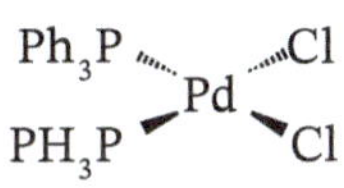

(b)

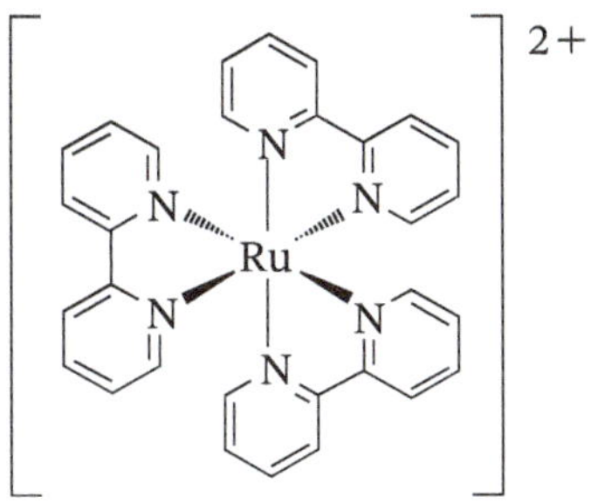

(c)

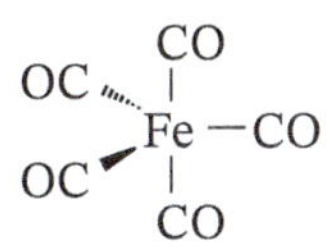

21.14 Represente um complexo neutro de metal de transição baseado em rutênio com 14, 16 e 18 elétrons de valência, respectivamente, em que dois ligantes diferentes estão ligados em cada caso.

21.15 Como você sintetizaria cada um dos seguintes compostos usando um reagente de Gilman?

(a)

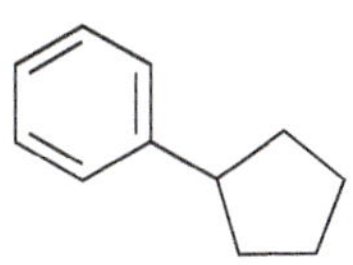

(b)

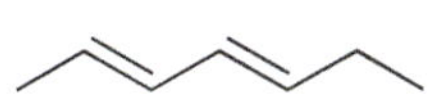

(c)

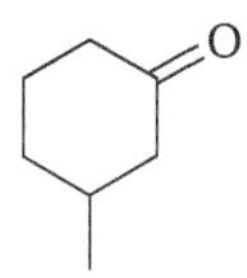

21.16 Mostre como você poderia usar duas reações diferentes de acoplamento cruzado para preparar cada um dos compostos a seguir.

(a)

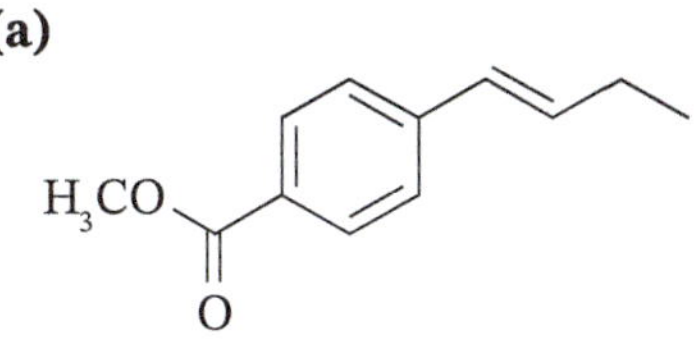

(b)

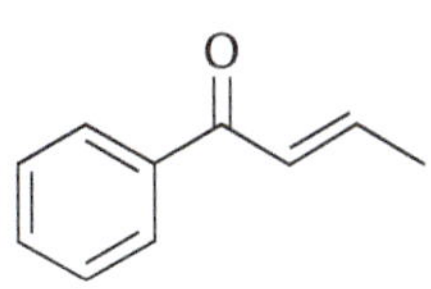

(c)

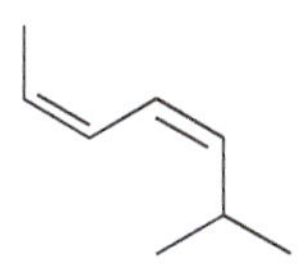

21.17 Preveja o(s) produto(s) para cada uma das seguintes reações:

(a)

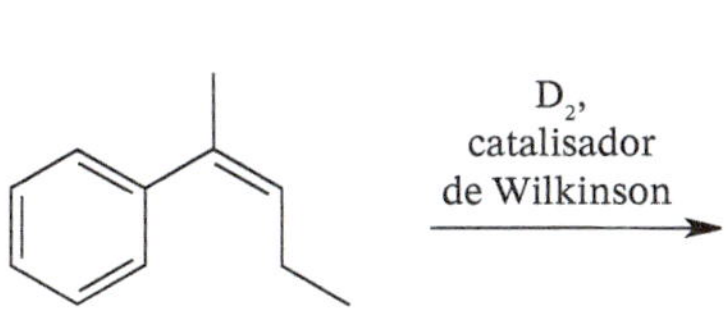

(b)

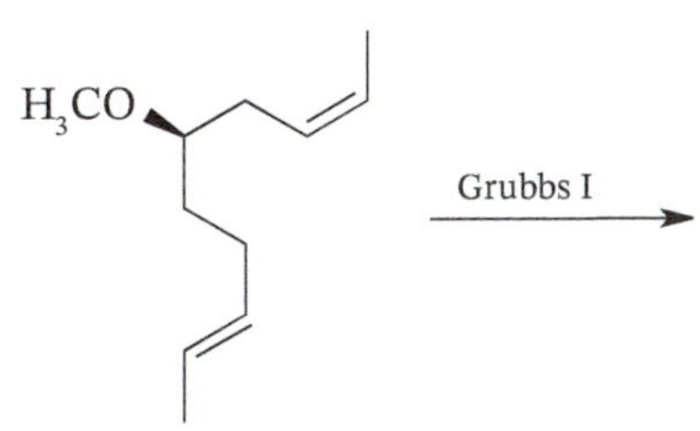

(c)

(d)

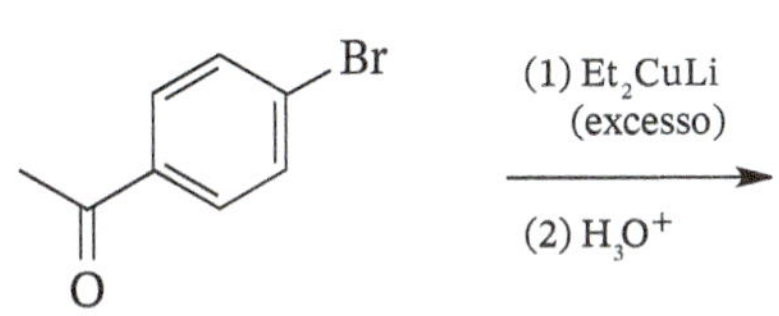

21.18 Preveja o produto de cada uma das seguintes reações:

(a)

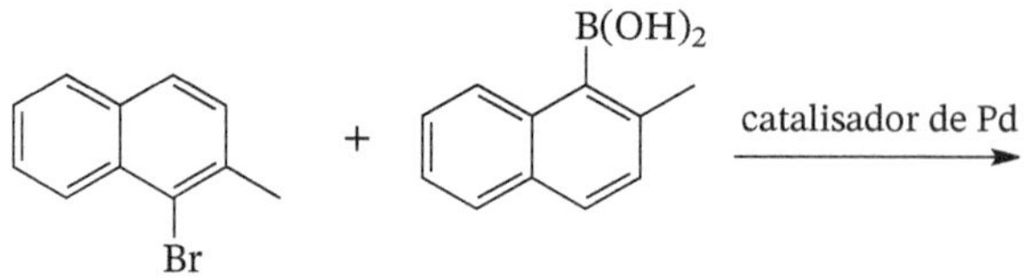

(b)

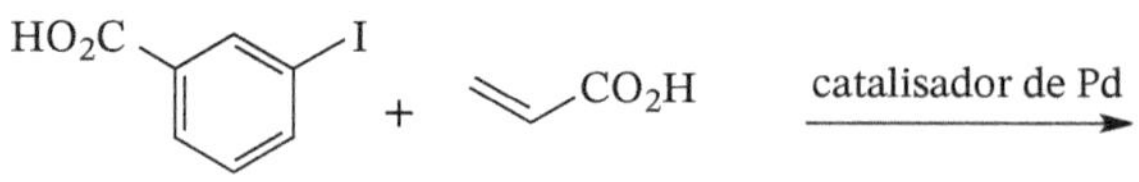

(c)

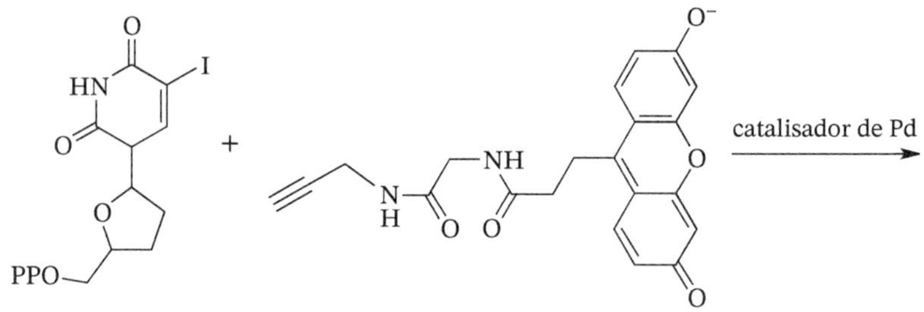

(O produto é usado como um agente de marcação fluorescente no sequenciamento automático do DNA. Veja a Seção 25.6A.)

21.19 Em geral, as reações intramoleculares que formam anéis costumam ser desfavoráveis entropicamente, porque transformam um material de partida flexível em um composto mais rígido. No caso da metátese de fechamento de anel, no entanto, a diminuição de entropia para o fechamento não é especialmente grande para a maioria dos sistemas, como o exemplo que vemos a seguir como parte de uma síntese de um composto antitumoral conhecido como epotilona A. Por que isso ocorre?

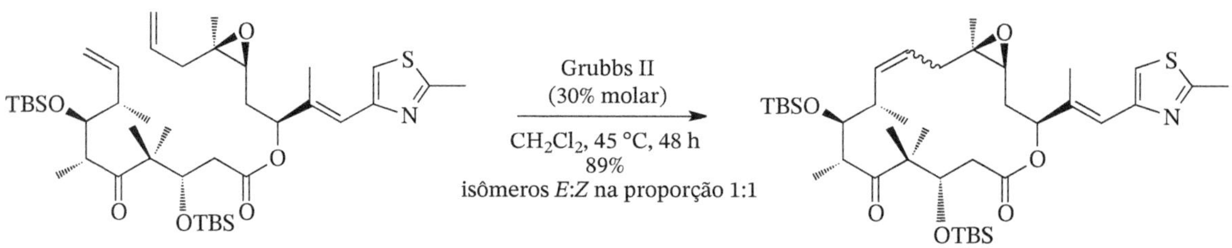

21.20 Foram utilizadas reações de acoplamento cruzado para a síntese de polímeros. Preveja a estrutura do polímero que resultaria de cada uma dessas reações. Designe a unidade de repetição do polímero com colchetes e um subíndice n.

(a)

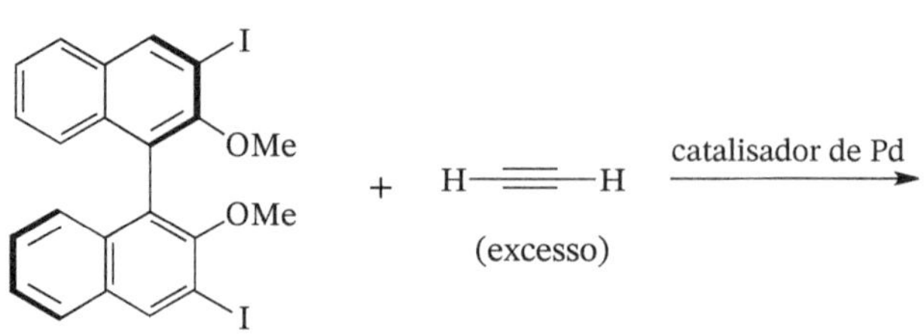

(b)

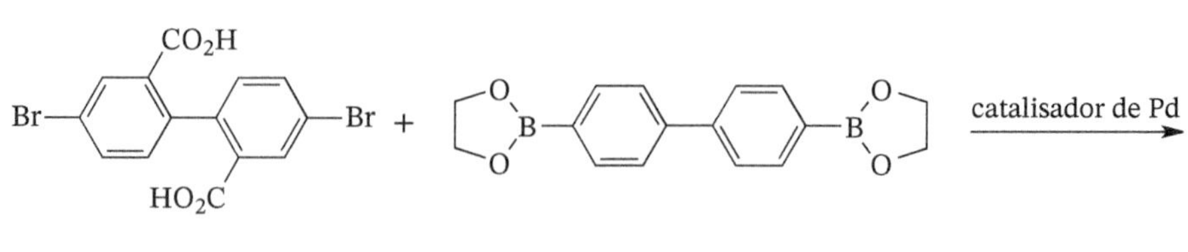

(c)

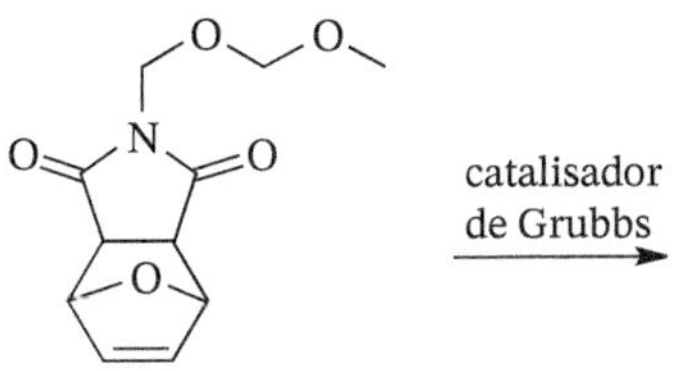

21.21 Que polímero seria formado a partir de cada um dos seguintes alquenos tensionados por meio de ROMP usando um catalisador alquilideno metálico apropriado?

(a)

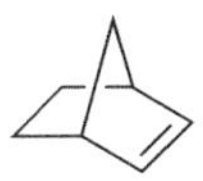

(b)

21.22 Escreva um mecanismo que possa explicar a formação do produto visto a seguir por meio de uma série de reações de metátese de olefinas a partir do material de partida indicado.

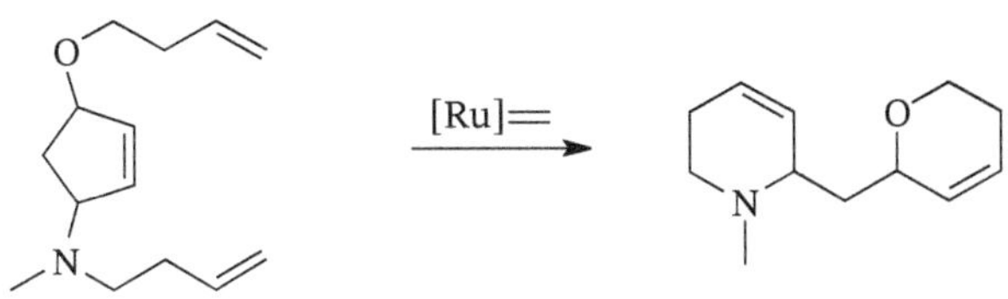

21.23 Escreva o mecanismo para a reação de Heck vista a seguir. Esse mecanismo deve explicar a estereoquímica do alqueno final e por que as espécies de Pd em quantidades apenas catalíticas podem fazer com que a reação seja completa.

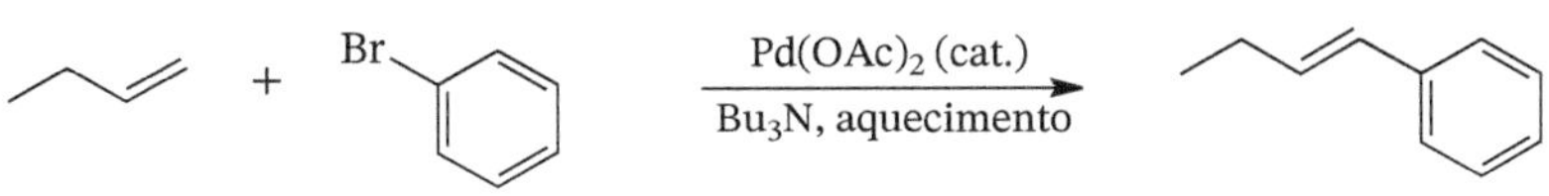

Sintetizando o Material

21.24 Para cada uma das questões a seguir, forneça uma rota de síntese da qual se possa razoavelmente esperar que converta o material inicial no produto final. Em cada caso, é necessário usar mais de uma reação, e as reações que você aprendeu em capítulos anteriores podem ser necessárias para resolver o problema.

(a)

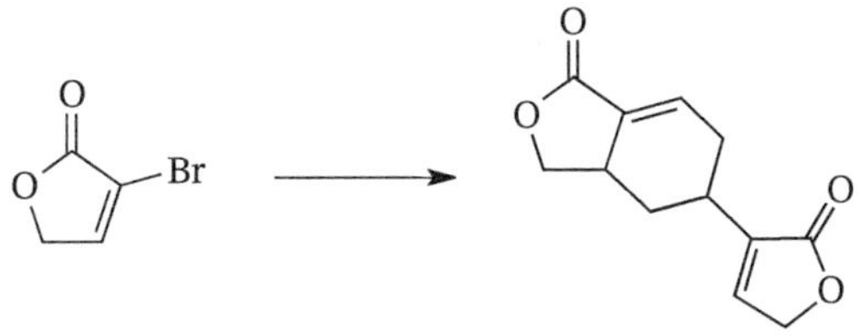

(b)

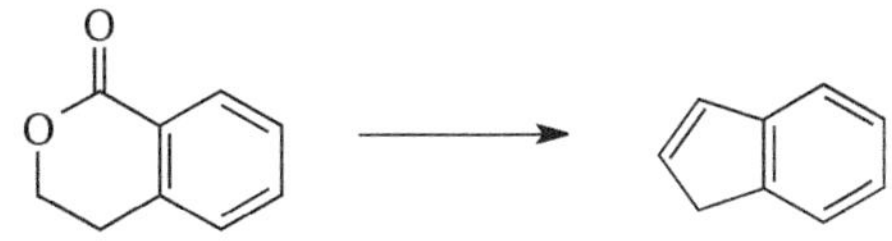

(c)

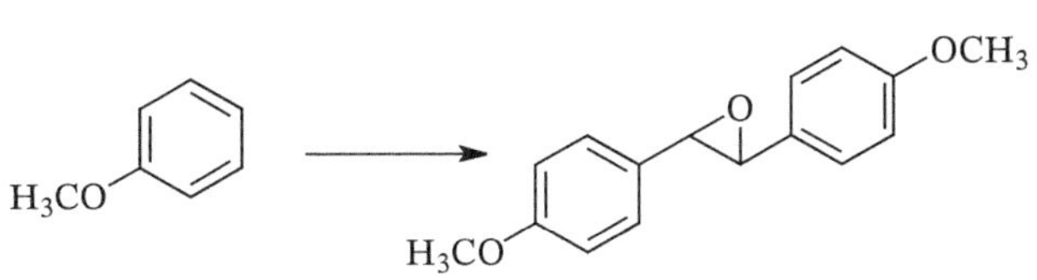

(d)

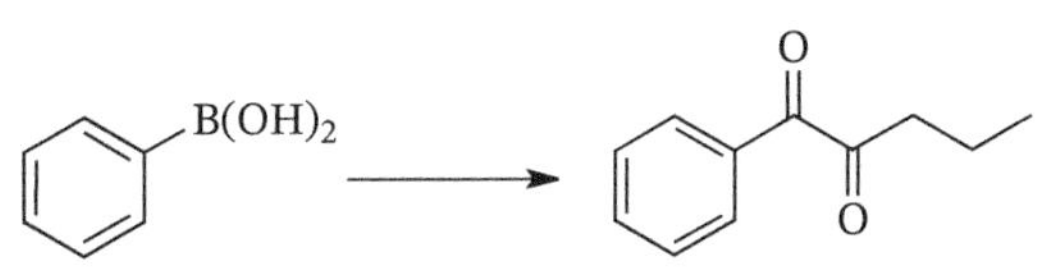

21.25 Para cada uma das reações a seguir, identifique o produto (representado por **A**, **B**, **C** e **D**) que seria formado, a partir do material de partida que é fornecido, por meio da sequência de etapas indicada.

(a)
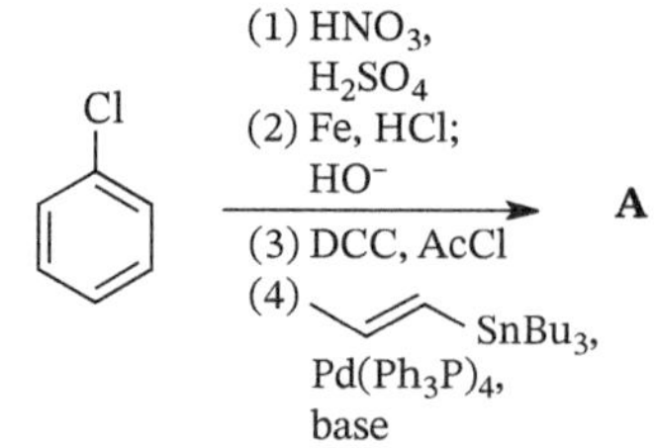

(b)
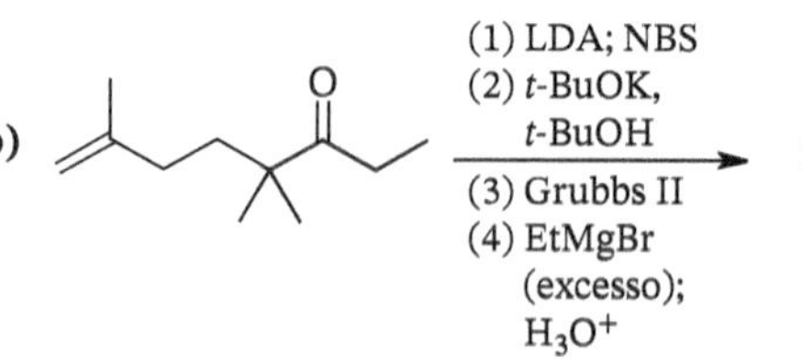

(c)
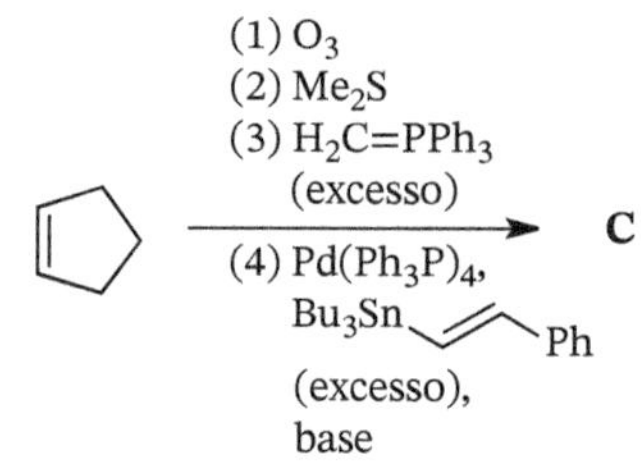

(d)
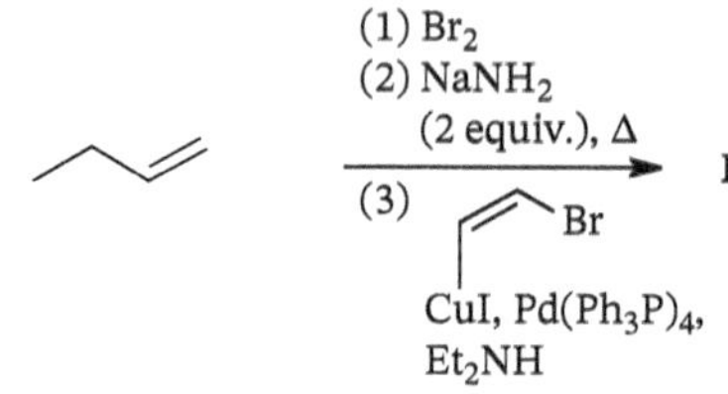

É Necessário um Consultor Químico

21.26 Outra forma de iniciar reações de Heck emprega triflatos de vinila, conforme mostrado no exemplo a seguir. Aqui, com múltiplas ligações duplas próximas, uma cascata de reações intramoleculares de Heck leva à formação de um novo produto com dois novos anéis, bem como uma ligação dupla remanescente. Começando com a adição oxidativa de espécies de paládio ao triflato de vinila, forneça um mecanismo que explique a formação do produto apresentado. (Veja: *J. Am. Chem. Soc.* **2017**, *139*, 5007.)

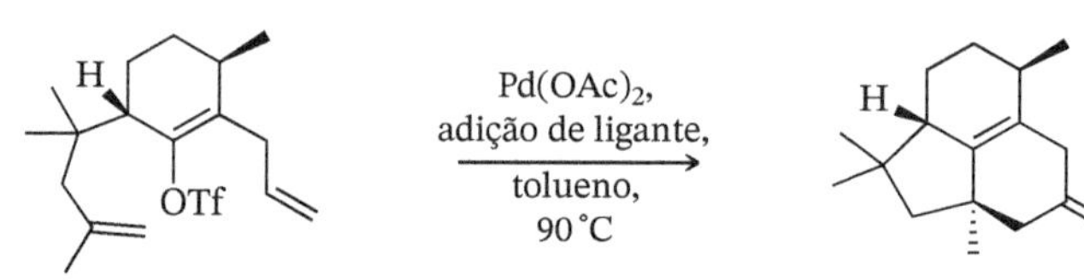

21.27 Como parte de uma síntese laboratorial da calcitrina, produto natural único contendo fenol, que é um pigmento colorido brilhante encontrado em certas espécies de cogumelos, uma tentativa de combinar bis-estanano **B** com duas moléculas de iodeto de vinila **C** usando acoplamentos de Stille mediados por Pd falhou em produzir **D**. Você consegue pensar em alguma outra maneira possível usando acoplamentos Stille que possa chegar ao composto **D**? Observe que Bn = $-CH_2Ph$. (Veja: *J. Am. Chem. Soc.* **2019**, *141*, 4515.)

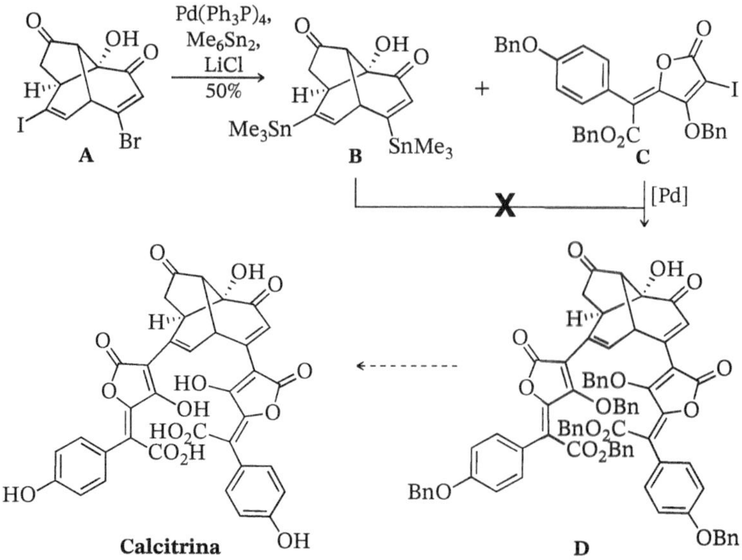

Problemas de Desafio

21.28 Quando a molécula vista a seguir foi exposta ao iniciador de Grubbs I em diferentes concentrações, foram obtidos produtos diferentes. Como você explica esses resultados diversos?

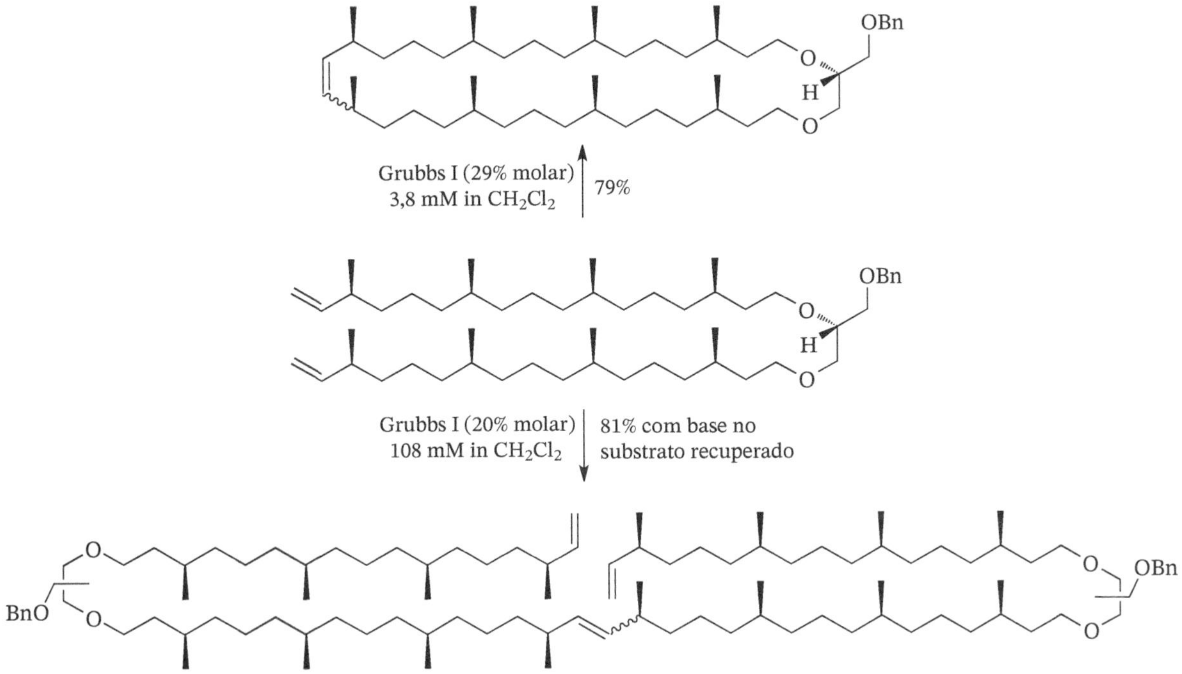

21.29 Em 1985, T. Katz (Columbia University) descobriu que os alquinos podiam participar de reações de metátese por meio de processos mecanísticos semelhantes aos dos alquenos. A seguir é mostrada uma reação envolvendo um alquino e um alqueno. Escreva um mecanismo para explicar a formação do produto indicado (um dieno).

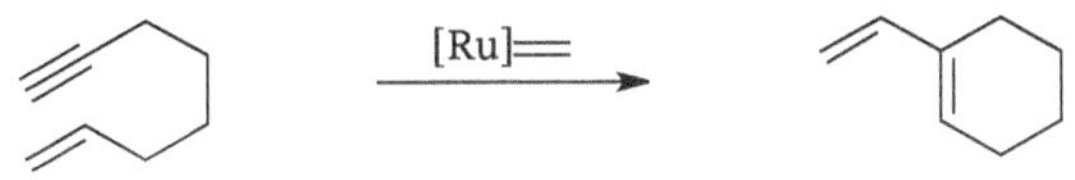

21.30 Durante o curso da seguinte reação de acoplamento de Stille, o produto mostrado foi formado. Como foi obtido este resultado?

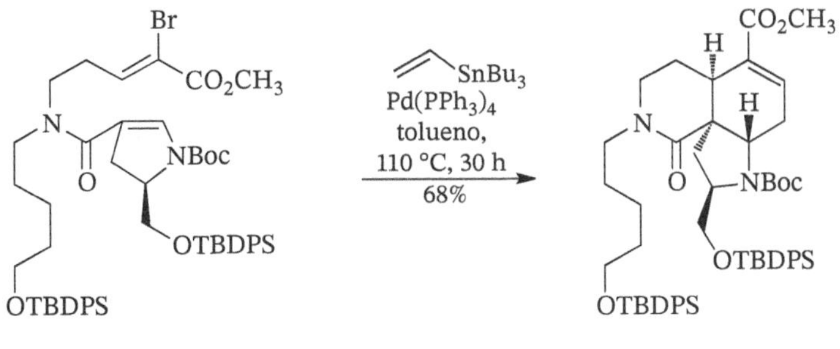

Problemas para Trabalho em Grupo

1. Em "A Química Sintética de... Acoplamentos Cruzados Complexos" mostramos uma reação de Heck usada na síntese da ecteinascidina-743, um composto natural com atividade anticancerígena isolado do tunicado marinho *Ecteinascidia turbinata*. Escreva um mecanismo para esta reação, usando PdL_2 para representar o catalisador de paládio e simplifique as estruturas complicadas dos intermediários sintéticos da ecteinascidina, conforme o que for apropriado.

2. Na Seção 21.8, apresentamos etapas biossintéticas envolvendo "Cl^+" geradas por enzimas de vanádio cloroperoxidase (CPO) em alguns organismos marinhos. Escreva mecanismos envolvendo Cl^+ e um nucleófilo intramolecular ou água para explicar como as duas etapas de ciclização podem ocorrer.

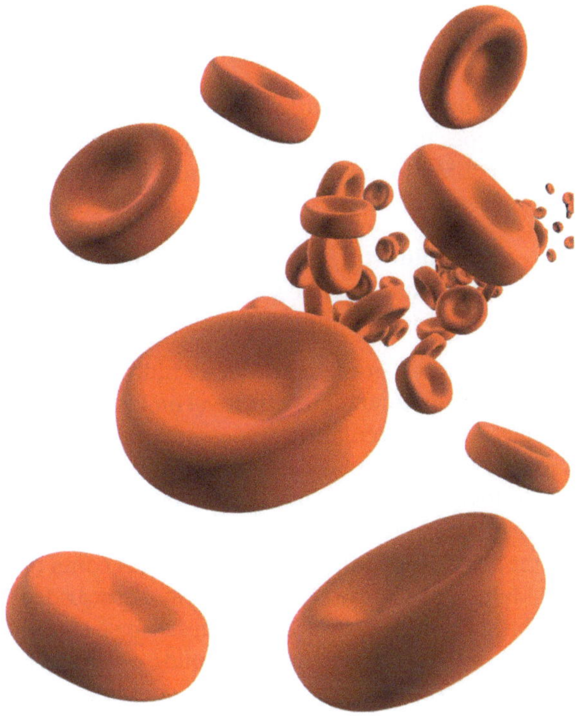

Henrik Jonsson/Getty Images

Carboidratos

Moléculas nas quais a maioria dos átomos de carbono liga-se formalmente a uma molécula de água na forma de H e OH são conhecidas como carboidratos, ou hidratos de carbono. Elas também são chamadas às vezes de sacarídeos. Entretanto, o que é mais importante nessa classe de compostos orgânicos é que eles se apresentam de diferentes formas e têm uma inacreditável faixa de propriedades. Praticamente todos os carboidratos, tal como a sacarose (açúcar de mesa), têm sabor doce e são importantíssimos para a nossa sensação de prazer quando comemos. Carboidratos também servem para armazenar energia química em nosso organismo, determinam o nosso tipo sanguíneo, e nas plantas podem estar unidos formando importantes fibras, como celulose e amilose. Como veremos neste capítulo, eles também se comportam como moléculas críticas, na forma de sialila de Lewis^x, para o reconhecimento e recuperação de tecido traumatizado. Às vezes, outros átomos diferentes do oxigênio fazem parte dos carboidratos, tal como o nitrogênio nas aminas; acredita-se que algumas dessas moléculas, tal como a glicosamina, apresentam a capacidade de modular a dor das articulações.

NESTE CAPÍTULO, VAMOS ESTUDAR:

- Estruturas e propriedades dos diferentes carboidratos
- Reações pelas quais monossacarídeos se unem formando di e polissacarídeos
- Reações pelas quais átomos de carbono são adicionados ou retirados de carboidratos
- A função de alguns carboidratos selecionados

POR QUE ESSES TÓPICOS SÃO IMPORTANTES?

No fim deste capítulo, mostraremos como os químicos usaram a estrutura de um produto natural único contendo glicose para tratar diabetes, uma doença caracterizada pelo excesso de glicose no fluxo sanguíneo.

22.1 Introdução

22.1A Classificação dos Carboidratos

O grupo de compostos conhecidos como carboidratos recebeu seu nome geral devido às observações iniciais de que eles normalmente têm a fórmula $C_x(H_2O)_y$, ou seja, eles parecem ser "hidratos de carbono", como foi destacado no texto de abertura deste capítulo. Eles também são caracterizados a partir dos grupos funcionais que eles contêm.

DICA ÚTIL

Você pode achar útil rever, agora, a química de hemiacetais e acetais (Seção 16.7).

- **Carboidratos** são definidos, geralmente, como aldeídos e cetonas poli-hidroxilados ou substâncias que sofrem hidrólise formando aldeídos e cetonas poli-hidroxilados. Eles existem, principalmente, em suas formas hemiacetal ou acetal (Seção 16.7).

Carboidratos que não podem ser hidrolisados em carboidratos mais simples são chamados de **monossacarídeos**. Em nível molecular, carboidratos que sofrem hidrólise formando apenas duas moléculas de monossacarídeos são chamados de **dissacarídeos**; aqueles que formam três moléculas de monossacarídeos são **trissacarídeos**; e assim por diante. (Carboidratos que sofrem hidrólise formando 2–10 moléculas de monossacarídeos são, às vezes, chamados de **oligossacarídeos**.) Carboidratos que formam um grande número de moléculas de monossacarídeos (>10) são conhecidos como **polissacarídeos**.

Maltose e sacarose são exemplos de dissacarídeos. Na hidrólise, 1 mol de maltose produz 2 mols do monossacarídeo glicose; sacarose sofre hidrólise formando 1 mol de glicose e 1 mol do monossacarídeo frutose. Amido e celulose são exemplos de polissacarídeos e ambos são polímeros da glicose. Hidrólise de qualquer um deles produz um grande número de unidades de glicose. A ilustração vista a seguir mostra essas hidrólises de modo esquemático:

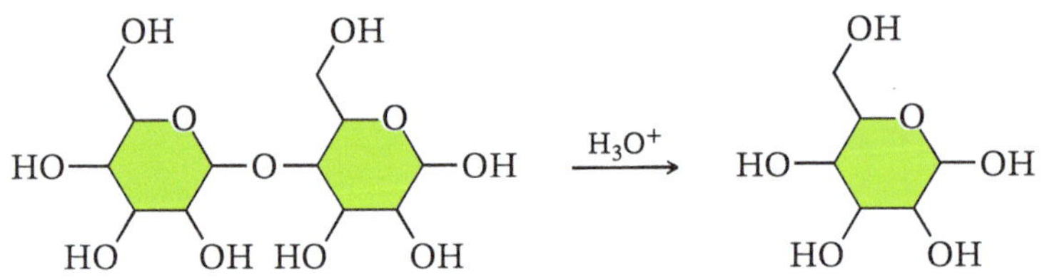

1 mol de maltose
Um dissacarídeo

2 mols de glicose
Um monossacarídeo

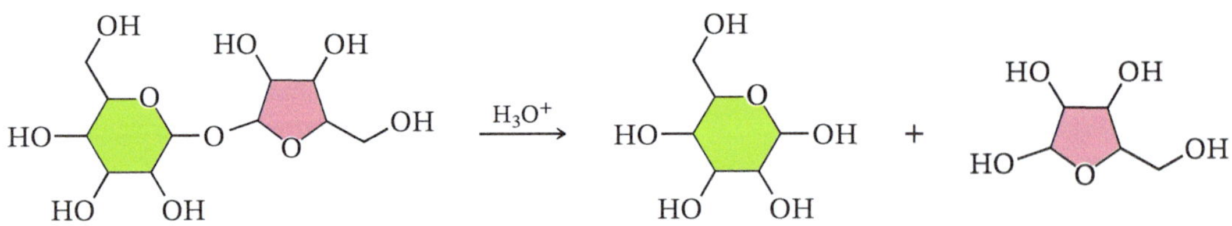

1 mol de sacarose
Um dissacarídeo

1 mol de glicose + 1 mol de frutose
Monossacarídeos

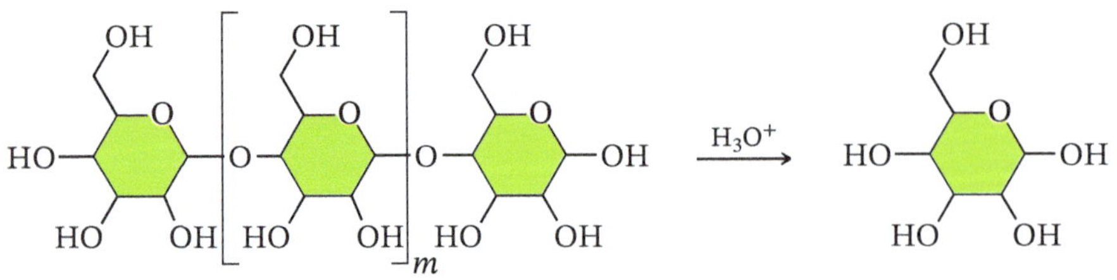

1 mol de amido ou
1 mol de celulose
Polissacarídeos

muitos mols de glicose
Monossacarídeos

Carboidratos são os constituintes orgânicos mais abundantes nas plantas. Eles não servem apenas como uma importante fonte de energia química para os organismos vivos (açúcares e amidos são importantes a este respeito), mas também servem como importantes componentes dos tecidos de sustentação em plantas e em alguns animais (esta é a função primária da celulose encontrada na madeira, algodão e linho, por exemplo).

Os carboidratos são encontrados em quase todas as etapas da vida cotidiana. O papel de impressão deste livro é, principalmente, celulose; da mesma forma, o algodão das nossas roupas e a madeira das nossas casas. A farinha de fazer pão é principalmente amido e este também é um dos principais constituintes de muitos outros alimentos, como batata, arroz, feijão, milho e ervilha. Carboidratos são essenciais para o metabolismo e importantes no processo de reconhecimento celular (veja a abertura deste capítulo e a Seção 22.16).

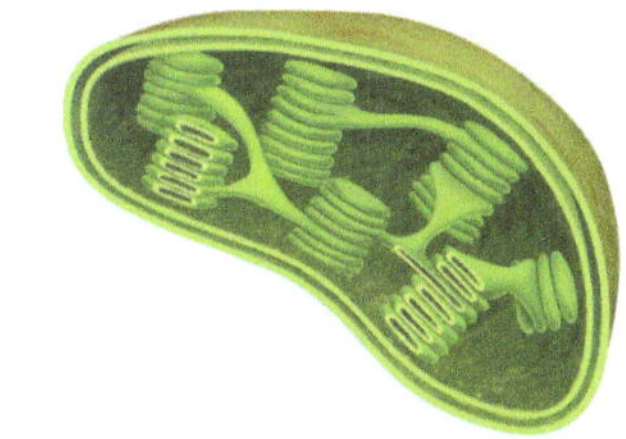

Diagrama esquemático de um cloroplasto do milho. (Reimpressa com permissão de John Wiley & Sons, Inc., de Voet, D. e Voet, J. G., *Biochemistry*, Segunda Edição. © 1995 Voet, D. e Voet, J. G.)

22.1B Fotossíntese e Metabolismo de Carboidratos

Carboidratos são sintetizados nas plantas verdes por *fotossíntese* – um processo que usa energia solar para reduzir ou "fixar" dióxido de carbono. A fotossíntese em algas e plantas superiores ocorre em organelas celulares chamadas de cloroplastos. A equação geral da fotossíntese pode ser escrita como se segue:

$$x\,CO_2 + y\,H_2O + \text{energia solar} \longrightarrow \underset{\textbf{Carboidrato}}{C_x(H_2O)_y} + x\,O_2$$

Muitas reações individuais, catalisadas por enzimas, ocorrem no processo geral de fotossíntese e nem todas elas são completamente compreendidas. No entanto, sabe-se que a fotossíntese é iniciada com a absorção de luz pela clorofila (**Fig. 22.1**), um importante pigmento verde das plantas. A cor verde da clorofila e, como consequência, sua capacidade em absorver luz do Sol na região do visível são devidas, principalmente, ao seu sistema conjugado estendido. À medida que os fótons da luz solar são capturados pela clorofila, a energia é disponibilizada para a planta sob uma forma química que pode ser usada para realizar reações de redução do dióxido de carbono produzindo carboidratos e reações de oxidação da água formando oxigênio.

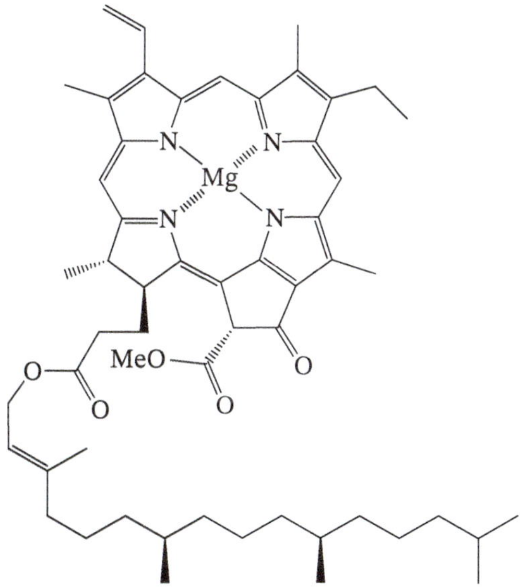

FIGURA 22.1 Clorofila a. A estrutura da clorofila a foi elucidada, essencialmente, com o trabalho de H. Fischer (Munich), R. Willstätter (Munich) e J. B. Conant (Harvard). Sua síntese, partindo de compostos orgânicos simples, foi realizada por R. B. Woodward (Harvard), em 1960.

PRÊMIO NOBEL

R. B. Woodward ganhou o Prêmio Nobel em 1965 por suas notáveis contribuições para a química orgânica sintética.

Carboidratos atuam como um grande depósito químico para a energia solar. Esta energia é liberada quando animais ou plantas metabolizam os carboidratos para dióxido de carbono e água:

$$C_x(H_2O)_y + x\,O_2 \longrightarrow x\,CO_2 + y\,H_2O + \text{energia}$$

Os carboidratos também são metabolizados via uma série de reações catalisadas por enzimas, onde cada etapa de produção de energia é uma oxidação (ou consequência de uma oxidação).

Embora uma parte da energia liberada na oxidação dos carboidratos seja, inevitavelmente, convertida em calor, uma grande quantidade de energia é conservada em uma nova forma química via reações acopladas à síntese de adenosina trifosfato (ATP) a partir de adenosina difosfato (ADP) e fosfato inorgânico (P_i) (**Fig. 22.2**). A ligação anidrido fosfórico, formada entre o grupo fosfato terminal do ADP e o íon fosfato, consiste em outro repositório de energia química. Plantas e animais podem utilizar a energia depositada no ATP (ou compostos muito semelhantes) para realizar todos seus processos dependentes de energia, como contração de um músculo, síntese de uma macromolécula e assim por diante. Quando a energia no ATP é usada, ocorre uma reação acoplada de hidrólise do ATP,

$$ATP + H_2O \longrightarrow ADP + P_i + \text{energia}$$

ou uma nova ligação anidrido é criada,

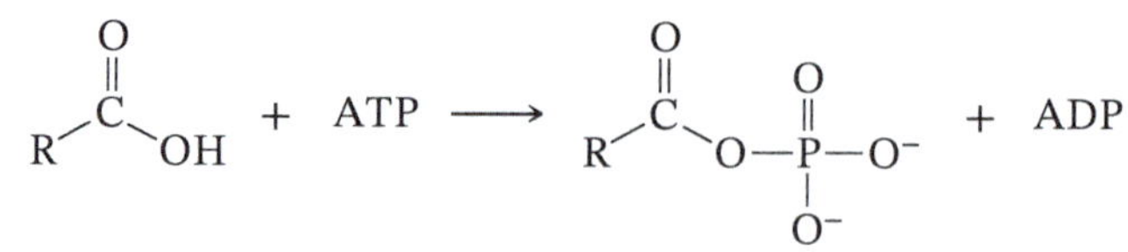

Um fosfato de acila

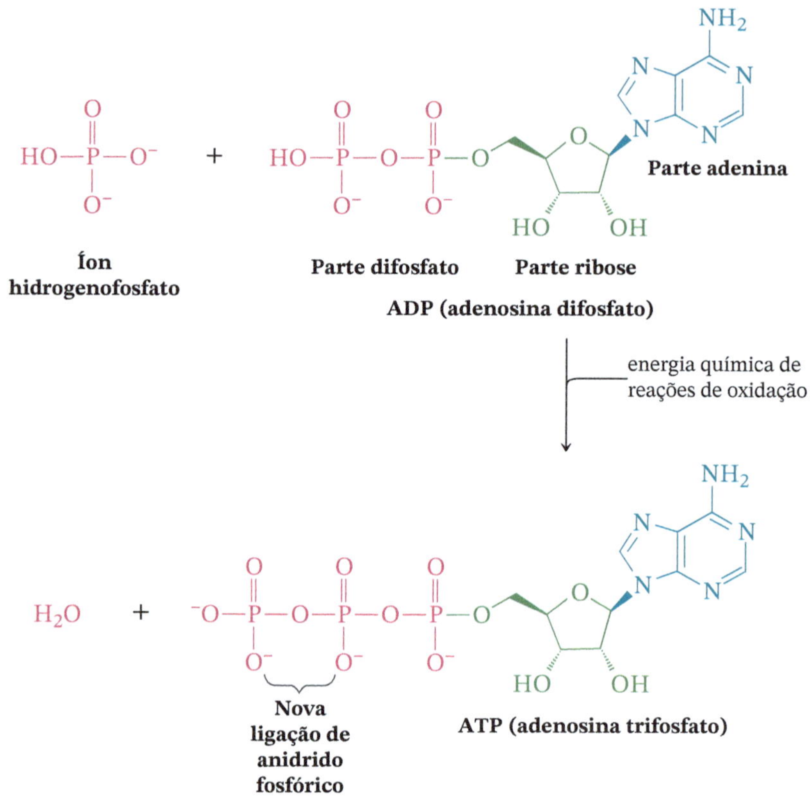

FIGURA 22.2 Síntese de adenosina trifosfato (ATP) a partir de adenosina difosfato (ADP) e do íon hidrogenofosfato. Esta reação ocorre em todos os seres vivos e a adenosina trifosfato é o principal composto no qual a energia química liberada através de oxidações biológicas é transformada.

22.2 Monossacarídeos

22.2A Classificação dos Monossacarídeos

Monossacarídeos são classificados de acordo com (1) o número de átomos de carbono presentes na molécula e (2) a presença de um grupo aldeído ou cetona. Portanto, um monossacarídeo contendo três átomos de carbono é uma *triose*; um contendo quatro átomos de carbono, uma *tetrose*; um contendo cinco átomos de carbono, uma *pentose*; e um contendo seis átomos de carbono, uma *hexose*. Um monossacarídeo contendo um grupo aldeído é uma **aldose**; um contendo um grupo cetona é uma **cetose**. Essas duas classificações estão, geralmente, combinadas. Por exemplo, uma aldose C_4 é chamada de *aldotetrose*; uma cetose C_5 é chamada de *cetopentose*.

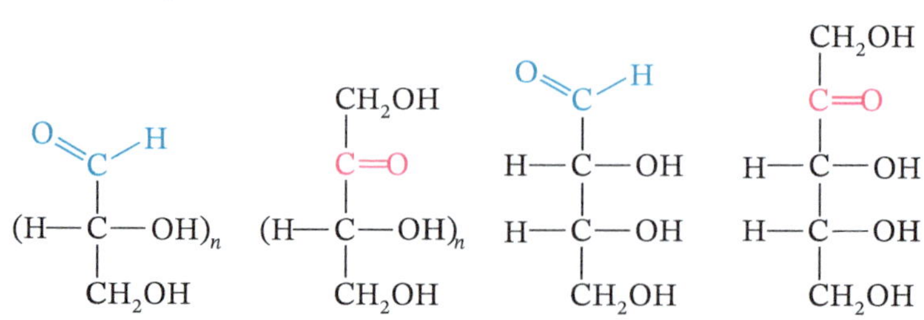

Uma aldose **Uma cetose** **Uma aldotetrose (C_4)** **Uma cetopentose (C_5)**

PROBLEMA DE REVISÃO 22.1

Quantos centros quirais estão contidos **(a)** na aldotetrose e **(b)** na cetopentose mostradas anteriormente? **(c)** Quantos estereoisômeros são esperados para cada estrutura geral?

22.2B Designações D e L dos Monossacarídeos

Os monossacarídeos mais simples são os compostos gliceraldeído e di-hidroxiacetona (veja as estruturas a seguir). Desses dois compostos, apenas o gliceraldeído contém um centro quiral.

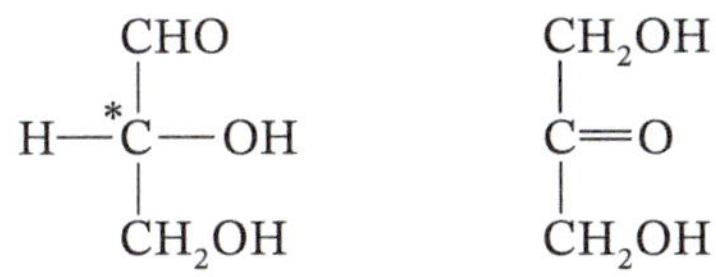

Gliceraldeído (uma aldotriose) **Di-hidroxiacetona (uma cetotriose)**

Consequentemente, o gliceraldeído existe na forma de dois enantiômeros que têm as configurações absolutas mostradas a seguir:

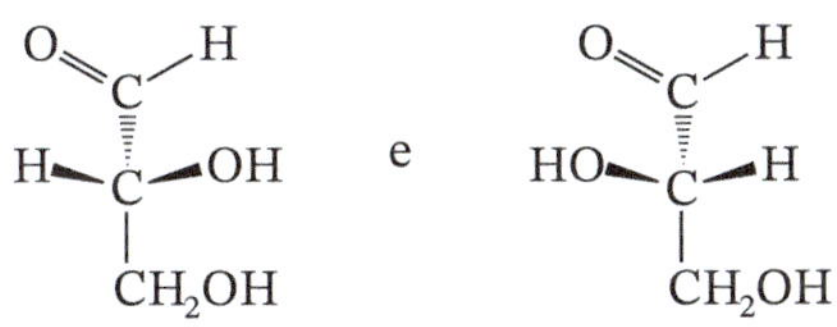

(+)-Gliceraldeído e **(−)-Gliceraldeído**

Vimos na Seção 5.7 que, de acordo com a convenção de Cahn–Ingold–Prelog, (+)-gliceraldeído é designado (*R*)-(+)-gliceraldeído e (−)-gliceraldeído é designado (*S*)-(−)-gliceraldeído.

No início do século XX, antes que as configurações absolutas de quaisquer compostos orgânicos fossem conhecidas, outro sistema de denominação estereoquímica foi introduzido. De acordo com este sistema (sugerido primeiro, em 1906, por M. A. Rosanoff da New York University), o (+)-gliceraldeído é designado como D-(+)-gliceraldeído e o (−)-gliceraldeído é designado como L-(−)-gliceraldeído. Além disso, estes dois compostos servem como padrões configuracionais para todos os monossacarídeos. Um monossacarídeo *cujo centro quiral de maior numeração* (o penúltimo carbono) tem a mesma configuração do D-(+)-gliceraldeído é designado como um açúcar D; e um monossacarídeo cujo centro quiral de maior numeração tem a mesma configuração do L-(−)-gliceraldeído é designado como um açúcar L. Por convenção, as formas acíclicas dos monossacarídeos são desenhadas verticalmente com o grupo aldeído ou cetona no topo ou próximo ao topo. Quando desenhado desta forma, um açúcar D tem o —OH do seu penúltimo carbono voltado para a direita:

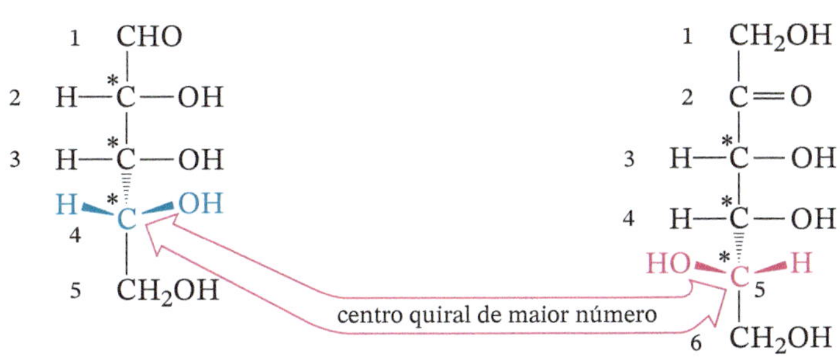

Uma D-aldopentose **Uma L-ceto-hexose**

As designações na **nomenclatura D e L** são semelhantes às designações na nomenclatura (*R*) e (*S*), uma vez que elas não estão, necessariamente, relacionadas com as rotações ópticas dos açúcares aos quais elas são aplicadas. Portanto, podem existir açúcares D-(+) ou D-(−) e outros L-(+) ou L-(−).

O sistema D–L de designação estereoquímica está tão arraigado na literatura da química de carboidratos que, embora tenha a desvantagem de especificar a configuração de apenas um centro quiral (aquela do centro quiral de maior numeração), será empregado na designação de carboidratos neste livro.

PROBLEMA DE REVISÃO 22.2 Escreva fórmulas tridimensionais para cada isômero da aldotetrose e da cetopentose do Problema de Revisão 22.1 e designe cada um como um açúcar D ou L.

22.2C Fórmulas Estruturais para os Monossacarídeos

Mais adiante, neste capítulo, será visto como o grande químico de carboidratos Emil Fischer* foi capaz de estabelecer a configuração estereoquímica da aldoexose D-(+)-glicose, o monossacarídeo mais abundante. Enquanto isso, no entanto, a D-(+)-glicose será usada como um exemplo ilustrativo das várias maneiras de representar as estruturas dos monossacarídeos.

Fischer representou a estrutura da D-(+)-glicose com linhas cruzadas **(1)** na **Fig. 22.3**. Esse tipo de fórmula é conhecido como **projeção de Fischer** (Seção 5.13) e ainda é útil para

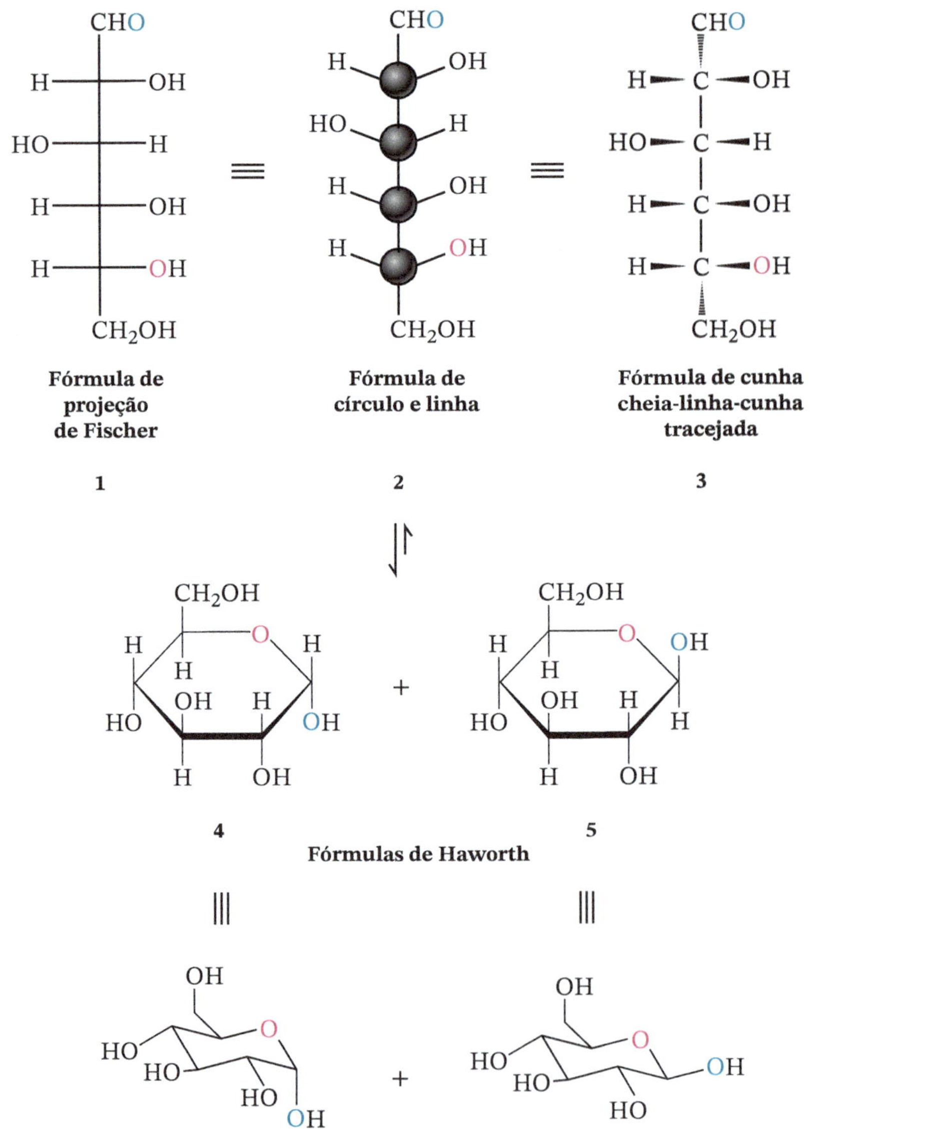

FIGURA 22.3 As fórmulas 1–3 são utilizadas para a estrutura de cadeia aberta da D-(+)-glicose. As fórmulas 4–7 são utilizadas para as duas formas hemiacetálicas cíclicas da D-(+)-glicose.

PRÊMIO NOBEL

Emil Fischer ganhou o Prêmio Nobel de Química em 1902.

*Emil Fischer (1852–1919) foi professor de química orgânica na University of Berlin. Além do seu trabalho monumental na área da química de carboidratos, onde Fischer e seus colaboradores estabeleceram a configuração da maioria dos monossacarídeos, ele também fez contribuições importantes aos estudos de aminoácidos, proteínas, purinas, indóis e estereoquímica em geral. Como estudante de pós-graduação, Fischer descobriu a fenil-hidrazina, um reagente de suma importância em seu último trabalho com carboidratos. Fischer foi o segundo destinatário a receber (em 1902) o Prêmio Nobel em Química.

carboidratos. Nas projeções de Fischer, por convenção, *as linhas horizontais projetam-se em direção ao leitor e as linhas verticais projetam-se para trás do plano da página. No entanto, quando se usam projeções de Fischer, não se deve* (mentalmente) *removê-las do plano da página para testar a possibilidade de sobreposição delas e não se deve girá-las de 90°*. Em termos de fórmulas mais familiares, a projeção de Fischer traduz-se nas fórmulas cíclicas **4–7**. Na nomenclatura IUPAC e com o sistema Cahn–Ingold–Prelog de designações estereoquímicas, a forma acíclica da D-(+)-glicose é (2*R*,3*S*,4*R*,5*R*)-2,3,4,5,6-penta-hidroxi-hexanal.

- O significado das fórmulas **1**, **2** e **3** pode ser entendido mais facilmente com o uso de modelos moleculares: Primeiro, deve-se construir uma cadeia de seis átomos de carbono com o grupo —CHO no topo e um grupo —CH_2OH no final da cadeia. Em seguida, deve-se trazer o grupo —CH_2OH por trás da cadeia até que ele quase toque o grupo —CHO. Mantendo-se este modelo, de modo que os grupos —CHO e —CH_2OH fiquem direcionados para longe do observador, deve-se, em seguida, posicionar os grupos —H e —OH em cada um dos quatro átomos de carbono restantes. O grupo —OH em C2 é colocado na direita; o grupo —OH em C3 é posicionado à esquerda, e os grupos —OH em C4 e C5 na direita.

Apesar de muitas das propriedades da D-(+)-glicose poderem ser explicadas em termos de uma estrutura acíclica (**1**, **2** ou **3**), a estrutura em cadeia aberta existe em equilíbrio com duas formas cíclicas predominantes. Essas podem ser representadas pelas estruturas **4** e **5** ou **6** e **7**. As formas cíclicas da D-(+)-glicose são **hemiacetais** formados por uma reação intramolecular do grupo —OH em C5 com o grupo aldeído (**Fig. 22.4**). A ciclização cria um novo centro quiral em C1 e este centro quiral explica como as duas formas cíclicas são possíveis. Essas duas formas cíclicas são *diastereoisômeros* que diferem somente na configuração em C1.

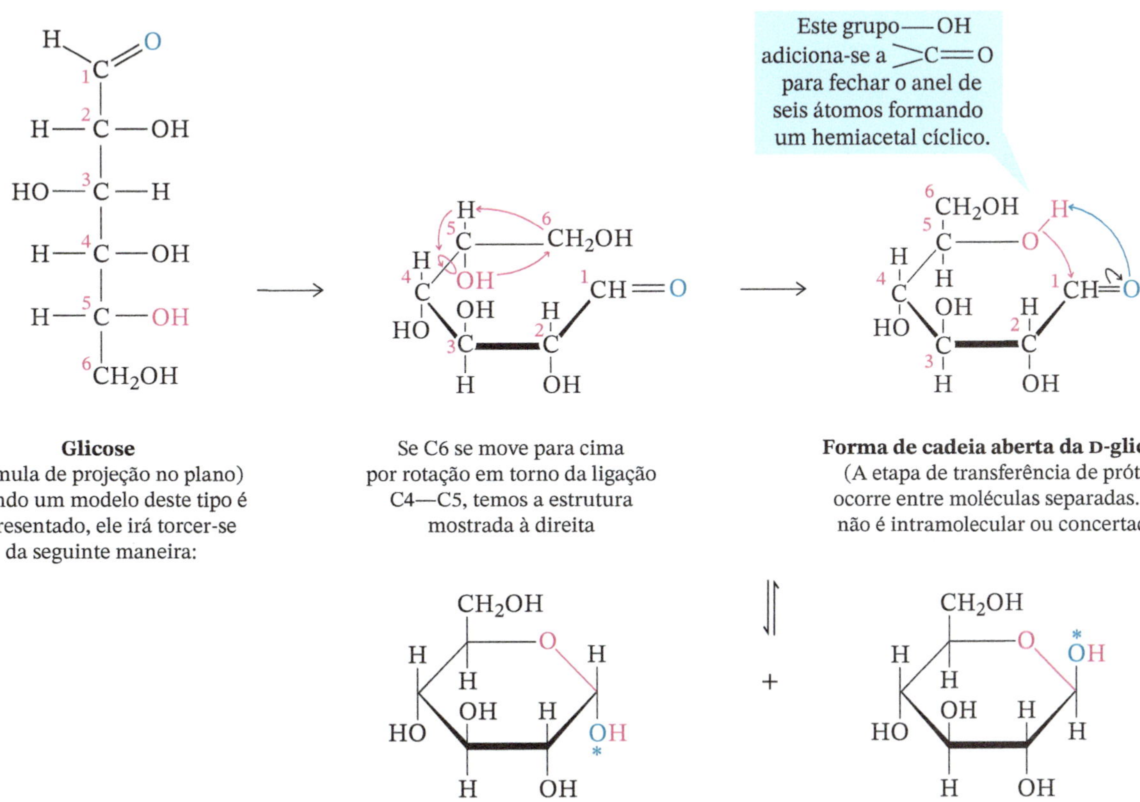

Glicose
(fórmula de projeção no plano)
Quando um modelo deste tipo é representado, ele irá torcer-se da seguinte maneira:

Se C6 se move para cima por rotação em torno da ligação C4—C5, temos a estrutura mostrada à direita

Forma de cadeia aberta da D-glicose
(A etapa de transferência de próton ocorre entre moléculas separadas. Ela não é intramolecular ou concertada.)

α-D-(+)-Glicopiranose
(O —OH marcado com asterisco é o —OH do hemiacetal, o qual na α-glicose está do lado *oposto* do anel em relação ao grupo —CH_2OH no C_5.)

β-D-(+)-Glicopiranose
(O —OH marcado com asterisco é o —OH do hemiacetal, o qual na β-glicose está do *mesmo* lado do anel em relação ao grupo —CH_2OH no C_5.)

FIGURA 22.4 Fórmulas de Haworth para as formas hemiacetálicas cíclicas da D-(+)-glicose e sua relação com a estrutura de aldeído poli-hidroxílico de cadeia aberta.

- Na química de carboidratos, diastereoisômeros diferindo apenas no carbono acetal ou hemiacetal são chamados **anômeros** e o átomo de carbono acetal ou hemiacetal é chamado **átomo de carbono anomérico**.

As estruturas **4** e **5** para os anômeros da glicose são chamadas de **fórmulas de Haworth*** e, apesar de não fornecerem uma imagem exata da forma do anel de seis membros, elas têm muito uso prático. A Fig. 22.4 demonstra como a representação de cada centro quiral da forma acíclica pode ser correlacionada com a sua representação na fórmula de Haworth.

Cada anômero da glicose é designado como um **anômero α** ou um **anômero β**, dependendo da localização do grupo —OH em C1. Ao desenhar as formas cíclicas de um açúcar D, na orientação mostrada nas Figs. 22.3 ou 22.4, o anômero α tem o grupo —OH trans ao grupo —CH_2OH e o anômero β tem o grupo —OH cis ao grupo —CH_2OH.

Estudos das estruturas das formas cíclicas (hemiacetal) da D-(+)-glicose utilizando análise de raios X demonstraram que as conformações reais dos anéis são as formas em cadeira representadas pelas fórmulas conformacionais **6** e **7** na Fig. 22.3. Esta forma é exatamente o que era esperado de acordo com os estudos conformacionais do ciclo-hexano (Capítulo 4) e é especialmente interessante observar que no anômero β da D-glicose todos os substituintes volumosos, —OH e —CH_2OH, são equatoriais. No anômero α, o único substituinte axial volumoso é o —OH em C1.

Algumas vezes é mais conveniente representar as estruturas cíclicas de um monossacarídeo sem especificar se a configuração do átomo de carbono anomérico é α ou β. Ao fazer isso, devem ser usadas fórmulas como as mostradas a seguir:

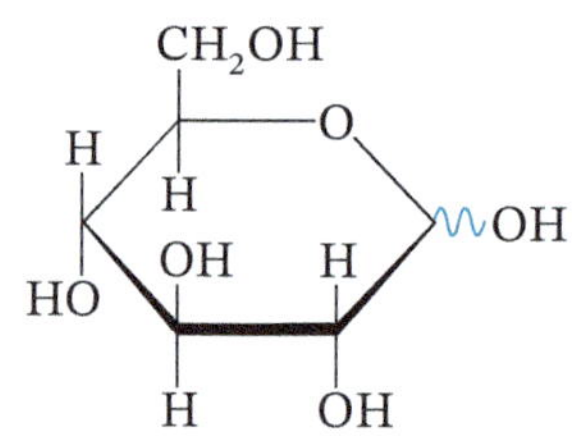

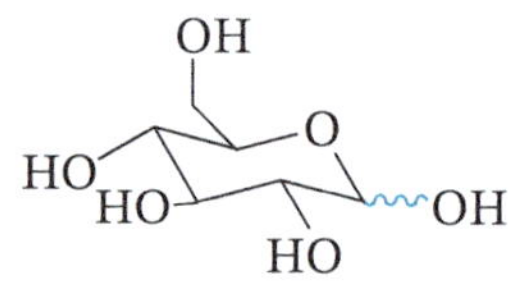

O símbolo ∿ indica que a configuração α ou β não está especificada.

Nem todos os carboidratos existem em equilíbrio com anéis hemiacetálicos de seis membros; em diversos casos, o anel é de cinco membros. (Mesmo a glicose existe, em pequena extensão, em equilíbrio com anéis hemiacetálicos de cinco membros.) Devido a essa variação, um sistema de nomenclatura foi introduzido para permitir a designação do tamanho do anel.

- Se o anel monossacarídeo é de seis membros, o composto é denominado **piranose**; se o anel é de cinco membros, o composto é denominado **furanose**.

Esses nomes derivam do nome dos heterociclos oxigenados *pirano* e *furano* + *ose*:

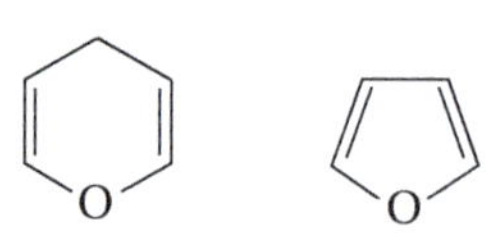

Um pirano **Furano**

Assim, o nome completo do composto **4** (ou **6**) é α-D-(+)-glicopiranose, enquanto aquele do composto **5** (ou **7**) é β-D-(+)-glicopiranose.

PRÊMIO NOBEL

W. N. Haworth ganhou o Prêmio Nobel de Química em 1937.

*O nome fórmulas de Haworth é uma homenagem ao químico inglês W. N. Haworth (University of Birmingham), que, em 1926 (juntamente com E. L. Hirst), demonstrou que a forma cíclica dos acetais de glicose consiste em um anel de seis membros. Haworth recebeu o Prêmio Nobel por seu trabalho na química de carboidratos em 1937. Para uma excelente discussão sobre as fórmulas de Haworth e a relação com as formas acíclicas, veja "The Conversion of Open Chain Structures of Monosaccharides into the Corresponding Haworth Formulas", Wheeler, D.M.S.; Wheeler, M.M.; Wheeler, T.S., *J. Chem. Educ.* **1982**, *59*, 969–970.

PROBLEMA DE REVISÃO 22.3

Desenhe a forma β-piranose a partir de **(a)** em sua conformação em cadeira de menor energia e a projeção de Fischer para **(b)**.

(a)

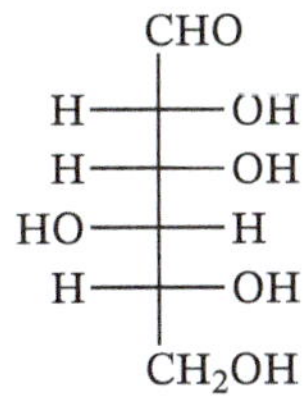

(b)

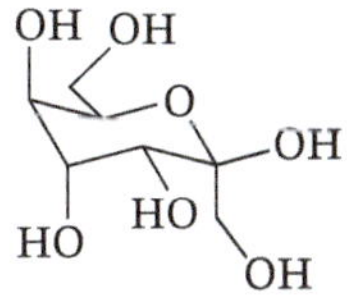

22.3 Mutarrotação

Parte da evidência da estrutura de hemiacetal cíclica da D-(+)-glicose vem de experimentos nos quais tanto a forma α como a forma β foram isoladas. Geralmente, a D-(+)-glicose tem um ponto de fusão de 146 °C. No entanto, quando D-(+)-glicose é cristalizada por evaporação de uma solução aquosa mantida acima de 98 °C, uma segunda forma de D-(+)-glicose, com um ponto de fusão de 150 °C, pode ser obtida. Quando as rotações óticas dessas duas formas são medidas, observa-se que elas são significativamente diferentes, mas quando uma solução aquosa de qualquer uma das formas é deixada em repouso, suas rotações mudam. O valor da rotação específica de uma forma diminui e o da outra aumenta, *até que ambas as soluções mostrem o mesmo valor*. Uma solução da D-(+)-glicose comum (p.fus 146 °C) tem uma rotação específica inicial de +112, mas, no final, a rotação específica desta solução diminui para +52,7. Uma solução da segunda forma da D-(+)-glicose (p.fus 150 °C) tem uma rotação específica inicial de +18,7, mas, lentamente, a rotação específica desta solução aumenta para +52,7.

- Esta mudança de valor de rotação específica no sentido de um valor de equilíbrio é denominada **mutarrotação**.

A mutarrotação é explicada pela existência de um equilíbrio entre a forma acíclica (de cadeia aberta) da D-(+)-glicose e as formas α e β dos hemiacetais cíclicos:

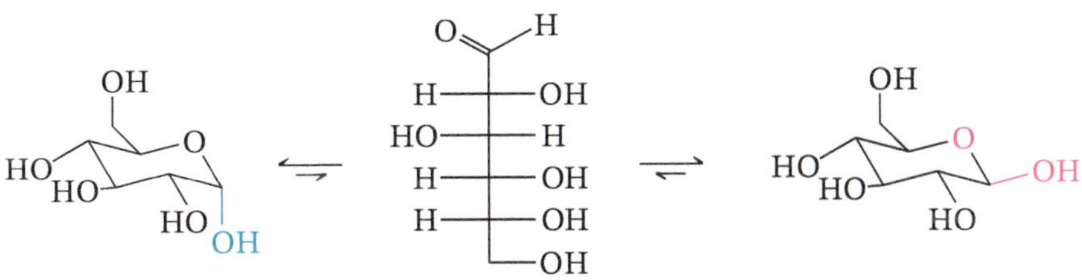

α-D-(+)-Glicopiranose (p.fus 146 °C; $[\alpha]_D^{25}$ = +112) | **Forma de cadeia aberta da D-(+)-glicose** | **β-D-(+)-Glicopiranose (p.fus 150 °C; $[\alpha]_D^{25}$ = +18,7)**

A concentração da D-(+)-glicose de cadeia aberta em solução no equilíbrio é muito pequena. As soluções de D-(+)-glicose não apresentam bandas de absorção no UV ou IV características de um grupo carbonila. Assumindo que a concentração da forma de cadeia aberta é, portanto, desprezível, é possível calcular as porcentagens dos anômeros α e β presentes no equilíbrio, utilizando as rotações específicas dadas nas figuras anteriores. Essas porcentagens, 36% do anômero α e 64% do anômero β, estão de acordo com a maior estabilidade da β-D-(+)-glicopiranose. Essa preferência é o que esperaríamos com base no fato dessa forma ter somente grupos equatoriais:

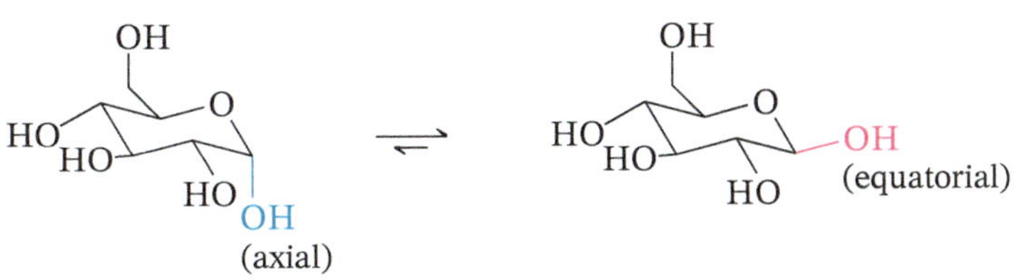

α-D-(+)-Glicopiranose (36% no equilíbrio) | **β-D-(+)-Glicopiranose (64% no equilíbrio)**

Nem sempre, no entanto, o anômero β de uma piranose é o mais estável. No caso da D-manose, por exemplo, o equilíbrio favorece o anômero α. Este resultado é chamado de *efeito anomérico*:

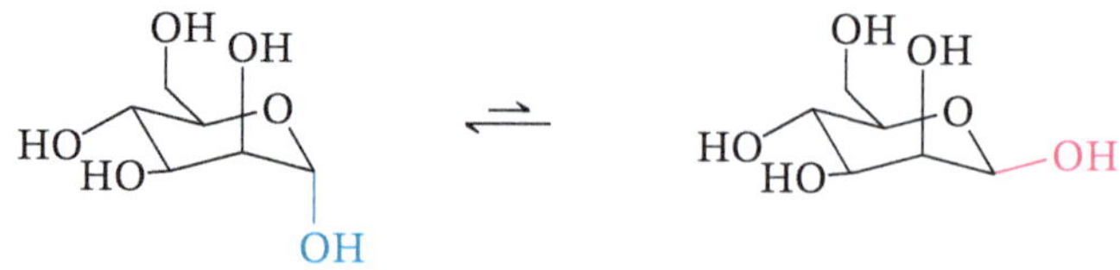

α-D-Manopiranose (69% no equilíbrio) — β-D-Manopiranose (31% no equilíbrio)

É amplamente aceito que o efeito anomérico seja causado pela hiperconjugação. Um orbital orientado axialmente associado aos elétrons não ligantes do oxigênio do anel pode se sobrepor com um orbital σ^* da ligação exocíclica axial C—O do hemiacetal. Este efeito é semelhante àquele que faz com que a conformação de menor energia do etano seja a conformação anti (Seção 4.8). Um efeito anomérico fará, frequentemente, com que um substituinte eletronegativo, como um grupo hidroxila ou alcoxila, prefira a orientação axial.

22.4 Formação de Glicosídeo

Quando uma quantidade catalítica de cloreto de hidrogênio (gasoso) anidro é passada por uma solução de D-(+)-glicose em metanol, ocorre uma reação que resulta na formação de *acetais* de metila anoméricos:

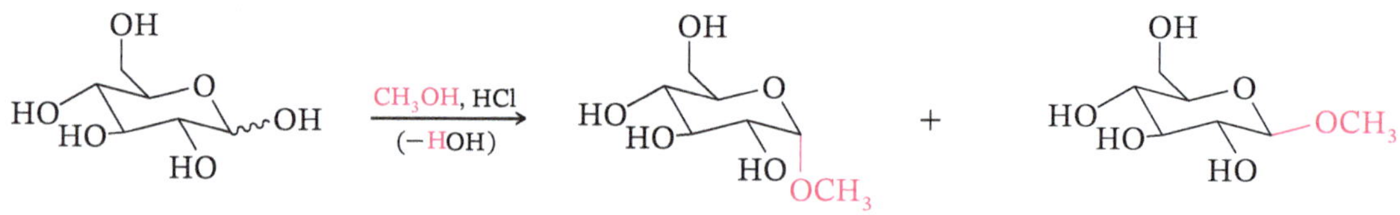

D-(+)-Glicose — α-D-Glicopiranosídeo de metila (p.fus 165 °C; $[\alpha]_D^{25} = +158$) — β-D-Glicopiranosídeo de metila (p.fus 107 °C; $[\alpha]_D^{25} = -33$)

- Acetais de carboidratos são geralmente chamados de **glicosídeos** (veja o mecanismo a seguir) e um acetal de glicose é chamado de *glicosídeo*. (Acetais de manose são *manosídeos*, acetais de frutose são *frutosídeos* e assim por diante.)

Sabe-se que D-glicosídeos de metila têm anéis de seis membros (Seção 22.2C), de modo que eles são apropriadamente denominados α-D-glicopiranosídeos e β-D-glicopiranosídeos de metila.

O mecanismo para a formação de glicosídeos de metila (começando, arbitrariamente, com a β-D-glicopiranose) é mostrado a seguir.

Um Mecanismo para a Reação

Formação de um Glicosídeo

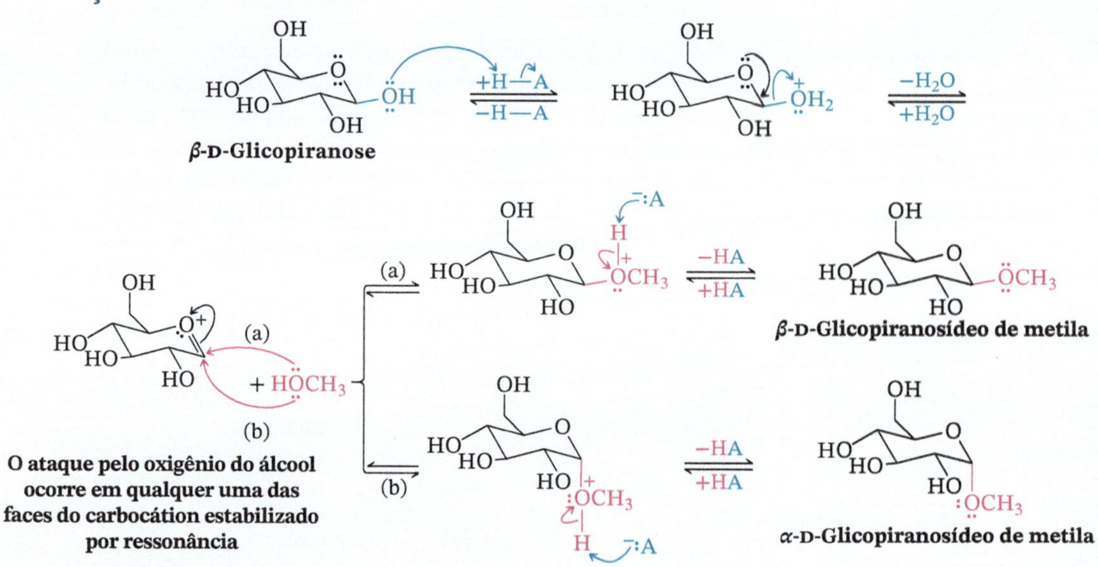

Você deve rever o mecanismo de formação de acetal mostrado na Seção 16.7B e compará-lo com as etapas mostradas aqui. Observe, novamente, o papel importante desempenhado pelo par de elétrons do átomo de oxigênio adjacente na estabilização do carbocátion que é formado na segunda etapa.

Glicosídeos são estáveis em soluções básicas porque eles são acetais. Em soluções ácidas, no entanto, eles sofrem hidrólise, formando um açúcar e um álcool (novamente, porque eles são acetais, Seção 16.7B). O álcool obtido por hidrólise de um glicosídeo é conhecido como uma **aglicona**:

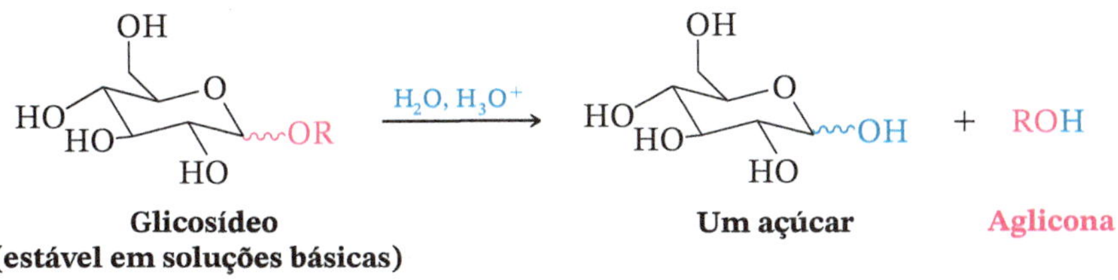

Por exemplo, quando uma solução aquosa do β-D-glicopiranosídeo de metila é acidificada, o glicosídeo sofre hidrólise formando a D-glicose como uma mistura de duas formas de piranose (em equilíbrio com uma pequena quantidade da forma de cadeia aberta).

Um Mecanismo para a Reação

Hidrólise de um Glicosídeo

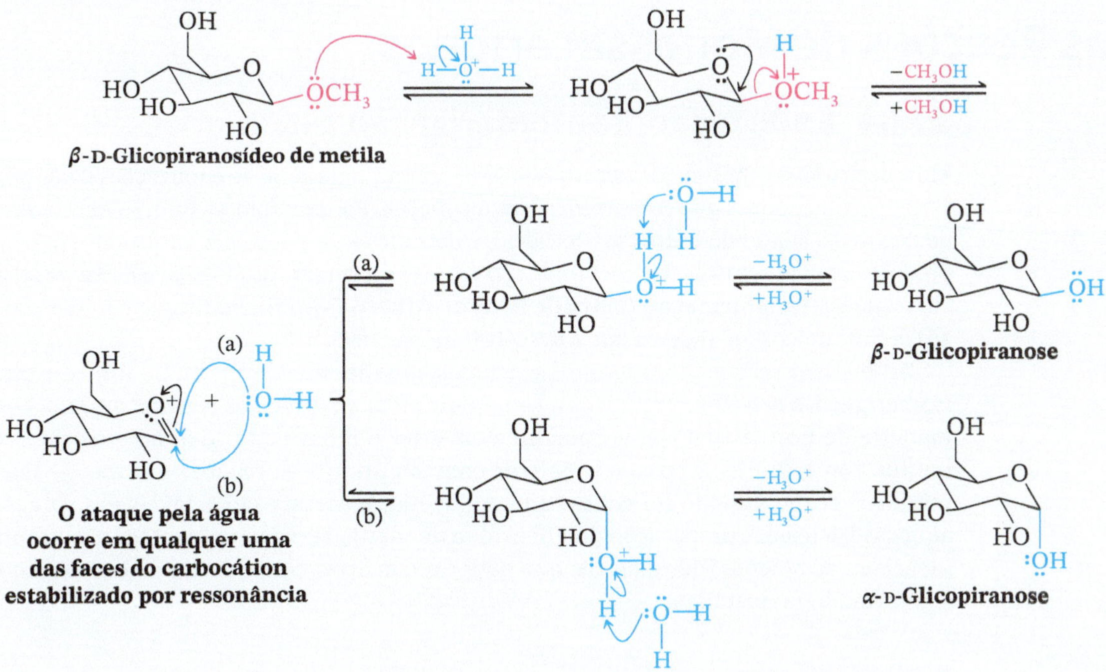

Glicosídeos podem ser tão simples como os glicosídeos de metila que acabamos de estudar ou eles podem ser consideravelmente mais complexos. Muitos compostos naturais são glicosídeos. Um exemplo é a *salicina*, um composto encontrado nas cascas das árvores do salgueiro:

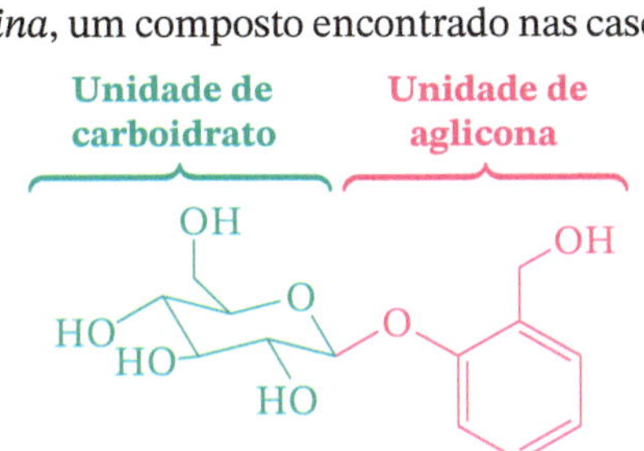

Salicina

Desde os tempos da Grécia antiga, preparações feitas da casca do salgueiro eram usadas no alívio da dor. Posteriormente, os químicos isolaram a salicina de outros materiais vegetais e foram capazes de mostrar que esta substância era responsável pelo efeito analgésico das preparações da casca do salgueiro. A salicina pode ser convertida em ácido salicílico, que por sua vez pode ser convertido em aspirina, o analgésico moderno mais amplamente utilizado.

PROBLEMA RESOLVIDO 22.1

Em soluções aquosas neutras ou básicas, os glicosídeos não apresentam mutarrotação. No entanto, se as soluções são acidificadas, os glicosídeos apresentam mutarrotação. Explique por que isso ocorre.

Resposta

Como os glicosídeos são acetais, eles sofrem hidrólise em solução aquosa ácida formando hemiacetais cíclicos que, então, sofrem mutarrotação. Acetais são estáveis em meio básico e, portanto, em solução básica eles não mostram mutarrotação.

PROBLEMA DE REVISÃO 22.4

(a) Que produtos seriam formados se a salicina fosse tratada com solução aquosa de HCl diluído?
(b) Proponha um mecanismo para as reações envolvidas na formação desses produtos.

PROBLEMA DE REVISÃO 22.5

Como seria possível converter D-glicose em uma mistura de α-D-glicopiranosídeo de etila e β-D-glicopiranosídeo de etila? Mostre todas as etapas do mecanismo para a formação desses produtos.

22.5 Outras Reações de Monossacarídeos

22.5A Enolização, Tautomerização e Isomerização

Monossacarídeos em soluções aquosas básicas sofrem uma série de enolizações e tautomerizações cetoenólicas que conduzem a isomerizações. Por exemplo, se uma solução aquosa de D-glicose, contendo hidróxido de cálcio, é deixada em repouso por vários dias, diversos produtos podem ser isolados, incluindo a D-frutose e a D-manose (Fig. 22.5). Esta reação é chamada de **transformação Lobry de Bruyn–Alberda van Ekenstein**, em homenagem aos dois químicos holandeses que a descobriram em 1895.

Ao realizar reações com monossacarídeos, geralmente é importante impedir essas isomerizações e, assim, preservar a estereoquímica em todos os centros quirais. Uma maneira de fazer isso é primeiramente converter o monossacarídeo no glicosídeo de metila. Em seguida, é possível realizar com segurança as reações em meio básico, porque o grupo aldeído foi convertido em acetal, e acetais são estáveis em soluções aquosas básicas. A preparação do glicosídeo de metila serve para "proteger" o monossacarídeo de reações indesejáveis, que poderiam ocorrer com o carbono anomérico na sua forma hemiacetálica.

22.5B Uso de Grupos de Proteção na Síntese de Carboidratos

Grupos de proteção são grupos funcionais introduzidos seletivamente para bloquear a reatividade de determinados sítios de uma molécula, enquanto as transformações desejadas são realizadas em outros sítios. Após a realização das transformações desejadas, os grupos de proteção são removidos. As reações de laboratório envolvendo carboidratos geralmente exigem o uso de grupos de proteção devido aos múltiplos sítios reativos presentes nos carboidratos. Como acabamos de ver, a formação de um glicosídeo (um acetal) pode ser utilizada para prevenir reações indesejáveis que envolveriam o carbono anomérico em sua forma hemiacetálica. Os grupos de proteção comuns para os grupos funcionais de álcool nos carboidratos incluem éteres, ésteres e acetais.

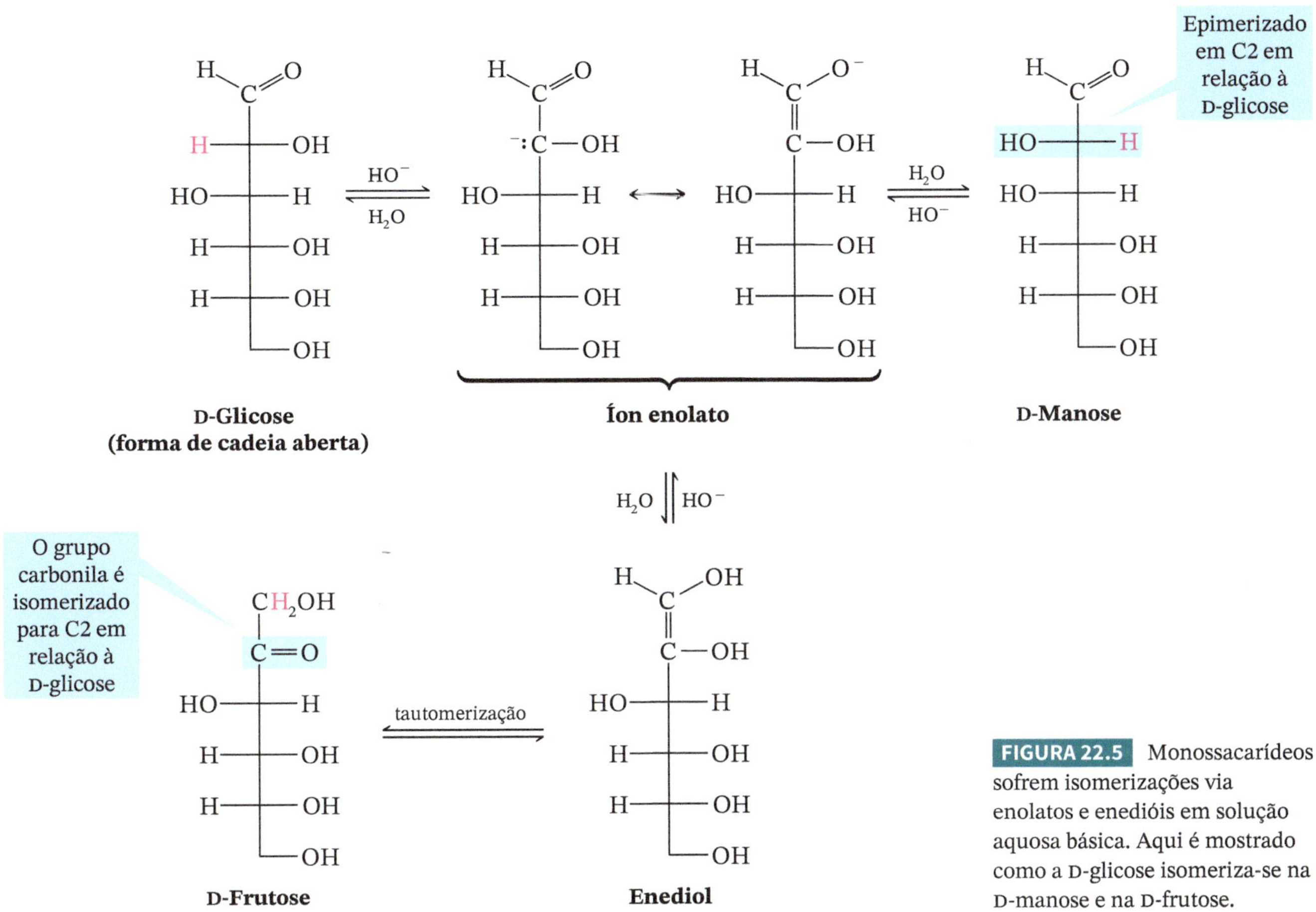

FIGURA 22.5 Monossacarídeos sofrem isomerizações via enolatos e enediióis em solução aquosa básica. Aqui é mostrado como a D-glicose isomeriza-se na D-manose e na D-frutose.

22.5C Formação de Éteres

- Grupos hidroxila de açúcares podem ser convertidos em éteres, utilizando uma base e um haleto de alquila através de uma versão da síntese de éter de Williamson (Seção 11.12B).

Éteres benzílicos são geralmente utilizados para proteger grupos hidroxila em açúcares. Haletos de benzila são facilmente introduzidos porque eles são muito reativos em reações S_N2. Hidreto de sódio ou potássio é geralmente usado como uma base em solvente aprótico, como DMF ou DMSO. Depois, os grupos benzila podem ser facilmente removidos por hidrogenólise utilizando um catalisador de paládio.

Formação de Éter Benzílico

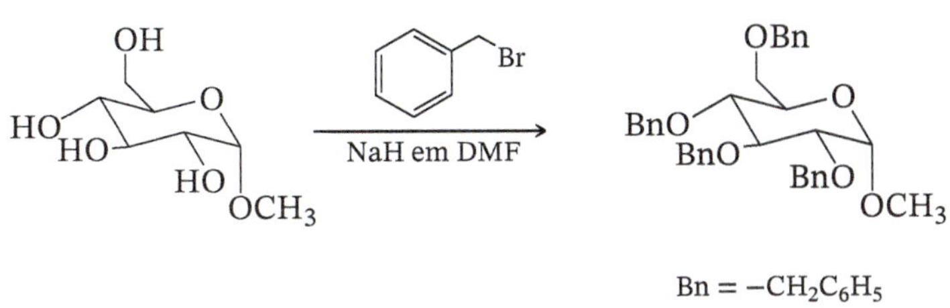

Clivagem de Éter Benzílico

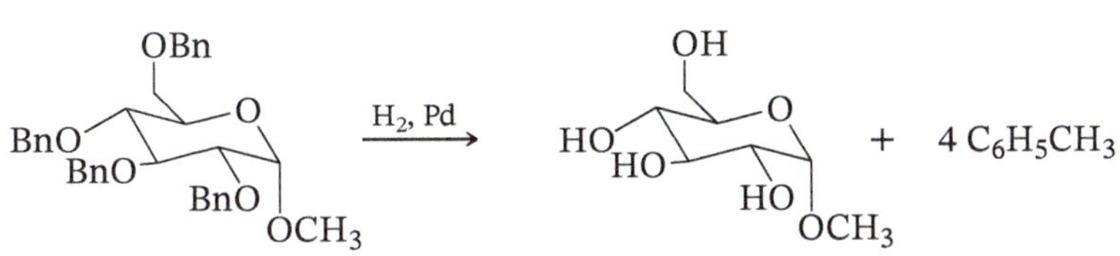

Éteres metílicos também podem ser preparados. Os derivados pentametílicos da glicopiranose, por exemplo, podem ser sintetizados tratando-se o glicosídeo de metila com excesso de sulfato de dimetila em solução aquosa de hidróxido de sódio. Neste caso, o hidróxido de sódio é uma base apropriada porque os grupos hidroxila de monossacarídeos são mais ácidos do que aqueles de álcoois comuns devido aos muitos átomos eletronegativos no açúcar, que exercem efeitos indutivos retiradores de elétrons em grupos hidroxila próximos. Em solução aquosa de NaOH, todos os grupos hidroxila são ao fim convertidos em íons alcóxido e cada um destes, por sua vez, reage com sulfato de dimetila em uma reação S_N2 para produzir um éter metílico. O processo é chamado de *metilação exaustiva*:

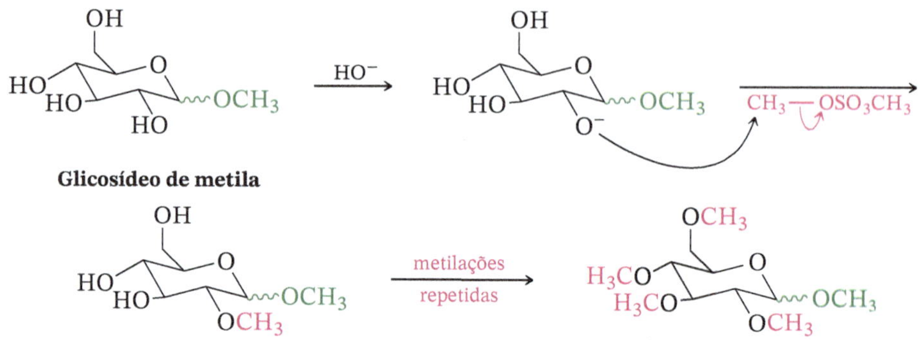

Glicosídeo de metila

Derivado pentametílico

Embora não sejam frequentemente utilizados como grupos de proteção de álcoois nos carboidratos, os éteres metílicos têm sido úteis na elucidação da estrutura de açúcares. Por exemplo, evidência para a forma de piranose da glicose pode ser obtida por metilação exaustiva, seguida de hidrólise aquosa da ligação acetálica. Como os grupos metóxi em C2, C3, C4 e C6 do derivado pentametílico são éteres, eles não são afetados por hidrólise aquosa. (Para quebrá-los é necessário aquecimento com HBr ou HI concentrado, Seção 11.13.) No entanto, o grupo metóxi em C1 é parte de uma ligação acetálica e, desta forma, ele é lábil sob as condições de hidrólise aquosa. A hidrólise do derivado pentametílico da glicose fornece evidência de que o oxigênio em C5 era aquele envolvido na forma hemiacetal cíclica porque na forma de cadeia aberta do produto (que está em equilíbrio com o hemiacetal cíclico), é o oxigênio em C5 que não é metilado:

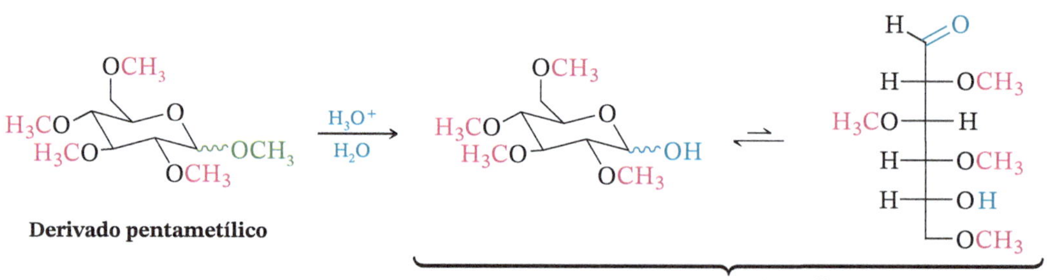

Derivado pentametílico

2,3,4,6-Tetra-*O*-metil-D-glicose

Éteres de silila, incluindo os éteres de *terc*-butildimetilsilila (TBS) (Seção 11.12F) e os éteres fenil substituídos também são utilizados como grupos de proteção na síntese de carboidratos. Os éteres *terc*-butildifenilsilila (TBDPS) mostram excelente regiosseletividade para grupos hidroxila primários nos açúcares, como aquele em C6 em uma hexopiranose.

Formação Regiosseletiva do Éter TBDPS

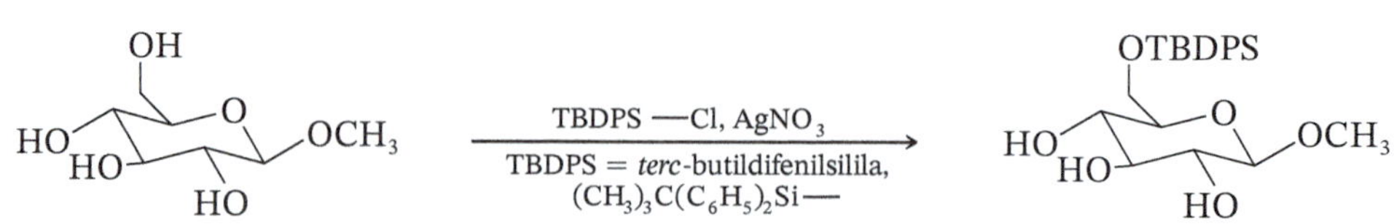

Clivagem do Éter TBDPS

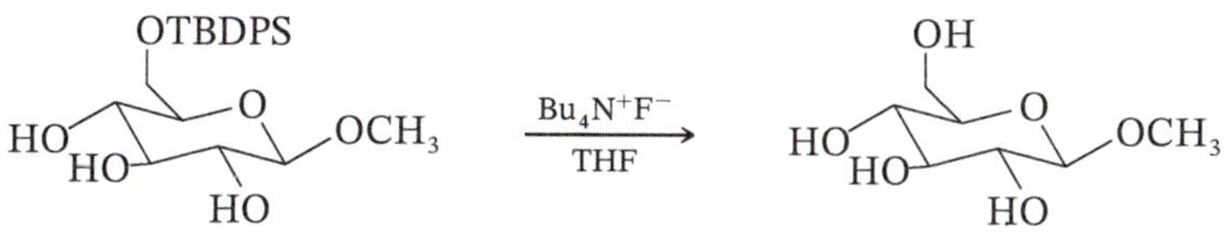

22.5D Conversão para Ésteres

O tratamento de um monossacarídeo com excesso de anidrido acético e uma base fraca (como piridina ou acetato de sódio) converte todos os grupos hidroxila, incluindo a hidroxila anomérica, em grupos éster. Se a reação é realizada em temperatura baixa (por exemplo, 0 °C), a reação ocorre estereoespecificamente; o anômero α forma o α-acetato e o anômero β dá o β-acetato. Ésteres acetato são grupos de proteção comuns para hidroxilas de carboidratos.

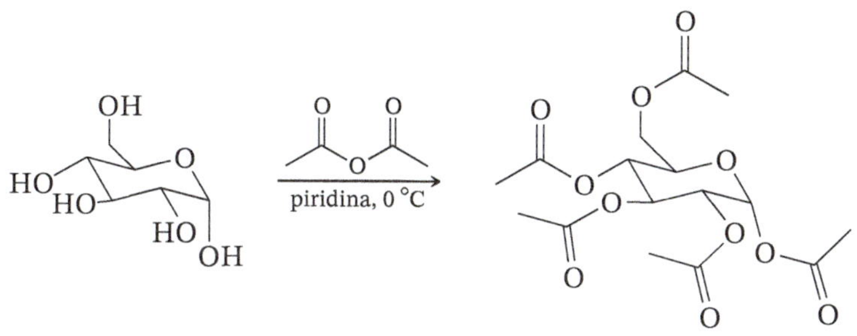

22.5E Conversão para Acetais Cíclicos

Na Seção 16.7B, foi visto que aldeídos e cetonas reagem com 1,2-dióis de cadeia aberta produzindo **acetais cíclicos**:

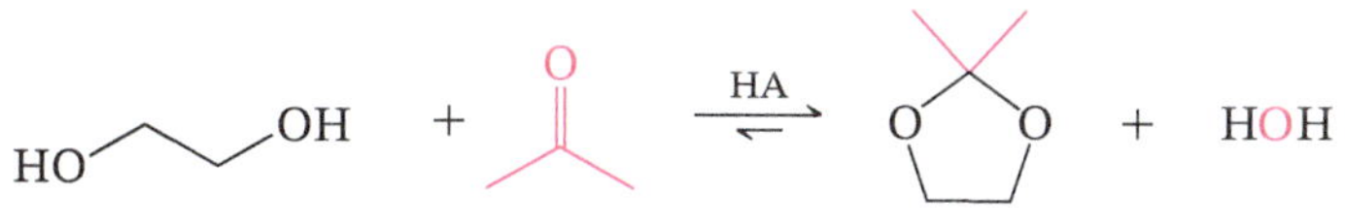

1,2-Diol **Acetal cíclico**

Se o 1,2-diol está ligado a um anel, como em um monossacarídeo, **a formação de acetais cíclicos ocorre apenas quando os grupos hidroxila vicinais são cis entre si**. Por exemplo, a α-D-galactopiranose reage com acetona da seguinte maneira:

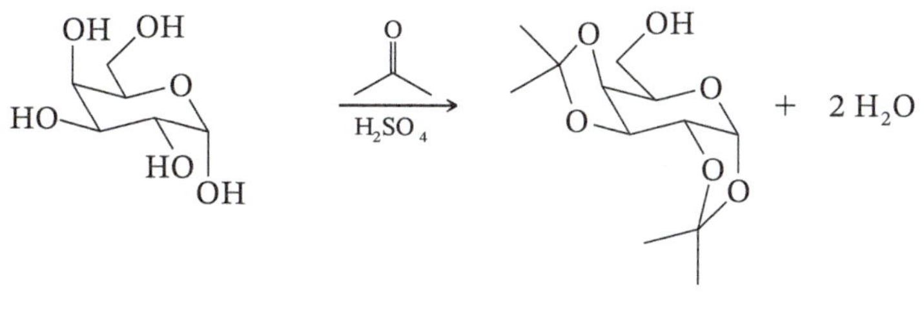

Acetais cíclicos são geralmente utilizados para proteger grupos hidroxila vicinais cis de um açúcar, enquanto reações são realizadas em outras partes da molécula. Quando acetais como estes são formados a partir de acetona, eles são chamados de **acetonídeos**.

22.6 Reações de Oxidação de Monossacarídeos

Diversos agentes oxidantes são utilizados para identificar grupos funcionais de carboidratos, na elucidação de suas estruturas e na síntese. Os mais importantes são (1) reagentes de Benedict ou Tollens, (2) água de bromo, (3) ácido nítrico e (4) ácido periódico. Cada um destes reagentes produz um efeito diferente e, geralmente, específico, na reação com um monossacarídeo. A seguir, vamos examinar quais são esses efeitos.

22.6A Reagentes de Benedict ou Tollens: Açúcares Redutores

Os reagentes de Benedict (uma solução alcalina contendo um íon complexo de citrato cúprico) e Tollens [$Ag^+(NH_3)_2\overline{O}H$] são agentes oxidantes e, desta forma, fornecem resultados positivos com *aldoses* e *cetoses*. Os testes são positivos mesmo que as aldoses e cetoses existam, essencialmente, como hemiacetais cíclicos.

O teste do espelho de prata de Tollens foi estudado na Seção 16.13B. A solução de Benedict e a solução de Fehling (semelhante, mas que contém um íon complexo de tartarato cúprico) formam precipitados vermelho-tijolo de Cu_2O quando oxidam uma aldose. [Em soluções alcalinas, as cetoses são convertidas em aldoses (Seção 22.5A), que, então, são oxidadas pelos complexos cúpricos.] Uma vez que as soluções de citrato cúprico e tartarato cúprico são azuis, o aparecimento de um precipitado vermelho-tijolo é uma indicação vívida e inequívoca de um teste positivo.

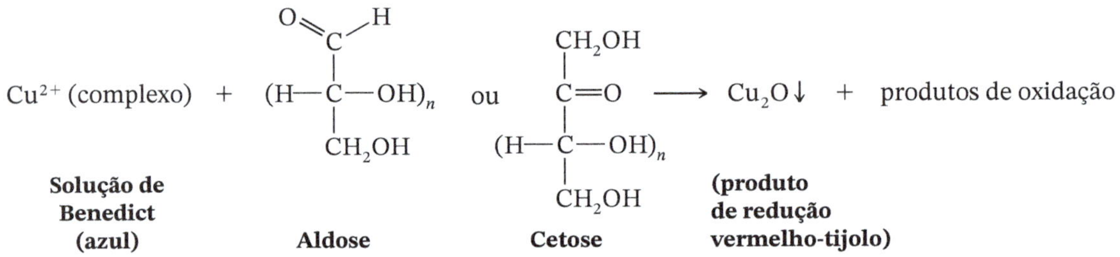

- Açúcares que dão resultados positivos com reagentes de Tollens ou Benedict são conhecidos como **açúcares redutores** e todos os carboidratos que contêm um *grupo hemiacetal* dão resultados positivos.

Em solução aquosa, a forma hemiacetal dos açúcares existe em equilíbrio com concentrações relativamente pequenas, mas não insignificantes, de aldeídos acíclicos ou α-hidroxicetonas acíclicas. Estes dois últimos sofrem oxidação, perturbando o equilíbrio para produzir mais aldeído ou α-hidroxicetona, que, então, sofre oxidação até que um reagente termine.

- Carboidratos que contêm apenas grupos acetal não dão resultados positivos com soluções de Benedict ou Tollens, sendo chamados de *açúcares não redutores*.

Acetais não existem em equilíbrio com aldeídos ou α-hidroxicetonas nas soluções aquosas básicas dos reagentes de teste.

Açúcar Redutor

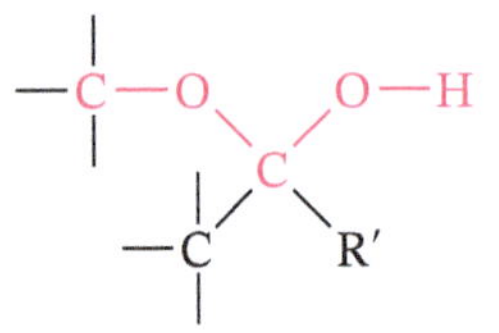

Hemiacetal (R′ = H ou CH_2OH) (dá teste positivo com o reagente de Tollens ou Benedict)

Açúcar não redutor

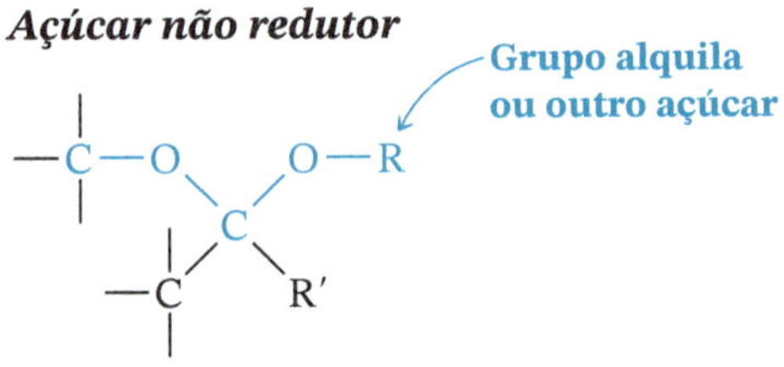

Acetal (R′ = H ou CH_2OH) (não fornece resultado positivo com os reagentes de Tollens ou Benedict)

PROBLEMA DE REVISÃO 22.6

Como distinguir entre α-D-glicopiranose (ou seja, D-glicose) e α-D-glicopiranosídeo de metila?

Embora os reagentes de Benedict e Tollens tenham alguma utilização como ferramentas de diagnóstico (a solução de Benedict pode ser usada em determinações quantitativas de açúcares redutores – relatados como glicose – no sangue e na urina), eles não são úteis como reagentes preparativos em oxidações de carboidratos. Oxidações com ambos os reagentes ocorrem em solução alcalina e, *em soluções alcalinas, açúcares sofrem uma série complexa de reações que provocam isomerizações* (Seção 22.5A).

22.6B Água de Bromo: Síntese de Ácidos Aldônicos

Monossacarídeos não sofrem reações de isomerização e fragmentação em solução levemente ácida. Assim, um reagente oxidante útil para fins preparativos é a água de bromo (Br_2/H_2O) (pH 6,0).

- Água de bromo é um reagente geral que oxida seletivamente o grupo —CHO para um grupo $—CO_2H$, convertendo, então, uma aldose para um **ácido aldônico**:

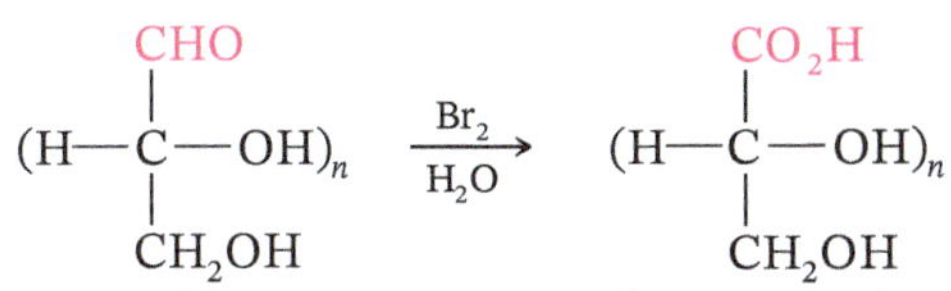

Aldose **Ácido aldônico**

Experimentos com aldopiranoses indicam que o curso real da reação envolve uma série de transformações sequenciais, incluindo uma lactona como intermediário.

22.6C Oxidação com Ácido Nítrico: Ácidos Aldáricos

- Ácido nítrico diluído (um agente oxidante mais forte do que água de bromo) oxida o grupo —CHO e o grupo $—CH_2OH$ terminal de uma aldose para grupos $—CO_2H$, formando ácidos dicarboxílicos conhecidos como **ácidos aldáricos**:

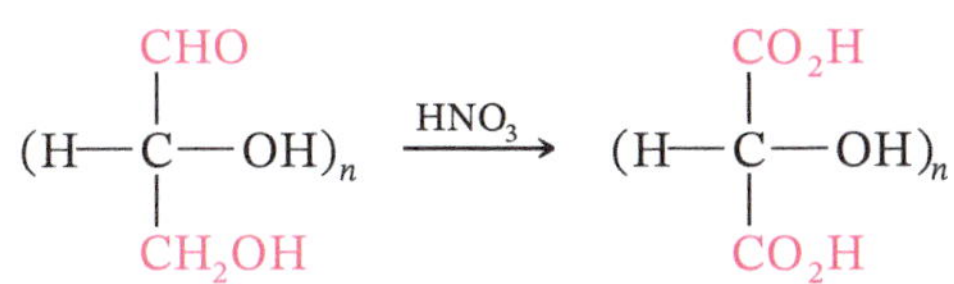

Aldose **Ácido aldárico**

Não se sabe se uma lactona é um intermediário na oxidação de uma aldose a um ácido aldárico; no entanto, ácidos aldáricos formam facilmente γ- e δ-lactonas:

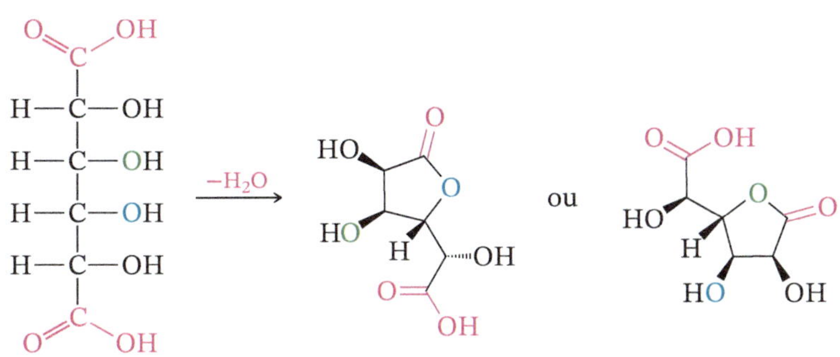

Ácido aldárico (a partir de uma aldoexose)

γ-Lactonas de um ácido aldárico

O ácido aldárico obtido da D-glicose é chamado de ácido D-glicárico. Termos gerais mais antigos para ácido aldárico são ácido glicárico ou ácido sacárico.

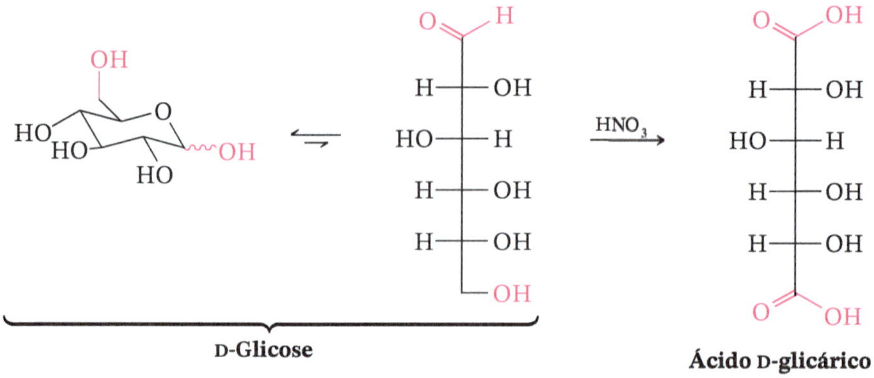

PROBLEMA DE REVISÃO 22.7

(a) Você esperaria que o ácido D-glicárico fosse oticamente ativo?

(b) Escreva a estrutura (acíclica) do ácido aldárico (ácido manárico) que seria obtido por oxidação da D-manose com ácido nítrico.

(c) Você esperaria que o ácido manárico fosse oticamente ativo?

(d) Qual o ácido aldárico que você esperaria obter a partir da D-eritrose?

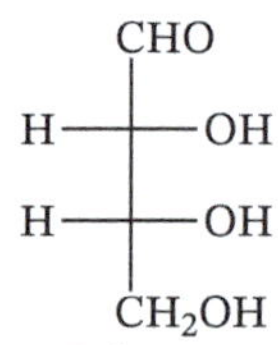

D-Eritrose

(e) Será que o ácido aldárico em (d) apresenta atividade óptica?

(f) D-Treose, um diastereoisômero da D-eritrose, produz um ácido aldárico oticamente ativo quando é submetida a uma oxidação com ácido nítrico. Escreva fórmulas de projeção de Fischer para a D-treose e o seu produto de oxidação com ácido nítrico.

(g) Quais são os nomes dos ácidos aldáricos obtidos a partir da D-eritrose e da D-treose?

PROBLEMA DE REVISÃO 22.8

O ácido D-glicárico sofre lactonização produzindo duas γ-lactonas diferentes. Quais são as estruturas dessas lactonas?

22.6D Oxidações com Periodato: Clivagem Oxidativa de Compostos Poli-hidroxilados

- Compostos que têm grupos hidroxila em átomos adjacentes sofrem clivagem oxidativa quando são tratados com solução aquosa de ácido periódico (HIO_4). A reação quebra ligações carbono–carbono e produz compostos carbonilados (aldeídos, cetonas ou ácidos).

A estequiometria da clivagem oxidativa com ácido periódico é

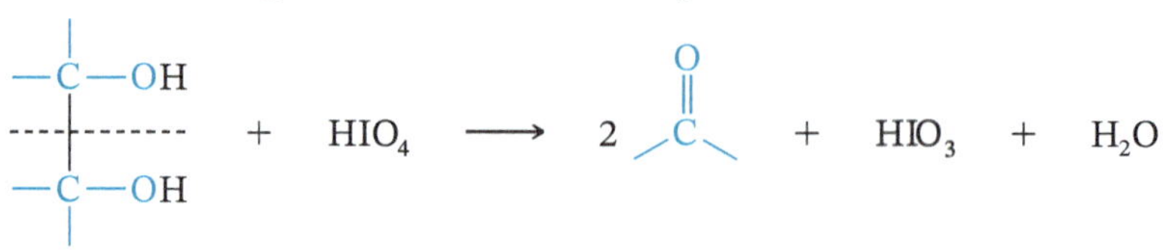

Uma vez que a reação ocorre, em geral, com rendimento quantitativo, informações valiosas podem ser obtidas pela medida do número de equivalentes molares de ácido periódico consumido na reação, bem como pela identificação dos produtos carbonilados.

Acredita-se que oxidações com periodato ocorram através de um intermediário cíclico de iodo hipervalente:

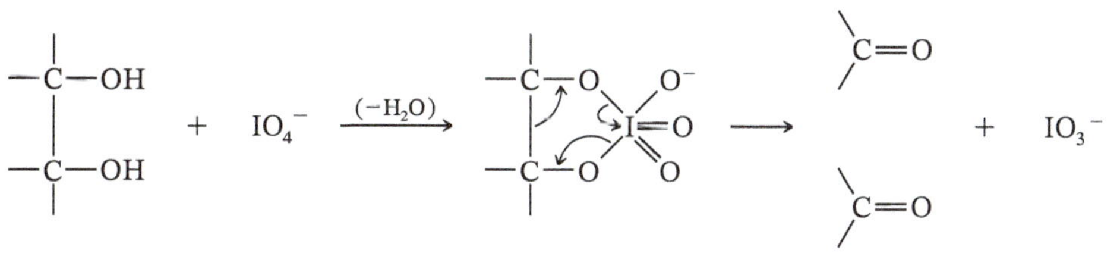

Antes de discutir o uso de ácido periódico na química de carboidratos, devemos ilustrar o curso da reação com vários exemplos simples. Observe nessas oxidações com periodato que, *para cada ligação* C—C *quebrada, uma ligação* C—O *é formada em cada carbono.*

1. Quando três ou mais grupos —CHOH são vizinhos, os internos são obtidos como *ácido fórmico*. Por exemplo, a oxidação do glicerol com periodato fornece dois equivalentes molares de formaldeído e um equivalente molar de ácido fórmico:

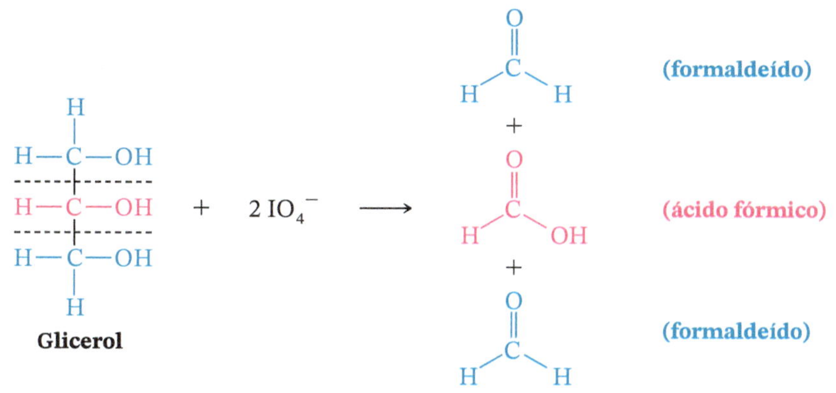

2. A clivagem oxidativa também ocorre quando um grupo —OH é adjacente ao grupo carbonila de um aldeído ou cetona (mas não ao de um ácido ou éster). O gliceraldeído produz dois equivalentes molares de ácido fórmico e um equivalente molar de formaldeído, enquanto a di-hidroxiacetona fornece dois equivalentes molares de formaldeído e um equivalente molar de dióxido de carbono:

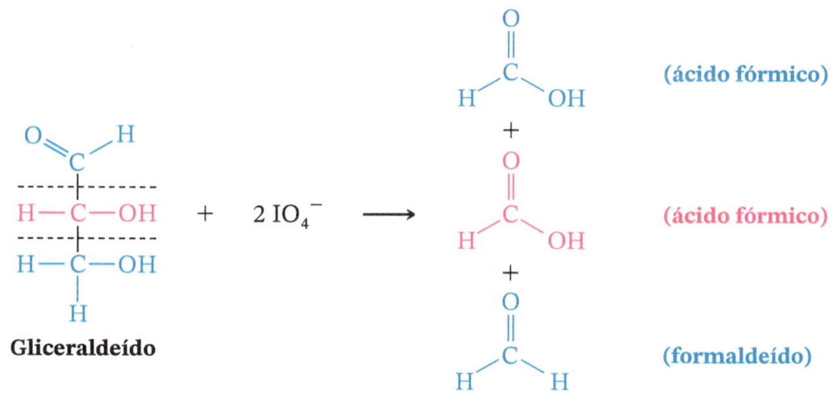

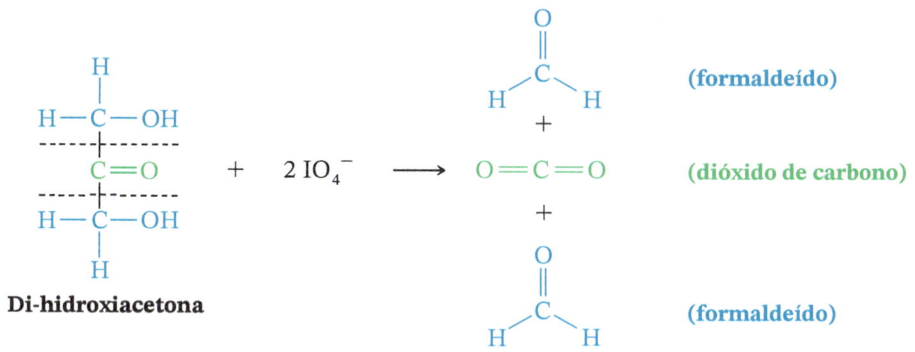

3. O ácido periódico não cliva compostos onde os grupos hidroxila estão intercalados por um grupo $—CH_2—$, nem aqueles onde um grupo hidroxila é adjacente a uma função éter ou acetal:

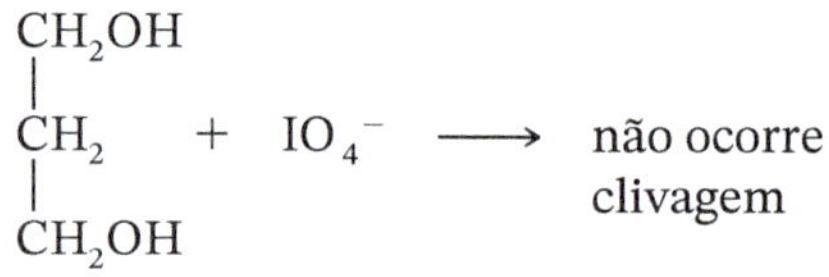

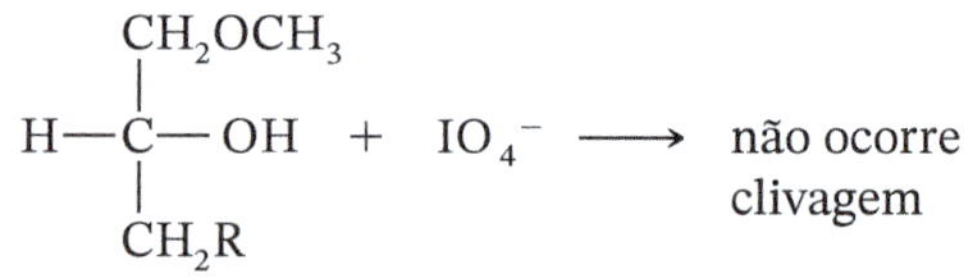

PROBLEMA DE REVISÃO 22.9

Quais os produtos que devem ser formados quando cada um dos compostos vistos a seguir é tratado com uma quantidade apropriada de ácido periódico? Quantos equivalentes molares de HIO_4 devem ser consumidos em cada caso?

(a) 2,3-Butanodiol

(b) 1,2,3-Butanotriol

(c)

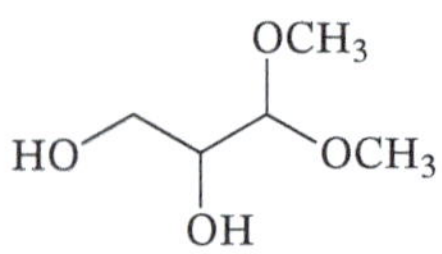

(d)

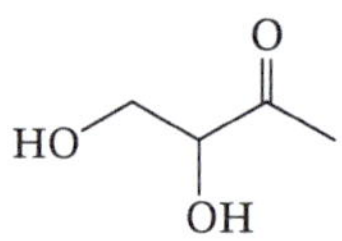

(e)

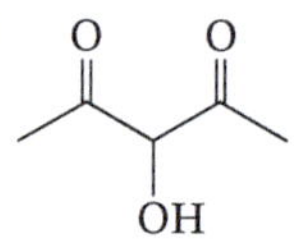

(f) *cis*-1,2-Ciclopentanodiol

(g)

(h) D-Eritrose

PROBLEMA DE REVISÃO 22.10

Mostre como o ácido periódico poderia ser usado para distinguir entre uma aldoexose e uma cetoexose. Que produtos devem ser obtidos a partir de cada reação e quantos equivalentes molares de HIO_4 devem ser consumidos?

22.7 Redução de Monossacarídeos: Alditóis

- Aldoses (e cetoses) podem ser reduzidas com boroidreto de sódio a compostos chamados de **alditóis**:

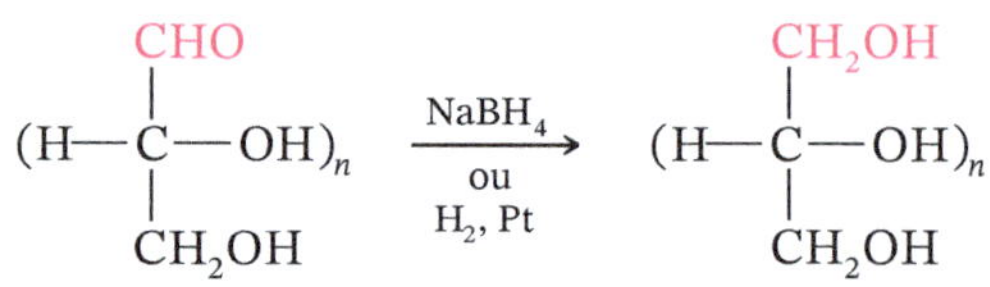

Aldose **Alditol**

Redução de D-glicose, por exemplo, produz D-glicitol:

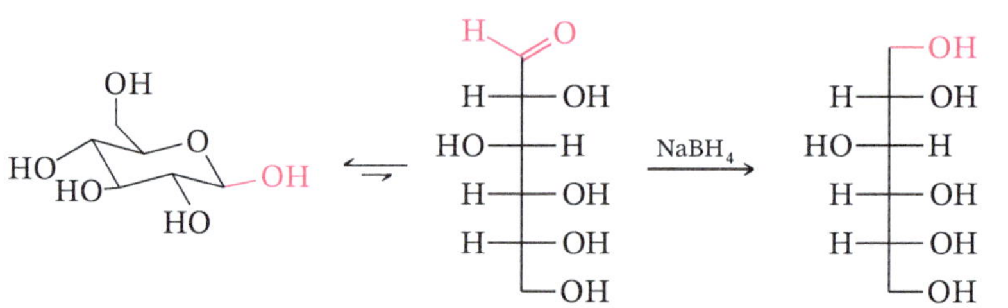

D-Glicitol
(ou D-sorbitol)

PROBLEMA DE REVISÃO 22.11

(a) Você esperaria que o D-glicitol fosse oticamente ativo? **(b)** Escreva fórmulas de projeção de Fischer para todas as D-aldoexoses que produziriam *alditóis oticamente inativos*.

22.8 Reações de Monossacarídeos com Fenil-hidrazina: Osazonas

O grupo aldeído de uma aldose reage com reagentes carbonílicos, como a hidroxilamina e a fenil-hidrazina (Seção 16.8B). Com a hidroxilamina, o produto é a oxima esperada. Entretanto, com fenil-hidrazina suficiente, três equivalentes molares de fenil-hidrazina são consumidos e um segundo grupo fenil-hidrazona é introduzido em C2. O produto é chamado *fenilosazona*. Fenilosazonas cristalizam facilmente (ao contrário de açúcares) e são derivados úteis para a identificação de açúcares.

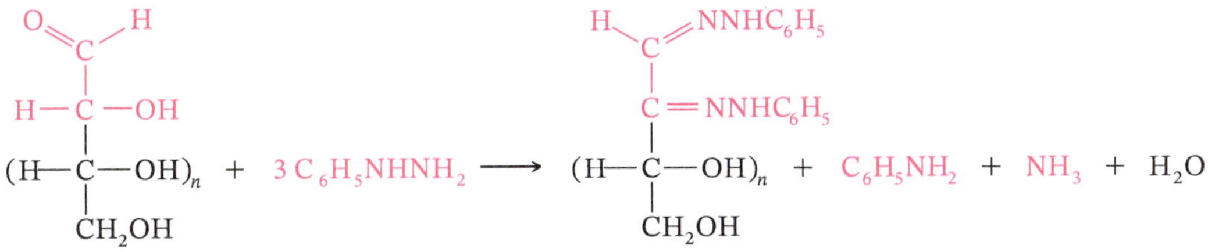

Aldose **Fenilosazona**

O mecanismo de formação de osazona provavelmente depende de uma série de reações onde $\rangle C{=}N\!-$ se comporta como $\rangle C{=}O$ fornecendo um enol em uma versão nitrogenada.

Um Mecanismo para a Reação

Formação de Fenilosazona

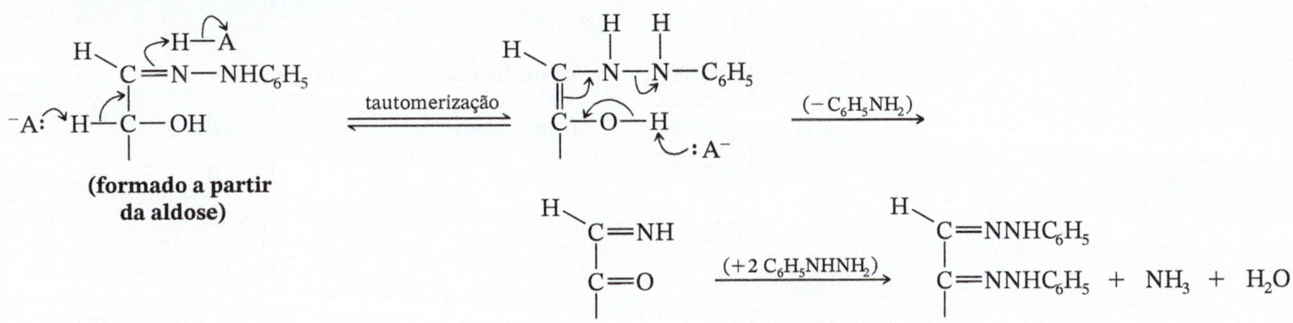

A formação de **osazonas** resulta na perda do centro quiral e em C2, mas não afeta outros centros quirais; D-glicose e D-manose, por exemplo, produzem a mesma fenilosazona:

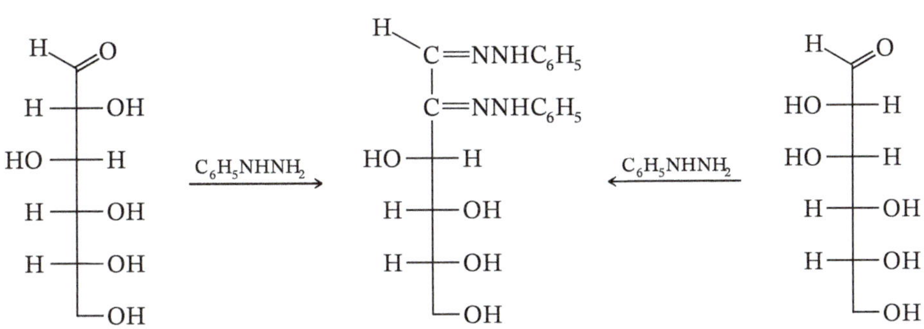

D-Glicose **Mesma fenilosazona** **D-Manose**

Este experimento, feito pela primeira vez por Emil Fischer, estabeleceu que a D-glicose e a D-manose têm as mesmas configurações em C3, C4 e C5. Aldoses diastereoisoméricas que diferem na configuração de apenas um carbono (como a D-glicose e a D-manose) são chamadas de epímeros. Em geral, quaisquer pares de diastereoisômeros que diferem na configuração de apenas um centro quiral tetraédrico podem ser chamados de **epímeros**.

PROBLEMA DE REVISÃO 22.12

Embora a D-frutose não seja um epímero da D-glicose ou da D-manose (D-frutose é uma cetoexose), todas as três fornecem a mesma fenilosazona. **(a)** Utilizando fórmulas de projeção de Fischer, escreva uma equação para a reação da frutose com fenil-hidrazina. **(b)** Que informação este experimento fornece sobre a estereoquímica da D-frutose?

22.9 Síntese e Degradação de Monossacarídeos

22.9A Síntese de Kiliani–Fischer

Em 1885, Heinrich Kiliani (Freiburg, Alemanha) descobriu que uma aldose pode ser convertida em ácidos aldônicos epiméricos, tendo um carbono adicional, através da adição de cianeto de hidrogênio seguida de hidrólise das cianoidrinas epiméricas. Posteriormente, Fischer estendeu este método, mostrando que as aldonolactonas obtidas a partir de ácidos aldônicos podem ser reduzidas a aldoses. Este método para aumentar a cadeia de carbono de uma aldose é chamado de síntese de Kiliani–Fischer.

Podemos ilustrar a síntese de Kiliani–Fischer com a síntese da D-eritrose e da D-treose (aldotetroses) a partir de D-gliceraldeído (uma aldotriose) na Fig. 22.6.

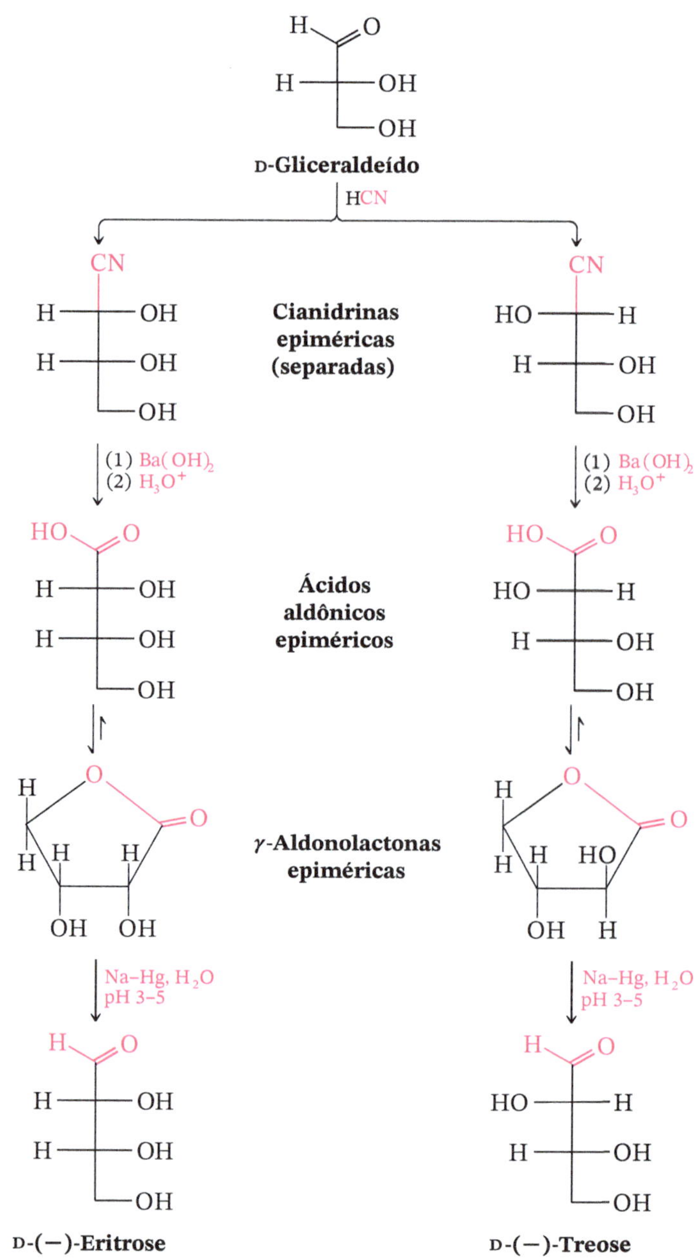

FIGURA 22.6 Uma síntese de Kiliani–Fischer da D-(−)-eritrose e da D-(−)-treose a partir do D-gliceraldeído.

A adição de cianeto de hidrogênio ao gliceraldeído forma duas cianoidrinas epiméricas porque a reação cria um novo centro quiral. As cianoidrinas podem ser facilmente separadas (uma vez que elas são diastereômeras), e cada uma pode ser convertida em uma aldose através de hidrólise, acidificação, lactonização e redução com Na—Hg em pH 3–5. Ao final, uma cianoidrina produz a D-(−)-eritrose e a outra produz a D-(−)-treose.

Podemos ter certeza de que as aldotetroses que obtivemos nesta síntese de Kiliani–Fischer são ambas açúcares D porque o composto de partida é o D-gliceraldeído e seu centro quiral não é afetado pela síntese. Com base na síntese de Kiliani–Fischer não podemos saber exatamente qual aldotetrose tem ambos os grupos —OH à direita e qual tem o —OH do topo à esquerda na projeção de Fischer. Entretanto, se ambas as aldotetroses forem oxidadas para ácidos aldáricos, uma [D-(−)-eritrose] formará um produto *oticamente inativo* (meso), enquanto a outra [D-(−)-treose] formará um produto *oticamente ativo* (veja o Problema de Revisão 22.7).

PROBLEMA DE REVISÃO 22.13

(a) Quais são as estruturas da L-(+)-treose e L-(+)-eritrose? **(b)** Qual aldotriose você usaria para prepará-las em uma síntese de Kiliani–Fischer?

PROBLEMA DE REVISÃO 22.14

(a) Proponha uma síntese de Kiliani–Fischer de aldopentoses epiméricas começando com a D-(−)-eritrose (utilize projeções de Fischer). **(b)** As duas aldopentoses epiméricas obtidas são a D-(−)-arabinose e a D-(−)-ribose. Oxidação com ácido nítrico da D-(−)-ribose forma um ácido aldárico oticamente inativo, enquanto a oxidação semelhante da D-(−)-arabinose leva a um produto oticamente ativo. Com base apenas nestas informações, qual projeção de Fischer representa a D-(−)-arabinose e qual representa a D-(−)-ribose?

PROBLEMA DE REVISÃO 22.15

Quando submetida a uma síntese de Kiliani–Fischer, a D-(+)-treose produz duas outras aldopentoses epiméricas, a D-(+)-xilose e a D-(−)-lixose. A D-(+)-xilose pode ser oxidada (com ácido nítrico) a um ácido aldárico oticamente inativo, enquanto a oxidação semelhante da D-(−)-lixose fornece um produto oticamente ativo. Quais são as estruturas da D-(+)-xilose e da D-(−)-lixose?

PROBLEMA DE REVISÃO 22.16

Existem oito aldopentoses. Nos Problemas de Revisão 22.14 e 22.15 você chegou à estrutura de quatro. Quais são os nomes e estruturas das quatro restantes?

22.9B Degradação de Ruff

Assim como a síntese de Kiliani–Fischer pode ser utilizada para aumentar a cadeia de uma aldose em um átomo de carbono, a degradação de Ruff* pode ser usada para diminuir a cadeia em uma unidade também. A degradação de Ruff envolve (1) oxidação da aldose a um ácido aldônico utilizando água de bromo, e (2) a descarboxilação oxidativa do ácido aldônico para a aldose imediatamente inferior, utilizando peróxido de hidrogênio e sulfato férrico. A D-(−)-ribose, por exemplo, pode ser degradada em D-(−)-eritrose:

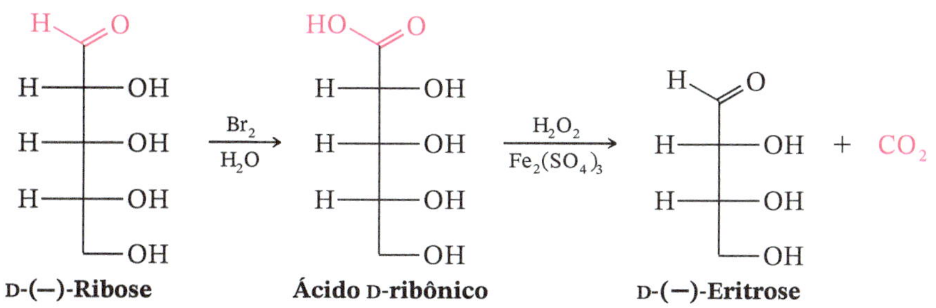

*Desenvolvida por Otto Ruff, 1871–1939, um químico alemão.

PROBLEMA DE REVISÃO 22.17

A aldoexose D-(+)-galactose pode ser obtida pela hidrólise da *lactose*, um dissacarídeo encontrado no leite. Quando a D-(+)-galactose é tratada com ácido nítrico, ela produz um ácido aldárico oticamente inativo. Quando a D-(+)-galactose é submetida à degradação de Ruff, ela produz a D-(−)-lixose (veja o Problema de Revisão 22.15). Utilizando apenas estes dados, escreva a fórmula de projeção de Fischer para a D-(+)-galactose.

22.10 Família D das Aldoses

A degradação de Ruff e a síntese de Kiliani–Fischer permitem classificar todas as aldoses em famílias ou "árvores de família" com base nas suas relações ao D- ou L-gliceraldeído. Uma árvore deste tipo é apresentada na Fig. 22.7, mostrando as estruturas das D-aldoexoses, **1–8**.

- Muitas, mas nem todas, aldoses naturais pertencem à família D, sendo a D-(+)-glicose, de longe, a mais comum.

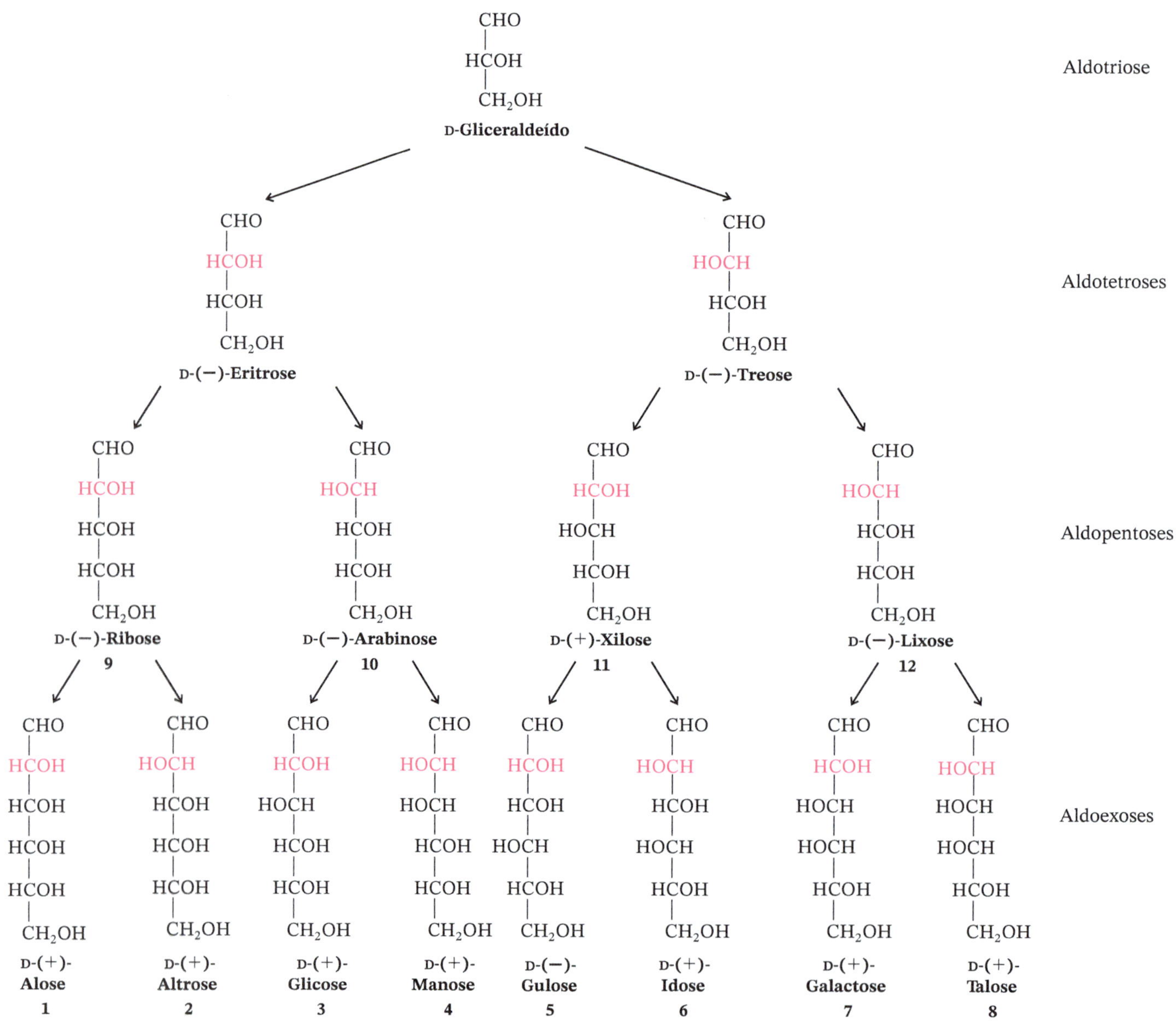

FIGURA 22.7 Família D das aldoexoses.

A D-(+)-galactose pode ser obtida do açúcar do leite (lactose), mas a L-(−)-galactose ocorre em um polissacarídeo obtido do caracol de videira, *Helix pomatia*. A L-(+)-arabinose é extensamente encontrada, mas a D-(−)-arabinose é rara, sendo encontrada apenas em determinadas bactérias e esponjas. A treose, a lixose, a gulose e a alose não ocorrem naturalmente, mas uma ou ambas as formas (D ou L) de cada uma delas já foi sintetizada.

22.11 Prova de Fischer da Configuração da D-(+)-Glicose

Emil Fischer começou seu trabalho sobre a estereoquímica da (+)-glicose em 1888, apenas 12 anos após van't Hoff e Le Bel terem proposto a estrutura tetraédrica do carbono. Somente um pequeno conjunto de dados estava disponível para Fischer no início. Apenas alguns monossacarídeos eram conhecidos, incluindo (+)-glicose, (+)-arabinose e (+)-manose. [A (+)-manose tinha acabado de ser sintetizada por Fischer.] Sabia-se que os açúcares (+)-glicose e (+)-manose eram aldoexoses e que a (+)-arabinose era uma aldopentose.

Uma vez que uma aldoexose tem quatro centros quirais, são possíveis 2^4 (ou seja, 16) estereoisômeros, *um dos quais é a (+)-glicose*. Fischer decidiu, arbitrariamente, limitar sua atenção às oito estruturas com a configuração D mostradas na Fig. 22.7 (estruturas **1**–**8**). Fischer percebeu que não seria capaz de diferenciar entre as configurações enantioméricas porque os métodos para determinar a configuração absoluta de compostos orgânicos não tinham sido desenvolvidos. Somente após 1951, quando Bijvoet (Seção 5.15A) determinou a configuração absoluta do ácido L-(+)-tartárico [e, consequentemente, do D-(+)-gliceraldeído], que se descobriu que a atribuição arbitrária que Fischer fez para a (+)-glicose como sendo da família que chamamos de D estava correta.

A atribuição de Fischer da estrutura **3** para a (+)-glicose foi baseada no seguinte raciocínio:

1. A oxidação da (+)-glicose pelo ácido nítrico fornece um ácido aldárico oticamente ativo. Isto elimina as estruturas **1** e **7** da consideração porque ambos os compostos produziriam ácidos *meso*aldáricos.
2. *A degradação da (+)-glicose forma (−)-arabinose e a oxidação da (−)-arabinose com ácido nítrico produz um ácido aldárico oticamente ativo.* Isto significa que a (−)-arabinose não pode ter a configuração **9** ou **11** e deve ter a estrutura **10** ou **12**. Isto também estabelece que a (+)-glicose não pode ter a configuração **2**, **5** ou **6**. Isto deixa as estruturas **3**, **4** e **8** como possibilidades para a (+)-glicose.
3. A síntese de Kiliani–Fischer começando com a (−)-arabinose fornece a (+)-glicose e a (+)-manose; a oxidação da (+)-manose com ácido nítrico forma um ácido aldárico oticamente ativo. Isto, juntamente com o fato de que a (+)-glicose forma um ácido aldárico diferente, mas também oticamente ativo, estabelece **10** como a estrutura da (−)-arabinose e elimina **8** como uma possível estrutura para a (+)-glicose. Caso a (−)-arabinose tivesse sido representada pela estrutura **12**, uma síntese de Kiliani–Fischer teria fornecido as duas aldoexoses, **7** e **8**, uma das quais (**7**) produziria um ácido aldárico oticamente inativo por oxidação com ácido nítrico.
4. Restam agora duas estruturas, **3** e **4**; uma representa a (+)-glicose e a outra representa a (+)-manose. Fischer percebeu que a (+)-glicose e a (+)-manose eram epiméricas (em C2), mas uma decisão de qual o composto que era representado por qual estrutura era mais difícil.
5. Fischer já havia desenvolvido um método eficiente para *trocar os dois grupos terminais* (aldeído e álcool primário) *de uma cadeia de aldose*. E, com lógica brilhante, Fischer percebeu que se a (+)-glicose tivesse a estrutura **4**, uma troca dos grupos terminais *formaria a mesma aldoexose*:

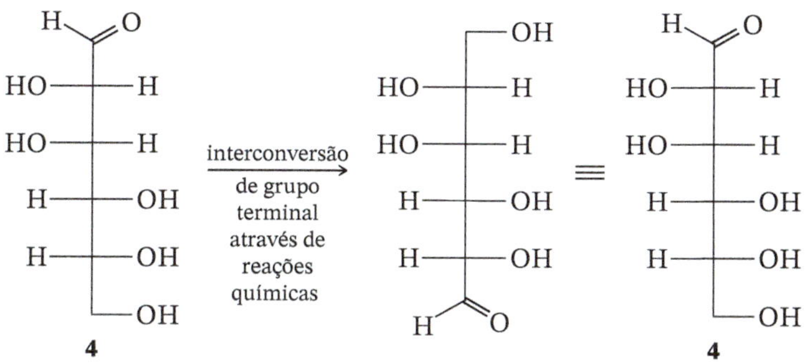

(Lembre-se de que é possível girar uma projeção de Fischer de 180º no plano da página.)

Por outro lado, se a (+)-glicose tem a estrutura **3**, *uma troca de grupo terminal produziria uma aldoexose diferente*, **13**:

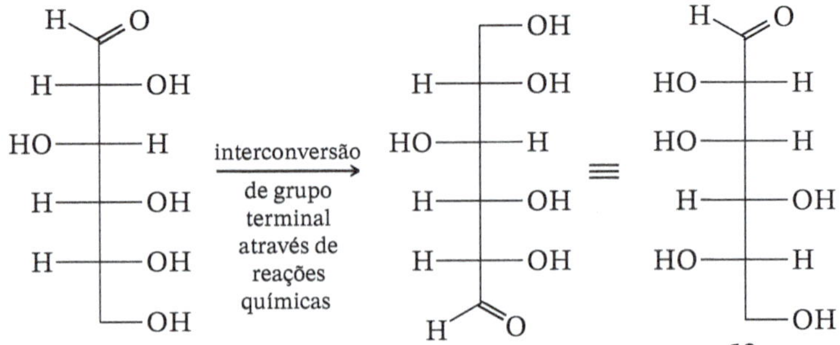

3 **13**
L-Gulose

Esta aldoexose nova, caso fosse formada, seria um açúcar L e seria a imagem especular da D-gulose. Assim, seu nome seria L-gulose.

Fischer realizou o intercâmbio de grupo terminal, começando com a (+)-glicose e *o produto foi a aldoexose nova* **13**. Este resultado provou que a (+)-glicose tem a estrutura **3**. E também estabeleceu **4** como a estrutura para a (+)-manose, provando que a L-(+)-gulose tem a estrutura **13**.

O procedimento usado por Fischer para trocar os grupos terminais da cadeia da (+)-glicose começou com uma das γ-lactonas do ácido D-glicárico (veja o Problema de Revisão 22.8) e foi realizado da seguinte forma:

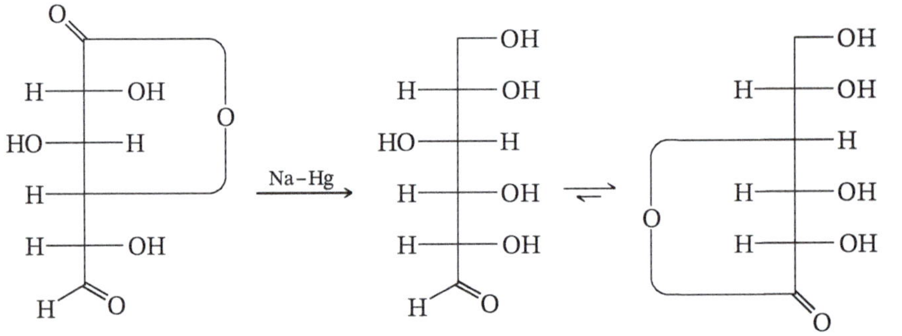

Uma γ-lactona de ácido D-glicárico — **Ácido L-gulônico** — **Uma γ-aldonolactona**

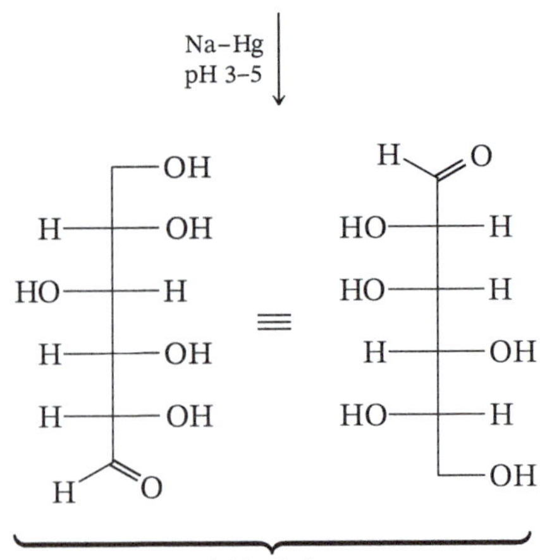

L-(+)-Gulose
13

Observe nesta síntese que a segunda redução com Na—Hg é realizada em pH 3–5. Sob estas condições, a redução da lactona forma um aldeído e não um álcool primário.

PROBLEMA DE REVISÃO 22.18

Fischer, na realidade, teve que submeter ambas as γ-lactonas do ácido D-glicárico (Problema de Revisão 22.8) ao procedimento que acabamos de esboçar. Qual o produto que a outra γ-lactona forma?

22.12 Dissacarídeos

22.12A Sacarose

O **açúcar** de mesa comum é um **dissacarídeo** chamado de *sacarose*. A sacarose é o dissacarídeo mais abundante existente, é encontrada em todos os vegetais fotossintéticos e é obtida comercialmente da cana-de-açúcar ou da beterraba. A sacarose tem a estrutura mostrada na **Fig. 22.8**.

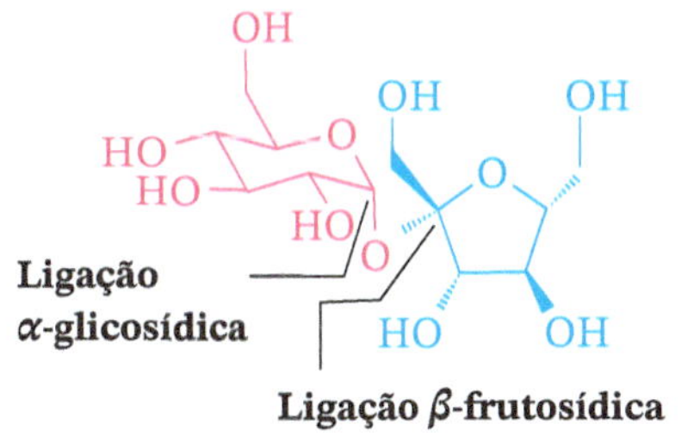

FIGURA 22.8 Duas representações da fórmula para (+)-sacarose 2-*O*-(α-D-glicopiranosil-β-D-frutofuranosídeo).

A estrutura da sacarose é baseada nas seguintes evidências:

1. A sacarose tem a fórmula molecular $C_{12}H_{22}O_{11}$.
2. A hidrólise de 1 mol de sacarose, catalisada por ácido, forma 1 mol de D-glicose e 1 mol de D-frutose.

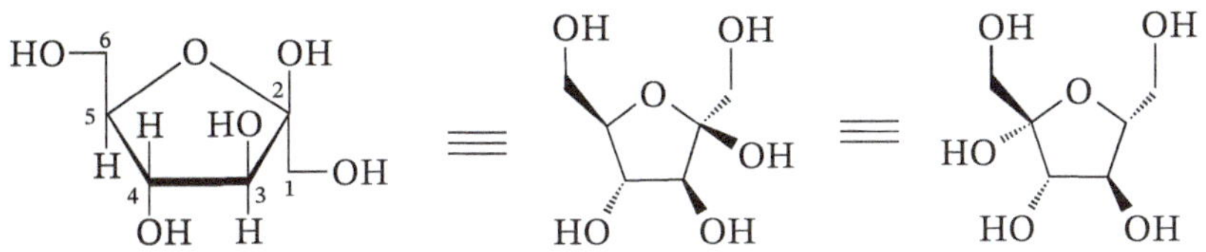

Frutose
(como uma β-furanose)

3. A sacarose é um açúcar não redutor e apresenta resultados negativos com os reagentes de Benedict e Tollens. A sacarose não forma uma osazona e não sofre mutarrotação. Estes fatos significam que nem a parte de glicose, nem a parte da frutose, da sacarose têm um grupo hemiacetal. Assim, as duas hexoses devem estar unidas através de uma ligação glicosídica, envolvendo os átomos C1 da glicose e C2 da frutose, porque somente desta maneira ambos os grupos carbonila estarão presentes como acetais completos (ou seja, como glicosídeos).
4. A estereoquímica das ligações glicosídicas pode ser inferida a partir de experimentos feitos com enzimas. A sacarose é hidrolisada por uma *α-glicosidase*, obtida a partir de leveduras, mas não por enzimas β-glicosidases. Esta hidrólise indica *uma configuração α na parte glicosídica*. A sacarose também é hidrolisada pela *sacarase*, uma enzima conhecida por hidrolisar β-frutofuranosídeos, mas não os α-frutofuranosídeos. Esta hidrólise indica *uma configuração β na parte frutosídica*.
5. Metilação de sacarose forma um derivado octametila que, por hidrólise, fornece a 2,3,4,6-tetra-*O*-metil-D-glicose e a 1,3,4,6-tetra-*O*-metil-D-frutose. As identidades destes dois produtos demonstram que a parte de glicose é um *piranosídeo* e que a parte de frutose é um *furanosídeo*.

A estrutura da sacarose foi confirmada por análise de raios X e por uma síntese que não deixa dúvidas.

22.12B Maltose

Quando amido (Seção 22.13A) é hidrolisado pela enzima *diastase*, um produto é um dissacarídeo conhecido como *maltose* (**Fig. 22.9**). A estrutura da maltose foi deduzida com base nas seguintes evidências:

1. Hidrólise de 1 mol de maltose, catalisada por ácido, forma 2 mols de D-(+)-glicose.
2. Diferentemente de sacarose, *a maltose é um açúcar redutor*; ela apresenta resultados positivos com os reagentes de Fehling, de Benedict e de Tollens. A maltose também reage com fenil-hidrazina para formar uma monofenilosazona (ou seja, há incorporação de duas moléculas de fenil-hidrazina).
3. A maltose existe em duas formas anoméricas: α-(+)-maltose ($[\alpha]_D^{25} = +168$) e β-(+)-maltose ($[\alpha]_D^{25} = +112$). Os anômeros da maltose sofrem mutarrotação, formando uma mistura em equilíbrio ($[\alpha]_D^{25} = +136$).

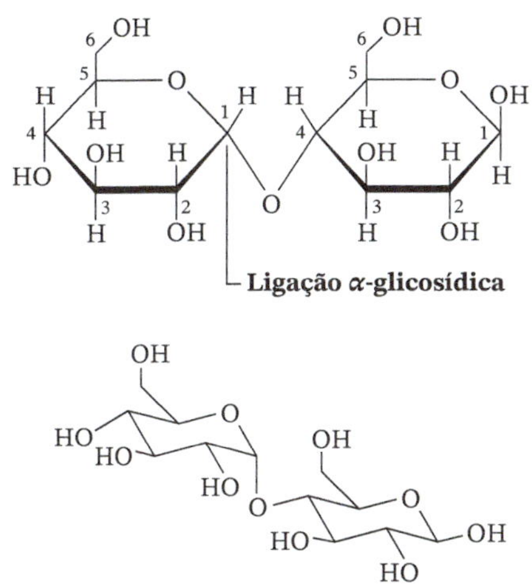

FIGURA 22.9 Duas representações da estrutura do anômero β da (+)-maltose, 4-*O*-(α-D-glicopiranosil)-β-D-glicopiranose.

As evidências 2 e 3 demonstram que um dos resíduos de glicose da maltose está presente em uma forma hemiacetálica; o outro, consequentemente, deve estar presente como um glicosídeo. A configuração desta ligação glicosídica pode ser inferida como α, porque a maltose é hidrolisada por enzimas α-glicosidases, mas não por enzimas β-glicosidases.

4. A maltose reage com água de bromo para formar um ácido monocarboxílico, o ácido maltônico (**Fig. 22.10*a***). Este fato também é consistente com a presença de apenas um grupo hemiacetal.
5. Metilação do ácido maltônico e posterior hidrólise produz a 2,3,4,6-tetra-*O*-metil-D-glicose e o ácido 2,3,5,6-tetra-*O*-metil-D-glicônico. No primeiro produto, a presença de um —OH livre em C5 indica que a parte de glicose não redutora está presente como um piranosídeo; o fato do segundo produto, o ácido 2,3,5,6-tetra-*O*-metil-D-glicônico, ter um —OH livre em C4 indica que esta posição estava envolvida em uma ligação glicosídica com a glicose não redutora. Apenas o tamanho do anel da glicose redutora precisa ser determinado.
6. A metilação da própria maltose e posterior hidrólise (**Fig. 22.10*b***) fornece a 2,3,4,6-tetra-*O*-metil-D-glicose e a 2,3,6-tri-*O*-metil-D-glicose. O grupo —OH livre em C5, no último produto, indica que ele tem que estar envolvido no anel do óxido e que a glicose redutora está presente como uma *piranose*.

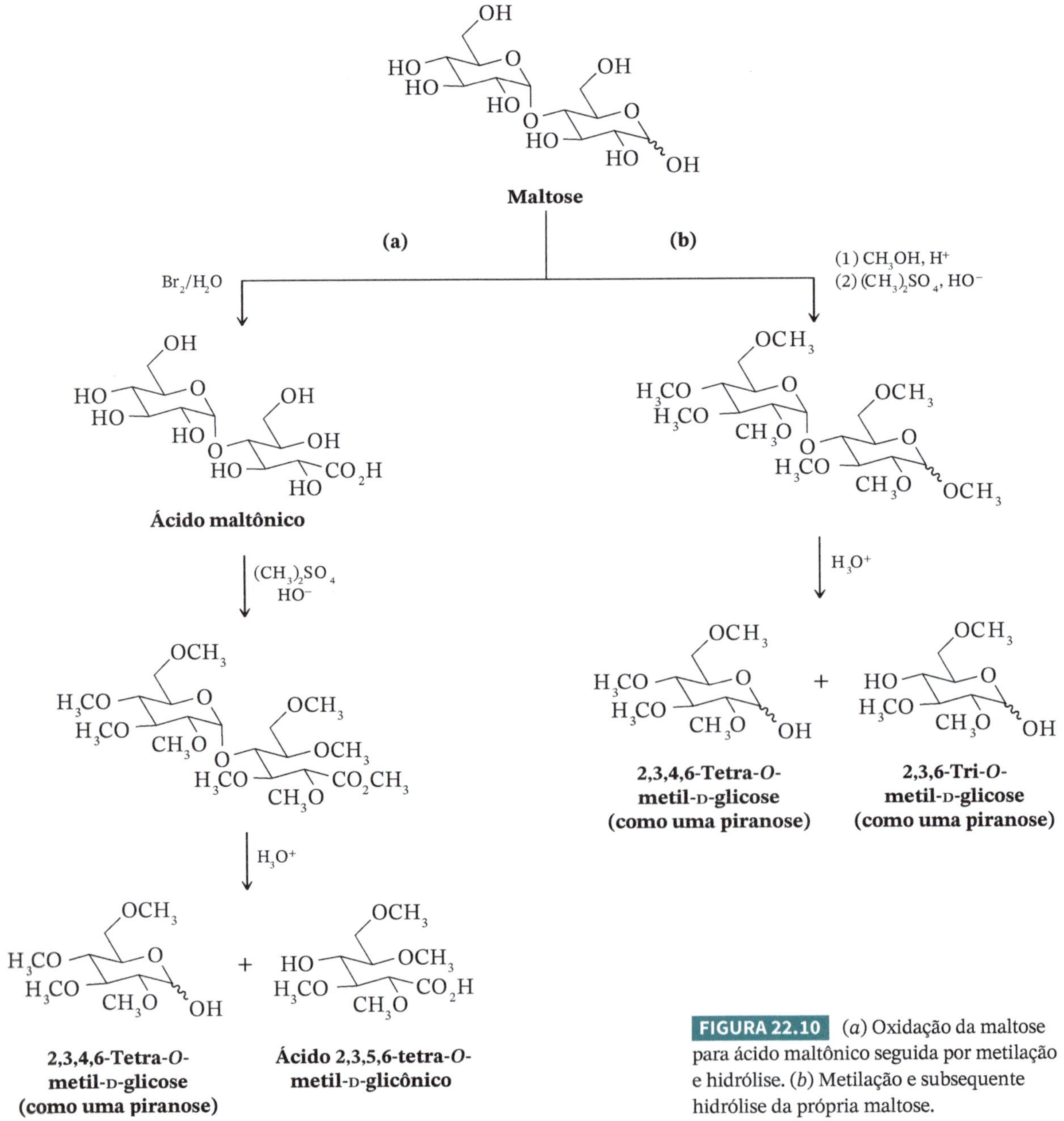

FIGURA 22.10 (*a*) Oxidação da maltose para ácido maltônico seguida por metilação e hidrólise. (*b*) Metilação e subsequente hidrólise da própria maltose.

22.12C Celobiose

A hidrólise parcial da celulose (Seção 22.13C) forma o dissacarídeo celobiose ($C_{12}H_{22}O_{11}$) (**Fig. 22.11**). A celobiose lembra a maltose em todos os aspectos, exceto um: a configuração da sua ligação glicosídica.

A celobiose, como maltose, é um açúcar redutor que, ao sofrer hidrólise catalisada por ácido, produz dois equivalentes molares de D-glicose. A celobiose também sofre mutarrotação e forma uma monofenilosazona. Estudos de metilação mostram que C1 de uma unidade de glicose está conectado na ligação glicosídica com o C4 da outra e que ambos os anéis são de seis membros. No entanto, diferentemente da maltose, a celobiose é hidrolisada pelas enzimas *β-glicosidases* e não pelas enzimas α-glicosidases. Isto indica que a ligação glicosídica na celobiose é β (Fig. 22.11).

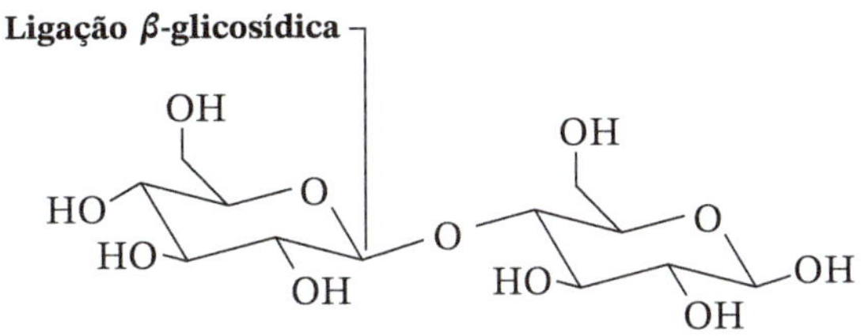

FIGURA 22.11 Anômero β da celobiose, 4-*O*-(β-D-glicopiranosil)-β-D-glicopiranose.

A Química Sintética de... Adoçantes Artificiais (Como São Doces)

Science History Images/ Alamy Stock Photo

Alguns produtos que contêm o adoçante artificial aspartame.

A sacarose (açúcar refinado) e a frutose são os adoçantes naturais mais comuns. No entanto, todos sabem que eles aumentam a nossa ingestão de calorias e promovem a cárie dentária. Por essas razões, muitas pessoas consideram os adoçantes artificiais como uma alternativa atraente aos seus análogos naturais calóricos.

Possivelmente, o adoçante artificial de maior sucesso e mais largamente utilizado seja o aspartame, o éster metílico de um dipeptídeo formado a partir de fenilalanina e ácido aspártico. O aspartame é cerca de 100 vezes mais doce que a sacarose. No entanto, ele sofre hidrólise lenta em solução, o que limita sua vida de prateleira em produtos como refrigerantes. Ele também não pode ser usado para cozinhar e assar, porque ele se decompõe com o calor. Além disso, pessoas com uma condição genética conhecida como fenilcetonúria não podem ingerir aspartame, pois o metabolismo delas provoca um acúmulo de ácido fenilpirúvico derivado do aspartame. O acúmulo de ácido fenilpirúvico é prejudicial, especialmente em crianças. O alitame, por outro lado, é um composto análogo ao aspartame, mas com melhores propriedades. Ele é mais estável do que o aspartame e cerca de 2000 vezes mais doce que a sacarose.

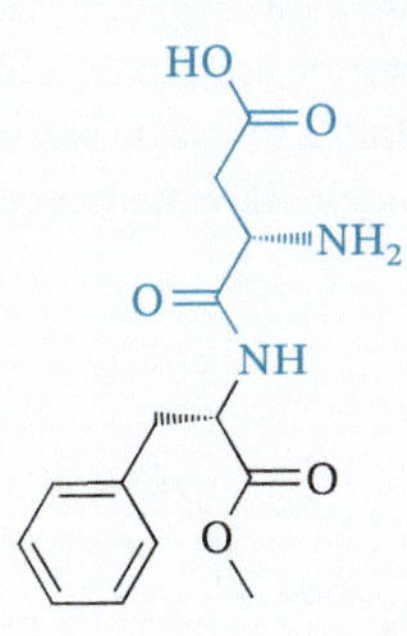

Aspartame

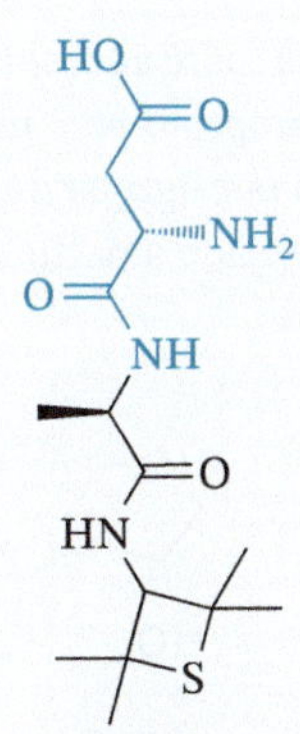

Alitame

A sucralose, outro adoçante artificial, é um derivado triclorado da sacarose. Assim como o aspartame, a sucralose também é aprovada para uso pela agência governamental norte-americana que controla alimentos e medicamentos (U.S. Food and Drug Administration, FDA). A sucralose é 600

(*continua*)

(continuação)

vezes mais doce que a sacarose e possui muitas propriedades desejáveis em um adoçante artificial. A sucralose parece e tem gosto de açúcar, é estável nas temperaturas usadas para cozinhar e assar e, além disso, não provoca cárie dentária ou fornece calorias.

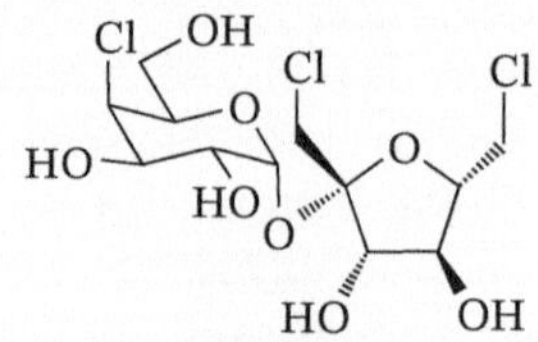

Sucralose

O ciclamato e a sacarina, utilizados como sais de sódio ou cálcio, foram adoçantes populares durante certo tempo. Uma formulação comum, contendo uma mistura 10:1 de ciclamato e sacarina, mostrou ser mais doce que qualquer um dos compostos individualmente. No entanto, testes mostraram que esta mistura produzia tumores em animais e, subsequentemente, foi proibida pela FDA. Entretanto, certas exceções na regulamentação permitem o uso continuado de sacarina em alguns produtos.

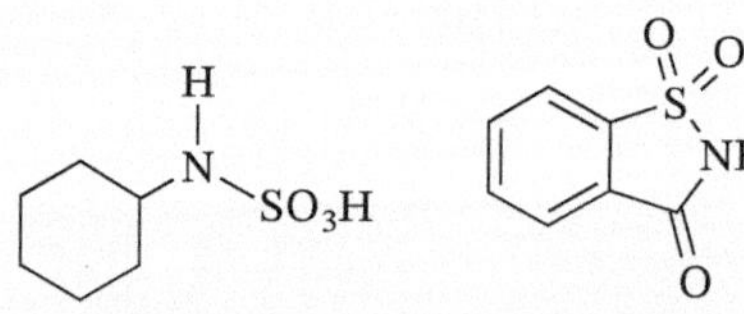

Ciclamato **Sacarina**

Muitos outros compostos têm potencial como adoçantes artificiais. Por exemplo, açúcares L também são doces e provavelmente forneceriam zero ou teores muito baixos de caloria, porque as enzimas humanas evoluíram para metabolizar seletivamente os seus enantiômeros, os açúcares D. Apesar de as fontes de açúcares L serem raras na natureza, todas as oito L-hexoses foram sintetizadas por S. Masamune e K.B. Sharpless, utilizando a epoxidação assimétrica de Sharpless (Seções 11.14 e 22.11) e outros métodos sintéticos enantiosseletivos.

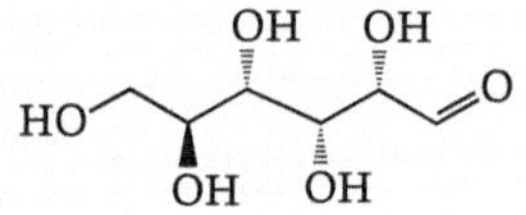

L-Glicose

Grande parte da pesquisa sobre adoçantes envolve a investigação da estrutura dos sítios receptores dos adoçantes. Um modelo proposto para um receptor de adoçantes incorpora oito subsítios de interação, envolvendo interações por ligação de hidrogênio e forças de van der Waals. O ácido sucrônico é um composto sintético planejado a partir deste modelo. É relatado que o ácido sucrônico é 200.000 vezes mais doce que a sacarose.

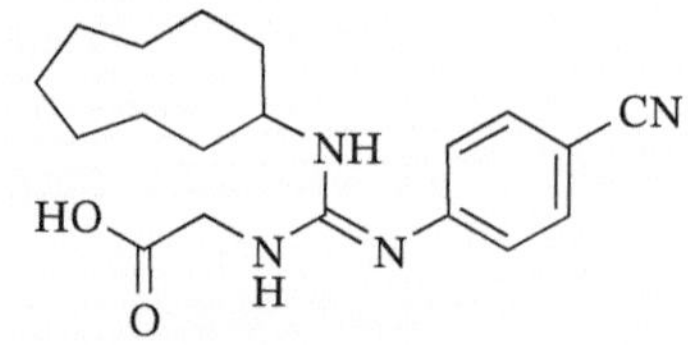

Ácido sucrônico

22.12D Lactose

Lactose (Fig. 22.12) é um dissacarídeo presente no leite humano, no leite de vaca e de quase todos os outros mamíferos. A lactose é um açúcar redutor que sofre hidrólise, produzindo D-glicose e D-galactose; a ligação glicosídica é β.

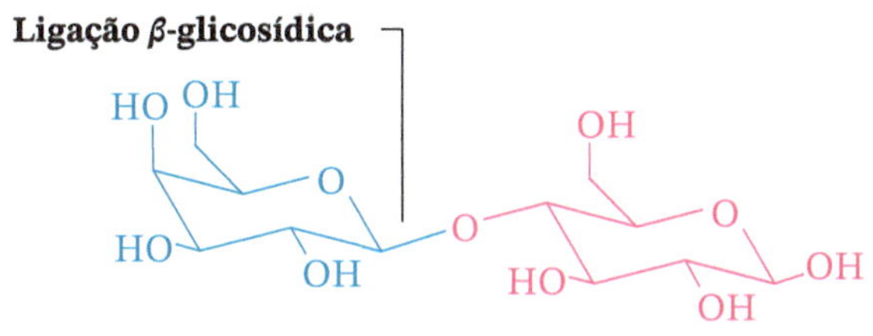

FIGURA 22.12 Anômero β da lactose, 4-*O*-(β-D-galactopiranosil)-β-D-glicopiranose.

22.13 Polissacarídeos

- **Polissacarídeos**, também conhecidos como **glicanos**, consistem em monossacarídeos unidos por ligações glicosídicas.

Polissacarídeos que são polímeros de apenas um tipo de monossacarídeo são chamados de **homopolissacarídeos**; aqueles constituídos por mais de um tipo de monossacarídeo são chamados de **heteropolissacarídeos**. Homopolissacarídeos também são classificados de acordo com o tipo de monossacarídeo. Um homopolissacarídeo consistindo em monômeros de glicose é chamado de **glicano**; um consistindo em unidades de galactose é um **galactano**, e assim por diante.

Três importantes polissacarídeos, todos sendo glicanos, são: amido, glicogênio e celulose.

- Amido é a principal reserva alimentar das plantas; glicogênio se comporta como reserva de carboidratos para os animais; e celulose tem papel estrutural nas plantas.

Ao estudarmos as estruturas destes três polissacarídeos, seremos capazes de entender como cada um é especialmente adequado para sua função.

22.13A Amido

O amido ocorre como grânulos microscópicos em raízes, tubérculos e sementes de plantas. Milho, batata, trigo e arroz são fontes comerciais importantes de amido. O aquecimento do amido com água faz com que os grânulos de amido inchem e produzam uma suspensão coloidal a partir da qual podem ser isolados dois componentes principais. Um dos componentes é chamado de *amilose* e o outro, *amilopectina*. A maioria dos amidos produz 10–20% de amilose e 80–90% de amilopectina.

- Amilose consiste tipicamente em mais de 1000 unidades de D-glicopiranosídeo *conectadas por ligações* α entre C1 de uma unidade e C4 da unidade seguinte (Fig. 22.13).

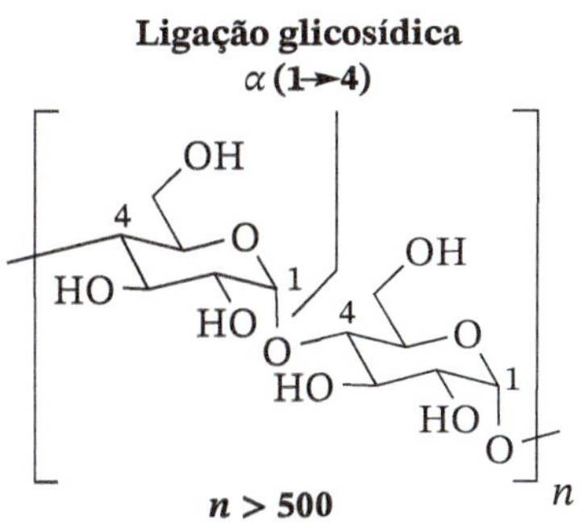

FIGURA 22.13 Estrutura parcial da amilose, um polímero não ramificado da D-glicose conectado por ligações glicosídicas $\alpha(1\rightarrow 4)$.

Assim, considerando o tamanho do anel das unidades de glicose e a configuração das ligações glicosídicas, a amilose se assemelha à maltose.

Cadeias de unidades de D-glicose com ligações glicosídicas α, como na amilose, tendem a assumir um arranjo helicoidal (**Fig. 22.14**). Este arranjo resulta em uma forma compacta da molécula de amilose, considerando que esta molécula tem massa molecular relativamente grande (150.000 a 600.000).

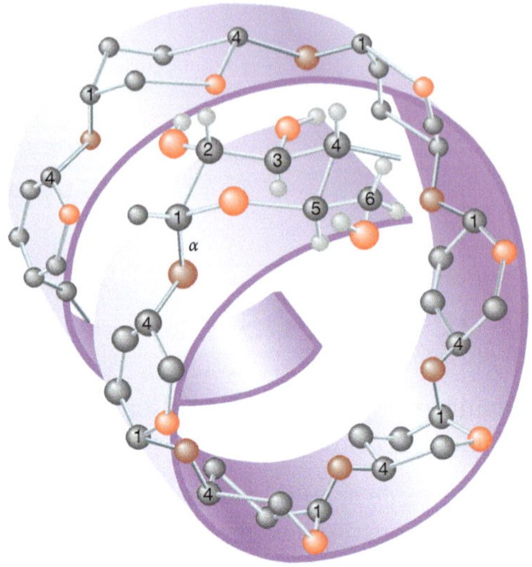

FIGURA 22.14 Amilose. As ligações $\alpha(1\rightarrow 4)$ fazem com que a amilose assuma a forma de uma hélice com giro para a esquerda. (Ilustração, Irving Geis. Imagem de Irving Geis Collection, HHMI. Direitos autorais, Howard Hughes Medical Institute. Não pode ser reproduzida sem permissão.)

- A amilopectina tem uma estrutura semelhante àquela da amilose [ou seja, ligações $\alpha(1\rightarrow 4)$], exceto que as cadeias são ramificadas na amilopectina. Ramificações ocorrem entre C6 de uma unidade de glicose e C1 de outra e ocorrem em intervalos de 20 a 25 unidades de glicose (**Fig. 22.15**).

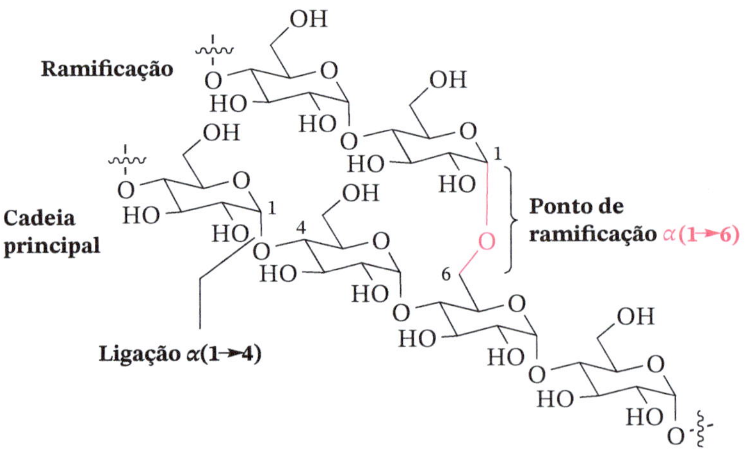

FIGURA 22.15 Estrutura parcial da amilopectina.

Medidas físicas indicam que amilopectina tem uma massa molecular de 1–6 milhões; assim, a amilopectina consiste em centenas de cadeias interconectadas, cada uma contendo de 20 a 25 unidades de glicose.

22.13B Glicogênio

- Glicogênio tem uma estrutura muito parecida com aquela da amilopectina; no entanto, no glicogênio o grau de ramificação das cadeias é muito maior.

Metilação e hidrólise de glicogênio indicam que existe um grupo terminal para cada 10 a 12 unidades de glicose e ramificações podem ocorrer a cada 6 unidades. Glicogênio tem uma massa molecular muito alta. Estudos de glicogênios isolados sob condições que minimizam a probabilidade de hidrólise indicam massas moleculares tão altas quanto 100 milhões.

O tamanho e a estrutura do glicogênio são perfeitamente adequados a sua função como uma reserva de carboidratos para os animais. Primeiro, seu tamanho o torna muito grande para se difundir através das membranas celulares, permanecendo, assim, dentro da célula, onde ele é necessário como uma fonte de energia. Segundo, como o glicogênio incorpora dezenas de milhares de unidades de glicose em uma única molécula, isto resolve um problema osmótico importante para a célula. Caso tantas unidades de glicose estivessem presentes na célula como moléculas individuais, a pressão osmótica dentro da célula seria enorme, tão grande que a membrana celular quase que certamente seria rompida.* Finalmente, a concentração de inúmeras unidades de glicose dentro de uma estrutura grande e muito ramificada simplifica dois problemas logísticos da célula: o de ter uma fonte imediata de glicose quando as concentrações de glicose celular estão baixas e de ser capaz de estocar glicose rapidamente quando as concentrações de glicose celular estão altas. Existem enzimas dentro da célula que catalisam reações em que unidades de glicose são separadas do (ou ligadas ao) glicogênio. Estas enzimas atuam em grupos terminais por hidrólise (ou formação) de ligações glicosídicas $\alpha(1\rightarrow4)$. Como o glicogênio é altamente ramificado, existem inúmeros grupos terminais disponíveis para a atuação destas enzimas. Ao mesmo tempo, a concentração total de glicogênio (em mol/L) é muito baixa, devido a sua enorme massa molecular.

A amilopectina, presumivelmente, exerce uma função semelhante nas plantas. No entanto, o fato de a amilopectina ser muito menos ramificada do que o glicogênio não é uma desvantagem crítica. As plantas têm uma taxa metabólica muito mais baixa do que os animais, e as plantas, naturalmente, não têm demandas súbitas de energia.

Animais armazenam energia na forma de gorduras (triacilgliceróis), bem como glicogênio. Como as gorduras estão em estado mais reduzido, elas são capazes de fornecer muito mais energia. Por exemplo, o metabolismo de um ácido graxo típico libera mais do que o dobro de energia por carbono do que a glicose ou o glicogênio. Por que, então, poderíamos perguntar, teriam evoluído dois depósitos de energia diferentes? A glicose (a partir de glicogênio) está prontamente disponível e é muito solúvel em água.** Consequentemente, a glicose difunde-se rapidamente através do meio aquoso da célula e serve como uma fonte ideal de "energia pronta". Em contraste, ácidos graxos de cadeia longa são praticamente insolúveis em água e sua concentração dentro da célula nunca pode ser muito alta. Assim, eles não são uma boa fonte de energia para a célula em caso de uma demanda súbita de energia. Por outro lado, os ácidos graxos (como triacilgliceróis), devido a sua riqueza calórica, são um excelente repositório de energia para o armazenamento de energia de longo prazo.

22.13C Celulose

Ao examinarmos a estrutura da celulose, descobrimos outro exemplo de um polissacarídeo em que a natureza distribuiu as unidades de glicose monoméricas de modo adaptado a sua função.

- Celulose contém unidades de D-glicopiranosídeo unidas de modo $(1\rightarrow4)$ em cadeias muito longas e sem ramificações. Entretanto, diferentemente do amido e do glicogênio, estas uniões na celulose são *ligações glicosídicas* β (**Fig. 22.16**).

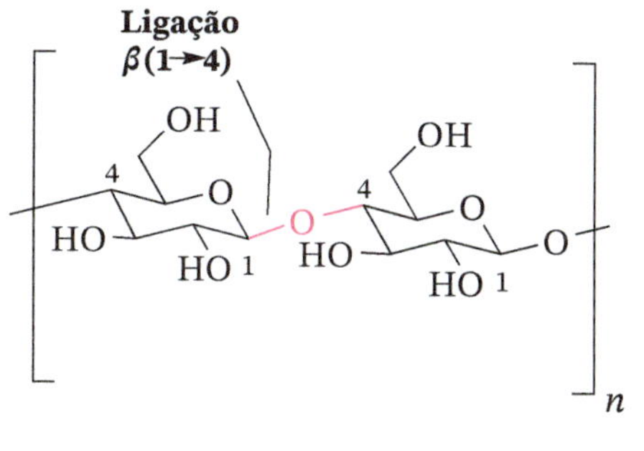

FIGURA 22.16 Uma parte de uma cadeia de celulose. As ligações glicosídicas são $\beta(1\rightarrow4)$.

*O fenômeno da pressão osmótica ocorre quando duas soluções de concentrações diferentes estão separadas por uma membrana que permite a penetração (por osmose) do solvente, mas não do soluto. A pressão osmótica (π) em um lado da membrana está relacionada com o número de mols de partículas do soluto (n), o volume da solução (V) e a constante dos gases vezes a temperatura absoluta (RT): $\pi V = nRT$.

**Na realidade, a glicose é liberada como glicose-6-fosfato (G6P), que também é solúvel em água.

As ligações glicosídicas β da celulose tornam suas cadeias essencialmente lineares; as cadeias não tendem a se enrolar em estruturas helicoidais como acontece com os polímeros de glicose quando as ligações são do tipo $\alpha(1\rightarrow 4)$.

Na celulose, o arranjo linear das unidades de glicose, unidas via ligações β, mostra uma distribuição uniforme de grupos —OH orientados para fora de cada cadeia. Quando duas ou mais cadeias de celulose fazem contato, os grupos hidroxila estão dispostos de forma ideal para "fechar" as cadeias via interações por ligação de hidrogênio (Fig. 22.17). Muitas cadeias de celulose compactadas desta forma fornecem um polímero altamente insolúvel, rígido e fibroso, que é ideal como material da parede celular das plantas.

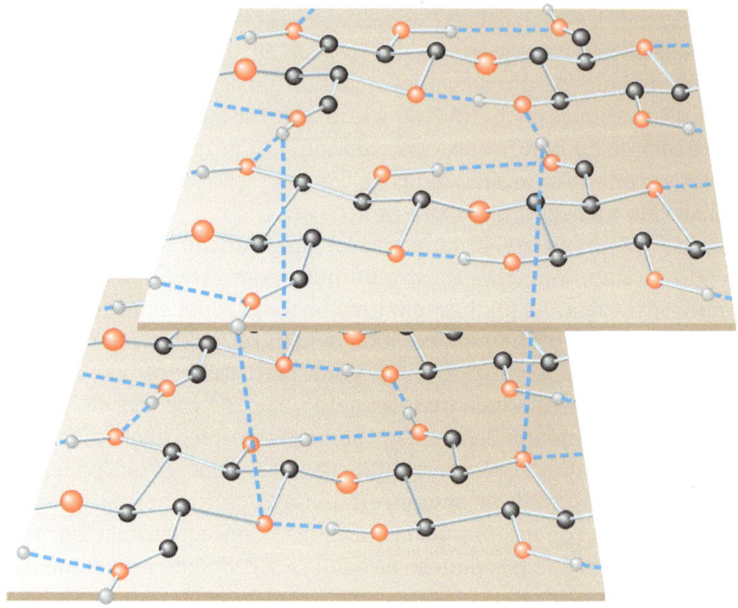

FIGURA 22.17 Uma estrutura proposta para a celulose. Uma fibra de celulose pode consistir em aproximadamente 40 fitas paralelas de moléculas de glicose unidas de uma maneira $\beta(1\rightarrow 4)$. Cada unidade de glicose em uma cadeia está invertida em relação à unidade de glicose anterior e é mantida nesta posição por ligações de hidrogênio (linhas tracejadas) entre as cadeias. As cadeias de glicano alinham-se lateralmente para formar folhas que se empilham verticalmente de modo a ficarem alternadas por meia unidade de glicose. (Os átomos de hidrogênio que não participam das ligações de hidrogênio foram omitidos para dar maior clareza.) (Ilustração, Irving Geis. Imagem de Irving Geis Collection, HHMI. Direitos autorais, Howard Hughes Medical Institute. Não pode ser reproduzida sem permissão.)

Deve ser enfatizado que esta propriedade especial das cadeias de celulose não é apenas um resultado das ligações glicosídicas $\beta(1\rightarrow 4)$; é, também, uma consequência da estereoquímica exata da D-glicose em cada centro quiral. Caso as unidades de D-galactose ou D-alose fossem unidas de modo similar, elas certamente não dariam origem a um polímero com as propriedades da celulose. Assim, tem-se outra visão do motivo pelo qual a D-glicose ocupa uma posição especial na química das plantas e dos animais. Ela não é apenas a aldoexose mais estável (porque pode existir em uma conformação em cadeira que permite que todos os grupos volumosos ocupem posições equatoriais), mas sua estereoquímica especial também permite que forme estruturas helicoidais quando unidas por ligações α, como no amido, e estruturas lineares rígidas quando unidas por ligações β, como na celulose.

Existe outro fato interessante e importante sobre a celulose: as enzimas do aparelho digestivo humano não podem atacar ligações glicosídicas $\beta(1\rightarrow 4)$. Como resultado, ao contrário do amido, a celulose não desempenha a função de fornecer alimento para os seres humanos. No entanto, o gado e os cupins podem usá-la (celulose da grama e madeira) como fonte de alimento, porque as bactérias simbióticas em seus sistemas digestivos fornecem enzimas β-glicosidases.

Talvez outra questão devesse ser levantada: Por que a D-(+)-glicose foi selecionada para este papel especial em vez da L-(−)-glicose, sua imagem especular? Neste caso, não podemos dar uma resposta com certeza. A seleção da D-(+)-glicose pode ter sido simplesmente um evento aleatório no início do curso da evolução da catálise enzimática. Entretanto, uma vez que esta seleção ocorreu, as configurações dos sítios ativos das enzimas envolvidas mantiveram uma preferência pela D-(+)-glicose em detrimento da L-(−)-glicose (devido ao encaixe impróprio da última). Uma vez introduzida, esta preferência seria perpetuada e estendida para outros catalisadores.

Finalmente, quando se fala sobre seleção evolutiva de uma molécula específica para uma determinada função, não se pretende sugerir que a evolução opera em nível molecular. A evolução, é claro, ocorre em nível de populações de organismos e as moléculas são selecionadas apenas no sentido de que seu uso fornece ao organismo uma maior probabilidade de sobreviver e procriar.

22.13D Derivados de Celulose

Uma série de derivados de celulose é usada comercialmente. Muitos deles são compostos em que dois ou três dos grupos hidroxila livres de cada unidade de glicose foram convertidos em éster ou éter. Esta conversão altera, significativamente, as propriedades físicas do material, tornando-o mais solúvel em solventes orgânicos e permitindo que seja transformado em fibras e filmes. O tratamento da celulose com anidrido acético produz o triacetato conhecido como "Arnel" ou "acetato", amplamente usado na indústria têxtil. Trinitrato de celulose, também chamado de "algodão-pólvora" ou nitrocelulose, é usado em explosivos.

Raiom (*rayon*) é produzido pelo tratamento da celulose (algodão ou polpa de madeira) com dissulfeto de carbono em solução básica. Esta reação converte a celulose em xantato solúvel:

$$\text{Celulose}{-}\text{OH} + CS_2 \xrightarrow{\text{NaOH}} \text{celulose}{-}\text{O}{-}\overset{\overset{\displaystyle S}{\|}}{C}{-}S^- \, Na^+$$

Xantato de celulose

Então, a solução de xantato de celulose passa por um pequeno orifício ou fenda em solução ácida. Esta operação regenera os grupos —OH, fazendo com que a celulose precipite como uma fibra ou um filme:

$$\text{Celulose}{-}\text{O}{-}\overset{\overset{\displaystyle S}{\|}}{C}{-}S^- \, Na^+ \xrightarrow{H_3O^+} \text{celulose}{-}\text{OH}$$

Raiom ou celofane

As fibras são *raiom*; os filmes, depois de amolecimento com glicerol, são *celofane*.

Akimov Igor/Shutterstock.com

Celofane em bobinas em uma fábrica.

22.14 Outros Açúcares Biologicamente Importantes

Derivados de monossacarídeos onde o grupo $-CH_2OH$ em C6 foi especificamente oxidado a um grupo carboxila ($-CO_2H$) são chamados de **ácidos urônicos**, cujos nomes são baseados no monossacarídeo a partir do qual são derivados. Por exemplo, a oxidação específica em C6 da glicose a um grupo carboxila converte a *glicose* em **ácido glicurônico**. Da mesma forma, a oxidação específica em C6 da *galactose* produzirá o **ácido galacturônico**:

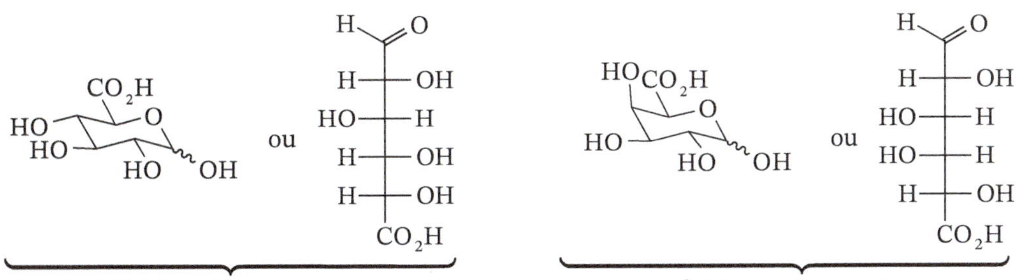

Ácido D-glicurônico **Ácido D-galacturônico**

PROBLEMA DE REVISÃO 22.19

A oxidação direta de uma aldose afeta primeiro o grupo aldeído, convertendo-o em um ácido carboxílico (Seção 22.6B) e, em geral, os agentes que oxidam álcoois primários também oxidam álcoois secundários. Então, evidentemente, uma síntese de laboratório de um ácido urônico a partir de uma aldose requer a proteção destes grupos para evitar a oxidação dos mesmos. Tendo isto em mente, proponha um método para realizar uma oxidação específica para converter D-galactose em ácido D-galacturônico. (*Sugestão*: veja a Seção 22.5E.)

- Monossacarídeos onde um grupo —OH foi substituído por —H são conhecidos como **desoxiaçúcares**.

O desoxiaçúcar mais importante, porque ocorre no DNA, é a **desoxirribose**. Outros desoxiaçúcares, que ocorrem amplamente em polissacarídeos, são L-ramnose e L-fucose:

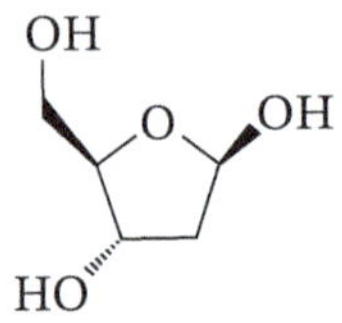

β-2-Desoxi-D-ribose

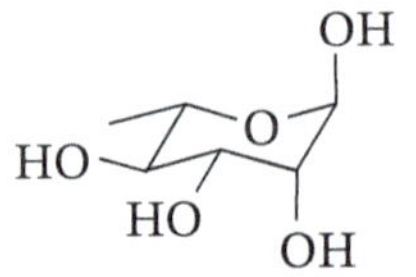

α-L-Ramnose (6-desoxi-L-manose)

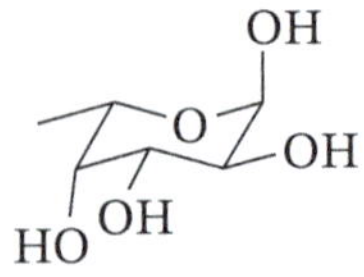

α-L-Fucose (6-desoxi-L-galactose)

22.15 Açúcares que Contêm Nitrogênio

22.15A Glicosilaminas

Um açúcar onde um grupo amino substitui o —OH anomérico é chamado de glicosilamina. Exemplos são β-D-glicopiranosilamina e adenosina:

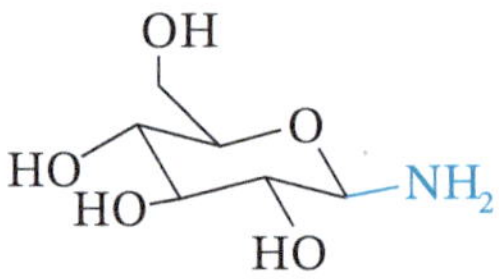

β-D-glicopiranosilamina

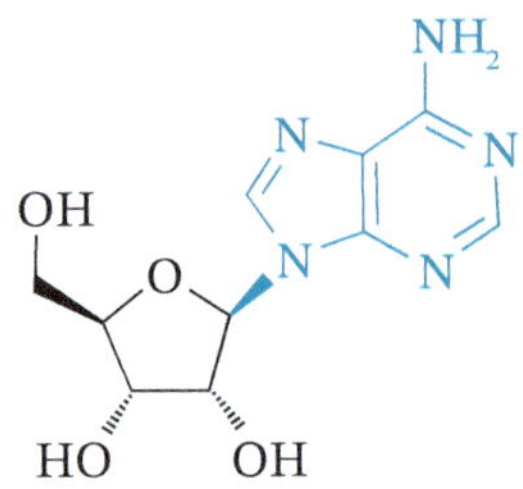

Adenosina

Adenosina é um exemplo de uma glicosilamina que também é um nucleosídeo.

- **Nucleosídeos** são glicosilaminas onde o componente amino é uma pirimidina ou purina (Seção 20.1B) e o componente açúcar é a D-ribose ou a 2-desoxi-D-ribose (ou seja, D-ribose sem o oxigênio na posição 2).

Nucleosídeos são componentes importantes do RNA (ácido ribonucleico) e DNA (ácido desoxirribonucleico). As propriedades destes compostos serão vistas em detalhes na Seção 25.2.

22.15B Aminoaçúcares

- Um açúcar onde um grupo amino substitui um grupo —OH não anomérico é chamado de **aminoaçúcar**.

A **D-glicosamina** é um exemplo de um aminoaçúcar. Em muitos casos, o grupo amino é acetilado, como na ***N*-acetil-D-glicosamina**. O **ácido *N*-acetilmurâmico** é um componente importante das paredes celulares das bactérias (Seção 24.10).

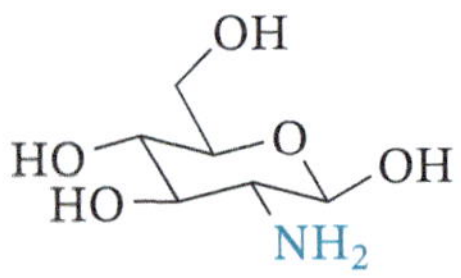

β-D-Glicosamina

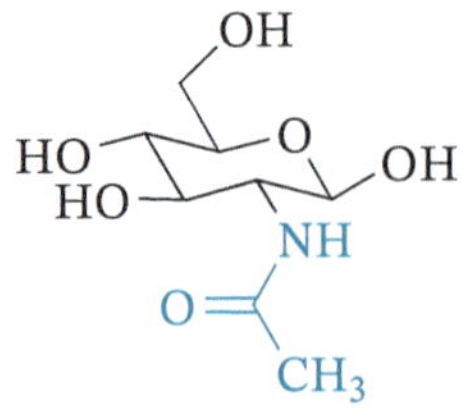

β-*N*-Acetil-D-glicosamina (NAG)

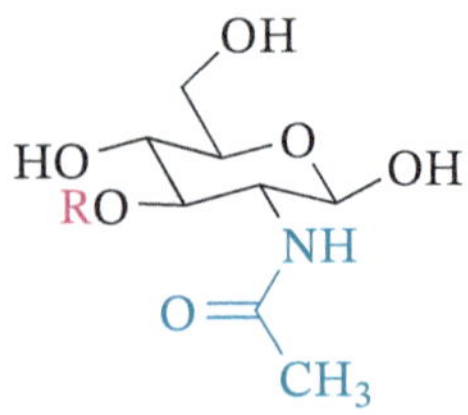

Ácido β-*N*-acetilmurâmico (NAM)

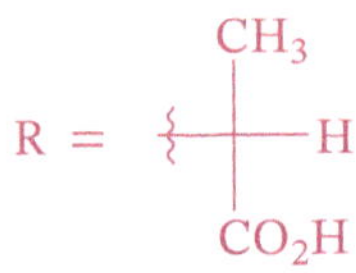

A D-glicosamina pode ser obtida por hidrólise de **quitina**, um polissacarídeo encontrado nos exoesqueletos de artrópodes como crustáceos (por exemplo, lagostas e caranguejos), insetos e aracnídeos. Entretanto, o grupo amino da D-glicosamina, que ocorre na quitina, é acetilado; assim, a unidade que se repete é, na verdade, *N*-acetilglicosamina (**Fig. 22.18**). As ligações glicosídicas na quitina são $\beta(1 \rightarrow 4)$. Análise de raios X indica que a estrutura da quitina é semelhante à da celulose.

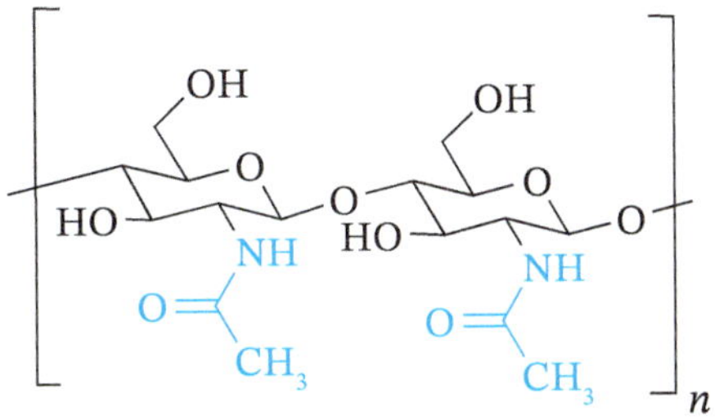

FIGURA 22.18 Uma estrutura parcial da quitina. As unidades que se repetem são *N*-acetilglicosaminas unidas por $\beta(1 \rightarrow 4)$.

A D-glicosamina também pode ser isolada da **heparina**, um polissacarídeo sulfatado que consiste, predominantemente, em unidades alternadas de D-glicuronato-2-sulfato e *N*-sulfo-D-glicosamina-6-sulfato (**Fig. 22.19**). Heparina ocorre nos grânulos intracelulares de mastócitos que recobrem as paredes arteriais que, quando liberada devido a um ferimento, inibe a coagulação sanguínea. Seu propósito parece ser o de prevenir a formação descontrolada de coágulos. Heparina é amplamente usada na medicina para prevenir a coagulação do sangue em pacientes pós-cirúrgicos.

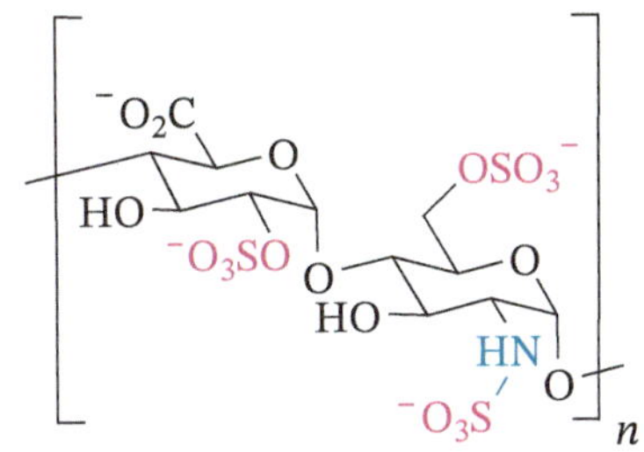

FIGURA 22.19 Uma estrutura parcial da heparina, um polissacarídeo que previne a coagulação sanguínea.

22.16 Glicolipídios e Glicoproteínas da Superfície Celular: Reconhecimento Celular e Sistema Imune

Os carboidratos unidos por ligações glicosídicas aos lipídios (Capítulo 23) e proteínas (Capítulo 24) são chamados de **glicolipídios** e **glicoproteínas**, respectivamente, e têm funções que abrangem todo o espectro de atividades na célula. De fato, muitas proteínas são glicoproteínas, onde o conteúdo de carboidrato pode variar de menos de 1% até mais de 90%.

Sabe-se agora que glicolipídios e glicoproteínas na superfície celular (Seção 23.6A) são os agentes pelos quais as células interagem com outras células e com bactérias e vírus invasores. O papel do sistema imunológico na cura e nas doenças autoimunes, como artrite reumatoide, envolve o reconhecimento celular por carboidratos na superfície celular. Carboidratos importantes neste papel são os ácidos sialila de Lewis^x (veja "A Química Biológica de... Patrulha de Leucócitos e Ácidos Sialila de Lewis^x"). Da mesma forma, células tumorais também têm marcadores específicos de carboidratos em sua superfície, fato que pode tornar possível o desenvolvimento de vacinas contra o câncer.

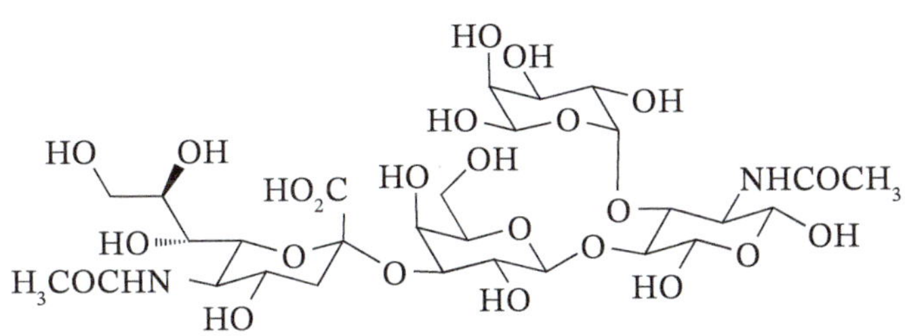

Um ácido sialila de Lewis^x

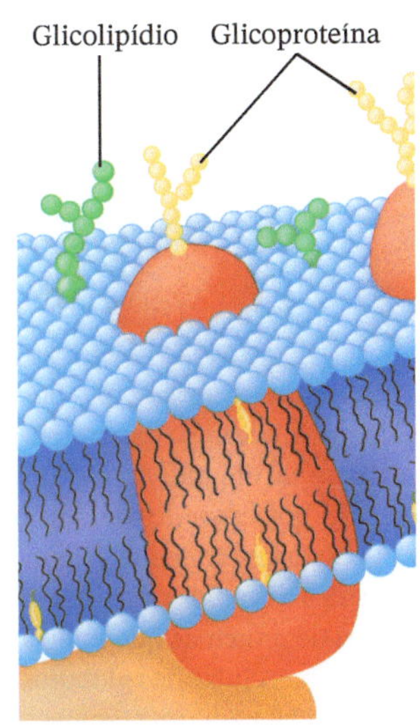

(Reproduzida com permissão de John Wiley & Sons Inc. Voet, D. e Voet, J. G. *Biochemistry*, Segunda Edição, © 1995 Voet, D. e Voet, J. G.)

Os grupos sanguíneos humanos são outro exemplo de como os carboidratos, na forma de glicolipídios e glicoproteínas, atuam como marcadores bioquímicos. Os tipos sanguíneos A, B e O são estabelecidos de acordo com os determinantes A, B e H, respectivamente, presentes na superfície das células sanguíneas. (O nome H para o determinante do tipo O surgiu por motivos históricos.) Células sanguíneas do tipo AB têm ambos os determinantes A e B. Estes determinantes são as regiões de carboidratos nos **antígenos** A, B e H.

Antígenos são substâncias químicas características que provocam a produção de **anticorpos** quando injetados em um animal. Cada anticorpo pode se ligar, ao menos, a dois de seus antígenos correspondentes, interligando-os. Quando o antígeno é particulado, como os glóbulos vermelhos, a reação antígeno–anticorpo provoca aglutinação (agregação) do antígeno. Em uma transfusão, esta aglutinação pode levar a um bloqueio fatal dos vasos sanguíneos.

Indivíduos com antígenos do tipo A em suas células sanguíneas têm anticorpos anti-B em seu soro; aqueles com antígenos do tipo B têm anticorpos anti-A. Indivíduos do tipo AB têm ambos os antígenos A e B, mas não têm anticorpos anti-A nem anti-B. Indivíduos do tipo O não têm antígenos A nem B, mas têm ambos os anticorpos anti-A e anti-B.

Os antígenos A, B e H diferem apenas nas unidades de monossacarídeos em suas extremidades não redutoras. O antígeno do tipo H (Fig. 22.20) é o oligossacarídeo precursor dos antígenos dos tipos A e B. Indivíduos com sangue do tipo A têm uma enzima que adiciona, especificamente, uma unidade de *N*-acetilgalactosamina ao grupo 3-OH da unidade de galactose terminal do antígeno H. Indivíduos com sangue do tipo B têm uma enzima que adiciona, nesta mesma posição, galactose. Nos indivíduos com sangue do tipo O, a enzima é inativa.

Interações antígeno–anticorpo, como as que determinam os tipos sanguíneos, são a base do sistema imunológico. Estas interações envolvem, normalmente, o reconhecimento químico de um glicolipídio ou glicoproteína do antígeno por um glicolipídio ou glicoproteína do anticorpo. Entretanto, uma emergente e diferente dimensão da química que envolve anticorpos será explorada em mais detalhes na abertura do Capítulo 24 sobre o planejamento de catalisadores e em "A Química Sintética de... Alguns Anticorpos Catalíticos" (Seção 24.12).

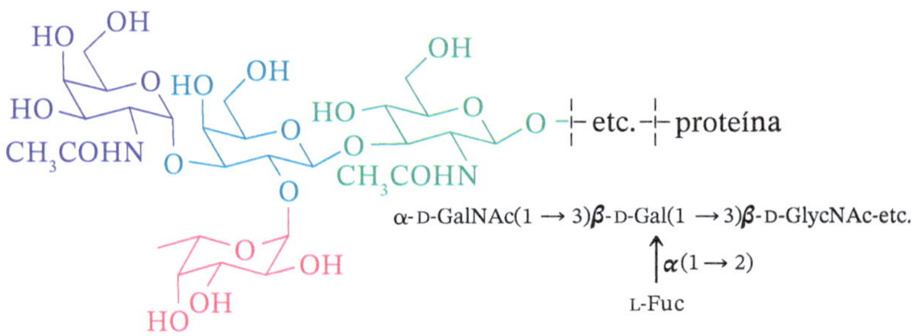

Determinante tipo A

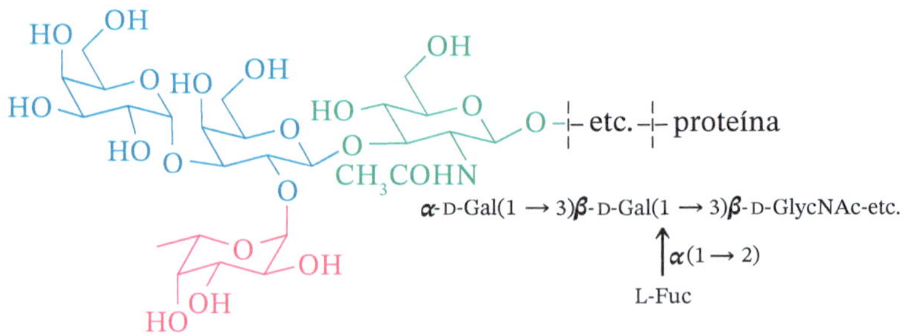

Determinante tipo B

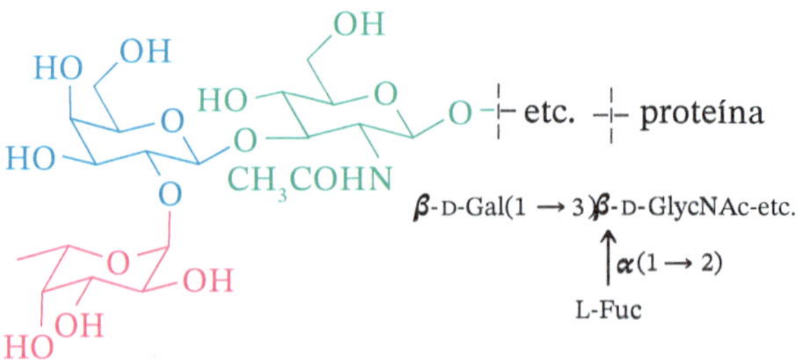

Determinante tipo H

FIGURA 22.20 Monossacarídeos terminais dos determinantes antigênicos dos tipos sanguíneos A, B e O. O determinante do tipo H está presente em indivíduos com sangue do tipo O e é o precursor dos determinantes dos tipos A e B. Estes antígenos oligossacarídeos estão ligados a lipídios transportadores ou moléculas de proteínas que estão ancoradas na membrana celular dos glóbulos vermelhos (veja a Fig. 23.9 para uma representação de uma membrana celular). Ac = acetil, Gal = D-galactose, GalNAc = *N*-acetilgalactosamina, GlycNAc = *N*-acetilglicosamina, Fuc = fucose.

A Química Biológica de... Patrulha de Leucócitos e Ácidos Sialila de Lewis^x

Os glóbulos brancos (leucócitos) patrulham continuamente o sistema circulatório e os espaços intersticiais, prontos para mobilização em um local de trauma. Nos leucócitos, os soldados da linha de frente são grupos de carboidratos nas suas superfícies chamados de ácidos sialila de Lewis^x. Quando ocorre uma lesão, células no local do trauma apresentam proteínas, chamadas de selectinas, que sinalizam o local da lesão e se ligam a ácidos sialila de Lewis^x. A ligação entre selectinas e ácidos sialila de Lewis^x provoca a adesão dos leucócitos nas áreas afetadas. Desta forma, o recrutamento de leucócitos é uma etapa importante da cascata inflamatória. É uma parte necessária no processo de cura, assim como parte da defesa natural do organismo contra infecções. Um modelo molecular de um ácido sialila de Lewis^x é mostrado na figura de abertura deste capítulo e sua fórmula estrutural é dada na Seção 22.16.

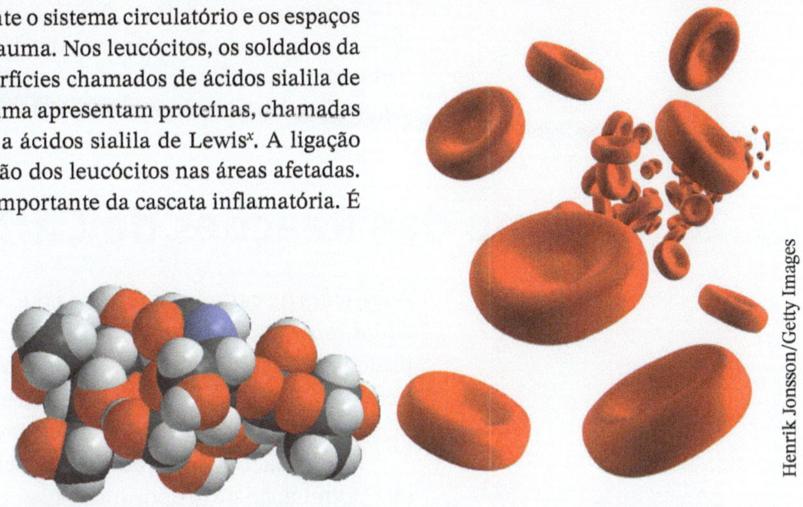

Sialila de Lewis^x, um carboidrato importante no reconhecimento e cura de tecidos traumatizados.

Existem algumas doenças, no entanto, que resultam no recrutamento exacerbado de leucócitos. Alguns exemplos são artrite reumatoide, derrames e lesões em decorrência de perfusão durante cirurgias e transplantes de órgãos. Nestas condições, o corpo entende que determinadas células estão sob ameaça, e ele reage de acordo para iniciar a cascata inflamatória. Infelizmente, sob essas circunstâncias, a cascata inflamatória provoca, na realidade, mais mal do que bem.

Uma estratégia para combater o início indesejado da cascata inflamatória é interromper a adesão dos leucócitos. Isto pode ser feito bloqueando os sítios receptores da selectina aos ácidos sialila de Lewis^x. Os químicos têm avançado nesta abordagem sintetizando ácidos sialila de Lewis^x, tanto naturais quanto miméticos, para estudos do processo de ligação. Estes compostos ajudaram a identificar os principais grupos funcionais nos ácidos sialila de Lewis^x que são necessários nos processos de reconhecimento e ligação. Os químicos ainda planejaram e sintetizaram novos compostos que possuem maior afinidade de ligação do que os próprios ácidos sialila de Lewis^x naturais. Entre eles, polímeros contendo sequências repetidas de subunidades estruturais essenciais para a ligação. Provavelmente, essas espécies poliméricas ocupam, simultaneamente, múltiplos sítios de ligação do ácido sialila de Lewis^x e, como consequência, ligam-se mais fortemente do que os análogos monoméricos do ácido sialila de Lewis^x.

Esforços como esses, para elaborar agentes moleculares precisos, são típicos da pesquisa na descoberta e no planejamento de fármacos. No caso dos análogos de ácido sialila de Lewis^x, os químicos esperam desenvolver novas terapias para os indivíduos que sofrem de doenças inflamatórias crônicas, elaborando agentes cada vez mais eficientes em bloquear a adesão indesejada de leucócitos.

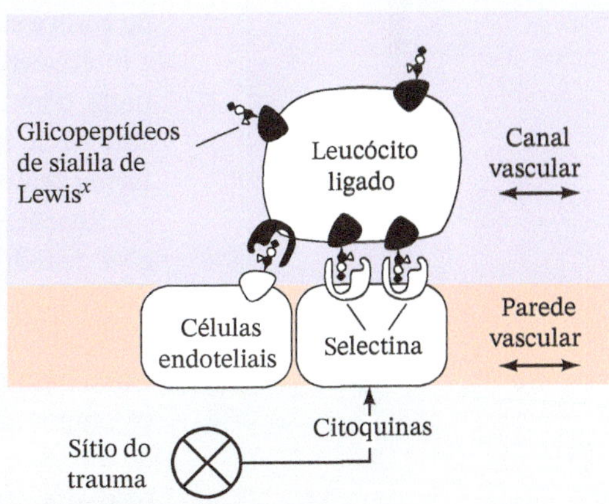

Os leucócitos patrulhadores ligam-se aos sítios de trauma através de interações entre glicoproteínas de sialila de Lewis^x nas suas superfícies e de proteínas de selectina nas células com ferimentos. Adaptada de Simanek, E. E.; McGarvey, G. J.; Jablonowski, J. A.; Wong, C. A., *Chemical Reviews*, **1998**, *98*, 833–862.

22.17 Antibióticos Derivados de Carboidratos

Uma das descobertas importantes na química de carboidratos foi o isolamento (em 1944) do antibiótico aminoglicosídeo chamado de *estreptomicina*, que atua interrompendo a síntese proteica bacteriana. Sua estrutura é constituída das três subunidades seguintes:

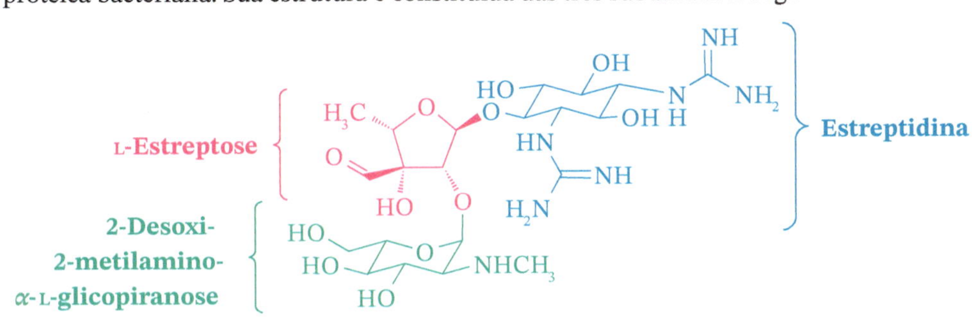

Todos os três componentes são incomuns: o aminoaçúcar é relacionado com a L-glicose; a estreptose é um monossacarídeo de cadeia ramificada; e a estreptidina nem sequer é um açúcar, mas um derivado do ciclo-hexano chamado de aminociclitol.

Outros membros desta família de antibióticos aminoglicosídeos são as canamicinas, neomicinas e gentamicinas (não mostradas). Todas são baseadas em um aminociclitol unido a um ou mais aminoaçúcares. A ligação glicosídica é quase sempre α. Esses antibióticos são especialmente úteis contra bactérias que são resistentes a penicilinas.

22.18 Resumo das Reações de Carboidratos

As reações de carboidratos, com poucas exceções, são as reações de grupos funcionais estudadas em capítulos anteriores, especialmente as de aldeídos, cetonas e álcoois. As reações principais de carboidratos são as de formação de hemiacetal e acetal e as de hidrólise. Grupos hemiacetal formam os anéis piranose e furanose dos carboidratos e os grupos acetal formam derivados glicosídeos e unem monossacarídeos, formando di-, tri-, oligo- e polissacarídeos.

Outras reações de carboidratos incluem as de álcoois, ácidos carboxílicos e seus derivados. Alquilação de grupos hidroxila de carboidratos forma éteres. Acilação de seus grupos hidroxila forma ésteres. Às vezes, reações de alquilação e acilação são usadas para proteger grupos hidroxila de carboidratos, enquanto uma transformação ocorre em outro lugar. Reações de hidrólise estão envolvidas na conversão de derivados éster e lactona de carboidratos de volta à sua forma poli-hidroxilada. Enolização de aldeídos e cetonas leva à epimerização e interconversão de aldoses e cetoses. Reações de adição de aldeídos e cetonas também são úteis, como a adição de derivados de amônia (na formação de osazonas) e de cianeto (na síntese de Kiliani—Fischer). Hidrólise de nitrilas, a partir da síntese de Kiliani—Fischer, forma ácidos carboxílicos.

Reações de redução e oxidação também têm relevância na química de carboidratos. Reações de redução de aldeídos e cetonas, como redução por boroidreto de sódio e hidrogenação catalítica, são usadas para converter aldoses e cetoses em alditóis. A oxidação pelos reagentes de Benedict e de Tollens é um teste para a ligação hemiacetálica de açúcar. A água de bromo oxida o grupo aldeído de uma aldose para um ácido aldônico. O ácido nítrico oxida ambos os grupos aldeído e hidroximetila terminal de uma aldose para um ácido aldárico (um ácido dicarboxílico). Finalmente, a clivagem de carboidratos por periodato forma fragmentos oxidados que podem ser úteis na elucidação estrutural.

Por que Esses Tópicos São Importantes?

Tratamento de Diabetes com Análogos de Carboidratos

A chance de você conhecer alguém com diabetes é bastante grande, pois se estima que pelo menos 26 milhões de pessoas nos Estados Unidos sofram da doença, enquanto mais de 50 milhões devem brevemente desenvolvê-la. Diabetes é uma desordem metabólica caracterizada pela alta quantidade de glicose que o indivíduo apresenta em sua corrente sanguínea – um problema que, se não tratado, pode levar a vários problemas crônicos, como falência renal e doenças cardiovasculares.

O diabetes resulta do fato de uma proteína crítica, conhecida como insulina (veja a Seção 24.6B), não ser produzida em quantidades suficientes (conduzindo diabetes Tipo 1 ou juvenil) ou não ser capaz de ser utilizada efetivamente pelas células no controle dos níveis de glicose (conduzindo diabetes Tipo 2 ou adulta). A insulina regula a quantidade de glicose em nossos sistemas através da sinalização para que as células removam a glicose da corrente sanguínea e a armazenem como glicogênio. Qualquer dos dois casos anteriores resulta na necessidade de um tratamento para controlar os níveis de açúcar no sangue, de modo que ele fique o mais próximo do normal quanto for possível. Para pacientes com o Tipo 1, o objetivo pode ser frequentemente alcançado apenas com tratamento com insulina. Entretanto, para pacientes com o Tipo 2, alternativas geralmente são necessárias. Felizmente, existem diversos tratamentos disponíveis para esses indivíduos, mas muitos são acompanhados de alguns efeitos colaterais indesejáveis, incluindo a diminuição demasiada dos níveis de glicose (conduzindo a um quadro de hipoglicemia) e/ou o aumento de peso.

As indústrias farmacêuticas em todo o mundo estão trabalhando em terapias capazes de equilibrar esses efeitos colaterais em pacientes do Tipo 2, e muitos dos esforços recentes é um produto natural contendo D-glicose que tem tido papel central. Este composto é a florizina. Este produto natural é um inibidor de diferentes tipos de sistemas transportadores de glicose dependentes de sódio (**SDGT**, do inglês ***S**odium-**D**ependent **G**lucose **T**ransporter Systems*) encontrados nas células. Alguns destes transportadores, conhecidos como SDGT-1, são encontrados em todo o organismo e participam na absorção da glicose proveniente da nossa alimentação. Se eles são inibidos, a glicose proveniente dos alimentos não entra na corrente sanguínea. Um segundo grupo, conhecido como SDGT-2, é responsável pela reabsorção para a corrente sanguínea da glicose filtrada pelos nossos rins. Se esse grupo de transportadores é inibido, então a glicose filtrada será excretada pela urina, em vez de ser reabsorvida. Dentre os dois, os cientistas acreditam que o segundo terá maior impacto sobre a doença quando inibido, tendo-se a esperança de que esses compostos não causem hipoglicemia, uma vez que agem segundo um mecanismo diferente de outras terapias.

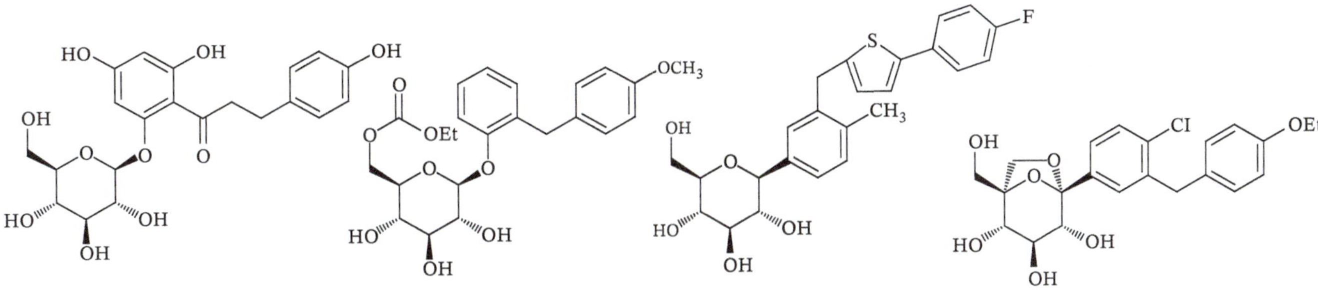

Florizina **Sergliflozina** **Canagliflozina** **Ertugliflozina**

Felizmente, alterações na estrutura desse composto natural têm conduzido a novas moléculas, tal como a sergliflozina, que pode inibir seletivamente SDGT-2 em ensaios celulares. Entretanto, quando aplicadas em humanos, essa e outras moléculas parecidas foram retiradas dos ensaios clínicos por serem facilmente degradadas por glicosidases, enzimas capazes de quebrar ligações glicosídicas (Seção 22.4) entre a parte do açúcar e a parte aromática presentes nessas moléculas, gerando moléculas inativas. Entretanto, se o esqueleto de carboidrato é trocado por uma ligação glicosídica baseada no carbono, não no oxigênio, as glicosidades não podem romper a ligação na mesma posição. Em consequência, resultaram em novos compostos mais resistentes, como a canagliflozina e a ertugliflozina. Esses dois compostos têm sido submetidos a testes clínicos avançados e podem conduzir a novas terapias necessárias para o tratamento da doença. Se o sucesso for alcançado, então será uma molécula contendo carboidrato que estará envolvida no controle dos níveis de outro carboidrato crítico em nossos organismos.

Para saber mais sobre esses tópicos, consulte:

1. V. Mascitti et al. "Discovery of a Clinical Candidate from the Structurally Unique Dioxa-bicyclo[3.2.1] octane Class of Sodium-Dependent Glucose Cotransporter 2 Inhibitors." *J. Med. Chem.* **2011**, *54*, 2952–2960.
2. E. C. Chao. "Canagliflozin." *Drugs of the Future* **2011**, *36*, 351–357.

Resumo e Ferramentas de Revisão

As ferramentas de estudo para o presente capítulo incluem termos e conceitos fundamentais, que são realçados ao longo do capítulo em **negrito azul** e estão definidos no glossário (ao fim de cada volume) e um resumo de reações envolvendo monossacarídeos.

Problemas

Estrutura e Reações de Carboidratos

22.20 Desenhe fórmulas estruturais apropriadas para ilustrar cada uma das seguintes espécies:

(a) Uma aldopentose
(b) Uma ceto-hexose
(c) Um monossacarídeo L
(d) Um glicosídeo
(e) Um ácido aldônico
(f) Um ácido aldárico
(g) Uma aldonolactona
(h) Uma piranose
(i) Uma furanose
(j) Um açúcar redutor
(k) Um piranosídeo
(l) Um furanosídeo
(m) Epímeros
(n) Anômeros
(o) Uma fenilosazona
(p) Um dissacarídeo
(q) Um polissacarídeo
(r) Um açúcar não redutor

22.21 Desenhe fórmulas conformacionais para cada uma das seguintes espécies: **(a)** α-D-alopiranose, **(b)** β-D-alopiranosídeo de metila e **(c)** 2,3,4,6-tetra-*O*-metil-β-D-alopiranosídeo de metila.

22.22 Desenhe estruturas para as formas furanose e piranose da D-ribose. Mostre como é possível usar oxidação com periodato para distinguir entre um ribofuranosídeo de metila e um ribopiranosídeo de metila.

22.23 Um livro de referência relaciona a D-manose como dextrorrotatória; outro livro a relaciona como levorrotatória. Ambas as referências estão corretas. Explique.

22.24 A matéria-prima para uma síntese comercial de vitamina C é a L-sorbose (veja a reação a seguir), que por sua vez pode ser sintetizada a partir da D-glicose via a seguinte sequência de reações:

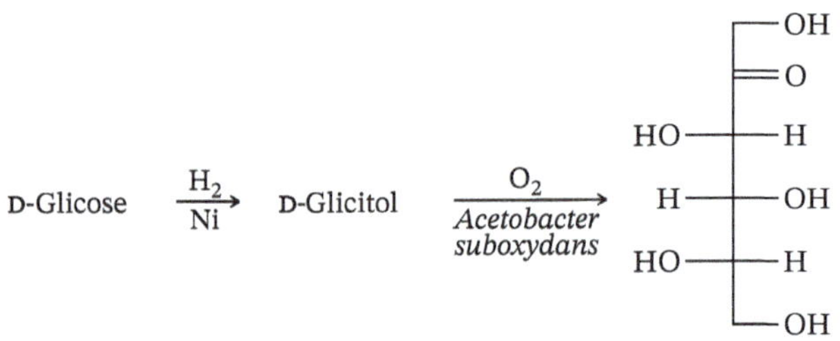

L-Sorbose

A segunda etapa desta sequência ilustra o uso de uma oxidação bacteriana; o microrganismo *A. suboxydans* realiza esta etapa com 90% de rendimento. O resultado global da síntese é a transformação de uma D-aldoexose (D-glicose) para uma L-ceto-hexose (L-sorbose). O que isto significa em termos da especificidade da oxidação bacteriana?

22.25 Quais as duas aldoses que formariam a mesma fenilosazona que a L-sorbose (Problema 22.24)?

22.26 Além da frutose (Problema de Revisão 22.12) e sorbose (Problema 22.24), existem duas outras 2-ceto-hexoses: *psicose* e *tagatose*. A D-psicose forma a mesma fenilosazona que a D-alose (ou D-altrose); a D-tagatose forma a mesma osazona que a D-galactose (ou D-talose). Quais são as estruturas da D-psicose e da D-tagatose?

22.27 **A**, **B** e **C** são três aldoexoses. Os compostos **A** e **B** formam o mesmo alditol oticamente ativo quando eles são reduzidos com hidrogênio e um catalisador; **A** e **B** formam fenilosazonas diferentes quando tratados com fenil-hidrazina; **B** e **C** formam a mesma fenilosazona, mas alditóis diferentes. Considerando que todos são açúcares D, dê os nomes e as estruturas de **A, B** e **C**.

22.28 Xilitol é um adoçante usado em goma de mascar sem açúcar. Começando com um monossacarídeo apropriado, proponha uma síntese plausível para o xilitol.

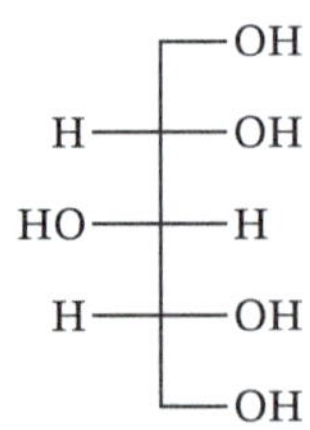

Xilitol

22.29 Apesar de os monossacarídeos sofrerem isomerizações complexas em soluções aquosas básicas (veja a Seção 22.5A), ácidos aldônicos sofrem epimerização especificamente em C2 quando aquecidos com piridina. Mostre como seria possível usar essa reação em uma síntese de D-manose a partir da D-glicose.

22.30 A conformação mais estável da maioria das aldopiranoses é aquela onde o grupo mais volumoso ($—CH_2OH$) está em uma posição equatorial. Entretanto, a D-idopiranose existe, essencialmente, em uma conformação onde o grupo $—CH_2OH$ está em uma posição axial. Escreva as fórmulas para as duas conformações em cadeira da α-D-idopiranose (uma com o grupo $—CH_2OH$ na posição axial e outra com o grupo $—CH_2OH$ na posição equatorial) e explique.

Elucidação Estrutural

22.31 (a) Aquecimento de D-altrose com ácido diluído forma um *açúcar anidro* não redutor ($C_6H_{10}O_5$). Metilação do açúcar anidro seguida de hidrólise ácida forma 2,3,4-tri-*O*-metil-D-altrose. A formação do açúcar anidro ocorre via uma conformação em cadeira da β-D-altropiranose, onde o grupo $—CH_2OH$ está na posição axial. Qual é a estrutura do açúcar anidro e como ele é formado? **(b)** D-glicose também forma um açúcar anidro, mas as condições requeridas são muito mais drásticas do que para a reação correspondente da D-altrose. Explique.

22.32 Mostre como as seguintes evidências experimentais podem ser usadas para deduzir a estrutura da lactose (Seção 22.12D):

1. Lactose ($C_{12}H_{22}O_{11}$) por hidrólise ácida forma quantidades equimolares de D-glicose e D-galactose. Lactose sofre uma hidrólise semelhante na presença de uma *β-galactosidase*.
2. Lactose é um açúcar redutor, forma uma fenilosazona e também sofre mutarrotação.
3. Lactose por oxidação com água de bromo seguida de hidrólise com ácido diluído forma D-galactose e ácido D-glicônico.
4. Lactose por oxidação com água de bromo seguida de metilação e hidrólise forma 2,3,6-tri-*O*-metilgliconolactona e 2,3,4,6-tetra-*O*-metil-D-galactose.
5. Lactose por metilação e hidrólise forma 2,3,6-tri-*O*-metil-D-glicose e 2,3,4,6-tetra-*O*-metil-D-galactose.

22.33 Deduza a estrutura do dissacarídeo *melibiose* a partir dos seguintes dados:

1. Melibiose é um açúcar redutor que sofre mutarrotação e forma uma fenilosazona.
2. Melibiose por hidrólise com ácido ou uma *α-galactosidase* forma D-galactose e D-glicose.
3. Melibiose por oxidação com água de bromo forma *ácido melibiônico*. Hidrólise do ácido melibiônico forma D-galactose e ácido D-glicônico. Metilação do ácido melibiônico seguida de hidrólise forma 2,3,4,6-tetra-*O*-metil-D-galactose e ácido 2,3,4,5-tetra-*O*-metil-D-glicônico.
4. Melibiose por metilação e hidrólise forma 2,3,4,6-tetra-*O*-metil-D-galactose e 2,3,4-tri-*O*-metil-D-glicose.

22.34 Trealose é um dissacarídeo que pode ser obtido de leveduras, fungos, ouriços-do-mar, algas e insetos. Deduza a estrutura da trealose a partir das seguintes informações:

1. Trealose por hidrólise ácida forma apenas D-glicose.
2. Trealose é hidrolisada por enzimas α-glicosidases, mas não por enzimas β-glicosidases.
3. Trealose é um açúcar não redutor; não sofre mutarrotação, não forma fenilosazona e também não reage com água de bromo.
4. Trealose por metilação e hidrólise forma dois equivalentes molares de 2,3,4,6-tetra-*O*-metil-D-glicose.

22.35 Proponha testes químicos para distinguir entre os membros de cada um dos seguintes pares:

(a) D-Glicose e D-glicitol

(b) D-Glicitol e ácido D-glicárico

(c) D-Glicose e D-frutose

(d) D-Glicose e D-galactose

(e) Sacarose e maltose

(f) Maltose e ácido maltônico

(g) β-D-Glicopiranosídeo de metila e 2,3,4,6-tetra-*O*-metil-β-D-glicopiranose

(h) α-D-Ribofuranosídeo de metila (**I**) e 2-desoxi-α-D-ribofuranosídeo de metila (**II**):

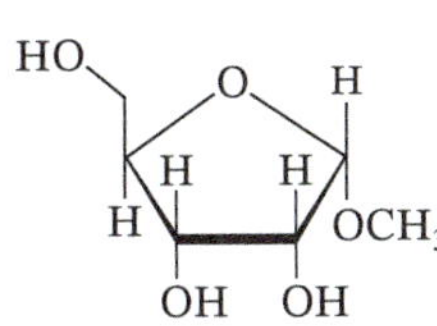

I

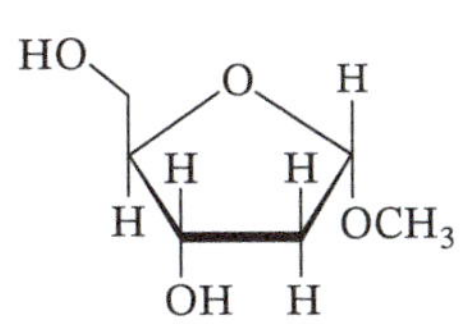

II

22.36 Um grupo de oligossacarídeos chamado de *dextrinas de Schardinger* pode ser isolado de *Bacillus macerans* quando o bacilo cresce em um meio rico em amilose. Estes oligossacarídeos são todos *não redutores*. Uma dextrina de Schardinger típica sofre hidrólise quando tratada com um ácido ou uma α-glicosidase para formar seis, sete ou oito moléculas de D-glicose. Metilação exaustiva de uma dextrina de Schardinger seguida de hidrólise ácida forma apenas 2,3,6-tri-*O*-metil-D-glicose. Proponha uma estrutura geral para uma dextrina de Schardinger.

22.37 *Isomaltose* é um dissacarídeo que pode ser obtido por hidrólise enzimática a partir de amilopectina. Deduza a estrutura da isomaltose a partir dos seguintes dados:

1. Hidrólise de 1 mol de isomaltose por ácido ou uma α-glicosidase forma 2 mols de D-glicose.
2. Isomaltose é um açúcar redutor.
3. Isomaltose é oxidada com água de bromo para ácido isomaltônico. Metilação do ácido isomaltônico seguida de hidrólise forma 2,3,4,6-tetra-*O*-metil-D-glicose e ácido 2,3,4,5-tetra-*O*-metil-D-glicônico.
4. Metilação da própria isomaltose seguida de hidrólise forma 2,3,4,6-tetra-*O*-metil-D-glicose e 2,3,4-tri-*O*-metil-D-glicose.

22.38 *Estaquiose* ocorre nas raízes de várias espécies de plantas. Deduza a estrutura da estaquiose a partir dos seguintes dados:

1. Hidrólise ácida de 1 mol de estaquiose forma 2 mols de D-galactose, 1 mol de D-glicose e 1 mol de D-frutose.
2. Estaquiose é um açúcar não redutor.
3. O tratamento da estaquiose com uma α-galactosidase forma uma mistura contendo D-galactose, sacarose e um trissacarídeo não redutor chamado de *rafinose*.
4. Hidrólise ácida da rafinose forma D-glicose, D-frutose e D-galactose. O tratamento da rafinose com uma α-galactosidase forma D-galactose e sacarose. O tratamento da rafinose com invertase (uma enzima que hidrolisa sacarose) forma frutose e *melibiose* (veja o Problema 22.33).
5. Metilação da estaquiose seguida de hidrólise forma 2,3,4,6-tetra-*O*-metil-D-galactose, 2,3,4-tri-*O*-metil-D-galactose, 2,3,4-tri-*O*-metil-D-glicose e 1,3,4,6-tetra-*O*-metil-D-frutose.

Espectroscopia

22.39 *Arbutina* ($C_{12}H_{16}O_7$) pode ser isolada de folhas de uva-espim, oxicoco e pereiras. O tratamento deste composto com ácido aquoso ou uma β-glicosidase forma D-glicose e um composto **X** ($C_6H_6O_2$). O espectro de RMN de ^1H de **X** consiste em dois simpletos: 6,8 ppm (4H) e 7,9 ppm (2H). Metilação da arbutina seguida de hidrólise ácida forma 2,3,4,6-tetra-*O*-metil-D-glicose e um composto **Y** ($C_7H_8O_2$). O composto **Y** é solúvel em NaOH aquoso diluído, mas é insolúvel em $NaHCO_3$ aquoso. O espectro de RMN de ^1H de **Y** mostra um simpleto em 3,9 ppm (3H), um simpleto em 4,8 ppm (1H) e um multipleto (semelhante a um simpleto) em 6,8 ppm (4H). O tratamento de **Y** com NaOH aquoso e $(CH_3)_2SO_4$ forma o composto **Z** ($C_8H_{10}O_2$). O espectro de RMN de ^1H de **Z** consiste em dois simpletos: 3,75 ppm (6H) e 6,8 ppm (4H). Proponha estruturas para a arbutina e para os compostos **X**, **Y** e **Z**.

22.40 Uma D-aldopentose (**A**) é convertida em uma aldotetrose (**B**) por uma degradação de Ruff. A aldotetrose **B**, por redução com boroidreto de sódio, forma um alditol oticamente ativo. O espectro de RMN de ^{13}C deste alditol apresenta apenas dois sinais. O alditol obtido por redução direta de **A** com boroidreto de sódio não é oticamente ativo. Quando **A** é usado como matéria-prima para uma síntese de Kiliani–Fischer, duas aldoexoses diastereoisoméricas (**C** e **D**) são formadas. Por tratamento com boroidreto de sódio, **C** forma o alditol **E**, enquanto **D** forma **F**. O espectro de RMN de ^{13}C de **E** consiste em três sinais e o de **F**, em seis sinais. Proponha as estruturas para **A**–**F**.

22.41 A Fig. 22.21 mostra o espectro de RMN de ^{13}C para o produto da reação da D-(+)-manose com acetona e traços de ácido. Este composto é uma manofuranose com alguns grupos hidroxila protegidos como acetais de acetona (acetonídeos). Utilize o espectro de RMN de ^{13}C para determinar quantos grupos acetonídeos estão presentes no composto.

22.42 D-(+)-Manose pode ser reduzida com $NaBH_4$ para formar D-manitol. Quando D-manitol é dissolvido em acetona, contendo traços de ácido, e o produto desta reação é oxidado com $NaIO_4$, é formado um composto cujo espectro de RMN de ^{13}C consiste em seis sinais. Um destes sinais está próximo de 200 ppm. Qual é a estrutura deste composto?

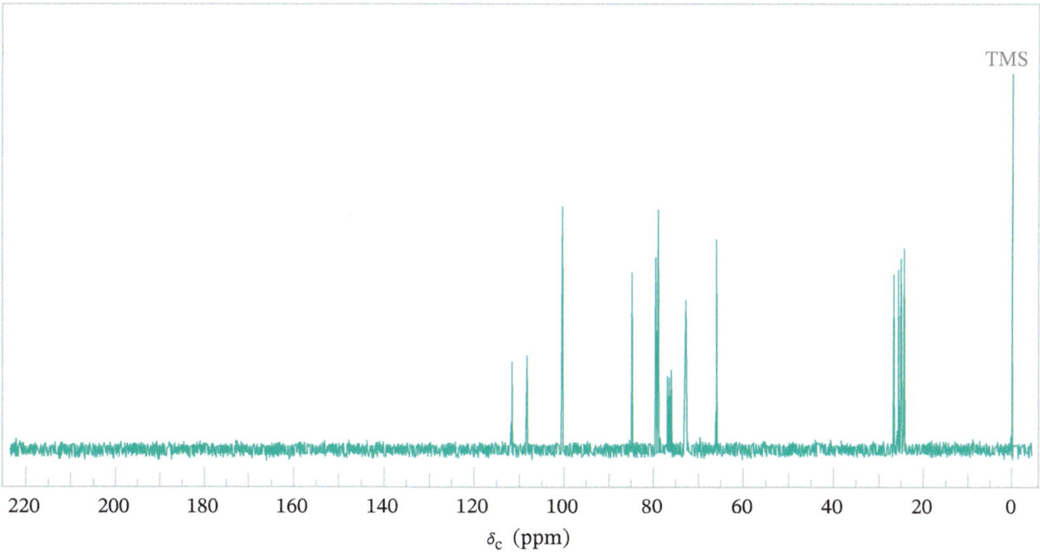

FIGURA 22.21 Espectro de RMN de ^{13}C totalmente desacoplado para o produto da reação do Problema 22.41.

Problemas de Desafio

22.43 Dentre os dois anômeros do 2,3-anidro-D-ribofuranosídeo de metila (**I**), o anômero β tem um ponto de ebulição significativamente menor. Sugira uma explicação, utilizando as fórmulas estruturais dos dois anômeros.

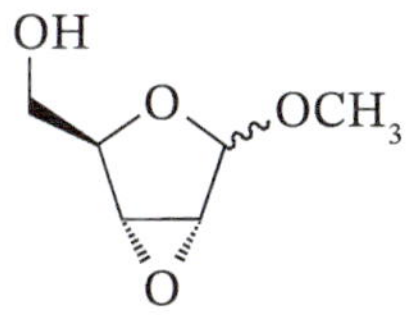

I

22.44 A seguinte sequência de reações representa um método elegante de síntese da 2-desoxi-D-ribose (**IV**) publicada por D. C. C. Smith em 1955:

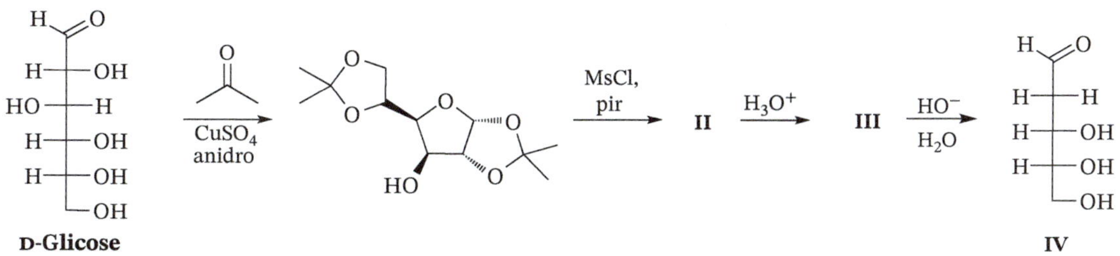

(a) Quais são as estruturas de **II** e **III**?

(b) Proponha um mecanismo para a conversão de **III** em **IV**.

22.45

D-Glicose —(anidrido acético / acetato de sódio anidro)→ Penta-acetato de D-glicopiranose, anômero **V**

D-Glicose —(anidrido acético / cat. HA)→ Penta-acetato de D-glicopiranose, anômero **VI**

Os dados de RMN de ^1H para os dois anômeros mostram picos muito semelhantes na região 2,0–5,6 ppm, mas diferem em seus picos de deslocamento químico mais altos. O anômero **V** possui um dupleto em 5,8 ppm (1H, $J = 12$ Hz), enquanto o anômero **VI** tem um dupleto em 6,3 ppm (1H, $J = 4$ Hz).

(a) Qual o próton nestes anômeros que deve ter estes maiores valores de deslocamento químico?

(b) Por que os sinais para estes prótons aparecem como dupletos?

(c) A relação entre a magnitude da constante de acoplamento observada e o ângulo de diedro (quando medido utilizando uma projeção de Newman) entre as ligações C—H nos carbonos adjacentes de uma ligação C—C é dada pela equação de Karplus. Esta equação indica que uma relação axial–axial resulta em uma constante de acoplamento de cerca de 9 Hz (a faixa observada é de 8–14 Hz) e que uma relação equatorial–axial resulta em uma constante de acoplamento de cerca de 2 Hz (a faixa observada é de 1–7 Hz). A partir de **V** e **VI**, qual é o anômero α e qual é o anômero β?

(d) Desenhe o confôrmero mais estável para cada anômero **V** e **VI**.

Problemas para Trabalho em Grupo

1. (a) Os membros de uma classe de adoçantes de baixa caloria são chamados de polióis. A síntese química desses polióis envolve redução de um determinado dissacarídeo produzindo uma mistura de glicosídeos diastereoisoméricos. A subunidade álcool (na realidade poliol) dos glicosídeos diastereoisoméricos é proveniente de uma metade de açúcar no dissacarídeo original. É esperado que a metilação exaustiva do adoçante (com sulfato de dimetila na presença de hidróxido, por exemplo) seguida de hidrólise forme 2,3,4,6-tetra-*O*-metil-α-D-glicopiranose, 1,2,3,4,5-penta-*O*-metil-D-sorbitol e 1,2,3,4,5-penta-*O*-metil-D-manitol, na proporção de 2:1:1. Com base nesta informação, deduza a estrutura dos dois glicosídeos dissacarídeos que constituem a mistura diastereoisomérica neste adoçante poliol.

(b) Sabendo que a mistura dos dois glicosídeos dissacarídeos desse adoçante é resultante da redução (com boroidreto de sódio, por exemplo) de apenas um dissacarídeo como matéria-prima, qual deve ser a estrutura do *reagente* dissacarídeo na etapa de redução? Explique como a redução deste composto formaria os dois glicosídeos.

(c) Escreva a estrutura da conformação em cadeira de menor energia para 2,3,4,6-tetra-*O*-metil-α-D-glicopiranose.

2. O ácido chiquímico é um intermediário biossintético crítico em plantas e microrganismos. Na natureza, o ácido chiquímico é convertido em corismato que, então, é convertido em prefenato, culminando em aminoácidos aromáticos e outros metabólitos vegetais e microbianos essenciais. No decurso da pesquisa sobre as vias biossintéticas envolvendo o ácido chiquímico, H. Floss (University of Washington) precisou de ácido chiquímico marcado com ^{13}C para rastrear, posteriormente, o destino dos átomos marcados nas transformações bioquímicas. Para sintetizar o ácido chiquímico marcado, Floss adaptou uma síntese de ácido chiquímico oticamente ativo a partir da D-manose, descrita anteriormente por G. W. J. Fleet (Oxford University). Esta síntese é um exemplo ilustrativo de como os açúcares naturais podem ser excelentes matérias-primas quirais para a síntese química de moléculas-alvo oticamente ativas. Ela é também um excelente exemplo de reações clássicas da química de carboidratos. A síntese de Fleet–Floss do ácido D-(−)-[1,7-^{13}C]-chiquímico (**1**) a partir da D-manose é apresentada no **Esquema 1**.

(a) Discuta sobre as diversas transformações que ocorrem entre D-manose e **2**. Que grupos funcionais novos são formados?

(b) O que é realizado nas etapas de **2** para **3**; de **3** para **4**; e de **4** para **5**?

(c) Deduza a estrutura do composto **9** (um reagente usado para converter **5** em **6**), sabendo que foi um carbânion que deslocou o grupo trifluormetanossulfonato (triflato) de **5**. Observe que foi o composto **9** que trouxe consigo os átomos de ^{13}C necessários para o produto final.

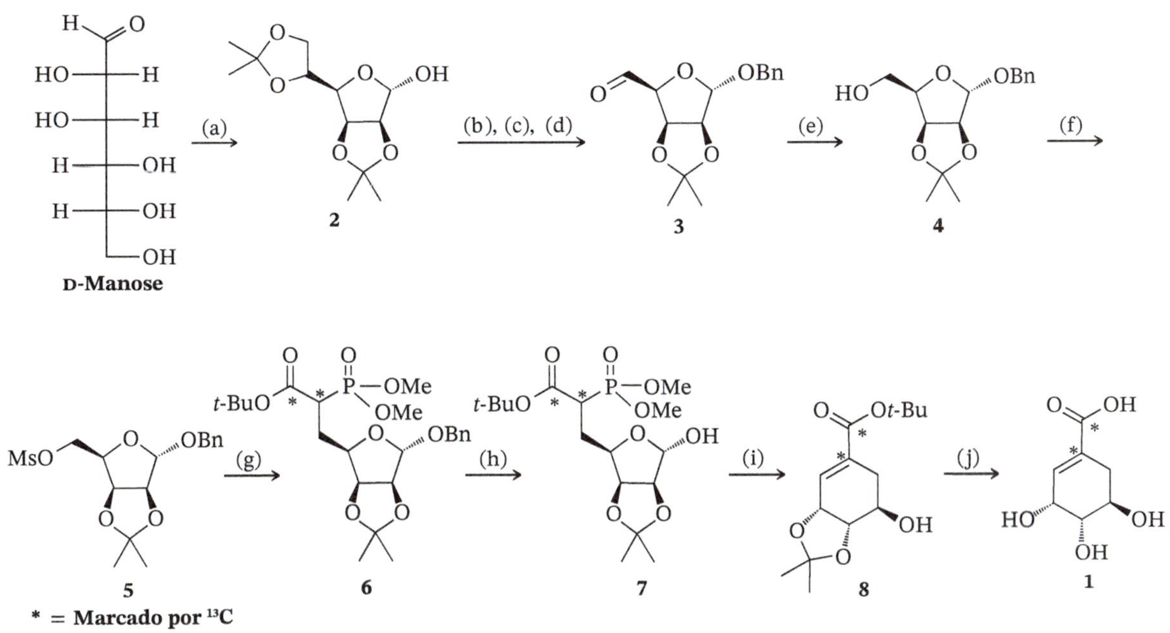

ESQUEMA 1 Síntese do ácido (D)-(–)-[1,7-^{13}C]-chiquímico (1) por H. G. Floss, com base na rota sintética de Fleet et al. Condições: (a) acetona, HA; (b) BnCl, NaH; (c) HCl, MeOH aq.; (d) $NaIO_4$; (e) $NaBH_4$; (f) $(CF_3SO_2)_2O$, piridina; (g) **9**, NaH; (h) $HCOO^-NH_4^+$, Pd/C; (i) NaH; (j) CF_3COOH aq. 60%.

MAPA CONCEITUAL

Resumo das Reações Envolvendo Monossacarídeos

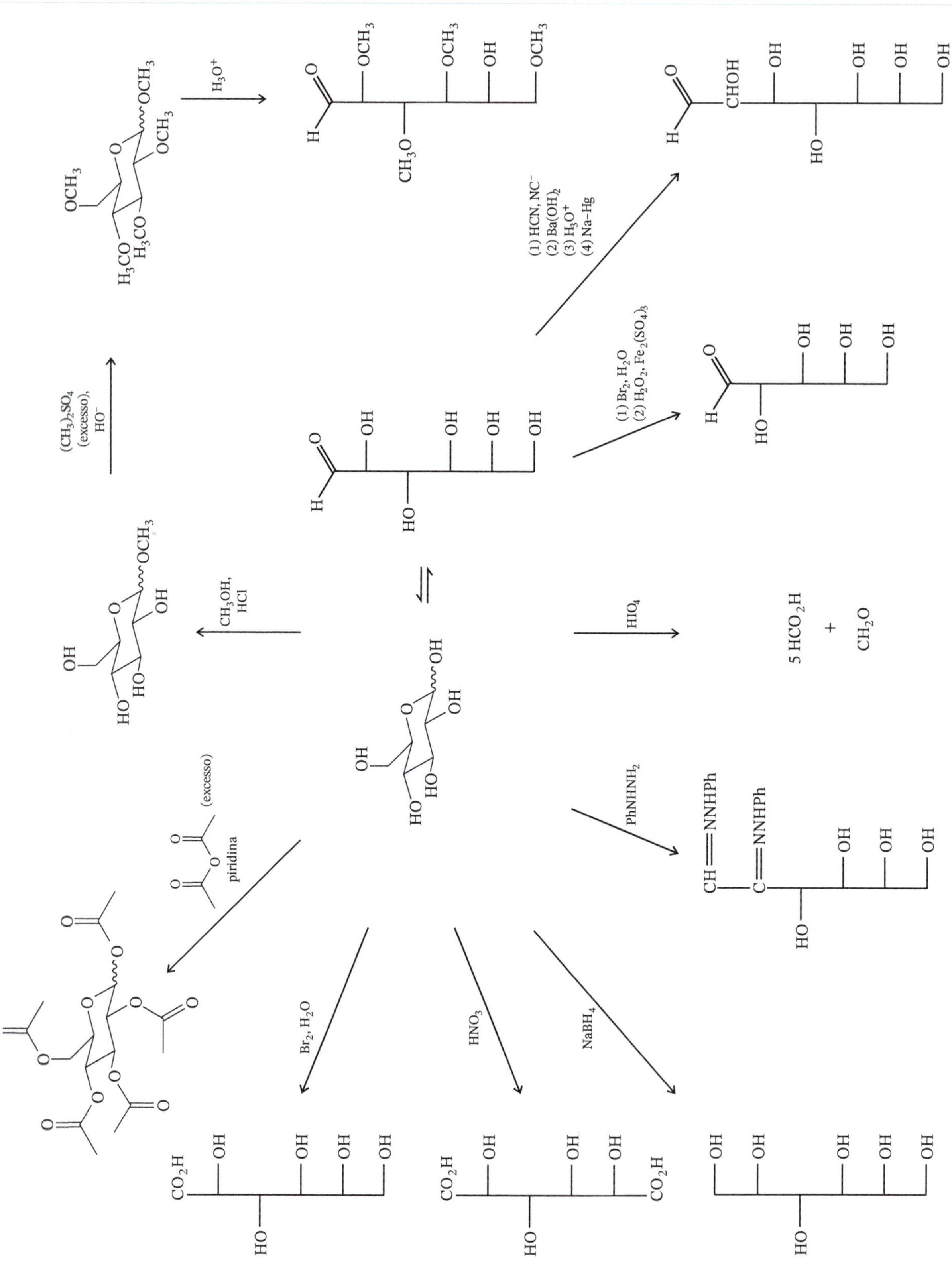

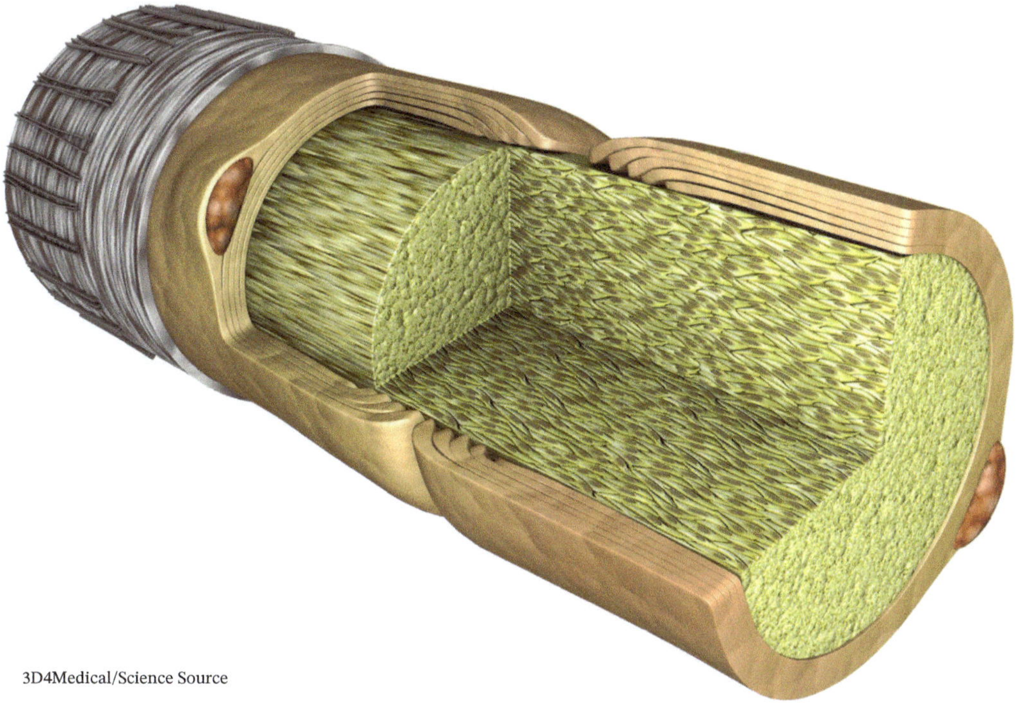

3D4Medical/Science Source

Lipídios

Se você já trabalhou com fios elétricos, sabe que um fio desencapado conduzindo eletricidade provocará um curto-circuito se ele tocar outro condutor. Para se ter certeza de que isso não ocorra, os fios são sempre isolados com um material não condutor semelhante ao plástico. Os sinais elétricos em nosso corpo ocorrem da mesma maneira através de conexões entre as células nervosas. Aqui, o isolamento provém de células ricas em lipídios por meio da chamada bainha de mielina, que circunda em camadas em torno das longas e finas fibras nervosas chamadas axônios. Células da bainha da mielina se assemelham muito a anéis de um tronco de uma árvore cortada, e através do isolamento dos axônios a bainha de mielina aumenta a velocidade dos sinais elétricos, ou impulsos, no sistema nervoso (onde as velocidades podem atingir até 100 metros por segundo). A bainha de mielina também é crucial para uma adequada função neurológica. Por exemplo, uma baixa mielinização das fibras nervosas, conhecida como desmielinização, pode resultar de uma doença autoimune chamada esclerose múltipla; essa condição normalmente leva a sérios problemas no movimento muscular, dentre outros distúrbios. O excesso desses lipídios também provoca problemas, alguns encontrados na doença de Tay-Sachs, fatal em crianças com menos de três anos. Como veremos neste capítulo, os lipídios desempenham os mais variados papéis biológicos, e eles são frequentemente obtidos de fontes naturais juntamente com outra classe especial de moléculas chamadas de esteroides, que regulam diversas funções críticas.

NESTE CAPÍTULO, VAMOS ESTUDAR:

- As estruturas e as propriedades dos diferentes lipídios
- Exemplos selecionados de lipídios importantes e suas funções
- Como moléculas baseadas em lipídios servem como precursores de uma variedade de estruturas de carbono, incluindo esteroides, graxas e outras moléculas sinalizadoras

POR QUE ESSES TÓPICOS SÃO IMPORTANTES?

No fim deste capítulo, mostraremos como um único esteroide pode ser responsável tanto por um mito grego clássico como por uma promessa de uma nova terapia potencial para o câncer.

23.1 Introdução

Os **lipídios** são compostos de origem biológica que se dissolvem em solventes apolares, tais como clorofórmio e éter dietílico. O nome lipídio vem da palavra grega *lipos*, que significa gordura. Diferentemente de carboidratos e proteínas, que são definidos em termos das suas estruturas, os lipídios são definidos pela operação física que utilizamos para isolá-los. Portanto, não é surpreendente que os lipídios incluam uma variedade de tipos estruturais. Alguns exemplos são mostrados a seguir:

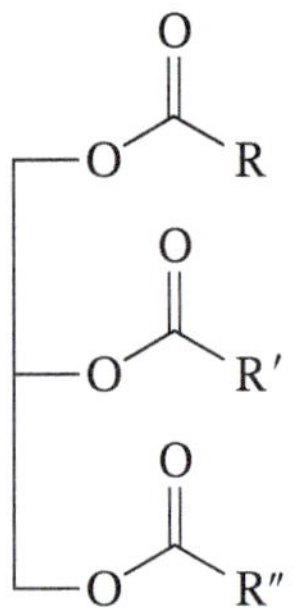

Uma gordura ou óleo (um triacilglicerol)

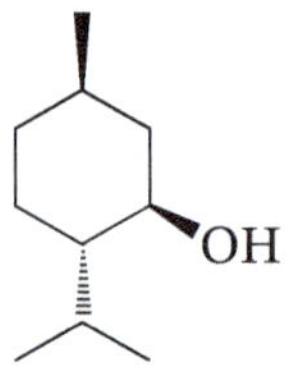

Mentol (um terpenoide)

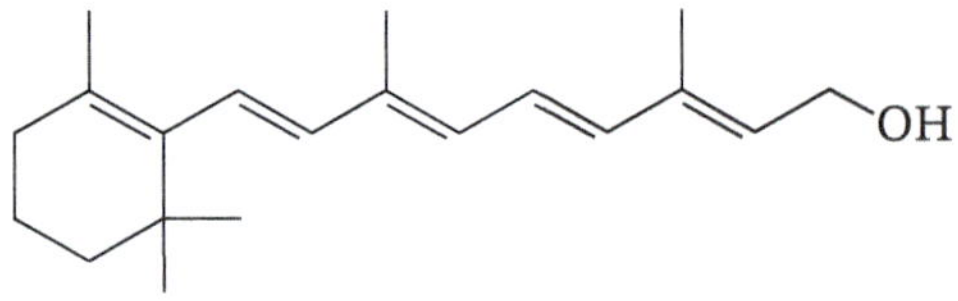

Vitamina A (um terpenoide)

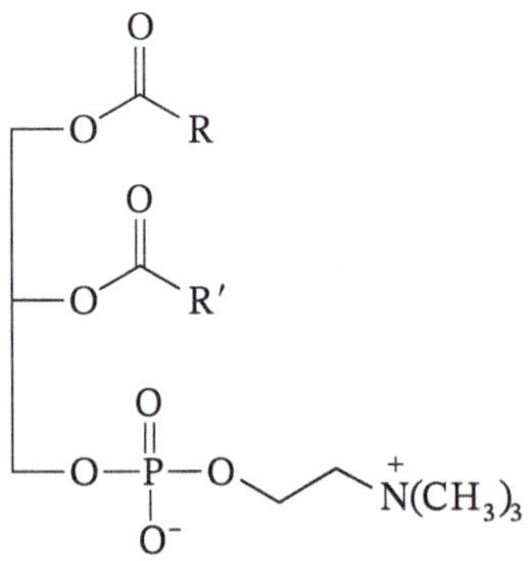

Uma lecitina (um fosfatídeo)

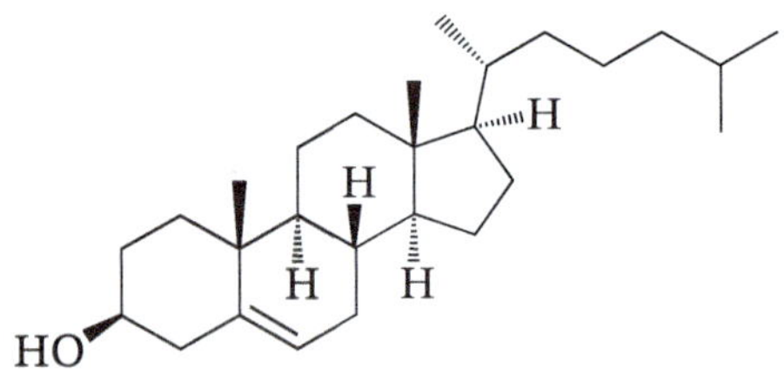

Colesterol (um esteroide)

23.2 Ácidos Graxos e Triacilgliceróis

Apenas uma pequena parte da fração de lipídios total obtida pela extração com solvente apolar consiste em ácidos carboxílicos de cadeia longa. A maioria dos ácidos carboxílicos de origem biológica é encontrada como *ésteres de glicerol*, isto é, como **triacilgliceróis** (**Fig. 23.1**).*

Os triacilgliceróis são óleos de vegetais e gorduras de origem animal. Eles incluem substâncias tão comuns quanto o óleo de amendoim, o óleo de soja, o óleo de milho, o óleo de girassol, a manteiga, a banha e o sebo.

*Na literatura antiga, os triacilgliceróis eram chamados de triglicerídeos, ou simplesmente glicerídeos. Na nomenclatura IUPAC, como eles são ésteres de glicerol, devem ser nomeados como trialcanoatos de glicerila, trialquenoatos de glicerila e assim por diante.

- Os triacilgliceróis que são líquidos à temperatura ambiente são geralmente chamados de **óleos**; e aqueles que são sólidos são chamados de **gorduras**.

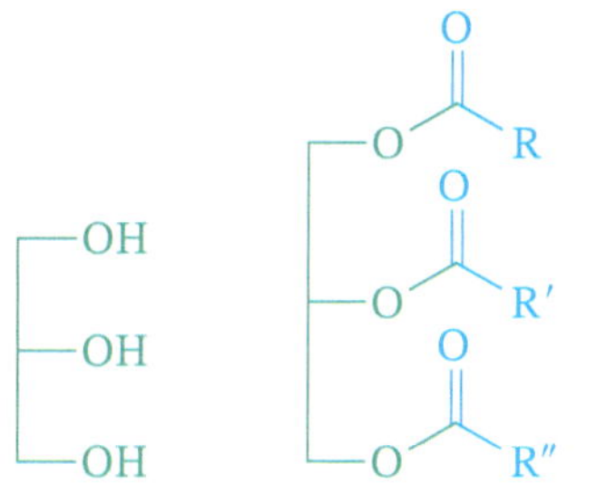

Glicerol (*a*) **Um triacilglicerol** (*b*)

FIGURA 23.1 (*a*) Glicerol. (*b*) Um triacilglicerol. Os grupos R, R′ e R″ são normalmente grupos alquila de cadeia longa. Os grupos R, R′ e R″ podem também conter uma ou mais ligações duplas carbono–carbono. Em um triacilglicerol, R, R′ e R″ podem ser todos diferentes.

Os triacilgliceróis podem ser **triacilgliceróis simples**, nos quais todos os três grupos acila são os mesmos. Entretanto, mais comumente, o triacilglicerol é um **triacilglicerol misto**, no qual os grupos acila são diferentes.

- A hidrólise de uma gordura ou óleo produz uma mistura de **ácidos graxos**:

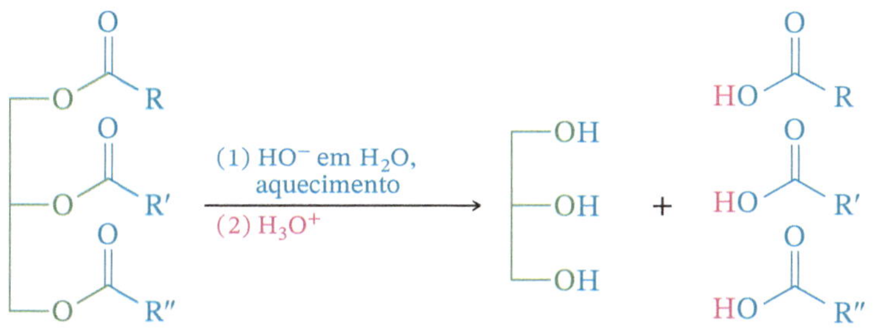

Uma gordura ou óleo **Glicerol** **Ácidos graxos**

- A maior parte dos ácidos graxos naturais tem **cadeias não ramificadas** e, uma vez que eles são sintetizados a partir de unidades com dois carbonos, **eles têm um número par de átomos de carbono**.

A **Tabela 23.1** relaciona alguns dos ácidos graxos mais comuns e a **Tabela 23.2** fornece a composição do ácido graxo de uma variedade de gorduras e óleos comuns. Observe que nos **ácidos graxos insaturados** na Tabela 23.1 **todas as ligações duplas são cis**. Muitos ácidos graxos naturais contêm duas ou três ligações duplas. As gorduras e óleos das quais esses ácidos graxos se originam são chamadas de **gorduras ou óleos poli-insaturados**. A primeira ligação dupla de um ácido graxo insaturado normalmente aparece entre o C9 e o C10; as ligações duplas restantes tendem a começar no C12 e no C15 (como no ácido linoleico e no ácido linolênico). As ligações duplas, consequentemente, *não são conjugadas*. Nos ácidos graxos, raramente encontramos ligações triplas.

As cadeias de carbono dos **ácidos graxos saturados** podem adotar muitas conformações, mas tendem a ser completamente estendidas porque isso minimiza as repulsões estéricas entre os grupos metileno vizinhos.

- Os ácidos graxos saturados empacotam-se de maneira eficiente em cristais, e uma vez que as atrações decorrentes das forças dispersivas são grandes, eles têm pontos de fusão relativamente altos. Os pontos de fusão aumentam com o aumento da massa molecular.
- A configuração cis das ligações duplas de um ácido graxo insaturado impõe uma curvatura rígida à cadeia de carbono que interfere no empacotamento do cristal, provocando uma redução nas atrações decorrentes das forças de dispersão entre as moléculas. Os ácidos graxos insaturados, consequentemente, têm pontos de fusão mais baixos.

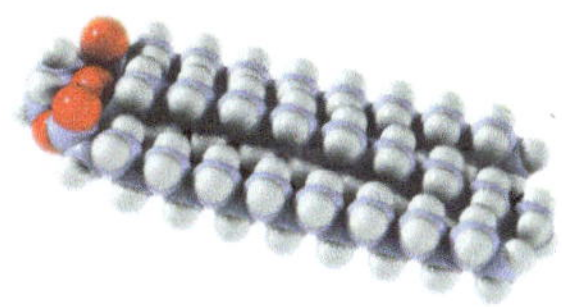

Um triacilglicerol saturado

Os ácidos graxos conhecidos como ômega-3 são aqueles em que o terceiro átomo de carbono a partir do último da cadeia é parte de uma ligação dupla carbono–carbono. Acredita-se que os ácidos graxos ômega-3 de cadeia longa incorporados na alimentação têm efeitos benéficos em termos de redução do risco de ataques cardíacos fatais e na atenuação de algumas doenças autoimunes, incluindo a artrite reumatoide e a psoríase. Os óleos de peixes, tais como o atum e o salmão, são boas fontes de ácidos graxos ômega-3, incluindo o ácido graxo ômega-3 C_{22} ácido docosa-hexaenoico [DHA, cujo nome IUPAC completo é ácido (4*Z*,7*Z*,10*Z*,13*Z*,16*Z*,19*Z*)-4,7,10,13,16,19-docosa-hexaenoico]. O DHA é também encontrado no leite materno, na massa cinzenta do cérebro e no tecido retinal.

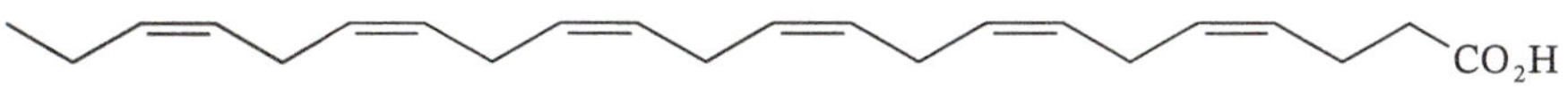

Ácido (4*Z*,7*Z*,10*Z*,13*Z*,16*Z*,19*Z*)-4,7,10,13,16,19-docosa-hexaenoico (DHA, um ácido graxo ômega-3)

O que acabamos de dizer sobre os ácidos graxos aplica-se também aos triacilgliceróis. Os triacilgliceróis que são constituídos em grande parte de ácidos graxos saturados têm pontos de

TABELA 23.1 Ácidos Graxos Comuns

Número de carbonos		p.fus (°C)
	Ácidos Carboxílicos Saturados	
C_{14}	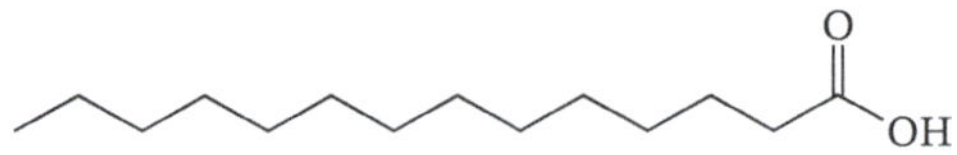 **Ácido mirístico** **(ácido tetradecanoico)**	54
C_{16}	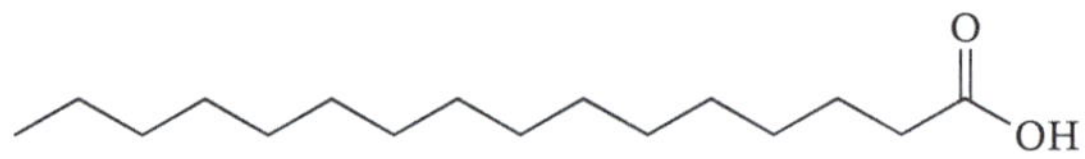 **Ácido palmítico** **(ácido hexadecanoico)**	63
C_{18}	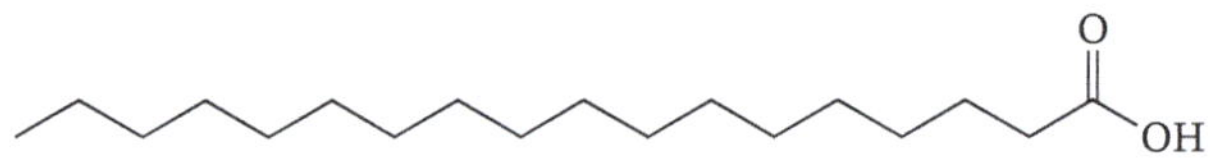 **Ácido esteárico** **(ácido octadecanoico)**	70
	Ácidos Carboxílicos Insaturados	
C_{16}	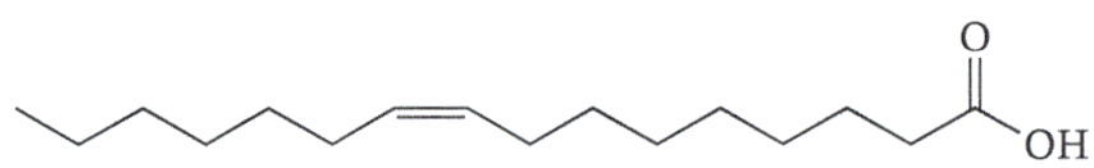 **Ácido palmitoleico** **(ácido *cis*-9-hexadecenoico)**	32
C_{18}	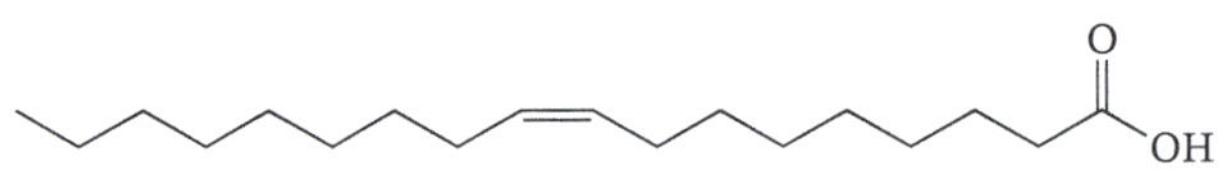 **Ácido oleico** **(ácido *cis*-9-octadecenoico)**	4
C_{18}	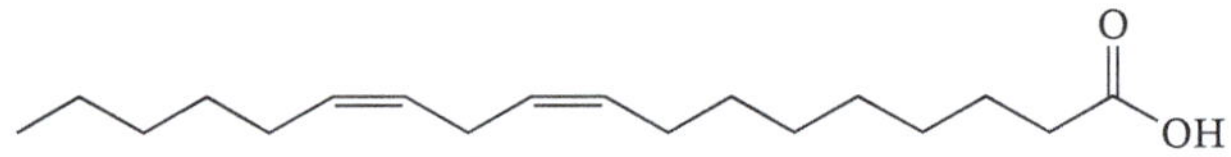 **Ácido linoleico** **(ácido *cis*-*cis*-9,12-octadecadienoico)**	−5
C_{18}	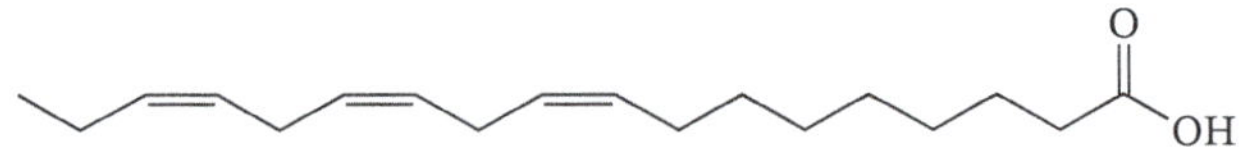 **Ácido linolênico** **(ácido *cis*-*cis*-*cis*-9,12,15-octadecatrienoico)**	−11
C_{20}	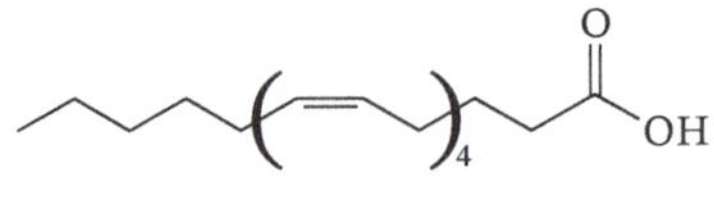 **Ácido araquidônico, um ácido graxo ômega-6** **[ácido (5Z,8Z,11Z,14Z)-5,8,11,14-eicosatetraenoico]**	−49
C_{22}	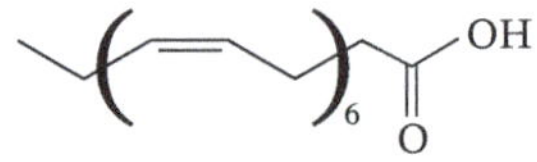 **DHA, um ácido graxo ômega-3** **[ácido (4Z,7Z,10Z,13Z,16Z,19Z)-4,7,10,13,16,19-docosa-hexaenoico]**	−44

ABELA 23.2 **Composição dos Ácidos Graxos Obtida por Hidrólise de Gorduras e Óleos Comuns**

	Composição Média de Ácidos Graxos (% em mol)											
	Saturados								Insaturados			
Gordura ou Óleo	C_4 Ácido Butírico	C_6 Ácido Caproico	C_8 Ácido Caprílico	C_{10} Ácido Cáprico	C_{12} Ácido Láurico	C_{14} Ácido Mirístico	C_{16} Ácido Palmítico	C_{18} Ácido Esteárico	C_{16} Ácido Palmitoleico	C_{18} Ácido Oleico	C_{18} Ácido Linoleico	C_{18} Ácido Linolênico
Gorduras Animais												
Manteiga	3–4	1–2	0–1	2–3	2–5	8–15	25–29	9–12	4–6	18–33	2–4	
Banha						1–2	25–30	12–18	4–6	48–60	6–12	0–1
Sebo bovino						2–5	24–34	15–30		35–45	1–3	0–1
Óleos Vegetais												
Oliva						0–1	5–15	1–4		67–84	8–12	
Amendoim							7–12	2–6		30–60	20–38	
Milho						1–2	7–11	3–4	1–2	25–35	50–60	
Semente de algodão						1–2	18–25	1–2	1–3	17–38	45–55	
Soja						1–2	6–10	2–4		20–30	50–58	5–10
Linhaça							4–7	2–4		14–30	14–25	45–60
Coco		0–1	5–7	7–9	40–50	15–20	9–12	2–4	0–1	6–9	0–1	
Óleos Marinhos												
Óleo de fígado de bacalhau						5–7	8–10	0–1	18–22	27–33	27–32	

fusão altos e são sólidos à temperatura ambiente. Eles são o que chamamos de *gorduras*. Os triacilgliceróis com alta proporção de ácidos graxos insaturados e poli-insaturados têm pontos de fusão mais baixos, e a maioria deles constitui os *óleos*. A **Fig. 23.2** mostra como a introdução de uma única ligação dupla cis afeta a forma de um triacilglicerol e como a hidrogenação catalítica pode ser utilizada para converter um triacilglicerol insaturado em um saturado.

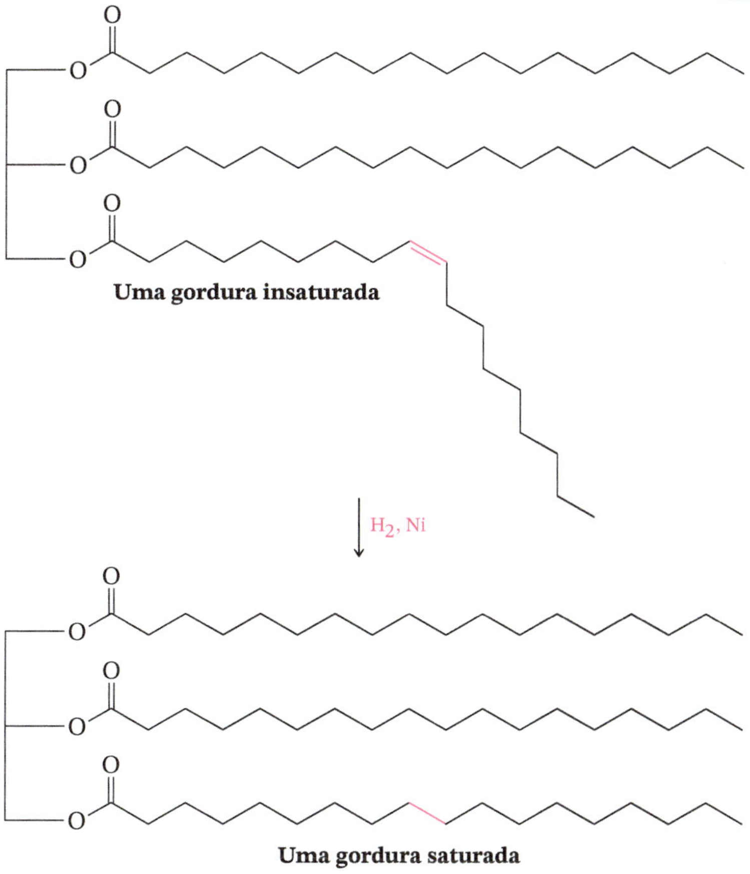

FIGURA 23.2 Dois triacilgliceróis típicos, um insaturado e outro saturado. A ligação dupla cis do triacilglicerol insaturado interfere na eficiência do empacotamento cristalino, e faz com que uma gordura insaturada tenha um ponto de fusão mais baixo. A hidrogenação da ligação dupla converte um triacilglicerol insaturado em um saturado.

23.2A Hidrogenação de Triacilgliceróis

As gorduras culinárias comerciais sólidas são fabricadas através da hidrogenação parcial de óleos vegetais. O resultado é a familiar "gordura parcialmente hidrogenada" presente em tantos alimentos preparados. Evita-se a hidrogenação completa do óleo porque o triacilglicerol completamente saturado é muito duro e quebradiço. Normalmente, o óleo vegetal é hidrogenado até que se obtenha um semissólido de consistência atraente. Uma vantagem comercial da hidrogenação parcial é fornecer à gordura uma vida mais longa na prateleira. Os óleos poli-insaturados tendem a reagir através da auto-oxidação (Seção 10.12C), fazendo com que eles se tornem rançosos. Entretanto, o problema com a hidrogenação parcial é que o catalisador isomeriza parte das ligações duplas do arranjo natural cis que não reagiram no arranjo trans, não natural, e se acumulam várias evidências de que as gorduras trans estão associadas a um risco crescente de doenças cardiovasculares.

23.2B Funções Biológicas dos Triacilgliceróis

A função primária dos triacilgliceróis nos animais é funcionar como uma reserva de energia. Quando os triacilgliceróis são convertidos em dióxido de carbono e água através de reações bioquímicas (ou seja, quando os triacilgliceróis são *metabolizados*), eles produzem mais que o dobro de quilocalorias por grama que os carboidratos ou proteínas. Isto se deve, em grande parte, à alta proporção de ligações carbono–hidrogênio por molécula.

Nos animais, células especializadas chamadas de **adipócitos** (células de gordura) sintetizam e armazenam triacilgliceróis. O tecido que contém essas células, o tecido adiposo, é mais abundante na cavidade abdominal e nas camadas subcutâneas. Os homens têm um conteúdo de gordura de aproximadamente 21% e as mulheres, aproximadamente 26%. Esse conteúdo de gordura é suficiente para nos permitir sobreviver à fome por 2–3 meses. Diferentemente, o glicogênio, nossa reserva de carboidratos, pode fornecer apenas um dia de nossas necessidades de energia.

Todos os triacilgliceróis saturados do corpo, e alguns dos insaturados, podem ser sintetizados a partir de carboidratos e proteínas. Entretanto, determinados ácidos graxos poli-insaturados são essenciais na alimentação de animais superiores.

A quantidade de gordura na alimentação, especialmente a proporção de gordura saturada, tem sido por muitos anos um assunto importante na área de saúde. Existem fortes evidências de que o excesso de gordura saturada na alimentação é um fator no desenvolvimento de doenças cardíacas e do câncer.

A Química Industrial de . . . Olestra e Outros Substitutos da Gordura

O olestra é um substituto comercial da gordura com caloria zero e com a aparência e o sabor das gorduras naturais. Ele é um composto sintético cuja estrutura envolve uma nova combinação de componentes naturais. A parte principal do olestra é derivada da sacarose, o açúcar refinado

Roberto Brosan/Time Life Pictures/Getty Images

Um produto alimentício feito com olestra.

(A ilustração ao centro é reproduzida com a permissão de Doyle, E. Olestra? The Jury's Still Out. *Journal of Chemical Education*, Vol. 74, n. 4, 1997, pp. 370-372; © Division of Chemical Education, Inc. Copyright 1997 American Chemical Society.)

Olestra

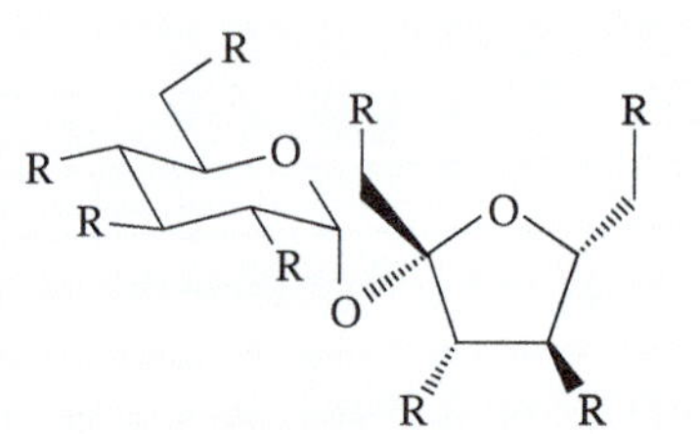

Olestra
De seis a oito dos grupos R são ésteres de ácidos graxos, sendo os restantes grupos hidroxila.

(*continua*)

(*continuação*)

comum. De seis a oito dos grupos hidroxila na estrutura da sacarose têm ácidos carboxílicos de cadeia longa (ácidos graxos) unidos a eles através de ligações éster. O comprimento destes ácidos graxos varia de C_8 a C_{22}. Na síntese industrial do olestra, estes ácidos graxos derivam do óleo de semente de algodão ou do óleo de soja.

A presença de ésteres de ácidos graxos no olestra confere a ele o sabor e as propriedades culinárias de uma gordura ordinária. Contudo, o olestra não é digestível como uma gordura típica. Isso ocorre porque o volume estérico do olestra faz com que ele seja inaceitável às enzimas que catalisam a hidrólise de gorduras ordinárias. O olestra passa através do trato digestivo sem modificações e consequentemente não adiciona calorias à alimentação. No entanto, à medida que ele faz isso, o olestra associa-se e carrega algumas das vitaminas solúveis em gordura, ou seja, as vitaminas A, D, E e K. Os alimentos preparados com olestra são completados com essas vitaminas para compensar quaisquer perdas que possam resultar da extração delas pelo olestra. Estudos conduzidos desde a aprovação do olestra têm demonstrado que as pessoas não relatam efeitos de incômodos digestivos maiores quando comem salgadinhos Olean (a marca registrada para o olestra) do que quando eles comem salgadinhos preparados com gordura comum.

Muitos outros substitutos da gordura têm recebido consideração. Dentre esses estão os ésteres poligliceróis, os quais, presumivelmente por causa de seu volume estérico, também não seriam digeridos, como o poliéster olestra. Outra abordagem para as gorduras de baixa caloria, já em utilização comercial, envolve a substituição de alguns ácidos carboxílicos de cadeia longa na matriz de glicerol por ácidos carboxílicos de cadeia curta ou média (C_2 a C_4). Esses compostos fornecem menos calorias porque cada grupo CH_2 que está ausente no éster de glicerol (quando comparados aos ácidos graxos de cadeia longa) reduz a quantidade de energia (calorias) liberada quando aquele composto é metabolizado. O teor calórico de um determinado éster de glicerol pode ser basicamente adaptado para fornecer a quantidade de caloria desejada, simplesmente ajustando a proporção de ácidos carboxílicos de cadeia longa em relação àqueles de cadeia média e curta. Outros substitutos da gordura são compostos baseados em carboidrato e proteína. Esses materiais agem gerando uma resposta gustativa similar àquela da gordura, mas por várias razões produzem menos calorias.

23.2C Saponificação de Triacilgliceróis

- A **saponificação** é a hidrólise alcalina de triacilgliceróis, que conduz ao glicerol e a uma mistura de ácidos carboxílicos de cadeia longa:

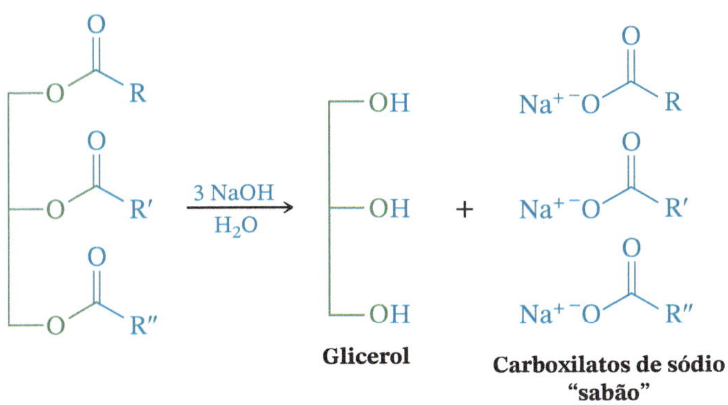

Esses sais de ácidos carboxílicos de cadeia longa são os **sabões**, e essa reação de saponificação é a maneira pela qual a maioria dos sabões é fabricada. As gorduras e óleos são fervidos em NaOH aquoso até que a hidrólise esteja completa. A adição de cloreto de sódio à mistura faz então com que o sabão precipite. (Após o sabão ter sido separado, o glicerol pode ser isolado da fase aquosa através de destilação.) Os sabões crus são normalmente purificados através de várias precipitações repetidas. Perfumes podem ser adicionados caso se deseje um sabonete. A areia, o carbonato de sódio e outros agregados minerais podem ser adicionados para se produzir um sabão de polimento, e pode-se injetar ar no sabão fundido se o fabricante desejar comercializar um sabão que flutue.

Os sais de sódio de ácidos carboxílicos de cadeia longa (sabões) são quase que completamente miscíveis em água. No entanto, eles não se dissolvem como poderíamos esperar, isto é, como íons individuais. Exceto em soluções muito diluídas, os sabões existem como **micelas** (**Fig. 23.3**). As micelas de sabão são aglomerados geralmente esféricos de ânions carboxilatos que estão dispersos por toda a fase aquosa. Os ânions carboxilato são empacotados unidos, com seus grupos carboxilatos carregados negativamente (e, portanto, *polares*) na superfície e com suas cadeias de hidrocarboneto apolares no interior. Os íons sódio estão dispersos por toda a fase aquosa como íons individuais solvatados.

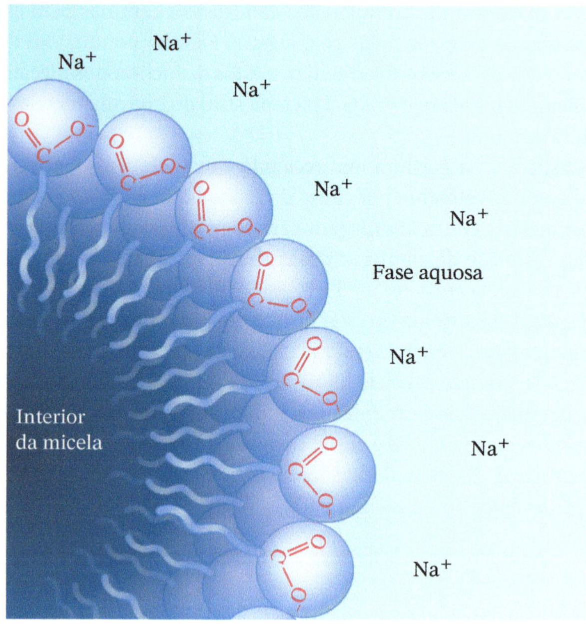

FIGURA 23.3 Uma parte de uma micela de sabão mostrando sua interface com o meio dispersante polar. (Reimpressa com permissão de John Wiley & Sons, Inc., de Karp, G., *Cell and Molecular Biology: Concepts and Experiments*, Quarta Edição, Copyright 1999.)

A formação de micela explica o fato de os sabões se dissolverem em água. As cadeias alquila apolares (e, portanto, **hidrofóbicas**) do sabão permanecem em um ambiente apolar – no interior da micela. Os grupos carboxilatos polares (e, consequentemente, **hidrofílicos**) estão expostos a um ambiente polar – o da fase aquosa. Uma vez que as superfícies das micelas são carregadas negativamente, as micelas individuais repelem-se umas às outras e permanecem dispersas na fase aquosa.

Os sabões funcionam como "removedores de sujeira" de uma maneira similar. A maior parte das partículas de sujeira (por exemplo, sobre a pele) é rodeada por uma camada de óleo ou gordura. As moléculas de água sozinhas são incapazes de dispersar esses glóbulos gordurosos porque elas são incapazes de penetrar na camada oleosa e separar as partículas individuais umas das outras ou da superfície à qual elas estão agarradas. No entanto, as soluções de sabão *são* capazes de separar as partículas individuais porque suas cadeias hidrocarbônicas podem se "dissolver" na camada oleosa (**Fig. 23.4**). À medida que isso acontece, cada partícula individual cria uma camada mais externa de ânions carboxílicos e se apresenta à fase aquosa um exterior muito mais compatível – uma superfície polar. Os glóbulos individuais agora se repelem e, assim, tornam-se dispersos por toda a fase aquosa. Logo em seguida, eles escorrem pelo ralo.

Os detergentes sintéticos (**Fig. 23.5**) funcionam da mesma maneira que os sabões; eles têm longas cadeias alquílicas apolares com grupos polares na extremidade. Os grupos polares da maioria dos detergentes sintéticos são sulfonatos de sódio ou sulfatos de sódio.

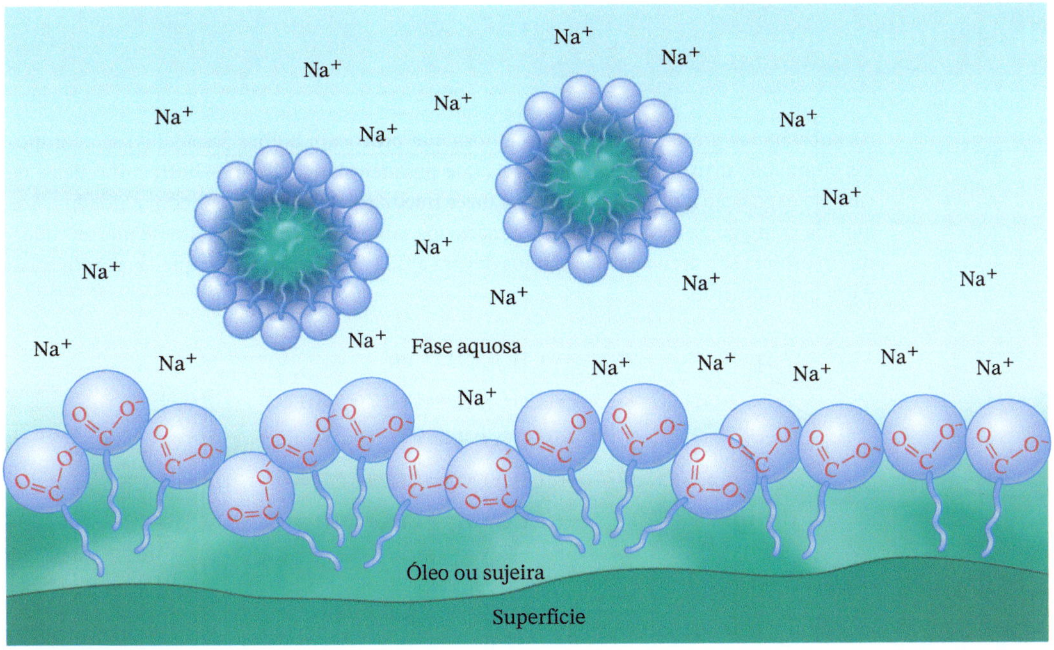

FIGURA 23.4 Dispersão de um material hidrofóbico (por exemplo, óleo, graxa ou gordura) por um sabão. (Adaptada com permissão de John Wiley and Sons, Inc. de Karp, G., *Cell and Molecular Biology: Concepts and Experiments*, Quarta Edição, Copyright 1999.)

(Em outros tempos, foi feita a utilização extensiva de detergentes sintéticos com grupos alquila altamente ramificados. Esses detergentes mostraram ser não biodegradáveis e sua utilização foi interrompida.)

Os detergentes sintéticos oferecem uma vantagem sobre os sabões; eles funcionam bem em água "dura", isto é, em água contendo íons Ca^{2+}, Fe^{2+}, Fe^{3+} e Mg^{2+}. Os sais de cálcio, ferro e magnésio de alcanossulfonatos e hidrogenossulfatos de alquila são altamente solúveis em água, e assim os detergentes sintéticos permanecem em solução. Os sabões, ao contrário, formam precipitados – o anel em torno da banheira – quando eles são utilizados em água dura.

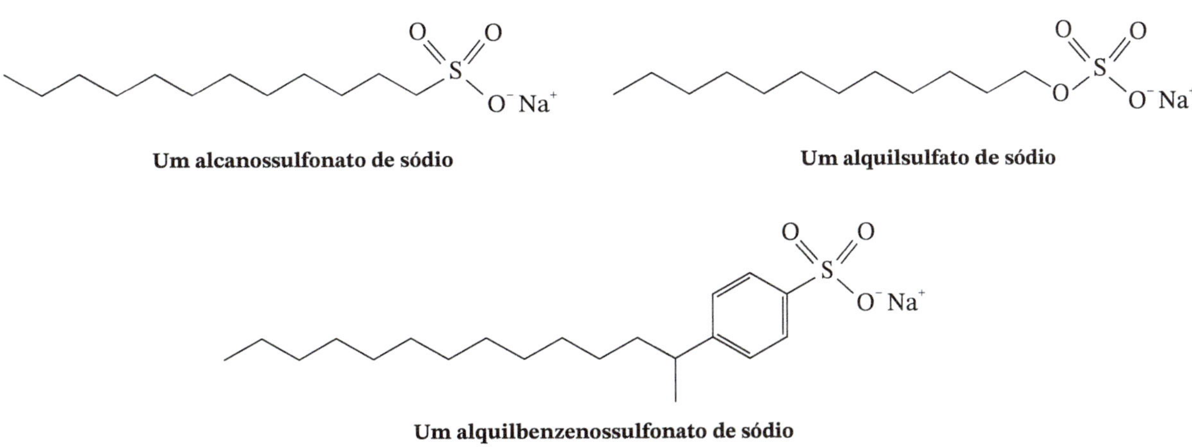

FIGURA 23.5 Detergentes sintéticos típicos.

A Química Biológica de... Hera Venenosa

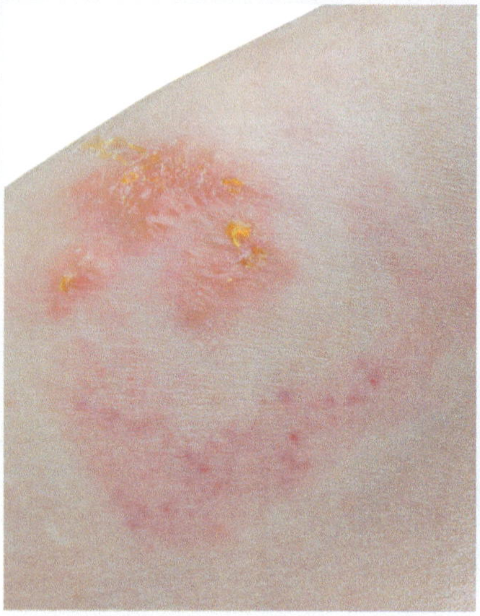

carroteater/Shutterstock

As substâncias presentes na hera venenosa que provocam bolhas (vesículas) são compostos chamados urushióis, que são fenóis que possuem longas caudas hidrocarbônicas. No caso de exposição à planta, o melhor a fazer imediatamente é esfregar com cuidado a área afetada com água e sabão. As propriedades dos sabões e o conhecimento de que as caudas dos urushióis são derivadas de lipídios devem ajudá-lo a entender por que lavar com sabão é um bom remédio.

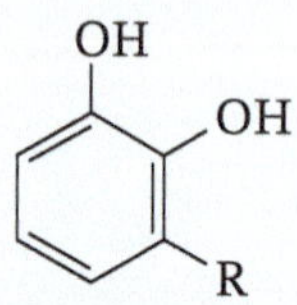

Urushióis

$R = -(CH_2)_{14}CH_3$, ou
$-(CH_2)_7CH{=}CH(CH_2)_5CH_3$, ou
$-(CH_2)_7CH{=}CHCH_2CH{=}CH(CH_2)_2CH_3$, ou
$-(CH_2)_7CH{=}CHCH_2CH{=}CHCH{=}CHCH_3$, ou
$-(CH_2)_7CH{=}CHCH_2CH{=}CHCH_2CH{=}CH_2$

DICA ÚTIL

As reações apresentadas nas Seções 23.2D e 23.2E no contexto dos ácidos graxos são as mesmas que aquelas que estudamos nos capítulos anteriores a respeito de ácidos carboxílicos e alquenos.

23.2D Reações do Grupo Carboxílico dos Ácidos Graxos

Os ácidos graxos, como seria de esperar, realizam reações típicas de ácidos carboxílicos (veja o Capítulo 17). Eles reagem com $LiAlH_4$ para formar álcoois, com álcoois e um catalisador ácido para formar ésteres, e com cloreto de tionila para formar cloretos de acila:

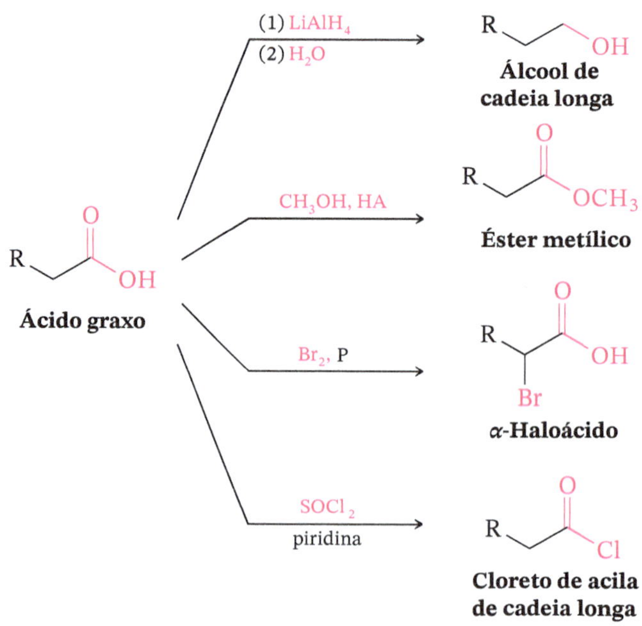

23.2E Reações da Cadeia Alquenila de Ácidos Graxos Insaturados

As ligações duplas das cadeias de carbono de ácidos graxos sofrem reações características de adição de alqueno (veja os Capítulos 7 e 8):

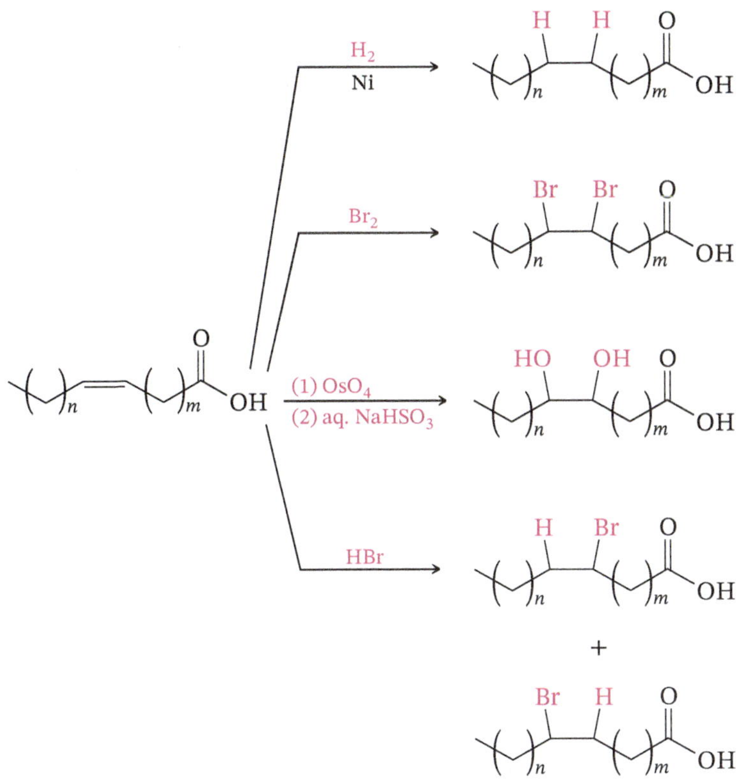

PROBLEMA DE REVISÃO 23.1

(a) Quantos estereoisômeros são possíveis para o ácido 9,10-dibromo-hexadecanoico?
(b) A adição de bromo ao ácido palmitoleico produz basicamente um conjunto de enantiômeros, o ácido (±)-*treo*-9,10-dibromo-hexadecanoico. A adição de bromo é uma adição anti à ligação dupla (ou seja, ela aparentemente ocorre através de um íon bromônio intermediário). Levando-se em consideração a estereoquímica cis da ligação dupla do ácido palmitoleico e a estereoquímica da adição de bromo, escreva as estruturas tridimensionais para os ácidos (±)-*treo*-9,10-dibromo-hexadecanoicos.

A Química de Materiais de... Monocamadas Auto-Organizadas – Lipídios na Ciência dos Materiais e na Bioengenharia

O gráfico mostrado adiante (*a*) representa uma monocamada auto-organizada de moléculas de alcanotiol numa superfície de ouro. As moléculas de alcanotiol formam espontaneamente uma camada que é da espessura de uma molécula (uma monocamada) porque elas são presas à superfície do ouro em uma extremidade através de uma ligação covalente ao metal e porque as forças intermoleculares de van der Waals entre as cadeias longas de alcano fazem com que elas se alinhem próximas umas das outras em uma orientação aproximadamente perpendicular à superfície do ouro. Muitos pesquisadores estão explorando as monocamadas auto-organizadas (MAO) para a preparação de superfícies que têm usos específicos na medicina, na computação e nas telecomunicações. Um exemplo na engenharia biomédica, que pode levar a vantagens em cirurgias, envolve testar as células para a resposta delas às MAO com diferentes grupos terminais. Variando a estrutura do grupo terminal exposto da monocamada, pode ser possível criar materiais que têm afinidade ou resistência contra a ligação da célula (*b*). Tais propriedades seriam úteis em transplantes de órgãos para inibir a rejeição pelas células do sistema imune ou em cirurgias de próteses onde a ligação do tecido ao dispositivo artificial é desejada.

As monocamadas chamadas de filmes de Langmuir–Blodgett (LB) também envolvem a auto-organização de moléculas em uma superfície. No entanto, neste caso as moléculas não se tornam ligadas covalentemente à superfície. Esses filmes LB são inerentemente menos estáveis do que as monocamadas covalentemente ligadas, mas eles têm características que são úteis para determinadas aplicações em nanotecnologia. Por exemplo, um filme LB feito de fosfolipídio (Seção 23.6) e moléculas

(*continua*)

(continuação)

de catenano foi utilizado na fabricação de rede de interruptores moleculares que abordamos em "A Química dos Materiais de... Motores em Nanoescala e Interruptores Moleculares" (Capítulo 4). Esta monocamada LB (*c*) foi formada em uma interface água–ar, onde os grupos terminais polares fosfato dos fosfolipídios afundam na água, e a cauda de carbono hidrofóbico projeta-se para o ar. Entremeadas entre eles estavam as moléculas de catenano. Nas etapas posteriores, essa monocamada era alçada da superfície água–ar e transferida para uma superfície sólida de ouro.

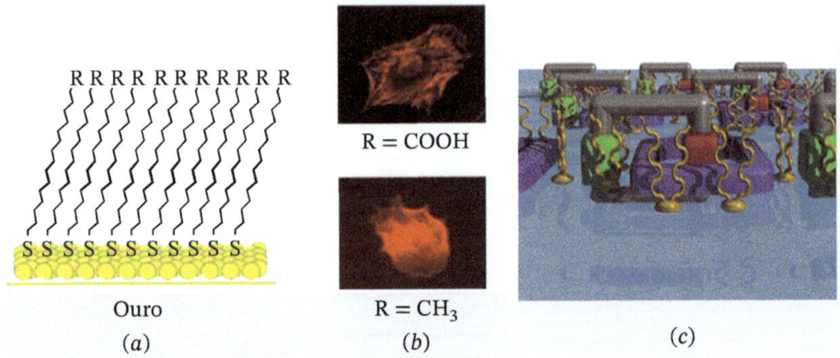

(*a*) Uma monocamada auto-organizada de moléculas de alcanotiol sobre uma superfície de ouro (R = CH_3 ou COOH). (*b*) Disseminação da célula de fibroblasto Swiss 3T3 aplicada sobre uma monocamada auto-organizada com terminação COOH (em cima) indica uma efetiva sinalização sobre a superfície. A célula do fibroblasto sobre uma monocamada com terminação CH_3 (embaixo) se enrola para fora da superfície. As células foram tingidas com uma toxina marcada com rodamina que se liga na actina filamentosa e, então, foram reveladas através de luz fluorescente. (*c*) Um filme de Langmuir–Blodgett (LB) formado de moléculas de fosfolipídio (cor dourada) e moléculas de catenano (púrpura e cinza com grupos verdes e vermelhos) em uma interface ar–água.

(Parte (c) reimpressa com permissão de Pease, A. R.; Jeppensen, J. O.; Stoddart, J. F.; Luo, Y.; Colier, C. P.; Heath, J. R., *Accounts of Chemical Research*, **2001**, *34*, 433–444.)

23.3 Terpenos e Terpenoides

As pessoas têm isolado compostos orgânicos de vegetais desde a Antiguidade. Através de aquecimento suave ou através de destilação por arraste de vapor de determinados materiais vegetais, pode-se obter misturas de compostos odoríferos, conhecidos como **óleos essenciais**. Esses compostos têm tido uma variedade de utilizações, especialmente na medicina antiga e na fabricação de perfumes.

À medida que a ciência da química orgânica se desenvolveu, os químicos separaram os vários componentes dessas misturas e determinaram suas fórmulas moleculares e, mais tarde, suas fórmulas estruturais. Mesmo hoje esses produtos naturais oferecem problemas desafiadores para os químicos interessados na determinação de estrutura e síntese. Pesquisas nessa área têm também nos fornecido informações importantes sobre as maneiras pelas quais os próprios vegetais sintetizam esses compostos.

- Os hidrocarbonetos conhecidos de modo geral como **terpenos** e os compostos contendo oxigênio, chamados de **terpenoides**, são os constituintes mais importantes dos óleos essenciais.
- A maioria dos terpenos tem cadeias de 10, 15, 20 ou 30 átomos de carbono, e são classificados da seguinte maneira:

Número de Átomos de Carbono	Classe
10	Monoterpenos
15	Sesquiterpenos
20	Diterpenos
30	Triterpenos

- Podem-se considerar os terpenos como constituídos de duas ou mais unidades C_5 conhecidas como **unidades de isopreno**. O isopreno é o 2-metil-1,3-butadieno.

O isopreno e a unidade de isopreno podem ser representados de várias maneiras:

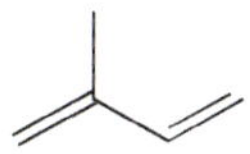

2-Metil-1,3-butadieno (isopreno)

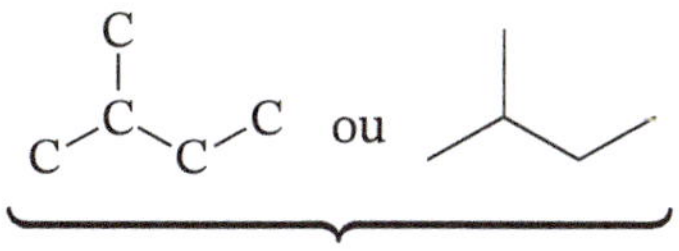

Uma unidade de isopreno

Sabemos agora que os vegetais não sintetizam terpenos a partir do isopreno. Entretanto, o reconhecimento da unidade de isopreno como um componente da estrutura dos terpenos foi de grande ajuda na elucidação de suas estruturas. Podemos ver como ao examinarmos as seguintes estruturas:

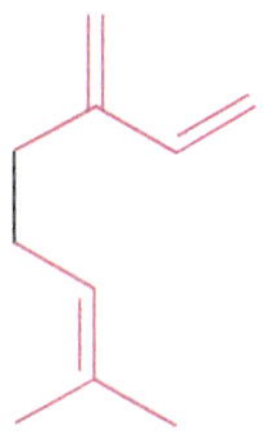

Mirceno (isolado do óleo de louro)

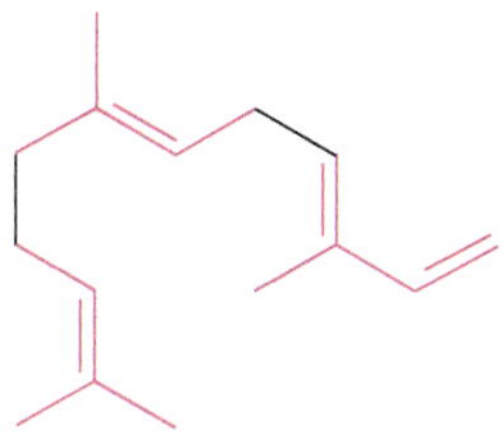

α-Farneseno (da casca natural de maçãs)

As unidades de isopreno no mirceno e no α-farneseno estão em rosa.

Através dos croquis das fórmulas anteriores, podemos ver que o monoterpeno (mirceno) possui duas unidades de isopreno; o sesquiterpeno (α-farneseno) possui três. Em ambos os compostos as unidades de isopreno são unidas no modo cabeça-cauda:

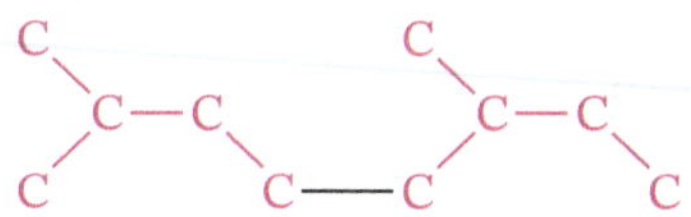

(cabeça) (cauda) (cabeça) (cauda)

Muitos terpenos também têm unidades de isopreno unidas em anéis, e outros (terpenoides) contêm oxigênio:

Limoneno (do óleo de limão ou de laranja)

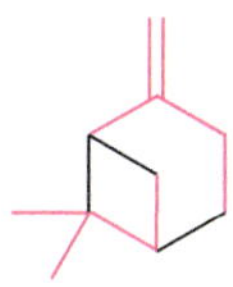

β-Pineno (do óleo de terebintina)

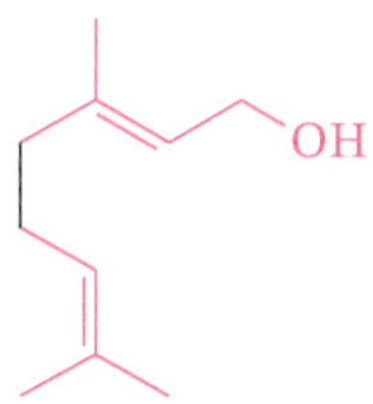

Geraniol (das rosas e outras flores)

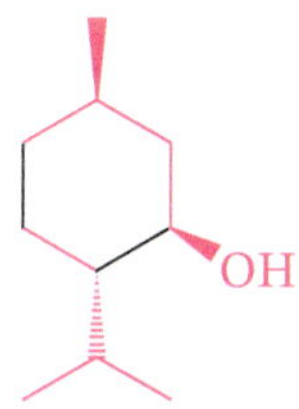

Mentol (da menta)

PROBLEMA RESOLVIDO 23.1

A hidrogenação do sesquiterpeno cariofileno ($C_{15}H_{24}$) produz um composto com fórmula molecular $C_{15}H_{28}$. Que informação isto oferece sobre a estrutura do cariofileno?

Estratégia e Resposta

O cariofileno possui a fórmula molecular $C_{15}H_{24}$ e, portanto, um índice de deficiência em hidrogênio (IDH) de 4. Sua reação com dois equivalentes molares de hidrogênio sugere que o cariofileno tem ligações duplas ou uma ligação tripla, contando de duas das quatro unidades de deficiência em hidrogênio. As duas unidades restantes de deficiência em hidrogênio são decorrentes dos anéis. (A estrutura do cariofileno é dada no Problema de Revisão 23.2.)

PROBLEMA DE REVISÃO 23.2

(a) Mostre as unidades de isopreno em cada um dos terpenos vistos a seguir. **(b)** Classifique cada um deles como monoterpeno, sesquiterpeno, diterpeno, e assim por diante.

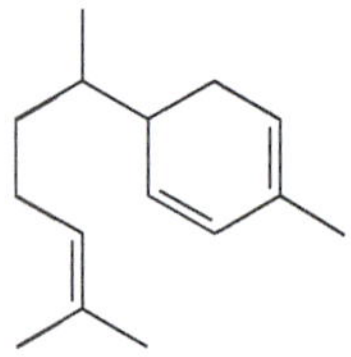

Zingibereno
(do óleo de gengibre)

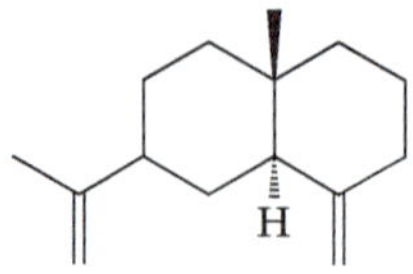

***β*-Selineno**
(do óleo de aipo)

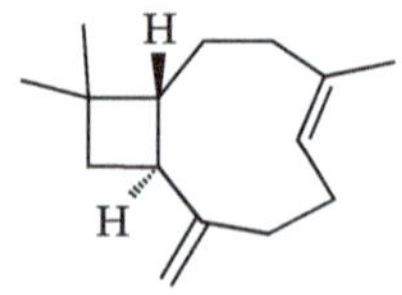

Cariofileno
(do óleo de cravo-da-índia)

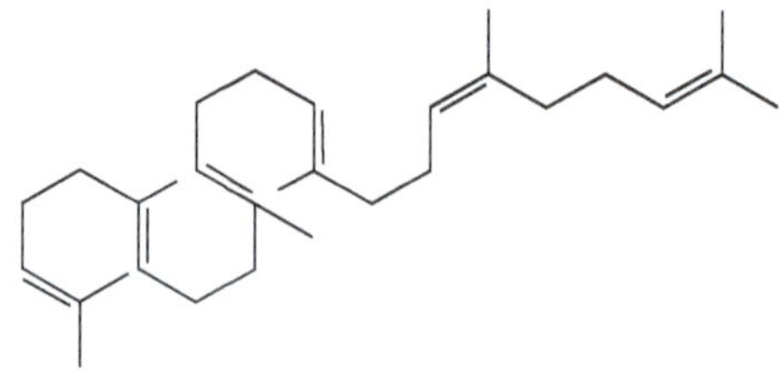

Esqualeno
(do óleo de fígado de tubarão)

PROBLEMA RESOLVIDO 23.2

Que produtos você esperaria obter se o cariofileno fosse submetido à ozonólise seguido por tratamento com sulfeto de dimetila?

Resposta

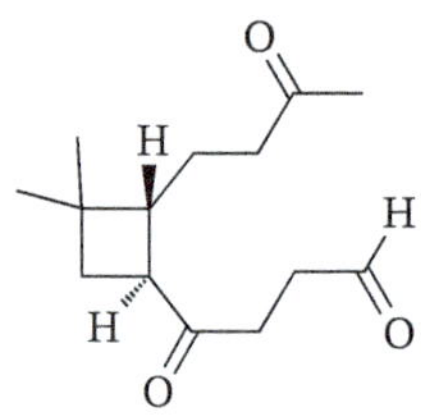

+ HCHO (formaldeído)

PROBLEMA DE REVISÃO 23.3

Que produtos você esperaria obter se cada um dos seguintes terpenos fosse submetido à ozonólise e subsequente tratamento com sulfeto de dimetila?

(a) Mirceno **(b)** Limoneno **(c)** *α*-Farneseno **(d)** Geraniol **(e)** Esqualeno

PROBLEMA DE REVISÃO 23.4

Dê as fórmulas estruturais para os produtos que você esperaria obter das seguintes reações:

(a) *β*-Pineno $\xrightarrow{\text{KMnO}_4\text{, aquecimento}}$

(b) Zingibereno $\xrightarrow{\text{H}_2\text{, Pt}}$

(c) Cariofileno $\xrightarrow{\text{HCl}}$

(d) *β*-Selineno $\xrightarrow[\text{(2) H}_2\text{O}_2\text{, HO}^-]{\text{(1) BH}_3\text{:THF (2 equiv.)}}$

PROBLEMA DE REVISÃO 23.5

Como os sinais de RMN de ^{1}H e ^{13}C em deslocamentos químicos característicos podem ser usados para fazer a distinção entre o geraniol e o mentol?

Os carotenos são tetraterpenos. Eles podem ser imaginados como dois diterpenos unidos no modo cauda-cauda:

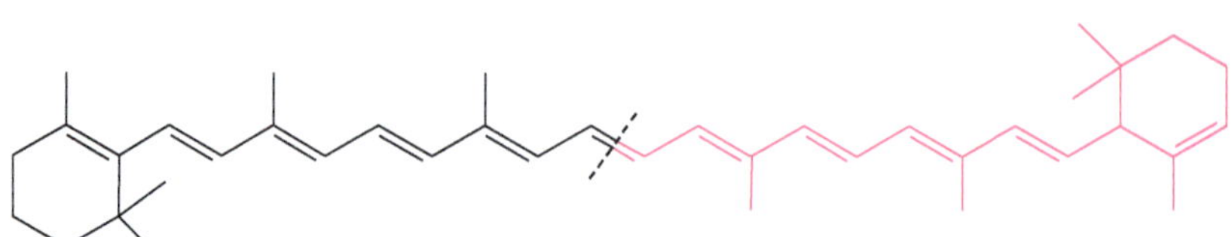

***α*-Caroteno**

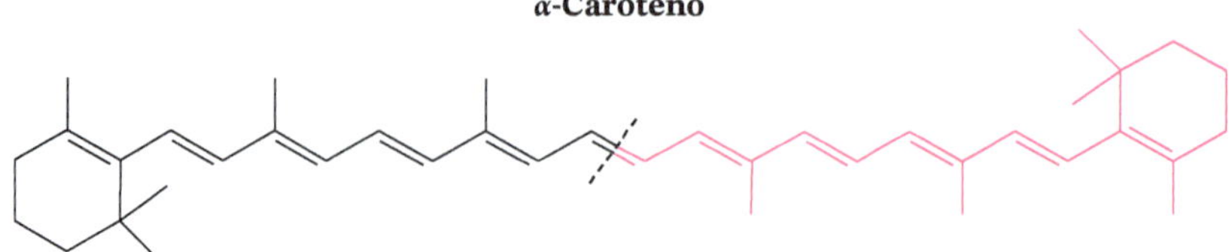

***β*-Caroteno**

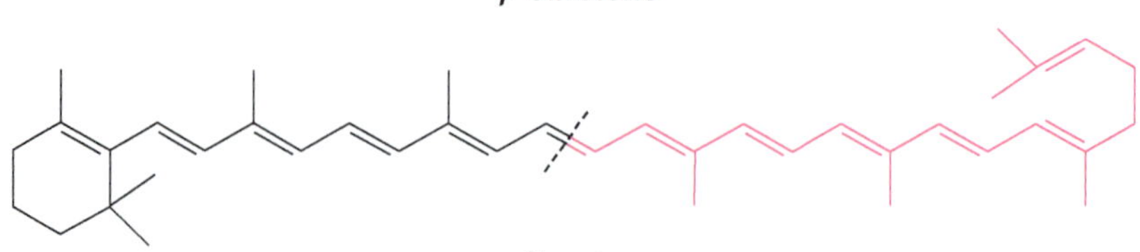

***γ*-Caroteno**

Os carotenos estão presentes em quase todos os vegetais verdes. Nos animais, todos os três carotenos servem como precursores para a vitamina A, porque todos eles podem ser convertidos nessa vitamina pelas enzimas no fígado.

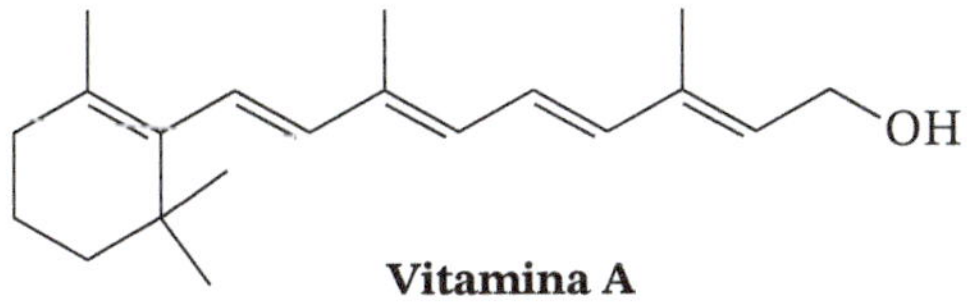

Vitamina A

Nessa conversão, uma molécula de β-caroteno produz duas moléculas de vitamina A; o α- e o γ-caroteno fornecem apenas uma molécula. A vitamina A é importante não apenas para a visão, mas também para outras funções. Por exemplo, os animais jovens cuja alimentação é deficiente em vitamina A não crescem. A vitamina A, o β-caroteno e a vitamina E ("A Química Industrial de... Antioxidantes", Seção 10.12) também são importantes antioxidantes solúveis em lipídios.

23.3A Borracha Natural

A borracha natural pode ser vista como um polímero de adição 1,4 do isopreno. Na realidade, a pirólise degrada a borracha natural em isopreno. A pirólise (do grego: *pyros*, fogo, + *lise*) é o aquecimento de uma substância na ausência de ar até que ela se decomponha. As unidades de isopreno da borracha natural são todas unidas no modo cabeça-cauda, e todas as ligações duplas são cis:

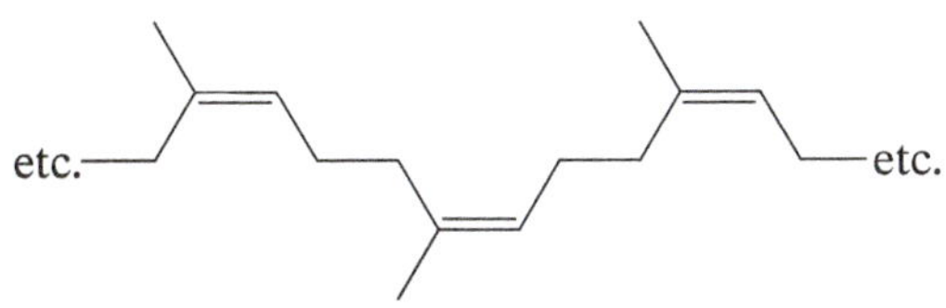

Borracha natural
(*cis*-1,4-poli-isopreno)

Os catalisadores de Ziegler–Natta tornam possível a polimerização do isopreno e a obtenção de um produto sintético que é idêntico à borracha obtida de fontes naturais.

A borracha natural pura é macia e pegajosa. Para ser útil, a borracha natural tem de ser *vulcanizada*. Na vulcanização, a borracha natural é aquecida com enxofre. Ocorre uma reação que produz uniões cruzadas entre as cadeias de *cis*-poli-isopreno e torna a borracha bem mais dura. O enxofre reage tanto nas ligações duplas quanto nos átomos de hidrogênio alílicos:

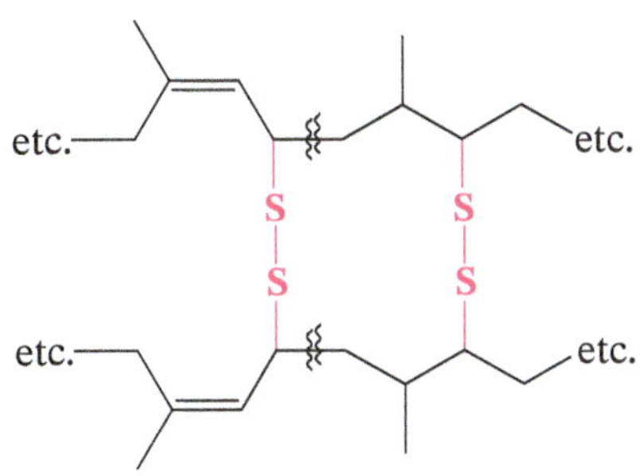

Borracha vulcanizada

23.3B Ubiquinonas: Quinonas e Fenóis Modificados para o Transporte Bioquímico de Elétrons

A oxidação da hidroquinona (1,4-benzenodiol) produz um composto conhecido como *p*-benzoquinona. A oxidação pode ser realizada por meio de agentes oxidantes moderados e, como um todo, a oxidação equivale à remoção de um par de elétrons ($2\ e^-$) e dois prótons da hidroquinona. (Outra maneira de visualizar a oxidação é como a perda de uma molécula de hidrogênio, H:H, transformando-a em uma desidrogenação.)

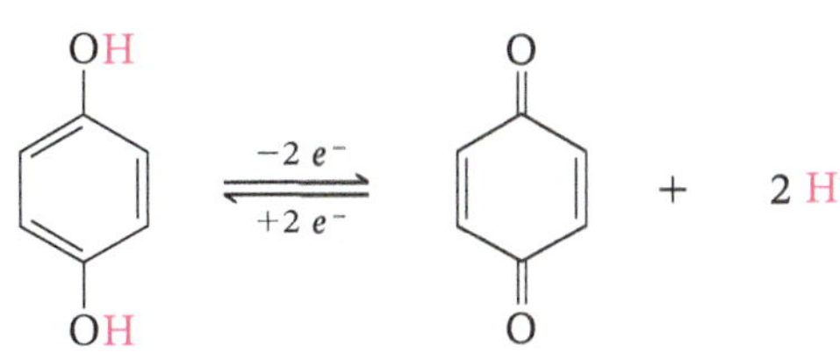

Hidroquinona **p-Benzoquinona**

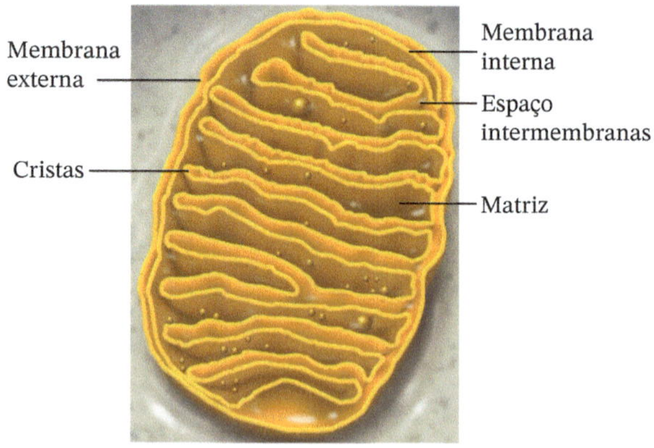

Seção longitudinal de uma mitocôndria.

Essa reação é reversível; a *p*-benzoquinona é facilmente reduzida por agentes redutores moderados a hidroquinona.

A natureza faz muito uso desse tipo de oxidação–redução reversível para transportar um par de elétrons de uma substância para outra em reações catalisadas por enzimas. Compostos importantes nesse aspecto são aqueles chamados de **ubiquinonas** (de *ubíquo* + quinona, porque essas quinonas são encontradas dentro da membrana mitocondrial interna de toda célula viva). As ubiquinonas são também chamadas de coenzimas Q (CoQ).

As ubiquinonas têm uma cadeia lateral longa derivada do isopreno (veja a Seção 23.3). Dez unidades de isopreno estão presentes na cadeia lateral das ubiquinonas humanas. Essa parte de suas estruturas é altamente apolar, e ela serve para solubilizar as ubiquinonas dentro da dupla camada hidrofóbica da membrana mitocondrial interna. A solubilidade no ambiente da membrana facilita sua difusão lateral a partir de um componente da cadeia de transporte de elétrons para outro. Na cadeia transportadora de elétrons, a ubiquinona funciona aceitando dois elétrons e dois átomos de hidrogênio para transformar-se em hidroquinona. A forma hidroquinona transporta dois elétrons para o próximo receptor na cadeia:

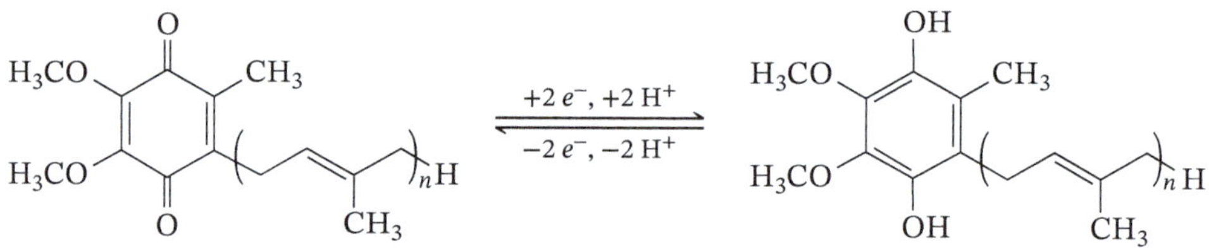

Ubiquinonas (n = 6–10)
(coenzimas Q)

Ubiquinol (forma de hidroquinona)

A vitamina K_1, o importante fator alimentar que responde pela manutenção das propriedades coagulantes do sangue, contém uma estrutura de 1,4-naftoquinona:

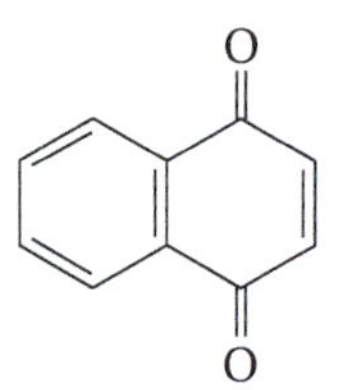

1,4-Naftoquinona

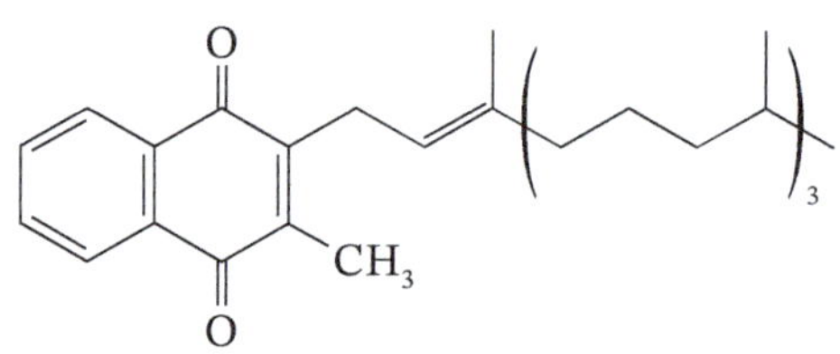

Vitamina K_1

A Química Biológica de. . . Jato Nocivo do Besouro-Bombardeiro

Thomas Eisner and Daniel Aneshansley, Cornell University

Besouro-bombardeiro no processo de liberação de seu jato.

O besouro-bombardeiro se defende borrifando um jato de vapor nocivo e quente (100 °C) de *p*-benzoquinonas em um predador. O besouro mistura *p*-hidroquinonas e peróxido de hidrogênio de um reservatório abdominal com enzimas de outro reservatório. As enzimas convertem o peróxido de hidrogênio em oxigênio, que por sua vez oxida as *p*-hidroquinonas em *p*-benzoquinonas, e o besouro propele explosivamente o jato irritante no atacante. Fotos de T. Eisner e D. Aneshansley (Cornell University) mostram que o impressionante besouro-bombardeiro pode direcionar o jato virtualmente em qualquer direção, até mesmo paralelamente sobre as costas, para afastar um predador.

PROBLEMA RESOLVIDO 23.3

Esboce uma possível síntese para o seguinte composto.

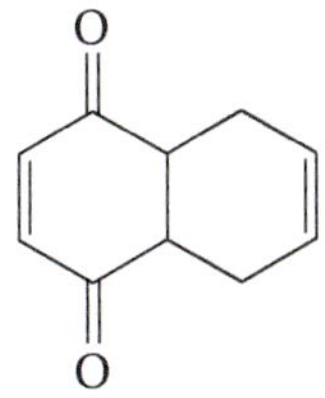

Estratégia e Resposta

A presença de um anel de ciclo-hexano contendo uma ligação dupla sugere que o composto pode ser feito por uma reação de Diels–Alder. Reagentes apropriados aqui seriam a *p*-benzoquinona como o dienófilo e o 1,3-butadieno como o dieno.

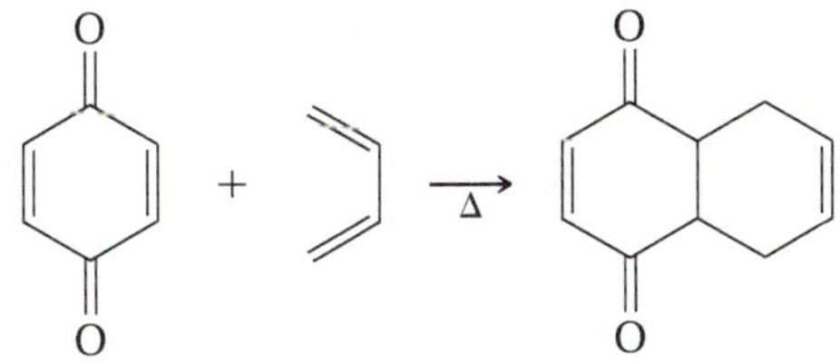

PROBLEMA DE REVISÃO 23.6

A *p*-benzoquinona e a 1,4-naftoquinona agem como dienófilos em reações de Diels–Alder. Forneça as estruturas dos produtos das seguintes reações:

(a) 1,4-Naftoquinona + butadieno **(b)** *p*-Benzoquinona + ciclopentadieno

PROBLEMA DE REVISÃO 23.7

Esboce uma possível síntese para o composto a seguir.

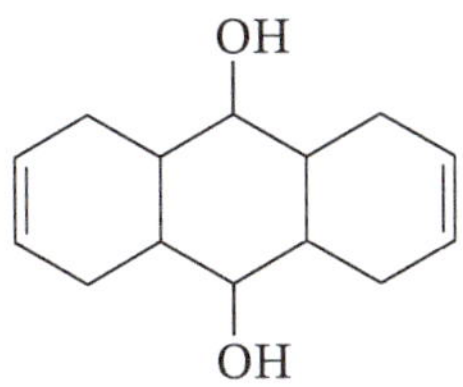

23.4 Esteroides

As frações de lipídios obtidas de vegetais e animais contêm outro grupo importante de compostos conhecidos como **esteroides**. Os esteroides são "reguladores biológicos" importantes que quase sempre mostram efeitos fisiológicos drásticos quando eles são administrados aos organismos vivos. Dentre esses compostos importantes estão os hormônios sexuais masculino e feminino, os hormônios adrenocorticoides, as vitaminas D, os ácidos biliares e determinados venenos cardíacos.

23.4A Estrutura e Nomenclatura Sistemática de Esteroides

Os esteroides são derivados do seguinte sistema de anel per-hidrociclopentanofenantreno:

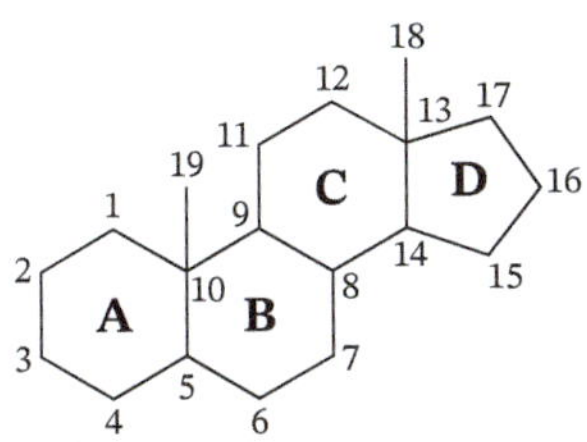

Os átomos de carbono desse sistema de anel são numerados como mostrado. Os quatro anéis são designados por letras. Na maioria dos esteroides as junções dos anéis B,C e C,D são trans. Entretanto, a junção dos anéis A,B pode ser cis ou trans e esta possibilidade dá origem a dois grupos gerais de esteroides que têm as estruturas tridimensionais mostradas na Fig. 23.6.

Os grupos metila que estão ligados nos pontos da junção do anel (isto é, aqueles numerados como 18 e 19) são chamados de **grupos metila angulares**, e eles servem como importantes pontos de referência para as designações estereoquímicas. Os grupos metila angulares projetam-se para cima do plano geral do sistema de anel quando esse é escrito da maneira mostrada na Fig. 23.6. Por convenção, outros grupos que se localizam do mesmo lado geral da molécula que os grupos metila angulares (ou seja, do lado de cima) são designados **substituintes β** (esses são escritos como uma cunha sólida). Os grupos que se localizam geralmente na parte de baixo (ou seja, são trans aos grupos metila angulares) são designados **substituintes α** (esses são escritos como uma cunha tracejada). Quando as designações α e β são aplicadas ao átomo de hidrogênio na posição 5, o sistema de anel no qual a junção dos anéis A,B é trans torna-se a série 5α; o sistema de anel no qual a junção dos anéis A,B é cis torna-se a série 5β.

DICA ÚTIL

Construa modelos moleculares das séries 5α e 5β de esteroides e utilize-os para explorar as estruturas dos esteroides discutidas neste capítulo.

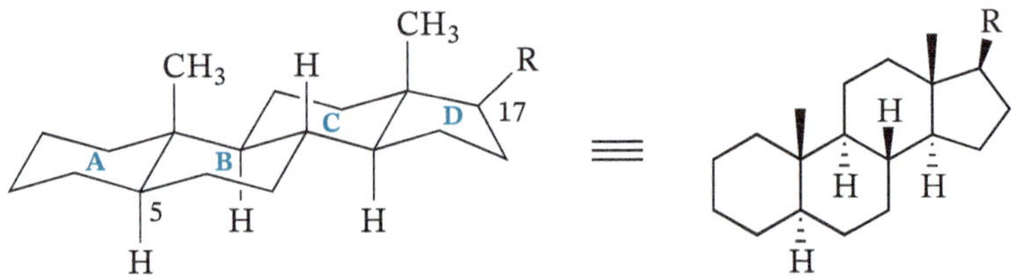

Série 5α de esteroides (Todas as junções dos anéis são trans.)

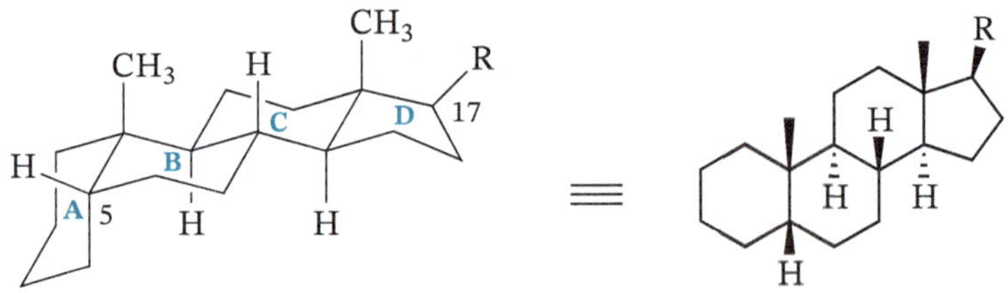

Série 5β de esteroides (A junção dos anéis A,B é cis.)

FIGURA 23.6 Sistemas básicos de anéis das séries 5α e 5β de esteroides.

PROBLEMA DE REVISÃO 23.8

Desenhe os dois sistemas básicos de anéis fornecidos na Fig. 23.6 para as séries 5α e 5β mostrando todos os átomos de hidrogênio dos anéis ciclo-hexano. Nomeie cada átomo de hidrogênio como axial ou equatorial.

Na nomenclatura sistemática, a natureza do grupo R na posição 17 determina (principalmente) o nome base de um esteroide individual. Esses nomes são derivados dos nomes de hidrocarbonetos esteroides fornecidos na Tabela 23.3. Os dois exemplos a seguir ilustram a maneira como esses nomes base são utilizados:

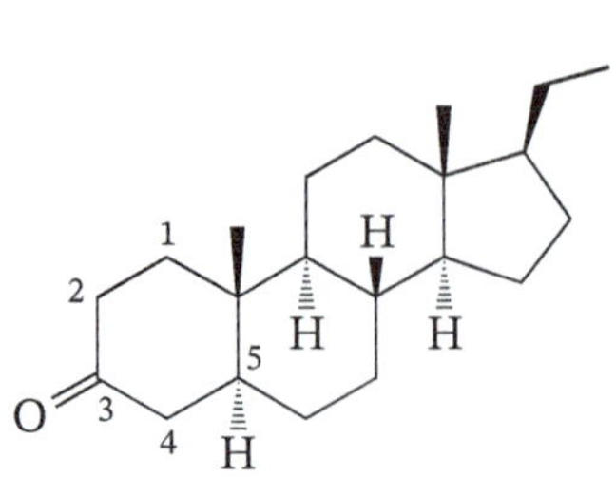

5α-Pregnan-3-ona

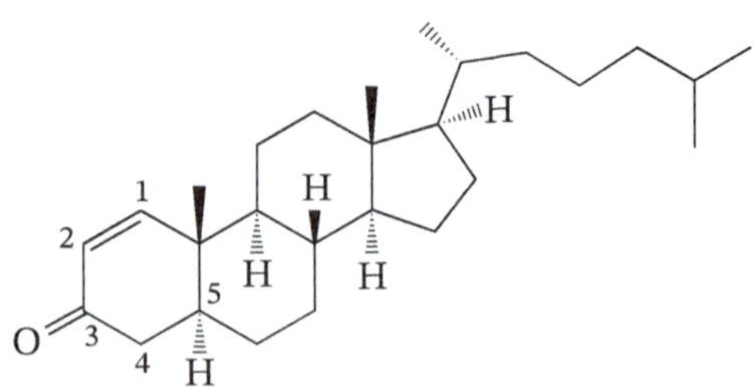

5α-Colest-1-en-3-ona

Veremos que muitos esteroides também têm nomes comuns e que os nomes dos hidrocarbonetos esteroides fornecidos na Tabela 23.3 são derivados desses nomes comuns.

TABELA 23.3 Nomes de Hidrocarbonetos Esteroides

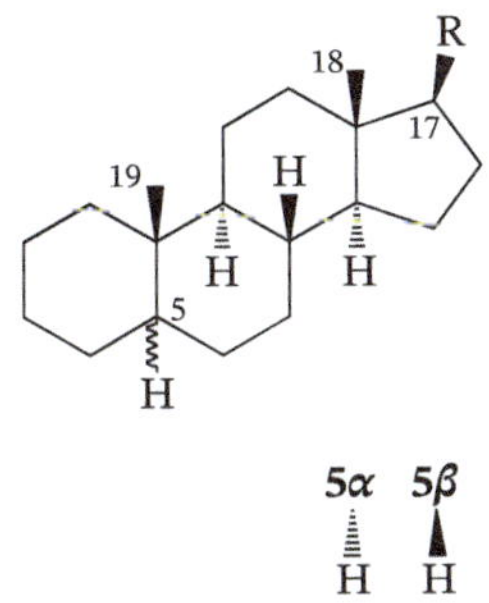

R	Nome
	Androstano
 (com —H também substituindo —$\overset{19}{CH_3}$)	Estrano
	Pregnano
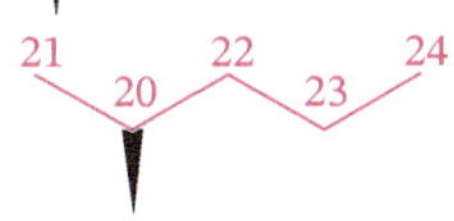	Colano
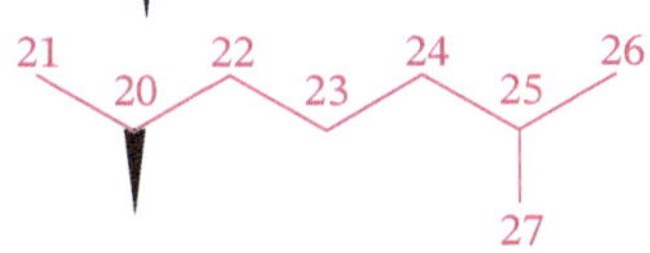	Colestano

PROBLEMA DE REVISÃO 23.9

(a) A androsterona, um hormônio sexual masculino secundário, tem o nome sistemático 3α-hidroxi-5α-androstan-17-ona. Desenhe uma fórmula usando traços e cunhas conforme a necessidade nos centros quirais da androsterona.

(b) O noretinodrel, um esteroide sintético que tem sido utilizado largamente em anticoncepcionais orais, tem o nome sistemático 17α-etinil-17β-hidroxi-5(10)-estren-3-ona. Desenhe uma fórmula usando traços e cunhas conforme a necessidade nos centros quirais do noretinodrel.

23.4B Colesterol

O colesterol, um dos esteroides naturais mais abundantes, pode ser isolado por extração de quase todos os tecidos animais. Os cálculos biliares humanos são uma fonte particularmente rica.

O colesterol foi isolado pela primeira vez em 1770. Na década de 1920, dois químicos alemães, Adolf Windaus (University of Göttingen) e Heinrich Wieland (University of Munich), foram responsáveis por delinear uma estrutura para o colesterol; eles receberam os Prêmios Nobel de Química por seus trabalhos em 1927 e 1928.*

Parte da dificuldade em assinalar uma estrutura absoluta para o colesterol é que ele contém *oito* centros quirais tetraédricos. Essa característica significa que das 2^8, ou 256, formas estereoisoméricas possíveis da estrutura básica, *apenas uma é a do colesterol*:

*A estrutura original proposta por Windaus e Wieland estava incorreta. Isto se tornou evidente em 1932 com os estudos de difração de raios X feitos pelo físico britânico J. D. Bernal. Até o final de 1932, entretanto, cientistas ingleses e o próprio Wieland, utilizando os resultados de Bernal, foram capazes de delinear a estrutura correta do colesterol.

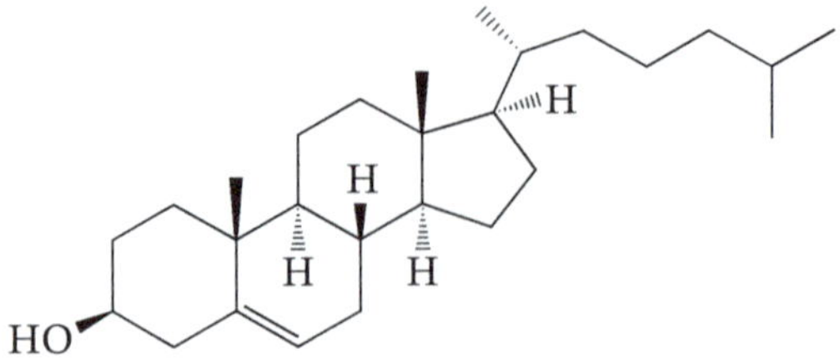

5-Colesten-3β-ol
(configuração absoluta do colesterol)

PROBLEMA DE REVISÃO 23.10

Atribua com asteriscos os oito centros quirais do colesterol.

O colesterol é amplamente encontrado no corpo humano e sabe-se que serve como intermediário na biossíntese de todos os esteroides. Ele é, portanto, essencial à vida. Porém, não precisamos ter o colesterol em nossa alimentação porque nosso organismo pode sintetizar toda a quantidade de que precisamos. Quando ingerimos colesterol, nosso organismo sintetiza menos do que se não o tivéssemos consumido, mas o colesterol total é maior do que se não tivéssemos ingerido nada. Há muito mais colesterol presente no organismo do que o necessário para a biossíntese de esteroide. Altos níveis de colesterol no sangue têm sido relacionados com o desenvolvimento de arteriosclerose (endurecimento das artérias) e aos ataques de coração que ocorrem quando as placas contendo colesterol bloqueiam as artérias do coração. Pesquisas importantes estão sendo conduzidas na área do metabolismo do colesterol com a esperança de encontrar caminhos para minimizar os níveis de colesterol por meio do uso de ajustes de dieta alimentar ou medicamentos.

É importante observar que, na linguagem comum, "colesterol" não se refere necessariamente apenas ao composto puro que os químicos chamam de colesterol, mas geralmente refere-se às misturas que contêm colesterol, outros lipídios e proteínas. Esses agregados são chamados de quilomícrons, lipoproteínas de alta densidade (HDL) e lipoproteínas de baixa densidade (LDL). Eles têm estruturas que geralmente lembram as micelas globulares e são veículos através dos quais o colesterol é transportado pelo ambiente aquoso do organismo. Os grupos hidrofílicos de suas proteínas constituintes, fosfolipídios e os substituintes hidroxila do colesterol estão orientados para fora no sentido do meio aquoso de tal forma a facilitar o transporte dos lipídios através do sistema circulatório. Os HDL (o chamado "colesterol bom") transportam os lipídios dos tecidos para o fígado para a degradação e excreção. O LDL ("colesterol ruim") transporta os lipídios biossintetizados do fígado para os tecidos (veja a **Fig. 23.7**).

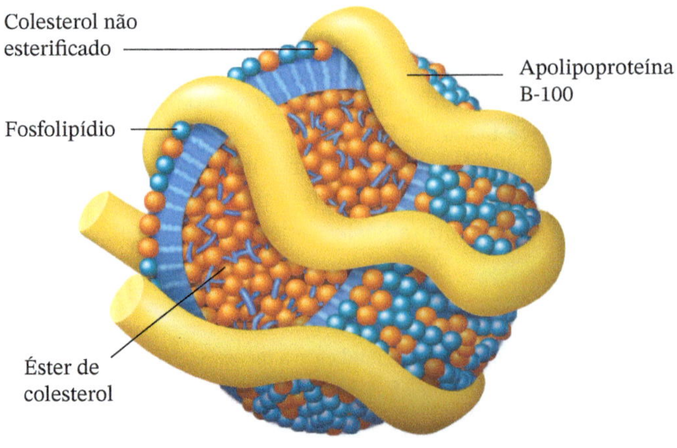

FIGURA 23.7 Um LDL, mostrando um centro de ésteres de colesterol e uma casca de fosfolipídios e colesterol não esterificado (grupos hidroxila expostos), envolto em uma apolipoproteína. Os grupos terminais fosfolipídicos e os resíduos hidrofílicos da proteína sustentam a compatibilidade aquosa das partículas de LDL. (Reimpressa com permissão de John Wiley & Sons, Inc., de Voet, D. e Voet, J. G., *Biochemistry*, Segunda Edição, © 1995 Voet, D. e Voet, J. G.)

Sabe-se agora que determinados compostos relacionados com os esteroides e derivados de vegetais diminuem o colesterol total no sangue quando utilizados nas formas alimentares aprovadas pela agência de controle de medicamentos dos Estados Unidos (FDA). Chamados de fitostanóis e fitosteróis, esses compostos patenteados agem através da inibição da absorção intestinal do colesterol alimentar. Eles são comercializados como alimentos na forma de pastas comestíveis. Um exemplo de um fitostanol é mostrado aqui.

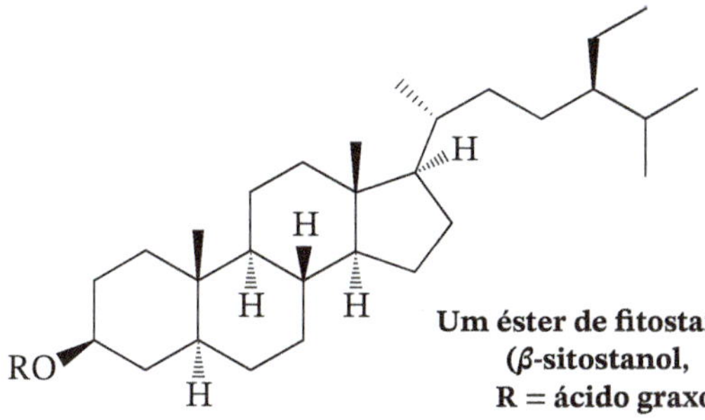

Um éster de fitostanol (β-sitostanol, R = ácido graxo)

23.4C Hormônios Sexuais

Os hormônios sexuais podem ser classificados em três grupos principais: (1) os hormônios sexuais femininos, ou **estrógenos**; (2) os hormônios sexuais masculinos, ou **andrógenos**; e (3) os hormônios da gravidez, ou **progestinas**.

O primeiro hormônio sexual a ser isolado foi um estrógeno, a *estrona*. Trabalhando independentemente, Adolf Butenandt (na Alemanha, na University of Göttingen) e Edward Doisy (nos Estados Unidos, na Saint Louis University) isolaram a estrona da urina de mulheres grávidas. Eles publicaram suas descobertas em 1929. Mais tarde, Doisy foi capaz de isolar o estrógeno muito mais potente, o *estradiol*. Nessa pesquisa, Doisy teve que extrair *4 toneladas* de ovários de porcas para obter apenas 12 mg de estradiol. Ficou claro que o estradiol é o verdadeiro hormônio sexual feminino e a estrona é uma forma metabolizada do estradiol que é excretada.

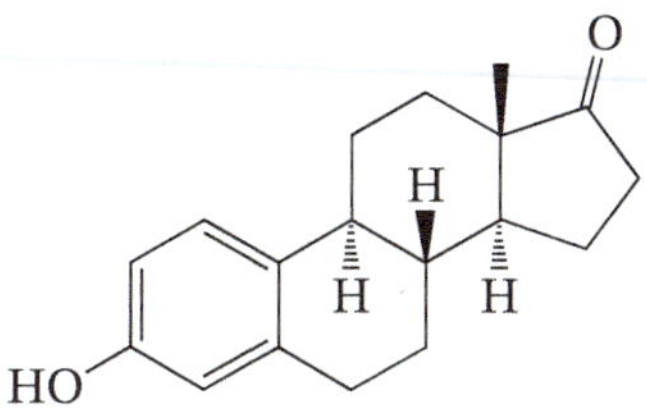

Estrona
[3-hidroxi-1,3,5(10)-estratrien-17-ona]

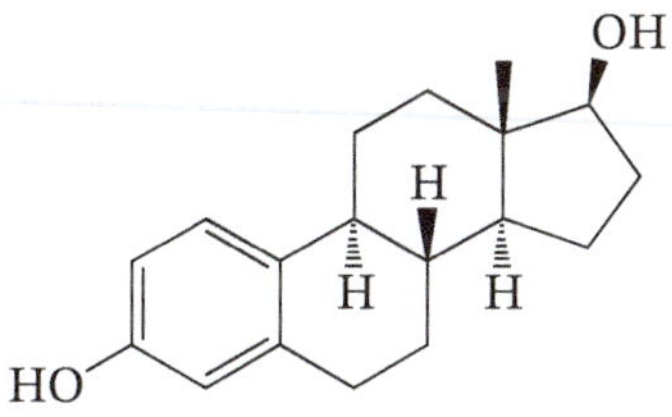

Estradiol
[1,3,5(10)-estratrieno-3,17β-diol]

O estradiol é secretado pelos ovários e promove o desenvolvimento das características femininas secundárias que aparecem no início da puberdade. Os estrógenos também estimulam o desenvolvimento das glândulas mamárias durante a gravidez e induzem o estro (cio) nos animais.

Em 1931, Butenandt e Kurt Tscherning isolaram o primeiro andrógeno, a *androsterona*. Eles foram capazes de obter 15 mg desse hormônio extraindo aproximadamente 15.000 L de urina masculina. Logo depois (em 1935), Ernest Laqueur (na Holanda) isolou outro hormônio sexual masculino, a *testosterona*, a partir de testículos de touro. Logo se tornou claro que a testosterona é o verdadeiro hormônio sexual masculino e que a androsterona é uma forma metabolizada da testosterona que é excretada na urina.

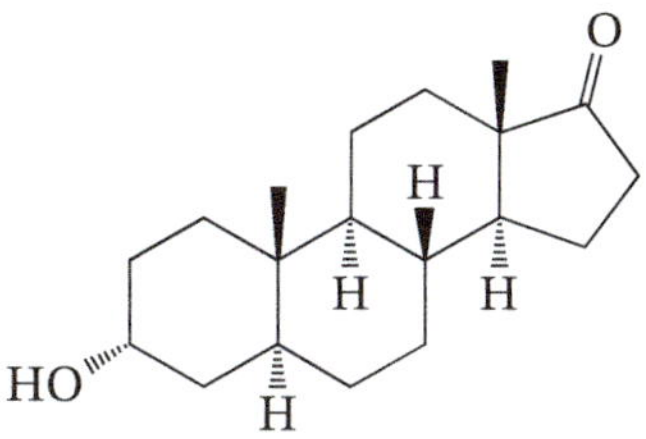

Androsterona
(3α-hidroxi-5α-androstan-17-ona)

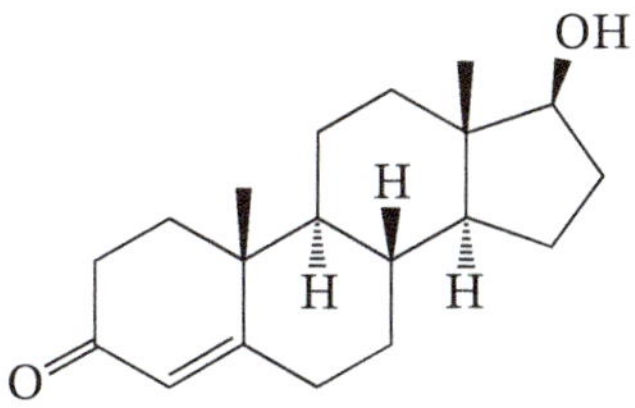

Testosterona
(17β-hidroxi-4-androsten-3-ona)

A testosterona, secretada pelos testículos, é o hormônio que promove o desenvolvimento das características masculinas secundárias: o crescimento de pelos no rosto e no corpo, o engrossamento da voz, o desenvolvimento muscular e a maturação dos órgãos sexuais masculinos.

A testosterona e o estradiol, portanto, são os compostos químicos a partir dos quais a "masculinidade" e a "feminilidade" são derivadas. É especialmente interessante examinar suas fórmulas estruturais e ver quão ligeiramente esses dois compostos se diferem. A testosterona tem um grupo metila angular na junção dos anéis A,B que está ausente no estradiol. O anel A do estradiol é um anel benzênico e, como resultado, o estradiol é um fenol. O anel A da testosterona contém um grupo ceto α,β-insaturado.

PROBLEMA DE REVISÃO 23.11

Os estrógenos (estrona e estradiol) são facilmente separados dos andrógenos (androsterona e testosterona) com base em uma de suas propriedades químicas. Qual é a propriedade e como tal separação poderia ser realizada?

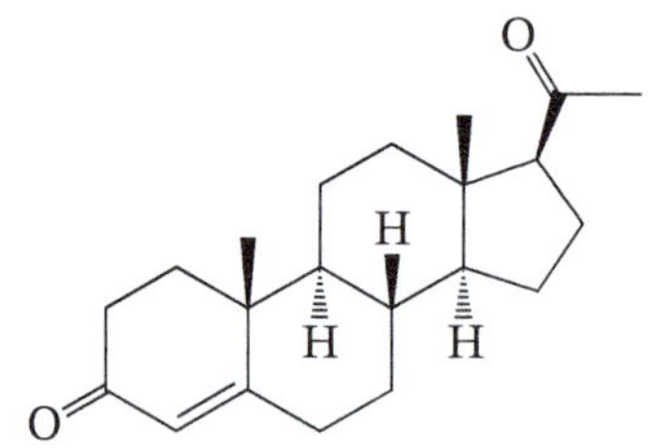

Progesterona
(4-pregneno-3,20-diona)

A progesterona é a mais importante *progestina* (hormônio da gravidez). Após ocorrer a ovulação, o restante do folículo ovariano rompido (chamado de *corpo lúteo*) começa a secretar progesterona. Esse hormônio prepara o forramento do útero para a implantação do óvulo fertilizado, e a secreção contínua de progesterona é necessária para completar a gravidez. (A progesterona é secretada pela placenta depois que a secreção pelo corpo lúteo diminui.)

A progesterona *também suprime a ovulação* e ela é o agente químico que aparentemente explica o fato de que a mulher grávida não possa engravidar novamente enquanto grávida. Foi essa observação que levou à busca de progestinas sintéticas que poderiam ser utilizadas como anticoncepcionais orais. (A própria progesterona requer doses muito grandes para ser eficiente na supressão da ovulação quando administradas por via oral porque ela é degradada no trato intestinal.) Uma variedade de compostos desse tipo foi desenvolvida e são hoje amplamente utilizados. Além do noretinodrel (veja o Problema de Revisão 23.9), outra progestina sintética extensamente utilizada é seu isômero de ligação dupla, a *noretindrona*:

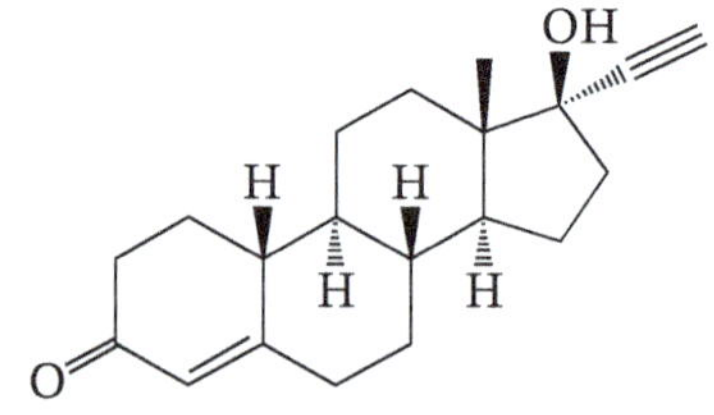

Noretindrona
(17α-etinil-17β-hidroxi-4-estren-3-ona)

Os estrógenos sintéticos também foram desenvolvidos e são frequentemente utilizados em anticoncepcionais orais em combinação com as progestinas sintéticas. Um estrógeno sintético muito potente é o composto chamado *etinilestradiol* ou *novestrol*:

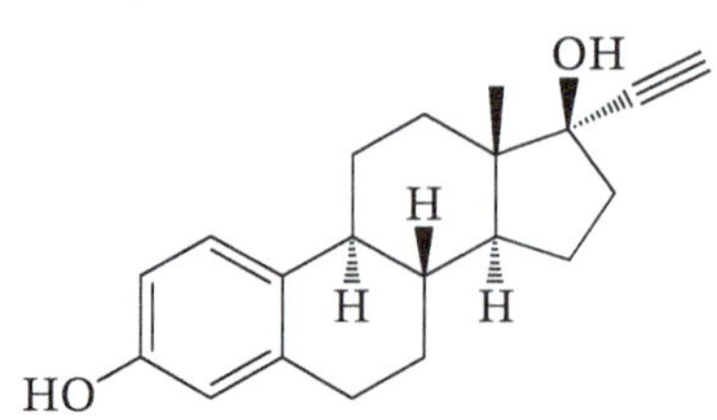

Etinilestradiol
[17α-etinil-1,3,5(10)-estratrieno-3,17β-diol]

A Química Biológica de. . . Enzima Aromatase

Veja as estruturas para a testosterona e o estradiol a seguir. A testosterona é o hormônio primário sexual masculino, ou **andrógeno**. É o hormônio que promove o desenvolvimento das características secundárias masculinas na puberdade, como o desenvolvimento muscular e o amadurecimento dos órgãos sexuais masculinos. O estradiol é o **estrógeno** primário. Os estrógenos promovem o desenvolvimento das características secundárias femininas que ocorrem no começo da puberdade e regulam o ciclo reprodutivo. Uma diferença significativa em nível molecular entre os dois hormônios é a presença de um anel benzênico no hormônio sexual feminino.

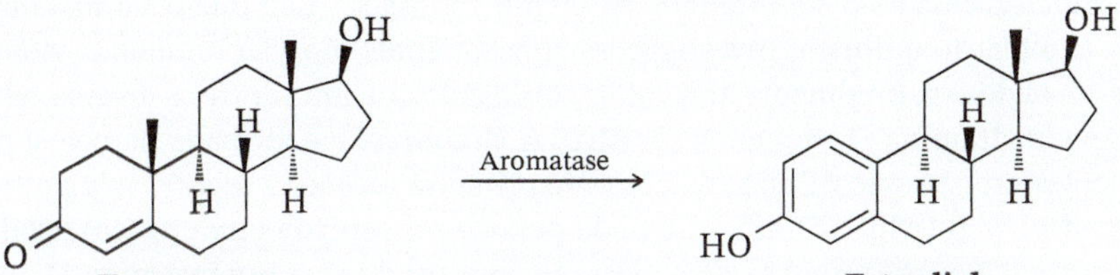

Testosterona **Estradiol**

A aromatase é uma enzima que converte o hormônio sexual masculino, a testosterona, no hormônio sexual feminino, o estradiol. No curso dessa transformação, o anel A da testosterona é convertido em um anel benzênico no estradiol.

O estrogênio é essencial para o comportamento do homem. Isso parece contrariar a nossa intuição. Entretanto, durante o desenvolvimento do feto, a testosterona produzida no feto masculino interage com a aromatase no cérebro fetal, onde é convertida em estrogênio. Existe evidência crescente de que essa produção local de estrogênio (que interage com os receptores de estrogênio no cérebro) é responsável pelo comportamento do homem. Na realidade, ratos machos mutantes com deficiência em atividade da aromatase apresentam uma deficiência profunda no comportamento sexual masculino.

Em mulheres que não atingiram ainda a menopausa, a principal fonte de estradiol são os ovários. Após a menopausa, a aromatase converte a testosterona produzida pelas glândulas adrenais em estradiol.

Certos cânceres de mama exigem estrogênio para se desenvolverem. Os inibidores da aromatase, que bloqueiam a síntese do estrogênio, são uma nova classe de medicamentos usada no tratamento do câncer de mama em mulheres após a menopausa.

23.4D Hormônios Adrenocorticais

No mínimo 28 hormônios diferentes foram isolados do córtex adrenal, parte das glândulas adrenais que se localizam acima dos rins. Incluídos nesse grupo estão os dois esteroides a seguir:

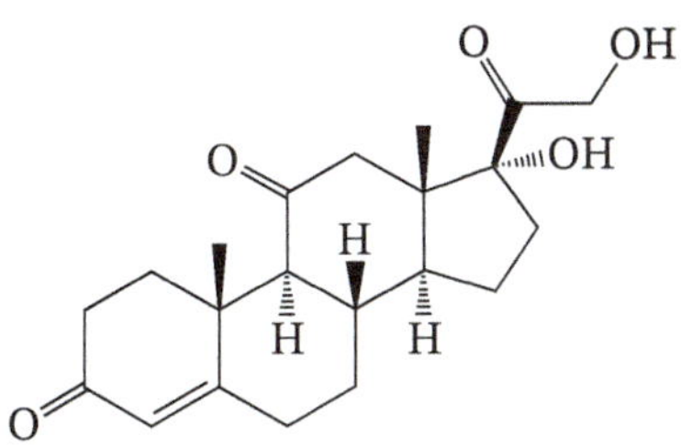

Cortisona
(17α,21-di-hidroxi-4-pregneno-3,11,20-triona)

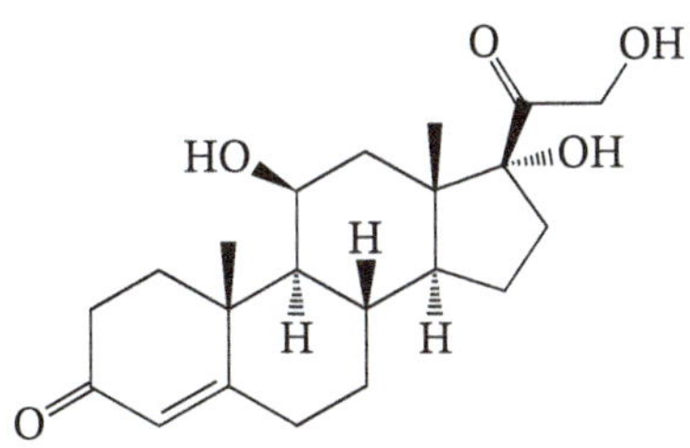

Cortisol
(11β,17α,21-tri-hidroxi-4-pregneno-3,20-diona)

A maioria dos esteroides adrenocorticais possui uma função oxigenada na posição 11 (um grupo ceto na cortisona, por exemplo, e uma β-hidroxila no cortisol). O cortisol é o principal hormônio sintetizado pelo córtex adrenal humano.

Os esteroides adrenocorticais estão aparentemente envolvidos na regulação de um grande número de atividades biológicas, incluindo o metabolismo de carboidratos, proteínas e lipídios; os balanços da água e de eletrólitos; e reações a fenômenos alérgicos e inflamatórios. O reconhecimento, em 1949, do efeito anti-inflamatório da cortisona e sua utilidade no tratamento da artrite reumatoide levaram a extensas pesquisas nessa área. Muitos esteroides oxigenados na posição 11 são utilizados atualmente no tratamento de uma diversidade de desordens que variam da doença de Addison até a asma e inflamações de pele.

23.4E Vitaminas D

A demonstração, em 1919, de que a luz solar ajudava a curar o raquitismo – uma doença infantil caracterizada pelo crescimento deficiente dos ossos – deu início a uma longa busca por uma explicação química. Investigações subsequentes mostraram que as vitaminas D estavam envolvidas e, finalmente, tornou-se conhecido que uma entre as diversas vitaminas D, a chamada vitamina D_3, é o fator curativo. A vitamina D_3 é formada na pele a partir do 7-deidrocolesterol através de duas reações. Na primeira reação (a seguir), a luz ultravioleta na região do UV-B (280–320 nm, que pode penetrar a camada epidérmica) produz uma reação eletrocíclica conrotatória de 6 elétrons para produzir a pré-vitamina D_3. A seguir, uma isomerização espontânea (por meio de um deslocamento de hidreto [1,7] sigmatrópico) produz a vitamina D_3 propriamente dita.

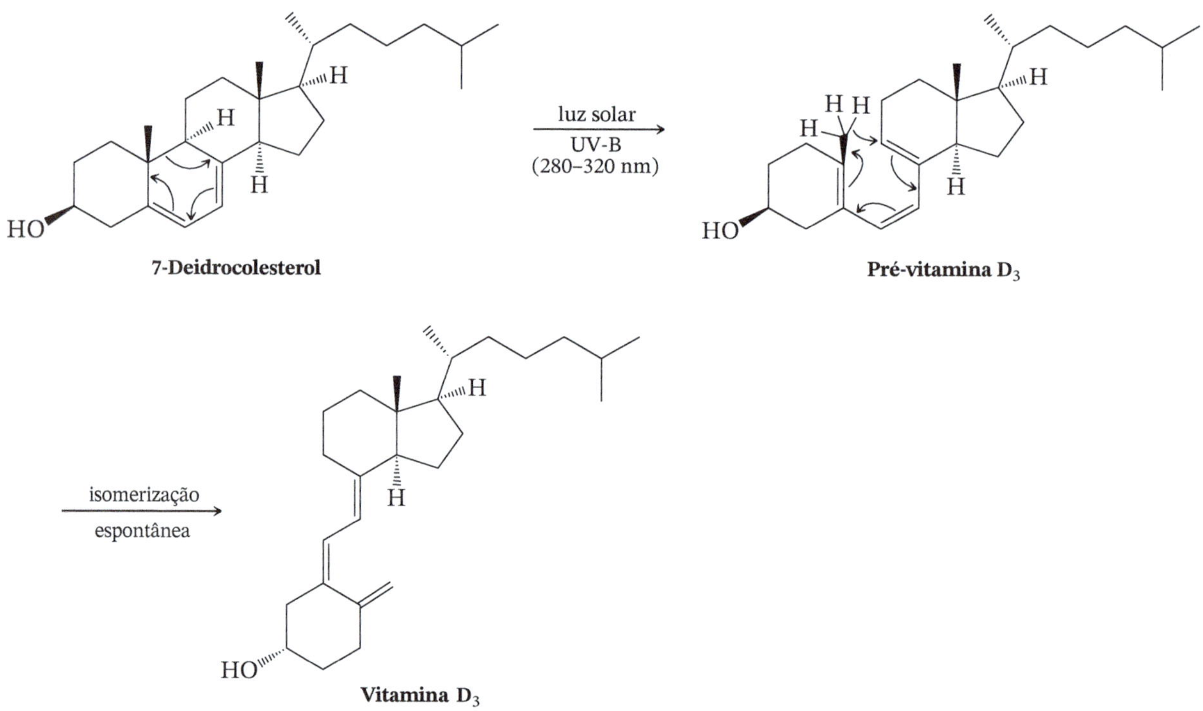

A vitamina D_3 é necessária para uma boa saúde, pois é essencial ao processo no qual o cálcio (sob a forma de Ca^{2+}) é absorvido pelo intestino de modo a permitir o bom crescimento ósseo.

Vários fatores podem causar uma deficiência de luz solar e, portanto, de vitamina D_3, incluindo latitude geográfica da pessoa e a estação do ano. Os níveis de luz solar são menores nas latitudes dos extremos norte e sul e são muito menores no inverno, tanto assim que, nessas condições, orientações dietéticas em muitos países pedem o suplemento de vitamina D_3 para crianças e pessoas mais velhas. Outros fatores que podem afetar a produção de vitamina D_3 na pele são a cor da pele, a cobertura de nuvens e a utilização de protetores solares.

23.4F Outros Esteroides

As estruturas, suas fontes e propriedades fisiológicas de uma variedade de outros importantes esteroides são fornecidas na **Tabela 23.4**.

TABELA 23.4 Outros Esteroides Importantes

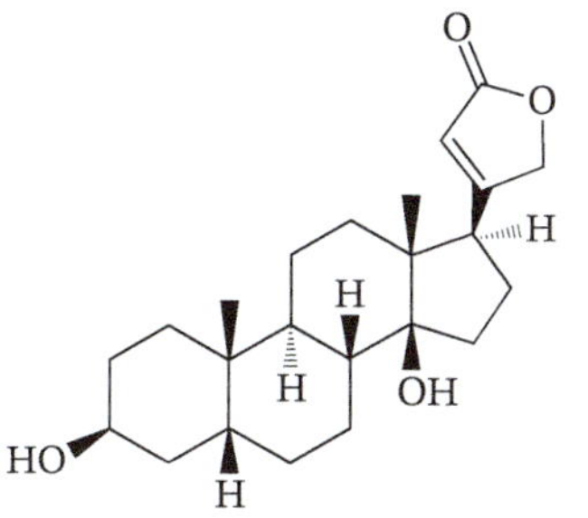 **Digitoxigenina**	A digitoxigenina é uma aglícona cardíaca que pode ser isolada pela hidrólise da digitalis, um produto farmacêutico que tem sido utilizado no tratamento de doenças cardíacas desde 1785. Na digitalis, as moléculas de açúcar estão unidas por meio de ligações acetal ao grupo 3-OH do esteroide. Em pequenas doses, a digitalis fortalece o músculo cardíaco; em doses maiores é um poderoso veneno cardíaco. A aglícona possui apenas cerca de um quadragésimo da atividade da digitalis.
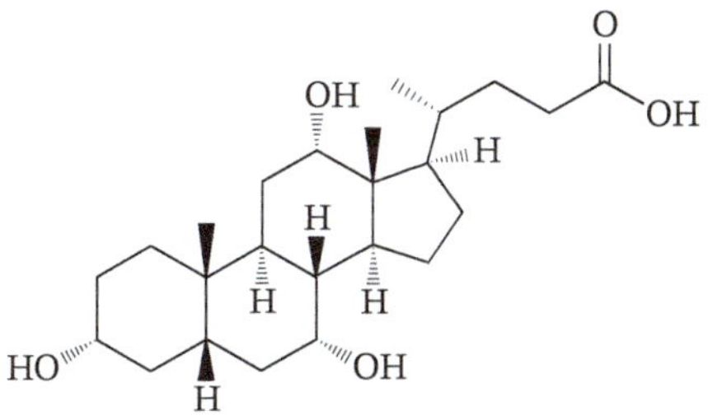 **Ácido cólico**	O ácido cólico é o ácido mais abundante isolado a partir da hidrólise da bile humana ou bovina. A bile é produzida pelo fígado e estocada na vesícula biliar. Quando secretada no intestino delgado, a bile emulsifica os lipídios atuando como um sabão. Essa ação auxilia no processo digestório.
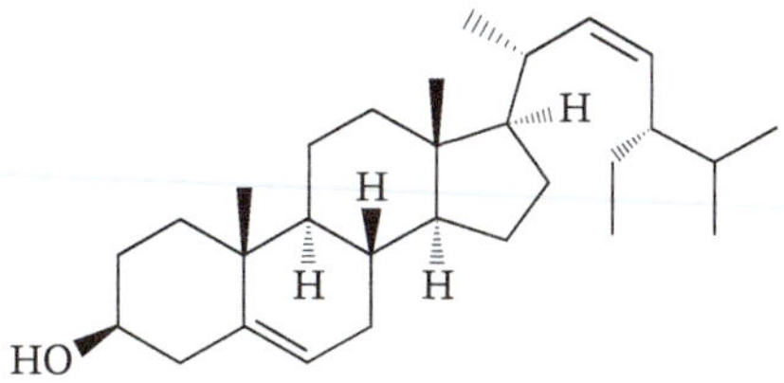 **Estigmasterol**	O estigmasterol é um esteroide amplamente presente em plantas, e que é obtido comercialmente a partir do óleo de soja. O β-sitostanol (um fitoestanol, cujos ésteres inibem a absorção do colesterol alimentar) tem a mesma fórmula, exceto que é saturado (o hidrogênio no C5 é α).
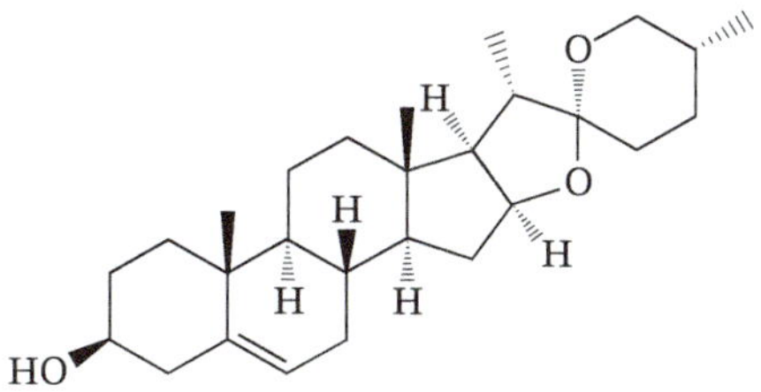 **Diosgenina**	A diosgenina é obtida a partir de uma espécie mexicana de inhame chamada *cabeza de negro*, gênero *Dioscorea*. É empregada como material de partida para uma síntese comercial da cortisona e de hormônios sexuais.

23.4G Reações de Esteroides

Os esteroides realizam todas as reações que poderíamos esperar de moléculas contendo ligações duplas, grupos hidroxila, grupos ceto e assim por diante. Enquanto a estereoquímica das reações dos esteroides pode ser bastante complexa, ela é, com frequência, fortemente influenciada pelo impedimento estéreo apresentado na face β da molécula pelos grupos metila angulares. Muitos reagentes reagem preferencialmente na face α relativamente não impedida, especialmente quando a reação ocorre em um grupo funcional muito próximo ao grupo metila angular e quando o reagente atacante é volumoso. Exemplos que ilustram essa tendência são mostrados nas reações que se seguem:

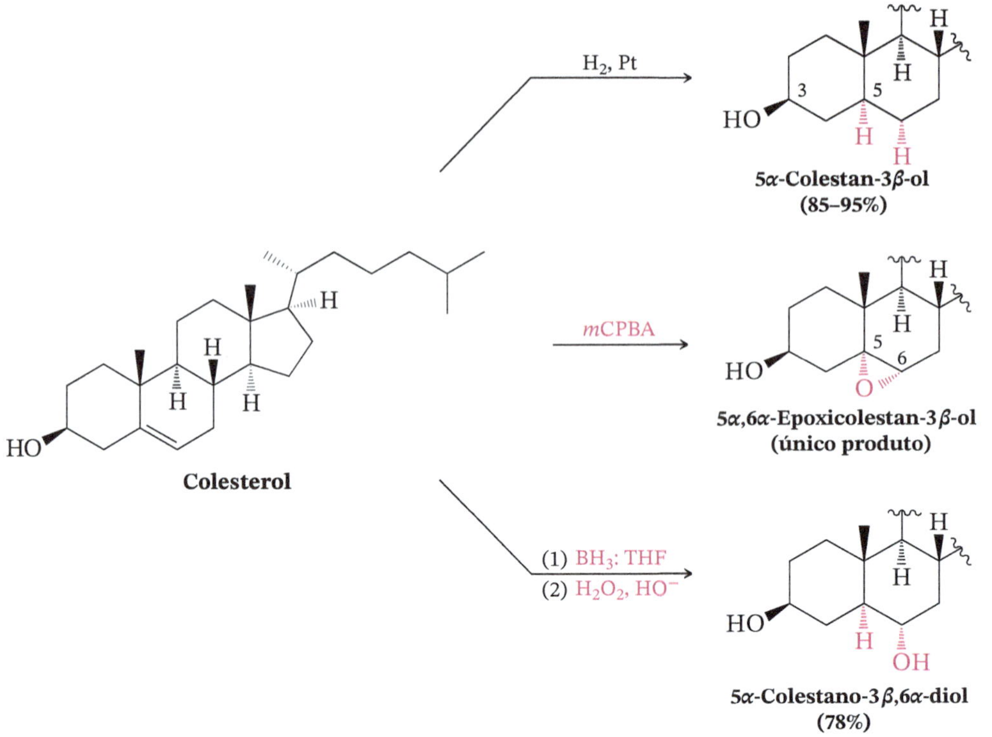

Quando o anel epóxido do 5α,6α-epoxicolestan-3β-ol (veja a reação a seguir) é aberto, o ataque pelo íon cloreto deve ocorrer a partir da face β, mas ele ocorre na posição 6 mais aberta. Observe que os substituintes 5 e 6 no produto são *diaxiais* (Seção 8.13):

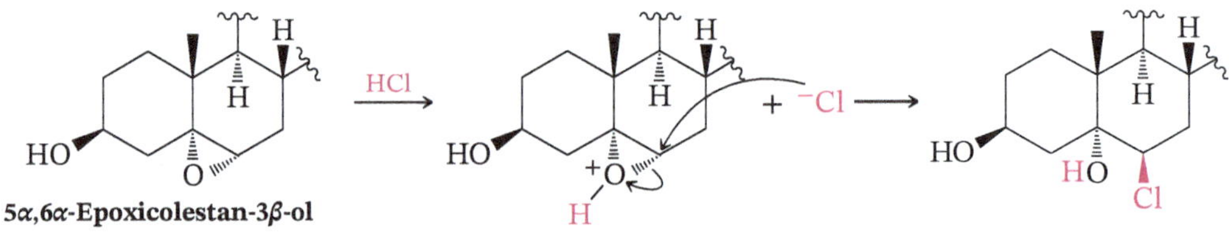

PROBLEMA DE REVISÃO 23.12

Mostre como você poderia converter o colesterol em cada um dos seguintes compostos:

(a) 5α,6β-Dibromocolestan-3β-ol

(b) Colestano-3β,5α,6β-triol

(c) 5α-Colestan-3-one

(d) 6α-Deutério-5α-colestan-3β-ol

(e) 6β-Bromocolestano-3β,5α-diol

A abertura relativa dos grupos equatoriais (quando comparados aos grupos axiais) também influencia o curso estereoquímico das reações dos esteroides. Quando o 5α-colestano-3β,7α-diol (veja a reação a seguir) é tratado com excesso de cloroformato de etila (EtOCOCl), apenas a 3β-hidroxila equatorial torna-se esterificada. A 7α-hidroxila axial não é afetada pela reação:

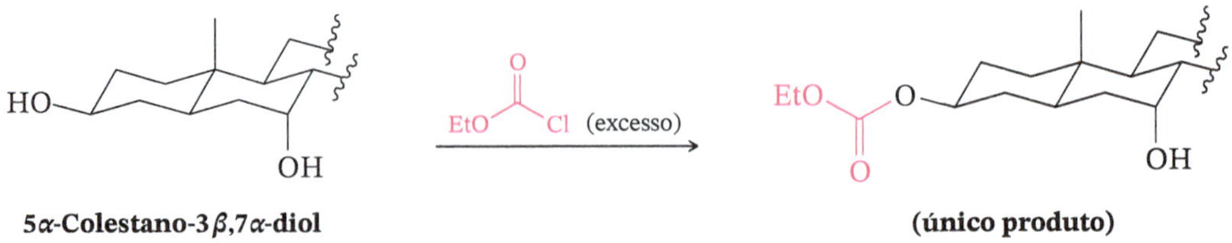

Em contraste, o tratamento do 5α-colestano-3β,7β-diol com excesso de cloroformato de etila esterifica ambos os grupos hidroxila. Nesse caso, ambos os grupos são equatoriais:

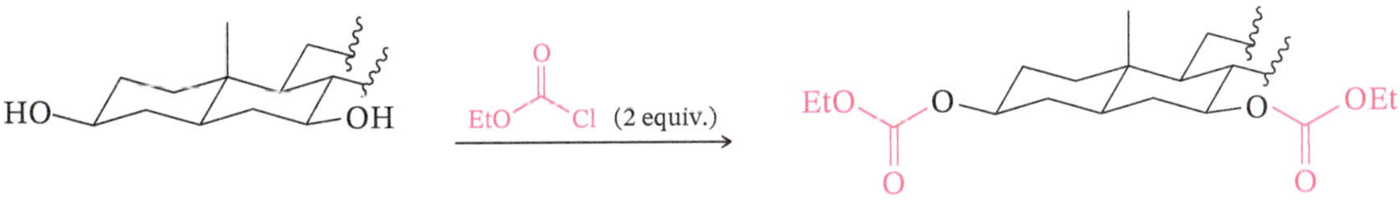

5α-Colestano-3β,7β-diol **(único produto)**

23.5 Prostaglandinas

Uma área muito ativa da pesquisa atual está preocupada com um grupo de lipídios chamado de **prostaglandinas**. As prostaglandinas são ácidos carboxílicos C_{20} que contêm um anel de cinco membros, no mínimo uma ligação dupla e vários grupos funcionais contendo oxigênio. Duas das prostaglandinas biologicamente mais ativas são a prostaglandina E_2 e a prostaglandina $F_{1\alpha}$:

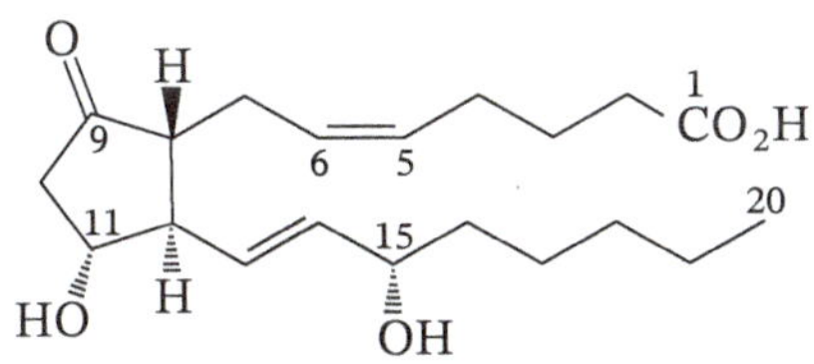

Prostaglandina E_2 (PGE_2)

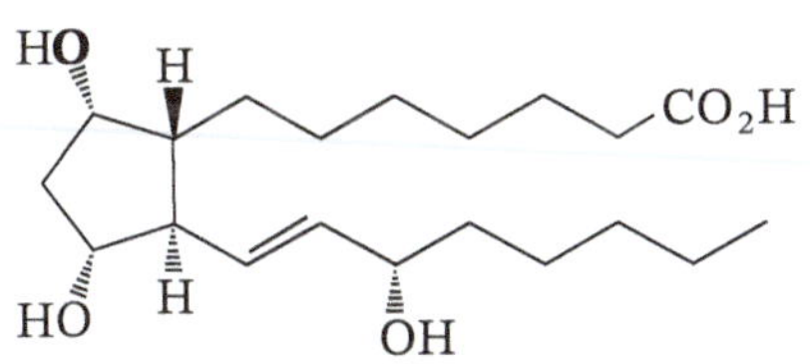

Prostaglandina $F_{1\alpha}$ ($PGF_{1\alpha}$)

DICA ÚTIL

Esses nomes para as prostaglandinas são designações abreviadas utilizadas por pesquisadores da área; nomes sistemáticos são raramente utilizados para as prostaglandinas.

As prostaglandinas do tipo E têm um grupo carbonila no C9 e um grupo hidroxila no C11; aquelas do tipo F têm grupos hidroxila em ambas as posições. As prostaglandinas da série 2 têm uma ligação dupla entre o C5 e o C6; na série 1, essa ligação é uma ligação simples.

Isoladas do fluido seminal pela primeira vez, as prostaglandinas têm, desde então, sido encontradas em quase todos os tecidos animais. As quantidades variam de tecido para tecido, mas são quase sempre muito pequenas. Entretanto, muitas prostaglandinas têm atividade fisiológica poderosa e essa atividade cobre um espectro amplo de efeitos. Sabe-se que as prostaglandinas afetam os batimentos cardíacos, a pressão sanguínea, a coagulação do sangue, a concepção, a fertilidade e as respostas alérgicas.

A descoberta de que as prostaglandinas podem prevenir a formação de coágulos sanguíneos tem grande significado clínico porque os ataques cardíacos e os derrames cerebrais normalmente resultam da formação de coágulos anormais nos vasos sanguíneos. A compreensão de como as prostaglandinas afetam a formação de coágulos pode levar ao desenvolvimento de medicamentos para prevenir os ataques cardíacos e derrames cerebrais.

A biossíntese de prostaglandinas da série 2 começa com um ácido polienoico C_{20}, o ácido araquidônico, um ácido graxo ômega-6. (A síntese das prostaglandinas da série 1 começa com um ácido graxo com uma ligação dupla a menos.) A primeira etapa requer duas moléculas de oxigênio e é catalisada por uma enzima chamada de *ciclo-oxigenase*:

PRÊMIO NOBEL

O Prêmio Nobel de 1982 em Fisiologia ou Medicina foi concedido a S. K. Bergström e B. I. Samuelsson (Karolinska Institute, Estocolmo, Suécia) e a J. R. Vane (Wellcome Foundation, Beckenham, Inglaterra) por seus trabalhos sobre as prostaglandinas.

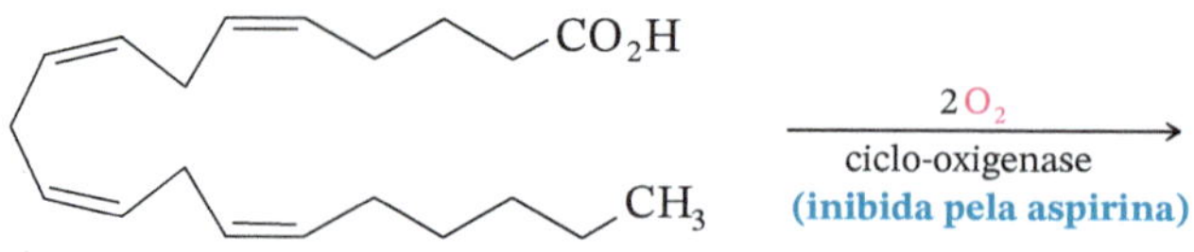

Ácido araquidônico

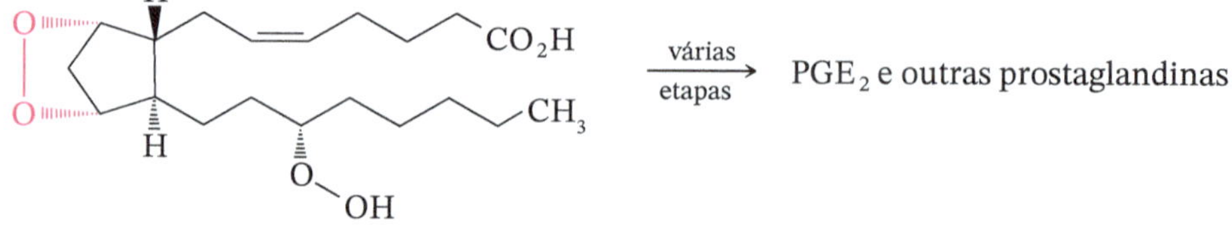

PGG_2
(um endoperóxido cíclico)

O envolvimento das prostaglandinas nas respostas alérgicas e inflamatórias tem também sido de especial interesse. Algumas prostaglandinas induzem à inflamação; outras a aliviam. O medicamento anti-inflamatório mais largamente utilizado é a aspirina. A aspirina bloqueia a síntese de prostaglandinas a partir do ácido araquidônico, aparentemente através da acetilação da enzima ciclo-oxigenase, tornando-a assim inativa (veja a reação anterior). Esta reação pode representar a origem das propriedades anti-inflamatórias da aspirina. Outra prostaglandina (PGE_1) é um potente agente indutor da febre (pirogênico) e a capacidade da aspirina para reduzir a febre pode surgir também da inibição da síntese dessa prostaglandina.

23.6 Fosfolipídios e Membranas Celulares

Outra grande classe de lipídios são aqueles chamados de **fosfolipídios**. Muitos fosfolipídios são derivados estruturalmente de um derivado de glicerol conhecido como *ácido fosfatídico*. Em um ácido fosfatídico, dois grupos hidroxila do glicerol são unidos em ligações éster aos ácidos graxos e um grupo hidroxila terminal é unido em uma união de éster ao *ácido fosfórico*:

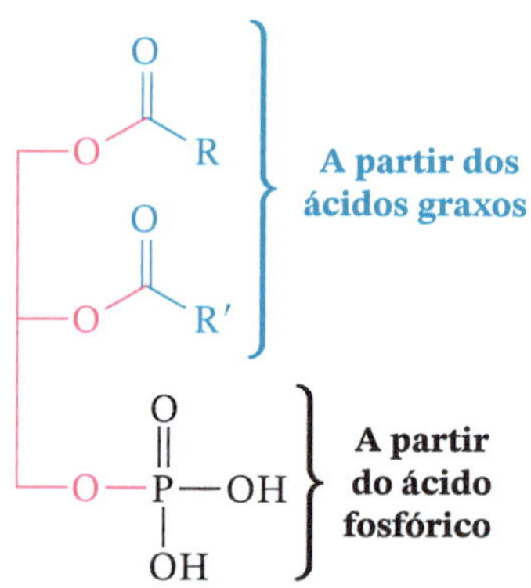

Um ácido fosfatídico
(um fosfato de diacilglicerila)

23.6A Fosfatídeos

Nos *fosfatídeos*, o grupo fosfato de um ácido fosfatídico está ligado através de outra ligação éster de fosfato a um dos seguintes compostos contendo nitrogênio:

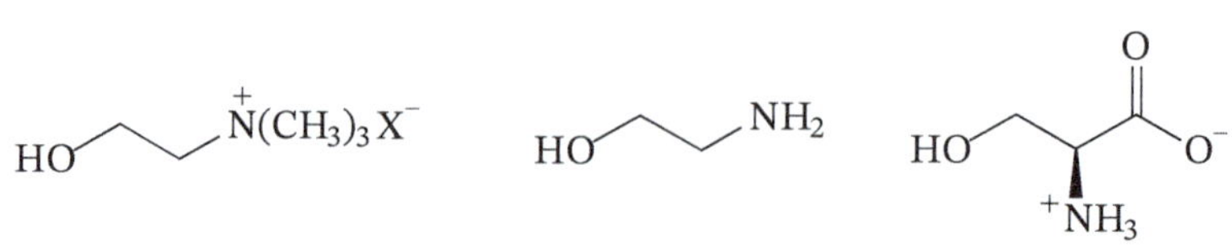

Colina | **2-Aminoetanol (etanolamina)** | **L-Serina**

Os fosfatídeos mais importantes são as **lecitinas**, as **cefalinas**, as **fosfatidilserinas** e os **plasmalógenos** (um derivado fosfatidil). As suas estruturas gerais estão mostradas na Tabela 23.5.

TABELA 23.5 Fosfatídeos

Lecitinas

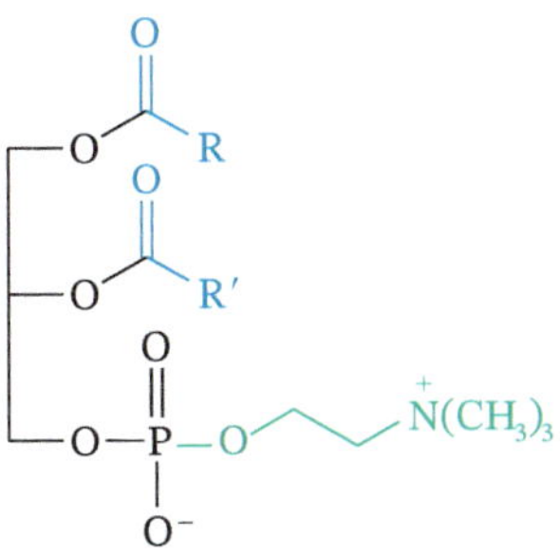

(a partir da colina)
R é saturado e R′ é insaturado.

Cefalinas

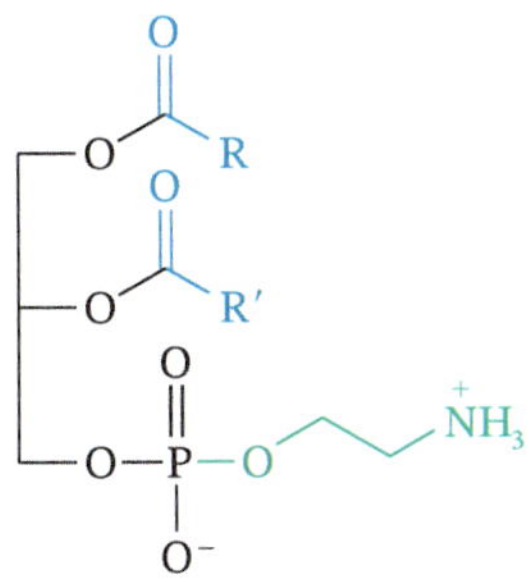

(a partir do 2-aminoetanol)

Fosfatidilserinas

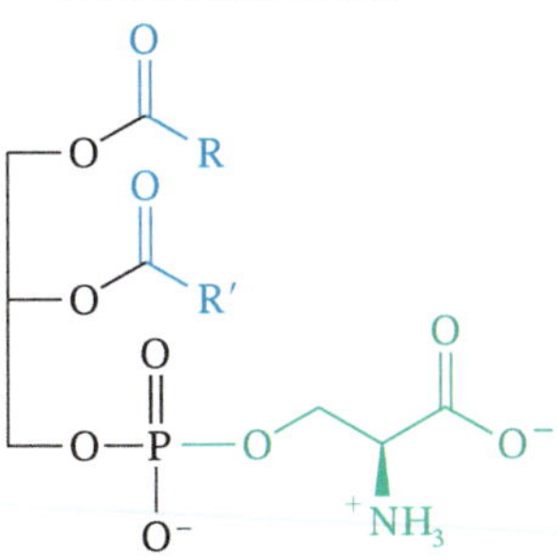

(a partir da L-serina)
R é saturado e
R′ é insaturado.

Plasmalógenos

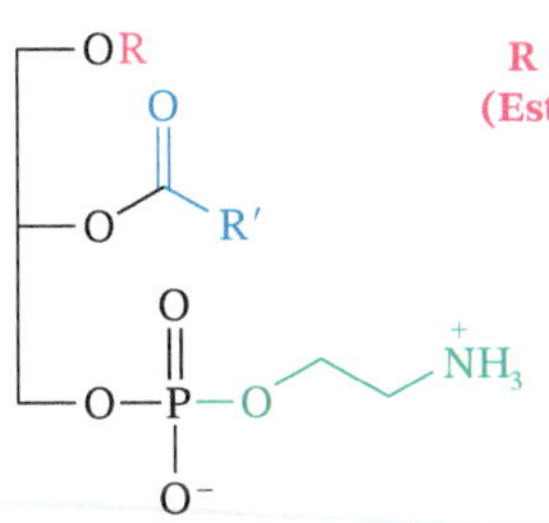

R é $—CH{=}CH(CH_2)_nCH_3$
(Esta ligação é aquela de um α,β-éter insaturado.)

(a partir do 2-aminoetanol) ou
$—OCH_2CH_2\overset{+}{N}(CH_3)_3$ (a partir da colina)
R′ é um ácido graxo insaturado.

Os fosfatídeos assemelham-se aos sabões e detergentes no sentido de que eles são moléculas contendo tanto grupos polares quanto apolares (Fig. 23.8*a*). Da mesma forma que os sabões e os detergentes, os fosfatídeos também “dissolvem-se” em meio aquoso formando micelas. Existe evidência de que nos sistemas biológicos as micelas preferidas consistem em redes tridimensionais de micelas bimoleculares “empilhadas” (Fig. 23.8*b*) que são mais bem descritas como **duplas camadas de lipídios**.

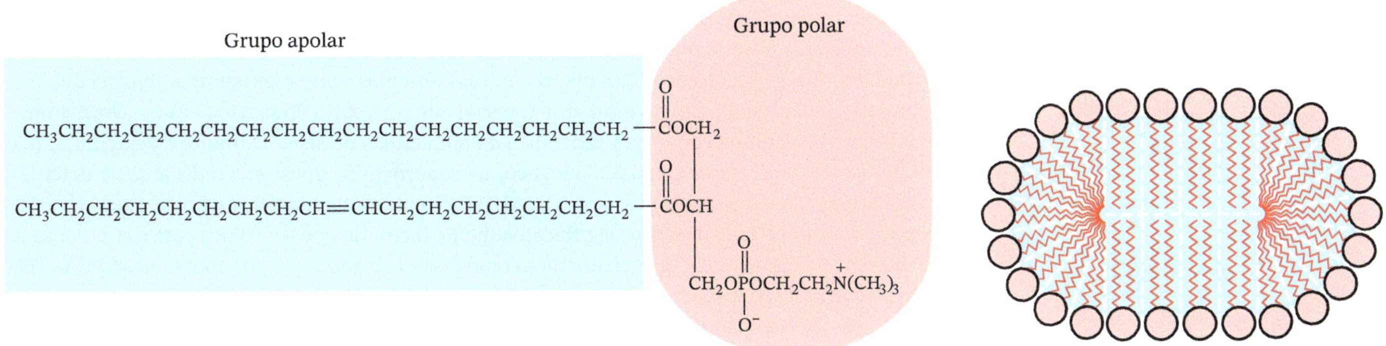

(*a*) (*b*)

FIGURA 23.8 (*a*) Seções polar e apolar de um fosfatídeo. (*b*) Uma micela fosfatídica ou dupla camada lipídica.

As partes hidrofílicas e hidrofóbicas dos fosfatídeos os tornam perfeitamente adequados para uma de suas mais importantes funções biológicas: eles formam uma parte de uma unidade estrutural que cria uma interface entre um ambiente orgânico e um ambiente aquoso. Esta estrutura (Fig. 23.9) é encontrada nas paredes celulares e membranas onde os fosfatídeos são normalmente encontrados associados a proteínas e a glicolipídios (Seção 23.6B).

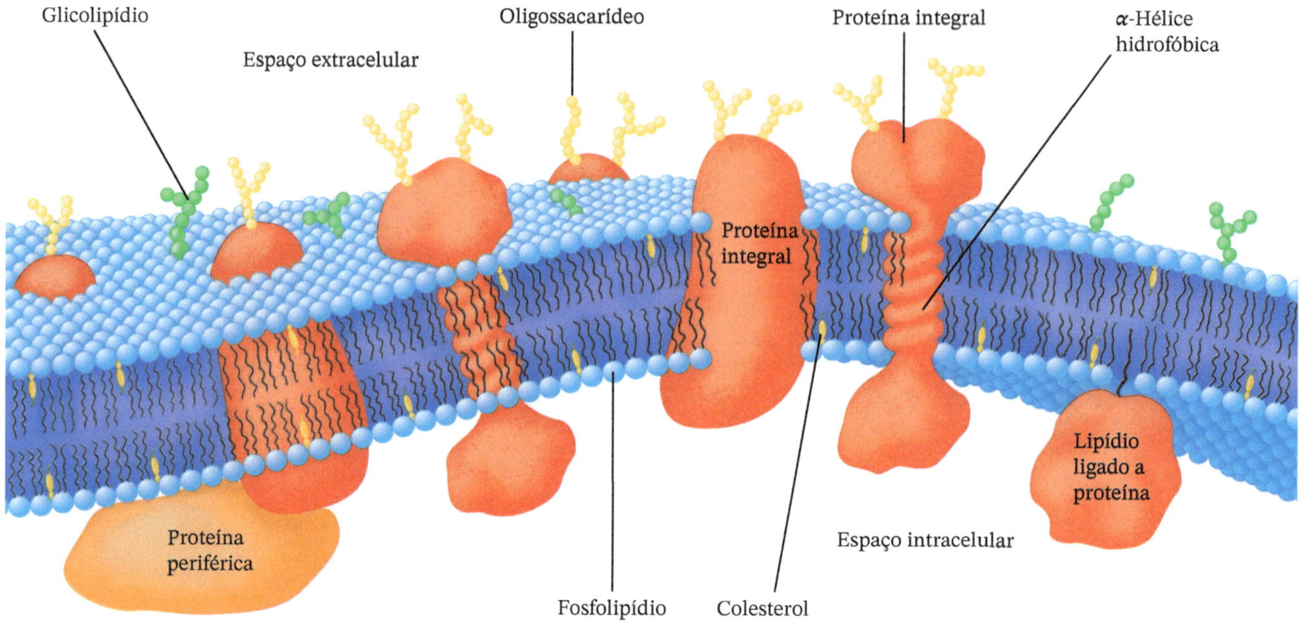

FIGURA 23.9 Diagrama esquemático de uma membrana plasmática. As proteínas integrais (*vermelho-laranja*), mostradas por uma questão de clareza em uma proporção muito maior do que elas são encontradas nas membranas biológicas reais, e o colesterol (*amarelo*) estão incorporados em uma bicamada composta de fosfolipídios (*esferas azuis com duas caudas*). Os componentes carboidratos das glicoproteínas (*cadeias de esferas amarelas*) e glicolipídios (*cadeias de esferas verdes*) ocorrem somente na face exterior da membrana. (Reproduzida com permissão de John Wiley & Sons, Inc., de Voet, D.; Voet, J. G.; Pratt, C., *Fundamentals of Biochemistry, Life at the Molecular Level*; © 1999 Voet, D. e Voet, J. G.)

PROBLEMA DE REVISÃO 23.13

Sob condições apropriadas todas as ligações éster (e éter) de um fosfatídeo podem ser hidrolisadas. Quais compostos orgânicos você espera obter a partir da hidrólise completa de (veja a Tabela 23.5): **(a)** uma lecitina, **(b)** uma cefalina e **(c)** um plasmógeno baseado na colina? [*Observação:* preste atenção especial ao destino do éter α,β-insaturado no item (c).]

A Química de Materiais de... Lipossomos STEALTH® para Administração de Medicamento

O medicamento contra o câncer Doxil (doxorrubicina) vem sendo empacotado em lipossomos STEALTH®, que fornecem a cada dose do medicamento uma ação estendida no organismo. Durante a fabricação do medicamento, ele é abrigado em bolhas microscópicas (vesículas) formadas por uma camada dupla de fosfolipídios e, então, ganha um revestimento especial que o mascara do sistema imune. Normalmente, uma partícula estranha como essa seria atacada por células do sistema imune e degradaria, mas uma cobertura de oligômeros de polietilenoglicol na superfície do lipossomo o disfarça da detecção. Por causa desse revestimento, o lipossomo STEALTH® circula pelo organismo e libera o seu conteúdo terapêutico por um período de tempo significativamente maior do que a vida útil para a circulação do medicamento não disfarçado. Os revestimentos como esses, utilizados para os lipossomos STEALTH®, também podem ser capazes de reduzir os efeitos colaterais tóxicos de alguns medicamentos. Além disso, ao ligar moléculas "marcadoras" de reconhecimento celular específico ao polímero, pode ser possível focar a ligação dos lipossomos especificamente às células de um tecido-alvo. Alguém pode ser tentado a chamar um lipossomo-alvo de um "lipossomo disfarçado esperto".

23.6B Derivados da Esfingosina

Outro grupo importante de lipídios é derivado da **esfingosina**; os derivados são chamados de **esfingolipídios**. Dois esfingolipídios, uma típica *esfingomielina* e um típico *cerebrosídeo*, estão mostrados na **Fig. 23.10**.

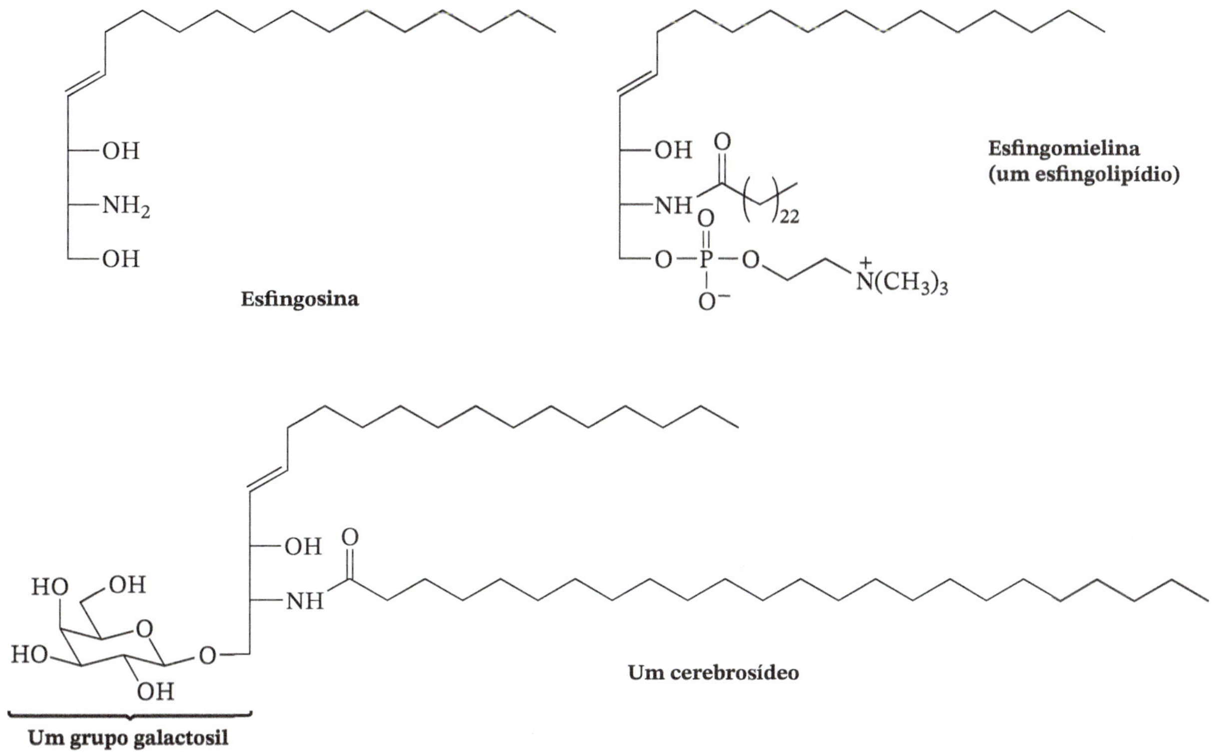

FIGURA 23.10 Uma esfingosina e dois esfingolipídios.

Na hidrólise, as esfingomielinas produzem a esfingosina, a colina, o ácido fosfórico e um ácido graxo C_{24} chamado de ácido lignocérico. Em uma esfingomielina, esse último componente está ligado ao grupo —NH_2 da esfingosina. Os esfingolipídios não produzem glicerol quando eles são hidrolisados.

O cerebrosídeo mostrado na Fig. 23.10 é um exemplo de um **glicolipídio**. Os glicolipídios têm um grupo polar que é contribuído por um *carboidrato*. Eles não produzem ácido fosfórico ou colina quando são hidrolisados.

Os esfingolipídios, juntamente com as proteínas e os polissacarídeos, constituem a **mielina**, o revestimento protetor que encapsula as fibras nervosas ou **axônios**. Os axônios das células nervosas transportam impulsos nervosos elétricos. A mielina tem uma função em relação ao axônio similar àquela do isolamento de um fio elétrico ordinário (veja a vinheta de abertura deste capítulo).

23.7 Ceras

A maioria das **ceras** é constituída de ésteres de ácidos graxos de cadeia longa e álcoois de cadeia longa. As ceras são encontradas como revestimentos protetores da pele, dos pelos, das penas de animais e das folhas e frutas dos vegetais. Vários ésteres isolados das ceras são os seguintes:

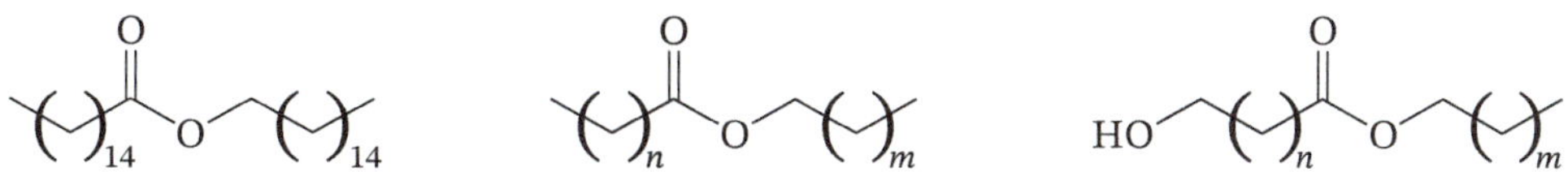

Palmitato de cetila
(a partir do espermacete)

***n* = 24 ou 26; *m* = 28 ou 30**
(a partir da cera de abelhas)

***n* = 16–28; *m* = 30 ou 32**
(a partir da cera de carnaúba)

Resumo das Reações de Lipídios

As reações de lipídios representam muitas reações que estudamos nos capítulos anteriores, especialmente as reações de ácidos carboxílicos, alquenos e álcoois. A hidrólise do éster (por exemplo, a saponificação) libera ácidos graxos e glicerol a partir de triacilgliceróis. O grupo ácido carboxílico de um ácido graxo pode ser reduzido, convertido em um derivado de acila ativado como um cloreto de acila, ou convertido em um éster ou amida. Os grupos funcionais de alqueno nos ácidos graxos saturados podem ser hidrogenados, hidratados, halogenados, hidroalogenados, convertidos em um diol vicinal ou epóxido ou quebrados através de reações de oxidação. Os grupos funcionais de álcool nos lipídios, tais como os terpenos, os esteroides e as prostaglandinas, podem ser alquilados, acilados, oxidados ou utilizados em reações de eliminação. Todas essas são reações que já estudamos anteriormente no contexto de moléculas menores.

Por que Esses Tópicos São Importantes?

Mitos Trazidos para a Realidade

As mitologias grega e romana incluem histórias de criaturas gigantes conhecidas como ciclopes, que possuem um único olho no centro de suas testas. Por exemplo, a obra de Homero, *Odisseia*, descreve um encontro entre o herói Odisseu e um ciclope chamado Polifemo. Entretanto, o que é curioso é que esses contos podem muito bem ter um fundo de verdade.

Após a Segunda Guerra Mundial, os fazendeiros criadores de ovelhas encontraram diversos cordeiros com um conjunto consistente de defeitos de nascença, incluindo cérebros subdesenvolvidos e um único olho localizado bem ao centro de suas testas, exatamente como descrito para as criaturas míticas. As causas dessa condição, que levou mais de uma década para ser desvendada, foram descobertas por um assíduo cientista que viveu com as ovelhas por vários verões e catalogou seus comportamentos, particularmente suas dietas. O que se provou ser a chave do problema foi a observação de que, durante os períodos de seca, os pastores das ovelhas as conduziam mais alto nas colinas, e elas comiam lírios de milho em vez de capim. Essas flores, por sua vez, produzem um esteroide contendo nitrogênio mostrado a seguir, que é hoje chamado ciclopamina devido aos seus efeitos. Embora fosse aparentemente inofensiva para a ovelha adulta, a ciclopamina interfere no desenvolvimento do cordeiro embrião, produzindo anomalias que lembram as dos ciclopes. O efeito notado em outros organismos é o mesmo. O que, talvez, seja mais curioso é que nem todos os efeitos dessa molécula são nocivos. Na verdade, ela bem pode ser uma futura terapia para o câncer.

Findlay Rankin/Getty Images

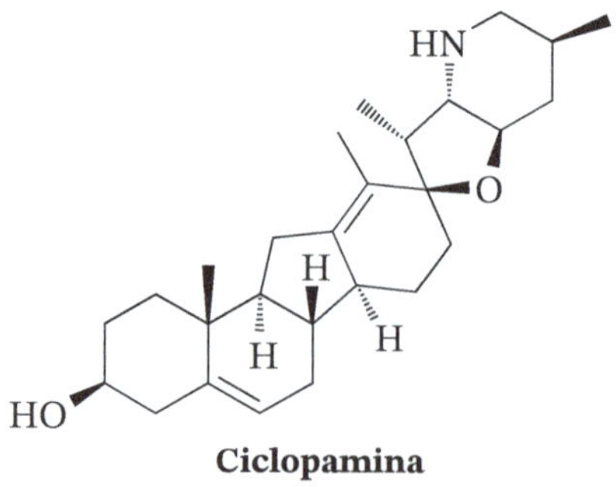

Ciclopamina

Começando no final da década de 1990, cientistas em diversos laboratórios farmacêuticos, de biotecnologia e da academia determinaram de que forma a ciclopamina impacta o desenvolvimento do embrião. O composto age em uma rota de sinalização chamada "hedgehog" (porco-espinho), bloqueando sua função e levando ao desenvolvimento anormal do cérebro e de outros órgãos do feto. Nos adultos, o caminho de sinalização "hedgehog" continua a desempenhar um papel importante, largamente no controle da divisão das células-tronco adultas para a manutenção adequada e a regeneração dos tecidos dos órgãos. Caso os genes no caminho de sinalização "hedgehog" se tornem anormais, muitos cânceres fatais podem resultar de uma divisão celular sem controle. Esse é o conhecimento que leva à ideia de que a ciclopamina possa ser uma terapia contra o câncer. Como ela é capaz de bloquear o funcionamento do "hedgehog", ela pode potencialmente evitar a divisão celular quando o caminho não está funcionando de maneira normal. Essa teoria está hoje se mostrando promissora, em que tanto a ciclopamina como outros compostos relacionados análogos são capazes de combater o câncer pancreático e o carcinoma basocelular em vários ensaios clínicos com seres humanos. Assim, fora do mito não veio apenas a realidade, mas em potencial uma descoberta ainda mais importante, pertinente ao tratamento de uma das principais doenças do ser humano.

Para saber mais sobre esses tópicos, consulte:

1. Heretsch, P.; Tzagkaroulaki, L.; Giannis, A. "Cyclopamine and Hedgehog Signaling: Chemistry, Biology, Medical Perspectives" in *Angew. Chem Int. Ed.* **2010**, *49*, 3418–3427.

Resumo e Ferramentas de Revisão

As ferramentas de estudo para o presente capítulo incluem um resumo narrativo das reações de lipídios (após a Seção 23.7) e termos e conceitos fundamentais, que são realçados ao longo do capítulo em **negrito azul** e estão definidos no glossário (ao fim de cada volume).

Problemas

Reações Gerais

23.14 Como você converteria o ácido esteárico, $CH_3(CH_2)_{16}CO_2H$, em cada um dos compostos vistos a seguir?

(a) Estearato de etila, 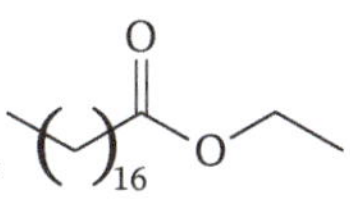 (duas etapas)

(b) Estearato de *terc*-butila, 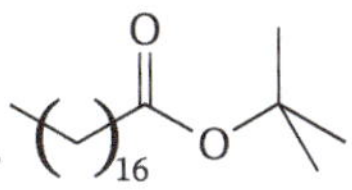

(c) Estearamida, 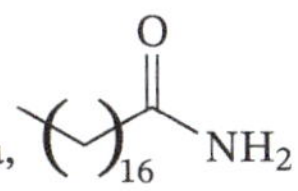

(d) *N*,*N*-Dimetilestearamida, 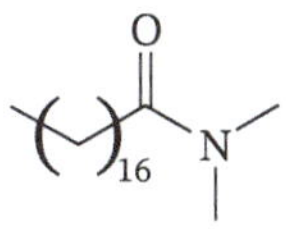

(e) Octadecilamina, 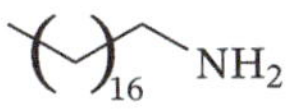

(f) Heptadecilamina, 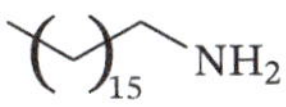

(g) Octadecanal, 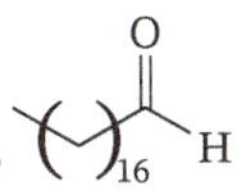

(h) Estearato de octadecila, 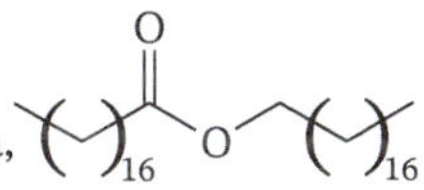

(i) 1-Octadecanol,  (duas etapas)

(j) 2-Nonadecanona, 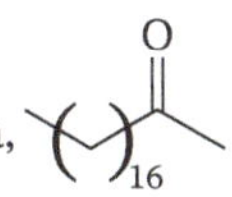

(k) 1-Bromo-octadecano, 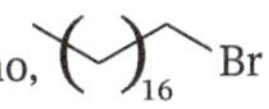

(l) Ácido nonadecanoico, 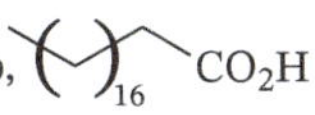

23.15 Como você transformaria o tetradecanal em cada um dos compostos vistos a seguir?

(a) 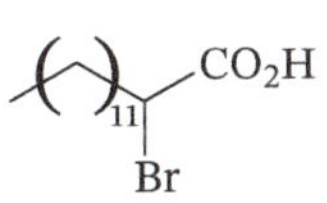

(b) 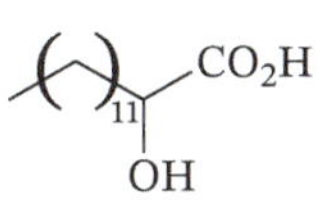

(c) 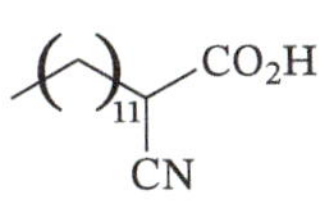

(d) 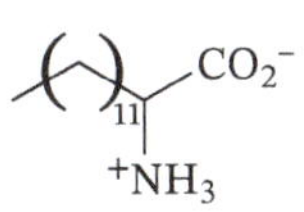

23.16 Utilizando o ácido palmitoleico como um exemplo e desprezando a estereoquímica, ilustre cada uma das seguintes reações da ligação dupla:
(a) Adição de bromo **(b)** Adição de hidrogênio **(c)** Di-hidroxilação **(d)** Adição de HCl

23.17 Quando o ácido oleico é aquecido a 180–200 °C (na presença de uma pequena quantidade de selênio), estabelece-se um equilíbrio entre o ácido oleico (33%) e um composto isomérico chamado de ácido elaídico (67%). Sugira uma estrutura possível para o ácido elaídico.

23.18 Quando o limoneno (Seção 23.3) é aquecido fortemente, ele produz 2 mols de isopreno. Qual o tipo de reação que está envolvida aqui?

23.19 O ácido gadoleico ($C_{20}H_{38}O_2$), um ácido graxo que pode ser isolado do óleo de fígado de bacalhau, pode ser quebrado através da hidroxilação e subsequente tratamento com ácido periódico em $CH_3(CH_2)_9CHO$ e $CHO(CH_2)_7CO_2H$. **(a)** Quais as duas estruturas isoméricas que são possíveis para o ácido gadoleico? **(b)** Qual técnica espectroscópica tornaria possível uma decisão sobre a real estrutura do ácido gadoleico? **(c)** Por quais sinais você procuraria?

23.20 O α-felandreno e o β-felandreno são compostos isoméricos constituintes minoritários do óleo de menta; eles têm a fórmula molecular $C_{10}H_{16}$. Cada composto tem um máximo de absorção no UV na faixa de 230–270 nm. Na hidrogenação catalítica, cada composto produz o 1-isopropil-4-metilciclo-hexano. Na oxidação vigorosa com permanganato de potássio, o α-felandreno produz 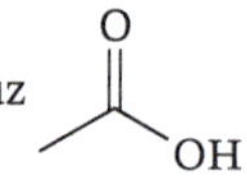 e 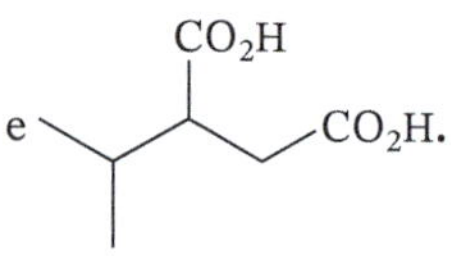. Uma oxidação similar do β-felandreno produz 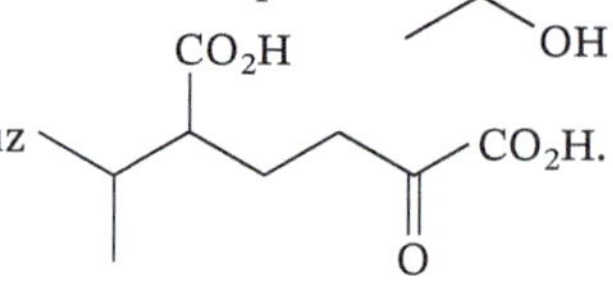

Proponha estruturas para o α- e o β-felandreno.

Roteiro de Sínteses

23.21 O ácido vacênico, um isômero constitucional do ácido oleico, foi sintetizado através da seguinte sequência de reações:

$$\text{1-Octino} + NaNH_2 \xrightarrow[\text{líq.}]{NH_3} \mathbf{A}\ (C_8H_{13}Na) \xrightarrow{ICH_2(CH_2)_7CH_2Cl}$$

$$\mathbf{B}\ (C_{17}H_{31}Cl) \xrightarrow{NaCN} \mathbf{C}\ (C_{18}H_{31}N) \xrightarrow{KOH,\ H_2O} \mathbf{D}\ (C_{18}H_{31}O_2K) \xrightarrow{H_3O^+}$$

$$\mathbf{E}\ (C_{18}H_{32}O_2) \xrightarrow[BaSO_4]{H_2,\ Pd} \text{ácido vacênico}\ (C_{18}H_{34}O_2)$$

Proponha uma estrutura para o ácido vacênico e para os intermediários **A–E**.

23.22 O ácido ω-fluoro-oleico pode ser isolado de um arbusto, o *Dechapetalum toxicarium*, que cresce na África. O composto é altamente tóxico para animais de sangue quente; ele servia como veneno de flecha em guerras tribais, para envenenar os reservatórios de água do inimigo, e os médicos feiticeiros o usavam "para aterrorizar a população nativa". O fruto da planta pulverizado tem sido utilizado como veneno de rato; consequentemente o ácido ω-fluoro-oleico tem o nome comum de "raticida". Está esboçada aqui uma síntese do ácido ω-fluoro-oleico. Dê as estruturas para os compostos **F–I**:

$$\text{1-Bromo-8-fluoro-octano} + \text{acetileto de sódio} \longrightarrow \mathbf{F}\ (C_{10}H_{17}F) \xrightarrow[(2)\ I(CH_2)_7Cl]{(1)\ NaNH_2}$$

$$\mathbf{G}\ (C_{17}H_{30}FCl) \xrightarrow{NaCN} \mathbf{H}\ (C_{18}H_{30}NF) \xrightarrow[(2)\ H_3O^+]{(1)\ KOH} \mathbf{I}\ (C_{18}H_{31}O_2F) \xrightarrow[Ni_2B\ (P\text{-}2)]{H_2}$$

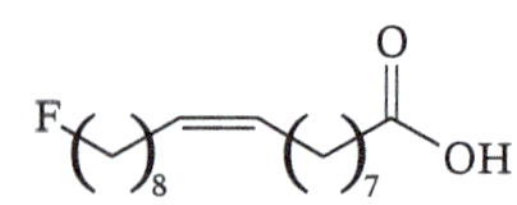

Ácido ω-fluoro-oleico
(46% de rendimento global)

23.23 Dê as fórmulas e os nomes para os compostos **A** e **B**:

$$5\alpha\text{-Colest-2-eno} \xrightarrow{m\text{CPBA}} \mathbf{A}\ (\text{um epóxido}) \xrightarrow{HBr} \mathbf{B}$$

(*Dica:* **B** não é o estereoisômero mais estável.)

23.24 As etapas iniciais de uma síntese de laboratório de várias prostaglandinas relatada por E. J. Corey (Seção 7.15B) e coautores em 1968 estão esboçadas aqui. Forneça cada um dos reagentes que faltam:

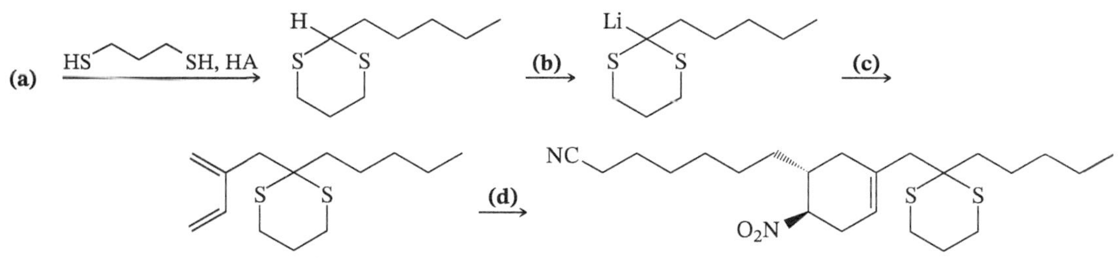

(e) A etapa inicial em outra síntese de prostaglandina é mostrada na seguinte reação. Que reações e condições são necessárias neste caso?

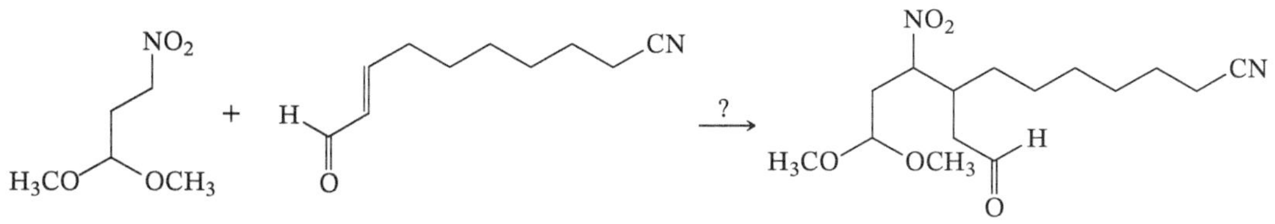

23.25 Uma síntese útil das cetonas sesquiterpeno, chamadas de *ciperonas*, foi realizada através de uma modificação do procedimento de anelação de Robinson (Seção 19.7B) visto a seguir. Escreva um mecanismo que explique cada etapa desta síntese.

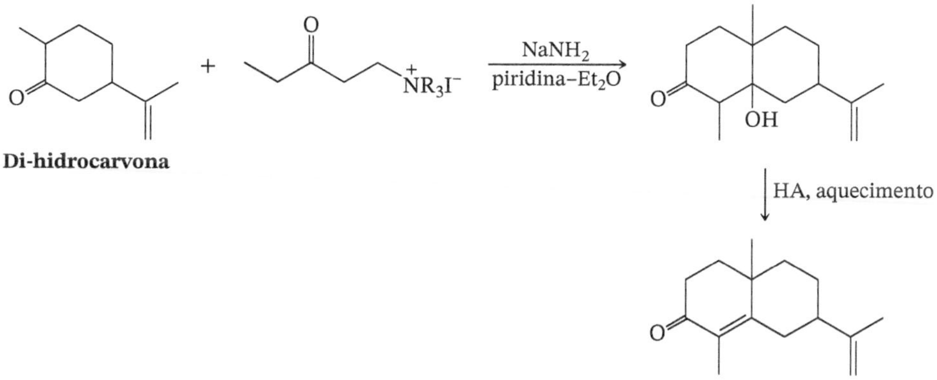

Di-hidrocarvona

Uma ciperona

Problemas de Desafio

23.26 O peixe havaiano *pahu* ou peixe-cofre (*Ostracion lentiginosus*) secreta uma toxina que mata outro peixe na sua vizinhança. O agente ativo na secreção recebeu o nome de pahutoxina, dado por P. J. Scheuer, e D. B. Boylan e Scheuer descobriram que a pahutoxina (também chamada ostracitoxina) contém uma combinação não usual de unidades de lipídios. Para provar a sua estrutura, eles a sintetizaram através desta rota:

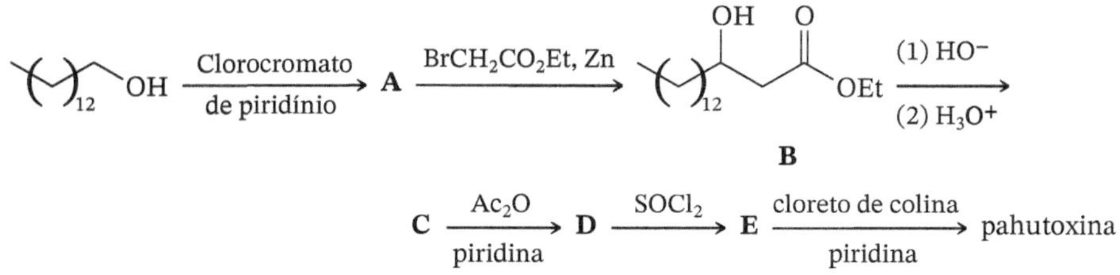

Composto	Bandas de Absorção no Infravermelho Selecionadas (cm^{-1})
A	1725
B	3300 (larga), 1735
C	3300–2500 (larga), 1710
D	3000–2500 (larga), 1735, 1710
E	1800, 1735
Pahutoxina	1735

Quais são as estruturas de **A**, **C**, **D** e **E** da pahutoxina?

23.27 A reação ilustrada pela equação a seguir é uma reação muito geral que pode ser catalisada por ácido, por base e por algumas enzimas. Ela, consequentemente, precisa ser levada em consideração quando são planejadas as sínteses que envolvem ésteres de substâncias poli-hidroxiladas, como o glicerol e os açúcares:

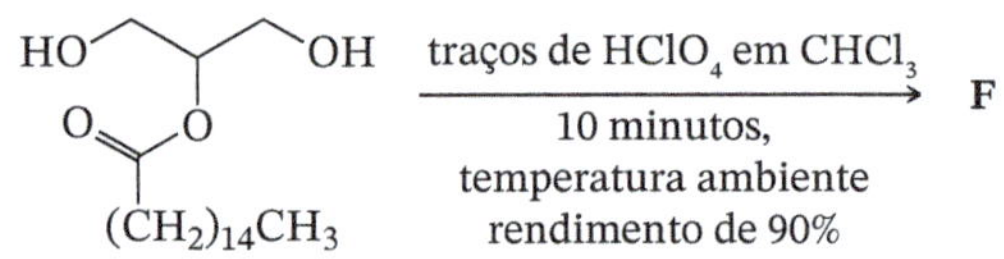

Dados espectrais para **F**:

EM (m/z): (após a trimetilsililação): 546, 531

IV (cm^{-1}): 3200 (largo), 1710

RMN de ^{1}H (ppm) (após a troca com D_2O): 4,2 (d), 3,9 (m), 2,2 (t) e outros na faixa de 1,7 a 1

RMN de ^{13}C (ppm): 172 (C), 74 (CH), 70 (CH_2), 67 (CH_2), 39 (CH_2) e outros picos na faixa de 32 a 14

(a) Qual é a estrutura do produto **F**?

(b) A reação é intramolecular. Escreva um mecanismo através do qual ela provavelmente ocorre.

Problemas para Trabalho em Grupo

1. O olestra é um substituto da gordura patenteado que imita o sabor e a textura de triacilgliceróis (veja em "A Química Industrial de... Olestra e Outros Substitutos da Gordura" na Seção 23.2B). Ele é livre de caloria porque não é hidrolisado pelas enzimas digestivas nem é absorvido pelo intestino, mas em vez disso ele passa inalterado diretamente através do organismo. A FDA aprovou o olestra para a utilização em uma variedade de alimentos, incluindo batatas fritas e outras guloseimas que normalmente têm um alto teor de gordura. Ele pode ser utilizado tanto em massas quanto em frituras.

(a) O olestra consiste em uma mistura de ésteres de ácidos graxos da sacarose (diferentemente dos triacilgliceróis, que são ésteres de glicerol de ácidos graxos). Cada molécula de sacarose no olestra é esterificada com seis a oito ácidos graxos. (Um aspecto indesejável do olestra é que ele sequestra as vitaminas solúveis em gordura necessárias ao organismo, devido ao seu alto caráter lipofílico.) Desenhe a estrutura de uma molécula de olestra específica compreendendo seis ácidos graxos naturais diferentes esterificados em quaisquer posições disponíveis na sacarose. Utilize três ácidos graxos saturados e três ácidos graxos insaturados.

(b) Escreva as condições de reação que poderiam ser utilizadas para saponificar os ésteres da molécula de olestra que você desenhou e dê os nomes IUPAC e comuns para cada um dos ácidos graxos que seriam liberados na saponificação.

(c) O olestra é produzido através de processos de transesterificação sequenciais. A primeira transesterificação envolve a reação de metanol sob condições básicas com triacilgliceróis naturais a partir de óleo de sementes de algodão ou de óleo de soja (comprimentos da cadeia de C_8–C_{22}). A segunda transesterificação envolve a reação desses ésteres metílicos de ácidos graxos com a sacarose para formar o olestra. Escreva uma reação-exemplo, incluindo o seu mecanismo, para cada um desses processos de transesterificação utilizados na síntese do olestra. Comece com qualquer triacilglicerol contendo ácidos graxos semelhantes àqueles incorporados no olestra.

2. A biossíntese de ácidos graxos é realizada com dois carbonos de cada vez por um complexo enzimático chamado de ácido graxo sintetase. As reações bioquímicas envolvidas na síntese de ácido graxo têm um correlato nas reações sintéticas que já estudamos. Considere as reações bioquímicas envolvidas na adição de cada segmento —CH_2CH_2— durante a biossíntese de ácido graxo. Escreva reações sintéticas de laboratório utilizando reagentes e condições que você estudou (não as reações biossintéticas) que executariam a mesma sequência de transformações (isto é, as etapas de condensação–descarboxilação, redução de cetona, desidratação e redução de alqueno).

3. Determinado terpeno natural produziu picos no seu espectro de massas em *m/z* 204, 111 e 93 (dentre outros). Com base nessa e nas informações seguintes, elucide a estrutura desse terpeno. Justifique cada uma das suas conclusões.

(a) A reação do terpeno desconhecido com hidrogênio na presença de platina sob pressão resulta em um composto com fórmula molecular $C_{15}H_{30}$.

(b) A reação do terpeno com ozônio seguida por zinco e ácido acético produz a seguinte mistura de compostos (1 mol de cada para cada mol de terpeno desconhecido):

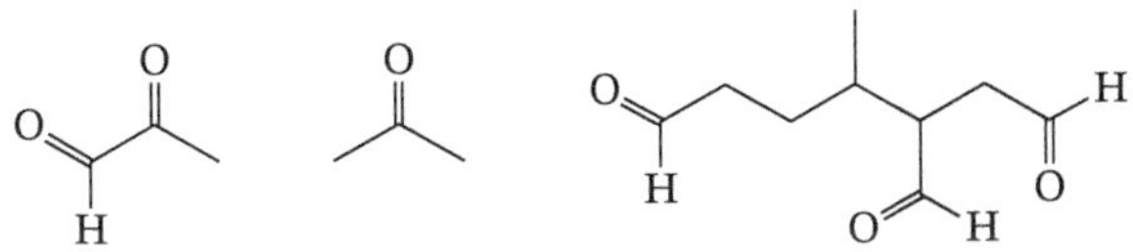

(c) Após escrever a estrutura do terpeno desconhecido, circule cada uma das unidades de isopreno nesse composto. A qual classe de terpenos esse composto pertence (baseado no número de carbonos que ele contém)?

4. Desenhe a estrutura de um fosfolipídio (de qualquer das subclasses de fosfolipídios) que contenha um ácido graxo saturado e um ácido graxo insaturado.

(a) Desenhe a estrutura de todos os produtos que seriam formados a partir de seu fosfolipídio se ele fosse submetido a hidrólise completa (escolha condições ácidas ou básicas).

(b) Desenhe a estrutura do(s) produto(s) que seria(m) formado(s) a partir da reação da unidade de ácido graxo insaturado do seu fosfolipídio (supondo que ele tenha sido liberado primeiramente pela hidrólise do fosfolipídio) sob cada uma das seguintes condições:

(i) Br_2

(ii) OsO_4, seguido por $NaHSO_3$

(iii) HBr

(iv) $KMnO_4$ alcalino a quente, seguido por H_3O^+

(v) $SOCl_2$, seguido por excesso de CH_3NH_2

CAPÍTULO 24

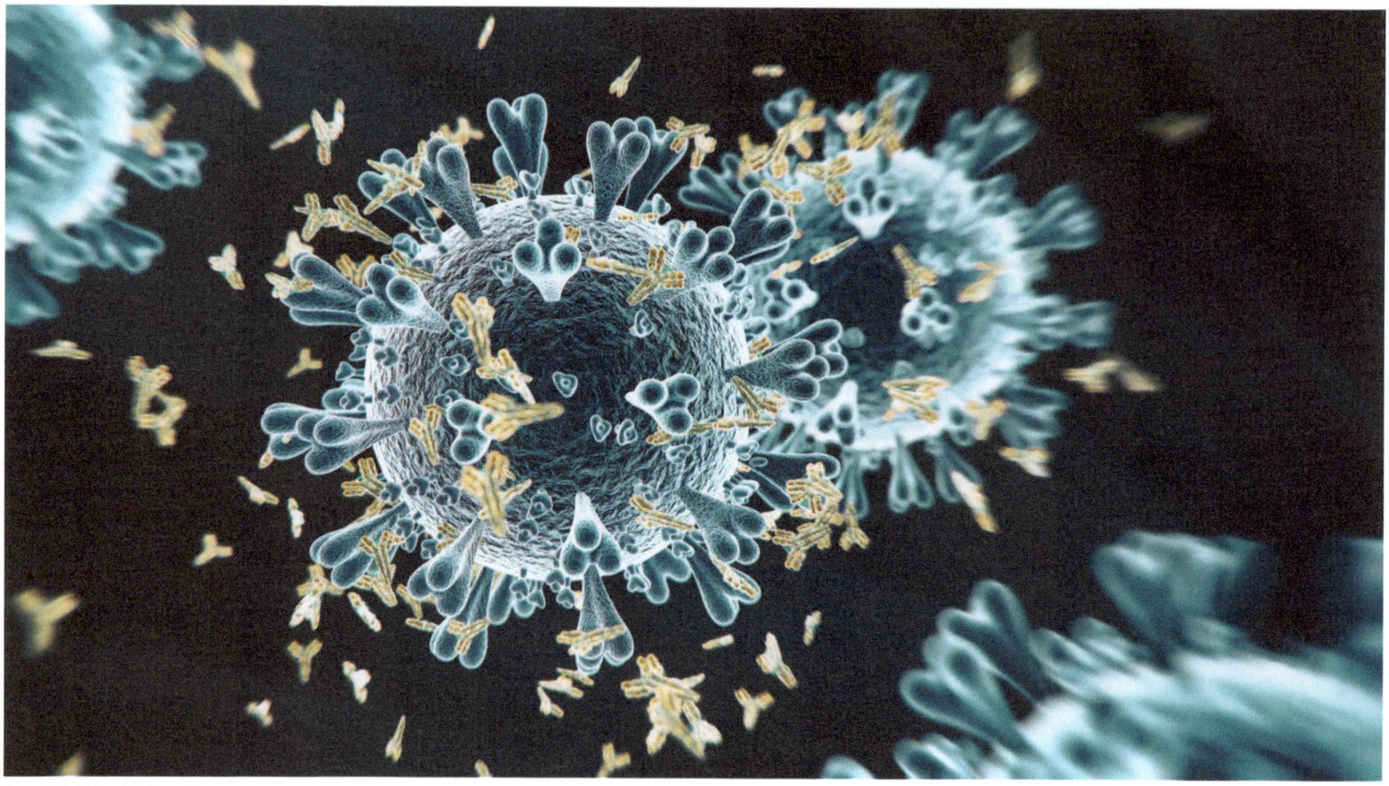

koto_feja/iStock/Getty Images

Aminoácidos e Proteínas

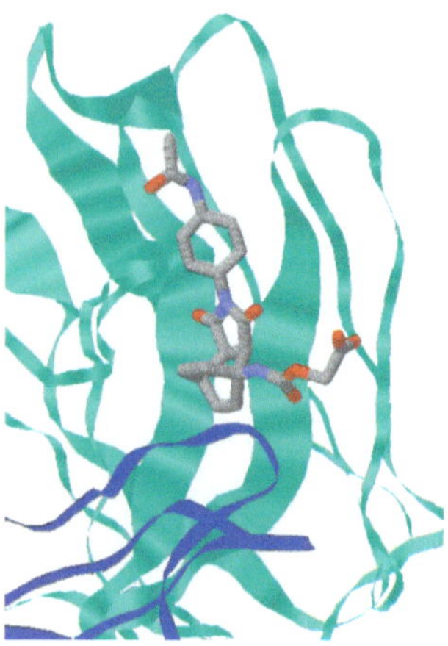

Entre as principais classes de biomoléculas, as proteínas têm, sem dúvida, a mais diversa série de funções. Na forma de enzimas, elas servem de catalisadores, afetando as reações químicas; como anticorpos, elas protegem contra doenças; como moléculas, elas formam estruturas críticas, inclusive pele, cabelos e unhas; e, na forma de hormônios, elas controlam muitas funções do corpo, incluindo o metabolismo, o crescimento e a reprodução. Conforme veremos, não somente as proteínas têm muitas formas e tamanhos, mas cada proteína individual também é o produto de um processo evolutivo que levou às suas propriedades e funções específicas. Através do aprendizado a respeito da estrutura global e função das proteínas, os químicos agora são capazes de aplicar o conhecimento ao desenvolvimento de algumas proteínas inteiramente sintéticas de elevado valor segundo sua própria concepção. Por exemplo, conforme veremos posteriormente, as lições aprendidas sobre enzimas, anticorpos e o sistema imunológico levaram à síntese de compostos concebidos para produzir anticorpos que podem catalisar reações químicas tais como o rearranjo de Claisen, reações aldólicas e a reação de Diels–Alder. A ilustração à esquerda mostra parte de um anticorpo que catalisa a reação de Diels–Alder.

NESTE CAPÍTULO, VAMOS ESTUDAR:

- As estruturas e propriedades dos aminoácidos que constituem as proteínas
- Os métodos para determinar a sequência de aminoácidos de uma determinada proteína, bem como para sua síntese
- As estruturas primária, secundária, terciária e quaternária das proteínas
- Exemplos selecionados de enzimas e sua função

POR QUE ESSES TÓPICOS SÃO IMPORTANTES?

Mostraremos não apenas como funcionam alguns anticorpos catalíticos modernos, mas também, ao fim deste capítulo, como os químicos foram além dos aminoácidos padrão encontrados na natureza para criar proteínas em diversas células, inclusive muitos aminoácidos novos e inteiramente sintéticos.

24.1 Introdução

Os três grupos de polímeros biológicos são os carboidratos, as proteínas e os ácidos nucleicos. Estudamos os carboidratos no Capítulo 22 e vimos que eles se comportam basicamente como reservas de energia, como marcadores bioquímicos em superfícies celulares e, nos vegetais, como materiais estruturais. Quando estudarmos os ácidos nucleicos no Capítulo 25, descobriremos que eles servem a dois propósitos principais: armazenamento e transmissão de informação. Dos três grupos de biopolímeros, as proteínas têm as funções mais diversificadas. Proteínas como enzimas e hormônios catalisam e regulam as reações que ocorrem no organismo; como músculos e tendões, elas fornecem ao organismo os meios para se locomoverem; como pele e cabelo, elas propiciam uma cobertura exterior para o organismo; como moléculas de hemoglobina, elas transferem o oxigênio vital aos pontos mais remotos do organismo; como anticorpos, elas fornecem ao organismo maneiras de se proteger contra doenças; e, combinadas com outras substâncias nos ossos, elas fornecem ao organismo suporte estrutural.

Tendo em vista toda essa diversidade de funções, não devemos nos surpreender ao descobrir que as proteínas aparecem em todos os tamanhos e formas. Pelo padrão da maioria das moléculas que já estudamos, mesmo as proteínas pequenas têm massas moleculares muito elevadas. A lisozima, uma enzima, é uma proteína relativamente pequena e ainda assim a sua massa molecular é 14.600. As massas moleculares da maioria das proteínas são muito mais elevadas. Suas formas cobrem uma ampla faixa, variando de proteínas globulares, tais como a lisozima e a hemoglobina, até as espirais helicoidais da α-queratina (cabelo, unhas e lã) e lâminas pregueadas de fibroína de seda.

Ainda assim, a despeito de toda essa diversidade de tamanhos, formas e funções, todas as proteínas têm características comuns que nos permitem deduzir as suas estruturas e entender as suas propriedades. Veremos como isso é feito mais à frente neste capítulo.

- Proteínas são **poliamidas**, e as suas unidades monoméricas são compostas por aproximadamente 20 α-aminoácidos diferentes:

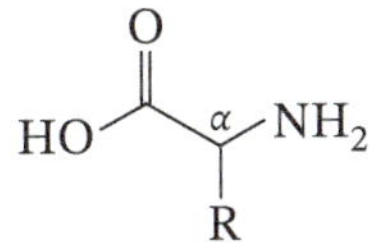

Um α-aminoácido

R é uma cadeia lateral no carbono α que determina a natureza do aminoácido (Tabela 24.1).

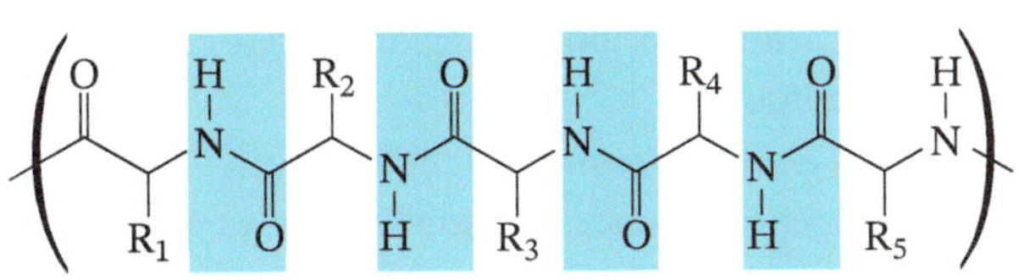

Uma parte de uma molécula de proteína

As ligações amida (peptídicas) estão sombreadas. R_1 a R_5 pode ser qualquer uma das cadeias laterais possíveis.

- A sequência exata dos diferentes α-aminoácidos ao longo da cadeia de proteína é chamada de **estrutura primária** da proteína.

A estrutura primária de uma proteína, como o seu nome sugere, é de importância fundamental. Para que a proteína possa realizar a função a que se destina, a estrutura primária deve estar correta. Veremos mais adiante que, quando a estrutura primária está correta, a cadeia de poliamida da proteína se dobra de formas específicas para dar-lhe a forma necessária para desempenhar a sua função específica.

- A dobra da cadeia de poliamida leva a níveis de complexidade mais altos, chamados de **estruturas secundária** e **terciária** da proteína.
- A **estrutura quaternária** se forma quando uma proteína contém um agregado de mais de uma cadeia de poliamida.
- A hidrólise de proteínas com ácido ou base produz uma mistura de aminoácidos.

Apesar de a hidrólise de proteínas naturais poder produzir até 22 aminoácidos diferentes, os aminoácidos têm uma importante característica estrutural em comum: Com exceção da glicina (cujas moléculas não são quirais), quase todos os aminoácidos naturais têm a configuração L no carbono α.* Isso significa que eles têm a mesma configuração relativa do L-gliceraldeído:

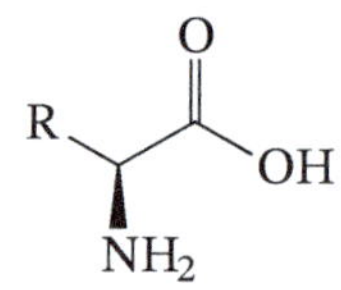

Um L-α-aminoácido [normalmente um (S)-α-aminoácido]

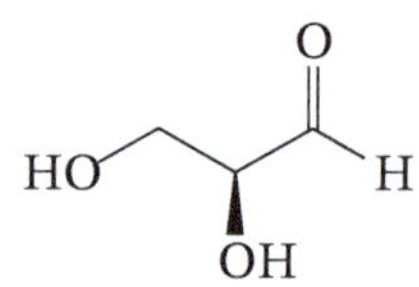

L-Gliceraldeído [(S)-gliceraldeído]

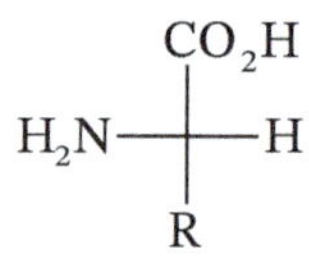

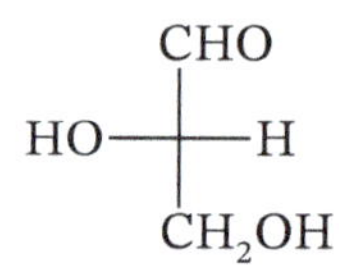

Projeções de Fischer para um L-α-aminoácido e o L-gliceraldeído

24.2 Aminoácidos

24.2A Estruturas e Nomes

- Os 22 α-aminoácidos que podem ser obtidos a partir de proteínas podem ser subdivididos em três grupos diferentes com base nas estruturas de suas cadeias laterais, R. Eles são mostrados na **Tabela 24.1**.

Apenas 20 dos 22 α-aminoácidos na Tabela 24.1 são na realidade utilizados pelas células quando elas sintetizam as proteínas. Dois aminoácidos são sintetizados depois que a cadeia de poliamida está pronta. A hidroxiprolina (presente principalmente no colágeno) é sintetizada por meio da oxidação da prolina, e a cistina (presente na maioria das proteínas) é sintetizada a partir da cisteína.

A conversão da cisteína a cistina requer um comentário adicional. O grupo —SH da cisteína torna-a um *tiol*. Uma propriedade dos tióis é que eles podem ser convertidos a dissulfetos por agentes oxidantes moderados. Além disso, essa conversão pode ser revertida por agentes redutores moderados:

*Alguns D-aminoácidos foram obtidos do material que compreende as paredes celulares das bactérias e através da hidrólise de certos antibióticos.

TABELA 24.1 L-Aminoácidos Encontrados em Proteínas

Estrutura	Nome	Abreviaturas[a]	pK_{a_1} α-CO_2H	pK_{a_2} α-NH_3^+	pK_{a_3} Grupo R	pI
Aminoácido Neutro						
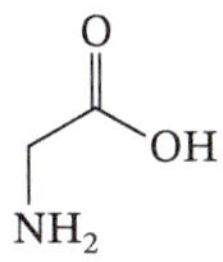	Glicina	G ou Gly	2,3	9,6		6,0
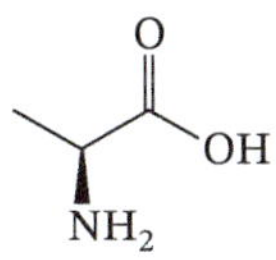	Alanina	A ou Ala	2,3	9,7		6,0
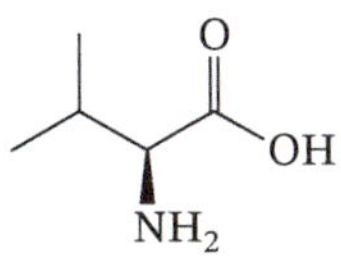	Valina[b]	V ou Val	2,3	9,6		6,0
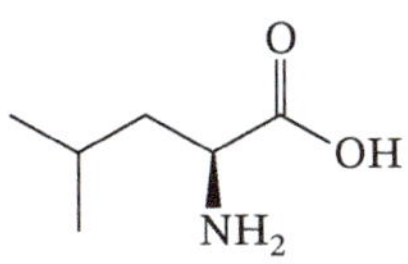	Leucina[b]	L ou Leu	2,4	9,6		6,0
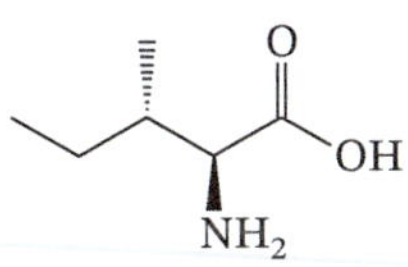	Isoleucina[b]	I ou Ile	2,4	9,7		6,1
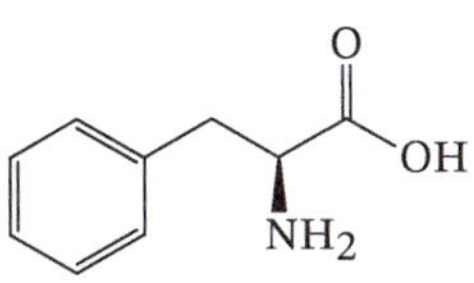	Fenilalanina[b]	F ou Phe	1,8	9,1		5,5
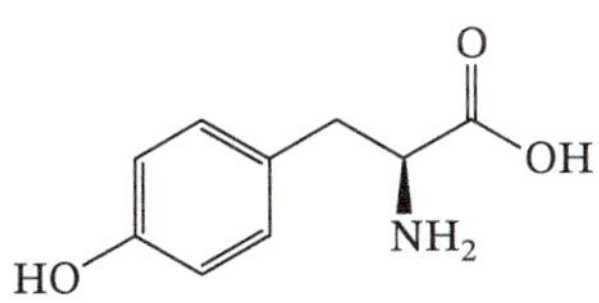	Tirosina	Y ou Tyr	2,2	9,1	10,1	5,7
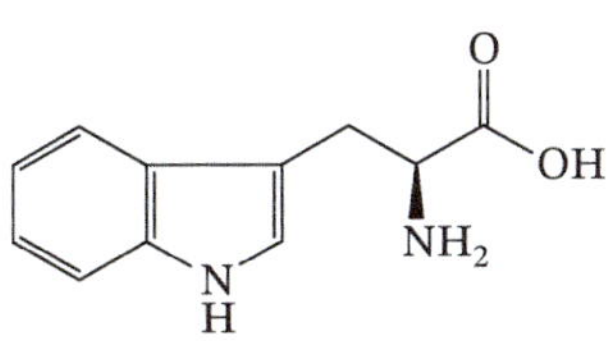	Triptofano[b]	W ou Trp	2,4	9,4		5,9
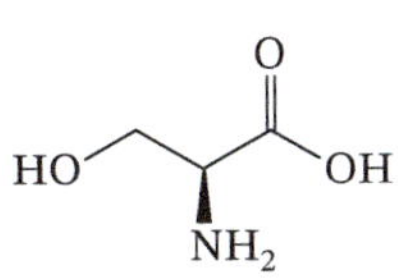	Serina	S ou Ser	2,2	9,2		5,7
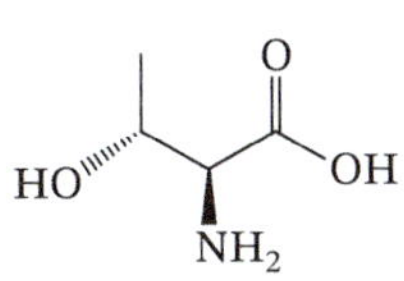	Treonina[b]	T ou Thr	2,6	10,4		6,5

(continua)

TABELA 24.1 L-Aminoácidos Encontrados em Proteínas (*Continuação*)

Estrutura	Nome	Abreviaturas[a]	pK_{a_1} α-CO_2H	pK_{a_2} α-NH_3^+	pK_{a_3} Grupo R	pI
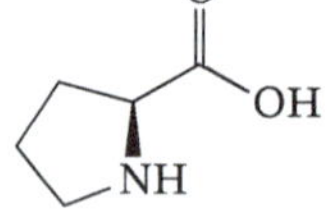	Prolina	P ou Pro	2,0	10,6		6,3
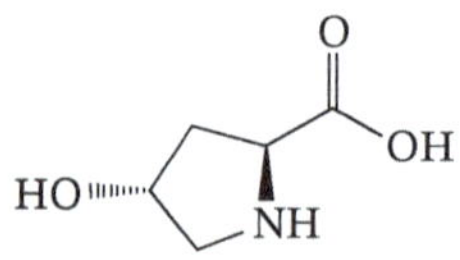	4-Hidroxiprolina (cis e trans)	O ou Hyp	1,9	9,7		6,3
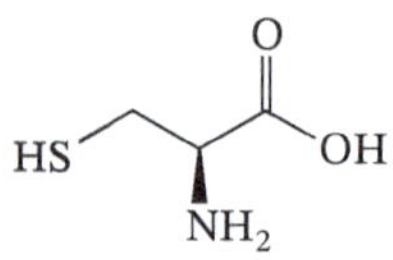	Cisteína	C ou Cys	1,7	10,8	8,3	5,0
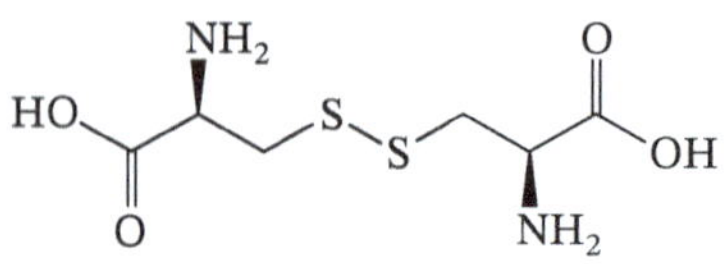	Cistina	Cys-Cys	1,6 2,3	7,9 9,9		5,1
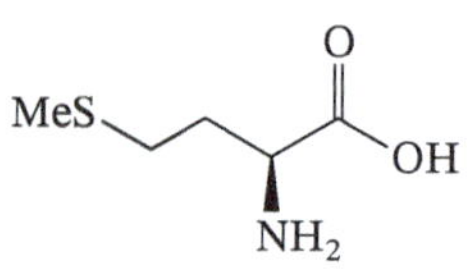	Metionina[b]	M ou Met	2,3	9,2		5,8
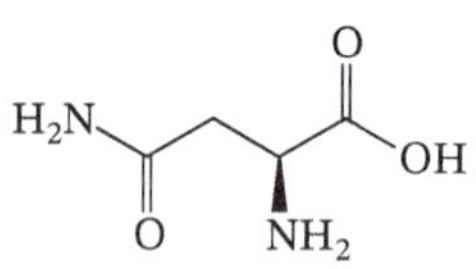	Asparagina	N ou Asn	2,0	8,8		5,4
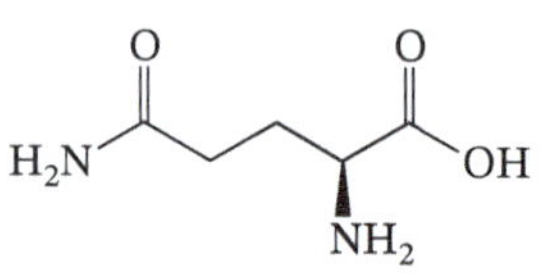	Glutamina	Q ou Gln	2,2	9,1		5,7
Cadeias Laterais Contendo um Grupo Ácido (Carboxílico)						
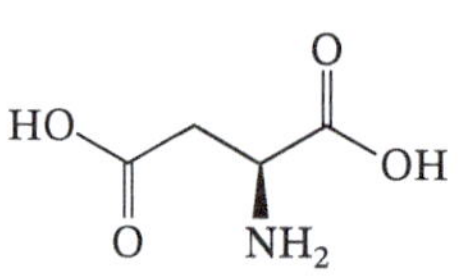	Ácido aspártico	D ou Asp	2,1	9,8	3,9	3,0
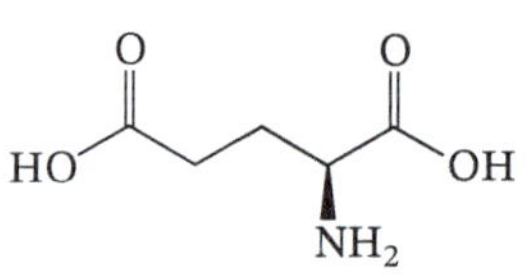	Ácido glutâmico	E ou Glu	2,2	9,7	4,3	3,2
Cadeias Laterais Contendo um Grupo Básico						
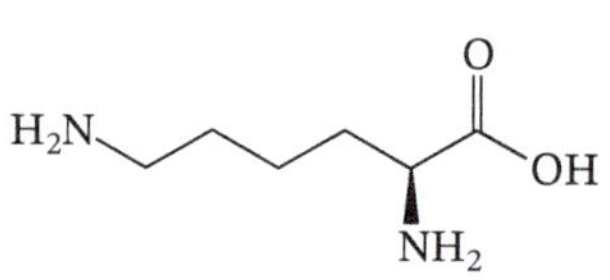	Lisina[b]	K ou Lys	2,2	9,0	10,5[c]	9,8

(continua)

TABELA 24.1 L-Aminoácidos Encontrados em Proteínas (*Continuação*)

Estrutura	Nome	Abreviaturas[a]	pK_{a_1} α-CO_2H	pK_{a_2} α-NH_3^+	pK_{a_3} Grupo R	pI
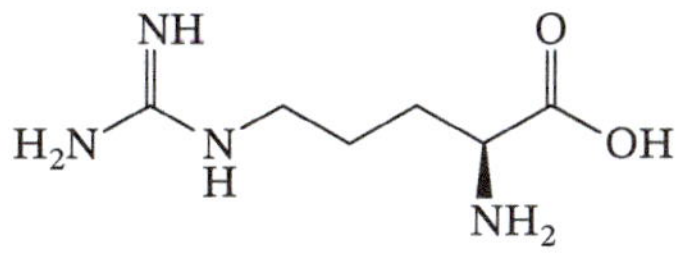	Arginina	R ou Arg	2,2	9,0	12,5[c]	10,8
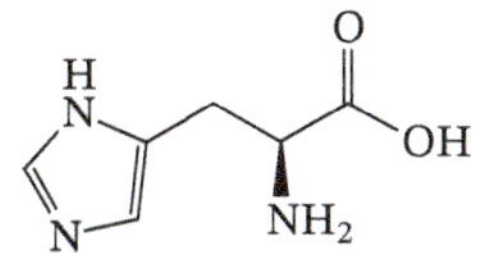	Histidina[b]	H ou His	1,8	9,2	6,0[c]	7,6

[a]As abreviaturas com uma única letra são atualmente a forma mais utilizada na literatura bioquímica corrente.

[b]Um aminoácido essencial.

[c]Os valores de pK_a se referem à amina protonada do grupo R.

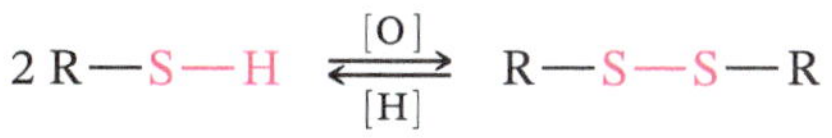

Tiol **Dissulfeto**

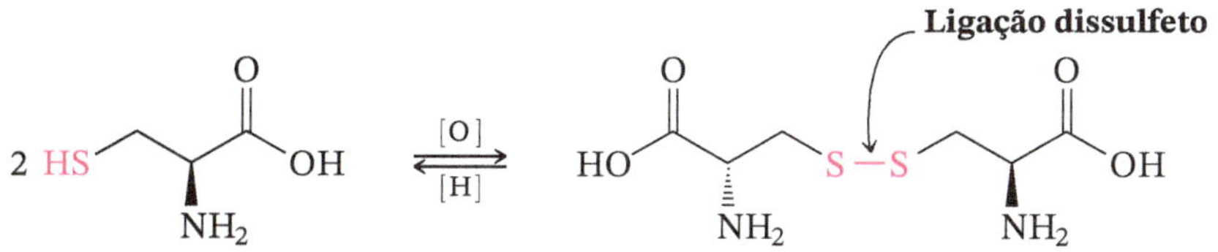

Cisteína **Cistina**

Veremos mais tarde como a **ligação dissulfeto** entre as unidades de cisteína em uma cadeia de proteína contribui para a estrutura e a forma global dessa proteína.

24.2B Aminoácidos Essenciais

Os aminoácidos podem ser sintetizados por todos os organismos vivos, vegetais e animais. Entretanto, muitos animais superiores apresentam deficiência na capacidade de sintetizar todos os aminoácidos que eles necessitam para as suas proteínas. Desse modo, esses animais superiores precisam de determinados aminoácidos como parte de sua dieta alimentar. Para os seres humanos adultos existem oito **aminoácidos essenciais**; eles estão identificados na Tabela 24.1 por uma nota de rodapé.

24.2C Aminoácidos como Íons Dipolares

- Os aminoácidos contêm tanto um grupo básico ($—NH_2$) quanto um grupo ácido ($—CO_2H$).
- No estado sólido seco, os aminoácidos existem como **íons dipolares**, forma na qual o grupo carboxila está presente como íon carboxilato $—CO_2^-$, e o grupo amino está presente como íon amínio $—NH_3^+$. (Os íons dipolares são também chamados de **zwitteríons**.)
- Em solução aquosa existe um equilíbrio entre o íon dipolar e as formas aniônica e catiônica de um aminoácido.

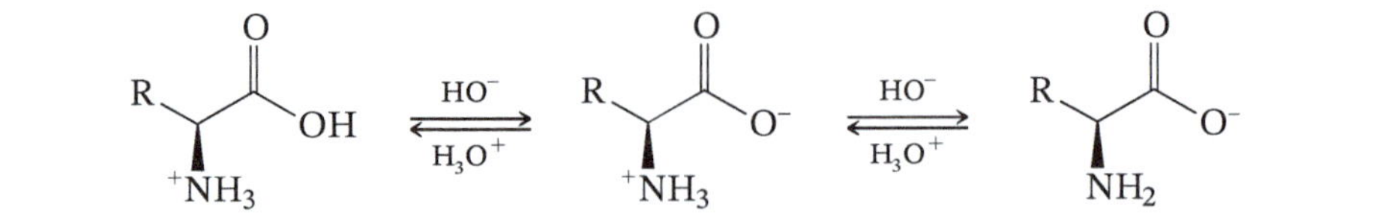

Forma catiônica (predominante em soluções fortemente ácidas, por exemplo, em pH 0) — **Íon dipolar** — **Forma aniônica (predominante em soluções fortemente básicas, por exemplo, em pH 14)**

A forma predominante do aminoácido presente em uma solução depende do pH da solução e da natureza do aminoácido. Em soluções fortemente ácidas todos os aminoácidos estão presentes basicamente como cátions; em soluções fortemente básicas eles estão presentes como ânions.

- O **ponto isoelétrico (p*I*)** é o pH no qual a concentração do íon dipolar é máxima, e as concentrações dos ânions e dos cátions são iguais.

Cada aminoácido tem um ponto isoelétrico específico. Eles são fornecidos na Tabela 24.1. As proteínas também têm pontos isoelétricos. Como veremos mais adiante (Seções 24.13 e 24.14), essa propriedade das proteínas é importante para a separação e a identificação delas.

Inicialmente, consideremos um aminoácido que não contém grupos ácidos ou básicos – por exemplo, a alanina.

Se a alanina é dissolvida em uma solução fortemente ácida (por exemplo, pH 0), ela está principalmente presente sob uma forma catiônica. Nessa circunstância, o grupo amino está protonado (contém uma carga formal +1) e o grupo ácido carboxílico é neutro (não tem carga formal). Como é típico de um α-aminoácido, o pK_a para o hidrogênio do ácido carboxílico da alanina é consideravelmente mais baixo (2,3) do que o pK_a de um ácido carboxílico comum (por exemplo, para o ácido propanoico, pK_a = 4,89):

Forma catiônica da alanina pK_{a_1} = 2,3 — **Ácido propanoico** pK_a = 4,89

A razão para a acidez mais elevada do grupo carboxila em um α-aminoácido é o efeito indutivo do cátion amínio vizinho, que ajuda a estabilizar o ânion carboxilato formado quando ele perde um próton. A perda de um próton do grupo carboxila em um α-aminoácido catiônico deixa a molécula eletricamente neutra (na forma de um íon dipolar). Esse equilíbrio é mostrado na parte sombreada em magenta no esquema adiante.

O grupo amino protonado de um α-aminoácido também é ácido, mas menos do que o grupo ácido carboxílico. O pK_a do grupo amínio na alanina é 9,7. O equilíbrio para a perda de um próton amínio é mostrado na parte sombreada em azul no esquema a seguir. O próton do ácido carboxílico é sempre perdido antes do próton do grupo amínio em um α-aminoácido.

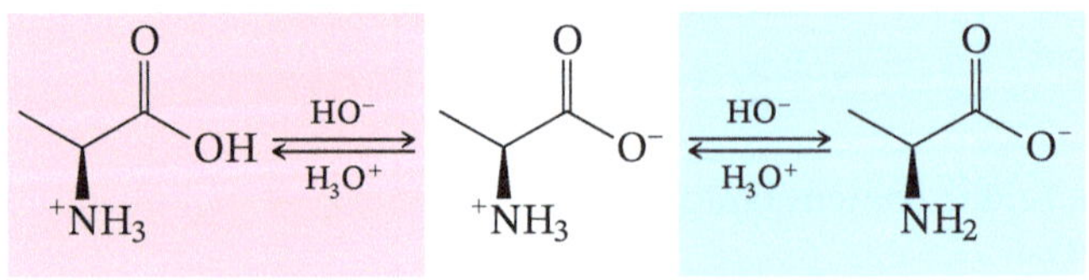

Forma catiônica (pK_{a_1} = 2,3) — **Íon dipolar** (pK_{a_2} = 9,7) — **Forma aniônica**

O estado de um α-aminoácido em um determinado pH é governado por uma combinação de dois equilíbrios, como mostrado no esquema anterior para a alanina. O ponto isoelétrico (pI) de um aminoácido como a alanina é a média de pK_{a1} e pK_{a2}:

$$pI = \tfrac{1}{2}(2{,}3 + 9{,}7) = 6{,}0 \quad \text{(ponto isoelétrico da alanina)}$$

Quando uma base é adicionada a uma solução contendo a forma catiônica da alanina (por exemplo, inicialmente em pH 0), o primeiro próton removido é o próton do ácido carboxílico, como havíamos dito. No caso da alanina, quando o pH chega a 2,3, metade dos prótons do ácido carboxílico terá sido removida. Esse pH representa o pK_a do próton do ácido carboxílico da alanina, como pode ser demonstrado por meio da **equação de Henderson–Hasselbalch**.

- A **equação de Henderson–Hasselbalch** mostra que, para um ácido (HA) e a sua base conjugada (A^-), quando [HA] = [A^-], então, pH = pK_a.

$$pK_a = pH + \log\frac{[HA]}{[A^-]}$$

Equação de Henderson-Hasselbalch

Desse modo, quando o ácido é neutralizado pela metade,

$$[HA] = [A^-],\ \log\frac{[HA]}{[A^-]} = 0,\ \text{e assim pH} = pK_a$$

À medida que se adiciona mais base a essa solução, a alanina atinge o seu ponto isoelétrico (p*I*), o pH no qual todos os prótons do ácido carboxílico da alanina foram removidos, mas não os seus prótons amínio. Por isso, as moléculas estão eletricamente neutras (elas estão na forma de seu íon dipolar ou zwitteriônica) porque o grupo carboxilato contém uma carga −1 e o grupo amínio uma carga +1. O p*I* da alanina é 6,0.

Agora, à medida que continuarmos a adicionar a base, os prótons dos íons amínio começarão a ser removidos, até que, em pH 9,7 metade dos grupos amínio terá perdido um próton. Esse pH representa o pK_a do grupo amínio. Finalmente, ao se adicionar ainda mais base, os prótons amínio restantes serão perdidos, até que todas as moléculas de alanina tenham perdido os seus prótons amínio. Nesse ponto (por exemplo, pH 14) as moléculas contêm uma carga aniônica líquida devido ao seu grupo carboxilato. Os grupos amino agora são eletricamente neutros.

A **Fig. 24.1** mostra uma curva de titulação para esses equilíbrios. O gráfico representa a variação de pH como uma função do número de equivalentes molares da base. Uma vez que a alanina tem dois prótons a serem perdidos na sua forma catiônica, quando se adiciona um equivalente molar de base, cada uma das moléculas terá perdido um próton e elas estarão eletricamente neutras (íon dipolar ou forma zwitteriônica).

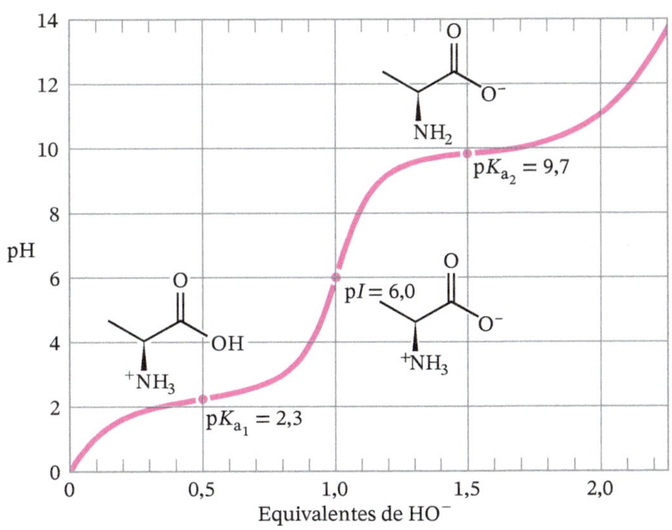

FIGURA 24.1 Uma curva de titulação para a alanina.

Se um aminoácido contém uma cadeia lateral onde se acha presente um grupo ácido ou básico, os equilíbrios se tornam mais complexos. Consideremos, por exemplo, a lisina, um aminoácido que tem um grupo —NH_2 adicional no seu carbono ε. Em solução fortemente ácida, a lisina está presente como um dicátion porque ambos os grupos amino estão protonados. O primeiro próton a ser perdido com a elevação do pH é o próton do grupo carboxila ($pK_{a1} = 2{,}2$), o segundo é o do grupo α-amínio ($pK_{a2} = 9{,}0$) e o último provém do grupo ε-amínio ($pK_{a3} = 10{,}5$):

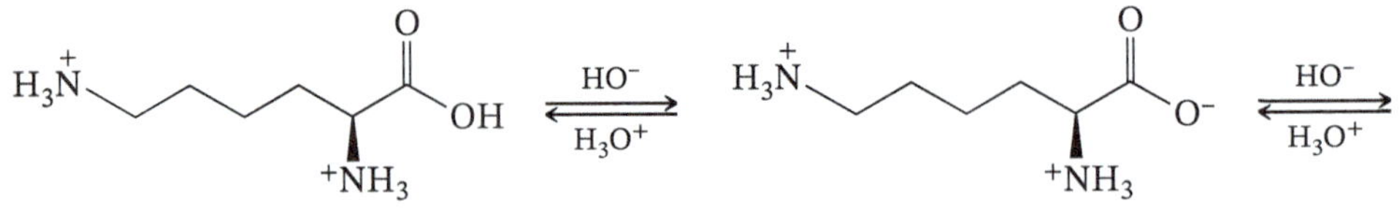

Forma dicatiônica da lisina ($pK_{a_1} = 2{,}2$)

Forma monocatiônica ($pK_{a_2} = 9{,}0$)

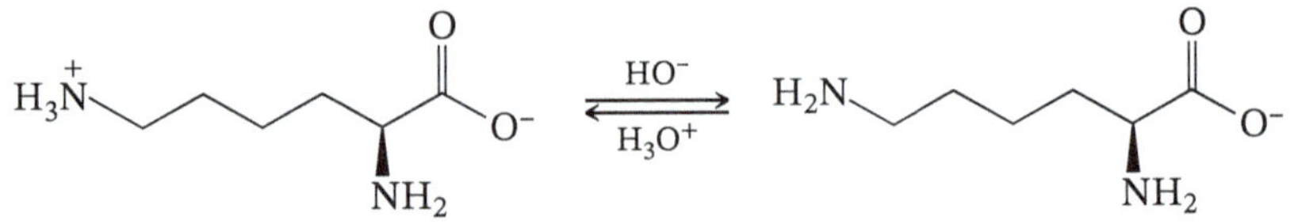

Íon dipolar ($pK_{a_3} = 10{,}5$)

Forma aniônica

O ponto isoelétrico da lisina é a média entre pK_{a2} (referente ao monocátion) e pK_{a3} (correspondente ao íon dipolar).

$$pI = \tfrac{1}{2}(9{,}0 + 10{,}5) = 9{,}8 \quad \text{(ponto isoelétrico da lisina)}$$

PROBLEMA DE REVISÃO 24.1

Qual é a forma do ácido glutâmico que você espera que predomine em **(a)** uma solução fortemente ácida, **(b)** uma solução fortemente básica e **(c)** no seu ponto isoelétrico ($pI = 3{,}2$)? **(d)** O ponto isoelétrico da glutamina ($pI = 5{,}7$) é consideravelmente maior do que o do ácido glutâmico. Explique.

PROBLEMA DE REVISÃO 24.2

O grupo guanidino 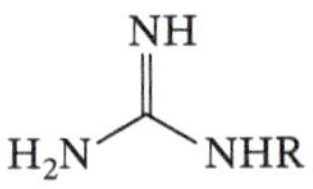 da arginina é um dos grupos orgânicos mais fortemente básicos. Explique.

24.3 Síntese de α-Aminoácidos

Existe toda uma variedade de métodos concebidos para a síntese de α-aminoácidos. Descreveremos dois métodos que são baseados nas reações que já estudamos anteriormente. A síntese assimétrica é um importante objetivo na síntese de α-aminoácidos devido à atividade biológica das formas enantioméricas naturais desses α-aminoácidos, e também por conta da relevância comercial dos produtos formados através dessas rotas.

24.3A A Partir de Ftalimida Potássica

Este método, que é uma modificação da síntese de Gabriel de aminas (Seção 20.4A), utiliza a ftalimida potássica e o α-bromomalonato de dietila para preparar um éster *imido*malônico. O exemplo seguinte mostra a síntese da metionina:

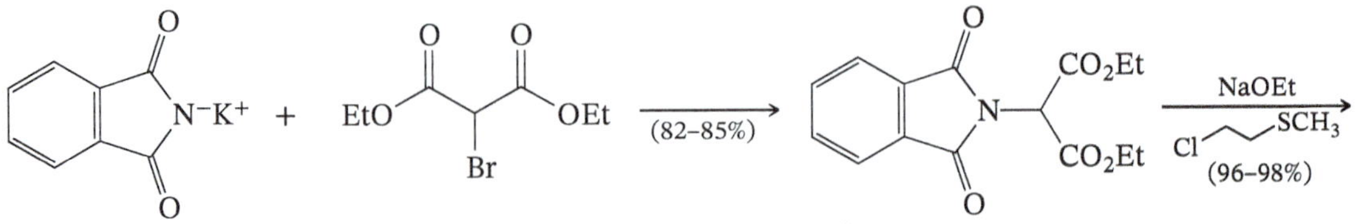

α-Bromomalonato de dietila

Éster ftalimidomalônico

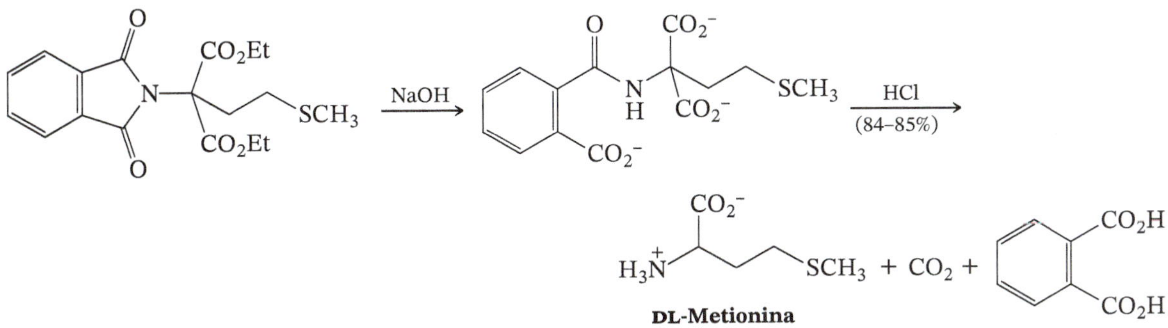

DL-Metionina

PROBLEMA DE REVISÃO 24.3

A partir do α-bromomalonato de dietila e da ftalimida potássica, e utilizando quaisquer outros reagentes necessários, mostre como você pode sintetizar: **(a)** DL-leucina, **(b)** DL-alanina e **(c)** DL-fenilalanina.

24.3B Síntese de Strecker

O tratamento de um aldeído com amônia e cianeto de hidrogênio produz uma α-aminonitrila. A hidrólise do grupo nitrila (Seção 17.3) da α-aminonitrila converte a α-aminonitrila em um α-aminoácido. Essa síntese é chamada de síntese de Strecker:

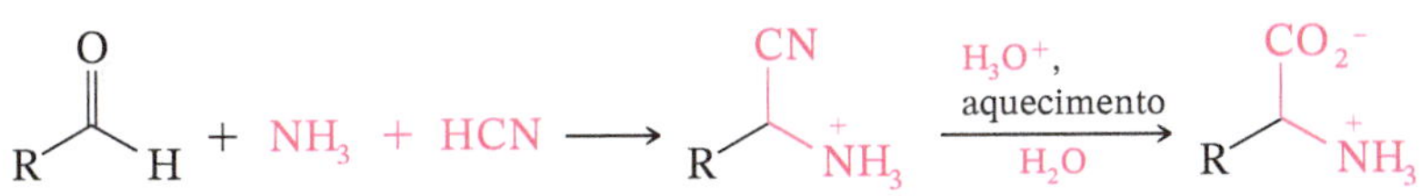

α-Amino-nitrila **α-Amino-ácido**

A primeira etapa dessa síntese provavelmente envolve a formação inicial de uma imina a partir do aldeído e da amônia, seguida pela adição do cianeto de hidrogênio.

Um Mecanismo para a Reação

Formação de uma α-Aminonitrila Durante a Síntese de Strecker

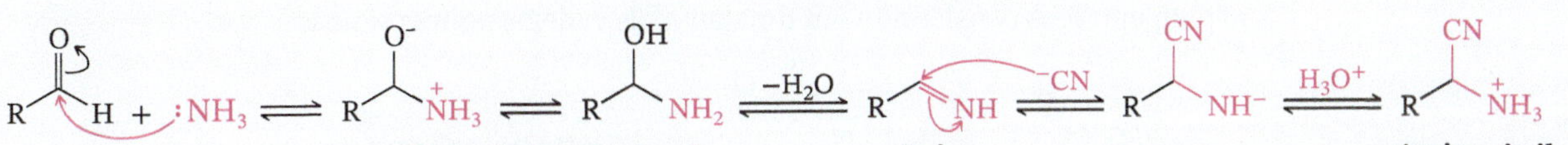

Transferência intermolecular de próton **Imina** **α-Aminonitrila**

PROBLEMA RESOLVIDO 24.1

Esboce uma síntese de Strecker da DL-tirosina.

Resposta

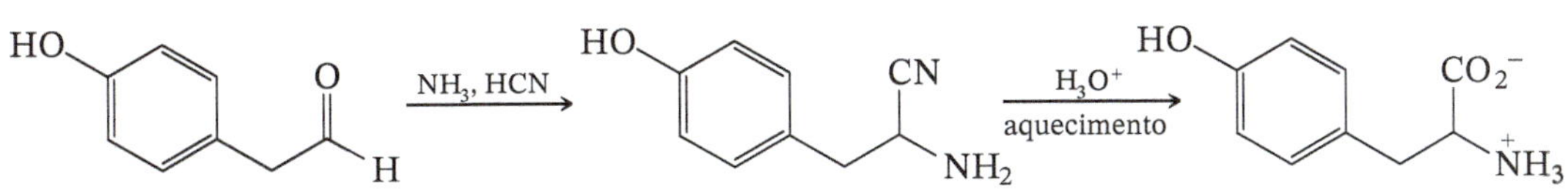

DL-Tirosina

PROBLEMA DE REVISÃO 24.4

(a) Esboce uma síntese de Strecker para a DL-fenilalanina. **(b)** A DL-metionina também pode ser obtida por meio de uma síntese de Strecker. O aldeído de partida necessário pode ser preparado a partir da acroleína ($CH_2{=}CHCHO$) e do metanotiol (CH_3SH). Esboce todas as etapas nessa síntese da DL-metionina.

24.3C Resolução de DL-Aminoácidos

Com exceção da glicina, que não tem centro quiral, os aminoácidos produzidos pelos métodos apresentados são obtidos na forma de misturas racêmicas. Para obter o L-aminoácido natural devemos, naturalmente, resolver a forma racêmica. Isso pode ser feito de várias maneiras, incluindo os métodos apresentados na Seção 20.3F.

Um método especialmente interessante para resolver aminoácidos é baseado na utilização de enzimas chamadas de *desacilases.* Essas enzimas catalisam a hidrólise de *N-acilaminoácidos* em organismos vivos. Uma vez que o sítio ativo da enzima é quiral, ela hidrolisa apenas os *N*-acilaminoácidos de configuração L. Quando ela é posta em contato com uma mistura racêmica de *N*-acilaminoácidos, apenas o derivado do L-aminoácido é afetado; isso permite que os produtos sejam facilmente separados:

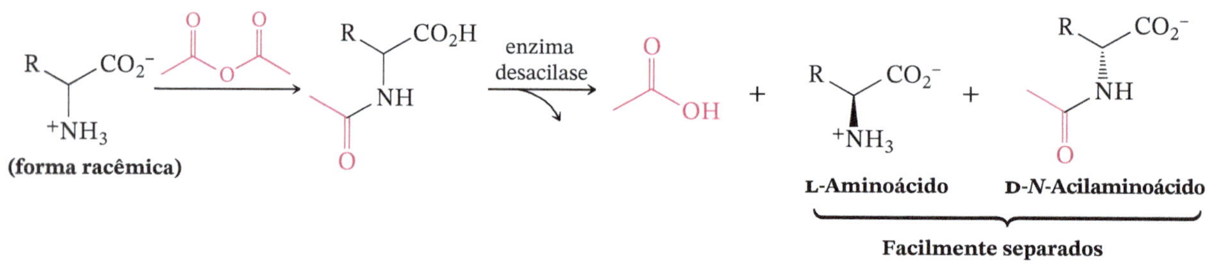

24.4 Polipeptídeos e Proteínas

Os aminoácidos são polimerizados nos sistemas vivos pelas enzimas que formam ligações amida entre o grupo amino de um aminoácido e o grupo carboxila de outro.

- Uma molécula formada pela união de aminoácidos é chamada de **peptídeo**, e as ligações amida presentes no peptídeo são chamadas de **ligações peptídicas**. Cada aminoácido no peptídeo é, às vezes, chamado de **resíduo de aminoácido**.

Os peptídeos que contêm 2, 3, alguns (3–10), ou muitos aminoácidos são chamados de **dipeptídeos**, **tripeptídeos**, **oligopeptídeos** e **polipeptídeos**, respectivamente. As **proteínas** são polipeptídeos consistindo em uma ou mais cadeias polipeptídicas.

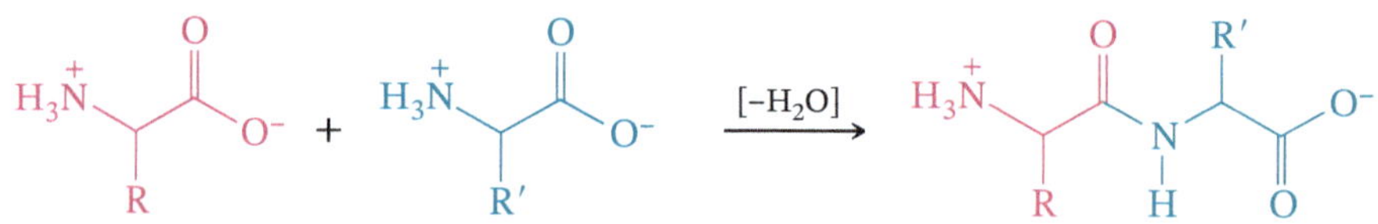

Um dipeptídeo

Os polipeptídeos são **polímeros lineares**. Uma das extremidades da cadeia polipeptídica termina em um aminoácido que tem um grupo —NH_3^+ livre; a outra extremidade termina em um aminoácido contendo um grupo —CO_2^- livre. Esses dois grupos são chamados, respectivamente, de **aminoácido N-terminal** e **aminoácido C-terminal**:

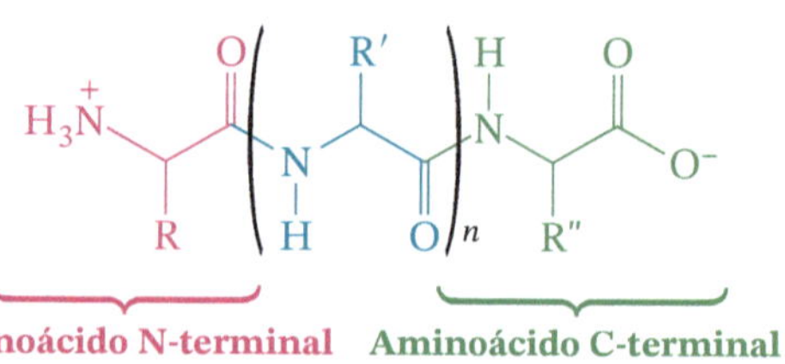

- Por convenção, escrevemos as estruturas de peptídeos e proteínas posicionando o aminoácido N-terminal à esquerda e o aminoácido C-terminal à direita:

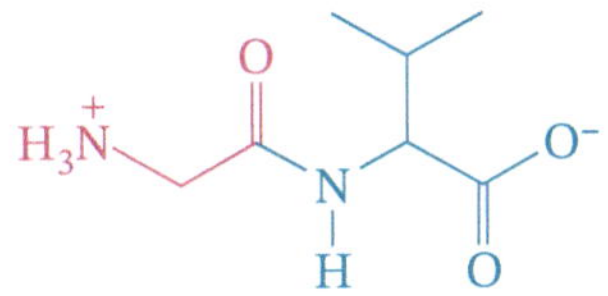

Glicil valina
(GV)

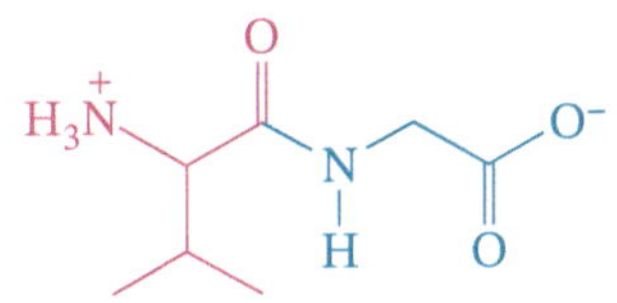

Valilglicina
(VG)

O tripeptídeo glicilvalilfenilalanina tem a seguinte fórmula estrutural:

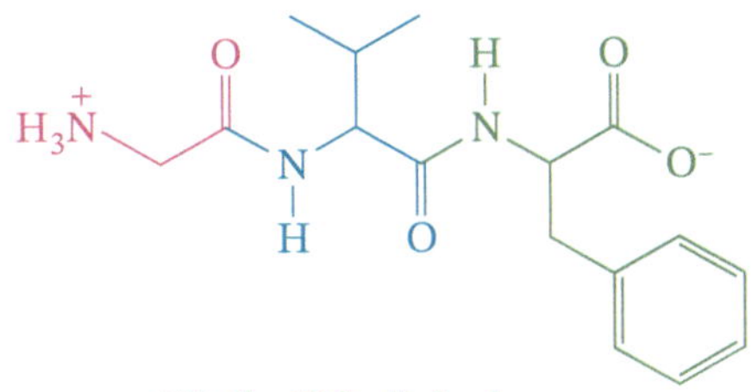

Glicilvalilfenilalanina
(GVF)

Torna-se uma tarefa difícil escrever uma fórmula estrutural completa para uma cadeia polipeptídica que contém mais do que alguns aminoácidos. Nesta situação, o emprego de abreviaturas constituídas de uma letra (Tabela 24.1) é a norma para indicar a sequência de aminoácidos. As sequências muito curtas de peptídeos ainda são algumas vezes representadas com abreviaturas de três letras (Tabela 24.1).

24.4A Hidrólise

Quando uma proteína ou polipeptídeo sofre refluxo com HCl 6 M por 24 h, geralmente ocorre a hidrólise de todas as ligações amida, liberando uma mistura dos seus aminoácidos constituintes. A separação cromatográfica e a análise quantitativa dessa mistura podem, então, ser utilizadas para determinar os aminoácidos que compunham o polipeptídeo original e as suas quantidades relativas.

Um método cromatográfico para separação de uma mistura de aminoácidos é baseado na utilização de *resinas de troca catiônica* (**Fig. 24.2**), que são polímeros insolúveis contendo grupos sulfonato. Se uma solução ácida contendo uma mistura de aminoácidos é passada através de uma coluna preenchida com uma resina de troca catiônica, os aminoácidos serão adsorvidos pela resina por causa das forças de atração entre os grupos sulfonato carregados negativamente e os aminoácidos carregados positivamente. A intensidade da adsorção varia com a basicidade dos aminoácidos individuais; aqueles que são mais básicos são mais firmemente retidos. Se a coluna é, então, lavada com uma solução-tampão em um determinado pH, os aminoácidos individuais são dessorvidos da coluna com velocidades diferentes, e, ao final, são separados. Em uma versão automatizada dessa análise, desenvolvida na Rockefeller University em 1950, o eluato é misturado com **ninidrina**, um composto que reage com a maioria dos aminoácidos produzindo um derivado de cor púrpura intensa ($\lambda_{\text{máx}}$ 570 nm). O analisador de aminoácidos é concebido de tal forma a medir continuamente a absorvância do eluato (em 570 nm) e registrar essa absorvância como uma função do volume do efluente.

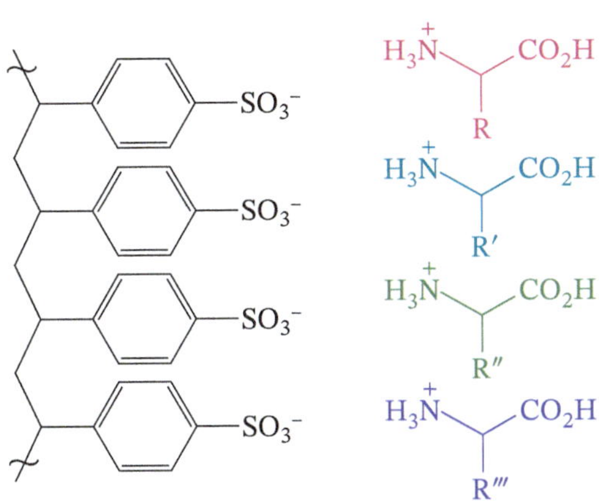

FIGURA 24.2 Uma seção de uma resina de troca catiônica com aminoácidos adsorvidos.

Um gráfico típico obtido de um analisador automático de aminoácidos é mostrado na Fig. 24.3. Quando o procedimento é padronizado, as posições dos picos são características de aminoácidos individuais, e as áreas sob os picos correspondem às suas quantidades relativas.

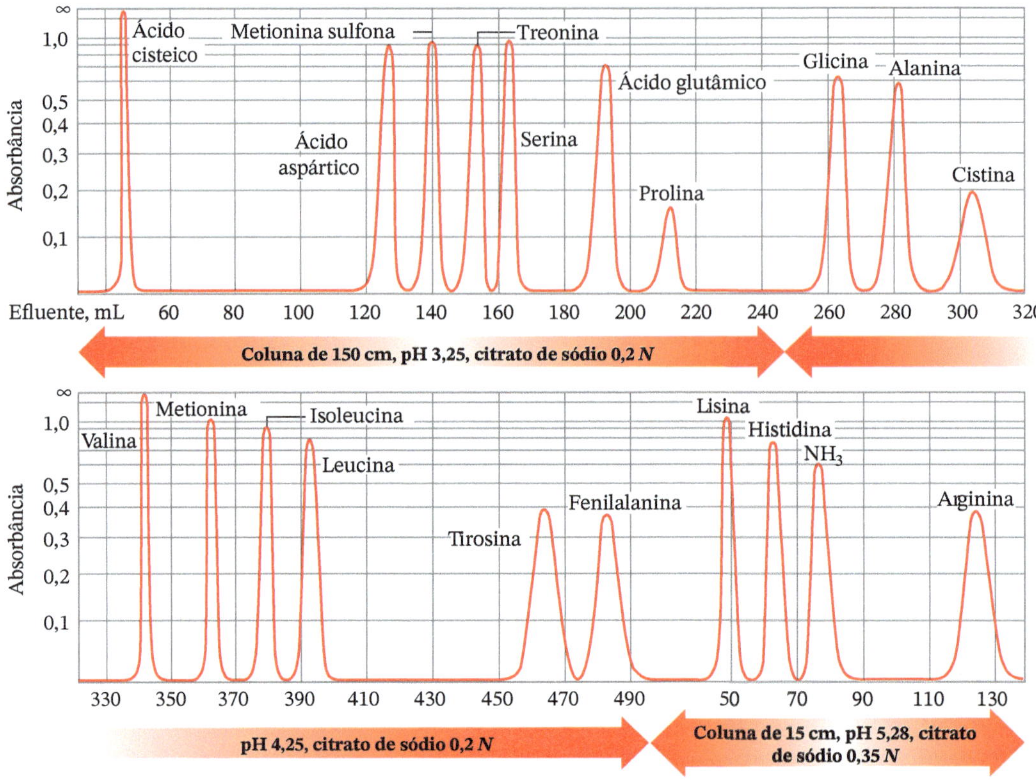

FIGURA 24.3 Resultado típico fornecido por um analisador automático de aminoácidos. (Adaptada com permissão de Spackman, D. H., Stein, W. H. and Moore, S., *Analytical Chemistry*, **1958**, *30*(7), p. 1190–1206, Fig. 2. Copyright 1958 American Chemical Society.)

A ninidrina é o hidrato da indano-1,2,3-triona. Com exceção da prolina e da hidroxiprolina, todos os α-aminoácidos encontrados nas proteínas reagem com a ninidrina produzindo o mesmo ânion de intensa coloração púrpura ($\lambda_{máx}$ 570 nm). Não analisaremos o mecanismo aqui, mas observe que a única parte do ânion derivada do α-aminoácido é o nitrogênio:

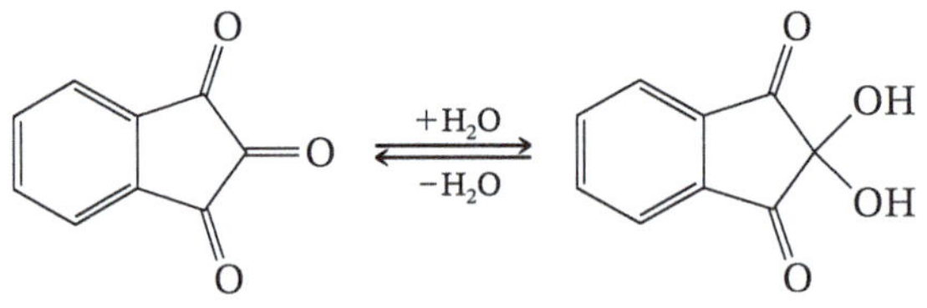

Indano-1,2,3-triona **Ninidrina**

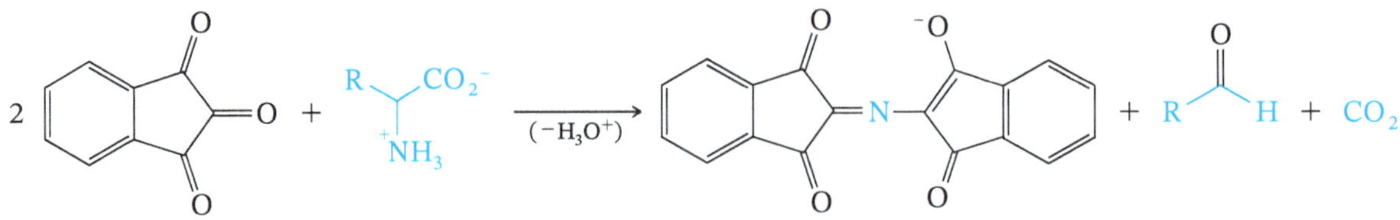

Ânion púrpura

A prolina e a hidroxiprolina não reagem com a ninidrina da mesma forma porque os seus grupos α-amino são aminas secundárias e parte de um anel de cinco membros.

A análise de misturas de aminoácidos também pode ser feita muito facilmente por meio de cromatografia líquida de alta eficiência (CLAE), e esse é atualmente o método mais comum. Uma resina de troca catiônica é utilizada para preenchimento da coluna em algumas análises de CLAE (veja a Seção 24.14), enquanto outras análises requerem materiais hidrofóbicos para constituição da coluna (fase reversa). A identificação dos aminoácidos separados por CLAE pode ser feita através da comparação com os tempos de retenção de amostras-padrão. Os instrumentos que combinam CLAE com espectrometria de massa tornam viável a identificação direta (veja a Seção 24.5E).

24.5 Estrutura Primária de Polipeptídeos e Proteínas

A sequência de aminoácidos em um polipeptídeo ou uma proteína corresponde à sua **estrutura primária**. Um peptídeo simples constituído de três aminoácidos (um tripeptídeo) pode ter 6 sequências de aminoácidos diferentes; um tetrapeptídeo pode apresentar até 24 sequências diferentes. Para uma proteína composta de 20 aminoácidos diferentes em uma única cadeia de 100 aminoácidos, existem $20^{100} = 1{,}27 \times 10^{130}$ sequências peptídicas possíveis, um número muito maior do que o número estimado de átomos no universo (9×10^{78})! Claramente, uma das coisas mais importantes para se determinar sobre uma proteína é a sequência de seus aminoácidos. Felizmente, existe uma variedade de métodos disponíveis para determinar a sequência de aminoácidos em um polipeptídeo. Começaremos com as técnicas de **análise de aminoácidos terminais** utilizadas para identificar os aminoácidos N-terminal e C-terminal.

24.5A Degradação de Edman

O procedimento mais largamente utilizado para a identificação do aminoácido N-terminal em um peptídeo é o método da **degradação de Edman** (desenvolvido por Pehr Edman, da University of Lund, Suécia). Esse método pode ser usado em série para fazer a sequência de peptídeos com até aproximadamente 60 aminoácidos de comprimento. O processo funciona tão bem que equipamentos chamados de sequenciadores de aminoácidos foram desenvolvidos para realizar o processo de degradação de Edman em ciclos automatizados.

A química da degradação de Edman é baseada em uma reação de marcação entre o grupo amino N-terminal e o isotiocianato de fenila, $C_6H_5—N{=}C{=}S$. O isotiocianato de fenila reage com o grupo amino N-terminal formando um derivado da feniltiocarbamila, que é, então, removido da cadeia peptídica por ácido. Produz-se uma anilinotioazolinona (ATZ), instável, que sofre rearranjo em um derivado feniltioidantoína (PTH) do aminoácido, estável. No processo automatizado, o derivado PTH é introduzido diretamente em um cromatógrafo líquido de alta eficiência e identificado através de comparação do seu tempo de retenção com os de derivados de PTH de aminoácidos conhecidos (**Fig. 24.4**). O ciclo é, então, repetido para

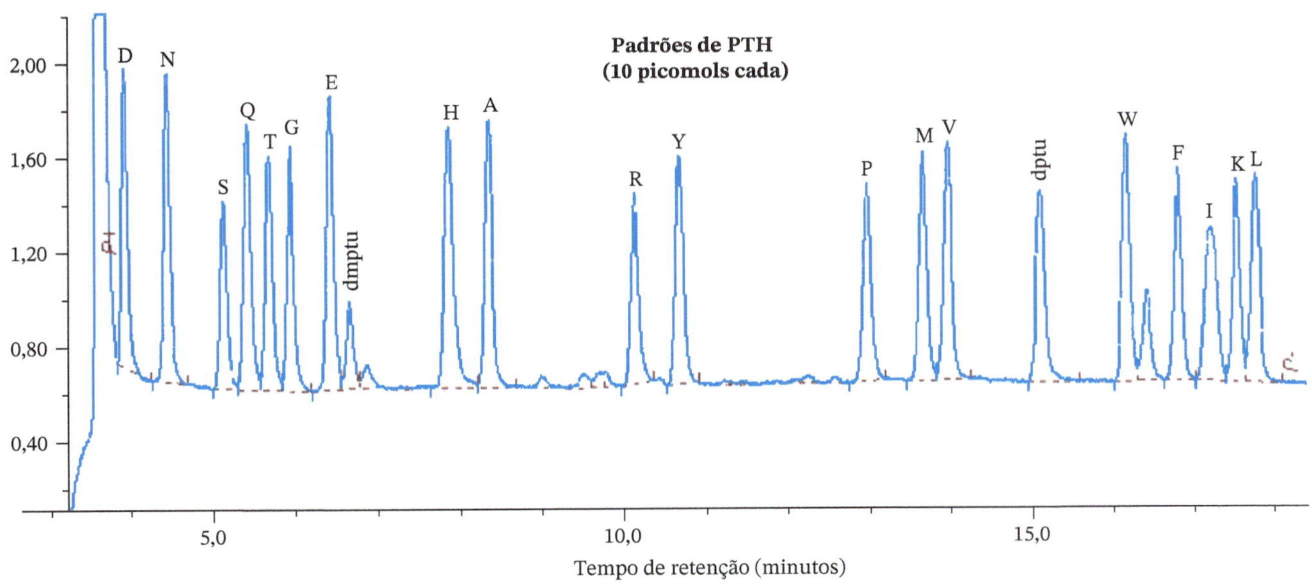

FIGURA 24.4 Corrida de padrões de aminoácidos PTH em um instrumento Procise; veja a Tabela 24.1 para as abreviaturas dos aminoácidos. Os picos marcados dmptu (dimetilfeniltioureia) e dptu (difeniltioureia) correspondem a produtos de reações secundárias da degradação de Edman. (Copyright © 2012 Life Technologies Corporation. Usada com permissão.)

o próximo aminoácido N-terminal. Os analisadores de sequência de peptídeos automatizados podem realizar uma única etapa da degradação de Edman em aproximadamente 30 minutos utilizando apenas quantidades da ordem de picomols da amostra de polipeptídeo.

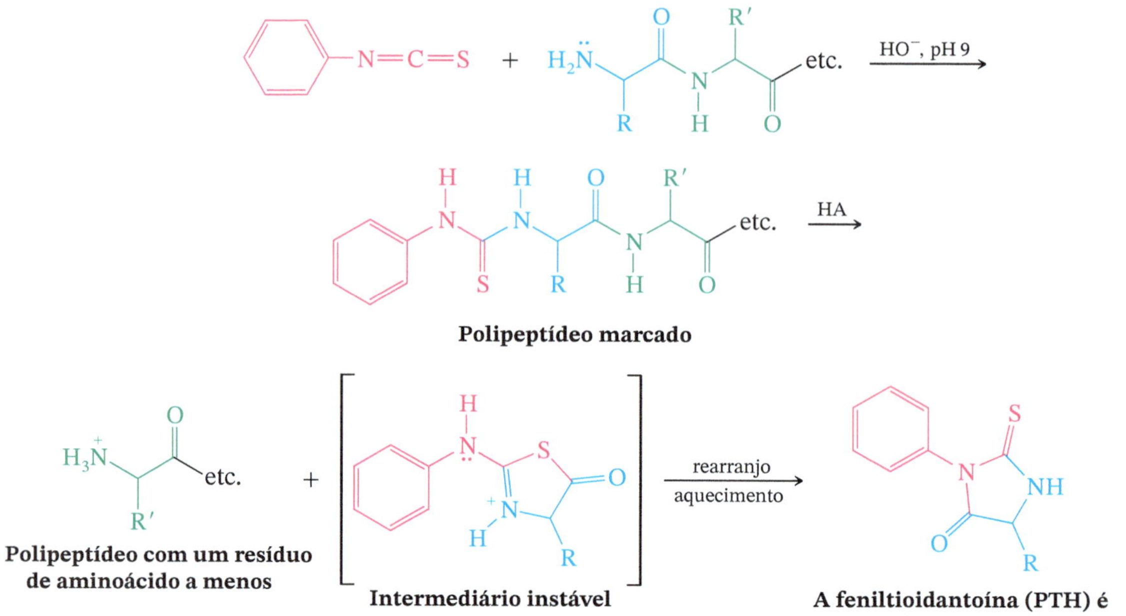

Polipeptídeo marcado

Polipeptídeo com um resíduo de aminoácido a menos

A feniltioidantoína (PTH) é identificada por CLAE

PRÊMIO NOBEL

Este método foi introduzido por Frederick Sanger, da Cambridge University, em 1945. Sanger utilizou extensivamente esse procedimento na determinação da sequência de aminoácidos da insulina, e recebeu o Prêmio Nobel em Química por esse trabalho em 1958.

24.5B Análise de N-Terminal de Sanger

Outro método para a análise sequencial é a **análise de N-terminal de Sanger**, baseada na utilização do 2,4-dinitrofluorobenzeno (DNFB). Quando um polipeptídeo é tratado com DNFB em solução ligeiramente básica, ocorre uma reação de substituição nucleofílica aromática (S_NAr, Seção 15.13) envolvendo o grupo amino livre do aminoácido N-terminal. A hidrólise subsequente do polipeptídeo fornece uma mistura de aminoácidos no qual o aminoácido N-terminal é marcado com um grupo 2,4-dinitrofenila. Após a separação desse aminoácido da mistura, ele pode ser identificado através da comparação com padrões conhecidos.

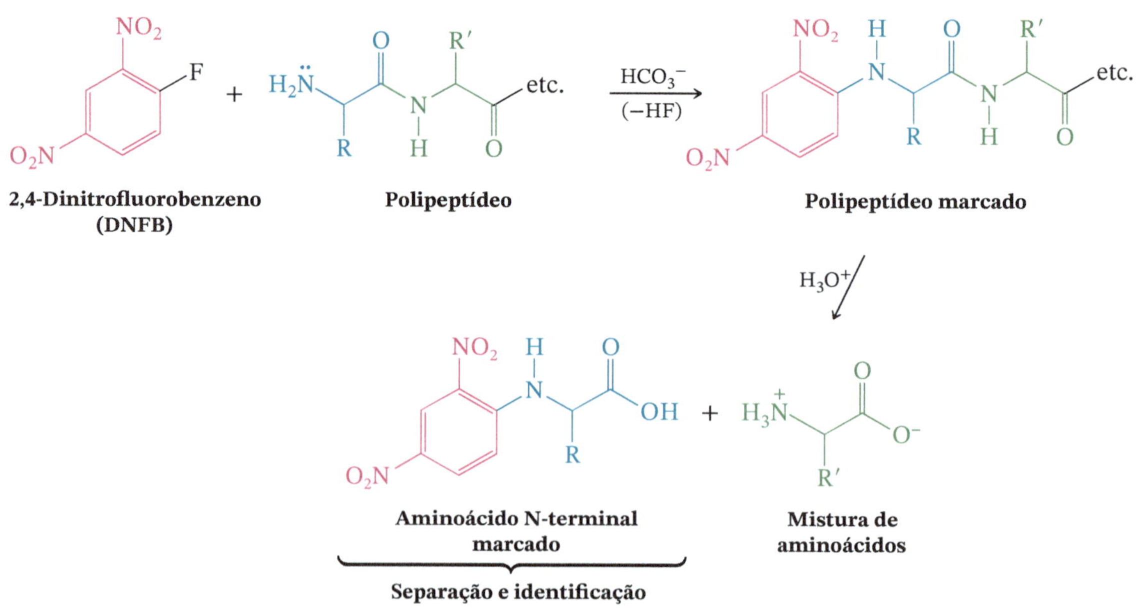

2,4-Dinitrofluorobenzeno (DNFB)

Polipeptídeo

Polipeptídeo marcado

Aminoácido N-terminal marcado

Mistura de aminoácidos

O 2,4-dinitrofluorobenzeno reagirá com qualquer grupo amino livre em um polipeptídeo, incluindo o grupo ε-amino da lisina, e este fato dificulta as análises de Sanger. Por outro lado, apenas o aminoácido N-terminal de um peptídeo conterá o grupo 2,4-dinitrofenila no seu grupo α-amino. Apesar disso, o método de análise de N-terminal de Edman é muito mais amplamente utilizado.

PROBLEMA DE REVISÃO 24.5

A propriedade de retirar elétrons do grupo 2,4-dinitrofenila faz com que a separação dos aminoácidos marcados seja muito fácil. Sugira como isso é feito.

24.5C Análise de C-Terminal

Os aminoácidos C-terminais podem ser identificados através da utilização de enzimas digestivas chamadas de *carboxipeptidases*. Essas enzimas catalisam especificamente a hidrólise da ligação amida do aminoácido terminal contendo um grupo —CO_2H livre, liberando-o como um aminoácido livre. No entanto, uma carboxipeptidase continuará a atacar a cadeia de polipeptídeo que resta, seccionando sucessivamente os aminoácidos de C-terminal. Devido a isso é necessário rastrear os aminoácidos liberados como uma função do tempo. Na melhor das hipóteses, esse procedimento pode apenas ser aplicado a uma sequência limitada de aminoácidos. Depois de certo tempo a situação torna-se confusa demais para ser entendida.

PROBLEMA DE REVISÃO 24.6

(a) Escreva uma reação mostrando como o 2,4-dinitrofluorobenzeno pode ser utilizado para identificar o aminoácido N-terminal do VAG. **(b)** Que produtos você espera (após a hidrólise) quando o VKG é tratado com 2,4-dinitrofluorobenzeno?

PROBLEMA DE REVISÃO 24.7

Escreva as reações envolvidas em uma série de degradações de Edman do MIR.

24.5D Análise Sequencial Completa

A análise sequencial por meio da degradação de Edman ou de outros métodos torna-se impraticável com proteínas e polipeptídeos grandes. Felizmente, existem técnicas para quebrar peptídeos em fragmentos de tamanhos manipuláveis. Por exemplo, a **hidrólise parcial** com ácido diluído gera uma família de peptídeos quebrados em posições aleatórias e de tamanhos variáveis. O sequenciamento desses fragmentos e a procura por pontos de superposição permitem reconstituir o sequenciamento do peptídeo original.

Vejamos um exemplo simples: foi fornecido um pentapeptídeo que se sabe conter duas valinas, uma leucina, uma histidina e uma fenilalanina, conforme determinado pela hidrólise e pela análise automática de aminoácidos. Com essa informação podemos escrever a "fórmula molecular" da proteína da seguinte maneira, utilizando vírgulas para indicar que a sequência é desconhecida:

2V, L, H, F

Vamos, então, supor que, utilizando DNFB e carboxipeptidase, descobrimos que a valina e a leucina são os aminoácidos N-terminal e C-terminal, respectivamente. Até aqui sabemos o seguinte:

V (V, H, F) L

Mas a sequência dos três aminoácidos não terminais ainda é desconhecida.

Podemos, então, submeter o pentapeptídeo à hidrólise ácida parcial e obter os seguintes dipeptídeos. (Podemos também obter aminoácidos individuais e fragmentos maiores, ou seja, tripeptídeos e tetrapeptídeos.)

VH + HV + VF + FL

Os pontos de sobreposição dos dipeptídeos (isto é, H, V e F) nos dizem que o pentapeptídeo original deve ter sido o seguinte:

VHVFL

A **quebra específica do sítio** de ligações peptídicas é possível com enzimas e também com reagentes especializados, e esses métodos são atualmente mais amplamente utilizados do que a hidrólise parcial. Por exemplo, a enzima tripsina catalisa preferencialmente a hidrólise de ligações peptídicas no lado do C-terminal da arginina e da lisina. A quebra química em sítios específicos pode ser feita com brometo de cianogênio (CNBr), o qual quebra as ligações peptídicas no lado do C-terminal de metionina. O emprego desses métodos de quebra seletiva de sítios em amostras separadas de um determinado polipeptídeo resulta em fragmentos que têm sequências superpostas. Após sequenciar os fragmentos individuais, eles são alinhados entre si com base nas suas seções de superposição, chegando-se com isso a uma sequência para a proteína original.

24.5E Sequenciamento de Peptídeos Utilizando Espectrometria de Massa e Bancos de Dados de Sequências

Dentre outros métodos para determinar a sequência de um polipeptídeo tem-se a espectrometria de massa e a comparação das sequências de peptídeo parciais com bancos de dados de sequências completas conhecidas.

Sequenciamento Escalonado A espectrometria de massa é particularmente poderosa porque técnicas sofisticadas permitem a análise das massas das proteínas com uma precisão muito elevada. Em uma técnica de espectrometria de massa chamada de "sequenciamento escalonado" prepara-se uma digestão enzimática, que fornece uma mistura de fragmentos de peptídeos que diferem entre si no comprimento de um aminoácido (por exemplo, por meio da carboxipeptidase). O produto da digestão é uma família de peptídeos onde cada um é o resultado da quebra sucessiva do aminoácido da cadeia. A análise espectrométrica dessa mistura produz uma família de picos correspondendo à massa molecular de cada peptídeo. Cada pico no espectro difere do próximo pela massa molecular do aminoácido responsável pela diferença nas estruturas. Com esses dados, pode-se montar a série de picos a partir do fragmento de massa mais baixa para o de massa mais alta (ou vice-versa), "lendo" a sequência do peptídeo a partir da diferença de massa entre cada pico. A diferença de massa entre cada fragmento de peptídeo e o próximo representa o aminoácido naquele ponto ao longo da sequência, e, consequentemente, pode-se ler uma sequência inteira a partir da série de massa de fragmentos. Essa técnica também vem sendo aplicada no sequenciamento de oligonucleotídeos.

Espectrometria de Massa Tandem ou Sequencial (EM/EM) A quebra aleatória de um peptídeo, similar àquela da hidrólise parcial com ácido, também pode ser realizada com a espectrometria de massa. Uma proteína inteira introduzida em um espectrômetro de massa pode ser quebrada em fragmentos menores através da colisão com moléculas de gás deliberadamente introduzidas na câmara de vácuo do espectrômetro de massa (essa técnica é chamada de dissociação induzida por colisão, DIC). Esses fragmentos de peptídeo podem ser selecionados individualmente para análise utilizando-se uma técnica chamada de espectrometria de massa tandem ou sequencial (EM/EM). Os espectros de massa desses fragmentos aleatórios podem ser comparados com bancos de dados de espectros de massa para determinar a sequência da proteína.

Hidrólise Parcial e Comparação da Sequência Em alguns casos também é possível estabelecer a sequência de um polipeptídeo desconhecido por meio do sequenciamento de apenas alguns de seus aminoácidos, e comparando essa sequência parcial com bancos de dados de sequências conhecidas para polipeptídeos ou proteínas completos. Esse procedimento funciona se o peptídeo desconhecido corresponde a um daqueles que já foi estudado anteriormente. (Os estudos da expressão de proteínas conhecidas são uma das dimensões da área da proteômica, Seção 24.14.) Devido às muitas permutações de sequências que são teoricamente possíveis e à singularidade da estrutura de cada proteína, basta geralmente uma sequência de apenas 10–25 aminoácidos em um peptídeo para gerar dados compatíveis com apenas um ou com um número pequeno de polipeptídeos conhecidos. A sequência parcial pode ser determinada pelo método de Edman ou por espectrometria de massa. Por exemplo, a enzima lisozima, com 129 aminoácidos (veja a Seção 24.10), pode ser identificada com base apenas na sequência de seus primeiros 15 aminoácidos. A determinação da estrutura baseada na comparação de sequências com bancos de dados computadorizados é um aspecto do campo da bioinformática.

Uma abordagem análoga utilizando bancos de dados é inferir a *sequência de DNA* que codifica uma sequência parcial de peptídeo, e comparar essa sequência de DNA com o banco de dados de sequências de DNA conhecidas. Caso se encontre uma combinação satisfatória, a sequência restante do polipeptídeo pode ser lida a partir da sequência de DNA utilizando o código genético (veja a Seção 25.5). Além disso, a sequência de oligonucleotídeos deduzida para o peptídeo parcial pode ser sintetizada quimicamente (veja a Seção 25.7) e utilizada como uma sonda para encontrar o gene que codifica para a proteína. Essa técnica é parte dos métodos biológicos moleculares utilizados para copiar e expressar grandes quantidades de uma proteína de interesse.

PROBLEMA DE REVISÃO 24.8

A glutationa é um tripeptídeo encontrado na maioria das células vivas. A hidrólise parcial catalisada por ácido da glutationa produz dois dipeptídeos, CG e outro composto de E e C. Quando esse segundo dipeptídeo foi tratado com DNFB, a hidrólise ácida produziu ácido glutâmico marcado no *N*. **(a)** Com base apenas nesta informação, quais são as estruturas possíveis para a glutationa? **(b)** Experimentos sintéticos mostraram que o segundo dipeptídeo tem a seguinte estrutura:

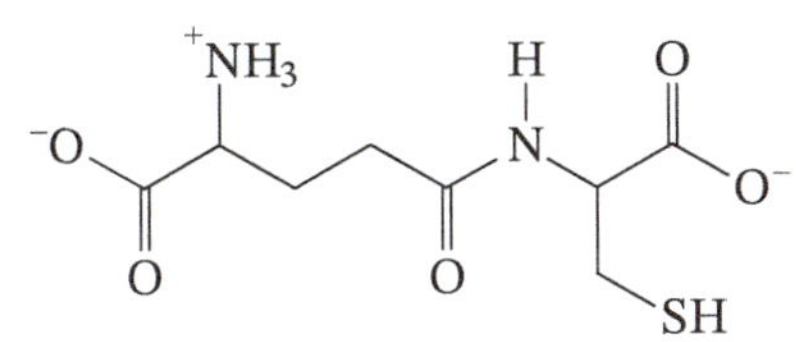

Qual é a estrutura da glutationa?

PROBLEMA DE REVISÃO 24.9

Dê a sequência de aminoácidos dos seguintes polipeptídeos utilizando apenas os dados fornecidos pela hidrólise ácida parcial:

(a) S, O, P, T $\xrightarrow[H_2O]{H_3O^+}$ ST + TO + PS **(b)** A, R, C, V, L $\xrightarrow[H_2O]{H_3O^+}$ AC + CR + RV + LA

24.6 Exemplos de Estrutura Primária de Polipeptídeos e Proteínas

- A estrutura covalente de uma proteína ou de um polipeptídeo corresponde à chamada **estrutura primária** (Fig. 24.5).

Utilizando as técnicas que descrevemos, os químicos têm tido sucesso notável na determinação das estruturas primárias de polipeptídeos e de proteínas. Os compostos descritos nas páginas seguintes são exemplos importantes.

24.6A Oxitocina e Vasopressina

PRÊMIO NOBEL

Vincent du Vigneaud, da Cornell Medical College, sintetizou a oxitocina e a vasopressina em 1953. Ele recebeu o Prêmio Nobel de Química em 1955.

A oxitocina e a vasopressina (Fig. 24.6) são dois polipeptídeos bastante pequenos com estruturas surpreendentemente parecidas (onde a oxitocina tem leucina, a vasopressina tem arginina, e onde a oxitocina tem isoleucina, a vasopressina tem fenilalanina). Apesar da similaridade das suas sequências de aminoácidos, esses dois polipeptídeos

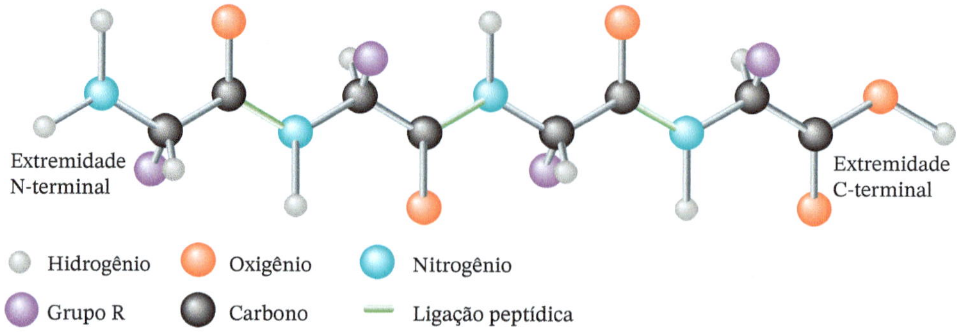

FIGURA 24.5 Exemplo de uma representação da estrutura primária de um tetrapeptídeo.

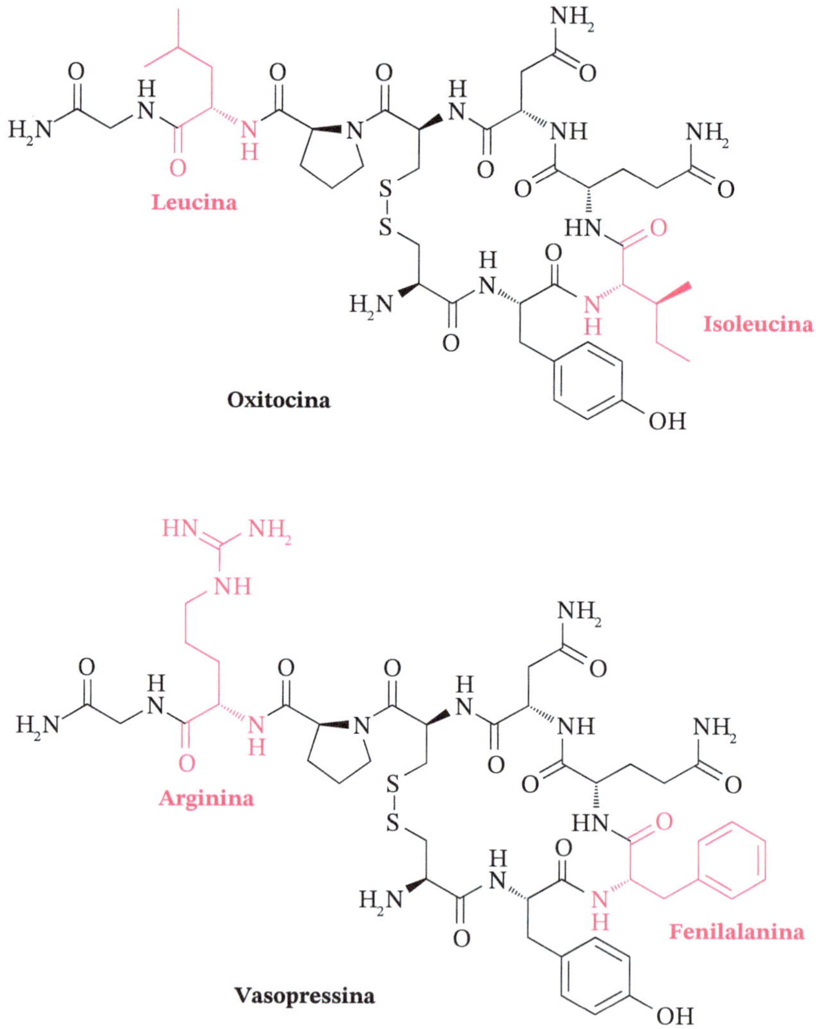

FIGURA 24.6 Estruturas da oxitocina e da vasopressina. Os aminoácidos que as diferem estão mostrados em rosa.

têm efeitos fisiológicos bastante diferentes. Em fêmeas, a oxitocina estimula as contrações uterinas durante o nascimento da criança. A vasopressina provoca a contração de vasos sanguíneos periféricos e um aumento na pressão sanguínea. Entretanto, sua principal função é como um *antidiurético;* os fisiologistas normalmente se referem à vasopressina como um *hormônio antidiurético*.

As estruturas da oxitocina e da vasopressina ilustram também a importância da ligação dissulfeto entre os grupos de cisteína (Seção 24.2A) na estrutura primária global de um polipeptídeo. Nessas duas moléculas a ligação dissulfeto leva a uma estrutura cíclica.

PROBLEMA DE REVISÃO 24.10

O tratamento da oxitocina com determinados agentes redutores (por exemplo, sódio em amônia líquida) realiza uma única mudança química que pode ser revertida através da oxidação pelo ar. Que variações químicas estão envolvidas?

24.6B Insulina

A insulina, um hormônio secretado pelo pâncreas, regula o metabolismo da glicose. A deficiência de insulina no ser humano é o principal responsável pelo diabetes *mellitus*.

A sequência de aminoácidos da insulina bovina (Fig. 24.7) foi determinada por Sanger em 1953, após 10 anos de trabalho. A insulina bovina tem um total de 51 aminoácidos em duas cadeias de polipeptídeos, chamadas de cadeias A e B. Essas cadeias são unidas por duas ligações dissulfeto. A cadeia A contém uma ligação dissulfeto adicional entre a cisteína nas posições 6 e 11.

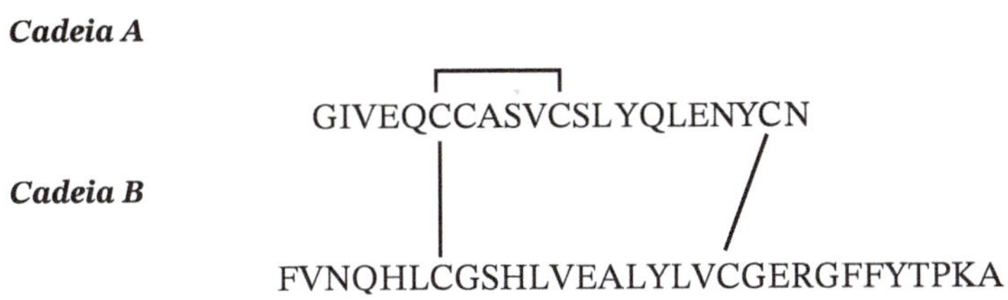

FIGURA 24.7 Sequência de aminoácidos da insulina bovina. As linhas entre as cadeias indicam as ligações dissulfeto.

A insulina humana difere da insulina bovina em apenas três aminoácidos: a treonina substitui a alanina uma vez na cadeia A (posição 8) e uma vez na cadeia B (posição 30), e a isoleucina substitui a valina uma vez na cadeia A (posição 10). As insulinas da maioria dos mamíferos têm estruturas similares.

A Química Biológica de... Anemia Falciforme

A doença genética denominada anemia falciforme resulta de um erro de um único aminoácido na cadeia β da hemoglobina. Na hemoglobina normal, a posição 6 tem um ácido glutâmico, enquanto, na hemoglobina falciforme, a posição 6 é ocupada pela valina.

Os glóbulos vermelhos (eritrócitos) contendo a hemoglobina com esse erro de substituição de aminoácido tendem a adquirir um formato semelhante a uma foice, quando a pressão parcial de oxigênio é baixa como no sangue venoso. Essas células disformes são mais difíceis de serem bombeadas pelo coração através de pequenas capilaridades. Elas podem até bloquear os capilares ao aglomerarem-se; em outros casos, os glóbulos vermelhos podem até se dividir. As crianças que herdam esse traço genético de ambos os pais sofrem de uma forma grave dessa doença, e normalmente não vivem além dos dois anos de idade. As crianças que herdam a doença de apenas um dos pais geralmente têm uma forma muito mais branda da doença. A anemia falciforme surgiu no seio de populações da África central e ocidental, onde, ironicamente, pode ter tido um efeito benéfico. As pessoas com a forma moderada da doença são muito menos suscetíveis à malária do que aquelas com a hemoglobina normal. A malária, doença provocada por um microrganismo infeccioso, é especialmente dominante na África central e ocidental. Mutações como aquelas que dão origem à anemia falciforme são muito comuns. Cerca de 150 tipos diferentes de hemoglobinas mutantes já foram detectados no ser humano; felizmente a maioria delas não é perigosa.

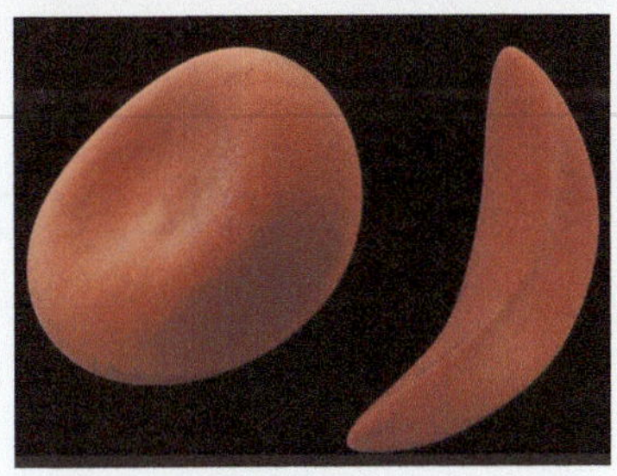

Ingram Publishing/SuperStock

Glóbulos vermelhos normais (esquerda) e em formato de foice (direita) observados em um microscópio eletrônico de varredura (aumento: 18.000 vezes).

24.6C Outros Polipeptídeos e Proteínas

Existem hoje análises sequenciais bem-sucedidas de milhares de outros polipeptídeos e proteínas, destacando-se:

1. **Ribonuclease bovina.** Essa enzima, que catalisa a hidrólise do ácido ribonucleico (Capítulo 25), tem uma cadeia única de 124 aminoácidos e quatro ligações dissulfeto.
2. **Hemoglobina humana.** Existem quatro cadeias peptídicas nessa importante proteína transportadora de oxigênio. Existem duas cadeias α idênticas de 141 aminoácidos cada e duas cadeias β idênticas contendo 146 aminoácidos cada.
3. **Tripsinogênio bovino e quimotripsinogênio.** Esses dois precursores de enzimas digestivas têm cadeias únicas de 229 e 245 aminoácidos, respectivamente.

4. **Gamaglobulina.** Esta imunoproteína tem um total de 1320 aminoácidos em quatro cadeias. Duas cadeias têm 214 aminoácidos cada; as outras duas têm 446 cada.
5. **p53, uma proteína anticâncer.** A proteína chamada p53 (p é a abreviatura correspondente a proteína) consiste em 393 aminoácidos, tem diversas funções celulares, mas as funções mais importantes envolvem o controle das etapas que levam ao crescimento celular. Ela atua como um **supressor de tumor** interrompendo o crescimento anormal em células normais, e, dessa forma, ela previne o câncer. Descoberta em 1979, pensava-se inicialmente que a p53 era uma proteína sintetizada por um oncógeno (um gene que provoca o câncer). Entretanto, pesquisas mostraram que a forma da p53, que se pensava originalmente ter essa propriedade de provocar o câncer, era uma forma mutante da proteína normal. A p53 que não sofreu mutação (ou *o tipo selvagem*) aparentemente coordena um conjunto complexo de respostas às variações no DNA que poderiam, por outro lado, levar ao câncer. Quando a p53 sofre mutação, ela perde o seu papel de prevenir o câncer celular; ela aparentemente faz o contrário, agindo para aumentar o crescimento anormal.

   Mais da metade das pessoas diagnosticadas com câncer a cada ano tem uma forma mutante da p53 nos seus cânceres. Demonstrou-se que diferentes formas de câncer resultam de diferentes mutações na proteína, e a lista de tipos de câncer associados à p53 mutante inclui cânceres da maioria das partes do corpo: cérebro, seio, bexiga, nuca, cólon, fígado, pulmão, ovário, pâncreas, próstata, pele, estômago, e assim por diante.
6. **Proteínas *ras*.** As proteínas *ras* são proteínas modificadas associadas ao crescimento celular e à resposta da célula à insulina. Elas pertencem a uma classe de proteínas chamadas de proteínas preniladas, nas quais grupos lipídicos derivados a partir da biossíntese de isoprenoides são anexados como tioéteres ao C-terminal da cisteína. Determinadas formas mutantes de proteínas *ras* provocam modificações oncogênicas em vários tipos de células eucarióticas. Um efeito da prenilação e de outras modificações nos lipídeos de proteínas é ancorar essas proteínas nas membranas celulares. A prenilação pode também auxiliar o reconhecimento molecular de proteínas preniladas por outras proteínas.*

24.7 Síntese de Polipeptídeos e Proteínas

Vimos no Capítulo 17 que a síntese de uma ligação amida é relativamente simples. Devemos primeiramente "ativar" o grupo carboxila de um ácido convertendo-o em um anidrido ou cloreto de ácido, e depois fazer a reação desse produto com uma amina:

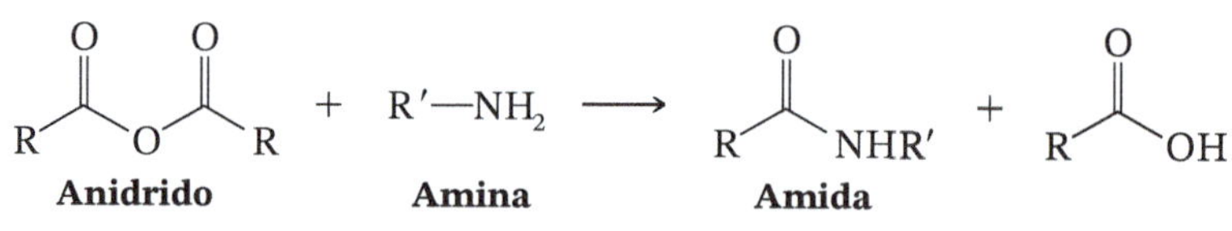

Entretanto, o problema torna-se um pouco mais complicado quando tanto o grupo ácido quanto o grupo amino estão presentes na mesma molécula, como no caso de um aminoácido, e especialmente quando nosso objetivo é a síntese de uma poliamida natural, onde a sequência dos diferentes aminoácidos é de vital importância. Vamos considerar como exemplo a síntese do dipeptídeo simples alanilglicina, AG. Devemos primeiramente ativar o grupo carboxila da alanina convertendo-o em um cloreto de ácido, e depois fazer a reação desse cloreto com a glicina. No entanto, infelizmente não podemos evitar que o cloreto de alanila reaja com ele mesmo. Assim, nossa reação produziria não apenas AG, mas também AA. Ela poderia também produzir AAA e AAG, e assim por diante. O rendimento do nosso produto desejado seria baixo, e também teríamos um problema difícil, a separação dos dipeptídeos, tripeptídeos e peptídeos maiores.

*Veja Gelb, M. H., "Modification of Proteins by Prenyl Groups", em *Principles of Medical Biology*, Vol. 4 (Bittar, E. E. e Bittar, N., eds.), JAI Press: Greenwich, CT, 1995: Capítulo 14, pp. 323–333.

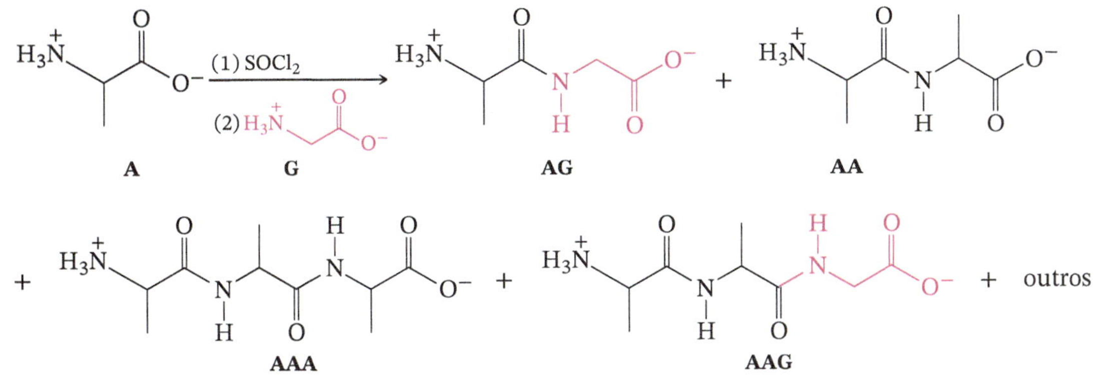

24.7A Grupos Protetores

A solução para esse problema é "proteger" o grupo amino do primeiro aminoácido antes de ativá-lo e deixá-lo reagir com o segundo. Ao proteger o grupo amino, queremos dizer que devemos convertê-lo em outro grupo de baixa nucleofilicidade – *um grupo que não reagirá com um derivado acila reativo.* O **grupo protetor** deve ser cuidadosamente escolhido porque, após realizar a síntese da ligação amida entre o primeiro e o segundo aminoácidos, devemos ser capazes de remover o grupo protetor sem perturbar a nova ligação amida.

Vários reagentes foram desenvolvidos para atender a esses requisitos. Três deles que são frequentemente utilizados são o cloroformiato de benzila, o dicarbonato de di-*terc*-butila (às vezes abreviado como Boc_2O, em que Boc é o grupo *terc*-butiloxicarbonila) e o cloroformiato de 9-fluorenilmetila:

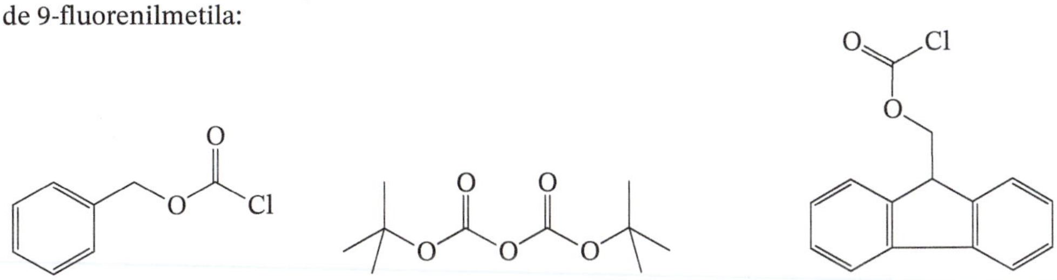

Cloroformiato de benzila **Dicarbonato de di-*terc*-butila (Boc_2O)** **Cloroformiato de 9-fluorenilmetila**

Todos os três compostos reagem com a amina para bloqueá-la de acilações posteriores. Entretanto, essas reações de derivatização são do tipo que permite a remoção do grupo protetor sob condições que não afetam as ligações peptídicas. O grupo benziloxicarbonila (abreviado como Z) pode ser removido mediante hidrogenação catalítica ou com HBr a frio em ácido acético. O grupo *terc*-butiloxicarbonila (Boc) pode ser removido com ácido trifluoroacético (CF_3CO_2H) em ácido acético. O grupo 9-fluorenilmetoxicarbonila (Fmoc) é estável sob condições ácidas, mas pode ser removido em meio alcalino sob condições brandas utilizando piperidina (uma amina secundária).

Grupo Benziloxicarbonila

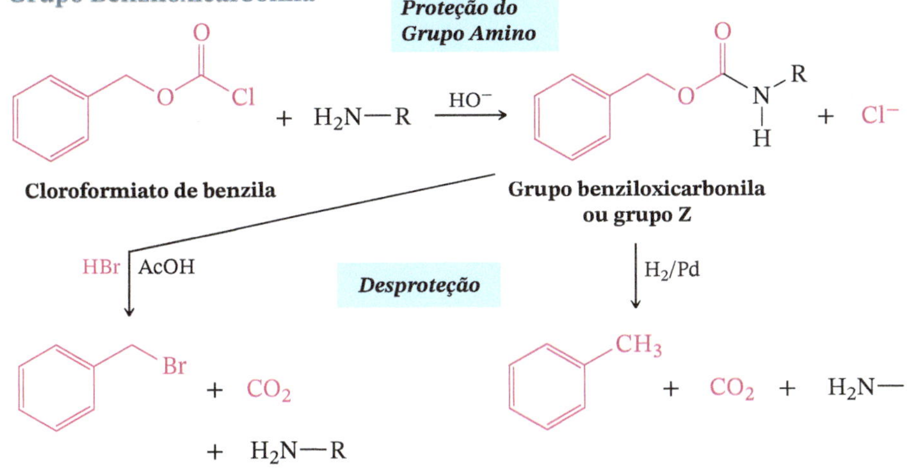

Grupo *terc*-Butiloxicarbonila (Boc)

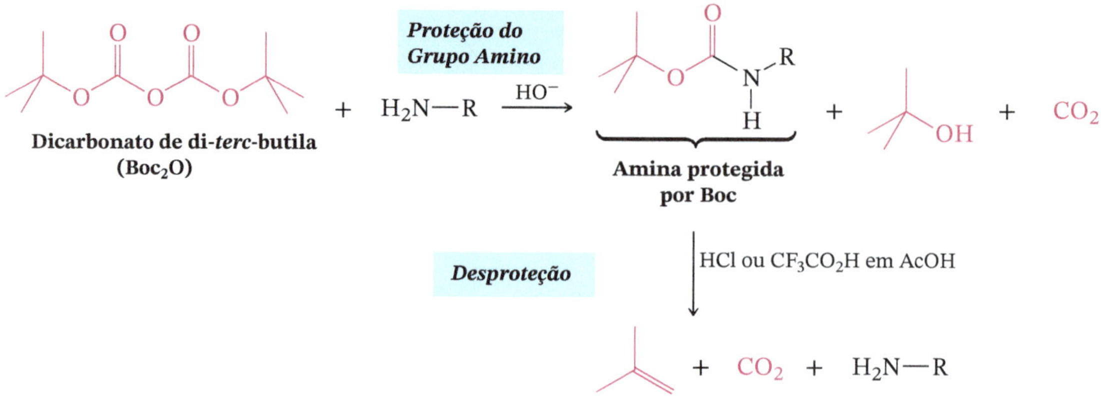

Grupo 9-Fluorenilmetoxicarbonila

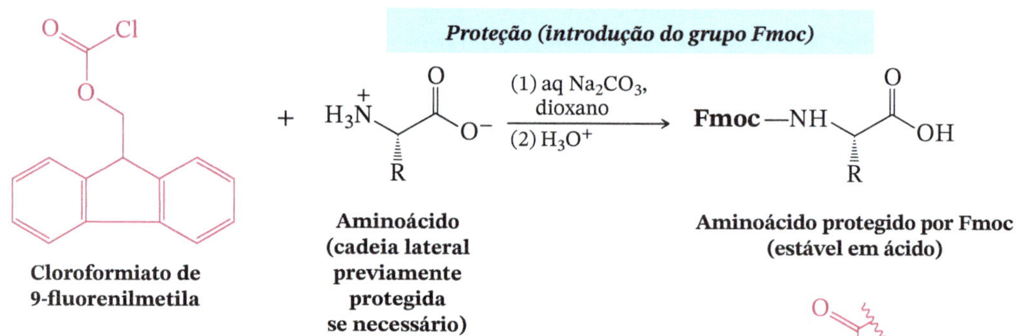

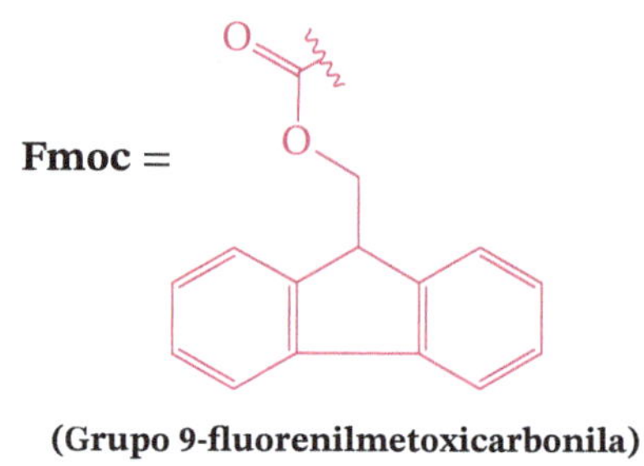

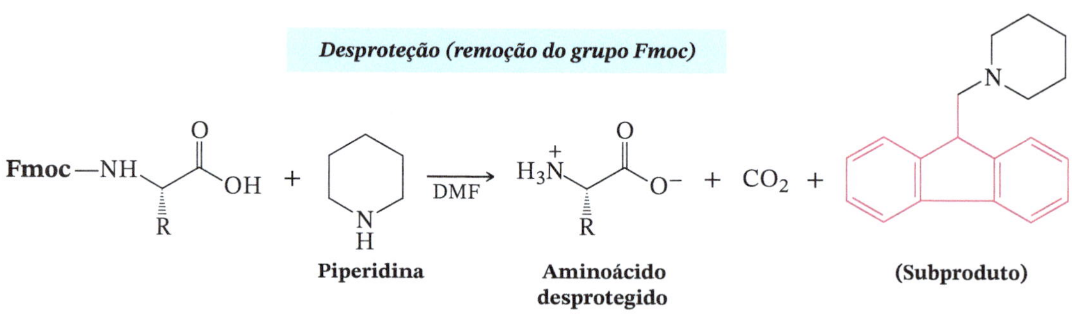

A remoção fácil dos grupos Z e Boc em meio ácido resulta da excepcional estabilidade dos carbocátions que são inicialmente formados. O grupo benziloxicarbonila fornece um carbocátion benzila; o grupo *terc*-butiloxicarbonila produz, inicialmente, um cátion *terc*-butila. A remoção do grupo benziloxicarbonila com hidrogênio e um catalisador depende do fato de que as ligações benzila–oxigênio são fracas e sujeitas a hidrogenólise a temperaturas baixas, resultando em metilbenzeno (tolueno) como um dos produtos:

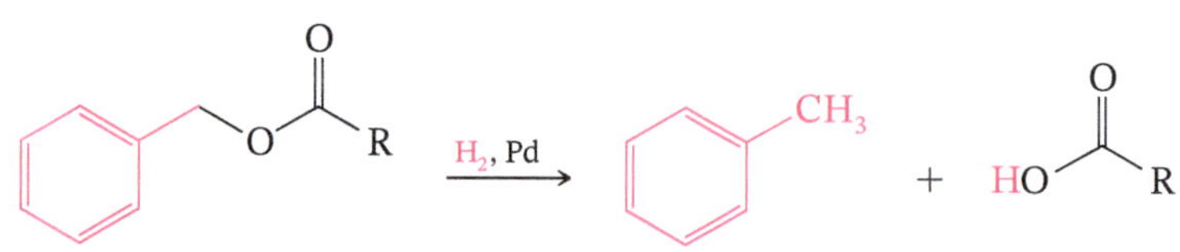

Um éster benzílico

PROBLEMA DE REVISÃO 24.11

Que classes de reações estão envolvidas na quebra do grupo Fmoc com piperidina, levando ao aminoácido desprotegido e ao subproduto fluoreno? Escreva mecanismos para essas reações.

24.7B Ativação do Grupo Carboxila

Talvez a maneira mais óbvia de ativar um grupo carboxila seja convertê-lo em um cloreto de acila. Esse método foi utilizado nas primeiras sínteses de peptídeos, mas, na realidade, os cloretos de acila são mais reativos do que deveriam. A utilização deles leva a reações secundárias complicadas. Um método muito melhor é converter o grupo carboxila do aminoácido "protegido" em um anidrido misto utilizando o cloroformiato de etila 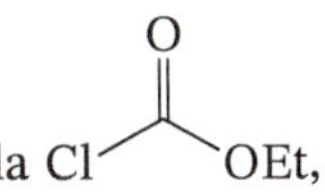, como mostrado a seguir:

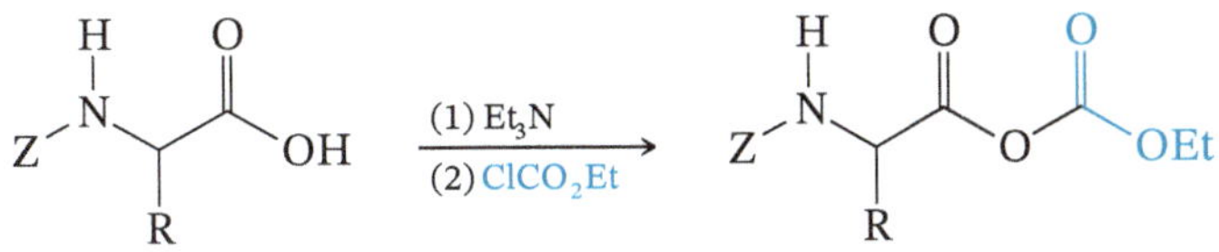

"Anidrido misto"

O anidrido misto pode, então, ser utilizado para acilar outro aminoácido formando uma ligação peptídica:

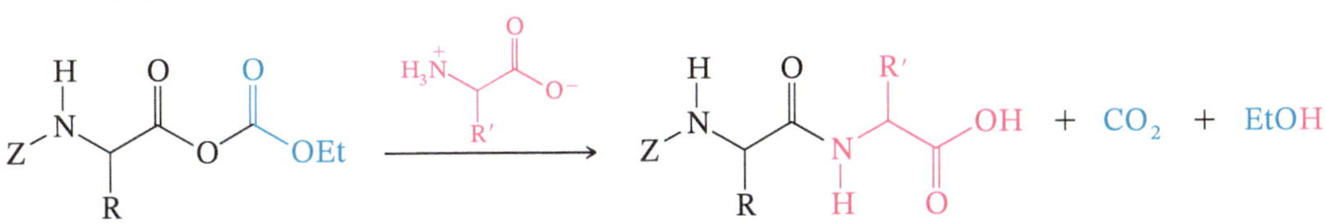

A di-isopropilcarbodi-imida e a diciclo-hexilcarbodi-imida (Seção 17.8E) também podem ser utilizadas para ativar o grupo carboxila de um aminoácido. Na Seção 24.7D, veremos como a di-isopropilcarbodi-imida é utilizada em uma síntese automatizada de peptídeos.

24.7C Síntese de Peptídeos

Vamos examinar agora como podemos utilizar esses reagentes na preparação do dipeptídeo simples AL. Os princípios envolvidos aqui podem, naturalmente, ser estendidos à síntese de cadeias peptídicas muito mais longas.

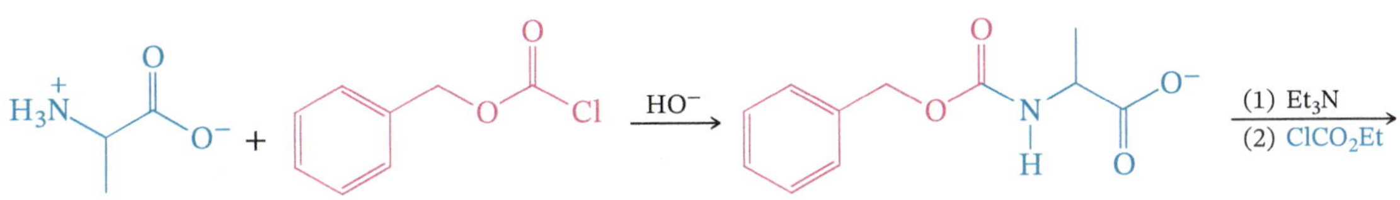

A **Cloroformiato de benzila** **Z-A**

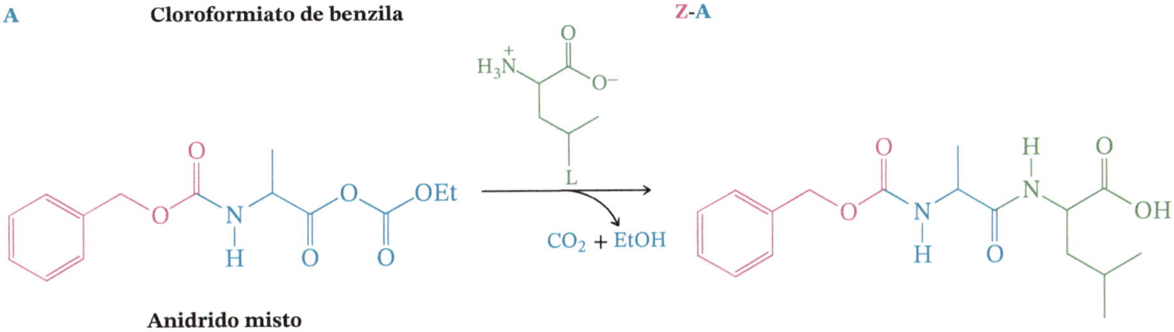

Anidrido misto de Z-A **Z-AL**

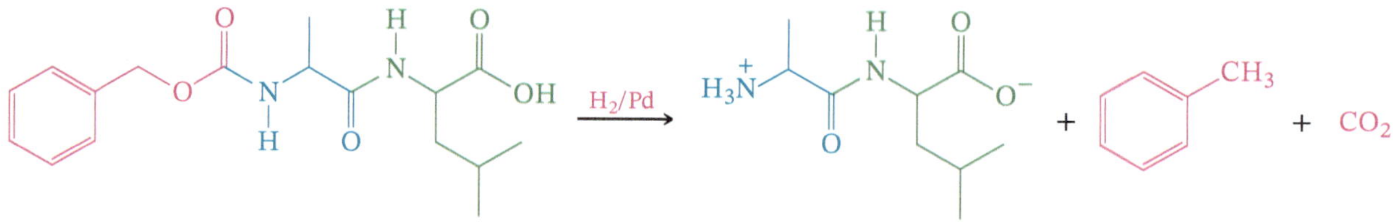

AL

PROBLEMA DE REVISÃO 24.12

Mostre todas as etapas na síntese do GVA utilizando o grupo *terc*-butiloxicarbonila (Boc) como um grupo protetor.

PROBLEMA DE REVISÃO 24.13

A síntese de um polipeptídeo contendo lisina requer a proteção de ambos os grupos amino. **(a)** Mostre como você pode fazer isso em uma síntese do dipeptídeo KI utilizando o grupo benziloxicarbonila como grupo protetor. **(b)** O grupo benziloxicarbonila também pode ser utilizado para proteger o grupo guanidino,

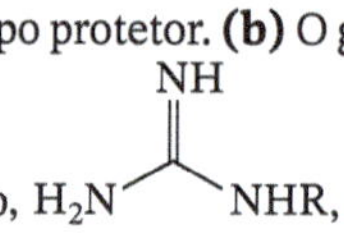

, da arginina. Mostre uma síntese do dipeptídeo RA.

PROBLEMA DE REVISÃO 24.14

Os grupos carboxila terminais do ácido glutâmico e do ácido aspártico são frequentemente protegidos através de sua conversão em ésteres benzílicos. Que métodos brandos podem ser usados para a remoção desse grupo protetor?

PRÊMIO NOBEL

R. B. Merrifield recebeu o Prêmio Nobel de Química em 1984 pelo desenvolvimento de um método para a síntese de peptídeos em fase sólida.

24.7D Síntese Automatizada de Peptídeos

Os métodos que descrevemos até aqui são utilizados para sintetizar diversos polipeptídeos, incluindo aqueles tão grandes quanto a insulina. Entretanto, eles tomam um tempo extremamente grande e são tediosos. Deve-se isolar o peptídeo e purificá-lo através de procedimentos demorados em quase todos os estágios. Além disso, pode ocorrer perda significativa de peptídeo em cada etapa de isolamento e purificação. O desenvolvimento de um procedimento por R. B. Merrifield (Rockefeller University) para a automatização deste processo foi, portanto, um avanço na síntese de peptídeos. O método de Merrifield, pelo qual ele recebeu o Prêmio Nobel em química de 1984, é chamado de **síntese de peptídeo em fase sólida** (SPFS, na sigla em inglês, **SPPS**), e depende da síntese de um aminoácido de peptídeo, etapa por etapa, enquanto uma das extremidades do peptídeo permanece ligada a uma pérola plástica insolúvel. Os grupos protetores e outros reagentes ainda são necessários, mas, como o peptídeo que está sendo sintetizado está ancorado a um suporte sólido, os subprodutos, os reagentes em excesso e os solventes podem simplesmente ser removidos entre cada etapa sintética sem a necessidade de purificação intermediária. Depois da última etapa, o polipeptídeo é desmembrado do suporte polimérico e submetido à purificação final por CLAE. O método funciona tão bem que ele foi adaptado para um processo automatizado.

A síntese de peptídeo em fase sólida (**Fig. 24.8**) começa com a fixação do primeiro aminoácido através do seu grupo carboxila à pérola polimérica, geralmente com uma molécula de ligação ou espaçadora entre eles. Cada novo aminoácido é, então, adicionado através da formação de uma ligação amida entre o grupo amino N-terminal do peptídeo em crescimento no suporte sólido e o grupo carboxila do novo aminoácido. A di-isopropilcarbodi-imida (de reatividade similar ao DCC, Seção 17.8E) é utilizada como reagente formador da ligação amida. Para evitar reações indesejáveis à medida que cada novo aminoácido é acoplado, um grupo protetor é utilizado para bloquear o grupo amino do próximo aminoácido que está sendo adicionado. Uma vez que o novo aminoácido foi acoplado ao peptídeo em crescimento e antes da adição do próximo aminoácido, o grupo protetor no novo N-terminal é removido, deixando o peptídeo pronto para iniciar o próximo ciclo de formação de ligação amida.

Apesar de o método inicial de Merrifield para a síntese de peptídeo em fase sólida utilizar o grupo Boc para proteger o grupo α-amino dos aminoácidos que são acoplados ao peptídeo

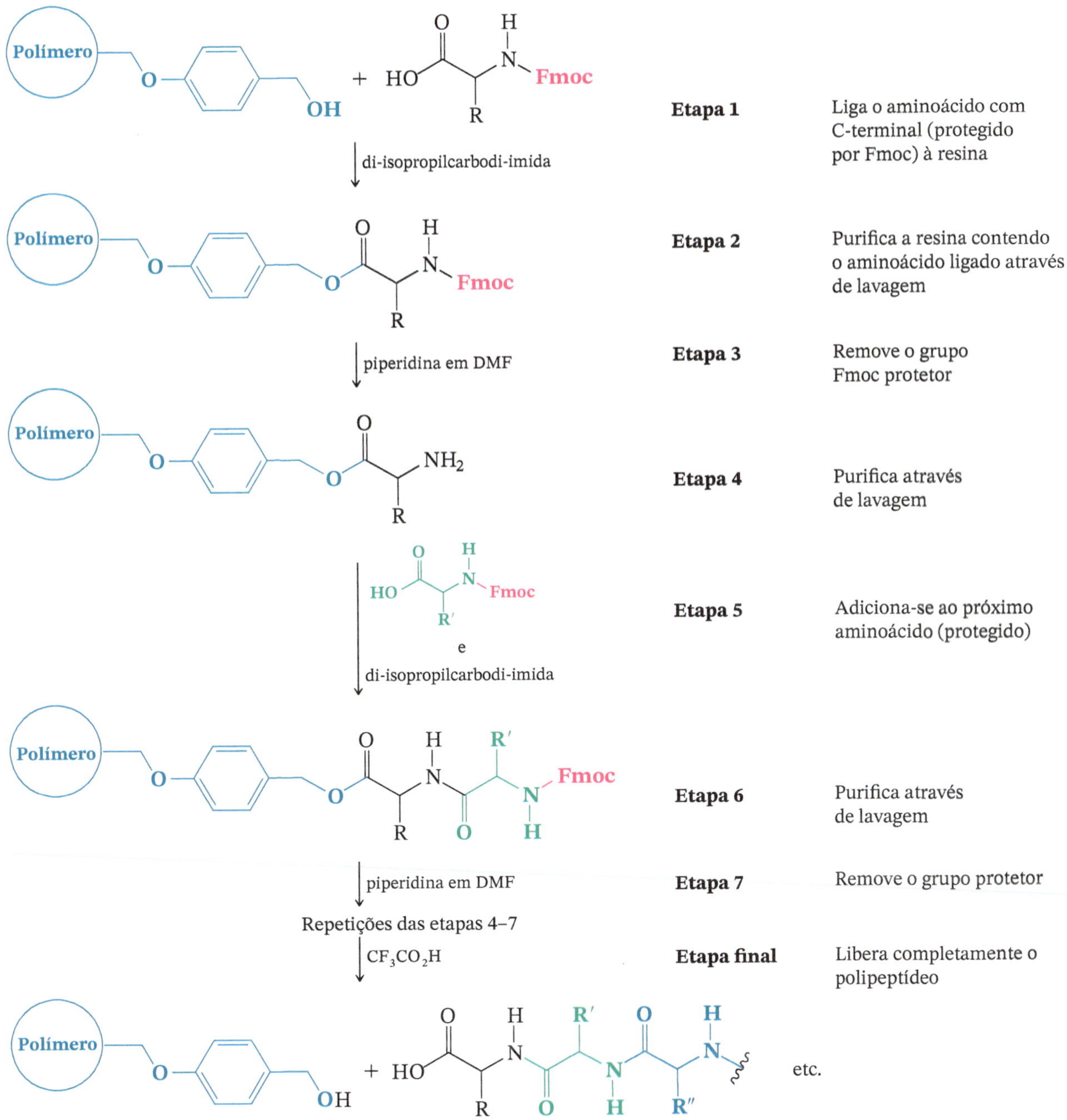

FIGURA 24.8 Um método para a síntese automatizada de um peptídeo em fase sólida.

em crescimento, as várias vantagens do grupo Fmoc têm transformado este grupo, desde então, no grupo de escolha. As razões estão principalmente relacionadas com a excelente seletividade na remoção do grupo Fmoc na presença de outros grupos protetores utilizados para bloquear as cadeias laterais ao longo do peptídeo em crescimento, e à capacidade de monitorar o andamento da síntese em fase sólida por espectrometria no momento em que o grupo Fmoc é liberado em cada ciclo.

Vamos abordar a escolha dos grupos protetores com mais detalhes. Como observado (Seção 24.7A), *condições básicas* (piperidina em DMF) são usadas para remover o grupo Fmoc. Por outro lado, os grupos protetores para as cadeias laterais dos aminoácidos de peptídeo geralmente são bloqueados com unidades *lábeis a ácidos*. Os grupos Fmoc lábeis a bases e os grupos protetores das cadeias laterais lábeis a ácidos são denominados **grupos protetores ortogonais**, porque um conjunto de grupos protetores é estável sob condições para a remoção do outro, e vice-versa. Outra vantagem do Fmoc, em comparação aos grupos Boc para a proteção do grupo α-amino de cada novo aminoácido, é que a aplicação repetida das condições ácidas para a remoção dos grupos Boc de cada novo aminoácido danifica lentamente a síntese por meio da quebra prematura de algumas moléculas de peptídeo do suporte sólido e desprotege algumas das cadeias laterais. As condições básicas para a remoção do grupo Fmoc evitam essas reações secundárias problemáticas.

- A grande vantagem da síntese de peptídeo em fase sólida é que a purificação do peptídeo a cada etapa envolve simplesmente a lavagem do leito do suporte sólido para remover o excesso de reagente, os subprodutos e os solventes.
- Além disso, a fixação do peptídeo a um sólido manipulável durante a síntese permite que todas as etapas dessa síntese sejam realizadas em um equipamento em ciclos repetidos.

Existem sintetizadores de peptídeo automatizados que podem completar um ciclo em 40 minutos e realizar 45 ciclos de operação sem acompanhamento. Ainda que não seja tão eficiente como a síntese de proteínas no organismo, onde as enzimas dirigidas pelo DNA podem catalisar a montagem de uma proteína com 150 aminoácidos em aproximadamente 1 minuto, a síntese automatizada de peptídeo está longe do processo tedioso de sintetizar manualmente um peptídeo etapa por etapa. Um exemplo marcante da síntese automatizada de peptídeo foi a síntese da ribonuclease, uma proteína com 124 aminoácidos. A síntese envolveu 369 reações químicas e 11.930 etapas automatizadas – todas realizadas sem isolar um intermediário. A ribonuclease sintética não apenas tinha as mesmas características físicas da enzima natural, como ela também possuía idêntica atividade biológica. O rendimento global foi de 17%, o que significa que o rendimento médio de cada etapa individual foi maior do que 99%.

PROBLEMA DE REVISÃO 24.15

Um tipo de suporte insolúvel utilizado para a SPPS é o polímero contendo a molécula ligante álcool 4-benziloxibenzílico, também conhecido como "resina de Wang", mostrado na Fig. 24.8. O álcool 4-benziloxibenzílico serve como uma união entre a estrutura da resina e o peptídeo. Após a purificação, o polipeptídeo completo pode ser desmembrado da resina utilizando-se ácido trifluoroacético sob condições que são brandas o suficiente para não afetar as ligações amida. Que características estruturais do ligante tornam isso possível?

PROBLEMA DE REVISÃO 24.16

Esboce as etapas na síntese do tripeptídeo KFA utilizando o procedimento SPPS.

24.8 Estruturas Secundária, Terciária e Quaternária de Proteínas

Vimos como as ligações amida e dissulfeto constituem a *estrutura* covalente ou *primária* das proteínas. De igual importância no entendimento do modo de funcionamento das proteínas é o conhecimento da maneira pela qual as cadeias de peptídeo estão dispostas em três dimensões. As estruturas secundária e terciária das proteínas estão envolvidas neste caso.

24.8A Estrutura Secundária

- A **estrutura secundária** de uma proteína é definida pela conformação local de seu esqueleto de polipeptídeo.
- As estruturas secundárias são especificadas em termos de padrões regulares de dobramento chamados de **hélice α**, **folha dobrada β** e **conformações em espiral** ou **laço**.

Para entender como essas interações ocorrem, examinemos inicialmente o que os dados de análise cristalográfica por raios X revelaram acerca da geometria no ponto da ligação peptídica.

- As ligações peptídicas tendem a assumir uma geometria tal que seis átomos da ligação amida são coplanares (**Fig. 24.9**).

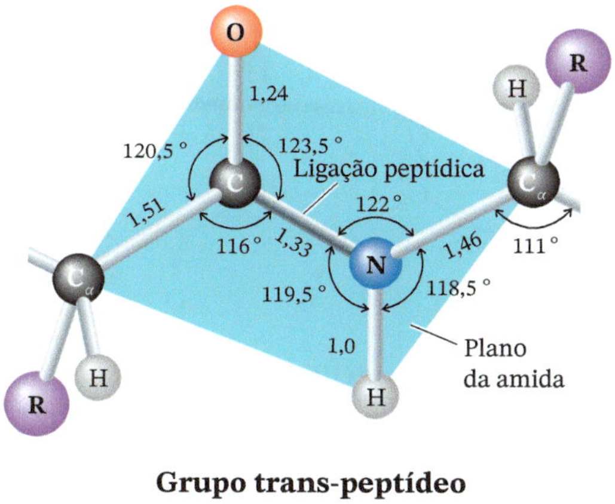

FIGURA 24.9 Geometria e comprimentos de ligação (em angströms, Å) da ligação peptídica. Os seis átomos na área destacada tendem a ser coplanares e a assumirem um arranjo "transoide". (Reproduzida com permissão da John Wiley & Sons, Inc., de Voet, D. e Voet, J. G., *Biochemistry*, Second Edition. © 1995 Voet, D. e Voet, J. G.)

A ligação carbono–nitrogênio da ligação amida é anormalmente curta, indicando que as contribuições de ressonância do tipo mostradas a seguir são importantes:

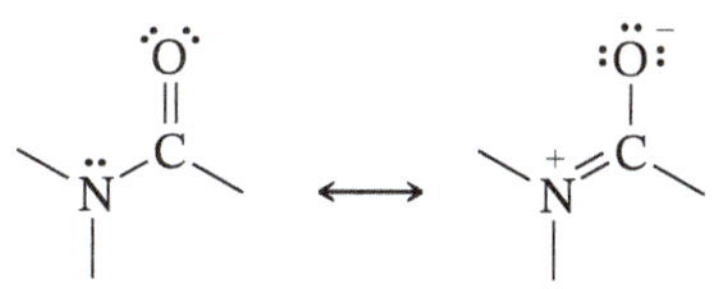

Estruturas que contribuem para a ressonância em uma amida

Estrutura do híbrido de ressonância para uma amida

- Por esse motivo a ligação carbono–nitrogênio da amida tem considerável caráter de ligação dupla (~40%), e as rotações dos grupos em torno dessa ligação são altamente impedidas.
- Entretanto, as rotações dos grupos ligados ao nitrogênio da amida e ao carbono da carbonila são relativamente livres, e essas rotações permitem que as cadeias peptídicas formem diferentes conformações.

O arranjo transoide de grupos em torno da ligação amida relativamente rígida faz com que os grupos R se alternem de um lado para o outro ao longo de toda uma cadeia peptídica:

PRÊMIO NOBEL

Dois cientistas norte-americanos, Linus Pauling e Robert B. Corey, foram pioneiros na análise de proteínas por raios X. A partir de 1939, Pauling e Corey iniciaram uma longa série de estudos das conformações de cadeias peptídicas. Primeiramente, eles utilizaram cristais de aminoácidos puros, e, depois, dipeptídeos, tripeptídeos, e assim por diante. Ao passar para moléculas cada vez maiores e utilizando modelos moleculares construídos com precisão, eles foram capazes de entender as estruturas secundárias das proteínas pela primeira vez. Pauling recebeu o Prêmio Nobel de Química de 1954 e o Prêmio Nobel da Paz de 1962 por sua defesa do desarmamento nuclear.

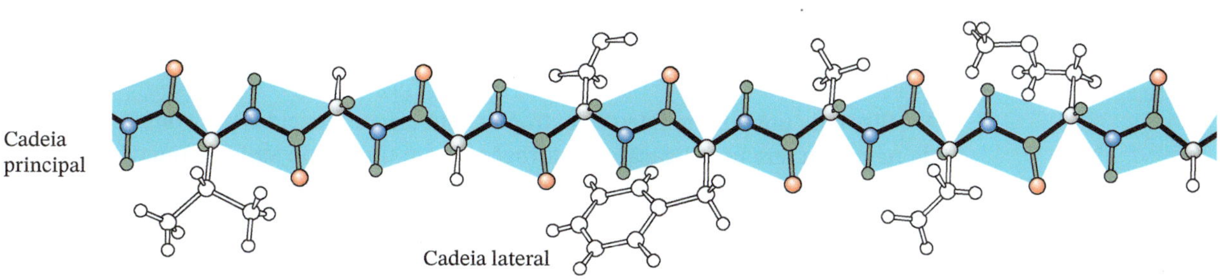

Cálculos mostram que uma cadeia polipeptídica com essa característica tem uma distância de repetição (isto é, a distância entre as unidades que se alternam) de 7,2 Å.

As cadeias polipeptídicas totalmente estendidas poderiam formar hipoteticamente uma estrutura laminar plana, onde cada aminoácido que se alterna em cada cadeia forma duas ligações de hidrogênio com um aminoácido na cadeia adjacente:

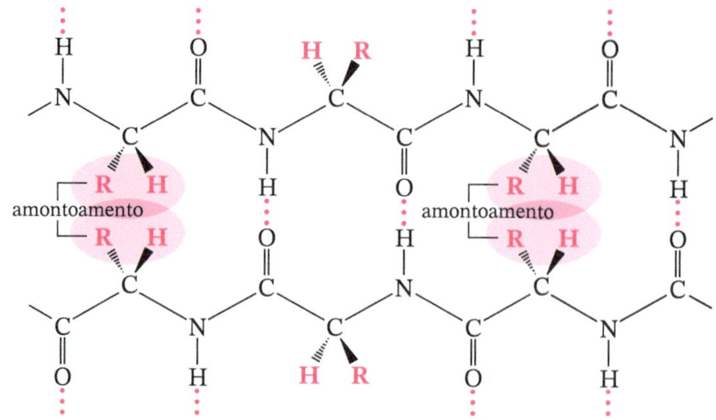

Estrutura hipotética laminar plana (não se forma devido ao impedimento estérico)

Entretanto, essa estrutura não existe em proteínas naturais por causa do contato que existiria entre os grupos R. Se tal estrutura existisse, ela teria a mesma distância de repetição que a cadeia peptídica estendida, isto é, 7,2 Å.

- Muitas proteínas incorporam **uma configuração β** ou **folha dobrada β** (Fig. 24.10).

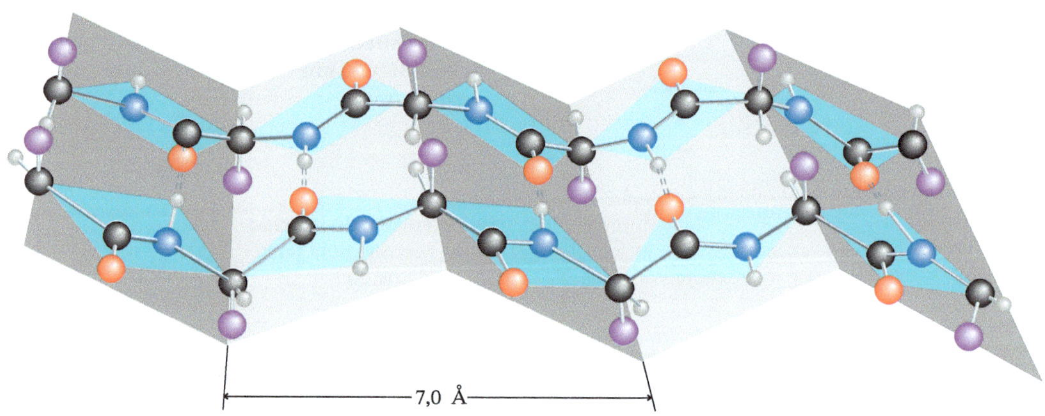

FIGURA 24.10 Estrutura em folha dobrada β ou configuração β de uma proteína. (Ilustração, Irving Geis. Imagem da coleção Irving Geis, HHMI. Direitos pertencentes ao Howard Hughes Medical Institute. Não pode ser reproduzida sem permissão.)

Na estrutura em folha dobrada β, pequenas rotações nas ligações de um grupo amida plano para o próximo abrandam os efeitos estéricos de grupos R de tamanhos pequeno e médio. Isso permite que os grupos amida de segmentos polipeptídicos adjacentes formem ligações de hidrogênio entre as cadeias (veja a Fig. 24.10). A estrutura em folha dobrada β tem uma distância de repetição ligeiramente mais curta, 7,0 Å, do que a laminar plana. A estrutura secundária predominante em fibroína de seda (48% de glicina e 38% de resíduos de serina e alanina) é uma folha dobrada β.

- A **hélice α** é também uma estrutura secundária muito importante em proteínas (Fig. 24.11).

A hélice α de um polipeptídeo é dextrogira com 3,6 aminoácidos por volta. Cada grupo amida na cadeia tem uma ligação de hidrogênio com um grupo amida a uma distância de três aminoácidos em qualquer sentido, e todos os grupos R se estendem para fora do eixo da hélice. A distância de repetição da hélice α é de 5,4 Å.

A estrutura α-helicoidal é encontrada em muitas proteínas; ela é a estrutura predominante das cadeias polipeptídicas das proteínas fibrosas tais como a *miosina*, a proteína do músculo, e da *α-queratina*, a proteína do cabelo, da lã bruta e das unhas.

As hélices e as folhas dobradas respondem aproximadamente por apenas cerca da metade da estrutura da proteína globular média. Os segmentos de peptídeos restantes têm o que é chamado de **conformação em espiral** ou **laço**. Essas estruturas não repetitivas não são aleatórias; elas são apenas mais difíceis de descrever. As proteínas globulares também têm estiramentos, chamados de **curvas reversas** ou **curvaturas** β, onde a cadeia de polipeptídeo muda abruptamente de direção. Essas mudanças geralmente conectam filamentos sucessivos de folhas β e quase sempre ocorrem na superfície das proteínas.

A Fig. 24.12 mostra a estrutura da enzima humana anidrase carbônica, baseada nos dados cristalográficos de raios X. Os segmentos da hélice α (magenta) e das folhas β (amarelo) interpõem-se entre as curvas reversas e as estruturas não repetitivas (azul e branco, respectivamente).

- As localizações das cadeias laterais de aminoácidos de proteínas globulares normalmente são aquelas que esperaríamos a partir de suas polaridades:

1. Os aminoácidos com **cadeias laterais apolares hidrofóbicas**, como os de *valina, leucina, isoleucina, metionina e fenilalanina*, são quase sempre encontrados no interior da proteína, fora do contato com o solvente aquoso. (Essas interações hidrofóbicas são em grande parte responsáveis pela estrutura terciária das proteínas que abordamos na Seção 24.8B.)
2. As cadeias laterais de **aminoácidos polares com cargas positivas ou negativas**, como as da *arginina, lisina, ácido aspártico e ácido glutâmico*, normalmente estão na superfície da proteína em contato com o solvente aquoso.
3. **Cadeias laterais polares sem carga**, como as da *serina, treonina, asparagina, glutamina, tirosina e triptofano*, são mais frequentemente encontradas na superfície, mas algumas delas também são encontradas na parte interna. Quando as cadeias se encontram nessa situação, elas estão todas praticamente ligadas através de ligação de hidrogênio a outros aminoácidos similares. A ligação de hidrogênio aparentemente ajuda a neutralizar a polaridade desses grupos.

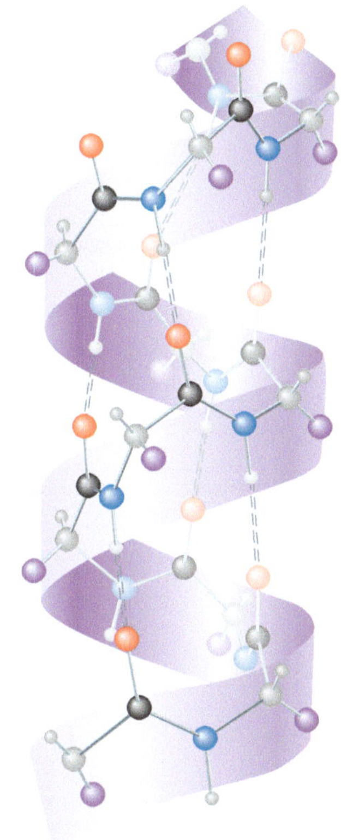

FIGURA 24.11 Uma representação da estrutura α-helicoidal de um polipeptídeo. As ligações de hidrogênio estão representadas por linhas tracejadas. (Ilustração, Irving Geis. Imagem da coleção Irving Geis, HHMI. Direitos pertencentes ao Howard Hughes Medical Institute. Não pode ser reproduzida sem permissão.)

Determinadas cadeias peptídicas adotam o que se chama **arranjo aleatório espiral**, uma estrutura que é flexível, mutável e estatisticamente aleatória. Por exemplo, a polilisina sintética existe como uma espiral aleatória e normalmente não forma uma hélice α. Em pH 7, os grupos ε-amino de lisina estão carregados positivamente e, como resultado, as forças repulsivas entre eles são tão grandes que superam qualquer estabilização que

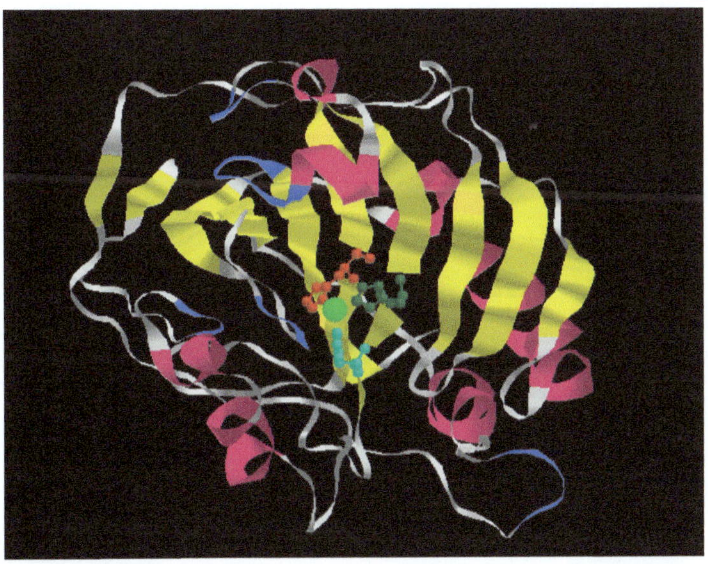

FIGURA 24.12 Estrutura da enzima humana anidrase carbônica, baseada em dados cristalográficos de raios X. As hélices alfa estão mostradas em magenta e os filamentos das folhas β são amarelos. As voltas estão mostradas em azul e as espirais aleatórias são brancas. As cadeias laterais de três histidinas (mostradas em vermelho, verde-escuro e azul-claro) coordenam-se a um átomo de zinco (verde-claro). Não está óbvio a partir desta imagem o fato interessante de que a C-terminação está dobrada através de uma espiral da cadeia polipeptídica, fazendo da anidrase carbônica um raro exemplo de proteína natural na qual a cadeia polipeptídica forma um nó. (PDB ID CA2, *http://www.pdb.org*. Eriksson, Jones, Liljas, *Proteins: Structure, Function and Genetics*, Volume 4, Issue 4, 1988, p. 274–282.)

seria obtida através da formação de ligação de hidrogênio de uma hélice α. Contudo, em pH 12, os grupos ε-amino não estão carregados, e a polilisina forma espontaneamente uma hélice α.

A presença de prolina ou de hidroxiprolina nas cadeias polipeptídicas produz outro efeito surpreendente: uma vez que os átomos de nitrogênio desses aminoácidos são parte de anéis de cinco membros, os grupos ligados através da ligação nitrogênio–carbono α não podem girar o suficiente para permitir uma estrutura α-helicoidal. Sempre que a prolina ou a hidroxiprolina estão presentes em uma cadeia peptídica, ocorre uma torção ou dobra, interrompendo a hélice α.

24.8B Estrutura Terciária

- A **estrutura terciária** de uma proteína é a forma tridimensional global que surge a partir de todas as estruturas secundárias de sua cadeia polipeptídica.

As proteínas apresentam tipicamente estruturas **globulares** ou **fibrosas**. Essas estruturas terciárias não ocorrem aleatoriamente. Sob condições apropriadas, a estrutura terciária de uma proteína ocorre de um modo todo particular – um modo que é característico daquela proteína específica e que, frequentemente, é de importância crucial para a sua função.

Várias forças estão envolvidas na estabilização de estruturas terciárias, incluindo as ligações dissulfeto da estrutura primária.

- Uma característica da maioria das proteínas é que o dobramento ocorre de uma maneira tal que expõe o número máximo de grupos polares (hidrofílicos) ao meio aquoso e posiciona o número máximo de grupos apolares (hidrofóbicos) no seu interior.

As proteínas globulares solúveis tendem a ser muito mais dobradas do que as proteínas fibrosas. A mioglobina (Fig. 24.13) é um exemplo de proteína globular. Entretanto, as proteínas fibrosas também têm uma estrutura terciária; por exemplo, os filamentos α-helicoidais da α-queratina agrupam-se em uma "super-hélice". A super-hélice faz uma volta completa para cada 35 voltas da hélice α. No entanto, a estrutura terciária não termina aqui. Mesmo as super-hélices podem ser agrupadas entre si produzindo uma estrutura de sete fitas semelhante a uma corda.

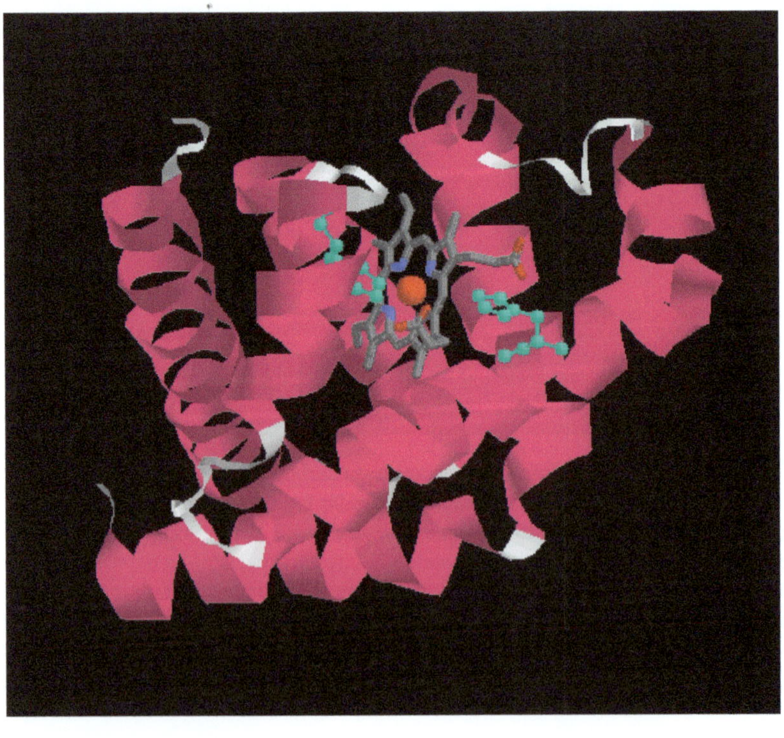

FIGURA 24.13 Estrutura tridimensional da mioglobina. O anel heme é mostrado em cinza. O átomo de ferro é mostrado como uma esfera vermelha, e as cadeias laterais da histidina que se coordenam com o ferro estão mostradas em azul-claro. (PDB ID 1MBD, *http://www.pdb.org.* Phillips, S. E., Schoenberg, B. P. Neutron diffraction reveals oxygen-histidine hydrogen bond in oxymyoglobin. *Nature* 292, p. 81–82, 1981.)

24.8C Estrutura Quaternária

Muitas proteínas existem como agregados não covalentes ordenados e estáveis de mais de uma cadeia de polipeptídeo. A estrutura global de uma proteína contendo múltiplas subunidades é chamada de **estrutura quaternária**. Por exemplo, a estrutura quaternária da hemoglobina envolve quatro subunidades (veja a Seção 24.12).

24.9 Introdução a Enzimas

- As reações do metabolismo celular são mediadas por catalisadores biológicos notáveis chamados de **enzimas**.

As enzimas têm a capacidade de aumentar enormemente as velocidades das reações; na maioria dos casos, as velocidades das reações catalisadas por enzimas são mais rápidas do que aquelas não catalisadas por fatores de 10^6–10^{12}. Para os organismos vivos, o aumento da velocidade das reações nessa magnitude é importante porque isso permite que essas reações ocorram em velocidades razoáveis, mesmo nas condições brandas existentes nas células vivas (ou seja, pH aproximadamente neutro e temperatura de aproximadamente 35 °C).

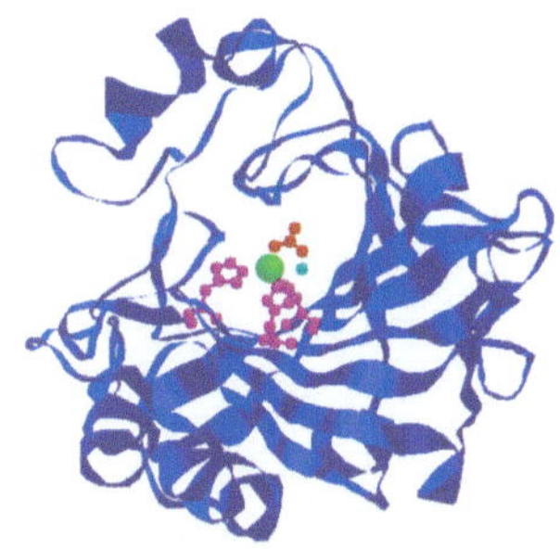

Anidrase carbônica

A anidrase carbônica é uma enzima que catalisa a seguinte reação: $H_2O + CO_2 \rightleftharpoons H_2CO_3$. (PDB ID CA2, *http://www.pdb.org.* Eriksson, Jones, Liljas, *Proteins: Structure, Function and Genetics*, Volume 4, Issue 4, 1988, pp. 274–282.)

- As enzimas também têm uma **especificidade** notável para seus **substratos** e para a formação de produtos específicos.

A especificidade das enzimas supera em muito aquela da maioria dos catalisadores químicos. Por exemplo, na síntese enzimática de proteínas (através de reações que ocorrem nos ribossomos, Seção 25.5E), os polipeptídeos constituídos por bem mais de 1000 resíduos de aminoácidos são sintetizados praticamente sem erro. Foi a descoberta de Emil Fischer, em 1894, da capacidade das enzimas de distinguir entre as ligações glicosídicas α e β (Seção 22.12) que o levou a formular a sua **hipótese de fechadura e chave** para a especificidade da enzima.

- De acordo com a **hipótese de fechadura e chave**, a especificidade de uma enzima (a fechadura) e o seu substrato (a chave) provém de suas formas geometricamente complementares.
- Em uma reação catalisada por enzima, o substrato e a enzima combinam-se para formar um **complexo enzima–substrato**.
- A formação do complexo enzima–substrato geralmente induz uma mudança na conformação da enzima denominada **encaixe induzido**, o que permite que ela se ligue ao substrato de forma mais eficiente.

A ligação ao substrato pode fazer com que algumas de suas ligações fiquem tensionadas, sendo, dessa forma, mais facilmente quebradas. O produto da reação geralmente tem uma forma diferente do substrato, e essa forma diferenciada, ou, em alguns casos, a intervenção de outra molécula, faz com que o complexo se dissocie. A enzima pode, então, receber outra molécula do substrato, e o processo todo se repete:

$$\text{Enzima} + \text{substrato} \rightleftharpoons \text{complexo enzima–substrato} \rightleftharpoons \text{enzima} + \text{produto}$$

PRÊMIO NOBEL

Determinadas moléculas de RNA, chamadas de ribozimas, também podem atuar como enzimas. O Prêmio Nobel de Química de 1989 foi para Sidney Altman (Yale University) e para Thomas R. Cech (University of Colorado, Boulder) pela descoberta das ribozimas.

- O local onde o substrato se liga a uma enzima e onde a reação ocorre é chamado de **sítio ativo**.

As forças não covalentes que ligam o substrato ao sítio ativo são as mesmas forças que respondem pelas conformações das proteínas: forças de dispersão, forças eletrostáticas, ligação de hidrogênio e interações hidrofóbicas. Os aminoácidos localizados no sítio ativo são agrupados de modo a interagir especificamente com o substrato.

- As reações catalisadas por enzimas são **estereoespecíficas** porque as enzimas são quirais.

A especificidade das enzimas tem origem na maneira como elas se ligam aos seus substratos. Uma α-glicosidase se ligará apenas à forma α estereoisomérica de um glicosídeo, e não à forma β. As enzimas que metabolizam açúcares ligam-se apenas aos açúcares D; as enzimas que sintetizam a maioria das proteínas ligam-se apenas aos aminoácidos L; e assim por diante.

Apesar de as enzimas catalisarem reações de forma estereoespecífica, elas frequentemente variam consideravelmente em termos de **especificidade geométrica**. A especificidade geométrica está relacionada com a natureza dos grupos químicos dos substratos. Algumas enzimas aceitam apenas um composto como seu substrato. Entretanto, outras recebem uma variedade de compostos com grupos similares. Por exemplo, a carboxipeptidase A efetua a hidrólise do peptídeo C-terminal de todos os polipeptídeos até que o penúltimo resíduo não seja arginina, lisina ou prolina, e até que o antepenúltimo resíduo não seja prolina. A quimotripsina, uma enzima digestiva que catalisa a hidrólise das ligações peptídicas, também catalisa a hidrólise de ésteres. O seu mecanismo de hidrólise será discutido na Seção 24.11.

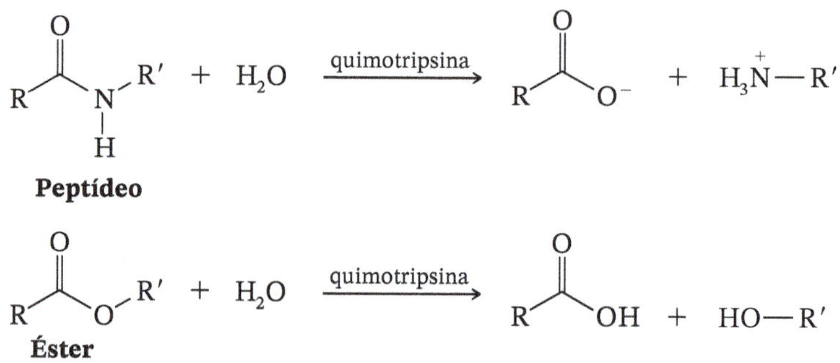

- Um composto que pode alterar negativamente a atividade de uma enzima é chamado de **inibidor**.

Um **inibidor competitivo** é um composto que compete diretamente com o substrato pelo sítio ativo. Vimos na Seção 20.9, por exemplo, que a sulfanilamida é um inibidor competitivo para uma enzima bacteriana que incorpora o ácido *p*-aminobenzoico ao ácido fólico.

Algumas enzimas necessitam da presença de um **cofator**. O cofator pode ser um íon metálico como, por exemplo, o átomo de zinco da anidrase carbônica humana (veja no boxe "A Química Biológica de... Anidrase Carbônica: Transportando os Prótons", Seção 24.10 e Fig. 24.12). Outras podem necessitar da presença de uma molécula orgânica, como o NAD^+ (Seção 14.10), chamada de **coenzima**. As coenzimas tornam-se quimicamente modificadas no curso da reação enzimática. O NAD^+ se converte em **NADH**. Em algumas enzimas, o cofator está permanentemente ligado à enzima, caso em que é denominado **grupo prostético**.

Muitas das vitaminas solúveis em água são os precursores das coenzimas. Por exemplo, a niacina (ácido nicotínico) é um precursor do NAD^+. O ácido pantotênico é um precursor da coenzima A.

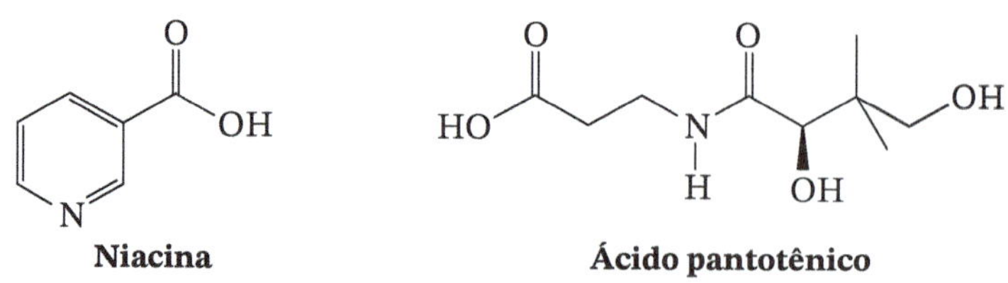

24.10 Lisozima: Modo de Ação de uma Enzima

A lisozima é uma enzima que rompe a parede celular de bactérias gram-positivas, hidrolisando ligações acetal específicas no polímero celular peptideoglicano, provocando a morte da célula. Abordaremos o mecanismo dessa reação mais adiante, mas primeiramente vamos considerar a estrutura da lisozima. A estrutura primária da lisozima está mostrada na Fig. 24.14.

A estrutura secundária da lisozima inclui hélices α nos aminoácidos 5–15, 24–34 e 88–96; folhas dobradas β envolvendo os aminoácidos 41–45 e 50–54; e uma curva em formato de grampo de cabelo nos aminoácidos 46–49. Os segmentos restantes do polipeptídeo da lisozima

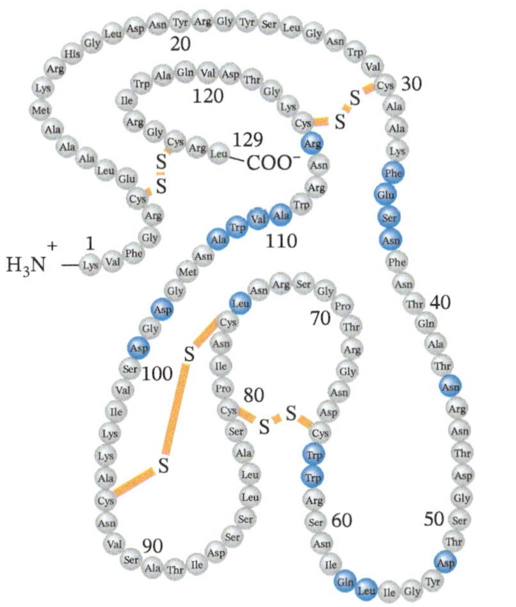

FIGURA 24.14 Estrutura primária da lisozima da clara do ovo de galinha. Os aminoácidos que ladeiam a região de ligação do substrato estão mostrados em azul. (Reproduzida com permissão de John Wiley & Sons, Inc. de Voet, D. e Voet, J. G. *Biochemistry*, Segunda Edição. © 1995 Voet, D. e Voet, J. G.)

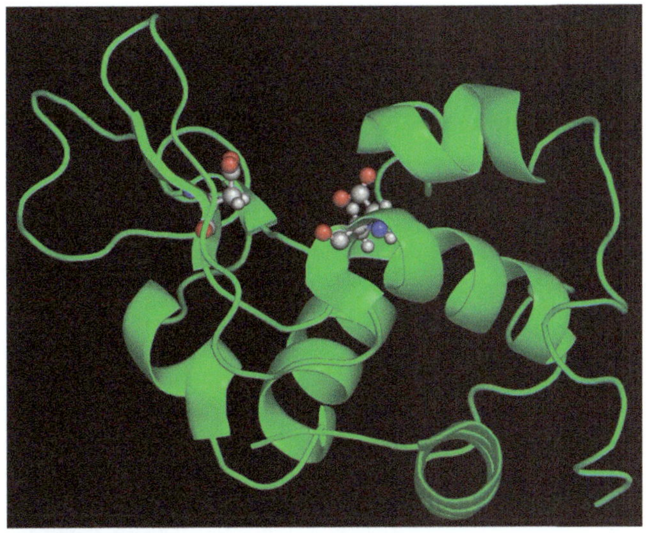

FIGURA 24.15 Um diagrama do filamento da lisozima destacando o ácido aspártico (resíduo 52, esquerda) e o ácido glutâmico (resíduo 35, direita) com o modelo de bola e vareta. (PDB ID: 1AZF, *http://www.pdb.org*. Lim, K., Nadarajah, A., Forsythe, E. L., Pusey, M. L. Locations of bromide ions in tetragonal lysozyme crystals. *Acta. Crystallogr.*, Sect. D, 54, p. 899–904, 1998.)

têm formas em espiral ou em laço. Glu-35 e Asp-52 são os aminoácidos diretamente envolvidos na reação de hidrólise catalisada pela lisozima. Uma estrutura tridimensional da lisozima é mostrada na Fig. 24.15. Os resíduos de aminoácido responsáveis por sua atividade catalítica são destacados usando o modelo de bola e vareta (Glu-35 à direita e Asp-52 à esquerda).

Como mencionado, a lisozima hidrolisa as ligações glicosídicas no polímero peptideoglicano das paredes celulares das bactérias gram-positivas. A estrutura de um oligossacarídeo similar ao polissacarídeo encontrado nas paredes de células bacterianas está mostrada na Fig. 24.16. A *N*-acetilglicosamina (NAG) e o ácido *N*-acetilmurâmico (NAM) formam unidades repetidas alternadas nesse polissacarídeo.

A lisozima se liga seletivamente a um segmento de seis unidades do polímero peptideoglicano e hidrolisa especificamente a ligação acetal entre os anéis D e E, mostrados na Fig. 24.16 (unidades NAM e NAG, respectivamente).

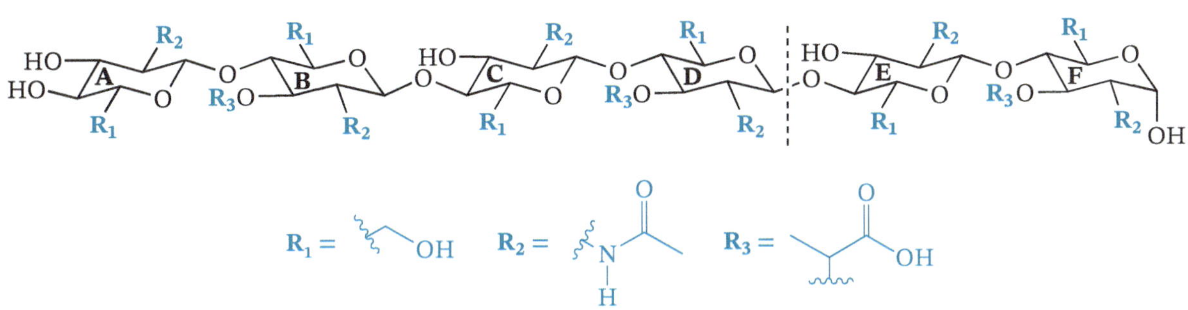

FIGURA 24.16 Um hexassacarídeo que tem a mesma estrutura geral do polissacarídeo da parede celular na qual a lisozima atua. Dois aminoácidos diferentes estão presentes: os anéis A, C e E são derivados de um monossacarídeo chamado de *N*-acetilglicosamina; os anéis B, D e F são derivados de um monossacarídeo chamado de ácido *N*-acetilmurâmico. Quando a lisozima atua sobre esse oligossacarídeo, ocorre hidrólise, resultando na quebra da união glicosídica entre os anéis D e E.

A reação global catalisada pela lisozima é:

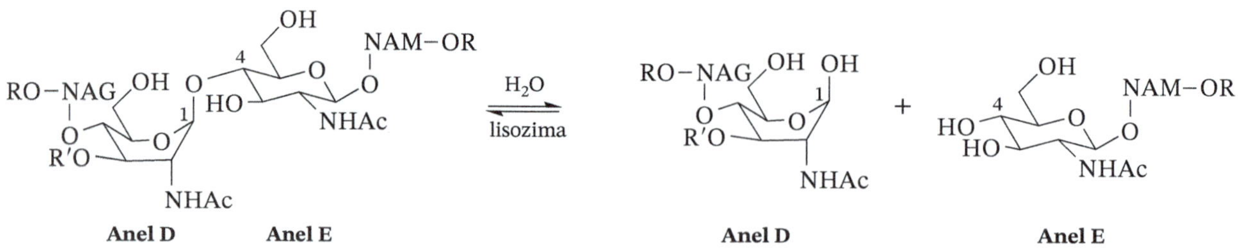

R = cadeia de oligossacarídeo da parede celular
R′ = cadeia lateral peptídica da parede celular

A lisozima se liga ao substrato da parede celular em uma fenda na sua estrutura terciária de modo que o Glu-35 esteja próximo ao substrato em um lado, e o Asp-52 esteja próximo no outro lado. Ambos os aminoácidos estão posicionados de maneira a facilitar a reação com a união glicosídica D–E do polissacarídeo.

Fortes evidências obtidas por espectrometria de massa sugerem que o mecanismo da lisozima envolve reações sequenciais S_N2 e um intermediário covalente enzima–substrato (com base no trabalho realizado por Stephen Withers e seus colegas na University of British Columbia e em outros lugares). O Asp-52 age como um nucleófilo na etapa inicial que liga covalentemente o substrato à enzima. Uma molécula de água atua como um nucleófilo na segunda etapa para completar a formação do produto e liberar a substância do sítio ativo. Em ambas as etapas, o Glu-35 serve como um catalisador ácido–base geral. Os detalhes são vistos a seguir.

À medida que a lisozima se liga ao substrato, a fenda do sítio ativo se fecha ligeiramente e o C1 do anel D no oligossacarídeo substrato se move para baixo. O grupo carboxilato do Asp-52 ataca o C1 do anel D por baixo (**Fig. 24.17**), deslocando o oxigênio do C4 do anel E como um grupo de saída. Esse oxigênio do C4 do anel E sai como uma espécie neutra porque ele é concomitantemente protonado pelo ácido carboxílico do Glu-35. Presume-se que o estado de transição para essa reação S_N2 seja o ponto no qual o anel D está quase plano durante a mudança da conformação de barco para cadeira. Essa etapa ocorre com inversão, como esperado para uma reação S_N2, e deixa uma parte do substrato ligada covalentemente à enzima.

Na segunda etapa, uma molécula de água, agora no sítio anteriormente ocupado pelo anel E, ataca o C1 e desloca o grupo carboxilato do Asp-52 como um grupo de saída. O ânion Glu-35 atua como uma base removendo um próton da molécula de água no momento em que se liga ao C1 do anel D. A molécula de lisozima como um todo atua como um grupo de saída. Esse evento também ocorre com inversão, liberando o substrato do sítio ativo e deixando a lisozima pronta para outro ciclo catalítico. O mecanismo geral está mostrado na Fig. 24.17.

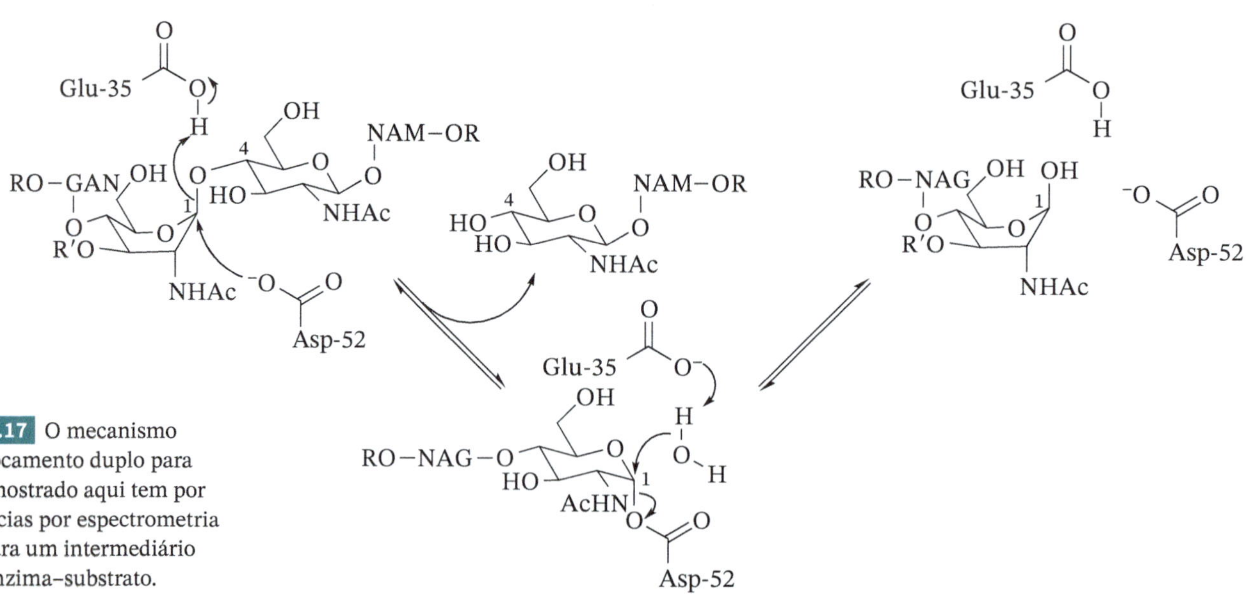

FIGURA 24.17 O mecanismo S_N2 de deslocamento duplo para a lisozima mostrado aqui tem por base evidências por espectrometria de massa para um intermediário covalente enzima–substrato.

A Química Biológica de . . . Anidrase Carbônica: Transportando os Prótons

Uma enzima chamada de anidrase carbônica regula a acidez (pH) do sangue e das condições fisiológicas relacionadas com o pH do sangue. A reação que a anidrase carbônica catalisa é o equilíbrio da conversão da água e do dióxido de carbono em ácido carbônico (H_2CO_3).

$$H_2O + CO_2 \xrightleftharpoons{\text{anidrase carbônica}} H_2CO_3 \rightleftharpoons HCO_3^- + H^+$$

Por exemplo, a velocidade com que uma pessoa respira é influenciada pela acidez relativa do sangue dessa pessoa. Os alpinistas que vão para altitudes elevadas às vezes tomam um medicamento chamado de Diamox (acetazolamida) para evitar a doença da altitude. O Diamox inibe a anidrase carbônica; isso, por sua vez, aumenta a acidez sanguínea. O aumento da acidez do sangue estimula a respiração e, assim, reduz a probabilidade da doença da altitude.

A anidrase carbônica consiste em uma cadeia contendo 260 aminoácidos que se dobra naturalmente em um formato globular específico. Sua estrutura inclui uma fenda (ou bolso), o sítio ativo, onde os reagentes são convertidos em produtos. A cadeia proteica da anidrase carbônica é mostrada na figura ao lado como um filamento azul.

No sítio ativo da anidrase carbônica, uma molécula de água perde um próton formando o íon hidróxido (HO^-). Esse próton é removido por uma seção da anidrase carbônica que atua como uma base. Normalmente o próton da água não é muito ácido. Entretanto, a interação ácido-base de Lewis entre o cátion Zn^{2+} no sítio ativo da anidrase carbônica e o átomo de oxigênio da molécula de água leva ao surgimento de uma carga positiva nesse átomo de oxigênio. Isso torna os prótons da molécula de água mais ácidos. A remoção de um dos prótons da molécula de água produz o íon hidróxido, que reage com uma molécula de dióxido de carbono no sítio ativo produzindo HCO_3^- (hidrogenocarbonato ou bicarbonato). Na estrutura da anidrase carbônica mostrada na figura (construída com base em dados cristalográficos de raios X), um íon bicarbonato no sítio ativo está assinalado em vermelho, o cátion zinco no sítio ativo é verde, a molécula de água está em azul e os sítios básicos que se coordenam com o cátion zinco (como bases de Lewis) ou removem o próton da água formando hidróxido (como bases de Brønsted–Lowry) estão em magenta (essas bases são átomos de nitrogênio de anéis imidazol da histidina). Os átomos de hidrogênio de todas as espécies não estão mostrados. Como você pode ver, uma orquestração notável de reações ácido–base de Lewis e de Brønsted–Lowry está envolvida na catálise pela anidrase carbônica.

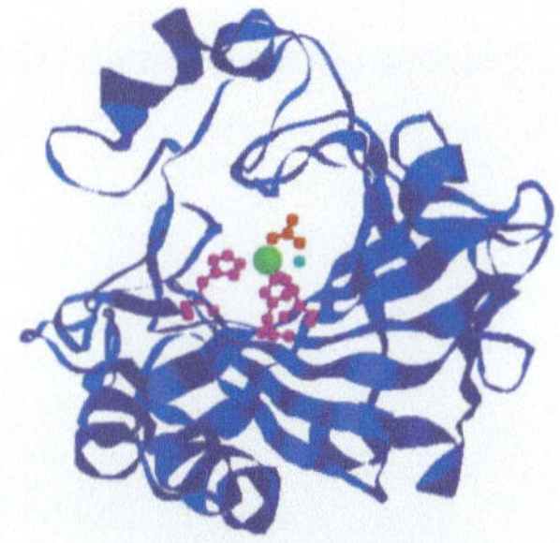

Anidrase carbônica

(PDB ID CA2, *http://www.pdb.org*. Eriksson, Jones, Liljas, *Proteins: Structure, Function and Genetics*, Volume 4, Issue 4, pp. 274–282, 1988.)

24.11 Serino Proteases

A quimotripsina, a tripsina e a elastina são enzimas digestivas secretadas pelo pâncreas dentro do intestino delgado para catalisar a hidrólise de ligações peptídicas. Todas essas enzimas são chamadas de **serino proteases**, porque o mecanismo de suas atividades proteolíticas (comum a todas elas) envolve um resíduo específico de serina que é essencial para a atividade enzimática delas. Para ilustrar outro exemplo da maneira como as enzimas funcionam, examinaremos o mecanismo de ação da quimotripsina.

A quimotripsina é formada a partir de uma molécula precursora chamada de quimotripsinogênio que contém 245 resíduos de aminoácidos. A quebra de duas unidades dipeptídicas do quimotripsinogênio produz a quimotripsina. A quimotripsina dobra-se de uma maneira que junta a histidina na posição 57, o ácido aspártico na posição 102 e a serina na posição 195. Juntos, esses aminoácidos constituem o que se chama **tríade catalítica** do sítio ativo (**Fig. 24.18**). Próximo ao sítio ativo está um sítio ligante hidrofóbico, uma fenda que acomoda preferencialmente as cadeias laterais apolares da Phe, Tyr e Trp.

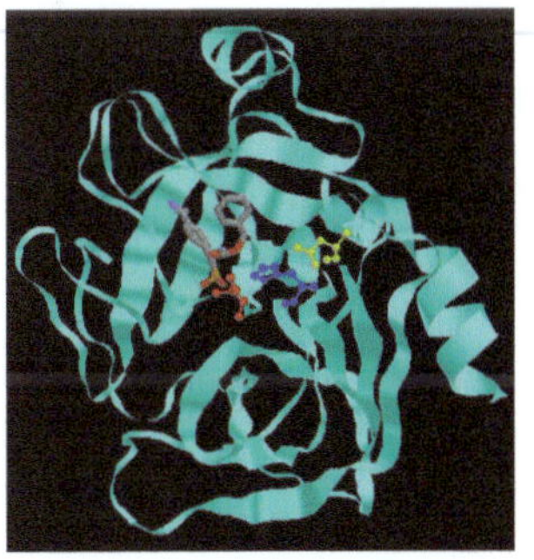

Uma serino protease

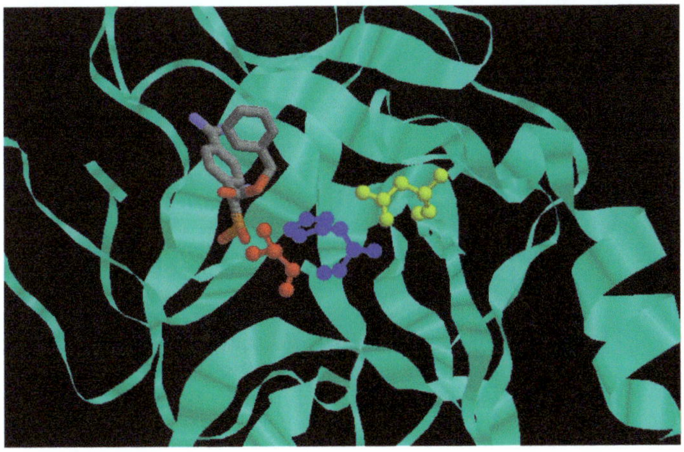

FIGURA 24.18 A tríade catalítica nesta serino protease (tripsina) é destacada utilizando-se o modelo de bola e vareta para o ácido aspártico 52 (verde-claro), a histidina 102 (azul-escuro) e para a serina 195 (vermelho). Um inibidor fosfonato ligado ao sítio ativo é mostrado em forma de tubo. (Esta imagem e a da abertura da Seção 24.11, PDB ID: 1MAX, *http:///www.pdb.org.* Bertrand, J. A., Oleksyszyn, J., Kam, C. M., Boduszek, B., Presnell, S., Plaskon, R. R., Suddath, F. L., Powers, J. C., Williams, L. D. Inhibition of trypsin and thrombin by amino(4-amidinophenil)methanephosphonate diphenyl ester derivatives: X-ray structures and molecular models. *Biochemistry* 35, p. 3147–3155, 1996.)

Depois que a quimotripsina se ligou ao seu substrato proteico, a serina na posição 195 está exatamente posicionada para atacar o carbono acila da ligação peptídica (Fig. 24.19). Essa serina torna-se mais nucleofílica transferindo seu próton para o nitrogênio do imidazol de histidina na posição 57. O íon imidazólio formado é estabilizado pelo efeito polarizante do íon carboxilato de ácido aspártico na posição 102. (Estudos de difração de nêutrons, os quais mostram as posições dos átomos de hidrogênio, confirmam que o íon carboxilato permanece como um íon carboxilato o tempo todo e, na realidade, não recebe um próton do imidazol.) O ataque nucleofílico da serina leva a uma serina acilada através de um intermediário tetraédrico. A nova extremidade N-terminal da cadeia polipeptídica quebrada se dispersa, sendo substituída por uma molécula de água.

A regeneração do sítio ativo da quimotripsina é mostrada na **Fig. 24.20**. Nesse processo a água atua como nucleófilo, e em uma série de etapas análogas àquelas na **Fig. 24.19**, hidrolisa a ligação acila–serina. A enzima agora está pronta para repetir todo o processo.

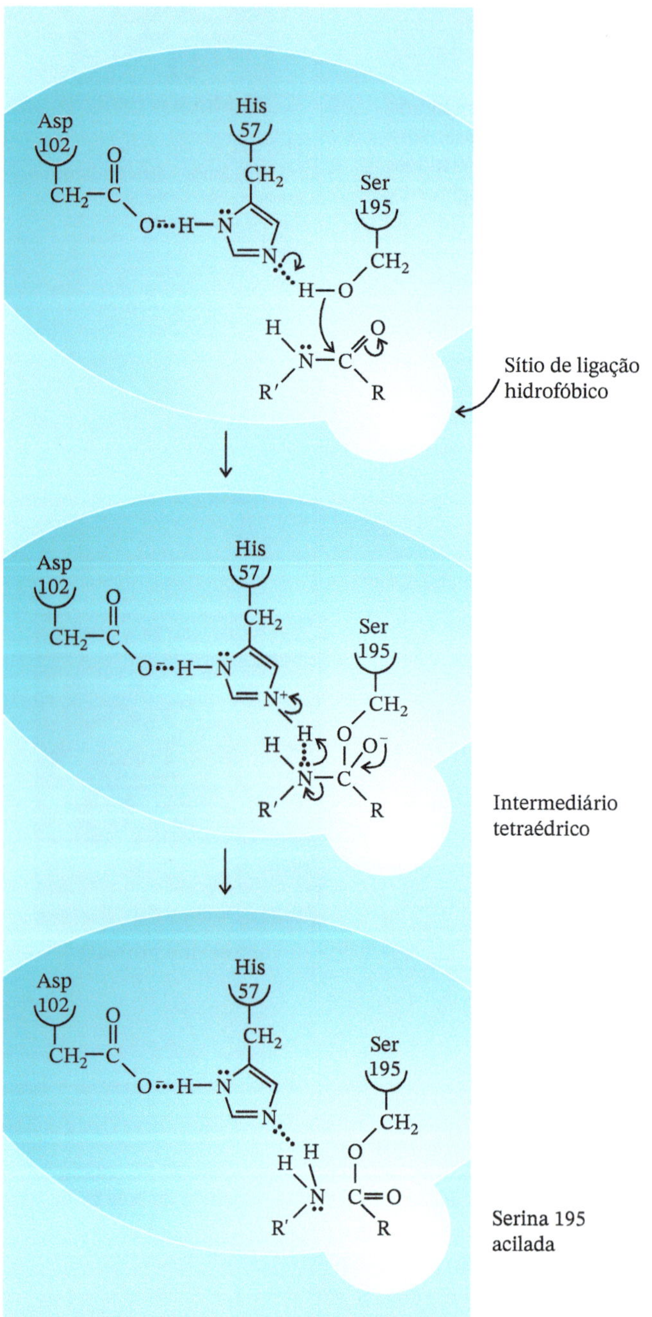

FIGURA 24.19 A tríade catalítica da quimotripsina provoca a quebra de uma ligação peptídica pela acilação de serina 195 da quimotripsina. Próximo ao sítio ativo está um sítio de ligação hidrofóbico que acomoda as cadeias laterais apolares da proteína.

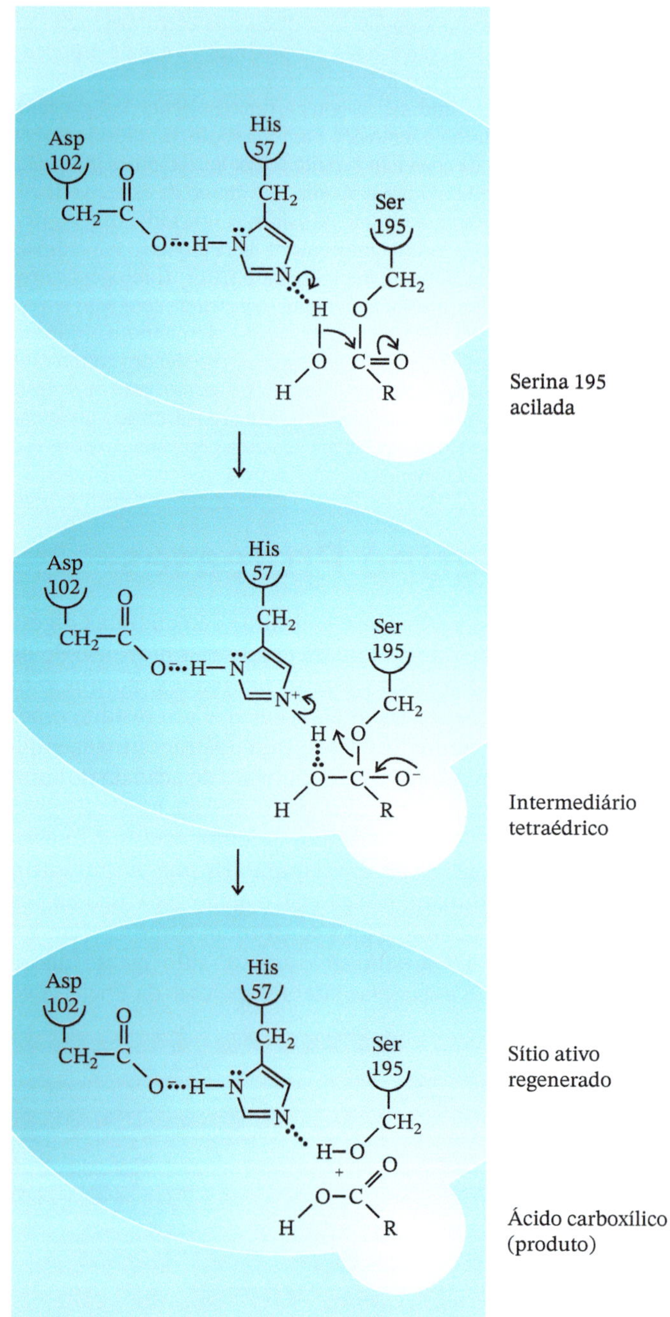

FIGURA 24.20 Regeneração do sítio ativo da quimotripsina. A água provoca a hidrólise da ligação acila–serina.

Existem muitas evidências para esse mecanismo que, por motivos de espaço, não discutiremos aqui. No entanto, uma delas merece uma discussão. Existem compostos como o **di-isopropilfosfofluoridrato (DIPF)** que inibem irreversivelmente as serino proteases. Demonstrou-se que eles fazem isso reagindo apenas com a Ser 195:

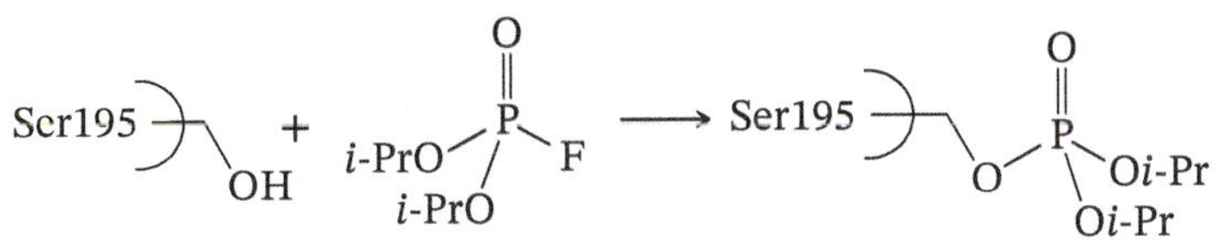

Di-isopropilfosfofluoridrato (DIPF) **DIP-enzima**

O reconhecimento do efeito de inativação do DIPF surgiu como um resultado da descoberta de que o DIPF e compostos análogos são poderosos **venenos neurológicos**. (Eles são os "gases asfixiantes" de uso militar, embora se tratem de líquidos que são dispersos como gotas minúsculas, e não como gases.) O di-isopropilfosfofluoridrato inativa a **acetilcolinesterase** (Seção 20.3) reagindo com ela da mesma maneira que ela reage com a quimotripsina. A acetilcolinesterase é uma **serino esterase** em vez de uma serino protease.

24.12 Hemoglobina: Uma Proteína Conjugada

Algumas proteínas, chamadas de **proteínas conjugadas**, contêm, como uma parte de suas estruturas, um grupo não proteico chamado de **grupo prostético**. Um exemplo é a proteína transportadora de oxigênio, hemoglobina. Cada uma das quatro cadeias polipeptídicas da hemoglobina está ligada a um grupo prostético chamado de *heme* (Fig. 24.21). As quatro cadeias polipeptídicas da hemoglobina estão enroladas de modo a dar à hemoglobina um formato aproximadamente esférico (Fig. 24.22). Além disso, cada grupo heme localiza-se em uma fenda com os grupos vinílicos hidrofóbicos de sua estrutura de porfirina rodeados pelas cadeias laterais hidrofóbicas de aminoácidos. As duas cadeias laterais propanoato da heme localizam-se próximas aos grupos amino carregados positivamente de lisina e de arginina.

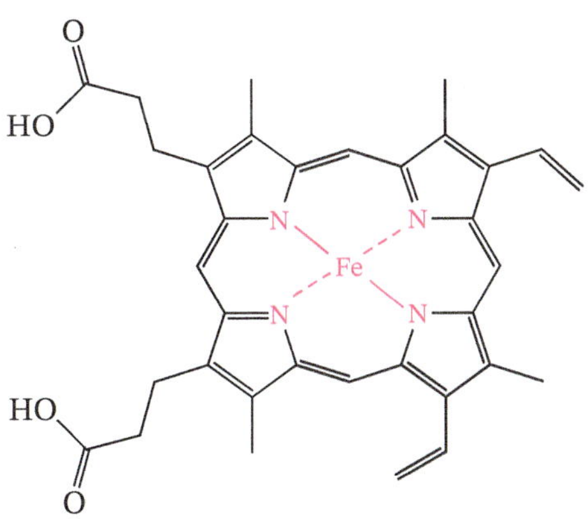

FIGURA 24.21 Estrutura da heme, o grupo prostético da hemoglobina. A heme tem uma estrutura similar àquela da clorofila (Fig. 22.1) no sentido de que cada uma delas é derivada do anel heterocíclico porfirina. O ferro da heme está no estado de oxidação +2 (íon ferroso).

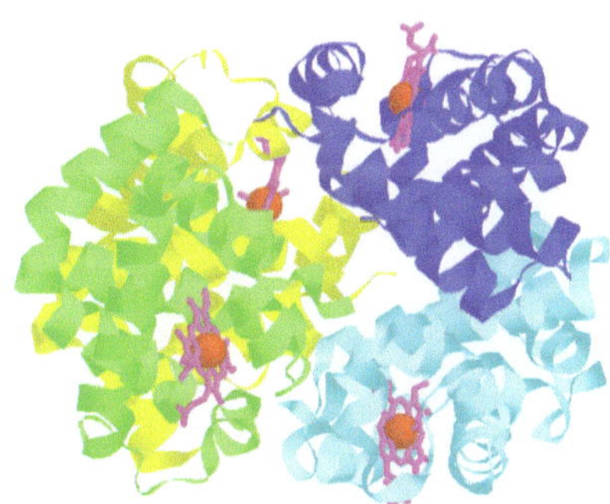

FIGURA 24.22 Hemoglobina. As duas subunidades α da hemoglobina estão mostradas em azul e verde. As duas subunidades β estão mostradas em amarelo e azul-claro. Os quatro grupos heme estão mostrados em púrpura, e seus átomos de ferro estão em vermelho. (PDB ID: IOUU, *http://www.pdb.org*. Tame, J. R., Wilson, J. C., Weber, R. E. The crystal structures of trout Hb I in the deoxy and carbonmonoxy forms. *J. Mol. Biol.* Volume 259, Issue 4, p. 749–760, 1996.)

A Química Sintética de. . . Alguns Anticorpos Catalíticos

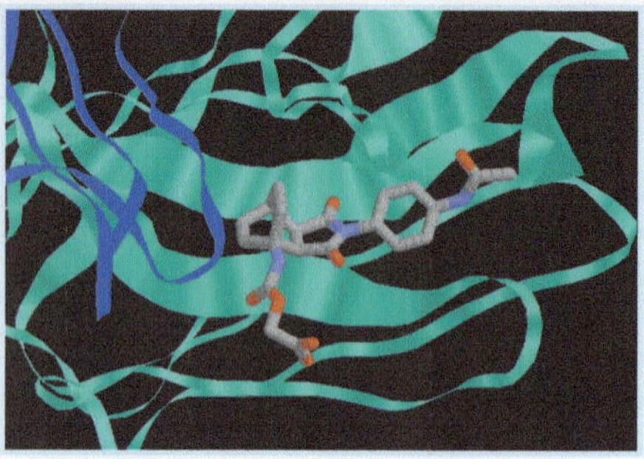

Um hapteno relacionado com o aduto de Diels–Alder entre o ciclo-hexadieno e a maleimida, ligado a um anticorpo catalítico Diels–Alderase. (PDB ID: 1A4K, *http://www.pdb.org*. Romesberg, F. E., Spiller, B., Schultz, P. G., Stevens, R. C. Immunological origins of binding and catalysis in a Diels–Alderase antibody. *Science* 279, pp. 1929–1933, 1998.)

Os anticorpos são os defensores químicos do sistema imunológico. Cada anticorpo é uma proteína produzida especificamente em resposta a uma espécie química invasora (por exemplo, as moléculas na superfície de um vírus ou um grão de pólen). O objetivo dos anticorpos é se ligar a esses agentes estranhos e provocar a remoção deles do organismo. A ligação de cada anticorpo com o seu alvo (o antígeno) é, em geral, altamente específica.

Uma maneira pela qual os anticorpos *catalíticos* foram produzidos é através da indução de uma resposta imunológica a uma espécie química que lembra o estado de transição para uma reação. De acordo com essa ideia, se um anticorpo é criado de tal forma que se ligue preferencialmente a uma molécula estável que tenha uma estrutura semelhante àquela do estado de transição, outras moléculas que são capazes de reagir *através* desse estado de transição podem, a princípio, reagir mais rapidamente como resultado da ligação com o anticorpo. (Ao facilitar a associação dos reagentes e favorecer a formação da estrutura do estado de transição, o anticorpo atua de uma maneira similar a uma enzima.) Essa estratégia funcionou com precisão admirável para gerar anticorpos catalíticos para determinadas reações de Diels–Alder, rearranjos de Claisen e hidrólises de ésteres. Os químicos vêm sintetizando moléculas estáveis que se parecem com os estados de transição dessas reações, permitindo que anticorpos sejam gerados contra essas moléculas (chamadas de haptenos), e, em seguida, isolados. Os anticorpos assim produzidos são catalisadores quando as moléculas de substrato reais são fornecidas.

Rearranjo de Claisen

Hapteno

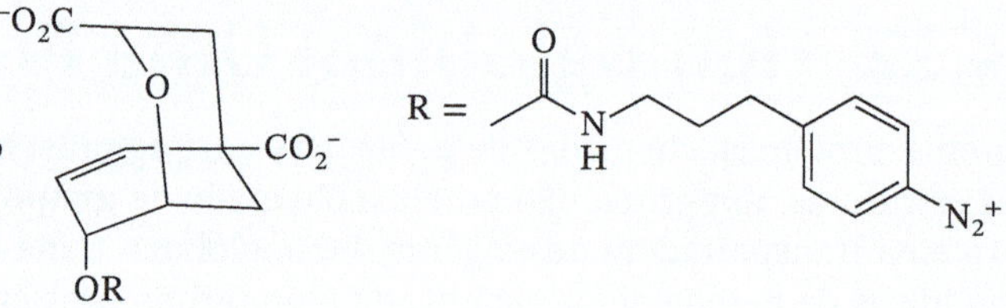

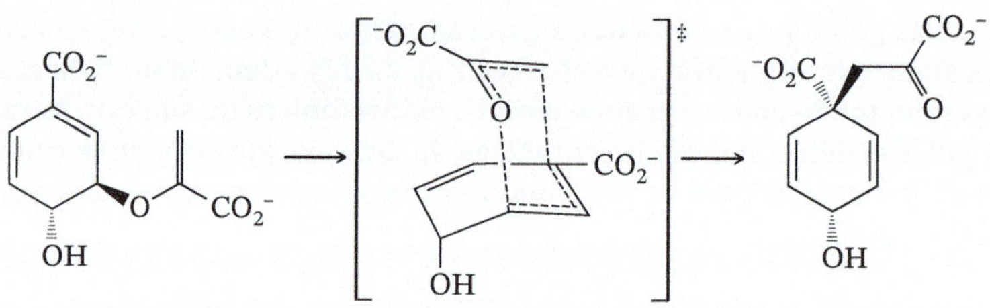

Estado de transição

Hidrólise de Carbonato

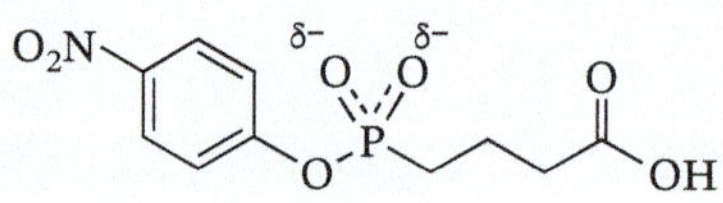

Hapteno

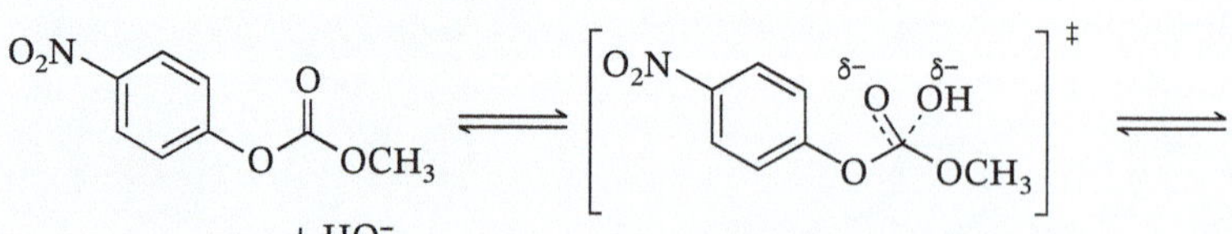

Estado de transição

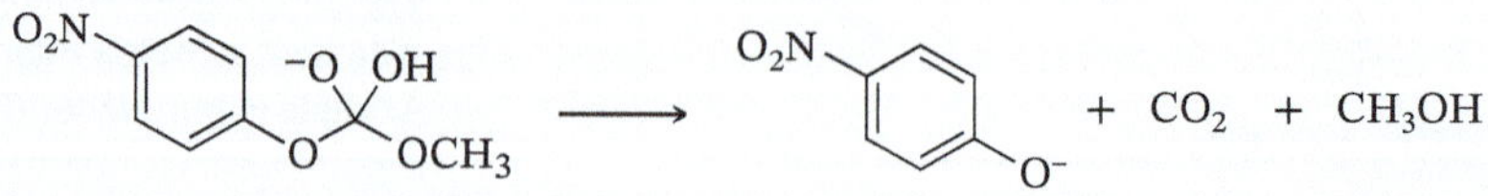

Reação de Diels–Alder

Hapteno

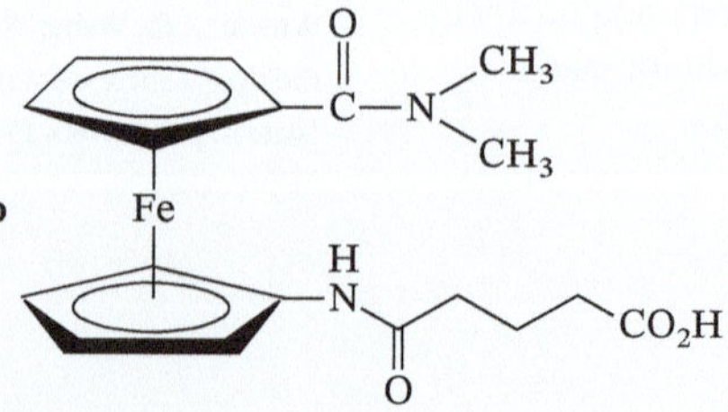

(continua)

(continuação)

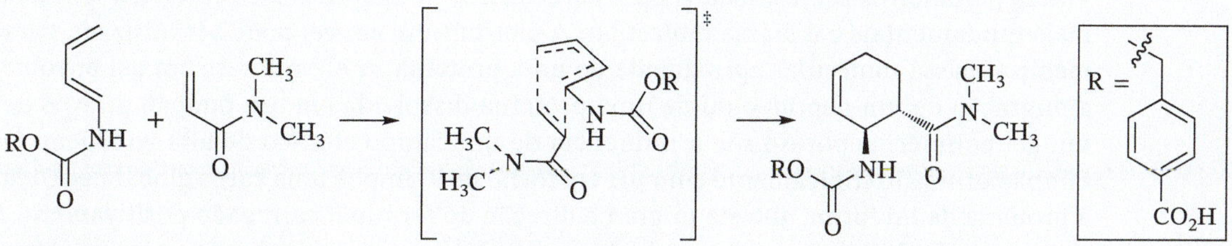

Dieno **Dienófilo** **Estado de transição exo** **Produto exo**

Neste boxe são mostrados alguns exemplos de haptenos utilizados como análogos de estados de transição para gerar anticorpos catalíticos para um rearranjo de Claisen, para a hidrólise de um carbonato e para uma reação de Diels–Alder. A reação catalisada pelo anticorpo gerado para cada hapteno é também mostrada.

A união entre a enzimologia e a imunologia, que resultou em muitos produtos químicos, é apenas uma das excitantes áreas de pesquisa na interface química–biologia.

O ferro do grupo heme está no estado de oxidação +2 (ferroso) e ele forma uma ligação coordenada com um nitrogênio do grupo imidazol da histidina da cadeia polipeptídica. Isso deixa uma valência do íon ferroso livre para se combinar com o oxigênio, como se segue:

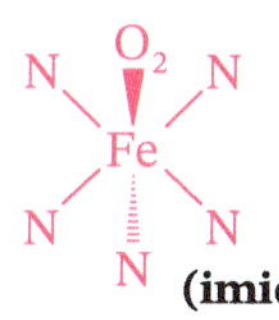

(imidazol)

Uma parte da hemoglobina oxigenada

O fato de o íon ferroso do grupo heme se combinar com o oxigênio não é particularmente notável; muitos compostos similares fazem a mesma coisa. O que é notável a respeito da hemoglobina é que, quando o grupo heme se combina com o oxigênio, o íon ferroso não se torna facilmente oxidável ao estado férrico. Por exemplo, estudos com compostos heme modelo em água mostram que eles se combinam rapidamente com o oxigênio, mas também o ferro sofre uma rápida oxidação, de Fe^{2+} a Fe^{3+}. Entretanto, quando esses compostos são incorporados ao ambiente hidrofóbico de uma resina de poliestireno, o ferro é facilmente oxigenado e desoxigenado, e isso ocorre *sem variação do número de oxidação do ferro.* Nesse aspecto, é especialmente interessante observar que estudos com raios X da hemoglobina revelaram que as cadeias polipeptídicas fornecem a cada grupo heme um ambiente hidrofóbico similar.

24.13 Purificação e Análise de Polipeptídeos e Proteínas

24.13A Purificação

Existem muitos métodos utilizados para purificar polipeptídeos e proteínas. A escolha dos métodos específicos depende da fonte da proteína (isolamento de uma fonte natural ou síntese química), de suas propriedades físicas, incluindo o ponto isoelétrico (p*I*) e da quantidade da proteína em mãos. Os métodos de purificação inicial podem envolver precipitação, várias formas de cromatografia em coluna e eletroforese. A CLAE, talvez o método final mais importante para a purificação de peptídeos, é utilizada para purificar tanto peptídeos gerados a partir de sínteses automatizadas quanto peptídeos e proteínas isoladas de fontes naturais.

24.13B Análise

Vários parâmetros são utilizados para caracterizar polipeptídeos e proteínas. Um dos mais fundamentais é a massa molecular. A eletroforese em gel pode ser utilizada para medir a massa molecular aproximada de uma proteína. A eletroforese em gel envolve a migração de um peptídeo ou de uma proteína dissolvida em um tampão através de um gel polimérico poroso sob a influência de um campo elétrico de alta voltagem. O tampão utilizado (tipicamente com pH em torno de 9) impõe uma carga global negativa à proteína de tal forma que ela migra na direção do terminal carregado positivamente. A velocidade de migração depende da carga global e do tamanho da proteína, bem como do tamanho médio do poro do gel. A massa molecular da proteína é inferida pela comparação entre a distância percorrida através do gel pela proteína de interesse e as distâncias de migração de proteínas de massas moleculares conhecidas utilizadas como padrões internos. A versão dessa técnica chamada de SDS-PAGE (sigla em inglês para eletroforese em gel de poliacrilamida–sulfato de dodecilsódio) permite determinações de massas moleculares de proteínas com uma exatidão de 5–10%.

A espectrometria de massa pode ser utilizada para determinar a massa molecular de um peptídeo com exatidão e precisão muito altas. Anteriormente abordamos a espectrometria de massa no contexto do sequenciamento de proteínas. Agora consideraremos os aspectos práticos de como as moléculas com massas moleculares muito elevadas, como as proteínas, podem ser transferidas para a fase gasosa para análise por espectrometria de massa. Isso é necessário, naturalmente, independentemente de a análise focar no sequenciamento do peptídeo ou na análise molecular completa. Como visto no Capítulo 9, pequenas moléculas orgânicas podem ser vaporizadas simplesmente sob alto vácuo e aquecimento. As espécies de massa molecular elevada não podem ser transferidas para a fase gasosa apenas com aquecimento e vácuo. Felizmente, foram desenvolvidas técnicas muito eficientes para a geração de íons na fase gasosa a partir de moléculas grandes sem destruição da amostra.

> **PRÊMIO NOBEL**
>
> **Um quarto do Prêmio Nobel de Química de 2002 foi concedido a John B. Fenn pelo desenvolvimento da espectrometria de massa ESI. Outro quarto do prêmio foi concedido a Koichi Tanaku pelos descobrimentos que levaram à ionização por dessorção de matriz assistida por *laser* (MALDI, veja adiante).**

Um método de ionização é a ionização por eletrospray (ESI, Fig. 24.23), onde uma solução de um peptídeo (ou outro analito) em um solvente volátil contendo um traço de ácido é nebulizada, através de um nebulizador de alta voltagem, dentro de uma câmara de vácuo de um espectrômetro de massa. O ácido no solvente gera íons através da protonação de sítios básicos de Lewis no interior do analito. Os peptídeos são normalmente protonados várias vezes. Uma vez injetado através do nebulizador de alta voltagem para dentro da câmara de vácuo, as moléculas do solvente separam-se dos íons da amostra (Fig. 24.23*a*), e os íons dirigem-se para o analisador de massas (Fig. 24.23*b*). O analisador de massas detecta os íons do analito de acordo com o tempo de voo deles e registra suas razões carga–massa (*m/z*) (Fig. 24.23*c*). Cada pico exibido no espectro de massa representa a massa molecular de um íon dividida pelo número de cargas positivas que ele contém. A partir dessa série de picos *m/z*, a massa molecular da amostra é calculada por meio de um processo computadorizado chamado de deconvolução. Um exemplo de um espectro obtido a partir desse processo, indicando uma massa molecular de 46.360 unidades de massa atômica (dáltons), está mostrado na Fig. 24.23*d*.

Caso se queira a fragmentação das moléculas da amostra, ela pode ser provocada pela dissociação induzida por colisão (CID, Seção 24.5E). Nesse caso, a espectrometria de massa tandem (sequencial) é necessária, porque o primeiro analisador de massa no sistema é utilizado para selecionar os fragmentos do peptídeo a partir da CID com base em suas massas globais, enquanto o segundo analisador de massas no sistema registra o espectro do fragmento de peptídeo selecionado. Os fragmentos múltiplos obtidos no procedimento de CID podem ser analisados dessa forma. O espectro final para cada fragmento de peptídeo selecionado tem uma aparência típica de uma família de íons, como mostrado na Fig. 24.23.

A espectrometria de massa com ionização por eletrospray (ESI-EM) é particularmente poderosa quando combinada com a CLAE, porque as duas técnicas podem ser utilizadas em sequência. Com tal instrumento o efluente do CLAE é introduzido diretamente em um espectrômetro de massa ESI. Assim, a separação cromatográfica de peptídeos em uma mistura e a informação estrutural direta sobre cada um deles são possíveis por meio dessa técnica.

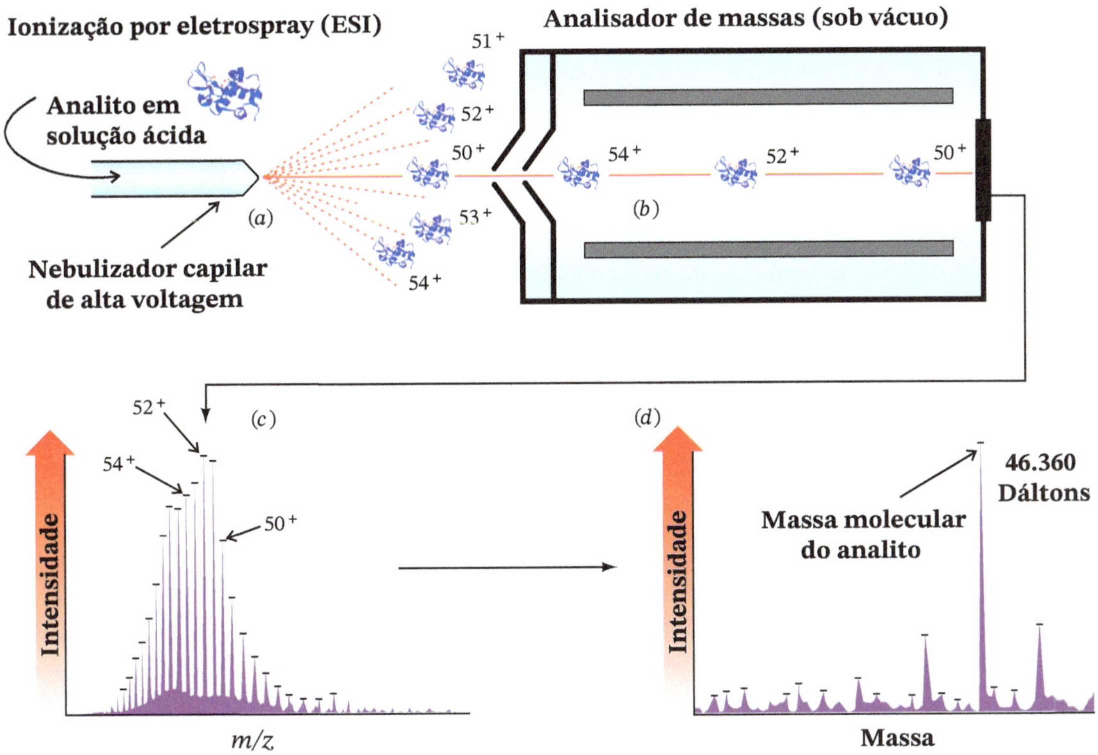

FIGURA 24.23 Espectrometria de massa de ionização por eletrospray (ESI). (*a*) Íons do analito, protonados várias vezes por um sistema solvente ácido, são nebulizados através de um nebulizador de alta voltagem para dentro de uma câmara de vácuo (o diagrama não está em escala). As moléculas do solvente evaporam. Os íons do analito com carga múltipla são dirigidos para dentro do analisador de massas. (*b*) Os íons do analito são separados e detectados no analisador de massas. (*c*) A família dos íons detectados é exibida em um espectro de acordo com a razão *m*/*z*. (*d*) A deconvolução computadorizada da série de picos *m*/*z* leva à massa molecular do analito.

Outro método para a ionização de moléculas não voláteis é a MALDI (ionização por dessorção de matriz assistida por *laser*, Seção 9.15). A energia do bombardeamento de *laser* de uma amostra adsorvida em uma matriz química sólida leva à geração de íons em fase gasosa que são detectados pelo espectrômetro de massa. Tanto a MALDI quanto o ESI são técnicas de ionização comuns para a análise de biopolímeros.

24.14 Proteômica

A proteômica e a genômica são dois campos que têm florescido em anos recentes. A **proteômica** se relaciona com o estudo de todas as proteínas que estão expressas em uma célula em determinado momento. A **genômica** (Seções 25.1 e 25.9) foca o estudo do conjunto completo de instruções genéticas em um organismo. Enquanto o genoma mantém as instruções para fabricar proteínas, são as proteínas que realizam a grande maioria das funções nos sistemas vivos. Não obstante, comparadas às dezenas de milhares de proteínas codificadas pelo genoma, sabemos a estrutura e a função de apenas uma porcentagem relativamente pequena de proteínas no proteoma. Por essa razão, o campo da proteômica adquiriu um novo nível de importância desde que o sequenciamento do genoma humano foi completado. Muitos desenvolvimentos em potencial nos cuidados com a saúde e na medicina dependem agora da identificação da enorme quantidade de proteínas que estão expressas em uma célula em determinado momento, juntamente com a elucidação de suas estruturas e funções bioquímicas. Novas ferramentas para o diagnóstico médico e alvos para o desenvolvimento de medicamentos indubitavelmente surgirão a uma velocidade crescente à medida que o campo da proteômica avança.

Um dos desafios básicos na proteômica é simplesmente a separação de todas as proteínas presentes em um extrato celular. O próximo desafio é a identificação daquelas proteínas que foram separadas. A separação das proteínas em extratos celulares foi classicamente realizada utilizando-se a eletroforese em gel bidimensional de poliacrilamida (2D PAGE). Na 2D PAGE a mistura de proteínas extraídas de um organismo é separada em uma dimensão do gel pelo ponto isoelétrico (técnica chamada de focalização isoelétrica), e, na segunda dimensão, pela massa molecular. O resultado é um conjunto de pontos no campo do gel bidimensional que representa a localização das proteínas separadas. Os pontos de proteínas no gel podem, então, ser extraídos e analisados pela espectrometria de massa ou outros métodos, seja como proteínas inteiras, seja como produtos de digestão enzimática. A comparação dos resultados da espectrometria de massa com os bancos de dados de espectrometria de massa de proteínas permite a identificação de muitas das proteínas separadas pelo gel.

No entanto, existem limitações para a separação de proteína por 2D PAGE. Nem todas as proteínas são sensíveis ao 2D PAGE devido ao seu tamanho, carga, ou propriedades específicas. Além disso, mais de uma proteína pode migrar para o mesmo ponto, caso seus pontos isoelétricos e massas moleculares sejam similares. Finalmente, o 2D PAGE tem limites inerentes de detecção que podem fazer com que algumas proteínas em concentração baixa não sejam detectadas.

Um melhoramento no que se refere ao 2D PAGE envolve a CLAE bidimensional com coluna microcapilar acoplada à espectrometria de massa (veja a **Fig. 24.24**). Nessa técnica chamada de MudPIT (sigla em inglês para tecnologia multidimensional de identificação de proteínas, desenvolvida por John Yates e colaboradores no Scripps Research Institute), emprega-se uma coluna microcapilar de CLAE empacotada inicialmente com uma resina de troca catiônica fortemente ácida e, então, com um material de fase reversa (hidrofóbico). Os dois materiais de empacotamento utilizados em sequência e com diferentes propriedades de resolução representam o aspecto bidimensional dessa técnica. Uma mistura de peptídeos é introduzida na coluna microcapilar e eluída com gradientes de solvente e pH ao longo de uma sequência de etapas automatizadas. À medida que os peptídeos separados são eluídos da coluna, eles passam diretamente para um espectrômetro de massa. Os dados espectrométricos obtidos para cada proteína representam uma identidade que permite a confirmação da proteína por comparação com um banco de dados de espectrometria de massa de proteínas. A técnica de 2D CLAE acoplada à espectrometria de massa é inerentemente mais sensível e de aplicação mais geral do que o 2D PAGE. Um exemplo marcante da sua utilização é a identificação por Yates e colaboradores de aproximadamente 1500 proteínas do proteoma da *Saccharomyces cerevisiae* (levedura de panificação) em uma única análise integrada.

Além da identificação das proteínas, a determinação quantitativa das quantidades das várias proteínas que estão representadas é também importante na proteômica. Várias doenças ou condições ambientais experimentadas por uma célula podem influenciar a quantidade de algumas proteínas que estão representadas. O rastreamento quantitativo dessas variações como uma função do estado da célula pode ser relevante para estudos de doenças e desenvolvimento de terapias. Uma técnica utilizando reagentes chamada de identificação de afinidade codificada por isótopos (ICAT, desenvolvida na University of Washington) permite a análise quantitativa e a identificação de componentes em misturas complexas de proteínas. A análise por ICAT envolve a comparação por espectrometria de massa dos segmentos de proteína marcados isotopicamente e não marcados que foram isolados por cromatografia de afinidade e purificados por CLAE com coluna microcapilar.

Lado a lado com a identificação e a quantificação de proteínas permanece a necessidade de determinar as estruturas tridimensionais completas dessas proteínas. Embora milhares de proteínas estejam codificadas no genoma, apenas uma quantidade relativamente pequena delas foi estudada com profundidade em termos de estrutura detalhada e função. Assim, a determinação completa da estrutura continuará a ser crucial para o campo da proteômica. A cristalografia de raios X, a espectroscopia de RMN e a espectrometria de massas são ferramentas-chave que serão aplicadas ainda mais intensamente à medida que se amplia a busca da elucidação da maior quantidade possível de estruturas na proteômica.

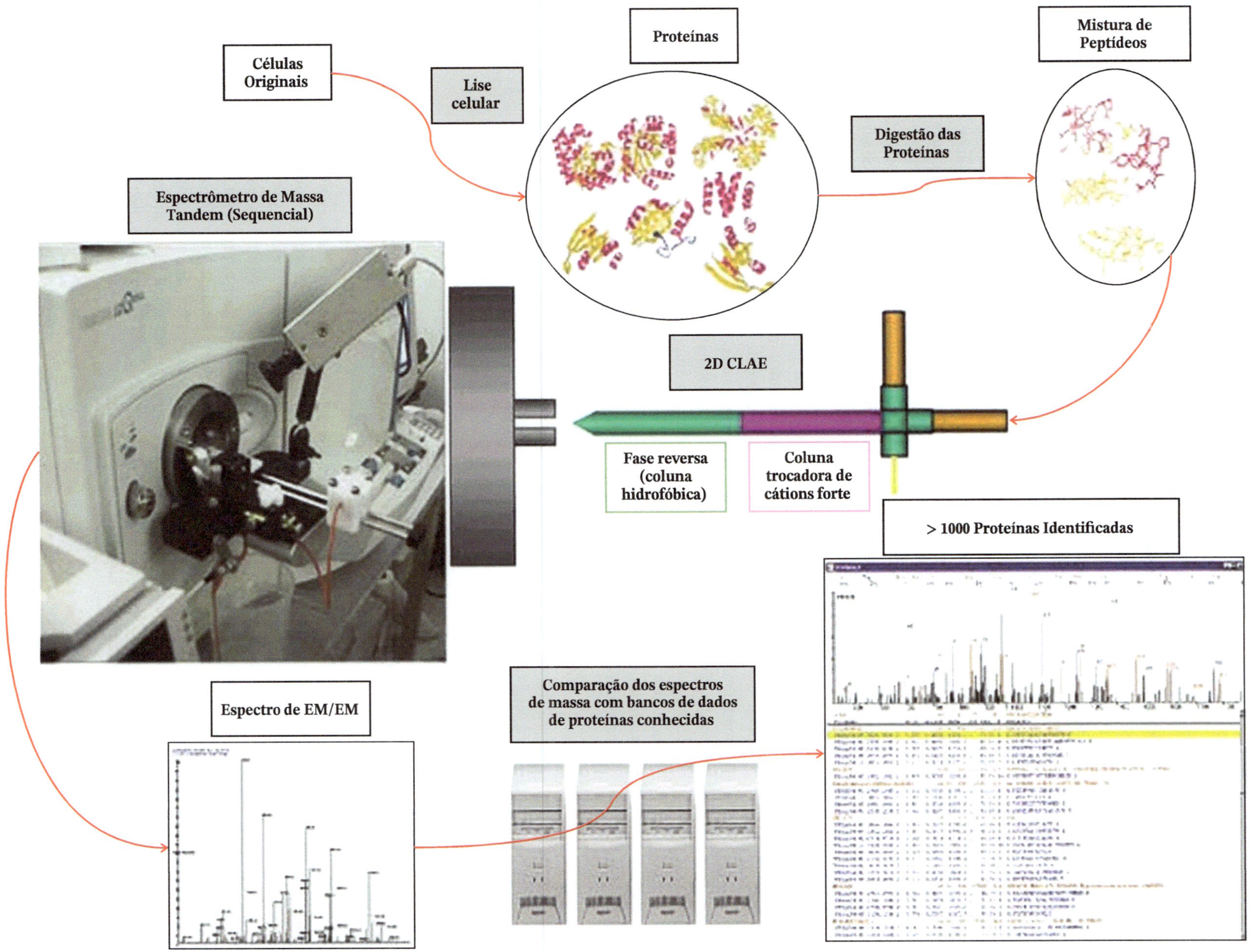

FIGURA 24.24 Processo altamente acoplado de tecnologia multidimensional de identificação de proteínas (MudPIT). (Reimpressa de *International Journal for Parasitology*, 4 de dezembro, 32(13), Carucci, D. J.; Yates, J. R. 3rd; Florens, L.; *Exploring the Proteome of Plasmodium*, p. 1539–1542, Copyright 2002, com permissão da Elsevier.)

Por que Esses Tópicos São Importantes?

Vida com Mais do que 20 Aminoácidos?

Embora os 20 principais aminoácidos que constituem as proteínas humanas produzam uma seleção ampla e diversa de moléculas funcionais, uma questão natural seria por que apenas 20 aminoácidos? Por que não mais? Por que não menos? Além disso, se 20 é o número mágico, então, por que os específicos 20 aminoácidos que nós utilizamos? Trata-se de perguntas muito intrigantes. Apesar dos aminoácidos das proteínas incluírem um vasto leque de espécies apolares, polares e totalmente carregadas, sem dúvida muitas delas não são muito diferentes umas das outras. Por exemplo, a leucina e a isoleucina diferem na localização de um grupo metila, enquanto a valina e a leucina ou a serina e a treonina ou a asparagina e a glutamina diferem apenas por um átomo de carbono. Pequenas variações podem frequentemente levar a profundas diferenças, conforme vimos nos capítulos passados, mas esses ácidos não parecem ser tão diversos como poderiam ser. Enfim, pode ser que nunca saibamos as respostas para essas perguntas intrigantes, considerando-se que são amplamente filosóficas.

Contudo, o conhecimento atual de sistemas bioquímicos e de técnicas analíticas pode nos permitir sua exploração a partir de uma perspectiva ligeiramente diferente. Ou seja, como seria a vida com um código genético expandido – isto é, com aminoácidos adicionais somados às proteínas da vida. Na verdade, nos últimos anos os químicos foram capazes de utilizar sistemas bioquímicos nativos, bem como moléculas de tRNA desenvolvidas em laboratório (as quais vamos abordar no Capítulo 25) para levar muitos aminoácidos exclusivos para o interior das proteínas de interesse em qualquer ponto específico desejado em uma série de diferentes células, inclusive as da levedura, de alguns mamíferos e de bactérias como a *E. coli*. Alguns dos aminoácidos não naturais são apresentados a seguir. Eles incluem aqueles com metais exclusivos (como o selênio), grupos funcionais reativos (como a cetona ou uma azida) que podem ser empregados para química adicional, e um ácido borônico que pode ser utilizado para se ligar covalentemente a determinados açúcares. Esses aminoácidos sintéticos são todos derivados da fenilalanina, mas muitas outras estruturas-mãe de aminoácidos também podem ser usadas.

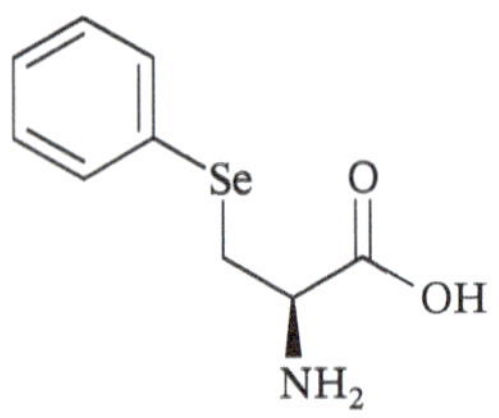

Metal exclusivo; tiofílico

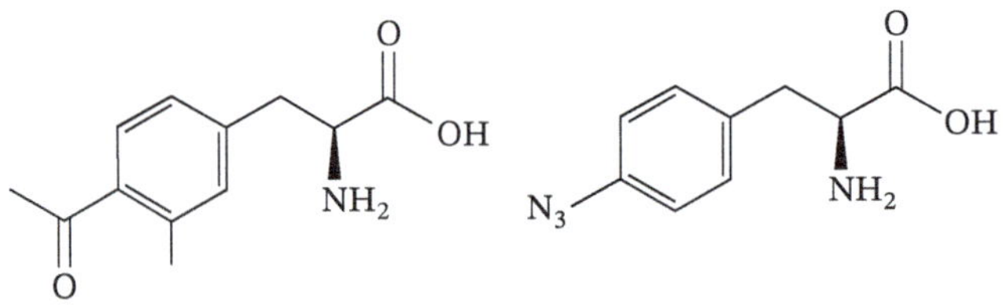

Contém grupos reativos para marcar proteínas

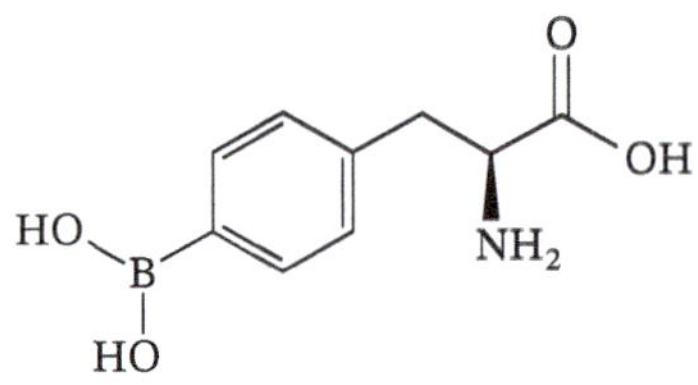

Podem se ligar a determinados carboidratos

Essas modificações permitem a alteração de um aminoácido no sítio ativo de uma enzima, interrompendo ou variando, dessa maneira, sua função. Esse evento possibilita a determinação do mecanismo potencial de ação da enzima e/ou a observação de efeitos posteriores como resultado da alteração. Em outros casos, um grupo reativo permitiu aos químicos realizar experimentos com marcação e observar o que uma proteína podia concretizar em resposta a um estímulo externo. Ainda nos resta ver se formas de vida que têm todo o maquinário para incorporar tais aminoácidos adicionais em uma base prolongada podem ou não ser geradas, mas certamente a capacidade de levar esses aminoácidos não naturais para o interior das proteínas levou à riqueza de novo e valioso conhecimento. Na realidade, sem essa capacidade, em alguns casos, não haveria nenhuma outra forma de examinar a função de certas proteínas.

Para saber mais sobre esses tópicos, consulte:

1. Xie, J.; Schultz, P.G. "Adding amino acids to the genetic repertoire" in *Current Opinion in Chemical Biology* **2005**, 9, 548–554.
2. Wang, Q; Parrish, A.R.; Wang, L. "Expanding the genetic code for biological studies." *Chem. Biol.* **2009**, 16, 323–336.
3. Wang, L.; Brock, A.; Herberich, B.; Schultz, P. G. "Expanding the Genetic Code of Escherichia coli." *Science* **2001**, *292*, 498–500.
4. Brustad, E.; Bushey, M. L.; Lee, J. W.; Groff, D.; Liu, W.; Schultz, P. G. "A Genetically Encoded Boronate Amino Acid." *Angew. Chem. Int. Ed.* **2008**, *47*, 8220–8223.

Resumo e Ferramentas de Revisão

As ferramentas de estudo para o presente capítulo incluem termos e conceitos fundamentais, que são realçados ao longo do capítulo em **negrito azul** e estão definidos no glossário (ao fim de cada volume).

Problemas

Estrutura e Reatividade

24.17 (a) Que aminoácidos na Tabela 24.1 têm mais de um centro quiral?

(b) Escreva as projeções de Fischer para os isômeros de cada um desses aminoácidos que têm a configuração L no carbono α.

(c) Que tipos de isômeros você desenhou em cada caso?

24.18 (a) Que produto você espera obter a partir do tratamento da tirosina com excesso de água de bromo?

(b) Que produto você espera que seja formado na reação da fenilalanina com etanol na presença de cloreto de hidrogênio?

(c) Que produto você espera que seja formado na reação da alanina com cloreto de benzoíla em solução aquosa de base?

24.19 (a) Com base na seguinte sequência de reações, Emil Fischer foi capaz de mostrar que a L-(−)-serina e a L-(+)-alanina têm a mesma configuração. Escreva as projeções de Fischer para os intermediários **A–C**:

$$(-)\text{-Serina} \xrightarrow[\text{CH}_3\text{OH}]{\text{HCl}} \mathbf{A}\,(C_4H_{10}ClNO_3) \xrightarrow{PCl_5} \mathbf{B}\,(C_4H_9Cl_2NO_2) \xrightarrow[(2)\ \text{HO}^-]{(1)\ \text{H}_3\text{O}^+,\ \text{H}_2\text{O},\ \text{aquecimento}} \mathbf{C}\,(C_3H_6ClNO_2) \xrightarrow[\text{H}_3\text{O}^-\ \text{diluído}]{\text{Na-Hg}} \text{L-}(+)\text{-alanina}$$

(b) A configuração da L-(+)-cisteína pode ser relacionada com aquela da L-(−)-serina através das seguintes reações. Escreva as projeções de Fischer para **D** e **E**:

$$\mathbf{B}\ (\text{da parte a}) \xrightarrow{\text{HO}^-} \mathbf{D}\,(C_4H_8ClNO_2) \xrightarrow{\text{NaSH}} \mathbf{E}\,(C_4H_9NO_2S) \xrightarrow[(2)\ \text{HO}^-]{(1)\ \text{H}_3\text{O}^+,\ \text{H}_2\text{O},\ \text{aquecimento}} \text{L-}(+)\text{-cisteína}$$

(c) A configuração da L-(−)-asparagina pode ser relacionada com a configuração da L-(−)-serina da maneira a seguir. Qual é a estrutura de **F**?

$$\text{L-}(-)\text{-Asparagina} \xrightarrow[\text{Rearranjo de Hofmann}]{\text{NaOBr/HO}^-} \mathbf{F}\,(C_3H_7N_2O_2)$$

$$\mathbf{C}\ (\text{da parte a}) \xrightarrow{\text{NH}_3} \mathbf{F}$$

24.20 (a) O ácido DL-glutâmico pode ser sintetizado a partir do acetamidomalonato de dietila da seguinte maneira. Esboce as reações envolvidas.

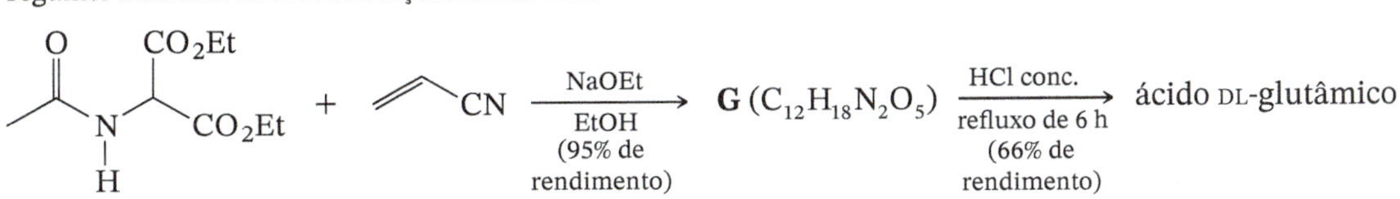

Acetamidomalonato de dietila

(b) O composto **G** também é utilizado para preparar o aminoácido DL-ornitina através da rota seguinte. Esboce as reações envolvidas.

$$\mathbf{G}\,(C_{12}H_{18}N_2O_5) \xrightarrow[\substack{68\ °\text{C, 1000 psi} \\ (90\%\ \text{de rendimento})}]{\text{H}_2,\ \text{Ni}} \mathbf{H}\,(C_{10}H_{16}N_2O_4,\ \text{uma}\ \delta\text{-lactama}) \xrightarrow[\substack{\text{refluxo de 4 h} \\ (97\%\ \text{de rendimento})}]{\text{HCL conc.}} \text{cloridrato de DL-ornitina}\ (C_5H_{13}ClN_2O_2)$$

(A L-ornitina é um aminoácido de ocorrência natural, mas não aparece em proteínas. Em uma via metabólica a L-ornitina funciona como um precursor para a L-arginina.)

24.21 O ácido poliglutâmico sintético existe como uma hélice α em solução de pH 2–3. Quando o pH dessa solução é gradativamente aumentado através da adição de uma base, ocorre uma variação brutal na rotação ótica em pH 5. Essa variação foi associada ao desdobramento da hélice α e à formação de uma espiral aleatória. Qual a característica estrutural do ácido poliglutâmico e qual a mudança química que você pode sugerir como uma explicação para essa transformação?

Sequenciamento de Peptídeos

24.22 A bradicinina é um nonapeptídeo liberado pelas globulinas do plasma sanguíneo em resposta a uma ferroada de vespa. É um agente provocador de dor muito potente. Seus aminoácidos constituintes são 2R, G, 2F, 3P, S. A utilização do 2,4-dinitrofluorobenzeno e da carboxipeptidase mostra que ambos os aminoácidos terminais correspondem à arginina. A hidrólise ácida parcial da bradicinina fornece os seguintes di e tripeptídeos:

$$\text{FS} + \text{PGF} + \text{PP} + \text{SPF} + \text{FR} + \text{RP}$$

Qual é a sequência de aminoácidos da bradicinina?

24.23 A hidrólise completa de um heptapeptídeo mostrou que ele tem os seguintes aminoácidos constituintes:

$$2\text{A, E, L, K, F, V}$$

Deduza a sequência de aminoácido deste heptapeptídeo a partir dos seguintes dados.

1. O tratamento do heptapeptídeo com 2,4-dinitrofluorobenzeno seguido de hidrólise incompleta forneceu, dentre outros produtos: valina marcada no grupo α-amino, lisina marcada no grupo ε-amino, e um dipeptídeo, DNP–VL (DNP = 2,4-dinitrofenila-).
2. A hidrólise do heptapeptídeo com carboxipeptidase forneceu uma concentração inicial elevada de alanina, seguida de um aumento da concentração de ácido glutâmico.
3. A hidrólise enzimática parcial do heptapeptídeo forneceu um dipeptídeo **(A)** e um tripeptídeo **(B)**.
   (a) O tratamento de **A** com 2,4-dinitrofluorobenzeno seguido de hidrólise forneceu leucina marcada com DNP e lisina marcada apenas no grupo ε-amino.
   (b) A hidrólise completa de **B** forneceu fenilalanina, ácido glutâmico e alanina. Quando **B** reagiu com carboxipeptidase, a solução mostrou uma concentração inicial elevada de ácido glutâmico. O tratamento de **B** com 2,4-dinitrofluorobenzeno seguido de hidrólise produziu fenilalanina marcada.

Problema de Desafio

24.24 Parte da evidência para a restrição de rotação em torno da ligação carbono–nitrogênio em uma ligação peptídica (veja a Seção 24.8A) vem de estudos de RMN de ^{1}H feitos com amidas simples. Por exemplo, à temperatura ambiente, o espectro de RMN de ^{1}H da *N,N*-dimetilformamida, $(CH_3)_2NCHO$, mostra um dupleto em 2,80 ppm (3H), um dupleto em 2,95 ppm (3H), e um multipleto em 8,05 ppm (1H). Quando o espectro é determinado em um campo magnético mais fraco, os dupletos são deslocados de tal forma que a distância (em hertz) que separa um dupleto do outro é menor. Quando a temperatura na qual o espectro é determinado aumenta, os dupletos persistem até atingir a temperatura de 111 °C; então, os dupletos coalescem, tornando-se um sinal único. Explique em detalhes como essas observações são consistentes com a existência de uma barreira relativamente grande para a rotação em torno da ligação carbono–nitrogênio da DMF.

Problemas para Trabalho em Grupo

1. A enzima lisozima e o seu mecanismo são descritos na Seção 24.10. Utilizando a informação lá apresentada (e, talvez, juntamente com informações adicionais de um livro-texto de bioquímica), prepare notas para uma apresentação em sala de aula sobre o mecanismo da lisozima.

2. A quimotripsina é um membro da classe das enzimas serino proteases. O seu mecanismo de ação está descrito na Seção 24.11. Utilizando as informações lá apresentadas (e, talvez, complementadas por informações de um livro-texto de bioquímica), prepare notas para uma apresentação em sala de aula sobre o mecanismo da quimotripsina. Leve em consideração especialmente o papel da "tríade catalítica" em relação à catálise ácido–base e a tendência relativa de vários grupos a atuar como nucleófilos ou grupos de saída.

Alfred Pasieka/Science Source

Ácidos Nucleicos e Síntese de Proteínas

Até o momento, estudamos duas classes de macromoléculas biológicas – carboidratos e proteínas. Agora é hora de voltar nossa atenção para os ácidos nucleicos e os biopolímeros conhecidos como ácido desoxirribonucleico (DNA) e ácido ribonucleico (RNA). O DNA determina a identidade e as características de todos os seres vivos. É a biblioteca que contém todas as informações necessárias para construir e replicar um organismo. O RNA, por outro lado, pega informações da biblioteca do DNA (RNA mensageiro), transfere os blocos de construção das proteínas (RNA de transferência) e catalisa a síntese de proteínas (RNA ribossômico).

Neste capítulo, estudaremos os detalhes das estruturas do DNA e do RNA. Embora o DNA e o RNA sejam semelhantes em vários aspectos, seus nomes escondem uma diferença sutil, mas muito importante. O DNA não possui um grupo hidroxila em C2 em seus anéis de ribose, enquanto o RNA contém esse grupo hidroxila. Essa dicotomia estrutural leva, em última análise, a diferentes níveis de estabilidade química: alta estabilidade para o DNA – exatamente o que gostaríamos para o nosso arquivo de biblioteca –, mas uma menor estabilidade para o RNA.

Outra diferença importante entre o DNA e o RNA é que a concentração de DNA permanece estável em uma célula, enquanto o RNA mensageiro (RNAm) é produzido conforme a necessidade para a síntese de proteínas. Quando a necessidade celular de determinada proteína aumenta, o nível de RNAm necessário para a tradução nessa proteína aumenta. Mas existe uma função celular para o RNAm que não é típica: o uso de RNAm em vacinas. No caso da covid-19, a vacinação com RNAm que codifica a proteína *spike* do coronavírus faz com que as células gerem anticorpos que protegem contra o vírus da covid-19, sem que essa pessoa nunca tenha sido infectada pela covid-19. E, como sabemos, essa utilização do RNAm para salvar vidas teve profundas consequências em todo o mundo. Outras vacinas de RNAm também têm grande potencial contra vírus como o da gripe e o da zika.

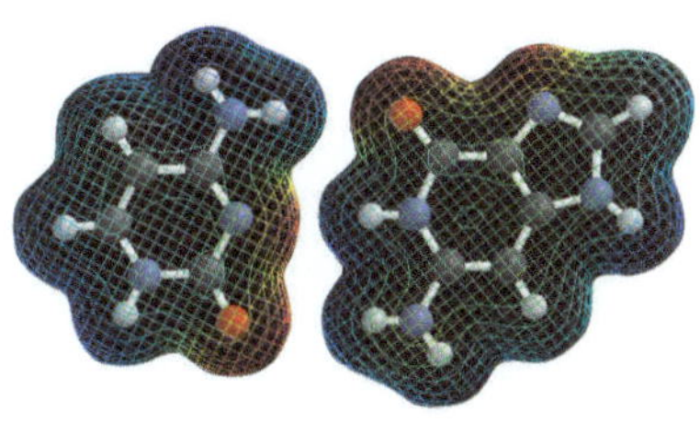

Um par de bases guanina-citosina

NESTE CAPÍTULO, VAMOS ESTUDAR:

- As estruturas dos ácidos nucleicos e os métodos para sua síntese em laboratório
- As estruturas primária e secundária do DNA
- RNA e suas funções em síntese de proteínas
- Métodos de sequenciamento de DNA

POR QUE ESSES TÓPICOS SÃO IMPORTANTES?

A síntese e a análise rápidas do DNA são fundamentais para muitos avanços médicos. Com o uso da química envolvendo corantes fluorescentes, isótopos radioativos, enzimas, eletroforese em gel e um processo chamado reação em cadeia da polimerase (RCP), que rendeu ao seu inventor o Prêmio Nobel de Química de 1993, atualmente é fácil e rotineiro sintetizar milhões de cópias de DNA a partir de uma única molécula desse DNA, bem como sequenciá-lo de forma rápida e conveniente. Para entender como esses processos incríveis funcionam, precisamos entender essa classe final de biomoléculas com muito mais detalhes. Mostraremos não somente como funciona a reação RCP, mas, também, no fim deste capítulo, como os químicos desenvolveram e conceberam pequenas moléculas que, com a ligação de hidrogênio, têm a capacidade de ligar seletivamente qualquer sequência de DNA específica desejada. Através dessa técnica, os químicos podem potencialmente direcionar a molécula de uma droga seletivamente para qualquer parte de uma molécula de DNA que poderia ser crítica para o tratamento de uma doença.

25.1 Introdução

O **ácido desoxirribonucleico (DNA)** e o **ácido ribonucleico (RNA)** são moléculas que contêm as informações genéticas nas células. O DNA é o arquivo molecular contendo as instruções para a síntese de proteínas. As moléculas de RNA transcrevem e traduzem as informações do DNA para a mecânica de síntese de proteínas. O armazenamento da informação genética, a sua passagem de geração para geração e a utilização da informação genética para criar as partes funcionais da célula dependem das estruturas do DNA e do RNA. Por essas razões, nossa atenção estará centrada nas estruturas e nas propriedades destes **ácidos nucleicos** e de seus componentes, nucleotídeos e nucleosídeos.

O DNA é um polímero biológico composto por duas fitas moleculares unidas através de ligações de hidrogênio. A sua estrutura como um todo corresponde a uma escada torcida com uma espinha dorsal de unidades alternadas de açúcar e de fosfato, e os degraus são formados por pares de bases de aminas heterocíclicas unidas por ligações de hidrogênio (**Fig. 25.1**). As moléculas de DNA são polímeros muito longos. Se o DNA de uma única célula humana fosse extraído e esticado de ponta a ponta, ele teria aproximadamente um metro de comprimento. Entretanto, para inserir o DNA dentro da região microscópica de um núcleo de uma célula, ele é enrolado inúmeras vezes e agrupado nos 23 pares de cromossomos com os quais estamos familiarizados a partir das fotografias de microscopia eletrônica.

Quatro tipos de bases heterocíclicas estão envolvidos nos degraus da escada do DNA, e é a sequência dessas bases que contém a informação para a síntese de proteínas. O DNA humano consiste em aproximadamente 3 bilhões de pares de bases. Em um esforço que se tornou um marco na história da ciência, um esboço do trabalho da sequência dos 3 bilhões de pares de base no genoma humano foi anunciado no ano 2000. Uma versão final foi anunciada em 2003, por ocasião do 50º aniversário da determinação da estrutura do DNA.

- Cada seção do DNA que codifica uma determinada proteína é denominada **gene**.
- O conjunto de todas as informações genéticas codificadas pelo DNA em um organismo é o seu **genoma**.

O número de genes no genoma humano não é conhecido com certeza, embora estimativas anteriores tenham indicado o intervalo entre 30.000 e 35.000. O conjunto de todas as

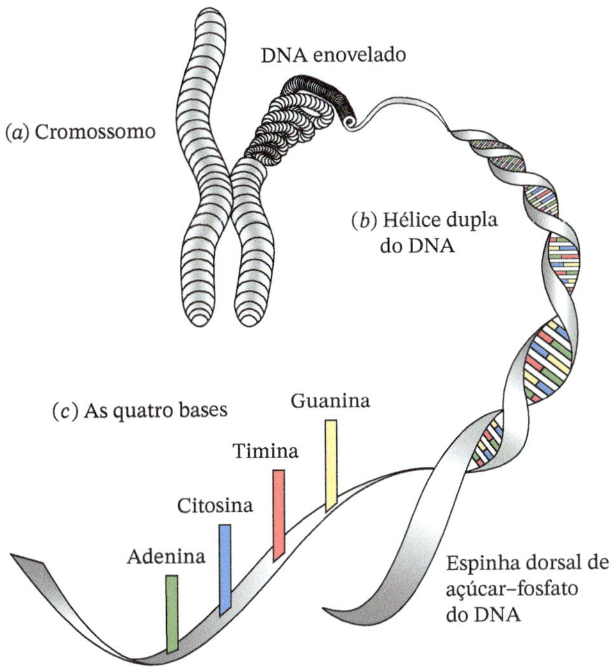

FIGURA 25.1 Fundamentos da genética. Cada célula no corpo humano (exceto as células dos glóbulos vermelhos) contém 23 pares de cromossomos. Os cromossomos são herdados: o pai e a mãe contribuem com um cromossomo por par para seus filhos. (*a*) Cada cromossomo é constituído de uma fita de DNA firmemente enrolada. Quando desenrolada, a estrutura do DNA revela (*b*) a familiar forma de hélice dupla torcida. Se desenharmos o DNA como uma escada torcida, as laterais, constituídas de moléculas de açúcar e fosfato, são unidas por (*c*) degraus constituídos de bases – aminas heterocíclicas. O DNA tem quatro, e apenas quatro, bases – adenina (A), timina (T), guanina (G) e citosina (C) – que formam pares interligados. A ordem das bases ao longo do comprimento da escada é chamada de sequência do DNA. No interior da sequência global estão os genes, os quais codificam a estrutura das proteínas. (*Science and Technology Review*, November 1996, "The Human Genome Project", https:// www.llnl.gov/str/Ashworth.html. Quando estas informações ou uma reprodução delas forem utilizadas, créditos devem ser dados para Linda Ashworth, à University of California, ao Lawrence Livermore National Laboratory e ao Departamento de Energia dos EUA, que patrocinaram o trabalho.)

proteínas codificadas no genoma de um organismo e manifestadas a qualquer momento corresponde ao seu **proteoma** (Seção 24.14). Alguns cientistas estimam que possam existir até um milhão de proteínas diferentes nas células de nossos vários tecidos – um número muito maior do que o número de genes no genoma, devido à união de genes durante a manifestação das proteínas e à modificação de proteína após a tradução.

Há uma grande esperança de que, uma vez sequenciado o genoma humano, seu conhecimento ampliará a identificação dos genes relacionados com as várias doenças (**Fig. 25.2**), e o estudo desses genes e das proteínas codificadas por eles produzirá inúmeros benefícios para a saúde e a longevidade humanas. A determinação da estrutura de todas as proteínas codificadas no genoma, o aprendizado de suas funções e a criação de terapêuticas moleculares baseadas na rápida expansão dessa base de conhecimento são alguns dos desafios fundamentais das pesquisas que se colocam para o futuro.

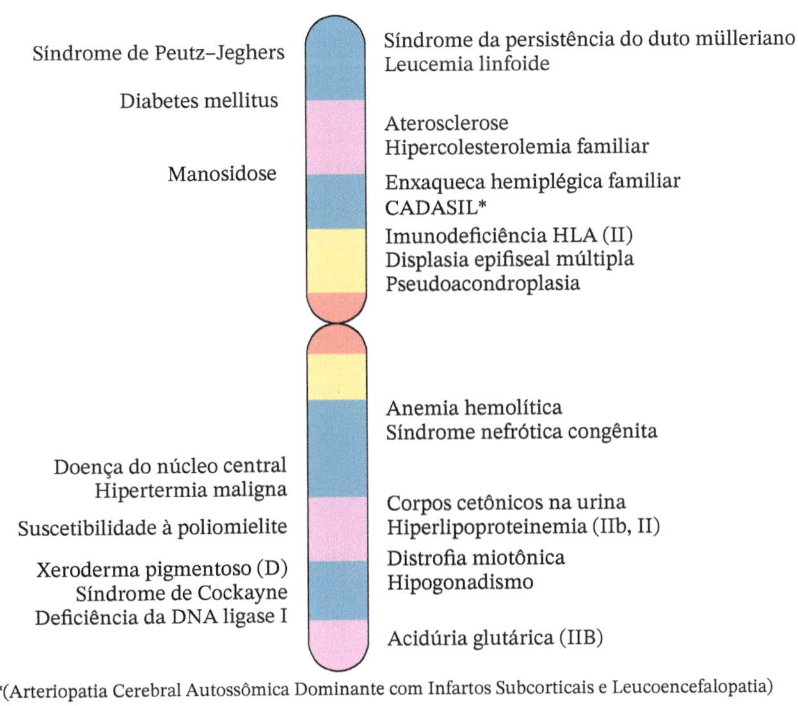

FIGURA 25.2 Uma representação esquemática da localização dos genes para doenças no cromossomo 19. (Do portal do Departamento de Energia, Joint Genome Institute (*http://www.jgi.doe.gov/whoweare/*). Créditos à University of California, ao Lawrence Livermore National Laboratory e ao Departamento de Energia dos EUA, que patrocinaram o trabalho.)

Vamos começar com um estudo das estruturas dos ácidos nucleicos. Cada uma de suas unidades monoméricas contém uma base (amina cíclica), um grupo carboidrato e um éster fosfato.

25.2 Nucleotídeos e Nucleosídeos

A degradação branda dos ácidos nucleicos produz unidades monoméricas chamadas de **nucleotídeos**. Uma fórmula geral para um nucleotídeo e a estrutura específica de um deles, chamado de ácido adenílico, são mostradas na **Fig. 25.3**.

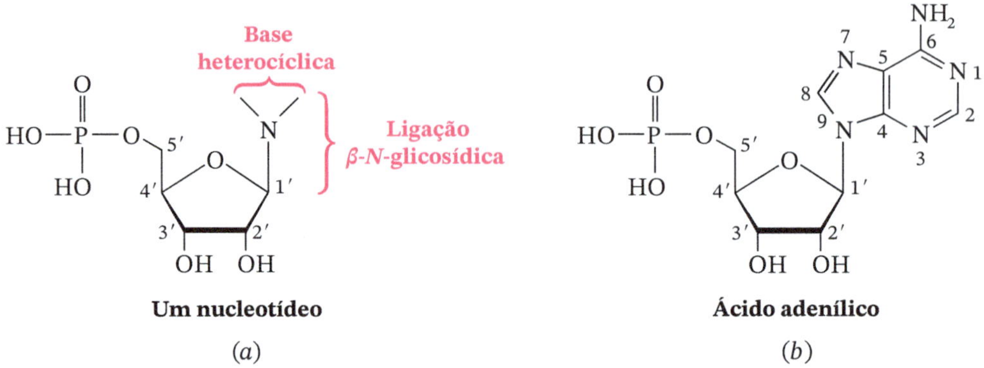

FIGURA 25.3 (*a*) Estrutura geral de um nucleotídeo obtido a partir do RNA. A base heterocíclica é uma purina ou pirimidina. *Nos nucleotídeos obtidos do DNA, o açúcar componente é a 2′-desoxi-D-ribose; isto é, o –OH na posição 2′ é substituído por –H.* O grupo fosfato do nucleotídeo é mostrado ligado ao carbono C5′; ele também pode se ligar ao carbono C3′. No DNA e no RNA uma ligação fosfodiéster une o carbono C5′ de um nucleotídeo ao carbono C3′de outro. A base heterocíclica está sempre ligada através de uma união *β-N*-glicosídica no carbono C1′. (b) Ácido adenílico, um nucleotídeo típico.

A hidrólise completa de um nucleotídeo fornece:

1. Uma base heterocíclica pertencente à família purina ou pirimidina.
2. Um monossacarídeo de cinco átomos de carbonos que pode ser tanto a D-ribose como a 2-desoxi-D-ribose.
3. Um íon fosfato.

A parte central do nucleotídeo é o monossacarídeo, e está sempre presente como um anel de cinco membros, ou seja, como um furanosídeo. A base heterocíclica de um nucleotídeo é ligada através de uma ligação *N*-glicosídica ao carbono C1′ da unidade ribose ou desoxirribose, e essa ligação é sempre *β*. O grupo fosfato de um nucleotídeo está presente na forma de um éster fosfato e pode estar ligado ao carbono C5′ ou ao carbono C3′. (Nos nucleotídeos, os átomos de carbono da parte monossacarídica são assinalados com números marcados com primo: 1′, 2′, 3′ etc.) A remoção do grupo fosfato de um nucleotídeo o converte em um composto conhecido como um **nucleosídeo** (Seção 22.15A).

- Todos os nucleosídeos que podem ser obtidos a partir do DNA contêm a 2-desoxi-D-ribose como seu açúcar componente e uma das quatro bases heterocíclicas: adenina, guanina, citosina ou timina:

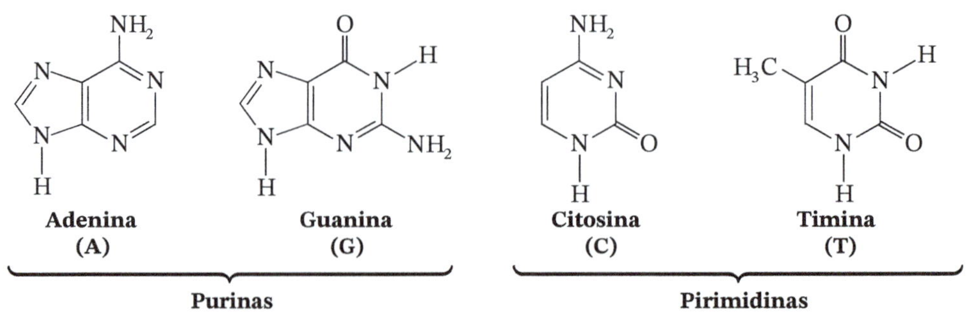

- Os nucleosídeos obtidos a partir do RNA contêm a D-ribose como seu açúcar componente e a adenina, guanina, citosina ou uracila como sua base heterocíclica.

A uracila substitui a timina no nucleosídeo (ou nucleotídeo) de RNA. Alguns nucleosídeos obtidos de formas especializadas de RNA podem também conter outras purinas e pirimidinas similares.

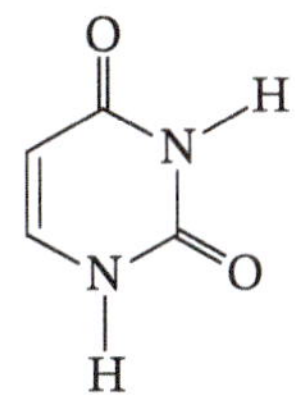

Uracila (uma pirimidina)

As bases heterocíclicas obtidas a partir dos nucleosídeos podem existir em mais de uma forma tautomérica. As formas que mostramos são as formas predominantes que as bases assumem quando elas estão presentes nos ácidos nucleicos.

Os nomes e as estruturas dos nucleosídeos encontrados no DNA são mostrados na **Fig. 25.4**; aqueles encontrados no RNA são apresentados na **Fig. 25.5**.

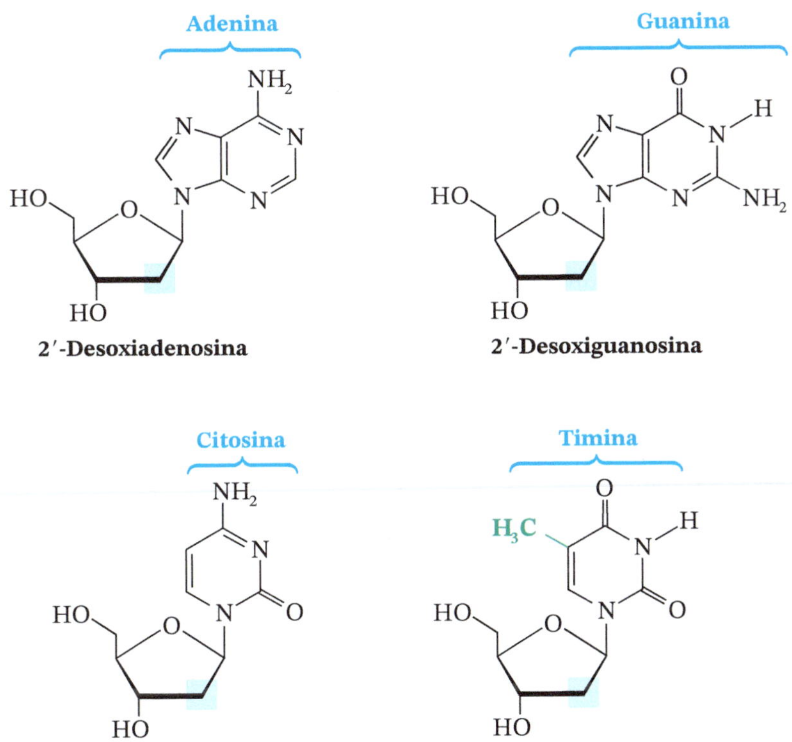

2′-Desoxiadenosina **2′-Desoxiguanosina** **2′-Desoxicitidina** **2′-Desoxitimidina**

FIGURA 25.4 Nucleosídeos que podem ser obtidos a partir do DNA. O DNA contém o açúcar 2′-desoxi-D-ribose quando a posição assinalada no quadrado azul é preenchida por um átomo de hidrogênio. O RNA (veja a Fig. 25.5) tem grupos hidroxila naquela posição. O RNA tem um hidrogênio onde existe um grupo metila na timina, que no RNA corresponde à base uracila (e o nucleosídeo uridina).

PROBLEMA DE REVISÃO 25.1

Escreva as estruturas de outras formas tautoméricas da adenina, da guanina, da citosina, da timina e da uracila.

PROBLEMA DE REVISÃO 25.2

Os nucleosídeos mostrados nas Figs. 25.4 e 25.5 são estáveis em solução aquosa de base diluída. Entretanto, em solução aquosa de ácido diluído, eles sofrem hidrólise rápida, produzindo um açúcar (desoxirribose ou ribose) e uma base heterocíclica.

(a) Que característica estrutural do nucleosídeo explica esse comportamento?

(b) Proponha um mecanismo razoável para a hidrólise.

Os nucleosídeos são nomeados de várias maneiras. Por exemplo, o ácido adenílico (Fig. 25.3) é normalmente chamado de AMP, referente à abreviatura em inglês de monofosfato de adenosina. A posição do grupo fosfato é algumas vezes explicitada através do emprego dos

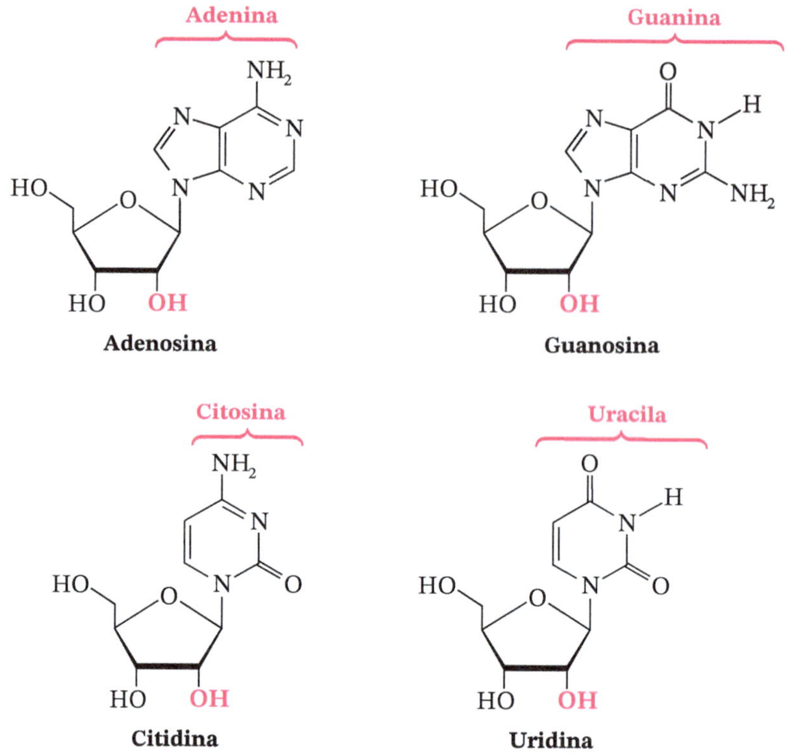

FIGURA 25.5 Nucleosídeos que podem ser obtidos do RNA. O DNA (veja a Fig. 25.4) tem átomos de hidrogênio nas posições dos grupos hidroxila assinalados em rosa na ribose (no DNA está presente a 2′-desoxi-D-ribose).

nomes 5′-monofosfato de adenosina ou ácido 5′-adenílico. O ácido uridílico é geralmente chamado de UMP, abreviatura em inglês correspondente a monofosfato de uridina, embora ele também possa ser chamado de 5′-monofosfato de uridina ou ácido 5′-uridílico. Se um nucleotídeo está presente como difosfato ou trifosfato, os nomes são ajustados apropriadamente, tal como ADP para difosfato de adenosina ou GTP para trifosfato de guanosina.

Os nucleosídeos e os nucleotídeos são encontrados em outros locais, além de figurarem como parte das estruturas do DNA e do RNA. Vimos, por exemplo, que as unidades de adenosina são parte das estruturas de duas coenzimas importantes, NADH e coenzima A. O 5′-trifosfato de adenosina é, obviamente, a importante fonte de energia, ATP (Seção 22.1B). O composto chamado de ácido 3′,5′-adenílico cíclico (ou AMP cíclico) (**Fig. 25.6**) é um importante regulador da atividade hormonal. As células sintetizam esse composto a partir do ATP através da ação de uma enzima, a *adenilato ciclase*. Em laboratório, o AMP cíclico pode ser preparado por meio da desidratação do ácido 5′-adenílico na presença de diciclo-hexilcarbodi-imida.

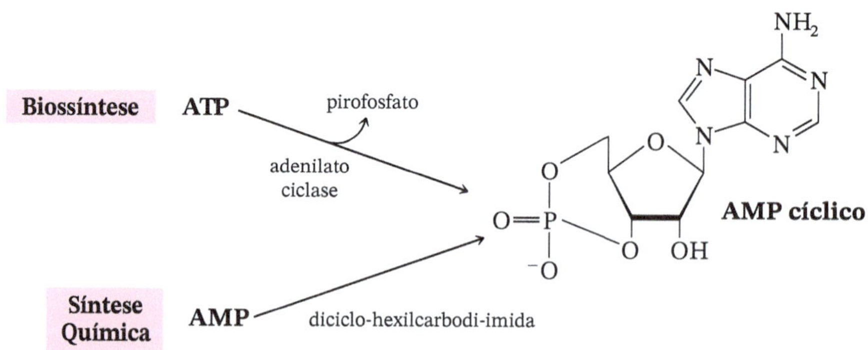

FIGURA 25.6 O ácido 3′,5′-adenílico cíclico (AMP cíclico), sua biossíntese e sua síntese em laboratório.

PROBLEMA RESOLVIDO 25.1

Quando o AMP cíclico é tratado com solução aquosa de hidróxido de sódio, o produto principal obtido é o ácido 3′-adenílico (3′-fosfato de adenosina) em vez do ácido 5′-adenílico. Sugira um mecanismo que explique o curso dessa reação.

Estratégia e Resposta

Parece que a reação ocorre através de um mecanismo S_N2. O ataque ocorrerá preferencialmente no carbono primário 5′ e não no carbono secundário 3′ devido às diferenças de impedimento estérico.

25.3 Síntese em Laboratório de Nucleosídeos e Nucleotídeos

Foi desenvolvida toda uma variedade de métodos para a síntese química de nucleosídeos a partir dos açúcares e bases constituintes ou de seus precursores. A síntese vista a seguir é um exemplo da *nucleosidação de silyl–Hilbert–Johnson*, em que um açúcar protegido por grupos benzoíla (D-ribose) reage na presença de cloreto de estanho(IV) com uma base protegida por *N*-benzoíla (citidina) que é posteriormente protegida *in situ* por sililação.* Os grupos protetores trimetilsilila para a base são introduzidos utilizando-se *N*,*O*-bis(trimetilsilil)acetamida (BSA), e eles são removidos com solução aquosa ácida na segunda etapa. O resultado é uma forma protegida do nucleosídeo citosina, a partir da qual os grupos benzoíla podem ser removidos com facilidade utilizando-se uma base:

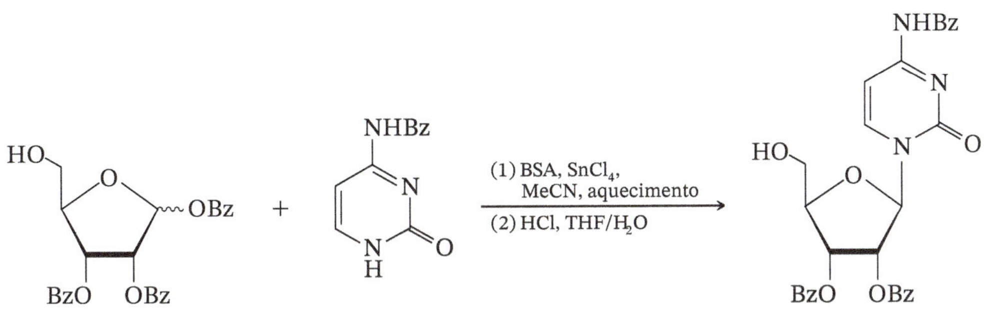

D-Ribose (protegida por Bz) **N^4-Benzoilcitosina** **Citidina (protegida por Bz)**

Bz = C_6H_5CO (benzoíla)

BSA = $CH_3C[{=}NSi(CH_3)_3]OSi(CH_3)_3$,
[*N*,*O*-bis(trimetilsilil)acetamida, um reagente para trimetilsililação de átomos de oxigênio e de nitrogênio nucleofílicos]

Outra técnica envolve a formação da base heterocíclica em um derivado de ribosilamina protegido:

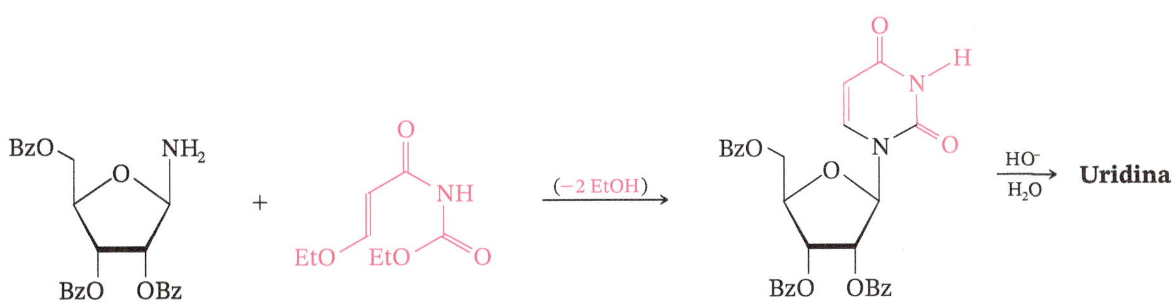

2,3,5-Tri-*O*-benzoil-β-D-ribofuranossilamina **β-Etoxi-*N*-etoxicarbonilacrilamida**

PROBLEMA DE REVISÃO 25.3

Proponha um mecanismo provável para a reação de condensação na primeira etapa da síntese da uridina que acabamos de ver, com base em reações que você viu anteriormente.

*Essas condições foram aplicadas utilizando-se a L-ribose em uma síntese do enantiômero não natural de RNA (Pitsch, S. An efficient synthesis of enantiomeric ribonucleic acids from D-glucose. *Helv. Chim. Acta* **1997**, *80*, 2286–2314). A citidina enantiomérica protegida foi produzida com 94% de rendimento pela reação mostrada anteriormente. Após ajustar os grupos protetores, os métodos de síntese em fase sólida de oligonucleotídeos (Seção 25.7) foram utilizados com esse composto e outros três nucleotídeos monômeros (também derivados da L-ribose) para a preparação do enantiômero não natural de RNA. Veja também Vorbrüggen, H.; Ruh-Pohlenz, C., *Handbook of Nucleoside Synthesis;* Wiley: Hoboken, NJ, 2001.

Uma terceira técnica envolve a síntese de um nucleosídeo com um substituinte no anel heterocíclico que pode ser trocado por outros grupos. Esse método vem sendo extensivamente utilizado para sintetizar nucleosídeos incomuns que não necessariamente existem na natureza. O exemplo a seguir faz uso de um derivado da 6-cloropurina obtido a partir do cloreto de ribofuranosila apropriado e da cloromercuriopurina:

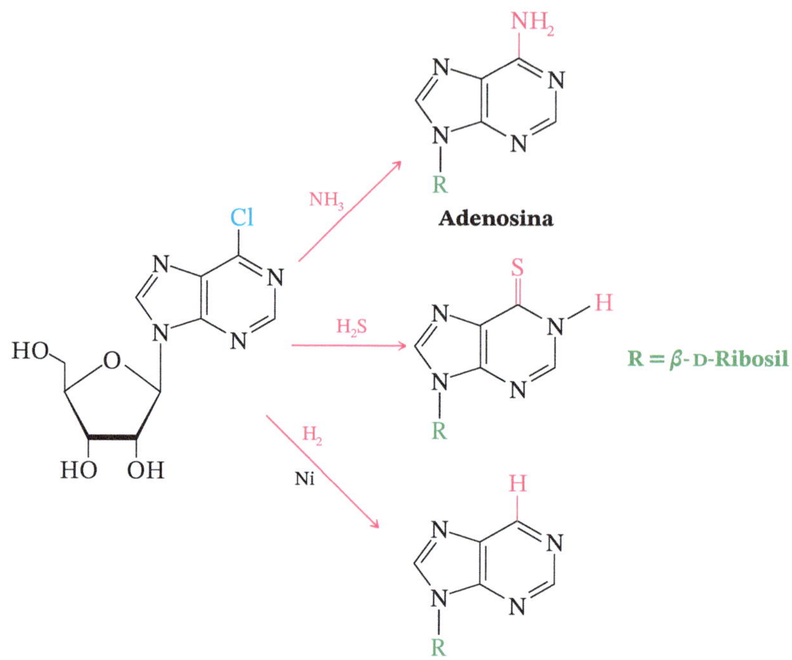

Inúmeros agentes fosforilantes têm sido utilizados para converter nucleosídeos em nucleotídeos. Um dos mais úteis é o fosfocloridrato de dibenzila:

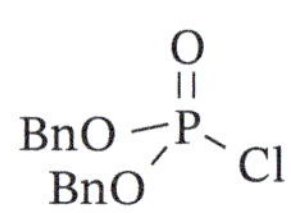

$Bn = C_6H_5CH_2$ **(benzila)**

A fosforilação específica do 5′-OH pode ser atingida se os grupos 2′- e 3′-OH do nucleosídeo forem protegidos por um grupo acetonida (veja a seguir):

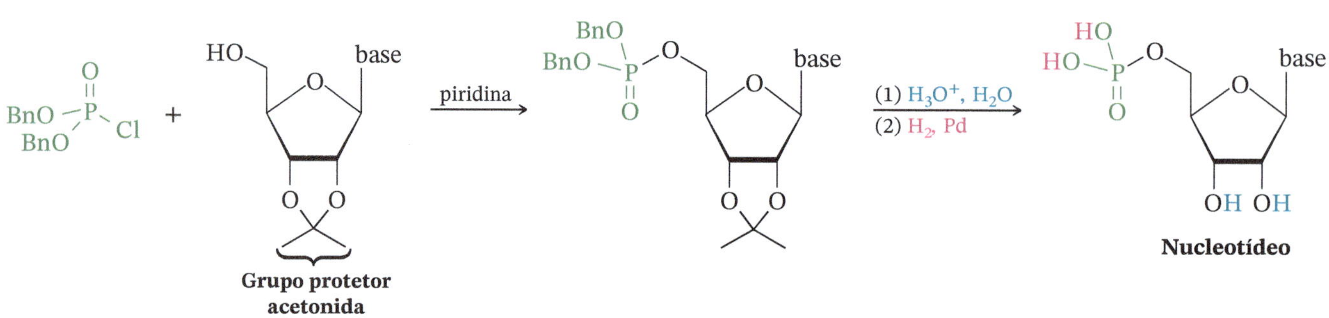

A hidrólise branda catalisada por ácido remove o grupo acetonida, e a hidrogenólise quebra as ligações do fosfato de benzila.

PROBLEMA DE REVISÃO 25.4

(a) Que tipo de ligação está envolvido no grupo acetonida do nucleosídeo protegido, e por que ele é suscetível à hidrólise branda catalisada por ácido? **(b)** Como poderia ser inserido um grupo protetor desse tipo?

PROBLEMA DE REVISÃO 25.5

O seguinte esquema reacional se refere à síntese da cordicepina (um nucleosídeo antibiótico) e à primeira síntese da 2′-desoxiadenosina (relatada em 1958 por C. D. Anderson, L. Goodman e B. R. Baker, Stanford Research Institute):

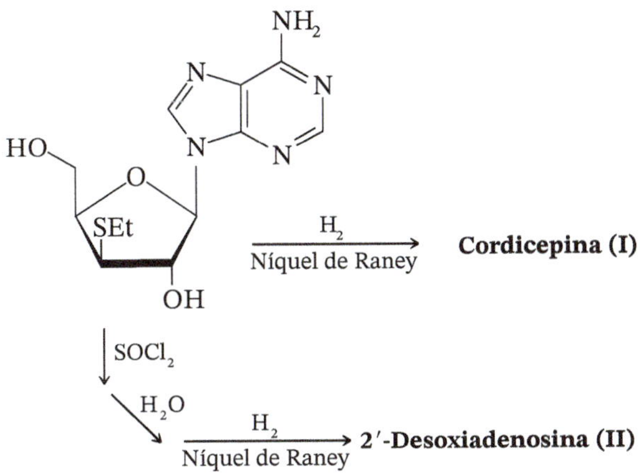

(a) Qual é a estrutura da cordicepina? (**I** e **II** são isômeros.)
(b) Proponha um mecanismo que explique a formação de **II**.

25.3A Aplicações Médicas

No início dos anos 1950, Gertrude Elion e George Hitchings (do Wellcome Research Laboratories) descobriram que a 6-mercaptopurina tinha propriedades antitumorais e antileucêmicas. Essa descoberta levou ao desenvolvimento de outros derivados da purina e compostos correlatos, incluindo nucleosídeos, de considerável importância médica. Seguem-se três exemplos:

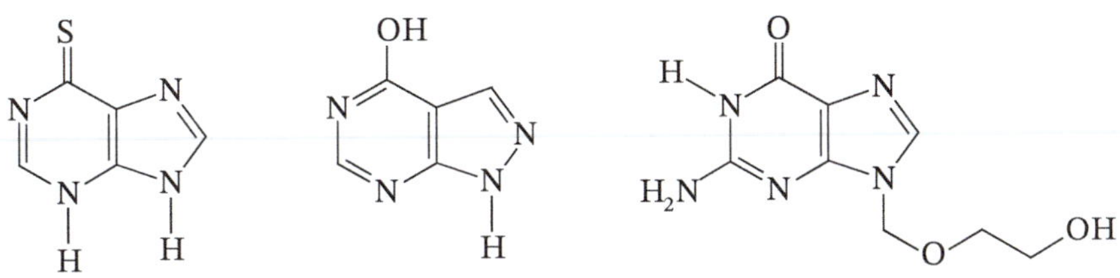

6-Mercaptopurina **Alopurinol** **Aciclovir**

PRÊMIO NOBEL

Elion e Hitchings dividiram o Prêmio Nobel de Fisiologia ou Medicina de 1988 pelo seu trabalho de desenvolvimento de agentes quimioterápicos derivados de purinas.

A 6-mercaptopurina é utilizada em combinação com outros agentes quimioterápicos para tratar leucemia aguda em crianças, e quase 80% das crianças tratadas atualmente são curadas. O alopurinol, outro derivado da purina, é uma terapia-padrão para o tratamento da gota. O aciclovir, um nucleosídeo que tem dois átomos de carbono a menos no seu anel de ribose, é altamente eficiente no tratamento de doenças provocadas por determinados vírus de herpes, incluindo o *herpes simplex* do tipo 1 (herpes bucal), do tipo 2 (herpes genital) e herpes-zóster (cobreiro).

25.4 Ácido Desoxirribonucleico: DNA

25.4A Estrutura Primária

Os nucleotídeos apresentam a mesma relação com um ácido nucleico que os aminoácidos têm com uma proteína: eles são as suas unidades monoméricas. As ligações nas proteínas são feitas por grupos amida; nos ácidos nucleicos os responsáveis são os grupos éster fosfato. Os ésteres fosfatos ligam o 3′-OH de uma ribose (ou desoxirribose) ao 5′-OH de outra. Isso torna o ácido nucleico uma cadeia não ramificada longa com uma "espinha dorsal" de unidades de açúcar e fosfato com bases heterocíclicas posicionadas na cadeia em intervalos regulares (**Fig. 25.7**). Indicaríamos a direção das bases na Fig. 25.7 da seguinte maneira:

$$5' \leftarrow A - T - G - C \rightarrow 3'$$

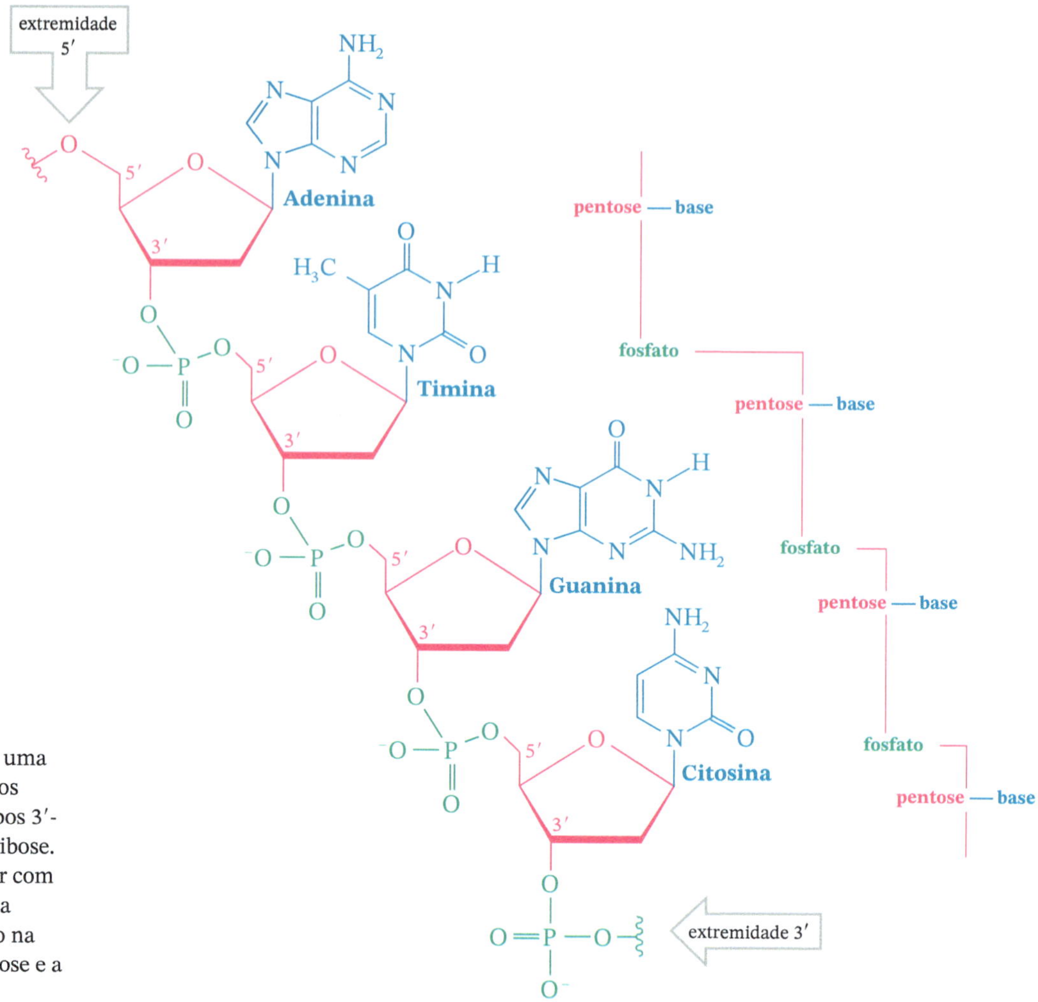

FIGURA 25.7 Um segmento de uma cadeia de DNA mostrando como os grupos éster fosfato unem os grupos 3'- e 5'-OH das unidades de desoxirribose. O RNA tem uma estrutura similar com duas exceções: um grupo hidroxila substitui um átomo de hidrogênio na posição 2' de cada unidade de ribose e a uracila substitui a timina.

Como veremos, é a **sequência de bases** ao longo da cadeia do DNA que contém a informação genética codificada. A sequência de bases pode ser determinada utilizando métodos enzimáticos e cromatografia (Seção 25.6).

25.4B Estrutura Secundária

Foi a proposta hoje clássica de James Watson e Francis Crick (feita em 1953 e comprovada logo depois através da análise por raios X realizada por Maurice Wilkins) que forneceu um modelo para a estrutura secundária do DNA. Esse trabalho rendeu a Crick, Watson e Wilkins o Prêmio Nobel de Fisiologia ou Medicina em 1962. Muitos acreditam que Rosalind Franklin, cujos dados de raios X foram também cruciais para elucidar a estrutura do DNA, deveria ter compartilhado o Prêmio Nobel. Entretanto, sua morte por câncer em 1958 impediu isso, pois os Prêmios Nobel não são concedidos postumamente. A estrutura secundária do DNA é especialmente importante porque ela nos permite entender como a informação genética é preservada, como ela pode ser transmitida durante o processo de divisão celular, e como ela pode ser transcrita para fornecer um modelo de síntese de proteína.

> **PRÊMIO NOBEL**
> **O Prêmio Nobel de Fisiologia ou Medicina de 1962 foi concedido pela elucidação da estrutura do DNA.**

Uma observação anterior (feita no fim dos anos 1940) de Erwin Chargaff foi de importância primordial para a proposta de Watson e Crick. De acordo com ela, determinadas regularidades podem ser vistas nas porcentagens de bases heterocíclicas obtidas do DNA de uma variedade de espécies. A **Tabela 25.1** apresenta resultados que são típicos daqueles que podem ser obtidos.

Chargaff salientou que, para todas as espécies examinadas:

1. A porcentagem molar total de purinas é aproximadamente igual à de pirimidinas, isto é, $(\%G + \%A)/(\%C + \%T) \cong 1$.
2. A porcentagem molar de adenina é aproximadamente igual àquela de timina (ou seja, $\%A/\%T \cong 1$), e a porcentagem molar de guanina é aproximadamente igual à de citosina (isto é, $\%G/\%C \cong 1$).

TABELA 25.1 Composição do DNA de Várias Espécies

	Proporções das Bases (mol %)							
Espécie	G	A	C	T	(G + A)/(C + T)	(A + T)/(G + C)	A/T	G/C
Sarcina lutea	37,1	13,4	37,1	12,4	1,02	0,35	1,08	1,00
Escherichia coli K12	24,9	26,0	25,2	23,9	1,08	1,00	1,09	0,99
Gérmen de trigo	22,7	27,3	22,8[a]	27,1	1,00	1,19	1,01	1,00
Timo bovino	21,5	28,2	22,5[a]	27,8	0,96	1,27	1,01	0,96
Staphylococcus aureus	21,0	30,8	19,0	29,2	1,11	1,50	1,05	1,11
Timo humano	19,9	30,9	19,8	29,4	1,01	1,52	1,05	1,01
Fígado humano	19,5	30,3	19,9	30,3	0,98	1,54	1,00	0,98

[a]Citosina + metilcitosina.

Fonte: Reproduzida com permissão de The McGraw-Hill Companies, Inc., de Smith, E. L.; Hill, R. L.; Jehman, I. R.; Lefkowitz, R. J.; Handler, P.; and White, A., *Principles of Biochemistry: General Aspects*, 7th edition, ©1982.

Chargaff também observou que a razão que varia de espécie para espécie é (%A + %T)/(%G + %C). Além disso, ele observou que, enquanto essa razão é característica do DNA de uma determinada espécie, ela é a mesma para o DNA obtido de diferentes tecidos do mesmo animal e ela não varia significativamente com a idade ou as condições de crescimento de organismos individuais da mesma espécie.

Watson e Crick tinham também dados de raios X que lhes forneceram os comprimentos e os ângulos de ligação dos anéis de purina e de pirimidina de compostos modelo. Além disso, eles tinham dados de Franklin e de Wilkins que indicavam uma distância repetida de 34 Å no DNA.

Raciocinando a partir desses dados, Watson e Crick propuseram uma hélice dupla como um modelo para a estrutura secundária do DNA. De acordo com esse modelo, as duas cadeias de ácido nucleico são mantidas juntas através de ligações de hidrogênio entre os pares de base em fitas opostos. Essa cadeia dupla está enrolada em uma hélice com ambas as cadeias compartilhando o mesmo eixo. Os pares de base estão no lado interno da hélice e a espinha dorsal açúcar–fosfato está do lado externo (Fig. 25.8). O passo da hélice é tal que 10 pares de nucleotídeos sucessivos dão origem a uma volta completa em 34 Å (a distância repetida). A largura externa da espiral é de aproximadamente 20 Å, e a distância interna entre as posições 1′ das unidades de ribose nas cadeias opostas é de aproximadamente 11 Å.

Utilizando modelos moleculares em escala, Watson e Crick observaram que a distância interna da hélice dupla é tal que permite apenas um tipo de ligação de hidrogênio purina–pirimidina entre os pares de base. Os pares de base purina–purina não existem porque eles seriam muito grandes para se encaixar, e os pares de base pirimidina–pirimidina não aparecem porque eles estariam muito distantes entre si para formar ligações de hidrogênio eficientes.

Watson e Crick deram ainda um passo adicional fundamental em sua proposta. Supondo que as bases heterocíclicas contendo oxigênio existiam nas formas ceto, eles argumentaram que o emparelhamento de bases através de ligações de hidrogênio só podia ocorrer de uma maneira específica: adenina (A) com timina (T) e citosina (C) com guanina (G). As dimensões dos pares e dos mapas de potencial eletrostático para as bases individuais são mostradas na Fig. 25.9.

DICA ÚTIL

A utilização de modelos foi crucial para Watson e Crick no trabalho sobre a estrutura tridimensional do DNA, que lhes rendeu o Prêmio Nobel.

Adenina Emparelha com Timina **Guanina Emparelha com Citosina**

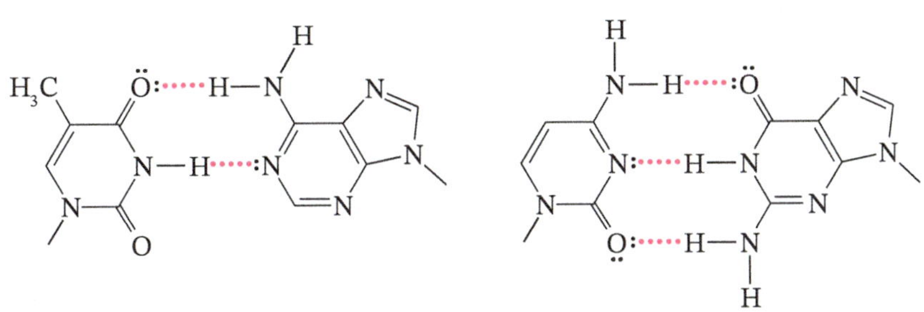

Timina Adenina Citosina Guanina

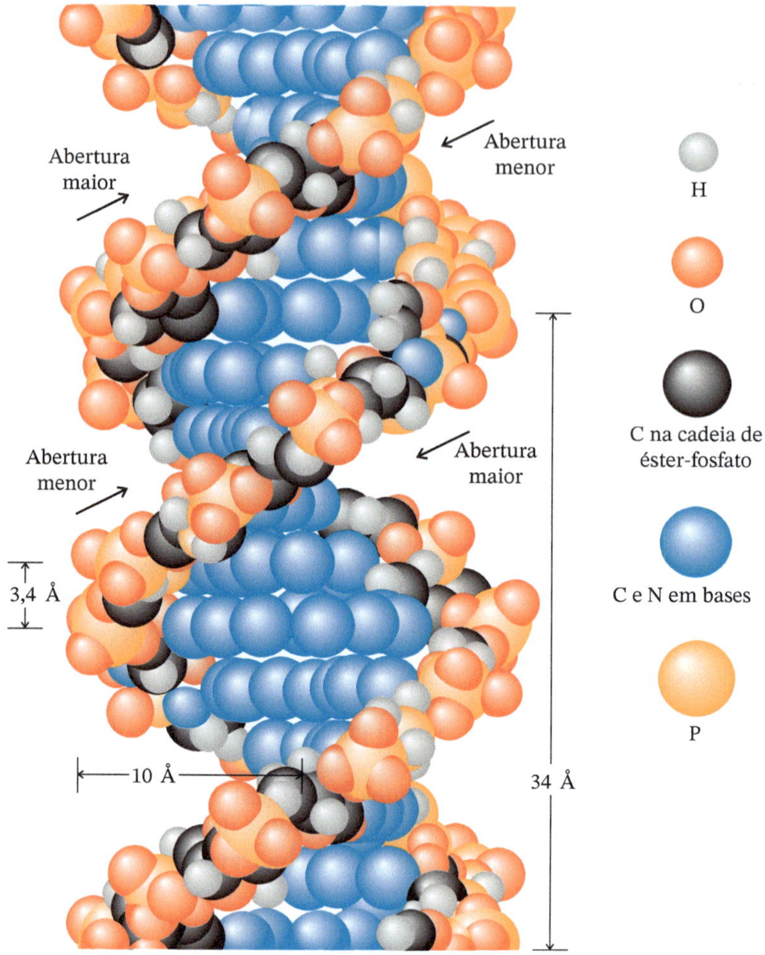

FIGURA 25.8 Um modelo molecular de uma parte da hélice dupla do DNA. (Reprodução com permissão de The McGraw-Hill Companies, de Neal, L., *Chemistry and Biochemistry: A Comprehensive Introduction*, © 1971.)

O emparelhamento específico de bases desse tipo é consistente com as descobertas de Chargaff de que %A/%T ≅ 1 e %G/%C ≅ 1.

O emparelhamento específico de bases também significa que as duas cadeias de DNA são complementares. Onde quer que a adenina apareça em uma cadeia, a timina deve aparecer oposta a ela na outra; onde a citosina aparecer em uma cadeia, a guanina deve aparecer na outra (**Fig. 25.10**).

Observe que, enquanto a sequência estrutural açúcar–fosfato do DNA é completamente regular, a sequência de pares de bases heterocíclicas ao longo da espinha dorsal pode assumir muitas permutações diferentes. Isto é importante porque é a sequência exata de pares de bases que contém a informação genética. Observe também que uma cadeia da fita dupla é o complemento da outra. Caso se saiba a sequência de bases ao longo de uma cadeia, pode-se escrever a sequência ao longo da outra, porque A sempre se emparelha com T e G sempre se emparelha com C. É essa complementaridade das duas fitas que explica como uma molécula de DNA se replica no momento da divisão celular e, assim, transmite a informação genética para cada uma das duas células-filhas.

25.4C Replicação do DNA

Momentos antes da divisão celular, a dupla fita do DNA começa a desenrolar-se. Formam-se fitas complementares ao longo de cada cadeia (**Fig. 25.11**). Na verdade, cada cadeia atua como um modelo para a formação do seu complemento. Quando o desdobramento e a **replicação** terminam, existem duas moléculas de DNA idênticas onde anteriormente existia apenas uma. Essas duas moléculas podem então ser passadas adiante, uma para cada célula-filha.

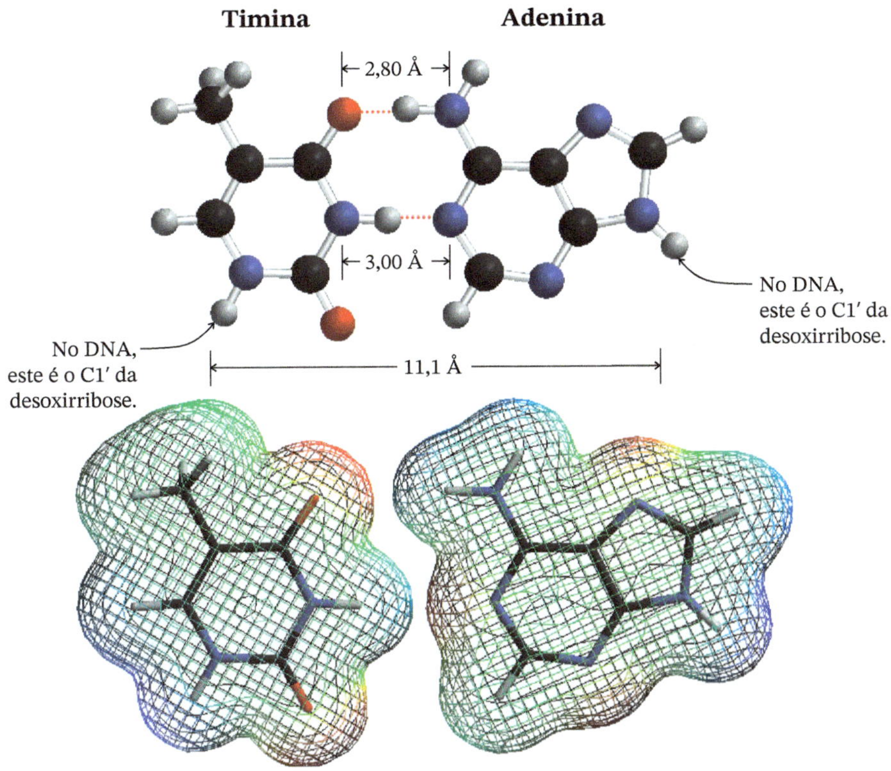

(a)

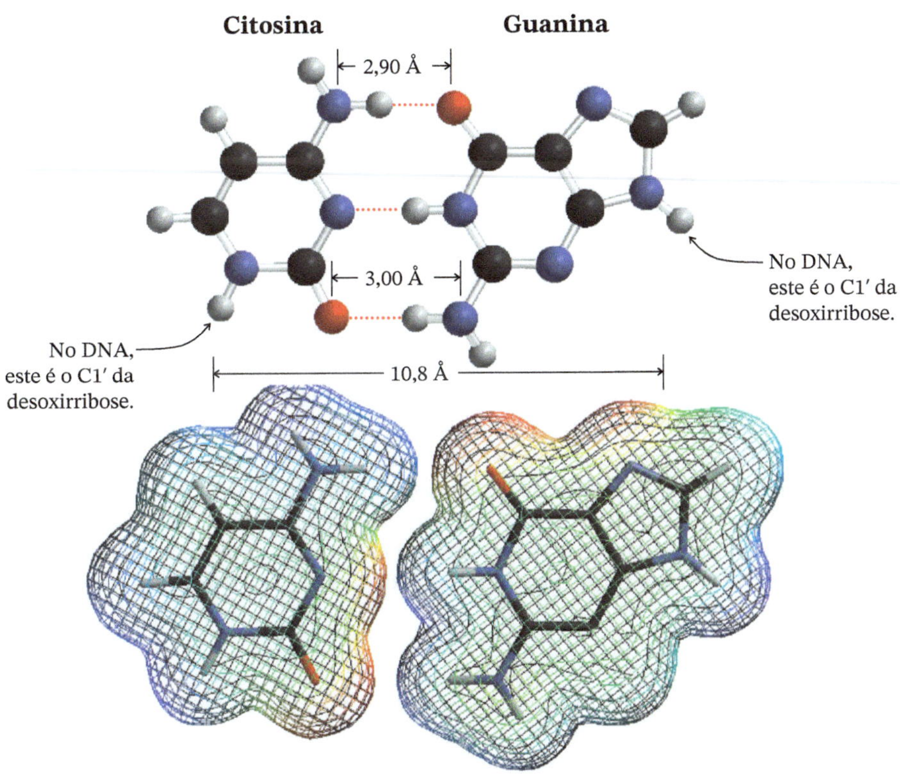

(b)

FIGURA 25.9 Emparelhamento de bases de adenina com timina (*a*) e citosina com guanina (*b*). As dimensões dos pares timina–adenina e citosina–guanina unidos por ligações de hidrogênio são tais que eles permitem a formação de ligações de hidrogênio fortes e também permitem que os pares de bases se encaixem dentro das duas cadeias de fosfato–ribose da hélice dupla. Mapas de potencial eletrostático calculados para as bases individuais mostram a distribuição complementar de cargas a qual leva às ligações de hidrogênio. (Modelos de bola e vareta reproduzidos de *Archives of Biochemistry and Biophysics*, 65, Pauling, I., Corey, R., p. 164–181, 1956. Copyright 1956 com permissão da Elsevier.)

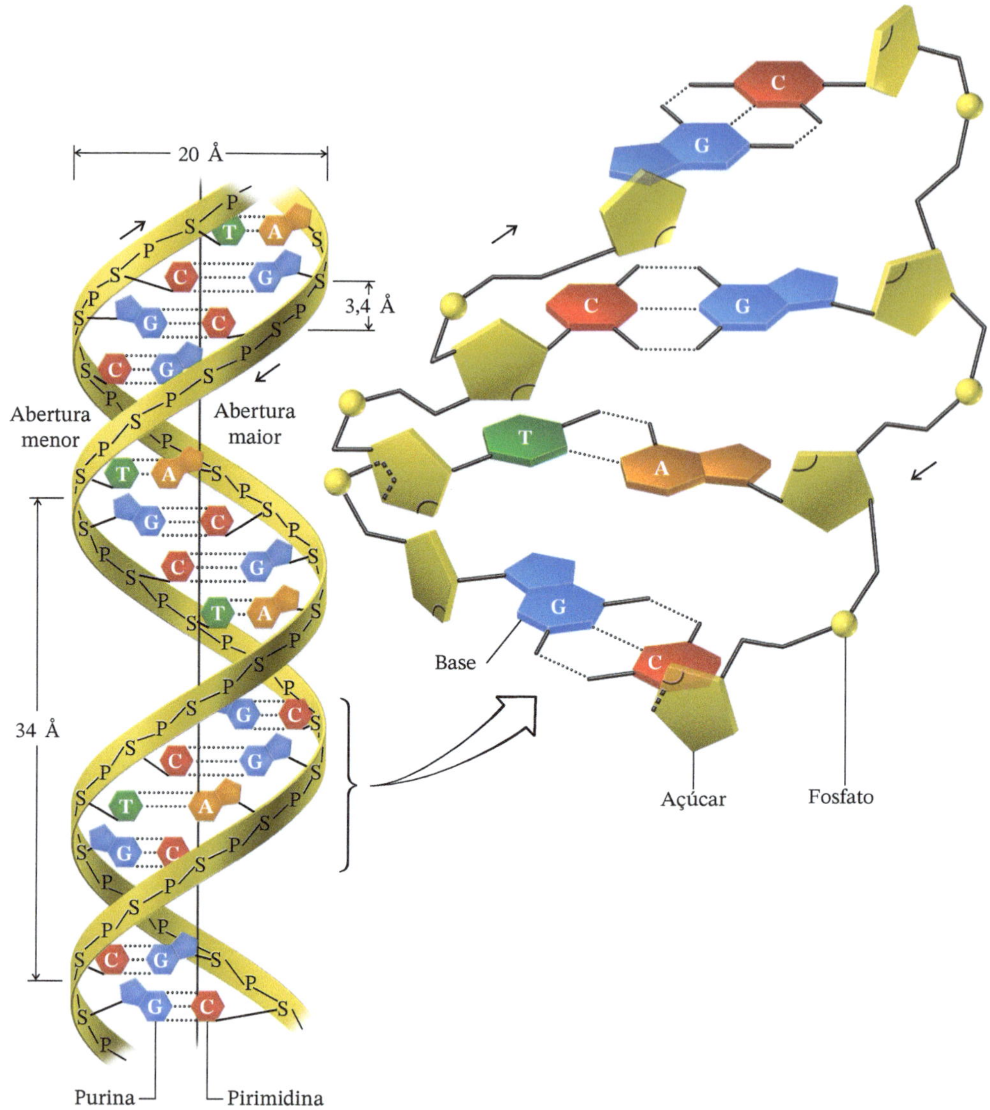

FIGURA 25.10 Diagrama da hélice dupla do DNA mostrando o emparelhamento de bases complementares. As setas indicam o sentido 3′ → 5′.

PROBLEMA DE REVISÃO 25.6

(a) Existem aproximadamente 3 bilhões de pares de bases no DNA de uma única célula humana. Supondo que esse DNA exista como uma hélice dupla, calcule o comprimento de todo o DNA contido em uma célula humana. **(b)** A massa do DNA em uma única célula humana é 6×10^{-12} g. Admitindo que a população da Terra é de aproximadamente 6,5 bilhões de habitantes, podemos concluir que todas as informações genéticas que deram origem a todos os seres humanos atualmente vivos estavam contidas no DNA de um número correspondente de óvulos fertilizados. Qual é a massa total de DNA nesse número de óvulos? (O volume que esse DNA ocuparia é aproximadamente igual ao de uma gota de chuva. Porém, se as moléculas individuais fossem enfileiradas, elas se estenderiam até a Lua e voltariam quase oito vezes.)

PROBLEMA DE REVISÃO 25.7

(a) A forma tautomérica mais estável da guanina é a de lactama (ou amida cíclica, veja a Seção 17.8I). Essa é a forma normalmente presente no DNA e, como vimos, ela se emparelha especificamente com a citosina. Se a guanina se tautomeriza (veja a Seção 18.2) para a forma lactima, ela se emparelha, por sua vez, com a timina. Escreva fórmulas estruturais que mostrem as ligações de hidrogênio nesse par anormal de bases.

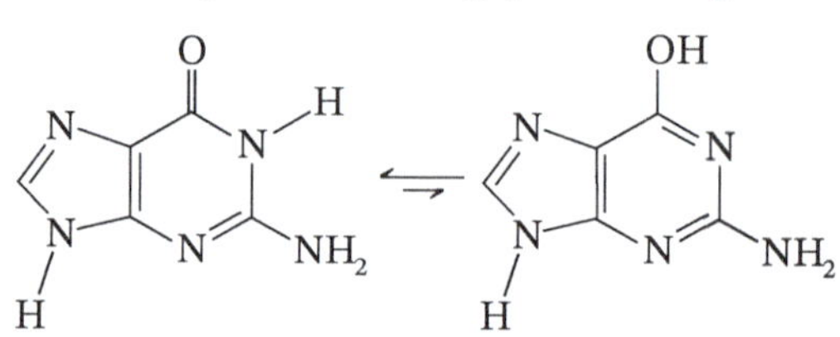

Forma lactama da guanina ⇌ **Forma lactima da guanina**

(b) Os emparelhamentos impróprios de bases que resultam de tautomerizações ocorridas durante o processo de replicação do DNA vêm sendo apontados como uma fonte de mutações espontâneas. Vimos no item (a) que, se ocorresse uma tautomerização da guanina no momento adequado, ela poderia levar à introdução da timina (em vez da citosina) em sua cadeia complementar de DNA. Que erro seria introduzido por essa nova cadeia de DNA em *sua* fita complementar durante a próxima replicação, mesmo que não ocorram novas tautomerizações?

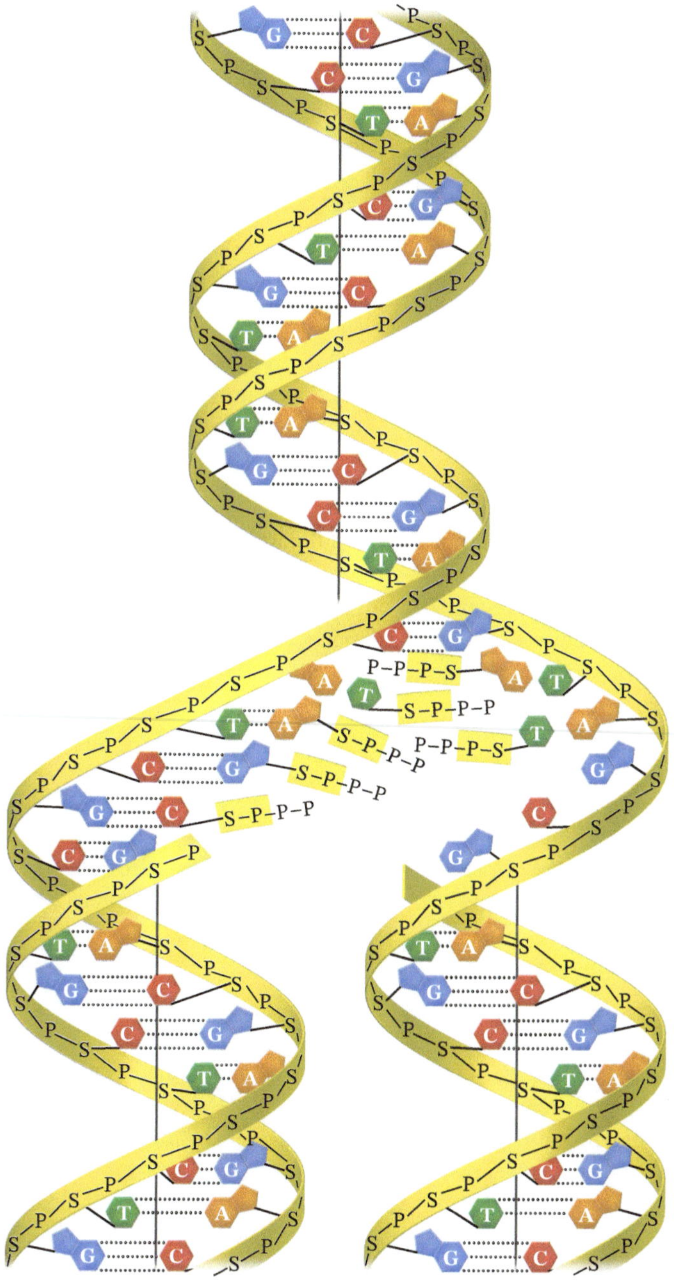

FIGURA 25.11 Replicação do DNA. A fita dupla desenrola-se a partir de uma ponta e formam-se fitas complementares ao longo de cada cadeia.

PROBLEMA DE REVISÃO 25.8

As mutações também podem ser provocadas quimicamente, e o ácido nitroso é um dos mais potentes **mutagênicos** químicos. Uma explicação sugerida para o efeito mutagênico do ácido nitroso é a desaminação que ele provoca nas purinas e pirimidinas contendo grupos amino. Quando, por exemplo, um nucleotídeo contendo adenina é tratado com ácido nitroso, ele é convertido em um derivado da hipoxantina:

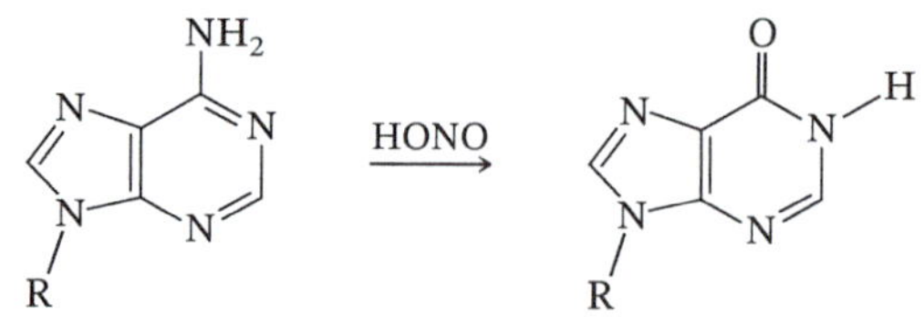

Adenina nucleotídeo **Hipoxantina nucleotídeo**

(a) Quais são os intermediários prováveis na interconversão adenina → hipoxantina com base em reações que você viu anteriormente? **(b)** A adenina normalmente se emparelha com a timina no DNA, mas a hipoxantina se emparelha com a citosina. Mostre as ligações de hidrogênio de um par de bases hipoxantina–citosina. **(c)** Mostre os erros que uma interconversão adenina → hipoxantina geraria no DNA ao longo de duas replicações.

25.5 RNA e Síntese de Proteínas

Logo após a publicação da hipótese de Watson–Crick, os cientistas começaram a estendê-la para produzir o que Crick chamou "o dogma central da genética molecular". Esse dogma afirma que a informação genética flui na seguinte sequência:

$$\text{DNA} \longrightarrow \text{RNA} \longrightarrow \text{proteína}$$

A síntese de proteína é, obviamente, de importância vital para o funcionamento da célula, porque as proteínas (como enzimas) catalisam suas reações. Mesmo as células muito primitivas de bactérias necessitam de algo como 3000 enzimas diferentes. Isso significa que as moléculas de DNA dessas células devem conter um número correspondente de genes para dirigir as sínteses dessas proteínas. Um **gene** é aquele segmento da molécula de DNA que contém a informação necessária para dirigir a síntese de uma proteína (ou de um polipeptídeo).

Existem vírus, denominados retrovírus, nos quais as informações fluem do RNA para o DNA. O vírus que causa a AIDS é um retrovírus.

O DNA é encontrado principalmente no núcleo de células eucarióticas. A síntese de proteínas ocorre basicamente naquela parte da célula chamada de *citoplasma*. A síntese de proteína requer que dois processos principais ocorram; o primeiro ocorre no núcleo da célula, o segundo, no citoplasma. O primeiro processo é a **transcrição**, um processo no qual a mensagem genética é transcrita em uma forma de RNA chamada de RNA mensageiro (RNAm). O segundo processo envolve duas outras formas de RNA, chamadas de RNA ribossomal (RNAr) e RNA de transferência (RNAt).

25.5A Síntese do RNA Mensageiro – Transcrição

Os eventos que levam à síntese de proteínas começam no núcleo da célula com a síntese do RNAm. Parte da hélice dupla do DNA se desenrola o suficiente para expor em uma cadeia única uma parte correspondente a, pelo menos, um gene. Os ribonucleotídeos, presentes no núcleo da célula, agrupam-se ao longo da cadeia de DNA exposta através do emparelhamento com as bases do DNA. Os padrões de emparelhamento são os mesmos daqueles no DNA, com a exceção de que, no RNA, a uracila substitui a timina. As unidades de ribonucleotídeos de RNAm são ligadas em uma cadeia por uma enzima chamada de *RNA polimerase*. Esse processo é ilustrado na **Fig. 25.12**.

PROBLEMA DE REVISÃO 25.9

Escreva fórmulas estruturais que mostrem como a forma cetônica da uracila (Seção 25.2) no RNAm pode emparelhar-se com a adenina no DNA através da formação de ligação de hidrogênio.

A maioria dos genes eucarióticos contém segmentos de DNA que, na realidade, não são utilizados quando uma proteína é expressa, apesar de eles serem transcritos para o RNAm

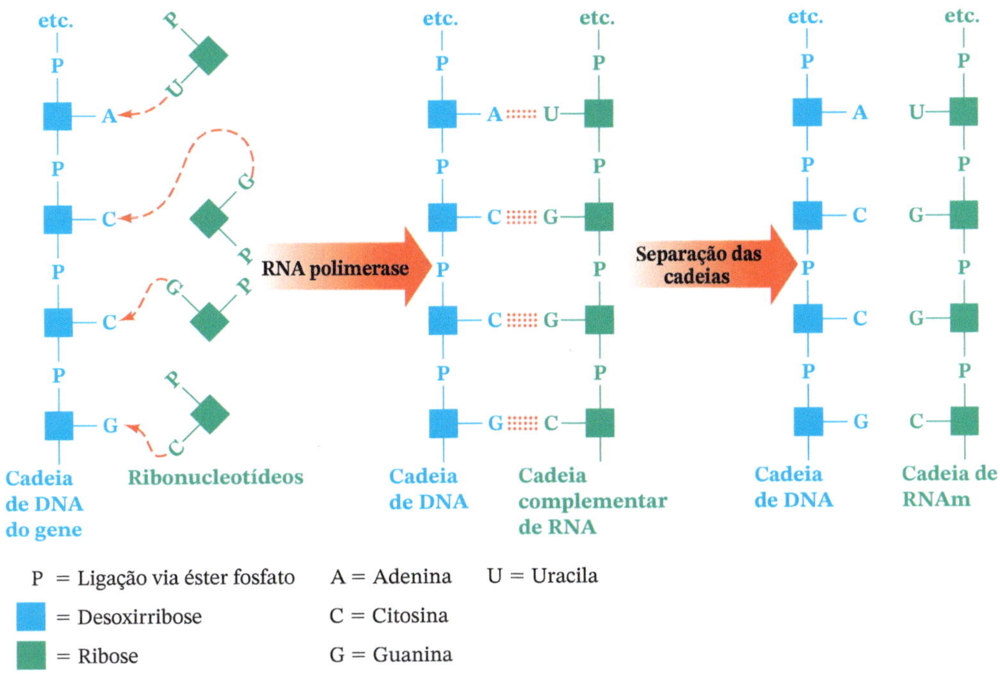

FIGURA 25.12 Transcrição do código genético do DNA para o RNAm.

inicial. Esses segmentos são chamados de **íntrons**, ou sequências não codificadoras. Os segmentos de DNA em um gene que são expressos são chamados de **éxons**, ou sequências codificadoras. Cada gene normalmente contém certo número de íntrons e éxons. Após a transcrição do RNAm a partir do DNA, os íntrons no RNAm são removidos e os éxons são unidos.

Após a síntese e o processamento do RNAm no núcleo da célula para remoção dos íntrons, ele migra para o citoplasma, onde, como veremos, atua como um modelo para a síntese de proteína.

25.5B Ribossomos – RNAr

A síntese de proteínas é catalisada pelos ribossomos no citoplasma. Os ribossomos (**Fig. 25.13**) são ribonucleoproteínas, compostas por aproximadamente dois terços de RNA e um terço de proteína. Elas têm uma massa molecular muito elevada (aproximadamente $2{,}6 \times 10^6$). O RNA componente está presente em duas subunidades, chamadas de subunidades 50S e 30S* (classificadas de acordo com seu comportamento na sedimentação durante a ultracentrifugação). A subunidade 50S tem massa molecular aproximadamente duas vezes maior do que a subunidade 30S. A união do RNA com o RNAm é mediada pela subunidade 30S. A subunidade 50S contém a atividade catalítica para a tradução que une um aminoácido, através de uma ligação amida, ao aminoácido seguinte. Além das subunidades do RNAr, existem aproximadamente 30–35 proteínas fortemente ligadas ao ribossomo; a estrutura inteira se parece com um incrível quebra-cabeça tridimensional de RNA e proteína. O mecanismo para a formação da ligação amida catalisada pelo ribossomo é abordado adiante.

Os ribossomos, como catalisadores de reações, são mais apropriadamente classificados como **riboenzimas** do que como enzimas, porque é o RNA que catalisa a formação da ligação peptídica durante a síntese da proteína e não as subunidades de proteína do ribossomo. O mecanismo para a formação da ligação peptídica catalisada pela subunidade de ribossomo 50S (**Fig. 25.14**), proposto por Moore e colaboradores, baseado em raios X de estruturas cristalinas, sugere que o ataque pelo grupo α-amino é facilitado pela catálise ácido–base envolvendo resíduos de nucleotídeo ao longo da cadeia da subunidade 50S do ribossomo, especificamente um grupo adenina próximo. A remoção total ou parcial de um próton do

*S é a abreviatura da unidade svedberg; ela é utilizada na descrição do comportamento das proteínas em uma ultracentrífuga.

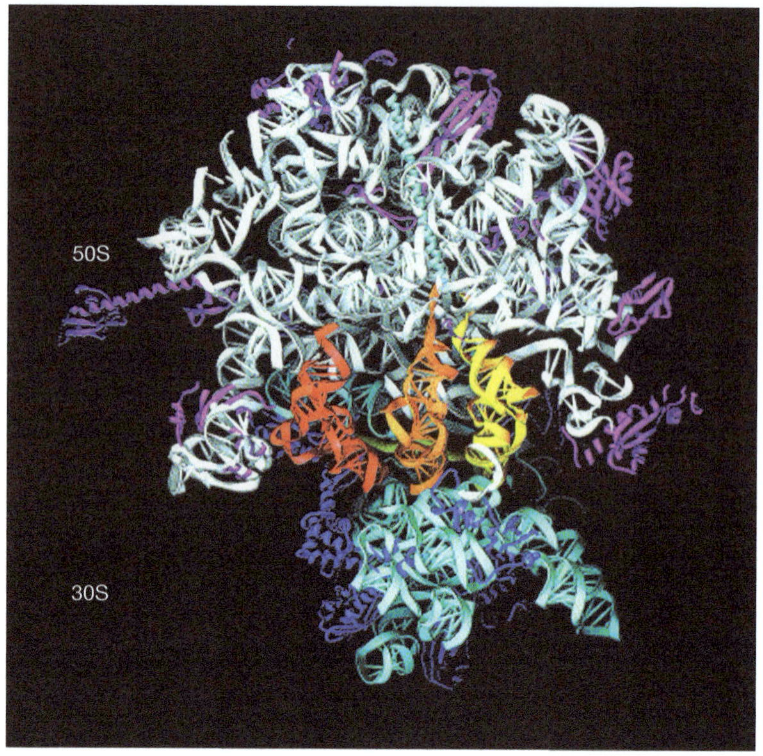

FIGURA 25.13 Estrutura do ribossomo do *Thermus thermophilus* mostrando as subunidades 50S e 30S e três RNA de transferência ligados. O RNAt amarelo está no sítio A, o qual conteria o novo aminoácido a ser adicionado ao peptídeo. O RNAt laranja está no sítio P, que estaria no RNAt que contém o peptídeo em crescimento. O RNAt vermelho está no sítio E, que é o RNAt "vazio", após ele ter transferido a cadeia peptídica para o novo aminoácido. (Cortesia de Harry Noller, University of California, Santa Cruz.)

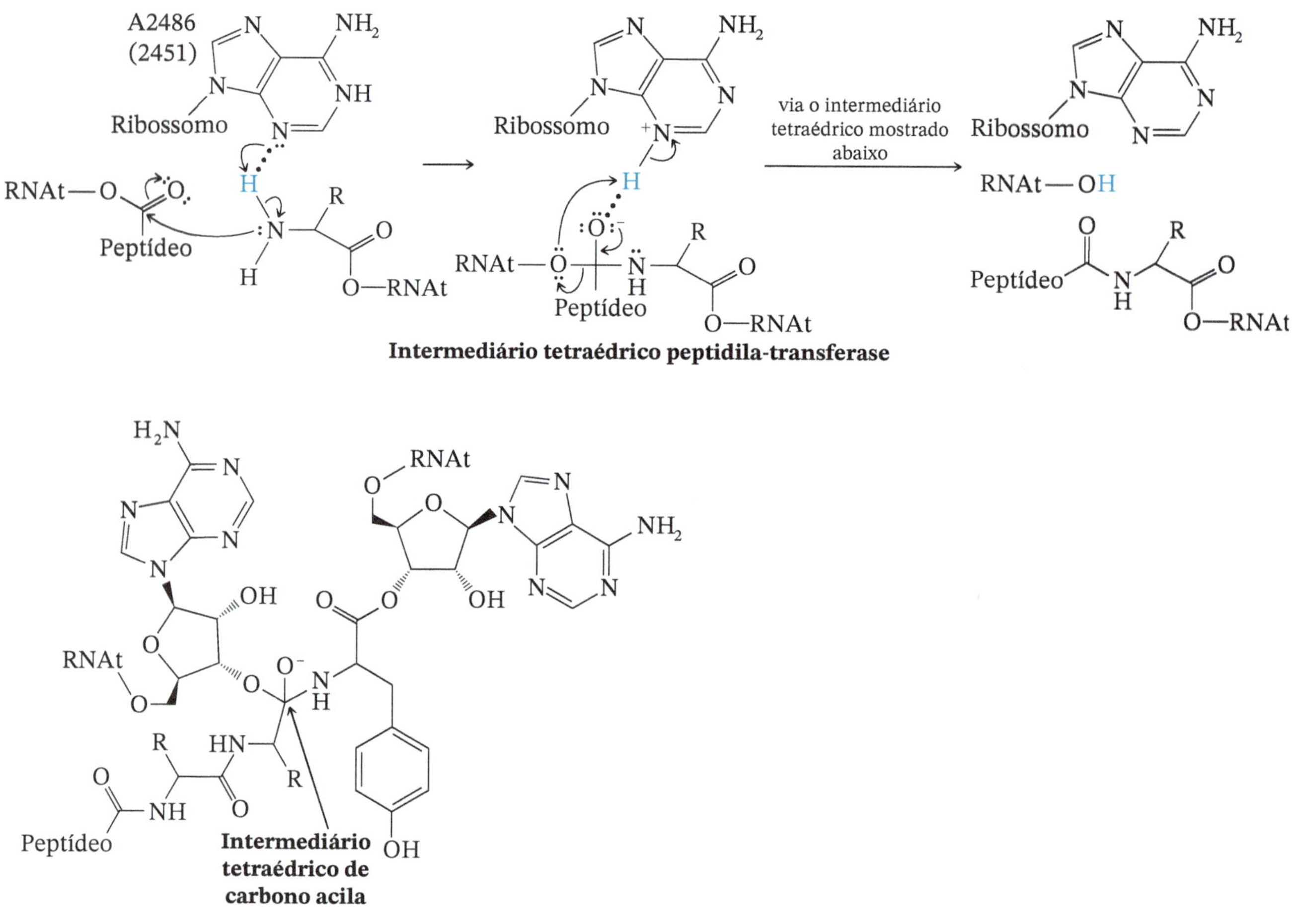

FIGURA 25.14 Um mecanismo para a formação da ligação peptídica catalisada pela subunidade 50S do ribossomo (como proposto por Moore e colaboradores). A nova ligação amida na cadeia do peptídeo em crescimento é formada pelo ataque do grupo α-amino no novo aminoácido, trazido para o sítio A do ribossomo pelo seu RNAt, na ligação do carbono acila do peptídeo mantido no sítio P pelo seu RNAt. A catálise ácido-base feita por grupos no ribossomo facilita a reação. (Nissen et al., The structural basis of ribosome activity in peptide bond synthesis. SCIENCE 289:920–930 (2000). Monro, R. E. e Marker, K. A., Ribosome-catalysed reaction of puromycin with a formylmethionine containing oligonucleotide, *J. Mol. Biol.* 25 p. 347–350.)

grupo α-amino do aminoácido pelo N3 do grupo adenina realça a nucleofilicidade do nitrogênio do grupo amino, facilitando o seu ataque no carbono acila da unidade peptídeo–RNAt adjacente. Forma-se um intermediário tetraédrico, o qual entra em colapso, formando uma nova ligação amida, liberando o RNAt que estava ligado ao peptídeo. Acredita-se que outras regiões na subunidade 50S dos ribossomos ajudam a estabilizar a transferência de carga que ocorre à medida que o N3 do grupo adenila recebe o próton do grupo α-amino do novo aminoácido (veja o Problema 25.16).

25.5C RNA de Transferência

O RNA de transferência tem massa molecular muito baixa em comparação com aquelas do RNAm e do RNAr. Por isso, o RNA de transferência é muito mais solúvel do que o RNAm ou o RNAr, sendo algumas vezes chamado de RNA solúvel. A função do RNAt é transportar aminoácidos para áreas específicas do RNAm ligado ao ribossomo. Desse modo, existem muitas formas de RNAt, mais de uma para cada um dos 20 aminoácidos que são incorporados às proteínas, incluindo as redundâncias no **código genético** (veja a Tabela 25.2).

As estruturas da maioria dos RNAt já foram determinadas. Eles são constituídos de um número relativamente pequeno de unidades de nucleotídeo (70–90 unidades) dobradas em várias voltas ou braços através de emparelhamento de bases ao longo da cadeia (Fig. 25.15). Um braço sempre termina na sequência citosina–citosina–adenina (CCA). É a esse braço que um aminoácido específico se liga *através de uma ligação éster* ao 3′-OH da adenosina

DICA ÚTIL

Apesar de as proteínas serem compostas por 22 aminoácidos diferentes, a síntese de proteína necessita de apenas 20. A prolina é convertida em hidroxiprolina e a cisteína é convertida em cistina após a síntese da cadeia polipeptídica.

TABELA 25.2 Código Genético do RNA Mensageiro

Aminoácido	Sequência de Bases no RNAm 5′ ⟶ 3′	Aminoácido	Sequência de Bases no RNAm 5′ ⟶ 3′	Aminoácido	Sequência de Bases no RNAm 5′ ⟶ 3′
Ala	GCA	His	CAC	Ser`	AGC
	GCC		CAU		AGU
	GCG	Ile	AUA		UCA
	GCU		AUC		UCG
Arg	AGA		AUU		UCC
	AGG	Leu	CUA		UCU
	CGA		CUC	Thr	ACA
	CGC		CUG		ACC
	CGG		CUU		ACG
	CGU		UUA		ACU
Asn	AAC		UUG	Trp	UGG
	AAU	Lys	AAA	Tyr	UAC
Asp	GAC		AAG		UAU
	GAU	Met	AUG	Val	GUA
Cys	UGC	Phe	UUU		GUG
	UGU		UUC		GUC
Gln	CAA	Pro	CCA		GUU
	CAG		CCC	Iniciador da cadeia	
Glu	GAA		CCG	fMet (*N*-formilmetionina)	AUG
	GAG		CCU	Finalizador da cadeia	UAA
Gly	GGA				UAG
	GGC				UGA
	GGG				
	GGU				

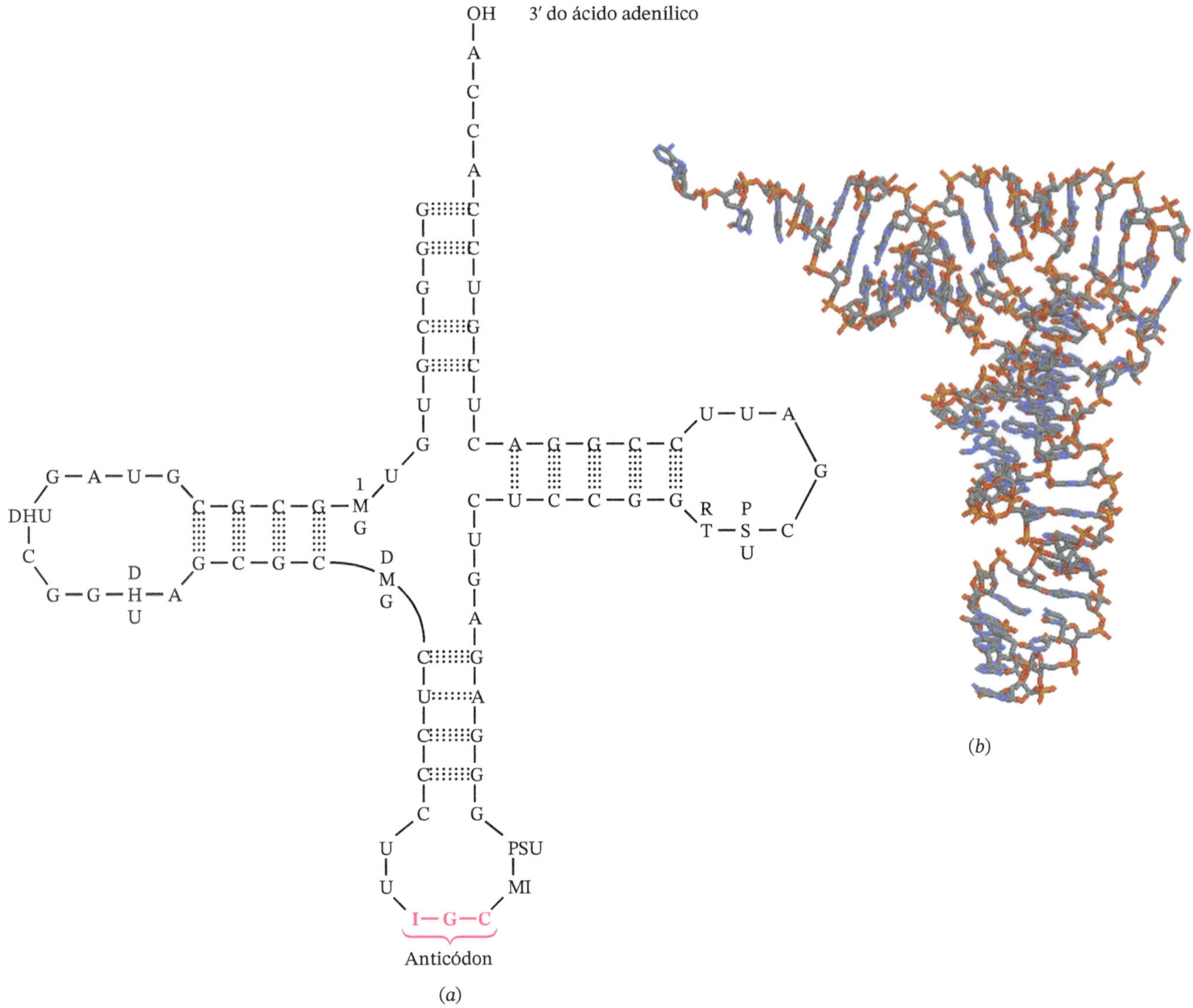

FIGURA 25.15 (*a*) Estrutura de um RNAt isolado da levedura que tem a função específica de transferir os resíduos de alanina. Os RNA de transferência frequentemente contêm nucleosídeos incomuns. PSU = pseudouridina, RT = ribotimidina, MI = 1-metilinosina, I = inosina, DMG = N^2-metilguanosina, DHU = 4,5-di-hidrouridina, 1MG = 1-metilguanosina. (*b*) Raios X da estrutura cristalina de um RNAt da fenilalanina de levedura. (Para o item (b), Protein Data Bank PDB ID: 4TNA, *http://www.pdb.org.* Hingerty, E., Brown, R. S., Jack, A., Further refinement of the structure of yeast $tRNA_{Phe}$, *J. Mol. Biol.*, **124**, p. 523.)

terminal. Essa reação de conexão é catalisada por uma enzima que é específica para o RNAt e para o aminoácido. A especificidade pode ultrapassar a capacidade da enzima de reconhecer as sequências de bases ao longo de outros braços do RNAt.

Na volta de outro braço se localiza uma sequência específica de bases, chamada de **anticódon**. O anticódon é extremamente importante, porque ele permite que o RNAt se ligue a um sítio específico – chamado de **códon** – do RNAm. A ordem na qual os aminoácidos são trazidos por suas unidades de RNAt à fita do RNAm é determinada pela sequência de códons. Por conseguinte, essa sequência constitui uma mensagem genética. As unidades individuais daquela mensagem (as palavras individuais, cada uma correspondendo a um aminoácido) são trios de nucleotídeos.

25.5D Código Genético

Os trios de nucleotídeos (os códons) no RNAm são o código genético (veja a Tabela 25.2). O código deve estar na forma de três bases, não uma ou duas, porque existem 20 aminoácidos diferentes utilizados na síntese da proteína, mas existem apenas quatro bases diferentes no RNAm. Se apenas duas bases fossem utilizadas, existiriam apenas 4^2, ou 16, combinações possíveis, um número muito pequeno para acomodar todos os aminoácidos possíveis. Entretanto, com um código de três bases, 4^3, ou 64, diferentes sequências são possíveis. Esse número é muito mais do que o necessário, e permite maneiras múltiplas de especificar um aminoácido. Permite também sequências que acompanham a síntese de proteína, sequências que dizem, na realidade, "comece aqui" e "termine aqui".

Tanto a metionina (Met) quanto a *N*-formilmetionina (fMet) têm o mesmo código de RNAm (AUG); no entanto, a *N*-formilmetionina é transportada por um RNAt diferente daquele que transporta a metionina. A *N*-formilmetionina parece ser o primeiro aminoácido a ser incorporado na cadeia de proteínas nas bactérias, e o RNAt que transporta a fMet parece ser o comando que ordena "comece aqui". Antes de finalizar a síntese do polipeptídeo, a *N*-formilmetionina é removida da cadeia da proteína por uma hidrólise enzimática.

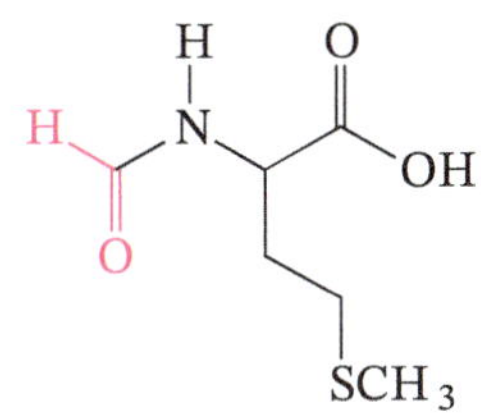

***N*-Formilmetionina (fMet)**

O código genético pode estar expresso nos códons do RNAm (como mostramos na Tabela 25.2) ou nos códons do DNA. Preferimos mostrar os códons do RNAm porque são eles que efetivamente são lidos durante a síntese de polipeptídeos (o processo é denominado **tradução**, que discutiremos adiante). Entretanto, cada molécula de RNAm (Seção 25.5A) adquire sua sequência de nucleotídeos pela **transcrição** a partir do gene correspondente do DNA. Na transcrição, a RNA polimerase (em conjunto com outros fatores de transcrição) abre a hélice dupla do DNA e inicia o processo.

À medida que a RNA polimerase transcreve o DNA para RNAm, ela se move ao longo da fita complementar do DNA, lendo-a no sentido 3′ para 5′ (chamada de direção antissenso), fazendo com que um RNAm transcrito seja igual à fita senso (sentido 5′ para 3′) do DNA (exceto que a uracila substitui a timina). Por exemplo:

Fita senso do DNA	5′... CAT	CGT	TTG	ACC	GAT ... 3′
Fita antissenso do DNA	3′... GTA	GCA	AAC	TGG	CTA ... 5′
	⇓ Transcrição da fita antissenso				
RNAm	5′... CAU	CGU	UUG	ACC	GAU ... 3′
	⇓ Tradução do RNAm				
Peptídeo	... His —	Arg —	Leu —	Thr —	Asp ...

Devido ao fato de a síntese do RNAm se dar no sentido 5′ para 3′, os códons para a fita senso do DNA (com exceção da substituição da timina pela uracila) são os mesmos do RNAm. Por exemplo, um códon de DNA para a valina é GTA. O códon correspondente à valina no RNAm é GUA.

25.5E Tradução

Estamos agora em condições de ver como a síntese de um polipeptídeo hipotético pode ocorrer. Esse processo é chamado de **tradução**. Vamos imaginar que uma fita longa de RNAm esteja no citoplasma de uma célula e que esteja em contato com os ribossomos. Nesse citoplasma estão também os 20 aminoácidos diferentes, cada um acilado ao seu próprio RNAt.

Como mostrado na **Fig. 25.16**, um RNAt contendo a fMet utiliza o seu anticódon para associar-se ao códon apropriado (AUG) naquela porção do RNAm que está em contato

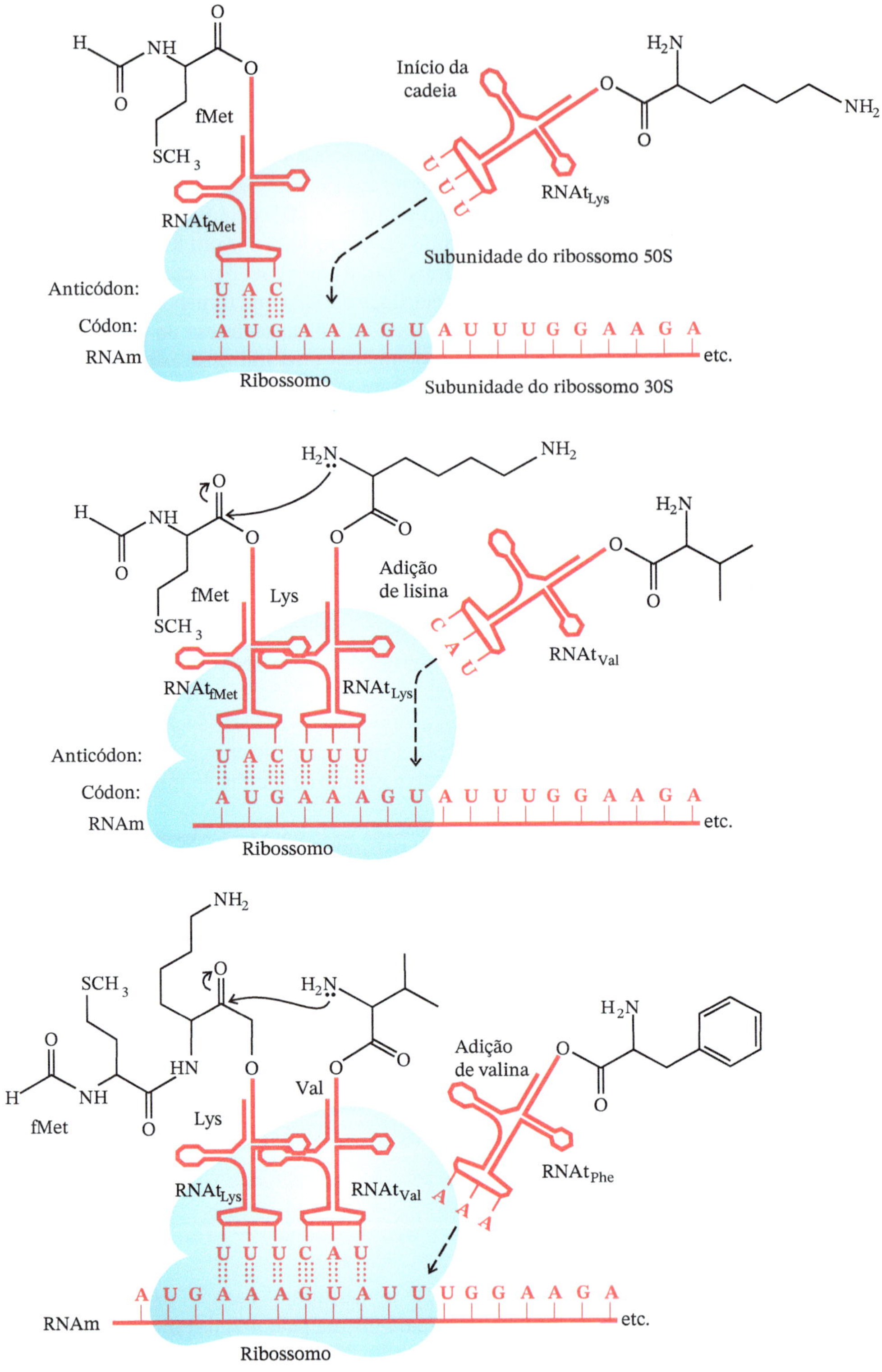

FIGURA 25.16 Crescimento em etapas de uma cadeia polipeptídica com um RNAm atuando como um modelo. Os RNA de transferência transportam resíduos de aminoácidos para o sítio do RNAm que está em contato com um ribossomo. Ocorre um emparelhamento códon–anticódon entre o RNAm e o RNA na superfície do ribossomo. Uma reação enzimática une os resíduos de aminoácidos através de uma ligação amida. Após a formação da primeira ligação amida, o ribossomo move-se para o próximo códon no RNAm. Um novo RNAt chega, emparelha-se e transfere o seu resíduo de aminoácido para a cadeia peptídica em crescimento, e assim por diante.

com um ribossomo. O próximo tripleto de bases na cadeia do RNAm nessa figura é AAA; esse é o códon que especifica a lisina. Um lisil-RNAt contendo o anticódon UUU se liga a esse sítio. Os dois aminoácidos, fMet e Lys, estão agora na posição apropriada para que a subunidade 50S do ribossomo catalise a formação de uma ligação amida entre eles, como mostrado na Fig. 25.16 (através do mecanismo na Fig. 25.14). Depois disso, o ribossomo move-se pela cadeia de tal forma que ele esteja em contato com o próximo códon, no caso, GUA, que especifica a valina. Um RNAt contendo a valina (e com o anticódon apropriado) liga-se a esse sítio. Ocorre uma nova reação de formação de ligação peptídica ligando a valina à cadeia polipeptídica. Então, todo o processo se repete várias vezes. O ribossomo move-se ao longo da cadeia de RNAm, outros RNAt deslocam-se com os seus aminoácidos, novas ligações peptídicas são formadas e a cadeia polipeptídica cresce. Em algum momento uma reação enzimática remove a fMet do início da cadeia. Finalmente, quando a cadeia está com o comprimento apropriado, o ribossomo atinge um sinal de marcação, UAA, que diz "pare aqui". O ribossomo separa-se do RNAm e, dessa forma, também a proteína.

Mesmo antes que a cadeia polipeptídica esteja totalmente formada, ela começa a formar a sua própria estrutura secundária e terciária específica. Isto acontece porque a sua estrutura primária está correta – os seus aminoácidos estão ordenados da maneira como devem estar. Formam-se as ligações de hidrogênio, dando origem aos segmentos específicos de uma hélice α, de uma folha pregueada e de uma espiral ou laço. Então, toda a cadeia se enrola e se dobra; as enzimas inserem ligações dissulfeto de tal forma que, quando a cadeia estiver totalmente formada, a proteína como um todo tenha a exata forma que ela precisa para cumprir o seu papel. (Entretanto, a previsão das estruturas secundária e terciária da proteína a partir da sequência de aminoácidos continua sendo um problema crítico na bioquímica estrutural.)

Enquanto isso, outros ribossomos próximos do início da cadeia do RNAm já estão se movendo ao longo dela, cada um sintetizando outra molécula do polipeptídeo. O tempo necessário para sintetizar uma proteína depende, obviamente, do número de resíduos de aminoácidos que ela contém, mas as evidências indicam que cada ribossomo pode fazer com que 150 ligações peptídicas sejam formadas a cada minuto. Assim, uma proteína como a lisozima, com 129 resíduos de aminoácidos, necessita de menos de um minuto para a sua síntese. No entanto, se quatro ribossomos estão fazendo seu trabalho ao longo de uma única cadeia de RNAm, uma molécula de proteína pode ser produzida a cada 13 s.

Poderíamos nos perguntar por que toda essa síntese de proteína é necessária – especialmente em um organismo completamente crescido? A resposta é que as proteínas não são permanentes; elas não são sintetizadas uma vez e, então, deixadas intactas na célula pelo resto da vida do organismo. Elas são sintetizadas quando e onde são necessárias. Elas, então, são reconvertidas em aminoácidos; enzimas desmontam enzimas. Alguns aminoácidos são metabolizados para se obter energia; outros – aminoácidos novos – vêm com os alimentos que ingerimos, e todo o processo começa de novo.

PROBLEMA DE REVISÃO 25.10

A fita senso de um segmento de DNA tem a seguinte sequência de bases:

5′...T G G G G G T T T T A C A G C...3′

(a) Qual sequência de bases aparecerá no RNAm desse segmento?
(b) Suponha que a primeira base nesse RNAm seja o início de um códon. Qual ordem de aminoácidos será traduzida para um polipeptídeo sintetizado ao longo desse segmento?
(c) Dê os anticódons para cada RNAt associado à tradução no item (b).

PROBLEMA DE REVISÃO 25.11

(a) Utilizando o primeiro códon fornecido para cada aminoácido na Tabela 25.2, escreva a sequência de base do RNAm que traduz a síntese do seguinte pentapeptídeo:

Arg · Ile · Cys · Tyr · Val

(b) A que sequência de base na fita senso do DNA corresponde o RNAm anterior?
(c) Quais anticódons aparecerão nos RNAt envolvidos na síntese do pentapeptídeo?

PROBLEMA RESOLVIDO 25.2

Explique como um erro de uma única base em cada fita de DNA pode originar um erro de aminoácido que provoca a anemia falciforme (veja o boxe "A Química Biológica de... Anemia Falciforme" na Seção 24.6B).

Estratégia e Resposta

Uma mudança de GAA para GTA no DNA leva à mudança no RNAm de GAA para GUA (veja a Tabela 25.2). Essa mudança resulta na substituição do resíduo de ácido glutâmico na posição 6 na hemoglobina normal pela valina (como nas pessoas com anemia falciforme). Alternativamente, uma mudança de GAG para GTG leva a uma troca no RNAm de GAG para GUG, também acarretando a substituição do ácido glutâmico pela valina.

25.6 Determinação da Sequência de Bases do DNA: Método de Terminação da Cadeia (Didesoxinucleotídeo)

Alguns aspectos da estratégia utilizada para fazer o sequenciamento do DNA lembram os métodos utilizados para fazer o sequenciamento de proteínas. Ambos os tipos de moléculas necessitam de métodos acessíveis a polímeros longos, mas, no caso do DNA, uma única molécula de DNA é tão longa que é absolutamente necessário quebrá-la em fragmentos menores e processáveis. Outra similaridade entre o DNA e as proteínas é que um pequeno conjunto de unidades moleculares compreende as estruturas de cada um, mas, no caso do DNA, estão envolvidas apenas quatro unidades de nucleotídeos monômeros, em vez dos 20 aminoácidos utilizados para sintetizar as proteínas. Finalmente, tanto as proteínas quanto os ácidos nucleicos são moléculas carregadas que podem ser separadas com base no tamanho e na carga utilizando cromatografia.

A primeira parte do processo é realizada utilizando enzimas chamadas de **endonucleases de restrição**. Essas enzimas quebram o DNA de fita dupla em sequências de bases específicas. Conhecem-se hoje várias centenas de endonucleases de restrição. Por exemplo, uma delas, chamada de *Alu*I, quebra a sequência AGCT entre G e C. Outra, chamada de *Eco*R1, quebra a GAATTC entre G e A. A maioria dos sítios reconhecidos pelas enzimas de restrição tem sequências de pares de bases com a mesma ordem em ambas as fitas quando lidas no sentido 5′ para o 3′. Por exemplo:

$$5' \longleftarrow \text{G–A–A–T–T–C} \longrightarrow 3'$$

$$3' \longleftarrow \text{C–T–T–A–A–G} \longrightarrow 5'$$

Tais sequências são conhecidas como **palíndromos**. (Os palíndromos são palavras ou expressões que são lidas da mesma forma da esquerda para a direita e da direita para a esquerda. Radar, osso e luz azul são exemplos.)

PRÊMIO NOBEL

Gilbert e Sanger dividiram o Prêmio Nobel de Química em 1980 com Paul Berg pelo trabalho deles sobre ácidos nucleicos. Sanger (Seção 24.5B), que foi pioneiro no sequenciamento de proteínas, fora agraciado com outro Prêmio Nobel, em 1958, pela determinação da estrutura da insulina.

O sequenciamento dos fragmentos (normalmente chamados de fragmentos de restrição) pode ser realizado quimicamente ou com a ajuda de enzimas. O primeiro método químico foi introduzido por A. Maxam e W. Gilbert (ambos da Harvard University); o **método da terminação da cadeia (didesoxinucleotídeo)** foi introduzido no mesmo ano por F. Sanger (Cambridge University). Praticamente todo o sequenciamento de DNA é atualmente realizado utilizando-se uma versão automatizada do método da terminação da cadeia, o qual envolve reações enzimáticas e 2′,3′-didesoxinucleotídeos.

25.6A Sequenciamento de DNA pelo Método de Finalização da Cadeia (Didesoxinucleotídeo)

O método de finalização da cadeia para o sequenciamento de DNA envolve a replicação do DNA de maneira a gerar uma família de cópias parciais que diferem no comprimento por um par de bases. Essas cópias parciais do DNA pai são separadas de acordo com o comprimento, e a base terminal em cada fita é detectada através de um marcador fluorescente ligado covalentemente.

A mistura de cópias parciais do DNA alvo é feita através do "envenenamento" de uma reação de replicação com uma baixa concentração de nucleotídeos artificiais. Os nucleotídeos artificiais finalizadores são as 2′,3′-didesoxi análogas dos quatro nucleotídeos naturais. Sem a 3′-hidroxila, cada 2′,3′-didesoxinucleotídeo incorporado é incapaz de formar uma ligação diéster fosfato entre o seu carbono 3′ e o próximo nucleotídeo que seria necessário para continuar a polimerização, e, desse modo, a cadeia termina. Uma vez que se emprega uma baixa concentração dos didesoxinucleotídeos, apenas ocasionalmente um didesoxinucleotídeo é incorporado aleatoriamente às cadeias em crescimento, e, assim, todas as moléculas de DNA de comprimentos essencialmente diferentes são sintetizadas a partir do DNA pai.

Cada didesoxinucleotídeo finalizador é marcado com um corante fluorescente que produz uma cor específica, dependendo da base carregada por aquele nucleotídeo finalizador. (Um método alternativo é marcar na molécula do DNA uma pequena sequência de oligonucleotídeos utilizada para iniciar a replicação do DNA específico, com corantes fluorescentes específicos, em vez dos didesoxinucleotídeos finalizadores, mas o método geral é o mesmo.) Um dos sistemas de corantes em uso (patenteado pela ABI) consiste em um cromóforo doador que é inicialmente excitado por laser, o qual, então, transfere a sua energia para uma unidade receptora que produz a fluorescência observada. O doador é preso ao didesoxinucleotídeo por uma união curta.

A reação de replicação utilizada para gerar as cópias parciais de DNA é similar, mas não idêntica, ao método de reação em cadeia da polimerase (RCP) (Seção 25.8). No método de sequenciamento da didesóxi, emprega-se apenas uma sequência de um iniciador do DNA, e consequentemente apenas uma fita do DNA é copiada, enquanto na RCP dois iniciadores do DNA são utilizados e ambas as fitas são copiadas simultaneamente. Além disso, nas reações de sequenciamento as cadeias são deliberadamente finalizadas pela adição dos nucleotídeos de didesóxi.

Uma união 2′,3′-didesoxinucleotídeo e uma unidade corante fluorescente como aquelas empregadas nas reações de sequenciamento de DNA com didesoxinucleotídeos contendo marcadores fluorescentes

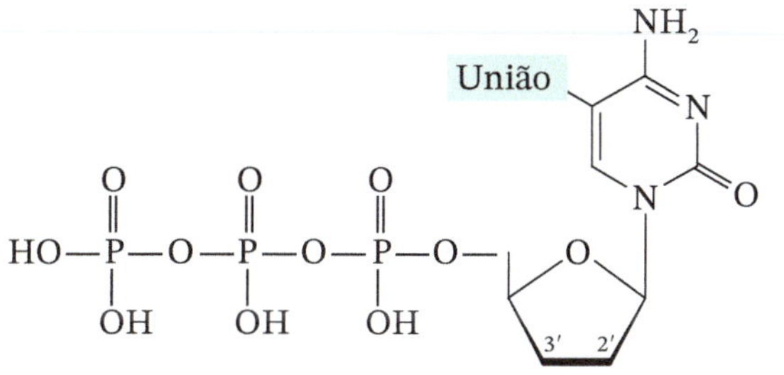

Trifosfato de 2′,3′-Didesoxicitosina

A falta da 3′-hidroxila provoca a finalização da cadeia.

União entre o nucleotídeo e o corante

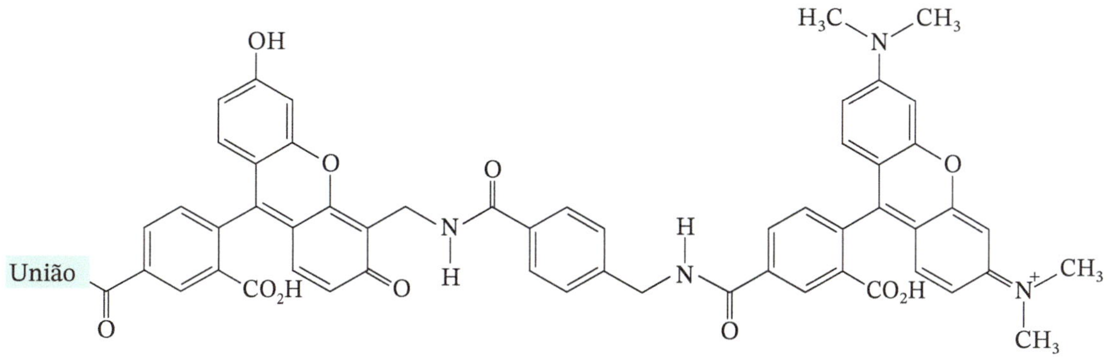

Unidade doadora de fluorescência

Unidade receptora de fluorescência

Corante fluorescente doador–receptor

A eletroforese capilar é o método mais comumente utilizado para separar a mistura de DNA parciais resultante de uma reação de sequenciamento. A eletroforese capilar separa os DNA com base no tamanho e na carga, permitindo que os nucleotídeos que diferem apenas no comprimento de uma base sejam resolvidos. A obtenção computadorizada dos dados de fluorescência à medida que as diferentes terminações de DNA passam pelo detector gera um cromatograma de quatro cores, onde cada pico consecutivo representa uma molécula de DNA com um nucleotídeo a mais do que a molécula anterior. A cor de cada pico representa o nucleotídeo terminal naquela molécula. Uma vez que cada um dos tipos de bases didesóxi finalizadoras apresenta fluorescência de uma cor diferente, a sequência de nucleotídeos no DNA pode ser lida diretamente. Um exemplo de uma sequência de dados desse tipo de sistema é mostrado na **Fig. 25.17**.

A utilização de métodos automatizados para o sequenciamento de DNA representa um aumento exponencial da velocidade sobre os métodos manuais que empregam eletroforese em gel de poliacrilamida em placas verticais (**Fig. 25.18**). Apenas alguns milhares de bases por dia (no máximo) podem ser sequenciadas por uma pessoa com a utilização do método manual. Hoje é possível para uma única máquina, realizando análises em paralelo e continuamente, sequenciar quase 3 milhões de bases por dia utilizando eletroforese capilar automatizada e detecção por fluorescência a laser. Como vantagem adicional, a facilidade de sequenciamento do DNA frequentemente torna mais fácil a determinação da sequência de uma proteína por meio da sequência de parte ou de todo o gene correspondente, em vez de sequenciar a própria proteína (veja a Seção 24.5).

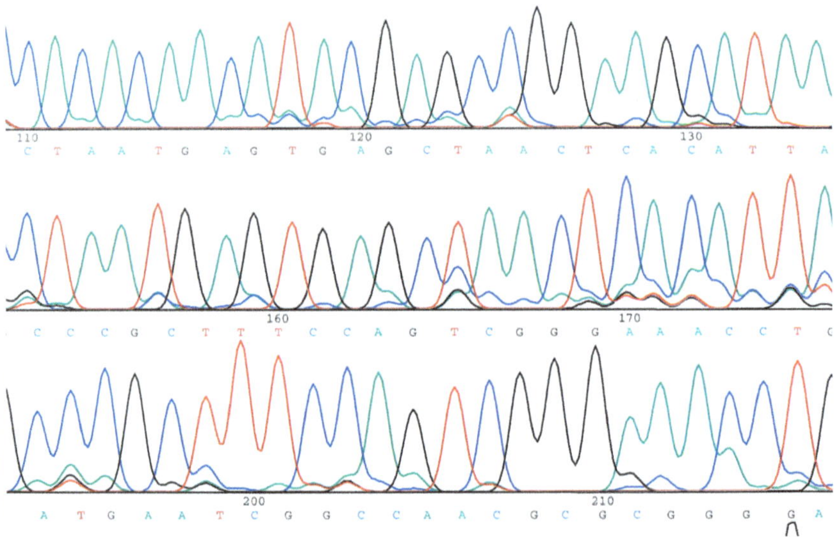

FIGURA 25.17 Exemplo de dados de um sequenciador automatizado de DNA.

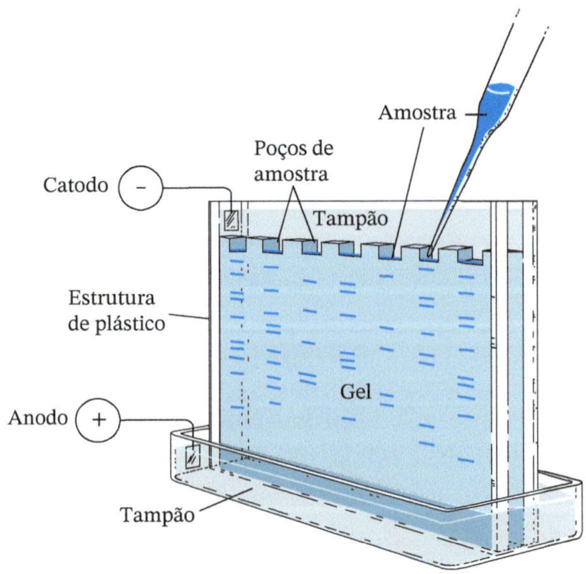

FIGURA 25.18 Um aparelho para eletroforese em gel. As amostras são aplicadas nas fendas na parte de cima do gel. A aplicação de uma diferença de potencial faz com que as amostras se movam. As amostras movem-se em linhas paralelas. (Reproduzida com permissão da John Wiley & Sons, Inc., de Voet, D. e Voet, J. G. *Biochemistry*, Second Edition. © 1995 Voet, D. e Voet, J. G.)

O desenvolvimento de métodos de alto rendimento para o sequenciamento de DNA é grandemente responsável pelo notável sucesso atingido no Projeto Genoma Humano. O sequenciamento dos 3 bilhões de pares de bases no genoma humano jamais seria completado antes de 2003, ano do cinquentenário da elucidação da estrutura do DNA por Watson e Crick, se os métodos de sequenciamento de alto rendimento não existissem.

25.7 Síntese de Laboratório de Oligonucleotídeos

Os oligonucleotídeos sintéticos são necessários para uma variedade de propósitos. Um dos usos mais comuns e importantes dos oligonucleotídeos sintéticos é como iniciadores para o sequenciamento do ácido nucleico e para a RCP (Seção 25.8). Outra aplicação importante é na pesquisa e no desenvolvimento de **oligonucleotídeos antissensos**, que têm potencial no tratamento de diversas doenças. Um oligonucleotídeo antissenso é aquele que tem uma sequência complementar àquela codificadora em uma molécula de DNA ou de RNA. Os oligonucleotídeos sintéticos que se ligam fortemente às sequências do DNA ou do RNAm de um vírus, de uma bactéria ou de outra condição de doença podem ser capazes de anular a expressão da proteína-alvo associada com aquelas condições. Por exemplo, se a porção senso do DNA em um gene é

A–G–A–C–C–G–T–G–G

o oligonucleotídeo antissenso correspondente será lido como

T–C–T–G–G–C–A–C–C

A capacidade de desativar genes específicos dessa maneira é uma grande promessa da medicina. Muitos vírus e bactérias, durante seus ciclos de vida, utilizam um método semelhante a esse para regular alguns de seus próprios genes. Portanto, a esperança é sintetizar oligonucleotídeos antissensos que procuram e destroem vírus nas células de uma pessoa ligando-se a sequências cruciais do DNA ou RNA viral. A síntese de oligonucleotídeos antissenos é uma área ativa de pesquisa direcionada para muitas doenças virais, incluindo a AIDS, bem como o câncer de pulmão e outras formas de câncer.

Os métodos atuais para a **síntese de oligonucleotídeos** são similares àqueles utilizados para sintetizar proteínas, incluindo o uso de técnicas automatizadas na fase sólida (Seção 24.7D). Um nucleotídeo apropriadamente protegido está ligado a uma fase sólida chamada de "vidro de porosidade controlada", ou CPG (**Fig. 25.19**), através de uma ligação que pode, em última instância, ser quebrada. O próximo nucleotídeo, protegido na forma de um **fosforamidito**, é adicionado, e o acoplamento é realizado através de um agente acoplador, geralmente o 1,2,3,4-tetrazol. O triéster fosfito que resulta do acoplamento é oxidado ao triéster fosfato com iodo, produzindo uma cadeia que foi aumentada em um nucleotídeo. O grupo **dimetoxitritila (DMTr)** utilizado para proteger a extremidade 5′ do nucleotídeo adicionado é removido por tratamento com ácido, e as etapas de **acoplamento**, **oxidação**, **destritilação**, mostradas na Fig. 25.19, são repetidas. (Todas as etapas são realizadas em solventes não aquosos.) O processo pode ser repetido no mínimo 50 vezes mediante o emprego de sintetizadores automáticos, e o tempo para um ciclo completo é de 40 minutos ou menos. A síntese é monitorada através de detecção espectrofotométrica do cátion dimetoxitritila à medida que ele é liberado em cada ciclo (muito semelhante ao monitoramento da liberação do Fmoc na síntese de peptídeo na fase sólida). Após a síntese do oligonucleotídeo desejado, ele é liberado do suporte sólido e os vários grupos protetores, incluindo aqueles nas bases, são removidos.

25.8 Reação em Cadeia da Polimerase

A **reação em cadeia da polimerase (RCP)** é um método extraordinariamente simples e eficiente para multiplicar exponencialmente (amplificando) o número de cópias de uma molécula de DNA. Começando com até mesmo uma única molécula de DNA, a RCP pode gerar 100 bilhões de cópias em uma única tarde. A reação é fácil de ser realizada: ela requer

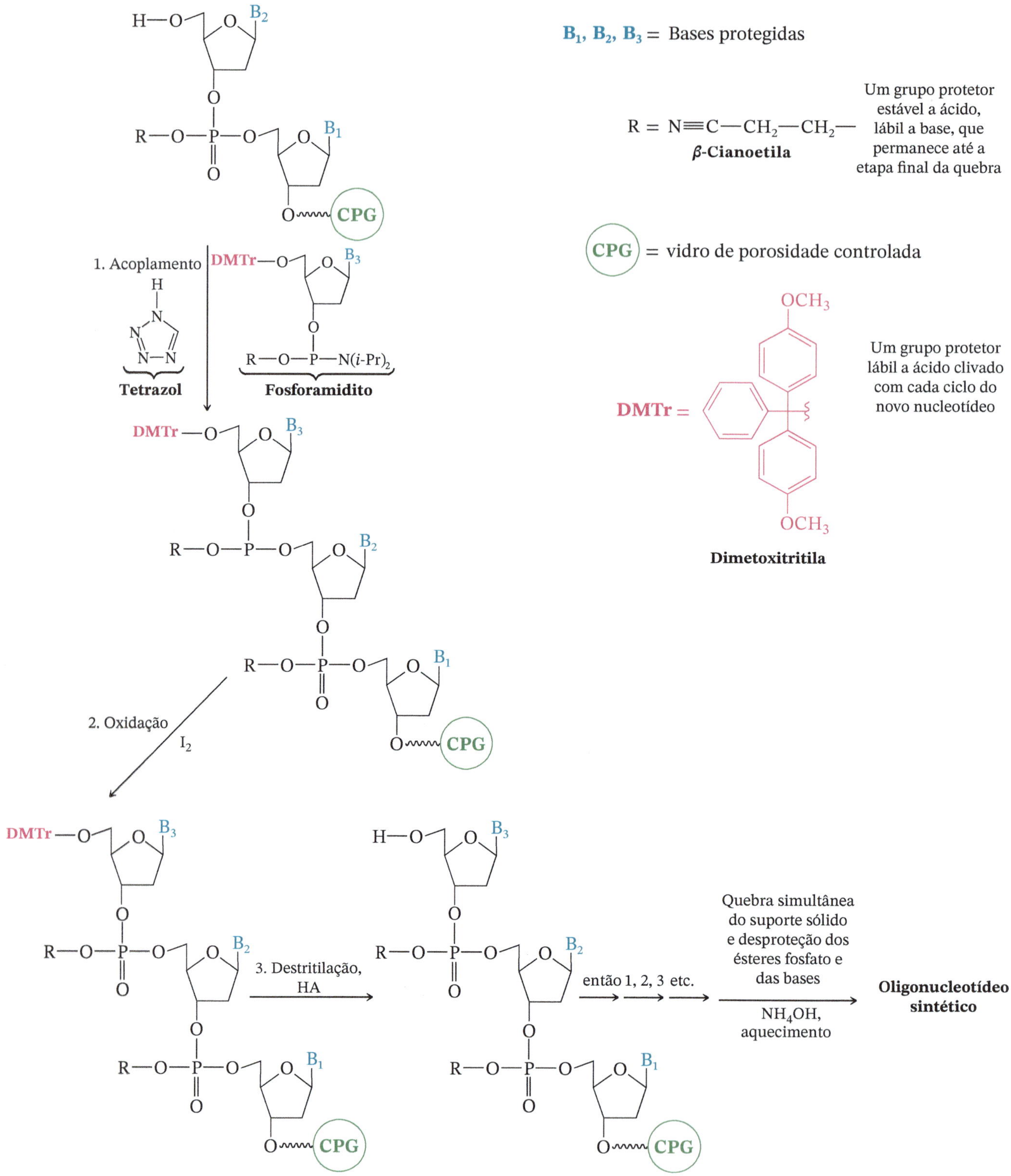

FIGURA 25.19 Etapas envolvidas na síntese automatizada de oligonucleotídeos utilizando o método de acoplamento com fosforamidito.

apenas uma amostra minúscula do DNA alvo (quantidades da ordem de picogramas são suficientes), um suprimento do reagente trifosfato de nucleotídeo e iniciadores para construir o novo DNA, a DNA polimerase para catalisar a reação e um dispositivo chamado de termociclador para controlar a temperatura da reação e repetir automaticamente a reação.

A RCP tem tido um grande impacto na biologia molecular. Talvez o seu papel mais importante tenha sido no sequenciamento do genoma humano (Seções 25.6 e 25.9), mas agora praticamente todos os aspectos da pesquisa envolvendo DNA envolvem a RCP em algum momento.

Um dos objetivos iniciais no desenvolvimento da RCP era a sua utilização para aumentar a velocidade e a efetividade do diagnóstico pré-natal da anemia falciforme (Seção 24.6B), mas revolucionou a medicina de uma maneira muito além daquela inicialmente imaginada. A capacidade de sequenciar e estudar rapidamente o genoma de um indivíduo abriu as portas para a medicina personalizada e/ou de precisão, que é baseada na composição genética específica de uma pessoa. A RCP também permite diagnosticar doenças com maior certeza e pode permitir a detecção de predisposições genéticas para doenças que podem ser tratadas proativamente antes dos sintomas. A RCP também vem sendo fundamental no combate a doenças infecciosas, como a pandemia global do coronavírus. Por exemplo, a RCP fornece o teste mais definitivo para infecções como a covid-19 e permite a rápida identificação e rastreio de estirpes virais mutantes à medida que surgem em todo o mundo.

A RCP é também o suporte principal nas ciências forenses, onde ela pode ser utilizada para copiar o DNA de traços de amostra de sangue ou de sêmen ou de um cabelo deixado na cena de um crime. Ela é utilizada na biologia evolutiva e na antropologia, onde o DNA de interesse pode vir de um mamute peludo de 40.000 anos ou de um tecido de uma múmia. Ela é igualmente empregada para pesquisas genealógicas e para ligar famílias a parentes perdidos. Quase não existe área com importância biológica que, de alguma forma, não tenha aplicação para a RCP.

A RCP foi inventada por Kary B. Mullis e desenvolvida por ele e seus colaboradores na Cetus Corporation. O método emprega a enzima DNA polimerase, descoberta em 1955 por Arthur Kornberg e associados na Stanford University. Nas células vivas, as DNA polimerases ajudam a reparar e replicar o DNA. A RCP faz uso de uma propriedade específica das DNA polimerases: sua capacidade para ligar nucleotídeos adicionais a um oligonucleotídeo "iniciador" curto, quando este iniciador está ligado a uma fita complementar do DNA, chamada de modelo. Os nucleotídeos são ligados à extremidade 3′ do iniciador, e o nucleotídeo que a polimerase liga será aquele que é complementar à base na posição adjacente na fita modelo. Se o nucleotídeo modelo adjacente é G, a polimerase adiciona C ao iniciador; se o nucleotídeo modelo adjacente é A, então a polimerase adiciona T, e assim por diante. A polimerase repete esse processo inúmeras vezes, enquanto os nucleotídeos (como trifosfatos) necessários estejam presentes na solução, até que ele atinja a extremidade 5′ do modelo.

PRÊMIO NOBEL

Mullis foi laureado com o Prêmio Nobel de Química pelo seu trabalho em 1993.

A **Fig. 25.20** mostra um ciclo da RCP. O DNA alvo, um suprimento de monômeros trifosfato de nucleotídeo, a DNA polimerase e os iniciadores de oligonucleotídeo apropriados (uma sequência iniciadora para cada sentido 5′ para 3′ do DNA alvo de dupla fita) são adicionados a um pequeno recipiente de reação. A mistura é aquecida brevemente a aproximadamente 90 °C para separar as fitas de DNA (desnaturação); ela é resfriada para 50–60 °C para permitir que as sequências iniciadoras e a DNA polimerase se liguem a cada uma das fitas separadas (anelação); e ela é aquecida a aproximadamente 70 °C para estender cada fita através de uma condensação catalisada pela polimerase dos monômeros trifosfato de nucleotídeo complementares da fita do DNA pai. Outro ciclo da RCP começa com aquecimento para separar a nova coleção de moléculas de DNA em fitas únicas, seguido de resfriamento para a etapa de anelação, e assim por diante.

Cada ciclo, que leva apenas alguns minutos, dobra a quantidade de DNA alvo que existia antes daquela etapa (**Fig. 25.21**). O resultado é um aumento exponencial da quantidade de DNA ao longo do tempo. Após n ciclos, o DNA terá sido replicado 2^n vezes – após 10 ciclos existem aproximadamente 1000 vezes mais DNA, após 20 ciclos, aproximadamente 1 milhão de vezes mais, e assim por diante. Os termocicladores podem realizar aproximadamente 20 ciclos de RCP por hora, resultando em bilhões de cópias de DNA em uma única tarde.

Cada aplicação da RCP requer iniciadores com 10–20 nucleotídeos de comprimento e cujas sequências são complementares para encurtar sequências convenientemente localizadas que acompanham a sequência do DNA alvo. A sequência iniciadora é também escolhida de forma que ela esteja próxima a sítios que são quebráveis com enzimas de restrição. Uma vez que o pesquisador determina a sequência iniciadora de que necessita, os iniciadores são geralmente adquiridos de fornecedores comerciais que os sintetizam por encomenda utilizando métodos de síntese de oligonucleotídeos em fase sólida semelhantes àquele descrito na Seção 25.7.

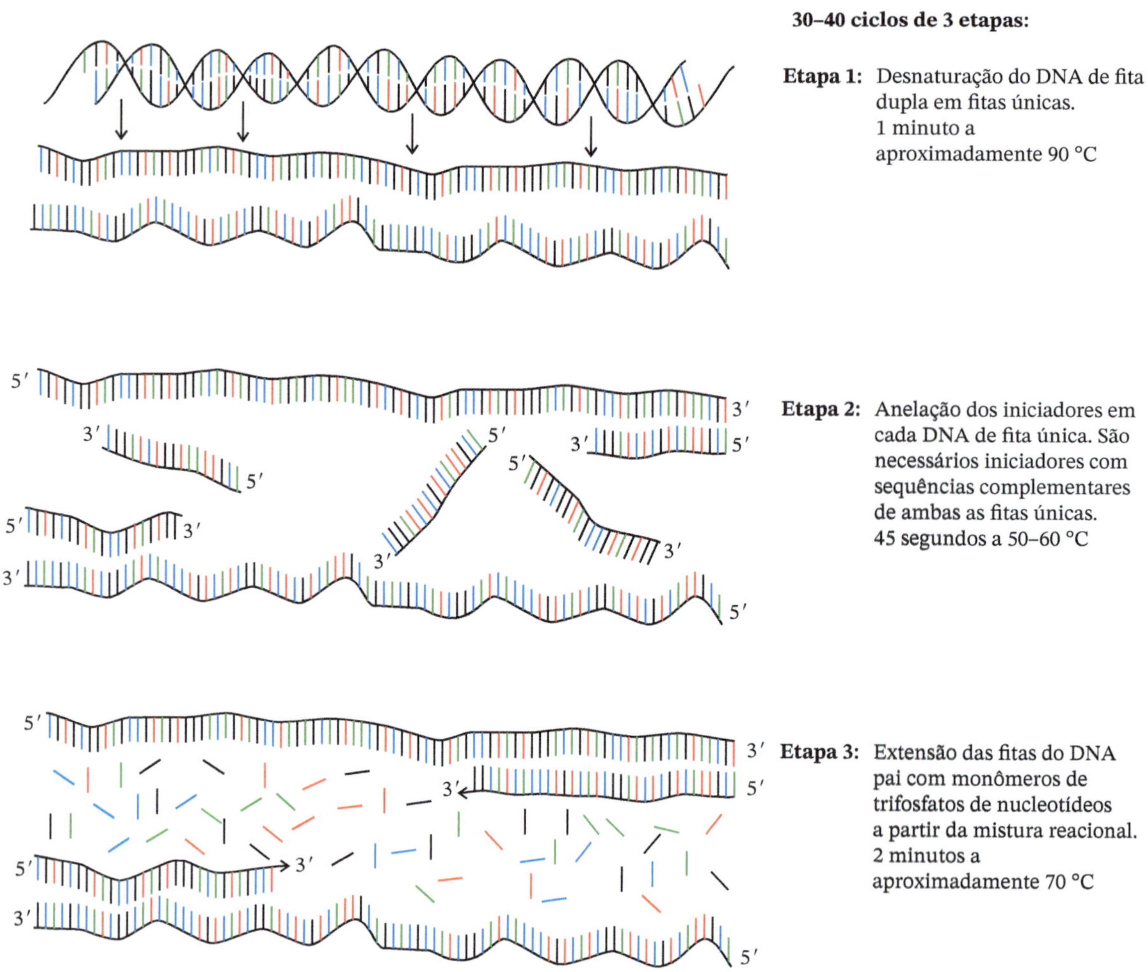

FIGURA 25.20 Um ciclo da RCP. O aquecimento separa as fitas do DNA do alvo para fornecer dois modelos de fita única. Os iniciadores, concebidos para complementar as sequências de nucleotídeos que acompanham os alvos, fixam-se a cada fita. A DNA polimerase, na presença dos trifosfatos de nucleotídeos, catalisa a síntese de duas partes do DNA, cada uma idêntica ao DNA alvo original. (Utilizada com permissão de Andy Vierstraete, University of Ghent.)

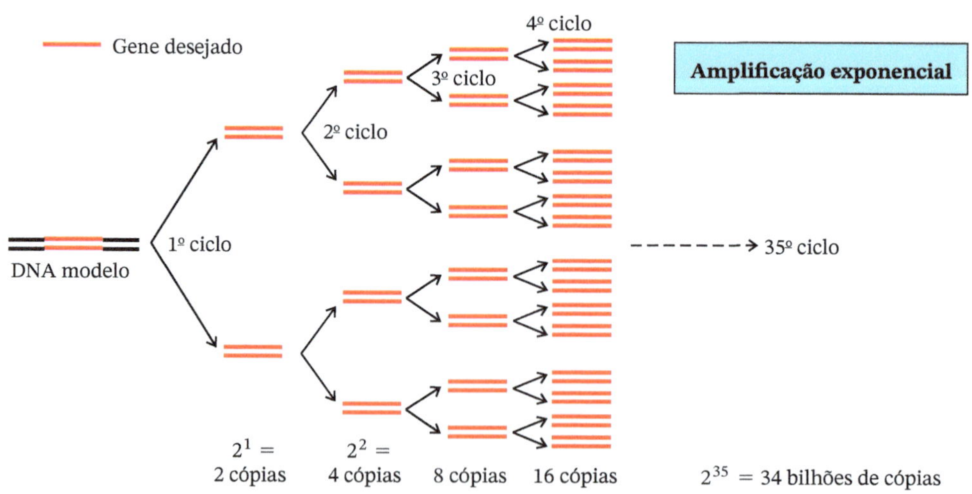

FIGURA 25.21 Cada ciclo da RCP duplica o número de cópias das regiões alvo. (Utilizada com permissão de Andy Vierstraete, University of Ghent.)

Como um adendo intrigante à história da RCP, ocorre que a combinação cruzada entre diferentes campos de pesquisa ajudou enormemente no desenvolvimento dos atuais métodos de RCP. Em especial, a descoberta das extremoenzimas, que são enzimas de organismos que vivem em ambientes de temperatura elevada, tem sido de grande utilidade. As DNA polimerases hoje normalmente utilizadas na RCP são formas estáveis ao calor derivadas de bactérias termofílicas. Polimerases como a Taq polimerase, da bactéria *Thermus aquaticus*, encontradas em lugares como gêiseres (fontes termais), e $Vent_R^{TM}$, de bactérias que vivem próximo a fontes hidrotermais no fundo do mar, são utilizadas. A utilização de extremoenzimas polimerases facilita a RCP, permitindo o emprego de temperaturas elevadas na etapa de fusão do DNA sem a preocupação da desnaturação da enzima polimerase naquele momento. Desse modo, todos os materiais podem estar presentes na mistura reacional ao longo de todo o processo. Além disso, a utilização de uma temperatura mais elevada durante a extensão da cadeia também leva a maiores velocidades de reação. (Veja em "A Química Quiral de... Reduções Estereosseletivas de Grupos Carbonila", Seção 12.3C, para outro exemplo da utilização de enzimas de altas temperaturas.)

Lane Erickson/123RF

Bactérias termofílicas, que crescem em fontes quentes como essas no Parque Nacional de Yellowstone (Estados Unidos), produzem enzimas estáveis ao calor chamadas de extremoenzimas, que têm se mostrado úteis em diversos processos químicos.

25.9 Sequenciamento do Genoma Humano: um Livro de Instruções para as Moléculas da Vida

O anúncio por cientistas do Projeto Genoma Humano e da Celera Genomics Company, em junho de 2000, de que o sequenciamento de aproximadamente 3 bilhões de pares de bases no genoma humano estava completo marcou a realização de um dos mais importantes e ambiciosos esforços científicos jamais realizados. Para realizar esse feito, foram coletados dados de milhares de cientistas ao redor do mundo utilizando ferramentas incluindo a RCP (Seção 25.8), as reações de sequenciamento de didesoxinucleotídeos (Seção 25.6), a eletroforese capilar, a fluorescência induzida por laser e supercomputadores. O produto final foi uma transcrição de nossos cromossomos que poderia ser chamada de livro de instruções para as moléculas da vida.

PRÊMIO NOBEL

"Esta estrutura possui características novas, as quais são de importância biológica considerável". James Watson, um dos cientistas que determinaram a estrutura do DNA e compartilharam o Prêmio Nobel com Francis Crick e Maurice Wilkins. (*Nature*, 1953, *171*, 737)

Mas o que as instruções no genoma dizem? Como podemos fazer o melhor uso das instruções moleculares para a vida? Dos aproximadamente 35.000 genes em nosso DNA, a função de apenas uma pequena porcentagem dos genes é entendida. A descoberta de genes que podem ser utilizados para beneficiar a nossa condição humana e os meios químicos para ativá-los ou desativá-los representam algumas das maiores oportunidades e desafios para os cientistas de hoje e do futuro. O sequenciamento do genoma foi apenas o início da história.

À medida que essa história tem seus desdobramentos, os químicos continuarão a adicionar aos arquivos moleculares os compostos utilizados para sondar nosso DNA. Microchips de DNA com 10.000 ou mais sequências de diagnóstico curto de DNA quimicamente ligados à sua superfície em matrizes predefinidas serão utilizados para testar amostras de DNA para identificação de milhares de possíveis condições genéticas em um único ensaio. Com o mapa do nosso genoma nas mãos, grandes bibliotecas de medicamentos em potencial serão testadas contra alvos genéticos para descobrir mais moléculas que possam tanto promover como inibir a expressão dos produtos de genes-chave. O sequenciamento do genoma também acelerará o desenvolvimento de moléculas que interagem com proteínas, os produtos da expressão do gene. O conhecimento da sequência do genoma apressará a identificação dos códigos de genes de proteínas interessantes, permitindo, assim, que essas proteínas sejam expressas em quantidades praticamente ilimitadas. Dispondo de um amplo suprimento de proteínas-alvo, os desafios de interpretar as estruturas tridimensionais de proteínas e de entender suas funções serão também superados com mais facilidade. A otimização das estruturas de pequenas moléculas orgânicas que interagem com as proteínas também ocorrerá com maior rapidez, porque as proteínas-alvo dessas moléculas estarão mais rapidamente disponíveis e em maior quantidade. Não há dúvidas de que o ritmo da pesquisa para desenvolver moléculas orgânicas novas e úteis para a interação com genes e proteínas-alvo aumentará espetacularmente, uma vez que o genoma foi sequenciado. O potencial para utilizar nossa criatividade química nos campos da genômica e da proteômica é imenso.

Por que Esses Tópicos São Importantes?

Seleção de uma Sequência de DNA de Interesse

Assim como ligações de hidrogênio específicas são a base para o emparelhamento das bases de A com T e C com G em uma molécula de DNA, as ligações de hidrogênio também podem ser utilizadas para ligar pequenas moléculas a sequências de DNA específicas. O que se obtém frequentemente é um resultado bioquímico significativo. Por exemplo, o singular produto natural (+)-CC-1065, que contém ciclopropano, possui uma helicidade que lhe permite se alinhar com a aresta da abertura menor do DNA. Uma vez que ele encontre um domínio rico em sequências de AT, ele pode servir de eletrófilo em uma reação S_N2 que leva à alquilação de um resíduo de adenina, conforme se vê a seguir. Como resultado, a célula acaba sendo destruída. Assim, o (+)-CC-1065 serve de agente antitumoral, se o alvo é uma célula cancerosa.

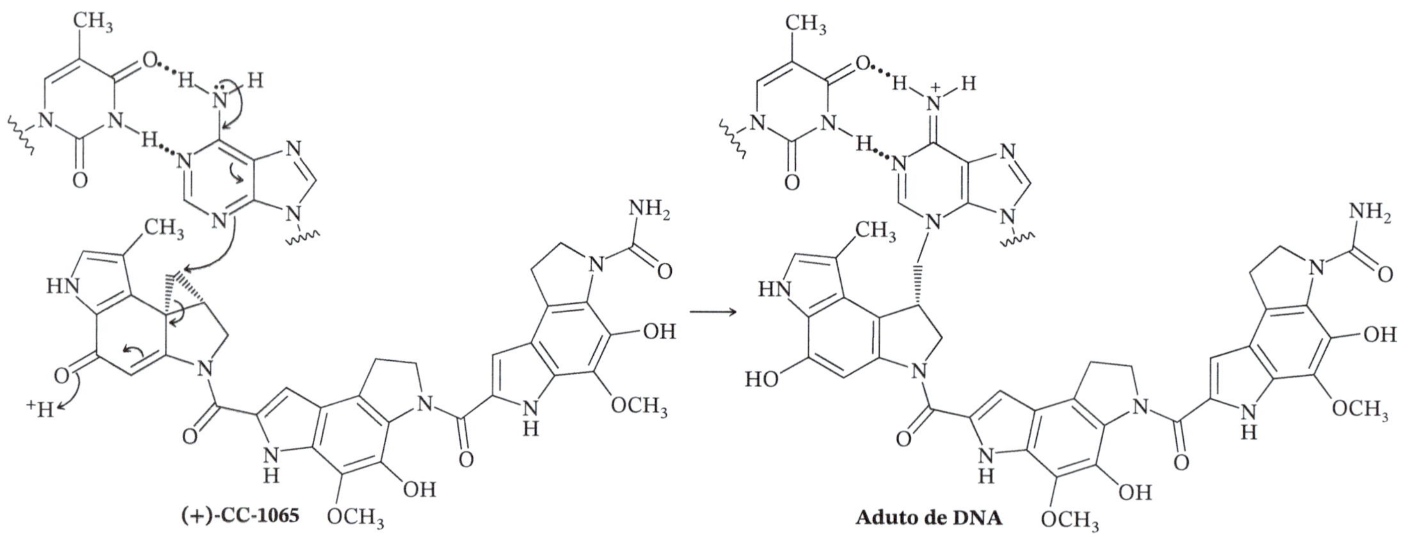

Esse mecanismo de ação não é único. De fato, são diversos os produtos naturais que podem "ler" de modo semelhante a aresta da abertura menor do DNA por meio de interações de ligações de hidrogênio. Um desses compostos é a distamicina A, a qual, como é vista a seguir, contém três pirróis com ligação peptídica que também podem interagir com regiões ricas em AT, no DNA.

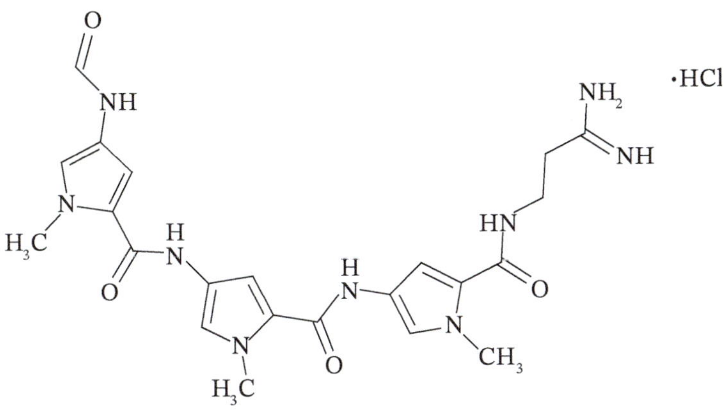

Distamicina

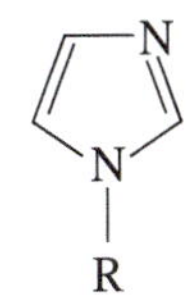

Imidazol

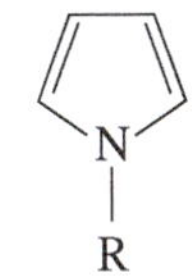

Pirrol

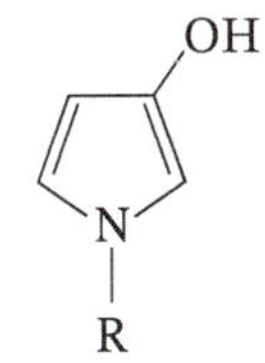

Hidroxipirrol

Todavia, essa molécula comprovou ser altamente significativa por servir como a principal inspiração para os químicos irem além de produtos naturais e desenvolverem um conjunto de moléculas com o poder de literalmente ler, ou diferenciar, não apenas sequências ricas em AT, mas qualquer sequência específica do DNA que seja o alvo desejado. O líder desses esforços foi Peter Dervan, do California Institute of Technology. Em um período de duas décadas, a sua equipe desenvolveu um grupo de moléculas reminiscentes da distamicina que contêm anéis pirrólicos, imidazólicos e hidroxipirrólicos em dois domínios separados ligados por uma união flexível. Esses compostos podem ler quaisquer sequências do DNA principal, conforme mostramos anteriormente, com base no uso de A, C, G e T como as purinas e pirimidinas que compreendem a estrutura da espinha dorsal, e você pode aprender muito a respeito das suas estruturas específicas na referência 2 citada a seguir.

Para dar um sentido da significância dessa descoberta, um segmento de DNA contendo 8 pares de bases tem 32.896 diferentes sequências possíveis. Em vez de ter de identificar milhares de soluções diferentes e distintas para atingir seletivamente tal conjunto de sequências, essa solução oferece um sistema previsível comum que pode ser facilmente adaptado para atuar em qualquer dessas sequências possíveis à vontade, através da simples troca do posicionamento desses três sistemas heterocíclicos dentro dos dois braços das moléculas. O trabalho atual está direcionado para determinar se as drogas podem ou não ser combinadas com essas moléculas de sequência específica de modo a produzir tratamentos novos. Enquanto o tempo nos dirá se o resultado será novos medicamentos, por agora é satisfatório ver como produtos naturais, princípios químicos fundamentais, como ligações de hidrogênio, e a cuidadosa modelagem molecular podem ser combinados para fazer algo que até mesmo a natureza não parece ser capaz de realizar.

Para saber mais sobre esses tópicos, consulte:

1. Boger, D. L.; Johnson, D. S. "CC-1065 and the duocarmycins: Unraveling the keys to a new class of naturally derived DNA alkylating agents." *Proc. Natl. Acad. Sci. USA* **1995**, *92*, 3642–3649.
2. Dervan, P. B. "Molecular recognition of DNA by small molecules." *Bioorg. Med. Chem.* **2001**, *9*, 2215–2135.

Resumo e Ferramentas de Revisão

As ferramentas de estudo para o presente capítulo incluem termos e conceitos fundamentais, que são realçados ao longo do capítulo em **negrito azul** e estão definidos no glossário (ao fim de cada volume).

Problemas

Estrutura de Ácidos Nucleicos

25.12 Escreva a estrutura do dinucleotídeo G–C de um RNA no qual G possui um grupo hidróxi livre na posição 5′ e C tem um grupo hidróxido livre na posição 3′.

25.13 Escreva a estrutura do dinucleotídeo T–A de um DNA no qual T possui um grupo hidroxila livre na posição 5′ e A tem um grupo hidroxila livre na posição 3′.

Mecanismos

25.14 Presume-se que o exemplo de uma reação de nucleosidação de silyl–Hilbert–Johnson apresentado na Seção 25.3 envolve um cátion ribosil intermediário que é estabilizado por interações intramoleculares envolvendo o grupo benzoíla no C2. Esse intermediário bloqueia o ataque da base heterocíclica pelo lado α do anel da ribose, mas permite o ataque pelo lado β, necessário para a formação do produto desejado. Proponha uma estrutura para o intermediário catiônico ribosil que explique a ligação estereosseletiva da base.

25.15 (a) A mitomicina é um antibiótico antitumoral utilizado clinicamente que age interrompendo a síntese do DNA através de reações formadoras de ligações covalentes com a desoxiguanosina no DNA. Vários pesquisadores mostraram que a alquilação do DNA pela mitomicina ocorre através de uma série complexa de etapas mecanísticas. O processo começa com a redução do anel quinona na mitomicina à sua forma hidroquinona, seguida da eliminação do metanol do anel adjacente para formar um intermediário chamado de leuco-aziridinamitoseno. Um dos caminhos pelos quais o leuco-aziridinamitoseno alquila o DNA envolve a protonação e a abertura do anel aziridina de três membros, produzindo um cátion intermediário que é estabilizado por ressonância pelo grupo hidroquinona. O ataque ao cátion pelo N2 de um resíduo de desoxiguanosina leva ao DNA monoalquilado como produto, como mostrado no esquema a seguir. Escreva um mecanismo detalhado que mostre como a abertura do anel ocorre, incluindo as formas de ressonância para o cátion intermediário, seguido pelo ataque nucleofílico pelo DNA. (As ligações cruzadas intra e interfitas do DNA podem ainda ocorrer através da reação de outro resíduo da desoxiguanosina para deslocar o grupo carbamoíla do monoaduto mitoseno-DNA. Um aduto de ligação cruzada também é mostrado.) **(b)** O 1-di-hidromitoseno A é algumas vezes formado a partir do cátion intermediário no item (a) através da perda de um próton e de uma tautomerização. Proponha um mecanismo detalhado para a formação do 1-di-hidromitoseno A a partir do cátion estabilizado por ressonância do item (a).

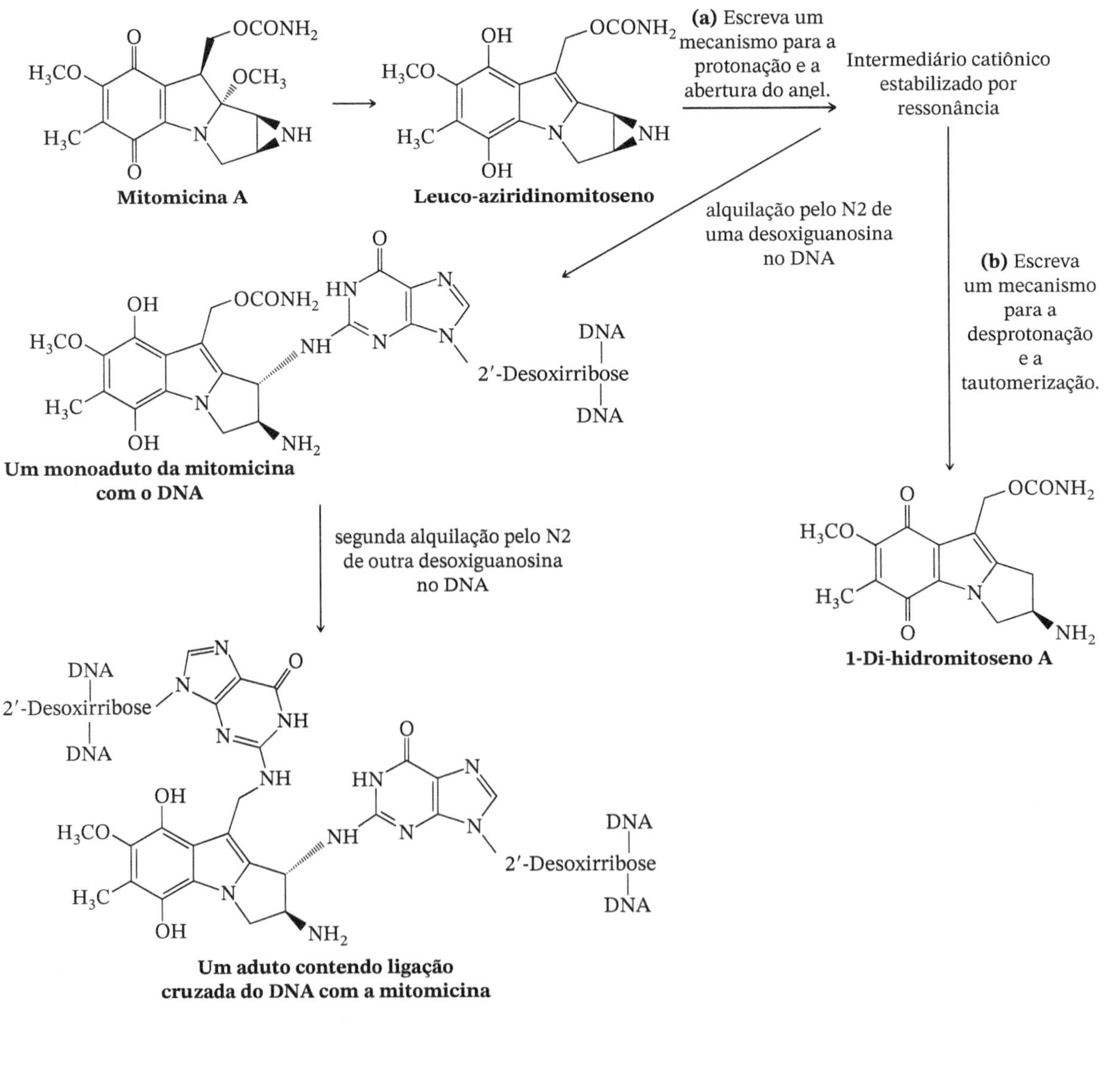

25.16 Como descrito na Seção 25.5B, acredita-se que a catálise ácido–base seja o mecanismo pelo qual os ribossomos catalisam a formação das ligações peptídicas no processo da tradução da proteína. A chave para essa proposta é a assistência pelo nitrogênio N3 (destacado no esquema adiante) de uma adenina próxima no ribossomo para a remoção de um próton do grupo α-amino do aminoácido que está sendo adicionado à cadeia peptídica em crescimento (Fig. 25.14). A capacidade desse grupo adenina de remover o próton é, por sua vez, aparentemente facilitada pela circulação da carga possibilitada por outros grupos vizinhos no ribossomo. A constelação desses grupos é mostrada no esquema. Desenhe as setas do mecanismo para indicar a formação de um contribuinte de ressonância, onde o grupo adenina contenha uma carga formal negativa, facilitando, assim, a remoção do próton do grupo α-amino do aminoácido. (Evidentemente, a verdadeira estrutura eletrônica desses grupos não é exatamente representada por uma forma individual de ressonância. Um híbrido ponderado das estruturas ressonantes com base na estabilidade reflete melhor a verdadeira estrutura.)

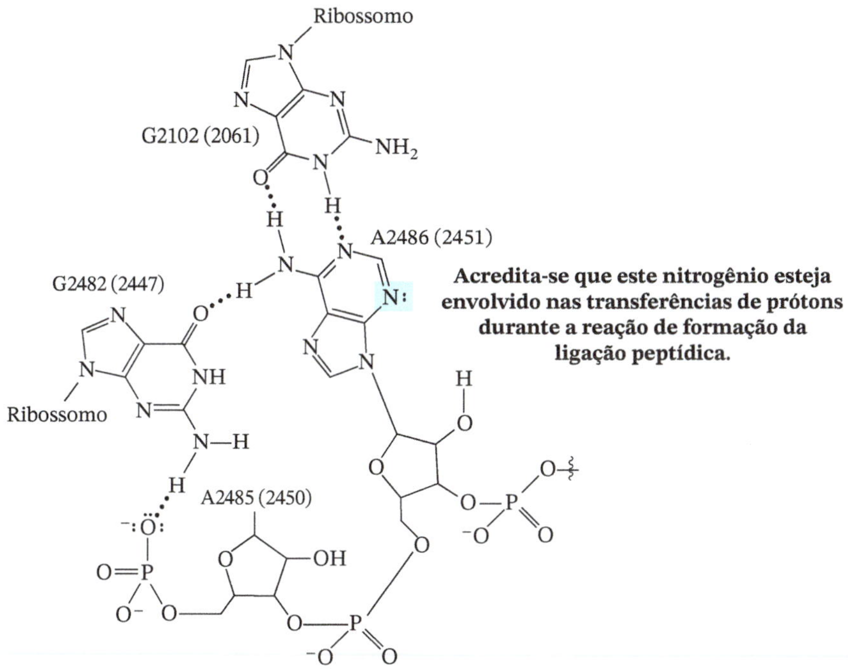

Problema para Trabalho em Grupo

Pesquisas sugerem que a expressão de determinados genes é controlada pela conversão de algumas bases citosina no genoma da 5-metilcitosina por uma enzima chamada de DNA metiltransferase. A metilação da citosina pode ser uma maneira pela qual alguns genes são desativados à medida que as células se diferenciam durante o crescimento e o desenvolvimento. Ela pode também ter um papel em alguns processos cancerígenos e na defesa do genoma contra DNAs estranhos como os de genes de vírus. A determinação do nível de metilação no DNA é um processo analítico importante. Um método para determinar a metilação da citosina é conhecido como RCP específica de metilação. Essa técnica exige que todas as citosinas não metiladas em uma amostra de DNA sejam convertidas em uracila através da desaminação do grupo amino do C4 nas citosinas não metiladas. Isto é realizado através do tratamento do DNA com hidrogenossulfito de sódio ($NaHSO_3$), formando um produto de adição de hidrogenossulfito com seus resíduos de citosina não metilada. Os sulfonatos de citosina obtidos são então submetidos à hidrólise sob condições que convertam o grupo amino no C4 em um grupo carbonila, produzindo um sulfonato de uracila. Finalmente, o tratamento com base provoca a eliminação do grupo sulfonato, obtendo-se a uracila. O DNA modificado é, então, amplificado através da RCP utilizando iniciadores desenvolvidos para distinguir o DNA contendo citosina metilada daquele em que a citosina foi convertida em uracila.

Escreva os mecanismos detalhados para as reações empregadas para converter a citosina em uracila através da sequência de etapas descritas anteriormente.

Respostas de Problemas Selecionados

Capítulo 13

13.2 (a)

(c)

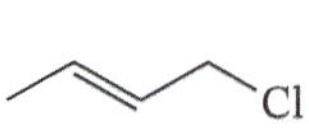 e 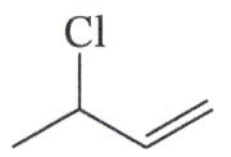 (racêmica)

13.6 (b) 1,4-Ciclo-hexadieno e 1,4-pentadieno são dienos isolados.

13.18 (a) *t*-BuOK, *t*-BuOH e aquecimento; **(g)** H_2 com catalisador de Lindlar ou Ni_2B (P-2) ou (1) Li, $EtNH_2$, (2) NH_4Cl.

13.22 (a) 1-Buteno + *N*-bromossuccinimida; então, *t*-BuOK e calor; **(e)** ciclopentano + Br_2, *hv*; então, *t*-BuOK e aquecimento; então, *N*-bromossuccinimida.

13.44 O aduto endo é menos estável do que o exo, mas é produzido com uma velocidade maior, a 25 °C. A 90 °C, a reação de Diels–Alder torna-se reversível; é estabelecido um equilíbrio e predomina o aduto exo, mais estável.

Capítulo 14

14.1 (a) Ácido 4-bromobenzoico (ou ácido *p*-bromobenzoico)

(b) 2-Benzil-1,3-ciclo-hexadieno

(c) (2-cloro-2-pentil)benzeno

(d) Fenil propil éter

14.7 (a)

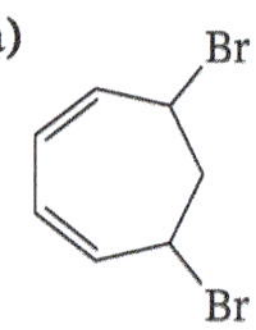

(b)

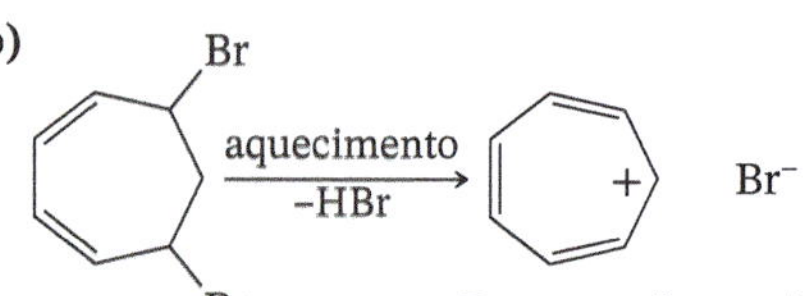

Brometo de tropílio

Estes resultados sugerem que a ligação no brometo de tropílio é iônica; ou seja, que ela consiste em um íon tropílio positivo e um íon brometo negativo.

14.9 (a) O cátion ciclopropenila. **(b)** Um.

14.15 A, *o*-bromotolueno; **B**, *p*-bromotolueno; **C**, *m*-bromotolueno; **D**, brometo de benzila.

14.23 A regra de Hückel deve se aplicar ao pentaleno e ao heptaleno. A antiaromaticidade do pentaleno pode ser atribuída ao fato de ele possuir 8 elétrons π. A falta de aromaticidade do heptaleno pode ser atribuída ao fato de ele possuir 12 elétrons π. Nem 8 nem 12 é um número de Hückel.

14.25 O grupo em ponte —CH_2— faz com que o sistema anular de 10 elétrons π se torne plano. Isto permite ao anel tornar-se aromático.

14.28 (a) O ânion ciclononatetraenila, com 10 elétrons π, obedece à lei de Hückel.

14.31 A, 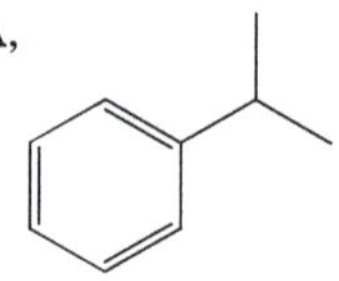 **B,** 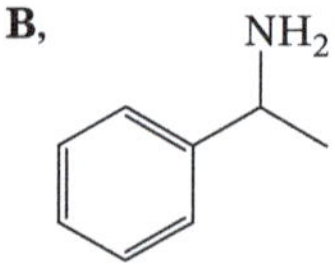 **C,** 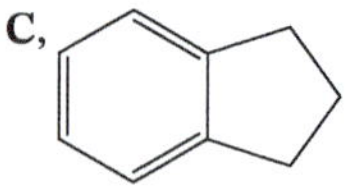

14.33 F,

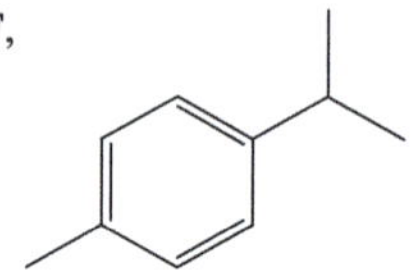

Capítulo 15

15.7 (a) No acetato de fenila há um átomo de oxigênio ligado diretamente ao anel benzênico, assim como no fenol. **(b)** Estruturas do tipo que se segue competem com o anel benzênico pelos elétrons de oxigênio, tornando-os menos disponíveis para o anel benzênico.

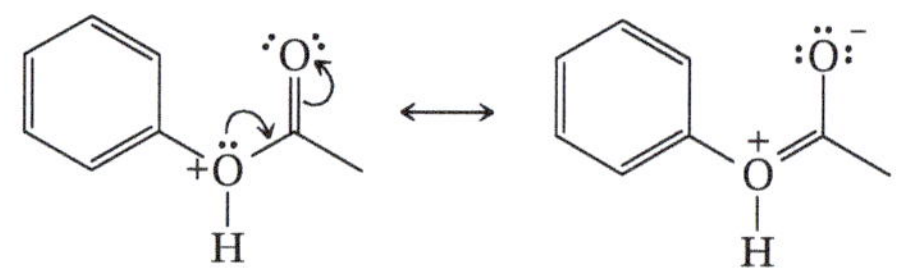

15.22

(a)

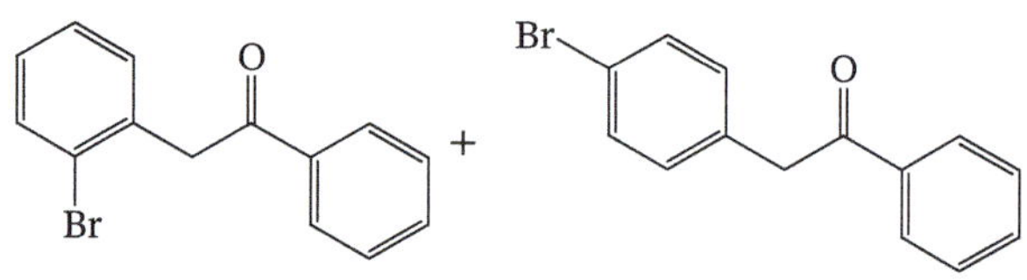

(c)

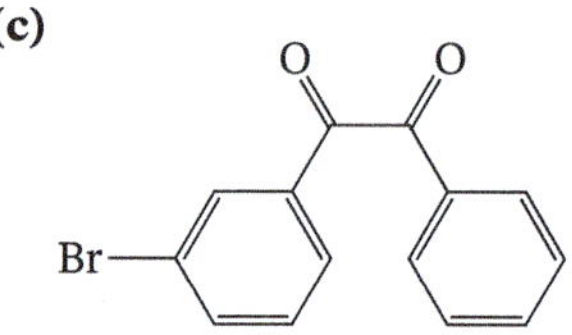

15.23 (a)

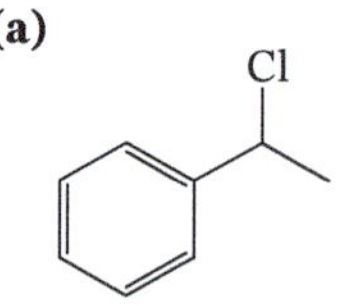

(c)

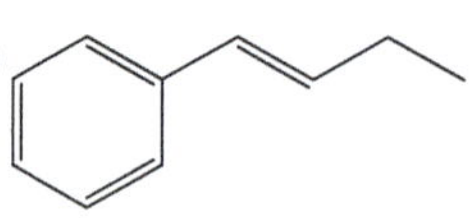

(e)

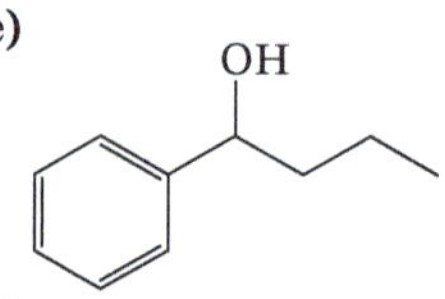

(g)

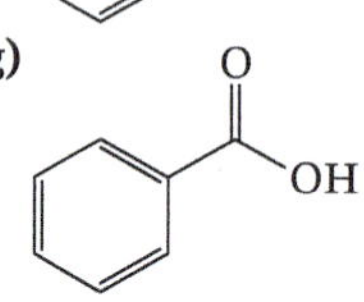

Capítulo 16

16.2 **(a)** 1-Pentanol; **(c)** pentanal; **(e)** álcool benzílico.

16.6 Um íon hidreto.

16.15 **(b)** $CH_3CH_2Br + (C_6H_5)_3P$, a seguir base forte, então $C_6H_5COCH_3$; **(d)** $CH_3I + (C_6H_5)_3P$, a seguir base forte, então, ciclopentanona; **(f)** $CH_2{=}CHCH_2Br + (C_6H_5)_3P$, a seguir base forte, então C_6H_5CHO.

16.21 **(a)** $CH_3CH_2CH_2OH$; **(c)** $CH_3CH_2CH_2OH$ **(h)** $CH_3CH_2CH{=}CHCH_3$; **(j)** $CH_3CH_2CH{=}NNHC_6H_5$; **(m)** $CH_3CH_2CH_3$

16.47 **X** é

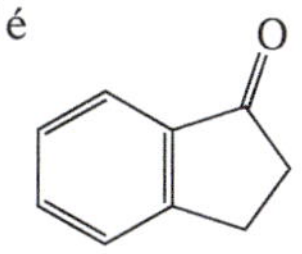

16.48 **Y** é a 1-fenil-2-butanona; **Z** é a 4-fenil-2-butanona.

Capítulo 17

17.2 **(a)** CH_2FCO_2H; **(c)** $CH_3CH_2CHFCO_2H$;

(e)

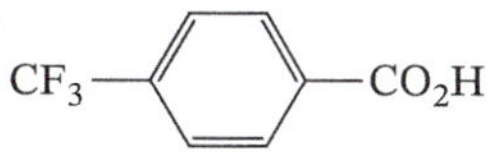

17.5 **(a)** $C_6H_5CH_2Br$ + Mg em dietil éter, então CO_2, então H_3O^+; **(c)** $CH_2{=}CHCH_2Br$ + Mg em dietil éter, então CO_2, então H_3O^+.

17.8 Em ambos os oxigênios da carbonila do ácido.

17.13 **(a)** $(CH_3)_3CCO_2H + SOCl_2$, então NH_3, então P_4O_{10}, aquecimento;

(b)

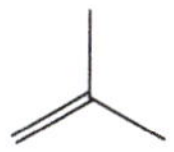

17.21 **(a)**

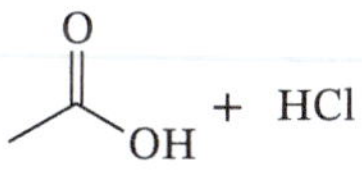

(b)

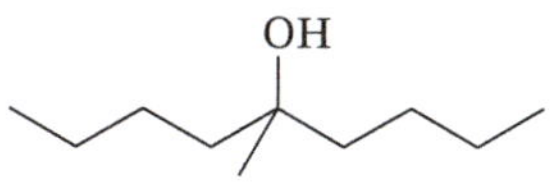

(c)

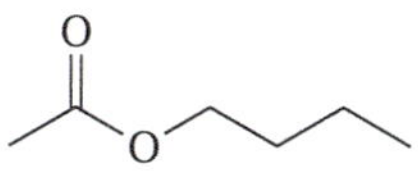

(d)

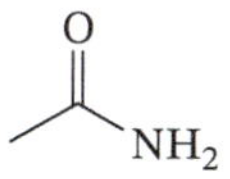

(e)

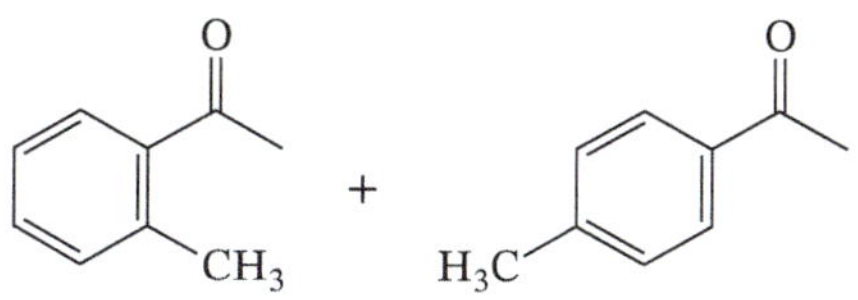

(f)

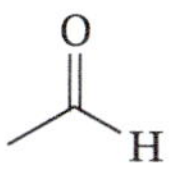

(g)

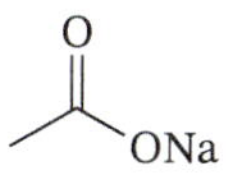

(h)

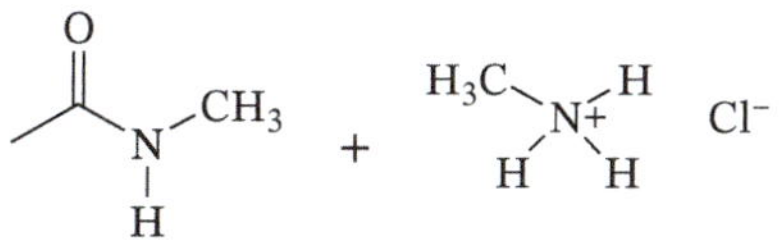

(i)

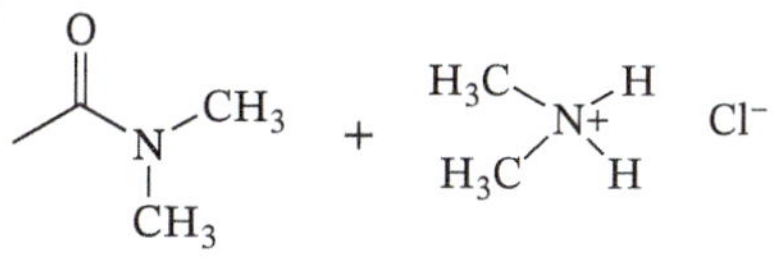

(j)

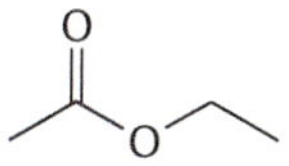

(k)

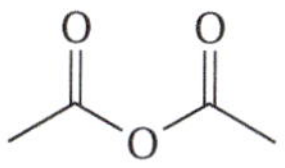

(l)

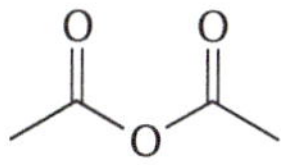

(m)

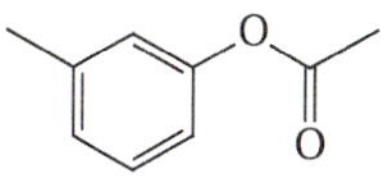

17.43 **(a)** Succinato de dietila; **(c)** fenilacetato de etila; (e) dicloroacetato de etila.

Capítulo 18

18.1 A forma enólica é o fenol. É especialmente estável por ser aromático.

18.2 Não.

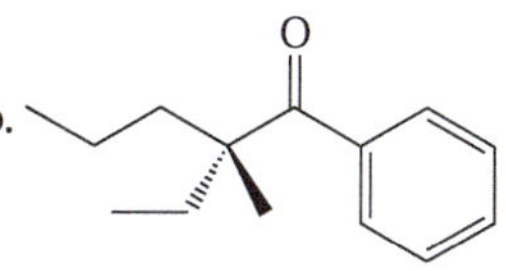

não tem um hidrogênio ligado ao seu átomo de α-carbono (que é um centro quiral) e, dessa maneira, a formação do enol envolvendo o centro quiral não é possível.

Com

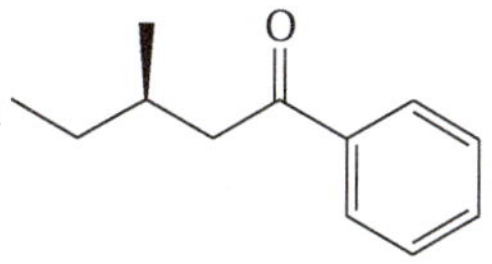

, o centro quiral é um carbono β e, assim sendo, a formação do enol não o afeta.

18.4 A base é consumida à medida que ocorre a reação. Por definição, o catalisador não é consumido.

18.8 **(a)** A reatividade é a mesma que em qualquer reação S_N2. Com haletos primários a substituição é altamente favorecida; com haletos secundários a eliminação compete com a substituição, e com haletos terciários a eliminação é única via de reação. **(b)** Acetoacetato de etila e 2-metilpropeno. **(c)** O bromobenzeno não é reativo em relação à substituição nucleofílica.

18.10 Trabalhando ao contrário,

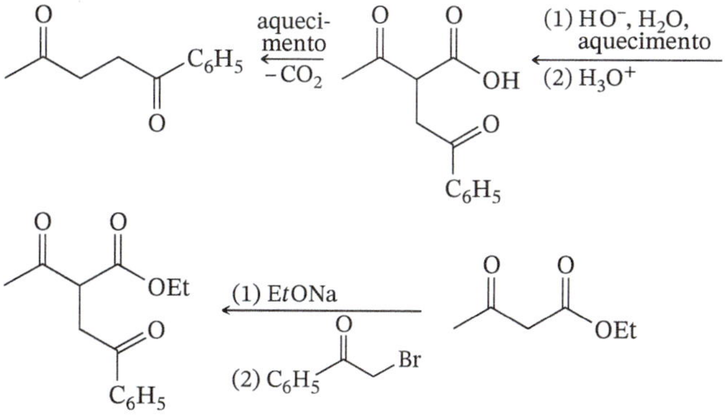

18.17 Em um solvente polar, como a água, a forma ceto é estabilizada por solvatação. Quando a interação com o solvente se torna mínima, a forma enol alcança a estabilidade por ligação de hidrogênio interna.

18.25 **(b)** **D** é o ácido *trans*-1,2-ciclopentanodicarboxílico racêmico, **E** é o ácido *cis*-1,2-ciclopentanodicarboxílico, um composto meso.

Capítulo 19

19.3 (a)

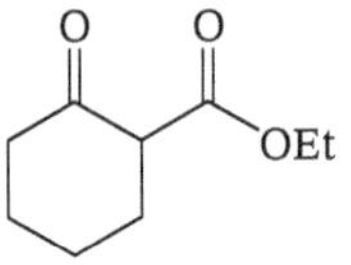

(b) Para sofrer uma condensação de Dieckmann, o 1,5-pentanodioato de dietila teria de formar um anel de quatro membros altamente tensionado.

19.5 (a)

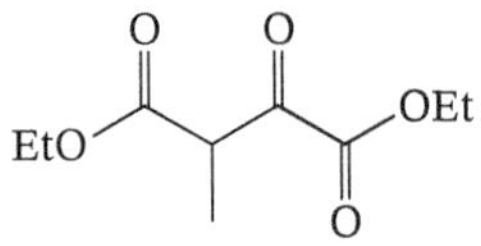

(b)

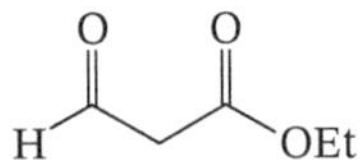

19.11

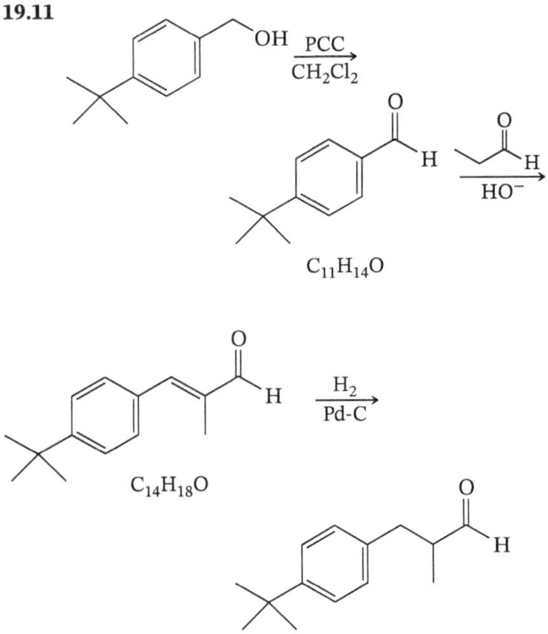

Aldeído de lírio ($C_{14}H_{20}O$)

19.17

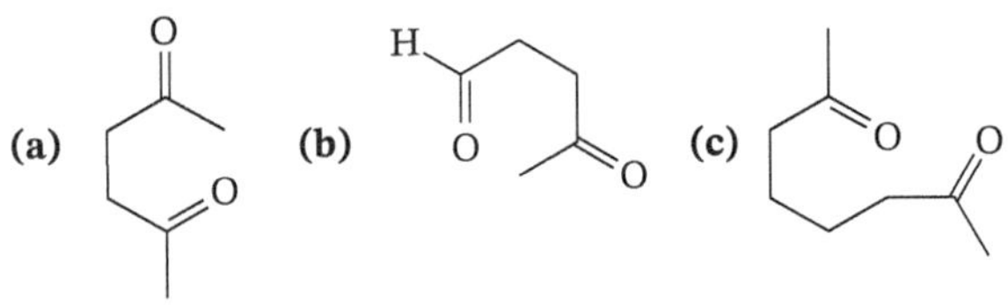

Observe que os compostos iniciais são desenhados de modo a indicar quais os átomos que estão envolvidos na reação de ciclização.

19.19

(a)

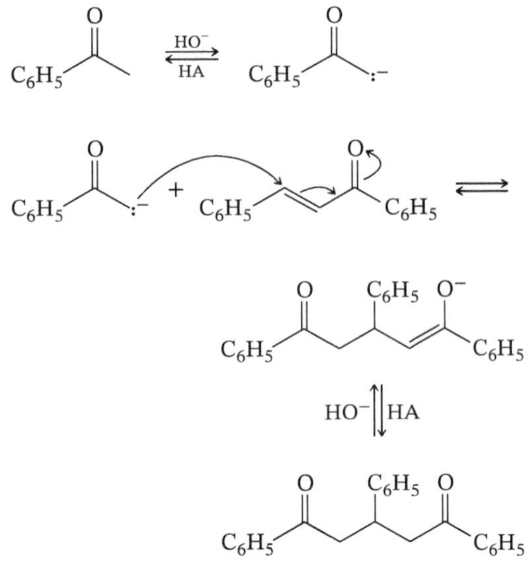

(b)

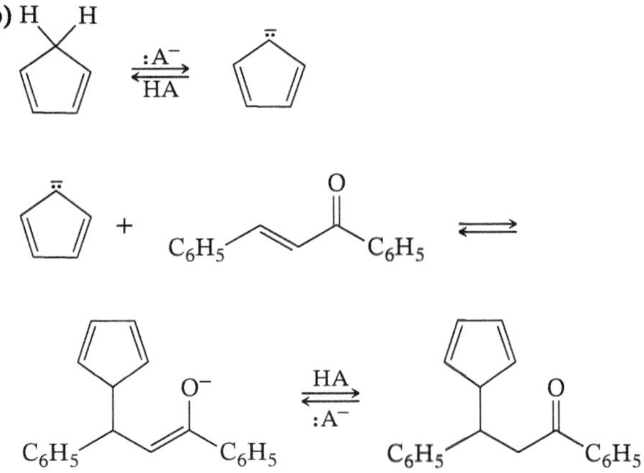

19.57 (a) $CH_2{=}C(CH_3)CO_2CH_3$; **(b)** $KMnO_4$, HO^-; H_3O^+; **(c)** CH_3OH, HA; **(d)** CH_3ONa, então H_3O^+

(e) e **(f)**

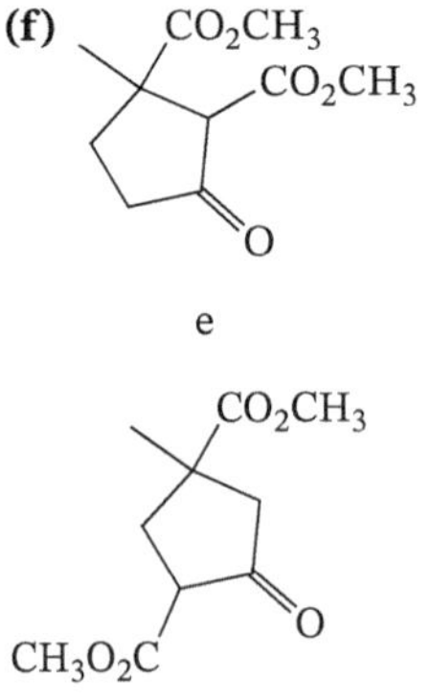

(g) HO^-, H_2O, então H_3O^+; **(h)** aquecimento ($-CO_2$); **(i)** CH_3OH, HA; **(j)** CH_3ONa, então H_3O^+; **(k)** 2 $NaNH_2$ + 2 CH_3I

Capítulo 20

20.6 (a) $CH_3(CH_2)_3CHO + NH_3 \xrightarrow[LiBH_3CN]{H_2,\ Ni} CH_3(CH_2)_3CH_2NH_2$
(b) $CH_3(CH_2)_4CHO + C_6H_5NH_2 \longrightarrow CH_3(CH_2)_4CH_2NHC_6H_5$

20.8 (a) Metoxibenzeno + HNO_3 + H_2SO_4, então Fe + HCl; **(b)** Metoxibenzeno + CH_3COCl + $AlCl_3$, então NH_3 + H_2 + Ni; **(c)** tolueno + Cl_2 e luz, então $(CH_3)_3N$; **(d)** *p*-nitrotolueno + $KMnO_4$ + HO^-, então H_3O^+, então $SOCl_2$ seguido de NH_3, então NaOBr (Br_2 em NaOH); **(e)** tolueno + *N*-bromossuccinato, então KCN, então $LiAlH_4$.

20.13 *p*-Nitroanilina + Br_2 + Fe, seguido de $H_2SO_4/NaNO_2$ seguido de CuBr, então H_2/Pt, então $H_2SO_4/NaNO_2$ seguido de H_3PO_2.

20.45 **W** é o *N*-benzil-*N*-etilanilina.

Capítulo 21

21.4

(a) 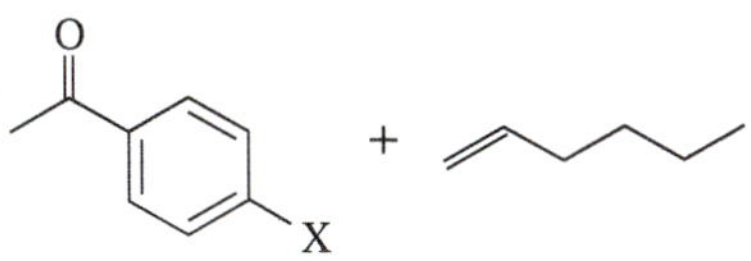

X = Cl, Br ou I

(b) 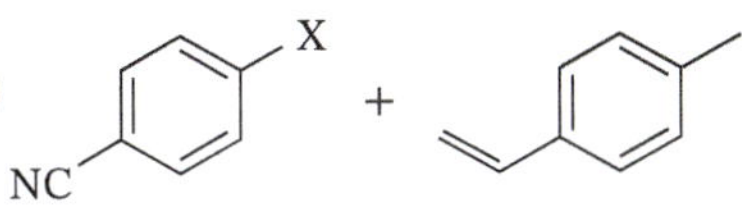

21.8

(a) 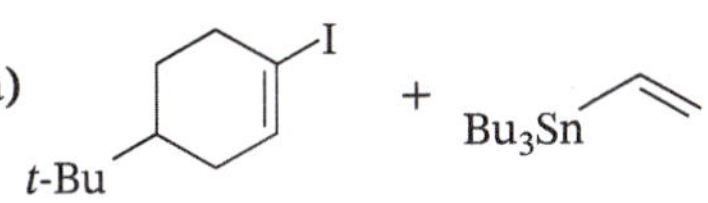

(b) 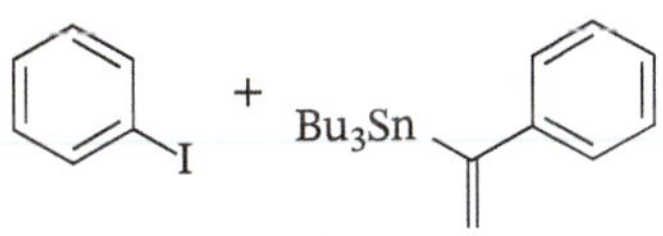

21.12

(a) 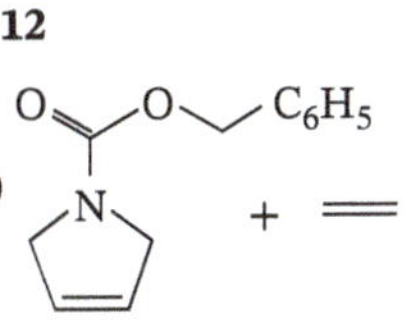

(b) 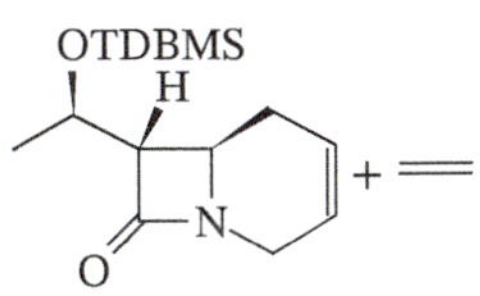

(c) 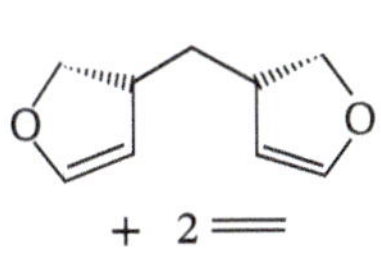

(d) 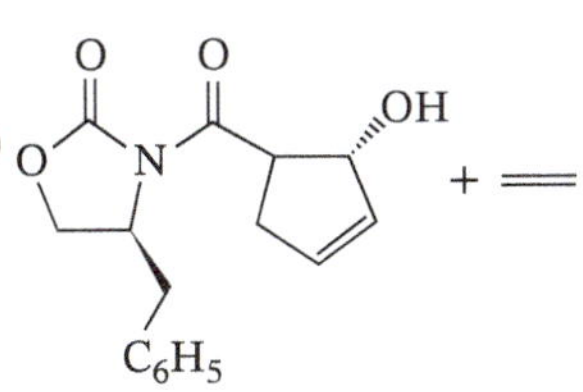

Capítulo 22

22.1 (a) Dois; **(b)** dois; **(c)** quatro.

22.6 α-D-glicopiranose dará positivo nos testes de Benedict e de Tollens.

22.9 (a) 2 CH_3CHO, um equivalente molar, HIO_4; **(b)** HCHO + HCO_2H + CH_3CHO, dois equivalentes molares HIO_4; **(c)** HCHO + $OHCCH(OCH_3)_2$, um equivalente molar HIO_4; **(d)** HCHO + HCO_2H + CH_3CO_2H, dois equivalentes molares HIO_4; **(e)** 2 CH_3CO_2H + HCO_2H, dois equivalentes molares HIO_4

22.18 D-(+)-Glicose.

22.23 Uma forma anomérica da D-manose é dextrorrotatória ($[\alpha]_D$ = +29,3), a outra é levorrotatória ($[\alpha]_D$ = −17,0).

22.24 O micro-organismo oxida seletivamente o grupo —CHOH do D-glicitol que corresponde ao C5 da D-glicose.

22.27 **A** é a D-altrose; **B** é a D-talose; **C** é a D-galactose.

Capítulo 23

23.5 O geraniol apresenta sinais de RMN de [1]H e de ^{13}C na região dos alquenos, enquanto o mentol não possui sinais nessa região.

23.14 (a) C_2H_5OH, HA, aquecimento; ou $SOCl_2$, então C_2H_5OH; **(d)** $SOCl_2$, então $(CH_3)_2NH$; **(g)** $SOCl_2$, então $LiAlH[OC(CH_3)_3]_3$

23.17 O ácido elaídico é o ácido *trans*-9-octadecenoico.

23.21 **A** é $CH_3(CH_2)_5C{\equiv}CNa$

B é $CH_3(CH_2)_5C{\equiv}CCH_2(CH_2)_7CH_2Cl$

C é $CH_3(CH_2)_5C{\equiv}CCH_2(CH_2)_7CH_2CN$

E é $CH_3(CH_2)_5C{\equiv}CCH_2(CH_2)_7CH_2CO_2H$

O ácido vacênico é

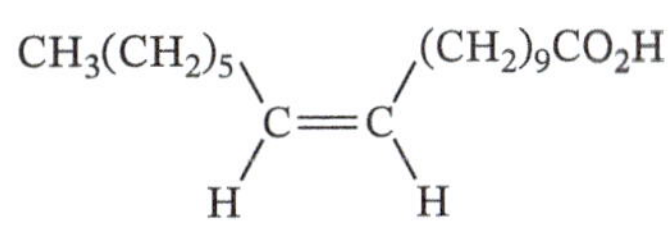

23.22 **F** é $FCH_2(CH_2)_6CH_2C{\equiv}CH$

G é $FCH_2(CH_2)_6CH_2C{\equiv}C(CH_2)_7Cl$

H é $FCH_2(CH_2)_6CH_2C{\equiv}C(CH_2)_7CN$

I é $FCH_2(CH_2)_7C{\equiv}C(CH_2)_7CO_2H$

Capítulo 24

24.5 O aminoácido marcado não tem mais um grupo —NH_2 básico; portanto, ele é insolúvel em ácido aquoso.

24.8 (a) O ácido glutâmico na sequência ECG poderia estar ligado no seu grupo carboxila α ou γ. **(b)** A glutationa é

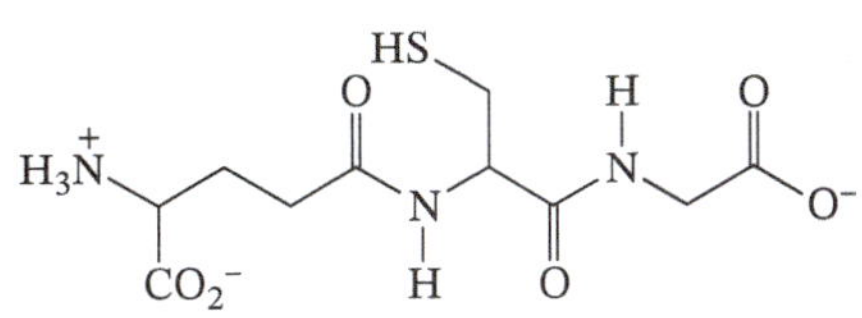

24.22 Arg·Pro·Pro·Gly·Phe·Ser·Pro·Phe·Arg (RPPGFSPFR)

24.23 Val·Leu·Lys·Phe·Ala·Glu·Ala (VLKFAEA)

Capítulo 25

25.2 **(a)** Os nucleosídeos têm uma ligação *N*-glicosídica que (assim como uma ligação *O*-glicosídica) é rapidamente hidrolisada em ácido aquoso, mas que é estável em base aquosa.

25.4 **(a)** O grupo do isopropilideno (acetonida) é parte de um acetal cíclico. **(b)** Tratando-se o nucleosídeo com acetona e ácido catalítico.

25.7 **(b)** A timina se emparelharia com a adenina e, portanto, a adenina seria introduzida na fita complementar, onde deveria ocorrer a guanina.

25.9

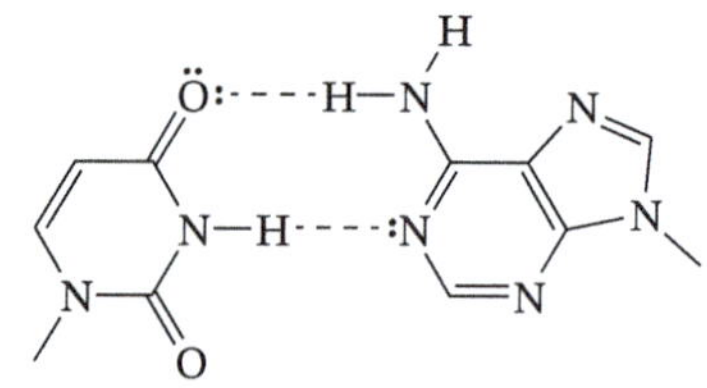

Uracila (no RNAm) **Adenina (no DNA)**

25.10

(a)	ACC	CCC	AAA	AUG	UCC	RNA*m*
(b)	T	P	K	M	S	Aminoácidos
(c)	UGC	GGC	UUU	UAC	AGC	Anticódons

Glossário

A

Absortividade molar, ε (Seção 13.8B): Uma constante de proporcionalidade que relaciona a absorbância observada (A) em um comprimento de onda específico (λ) com a concentração molar da amostra (C) e o comprimento (l) (em centímetros) do caminho do feixe de luz através da célula da amostra:

$$\varepsilon = AC \times l$$

Acetal (Seção 16.7B): Um grupo funcional, consistindo em um carbono ligado a grupos alcóxidos [isto é, $RCH(OR')_2$ ou $R_2C(OR')_2$], obtido a partir de um aldeído ou uma cetona e dois grupos funcionais álcool. Um acetal sintetizado a partir de uma cetona é algumas vezes chamado de cetal.

Acetonídeo (Seção 22.5E): Um acetal cíclico formado a partir da acetona.

Ácido aldárico (Seção 22.6C): Um ácido α,ω-dicarboxílico que resulta da oxidação do grupo aldeído e do grupo álcool primário terminal de uma aldose.

Ácido aldônico (Seção 22.6C): Um ácido monocarboxílico que resulta da oxidação do grupo aldeído de uma aldose.

Ácido desoxirribonucleico (DNA) (Seção 25.1): Uma das duas moléculas (a outra é o RNA) que carregam informação genética nas células. Duas fitas moleculares unidas através de ligações de hidrogênio fazem com que a estrutura do DNA seja semelhante a uma "escada torcida" com quatro tipos de bases heterocíclicas (adenina, citosina, timina e guanina) que formam os "degraus" da escada.

Ácido/éster graxo poli-insaturado (Seção 23.2): Um ácido graxo ou um éster de ácido graxo cuja cadeia de carbono contém duas ou mais ligações duplas.

Ácido graxo (Seção 23.2): Um ácido carboxílico de cadeia longa (normalmente com um número par de átomos de carbono) que é isolado pela hidrólise de uma gordura.

Ácido ribonucleico (RNA) (Seções 25.1 e 25.5): Uma das duas classes de moléculas (a outra é o DNA) que transportam informação genética nas células. As moléculas de RNA transcrevem e fazem a translação da informação a partir do DNA para os mecanismos de síntese de proteínas.

Ácidos graxos insaturados (Seção 23.2): Ácidos graxos que contêm no mínimo uma ligação dupla carbono–carbono.

Ácidos graxos saturados (Seção 23.2): Ácidos graxos que não contêm ligações duplas carbono–carbono.

Ácidos nucleicos (Seções 25.1 e 25.4A): Polímeros biológicos de nucleotídeos. DNA e RNA são, respectivamente, ácidos nucleicos que preservam e transcrevem a informação hereditária dentro das células.

Acilação (Seção 15.6B): A introdução de um grupo acila em uma molécula.

Acilação de Friedel–Crafts (Seção 15.6B): Inserção de um grupo acila em um anel benzênico por substituição aromática eletrofílica usando um íon acílio como o eletrófilo (gerado *in situ* usando um ácido de Lewis).

Açúcar (Seção 22.1A): Um carboidrato.

Açúcar redutor (Seção 22.6A): Os açúcares que reduzem os reagentes de Tollens ou de Benedict. Todos os açúcares que contêm grupos hemiacetal (e, consequentemente, estão em equilíbrio com aldeídos ou hidroxicetonas α) são açúcares redutores. Os açúcares nos quais apenas os grupos acetal ou cetal estão presentes são açúcares não redutores.

Adição conjugada (Seções 19.1 e 19.7): Uma forma de adição nucleofílica a um composto carbonilado α,β-insaturado na qual o nucleófilo se adiciona ao carbono β. Também chamada adição de Michael.

Adição de Michael (Veja **Adição conjugada** e Seções 18.9 e 19.7): Uma reação entre um composto com hidrogênio ativo e um composto carbonilado α,β-insaturado. O ataque pelo ânion do composto com hidrogênio ativo ocorre no carbono β do composto carbonilado α,β-insaturado. Uma adição de Michael é um tipo de adição conjugada.

Adição–eliminação nucleofílica (Seções 17.4 e 19.2): Adição de um nucleófilo a um carbono carbonilado (ou outro carbono trigonal), formando um intermediário tetraédrico, seguida pela eliminação de um grupo de saída para produzir um produto plano triangular.

Adição nucleofílica ao carbono da carbonila (Seções 12.1A e 16.6): Uma reação na qual um *nucleófilo* (um doador de par de elétrons) forma uma ligação com o carbono de um grupo *carbonila* ($C{=}O$). Para evitar a violação da regra do octeto, os elétrons da ligação π carbono-oxigênio se deslocam para o oxigênio, resultando em um carbono tetraédrico (com número de coordenação 4).

Adições aldólicas (Seção 19.4): Veja **Reação aldólica cruzada** e **Condensação aldólica**.

Aduto (Seção 13.10): O produto formado por uma reação de cicloadição [4 + 2] de Diels-Alder, chamado assim porque dois compostos (um *dieno* e um *dienófilo*) são adicionados juntos para formar o produto.

Aglicona (Seção 22.4): O álcool obtido pela hidrólise de um glicosídeo.

Alcaloide Um composto básico que ocorre naturalmente e contém um grupo amino. A maioria dos alcaloides tem profundos efeitos fisiológicos.

Alditol (Seção 22.7): O álcool que resulta da redução do grupo aldeído ou cetona de uma aldose ou cetose.

Aldol (Seção 19.4): Um nome comum para o 3-hidroxibutanal, que contém ambos os grupos funcionais, *ald*eído e álco*ol*. O aldol é formado a partir da *reação aldólica* do etanal (acetaldeído) consigo mesmo.

Aldose (Seção 22.2A): Um monossacarídeo contendo um grupo aldeído ou um hemiacetal ou acetal derivado dele.

Alila (cátion propenila) (Seção 13.3): O carbocátion formalmente relacionado com o propeno pela remoção de um próton de seu grupo metila. As duas estruturas contribuintes de ressonância do carbocátion deslocalizado incluem, cada uma delas, uma carga positiva sobre um carbono adjacente à ligação dupla, tal que um orbital *p* em cada um dos três carbonos se sobrepõe para deslocalizar a carga positiva em cada extremidade do sistema alila.

Alquilação (Seções 7.11A, 7.14A, 15.6 e 18.4C): A introdução de um grupo alquila em uma molécula.

Alquilação de Friedel–Crafts (Seção 15.6A): Inserção de um grupo alquila em um anel benzênico por substituição aromática eletrofílica usando um carbocátion alquila como o eletrófilo (gerado *in situ* usando um ácido de Lewis).

Alquilação direta (Seção 18.4C): Um processo sintético no qual o hidrogênio α de um éster é removido por uma base forte, tal como di-isopropilamida de lítio (LDA), criando um ânion estabilizado por ressonância que atuará como um nucleófilo em uma reação S_N2.

Alquilideno (Seção 21.7): Uma espécie do tipo de um átomo de carbono tendo uma ligação dupla com um metal. Algumas vezes é chamado de carbeno metálico.

Amina secundária (Seção 20.1): Um derivado da amônia no qual existem dois carbonos ligados a um átomo de nitrogênio. Aminas secundárias têm a fórmula R_2NH, onde os grupos R podem ser os iguais ou diferentes.

Amina terciária (Seção 20.1): Um derivado da amônia no qual existem três carbonos ligados a um átomo de nitrogênio. Aminas terciárias têm a fórmula R_3N, onde os grupos R podem ser iguais ou diferentes.

Aminação redutora (Seção 20.4C): Um método para sintetizar aminas primárias, secundárias e terciárias no qual um aldeído ou uma cetona é tratado com uma amina primária ou secundária para produzir uma imina (quando aminas primárias são usadas) ou um íon imínio (quando aminas secundárias são usadas), seguido por redução para formar o produto, uma amina.

Aminas heterocíclicas (Seção 20.1B): Uma amina secundária ou terciária em que o nitrogênio é parte de um anel baseado em carbono.

Aminoácido essencial (Seção 24.2B): Um aminoácido que não pode ser sintetizado pelo corpo e tem que ser ingerido como parte da alimentação. Para humanos adultos existem nove aminoácidos essenciais ($RCH(NH_2)CO_2H$): valina (R = isopropila), leucina (R = isobutila), isoleucina (R = *sec*-butila), fenilalanina (R = benzila), treonina (R = 1-hidroxietila), metionina (R = 2-(metiltio)etila), lisina (R = aminobutila), triptofano (R = 3-metilenoindol) e histidina.

Análise de N-terminal de Sanger (Seção 24.5B): Um método para a determinação do resíduo de aminoácido N-terminal de um peptídeo através de sua reação S_NAr (substituição aromática nucleofílica) com dinitrofluorobenzeno, seguido por hidrólise do peptídeo e comparação com padrões conhecidos.

Análise de resíduo terminal (Seção 24.5): Métodos usados para determinar a sequência de aminoácidos em um peptídeo pelas reações envolvendo resíduos N- e C-terminais.

Anelação de Robinson (Seção 19.7B): Uma sequência de formação de anel envolvendo uma adição de Michael seguida por uma condensação aldólica. Uma anelação de Robinson pode ser usada para construir um anel sobre outro.

Anômero alfa (α) (Seção 22.2C): Na representação da fórmula de Haworth padrão para uma D-hexopiranose, o anômero α tem a hidroxila do hemiacetal ou o grupo alcoxila do acetal trans ao C6. Uso semelhante se aplica a outras formas de carboidratos considerando-se a relação estereoquímica da hidroxila anomérica ou o grupo alcoxila e a configuração no carbono possuindo o oxigênio do anel que forma o hemiacetal ou o acetal.

Anômero beta (β) (Seção 22.2C): Na representação da fórmula de Haworth padrão para uma D-hexopiranose, o anômero β tem a hidroxila do hemiacetal ou o grupo alcoxila do acetal cis ao C6. Uso semelhante se aplica a outras formas de carboidratos considerando-se a relação estereoquímica da hidroxila anomérica ou o grupo alcoxila e a configuração no carbono possuindo o oxigênio do anel que forma o hemiacetal ou o acetal.

Anômeros (Seção 22.2C): Um termo utilizado na química de carboidratos. Os anômeros são diastereômeros que diferem entre si apenas na configuração do carbono acetal ou hemiacetal de um açúcar em sua forma cíclica.

Anticódon (Seção 25.5C): Uma sequência de três bases no RNA de transferência (RNAt) que se associa a um códon do RNA mensageiro (RNAm).

Anuleno (Seção 14.7B): Hidrocarboneto monocíclico que pode ser representado por uma estrutura tendo ligações simples e duplas alternadas. O tamanho de um anel de um anuleno é representado por um número entre colchetes; por exemplo, o benzeno é [6]anuleno e o ciclo-octatetraeno é [8]anuleno.

Arilaminas (Seção 20.1A): Um composto em que o nitrogênio de uma amina é um substituinte em um anel aromático. Arilaminas podem ser primárias, secundárias ou terciárias.

Aromaticidade (Seção 14.4): Um fenômeno resultante da existência de $4n + 2$ elétrons pi deslocalizados ($n = 0, 1, 2, \ldots$) em uma molécula conjugada cíclica plana que confere estabilidade adicional.

Arranjo aleatório espiral (Seção 24.8A): Um tipo de estrutura secundária de uma proteína que é flexível, mutável e estatisticamente aleatória em sua conformação.

B

Basicidade (força básica) (Seções 3.5C e 20.3): A força de uma base está inversamente relacionada com a força de seu ácido conjugado; quanto mais fraco o ácido conjugado, mais forte é a base. Em outras palavras, se o ácido conjugado tem um pK_a grande, a base será forte.

Benzino (Seção 15.14): Um intermediário instável, altamente reativo, consistindo em um anel benzênico com uma ligação adicional resultante da sobreposição lateral de orbitais sp^2 em átomos adjacentes do anel.

C

Carbaldeído (Seção 16.2): Um sufixo adicionado ao nome parental para um anel em que um grupo —CHO é um substituinte.

Carbocátion alílico (Seções 13.1, 13.9A e 15.15): Uma estrutura envolvendo um carbocátion deslocalizado de três carbonos no qual o carbono carregado positivamente é adjacente a uma ligação dupla carbono–carbono em cada uma das duas estruturas contribuintes de ressonância.

Carboidrato (Seção 22.1A): Um grupo de compostos naturais que são normalmente definidos como poli-hidroxialdeídos ou poli-hidroxicetonas, ou como substâncias que sofrem hidrólise para produzir tais compostos. Na realidade, os grupos aldeídos ou cetonas estão frequentemente presentes como hemiacetais e acetais. O nome vem do fato de que muitos carboidratos possuem a fórmula mínima $C_x(H_2O)_y$.

Carbono alfa (α) (Seção: introdução do Capítulo 18): Um carbono adjacente a um grupo carbonila ($C{=}O$).

Carbono anomérico (Seção 22.2C): É o carbono hemiacetal ou acetal na forma cíclica de um carboidrato. O carbono anomérico pode ter configuração estereoquímica α ou β (usando nomenclatura de carboidratos), resultando em formas diastereoméricas do carboidrato chamadas anômeros (anômeros α ou anômeros β). Anômeros diferem *somente* na estereoquímica no carbono anomérico.

Ceras (Seção 23.7): Ésteres constituídos de ácidos graxos de cadeia longa e álcoois de cadeia longa.

Cetose (Seção 22.2A): Um monossacarídeo contendo um grupo cetona ou um hemiacetal ou acetal derivado dele.

Cianoidrida (Seções 16.9 e 17.3): Um grupo funcional consistindo em um átomo de carbono ligado ao grupo ciano e a um grupo hidroxila, isto é, RHC(OH)(CN) ou $R_2C(OH)(CN)$, derivado da adição de HCN a um aldeído ou cetona.

Cicloadição (Seção 13.10): Uma reação, semelhante à reação de Diels–Alder, na qual dois grupos conectados se adicionam à extremidade de um sistema π para gerar um novo anel.

Cicloadição 1,4 (Seção 13.10): Uma reação de formação de anel onde novas ligações são formadas para o primeiro e o quarto átomos de uma região molecular, como as extremidades de um dieno 1,3 em uma reação de Diels–Alder.

Código genético (Seções 25.5C e 25.5D): A correspondência das sequências de três bases específicas no RNAm (códons), onde cada uma codifica um aminoácido específico. Cada códon emparelha com o anticódon de um RNAt específico, que por sua vez leva o aminoácido correspondente.

Códon (Seção 25.5C): Uma sequência de três bases no RNA mensageiro (RNAm) que contém a informação genética para um aminoácido. O códon se associa, por ligação de hidrogênio, com um anticódon de um RNA de transferência (RNAt) que carrega o aminoácido em particular para a síntese de proteína no ribossomo.

Coenzima (Seção 24.9): Uma molécula orgânica pequena que participa do mecanismo de uma enzima e que está ligada no sítio ativo da enzima.

Cofator (Seção 24.9): Um íon metálico ou uma molécula orgânica cuja presença é necessária para que uma enzima funcione.

Complexos de metais de transição (Seção 21.2): Complexos formados entre um metal de transição e ligantes que doam elétrons de valência.

Composto alifático (Seção 14.1): Um composto não aromático tal como um alcano, um cicloalcano, um alqueno ou um alquino.

Composto antiaromático (Seção 14.7E): Um sistema cíclico conjugado cuja energia dos elétrons π é maior do que aquela do composto correspondente de cadeia aberta.

Composto aromático (Seções 2.1, 2.1D, 14.1–14.8A e 14.11A): Uma molécula ou íon cíclico insaturado conjugado que é estabilizado através da deslocalização de elétrons π. Os compostos aromáticos são característicos por possuírem grandes energias de ressonância, por reagirem através da substituição em vez de adição, e pela desblindagem dos prótons externos ao anel em seus espectros de RMN de ^{1}H provocada pela presença de uma corrente induzida no anel.

Composto aromático benzenoide (Seção 14.8A): Um composto aromático cujas moléculas têm um ou mais anéis benzênicos.

Composto aromático não benzenoide (Seção 14.8B): Um composto aromático, tal como o azuleno, que não contém anéis benzênicos.

Composto (β)-dicarbonilado (Seção 18.5): Um composto tendo dois grupos carbonila separados por um átomo de carbono interveniente.

Composto heterocíclico (Seção 14.9): Um composto cujas moléculas têm um anel contendo outro elemento além do carbono.

Composto insaturado (Seções 2.1, 7.13, 7.15 e 23.2): Um composto que contém uma ou mais ligações múltiplas.

Composto saturado (Seções 2.1, 7.12, 7.15 e 23.2): Um composto que não contém nenhuma ligação múltipla.

Compostos com hidrogênio ativo ou *compostos de metileno ativo* (Seção 18.8): Compostos nos quais dois grupos retiradores de elétrons estão unidos ao mesmo átomo de carbono (um carbono de metileno de metano). Os grupos retiradores de elétrons reforçam a acidez dos hidrogênios sobre o carbono; esses hidrogênios são facilmente removidos criando um ânion nucleofílico estabilizado por ressonância.

Compostos de acila (Seção 17.1): Um composto contendo o grupo (R—C═O)—, geralmente derivado de um ácido carboxílico, tal como um éster, haleto de ácido (haleto de acila), amida ou anidrido de ácido carboxílico.

Comprimento de onda, λ (Seções 2.15 e 13.8A): A distância entre duas cristas (ou depressões) consecutivas de uma onda.

Condensação aldólica (Seções 19.1 e 19.4): Uma reação aldólica que forma um produto α,β-insaturado por desidratação do produto, um β-hidroxialdeído ou uma cetona-aldol.

Condensação de Claisen (Seção 19.1): Uma reação na qual um ânion enolato a partir de um éster ataca a função carbonila de outro éster, formando uma nova ligação σ carbono–carbono. Um intermediário tetraédrico está envolvido e, com a expulsão de um grupo alcoxila, colapsa em um β-cetoéster. Diz-se que os dois ésteres "*condensam*" em um produto maior com perda de uma molécula de álcool.

Condensação de Dieckmann (Seção 19.2A): Uma condensação de Claisen intramolecular de um diéster; o enolato de um grupo éster ataca a carbonila de outro grupo éster na mesma molécula, levando a um composto cíclico.

Conformação em espiral (Seção 24.8A): Estrutura secundária não repetitiva em uma proteína.

Conformação em laço (Seção 24.8A): Estruturas secundárias não repetitivas de uma proteína. Veja também **Conformação em espiral**.

Contagem de elétrons *d* (d^n) (Seção 21.3): O número de elétrons atribuídos a um metal determinado subtraindo-se o estado de oxidação do metal do número de elétrons de valência do metal quando ele é um elemento neutro.

Controle cinético (ou da velocidade) (Seções 7.6B, 7.7A, 13.9A e 18.4A): Um princípio que estabelece que, quando a razão dos produtos de uma reação é determinada pelas velocidades relativas de reação, o produto mais abundante será aquele formado mais rapidamente.

Controle (ou equilíbrio) termodinâmico (Seções 13.9A e 18.4A): Um princípio afirmando que a razão dos produtos de uma reação que atinge o equilíbrio é determinada pelas estabilidades relativas dos produtos (medidas por suas energias livre padrão, $\Delta G°$). O produto mais abundante será aquele que é mais estável. Também chamado controle de equilíbrio.

Coordenativamente saturado (Seção 21.3): Um complexo metálico em que o metal tem 18 elétrons de valência. Se o metal em um complexo tem menos de 18 elétrons de valência ele é coordenativamente insaturado e pode receber elétrons de valência adicionais para atingir um total de 18 elétrons.

D

Degradação de Edman (Seção 24.5A): Um método para a identificação do aminoácido *N*-terminal em um peptídeo. O peptídeo é tratado com isotiocianato de fenila (C_6H_5—N═C═S), que reage com o resíduo *N*-terminal formando um derivado que é então removido da cadeia peptídica com ácido e identificado. Sequenciadores automatizados usam o método de degradação de Edman.

Derivados de ácido carboxílico (Seção 17.1): Compostos de acila que podem ser sintetizados a partir de um ácido carboxílico ou de outro derivado de ácido carboxílico. Exemplos incluem ésteres, amidas, haleto de ácidos, anidridos etc.

Descarboxilação (Seção 17.10): Uma reação onde um ácido carboxílico perde CO_2.

Dieno (Seção 13.10): Uma molécula contendo duas ligações duplas (*di* = dois ou duas, *eno* = alqu*eno* ou ligações duplas). Em uma reação de Diels–Alder, um dieno *conjugado* na conformação *s-cis* reage com um dienófilo.

Dienófilo (Seção 13.10): O componente que reage com um dieno em uma reação de Diels–Alder.

Di-isopropilamida de lítio (LDA) (Seção 18.4): $Li^+(i\text{-}C_3H_7)_2N^-$. O sal de lítio da di-isopropilamida. Uma base forte usada para formar *enolatos de lítio* a partir de compostos carbonilados.

Dipeptídeo (Seção 24.4): Um peptídeo constituído de dois aminoácidos.

Dissacarídeo (Seções 22.1A e 22.12A): Um carboidrato que, em uma base molecular, sofre quebra hidrolítica para produzir duas moléculas de monossacarídeo.

Duplas camadas de lipídios (Seção 23.6A): Um conjunto molecular não covalente formando duas camadas constituído principalmente de fosfolipídios. Os grupos da "cauda" fosfolipídica hidrofóbica de cada camada se orientam um na direção do outro no centro da estrutura de duas camadas devido a forças de dispersão atrativas. Os grupos da "cabeça" hidrofílica dos lipídeos se orientam na direção do meio aquoso, na região externa da dupla camada. Duplas camadas de lipídeos são importantes em sistemas biológicos tais como membranas celulares.

E

Efeito do substituinte (Seções 3.10D e 15.11F): Um efeito sobre a velocidade de reação (ou sobre a constante de equilíbrio) provocado pela substituição de um átomo de hidrogênio por outro átomo ou grupo. Os efeitos do substituinte incluem aqueles efeitos provocados pelo tamanho do átomo ou do grupo, chamados efeitos estéricos, e aqueles provocados pela capacidade do grupo em doar ou retirar elétrons, chamados efeitos eletrônicos. Os efeitos eletrônicos são ainda classificados como efeitos indutivos ou efeitos de ressonância.

Efeito indutivo (Seções 3.7B e 15.11B): Um efeito intrínseco de atração ou repulsão de elétrons que resulta de um dipolo próximo na molécula e que é transmitido através do espaço e através das ligações de uma molécula.

Eliminação–adição (via benzino) (Seção 15.14): Uma reação de substituição na qual uma base, sob condições altamente forçadas, desprotona um carbono aromático que é adjacente a um carbono possuindo um grupo de saída. A perda do grupo de saída e a sobreposição dos orbitais *p* adjacentes formam uma espécie, chamada *benzino*, com uma ligação π no plano do anel (separada do sistema aromático π). O ataque por um nucleófilo sobre esta ligação π, seguido pela protonação, produz um composto aromático substituído.

Enaminas (Seções 16.8 e 18.9): Um grupo *enamina* consiste em uma função amina ligada ao carbono sp^2 de um alqueno.

Endonucleases de restrição (Seção 25.6): Enzimas que quebram o DNA de fita dupla em sequências de bases específicas.

Energia de ressonância (Seção 14.5): Uma energia de estabilização que representa a diferença na energia entre o composto real e aquele calculado para uma única estrutura de ressonância. A energia de ressonância surge da deslocalização dos elétrons em um sistema conjugado.

Enol (Seções 18.1 e 18.3A): Um alqueno-álcool, onde o grupo hidroxila está ligado a um carbono da ligação dupla do alqueno. Geralmente uma espécie (forma minoritária) presente no equilíbrio tautomérico com a forma ceto de um grupo carbonila que tem no mínimo um hidrogênio alfa.

Enolato (Seções 18.1, 18.3A e 18.4): O ânion deslocalizado formado quando um enol perde seu próton hidroxílico ou quando o tautômero carbonílico que está em equilíbrio com o enol perde um próton α.

Enolato cinético (Seção 18.4A): Em uma situação em que mais do que um ânion enolato pode ser formado, o ânion *enolato cinético* é aquele que é formado mais rapidamente. Ele é geralmente o ânion enolato com a ligação dupla menos substituída; a diminuição no impedimento estérico permite uma desprotonação mais rápida pela base. Um ânion enolato cinético é formado predominantemente sob condições que não permitem o estabelecimento de um equilíbrio.

Enolato termodinâmico (Seção 18.4A): Em uma situação na qual mais do que um ânion enolato pode ser formado, o *enolato termodinâmico* é o mais estável dos possíveis ânions enolato – geralmente o enolato com a ligação dupla mais substituída. Um ânion termodinâmico é formado predominantemente sob condições que permitem o estabelecimento de um equilíbrio.

Epímeros, epimerização (Seções 18.3A e 22.8): Diastereoisômeros que diferem na configuração em apenas um único centro quiral tetraédrico. Epimerização é a interconversão de epímeros.

Equação de Henderson–Hasselbalch (Seção 24.2): A equação de Henderson-Hasselbalch ($pK_a = pH + \log[HA]/[A^-]$) mostra que, quando as concentrações de um ácido e de sua base conjugada são iguais, o pH da solução é igual ao pK_a do ácido.

Equivalente sintético (Seções 8.20B, 18.6 e 18.7): Um composto que atua como o equivalente de um fragmento molecular necessário em uma síntese.

Espectro de absorção (Seção 13.8B): Um gráfico do comprimento de onda (λ) de uma região do espectro *versus* a absorbância (A) em cada comprimento de onda. A absorbância em um comprimento de onda específico (A_λ) é definida pela equação $A_\lambda = \log(I_R/I_S)$, em que I_R é a intensidade do feixe de referência e I_S é a intensidade do feixe da amostra.

Espectro eletromagnético (Seção 13.8A): A faixa global de energias propagadas por flutuações de ondas em um campo eletromagnético.

Espectroscopia ultravioleta-visível (UV–V) (Seção 13.8): Um tipo de espectroscopia ótica que mede a absorção de luz nas regiões visível e ultravioleta do espectro. Espectros no visível–UV fornecem principalmente informação estrutural sobre a espécie e extensão da conjugação de ligações múltiplas no composto que está sendo analisado.

Esterificação (Seção 17.7A): A síntese de um éster geralmente envolve reações de ácidos carboxílicos, cloretos de ácido ou anidridos de ácido com álcoois.

Esteroide (Seção 23.4): Os esteroides são lipídeos que são derivados do seguinte sistema de anel peridrociclopentanofenantreno:

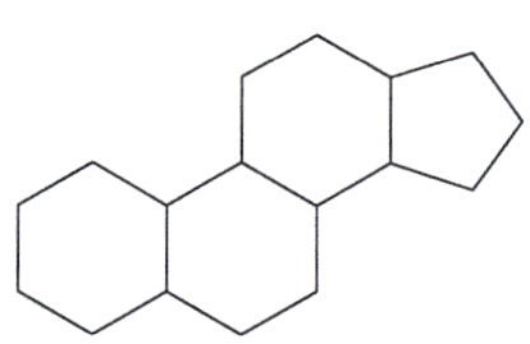

Estrutura de Kekulé (Seções 2.1D e 14.4): Uma estrutura na qual são utilizadas linhas para representar ligações. A estrutura de Kekulé para o benzeno é um hexágono de átomos de carbono com ligações simples e duplas alternadas em torno do anel, e com um átomo de hidrogênio ligado a cada carbono.

Estrutura primária (Seção 24.1): A estrutura covalente de um polipeptídio ou proteína. Essa estrutura é determinada, em grande parte, através da determinação da sequência de aminoácidos na proteína.

Estrutura quaternária (Seções 24.1 e 24.8C): A estrutura global de uma proteína tendo múltiplas subunidades (agregados não covalentes de mais de uma cadeia polipeptídica). Cada subunidade tem sua própria estrutura primária, estrutura secundária e estrutura terciária.

Estrutura secundária (Seção 24.1A): A conformação local de um esqueleto polipeptídico. Essas conformações locais são especificadas em termos de padrões regulares de dobramento chamados de folhas pregueadas, hélices α e conformações em espiral.

Estrutura terciária (Seções 24.1 e 24.8B): A forma tridimensional de uma proteína que surge da dobradura das suas cadeias polipeptídicas sobrepostas nas suas hélices e folhas pregueadas.

Estruturas de ressonância (ou *contribuintes de ressonância*) (Seções 1.8, 1.8A, 13.2B e 13.4A): As estruturas de Lewis que diferem entre si apenas na posição dos seus elétrons. Uma única estrutura de ressonância não representará adequadamente uma molécula. A molécula é mais bem representada como um *híbrido* de todas as estruturas de ressonância.

Éxon (Seção 25.5A): Maneira rápida de dizer "sequência codificadora". Um éxon é um segmento de DNA que é usado quando uma proteína é expressada. (Veja **Íntron**.)

F

Folha dobrada (ou pregueada) beta (β) (Seção 24.8A): Um tipo de estrutura secundária de proteína que envolve o alinhamento de duas regiões polipeptídicas lado a lado por meio da ligação de hidrogênios de seus grupos amida.

Formas ceto e enol (Seções 18.1–18.3): Formas tautoméricas de um composto relacionadas por um intermediário comum estabilizado por ressonância. Uma estrutura de *enol* consiste em uma hidroxila de álcool ligada ao carbono sp^2 de um alqueno. O deslocamento do próton da hidroxila para o alqueno e a formação de uma ligação π carbono–oxigênio resulta na forma *ceto* da espécie.

Fosfolipídeo (Seção 23.6): Compostos que são estruturalmente derivados de *ácidos fosfatídicos*. Os ácidos fosfatídicos são derivados do glicerol, nos quais dois grupos hidroxila estão unidos a ácidos graxos, e um grupo hidroxila terminal é ligado através de uma união de éster ao ácido fosfórico. Em um fosfolipídeo o grupo fosfato do ácido fosfatídico é ligado na união de um éster a um composto contendo nitrogênio como a colina, o 2-aminoetanol, ou a L-serina.

Frequência, ν (Seções 2.15 e 13.8A): O número de ciclos completos de uma onda que passam em um determinado ponto em cada segundo.

Fulerenos (Seção 14.8C): Moléculas aromáticas semelhantes a gaiolas com a geometria de um icosaedro truncado (ou de um domo geodésico). As estruturas são constituídas de uma rede de pentágonos e hexágonos. Cada carbono tem hibridização sp^2; o elétron restante em cada carbono está deslocalizado em um sistema de orbitais moleculares que dá o caráter aromático da *molécula global*.

Furanose (Seção 22.2C): Um açúcar no qual o acetal cíclico ou o anel do hemiacetal tem cinco membros.

G

Gene (Seção 25.1): Uma seção do DNA que codifica a estrutura de uma determinada proteína.

Genoma (Seções 25.1 e 25.9): O conjunto de todas as informações genéticas codificadas pelo DNA em um organismo.

Genômica (Seção 24.14): O estudo do conjunto completo de instruções genéticas em um organismo.

Glicano (Veja **Polissacarídeo** e Seção 22.13): Um nome alternativo para um polissacarídeo; monossacarídeos unidos por ligações glicosídicas.

Glicolipídeos (Seção 22.16): Carboidratos unidos através de ligações glicosídicas aos lipídeos.

Glicoproteínas (Seção 22.16): Carboidratos unidos através de ligações glicosídicas a proteínas.

Glicosídeo (Seção 22.4): Um acetal cíclico misto de um açúcar com um álcool.

Gordura (Seção 23.2): Um triacilglicerol. Um triéster constituído de glicerol e de três ácidos carboxílicos de cadeia longa (ácidos graxos).

Grupo acila (Seção 15.6B): O nome geral para grupos com a estrutura RCO— ou ArCO—.

Grupo ativador (Seções 15.8A e 15.10): Um grupo que, quando presente em um anel benzênico, faz com que o anel seja mais reativo na substituição eletrofílica do que o próprio benzeno.

Grupo bloqueador (Seções 11.11D, 11.11E, 12.9, 15.5, 15.12B, 16.7C e 24.7A): Veja **Grupo protetor**.

Grupo carbonila (Seção 16.1): Um grupo funcional, consistindo em um átomo de carbono ligado duplamente a um átomo de oxigênio. O grupo carbonila é encontrado em aldeídos, cetonas, ésteres, anidridos, amidas, haletos de acila e assim por diante. Coletivamente esses compostos são citados como compostos carbonilados.

Grupo doador de elétron (Seções 15.8 e 15.9): Um grupo que contribui com densidade eletrônica, por ressonância ou indução, para grupos próximos.

Grupo endo (Seção 13.10B): Um grupo em um composto bicíclico que está do mesmo lado (sin) da ponte mais longa no composto.

Grupo exo (Seção 13.10B): Um grupo em um composto bicíclico que está do lado oposto (anti) da ponte mais larga no composto.

Grupo hidrofílico (Seções 2.13D e 23.2C): Um grupo polar que procura um ambiente aquoso.

Grupo hidrofóbico (também chamado de **Grupo lipofílico**) (Seções 2.13D e 23.2C): Um grupo apolar que evita uma vizinhança aquosa e procura um ambiente apolar.

Grupo lipofílico (ou **Grupo hidrofóbico**) (Seções 2.13D e 23.2C): Um grupo apolar que evita uma vizinhança aquosa e procura um ambiente apolar.

Grupo prostético (Seção 24.9): Um cofator enzimático que está permanentemente ligado à enzima.

Grupo protetor (Seções 11.11D, 11.11E, 11.11F, 12.9, 15.5, 15.12B, 16.7C e 24.7A): Um grupo que é introduzido em uma molécula para proteger um grupo sensível de uma reação enquanto a reação está ocorrendo em alguma outra parte na molécula. Mais tarde, o grupo protetor é removido. Também chamado de grupo bloqueador. (Veja também **Grupos protetores ortogonais**.)

Grupo retirador de elétron (Seções 15.8 e 15.9): Um grupo que retira densidade eletrônica, por ressonância ou indução, de grupos próximos.

Grupos protetores ortogonais (Seção 24.7D): Grupos protetores nos quais um conjunto de grupos protetores é estável sob condições para a remoção do outro, e vice-versa.

H

Haleto de acila (Seção 15.6B): Também chamado *haleto de ácido*. Um nome geral para compostos com a estrutura RCOX ou ArCOX.

Hélice alfa (α) (Seção 24.8A): Uma estrutura secundária de proteínas onde a cadeia polipeptídica está enrolada em uma hélice no sentido horário.

Hemiacetal (Seções 16.7A e 22.2C): Um grupo funcional, consistindo em um átomo de carbono sp^3 ligado a um grupo alcóxido e a um grupo hidroxila [isto é, RCH(OH)(OR′) ou $R_2C(OH)(OR')$].

Hertz (Hz) (Seções 9.6A, 9.6B, 9.9C, 13.8A): A frequência de uma onda. Utilizado atualmente no lugar de ciclos por segundo (cps).

Hidrazona (Seção 16.8B): Uma imina na qual o átomo de nitrogênio está ligado a um grupo amino ($-NH_2$, —NHR, $-NR_2$).

Hidrogênio alfa (α) (Seções: introdução do Capítulo 18 e 18.3D): Um átomo de hidrogênio ligado a um carbono α. Esses hidrogênios têm pK_a de 19–20, de modo que são mais ácidos do que o hidrogênio de um alcano típico.

Hidrólise parcial (Seção 24.5D): Quebra aleatória de um polipeptídeo com ácido diluído, resultando em uma família de peptídeos de vários comprimentos que podem ser sequenciados mais facilmente do que o polipeptídeo inicial. Uma vez que cada fragmento peptídico é sequenciado, as áreas de sobreposição indicam a sequência do peptídeo inicial.

Hipótese de fechadura e chave (Seção 24.9): Uma hipótese que explica a especificidade das enzimas com base na geometria complementar entre a enzima (a "fechadura") e o substrato (a "chave"), tal que suas formas se "ajustam corretamente uma à outra" para uma reação ocorrer.

Hipótese do encaixe induzido (Seção 24.9): Uma hipótese considerando a reatividade da enzima por meio da formação do complexo enzima-substrato que provoca mudanças conformacionais na enzima que facilitam a conversão do substrato em produto.

HOMO (Seções 3.3A, 6.6 e 13.8C): O orbital molecular ocupado mais elevado.

I

Ileto (Seção 16.10): Uma molécula eletricamente neutra que tem um carbono negativo com um par de elétrons não compartilhado adjacente a um heteroátomo positivo.

Iminas (Seção 16.8): Uma estrutura com uma ligação dupla carbono-nitrogênio. Se os grupos ligados ao carbono não são os mesmos, isômeros (*E*), e (*Z*) são possíveis.

Inibidor (Seção 24.9): Um composto que pode alterar negativamente a atividade de uma enzima.

Intermediário tetraédrico (Seção 17.4): Uma espécie formada pelo ataque de um nucleófilo sobre um carbono trigonal. No caso de um grupo carbonila, quando os elétrons do nucleófilo formam uma ligação com o carbono da carbonila, os elétrons da ligação π carbono-oxigênio se deslocam para o oxigênio. O carbono do grupo carbonila passa a ter número de coordenação quatro (tetraédrico), enquanto o oxigênio ganha um par de elétrons e torna-se carregado negativamente.

Íntron (Seção 25.5A): Maneira rápida de dizer "sequência não codificadora". Um íntron é um segmento de DNA que não é usado realmente quando uma proteína é expressa, apesar de eles serem transcritos para o RNAm inicial.

Íon acílio (Seções 9.13C, 9.16C, 15.6B e 15.7): O cátion estabilizado por ressonância:

$$R-\overset{+}{C}=\ddot{O}: \longleftrightarrow R-C\equiv\overset{+}{O}:$$

Íon arênio (Seção 15.2): Um nome geral para os carbocátions ciclo-hexadienila que se formam como intermediários nas reações de substituição aromática eletrofílica.

Íon dipolar (Seção 24.2C): Forma de um aminoácido com cargas separadas que resulta da transferência de um próton de um grupo carboxila para um grupo básico.

Íons aromáticos (Seção 14.7D): Cátions e ânions que cumprem o critério de aromaticidade (planaridade, deslocalização eletrônica e um número de Hückel de elétrons π) e, assim, têm estabilidade adicional (aromática).

L

Lactama (Seção 17.8I): Uma amida cíclica.

Lactona (Seção 17.7C): Um éster cíclico.

Ligação dissulfeto (Seção 24.2A): Uma ligação simples enxofre–enxofre, em um peptídeo ou uma proteína, formada por uma reação de oxidação entre os grupos tióis de dois resíduos do aminoácido cisteína.

Ligação peptídica (Seção 24.4): A ligação amida entre aminoácidos em um peptídeo.

Ligantes (Seção 21.2): Espécies que coordenam com um íon metálico usando seus elétrons de valência. Os elétrons de valência que coordenam podem ser de um ânion, elétrons não ligantes de um átomo neutro ou elétrons π.

Lipídeo (Seção 23.1): Uma substância de origem biológica que é solúvel em solventes apolares. Os lipídeos incluem ácidos graxos, triacilgliceróis (gorduras e óleos), esteroides, prostaglandinas, terpenos e terpenoides, e ceras.

LUMO (Seções 3.3A e 13.8C): O orbital molecular desocupado de menor energia.

M

Metátese (Seção 21.7): Uma reação em que duas substâncias químicas trocam de "parceiros", como na metátese de olefinas (Seção 21.7) ou em uma reação inorgânica de dupla troca.

Metátese de fechamento de anel (Seção 21.7): Em inglês, *ring-closing metathesis* (RCM).

Metátese de olefinas (Seção 21.7): Uma reação em que os carbonos de dois reagentes alqueno trocam de "parceiros". (Veja também **Metátese de fechamento de anel** e **Polimerização de metátese de abertura de anel.**)

Método da terminação da cadeia (didesoxinucleotídeo) (Seção 25.6A): Um método para o sequenciamento de DNA que envolve a replicação do DNA de maneira a gerar uma família de cópias parciais que diferem no comprimento por um par de bases e contêm um nucleotídeo-marcador fluorescente específico na base terminal. As cópias parciais do DNA-pai são separadas de acordo com o comprimento, geralmente usando-se eletroforese capilar, e a base terminal em cada fita é identificada através de um marcador fluorescente ligado covalentemente.

Micela (Seção 23.2C): Um agrupamento esférico de íons orgânicos anfifílicos em solução aquosa (tal como em um sabão) no qual os grupos apolares estão no interior e os grupos iônicos (polares) estão na superfície.

Monossacarídeo (Seções 22.1A e 22.2A): O tipo mais simples de carboidrato, aquele que não sofre quebra hidrolítica para um carboidrato mais simples.

Mutarrotação (Seção 22.3): A variação espontânea que ocorre na rotação óptica de anômeros α e β de um açúcar quando eles são dissolvidos em água. A rotação óptica da mistura de açúcares varia até estabilizar em um valor correspondente a uma média ponderal das concentrações em equilíbrio de cada açúcar.

N

Nanotubo (Seção 14.8C): Uma estrutura tubular com paredes parecendo anéis de benzeno fundidos, cobrindo as extremidades com metade de uma "buckbola" (buckminsterfulereno). A estrutura inteira exibe caráter aromático.

***N*-nitrosaminas** (Seção 20.6C): Aminas possuindo uma ligação dupla N═O no nitrogênio, tal como R—NH—N═O ou Ar—NH—N═O. Frequentemente chamadas "nitrosaminas" na imprensa popular. *N*-nitrosaminas são carcinogênicos muito poderosos.

Nomenclatura D e L (Seção 22.2B): Um método para designar a configuração de monossacarídeos e outros compostos no qual o composto de referência é (+)- ou (–)-gliceraldeído. De acordo com esse sistema, o (+)-gliceraldeído é designado D-(+)-gliceraldeído e o (–)-gliceraldeído é designado L-(–)-gliceraldeído. Portanto, um monossacarídeo cujo centro estereogênico numerado mais alto tem a mesma configuração geral que o D-(+)-gliceraldeído é designado um açúcar D; um cujo centro estereogênico numerado mais alto tem a mesma configuração geral que o L-(–)-gliceraldeído é designado um açúcar L.

Nucleosídeo (Seções 22.15A, 25.2 e 25.3): Um monossacarídeo de cinco carbonos ligado na posição 1′ a uma purina ou pirimidina.

Nucleotídeo (Seções 25.2 e 25.3): Um monossacarídeo de cinco carbonos ligado na posição 1′ a uma purina ou pirimidina e na posição 3′ ou 5′ a um grupo fosfato.

O

Óleo (Seção 23.2): Um triacilglicerol que é líquido na temperatura ambiente.

Óleo essencial (Seção 23.3): Um composto odorífero volátil obtido frequentemente por destilação a vapor de plantas.

Oligopeptídeo (Seção 24.4): Um peptídeo constituído de 3 a 10 aminoácidos.

Oligossacarídeos (Seção 22.1A): Um carboidrato que hidrolisa produzindo de 2 a 10 moléculas de monossacarídeo.

Orientador meta (Seção 15.8): Um grupo retirador de elétrons em um anel aromático. O produto principal da substituição aromática eletrofílica em um anel possuindo um grupo orientador meta será a entrada do eletrófilo no anel na posição meta em relação ao grupo orientador.

Orientadores orto-para (Seção 15.8): Um grupo doador de elétrons em um anel aromático. O produto principal da substituição aromática eletrofílica em um anel possuindo esse grupo será a entrada do eletrófilo no anel na posição orto e/ou para em relação ao grupo orientador orto-para.

Osazona (Seção 22.8): Uma 1,2-bis-aril-hidrazona formada pela reação de uma aldose ou cetose com três equivalentes molares de uma aril-hidrazona. As mais comuns são as fenilosazonas, formadas pela reação com a fenil-hidrazina, e as 2,4-dinitrofenil-hidrazonas.

Oxima (Seção 16.8B): Uma imina na qual um grupo hidroxila está ligado ao átomo de nitrogênio.

P

Peptídeo (Seção 24.4): Uma molécula constituída de aminoácidos ligados através de ligações amida.

Piranose (Seção 22.2C): Um açúcar no qual o acetal cíclico ou o anel hemiacetal é de seis membros.

Polimerização de metátese de abertura de anel (Seção 21.7): Em inglês, *ring-opening metathesis polymerization* (ROMP).

Polímero de condensação (Veja **Polímero de crescimento em etapas**, Seção 17.11): Um polímero produzido quando os monômeros bifuncionais (ou monômeros potencialmente bifuncionais) reagem entre si através da eliminação intermolecular de água ou de um álcool. Os poliésteres, as poliamidas e as poliuretanas são todos polímeros de condensação.

Polímero de crescimento em etapas (Veja também **Polímero de condensação**, Seção 17.11): Um polímero produzido quando os monômeros bifuncionais (ou monômeros potencialmente bifuncionais) reagem entre si através da eliminação intermolecular de água ou de um álcool. Os poliésteres, as poliamidas e as poliuretanas são todos polímeros de condensação.

Polipeptídeo (Seção 24.4): Um peptídeo constituído de muitos aminoácidos (>10).

Polissacarídeo (Seções 22.1A e 22.13): Um carboidrato que, em uma base molecular, sofre quebra hidrolítica para produzir muitas moléculas de um monossacarídeo. Também denominado glicano.

Ponto isoelétrico (p*I*) (Seção 24.2C): O pH no qual o número de cargas positivas e negativas em um aminoácido ou proteína é igual.

Produto cinético (Seção 13.9A): O produto formado mais rapidamente quando são possíveis múltiplos produtos; o produto formado através do caminho reacional com a menor energia de ativação.

Produto termodinâmico ou **produto de equilíbrio** (Seção 13.9A): Quando múltiplos produtos são possíveis, o produto formado é o mais estável; algumas vezes formado através de um processo de equilíbrio, reversível.

Projeção de Fischer (Seções 5.13 e 22.2C): Uma fórmula bidimensional para representar a configuração tridimensional de uma molécula quiral. Por convenção, as fórmulas de projeção de Fischer são escritas com a cadeia de carbono principal estendendo-se de cima para baixo com todos os grupos eclipsados. As linhas verticais representam ligações que se projetam para trás do plano da página (ou que se localizam nele). As linhas horizontais representam ligações que se projetam para fora do plano da página.

Projeção de Fischer | **Fórmula de cunha cheia e cunha tracejada**

Prostaglandinas (Seção 23.5): São ácidos carboxílicos C_{20} naturais que contêm um anel de cinco membros, no mínimo uma ligação dupla e vários grupos funcionais contendo oxigênio. As prostaglandinas participam de vários processos fisiológicos.

Proteína (Seção 24.4): Um grande polímero biológico de aminoácidos α unidos por ligações de amida.

Proteína conjugada (Seção 24.12): Uma proteína que contém um grupo não proteico (chamado um grupo prostético) como parte da sua estrutura.

Proteoma (Seções 25.1 e 25.9): O conjunto de todas as proteínas codificadas no genoma de um organismo e manifestadas em qualquer momento.

Proteômica (Seção 24.14): O estudo de todas as proteínas que são manifestadas em uma célula em um dado instante.

Q

Quebra específica de sítio (Seção 24.5D): Um método de quebra de ligações peptídicas em sítios específicos e conhecidos usando-se enzimas e reagentes especializados. Por exemplo, a enzima tripsina catalisa preferencialmente a hidrólise de ligações peptídicas no lado do C-terminal da arginina e da lisina. Outras ligações no peptídeo não são quebradas por esse reagente.

R

Radical alílico ou radical alila (Seções 10.8A e 13.3): O radical formalmente relacionado com o propeno pela remoção de um átomo de hidrogênio de seu grupo metila. As duas estruturas contribuintes de ressonância do radical deslocalizado incluem, cada uma delas, um elétron desemparelhado em um carbono adjacente à ligação dupla, tal que um orbital *p* em cada um dos três carbonos se sobrepõe para deslocalizar o radical em cada extremidade do sistema alila. O carbono radical é adjacente a uma ligação dupla carbono–carbono.

Radical benzílico (Seções 10.9 e 15.11A): Um radical em que o elétron desemparelhado está em um carbono ligado a um anel benzênico. O elétron desemparelhado está deslocalizado no anel benzênico pela conjugação, resultando em um radical relativamente estável.

Reação aldólica cruzada (Seção 19.5): Uma reação aldólica envolvendo como reagentes dois aldeídos ou duas cetonas diferentes. Se ambos reagentes aldol têm hidrogênios α, podem resultar quatro produtos. Reações aldólicas cruzadas são úteis sinteticamente quando um reagente não tem nenhum hidrogênio α, de modo que ele serve somente como um eletrófilo que está sujeito ao ataque pelo enolato proveniente do outro reagente.

Reação aldólica direcionada (Seção 19.5B): Uma reação aldólica cruzada na qual o ânion enolato desejado é gerado primeiro e de maneira rápida usando uma base forte (por exemplo, LDA). A seguir, o reagente carbonílico a ser atacado pelo enolato é adicionado. Se tanto o ânion *enolato cinético* como o ânion *enolato termodinâmico* são possíveis, esse processo favorece a geração do ânion enolato cinético.

Reação de adição (Seções 7.5, introdução do Capítulo 8, 8.1–8.9, 8.11-8.13, 8.17, 8.18, 12.1A, 12.4A, 16.6, 16.6B e 17.4): Uma reação que resulta em um aumento no número de grupos ligados a um par de átomos unidos através de uma ligação dupla ou tripla. Uma reação de adição é o oposto de uma reação de eliminação.

Reação de condensação (Seção 19.1): Uma reação na qual as moléculas tornam-se unidas através da eliminação intermolecular de água ou de um álcool.

Reação de Diels–Alder (Seção 13.10): Em termos gerais, uma reação entre um dieno conjugado (um sistema de 4 elétrons π) e um composto contendo uma ligação dupla (um sistema de 2 elétrons π), chamado de dienófilo, para formar um anel de ciclo-hexeno.

Reação de Mannich (Seção 19.8): A reação de um enol com um cátion imínio (formado a partir da reação de uma amina primária ou secundária com o formaldeído) produzindo um composto carbonilado β-aminoalquilado.

Reação de substituição (Seções 3.13, 6.2, 10.3, 15.1 e 17.4): Uma reação na qual um grupo substitui outro grupo em uma molécula.

Reação do halofórmio (Seção 18.3C): Uma reação específica para metilcetonas. Na presença de base ocorrem halogenações múltiplas no carbono do grupo metila; excesso de base leva a substituição acila do grupo trialometila, resultando em um ânion carboxilato e um *halofórmio* (CHX_3).

Reação em cadeia da polimerase (RCP) (Seção 25.8): Um método de multiplicação (ampliação) do número de cópias de uma molécula de DNA. A reação usa as enzimas DNA polimerase para ligar nucleotídeos adicionais a um curto oligonucleotídeo "iniciador" que está ligado a uma fita complementar do DNA, chamada de "modelo". O nucleotídeo que a polimerase liga será aquele que é complementar à base na posição adjacente na fita modelo. Cada ciclo dobra a quantidade de DNA-alvo que existia antes daquela etapa. O resultado é um aumento exponencial na quantidade de DNA ao longo do tempo.

Reação retroaldólica (reação aldólica reversa) (Seção 19.4B): Reações aldólicas são reversíveis; sob certas condições, um produto da reação reverterá para seus precursores aldólicos na reação. Este processo é chamado *reação retroaldólica*.

Reações aldólicas (Seções 19.4–19.5): Reações nas quais o enol ou o enolato de um aldeído ou cetona reage com o grupo carbonila do mesmo aldeído ou cetona, ou de um aldeído ou de uma cetona diferente, formando um β-hidroxialdeído ou uma β-hidroxicetona e uma nova ligação σ carbono–carbono.

Reações de acoplamento cruzado (Seção 21.6): Reações de formação de ligação C—C que são geralmente mediadas por complexos de metais de transição. Reações de acoplamento cruzado podem ser intermoleculares ou intramoleculares.

Reações de substituição de acila (Seções 17.4 e 19.2): Uma reação de substituição que ocorre por adição–eliminação em um grupo carbonila.

Reações de transferência de acila (Seção 17.4): Uma reação na qual um novo composto acila é formado por uma reação de adição nucleofílica–eliminação em um carbono de carbonila possuindo um grupo de saída.

Rearranjo de Claisen: Uma reação de rearranjo sigmatrópico [3,3] envolvendo um alil vinil éter no qual o grupo alila migra para a outra extremidade do sistema vinil. Ocorre a reorganização das ligações conduzindo ao composto carbonilado γ,δ-insaturado.

Rearranjo de Cope: Um rearranjo sigmatrópico [3,3], envolvendo 1,5-dieno, que é promovido por aquecimento, por meio do qual os terminais de uma ligação sigma migram para se posicionar a três átomos de distância, levando a um 1,5-dieno isomérico.

Rearranjo sigmatrópico: Uma reação em que uma ligação sigma migra para uma nova posição em uma molécula, acompanhada por deslocamentos de elétrons pi, em processos governados pela simetria do orbital. Os rearranjos de Cope e de Claisen são rearranjos sigmatrópicos [3,3] nos quais os terminais de uma ligação sigma migram para se posicionar a três átomos de distância em dada direção a partir da posição inicial da ligação sigma.

Regra de Hofmann (Seções 7.6C, 7.7B e 20.12A): Quando uma reação de eliminação produz o alqueno com a ligação dupla menos substituída, ela é dita seguir a regra de Hofmann.

Regra de Hückel (Seção 14.7): Uma regra afirmando que anéis monocíclicos planares com $(4n + 2)$ elétrons π deslocalizados (isto é, com 2, 6, 10, 14 ... elétrons π deslocalizados) serão aromáticos.

Replicação (Seção 25.4C): Um processo no qual o DNA se desenrola, permitindo cada cadeia atuar como um modelo para a formação do seu complemento, produzindo duas moléculas idênticas de DNA a partir de uma molécula original.

Resíduo de aminoácido (Seção 24.4): Um aminoácido que é parte de um peptídeo.

Resolução (Seções 5.16B e 20.3F): O processo pelo qual os enantiômeros de uma forma racêmica são separados.

Ressonância (Seções 3.10A, 13.4 e 15.11B): Um efeito pelo qual um substituinte exerce um efeito doador ou retirador de elétrons através do sistema π da molécula.

Ribozima (Seção 25.5B): Um ácido ribonucleico que atua como um catalisador de reação.

S

Sais de diazônio (Seções 20.6A, 20.6B e 20.7): Sais sintetizados a partir da reação de aminas primária com ácido nitroso. Sais de diazônio têm a estrutura $[R{-}N{\equiv}N]^+ X^-$. Sais de diazônio de aminas alifáticas primárias são instáveis e se decompõem rapidamente; aqueles oriundos de aminas aromáticas primárias se decompõem lentamente quando resfriados e são úteis na síntese de compostos aromáticos substituídos e compostos *azo*.

Sal de amínio (Seção 20.3D): O produto da reação de uma amina, atuando como uma base de Bronsted–Lowry, com um ácido. A amina pode ser primária, secundária ou terciária. O nitrogênio carregado positivamente em um sal de amínio está unido no mínimo a um átomo de hidrogênio. (Um sal de amônio não tem nenhum átomo de hidrogênio ligado diretamente ao nitrogênio.)

Sal de amônio quaternário (Seções 20.2B e 20.3D): Compostos iônicos nos quais um nitrogênio possui quatro grupos orgânicos e uma carga positiva, emparelhado com um contraíon.

Saponificação (Seções 17.7B e 23.2C): Hidrólise de um éster promovida por base.

Síntese de oligonucleotídeos (Seção 25.7): Síntese de sequência específica de nucleotídeos, frequentemente através de técnicas automatizadas de fase sólida, na qual a cadeia nucleotídica é formada pela adição de um nucleotídeo protegido ligado a uma fase sólida (geralmente um "vidro de porosidade controlada") na presença de um agente de acoplamento. O triéster fosfito que resulta do acoplamento é oxidado ao triéster fosfato com iodo, produzindo uma cadeia que foi aumentada em um nucleotídeo. O grupo protetor é então removido, e as etapas (acoplamento, oxidação, retirada da proteção) são repetidas. Depois que o oligonucleotídeo desejado foi sintetizado, ele é liberado do suporte sólido e os grupos protetores restantes são removidos.

Síntese de peptídeo em fase sólida (SPFS) (Seção 24.7D): Um método de síntese de peptídeos no qual o peptídeo é sintetizado sobre um suporte sólido, um resíduo de aminoácido de cada vez. O primeiro aminoácido do peptídeo é ligado como um éster entre seu grupo ácido carboxílico e uma hidroxila do suporte sólido (uma pérola polimérica). A seguir, ele é tratado com uma solução do segundo aminoácido e reagentes de acoplamento apropriados, formando um dipeptídeo. Reagentes em excesso, produtos secundários etc. são removidos. Ligações posteriores são sintetizadas da mesma maneira. A última etapa da síntese é a separação do polipeptídeo do suporte polimérico e a purificação.

Síntese do éster acetoacético (Seção 18.6): Uma sequência de reações envolvendo a remoção do hidrogênio α do 3-oxobutanoato de etila (acetoacetato de etila, também chamado de "éster acetoacético"), criando um ânion estabilizado por ressonância que pode servir então como um nucleófilo em uma reação S_N2. O carbono α pode ser substituído duas vezes; a funcionalidade do éster pode ser convertida em um ácido carboxílico α que, depois de descarboxilação, produz uma cetona substituída.

Síntese do éster malônico (Seção 18.7): Uma reação na qual o hidrogênio α do propanodioato de dietila (malonato de dietila, também chamado de "éster malônico") é removido formando um ânion estabilizado por ressonância que pode servir como um nucleófilo em uma reação S_N2. O carbono α pode ser substituído duas vezes; o grupamento éster pode ser convertido em um ácido carboxílico que, depois de descarboxilação, formará um ácido acético substituído.

Sistema conjugado (Seção 13.1): Uma parte de uma molécula que envolve no mínimo um átomo com um orbital *p* adjacente a no mínimo uma ligação π. O átomo adjacente com o orbital *p* pode ser parte de outra ligação π ou um radical, um cátion ou um ânion intermediário de uma reação.

Sítio ativo (Seção 24.9): O local em uma enzima onde um substrato se liga.

Substituição aromática nucleofílica (Seção 15.13): Uma reação de substituição na qual um nucleófilo ataca um anel aromático possuindo um forte grupo retirador de elétrons na posição orto ou para (ou nas posições orto e para) relativa ao sítio de ataque e o grupo de saída. Esta etapa é uma reação de adição que produz um carbânion arila (chamado um Complexo de Meisenheimer), o qual é estabilizado pelos grupos retiradores de elétrons no anel. A perda do grupo de saída em uma etapa de eliminação regenera o sistema aromático, formando um composto aromático substituído, de modo que, no global, ocorreu um processo de adição-eliminação.

Substituições aromáticas eletrofílicas (Seções 15.1, 15.2 e 21.8): Uma reação de compostos aromáticos na qual um *eletrófilo* ("buscador de elétron", um íon positivo ou outra espécie deficiente de elétron com uma carga positiva grande, parcial ou global) substitui um hidrogênio ligado ao carbono de um anel aromático.

Substrato (Seções 6.2 e 24.9): A molécula ou íon que sofre reação.

Sulfas (Seção 20.10): Agentes bactericidas constituídos por sulfonamidas. A maioria desses fármacos tem a estrutura geral $p\text{-}H_2NC_6H_4SO_2NHR$. As sulfas atuam como *antimetabólitos* (elas inibem o crescimento de microrganismos), inibindo as etapas enzimáticas que estão envolvidas na síntese do ácido fólico; quando privados do ácido fólico, os microrganismos morrem.

Sulfonamidas (Seção 20.9): Um derivado amida de um ácido sulfônico geralmente formado pela reação da amônia ou de uma amina primária ou secundária com um cloreto de sulfonila, resultando em compostos tendo as fórmulas gerais $R'SO_2NH_2$, $R'SO_2NHR$ ou $R'SO_2NR_2$, respectivamente.

T

Tautomerização (Seção 18.2): Uma isomerização na qual tautômeros são interconvertidos rapidamente, como na tautomerização ceto-enol.

Tautômeros (Seção 18.2): Isômeros constitucionais que são facilmente interconvertidos. Os tautômeros ceto e enol, por exemplo, são rapidamente interconvertidos na presença de ácidos e bases.

Terpeno (Seção 23.3): Os terpenos são lipídeos que têm uma estrutura que pode ser deduzida no papel pela união de unidades de isopropeno.

Terpenoides (Seção 23.3): Derivados de terpenos contendo oxigênio.

Tradução (Seção 25.5E): A síntese ribossômica de um polipeptídeo usando um modelo de RNAm.

Transcrição (Seção 25.5): Síntese de uma molécula de RNA mensageiro (RNAm) que é complementar a uma seção de DNA que carrega informação genética.

Transesterificação (Seção 17.7A): Uma reação envolvendo a troca da parte alcoxila de um éster por um grupo alcoxila diferente, resultando em um novo éster.

Triacilgliceróis (Seção 23.2): Um éster do glicerol (glicerina) no qual todos os três grupos hidroxila são esterificados.

Tripeptídeo (Seção 24.4): Um peptídeo constituído de três aminoácidos.

Trissacarídeos (Seção 22.1A): Um carboidrato que, quando hidrolizado, produz três moléculas de monossacarídeos.

U

Unidade de isopreno (Seção 23.3): Um nome para a unidade estrutural encontrada em todos os terpenos:

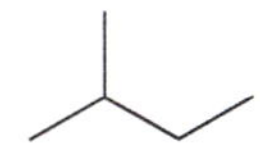

Z

Zwitteríon (Veja **Íon dipolar** e Seção 24.2C): Outro nome para um íon dipolar.

Índice Alfabético

S

T

U

V

W

X

Z

Veja a Tabela 2.7 para uma Tabela de Frequências no IV

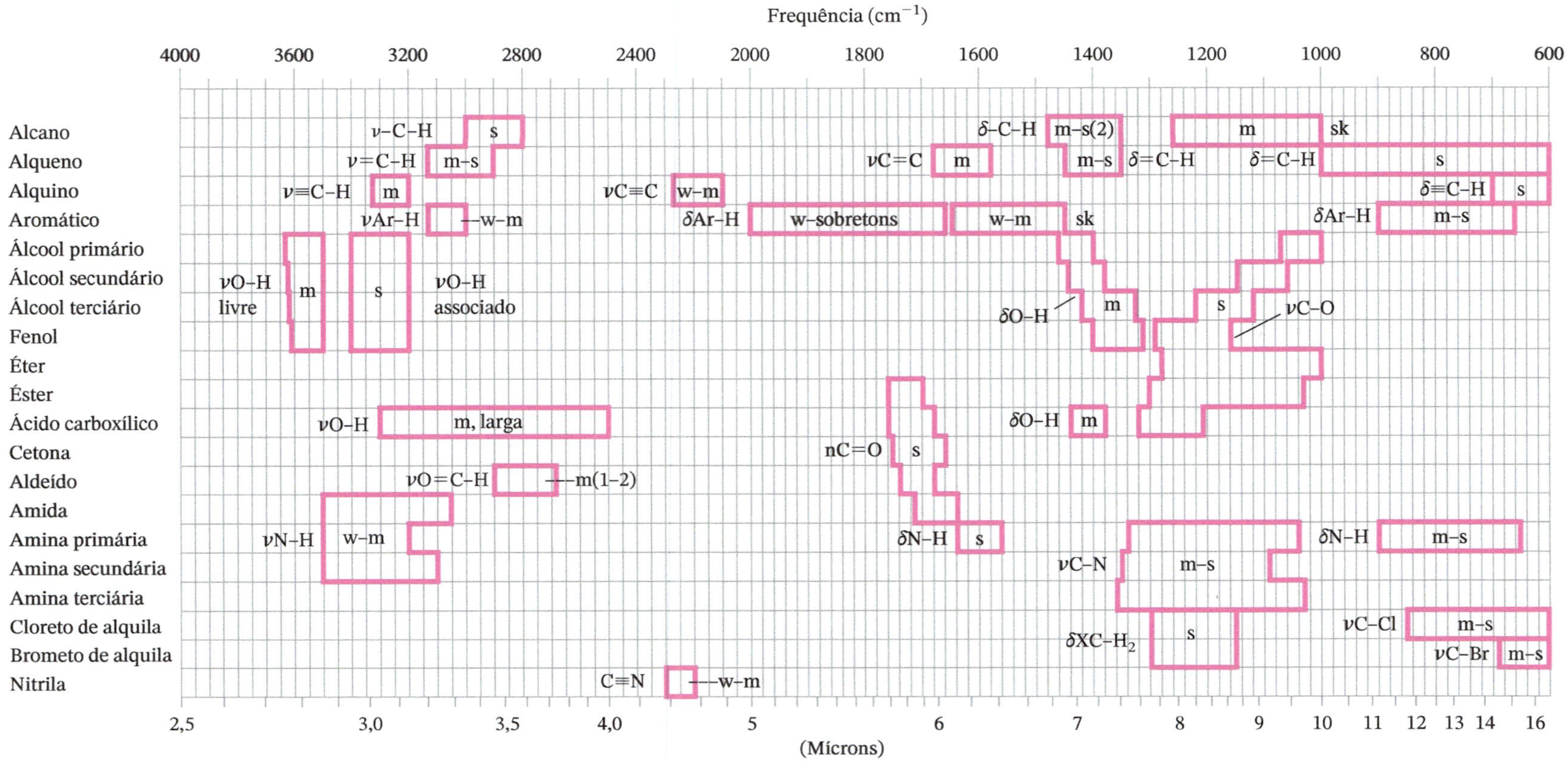

Frequências de absorção no IV típicas para grupos funcionais comuns.

As absorções são como se seguem: ν = estiramento; δ = deformação; w = fraca; m = média; s = forte; sk = esquelética

Retirado de *Multiscale Organic Chemistry: A Problem-Solving Approach* por John W. Lehman © 2002.

Reimpressa com permissão de Pearson Education, Inc., Upper Saddle River, NJ.

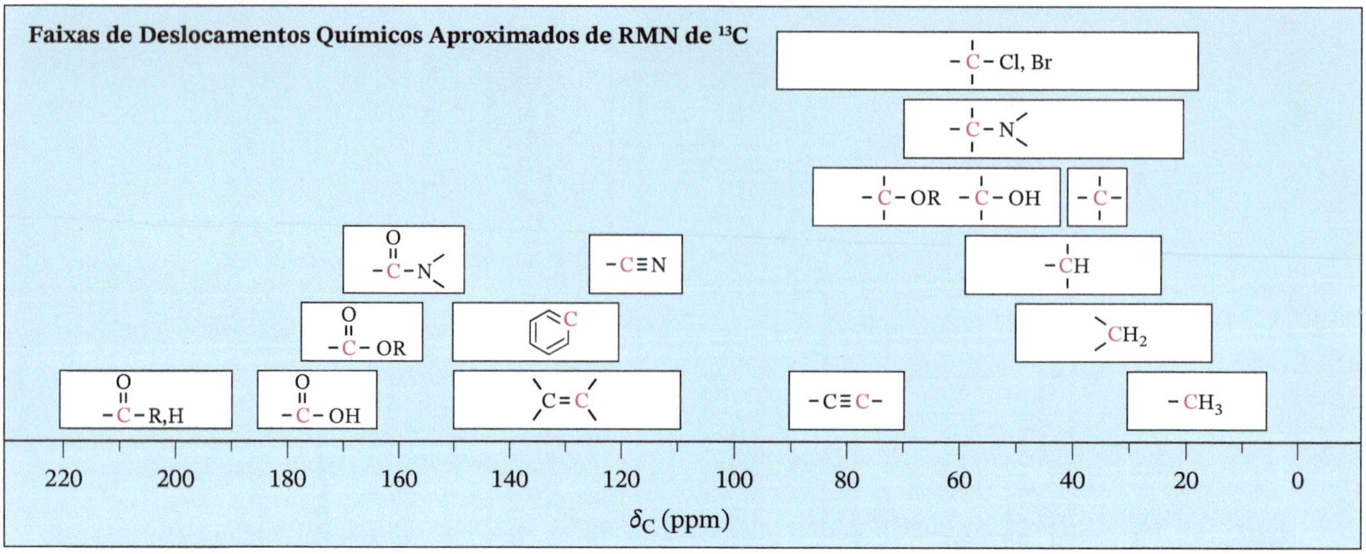

TABELA 9.2 Deslocamentos Químicos Aproximados para Carbono-13

Tipo de Átomo de Carbono	Deslocamento Químico (δ, ppm)
Alquila primária, RCH_3	0–40
Alquila secundária, RCH_2R	10–50
Alquila terciária, $RCHR_2$	15–50
Haleto de alquila ou amina, —C—X (X = Cl, Br, ou N—)	10–65
Álcool ou éter, —C—O—	50–90
Alquino, —C≡	60–90
Alqueno, >C=	100–170
Arila, C_6H_5—C—	100–170
Nitrila, —C≡N	120–130
Amida, —C(=O)—N—	150–180
Ácido carboxílico ou éster, —C(=O)—O—	160–185
Aldeído ou cetona, —C(=O)—	182–215

2024/1